SCHÄFFER
POESCHEL

Adolf G. Coenenberg/Axel Haller/Gerhard Mattner
Wolfgang Schultze

Einführung in das Rechnungswesen

Grundlagen der Buchführung und Bilanzierung

7., überarbeitete Auflage

unter Mitarbeit von
Maria Assel, Daniel Blab, Sebastian Cikanek, Christoph Deiminger, Natalie Dietrich, Cristina Landis, Michael Link, Maximillian Ludwig, Christina Manthei-Geh, Christian Reiser, Bettina Schabert und Julia Schmidt

2018
Schäffer-Poeschel Verlag Stuttgart

Autoren:
Prof. Dr. Dr. h.c. mult. Adolf G. Coenenberg, Emeritus Universität Augsburg
Prof. Dr. Axel Haller, Lehrstuhl für Financial Accounting and Auditing, Universität Regensburg
Dipl.-Kfm. Gerhard Mattner MBA, Unternehmensberater und Dozent, Augsburg
Prof. Dr. Wolfgang Schultze, Lehrstuhl für Wirtschaftsprüfung und Controlling, Universität Augsburg

Unter Mitarbeit von:
Maria Assel M.Sc., Dr. Daniel Blab, Sebastian Cikanek M.Sc., Christoph Deiminger M.Sc., Natalie Dietrich M. Sc.H., Dott. Ric. Cristina Landis, Michael Link M.Sc., Maximillian Ludwig M.Sc., Dr. Christina Manthei-Geh, Christian Reiser M.Sc., Dr. Bettina Schabert und Julia Schmidt M.Sc.

Dozenten finden die Abbildungen und Tabellen dieses Lehrbuchs unter **www.sp-dozenten.de**
(Registrierung erforderlich)

Redaktionsvermerk: Rechtsstand und Stand der Standards Juni 2018

Bibliografische Information der Deutschen Nationalbibliothek
Die Deutsche Nationalbibliothek verzeichnet diese Publikation in der Deutschen Nationalbibliografie; detaillierte bibliografische Daten sind im Internet über http: //dnb.d-nb.de abrufbar.

Gedruckt auf säure- und chlorfreiem, alterungsbeständigem Papier.

Print: ISBN 978-3-7910-4115-5 Bestell-Nr. 20073-0003
ePDF: ISBN 978-3-7910-4116-2 Bestell-Nr. 20073-0152

www.schaeffer-poeschel.de
service@schaeffer-poeschel.de

Umschlagentwurf: Goldener Westen, Berlin
Einbandgestaltung: Kienle gestaltet, Stuttgart (Bildnachweis: Shutterstock)

Schäffer-Poeschel Verlag Stuttgart
Ein Tochterunternehmen der Haufe Group

Vorwort

An wen richtet sich das Buch?

1. Studierende der Betriebswirtschaftslehre an Universitäten und Fachhochschulen:

Für sie ist das Buch als Einführung im Bachelorstudium konzipiert. Es verbindet die beiden zentralen Ausbildungsinhalte der Buchführung und Bilanzierung integrativ. Dabei wird ein besonderes Augenmerk auf ein Verständnis der Funktionsweise des Rechnungswesens gelegt. Der im Teil Buchführung verfolgte prozessorientierte Ansatz hilft besser als der in den meisten Lehrbüchern vorherrschende rein bilanzorientierte Ansatz, jungen Studierenden ein Verständnis für die Verzahnung der betrieblichen Abläufe einerseits und deren Abbildung durch das Rechnungswesen andererseits zu vermitteln. Dagegen gibt der Teil Jahresabschluss eine Einführung in die Grundfragen der Bilanzierung nach der Systematik der Bilanz. Dabei werden auch die zunehmend wichtigen Themen der Bilanzierung nach internationalen Rechnungslegungsregeln sowie der Konzernrechnungslegung behandelt.

Studierende mit den Schwerpunkten Rechnungswesen, Wirtschaftsprüfung, Controlling oder Finanzen benötigen im Anschluss die Vertiefung. Das vorliegende Buch ist so geschrieben, dass die notwendigen Schnittstellen für einen vertiefenden Einstieg in die Gebiete »Jahresabschluss und Jahresabschlussanalyse« gelegt werden. Es ist insofern als einführende Ergänzung zum Lehrbuch »Jahresabschluss und Jahresabschlussanalyse« gedacht, das aktuell in der 25. Auflage vorliegt.

2. Studierende anderer Disziplinen wie Recht, Informatik, Natur- und Ingenieurwissenschaften:

Keine Disziplin kommt mehr ohne wirtschaftliches Grundwissen aus. Das informatorische Fundament betriebswirtschaftlichen Denkens ist das Rechnungswesen. Eine solide Einführung in das betriebliche Rechnungswesen ist für jeden Studierenden mit späterem Bezug zur wirtschaftlichen Praxis unverzichtbar. Das vorliegende Lehrbuch ist so konzipiert, dass es über die Buchhaltungstechnik hinaus jeweils die materiellen Fragen der Bilanzierung in die Buchhaltungssystematik integriert und sich in eigenen Kapiteln dem gesamten Rechnungswesen in knapper und verständlicher Form widmet. Es deckt die Grundzüge des Rechnungswesens so weit ab, wie es für einen soliden Einblick für Studierende anderer Disziplinen und für Studierende von Bachelor-Programmen auch im wirtschaftswissenschaftlichen Bereich mindestens erforderlich ist.

3. Teilnehmer an Vorbereitungskursen auf die Bilanzbuchhalterprüfung und das Steuerberaterexamen:

Buchführung steht naturgemäß im Mittelpunkt der Ausbildung zum Bilanzbuchhalter. Für den Steuerberater ist die Buchführung ein zentraler Bestandteil. Das vorliegende Lehrbuch ist in einem Detaillierungsgrad geschrieben, der für die Vermittlung der Grundzüge von Buchführung und Bilanzierung für beide Bereiche adäquat ist. Dass die besonderen steuerlichen Aspekte für die Bilanzbuchhalterprüfung und das Steuerberaterexamen der Vertiefung bedürfen, ist selbstverständlich.

4. Auszubildende in kaufmännischen Berufen:

Auszubildende in kaufmännischen Berufen haben im Rahmen ihrer Abschlussprüfung auch das Teilgebiet »Rechnungswesen« zu absolvieren. Leider wird dieses Teilgebiet von vielen Auszubildenden als technokratische Pflichtübung gering geschätzt. Das vorliegende Lehrbuch hat - wie erwähnt - als besonderes Anliegen die Integration von materiellen Bilanzierungsfragen und Buchhaltungssystematik. Außerdem führt es in die wesentlichen Bestandteile des Rechnungswesens und des Jahresabschlusses im Besonderen ein. Es ist deshalb auch ein Anliegen des Buches, Auszubildenden kaufmännischer Berufe ein Lehrwerk an die Hand zu geben, das ihnen jenseits von bloßer Buchführungstechnik einen Einstieg in die materiellen Fragen des Rechnungswesens ermöglicht und damit Freude an diesem wichtigen Teilgebiet kaufmännischen Denkens erzeugt.

5. Teilnehmer an Weiterbildungsprogrammen:

Immer bedeutsamer wird das Management-Training für Führungskräfte aus Wirtschaft und Verwaltung, sei es in Form von curricularen Programmen wie MBA-Programmen, spezialisierten Zertifizierungs-Programmen oder sei es in Form von Management-Seminaren. Ziel solcher Lehrprogramme ist es, Führungskräften mit nicht wirtschaftswissenschaftlichem Hintergrund das Grundmuster wirtschaftlichen Denkens zu vermitteln. Das vorliegende Lehrbuch kann auch hier als Einführung in die Denkweise des Rechnungswesens verwendet werden.

Aufbau des Buches

Heute wird das Verständnis für die Funktionsweise des Rechnungswesens, den Aufbau und Inhalt eines Jahresabschlusses in weiten Bereichen des Wirtschaftslebens als selbstverständlich vorausgesetzt. Dieses Buch vermittelt im ersten Teil (Kapitel 1 bis 4) die grundlegenden Kenntnisse des Aufbaus und der Funktionsweise des betrieblichen Rechnungswesens. Der zweite Teil (Kapitel 5 bis 13) behandelt die Erfassung der typischen betrieblichen Vorgänge im Rechnungswesen. Der dritte Teil (Kapitel 14 bis 25) ist der Erstellung und Analyse des Jahresabschlusses gewidmet. Dabei wird zunächst die Rechnungslegung unter Beachtung der relevanten Vorschriften des Handels- und Steuerrechts behandelt. In Kapitel 22 erfolgt eine Einführung in die Bilanzierung nach internationalen Regeln. Kapitel 23 führt in die Konzernrechnungslegung ein. Kapitel 24 stellt die wesentlichen Vorschriften über Prüfung, Offenlegung und Enforcement dar. Im abschließenden Kapitel 25 wird schließlich auf die Grundlagen der Bilanzanalyse eingegangen. Anhand vieler Fallbeispiele werden alle wichtigen Geschäftsvorfälle und deren Auswirkungen auf den Jahresabschluss praxisgerecht verständlich gemacht.

Anmerkungen zur 7. Auflage

Eine Neuauflage der »Einführung« hat sich als notwendig erwiesen, weil sich erneut das Rechnungs- und Bilanzwesen durch Änderungen in den Rechtsgrundlagen und Bilanzierungsstandards weiterentwickelt hat. Im Bereich der nationalen Bilanzierungs- und Berichterstattungsnormen wurden Änderungen eingearbeitet, die sich aus verschiedenen Gesetzesinitiativen wie bspw. dem CSR-Richtlinien-Umsetzungsgesetz oder dem „Gesetz gegen schädliche Steuerpraktiken im Zusammenhang mit Rechteüberlassungen“ ergaben. Im Bereich der internationalen Bilanzierungsstandards haben sich zahlreiche *International Financial Reporting Standards* (IFRS) weiterentwickelt. Hervorzuheben sind hier insbesondere das neue *Conceptual Framework* des IASB sowie die neuen Regelungen zur Revenue Recognition nach IFRS 15, die finalisierten Regelungen zu Financial Instruments nach IFRS 9 sowie der neue Standarf IFRS 16 zur Leasingbilanzierung. Soweit die Änderungen des nationalen Bilanzrechts und der internationalen Bilanzierungsstandards für die Inhalte der »Einführung in das Rechnungswesen« Bedeutung haben, wurden sie in der Neuauflage – mit Redaktionstermin Juli 2018 – eingearbeitet. Damit liegt mit der 7. Auflage die »Einführung« auf aktuellem Rechtsstand wieder in einer Form vor, die das Grundwissen im Rechnungswesen für ein Bachelorstudium vollumfänglich abdeckt.

Zeitgleich mit dieser Neuauflage erscheint in 25. Auflage das weiterführende Lehrbuch »Jahresabschluss und Jahresabschlussanalyse – Betriebswirtschaftliche, handelsrechtliche, steuerrechtliche und internationale Grundsätze – HGB, IFRS, US-GAAP« sowie in 17. Auflage das zugehörige Übungsbuch »Jahresabschluss und Jahresabschlussanalyse – Aufgaben und Lösungen«, beide ebenfalls im Schäffer-Poeschel Verlag.

Das Lehrwerk ist aus langjährigen Erfahrungen mit Einführungskursen in das Rechnungswesen an der Universität und anderen Institutionen, in der Bilanzbuchhalterausbildung sowie in verschiedenen Weiterbildungsveranstaltungen entstanden. Auf dem Weg zu einem veröffentlichungsfähigen Manuskript haben uns viele unterstützt, denen wir herzlich danken. Im Einzelnen gilt unser Dank insbesondere Frau Dr. Bettina Schabert sowie den wissenschaftlichen Mitarbeiterinnen und Mitarbeiter Maria Assel M.Sc., Dr. Daniel Blab, Sebastian Cikanek M.Sc., Christoph Deiminger M.Sc., Natalie Dietrich M.Sc.H., Dott. Ric. Cristina Landis, Michael Link M.Sc., Maximilian Ludwig M.Sc., Dr. Christina Manthei-Geh, Christian Reiser M.Sc. und Julia Schmidt M.Sc.. Dipl.-Kfm. Simon Berger MBA danken wir zudem für die technische Unterstützung. Ebenso gilt unser Dank Michael Link M.Sc. für die Koordination der Arbeiten am Regensburger Lehrstuhl sowie Julia Schmidt M.Sc. für die organisatorische Gesamtleitung der Entstehung dieser Neuauflage. Besonderer Dank gilt Frau Monika Lutzenberger für die sekretariatsseitige Unterstützung. Des Weiteren danken wir den studentischen Hilfskräften Josipa Bagaric B.A., Michaela Dreier, Giovanni Fidone, Stefan Gruber M.Sc., Patrick Leberle, Leonie Orth, Marianna Plesiak, Katharina Scheiterer, Sophia Schwarzmann, Leonie Strotzer, Janina Wagner und Sebastian Ziegler M.Sc. für die vielfältigen Arbeiten zur Aktualisierung, Formatierung und grafischen Ausgestaltung des Buches. Schließlich danken wir auch Marita Mollenhauer vom Schäffer-Poeschel Verlag und ihrem Team für die stets hervorragende Zusammenarbeit und Unterstützung.

Augsburg und Regensburg, im Juli 2018

Adolf G. Coenenberg
Axel Haller
Gerhard Mattner
Wolfgang Schultze

Inhaltsübersicht

Erster Teil
Funktionsweise des Rechnungswesens

Zweiter Teil
Buchführung

Dritter Teil
Jahresabschluss und Jahresabschlussanalyse

Anhang

Inhaltsverzeichnis

Dritter Teil
Jahresabschluss und Jahresabschlussanalyse

Anhang

Abkürzungsverzeichnis

A	Aktiva
a. d.	aus dem
a. F.	alte Fassung
AB	Anfangsbestand
Abb.	Abbildung
Abg.	Abgang
Abs.	Absatz
Abschr.	Abschreibung
AE	Aktivierte Eigenleistung
AfA	Absetzung für Abnutzung
AfaA	Absetzung für außergewöhnliche Abnutzung
AfS	Absetzung für Substanzveringerung
AG	Aktiengesellschaft
AiB	Anlagen im Bau
AK	Anschaffungskosten
akt. lat. St.	aktive latente Steuern
AktG	Aktiengesetz
allg.	allgemein
ALV	Arbeitslosenversicherung
and.	andere
ANK	Anschaffungsnebenkosten
Anl.	Anlage
Anz.	Anzahlung
AO	Abgabenordnung
AOK	Allgemeine Orts-Krankenkasse
APAG	Abschlussprüferaufsichtsgesetz
APAK	Abschlussprüferaufsichtskommission
AR	Aufsichtsrat
ARAP	Aktiver Rechnungsabgrenzungsposten
ArG	Arbeitgeber
ArN	Arbeitnehmer
Art.	Artikel
Aufl.	Auflage
Aufw.	Aufwand
AV	Anlagevermögen
BA	Bundesanzeiger
BAB	Betriebsabrechnungsbogen
BE	Bestandserhöhung
Berufsgen.	Berufsgenossenschaften
betr.	betrieblich
BFH	Bundesfinanzhof
BG	Bemessungsgrundlage
BGA	Betriebs- und Geschäftsausstattung

BGB	Bürgerliches Gesetzbuch
BGBl	Bundesgesetzblatt
BilReG	Bilanzrechtsreformgesetz
BTW	Belasting over de toegevoegde waarde
Büroeinr.	Büroeinrichtung
BV	Bestandsveränderung
BW	Buchwert
bzw.	beziehungsweise
ca.	circa
CF	Cashflow
Co.	Compagnie
d	Abschreibungsprozentsatz
d.	der/die/das
d. h.	das heißt
DATEV	Datenverarbeitungsorganisation des steuerberatenden Berufes in der BRD e.G.
DAX	Deutscher Aktienindex
DPR	Deutsche Prüfstelle für Rechnungslegung
DRS	Deutsche Rechnungslegungsstandards
DRSC	Deutsches Rechnungslegungs Standards Commitee e.V.
e. G.	eingetragene Genossenschaft
e. V.	eingetragener Verein
EB	Eröffnungsbilanz
EBIT	Earnings Before Interest and Taxes
EBK	Eröffnungsbilanzkonto
EDV	elektronische Datenverarbeitung
eff.	effektiv
EG	europäische Gemeinschaft
EGHGB	Einführungsgesetz zum Handelsgesetzbuch
EHUG	Gesetz über elektronische Handelsregister und Genossenschaftsregister sowie das Unternehmensregister
Einst.	Einstellung
EK	Eigenkapital
EKR	Eigenkapitalrendite
EP	Einstandspreis
ErbSt	Erbschaftsteuer
Eröffn.-bilanz	Eröffnungsbilanz
Ertr.	Erträge
EStÄR	Einkommensteuer-Änderung Richtlinie
EStG	Einkommensteuergesetz
EStH	Einkommensteuer-Hinweise
EStR	Einkommensteuer-Richtlinien
etc.	et cetera
EU	Europäische Union
EUR	Euro (Währung)
EUSt	Einfuhrumsatzsteuer

evtl.	eventuell
EW	Endwert
EWB	Einzelwertberichtigung
F	Framework
F&E	Forschung und Entwicklung
f.	folgende (eine)
FAS	Financial Accounting Standards
FASB	Financial Accounting Standards Board
FB	Finanzbehörden
FE	fertige Erzeugnisse
festverz.	festverzinslich
ff.	folgende (mehrere)
Fifo	First in - first out
FinCF	Finanzierungscashflow
FK	Fremdkapital
FKR	Fremdkapitalrendite
FLL	Forderungen aus Lieferungen und Leistungen
Ford.	Forderung
Forts.	Fortsetzung
FV	Fair Value
G	Gewinn
GbR	Gesellschaft bürgerlichen Rechts
GE	Geldeinheiten
Geg.	Gegenstand
Gewährl.	Gewährleistung
GewSt	Gewerbesteuer
GFW	Geschäfts- oder Firmenwert
ggf.	gegebenenfalls
ggü.	gegenüber
GJ	Geschäftsjahr
GK	Gesamtkapital
GKR	Gesamtkapitalrendite
GKV	Gesamtkostenverfahren
GmbH	Gesellschaft mit beschränkter Haftung
GoB	Grundsätze ordnungsmäßiger Buchführung
GuV	Gewinn- und Verlustrechnung
GWG	Geringwertige Wirtschaftsgüter
GWW	Gegenwartswert
h	Hebesatz
H	Haben
HB	Handelsbilanz
HGB	Handelsgesetzbuch
Hifo	Highest in - first out
HK	Herstellungskosten
HR	Handelsregister

Hrsg.	Herausgeber
HÜ	Hauptabschlussübersicht
HV	Hauptversammlung
i. d. R.	in der Regel
i. e. S.	im engeren Sinne
i. H. v.	in Höhe von
i. S.	im Sinne
i. S. v.	im Sinne von
i. V. m.	in Verbindung mit
i. w. S.	im weiteren Sinne
IAS	International Accounting Standard(s)
IASB	International Accounting Standards Board
IASC	International Accounting Standards Committee
ICF	Investitionscashflow
IDW	Institut der Wirtschaftsprüfer in Deutschland e. V.
IFRS	International Financial Reporting Standard(s)
IHK	Industrie- und Handelskammer
IKR	Industriekontenrahmen
inkl.	inklusive
IT-System	informationstechnisches System
ital.	italienisch
IVA	imposta sul valore aggiunto
JA	Jahresabschluss
Jh.	Jahrhundert
JÜ	Jahresüberschuss
KapAEG	Kapital-Aufnahme-Erleichterungs-Gesetz
Kapitalges.	Kapitalgesellschaft
kfm.	kaufmännisch
KFR	Kapitalflussrechnung
Kfz	Kraftfahrzeug
KG	Kommanditgesellschaft
KGaA	Kommanditgesellschaft auf Aktien
KI	Kreditinstitute
Kifo	Konzern in – first out
KLR	Kosten- und Leistungsrechnung
km	Kilometer
KStG	Körperschaftsteuergesetz
kum.	kumulierte
KV	Krankenversicherung
KW	Kalenderwoche
Leist.	Leistung
Lifo	Last in – first out
Lkw	Lastkraftwagen
Lofo	Lowest in – first out
LSP	Leitsätze über die Preisermittlung aufgrund von Selbstkosten

Ltd.	Limited
LuG	Löhne und Gehälter
LuL	Lieferungen und Leistungen
M.	Mittel
Mehr.	Mehrung
MicroBilG	Kleinstkapitalgesellschaften-Bilanzrechtsänderungsgesetz
Mind.	Minderung
Mio.	Million
ML	mervärdeskatt
MoMiG	Gesetz zur Modernisierung des GmbH-Rechts und zur Bekämpfung von Missbräuchen
Mrd.	Milliarde
MwSt	Mehrwertsteuer
MwStG	Mehrwertsteuergesetz
NBR	Neubewertungsrücklage
NBW	Nettobarwert
ND	Nutzungsdauer
Nr.	Nummer
o. Ä.	oder Ähnliches
OCF	Operativer Cashflow
OHG	Offene Handelsgesellschaft
P	Passiva
p. a.	per annum (lat. pro Jahr)
pass. lat. St.	passive latente Steuern
pausch.	pauschal
PG	Partnergesellschaft
Pkw	Personenkraftwagen
POC	Percentage of completion
Pos.	Position
ppa.	per procura
PRAP	Passiver Rechnungsabgrenzungsposten
Prod.	Produkt
PublG	Publizitätsgesetz
PV	Pflegeversicherung
PWB	Pauschalwertberichtigung
RA	Rendite der Alternativinvestition
RAP	Rechnungsabgrenzungsposten
RBW	Restbuchwert
RE	Rohergebnis
Rep.	Reparaturen
RHB	Roh-, Hilfs- und Betriebsstoffe
RI	Rendite der Investoren
RLZ	Restlaufzeit
Rn.	Randnummer
RND	Restnutzungsdauer

RS	Rückstellungen
RV	Rentenversicherung
Rz.	Randzahl
S	Soll
S.	Seite
S:	Saldo
SA	Sachanlagen
SAV	Sachanlagevermögen
SB	Schlussbestand
SBK	Schlussbilanzkonto
SE	Societas Europea
SFR	Schweizer Franken (Währung)
SG	Schmalenbach-Gesellschaft für Betriebswirtschaft e.V.
SIC	Standing Interpretations Commitee
SKR	Standardkontenrahmen
SMEs	small and medium enterprises
sog.	so genannt
Sonderabschr.	Sonderabschreibung
sonst./so.	sonstige
SoPo	Sonderposten (mit Rücklageanteil)
St.	Stück
StB	Steuerbilanz
SVT	Sozialversicherungsträger
Tab.	Tabelle
TAM	Technische Anlagen und Maschinen
techn.	technisch
TEUR	Tausend Euro
TGE	Tausend Geldeinheiten
TVA	taxe sur la valeur ajoutée
Tz.	Textziffer
u.	und
u. a.	unter anderem
u. Ä.	und Ähnliches
UE	Umsatzerlöse
UFE	unfertige Erzeugnisse
UKV	Umsatzkostenverfahren
Umsatzerl.	Umsatzerlöse
UR	Umsatzrendite
US-GAAP	United States-Generally Accepted Accounting Principles
USA	United States of America
USt	Umsatzsteuer
UStG	Umsatzsteuergesetz
UStR	Umsatzsteuerrichtlinien
usw.	und so weiter
UV	Umlaufvermögen

V	Verlust
v.	von
v. Chr.	vor Christus
VAT	value added tax
vBP	vereidigter Buchprüfer
Verb.	Verbindlichkeiten
vermögensw.	vermögenswirksam
VG	Vermögensgegenstand
vgl.	vergleiche
VLL	Verbindlichkeiten aus Lieferungen und Leistungen
VorSt	Vorsteuer
VP	Verkaufspreis
VPöA	Verordnung über Preise bei öffentlichen Aufträgen
vs.	versus
VuV	Vermietung und Verpachtung
VV	Verlustvortrag
WE	Wareneinsatz
WEK	Wareneinkaufskonto
WP	Wirtschaftsprüfer
WPa	Wertpapier
WpHG	Wertpapierhandelsgesetz
WPK	Wirtschaftsprüferkammer
WPO	Wirtschaftsprüferordnung
WVK	Warenverkaufskonto
z. B.	zum Beispiel
Zug.	Zugänge
zvE	zu versteuerndes Einkommen

Erster Teil
Funktionsweise des Rechnungswesens

1. Kapitel: Rechnungswesen als Informationsbasis der Unternehmensführung

Die Unternehmensführung benötigt zur betriebswirtschaftlichen Steuerung des Geschäfts laufende Informationen über die wirtschaftlichen Ergebnisse sowie Vermögen und Kapital. Ihren Kapitalgebern schuldet sie Rechenschaft über den wirtschaftlichen Erfolg und das ihrer Disposition anvertraute Vermögen und Kapital. Das Rechnungswesen, das diese Informationen bereitstellt, ist deshalb ein zentraler Bestandteil des Managementsystems.

A. Begriff des Rechnungswesens

Der Begriff **»Rechnungswesen«**, der dem angelsächsischen Begriff des »*accounting*« entspricht, umfasst sämtliche Rechenwerke innerhalb einer Unternehmung, welche die betrieblichen Prozesse erfassen, auswerten, steuern und überwachen (Buchner [2005]). Eine solche Abbildung des betrieblichen Geschehens erfolgt sinnvollerweise in Zahlen und muss, damit die gewonnene Information eine verlässliche Basis für Entscheidungen darstellen kann, systematisch erfolgen. Unter dem Begriff Rechnungswesen versteht man deshalb allgemein ein System zur quantitativen, vorwiegend mengen- und wertmäßigen Ermittlung, Aufbereitung und Darstellung von wirtschaftlichen Zuständen in einem bestimmten Zeitpunkt und von wirtschaftlichen Abläufen während eines bestimmten (meist äquidistanten) Zeitraums (Busse von Colbe [2011]).

Erkenntnisobjekt des betriebswirtschaftlichen Rechnungswesens ist die Einzelwirtschaft, die in eine »unternehmerische« und eine »betriebliche« Sphäre untergliedert wird. Der unternehmerische Bereich umfasst dabei das rechtlich selbstständige oder wirtschaftlich einheitliche betriebswirtschaftliche Gesamtsystem, während der betriebliche Bereich nur die Funktionen der Produktionsfaktorenbereitstellung (Beschaffung), der eigentlichen Leistungserstellung (Entwicklung und Produktion) und der Leistungsverwertung (Absatz) beinhaltet. Innerhalb der betrieblichen Sphäre erfolgt die Umwandlung der von der Außenwelt bezogenen Güter zu fertigen Erzeugnissen, die in der Endphase des betrieblichen Leistungsprozesses am Markt gegen Entgelt veräußert werden. Den Abläufen in der **Realgütersphäre** der Unternehmen stehen die Vorgänge im **Nominalgüterbereich** (= Zahlungsströme) gegenüber, die entweder durch Realgütertransaktionen direkt ausgelöst werden oder aber auch rein finanzieller Art sein können und dann kein realgütermäßiges Äquivalent besitzen. Die Unternehmung ist folglich Bestandteil eines zirkulären Systems von Realgüter- und Nominalgüterströmen, wie es Abb. 1.1 darstellt.

Das betriebswirtschaftliche **Rechnungswesen** kann folglich als ein spezielles Informationssystem innerhalb einer Unternehmung charakterisiert werden. Die Funktion des betriebswirtschaftlichen Rechnungswesen kann vorwiegend als mengen- und wertmäßige Erfassung von ökonomisch relevanten Daten über vergangene, gegenwärtige und zukünftige wirtschaftliche Tatbestände und Vorgänge im Betrieb angesehen werden. Weiter soll das Rechnungswesen über zurückliegende, bestehende und zukünftige wirtschaftliche Beziehungen des Unternehmens zu seiner Umwelt, deren Speicherung auf Datenträgern, der nachfolgenden Transformation entsprechend den zugrunde liegenden Zwecken und der Weitergabe an interne und externe Informationsnutzer berichten. Das Rechnungswesen ist als Subsystem des übergeordneten Managementinformationssystems in die Gesamtorganisation »Unternehmen« integriert und dient der Unternehmensführung als Instrument zur Steuerung und Überwachung des jeweiligen unternehmerischen Zielerreichungsgrades.

In Erweiterung der traditionellen Betrachtungsweise des Rechnungswesens als ein Abbildungs- und Lenkungsmodell des Gütersystems (Chmielewicz [1973]) kann man ein umfassenderes Informationsinstrument, für welches der Einbezug zusätzlicher Informationen im Rahmen sog. sach-, sozial- und potenzialzielbezogener Rechnungen kennzeichnend ist, als **Unternehmensrechnung** bezeichnen (Küpper [1989]). Diese Erweiterung erscheint notwendig, da sich nicht alle unternehmerischen Ziele auf mengen- und wertmäßige Dimensionen zurückführen lassen (z. B. ökologische Ziele: *green accounting*, Sozialziele: *social accounting*) und die Veränderung aller entscheidungsrelevanten Potenziale einer Unternehmung (z. B. des Humanvermögens) nur durch solche zusätzlichen Informationen erfassbar sind. Mittlerweile werden derartige erweiterte Informations- und Steuerungsmodelle unter dem Terminus »Balanced Scorecard« diskutiert und angewandt (Kaplan/Norton [2000]).

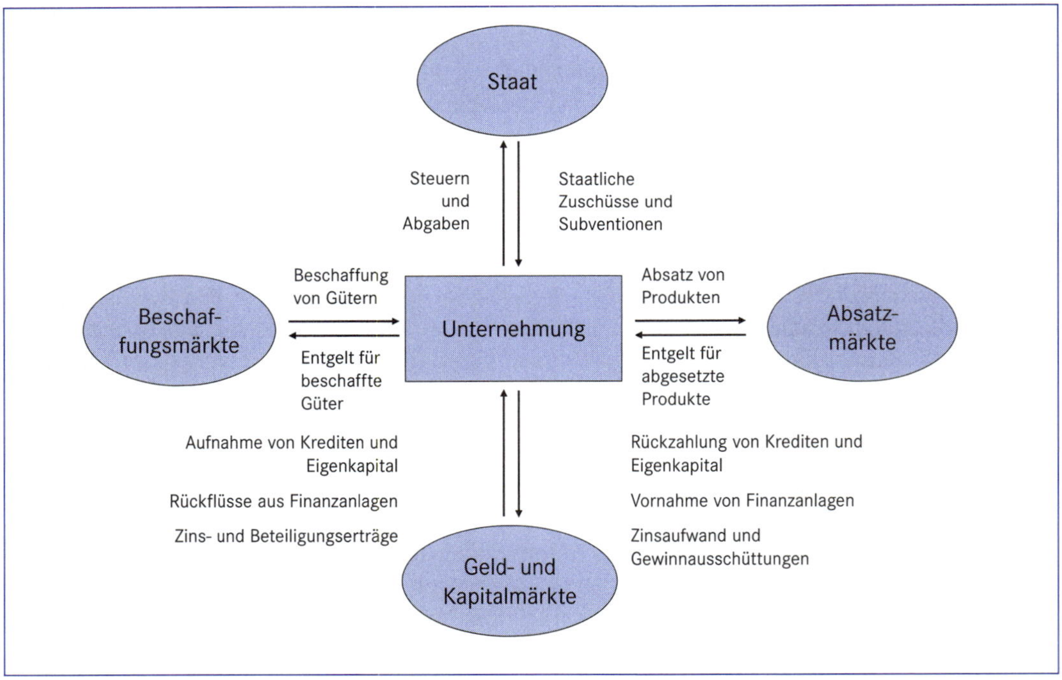

Abb. 1.1: Stellung der Unternehmung im Gütersystem

Innerhalb des Rechnungswesens erfüllt die **Buchführung** die Aufgabe der Erfassung und Aufbereitung der Zahlenwerte, um sie den unterschiedlichen Teilgebieten des Rechnungswesens für eine weitere Auswertung zur Verfügung zu stellen. Diese Erfassung erfolgt nach einer systematischen, sachlichen und chronologischen Ordnung, um eine lückenlose Aufzeichnung aller wesentlichen Sachverhalte zu gewährleisten und eine betriebswirtschaftlich sinnvolle Auswertung zu ermöglichen. In regelmäßigen Abständen (meist einem Jahr) werden diese Informationen innerhalb des Jahresabschlusses zusammengefasst und so aufbereitet, dass sie auch nach außen präsentiert werden können.

Zusammenfassend besteht die **Aufgabe der Buchführung** in der systematischen, lückenlosen und chronologischen Aufzeichnung aller Geschäftsvorfälle, d. h. aller in Zahlenwerten festgestellten wirtschaftlich bedeutsamen Vorgänge, also solcher Tatbestände, die zu Veränderungen des Vermögens oder Kapitals eines Unternehmens führen. Die Aufzeichnungen der Buchführung erstrecken sich über die gesamte Lebensdauer des Unternehmens, sie beginnen mit der Gründung und enden mit der Liquidation des Unternehmens (Eisele/Knobloch [2018]; Wöhe/Kußmaul [2018]).

B. Funktionen des Rechnungswesens

Aufzeichnungen und Auswertungen von Zahlen über das Betriebsgeschehen sind betriebswirtschaftlich von großer Bedeutung, verursachen andererseits aber auch hohen Aufwand. Um die Notwendigkeit des mit dem Rechnungswesen betriebenen Aufwands zu rechtfertigen, muss die Frage nach seinem Zweck gestellt werden. Um sich diese zu verdeutlichen, stelle man sich nur einmal vor, der Eigentümer eines Unternehmens habe keinerlei Informationen über den Geschäftsverlauf! Für ihn stellen sich Fragen wie: Wie viel wurde in der vergangenen Geschäftsperiode umgesetzt, wie war die Zahlungsmoral der Kunden? Wie haben sich die Preise entwickelt, geht der Absatz zurück? Er will wissen, ob er Geld verdient oder verloren hat, ob er Steuern bezahlen muss, ob er jemandem Geld schuldet und ob er diese Schulden problemlos begleichen kann oder ob bald Insolvenz angemeldet werden muss. Zusammengefasst dient das Rechnungswesen der Bereitstellung von Informationen zu folgenden Zwecken:

1. **Dokumentationsfunktion:**
   Zum einen kommt dem Rechnungswesen die Aufgabe zu, alle im Betrieb auftretenden finanz- und leistungswirtschaftlichen Sachverhalte zu erfassen, um die Vermögens-, Finanz- und Ertragslage des Unternehmens beurteilen zu können. Der Beteiligte an einem Unternehmen sollen Informationen bereitgestellt werden (Informationsfunktion). Außerdem dient das Rechnungswesen der Ermittlung bestimmter fälliger Zahlungen wie Gewinnausschüttungen, Erfolgsbeteiligungen (Tantiemen) oder auch Steuern (Zahlungsbemessungsfunktion).
2. **Planungsfunktion:**
   Die Führung eines Unternehmens (bzw. eines Unternehmensteils oder eines Projekts) nach wirtschaftlichen Gesichtspunkten setzt stets eine an wirtschaftlichen Zielgrößen orientierte Planung voraus. Jegliches rationale wirtschaftliche Handeln muss sich auf Informationsmaterial stützen, das geeignet ist, Entscheidungen auf ihre Wirtschaftlichkeit im Hinblick auf die Unternehmensziele hin zu überprüfen. Das dafür notwendige Zahlenmaterial wird vom Rechnungswesen bereitgestellt.
3. **Kontrollfunktion:**
   Da eine Planung ohne spätere Kontrolle wirkungslos ist, muss in der Kontrollfunktion überprüft werden, inwieweit das, was tatsächlich eingetreten ist (Ist-Werte), mit dem ursprünglich vorgesehenen (Soll-Werte) übereinstimmt. Damit kann der Grad der Erreichung der gesteckten Ziele ermittelt und es können entsprechende Verbesserungsmaßnahmen eingeleitet werden.

Im Detail handelt es sich im Rechnungswesen beispielsweise um Aufgabenstellungen, wie die Ermittlung des kurzfristigen Betriebsergebnisses in der kurzfristigen Erfolgsrechnung, der Feststellung der Vermögens- und Kapitalstruktur und damit der Dauer der Mittelbindung und Mittelfälligkeit etwa zur Ermittlung der Kreditwürdigkeit, der Wirtschaftlichkeitseinhaltung auf Kostenstellen in der Plankostenrechnung, der Preiskalkulation und der Bestimmung von Preisober- und -untergrenzen in Beschaffung und Produktionsprogrammplanung, Ermittlung der Gewinnschwelle in der Break-Even-Analyse, aber auch der Ermittlung von Stärken und Schwächen des Unternehmens, die langfristig den strategischen Erfolg determinieren.

C. Adressaten und Teilgebiete des Rechnungswesens

Die verschiedenen Informationen, die vom Rechnungswesen gesammelt und aufbereitet werden, dienen verschiedenen Personengruppen als Entscheidungsgrundlage.

I. Adressaten

Ein zentraler Interessent an den im Rechnungswesen gewonnenen Informationen ist der Kreis der Eigentümer bzw. die Geschäftsleitung. Daneben haben auch andere Gruppen ein Interesse an Informationen über das Unternehmen, man spricht von den **Stakeholdern des Unternehmens**. Es handelt sich dabei in erster Linie um Anteilseigner, Gläubiger, Kunden, Konkurrenzunternehmen, Arbeitnehmer und den Fiskus. Das Rechnungswesen sammelt deshalb Informationen für eine Vielzahl verschiedener Interessenten mit unterschiedlicher Interessenlage. Dabei wird nicht allen Interessenten die gleiche Art von Information gewährt werden. Deshalb ist es sinnvoll, beim Kreis der Interessenten in interne und externe zu unterscheiden (vgl. Tab. 1.1).

Externe Interessenten	Interne Interessenten
Eigentümer (Kapitalgeber)	Eigentümer (Unternehmer)
Gläubiger	Geschäftsführung
Mitarbeiter	Beirat/Aufsichtsrat
Staat/Aufsichtsbehörden	Arbeitnehmervertreter (z. B. Wirtschaftsausschuss)
Gesellschaft	
Konkurrenz	
Lieferanten	
Kunden	

Tab. 1.1: Interessenten am Rechnungswesen

Das Rechnungswesen dient zum einen der **Information des Unternehmers** selbst. In vielen Unternehmen ist die Eigentümerschaft jedoch nicht zwangsläufig mit der **Geschäftsführung** des Unternehmens verbunden, sondern diese wird an ein Management (z. B. Vorstand einer AG) delegiert, das dann im Auftrag der Eigentümer (z. B. Aktionäre) das Unternehmen leitet. Dann müssen sowohl Management einschließlich der Aufsichts- und Mitbestimmungsorgane sowie Kapitalgeber Informationen über den Geschäftsverlauf erhalten.

Das Management muss mit diesen Informationen das Unternehmen steuern. Die **Eigentümer** treffen auf Basis dieser Informationen ihre weiteren Anlageentscheidungen, d. h., ob sie ihr Kapital weiterhin dem Unternehmen zur Verfügung stellen. Dies gilt auch für potenzielle Investoren und somit auch für Finanzanalysten, die sich mit der Frage auseinandersetzen, ob sie in Zukunft Anteile des Unternehmens erwerben sollten. Ein Anleger ist daran interessiert, seine begrenzten Mittel so einzusetzen, dass er den Einkommensstrom daraus maximieren kann. Dazu benötigt er Informationen über voraussichtliche Ausschüttungsbeträge, Stabilität und Sicherheit des Engagements sowie über mögliche Wertsteigerungspotenziale.

Diesen externen **Kapitalgebern** wird mit dem Jahresabschluss und in manchen Fällen weiteren unterjährigen Veröffentlichungen, wie der Zwischenberichterstattung und der Ad-hoc-Publizität, die Möglichkeit gegeben, sich über den Geschäftsverlauf zu informieren.

Auch aktuelle oder potenzielle **Gläubiger** haben ein Interesse daran, sich über die Lage des Unternehmens zu informieren. Sie werden sich dafür interessieren, ob Zins- und Tilgungszahlungen betragsmäßig und termingerecht beglichen werden können. Als weiterer Punkt wird die Haftungssubstanz im Insolvenzfall interessant sein. Insbesondere im Falle einflussreicher Großkreditgeber wird sich zwar deren Möglichkeit der Informationsbeschaffung nicht auf die publizierten Informationen beschränken, jedoch stellt auch hier der Jahresabschluss ein zentrales Informationsinstrument dar.

Auch für **Kunden**, insbesondere Großkunden, sind Informationen über die Lage des Unternehmens von großer Bedeutung, besonders wenn sie durch langfristige Verpflichtungen aneinander gebunden sind. Neben Service- und Reparaturleistungen sind hier vor allem langfristige vertragliche Einbindungen in den Wertschöpfungsprozess über ein Outsourcing von bestimmten Leistungen relevant. Für Lieferanten gilt dies entsprechend auch, wobei diese meist auch gleichzeitig Gläubiger des Unternehmens sind. Der Fiskus als Gläubiger von Steuern hat grundsätzlich die gleichen Informationsbedürfnisse wie die anderen Gläubiger. Sein Interesse richtet sich primär auf die Steuerbilanz, die als Bemessungsgrundlage für die Besteuerung dient.

Arbeitnehmer und ihre Vertreter, die Gewerkschaften, sind unter dem Aspekt der Einkommens- und Arbeitsplatzsicherheit an Informationen über die gegenwärtige und zukünftige Vermögens-, Finanz- und Ertragslage interessiert. Auch die allgemeine Öffentlichkeit wird auf dieser Grundlage am Bestand des Unternehmens interessiert sein, ebenso wie die Konkurrenz an Informationen über das Unternehmen interessiert ist, wobei diese sich vor allem über die Zukunftsaussichten von Wettbewerbern informieren wollen.

II. Teilgebiete

Die dargestellten verschiedenen Personenkreise haben unterschiedliche Informationsinteressen, die mit Hilfe des Rechnungswesens befriedigt werden sollen. Dabei muss sowohl unter dem Aspekt der Wirtschaftlichkeit als auch der Vertraulichkeit das Ausmaß an Informationen, welche einerseits erfasst und andererseits wieder nach Außen abgegeben werden sollen, begrenzt werden. Aus der Verschiedenheit der Aufgaben und Interessenten hat sich eine Einteilung des betrieblichen Rechnungswesens in **internes und externes Rechnungswesen** entwickelt. Beide Richtungen stehen miteinander in engem Zusammenhang und verwenden teilweise das gleiche Zahlenmaterial mit unterschiedlicher Zielsetzung (vgl. Abb. 1.2).

Diese Aufteilung erfolgt, um die Unterschiedlichkeit der Adressaten und die damit verbundenen unterschiedlichen Rechnungszwecke herauszustellen (Schneider [1994]). Internes und externes Rechnungswesen dienen beide der Bereitstellung von Informationen, aber mit unterschiedlicher Zielsetzung. Das interne Rechnungswesen dient in erster Linie der Unternehmenssteuerung durch Planung und Kontrolle im Kontext der Funktionen Entscheidungsunterstützung und Verhaltenssteuerung. Im externen Rechnungswesen dominiert dagegen die Dokumentationsfunktion bzw. die Informationsfunktion (Entscheidungsunterstützung v. a. bei IFRS). In diesem Sinne soll im externen Rechnungswesen eine möglichst genaue Abbildung der Vermögens-, Finanz- und Ertragslage erfolgen. Während das interne Rechnungswesen ausschließlich an die Geschäftsleitung gerichtet ist, wendet sich das externe Rechnungswesen primär an externe Adressaten des Unternehmens. Dabei stellen die Kapitalgeber die zentralen Adressaten der veröffentlichten Informationen dar. Besonders im internationalen Kontext werden diese primär bei der Zusammenstellung der Informationen in den Vordergrund gerückt, wobei von der These ausgegangen wird, dass mit der Befriedigung der Informationsinteressen der Investoren gleichzeitig auch die übrigen Interessenten zufriedengestellt sein sollten (vgl. 22. Kapitel).

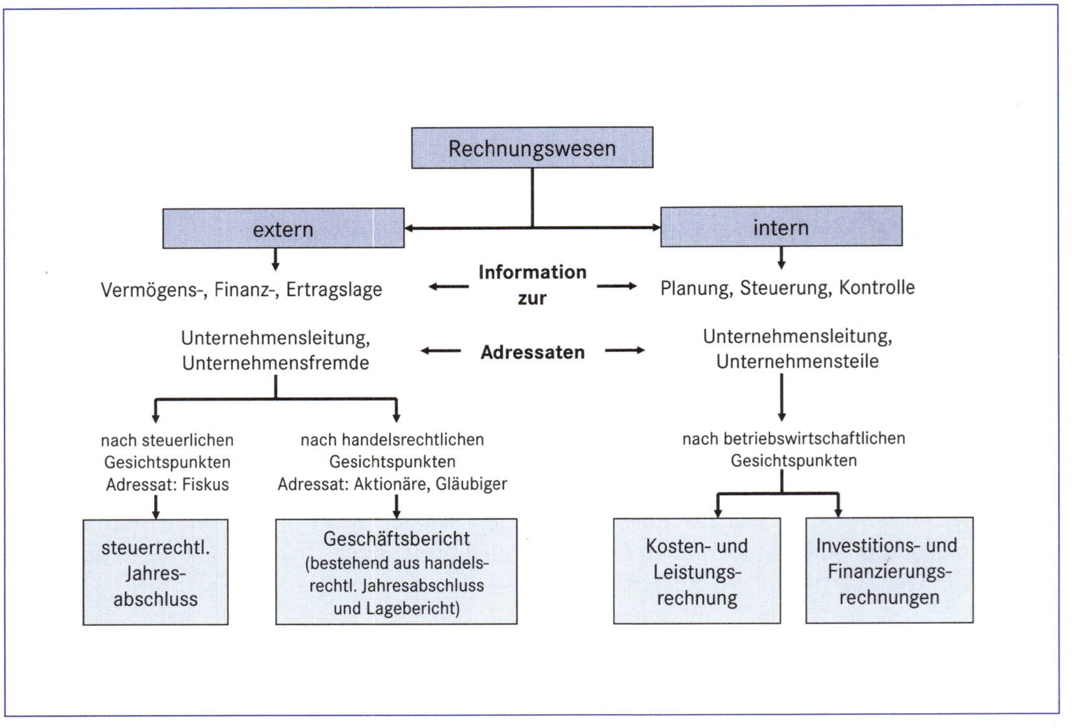

Abb. 1.2: Teilgebiete des Rechnungswesens

Aus diesen unterschiedlichen Zielsetzungen sowie der Ausrichtung des Rechnungswesens auf unterschiedliche Adressaten lassen sich die einzelnen Teilgebiete des Rechnungswesens ableiten. Der **Jahresabschluss**, bestehend aus Bilanz, Gewinn- und Verlustrechnung sowie ergänzend der Kapitalflussrechnung und dem Anhang, bildet das Ergebnis der Aufzeichnungen der Finanzbuchhaltung. Er bildet den Kern des **externen Rechnungswesens**. Aufgrund der Informationsasymmetrien zwischen Geschäftsleitung und den externen Adressaten und wegen der möglichen Rechtsfolgen veröffentlichter Jahresabschlussdaten, ist dieser Bereich des Rechnungswesens mit einem gewissen Maß an Objektivität i. S. einer Überprüfbarkeit durch Dritte verbunden. Um eine einheitliche, den Interessen gerecht werdende Abgabe von Informationen sicherzustellen, wurden Verpflichtung und Umfang dieser periodischen Rechenschaftslegung gesetzlich geregelt. Diese Normen zur Rechnungslegung können allerdings weder jede denkbare Fragestellung, die sich bei der Bilanzierung ergeben kann, vorwegnehmen, noch für jede in der Praxis auftretende Situation Verhaltensweisen festlegen. Damit ergeben sich für den Bilanzierenden - wenn auch nur in begrenztem Maße - Möglichkeiten, Bilanzpolitik zu betreiben. Mit anderen Worten kann der Jahresabschluss zu einem gewissen Grad den Wünschen des Bilanzierenden bezüglich seines Erscheinungsbildes bei den Adressaten angepasst werden.

Aufbau und Organisation des **internen Rechnungswesens** sind im Gegensatz zum externen Rechnungswesen in das Ermessen des Betriebes gestellt. Das interne Rechnungswesen umfasst dabei u. a. die **Kosten- und Leistungsrechnung** sowie die **Investitions- und Finanzierungsrechnung**. Im internen Rechnungswesen sollen Informationen für die interne Steuerung, d. h. das Controlling des Unternehmens gewonnen werden. Controlling, das sich vom englischen Begriff »*to control*« (= steuern, lenken) ableitet, ist im Kern nichts anderes als zielorientierte Steuerung durch Information, Planung und Kontrolle. Dies ist in der folgenden Abb. 1.3 verdeutlicht (Fischer/Möller/Schultze [2015]):

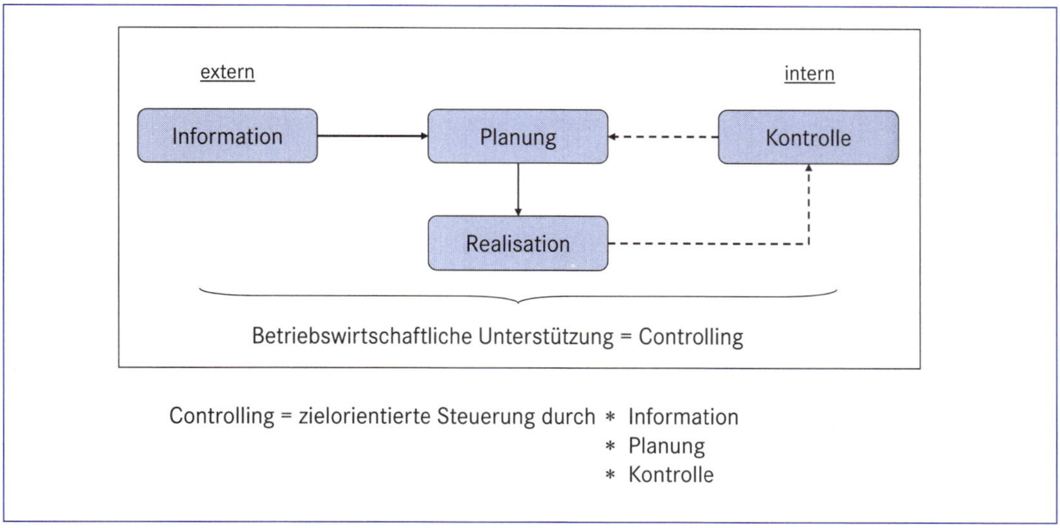

Abb. 1.3: Begriff des Controlling

Neben der Schaffung von Transparenz werden hier deshalb zwei Zwecke verfolgt: Planung und Kontrolle.

Das **Controlling** bedient sich dabei aller verfügbaren Instrumente des Rechnungswesens, also auch der des externen. Die Steuerung von Geschäftseinheiten, d. h. die Planung und Kontrolle des Geschäfts selbstständig agierender betrieblicher Einheiten, der sog. Profit Centers, erfolgt im Controlling im Allgemeinen mit Hilfe des Instrumentariums des Jahresabschlusses. Die Ressourcenbindung wird mittels der Bilanz, das Ergebnis mittels der Gewinn- und Verlustrechnung und die Finanzierung mittels der Kapitalflussrechnung gesteuert. Soweit es um die Steuerung von Produkten und Prozessen geht, steht dagegen das Instrumentarium der Kosten- und Leistungsrechnung im Vordergrund. Darüber hinaus hat das Rechnungswesen eigene Instrumente für die Investitions-, Finanz-, Produktions- und Absatzplanung.

D. Messung betriebswirtschaftlicher Ziele im Rechnungswesen

Das Rechnungswesen soll Informationen über den Geschäftsverlauf für verschiedene Interessenten bereitstellen. Mit diesen Informationen soll die Vermögens-, Finanz- und Ertragslage des Unternehmens dargestellt und damit beurteilbar gemacht werden, wie nahe das Unternehmen den gesetzten Zielen gekommen ist.

I. Betriebswirtschaftliche Zielsetzungen

Die grundlegende marktwirtschaftliche Zielsetzung der Gewinnmaximierung ist als solche nicht operational und muss nach dem zeitlichen Horizont in eine kurz-, mittel- und langfristige Zielsetzung differenziert werden. Die **Ziele eines Unternehmens** lassen sich nach der zeitlichen Reichweite und den zugrunde liegenden Maßgrößen in drei Bereiche unterteilen, nämlich Liquidität, Erfolg und Erfolgspotenzial (vgl. Coenenberg/Haller/Schultze [2018]). Diesen drei Zielebenen entsprechen drei Steuerungsebenen, nämlich finanzwirtschaftliche, operative und strategische Steuerung (vgl. Abb. 1.4). Traditionell standen die monetären, d. h. in Geld messbaren Ziele Liquidität und Erfolg im Mittelpunkt. Infolge einer immer stärker zunehmenden Komplexität der Umwelt und einer damit einhergehenden Erhöhung der Unsicherheit über das zukünftige unternehmerische Umfeld gewinnt jedoch eine dritte, nicht geldmäßig ausdrückbare Zielgröße, das Erfolgspotenzial einer Unternehmung, immer mehr an Bedeutung.

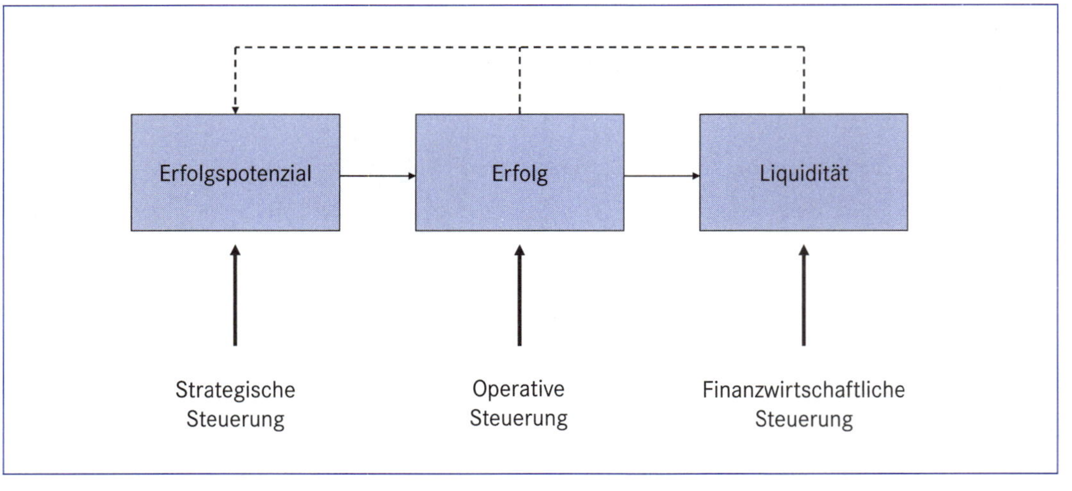

Abb. 1.4: Ziel- und Steuerungsebenen des Unternehmens

Das **Liquiditätsziel** ist auf Erzielung von Einzahlungen durch den Einsatz von Auszahlungen gerichtet (Cashflow-Orientierung). Die Bedeutung dieses Ziels für jedes Unternehmen zeigt sich schon an der Notwendigkeit, die Zahlungsbereitschaft jederzeit aufrecht zu erhalten. Die Verletzung dieser Prämisse führt zur Insolvenz. Die Steuerung der Einzahlungen und Auszahlungen ist deshalb für jedes Unternehmen notwendig, sie reicht allerdings als Grundprinzip der Unternehmenssteuerung nicht aus. Die Gründe dafür sind vielfältig. Wer etwa ein Unternehmen mit langen Entwicklungs- und Investitionsdauern nur nach Einzahlungen und Auszahlungen steuern würde, käme mit seinen Maßnahmen stets zu spät. Denn der wirtschaftliche Erfolg eines Entwicklungs- oder Investitionsprojektes lässt sich auf der Grundlage von Einzahlungen und Auszahlungen erst nach Abschluss des gesamten Projektes messen.

Aus den Unzulänglichkeiten einer ausschließlich liquiditätsorientierten Steuerung leitet sich die Notwendigkeit einer weiteren Zielgröße ab, nämlich der Zielgröße **Erfolg**. Sie misst die Leistungsentstehung (Output) und den dafür erforderlichen Ressourceneinsatz (Input) periodenabschnittsweise. Mit der Messung des Periodenerfolges sollen Indikationen für den Totalerfolg über die gesamte Lebensdauer einer wirtschaftlichen Aktivität gewonnen werden. Kurz: Der Periodenerfolg ist Vorsteuerungsgröße für den Liquiditätsfluss. Neben die reine Geldsteuerung (Liquidität) tritt die leistungswirtschaftliche (operative) Steuerung (Erfolg).

Allerdings reicht auch die Zielgröße Erfolg für die Unternehmenssteuerung nicht aus. Die Unzulänglichkeit des Erfolgsziels ergibt sich insbesondere aus der begrenzten Prognosefähigkeit leistungswirtschaftlicher Erfolge und der eher kurzfristigen Orientierung einer rein operativen Unternehmenssteuerung. Aus der Notwendigkeit, die Unzulänglichkeit der Erfolgszielgröße zu begrenzen, resultiert die dritte Zielgröße, das **Erfolgspotenzial**. Das Erfolgspotenzial eines Unternehmens lässt sich als ein Bündel nachhaltig wirksamer Wettbewerbsvorteile beschreiben, die im Kontext umweltlicher Chancen und Risiken sowie unternehmerischer Stärken und Schwächen rechtzeitig aufgebaut und verteidigt werden müssen, um in nachfolgenden Perioden Erfolge erzielen zu können. Während Erfolg und Liquidität eher kurz- und mittelfristiger Natur sind, ist die Zielgröße Erfolgspotenzial vor allem auf eine längerfristige Perspektive gerichtet.

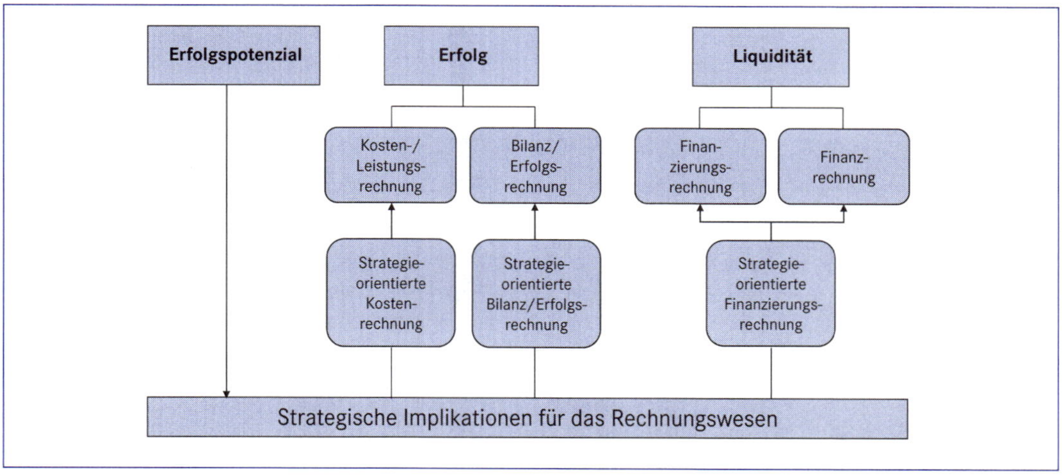

Abb. 1.5: Systematisierung des betriebswirtschaftlichen Rechnungswesens

Zwischen den Zielen bestehen **Interdependenzen**. In zeitlicher Betrachtung stehen Erfolgspotenzial, Erfolg und Liquidität in einem Vorsteuerungsverhältnis. Das Erfolgspotenzial ist Vorsteuerungsgröße für den Erfolg und damit indirekt für die Liquidität. Andererseits bestehen natürlich auch Rückwirkungen zwischen den Zielgrößen: So wird der Aufbau neuer Erfolgspotenziale nicht möglich sein, wenn nicht aus früheren Erfolgspotenzialen entsprechende Liquiditätsbeiträge erwirtschaftet werden. Außerdem geht der Aufbau neuer Erfolgspotenziale wegen der notwendigen Vorlaufkosten häufig zulasten des gegenwärtigen Erfolgs.

Ein wesentlicher Unterschied zwischen der strategischen Steuerung einerseits und der operativen und finanzwirtschaftlichen Steuerung andererseits besteht im Hinblick auf die informatorische Fundierung. Während die strategische Steuerung auf Umfeld- und Unternehmensanalysen beruht, knüpfen die operative und die finanzwirtschaftliche Steuerung unmittelbar an die Systeme des betrieblichen Rechnungswesens an, wie in Abb. 1.5 verdeutlicht. Wegen der Verknüpfung der drei Zielebenen haben allerdings die für das operative und finanzwirtschaftliche Controlling relevanten Informationen des Rechnungswesens auch erhebliche Bedeutung für die strategische Steuerung (vgl. Coenenberg/Fischer/Günther [2016]).

II. Rechengrößen und Teilgebiete des Rechnungswesens

Im vorangegangenen Abschnitt wurden die vielfältigen Interessen am Rechnungswesen sowie die unterschiedlichen Steuerungskonzepte dargestellt. Aufgrund dieser Anforderungen haben sich verschiedene Teilgebiete des Rechnungswesens entwickelt.

Zielgröße	Rechengrößen	Teilgebiete des Rechnungswesens
Liquidität	Einzahlungen Auszahlungen	Finanzrechnung, Investitionsrechnung
	Einnahmen Ausgaben	Finanzierungsrechnung
Erfolg	Erträge Aufwendungen	Gewinn- und Verlustrechnung, Bilanz
	Leistungen Kosten	Kosten-/Leistungsrechnung, kalkulatorische Vermögensrechnung

Abb. 1.6: Zusammenhang zwischen Ziel-, Rechengrößen und Teilgebieten des Rechnungswesens

1. Rechengrößen des Rechnungswesens

Die Teilgebiete des Rechnungswesens sind unmittelbar verknüpft mit den Zielgrößen Liquidität und Erfolg. Der Liquiditätssteuerung dient die Finanz- bzw. Finanzierungsrechnung (auch Kapitalflussrechnung genannt) über die Rechengrößen **Einzahlungen/Auszahlungen** bzw. unter Einbezug von Kreditgeschäften über **Einnahmen/Ausgaben**. Der Erfolgssteuerung (operativen Steuerung) dienen der Jahresabschluss (Bilanz/Erfolgsrechnung) und die Kosten-/Leistungsrechnung (vgl. Abb. 1.6).

Auszahlungen und **Einzahlungen** sind, wie der Name schon sagt, tatsächliche Zahlungen in Geld (Geldbegriff = Bargeld, Buchgeld), die den Bestand an flüssigen Mitteln des Unternehmens verändern. Wenn also z. B. etwas eingekauft und bar bezahlt wird, dann handelt es sich bei diesem Geschäftsvorfall um eine Auszahlung. Aber auch die Bezahlung einer Rechnung per Überweisung stellt eine Auszahlung dar, da auch das Bankguthaben sofort verfügbare flüssige Mittel darstellt und bei der Bezahlung abnimmt.

Ausgaben/Einnahmen sind Begriffe für solche Vorgänge, die rechtlich den Anspruch auf Finanzmittel herbeiführen. Durch Abschluss des Kaufvertrages schuldet der Käufer dem Verkäufer den Kaufpreis, der Verkäufer dem Käufer das betreffende Gut. Mit Erfüllung des Kaufvertrags entsteht für das kaufende Unternehmen eine Ausgabe, umgekehrt entsteht für den Verkäufer eine Einnahme.

Eine Ausgabe kann, muss aber nicht gleichzeitig Auszahlung sein. Wird, wie in eben genanntem Beispiel, Ware eingekauft und bar bezahlt, dann handelt es sich gleichzeitig um eine Auszahlung und um eine Ausgabe: Ausgabe, weil die Zahlungsverpflichtung entstanden ist, Auszahlung, weil Geld geflossen ist. Wird dagegen die Ware erst später bezahlt, z. B. bei einem Kauf mit Zahlungsziel (auf Kredit), dann stellt der Kauf eine Ausgabe dar, aber erst die Bezahlung eine Auszahlung.

Aufwendungen/Erträge sind Begriffe für den Wertverzehr bzw. Wertzuwachs im Unternehmen. Mit Entstehen einer Ausgabe bzw. Auszahlung sind zwar rechtliche Ansprüche entstanden bzw. Geldmittel geflossen, die erworbenen Güter sind aber möglicherweise noch nicht verbraucht, sondern liegen z. B. auf Lager. Erst wenn sie tatsächlich im Betriebsprozess verbraucht worden sind, spricht man von einem Aufwand. Die Finanzbuchhaltung erfasst den gesamten Wertzuwachs oder Wertverbrauch sowie die durch diese entstehenden Änderungen der Vermögens- oder Kapitalstruktur während einer Periode. Den Wertverzehr nennt man Aufwand, den Wertzuwachs Ertrag. Diese werden im Jahresabschluss gegenübergestellt und ergeben den Gewinn der Periode.

Beispiel

Aufeinanderfolgen der Rechengrößen bei einer Maschine:

- Kauf einer Maschine für 100.000 GE mit Zahlungsziel $\Rightarrow$ Ausgabe
- Vier Wochen später Bezahlung der Maschine per Banküberweisung $\Rightarrow$ Auszahlung
- Jede Betriebsstunde der Maschine vermindert ihren Wert $\Rightarrow$ Aufwand

Die Kosten- und Leistungsrechnung, kurz Kostenrechnung, erfasst im Unterschied zur Finanzbuchhaltung **Kosten** und **Leistungen**. Diese stellen denjenigen Teil des Wertverbrauchs und -zuwachses dar, der durch die Erfüllung der spezifischen Aufgaben des Betriebes (Erzeugung und Absatz von Gütern und Leistungen) verursacht wird. Während der Jahresabschluss sich auf alle Aktivitäten des Unternehmens bezieht, ist die Kostenrechnung hingegen auf das Ergebnis der Leistungserstellung und -verwertung gerichtet. Deshalb werden in der Kostenrechnung alle nicht die Leistungserstellung und -verwertung betreffenden sog. **neutralen Aufwendungen und Erträge** ausgeschlossen. Dazu gehören alle betriebsfremden, periodenfremden und außerordentlichen Aufwendungen und Erträge, die aber in der Finanzbuchhaltung aufgezeichnet werden (z. B. Spekulationsgewinne, Steuernachzahlungen, Verkauf von Produktionsanlagen).

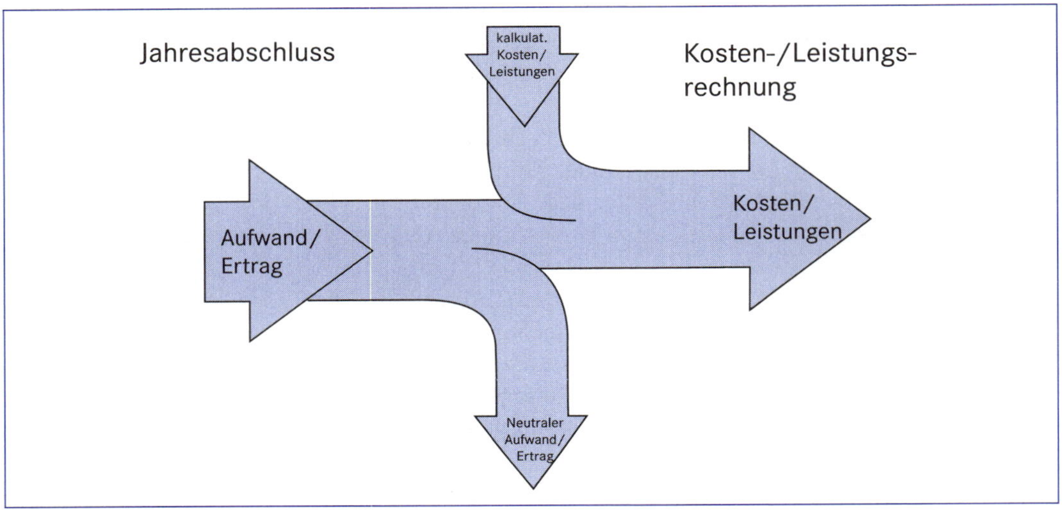

Abb. 1.7: Aufwendungen und Kosten

Zusätzlich werden in der Kostenrechnung **kalkulatorische Kosten** verrechnet, die in der Finanzbuchhaltung entweder gar nicht (z. B. kalkulatorische Zinsen, Mieten, Unternehmerlohn) oder in anderer Höhe anfallen (kalkulatorische Abschreibungen) und deshalb auch als sog. Zusatzkosten bzw. Anderskosten bezeichnet werden. Zweck ist dabei häufig eine Normalisierung stark schwankender Größen sowie die Berücksichtigung von Opportunitätskalkülen. Diese Unterschiede zwischen Aufwand/Ertrag und Kosten/Leistungen sind in Abb. 1.7 dargestellt (vgl. Coenenberg [1995]).

Die unterschiedlichen Rechengrößen werden innerhalb der Rechnungen zu unterschiedlichen **Ergebnisgrößen** komprimiert, die jeweils Maßgrößen für die unterschiedlichen Zielgrößen darstellen (vgl. Abb. 1.8). In der Finanzierungsrechnung werden Einnahmen und Ausgaben bzw. Einzahlungen und Auszahlungen zu verschiedenen Zahlungsstrom-Salden zusammengefasst, die auch **»Cashflows«** genannt werden und je nach den in ihnen enthaltenen Zahlungen unterschiedlichen Bereichen zuzuordnen sind. So sind üblicherweise drei Cashflow-Bereiche zu unterscheiden: Cashflow aus laufender Geschäftstätigkeit, Cashflow aus Investitionstätigkeit und Cashflow aus Finanzierungstätigkeit. Diese Salden geben Auskunft über die Finanzierungskraft bzw. die Finanzierungsbedarfe des Unternehmens.

Der Saldo von Erträgen und Aufwendungen im Rahmen der »Gewinn- und Verlustrechnung« ergibt den **»Jahresüberschuss«**, der den bilanziellen Gewinn vor Ergebnisverwendung darstellt. Er bildet eine der zentralen Maßgrößen des externen Rechnungswesens über den Erfolg der Geschäftstätigkeit einer Periode. Leistungen und Kosten werden im **»Betriebsergebnis«** zusammengefasst. Dieses stellt die zentrale Maßgröße für den betrieblichen Erfolg im internen Rechnungswesen dar. Da Kosten/Leistungen und Aufwendungen/Erträge sich voneinander unterscheiden, werden sich i. d. R. auch Betriebsergebnis und Jahresüberschuss unterscheiden. Da beide Ergebnisse oft für unterschiedliche Zwecke und aus unterschiedlicher Perspektive ermittelt werden, unterliegen sie unterschiedlichen Interpretationen. Allerdings liegt es i. S. einer durchgängigen Transparenz nahe, zur Erfolgsmessung und Steuerung von Geschäftsbereichen in dezentral geführte Unternehmen die internen und externen Erfolgsgrößen eng aufeinander abzustimmen (vgl. in diesem Kapitel, S. 27 ff.).

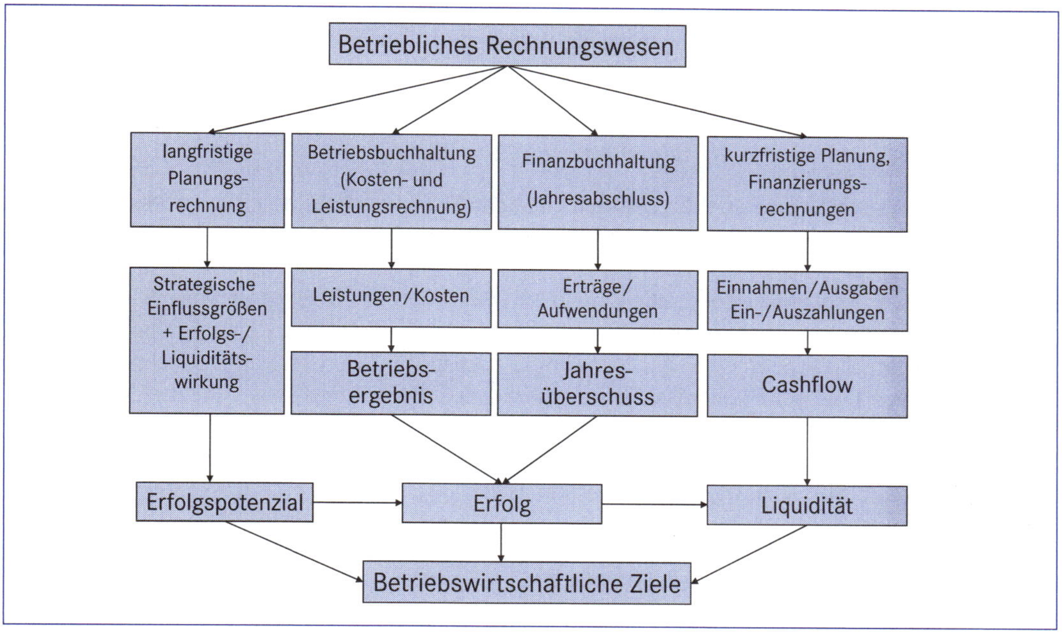

Abb. 1.8: Messung der Zielerreichung durch das Rechnungswesen

Mit dem Ansatz von **kalkulatorischen Kosten** i. S. v. Zusatzkosten in der Kostenrechnung soll dem Gedanken Rechnung getragen werden, dass die im Betrieb gebundenen Mittel auch in einer alternativen Verwendung einsetzbar wären und in dieser Einnahmen erwirtschaften könnten. Der Unternehmer könnte z. B. seine Arbeitskraft auch in einem nichtselbstständigen Angestelltenverhältnis einsetzen und dabei ein Gehalt beziehen - diesen Betrag muss er in der selbstständigen Tätigkeit erst als Gewinn erwirtschaften, um gleichgestellt zu sein. Deshalb wird dieses entgangene Gehalt in Form eines kalkulatorischen Unternehmerlohns als **Opportunitätskosten** vom Gewinn abgesetzt, um zu zeigen, was wirklich »Überschuss« war. Die gleiche Idee steht hinter dem Ansatz von kalkulatorischen Zinsen. Da das gebundene Kapital auch alternativ investiert und dabei eine bestimmte Rendite erwirtschaftet werden könnte, kann als echter Überschuss aus dem betrieblichen Einsatz des Kapitals nur die darüber hinausgehende Verzinsung betrachtet werden. Werden im Betriebsergebnis kalkulatorische Zinsen in Höhe einer dem Risiko entsprechenden Alternativrendite abgesetzt, dann würde ein resultierendes **Betriebsergebnis** von null besagen, dass eine auskömmliche Rendite erwirtschaftet wurde, die den Kapitalgeber zufriedenstellen müsste.

Diese Überlegungen finden in jüngster Zeit im Konzept der **wertorientierten Unternehmensführung** (Stichwort: »Shareholder Value«) im Verhältnis zu externen Kapitalgebern Anwendung. Da diese ihr Kapital jederzeit anderweitig investieren können, muss das Unternehmen ihnen eine Verzinsung bieten, die mindestens der Rendite einer risikoäquivalenten Alternative entspricht. Nur ein Unternehmen, das dauerhaft Dividenden und Kurssteigerungen bietet, die mindestens die Renditen anderer Unternehmen mit entsprechendem Geschäftsrisiko erreichen, wird sich auf Dauer finanzieren können. Ist dies nicht der Fall, verfällt der Kurs, d. h. der Unternehmenswert. Die Aufnahme weiteren Eigenkapitals wird erschwert. Um den Unternehmenswert zu steigern, müssen Investitionen durchgeführt werden, die Rückflüsse mit sich bringen, deren Gegenwartswert die ursprünglichen Investitionsausgaben übersteigen. Der Wertbeitrag einer solchen Investition ergibt sich deshalb aus der Überrendite, also der Differenz aus der Rendite der Investition (RI) abzüglich der Alternativrendite (RA), multipliziert mit dem investierten Kapital (I):

$$\textbf{Wertbeitrag} = (\textbf{RI} - \textbf{RA}) \times \textbf{I}$$

Die bisherigen Ausführungen haben deutlich gemacht: Die Zwecke des Rechnungswesens werden durch die an das System herangetragenen Zahlungsansprüche und Informationsbedürfnisse des Empfängerkreises des Rechnungswesens geprägt. In Abhängigkeit von den einzelnen Rechnungszwecken ergeben sich unterschiedliche Ziele oder Zielgrößen des Rechnungswesens, als Übersetzung der Rechnungszwecke in beobachtbare Sachverhalte. Erst diese Rechnungsziele bestimmen als zu ermittelnde Zielgrößen die Begriffe und die Ausgestaltung des Rechnungswesens, d. h.: »Der Rechnungszweck bestimmt über das Rechnungsziel den Rechnungsinhalt.« (Schneider [1994], S. 52).

Im Folgenden werden die angesprochenen liquiditäts- und erfolgsorientierten Teilgebiete des Rechnungswesens (vgl. Abb. 1.6) näher charakterisiert.

2. Finanz- und Finanzierungsrechnung

Eine Unternehmung gilt dann als ausreichend liquide, wenn sie in der Lage ist, jederzeit ihren eingegangenen Zahlungsverpflichtungen nachzukommen. Der Liquiditätssteuerung kommt daher eine zentrale Bedeutung für das Fortbestehen eines Unternehmens zu, da insbesondere in ökonomischen Krisensituationen rechtliche Konsequenzen (Insolvenz, Liquidation) einer unzureichenden Liquidität des Unternehmens zu beachten sind.

Ziel der finanziellen Unternehmensführung muss es sein, die Zahlungsströme so aufeinander abzustimmen, dass die Zahlungsfähigkeit des Unternehmens unter Beachtung der Unsicherheit zukünftiger Zahlungen zu jedem Zeitpunkt gewährleistet ist und gleichzeitig das übergeordnete Rentabilitätsziel berücksichtigt wird. Dies erfordert eine ausgebaute und in die Gesamtunternehmenssteuerung integrierte Finanzierungsrechnung, die neben der Betrachtung der auch aus der Bilanz ersichtlichen Höhe des Liquiditätssaldos zusätzliche Aussagen über dessen Quellen und Bestimmungsfaktoren und deren detaillierte Planung sowie über Ursachen des Unterschieds zwischen Periodenerfolg und Liquidität erlaubt. Über Bilanz und Erfolgsrechnung hinaus bedarf es zur Abbildung der **Liquidität** einer besonderen Finanzierungsrechnung.

In Anlehnung an die Begriffsbestimmungen in den Empfehlungen des Arbeitskreises »Finanzierungsrechnung« der Schmalenbach-Gesellschaft für Betriebswirtschaft (SG) bezeichnet der Ausdruck »Finanzierungsrechnung« das finanzwirtschaftliche oder liquiditätsorientierte Teilgebiet des Rechnungswesens. Finanzierungsrechnung ist somit der Oberbegriff für monetäre Periodenrechnungen (z. B. Jahres- oder Monatsrechnung, mehrperiodische Planungsrechnung) zur Erfassung und Steuerung von Zahlungsströmen und Finanzmittelbeständen. Die Finanzierungsrechnung ist ein Informationsinstrument des Unternehmens und zeigt Ein- und Auszahlungen oder adäquate Näherungsgrößen in Form von Einnahmen und Ausgaben für diese während eines Zeitraums. Dementsprechend kann man unter dem Begriff der Finanzierungsrechnung zwei Ausprägungsformen unterscheiden, wie die folgende Abb. 1.9 zeigt.

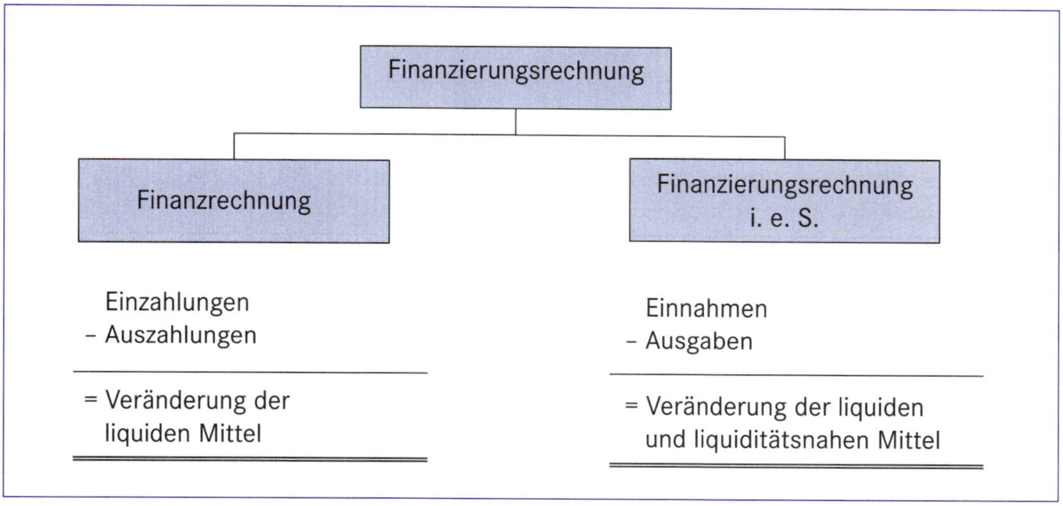

Abb. 1.9: Finanz- und Finanzierungsrechnung

Wie oben bereits erörtert (vgl. S. 12 f.), sind Einzahlungen und Auszahlungen Zu- und -abflüsse von Geldmitteln. Eine Finanzrechnung dient der Liquiditätssteuerung unmittelbar durch Gegenüberstellung dieser Größen. Das Begriffspaar Einnahmen und Ausgaben schließt darüber hinaus das Entstehen von Ansprüchen auf Geldmittelzufluss (= Forderungen) und Geldmittelabfluss (= Verbindlichkeiten) ein. Eine auf Einnahmen und Ausgaben basierende Finanzierungsrechnung i. e. S. kann deshalb immer als eine Näherung, für eine auf Einzahlung und Auszahlung beruhenden Finanzrechnung, betrachtet werden.

In der Unternehmenspraxis ist deshalb die Finanzierungsrechnung i. e. S. in den letzten Jahren immer stärker in den Vordergrund gerückt. Deshalb wird im Folgenden auch nur diese Finanzierungsrechnung i. e. S. betrachtet. Begrifflich wird ausschließlich von »Finanzierungsrechnung« gesprochen.

Die Kapitalflussrechnung (KFR) wird in den Empfehlungen des Arbeitskreises »Finanzierungsrechnung« der SG als eine »Finanzierungsrechnung zur Information Außenstehender« definiert. Daraus folgt, dass man unter einer KFR ein Publizitätsinstrument des Unternehmens, also eine bestimmte **unternehmensextern-orientierte, retrospektive Finanzierungsrechnung** versteht. Unter dem Begriff der KFR wird somit hier die Form von Finanzierungsrechnungen verstanden, die als Rechenschaftsinstrument nach nationalen bzw. internationalen Rechnungslegungsnormen erstellt, mit Bilanz und GuV in einem engen Zusammenhang steht und gemeinsam mit diesen im Jahresabschluss veröffentlicht wird. Die KFR ermöglicht externen Adressaten einen Einblick in die **Finanzlage** des Unternehmens, in dem Investitions- und Finanzierungsvorgänge in Form von

Ein- und Auszahlungen sowie deren Auswirkungen auf die Liquidität abgebildet werden. Sie wird im Kapitel 19 näher dargestellt.

3. Investitionsrechnung

Ebenfalls auf Zahlungsströmen beruht die Investitionsrechnung, mittels derer die Wirtschaftlichkeit einer Investition beurteilt wird. Grundlage der Investitionsrechnung ist die Planung der Einzahlungen und Auszahlungen eines Investitionsprojekts über seine gesamte Nutzungsdauer.

Für die Beurteilung der Wirtschaftlichkeit einer Investition gibt es verschiedene Ansätze, wovon hier aber nur kurz die Kapitalwertmethode dargestellt wird, da an verschiedenen Stellen wieder auf sie zurückgegriffen wird. Bei dieser wird die Anfangsinvestition dem Wert der daraus resultierenden Rückflüsse gegenübergestellt. Nur wenn der Wert der Rückflüsse die Investitionsausgaben übersteigt, lohnt sich das Projekt. Der Wert der Rückflüsse wird durch Diskontierung ermittelt.

Da die Rückflüsse aus einem Projekt erst in der Zukunft erfolgen, ist zu beachten, dass die zu unterschiedlichen Zeitpunkten anfallenden Beträge nicht einfach addiert werden können. Da Geld verzinslich angelegt werden kann, gilt der Grundsatz: Ein Euro heute ist mehr wert als ein Euro morgen! Legt man einen Euro für ein Jahr zum Zinssatz i an, dann erhält man nach Ablauf des Jahres (1 + i) zurück. Legt man ihn für zwei Jahre an, so erhält man $(1 + i)^2$ usw. Der Endwert einer Anlage von I_0 Euro nach T Jahren ist folglich: $I_0(1 + i)^T$.

Diese Berechnung nennt man »Aufzinsen«. Da nur Zahlungen in Geld sich wieder anlegen lassen, beruht die Investitionsrechnung i. d. R. auf Ein- und Auszahlungen, nicht auf Erträgen und Aufwendungen. Die aus der Investition resultierenden Ein- und Auszahlungen werden geplant und für die Lebensdauer des Projekts prognostiziert. Daraus resultiert eine Zahlungsreihe der Einzahlungsüberschüsse (Einzahlungen - Auszahlungen), auch »Cashflows« genannt.

Um die zu unterschiedlichen Zeitpunkten anfallenden Cashflows addierbar zu machen, müssen sie auf einen Zeitpunkt bezogen werden. Das kann entweder das Projektende oder der Projektanfang (t = 0) sein. Bezieht man sich auf das Projektende, so werden die Cashflows aufgezinst. Es resultiert der Endwert (EW):

$$EW_T = \sum_{t=1}^{T} CF_t(1+i)^{T-t}$$

Bezieht man sich hingegen auf den Projektanfang, erhält man durch Abzinsen der Cashflows den Barwert. Das Abzinsen kehrt den Vorgang des Aufzinsens um, indem es fragt, welcher Wert in t = 0 anzulegen ist, um bei einer Verzinsung von i eine Rückzahlung in Höhe der Cashflows zu erhalten. Ein Euro, den man erst in einem Jahr erhält, ist heute nicht einen Euro wert, sondern nur 1/(1 + i). Erhält man ihn erst in zwei Jahren, so sind es nur $1/(1+i)^2$. Den Wert einer zukünftigen Zahlung zum heutigen Zeitpunkt bezeichnet man daher als Gegenwartswert (GWW) oder auch Barwert. Er wird durch Abzinsen (Diskontieren) der zukünftigen Zahlungsströme ermittelt. Hat man den Gegenwartswert von zu unterschiedlichen Zeitpunkten anfallenden Zahlungen ermittelt, so hat man diese gleichnamig gemacht und sie lassen sich nun addieren. Daher errechnet sich der Gegenwartswert eines Investitionsprojekts aus der Summe der Barwerte der Cashflows:

$$GWW_0 = \sum_{t=1}^{T} \frac{CF_t}{(1+i)^t}$$

Dieser Barwert stellt den Wert der aus dem Projekt resultierenden Zahlungen dar. Man kann ihn nun mit dem Investitionsbetrag vergleichen, um zu beurteilen, ob das Projekt lohnenswert ist.

Da der Erwerb eines ganzen Unternehmens nichts anderes als eine Investition ist, stellt auch die Unternehmensbewertung einen Anwendungsfall der Investitionsrechnung dar und basiert daher ebenfalls auf der Diskontierung von Zahlungsströmen.

Beispiel

Eine Anfangsinvestition von 1.000 GE in t = 0 verursacht Einzahlungen von 800 GE und Auszahlungen von 300 GE für die folgenden 3 Jahre. Alternativ könnten die 1.000 GE auch zu 10 % angelegt werden.
Es ergibt sich folgende Finanzplanung der Rückflüsse:

	t = 0	t = 1	t = 2	t = 3
Einzahlungen	0	800	800	800
Auszahlungen	0	- 300	- 300	- 300
Einzahlungsüberschuss (CF)	0	500	500	500

Der Barwert der Rückflüsse beträgt bei einem Zinssatz von 10 %:

$$GWW_0 = \frac{500}{1{,}1^1} + \frac{500}{1{,}1^2} + \frac{500}{1{,}1^3} = 1.243{,}43 \text{ GE}$$

Der Barwert der CF übersteigt die Anfangsinvestition um 243,43 GE:

$$1.243{,}43 > 1.000$$

Die Differenz zwischen den Anschaffungskosten der Investitionen und dem Barwert der CF nennt man auch den Nettobarwert oder Kapitalwert (NBW):

$$NBW_0 = -I_0 + \sum_{t=1}^{T} \frac{CF_t}{(1+i)^t}$$

Ist der Kapitalwert positiv, dann übersteigt der Barwert die Anschaffungskosten der Investition und sie ist lohnenswert. Dies wird als Kapitalwertkriterium zur Beurteilung einer Investition bezeichnet.
Dasselbe Urteil lässt sich auch auf Basis des Endwertes ermitteln, indem man den Wert am Ende des Jahres 03 errechnet:

$$EW_3 = 500(1{,}1)^2 + 500(1{,}1) + 500 = 1.551{,}21 \text{ GE}$$

Dies entspricht dem insgesamt durch das Projekt geschaffenen Vermögen, das bei einer Anlage zu 10 % am Ende des Projekts angespart wäre. Dieses kann nun mit dem Fall verglichen werden, wenn der Investitionsbetrag anstelle der Investition anderenorts zu 10 % angelegt worden wäre:

$$1.000(1{,}1)^3 = 1.331{,}00 \text{ GE}$$

Da die Alternativanlage einen geringeren Wert liefert, ist die Durchführung der Investition vorteilhafter. Diese Berechnung zeigt, dass die Verwendung der Rendite der bestmöglichen alternativen Anlage (die sog. Opportunitätskosten) zur Diskontierung der Zahlungsströme eben diesen Vergleich in die Ermittlung des Nettobarwerts integriert. Daher genügt ein positiver Kapitalwert als Kriterium zur Beurteilung einer Investition. Das Konzept des Barwerts findet in der Betriebswirtschaftslehre an vielen Stellen Verwendung, so auch in der Bilanzierung (vgl. Kapitel 3).

4. Jahresabschluss

Die aus der Finanzbuchhaltung abgeleiteten Rechenwerke Bilanz und GuV bilden den Jahresabschluss von Kaufleuten (§ 242 Abs. 3 HGB), der für Kapitalgesellschaften noch um den Anhang und einen Lagebericht ergänzt wird (§ 264 Abs. 1 HGB). Darüber hinaus ist der Abschluss kapitalmarktorientierter Unternehmen i. S. des § 264d HGB i. V. m. § 2 Abs. 11 WpHG um eine Kapitalflussrechnung, einen Eigenkapitalspiegel sowie optional um einen Segmentbericht zu erweitern (§§ 264 Abs. 1, 297 Abs. 1 HGB).

a) Aufgaben

Traditionell werden als Hauptaufgaben des Jahresabschlusses neben der Dokumentation der Geschäftsvorfälle die Rechenschaftslegung der Unternehmensleitung gegenüber den am Unternehmen beteiligten Gruppen und die Ermittlung des ausschüttbaren Periodengewinns angesehen. Das Management hat mit Hilfe des Jahresabschlusses **Rechenschaft** über die Verwendung des eingesetzten Kapitals und über die Qualität der Geschäftsführung, die sich insbesondere in dem während einer Periode erwirtschafteten **Erfolg** ausdrückt, abzulegen. Zusätzlich ist dessen **Ausschüttbarkeit** unter Beachtung von Liquiditäts- und Substanzerhaltungsrestriktionen zu ermitteln (Leffson [1987]). Die Problematik der Ermittlung des entnahmefähigen Gewinns führte zur Entwicklung verschiedener Unternehmenserhaltungskonzeptionen, die von der Gewinnermittlung auf der Basis des Anschaffungswertprinzips über das Tageswert- bis zum Gesamtwertprinzip reichen (vgl. im Detail Coenenberg/Haller/Schultze [2018]).

Infolge der Globalisierung der Umwelt gewinnt die **Informationsfunktion** des Jahresabschlusses über die Lage und Entwicklung des Unternehmens immer mehr an Bedeutung. Zur Erfüllung dieser Aufgabe bedürfte es der Bereitstellung von prospektiven Informationen für alle am Unternehmen interessierten Parteien, die zusätzlich materiell und formell so zu vermitteln wären, dass sie den Adressaten die optimale Auswahl von Handlungen aus den bestehenden Alternativen ermöglichen.

Infolge der Interessenvielfalt und -gegensätze der am Unternehmen beteiligten Gruppen kann jedoch nur ein gesetzlich normiertes Instrument eine zufriedenstellende Abwägung der widerstreitenden Informationsbedürfnisse gewährleisten. Der handelsrechtliche Jahresabschluss unterliegt deshalb weitgehend den Objektivierungsanforderungen, die im HGB und in den Grundsätzen ordnungsmäßiger Buchführung und Bilanzierung (GoB) verankert sind. Er soll prinzipiell einen allen Interessenten genügenden Einblick in die Vermögens-, Finanz- und Ertragslage des Unternehmens gewähren. Betrachtet man wiederum die grundlegenden Ziele des Unternehmens, so bedarf der Einblick in die Ertragslage vor allem der Darstellung des Erfolgs und des Erfolgspotenzials der Unternehmung. Die Finanzlage stellt dagegen direkt auf das Liquiditätsziel ab. Die Vermögenslage stellt ein Bindeglied zwischen der Ertrags- und Finanzlage dar und kann als globale Abbildung aller drei Teilbereiche betrachtet werden.

b) Instrumente des Jahresabschlusses: Bilanz, Erfolgs- und Kapitalflussrechnung

Da Unternehmen prinzipiell gegründet werden, um für eine unbegrenzte Dauer den Beteiligten zur Erfüllung ihrer Interessen zu dienen, genügt es nicht, erst am Ende der Betriebstätigkeit eine auf Zahlungen beruhende Totalerfolgsrechnung durchzuführen. Die dargestellten Zwecke bedingen vielmehr Rechnungen, die sich auf zeitlich begrenzte Teilperioden beziehen.

Der Jahresabschluss mit seinen Abschlussinstrumenten Bilanz, Erfolgs- und Kapitalflussrechnung ist daher generell als **Zeitabschnittsrechnung** konzipiert, die für eine bestimmte Abrechnungsperiode und das gesamte Unternehmen alle Zu- und Abgänge von Leistungsgütern mit deren zu ermittelnden Werten erfasst. Erträge und Aufwendungen lassen sich folglich als periodisierte erfolgswirksame Zahlungen oder als gesamte Werteentstehung und gesamter Werteverzehr einer Periode und damit als die Veränderung des Eigenkapitals definieren. Die Darstellung und Saldierung der Wertänderungen erfolgt in der zeitraumbezogenen **Gewinn- und Verlustrechnung (GuV)**, auch kurz **Erfolgsrechnung** genannt, die somit den anhand gesetzlicher Normierungen ermittelten Gewinn oder Verlust ausweist.

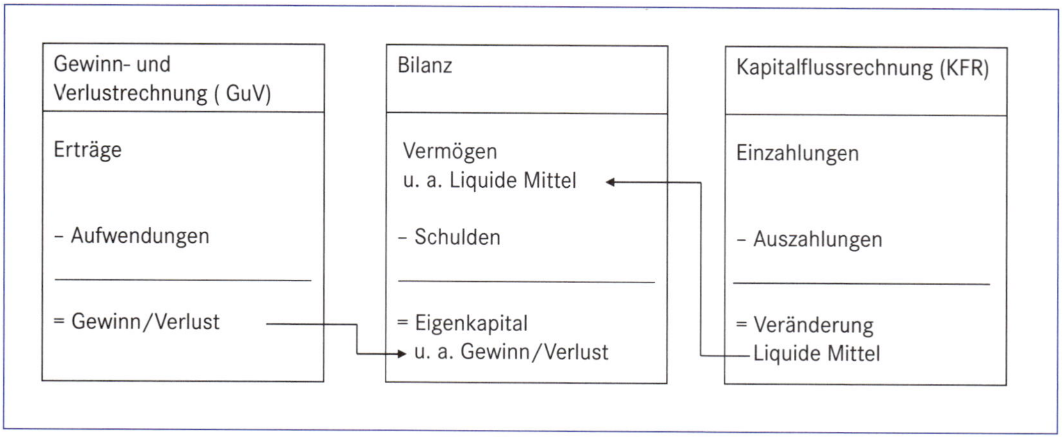

Abb. 1.10: Zusammenhang von Bilanz, GuV und KFR

Die **Kapitalflussrechnung (KFR)** als Zusammenstellung aller Einzahlungen und Auszahlungen des Unternehmens gibt Aufschluss über die Entwicklung der Liquidität sowie die Ursachen ihrer Veränderung innerhalb der betrachteten Periode.

In der zeitpunktbezogenen **Bilanz** werden die Vermögensgegenstände, die erst in nachgelagerten Perioden zu Aufwand und Ertrag führen, sowie sämtliche Kapitalbestände aufgezeichnet. Da die Bilanz sowohl den Liquiditäts- als auch den Erfolgssaldo jeweils als globale Größe enthält, fungiert sie als Bindeglied zwischen diesen beiden Rechnungen. Das ist in Abb. 1.10 veranschaulicht.

Zusammenfassend lässt sich also festhalten: Der Zweck des handelsrechtlichen Jahresabschlusses ist die Vermittlung eines den tatsächlichen Verhältnissen entsprechenden Bildes der Vermögens-, Finanz- und Ertragslage des Unternehmens (§§ 264 Abs. 2 Satz 1, 297 Abs. 2 Satz 2 HGB). Die zugehörigen Instrumente zur Vermittlung eines Bildes der Vermögens-, Finanz- und Ertragslage sind die Bilanz, die Kapitalflussrechnung (KFR) und die Gewinn- und Verlustrechnung (GuV) (vgl. Abb. 1.11).

Im weiteren Sinne wird unter Bilanz oft der gesamte Jahresabschluss, also Bilanz und Gewinn- und Verlustrechnung, ggf. inkl. einer Kapitalflussrechnung betrachtet (Bilanz i. w. S.). Die wichtigste und am häufigsten vorkommende Form einer Bilanz i. w. S. ist natürlich der Jahresabschluss, mit Hilfe dessen – wie ausgeführt – die Unternehmensleitung Rechenschaft über die Vermögens-, Finanz- und Ertragslage des Unternehmens gibt. Daneben lässt sich aber eine Fülle von Zwecken und Anlässen unterscheiden, für die Bilanzen zwingend oder freiwillig erstellt werden.

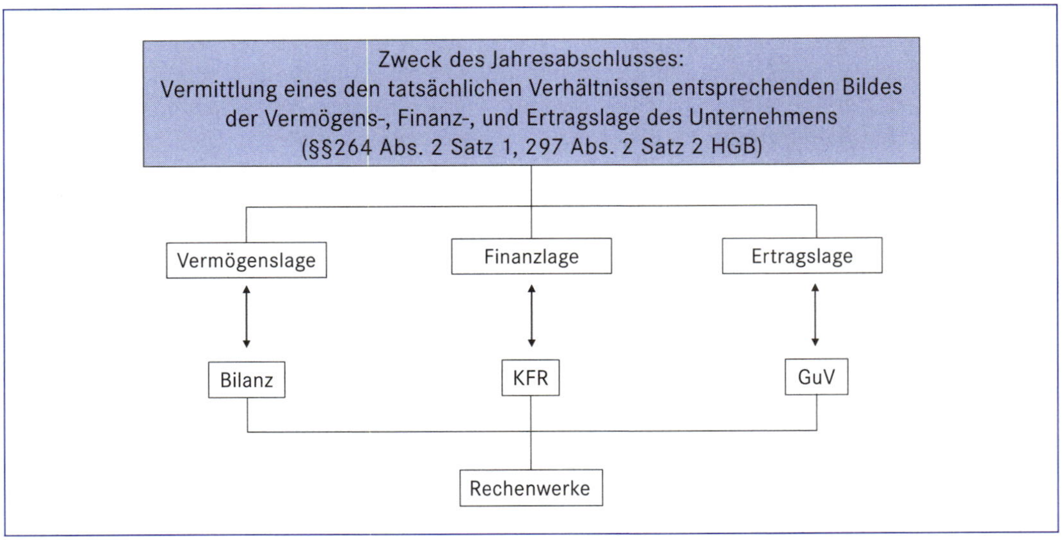

Abb. 1.11: Ziele und Instrumente des externen Rechnungswesens

c) Bilanzarten

Die wichtigste Bilanzart ist der laufende **Jahresabschluss**, der entweder nach nationalem Recht (Bilanz nach Handelsrecht) oder nach internationalen Standards (IFRS oder US-GAAP) erstellt wird. Bei diesem Jahresabschluss handelt es sich um eine **Erfolgsbilanz**, da hier unter der Annahme der Unternehmensfortführung die Ermittlung des periodenbezogenen Erfolges des Unternehmens im Vordergrund steht. Eine derartige Erfolgsbilanz ist auch die laufende **Steuerbilanz**, mit der das steuerpflichtige Einkommen von Unternehmen ermittelt wird. Der handelsrechtliche Jahresabschluss sowie die Ertragsteuerbilanz stehen über das Prinzip der Maßgeblichkeit und ihrer Rückwirkung in einem engen Wechselverhältnis zueinander.

Der auf die periodenbezogene Erfolgsermittlung abzielende **Jahresabschluss** nach Handelsrecht oder internationalen Standards bezieht sich entweder auf ein einzelnes rechtlich abgegrenztes Unternehmen oder auf eine gesamte wirtschaftliche Einheit mehrerer rechtlich selbstständiger Unternehmen. Im ersten Falle spricht man von **Einzelbilanz**, im zweiten Fall von **Konzernbilanz**. Die Einzelbilanz dient neben der Informationsfunktion insbesondere auch der Feststellung und Dokumentation rechtlicher Zahlungsansprüche, während die Konzernbilanz ausschließlich auf die Vermittlung von Informationen über Vermögens-, Finanz- und Ertragslage ausgerichtet ist. Bei den auf Erfolgsermittlung abzielenden Einzel- bzw. Konzernabschlüssen handelt es sich um laufende Abschlüsse, die mindestens einmal im Jahr, ggf. aber auch wie etwa bei börsennotierten Unternehmen quartalsweise zu erstellen und zu veröffentlichen sind. Von den laufenden Abschlüssen bzw. laufenden Bilanzen sind **Sonderbilanzen** zu unterscheiden, die für ganz spezielle Zwecke zu erstellen sind. Bei ihnen handelt es sich oft um die Information, die Liquidität oder das Vermögen des Unternehmens unter einem bestimmten Blickwinkel zutreffend abzubilden (Liquiditätsbilanz, Vermögensbilanz). Schließlich lässt sich nach der Informationsrichtung zwischen internen und externen Bilanzen unterscheiden. **Externe Bilanzen** dienen der Information außenstehender Stakeholder des Unternehmens. **Interne Bilanzen** dienen der Steuerung des Geschäfts durch die Unternehmensleitung, sie sind Bestandteil des Controllingsystems.

5. Kosten- und Leistungsrechnung

Die Kosten- und Leistungsrechnung ist Kernbestandteil des internen Rechnungswesens, erfüllt aber teilweise auch externe Aufgaben. Diese Aufgaben prägen ihre Ausgestaltung.

a) Aufgaben

Intern dient die Kosten- und Leistungsrechnung (KLR) der zieladäquaten Steuerung der innerbetrieblichen Faktorkombinationsprozesse. Grundsätzlich geht es hierbei um die informatorische Unterstützung von Entscheidungen.

Werden dagegen Entscheidungen an dezentrale Entscheidungsträger delegiert, so wird die Verhaltenssteuerungsfunktion relevant. In diesem Fall soll das interne Rechnungswesen durch Weitergabe von Informationen die Entscheidungen der Entscheidungsträger auf das Gesamtunternehmensziel hin ausrichten. Die Notwendigkeit einer Verhaltenssteuerungsfunktion ergibt sich einerseits aus einer asymmetrischen Informationsverteilung zwischen der Unternehmensleitung und dem dezentralen Entscheidungsträger, andererseits aus potenziellen Interessenkonflikten. Eine asymmetrische Informationsverteilung liegt dann vor, wenn ein einzelner Bereichsmanager über seinen Bereich besser informiert ist als die zentrale Unternehmensleitung. Dieser Informationsvorsprung ist gerade der Grund für die Delegation von Entscheidungen, daher kann er als Regelfall angesehen werden. Richtet der Entscheidungsträger zusätzlich seine Interessen an seinen persönlichen Präferenzen aus, so ist nicht ohne Weiteres davon auszugehen, dass die Entscheidungsträger automatisch i. S. der Unternehmensleitung handeln. Daher ist es eine weitere Aufgabe des internen Rechnungswesens, über entsprechende Anreizsysteme die Entscheidungsträger zu Entscheidungen i. S. der Unternehmensleitung zu veranlassen. Über Kontroll- und Koordinationsrechnungen sollen die Auswirkungen ihrer Entscheidungen messbar und damit beurteilbar gemacht werden. Durch diesen Prozess der späteren Leistungsevaluierung werden Anreize gegeben, ex ante gerade diejenigen Entscheidungen zu treffen, die sich positiv auf die Evaluationskriterien auswirken werden. Damit diese Entscheidungen i. S. der Unternehmensleitung ausfallen, müssen die Evaluationskriterien auf die Erreichung der Ziele der Unternehmensleitung hin ausgerichtet sein (sog. Zielkongruenz). Diese als Verhaltenssteuerung bezeichnete Funktion bedeutet daher eine informatorische Unterstützung fremder Entscheidungen.

Generell werden dem internen Rechnungswesen als Hauptfunktionen die **Entscheidungsunterstützungs**- und die **Verhaltenssteuerungsfunktion** zugeordnet. Der Unterschied zwischen beiden besteht in der Frage, wer jeweils die Entscheidungen trifft und wem die Rechnung damit dient. Im Rahmen der Entscheidungsunterstützungsfunktion kommt dem internen Rechnungswesen die Aufgabe zu, Informationen zu liefern, welche die Grundlage für eigene Entscheidungen darstellen. So soll beispielsweise die Ermittlung optimaler Produktionsmengen oder die Bestimmung von Preisobergrenzen für die Einsatzfaktoren durch die Bereitstellung relevanter Daten fundiert werden. Die Entscheidungsunterstützung erfordert daher die Ermittlung und das Abwägen von Alternativen und deren Auswirkungen (Planung). Im Rahmen von Abweichungsanalysen ist dann zu prüfen, ob das ursprünglich Geplante auch eingetreten ist (Kontrolle). Abweichungen führen einerseits zu erneutem Entscheidungsbedarf bezüglich der Einleitung weiterer Maßnahmen, andererseits haben sie auch einen Lerneffekt für zukünftige Planungsprozesse. Insofern dienen sowohl Planung als auch Kontrolle der Entscheidungsunterstützung.

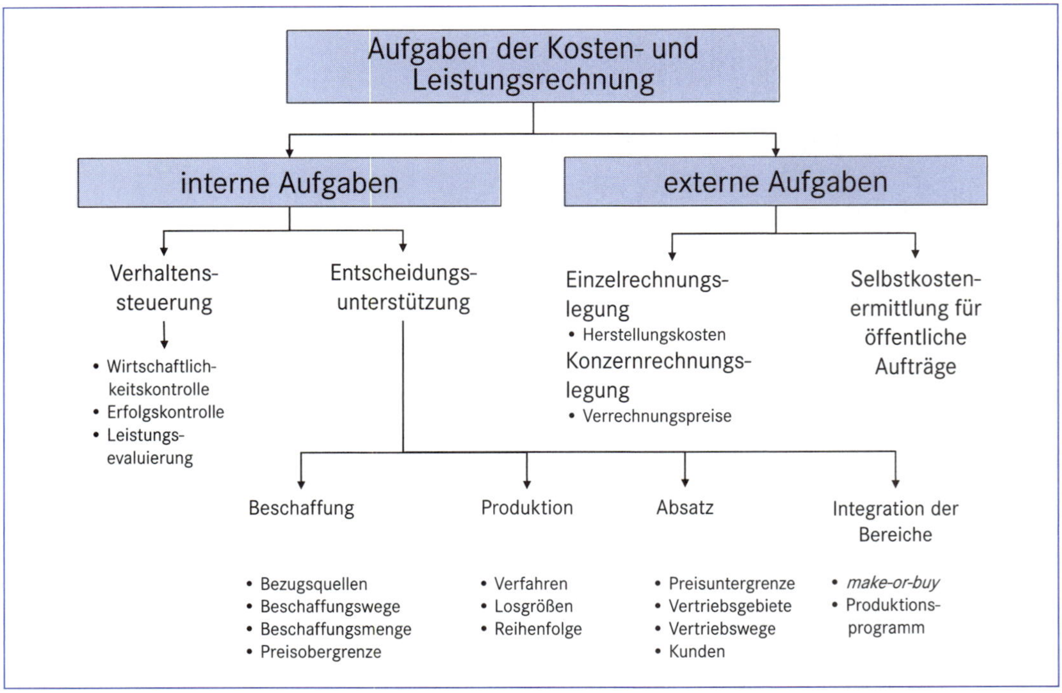

Abb. 1.12: Aufgaben der Kostenrechnung

In diesem Sinne liefert das interne Rechnungswesen einerseits Informationen für einen Entscheidungsträger, anhand derer er die Auswirkungen verschiedener Alternativen auf seine Evaluationskriterien bewerten kann (Planung), andererseits aber auch Informationen, die zur Leistungsevaluierung des Entscheidungsträgers notwendig sind (Kontrolle). Daher müssen die Aufgaben Planung und Kontrolle im jeweiligen Kontext der Entscheidungsunterstützungs- oder Verhaltenssteuerungsfunktion betrachtet werden.

Zusätzlich zu Verhaltenssteuerung und Entscheidungsunterstützung leiten sich **Dokumentationsaufgaben** der KLR aus extern vorgegebenen Zwecken ab. Extern vorgegebene Aufgaben der Kosten- und Leistungsrechnung resultieren aus handels- und steuerrechtlichen Vorschriften über die Ermittlung von Herstellungskosten zur Aktivierung von Eigenleistungen und Bestandsveränderungen (§ 255 Abs. 2 HGB, R 6.3 EStR, § 6 Abs. 1 Nr. 1b EStG) sowie der Ermittlung von Konzernverrechnungspreisen, die aufgrund der Fiktion der rechtlichen Einheit des Konzerns keine unrealisierten Gewinne bzw. Verluste enthalten dürfen (§ 304 Abs. 1 HGB). Weiterhin sind bei der Kalkulation öffentlicher Aufträge die Vorschriften der Verordnung über die Preise bei öffentlichen Aufträgen (VPöA) und die Leitsätze über die Preisermittlung aufgrund von Selbstkosten (LSP) zu beachten, anhand derer (im Falle des Fehlens von Marktpreisen) ein Selbstkostenpreis zu ermitteln ist, der Grundlage der Abrechnung mit dem staatlichen Auftraggeber ist. Abb. 1.12 zeigt die Aufgaben der Kosten- und Leistungsrechnung im Überblick (vgl. Coenenberg/Fischer/Günther [2016]; Schildbach/Homburg [2009]).

b) Ausgestaltung

Die Erfüllung der dargestellten Aufgaben erfordert häufig die Kenntnis der innerhalb einer Unternehmenseinheit oder für eine bestimmte Leistung angefallenen Kosten bzw. ihre Zuordnung zu Leistungen und Entscheidungsträgern.

(i) Prinzip

Grundlegendes Prinzip der Kostenrechnung ist das **Verursachungsprinzip**. Es besagt, dass den einzelnen Kostenträgern (z. B. Produkte, Aufträge) oder Kostenstellen nur genau die Kosten zugeordnet werden sollen, die diese verursacht haben. Zur Steuerung des Unternehmens ist es notwendig, die Ursachen für die Kostenentstehung zu kennen, um sie durch Maßnahmen beeinflussen zu können. Hierfür sind zwei Unterscheidungen von Kostenkategorien essenziell:

- Sind die entstandenen Kosten von der Beschäftigungslage des Unternehmens abhängig, d. h., steigen sie bei einer höheren Produktionsmenge, dann handelt es sich um sog. **variable Kosten**, andernfalls um sog. **fixe Kosten**, die bei einem Rückgang der Beschäftigung dennoch bestehen bleiben.
- Sind die Kosten einem Kostenträger unmittelbar, d. h. ohne Schlüsselung, zurechenbar, so spricht man von **Einzelkosten**, anderenfalls von **Gemeinkosten**.

Ein Kostenrechnungssystem, das sich strikt an das Verursachungsprinzip hält, wird als Teilkostenrechnung bezeichnet. In ihm werden nur die **variablen**, nicht aber die fixen Kosten den Kostenträgern zugeordnet. Durch diese Einschränkung in der Kostenallokation lässt sich bei Anwendung des Verursachungsprinzips kein Gewinn pro Leistungseinheit, sondern nur der sog. Deckungsbeitrag je Leistungseinheit als Differenz zwischen dem Marktpreis und den variablen Kosten ermitteln. In einigen Anwendungsfällen, z. B. bei der Produktkalkulation, benötigt man jedoch die gesamten anfallenden Kosten, woraus sich die Notwendigkeit einer möglichst verursachungsgerechten Verteilung der fixen Kosten ergibt.

(ii) Teilbereiche

Kosten und Leistungen als der Kosten- und Leistungsrechnung zugrunde liegende Wertgrößen lassen sich als bewertete(r) sachzielbezogene(r) Güterverbrauch bzw. Gütererstellung definieren. Als auf diesen Größen beruhende Teilgebiete der Kosten- und Leistungsrechnung haben sich die Kostenarten-, Kostenstellen-, Kostenträger- sowie die kurzfristige Erfolgsrechnung etabliert. Die **Kostenartenrechnung** dient der Erfassung der für die Erstellung und Verwertung der betrieblichen Leistungen angefallenen Kosten. Hierbei erfolgt eine Differenzierung der Kosten in Einzelkosten und Gemeinkosten. Wie schon angeführt, sind Einzelkosten dem betrachteten Produkt oder der Produktgruppe, den sog. Kostenträgern, einzeln ursächlich zurechenbar. Als Gemeinkosten werden dagegen solche Kosten bezeichnet, die einem einzelnen Kostenträger nicht direkt zurechenbar sind. Deshalb werden die Kostenträgereinzelkosten unmittelbar auf die Kostenträger und die Kostenträgergemeinkosten auf die Kostenstellen verrechnet (vgl. Abb. 1.13).

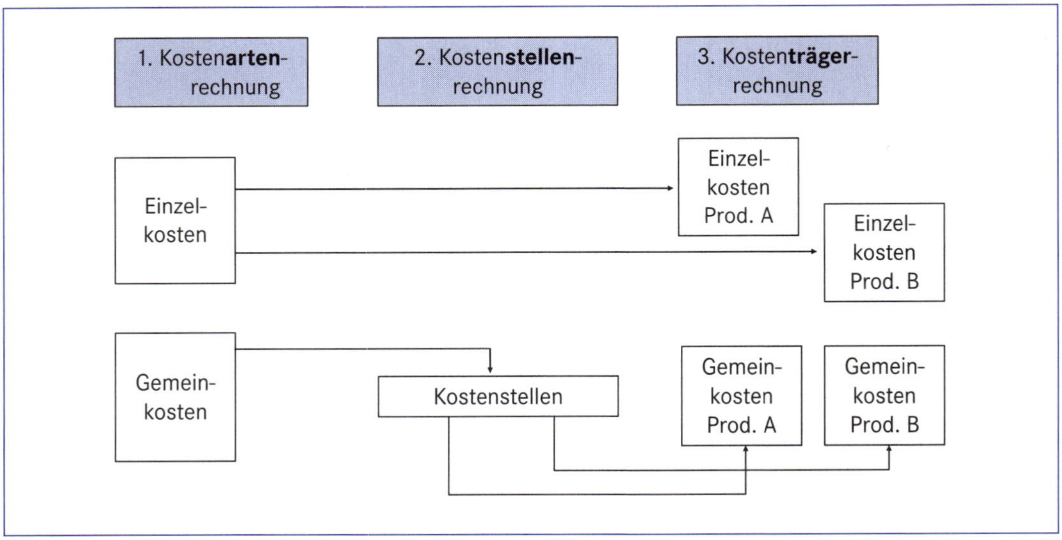

Abb. 1.13: Systematik der Kostenrechnung

Im Rahmen der Kostenstellenrechnung werden die Kostenträgergemeinkosten so aufbereitet, dass sie sinnvoll auf die Kostenträger mittels Schlüsselung umgerechnet werden können. Dies geschieht dann in der Kostenträgerrechnung, in der die gesamten Einzel- und Gemeinkosten je Produkt bzw. Auftrag erfasst werden (= Kalkulation). Die (kurzfristige) **Erfolgsrechnung** kann entweder als Stückerfolgs- oder als Periodenerfolgsrechnung durchgeführt werden, indem den angefallenen Kosten die jeweils korrespondierenden Erlöse als am Markt realisierte Leistungsentgelte gegenübergestellt werden.

(iii) Kostenrechnungssysteme

Von dem in einem Unternehmen implementierten Kostenrechnungssystem ist es abhängig, in welchem Umfang den Kostenträgern neben den Einzelkosten auch anteilige Gemeinkosten belastet werden. Bleibt die Gesamtsumme der Kosten in Kostenarten- und Kostenträgerstückrechnung unverändert, d. h., werden sämtliche Kosten vollständig auf die produzierten Leistungen weiterverrechnet, so spricht man von **Vollkostenrechnungssystemen**, die entweder auf Istkosten oder auf Plankosten (starre bzw. flexible Plankostenrechnung auf Vollkostenbasis) beruhen können.

Die **Teilkostenrechnungssysteme** kennen verschiedene Ausprägungen. Im System der Grenzkostensteuerung (*Direct Costing*) werden nur die beschäftigungsvariablen Kosten auf die Produkte verrechnet, während die Fixkosten als ausschließlich zeitabhängige Periodenkosten behandelt werden. Da sich der Periodenerfolg in einem Schritt als Differenz des gesamten Deckungsbeitrags als Umsatz minus variable Kosten und den Fixkosten ergibt, bezeichnet man diese Rechnung auch als einstufige bzw. summarische Deckungsbeitragsrechnung. Als Erweiterung dieses Systems wird in der mehrstufigen Deckungsbeitragsrechnung der Fixkostenblock in mehrere Schichten unterteilt und die Fixkosten in einer differenzierten Hierarchie jeweils den Bezugsgrößen zugerechnet, für die sie sich gerade noch als Einzelkosten erfassen lassen. So können z. B. Unternehmensfixkosten, Bereichsfixkosten und Produktfixkosten unterschieden werden.

Eine Weiterentwicklung des Vollkostenrechnungssystems im Hinblick auf die verursachungsgerechte Erfassung und Zurechnung von Gemeinkosten stellt die **prozessorientierte Kostenrechnung** (*Activity Based Costing*) dar. Hier werden die Teil- und Gesamtprozesse der betrieblichen Wertschöpfung als Treiber der Gemeinkosten in den Mittelpunkt der Betrachtung gerückt (vgl. Coenenberg/Fischer/Günther [2016]; Cooper/Kaplan [1988]).

E. Harmonisierung oder Differenzierung von internem und externem Rechnungswesen

Die Unterschiedlichkeit der Zwecke von primär extern orientiertem Jahresabschluss und primär intern orientierter Kostenrechnung lässt es als ganz selbstverständlich erscheinen, dass beide Rechnungen sich erheblich auseinanderentwickelt haben. Aufwendungen und Erträge als die Rechengrößen der Bilanzrechnung unterscheiden sich folglich von den Kosten und Leistungen als den Rechengrößen der Kostenrechnung. Deshalb werden sich ebenfalls der Jahresüberschuss und das Betriebsergebnis voneinander unterscheiden, obwohl beide Maße den »Erfolg« des Unternehmens darstellen. Die zum Teil gravierenden Unterschiede in den intern generierten und extern kommunizierten Zahlen haben zu einer Glaubwürdigkeitskrise des Rechnungswesens geführt. Externe Investoren wollen über die Erfolgskennzahlen informiert werden, die der internen Steuerung dienen. Führungskräfte nehmen interne Steuerungskennzahlen als unglaubwürdig wahr, wenn sie von den externen berichteten Erfolgsdaten erheblich abweichen. Deshalb wird die Frage in der Wissenschaft wie in der Praxis intensiv diskutiert, ob das interne kalkulatorische Rechnungswesen und das externe bilanzielle Rechnungswesen einander angenähert werden können (vgl. Coenenberg [1995]; Schweitzer/Küpper [2011]; Küting/Lorson [1998]; Ziegler [1994]).

Die Zweiteilung des Rechnungswesens führt zudem zu vielfältigen Mehrarbeiten und damit erhöhtem Aufwand. Vor allem in kleineren und mittelständischen Unternehmen liegen deshalb zumeist keine ausgefeilten Controllingsysteme vor. Allerdings stellt auch das externe Rechnungswesen gleichzeitig ein Instrument der Unternehmenssteuerung dar. Aber auch in vielen Großunternehmen ist mehr und mehr ein Trend zur Vereinheitlichung der beiden Teilsysteme zu verzeichnen. Die zunehmende Dezentralisierung durch Bildung ergebnisverantwortlicher Unternehmenseinheiten machte es erforderlich, die Frage nach dem Erfolgsmaßstab für die Unternehmenseinheiten - auch unter Berücksichtigung der Internationalisierung der Unternehmenstätigkeit - neu zu überdenken. Dies liegt zum einen an der Problematik der Rechtfertigung unterschiedlicher Ergebnisgrößen in der Kommunikation auf Geschäftsbereichsebene. Zum anderen zeigt die Globalisierung der Wirtschaft, dass die Steuerung internationaler Konzerne ein weltweit einheitliches Rechnungswesen erfordert, da die Unterschiedlichkeit nationaler Rechnungslegungsnormen eine unüberschaubare Vielfalt von Einfluss- und Interpretationsmöglichkeiten für betriebliche Steuerungsgrößen mit sich bringt. Die Notwendigkeit zur Vereinheitlichung des Rechnungswesens besteht damit sowohl auf interner als auch auf externer Ebene der Rechnungslegung, da multinationale Unternehmen meist so organisiert sind, dass die Tochterunternehmen als rechtlich selbstständige Einheiten geführt werden, die als solche auch Jahresabschlüsse publizieren müssen.

Will man nun nach Konvergenz bzw. Divergenz von internem und externem Rechnungswesen fragen, so lassen sich idealtypisch drei Dimensionen einer **Konvergenz des internen und externen Rechnungswesens** unterscheiden - nämlich Gegenstand, Grad und Richtung der Anpassung (vgl. Abb. 1.14).

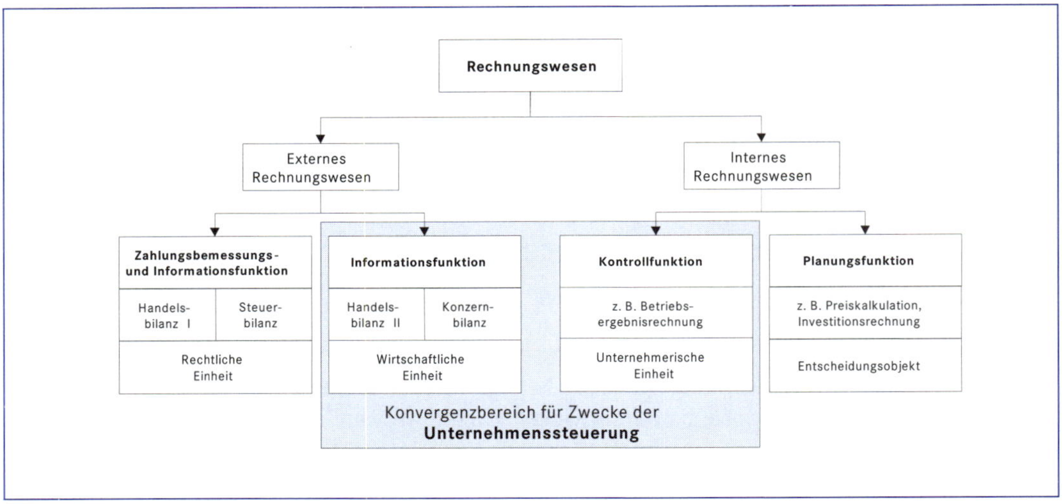

Abb. 1.14: Dimensionen einer Konvergenz des internen und externen Rechnungswesens (vgl. Küting/Lorson [1998], S. 487)

Die Dimension Gegenstand der Anpassung legt fest, ob eine ganzheitliche Harmonisierung aller Instrumente des Rechnungswesens angestrebt wird oder ob lediglich ausgewählte Teilbereiche, d. h. einzelne Rechnungen, vereinheitlicht werden sollen. Die Dimension Grad der Anpassung gibt demgegenüber Aufschluss über das beabsichtigte Übereinstimmungsniveau. Im Mittelpunkt steht die Frage: Wird eine vollständige Angleichung i. S. einer Identität oder nur eine partielle Annäherung i. S. einer Verminderung der Differenzen der einbezogenen Rechnungen angestrebt? Schließlich klärt die Dimension Richtung der Anpassung, ob bei der inhaltlichen Ausgestaltung der Konvergenz entweder der externe oder der interne Teilbereich des Rechnungswesens eine dominante

Stellung einnimmt. Die Ansätze und Verfahren des jeweils nicht vorherrschenden Zweiges werden entsprechend modifiziert und neu ausgerichtet. Zwischen diesen beiden Extrema sind selbstverständlich auch Zwischenlösungen mit beiderseitigen Anpassungen denkbar.

In Bezug auf die erste Dimension, nämlich den **Gegenstand der Anpassung**, ist klar: Wegen der Zweckpluralität von externem und internem Rechnungswesen kann sich die Forderung nach Konvergenz beider Systeme nur auf diejenigen Teile der externen und der internen Unternehmensrechnung beziehen, die im Wesentlichen zweckidentisch sind (vgl. Abb. 1.15). Die auf die Entscheidungsunterstützungsfunktion bezogenen speziellen kostenrechnerischen Planungsrechnungen sowie die auf die Zahlungsbemessungsfunktion gerichteten Einzelbilanzen und Steuerbilanzen scheiden als Gegenstände einer Vereinheitlichung von externem und internem Rechnungswesen aus. Auf die Zahlungsbemessungsfunktion gerichtete Bilanzen sind auf Billigkeits- und Objektivierungsgrundsätze gerichtet und sind damit von vornherein für unternehmerische Steuerungszwecke untauglich. Andererseits sind kostenrechnerische Entscheidungsrechnungen auf detaillierte Objekte wie Produkte, Kunden, Prozesse gerichtet, fragen nach Ursache-Wirkungs-Relationen und wollen Entscheidungen für zeitlich und sachlich begrenzte Entscheidungsfelder fundieren. Hier bedarf es spezieller Instrumente wie Deckungsbeitragsrechnung, relative Einzelkostenrechnung oder Prozesskostenrechnung und wertorientierter Kostenansätze in Form von Opportunitätskosten, die sich mit der bilanziellen Erfolgsermittlungsfunktion nicht verbinden lassen.

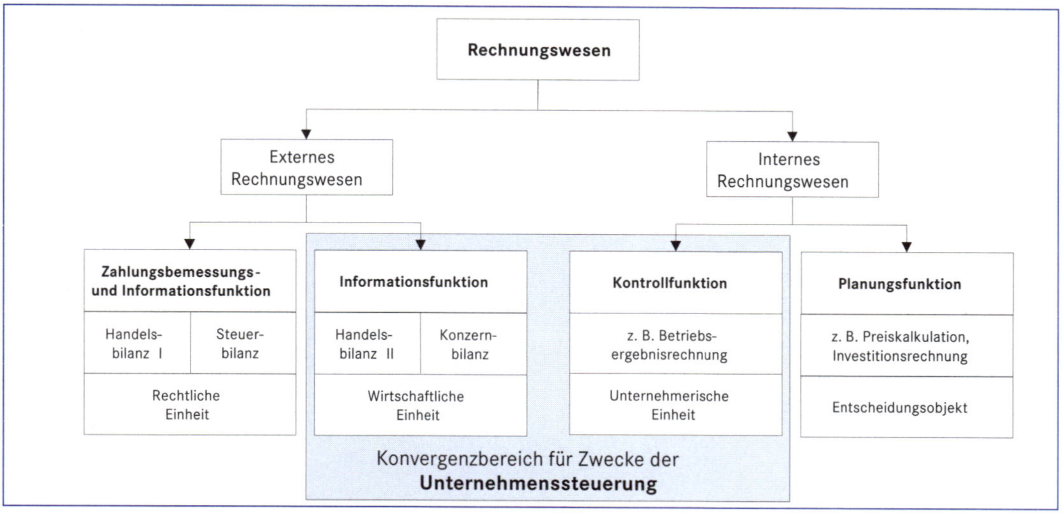

Abb. 1.15: Gegenstand der Anpassung von internem und externem Rechnungswesen

Informationen für Entscheidungsrechnungen können streng genommen nicht durch ein laufendes Rechnungswesen mit einheitlichen, gesetzlich oder anderweitig normierten Messkonzepten bereitgestellt werden, da sowohl die relevanten Entscheidungsobjekte als auch die jeweiligen Ergebniswirkungen letztlich fallweise bestimmt werden müssen, um die Qualität der gefundenen Näherungen zu gewährleisten. Die Entscheidungsunterstützungsfunktion stellt damit also eine originäre Vorbehaltsaufgabe des zusätzlich zum externen Rechnungswesen erstellten und frei gestaltbaren internen Rechnungswesens dar. Sie kann nicht Gegenstand einer etwaigen zweckmäßigen Konvergenz im Rechnungswesen sein.

Die auf die Verhaltenssteuerung gerichtete Kontrollfunktion der Kosten- und Leistungsrechnung scheint demgegenüber bessere Anknüpfungspunkte für eine Annäherung mit dem externen Rechnungswesen zu bieten. Im Rahmen dieser Funktion geht es zum einen um die Überprüfung der Planrealisation von Entscheidungen, welche von der kontrollierenden Instanz selbst getroffen wurden. Zum anderen hat sie die Überwachung von Dispositionen untergeordneter Instanzen zu ermöglichen.

Hierin zeigt sich die Analogie zur Informationsfunktion im externen Rechnungswesen. Im Gegensatz zu den hauptsächlich auf die Erfüllung der Zahlungsbemessungsfunktion gerichteten Einzel- (HB I) und Steuerbilanzen versucht die Informationsfunktion allgemeinere Informationsinteressen über die wirtschaftliche Gesamteinheit »Konzern« bzw. seiner einzelnen wirtschaftlichen Einheiten zu befriedigen und damit auch einer Kontrolle zugänglich zu machen. Über die Informationen zur Ausschüttungs- und Steuerbemessung hinaus wünschen alle Adressaten des externen Rechnungswesens »möglichst verlässliche und aussagefähige Beurteilungsmaßstäbe über die finanzielle und wirtschaftliche Situation des Unternehmens, um Ausmaß und Sicherheitsgrad der zu erwartenden Zielrealisation ihrer Beteiligung am Unternehmen abschätzen zu können« (Coenenberg [1995], S. 2078). Auf der Seite des externen Rechnungswesens wurde die Informationsfunktion vor allem in den Regelungen zum Konzernabschluss umgesetzt. Insofern bietet sich der Konzernabschluss bzw. die auf einer einheitlichen Grundlage erstellte Handelsbilanz II (HB II) als Ausgangsbasis für eine Konvergenz an.

Abschließend bleibt die Frage nach der zweckmäßigen **Richtung der Konvergenz** zu stellen. Soll das interne Rechnungswesen an die Standards der externen Rechnungslegung angepasst werden oder ist auch umgekehrt denkbar, dass die externe Rechnungslegung sich an den Anforderungen interner Steuerung orientiert? Die grundsätzlichen Richtungen sind in Abb. 1.16 zusammengefasst.

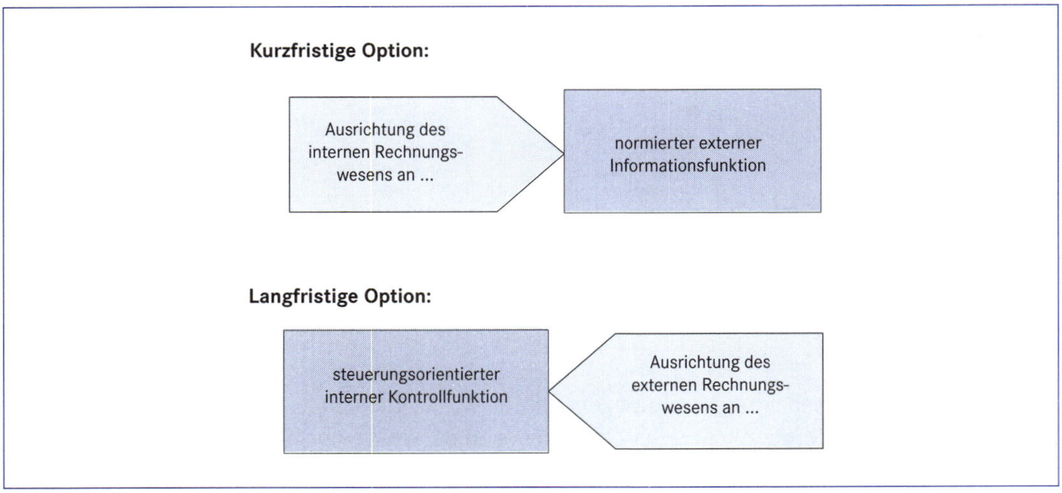

Abb. 1.16: Annäherungsrichtungen von internem und externem Rechnungswesen

Unter der Voraussetzung, dass man die gegenwärtig verbindlichen Rahmenbedingungen der Rechnungslegung als gegeben ansieht (de lege lata-Gesichtspunkt), erscheint für die an einer Konvergenz interessierten Unternehmen lediglich die Ausrichtung des internen Rechnungswesens an der Informationsfunktion des externen Rechnungswesens als kurzfristige Option realisierbar.

Angesichts neuer Entwicklungen in den Bilanzierungsstandards (de lege ferenda-Gesichtspunkt) scheint zunehmend aber auch die Umkehrrichtung denkbar. Insbesondere ist zu erwarten, dass die Rechnungslegungsstandards i. S. einer steuerungsgeeigneten Ausgestaltung zunächst auf Ebene des Konzernabschlusses weiterentwickelt werden. Unter einer langfristigen Perspektive wäre es deshalb durchaus denkbar, eine Änderung der Grundsätze und Einzelvorschriften des externen Rechnungswesens zur Erfüllung der Anforderungen des internen Rechnungswesens anzustreben. Den externen Adressaten werden bei diesem intern dominierten Konvergenzmodell insbesondere solche (natürlich stark aggregierten) Informationen zur Verfügung gestellt, die hinsichtlich Ansatz und Bewertung auch Bestandteil der betriebsinternen Berichterstattung an die jeweiligen Unternehmensverantwortlichen sind.

In der US-amerikanischen Rechnungslegung spricht man in diesem Zusammenhang auch vom sog. *»management approach«*. So ist in Zukunft zu erwarten und zu hoffen, dass im Rahmen der internationalen Fortentwicklung der Vorschriften zur externen Rechnungslegung vermehrt Informationen bereitgestellt werden, die auch aus Sicht der Unternehmensführung zur Bewertung der »Unternehmensperformance« Relevanz besitzen.

Anders als beim internen Rechnungswesen unterliegen das externe Rechnungswesen und die daraus gewonnenen veröffentlichten Informationen der Notwendigkeit der externen Überprüfbarkeit und sind deshalb gesetzlich geregelt. Nach dem Überblick über das betriebliche Rechnungswesen folgen nun die rechtlichen Regelungen.

2. Kapitel: Rechtliche Grundlagen

Buchführungs- und Bilanzierungsregeln sind historisch gewachsen und reflektieren die sich wandelnden Interessenlagen und Zielsetzungen. Deshalb ist ein kurzer Streifzug durch die Geschichte von Buchführung und Bilanzierung hilfreich, um die an sie gestellten Erwartungen im Kontext ihrer Entstehung zu begreifen.

A. Historische Entwicklung

Erste Rechnungsbücher, Vermögensaufstellungen und Konten finden sich bereits ca. 3.000 v. Chr. in Ägypten und Mesopotamien. Auch im römischen Reich waren Bankiers bereits zur Rechnungslegung verpflichtet. Das heute übliche System der doppelten Buchführung wurde in den oberitalienischen Handelsstädten Genua und Venedig praktiziert und im Jahr 1494 von dem Franziskanermönch Luca Pacioli umfassend dargestellt.

1511 bis 1579 Fugger
Buchhaltung und Bilanz als Controllinginstrument

1673 Ordonnance Commerce / 1861 Allgemeines Deutsches HGB
Buchführung und Bilanzierung als Instrument der Gläubigersicherung durch Dokumentation und Selbstinformation

ab 1874 Gesetz zur Einkommensbesteuerung
Maßgeblichkeit der Handelsbilanz für die einkommensteuerliche Gewinnermittlung

1931/1937 Aktiengesetz
Bilanzierung als Instrument der Gläubigersicherung durch Ausschüttungsbegrenzung und Information nach außen

1965 Reform des Aktiengesetzes
Bilanzierung als Instrument der Gläubigersicherung und Aktionärssicherung durch Verbesserung der Information und Wahrung von Ausschüttungsinteressen

1969 Publizitätsgesetz
Bilanzierung als Instrument der Sicherung von Interessen der Öffentlichkeit durch verbreiterte Unternehmenspublizität

1985 Bilanzrichtliniengesetz
Bilanzierung als Instrument verstärkter Sicherung von Gläubiger- und Eigentümerinteressen

1998 Kapitalaufnahmeerleichterungsgesetz
Befreiender Konzernabschluss nach US-GAAP oder IFRS für börsennotierte Unternehmen als Instrument der Kommunikation mit dem internationalen Kapitalmarkt

2004 Bilanzrechtsreformgesetz
Übernahme der EU-Verordnung aus dem Jahr 2002: Verpflichtung zur Erstellung des Konzernabschlusses kapitalmarktorientierter Unternehmen nach IFRS ab 2005

2009 Bilanzrechtsmodernisierungsgesetz
Weiterführende Internationalisierung des HGB, Abschaffung von Wahlrechten und der Umkehrmaßgeblichkeit, Deregulierungen und Erleichterungen

Abb. 2.1: Historische Entwicklung der Bilanzzwecke

Die Geschichte der Rechnungslegung in Deutschland (vgl. Abb. 2.1) soll im Folgenden knapp dargestellt werden (hierzu ausführlicher Coenenberg/Haller/Schultze [2018], Kapitel 1). Von großen Unternehmen im frühen 16. Jahrhundert, wie z. B. dem der Fugger, wurden Bücher geführt und gelegentlich Abschlüsse erstellt, um eine Übersicht über das Geschäft zu bekommen. Der Jahresabschluss diente als **Informations- und Controllinginstrument** für den Unternehmer. Mit der Verankerung der Buchführungspflicht im Jahre 1673 im Ordonnance de Commerce und fast 200 Jahre später im Jahre 1861 im Allgemeinen Deutschen Handelsgesetzbuch gewinnt die Buchführung den Rang eines **Gläubigerschutzinstruments**. Der informierte Kaufmann führt seine Geschäfte besser als der nicht informierte Kaufmann - so die Hypothese. Die Selbstinformation des Kaufmanns wird zum Schutzinstrument für den Gläubiger. Außerdem sollen im Falle eines Unternehmenskonkurses Dokumente verfügbar sein, um den Schaden zu bemessen und Verantwortliche zu identifizieren.

Als Folge der Weltwirtschaftskrise der späten 1920er-Jahre wird der Gläubigerschutz als Zwecksetzung der Bilanzierung noch weiter verstärkt. Es entsteht die **Publizitätspflicht** für die haftungsbeschränkte Aktiengesellschaft: Dem Gläubiger sollen die für seine Kreditentscheidung und die Überwachung seines Kredits erforderlichen Informationen zur Verfügung stehen. Andererseits wird durch das Aktiengesetz von 1931/37 das **Vorsichtsprinzip** eingeführt und damit der Gläubigerschutz durch eine Ausschüttungsbegrenzung institutionalisiert.

Die Folge des sehr stark ausgeprägten Vorsichtsprinzips ist, dass die Rechte der Minderheitsaktionäre mit dem Wiederbeleben der deutschen Wirtschaft nach dem 2. Weltkrieg durch übertriebene Begrenzung der Gewinnausschüttungen immer mehr in den Hintergrund getreten sind. Mit der Reform des Aktiengesetzes im Jahre 1965 wird deshalb der Einblick in die wirtschaftliche Lage der Gesellschaft verstärkt. Außerdem wird dem Gläubigerschutzprinzip ein (Minderheiten-) **Aktionärsschutzprinzip** an die Seite gestellt. Einerseits sollen die Haftungsinteressen der Gläubiger (Ausschüttungsbegrenzung), andererseits die Gewinnansprüche von Aktionären (Mindestausschüttungsanspruch) gesichert werden. An die Stelle des Höchstwertprinzips (höchstens Anschaffungs- oder Herstellungskosten) tritt das Fixwertprinzip (genau Anschaffungs- oder Herstellungskosten).

In den Folgejahren dehnte sich der Trend zur verstärkten Unternehmenspublizität immer weiter aus. Neben branchenspezifischen Gesetzen, die Unternehmen in volkswirtschaftlich kritischen Branchen zur **Publizitätspflicht** zwingen (z. B. Banken, Versicherungen), verpflichtet das im Jahre 1969 erlassene Publizitätsgesetz alle Großunternehmen, unabhängig von Branche und Rechtsform, zur Publizität des Jahresabschlusses. Außerdem kommt es durch die EG-Richtlinien und deren Transformationen mittels des Bilanzrichtliniengesetzes in das HGB zur Jahresabschlusspublizität aller Kapitalgesellschaften sowie zur Verpflichtung aller Kapitalgesellschaften, neben dem Abschluss der Rechtseinheit (Jahresabschluss) auch einen Abschluss der wirtschaftlichen Einheit (Konzernabschluss) zu erstellen und zu veröffentlichen.

Ein weiterer wichtiger Abschnitt in der Entwicklung des Bilanzwesens ist die **Einkommensbesteuerung**, die für das Verständnis der Jahresabschlüsse deutscher Unternehmen - aber generell für den gesamten kontinentaleuropäischen Bereich - von besonderem Belang ist. Als diese Ende des 19. Jahrhunderts für natürliche und juristische Personen eingeführt wurde, musste die Bemessungsgrundlage für die Einkommensbesteuerung der Unternehmen definiert werden. Naheliegenderweise machte sich der Einkommensteuergesetzgeber die handelsrechtliche Buchführungspflicht zunutze.

Er formuliert für die Besteuerung von Einkommen und Ertrag: »für den Schluss des Wirtschaftsjahres das Betriebsvermögen anzusetzen (§ 4 Abs. 1 Satz 1), das nach den handelsrechtlichen Grundsätzen ordnungsmäßiger Buchführung auszuweisen ist.« (§ 5 Abs. 1 Satz 1 EStG). Es entsteht die grundsätzliche **Maßgeblichkeit** der Handelsbilanz für die Steuerbilanz, die an der Stelle ihre Ausnahme findet, an der das Steuergesetz von den im Allgemeinen liberaleren Regelungen des Handelsrechts Abweichungen vorsieht.

Diese Maßgeblichkeit der Handelsbilanz für die Steuerbilanz wurde durch eine **Umkehrmaßgeblichkeit** der Steuer- für die Handelsbilanz begleitet. Wenn über die Steuerbilanz steuerliche

Subventionen gewährt wurden, setzte deren Inanspruchnahme voraus, dass der Bilanzierende diese steuerlichen Sonderbilanzierungsmaßnahmen zugleich auch in der Handelsbilanz vornahm. Eine steuerliche optimale Bilanzierung setzte deshalb bereits eine Berücksichtigung steuerlicher Sondermaßnahmen im handelsrechtlichen Jahresabschluss des steuerpflichtigen Unternehmens voraus und verfälschte die Informationsfunktion dessen. Durch das Bilanzrechtsmodernisierungsgesetz (BilMoG; vgl. in diesem Kapitel, S. 36) wurde die Umkehrmaßgeblichkeit jedoch abgeschafft.

Seit 2014 müssen Unternehmen für den Veranlagungszeitraum 2013 erstmalig ihre Bilanz und Gewinn- und Verlustrechnung elektronisch an das Finanzamt übermitteln (§ 5b EStG). Der Umfang der sog. E-Bilanz liegt dabei merklich über den handelsrechtlichen Anforderungen. Diese weiteren Angaben sind jedoch nur zu übermitteln, wenn diese aus der Buchhaltung ermittelbar sind. Unternehmen können entweder eine handelsrechtliche Bilanz mit einer Überleitungsrechnung oder eine eigenständige Steuerbilanz übermitteln. Bei der Umsetzung der E-Bilanz können Unternehmen entweder möglichst geringe Anpassungen an ihr Rechnungswesen vornehmen und eine Überleitungsrechnung bereitstellen oder ihr Rechnungswesen vollumfänglich an die steuerrechtlichen Anforderungen anpassen. Insgesamt ist jedoch zu beobachten, dass es mit Einführung der E-Bilanz zu einer weiteren Auseinanderentwicklung von Handelsbilanz und Steuerbilanz kommt.

Gläubigerschutz, Aktionärsschutz und zusätzlich die Interessen der Steuergestaltung waren die begrenzenden Faktoren eines nach deutschen Bilanzierungsregeln erstellten Jahresabschlusses. Dabei ließ sich im Laufe der Jahre als Trend feststellen, dass die steuerlichen Fragen wegen der steigenden Steuerbelastung immer größeres Gewicht gewannen. Bilanzierung, die vielen Interessen dienen sollte, wurde immer mehr zum Instrument der Steuerplanung und Steueroptimierung. Demgegenüber gewährt das Handelsgesetz im Konzernabschluss die Möglichkeit, die Bewertungsgrundlagen des Jahresabschlusses neu zu gestalten.

Vor dem Hintergrund dieser historischen Entwicklung ist das Bilanzwesen in Deutschland auf den Ausgleich unterschiedlicher und zum großen Teil gegensätzlicher Interessen gerichtet. Dabei sind zwei zentrale Bilanzzwecke zu identifizieren: die Zahlungsbemessungsfunktion und die Informationsfunktion (vgl. im Detail 14. Kapitel). Bei der **Zahlungsbemessungsfunktion** dient die Bilanz als Grundlage zur Festlegung der Ansprüche auf Dividenden- und Steuerzahlungen. Die **Informationsfunktion** der Bilanz beinhaltet die Aufgabe, allen Adressaten möglichst verlässliche und aussagefähige Beurteilungsmaßstäbe über die finanzielle und wirtschaftliche Situation des Unternehmens zu gewähren, um Ausmaß und Sicherheitsgrad der zu erwartenden Zielrealisation ihrer Beteiligungen am Unternehmen abschätzen zu können. Während der Jahresabschluss versucht, beiden Zwecksetzungen gerecht zu werden, kommt dem Konzernabschluss ausschließlich eine Informationsfunktion zu.

Vor allem bei größeren Unternehmen und größeren wirtschaftlichen Einheiten zeigt sich zunehmend der Trend zu einer unterschiedlichen Gewichtung der Aufgaben von Jahresabschluss einerseits und Konzernabschluss andererseits. Der Jahresabschluss übernimmt vorwiegend die Aufgaben der **Überschussbemessung** und der Steuerbilanzoptimierung, während der Konzernabschluss zunehmend die Aufgabe der **Information** über die Vermögens-, Finanz- und Ertragslage nach außen übernimmt. Dies ist nicht zuletzt auf Einflüsse aus dem anglo-amerikanischen Raum zurückzuführen, in dem das Prinzip der »*fair presentation*«, also der tatsachengetreuen Abbildung der Unternehmenslage, von überragender Bedeutung (»*overriding principle*«) ist. Dies geht so weit, dass gegen andere Bilanzierungsregeln verstoßen werden darf, wenn damit eine *fair presentation* erreicht werden kann. Gleichzeitig nimmt dort das in Deutschland dominierende Vorsichtsprinzip eine nur untergeordnete Stellung ein. Da in anglo-amerikanischen Ländern die Eigenkapitalfinanzierung über den Aktienmarkt gegenüber der Fremdkapitalfinanzierung durch Kreditinstitute und gegenüber der Innenfinanzierung durch Rücklagen generell dominiert, sollen durch die Rechnungslegung weniger die Gläubiger geschützt, als vielmehr die Informationsinteressen der Aktionäre befriedigt werden.

Im Zuge der internationalen Harmonisierung verliert auch in Deutschland das **Vorsichtsprinzip** an Stellenwert. Da die Finanzierung über gut funktionierende Kapitalmärkte im Zuge der Globalisierung auch in Deutschland immer wichtiger geworden ist, rückt der Gläubigerschutz gegenüber der Information der Investoren in den Hintergrund. Die klassische Ausprägung des institutionalisierten Gläubigerschutzes macht einer neuen Form Platz, dem **informationellen Gläubigerschutz**: Durch ein Mehr an Informationen soll der Investor in die Lage versetzt werden, für ihn nachteilige Entwicklungen selbst zu erkennen und seine Anlageentscheidungen entsprechend zu treffen. Dabei wird der Investor als zentraler Adressat angesehen, dessen Befriedigung gleichzeitig die Zufriedenstellung anderer Adressaten mit sich bringt.

Mit dem Kapitalaufnahmeerleichterungsgesetz im Jahr 1998 reagierte der Gesetzgeber auf diese Entwicklung: Deutschen Konzernunternehmen wird eine Rechnungslegung nach internationalen Standards als Instrument der Kapitalmarktkommunikation ermöglicht. Seit 2005 sind alle kapitalmarktorientierten Unternehmen gemäß einer EU-Verordnung aus dem Jahr 2002 dazu verpflichtet, ihren Konzernabschluss nach den Bilanzierungsstandards des IASB, den IFRS, zu erstellen (vgl. 22. Kapitel).

Am 29.05.2009 trat das Bilanzrechtsmodernisierungsgesetz (BilMoG) in Kraft, welches die als unumgänglich betrachtete Reform des HGB-Bilanzrechts mit sich brachte. Um im Wettbewerb mit den internationalen Rechnungslegungsstandards vor allem kleineren, nicht kapitalmarktorientierten Unternehmen eine geeignete Alternative zu diesen bieten zu können, hat der Gesetzgeber das HGB weitergehend internationalisiert. Viele Bilanzierungswahlrechte und die Umkehrmaßgeblichkeit wurden abgeschafft, sowie Deregulierungen und Vereinfachungen für kleine Unternehmen geschaffen. Für Geschäftsjahre, die nach dem 01.01.2010 begonnen haben, waren die neuen Regelungen verpflichtend anzuwenden; freiwillig durften diese auch schon für den Abschluss 2009 herangezogen werden.

Mit der Umsetzung der EU-Richtlinie 2013/34/EU durch das Bilanzrichtlinie-Umsetzungsgesetz (BilRUG) änderte der Gesetzgeber erneut das Handelsrecht. Die wesentlichen Änderungen dieser Reform sind: die Anhebung der Grenzen der Größenklassen, der Begriff der Bilanzsumme wird einheitlich in § 267 Abs. 4a HGB definiert und der Umsatzbegriff in der Gewinn- und Verlustrechnung wird erweitert. Zudem wurde der Ausweis von außerordentlichen Erträgen und Aufwendungen in der GuV abgeschafft. Die Änderungen sind grundsätzlich für Geschäftsjahre, die nach dem 31.12.2015 beginnen, verpflichtend anzuwenden.

B. Rechnungslegungsvorschriften

Vorschriften für die Rechnungslegung finden sich in verschiedenen Rechtsquellen, die im Folgenden dargestellt und systematisiert werden.

I. Struktur der Rechtsquellen

Rechnungslegungsvorschriften lassen sich vor allem in zwei Gruppen einteilen: solche, die in Form von Gesetzen, Richtlinien etc. schriftlich fixiert sind, und solche, die nicht unmittelbar in verbindlicher Form kodifiziert sind (vgl. Abb. 2.2).

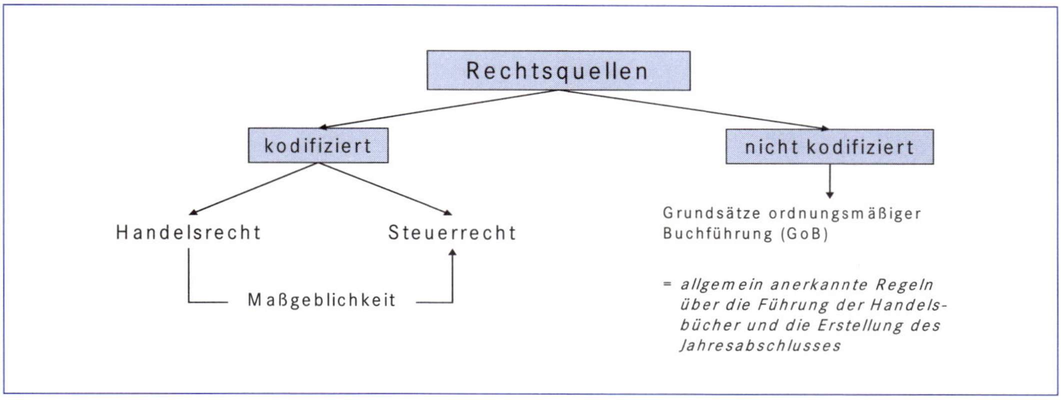

Abb. 2.2: Rechtsquellen

Zu diesen unkodifizierten Vorschriften zählen die **Grundsätze ordnungsmäßiger Buchführung** (GoB). Darunter versteht man allgemein anerkannte Regeln über die Führung der Handelsbücher sowie die Erstellung des Jahresabschlusses, die von allen Kaufleuten gleichermaßen zu beachten sind. Der Begriff GoB ist ein unbestimmter Rechtsbegriff, d. h., er ist nicht vom Gesetzgeber explizit definiert, sondern er bestimmt sich durch die von der Wissenschaft und den Unternehmen allgemein anerkannten Praxis. Diese Regeln sind jedoch für den Kaufmann bindende Vorschriften, da § 238 Abs. 1 HGB verlangt, dass der Kaufmann in den von ihm zu führenden Büchern »seine Handelsgeschäfte und die Lage seines Vermögens nach den Grundsätzen ordnungsmäßiger Buchführung ersichtlich machen« muss. Die Buchführung ist dann ordnungsgemäß, wenn sich ein sachverständiger Dritter (i. d. R. Buchhalter, Wirtschaftsprüfer, Steuerberater etc.) in angemessener Zeit eine Meinung über die Vermögens-, Finanz- und Ertragslage bilden kann.

Die zentralen Rechnungslegungsnormen des **Handelsrechts** sind im 3. Buch des HGB zu finden, welches in 6 Abschnitte eingeteilt ist: Im 1. Abschnitt (§§ 238 ff.) finden sich die Vorschriften für alle Kaufleute, also die Grundlagen für alle Rechtsformen. Kapitalgesellschaften unterliegen zusätzlichen Vorschriften, die im 2. Abschnitt zu finden sind. Die Abschnitte 3 und 4 enthalten weitere rechtsformspezifische Regelungen. In Abschnitt 5 werden das private Rechnungslegungsgremium und der Rechnungslegungsbeirat geregelt; die Vorschriften zur Prüfstelle für Rechnungslegung finden sich im 6. Abschnitt (vgl. Abb. 2.3).

Diese Unterscheidung der gesetzlichen Regelungen nach der Rechtsform lässt sich aus der mit der Unterscheidung von Personen- und Kapitalgesellschaften i. d. R. einhergehenden **Trennung von Eigentum und Geschäftsführung** heraus begreifen. Während bei Einzelunternehmen und Personengesellschaften die Gesellschafter selbst die Unternehmung verkörpern, d. h. selbst Rechtssubjekte sind, sowie unmittelbar, unbeschränkt und gesamtschuldnerisch haften, wird bei Kapitalgesellschaften das Unternehmen zur eigenen Rechtspersönlichkeit, die als solche mit ihrem Gesellschaftsvermögen haftet. Die Gesellschafter dagegen haften nur mit ihrer Einlage im Unternehmen (vgl. Übersicht in Abb. 2.4).

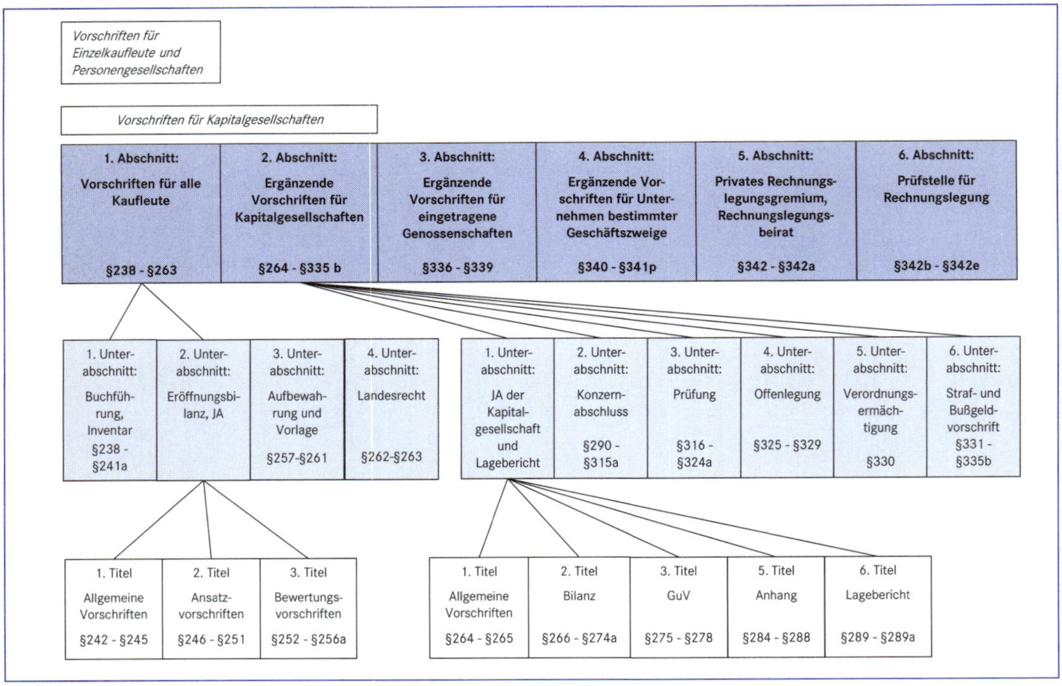

Abb. 2.3: Das 3. Buch des HGB

Mit dem Vorteil der auf die Einlage **beschränkten Haftung** ist aber i. d. R. gleichzeitig ein Verlust an Kontrolle zu verzeichnen. Während bei Personengesellschaften mit der Person des Gesellschafters (Eigentümer) meist auch die Position des Geschäftsführers verbunden ist, ist dies bei Kapitalgesellschaften nicht automatisch der Fall. Beispielsweise werden bei der GmbH die Geschäftsführer von der Gesellschafterversammlung ernannt. So kann sich entweder die Konstellation der Trennung zwischen Eigentümer (GmbH-Gesellschafter) und Geschäftsführer ergeben oder aber Eigentümer (GmbH-Gesellschafter) können von der Gesellschafterversammlung auch zur Geschäftsführung ermächtigt werden (geschäftsführender Gesellschafter). Aufgrund dieser rechtlichen Konstellation haben sowohl Gläubiger als auch Eigentümer von Kapitalgesellschaften gegenüber denen von Personengesellschaften zusätzlichen Informationsbedarf.

II. Kodifizierte Rechtsquellen

Im Folgenden wird ein Überblick über die Rechtsformen der Unternehmen und die mit ihnen verbundenen rechtlichen Regelungen zur Buchführung und Bilanzierung gegeben.

1. Rechtsformen

Es sollen die wesentlichen Rechtsformen nach geltendem deutschen Recht kurz dargestellt und erläutert werden. Diese Kenntnisse sind nicht nur für die korrekte Einhaltung der Buchführungsvorschriften von Belang, sondern bilden auch die Basis für ein solides Verständnis der betriebswirtschaftlichen Aspekte der Rechtsformwahl. Diese sind im Wesentlichen die Fragen nach der Haftung der Beteiligten, nach den Gestaltungsmöglichkeiten der Geschäftsführung, nach den Finanzierungsmöglichkeiten, dem Gründungsaufwand, der steuerlichen Behandlung der Gesellschaft und nicht zuletzt nach den Publizitäts- und Buchführungspflichten.

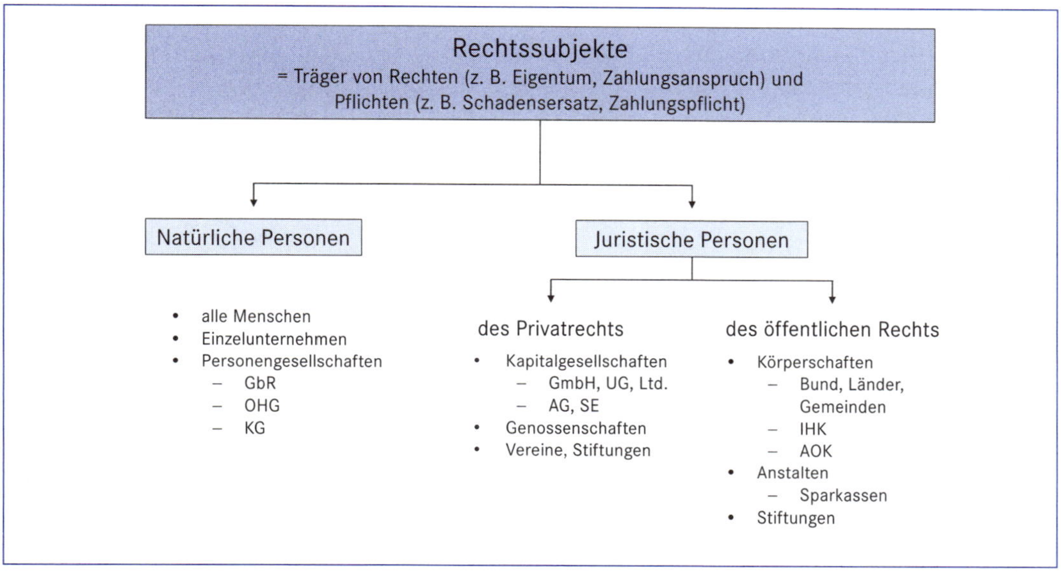

Abb. 2.4: Rechtsformen

a) Einzelunternehmung

Die »einfachste« Rechtsform ist die **Einzelunternehmung**. Hier begründet eine einzelne natürliche Person rechtlich selbstständig ein Unternehmen, wobei dieses Unternehmen, im juristischen Sinne, keine eigene Rechtspersönlichkeit besitzt. Damit trägt der Inhaber der Einzelunternehmung die Rechte und Pflichten, die sich durch die Geschäftstätigkeit ergeben. Er ist gleichzeitig Eigentümer und Geschäftsführer des Unternehmens, wobei meist keine absolut scharfe Trennung zwischen betrieblichen und privaten Sachverhalten erfolgen kann.

Der wesentliche Vorteil dieser Rechtsform ist die einfache Form der Gründung (es genügt oft die Aufnahme der Tätigkeit[1]), während ihr wesentlicher Nachteil in der **persönlichen Haftung** des Inhabers besteht. Dies bedeutet, dass der Eigentümer für sämtliche Verbindlichkeiten seines Einzelunternehmens unmittelbar und unbeschränkt mit seinem Gesamtvermögen (Privat- und Geschäftsvermögen) haftet.

1 Für die meisten Tätigkeiten ist allerdings die Anmeldung eines Gewerbes, ggf. sogar eine Genehmigung (z. B. für Immobilienmakler) vorgeschrieben.

Die unbeschränkte Haftung führt zu einer meist größeren Kreditwürdigkeit dieser Rechtsform im Vergleich zu haftungsbeschränkten Rechtsformen (z. B. einer vergleichbaren GmbH). Allerdings bleibt die Kreditwürdigkeit des Unternehmens voll von der Kreditwürdigkeit des Inhabers abhängig. Verfügt dieser nicht über hinreichendes Vermögen, bleibt ihm meist auch der Zugang zu Fremdkapital verwehrt. Er ist auf den Markt für Wagniskapital (»*venture capital*«) angewiesen.

Die Entscheidungswege in einem Einzelunternehmen sind meist kurz, sodass das Unternehmen den anderen Rechtsformen hinsichtlich Flexibilität deutlich überlegen ist. Die Tatsache, dass alle bedeutsamen Entscheidungen von einer einzelnen Person gefällt werden, birgt allerdings auch die Gefahr der Fehlsteuerung durch gänzliche Abhängigkeit von den Geschicken des Einzelunternehmers. Häufig lässt sich der Kaufmann daher durch sog. Prokuristen, also rechtliche Vertreter, in der Geschäftsführung unterstützen.

Das Einzelunternehmen selbst ist nicht einkommensteuerpflichtig, sondern das Einkommen wird beim Inhaber versteuert. Meist sind jedoch mit der unternehmerischen Tätigkeit die Gewerbesteuerpflicht sowie die Umsatzsteuerpflicht gegeben. An dieser Stelle sei auf die allgemeinen Ausführungen zum Thema »Steuern« (12. Kapitel) verwiesen.

Mit über 2 Millionen Einzelunternehmungen ist diese Rechtsform zahlenmäßig die häufigste in der Bundesrepublik.

b) Personengesellschaften

Um Einzelunternehmen auf eine breitere Wissens- und Eigenkapitalbasis zu stellen, können sich einzelne Personen zu einem gemeinsamen Unternehmen zusammenschließen. Das entstehende Rechtskonstrukt wird als **Personengesellschaft** bezeichnet. Auch die Personengesellschaft besitzt keine eigene Rechtspersönlichkeit, sie kann jedoch die juristische Stellung einer »quasi juristischen Person« erlangen. Die Gesellschafter haften – wie die Inhaber von Einzelunternehmen – grundsätzlich unbeschränkt.

Bei den Personengesellschaften handelt es sich insbesondere um die **Gesellschaft bürgerlichen Rechts (GbR)**, die **offene Handelsgesellschaft (OHG)**, die **Kommanditgesellschaft (KG)** sowie einige Sonderformen, wie beispielsweise die **GmbH & Co. KG**.

(i) Gesellschaft bürgerlichen Rechts (GbR)

Die einfachste Form einer Personengesellschaft ist die **Gesellschaft bürgerlichen Rechts** (**GbR**, auch **BGB-Gesellschaft** genannt). Sie findet ihre Rechtsgrundlage in den §§ 705 ff. BGB und tritt häufig (unbewusst) im Privatbereich (z. B. bei einer Fahrgemeinschaft) auf, da ihre Gründung formlos erfolgen kann. Als Unternehmen im betriebswirtschaftlichen Sinne existieren sie einerseits in Form von Unternehmen, die sich aufgrund ihres geringen Geschäftsumfanges nicht in das Handelsregister eintragen lassen und somit keine OHG oder KG begründen. Andererseits schließen sich Unternehmen gelegentlich in Form von Gesellschaften bürgerlichen Rechts zusammen, um einen meist zeitlich begrenzten Zweck zu erfüllen, beispielsweise um ein gemeinsames Großprojekt durchzuführen oder um eine temporäre Interessengemeinschaft zu bilden.

Die BGB-Gesellschafter führen die Geschäfte gemeinschaftlich mit einstimmigen Beschlüssen und können die Gesellschaft nach außen nur gemeinschaftlich vertreten (Gesamtvertretung). Es können durch einen Gesellschaftsvertrag andere Regelungen vereinbart werden, wie z. B. Einzelvertretung durch einen Gesellschafter.

(ii) Offene Handelsgesellschaft (OHG)

Die **offene Handelsgesellschaft** ist die handelsrechtliche Variante der BGB-Gesellschaft und findet ihre Rechtsgrundlage in den §§ 105 ff. HGB. Sie entsteht (formlos) mit Aufnahme einer gemeinschaftlichen gewerblichen Tätigkeit durch mehrere Personen.

Die OHG-Gesellschafter sind gleichberechtigt und jeweils einzeln zur Geschäftsführung und Vertretung (Einzelvertretung) berechtigt. Der Gesellschaftsvertrag kann Abweichungen vorsehen, beispielsweise eine Gesamtvertretung.

Sämtliche OHG-Gesellschafter haften unmittelbar und unbeschränkt für die Verbindlichkeiten der Gesellschaft, d. h., jeder Gläubiger der Gesellschaft kann direkt in das Privatvermögen eines beliebigen OHG-Gesellschafters vollstrecken lassen. Für einen sinnvollen Interessenausgleich zwischen den Gesellschaftern hat ein geeigneter Gesellschaftsvertrag zu sorgen. Die OHG muss in ihrer Firma einen entsprechenden Hinweis auf ihre Rechtsform enthalten. Diese und weitere Sachverhalte sind zur Eintragung in das Handelsregister anzumelden. Diese Vorschriften erhöhen den »Verwaltungsaufwand« der Rechtsform.

In der Bundesrepublik existieren etwa 225.000 Gesellschaften in Form der offenen Handelsgesellschaft bzw. einer unternehmerischen BGB-Gesellschaft.

(iii) Kommanditgesellschaft (KG)

Das wirtschaftliche Interesse an einer Rechtsform, die es Personengesellschaften ermöglicht, Gesellschafter (als Eigenkapitalgeber) zu beteiligen, die kein Interesse an der Führung des Geschäftes besitzen und daher ihre Haftung gerne beschränken möchten, führte zur Ausbildung der **Kommanditgesellschaft**. Sie hat ihre spezielle Rechtsgrundlage in den §§ 161 ff. HGB.

In der Kommanditgesellschaft existieren zwei Arten von Gesellschaftern. Die einen (Komplementäre) haften, wie die Gesellschafter einer OHG, voll, unbeschränkt und direkt, während für die anderen (Kommanditisten) eine Haftungsbegrenzung in Höhe ihrer Einlage greift. Man spricht auch von Voll- und Teilhaftern. Ferner sind die Kommanditisten von der Geschäftsführung und Vertretung ausgeschlossen. Ihnen stehen jedoch gewisse Kontrollrechte zu.

Es existieren ca. 161.000 Kommanditgesellschaften (zusammen mit Sonderformen) in der Bundesrepublik, sodass die Personengesellschaften nicht nur von der gesamtwirtschaftlichen Bedeutung, sondern auch zahlenmäßig ein häufig unterschätztes Gewicht besitzen.

(iv) Sonderform der Personengesellschaften

Eine häufig vorkommende Sonderform der Personengesellschaft ist die **GmbH & Co. KG**. Es handelt sich dabei um eine Kommanditgesellschaft, wobei der (meist einzige) Komplementär eine GmbH ist, sodass die Haftungsbeschränkung der GmbH auf die Personengesellschaft faktisch durchschlägt, da die Haftung der anderen Gesellschafter (Kommanditisten) ebenfalls beschränkt ist. Dieser Umstand führt zu einer Kennzeichnungspflicht, welche die Geschäftspartner dieser Sonderform auf die faktische Haftungsbegrenzung hinweisen soll. Diese Sonderform der Personengesellschaft wurde oft gewählt, weil sich Steuervorteile durch die Gewinnverlagerung auf eine Personengesellschaft unter gleichzeitiger Nutzung der Haftungsbeschränkung einer GmbH erreichen ließen. Heute spielt diese Rechtsform, aufgrund der weitgehend steuerlichen Gleichbehandlung von Personen- und Kapitalgesellschaften, eine geringere Rolle.

c) Kapitalgesellschaften

Eine andere Klasse von Gesellschaften bilden die sog. Kapitalgesellschaften. Sie zeichnen sich durch ihre eigene Rechtspersönlichkeit aus, d. h., sie können selbst Träger von Rechten und Pflichten sein. Die Gesellschafter sind nicht identisch mit der Unternehmung, sondern beide sind voneinander unabhängige eigenständige Rechtssubjekte. Es findet eine klare Trennung zwischen dem Vermögen der Gesellschaft und dem der Gesellschafter statt.

Der entscheidende Vorteil der Kapitalgesellschaften besteht in der Haftungsbegrenzung auf ihr Vermögen. Damit lässt sich das persönliche unternehmerische Risiko der Unternehmer sinnvoll begrenzen. Diese Haftungsbegrenzung führt allerdings zu entsprechenden Begrenzungen der Ausschüttung an die Gesellschafter, zur Haftung der Geschäftsführer bei unlauterem Verhalten sowie zu strengeren Rechnungslegungspflichten.

Der zweite wesentliche Aspekt dieser Rechtsformen ist die (mögliche) Trennung von Kapitalgebern (Gesellschafter/Aktionäre) und Unternehmensführung (Geschäftsführung/Vorstand), was sich i. S. einer Arbeitsteilung als effizienter erweisen kann. Oft verfügen die kapitalkräftigsten Personen nicht über hinreichendes Geschäftsführungspotenzial und umgekehrt.

Als Rechtssubjekte sind Kapitalgesellschaften selbst Steuerschuldner für Steuern wie etwa der Körperschaft-, Gewerbe- und Umsatzsteuer. Für Einzelheiten sei wieder auf die entsprechenden Ausführungen zu Steuern verwiesen (vgl. 12. Kapitel).

(i) Gesellschaft mit beschränkter Haftung (GmbH)

Die häufigste Form der Kapitalgesellschaft ist die **Gesellschaft mit beschränkter Haftung (GmbH)**. Sie entsteht mit Eintragung in das Handelsregister durch einen (sog. »Ein-Mann-GmbH«) oder mehrere Gesellschafter. Die Haftung der Gesellschafter ist auf ihre Einlage beschränkt (= **Stammkapital**). Diese muss insgesamt mindestens 25.000 EUR betragen. Die Einlage eines jeden einzelnen Gesellschafters muss auf volle EUR lauten. Bei Gründung der GmbH muss jeder Gesellschafter mindestens ein Viertel des auf ihn entfallenden Stammkapitals einzahlen. Insgesamt müssen bei der Anmeldung für das Handelsregister mindestens 12.500 EUR eingezahlt worden sein. Das bereits eingebrachte Stammkapital kann dabei aus einer Geld- oder Sachleistung (sog. Sachgründung) bestehen.

Ausstehende Einlagen stellen für die Gesellschaft eine Forderung gegenüber ihren Gesellschaftern dar. Hierbei wird der Unterschied zu einer (nicht rechtsfähigen) Personengesellschaft besonders deutlich. Spätestens bei einer Insolvenz der Gesellschaft sind die Gesellschafter zur Zahlung ihrer ausstehenden Einlagen verpflichtet, sodass sie effektiv mit ihrer gesamten Einlage haften.

Nicht nur die Gründung einer GmbH, sondern auch die Übertragung von Gesellschaftsanteilen erfordert i. d. R. das Mitwirken eines Notars. In einem vereinfachten Verfahren kann eine GmbH gegründet werden, wenn sie höchstens drei Gesellschafter und nur einen Geschäftsführer hat. Wird für die Gründung dann das in der Anlage des Gesetzes vorgegebene Musterprotokoll verwendet, müssen die Unterschriften nur noch notariell beglaubigt werden (§ 2 Abs. 1a GmbHG). Das Verwenden des Musterprotokolls kann die Gründung vereinfachen und beschleunigen.

Eine GmbH besitzt folgende **Organe**: Das oberste Organ ist die Gesellschafterversammlung. Sie besteht aus sämtlichen Gesellschaftern, wobei sich das Stimmrecht nach der Höhe der Einlage bemisst. Die Gesellschafterversammlung trifft einige besondere Entscheidungen und bestellt vor allem die Geschäftsführung (oder beruft diese ab). Die Geschäftsführung kann aus einer oder mehreren natürlichen Personen bestehen, welche einzeln oder gemeinschaftlich die Geschäfte der GmbH führen und diese vertreten. Zusätzlich kann die Gesellschafterversammlung einen Aufsichtsrat wählen, der nur für die »mitbestimmte GmbH« vorgeschrieben ist und die Geschäftsführung zu überwachen hat. Insbesondere bei kleinen Gesellschaften ist die Geschäftsführung jedoch häufig mit den Gesellschaftern identisch.

In der Bundesrepublik existieren ca. 530.000 Gesellschaften mit beschränkter Haftung. Um der sehr unterschiedlichen Größe dieser Gesellschaften Rechnung zu tragen, unterscheidet der Gesetzgeber drei Größenklassen (kleine, mittelgroße und große Kapitalgesellschaften gemäß § 267 HGB) nach Umsatz, Bilanzsumme und Mitarbeiteranzahl. Sind zwei der drei Kriterien an zwei aufeinanderfolgenden Bilanzstichtagen erfüllt, so wird die Gesellschaft der jeweiligen Größenklasse zugeordnet. Daran knüpfen sich unterschiedliche Pflichten.

(ii) Unternehmergesellschaft (haftungsbeschränkt)

Seit dem 01.11.2008 ist die durch das Gesetz zur Modernisierung des GmbH-Rechts und zur Bekämpfung von Missbräuchen (MoMiG) erfolgte GmbH-Reform in Kraft, die eine Variante der GmbH, die Unternehmergesellschaft (UG) (haftungsbeschränkt), im deutschen Recht verankert hat. Ziel der neuen Rechtsformvariante ist es, der deutschen Wirtschaft eine der englischen Limited stark angenäherte Rechtsform zu ermöglichen. Grundsätzlich handelt es sich um eine GmbH, die auch den Bestimmungen des GmbHG unterliegt, jedoch nicht den Titel GmbH führen darf.

Die UG (haftungsbeschränkt) verfügt über kein Mindeststammkapital, jeder Gründungsgesellschafter muss nur mindestens eine Stammeinlage von 1 EUR übernehmen. Das Stammkapital muss jedoch vor Anmeldung im Handelsregister in voller Höhe einbezahlt sein, Sacheinlagen dürfen nicht stattfinden. Nach dem Willen des Gesetzgebers soll es sich bei der UG (haftungsbeschränkt) nur um ein Übergangsstadium auf dem Weg zur GmbH handeln, weshalb in der Handelsbilanz eine gesetzliche Rücklage zu bilden ist, in die jährlich 25 % des Jahresüberschusses (ggf. abzüglich eines bestehenden Verlustvortrages aus dem Vorjahr) einzustellen ist. Die Rücklage muss auch dann noch gebildet werden, wenn Stammkapital und Rücklage zusammen 25.000 EUR oder mehr betragen, allerdings besteht dann die Möglichkeit, das Stammkapital auf 25.000 EUR oder mehr zu erhöhen, wodurch die UG (haftungsbeschränkt) zur GmbH wird und die Pflicht zur Rücklagendotierung entfällt.

(iii) Private Limited Company (Ltd.)

Eine in Deutschland anerkannte Rechtsform ist die englische Limited. Für die Gründung einer Limited ist lediglich ein Gründungskapital (verbrieft in Aktien) von einem britischen Pfund aufzubringen und der Gesellschaftsvertrag bedarf keiner notariellen Beurkundung. Deshalb wurde diese Rechtsform in der Vergangenheit oftmals der Gründung einer GmbH vorgezogen und in kurzer Zeit wurden zahlreiche Limiteds mit Niederlassung in Deutschland geschäftlich aktiv. Aus diesem Grund wurde, wie oben beschrieben, die neue UG (haftungsbeschränkt) geschaffen. In der Folge ging die Zahl der Neugründungen von Limiteds zurück.

Die Limited unterliegt grundsätzlich dem **englischen Recht**, auch wenn sich ihr Verwaltungssitz in Deutschland befindet. So muss die Limited ein »*registered office*« in England unterhalten, das als Zustelladresse und zur Verwahrung der wichtigsten Dokumente dient. Zudem ist ein Jahresabschluss in englischer Sprache zu erstellen und mit Prüftestat beim »*companies house*« (englisches Handelsregister) einzureichen. Die Limited besitzt folgende Organe: einen Geschäftsführer oder einen Vorstand und mindestens einen Gesellschafter. Zudem ist vom Geschäftsführer ein »*company secretary*« zu berufen, der als Verwalter der Limited fungiert und die Kommunikation mit den englischen Behörden übernimmt, jedoch kein eigenständiges Organ der Gesellschaft darstellt.

Nach deutschem Recht stellt die Zweigniederlassung einer englischen Limited eine Kapitalgesellschaft mit eigener Rechtspersönlichkeit dar und muss in das deutsche Handelsregister eingetragen werden. Eine Limited mit Verwaltungssitz in Deutschland unterliegt grundsätzlich **zwei Rechtssystemen**: dem englischen Gesellschaftsrecht sowie dem englischen als auch dem deutschen Steuer- und Handelsrecht.

Grundsätzlich ist die **Haftung** auf das Gesellschaftsvermögen beschränkt, wobei diese Haftungsbeschränkung im englischen Recht nicht gesetzlich festgeschrieben ist und im Gründungsvertrag durch eine »*liability clause*« ausgeschlossen werden kann. Unabhängig von dieser Regelung haftet der Geschäftsführer der Limited in Krisenzeiten mit seinem Privatvermögen, falls er nicht alle Anstrengungen unternommen hat, eine Insolvenz zu vermeiden.

(iv) Aktiengesellschaft (AG)

Ebenso wie die GmbH ist die **Aktiengesellschaft (AG)** eine Kapitalgesellschaft. Ihr wesentlicher Vorteil ist der leichtere Zugang zu Eigenkapital durch die Koppelung der Einlage (und des Stimmrechts) an Aktien, welche grundsätzlich formlos übertragen werden können. Die Gesellschaft entsteht mit der Eintragung in das Handelsregister.

Die Haftung der Gesellschafter (hier: Aktionäre) ist auf ihr eingesetztes Kapital beschränkt. Das gezeichnete Kapital, also der Nennwert der Aktien, wird bei der Aktiengesellschaft als **Grundkapital** bezeichnet. Dieses muss mindestens 50.000 EUR betragen. Im Gegensatz zur GmbH muss der auf jeden Gesellschafter entfallende Nominalbetrag auch mindestens bezahlt werden. Eine Ausgabe der Aktien unter diesem Wert, eine sog. **Unter-pari-Emission**, ist nicht zulässig. Dagegen können die Aktien für einen höheren Wert ausgegeben werden. Das dabei erzielte Aufgeld (Agio) wird in die Kapitalrücklage eingestellt.

Die **Organe** der Aktiengesellschaft sind Vorstand, Aufsichtsrat sowie Hauptversammlung. Letztere bestellt, als Versammlung der Aktionäre, die Aktionärsvertreter im Aufsichtsrat. Darüber hinaus beschließt sie beispielsweise die Verwendung des Bilanzgewinns und Satzungsänderungen. Die wesentlichen Aufgaben des Aufsichtsrates (als Kontrollorgan) sind die Bestellung des Vorstandes sowie seine Überwachung. Der Aufsichtsrat setzt sich aus Vertretern der Aktionäre sowie der Arbeitnehmer zusammen. Als Leitungsorgan schließlich führt der Vorstand die Geschäfte der Gesellschaft und vertritt diese nach außen.

In der Bundesrepublik existieren zurzeit ca. 8.000 Gesellschaften in der Rechtsform der Aktiengesellschaft. Von diesen ist jedoch nur weniger als ein Drittel an einer amtlichen Börse notiert.

Aktien lassen sich nach ihrer Übertragbarkeit in sog. **Inhaberaktien** einerseits sowie **Namensaktien** andererseits unterteilen. Während Erstere formlos (und ohne Kenntnis der Gesellschaft) übertragen werden können, ist für die Übertragung Letzterer eine entsprechende Erfassung des neuen Aktionärs erforderlich. Die Aktienrechtsnovelle 2013 schreibt bei der Ausgabe von Inhaberaktien durch nichtbörsennotierte Aktiengesellschaften vor, dass diese in Sammelurkunden verbrieft und bei Wertpapiersammelbanken hinterlegt werden müssen. Dadurch sollen die Eigentumsverhältnisse transparenter werden. Sog. vinkulierte Namensaktien erfordern zudem die Zustimmung der Gesellschaft zur Veräußerung. Ferner lassen sich Aktien in sog. **Stamm-** und **Vorzugsaktien** unterteilen. Vorzugsaktionären werden dabei besondere Rechte eingeräumt, beispielsweise eine höhere Dividende, während dafür das Stimmrecht in der Hauptversammlung entfällt. Damit bietet sich für die Gesellschafter eine Möglichkeit, zusätzliches Eigenkapital aufzunehmen, ohne ihre Kontrolle über das Unternehmen zu beschränken.

(v) Societas Europaea (SE) (Europäische Gesellschaft)

Die SE wird umgangssprachlich auch als »Europa-AG« bezeichnet und ist eine Rechtsform für Unternehmen, die in verschiedenen EU-Staaten tätig sind. Sie ermöglicht europäischen Unternehmen, EU-weit als rechtliche Einheit aufzutreten und ihre Geschäfte in einer Holding zusammenzufassen. Voraussetzung für die Gründung einer SE ist ein grenzüberschreitendes Element, an der mindestens zwei Gesellschaften mit Sitz in verschiedenen Mitgliedsstaaten beteiligt sind.[2] Das in **Aktien** verbriefte Kapital der SE beträgt mindestens 120.000 EUR. Die Haftung der Aktionäre ist auf ihr eingesetztes Kapital beschränkt.

Die **Organe** der SE bilden die Hauptversammlung der Aktionäre sowie als Leitungsorgane entweder der Vorstand und der Aufsichtsrat (dualistisches System) oder ein Board of Directors (monopolistisches System). Die Gesellschaft unterliegt dem jeweils national geltenden Recht, so gilt beispielsweise für Deutschland weiterhin die Arbeitnehmermitbestimmung. Auch muss die SE in das Handelsregister eingetragen werden. Demgegenüber ist jede SE dazu verpflichtet, eine Satzung zu verabschieden, die dem nationalen Recht vorgeht. Der Vorteil dieser Gesellschaftsform liegt in der unbürokratischen Möglichkeit, den Sitz der Gesellschaft in jeden EU-Mitgliedsstaat zu verlagern. Zudem sind Expansionen über die Ländergrenzen hinweg vereinfacht möglich, sodass diese Gesellschaftsform auch für kleinere und mittlere Unternehmen attraktiv ist.

d) Sonstige Rechtsformen

Auch die **eingetragene Genossenschaft (eG)** ist eine juristische Person und damit rechtsfähig. Ihre Aufgabe ist es, das Wirtschaften ihrer Mitglieder durch gemeinschaftlichen Geschäftsbetrieb zu fördern. Typische Beispiele sind der Zusammenschluss von Unternehmen zum gemeinschaftlichen Warenbezug, um günstigere Konditionen zu erzielen oder landwirtschaftliche Genossenschaften, welche Maschinen oder Anlagen zur gemeinschaftlichen Nutzung bereitstellen oder durch Bündelung auf der Angebotsseite die Wettbewerbsstellung zu verbessern suchen. Auch im Kreditwesen und Wohnungsbau kommt dieser Rechtsform eine gewisse Bedeutung zu.

Die (mindestens drei) Mitglieder haften nur mit ihrem Geschäftsguthaben, für das eine in der Satzung festzulegende Mindesthöhe vorgeschrieben ist. Die Gesellschaft entsteht durch Eintragung in ein eigenes Genossenschaftsregister. Die Mitglieder wählen in der Generalversammlung Aufsichtsrat und Vorstand, erteilen diesen Weisungen bzw. beschließen über Änderungen im Statut. Bei entsprechend großer Mitgliederzahl werden die Aufgaben der Generalversammlung von einer sog. Vertreterversammlung übernommen.

Auch **juristische Personen des öffentlichen Rechts** sind rechtsfähig. Sie nehmen öffentliche Aufgaben wahr und entstehen durch staatliche Hoheitsakte. Sie treten meist in Form von mit-

2 Für detailliertere Erläuterungen vgl. die Ausführungen im Gesetz zur Einführung der europäischen Gesellschaft, veröffentlicht im BGBl 2004, Teil I Nr. 73 vom 28.12.2004, S. 3675.

gliedschaftlich organisierten Körperschaften auf. Man unterscheidet einerseits Gebietskörperschaften, wie z. B. Bund, Länder und Gemeinden sowie andererseits Personalkörperschaften, wie z. B. Kammern, öffentliche Krankenkassen und Hochschulen. Weiterhin existieren rechtlich verselbstständigte Anstalten des öffentlichen Rechts, wie z. B. Sparkassen, Rundfunk- oder Fernsehanstalten. Diese sind insbesondere von nicht rechtsfähigen Anstalten und Behörden, wie z. B. Schulen, Bäder und Ämter, die nur Teil einer übergeordneten Einheit sind, zu unterscheiden.

Auch **Stiftungen** (des privaten oder öffentlichen Rechts) besitzen als rechtliche Verselbstständigung einer Vermögensmasse Rechtsfähigkeit. Sie entstehen durch staatliche Genehmigung bzw. Hoheitsakt.

Öffentlich-rechtliche Institutionen verwenden häufig nicht das hier dargestellte System der doppelten Buchführung, sondern die sog. kameralistische Buchführung, welche eher den Charakter einer Budget- und Kontrollrechnung trägt.

Keine rechtsfähige Gesellschaft ist die sog. **stille Gesellschaft**. Dabei handelt es sich um eine Beteiligung an einem Handelsgewerbe durch eine Vermögenseinlage, die in das Vermögen des Inhabers des Handelsgewerbes übergeht. Die stille Gesellschaft tritt nach außen (z. B. in der Bilanz) nicht in Erscheinung. Es lässt sich zum einen die typische (kapitalistische) Form der stillen Gesellschaft, gekennzeichnet durch Erfolgsbeteiligung sowie gewisse Kontrollrechte, und zum anderen die sog. atypische stille Gesellschaft (unternehmerische Form), bei der auch Beteiligungen an der Geschäftsführung, an Verlusten sowie am Firmenwert möglich sind, unterscheiden. Diese Klassifikation ist von steuerrechtlicher Relevanz.

Eine relativ neue Unternehmensform ist die sog. **Partnerschaftsgesellschaft (PG)**, welche lediglich den sog. freien Berufen (vgl. S. 47) offensteht. Sie ermöglicht als quasi Personengesellschaft dieser Berufsgruppe Gestaltungsmöglichkeiten eines Zusammenschlusses (beispielsweise die Haftungsbeschränkung auf die am Vorgang beteiligten Partner) bei gleichzeitiger Möglichkeit, steuerrechtliche Vorteile, z. B. gegenüber Kapitalgesellschaften, zu nutzen.

Seit dem 19.07.2013 besteht eine neue Unterform der Partnerschaftsgesellschaft, die **Partnerschaftsgesellschaft mit beschränkter Berufshaftung (PartGmbB)**. Diese Gesellschaftsform kann nur von Angehörigen freier Berufe gegründet werden und zeichnet sich durch eine Haftungsbeschränkung für berufliche Fehler auf das Gesellschaftsvermögen aus. Voraussetzung für die Haftungsbeschränkung ist das Vorliegen einer Berufshaftpflichtversicherung. Für sonstige Verbindlichkeiten, die nicht aus nicht beruflichen Fehlern resultieren, wie etwa Mieten und Gehälter, liegt keine Haftungsbeschränkung vor.

Ebenfalls zu erwähnen ist der **eingetragene** und damit rechtsfähige **Verein (e. V.)**. Weiterhin existieren sehr spezielle Sonderformen, wie beispielsweise die **Kommanditgesellschaft auf Aktien (KGaA)**, bei der es sich um eine Sonderform einer Aktiengesellschaft handelt. In diesem Fall sind die Kommanditisten in Form von Aktien an der Gesellschaft beteiligt, während gleichzeitig mindestens ein persönlich unbeschränkt haftender Gesellschafter existiert (Komplementär). Schließlich ist noch auf rein steuerrechtlich motivierte Konstrukte, z. B. Doppelgesellschaften, hinzuweisen, welche die juristische Aufteilung einer betriebswirtschaftlichen Einheit ermöglichen.

2. Buchführungs- und Aufzeichnungspflichten

Im Folgenden werden die handels- und steuerrechtlichen Tatbestände, welche zu einer Buchführungspflicht führen, kurz dargestellt. Weiterhin werden die damit zusammenhängenden Prüfungs- und Offenlegungspflichten sowie die Sanktionen bei Nichtbeachtung dieser Vorschriften kurz erläutert.

a) Handelsrechtliche Buchführungspflicht

Nach dem Handelsrecht (§ 238 Abs. 1 HGB) sind alle Kaufleute zur Führung von Büchern verpflichtet. Auch die Kaufmannseigenschaft bestimmt sich aus dem HGB (§§ 1 ff. HGB). **Kaufmann** i. S. des § 1 HGB ist, wer ein Handelsgewerbe betreibt. Ein Handelsgewerbe ist jedes gewerbliche Unternehmen, das nach Art oder Umfang einen in kaufmännischer Art und Weise eingerichteten Geschäftsbetrieb erfordert.

Von der Pflicht zur Führung von Büchern, der Erstellung eines Inventars und Jahresabschlusses sind Einzelkaufleute befreit, die an den Abschlussstichtagen von zwei aufeinanderfolgenden Geschäftsjahren sowohl nicht mehr als 600.000 EUR Umsatzerlöse und 60.000 EUR Jahresüberschuss aufweisen (§ 241a HGB). Wird einer dieser Schwellenwerte an nur einem Abschlussstichtag überschritten, entfällt die Befreiung.

Damit stellt sich die Frage, welche Tätigkeit als Gewerbe gilt und wann ein **Gewerbebetrieb** vorliegt. Dies wird im HGB nicht explizit definiert. Nach § 15 Abs. 2 EStG wird Gewerbebetrieb definiert als:

- eine selbstständige nachhaltige Betätigung, die
- mit Gewinnerzielungsabsicht unternommen wird,
- sich als Beteiligung am allgemeinen wirtschaftlichen Verkehr darstellt und
- nicht als Ausübung von Land- und Forstwirtschaft (§ 13 EStG) und
- nicht als Ausübung eines freien Berufs oder einer anderen selbstständigen Arbeit i. S. des § 18 EStG anzusehen ist.

Die gewerbliche Tätigkeit ist insbesondere abzugrenzen von der sog. selbstständigen Tätigkeit nach § 18 EStG. Darunter fallen die folgenden Betätigungen:

- **Freiberufler**
  - eine selbstständig ausgeübte wissenschaftliche, künstlerische, schriftstellerische, unterrichtende oder erzieherische Tätigkeit,
  - die selbstständige Berufstätigkeit der Ärzte, Zahnärzte, Tierärzte, Rechtsanwälte, Notare, Patentanwälte, Vermessungsingenieure, Ingenieure, Architekten, Handelschemiker, Wirtschaftsprüfer, Steuerberater, beratenden Volks- und Betriebswirte, vereidigten Buchprüfer (Berufszugang seit 01.01.2005 geschlossen), Steuerbevollmächtigten, Heilpraktiker, Dentisten, Krankengymnasten, Dolmetscher, Übersetzer, Lotsen und ähnliche Berufe.
- **Staatliche Lotteriebetreiber** (soweit nicht gewerblich)
- **Sonstige selbstständige Arbeit** (Testamentsvollstrecker, Vermögensverwalter, Aufsichtsratsmitglieder)
- **Veräußerungsgewinne aus selbstständiger Arbeit**.

Die Freiberufler sowie die anderen von § 18 EStG erfassten selbstständigen Berufsgruppen gelten somit grundsätzlich nicht als Gewerbetreibende und sind deshalb keine Kaufleute nach § 1 HGB.

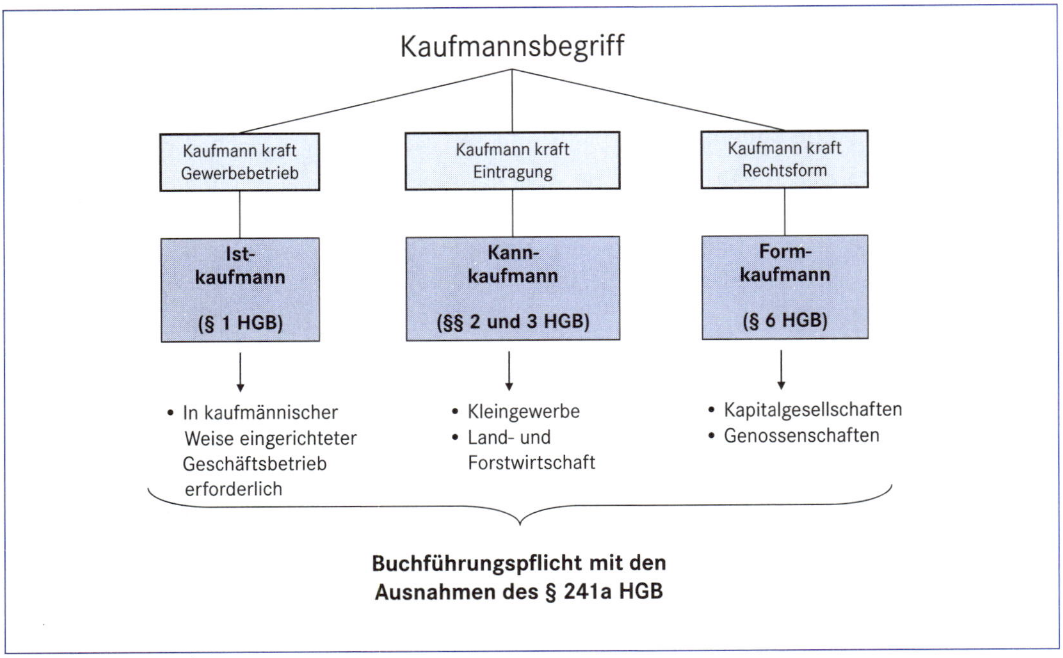

Abb. 2.5: Kaufmannsbegriff

Gewerbetreibende, deren Geschäftsbetrieb eine **kaufmännische Organisation** erfordert, gelten nach § 1 HGB unmittelbar als Kaufleute (»**Istkaufleute**«). Die Eintragung in das Handelsregister ist gemäß § 29 HGB zwar verpflichtend, aber in ihrer Rechtswirkung nur deklaratorisch. Dagegen gelten solche Gewerbetreibenden, deren Geschäftsbetrieb keine kaufmännische Organisation erfordert, als Kleingewerbetreibende, die gemäß § 2 HGB wie Land- und Forstwirte (gemäß § 3 HGB) selbst entscheiden können, ob sie durch Eintragung in das Handelsregister zum Kaufmann werden und damit alle aus dem HGB resultierenden Rechte und Pflichten übernehmen wollen (»**Kannkaufleute**«). Lassen sie sich nicht eintragen, gelten sie als Nichtkaufleute. Dadurch ist für sie die Eintragung konstitutiv, d. h. rechtserzeugend. Kapitalgesellschaften oder Genossenschaften erhalten aufgrund ihrer Rechtsform die Kaufmannseigenschaft gemäß § 6 HGB mit Eintragung ins Handelsregister (»**Formkaufleute**«). Für diese drei Kaufmannsarten ergibt sich, wie in Abb. 2.5 dargestellt, die handelsrechtliche Buchführungspflicht gemäß § 238 HGB, soweit sie nicht durch § 241a HGB davon befreit werden.

Von der Buchführungspflicht, welche alle Kaufleute nur zur Führung von Handelsbüchern verpflichtet, sind die Pflichten zur Offenlegung und Prüfung dieser Bücher zu unterscheiden. Diese Pflichten sind, wie weiter unten ausgeführt wird (vgl. S. 51 ff.), von der Rechtsform und der Größe des Unternehmens abhängig. Die handelsrechtliche Kaufmannseigenschaft zieht jedoch nicht nur die Buchführungspflicht nach sich. Den Kaufleuten ist es beispielsweise möglich, Prokuristen zu ernennen, eine Personengesellschaft zu gründen oder mündliche Bürgschaftserklärungen abzugeben.[3] Für sie besteht eine besondere Sorgfaltspflicht im Geschäftsleben (z. B. kaufmännisches Bestätigungsschreiben[4] oder Prüfungspflicht beim Handelskauf[5]). Schließlich ist es nur Kaufleuten möglich, ein vom Kalenderjahr abweichendes Geschäftsjahr zu verwenden. Die Feststellung der handelsrechtlichen Kaufmannseigenschaft kann mit dem Prüfungsschema von Abbildung 2.6 erfolgen.

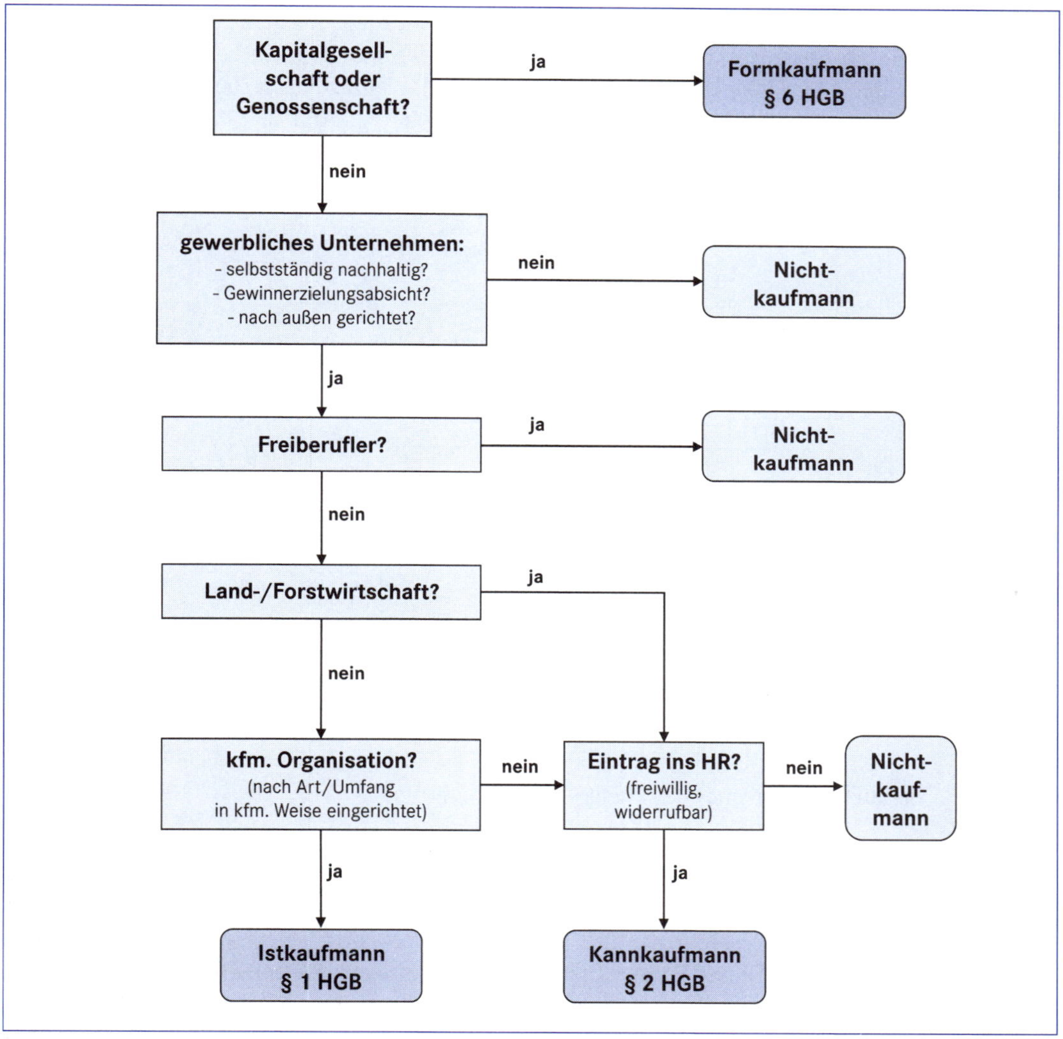

Abb. 2.6: Kaufmannseigenschaft (Prüfungsschema)

3 Die im Handelsregister einzutragende Prokura ermöglicht dem Prokuristen die Geschäfte des Kaufmanns zu führen. Diese Vertretungsvollmacht ist nach außen unbeschränkt. Der Prokurist unterzeichnet mit einem entsprechenden Zusatz (ppa.).

4 Ein Kaufmann ist an den Inhalt eines sog. kaufmännischen Bestätigungsschreibens gebunden, welches er von einem bestehenden Geschäftspartner erhalten hat, sofern er diesem nicht ausdrücklich widerspricht.

5 Für Kaufleute gilt die zweijährige bürgerlich-rechtliche Gewährleistungsfrist bei offenen Mängeln nicht, sodass sich für sie bei Warenlieferungen eine sofortige Prüfungspflicht ergibt. § 377 HGB: Unverzügliche Prüfungs- und Rügepflicht des Kaufmanns.

b) Steuerliche Buchführungspflicht

Eine Buchführungs- und Aufzeichnungspflicht für steuerliche Zwecke ergibt sich aus den Bestimmungen der Abgabenordnung. § 140 AO erklärt die Verpflichtung zur Buchführung und Aufzeichnung nach anderen Gesetzen (z. B. HGB, Depotgesetz, Börsengesetz) auch zur steuerrechtlichen Verpflichtung (derivative steuerliche Buchführungspflicht). Wer also nach Handelsrecht buchführungspflichtig ist, ist dies automatisch auch nach Steuerrecht (vgl. Abb. 2.7).

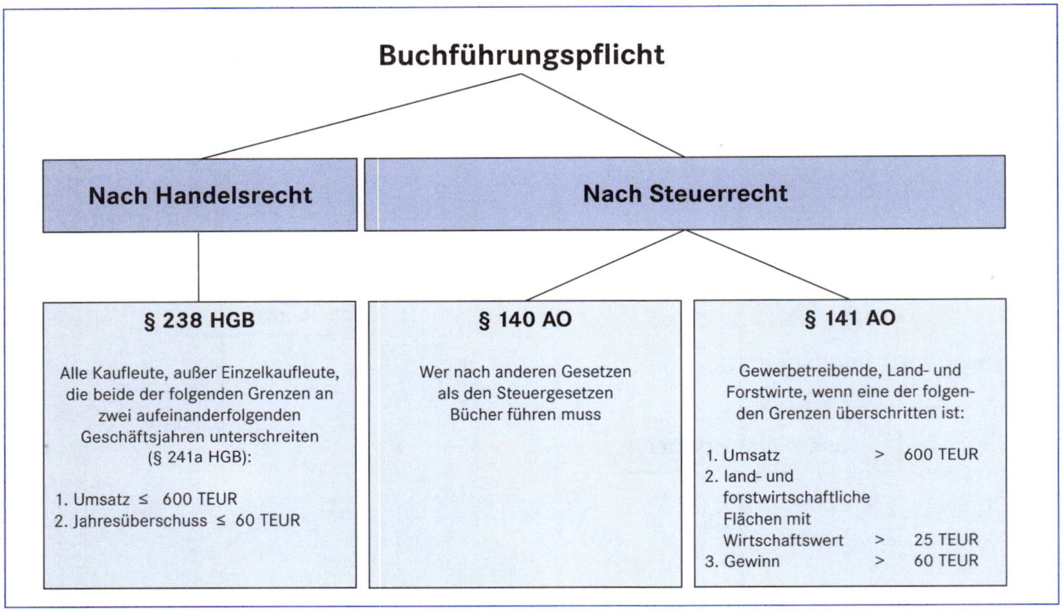

Abb. 2.7: Buchführungspflicht nach Handels- und Steuerrecht

§ 141 AO regelt zusätzlich die originäre steuerliche Buchführungspflicht für den Fall der Nichtkaufleute. Wer eine Voraussetzung des § 141 Abs. 1 AO erfüllt und von den Finanzbehörden darauf hingewiesen wurde, ist steuerrechtlich buchführungspflichtig, selbst wenn er nicht schon nach HGB verpflichtet ist. Dieser Paragraf ist jedoch nur für Gewerbetreibende sowie Land- und Forstwirte anwendbar; Freiberufler (z. B. Ärzte, Rechtsanwälte, Unternehmensberater) fallen nicht darunter. Für diese können sich lediglich bestimmte Aufzeichnungspflichten ergeben. Durch die Einführung des § 241a HGB durch das BilMoG ist eine Annäherung an die Schwellenwerte des § 141 AO erreicht worden, wobei die verwendeten Bezugsgrößen nicht übereinstimmen, da in den Gewinn nach § 141 AO auch das Sonderbetriebsvermögen einzubeziehen ist.

c) Steuerliche Aufzeichnungspflichten

Eine grundsätzliche Notwendigkeit für die Aufzeichnung der betrieblichen Einnahmen und Ausgaben ergibt sich durch die Notwendigkeit der Festsetzung der Ertragsteuern. Steuergegenstand ist das Einkommen, das sich aus den sieben Einkunftsarten zusammensetzt. Einkünfte sind bei Land und Forstwirtschaft, Gewerbebetrieb und selbstständiger Arbeit der Gewinn und bei den anderen Einkunftsarten (nichtselbstständige Arbeit, Kapitalvermögen, Vermietung und Verpachtung sowie sonstige Einkünfte) der Überschuss der Einnahmen über die Werbungskosten.

Nach herrschender Meinung enthält das Steuergesetz keine allgemeine Aufzeichnungspflicht für Betriebseinnahmen/Betriebsausgaben nach § 4 Abs. 3 EStG, ebenso wenig für Überschusseinkünfte nach § 2 Abs. 2 Nr. 2 EStG. Trotzdem muss der Steuerpflichtige seine Geschäftsvorfälle festhalten, um in seiner Steuererklärung Betriebseinnahmen/-ausgaben aufführen und sie dem Finanzamt auf Verlangen erläutern und glaubhaft machen zu können (vgl. Schmidt [2018], EStG § 4 Rz. 374 f.).

Zusätzlich zur grundsätzlichen Aufzeichnungspflicht existieren weitere detaillierte Aufzeichnungspflichten, die unter bestimmten Umständen erfüllt werden müssen. Die Erste und Wichtigste ist eine Aufzeichnungspflicht gemäß **Umsatzsteuergesetz** (§ 22 UStG). Aus den Aufzeichnungen muss z. B. die Bemessungsgrundlage der Umsatzsteuer ersichtlich sein. Entscheidend ist, ob es sich um einen Unternehmer oder ein Unternehmen i. S. des § 2 Abs. 1 UStG handelt. Danach ist Unternehmer, wer eine gewerbliche oder berufliche Tätigkeit selbstständig ausübt. Gewerblich oder beruflich ist jede nachhaltige Tätigkeit zur Erzielung von Einnahmen, auch wenn die Absicht, Gewinn zu erzielen, fehlt. Diese Regelung schließt damit freiberufliche Tätigkeiten mit ein.

d) Veröffentlichungspflichten

Grundsätzlich ist nach geltendem Handelsrecht (§ 242 HGB) jeder Kaufmann mit den Ausnahmen des § 241a HGB zur Aufstellung eines Jahresabschlusses verpflichtet. Detaillierungsgrad der Berichtsinstrumente und Umfang der Veröffentlichungspflichten hängen allerdings von der Rechtsform und der Größe des Unternehmens sowie von einer etwaigen Kapitalmarktorientierung (vgl. 24. Kapitel zu detaillierteren Ausführungen für kapitalmarktorientierte Unternehmen) des Unternehmens ab.

	Personengesellschaften/ Einzelunternehmen	**Kapitalgesellschaften**
Bilanz	X	X
Gewinn- und Verlustrechnung (GuV)	X	X
Anhang		X
Lagebericht		[X]

Tab. 2.1: Umfang des Jahresabschlusses von Personen- und Kapitalgesellschaften

Im Falle einer Personengesellschaft oder eines Einzelunternehmens besteht der Jahresabschluss aus einer Bilanz und einer vereinfachten Gewinn- und Verlustrechnung. Kapitalgesellschaften, offene Handelsgesellschaften sowie Kommanditgesellschaften, bei denen nicht wenigstens ein (mittelbar oder unmittelbar) persönlich haftender Gesellschafter eine natürliche Person ist (§ 264a HGB), müssen neben Bilanz und GuV noch einen Anhang aufstellen (vgl. Tab. 2.1). Außerdem müssen kapitalmarktorientierte Kapitalgesellschaften, die nicht zur Aufstellung eines Konzernabschlusses verpflichtet sind, zusätzlich eine Kapitalflussrechnung und einen Eigenkapitalspiegel aufstellen. Der Lagebericht bildet keinen **Bestandteil** des Jahresabschlusses, ist jedoch für mittlere und große Kapitalgesellschaften sowie Gesellschaften i. S. des § 264a HGB verpflichtend zu erstellen (§ 264 Abs. 1 HGB).

Die Tiefe der Untergliederung von Bilanz und GuV (§§ 266 Abs. 1 Satz 3, 276 HGB), der Umfang der Angabe- und Erläuterungspflichten im Anhang (§ 288 HGB) sowie der Prüfungs- (§ 316 Abs 1 HGB) und Offenlegungspflichten (§ 325 Abs. 2 HGB) bei Kapitalgesellschaften hängt zudem jeweils von der Zugehörigkeit zu bestimmten **Größenklassen** ab. Kapitalgesellschaften werden gemäß § 267 HGB nach drei Größenkriterien in kleine, mittelgroße und große Kapitalgesellschaften unterteilt (vgl. Tab. 2.2). Die Einordnung erfolgt durch die Erfüllung von mindestens zwei Kriterien einer Klasse an zwei aufeinanderfolgenden Abschlussstichtagen. Stets als große Kapitalgesellschaft gelten nach § 267 Abs. 3 HGB kapitalmarktorientierte Unternehmen gemäß § 264d HGB, d. h. solche Gesellschaften, die einen organisierten Markt i. S. des § 11 WpHG durch von ihnen ausgegebene Wertpapiere in Anspruch nehmen oder dies beantragt haben.

Kapitalgesellschaften	Bilanzsumme in Mio. EUR	Umsatz in Mio. EUR	Arbeitnehmer
kleinste	< 0,35	<0,70	<10
kleine	< 6	< 12	< 50
mittelgroße	< 20	< 40	< 250
große	> 20	> 40	> 250
Großunternehmen	> 65	> 130	> 5000

Tab. 2.2: Größenklassen

Kleinstkapitalgesellschaften können eine verkürzte Bilanz und GuV erstellen und können auf einen Anhang verzichten, wenn bestimmte Angaben u. a. zu Haftungsverhältnissen »unter der Bilanz« vorgenommen werden (§ 264 Abs. 1 Satz 5 HGB). Diese Regelungen können für alle Jahresabschlüsse ab dem 31.12.2012 angewendet werden.

Einer großen Kapitalgesellschaft werden weiterhin alle Unternehmen gleichgestellt, die wegen ihrer volkswirtschaftlichen Bedeutung als **Großunternehmen** gelten. Hierbei ist es unerheblich, welche Rechtsform diese Unternehmen haben. Nach § 1 PublG gelten alle Unternehmen als Großunternehmen, wenn sie an drei aufeinanderfolgenden Abschlussstichtagen zwei der in Tab. 2.2 in der letzten Zeile aufgeführten Merkmale erfüllen. Diese Unternehmen müssen ihren Jahresabschluss entsprechend den Regeln für eine große Kapitalgesellschaft erstellen (§ 5 PublG).

Auch für Genossenschaften, Kreditinstitute und Versicherungen gibt es spezielle Vorschriften bezüglich des Jahresabschlusses.

Je nach Größenordnung ergeben sich unterschiedliche **Prüfungspflichten** (vgl. im Detail 24. Kapitel). So unterliegen gemäß § 316 HGB kleine Kapitalgesellschaften (sofern sie nicht unter die Regelungen des § 1 PublG fallen) im Gegensatz zu den übrigen Klassen nicht der Prüfungspflicht, d. h., ihre Rechnungslegungsunterlagen müssen weder durch einen Wirtschaftsprüfer (WP) noch durch einen vereidigten Buchprüfer (vBP)[6] geprüft werden.

Mit der Einführung des »Gesetzes über elektronische Handelsregister und Genossenschaftsregister sowie das Unternehmensregister« (EHUG) zum 01.01.2007 sind alle Kapitalgesellschaften (unabhängig von der Größe) verpflichtet, ihre offenlegungspflichtigen Unterlagen beim elektronischen Bundesanzeiger einzureichen. Die Einreichung beim Handelsregister entfällt. Kleinstkapitalgesellschaften unterliegen denselben Prüfungs- und Offenlegungspflichten wie kleine Kapitalgesellschaften mit der Ausnahme nach § 326 Abs. 2 HGB, wonach ihr Jahresabschluss nicht offen-

6 Der Berufszugang zum vBP ist zum 01.01.2005 geschlossen worden.

gelegt werden muss, sondern lediglich die Bilanz beim Betreiber des elektronischen Bundesanzeigers hinterlegt wird und kostenpflichtig angefragt werden kann (vgl. 24. Kapitel, S. 566 ff.).

Kapitalgesellschaft	**Prüfung**	**Offenlegung**	**Fristen (Erstellung/ Offenlegung)**
kleine	nein	elektronischer Bundesanzeiger	6/12 Monate
mittelgroße	ja (auch vBP)	elektronischer Bundesanzeiger	3/12 Monate
große	ja (nur WP)	elektronischer Bundesanzeiger	3/12 Monate
Großunternehmen § 1 PublG	wie große Kapitalgesellschaften	wie große Kapitalgesellschaften	wie große Kapitalgesellschaften

Tab. 2.3: Prüfungs- und Offenlegungspflichten

Für die Erstellung und Veröffentlichung müssen bestimmte **Fristen** gewahrt werden. Die Veröffentlichung muss grundsätzlich unabhängig von der Rechtsform gemäß § 325 HGB unverzüglich nach Vorlage der Unterlagen an die Gesellschafter, jedoch spätestens innerhalb von 12 Monaten nach dem Abschlussstichtag erfolgen. Für kapitalmarktorientierte Kapitalgesellschaften gilt eine Frist von vier Monaten (§ 325 Abs. 4 HGB). Kleine Kapitalgesellschaften müssen gemäß § 264 Abs. 1 HGB den Jahresabschluss innerhalb von sechs Monaten erstellen, mittelgroße und große Kapitalgesellschaften haben hierfür nur drei Monate Zeit. Konzernabschlüsse müssen gemäß § 290 Abs. 1 HGB innerhalb von fünf Monaten erstellt werden. Ist das Mutterunternehmen eine Konzerngesellschaft i. S. des § 325 Abs. 4 Satz 1 HGB und nicht zugleich i. S. des § 327a HGB, so sind der Konzernabschluss und der Konzernlagebericht innerhalb von vier Monaten nach Abschluss des Geschäftsjahres aufzustellen.

Zur Einhaltung der Rechnungslegungsvorschriften existieren verschiedene Vorschriften über die **Sanktionierung** bei Nichteinhaltung der Regeln. Die Folgen hängen von der Art und Schwere des Fehlers ab. Solche Fehler stellen formelle und materielle Mängel dar. Formelle Mängel betreffen den Aufbau der Buchführung und den zeitlichen Buchungsablauf, Belegordnung und Ähnliches. Materielle Fehler betreffen den Wahrheitsgehalt, die Vollständigkeit und die sachliche Richtigkeit der Buchführung, also z. B., wenn Geschäftsvorfälle oder Vermögens-/Kapitalposten falsch, unvollständig oder gar nicht aufgezeichnet werden. Aufgetretene Fehler sind sofort zu berichtigen. Führen die Fehler dazu, dass die Buchführung als nicht mehr ordnungsgemäß betrachtet werden kann, dann sehen unterschiedliche Rechtsquellen verschiedene Strafen vor.

Das HGB (§§ 331 ff.) sieht für bewusste Bilanzfälschung oder -verschleierung bei Kapitalgesellschaften beispielsweise Haftstrafen von bis zu drei Jahren oder Geldstrafen vor. Außerdem wird der Wirtschaftsprüfer sein Testat einschränken oder gänzlich versagen, was zur Ungültigkeit des Jahresabschlusses für AGs führt. Im Steuerrecht kann es unabhängig von der Rechtsform zu Bußgeldern und einer groben Schätzung der Besteuerungsgrundlage kommen. Das Strafgesetzbuch droht erst mit Strafen, wenn der Insolvenzfall eingetreten ist. Dann drohen für die Nichtführung oder mangelhafte Führung von Büchern sowie die mangelhafte oder verspätete Bilanzaufstellung Freiheitsstrafen von bis zu fünf Jahren, in schweren Fällen von bis zu zehn Jahren.

III. Nicht-kodifizierte Rechtsquellen: Grundsätze ordnungsmäßiger Buchführung

Neben den oben behandelten kodifizierten Rechtsquellen existieren die sog. **Grundsätze ordnungsmäßiger Buchführung (GoB)**. Unter den GoB versteht man allgemein anerkannte Regeln über die Führung der Handelsbücher sowie die Erstellung des Jahresabschlusses, die von allen Kaufleuten gleichermaßen zu beachten sind. Obgleich sie teilweise in das HGB übernommen wurden, stellen sie grundsätzlich nicht kodifizierte Vorschriften dar.

Der Begriff GoB ist ein **unbestimmter Rechtsbegriff**, d. h., er ist vom Gesetzgeber nicht explizit definiert. Durch den Verweis des Gesetzes (beispielsweise § 243 Abs. 1 und § 264 Abs. 2 HGB, § 5 Abs. 1 EStG) auf die GoB stellen diese allerdings zwingende Rechtssätze dar, die das schriftlich fixierte Gesetz ergänzen und dort greifen, wo Gesetzeslücken auftreten oder wo Gesetzesvorschriften einer Auslegung bedürfen. Damit wurde eine Vielzahl von Einzelfallregelungen vermieden und ein anpassungsfähiges, dynamisches System von Rechtsnormen geschaffen. Die GoB werden im Zusammenwirken von Rechtsprechung, fachkundigen Praktikern und Vertretern der Betriebswirtschaftslehre geschaffen und konkretisiert. Allerdings treten durch die Unbestimmtheit der GoB immer wieder Unsicherheiten über ihre Auslegung auf. Um ihre Bedeutung für das den Gesetzesvorschriften zugrunde liegende Rechnungslegungskonzept zu unterstreichen, wurden mit der Umsetzung der 4. EG-Richtlinie in 1985 die sog. »oberen GoB« (vgl. Abb. 2.8) im HGB kodifiziert.

Zur **Ermittlung** der GoB werden zwei Methoden unterschieden. Die erste, die induktive Methode, nimmt jene Handlungsweisen, die der Buchführungs- und Bilanzierungspraxis eines ordentlichen und ehrenwerten Kaufmannes entsprechen, zur Grundlage für die Ableitung von **GoB**. Hierbei ergeben sich jedoch Probleme bei der Bestimmung des »ordentlichen und ehrenwerten Kaufmanns«. Da ein empirisch-statistisches Vorgehen zur Ermittlung seiner Handlungsweisen nicht sinnvoll erscheint, ist nach der herrschenden Meinung die zweite Methode, die deduktive Ermittlung der GoB, vorzuziehen. Die deduktive Methode leitet die GoB aus dem Zweck des Jahresabschlusses ab. Da aber auch über die Zwecke des Jahresabschlusses kein vollständiger Konsens besteht, ist die Ermittlung der GoB auf ausschließlich deduktivem Weg ebenfalls problematisch. Daher sind für die Ermittlung zusätzlich auch die Regelungsabsicht und die Ziele und Normvorstellungen des Gesetzgebers von Bedeutung.

Unter **Ordnungsmäßigkeit** wird der Umstand verstanden, dass ein »sachverständiger Dritter« sich aus den Aufzeichnungen ein Bild über die tatsächliche Lage des Unternehmens machen kann. Dazu gehört zum einen, dass die Aufzeichnungen den Tatsachen entsprechen und vollständig sind (materielle Ordnungsmäßigkeit), aber auch zum anderen, dass sie so übersichtlich geführt werden, dass eine Sichtung und Überprüfung möglich ist (formelle Ordnungsmäßigkeit).

Hinter den GoB stehen die grundsätzlichen Aufgaben von Buchführung und Bilanzierung (sog. **Generalnorm**), ferner als Grundannahmen die *going concern*- und Periodisierungsprämissen. Die GoB selber unterteilen sich in obere und untere Grundsätze (vgl. Abb. 2.8).

Zentrale Rechtsnorm für die Aufstellung des Jahresabschlusses ist die sog. Generalnorm, die die Zielsetzung festlegt, unter der der Jahresabschluss aufgestellt werden soll. In § 243 Abs. 1 HGB ist als Generalnorm für alle Kaufleute die Verpflichtung festgelegt, einen Jahresabschluss aufzustellen, der den Grundsätzen ordnungsmäßiger Buchführung entspricht. In § 243 Abs. 2 HGB wird bestimmt, dass der Jahresabschluss klar und übersichtlich sein muss und nach Abs. 3 innerhalb der einem ordnungsmäßigen Geschäftsgang entsprechenden Zeit aufzustellen ist. Diese Generalnorm des § 243 HGB für alle Kaufleute, aber insbesondere für Einzelkaufleute und Personengesellschaften, wird oft als zu ungenau und zu weit beurteilt. Für Kapitalgesellschaften wurde die Generalnorm jedoch gemäß dem Wortlaut der 4. EG-Richtlinie in § 264 Abs. 2 HGB ergänzt. In dieser Generalnorm für Kapitalgesellschaften wird festgelegt, dass der um den Anhang ergänzte Jahresabschluss unter Beachtung der Grundsätze ordnungsmäßiger Buchführung ein den tatsächlichen Verhältnissen entsprechendes Bild der Vermögens-, Finanz- und Ertragslage zu vermitteln hat. Dieses Prinzip wurde in der 4. EG-Richtlinie Artikel 2 Abs. 3 explizit aufgeführt und entspricht dem »*true and fair view*« der angloamerikanischen Rechnungslegung. Diese Generalnorm ist in der Praxis immer dann heranzuziehen, wenn Zweifel bei der Auslegung einzelner Vorschriften entstehen oder Lücken in der gesetzlichen Regelung zu schließen sind. Sie verpflichtet weiter zu zusätzlichen Angaben im Anhang, wenn der Jahresabschluss bei Anwendung der Einzelvorschriften kein den tatsächlichen Verhältnissen entsprechendes Bild vermitteln sollte.

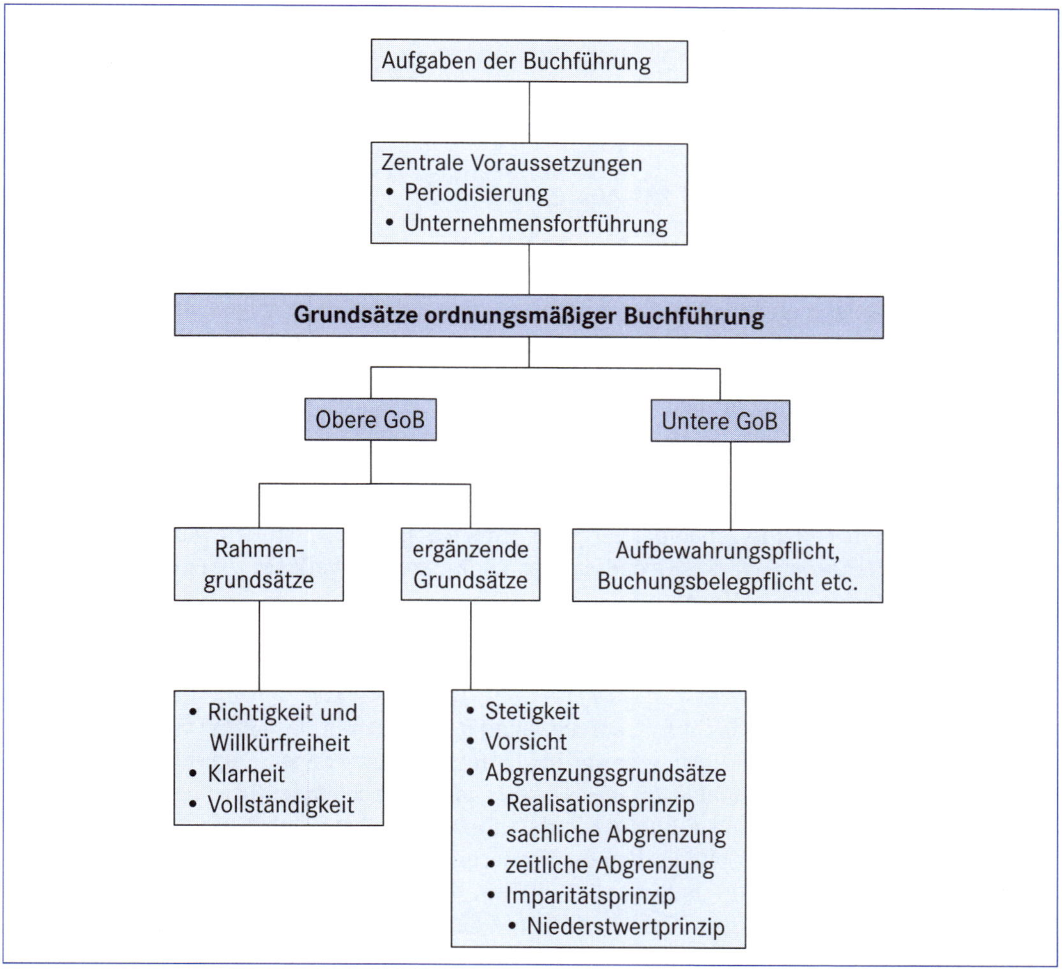

Abb. 2.8: Übersicht über die GoB

Als Grundannahmen oder Voraussetzungen der Rechnungslegung sind die Prinzipien der periodengerechten Erfolgsermittlung und der Unternehmensfortführung (»*going concern*«) zu werten. Erst durch die grundlegende Annahme, dass die Bilanzierung unter dem Gesichtspunkt der Weiterführung des Unternehmens, nicht der Liquidation (§ 252 Abs. 1 Nr. 2 HGB), erfolgen soll, erhalten die Wertansätze eine Aussagekraft. Die Periodisierung (periodengerechte Erfolgsermittlung, »*accrual accounting*«), d. h., die Tatsache, dass Aufwendungen und Erträge unabhängig von den Zeitpunkten der entsprechenden Zahlungen im Jahresabschluss des Geschäftsjahres ihrer wirtschaftlichen Verursachung zu berücksichtigen sind (§ 252 Abs. 1 Nr. 5 HGB), unterscheidet die Bilanzierung von einer reinen zahlungsorientierten Überschussrechnung.

Die formelle Ordnungsmäßigkeit wird in den »unteren GoB« geregelt. Dazu gehört, dass grundsätzlich keine Buchung ohne Beleg erfolgen darf, um die Korrektheit der Buchung prüfen zu können. Die Belege müssen vollständig, zeitgerecht und geordnet erfasst und aufbewahrt werden (6 Jahre für Belege, 10 Jahre für Bilanzen etc.).

Die materielle Ordnungsmäßigkeit regeln die »oberen GoB«, die in sog. »Rahmengrundsätze« und »ergänzende Grundsätze« unterteilt werden (vgl. Abb. 2.8). Zu den **Rahmengrundsätzen** zählen:

Richtigkeit und Willkürfreiheit (§ 239 Abs. 2 HGB)

Der Grundsatz der Richtigkeit besagt, dass die Bücher den Tatsachen entsprechend und gemäß den übrigen GoB geführt werden müssen. Dazu gehört, dass die einzelnen Posten der Bilanz und GuV den Tatbeständen entsprechend bezeichnet werden müssen. Hier zeigt sich deutlich die Interdependenz der einzelnen GoB, da die Richtigkeit eines Wertes nur unter Zuhilfenahme anderer Grundsätze (z. B. Abgrenzungsgrundsätze) beurteilt werden kann. Dabei muss die Übereinstimmung der Sachverhalte mit der Buchführung objektiv, d. h. auch von anderen Personen nachprüfbar sein. Werden Schätzwerte verwendet, soll deutlich werden, dass diese innerhalb von objektiv bestimmbaren Grenzen liegen.

Der Grundsatz der Richtigkeit wird durch den Grundsatz der Willkürfreiheit ergänzt, welcher besagt, dass sich der Bilanzierende bei vorgenommenen Schätzungen an den wahrscheinlichsten Annahmen zu orientieren hat. Der Grundsatz der Willkürfreiheit verlangt zudem, dass Bilanzmanipulationen unterbleiben müssen.

Grundsatz der Klarheit

Der Grundsatz der Klarheit bezieht sich auf die Qualität der äußeren Gestaltung, also die Form der Aufzeichnungen in der Buchführung sowie im Jahresabschluss. Er verlangt, die einzelnen Geschäftsvorfälle, Bilanzposten und Erfolgsbestandteile der Art nach eindeutig zu bezeichnen und so zu ordnen, dass die Bücher und Abschlüsse verständlich und übersichtlich sind und somit keine Irreführung Dritter zustande kommt. Von der Forderung nach Klarheit ist insbesondere die Gliederung von Bilanz (§ 266 HGB) und GuV (§ 275 HGB) betroffen. In diesem Zusammenhang ist es wichtig, dass die Forderung nach Klarheit nicht mit der Forderung nach Richtigkeit verwechselt wird. So ist beispielsweise der Ausweis von Wertpapieren unter einem zusammengefassten Posten »Wertpapiere und Bankbestand« zwar richtig, der Forderung nach Klarheit wird in diesem Fall aber nicht nachgekommen, da hier keine Trennung des Wertpapierbestandes vom Bankbestand möglich ist.

Aus dem Grundsatz der Klarheit lassen sich weitere Prinzipien ableiten. So müssen Vermögensgegenstände und Schulden jeweils einzeln bewertet werden und dürfen grundsätzlich nicht zu Bewertungseinheiten zusammengefasst werden (Prinzip der Einzelbewertung; § 252 Abs. 1 Nr. 3 HGB). Ebenso dürfen Aktiv- und Passivposten sowie Aufwendungen und Erträge grundsätzlich nicht gegeneinander verrechnet werden (Saldierungsverbot; § 246 Abs. 2 HGB).

Grundsatz der Vollständigkeit (§ 239 Abs. 2 HGB für die Buchführung, § 246 Abs. 1 HGB für den Jahresabschluss)

Der Grundsatz der Vollständigkeit fordert die Erfassung aller buchungspflichtigen Geschäftsvorfälle, d. h. aller Vorgänge, die zu Veränderungen des Vermögens (sowohl Wertsteigerungen als auch Wertminderungen) führen. Hier ist zu beachten, dass sich der Grundsatz der Vollständigkeit nicht nur auf alle buchungspflichtigen Sachverhalte bezieht, sondern auch auf eventuell bestehende Risiken, welche in der Buchführung bislang noch nicht berücksichtigt wurden. In letztgenannten Fällen kann die Bildung von Rückstellungen nötig werden. Sachverhalte sind aber nur dann im Jahresabschluss abzubilden, wenn sie dem Kaufmann wirtschaftlich zuzurechnen (»*substance over form*«) sind (§ 246 Abs. 1 HGB).

Aus dem Grundsatz der Vollständigkeit leitet sich auch die Pflicht zur Erstellung eines Inventars und zur Durchführung einer Inventur (§ 240 f. HGB) ab.

Zudem bestimmt dieser Grundsatz, dass Informationen, die Vorgänge vor dem Bilanzstichtag betreffen, dann bei der Aufstellung des Jahresabschlusses berücksichtigt werden müssen, wenn sie nach dem Bilanzstichtag (aber vor der Aufstellung des Jahresabschlusses) bekannt werden. Den Sachverhalt, der vor dem Bilanzstichtag bekannt geworden ist, nennt man in diesem Zusammenhang einen **wertbegründenden Sachverhalt**. Die Information, die nach dem Bilanzstichtag zusätzlich aufgetreten ist, wird als **werterhellender Sachverhalt** bezeichnet. Tritt der wertbegründende Sachverhalt hingegen erst nach dem Bilanzstichtag auf, so ist dieser bei der Aufstellung des Jahresabschlusses nicht zu berücksichtigen.

Aus dem Grundsatz der Vollständigkeit lässt sich außerdem die Forderung nach formeller Bilanzkontinuität (§ 252 Abs. 1 Nr. 1 HGB) ableiten, wonach die Eröffnungsbilanz einer Periode der Schlussbilanz der vorangegangenen Periode entsprechen muss. Nur durch die Wahrung der formellen Bilanzkontinuität kann letztlich sichergestellt werden, dass alle Vermögensänderungen während der Lebensdauer eines Unternehmens lückenlos erfasst werden.

Als **ergänzende Grundsätze** (obere Grundsätze) gelten:

Grundsatz der Stetigkeit (§ 252 Abs. 1 Nr. 6 HGB)

Aus Informationen über die Vermögens-, Finanz- und Ertragslage eines Unternehmens zu verschiedenen Zeitpunkten lässt sich nur dann die Entwicklung eines Unternehmens erkennen, wenn diese Informationen vergleichbar sind. Somit fordert der Grundsatz der Stetigkeit zum einen die Verwendung stets gleicher Gliederungsbegriffe und Gliederungsschemata (formelle Bilanzstetigkeit). Zum anderen sind die einzelnen Posten der Menge und dem Wert nach immer in der gleichen Weise zu ermitteln, abzugrenzen und zusammenzustellen (materielle Bilanzstetigkeit). In Ausnahmefällen sind Durchbrechungen des Grundsatzes der Stetigkeit zulässig bzw. sogar erforderlich. Ist dies der Fall, müssen die vorgenommenen Änderungen erwähnt und die Auswirkungen daraus erläutert werden.

Durch die Neueinführung des § 246 Abs. 3 HGB im Rahmen des BilMoG wird die bisher bereits vorgeschriebene Bewertungsstetigkeit um das Gebot der Ansatzstetigkeit ergänzt, um die Transparenz der Abschlüsse zu verbessern.

Grundsatz der Vorsicht (§ 252 Abs. 1 Nr. 4 HGB)

Dem Vorsichtsprinzip liegt die Vorstellung des vorsichtigen Kaufmanns zugrunde, der sich vor sich selbst und anderen nicht reicher rechnet, als er tatsächlich ist, sondern im Zweifel eher ärmer. Das Vorsichtsprinzip dient damit in erster Linie dem Gläubigerschutz und stellt ein die Bilanzansatz- und Bewertungsregeln des HGB dominant prägendes Prinzip dar. Formen des Vorsichtsprinzips sind z. B. die in Deutschland bestehenden Ausgestaltungen des Realisations- und des Imparitätsprinzips, die im folgenden Abschnitt zu den Abgrenzungsgrundsätzen näher erläutert werden.

Das Vorsichtsprinzip findet darüber hinaus u. a. bei der Bilanzierung von Rückstellungen Anwendung. Bei der Bewertung von Rückstellungen kann es erforderlich sein, dass Werte geschätzt werden müssen, welche sich durch Zukunftserwartungen bestimmen. Liegen (beispielsweise bei Steuerrückstellungen) einwandfrei feststehende Tatsachen vor, die eine weitgehend sichere Vorhersage ermöglichen, so ist der dabei erwartete Betrag in der Bilanz als Rückstellung anzusetzen. Wenn es sich um häufig auftretende Ereignisse handelt und statistische Daten verfügbar sind, so ist als Rückstellungshöhe der statistische Erwartungswert anzusetzen (z. B. Pensionsrückstellungen, Gewährleistungsrückstellungen). Das Vorsichtsprinzip greift hingegen bei der Beurteilung von Sachverhalten, bei denen nur subjektive Erwartungen vorliegen, die auf zurückliegenden, nur i. w. S. ähnlichen Erfahrungen beruhen. In diesen Fällen ist die Rückstellung zum höchsten Wert zu passivieren, der noch als realistisch angesehen werden kann (z. B. Rückstellung für eine einzelne Bürgschaftsverpflichtung).

Abgrenzungsgrundsätze

Der Grundsatz der Vollständigkeit bestimmt, dass alle Änderungen des Nettovermögens (= Vermögen - Schulden) in der Buchführung und damit auch im Jahresabschluss erfasst werden müssen. Die Abgrenzungsgrundsätze legen darauf aufbauend fest, welchen Perioden die Nettovermögensänderungen zuzurechnen sind und unter welchen Umständen einer bestimmten Periode künftige einzelgeschäftliche Verluste zugerechnet werden. Durch die Zurechnung der einzelnen Nettovermögensänderungen auf bestimmte Rechnungsperioden legen die Abgrenzungsgrundsätze fest, was als Aufwand und Ertrag einer Periode gilt. Sie bestimmen so den Periodenerfolg und die Grundpfeiler dessen, was als **periodengerechte Erfolgsermittlung** bezeichnet wird.

Unter dem Oberbegriff **»Abgrenzungsgrundsätze«** werden folgende vier Prinzipien zusammengefasst:

- Realisationsprinzip,
- Grundsatz der sachlichen Abgrenzung,
- Grundsatz der zeitlichen Abgrenzung,
- Imparitätsprinzip.

Das Realisationsprinzip (§ 252 Abs. 1 Nr. 4 HGB) ist der erste Pfeiler der periodengerechten Erfolgsermittlung. Das Realisationsprinzip enthält zwei Komponenten:

1. Das Realisationsprinzip legt fest, wann ein Erzeugnis oder eine Leistung als »realisiert« gilt, d. h. zu welchem Zeitpunkt eine Nettovermögensmehrung entsteht, also ein Ertrag zu erfassen ist.
2. Außerdem bestimmt es den Wert, mit dem die noch nicht realisierten Erzeugnisse/Leistungen in der Bilanz anzusetzen sind (Anschaffungswertprinzip).

Der Erlös aus dem Verkauf von Sachgütern oder Leistungen gilt erst zu dem Zeitpunkt als »realisiert« und somit in der Bilanz als Nettovermögensmehrung und in der GuV als Ertrag ausweisfähig, wenn die Lieferung vollzogen bzw. die Dienstleistung beendet ist. Eine Lieferung gilt mit dem Zeitpunkt des »Gefahrenübergangs« als erbracht. Unter »Gefahrenübergang« versteht man dabei die Übertragung des Risikos eines eventuellen Untergangs oder einer eventuellen Zerstörung der gelieferten Ware auf den Kunden. Sie hat dann stattgefunden, wenn der Lieferant im Falle eines solchen Untergangs aus dem geschlossenen Vertrag nicht mehr zu einer Lieferung rechtlich verpflichtet werden kann. Bis zu diesem Zeitpunkt wird das betreffende Erzeugnis des bilanzierenden Unternehmens höchstens mit den Anschaffungs- oder Herstellungskosten angesetzt (sog. Anschaffungswertprinzip; § 253 Abs. 1 HGB). Danach können die aus seinem Verkauf entstehenden Erträge in Höhe des Absatzpreises als realisiert angesehen werden.

Der **Grundsatz der sachlichen Abgrenzung** ist eng mit dem Realisationsprinzip verbunden. Er bestimmt nämlich, dass die durch die Leistungserstellung verursachten Nettovermögensminderungen als Aufwendungen der Periode zuzurechnen sind, in der auch die sachlich dazugehörenden Leistungen (Nettovermögensmehrungen) als Ertrag realisiert werden. Für die Aufwandsverrechnung spielt daher das Prinzip einer leistungsentsprechenden Gegenüberstellung von Aufwendungen und Erträgen eine entscheidende Rolle (»*matching principle*«).

Nach dem **Grundsatz der zeitlichen Abgrenzung** sind solche Vermögensänderungen, deren Realisierung allein durch den Ablauf der Zeit bestimmt ist, d. h. streng zeitraumbezogene Aufwendungen und Erträge, pro rata temporis (zeitproportional) zu periodisieren. Typische Beispiele sind: Miete, Pacht und Zinsen. Diese Vermögensänderungen lassen ihrer Natur nach eine genaue Periodenabgrenzung zu, weil sie stets auf einen bestimmten Zeitraum bezogen sind. Berührt dieser Zeitraum mehrere Perioden, so sind die Vermögensänderungen den betroffenen Rechnungsperioden zuzurechnen. Dies hat in dem Verhältnis zu erfolgen, in welchem sich der zugrunde liegende Zeitraum auf die Rechnungsperioden verteilt. Leistet das Unternehmen eine Mietvorauszahlung für ein Jahr und bezieht sich der Betrag auf das letzte Quartal der aktuellen Rechnungsperiode und die ersten drei Quartale der Folgenden, so sind 25 % der Mietvorauszahlung der aktuellen Rechnungsperiode als Aufwand zuzurechnen, 75 % sind Aufwand der folgenden Periode. Zur buchhalterischen Erfassung dienen hierbei sog. transitorische und antizipative Abgrenzungsposten (vgl. 13. Kapitel und 17. Kapitel).

Durch die bisher erwähnten Grundsätze ist lückenlos festgelegt, welche Vermögensänderungen einer Periode zuzurechnen sind. Zukünftig anfallende einzelgeschäftliche Gewinne werden in der zukünftigen Periode ausgewiesen, in der die jeweiligen Geschäfte realisiert sind. Aufgrund des Vorsichtsprinzips sind hingegen zukünftige einzelgeschäftliche Verluste so früh wie möglich erfolgswirksam zu erfassen. Dies erfolgt in der Periode, in der sie als wahrscheinlich anzusehen sind, selbst wenn das jeweilige Geschäft noch nicht realisiert wurde. Wegen der unterschiedlichen Behandlung zukünftiger einzelgeschäftlicher Gewinne und Verluste wird dieses Prinzip als

Imparitätsprinzip bezeichnet (Gebot der Verlustantizipation, jedoch Verbot der Gewinnantizipation).

Das Imparitätsprinzip kommt in zweifacher Weise bei der Bilanzierung zum Tragen. Es verlangt zum einen eine erfolgswirksame Herabsetzung des Buchwertes von Vermögensgegenständen, wenn der ihnen beizulegende Wert am Abschlussstichtag niedriger ist als ihr Buchwert **(Niederstwertprinzip)**. Zum anderen sind wahrscheinliche Verluste aus noch nicht erfüllten Liefer- oder Beschaffungsverträgen (sog. schwebende Geschäfte) durch die Bildung einer entsprechenden Rückstellung in der Rechnungsperiode zu erfassen, in der sie bekannt werden. Die Höhe der zu bildenden Drohverlustrückstellung bestimmt sich aus der Differenz der bereits angefallenen und noch anfallenden Kosten und dem aus dem jeweiligen Geschäft zu erwartenden Erlös.

3. Kapitel: Vom Inventar zur Bilanz

Im Kapitel 1 wurde dargestellt, dass das Rechnungswesen eine Vielzahl von Funktionen zu erfüllen hat. Nun soll die Frage geklärt werden, wie diese Aufgaben mit Hilfe der Buchführung und Bilanzierung erfüllt werden. Wie im ersten Kapitel ausgeführt wurde, soll die Buchführung alle wirtschaftlich bedeutsamen Vorgänge (Geschäftsvorfälle) ersichtlich machen. Dies sind alle Vorgänge, die zu Veränderungen des Vermögens oder der Schulden führen.

A. Inventur und Inventar

Der erste notwendige Schritt ist folglich eine Aufzeichnung des Vermögens und der Schulden. Eine solche Aufzeichnung nennt man Inventar. Der Vorgang zu seiner Erfassung heißt Inventur. Die Informationen des Inventars werden in einem weiteren Schritt in der Bilanz präsentationsfähig und aggregiert aufbereitet. Ein zentrales Instrument des Rechnungswesens ist daher die Bilanz.

I. Grundlagen

Der Grundsatz der Vollständigkeit (§ 246 Abs. 1 HGB) verlangt die Bilanzierung aller Vermögensgegenstände und Schulden. Zur Kontrolle, ob in der Buchhaltung tatsächlich die vorhandenen Bestände erfasst sind, ist an jedem Bilanzstichtag eine Abstimmung der in der Buchhaltung aufgeführten mit den tatsächlich vorhandenen Beständen erforderlich. Bei sich ergebenden Differenzen sind die Buchbestände an die tatsächlichen Werte anzupassen. Die im Rahmen der Bestandsaufnahme (**Inventur**) festgestellten Vermögensgegenstände und Schulden werden in einer Liste, dem Inventar, zusammengefasst. Da das Inventar die vorhandenen Vermögensgegenstände und Schulden nachweisen soll, besteht sein eigentlicher Zweck in der Bestimmung von Werten, nicht in der Ermittlung von Mengen. Bei einigen Bilanzposten, z. B. bei Vorräten, müssen allerdings zur Bestimmung der Werte zunächst die Mengen festgestellt werden. Bei Forderungen und Verbindlichkeiten sind dagegen nur Wertangaben sinnvoll. Gesetzliche Grundlage für das Inventar sind die §§ 240 und 241 HGB, die gemäß § 141 Abs. 1 Satz 2 AO grundsätzlich auch für die Steuerbilanz maßgeblich sind.

Das Inventar besteht aus diesen drei Bestandteilen:

1. allen Vermögensgegenständen,
2. allen Schulden und
3. deren Saldo, dem Reinvermögen, das dem Eigenkapital entspricht.

Die Aufstellung des Inventars zeigt dem Kaufmann, wie sich sein Vermögen im Verhältnis zu seinen Schulden verändert hat. Zum Gründungszeitpunkt muss er Vermögen und Schulden bestimmen, also ein Gründungsinventar aufstellen.

Die Inventur und das Inventar dienen

- der Feststellung der Bestände des Vermögens und der Schulden und damit
- dem Abgleich des Buchbestandes mit den tatsächlich vorhandenen Werten.

II. Inventurarten

Das HGB schreibt zwar einen bestimmten Stichtag für die Erstellung des Inventars vor, lässt aber zu, dass die dazu erforderlichen Arbeiten nicht notwendigerweise am Stichtag selbst erfolgen. Deshalb gibt es neben der Möglichkeit der Stichtagsinventur weitere Alternativen.

1. Stichtagsinventur

Grundsätzlich muss das Inventar zum Bilanzstichtag aufgestellt werden und die Inventur entsprechend am Bilanzstichtag stattfinden (**Stichtagsinventur**). Damit der am Bilanzstichtag auftretende Arbeitsanfall nicht auch noch durch Inventurarbeiten vergrößert wird, kann gemäß § 241 Abs. 3 HGB die Inventur an einem Stichtag innerhalb von drei Monaten vor und zwei Monaten nach dem Bilanzstichtag stattfinden (**vor- oder nachverlegte Stichtagsinventur**). Voraussetzung für dieses Verfahren ist allerdings die Anfertigung eines besonderen Inventars zum Inventurstichtag sowie ein ordnungsgemäßes Fortschreibungs- oder Rückrechnungsverfahren. Treten bei Vermögensgegenständen unkontrollierbare Bestandsverminderungen auf (z. B. durch Verdunsten, Schwund oder Verderb), deren Umfang nicht genau bestimmt werden kann, so darf auf diese Güter die vor- oder nachverlegte Stichtagsinventur nicht angewendet werden. Gleiches gilt für besonders wertvolle Bestände (R 5.3 Abs. 3, Satz 2 EStR). Ist die mit einer Stichtagsinventur verbundene Arbeit für einen Tag zu umfangreich, so kann sie auf mehrere Tage verteilt werden. Der Bestand am eigentlichen Stichtag muss dann aber durch Fortschreibung oder Rückrechnung feststellbar sein.

2. Permanente Inventur

Nach § 241 Abs. 2 HGB können die Inventurarbeiten auch über den gesamten Zeitraum zwischen zwei Bilanzstichtagen verteilt werden. Das Inventar zum Bilanzstichtag wird dann mit Hilfe von Aufzeichnungen ermittelt, die alle Zu- und Abgänge nach Tag, Art und Menge laufend erfassen (Lagerkartei). Außerdem müssen die Mengenbewegungen durch Belege nachweisbar sein. Ähnlich wie die vor- und nachverlegte Stichtagsinventur ist auch die permanente Inventur bei Vermögensgegenständen mit unkontrollierbaren Bestandsveränderungen und bei besonders wertvollen Vermögensgegenständen nicht anwendbar.

3. Stichprobeninventur

Die Inventur mit Hilfe von Stichproben ist aus dem Bemühen um weitere Einschränkung des mit der Inventur verbundenen Arbeitsaufwandes entstanden. Bei diesem Verfahren werden mit statistischen Methoden aus einer Stichprobe die nötigen Werte für Schwund etc. geschätzt. Wenn die Proben den GoB gemäß § 241 Abs. 1 HGB genügen, erfolgt eine Hochrechnung der Ergebnisse auf die Grundgesamtheit durch Multiplikation der Schätzwerte mit der Anzahl der erfassten Vermögensgegenstände. Soweit die Verfahren der Stichprobeninventur den GoB entsprechen, sind sie nach § 241 Abs. 1 HGB handelsrechtlich zugelassen.

4. Bewertungsvereinfachungen

Bestimmte Vermögensgegenstände können nach dem Handelsrecht mit einem gleich bleibenden Wert (Festwertverfahren, § 240 Abs. 3 HGB) bzw. gemeinsam in einer Gruppe (Gruppenbewertung, § 240 Abs. 4 HGB) bewertet werden. Der Anwendungsbereich und die Handhabung dieser Bewertungsvereinfachungsverfahren werden im Zusammenhang mit den jeweiligen Bilanzposten dargestellt.

5. Anlagenkartei

Nach § 240 HGB besteht für alle Unternehmen die handelsrechtliche Pflicht zur Führung eines Bestandsverzeichnisses (Inventar). Im Bereich des Anlagevermögens wird dieses Bestandsverzeichnis auch als Anlagenkartei bezeichnet. Dieses Verzeichnis muss folgende Angaben enthalten: genaue Bezeichnung des Gegenstandes, Datum des Zugangs, Anschaffungs- bzw. Herstellungskosten und Buchwert am Bilanzstichtag. Ferner empfiehlt sich die Angabe des Abschreibungssatzes und der jährlichen Abschreibungsbeträge, damit der Buchwert am Bilanzstichtag leicht festgestellt werden kann (vgl. hierzu auch Kapitel 15).

Die Anlagenkartei ist im Abstand von einigen Jahren mit den tatsächlich vorhandenen Anlagen abzustimmen. Geringwertige Anlagegüter, deren Anschaffungs- oder Herstellungskosten (ohne USt) zwischen 250 EUR und 800 EUR liegen, brauchen nicht in die Anlagenkartei aufgenommen zu werden, sondern sind lediglich auf einem besonderen Konto zu erfassen (sog. **Geringwertige Wirtschaftsgüter**, GWG). Bei Anschaffungs- oder Herstellungskosten (ohne USt) unter 250 EUR entfällt auch diese Verzeichnisführung. Voraussetzung dafür ist, dass diese Anlagegüter beweglich und abnutzbar sowie selbstständig nutzbar sind. Die zugehörigen Ausgaben können unmittelbar als Aufwand verbucht werden. Alternativ können GWG mit Anschaffungs- oder Herstellungskosten zwischen 250 EUR und 1.000 EUR in einen Sammelposten eingestellt werden; in diesem Fall ist keine Verzeichnisführung erforderlich (vgl. hierzu auch Kapitel 10).

6. Prüfung einzelner Posten

Für die Inventur der Finanzanlagen werden im Allgemeinen Depotauszüge von Banken verwendet. Das Vorhandensein der immateriellen Wirtschaftsgüter des Anlagevermögens (Patente, Lizenzen, Firmenwert) wird durch Prüfung der entsprechenden Verträge festgestellt. Das Inventar des Vorratsvermögens muss für jeden einzelnen Posten neben seiner genauen Bezeichnung Angaben über die Qualität, die aufgenommene Menge, den Einzelpreis und den Gesamtwert enthalten. Das Vorhandensein von Vorräten und von Sachanlagen wird durch körperliche Inventur, d. h. durch Zählen, Messen oder Wiegen geprüft. Bei Forderungen und Verbindlichkeiten besteht das Inventar aus einer Zusammenstellung der Salden des Debitoren-und Kreditoren-Kontokorrents (Saldenliste). Auf diese Weise erhält man aber nur den buchmäßigen Bestand, eine Kontrolle ist durch Einholen von Saldenbestätigungen möglich. Schließlich ist eine Überprüfung der mit dem Geschäftsbetrieb verbundenen Risiken erforderlich, um den Rückstellungsbestand zu bestimmen. Ergeben sich Differenzen zwischen buchmäßigem Bestand und dem Inventar, so ist der Buchbestand zu korrigieren.

B. Bilanz

Da im Inventar alle Vermögensgegenstände und Schulden einzeln aufgezeichnet werden müssen, ist dieses sehr umfangreich und unübersichtlich. Deshalb existiert eine kürzere, übersichtlichere Form, die Bilanz.

In der Bilanz wird das Vermögen den Schulden und dem Saldo Reinvermögen gegenübergestellt. Dabei werden nicht alle einzelnen Posten aufgeführt, sondern gleichartige zusammengefasst und lediglich die gesamten Werte angegeben. Das Ergebnis ist eine Darstellung des Vermögens auf der linken Seite, der »Aktivseite« und des Kapitals auf der rechten, der »Passivseite«. Die Passivseite gibt Aufschluss über die Herkunft, d. h. die Finanzierung des Vermögens (vgl. Abb. 3.1):

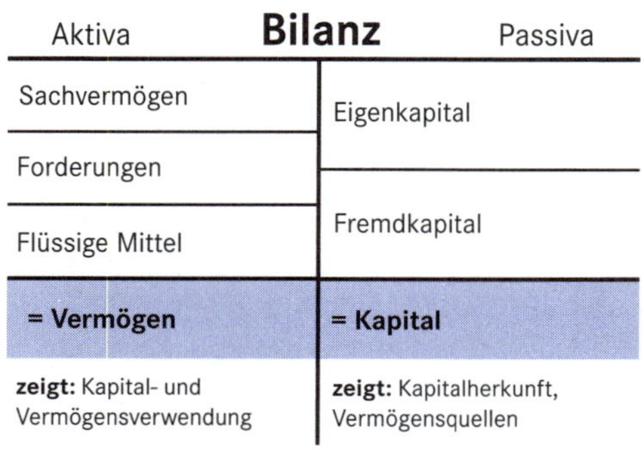

Abb. 3.1: Grundform der Bilanz

Die Aktivseite der Bilanz stellt das Vermögen des Unternehmens dar, d. h. in welche Art von Vermögen investiert wurde bzw. in welcher Form Finanzmittel gebunden sind. Die Passivseite hingegen zeigt, wer dem Unternehmen das Kapital überlassen hat, das auf der Aktivseite investiert ist.

Wichtig für das Verständnis der Bilanz ist die Erkenntnis, dass das Eigenkapital eine Residualgröße ist, die aus der Rechnung

Vermögen – Schulden = Eigenkapital

resultiert. Es spiegelt daher den Residualanspruch der Eigentümer auf das auf der Aktivseite aufgeführte Vermögen wider, nachdem die vorrangigen Ansprüche der Gläubiger befriedigt sind. Das Eigenkapital ist also nicht irgendwo hinterlegt, sodass mit ihm investiert werden könnte, sondern es liegt nur in den Aktiva gebunden vor. Gleichzeitig bewirkt diese Logik, dass die Bilanz immer »aufgeht«, d. h., dass die Summe der Aktiva entspricht immer der Summe der Passiva.

Das Fremdkapital gibt entsprechend an, welche Ansprüche auf das Vermögen von Gläubigern an das Unternehmen herangetragen werden können.

Die Bilanz wird meist in einer bestimmten Weise gegliedert, wobei diese Gliederung der übersichtlichen Darstellung aller in der Bilanz enthaltenen Informationen dient. Daher sieht das HGB eine Gliederung

- der Vermögensgegenstände nach dem Grad ihrer Liquidierbarkeit und
- der Posten der Passivseite nach ihrer Fristigkeit vor.

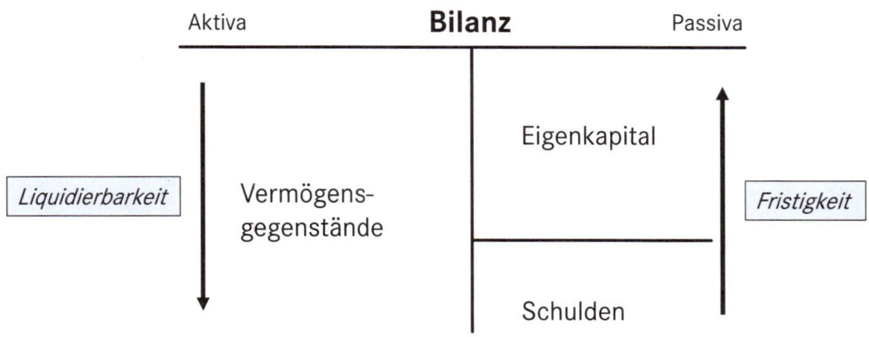

Abb. 3.2: Gliederung der Bilanz

Für Einzelkaufleute und nicht unter § 264a HGB fallende Personengesellschaften sind die GoB Richtschnur der Bilanzgliederung; § 247 Abs. 1 HGB zeigt nur die grundsätzlich in Frage kommenden Posten auf. Für Kapitalgesellschaften schreibt dagegen § 266 Abs. 2 und 3 HGB vor, welche Posten der Bilanz mindestens auszuweisen sind (siehe Anhang A).

Aktiva		Bilanz		Passiva
Anlagevermögen	immaterielle Anlagen	Rechte, Patente, Lizenzen etc.	Gezeichnetes Kapital	**Eigenkapital**
	Sachanlagen	Grundstücke, Gebäude, Maschinen etc.	Kapitalrücklagen	
			Gewinnrücklagen	
	Finanzanlagen	Wertpapiere, Beteiligungen etc.	Gewinn	
Umlaufvermögen	Vorräte, Forderungen, liquide Mittel etc.		Verbindlichkeiten, (Schulden), Rückstellungen etc.	**Fremdkapital**

Abb. 3.3: Bilanzaufbau

Die Vermögensgegenstände werden dabei in Anlagevermögen und Umlaufvermögen untergliedert. Beim **Anlagevermögen** handelt es sich um solche Vermögensgegenstände, die dem Geschäftsbetrieb auf Dauer dienen. Dazu gehören verschiedene immaterielle Werte, Sachanlagen und Finanzanlagen. Dagegen zählen zum **Umlaufvermögen** solche Vermögensgegenstände, die dem Geschäftsbetrieb nicht dauernd dienen, die also in kürzerer Zeit weiterverarbeitet oder verkauft werden sollen. Die Passiva gliedern sich in **Eigen- und Fremdkapital** (vgl. Abb. 3.3). Der Inhalt der Bilanz und dieser Begriffe wird im Einzelnen im dritten Teil (ab dem 14. Kapitel) erläutert.

Nach dieser eher technischen Begriffsklärung soll im Folgenden auf die Logik eingegangen werden, die hinter der Bilanzierung steht. Es wird gefragt, welche Vorgänge im Unternehmen grundsätzlich ablaufen und wie sie im Rechnungswesen erfasst werden können.

4. Kapitel: Erfassung der Güter- und Finanzbewegungen

Das Rechnungswesen wurde in den Vorkapiteln als zentrales Instrument zur Informationsgewinnung dargestellt, mit dessen Hilfe verschiedene Adressaten die Vermögens-, Finanz- und Ertragslage des Unternehmens beurteilen und in ihren Entscheidungen unterstützt werden. Zu diesem Zweck werden in den Büchern des Unternehmens sämtliche Geschäftsvorfälle erfasst und am Ende der Berichtsperiode so aufbereitet, dass daraus ein Urteil über die Leistung in der abgelaufenen Periode möglich wird. Der dahinter stehende Prozess und die dabei unterliegende Systematik werden im Folgenden dargestellt.

A. Bilanzierung und Gewinnermittlung

Der Bilanzleser ist daran interessiert zu erfahren, inwieweit das Unternehmen in der Lage war bzw. in der Lage sein wird, die gesetzten ökonomischen Ziele zu erreichen. Als zentrale Ziele wurden bereits die Erzielung von Erfolg und Liquidität festgehalten. Um mit Hilfe des Rechnungswesens einen Gewinn ermitteln zu können, ist zunächst festzulegen, wie dieser definiert und gemessen werden kann.

I. Gewinnkonzeption und Kapitalerhaltung

Obwohl sich die Wirtschaftstheorie eingehend mit dem Begriff **Gewinn** beschäftigt hat, existiert keine einheitliche Definition. Gerade zwischen »buchhalterischem« und »ökonomischem« Gewinn sind entscheidende Unterschiede zu sehen. Grundsätzlich wird in der Ökonomie der Betrag als Gewinn betrachtet, der im Laufe des Jahres konsumiert werden kann, ohne am Ende schlechter dazustehen als zu Beginn. Oder auf den Unternehmer bezogen: der Betrag, der maximal aus dem Unternehmen entziehbar ist, ohne die Substanz anzugreifen, die die zukünftigen Erfolge sicherstellen soll.[1] Diese Definition lässt sich auch auf das Einkommen des Haushalts übertragen: Es ist die Stromgröße, die die Bestandsgröße Vermögen verändert oder auch der maximal konsumierbare Betrag, ohne das Anfangskapital bzw. Anfangsvermögen anzugreifen. Problematisch für die Definition der Größe »Gewinn« ist daher vor allem die Trennung von Kapital und Gewinn, also die Frage der Kapital- bzw. Substanzerhaltung.

Ein Gewinn ist nicht ermittelbar, ohne festzulegen, welche Substanz erhalten bleiben soll. Durch das Konzept der Substanzerhaltung bei der Gewinnermittlung wird sichergestellt, dass das im Unternehmen gebundene Kapital erhalten bleibt. In Abhängigkeit von der unterstellten Substanzerhaltungskonzeption unterscheidet man verschiedene Gewinnkonzeptionen in der Betriebswirtschaftslehre.

Das Konzept des **»ökonomischen Gewinns«** unterstellt das Ziel der **Erfolgskapitalerhaltung**, welches auf den Erhalt der wirtschaftlichen Leistungsfähigkeit des Unternehmens abzielt. Ihm liegt der kapitaltheoretische Gewinnbegriff zugrunde. Er lässt sich definieren als Verände-

1 »... we ought to define a man's income as the maximum amount which he can consume during a week, and still expect to be as well off at the end of the week as he was at the beginning.« (Hicks [1939], S. 172); »Income earned [...] I.e. that income which a given capital can yield without alteration in its value.« (Fisher [1906], S. 333).

rung des Erfolgskapitals zuzüglich Entnahmen und abzüglich Einlagen. Das Erfolgskapital stellt den Gegenwartswert des Unternehmens auf der Grundlage seiner Zukunftserfolge oder auch seines Erfolgspotenzials dar. Der Zukunftserfolgswert oder auch Ertragswert entspricht dem Barwert der den Eigentümern zufließenden Zahlungsströme aus dem Unternehmen. Der ökonomische Gewinn »gleicht einer ewigen Rente auf den Ertragswert der Unternehmung« (Schneider [1963], S. 466). Er ist der Betrag, der entnommen werden kann, ohne die Ertragskraft des Unternehmens zu schmälern.

Während der ökonomische Gewinn auf der Veränderung des Unternehmenswerts als Gegenwartswert der zukünftigen Erfolge basiert, macht der **bilanzielle Gewinnbegriff** an der Veränderung des bilanziellen Unternehmenswerts, also des bilanziellen Eigenkapitals, fest. Eine Zunahme des bilanziellen Eigenkapitals bzw. Reinvermögens (Vermögen abzüglich Schulden) stellt hier den Gewinn dar. Vermögen und Schulden werden zu den bezahlten, historischen Preisen abzüglich von Abschreibungen bewertet. Dadurch wird eine Geldkapitalerhaltung erzielt, also eine Erhaltung des vom Unternehmer investierten Geldes. Nur die Erfolge, die über die für die Erhaltung des ursprünglichen Einlagekapitals notwendigen Beträge hinaus erwirtschaftet werden, gelten hierbei als Gewinn.

Grundsätzlich wären die bilanzielle und die ökonomische Gewinnermittlung identisch, würde man bei der Bewertung des Reinvermögens nicht die historischen Anschaffungskosten ansetzen, sondern seinen zu erwartenden Erfolgsbeitrag. Die Summe der Einzelzukunftserfolgswerte entspräche dann idealerweise dem Gesamtzukunftserfolgswert des Unternehmens. In der internationalen Rechnungslegung wird dies mit der Bilanzierung zum sog. »*fair value*« der Vermögenswerte zunehmend angestrebt. Für Informationszwecke zur Beurteilung der Ertragskraft, i. S. der Fähigkeit des Unternehmens zur Generierung zukünftiger Erfolge, erscheint diese Konzeption grundsätzlich erfolgsversprechend. Für Zwecke der Rechenschaftslegung und der damit verbundenen Zahlungsbemessungsfunktion gegenüber Eigentümern, Gläubigern, Fiskus und anderen Interessengruppen, die in hohem Maße der Forderung an Objektivität unterliegt, erscheint eine solche Vorgehensweise hingegen problematisch. Mit einer Gewinnermittlung, die auf einer auf subjektiven Schätzungen beruhenden Bewertung der Vermögensgegenstände zu ihren Zukunftserfolgswerten aufbaut, ist Objektivität kaum erreichbar (vgl. hierzu ausführlich Münstermann [1966]). Zudem müssen Gewinne, um sie mit Steuerzahlungen belasten zu können, realisiert sein, was bei einem Ansatz der Vermögenswerte zu ihren Einzelzukunftserfolgswerten nicht ohne weiteres zu gewährleisten ist. Des Weiteren ist die Bewertung der Vermögenswerte zu ihren Einzelzukunftserfolgswerten wegen der zwischen ihnen bestehenden Verbundeffekte mit großen Problemen verbunden.

Da das Betriebsergebnis für interne Zwecke ermittelt wird, ist es nicht an gesetzliche Vorschriften gebunden. Deshalb kann in der Kostenrechnung von aktuellen Marktpreisen und nicht historischen Anschaffungs- bzw. Herstellungskosten ausgegangen werden, um die durch Geldentwertung verursachte Verteuerung des Inputs zu berücksichtigen. Mit dieser Vorgehensweise, der **Sachkapitalerhaltung** oder **Substanzerhaltung**, wird eine mengenmäßige Wiederbeschaffung des investierten Reinvermögens angestrebt (vgl. ausführlich Coenenberg/Haller/Schultze [2018]). Als Gewinn gelten diejenigen Leistungen, die über die für die Wiederbeschaffung der Substanz notwendigen Beträge hinaus erwirtschaftet wurden. Damit wird in der Kostenrechnung ein ähnlicher Weg verfolgt wie bei der ökonomischen Gewinnermittlung, allerdings anhand der aus dem Rechnungswesen verfügbaren Rechengrößen. Das Ideal der Erfolgskapitalerhaltung, die auf den

Erhalt der wirtschaftlichen Leistungsfähigkeit des Unternehmens abzielt, wird dabei aber nicht erreicht.

II. Bilanzielle Gewinnermittlung

Die bilanzielle Gewinnermittlung beruht - wie erörtert - auf der Ermittlung der Veränderungen des bilanziellen Reinvermögens, das in der Bilanz durch die Gegenüberstellung von Vermögen und Schulden ermittelt wird.

1. Typen von Bilanzveränderungen

Im Laufe des Geschäftsjahres führt jeder eintretende Geschäftsvorfall zu einer Veränderung der Bilanz. Gleichgültig wie kompliziert ein Geschäftsvorfall sein mag, er lässt sich grundsätzlich durch einen der folgenden vier möglichen Typen von Bilanzveränderungen oder eine Kombination dieser, darstellen:

- **Aktivtausch**
  Ein (oder mehrere) Aktivposten nimmt (nehmen) zu, gleichzeitig ein anderer (oder mehrere) ab.
- **Passivtausch**
  Ein (oder mehrere) Passivposten nimmt (nehmen) zu, gleichzeitig ein anderer (oder mehrere) ab.
- **Bilanzverlängerung** (auch: Aktiv-Passiv-Mehrung)
  Sowohl ein (oder mehrere) Aktivposten nimmt (nehmen) zu, als auch gleichzeitig ein Passivposten (oder mehrere), sodass die Bilanzsumme auf beiden Seiten in gleichem Maße zunimmt.
- **Bilanzverkürzung** (auch: Aktiv-Passiv-Minderung)
  Sowohl ein (oder mehrere) Aktivposten nimmt (nehmen) ab, als auch gleichzeitig ein Passivposten (oder mehrere), sodass die Bilanzsumme auf beiden Seiten in gleichem Maße abnimmt.

Diese Bilanzveränderungen stellen die Grundlage für die Bilanzierungstechnik und die Abbildung des Betriebsgeschehens im Rechnungswesen dar. Geschäftsvorfälle führen im Zeitablauf zu Veränderungen der Bilanz. Soweit sich Veränderungen des Reinvermögens ergeben, die nicht durch Entnahmen oder Einlagen der Eigentümer herbeigeführt wurden, handelt es sich bei Erhöhungen des Reinvermögens um Gewinne, bei Verminderungen des Reinvermögens um Verluste. Durch die Veränderung des Reinvermögens wird der Gewinn des Unternehmens messbar gemacht. Bezieht man Eigentümertransaktionen mit in die Überlegungen ein, so ergibt sich der Periodenerfolg (= Jahresüberschuss) als Veränderung des Reinvermögens zuzüglich der Entnahmen und abzüglich der Einlagen während der Abrechnungsperiode (vgl. Abb. 4.1).

Δ	Reinvermögen
+	Entnahmen
-	Einlagen
=	Periodenerfolg

Abb. 4.1: Ermittlung des Periodenerfolgs

2. Rechengrößen und Bilanz

Obige Erläuterungen zeigen, dass sich der Periodenerfolg des Unternehmens durch die Veränderungen der Bilanz ergibt. Gleichzeitig ergibt er sich jedoch auch durch die Gegenüberstellung von Erträgen und Aufwendungen in der Gewinn- und Verlustrechnung (GuV). Überschreiten Erträge die Aufwendungen, so entsteht ein Gewinn, man spricht daher auch von einem Ertragsüberschuss. Andernfalls entsteht ein Verlust.

Einzelne Geschäftsvorfälle, die zu Zunahmen des Eigenkapitals oder Reinvermögens führen, werden **Erträge** genannt, Abnahmen entsprechend als **Aufwendungen** bezeichnet (vgl. Abb. 4.2). Stellt man sämtliche im Geschäftsjahr angefallenen Aufwendungen und Erträge einander gegenüber, so erhält man die in Summe angefallene Reinvermögensänderung und damit den Jahresüberschuss, d. h. den bilanziellen Gewinn. Die Gewinn- und Verlustrechnung fungiert daher als erläuternde Detailrechnung über die Veränderung des Eigenkapitals oder Reinvermögens (soweit diese nicht auf Einlagen oder Entnahmen beruht).

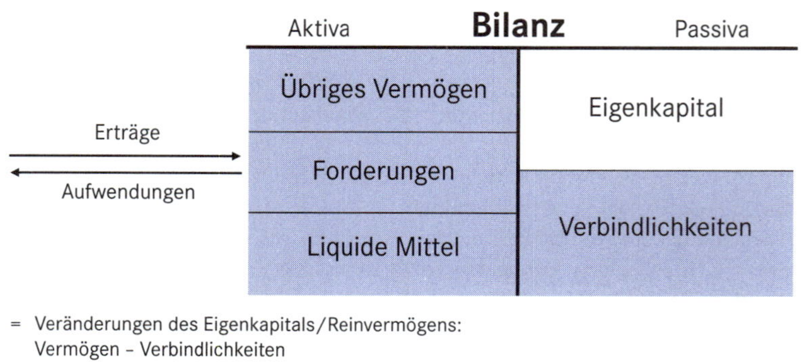

Abb. 4.2: Erträge/Aufwendungen: Veränderung des Eigenkapitals oder Reinvermögens

Bilanz und GuV sind daher beide an der Gewinnermittlung beteiligt, die Buchführung basiert unmittelbar auf diesem Nebeneinander von Bilanz und GuV: Die Bilanz umfasst alle Bestände an Vermögen und Schulden zum Stichtag der Bilanzerstellung. Die Gewinnermittlung basiert auf der erfolgswirksamen Veränderung dieser Bestände zwischen zwei Bilanzstichtagen. Hat z. B. eine Maschine im Geschäftsjahr einen Maschinenschaden erlitten und daher der Wert des Vermögensgegenstandes zwischen zwei Bilanzstichtagen abgenommen, so wird das Reinvermögen der Bilanz ceteris paribus kleiner ausfallen. Die GuV nimmt die Stromgrößen Erträge und Aufwendungen als Veränderungsgrößen der Bestände auf.

Daneben kann das Eigenkapital auch durch Entnahmen und Einlagen erfolgsneutral, d. h. ohne Berührung der GuV, verändert werden (vgl. Abb. 4.3).

Anhand der Bilanz lassen sich auch die übrigen im Rechnungswesen verwendeten Rechengrößen anschaulich darstellen: **Auszahlungen** und **Einzahlungen** sind tatsächliche Zahlungen in Geld, die den Bestand an liquiden Mitteln des Unternehmens verändern (vgl. Abb. 4.4).

Dagegen umfassen **Ausgaben/Einnahmen** auch solche Vorgänge, die rechtlich den Anspruch auf Finanzmittel herbeiführen. Durch Abschluss des Kaufvertrages schuldet der Käufer dem Verkäufer den Kaufpreis, der Verkäufer dem Käufer das betreffende Gut. Mit Erfüllung des Kaufvertrags besteht für das kaufende Unternehmen eine rechtliche Verpflichtung zur Bezahlung, die als Ausgabe bezeichnet wird - umgekehrt entsteht für den Verkäufer eine Einnahme. Da mit dem Eintreten der Verpflichtung nicht immer sofort eine Zahlung verbunden ist, sondern Kreditvorgänge dazwischen liegen können, können Einnahmen/Ausgaben und Einzahlungen/Auszahlungen auseinanderfallen. Einnahmen/Ausgaben verändern somit das Nettogeldvermögen (Liquide Mittel + Forderungen - Verbindlichkeiten) (vgl. Abb. 4.5).

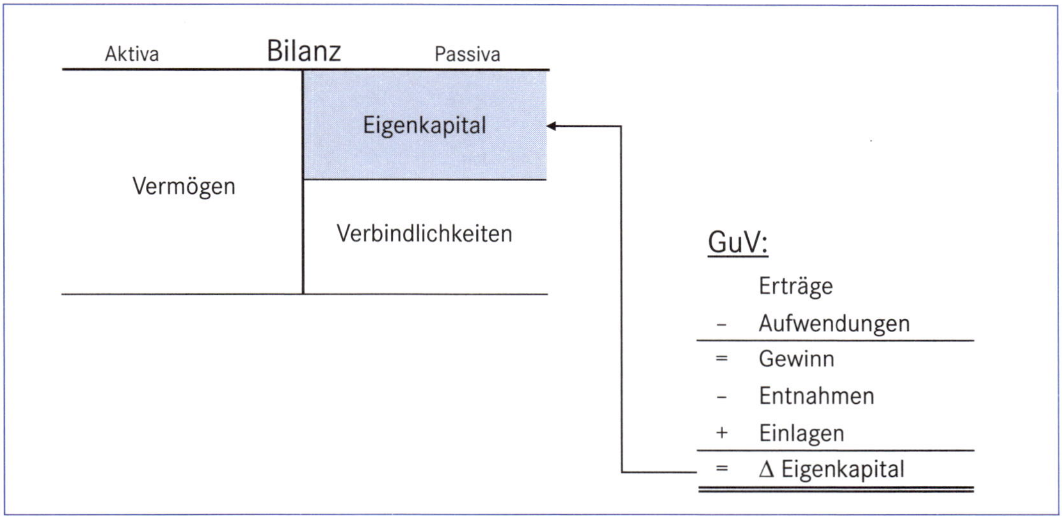

Abb. 4.3: Bilanz und GuV

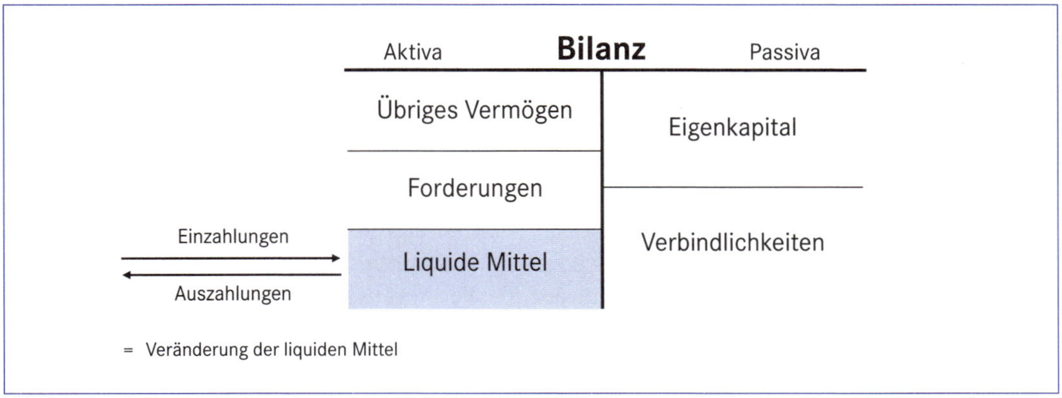

Abb. 4.4: Einzahlungen/Auszahlungen: Veränderung der liquiden Mittel

Da Erträge/Aufwendungen und Einzahlungen/Auszahlungen sich unterscheiden, fallen auch deren Salden, Jahresüberschuss und Finanzmittelüberschuss i. d. R. unterschiedlich aus. Lediglich dann, wenn innerhalb der Rechnungsperiode das gesamte investierte Vermögen umgeschlagen worden wäre und wieder zu Geld geworden wäre, entsprächen sich die Fonds »Liquide Mittel« und »Vermögen« und somit auch die Überschüsse.

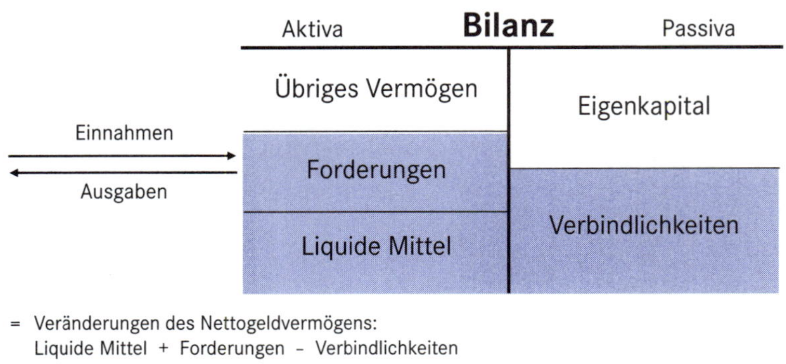

Abb. 4.5: Einnahmen/Ausgaben: Veränderung des Nettogeldvermögens

3. Zusammenhang der Rechengrößen

Der Zusammenhang der liquiditäts- und erfolgsorientierten Rechengrößen ist für das Rechnungswesen von großer Bedeutung. Grundsätzlich gilt, dass sich die Rechengrößen nicht in ihrer absoluten Höhe, sondern nur im zeitlichen Anfall unterscheiden. Für einen abgeschlossenen reinvermögensmindernden Vorgang gilt also grundsätzlich, dass in Summe ebenso viele Aufwendungen verbucht wurden wie Auszahlungen. Das Gleiche gilt umgekehrt für reinvermögensmehrende Vorgänge und Erträge/Einzahlungen. Für einen abgeschlossenen Vorgang ist daher die Liquiditätswirkung gleich der Erfolgswirkung. Wurden z. B. Waren zu 5.000 GE bar eingekauft und zu 8.000 GE bar verkauft, dann wurden 5.000 GE an Auszahlungen und 8.000 GE an Einzahlungen verbucht, die Kasse ist um 3.000 GE gestiegen. Außerdem werden 5.000 GE Aufwendungen und 8.000 GE Erträge verbucht, das Eigenkapital nimmt um 3.000 GE zu, es entsteht ein Gewinn von 3.000 GE. Der Unterschied zwischen den erfolgsorientierten Rechengrößen Erträge/Aufwendungen und den liquiditätsorientierten Rechengrößen Einzahlung/Auszahlung liegt im Zeitpunkt des Entstehens eines Überschusses und seiner Interpretation.

Betrachtet man ein Unternehmen, das lediglich für eine Periode existiert, dann ist der Überschuss der eingenommenen über die eingesetzten Mittel unmittelbar als Gewinn identifizierbar. Einzahlungsüberschüsse und Ertragsüberschüsse sind identisch. Meist sind aber die Geschäftsaktivitäten vielschichtiger, sodass die Zeit, in der die Vermögensgegenstände wieder zu Geld gemacht werden können, den Abrechnungszeitraum überschreitet. Außerdem überlagern sich häufig verschiedene Vorgänge, beispielsweise wenn langlebige Wirtschaftsgüter mit unterschiedlichen Nutzungsdauern eingesetzt werden. Dann ist es notwendig, während der Laufzeit abzurechnen, um eine Steuerung der Aktivitäten zu ermöglichen.

Liegt im obigen Beispiel etwa das Jahresende genau zwischen dem Zeitpunkt des Einkaufs und des Verkaufs der Waren und will man daher eine Zwischenabrechnung vornehmen, die Aufschluss über die betriebliche Leistung des abgelaufenen Jahres geben soll, so kann die erfolgte Auszahlung von 5.000 GE zum Erwerb der Waren nicht etwa als Verlust des abgelaufenen Jahres interpretiert werden. Es ist nicht sinnvoll, im Jahr des Einkaufs einen Verlust von 5.000 GE auszuweisen und im Jahr des Verkaufs einen Gewinn von 8.000 GE, was auf Basis einer reinen Zahlungsüberschussrechnung der Fall wäre. Aus wirtschaftlicher Sicht wurde im Jahr des Einkaufs weder Gewinn noch Verlust erwirtschaftet, es ist ein Ergebnis von null auszuweisen. Im Jahr des Verkaufs dagegen ist nicht die gesamte Einzahlung als Gewinn entstanden, sondern nur das, was über die ursprünglich bezahlten 5.000 GE hinausgeht. Die Gewinnermittlung der Bilanzierung, auf Basis von Erträgen und Aufwendungen, ist daher periodisierend, d. h., sie verrechnet nicht Ein- und Auszahlungen im Zeitpunkt ihres Anfalls, sondern verwandelt diese in Erträge und Aufwendungen, die erst im Zeitpunkt ihrer wirtschaftlichen Realisation verrechnet werden. Hierzu benötigt man einen »Speicher«, in dem Aus- und Einzahlungen in eine andere Periode als Aufwand und Ertrag transferiert werden können – dieser Speicher ist die Bilanz (Schmalenbach [1962]).

In der Gewinn- und Verlustrechnung (GuV) werden Erträge den Aufwendungen gegenübergestellt und so der Gewinn ermittelt. Gäbe es keine Bilanz sondern nur eine Erfolgsrechnung, dann würde jede dem Grunde nach erfolgswirksame Einzahlung dort unmittelbar als Ertrag und jede entsprechende Auszahlung sofort als Aufwand verrechnet. Durch das Einführen der Bilanz in die Rechnung wird es möglich, Ein- und Auszahlungen in der Bilanz zu parken und sie erst in einer späteren Periode, nämlich in der Periode ihrer Erfolgswirksamkeit in der GuV als Ertrag und Aufwand zu verbuchen. So wird zum Beispiel eine Mietzahlung, die im Dezember für das folgende Jahr im Voraus entrichtet wird, im Jahr der Zahlung in der Bilanz verbucht und erst im Folgejahr in die GuV übertragen, da erst dann die damit erworbene Leistung, nämlich die Nutzung von Räumen, als verbraucht gelten kann.

Die Festlegung des Zeitpunkts, zu dem Aufwendungen und Erträgen verbucht werden, sind Konventionen, die von den Bilanzierungsregeln (insbesondere den GoB) festgelegt werden. Das **Realisationsprinzip** legt fest, wann eine Leistung als »realisiert« gilt, d. h., zu welchem Zeitpunkt ein Ertrag entsteht. Der Erlös aus dem Verkauf von Sachgütern bzw. Leistungen gilt erst zu dem Zeitpunkt als realisiert und somit als Ertrag ausweisfähig, wenn die Lieferung vollzogen bzw. die Dienstleistung beendet ist. Eine Lieferung gilt mit dem Zeitpunkt des Gefahrenübergangs als erbracht. Der **Grundsatz der sachlichen Abgrenzung** ordnet den Erträgen die zugehörigen Herstellungskosten als Aufwand zu. Der **Grundsatz der zeitlichen Abgrenzung** regelt den Fall der streng zeitraumbezogenen Aufwendungen und Erträge (beispielsweise Miete) und die Erfassung von Aufwendungen und Erträgen, die weder streng zeitraumbezogen sind noch sachlich abgegrenzt werden können (insbesondere Verwaltungs- und Vertriebsgemeinkosten) (vgl. 2. Kapitel).

Wie ausgeführt, ergibt sich der Periodengewinn auf zweierlei Weise: durch Reinvermögensänderung in der Bilanz sowie aus der Saldierung von Erträgen und Aufwendungen in der GuV. Die Regeln für den Ansatz in der Bilanz und die Bewertung bestimmen damit zugleich die Festlegung von Ertrag und Aufwand in der GuV.

Erst wenn alle Vermögensgegenstände und Schulden durch den Umsatzprozess vollständig liquidiert sind, wären sämtliche Zahlungen auch als Ertrag bzw. Aufwand verbucht. Daher ist allein der **»Total-Gewinn«** eines Unternehmens von der Gründung bis zur Beendigung der Liquidation exakt festzustellen. Die Periodenerfolge als Zwischenergebnisse hingegen sind immer durch alternative Antworten auf die Ansatz- und Bewertungsprobleme in verschiedenen Höhen argumentativ belegbar. Ihre Summe dagegen entspricht dem Totalerfolg und ist somit nicht beeinflussbar. Somit kehrt sich jede bilanzielle Maßnahme eines Tages in ihr Gegenteil um, was man auch als **»Zweischneidigkeit der Bilanzierung«** bezeichnet.

Ermittelt man den Gesamterfolg über die gesamte Lebensdauer des Unternehmens, so spricht man von der sog. Totalperiode. Der Totalerfolg entspricht dem Überschuss der Eigner-Entnahmen (ENT) über die Einlagen (EINL). Ein positiver Totalerfolg entsteht dann, wenn insgesamt mehr entnommen werden kann als eingelegt wurde. Dieser Entnahmeüberschuss muss im Unternehmen verdient werden, es müssen also Überschüsse der Einzahlungen (E) über die Auszahlungen (A) erwirtschaftet werden. Einzahlungsüberschüsse und Ertragsüberschüsse unterscheiden sich zwar in ihrem zeitlichen Anfall, aber nicht in ihrer absoluten Höhe. Daher gilt für die Totalperiode (T) grundsätzlich, dass die Summe der Entnahmeüberschüsse gleich der Summe der Ertragsüberschüsse gleich der Summe der Einzahlungsüberschüsse sein muss (vgl. Lücke [1955]):

$$\sum_{t=0}^{T}(ENT_t - EINL_t) = \sum_{t=0}^{T}(ERT_t - AUF_t) = \sum_{t=0}^{T}(E_t - A_t)$$

Auf diesen grundlegenden Zusammenhängen beruht die Ermittlung des Periodenerfolges. Da zwar nur der Totalerfolg theoretisch richtig ermittelt werden kann, in der Praxis aber eine periodische Erfolgsrechnung notwendig ist, hat dieses Prinzip große Bedeutung für eine richtige Berechnung der Periodengewinne. Denn es gilt zu beachten, dass die Summe der Abschnittserfolge deckungsgleich mit dem Totalerfolg sein muss (sog. **Kongruenzprinzip** der dynamischen Bilanz) (vgl. Schmalenbach [1962]).

Die Vorgänge im Unternehmen lassen sich folglich prinzipiell als einen Prozess darstellen, in dem Kapital in das Unternehmen eingelegt wird, das in Betriebsmittel investiert wird, die wiederum für den Geschäftsprozess eingesetzt werden und Einzahlungsüberschüsse generieren, die im Laufe der Lebenszeit die Anfangsinvestition wieder amortisieren und bis zum Ende der Tätigkeit Entnahmen aus dem Unternehmen ermöglichen, die die ursprünglichen Einlagen überschreiten. Dieser Prozess wird im Folgenden näher dargestellt.

B. Abbildung des Geschäftsprozesses mit Hilfe der Bilanz

Der Prozess, in dem Kapital in das Unternehmen eingelegt wird und über den **Umsatzprozess** schließlich wieder in Geld verwandelt wird, lässt sich schematisch wie in Abb. 4.6 darstellen.

Am Anfang des Lebens einer Unternehmung steht i. d. R. ein Geldbedarf zur Finanzierung der notwendigen Investitionen, der durch die Einlage der Eigentümer und Aufnahme von Fremdkapital bestritten wird (Kapitalbeschaffung). Nachdem die Finanzierung sichergestellt worden ist, erfolgt die Investition in Produktionsanlagen, Verwaltungsgebäude etc. sowie die Beschaffung von Roh-, Hilfs- und Betriebsstoffen zur Aufnahme der Produktion. Bilanztechnisch erfolgt hier teilweise ein Ersatz von liquiden Mitteln durch andere Aktivposten (Kapitalverwendung). Erst dann beginnt die eigentliche Wertschöpfung im Unternehmen. Durch den Einsatz von Rohstoffen, Personal und der Nutzung von Produktionsanlagen entstehen Fertigfabrikate. Im Gegenzug sinkt der Kassenbestand durch die Entlohnung des Personals, der Rohstoffvorrat durch Verbrauch und der Wert der Produktionsanlagen durch Abnutzung. Das Vermögen des Unternehmens hat sich nicht erhöht (Kapitaleinsatz). Eine Vermögensausweitung entsteht erst durch den Verkauf der Fertigfabrikate. Ist der Verkaufserlös höher als die Kosten der Herstellung inkl. weiterer Kosten für Verwaltung und Vertrieb, entsteht in Höhe der Differenz ein Gewinn. Der Umsatz erscheint in der Bilanz als Forderung, solange die Rechnungen noch nicht beglichen sind (Kapitalwandlung). Erst bei Begleichung der Rechnung durch den Abnehmer fließt dem Unternehmen wieder Geld zu (Kapitalrückfluss). Bei Gewinnentnahme fließt dieses Geld wieder an die Kapitalgeber zurück.

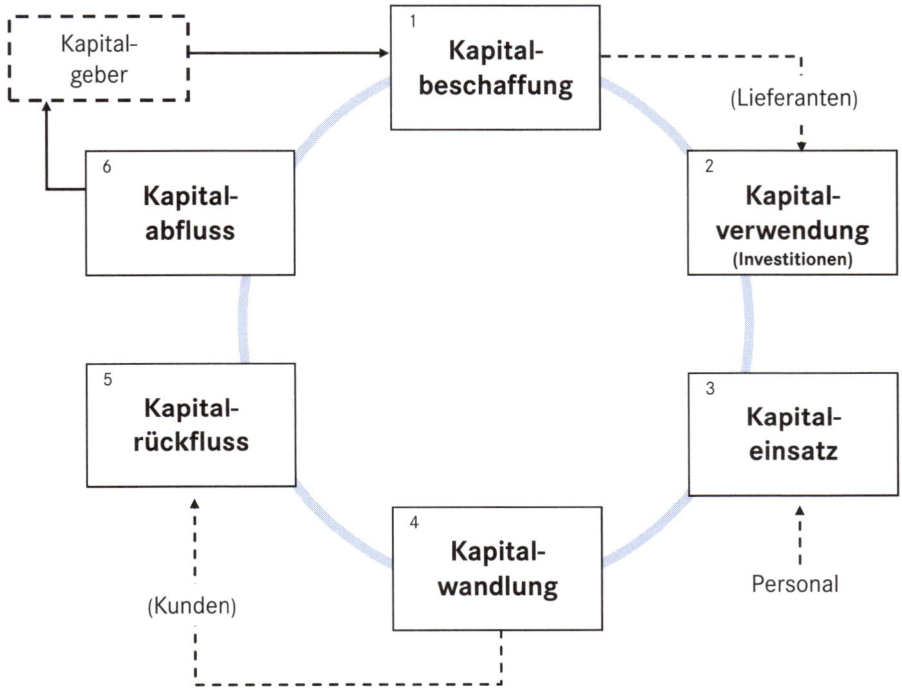

Abb. 4.6: Umsatzprozess als Kreislauf des Einsatzes und der Wandlung des Kapitals (in Anlehnung an: Känel v./Siegwart [1996], S. 33)

Der Prozess wird so lange durchlaufen, bis alle langfristigen gebundenen Mittel wieder zu Geld geworden sind (Kapitalabfluss) (vgl. Abb. 4.7).

Investitionen in langlebige Wirtschaftsgüter und Vorräte bedeuten hohe Anfangsausgaben, die aber nicht als ökonomischer Wertverzehr, d. h. Verlust, gewertet werden können. Erst mit dem Verbrauch des Vermögensgegenstandes tritt ein solcher ein. Erst wenn ein Input im Unternehmen verbraucht ist, entsteht ein Aufwand, erst wenn eine Leistung erbracht, d. h. vollendet und dem Kunden übergeben ist, gilt ein Ertrag als realisiert (Realisationsprinzip). Der (sachlich zurechenbare) Aufwand wird erst realisiert, wenn die zugehörige Leistung erbracht ist (Prinzip der sachlichen Abgrenzung) (vgl. 2. Kapitel).

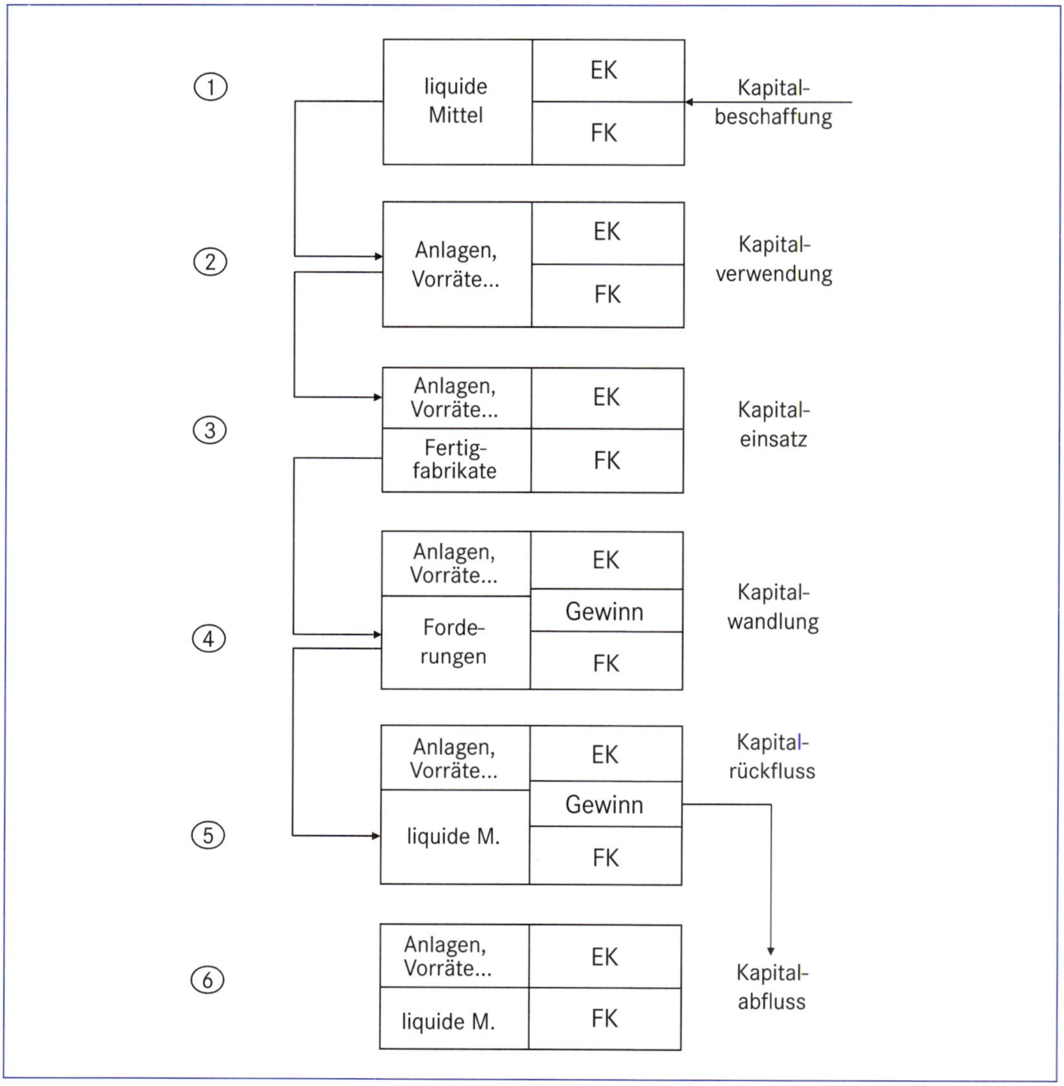

Abb. 4.7: Abbildung des Umsatzprozesses in der Bilanz

Im Folgenden wird die praktische Umsetzung dieser Überlegungen anhand eines Beispiels dargestellt.

C. Einfache Geschäftsvorfälle beim Handelsunternehmen

Zunächst wird der einfachste Fall der Betriebstätigkeit betrachtet, der des Handels. Der Unternehmer kauft Waren ein und verkauft sie teurer - die Differenz ist sein Gewinn.

1. Gründung: Am 01.01.01 gründet der Händler Max Müller ein Holzhandelsunternehmen mit eigenen Mitteln von 50.000 GE, die er auf das Geschäftskonto einbezahlt. Außerdem leiht er sich weitere 50.000 GE von seiner Bank, die ebenfalls auf das Konto gutgeschrieben werden.

   Das Geschäftsvermögen beträgt in diesem Zeitpunkt 100.000 GE, entsprechend dem Kontostand bei der Bank. Die Gründungsbilanz sieht dann wie folgt aus:

Aktiva	**Bilanz 01.01.01 (in GE)**		**Passiva**
Bank	100.000	EK	50.000
		FK	50.000
Summe	100.000		100.000

   An dieser einfachen Gründungsbilanz wird die Grundaussage der Bilanz deutlich sichtbar: Das Betriebsvermögen besteht hier ausschließlich aus dem Bankguthaben. Die Passiva geben über den Ursprung dieses Geldes Auskunft, die eine Hälfte stammt aus einem Bankdarlehen, die andere aus eigenen Mitteln.

2. Einkauf (Aktivtausch): Müller kauft von diesem Geld Holz ein.

Aktiva	**Bilanz 02.01.01 (in GE)**		**Passiva**
Vorräte	100.000	EK	50.000
Bank	0	FK	50.000
Summe	100.000		100.000

   Nach dem Einkauf wird deutlich, dass die Kapitalgeber nun nur noch Ansprüche auf Vorratsvermögen haben. Das »Eigenkapital« besteht nicht aus einem Guthaben von 50.000 GE, sondern besteht effektiv aus dem Eigentum an der Hälfte des Holzbestandes.

3. Erfolgsermittlung: Am Jahresende hat er den gesamten Holzvorrat zu insgesamt 150.000 GE verkauft. Wie hoch ist sein Gewinn, wenn aus Gründen der Vereinfachung des Beispiels von weiteren Aufwendungen abgesehen wird?
   Das Betriebsvermögen ist damit auf 150.000 GE gestiegen. Wem gehört es? Wenn sonst keine Zahlungen fällig sind (Zinsen etc.), dann gehören der Bank weiterhin 50.000 GE und damit 100.000 GE dem Eigentümer. Damit hat sich sein Eigenkapital von 50.000 GE auf 100.000 GE erhöht, was einen Gewinn von 50.000 GE ergibt.

Aktiva	**Bilanz 31.12.01 (in GE)**		**Passiva**
Vorräte	0	EK	100.000
		davon Gewinn: 50.000	
Bank	150.000	FK	50.000
Summe	150.000		150.000

In diesem einfachsten Fall der Betriebstätigkeit ist eine Buchhaltung höchstens für Dokumentationszwecke notwendig. Zur Erfolgsermittlung würde es völlig genügen, nach abgeschlossener Transaktion in die Kasse zu schauen und nachzusehen, was übriggeblieben ist. Der Überschuss am Jahresende über die zu Beginn vorhandenen Finanzmittel entspricht dem Gewinn. Ist jedoch nicht das gesamte investierte Vermögen in der Periode liquidiert, so sind Zwischenabrechnungen nötig.

4. Alternativ wird davon ausgegangen, dass zum Zeitpunkt der Bilanzerstellung Müller erst die Hälfte des Holzvorrates verkaufen konnte. Intuitiv weiß man, dass er beim Verkauf von lediglich der Hälfte des Holzvorrates auch nur die Hälfte an Gewinn erwirtschaftet hat. Dies lässt sich durch die Aufstellung des Vermögens und Kapitals wie folgt veranschaulichen:

Aktiva	**Bilanz 31.12.01 (in GE)**		**Passiva**
Vorräte	50.000	EK	75.000
		davon Gewinn: 25.000	
Bank	75.000	FK	50.000
Summe	125.000		125.000

Wird im Folgejahr die andere Hälfte verkauft, entsteht der Restgewinn. Der Gesamtgewinn der beiden Jahre ist wieder derselbe wie oben. (Der Vorjahresgewinn wurde einbehalten und vermehrt das Eigenkapital).

Aktiva	**Bilanz 31.12.02**		**Passiva**
Vorräte	0	EK	100.000
		davon Gewinn: 25.000	
Bank	150.000	FK	50.000
Summe	150.000		150.000

Der Wertansatz der Vorräte am Ende des ersten betrachteten Jahres 01 erfolgt zu den Anschaffungskosten. Man könnte nun argumentieren, der aktuelle Börsen- oder Marktpreis sei aus Informationssicht der relevantere Maßstab als die historischen Anschaffungskosten.

Würde man im Beispiel die Vorräte zu Markt- oder Verkaufspreisen (75.000 GE) bewerten, dann würde ein Gewinn i. H. v. 50.000 GE veranschlagt.

Aktiva	**Bilanz 31.12.01 (in GE)**		**Passiva**
Vorräte	75.000	EK	100.000
		davon Gewinn 50.000	
Bank	75.000	FK	50.000
Summe	150.000		150.000

Würde dieser Gewinn zu Beginn des Folgejahres von den Eignern entnommen, dann ergäbe sich folgende Bilanz:

Aktiva	**Bilanz 01.01.02 (in GE)**		**Passiva**
Vorräte	75.000	EK	50.000
Bank	25.000	FK	50.000
Summe	100.000		100.000

Wird im Folgejahr der Holzvorrat z. B. durch ein Feuer vernichtet (unversichert), dann fällt der Wert der Vorräte auf null und es entsteht ein Verlust von 75.000 GE und damit ein negatives Eigenkapital von - 25.000 GE - das Unternehmen ist bankrott. Auch schon bei einem starken Preisverfall (auf dem Absatzmarkt) würde ein ähnlicher Effekt eintreten.

Aktiva	**Bilanz 31.12.02 (Überschuldung) (in GE)**			**Passiva**
Vorräte	0	EK	50.000	- 25.000
		davon Gewinn: (Verlust)	- 75.000	
Bank	25.000	FK		50.000
Summe	25.000			25.000

I. d. R. wird dies bilanziell durch einen aktivischen Korrekturposten zum Eigenkapital dargestellt:

Aktiva	**Bilanz 31.12.02 (Unterbilanz) (in GE)**		**Passiva**
Vorräte	0	(EK	0)
Bank	25.000		
nicht durch EK gedeckter Fehlbetrag	**25.000**	FK	50.000
Summe	50.000		50.000

Der Grund für das negative Eigenkapital liegt im Beispiel darin, dass die Vorräte im Jahr 01 zum höheren Verkaufspreis bewertet wurden und damit ein unrealisierter Gewinn ausgewiesen wurde. Dem **Vorsichtsprinzip** entsprechend wird ein Gewinn deshalb im handelsrechtlichen Abschluss erst dann als realisiert ausgewiesen, wenn er tatsächlich an Dritte verkauft wurde (**Realisationsprinzip**). Daraus resultiert unmittelbar das Anschaffungskostenprinzip. Mit dem Wertansatz zu AK wird eine neutrale Position bezogen, die weder mögliche zukünftige Gewinne noch Verluste in das Jahr der Bewertung einfließen lässt.

D. Einfache Geschäftsvorfälle beim Produktionsunternehmen

Im vorstehenden Beispiel bestand die betriebliche Aktivität lediglich im An- und Verkauf von Waren. In der Realität geschieht jedoch regelmäßig eine Weiterverarbeitung unter Einsatz von Betriebsmitteln, wie z. B. Arbeit, Maschinen etc. Angenommen wird z. B., dass Holzhändler Müller sich entschließt, das Holz nicht sofort zu verkaufen, sondern zuerst zu Möbelstücken weiterzuverarbeiten.

Müller entschließt sich, sein gut gehendes Holzhandelsunternehmen zu einem kleinen Betrieb zur Möbelherstellung auszubauen. Er beginnt am 01.01.01 mit Eigen- und Fremdmitteln von jeweils 50.000 GE und einem Bankguthaben von 100.000 GE sein Unternehmen für den Bau von Möbeln.

1. Wie sieht die Eröffnungsbilanz aus?

Aktiva	**Bilanz 01.01.01 (in GE)**		**Passiva**
Bank	100.000	EK	50.000
		FK	50.000
Summe	100.000		100.000

2. Am 02.01.01 investiert er das Geld wie folgt:

Halle	GE	40.000
Maschinen	GE	30.000
Holz	GE	20.000

Halle und Maschinen werden voraussichtlich 5 Jahre lang nutzbar sein.

Aktiva	**Bilanz 02.01.01 (in GE)**		**Passiva**
Halle	40.000	EK	50.000
Maschinen	30.000		
Vorräte	20.000		
Bank	10.000	FK	50.000
Summe	100.000		100.000

3. Am Jahresende hat er aus dem erworbenen Holz insgesamt 10 Möbel hergestellt und zum Preis von je 10.000 GE verkauft. Neben dem Verbrauch des Holzvorrats sind ihm während des Jahres folgende Aufwendungen entstanden, die er durch Banküberweisung beglichen hat.

Arbeitslohn	GE	25.000
Miete	GE	15.000
Aufwendungen = Auszahlungen	GE	40.000

Um den Jahreserfolg zu ermitteln, wird die Bilanz und GuV aufgestellt. Hierzu ist eine Inventur nötig, welche die bestehenden Vermögensgegenstände und Schulden zu ihren Werten auflistet.
Der Schlussbestand (SB) des Bankguthabens lässt sich durch Einbezug aller Einzahlungen und Auszahlungen ermitteln:

AB	GE	10.000	
- Auszahlungen	GE	40.000	(= 15.000 Miete + 25.000 Löhne)
+ Umsatzeinzahlungen	GE	100.000	(= 10 × 10.000)
SB	GE	70.000	

In der Bilanz ändern sich damit zunächst die Werte für Bank und Vorräte. Daraus würde sich ein Gewinn von 40.000 GE ergeben:

Aktiva	**Bilanz 31.12.01 (ohne Abschreibungen) (in GE)**		**Passiva**
Halle	40.000	EK	90.000
Maschinen	30.000	davon Gewinn: 40.000	
Vorräte	0		
Bank	70.000	FK	50.000
Summe	140.000		140.000

Die Abnutzung von Halle und Maschinen ist jedoch noch unberücksichtigt. Eine Möglichkeit besteht darin, den Wertverzehr gleichmäßig über die Lebensdauer von 5 Jahren zu verteilen, d. h. 1/5 Wertminderung p. a. zu berücksichtigen:

Halle:	1/5 × 40.000 = 8.000 GE
Maschinen:	1/5 × 30.000 = 6.000 GE

Daraus errechnet sich ein Wert von 32.000 GE (= 40.000 GE - 8.000 GE) und 24.000 GE (= 30.000 GE - 6.000 GE) für Halle und Maschinen.

Aktiva	**Bilanz 31.12.01 (mit Abschreibungen) (in GE)**		**Passiva**
Halle	32.000	EK	76.000
Maschinen	24.000	davon Gewinn: 26.000	
Vorräte	0		
Bank	70.000	FK	50.000
Summe	126.000		126.000

Der Gewinn i. H. v. 26.000 GE errechnet sich aus der Höhe der Veränderung des Eigenkapitals (hier: ohne Entnahmen und Einlagen).
Die GuV wird ergänzend hierzu aufgestellt, um die Zusammensetzung des Ergebnisses näher zu erklären. Die GuV nimmt alle einzelgeschäftlichen Reinvermögensveränderungen auf, sodass ihre Gesamtsumme wieder den Erfolg von 26.000 GE aufweist.
Die Halle und Maschinen haben im Wert um 14.000 GE abgenommen. Diese Wertminderung wird als **Abschreibung** in der GuV ausgewiesen. Die Vorräte haben um 20.000 GE abgenommen, was als **Materialaufwand** in der GuV erscheint. Die Bank hat um 25.000 GE Löhne und

15.000 GE Miete abgenommen, die jeweils einzeln in der GuV als Aufwendungen erscheinen. Anderseits hat sie um 100.000 GE aus dem Verkauf der Möbel zugenommen, was in der GuV als **Umsatzerlöse** (Ertrag) erfasst wird. Insgesamt ergibt sich also die Reinvermögensmehrung von 26.000 GE.

Aufwendungen	**GuV 01.01.01 – 31.12.01 (in GE)**		**Erträge**
Abschreibungen	14.000	Umsatzerlöse	100.000
Material	20.000		
Löhne	25.000		
Mieten	15.000		
Saldo (Gewinn)	26.000		
	100.000		100.000

In der GuV werden die Aufwendungen von insgesamt 74.000 GE den Erträgen von 100.000 GE gegenübergestellt. Da die Erträge die Aufwendungen um 26.000 GE übersteigen, entsteht per Saldo ein Gewinn, welcher der Eigenkapitalmehrung entspricht.

4. Am 01.01.02 kauft Müller neue Vorräte i. H. v. 30.000 GE ein, weil er hofft, in diesem Jahr noch mehr umsetzen zu können.
   In der Bilanz ändern sich folglich die Posten Bank und Vorräte. Es findet ein Aktivtausch zwischen Bank und Vorräten statt. Der Bestand des Bankguthabens errechnet sich wie folgt:

AB	GE	70.000
– Auszahlung für Vorräte	GE	30.000
= SB	GE	40.000

Aktiva	**Bilanz 01.01.02 (in GE)**		**Passiva**
Halle	32.000	EK	76.000
Maschinen	24.000		
Vorräte	30.000		
Bank	40.000	FK	50.000
Summe	126.000		126.000

5. Im Jahr 02 stellt er 15 Möbel aus seinen Holzvorräten her. Neben dem Verbrauch des Holzvorrats entstanden folgende Aufwendungen, die sofort durch Banküberweisung beglichen werden:

Arbeitslohn	GE	35.000
Miete	GE	15.000

Er kann aber nur 10 Möbel zu je 10.000 GE verkaufen.

Nun wird wieder die Bilanz aufgestellt. Das Bankguthaben errechnet sich wie folgt:

AB	GE	40.000	
- Auszahlungen	GE	50.000	(= 35.000 Löhne + 15.000 Miete)
+ Umsatzeinzahlungen	GE	100.000	(= 10.000 × 10 Möbel)
SB	GE	90.000	

Der Wert der Halle beträgt nun 32.000 GE - 8.000 GE = 24.000 GE und der Maschinen 24.000 GE - 6.000 GE = 18.000 GE.

Berücksichtigt man zunächst den Wert der auf Lager liegenden 5 Möbel nicht, so ergibt sich folgende Bilanz:

Aktiva	**Bilanz 31.12.02 (ohne Vorräte) (in GE)**		**Passiva**
Halle	24.000	EK	82.000
Maschinen	18.000	davon Gewinn: 6.000	
Vorräte	0		
Bank	90.000	FK	50.000
Summe	132.000		132.000

Die GuV zu dieser Bilanz enthält alle im Laufe des Jahres entstandenen Kosten von 94.000 GE zur Herstellung der 15 Möbel, aber nur Erträge aus dem Verkauf von 10 Möbeln:

Aufwendungen	**GuV 01.01.02 - 31.12.02 (ohne Vorratserhöhung) (in GE)**		**Erträge**
Abschreibungen	14.000	Umsatzerlöse	100.000
Material	30.000		
Löhne	35.000		
Mieten	15.000		
Saldo (Gewinn)	6.000		
	100.000		100.000

Da 5 Möbel aber noch nicht verkauft wurden, sollen die dafür entstandenen Ausgaben aber noch nicht als Aufwand verrechnet werden, sondern erst in der Periode, in der sie verkauft werden. Erst dann entsteht der zugehörige Ertrag und es lässt sich ein Gewinn durch Gegenüberstellung der Erträge und Aufwendungen ermitteln. Wenn für die Herstellung der 15 Möbel Kosten von 94.000 GE entstanden sind, dann entfallen auf die nicht verkauften 5 Möbel anteilig 31.333 GE und auf die verkauften 10 Möbel anteilig 62.667 GE. Die Kosten der verkauften Möbel werden dem Umsatz, der mit diesen erzielt wurde, in der GuV gegenübergestellt und es errechnet sich ein Gewinn von 37.333 GE. Die Kosten der auf Lager liegenden Möbel werden dagegen nicht als Aufwendungen verrechnet, sondern sie werden »aktiviert«, d. h., sie werden in die Aktiva der Bilanz aufgenommen, bis sie zu einem späteren Zeitpunkt verkauft werden und dann wieder aus der Bilanz entnommen und in die Aufwendungen der GuV übertragen werden.

Die Bilanz unter Berücksichtigung der Vorräte an Fertigerzeugnissen (Möbel) lautet:

Aktiva		Bilanz 31.12.02 (mit Beständen) (in GE)		Passiva
Halle		24.000	EK	113.333
Maschinen		18.000	davon Gewinn: 37.333	
Vorräte:	Rohstoffe	0		
	Fertige Erzeugnisse (FE)	31.333		
Bank		90.000	FK	50.000
Summe		163.333		163.333

Die Gewinn- und Verlustrechnung stellt den Umsatzerlösen die zugehörigen Umsatzaufwendungen gegenüber. Im dargestellten Fall sind für den Umsatz von 100.000 GE Aufwendungen von 62.667 GE entstanden:

Aufwendungen	GuV 01.01.02 – 31.12.02 (Umsatzkostenverfahren) (in GE)		Erträge
Umsatzaufwendungen	62.667	Umsatzerlöse	100.000
Gewinn	37.333		
	100.000		100.000

Diese Art der Darstellung bezeichnet man als **Umsatzkostenverfahren**, da hier nur die auf die umgesetzten Produkte und Dienstleistungen des Unternehmens entfallenden Kosten (Umsatzkosten) als Umsatzaufwand verrechnet werden. Wie früher (vgl. Kapitel 2) schon ausgeführt, werden aus den Gesamtkosten der Periode nur die sachlich dem Ertrag zurechenbaren Herstellungskosten auf den realisierten Umsatz abgegrenzt (**sachliche Abgrenzung**). Verwaltungskosten und Vertriebsgemeinkosten werden dagegen im Jahr ihrer Entstehung als Aufwand in der GuV gezeigt (**zeitliche Abgrenzung**). Diese Differenzierung der Gesamtkosten wird im vorliegenden Beispiel vernachlässigt, da vereinfachend angenommen wird, dass keine Verwaltungs- und Vertriebskosten anfallen.

Eine alternative Darstellungsweise in der GuV besteht darin, sämtliche, sowohl die für realisierte als auch die für noch nicht realisierte Leistungen, entstandenen Kosten als Aufwendungen auszuweisen und die Produktion auf Lager als eine Leistung und damit einen Ertrag zu verbuchen.

Dieses sog. **Gesamtkostenverfahren** stellt dann die Gesamtkosten von 94.000 GE der Gesamtleistung von 131.333 GE (Umsatz plus Lagerproduktion) gegenüber, woraus erneut der Gewinn i. H. v. 37.333 GE resultiert.

Aufwendungen	GuV 01.01.02 - 31.12.02 (Gesamtkostenverfahren) (in GE)		Erträge
Material	30.000	Umsatzerlöse	100.000
Löhne	35.000	Erhöhung des Bestandes an FE	31.333
Abschreibungen	14.000		
Mieten	15.000		
Saldo (Gewinn)	37.333		
	131.333		131.333

Umsatz- und Gesamtkostenverfahren kommen zum gleichen Ergebnis, sie unterscheiden sich lediglich im Ausweis (vgl. ausführlich 18. Kapitel). Da sich das Gesamtkostenverfahren buchungstechnisch einfacher gestaltet, liegt es dem Großteil der Ausführungen dieses Buches zugrunde.

6. Am 01.01.03 ist Müller wieder vorsichtiger und kauft nur Holz für 20.000 GE.
   Das Bankguthaben errechnet sich wie folgt:

AB	GE	90.000
- Auszahlungen für Vorräte	GE	20.000
SB	GE	70.000

Aktiva	Bilanz 01.01.03 (in GE)			Passiva
Halle		24.000	EK	113.333
Maschinen		18.000		
Vorräte:	Rohstoffe	20.000		
	FE	31.333		
Bank		70.000	FK	50.000
Summe		163.333		163.333

7. In 03 stellt Max aus den Holzvorräten wieder 10 Möbelstücke her. Diese kann er, zusammen mit den noch auf Lager liegenden 5 Möbeln an einen Großhändler verkaufen, der ihm allerdings nur 9.000 GE pro Stück bezahlt. Außerdem ist der Großhändler ihm am Jahresende noch 35.000 GE schuldig geblieben. Für die Herstellung der 10 Möbel entstehen folgende Ausgaben, die er sofort durch Banküberweisung begleicht:

Arbeitslohn	GE	25.000
Miete	GE	15.000

Zur Berechnung des Bankguthabens darf nur der Teil des Umsatzes von 135.000 GE einbezogen werden, der bereits bezahlt wurde:
Umsatzeinzahlungen = Umsatz - neu entstandene Forderungen =
= 135.000 GE - 35.000 GE = 100.000 GE

Die noch ausstehenden 35.000 GE werden in der Bilanz als »Forderung aus Lieferungen und Leistungen«, kurz »FLL«, ausgewiesen.

Bank:			
AB	GE	70.000	
- Auszahlungen	GE	40.000	(= 25.000 Löhne + 15.000 Miete)
+ Umsatzeinzahlungen	GE	100.000	
SB	GE	130.000	

Aktiva	**Bilanz 31.12.03 (in GE)**		**Passiva**
Halle	16.000	EK	143.000
Maschinen	12.000	davon Gewinn: 29.667	
Vorräte	0		
FLL	35.000		
Bank	130.000	FK	50.000
Summe	193.000		193.000

In der GuV sind nicht nur die Aufwendungen für die Herstellung der neu produzierten Möbel zu berücksichtigen, sondern auch die Aufwendungen, die aus der Abgabe der im vorigen Jahr produzierten 5 Möbel resultieren. Die darauf entfallenden Aufwendungen von 31.333 GE werden aus der Bilanz entnommen und nun als Aufwand den aus dem Verkauf erzielten Umsätzen gegenübergestellt.

Aufwendungen	**GuV 01.01.03 – 31.12.03 (in GE)**		**Erträge**
Abschreibungen	14.000	Umsatzerlöse	135.000
Material	20.000		
Löhne	25.000		
Mieten	15.000		
Verringerung des Bestandes an FE	31.333		
Saldo (Gewinn)	29.667		
	135.000		135.000

8. Am 01.01.04 schließt Müller mit dem Großhändler einen Vertrag über die Lieferung von 20 Möbelstücken zum Preis von 8.500 GE pro Stück, weshalb er Holz im Wert von 40.000 GE einkauft.

Bank:		
AB	GE	130.000
- Auszahlungen für Vorräte	GE	40.000
SB	GE	90.000

Aktiva		Bilanz 01.01.04 (in GE)		Passiva
Halle		16.000	EK	143.000
Maschinen		12.000		
Vorräte:	Roh	40.000		
	Fertig	0		
FLL		35.000		
Bank		90.000	FK	50.000
Summe		193.000		193.000

9. Am Jahresende hat Müller die Lieferung beendet, der Großhändler ist allerdings noch insgesamt mit Zahlungen von 70.000 GE im Rückstand. Neben dem Verbrauch des Holzes hatte Max folgende Kosten für die Herstellung der 20 Möbelstücke:

Arbeitslohn	GE	45.000
Miete	GE	15.000

Bei der Berechnung des Bankguthabens darf erneut nur die Umsatzeinzahlung einbezogen werden. Da der Großhändler am Jahresende insgesamt 70.000 GE schuldet, ist er gegenüber den 35.000 GE, die er am Jahresanfang schuldete, weitere 35.000 GE schuldig geblieben. Vom Umsatz i. H. v. 170.000 GE hat er somit nur 135.000 GE bezahlt.

Umsatz: (= 20 × 8.500 GE) = 170.000 GE
Umsatzeinzahlungen = Umsatz - Veränderung der Forderungen =
= 170.000 GE - (70.000 GE - 35.000 GE) = 135.000 GE

Bank:

AB	GE	90.000	
- Auszahlungen	GE	60.000	(= 45.000 Löhne + 15.000 Miete)
+ Umsatzeinzahlungen	GE	135.000	
SB	GE	165.000	

Bevor Müller die endgültige Bilanz zum 31.12.04 aufstellt, wird er noch Informationen über die Solvabilität seines Schuldners, des Großhändlers einholen. Die vorläufige Bilanz und GuV zum 31.12.04 sähen wie folgt aus:

Aktiva		vorläufige Bilanz 31.12.04 (in GE)		Passiva
Halle		8.000	EK	199.000
Maschinen		6.000	davon Gewinn: 56.000	
Vorräte:	Rohstoffe	0		
Forderungen		70.000		
Bank		165.000	FK	50.000
Summe		249.000		249.000

Der Gewinn errechnet sich in der GuV wie folgt:

Aufwendungen	**vorläufige GuV 01.01.04 – 31.12.04 (in GE)**		**Erträge**
Abschreibungen	14.000	Umsatzerlöse	170.000
Material	40.000		
Löhne	45.000		
Mieten	15.000		
Saldo (Gewinn)	56.000		
	170.000		170.000

10. Am 31.12.04 erfährt Müller nun, dass gegen den Großhändler das Insolvenzverfahren eröffnet worden ist.

Der oben ermittelte Gewinn basiert auf einem Umsatz von 170.000 GE. Grundsätzlich wird in der Bilanzierung der Gewinn auf Basis von Erträgen, nicht von Einzahlungen ermittelt. Ein Umsatz wird auch dann verbucht, wenn der Kunde die Rechnung noch gar nicht bezahlt hat. Die ausstehenden Beträge stehen in der Bilanz als Forderungen aus Lieferungen und Leistungen (FLL). Daher muss die **Bewertung der Forderungen** mit großer Sorgfalt erfolgen. Liegen Anzeichen dafür vor, dass eine Forderung nicht mehr eingebracht werden kann, so wird sie abgeschrieben (vgl. im Detail 11. Kapitel). Hierbei geht man i. d. R. vorsichtig vor. Im vorliegenden Fall würde das z. B. dazu führen können, dass die gesamte Forderung aus der Bilanz gestrichen wird, da sie nun wertlos geworden ist. Dies reduziert andererseits das Reinvermögen um 70.000 GE auf 129.000 GE und führt statt zu einem Gewinn von 56.000 GE zu einem Verlust von 14.000 GE. In der GuV wird dies durch eine Abschreibung auf Forderungen von 70.000 GE berücksichtigt, die die Aufwendungen auf 184.000 GE erhöht und damit ebenfalls zu einem Verlust von 14.000 GE führt.

Aktiva		**Bilanz 31.12.04 (mit Insolvenz des Großhändlers) (in GE)**			**Passiva**
Halle		8.000	EK		~~199.000~~
Maschinen		6.000			129.000
Vorräte:	Rohstoffe	0	Verlust	14.000	
~~Forderungen~~		~~70.000~~			
Bank		165.000	FK		50.000
Summe		~~249.000~~			~~249.000~~
		179.000			179.000

Da man aber noch nicht sicher weiß, ob die vollen 70.000 GE tatsächlich nie bezahlt werden, sollten sie auch noch nicht ganz aus den Büchern gelöscht werden. Damit auf dem Konto »Forderungen« der Forderungsbestand unabhängig von der Wahrscheinlichkeit der Bezahlung ersichtlich bleibt, verbucht man solche erwarteten Ausfälle i. d. R. nicht direkt auf dieses Konto.[2]

Deshalb bildet man stattdessen einen Korrekturposten auf der Passivseite, sog. »Wertberichtigungen«, in Höhe des zu erwartenden Ausfalls, der dem Aktivposten »Forderungen« korrigierend gegenübersteht.[3] Die Konsequenz für das Reinvermögen ist identisch: Es wird auf 129.000 GE reduziert, ebenso der Gewinn auf -14.000 GE. Man erkennt jedoch aus den Büchern, dass noch eine Forderung i. H. v. 70.000 GE existiert, die voll wertberichtigt ist, also mit ihrem vollständigen Ausfall gerechnet wird.

Aktiva		**Bilanz 31.12.04 (indirekter Ausweis) (in GE)**			**Passiva**
Halle		8.000	EK		129.000
Maschinen		6.000	Verlust	14.000	
Vorräte:	Rohstoffe	0			
FLL		70.000	Wertberichtigung auf Ford.		70.000
Bank		165.000	FK		50.000
Summe		249.000			249.000

11. Im Laufe des Jahres 05 hat Müller 8 Möbel hergestellt und konnte diese zu je 9.000 GE verkaufen. Hierfür entstanden Aufwendungen (= Auszahlungen) von:

Material	GE	16.000
Arbeitslohn	GE	21.000
Miete	GE	15.000

Das Bankguthaben errechnet sich wie folgt:

AB	GE	165.00 0	
-Auszahlungen	GE	52.000	(= 21.000 + 15.000 + 16.000)
+ Umsatzeinzahlungen	GE	72.000	
SB	GE	185.00 0	

Aktiva		**Bilanz 31.12.05 (in GE)**			**Passiva**
Halle		0	EK		135.000
Maschinen		0	davon Gewinn:	6.000	
Vorräte:	Rohstoffe	0			
FLL		70.000	Wertberichtigung auf Forderungen		70.000
Bank		185.000	FK		50.000
Summe		255.000			255.000

2 Es kommt allerdings regelmäßig zu einer Umbuchung auf ein spezielles Konto »zweifelhafte Forderungen«.

3 Im Jahresabschluss nach HGB werden diese Wertberichtigungen allerdings nicht auf der Passivseite ausgewiesen, sondern mit den Forderungen saldiert.

12. Am 01.01.06 erhält er vom Insolvenzverwalter des Großhändlers eine Abschlusszahlung i. H. v. 35.000 GE. Mit der Abschlusszahlung wird die Forderung endgültig erledigt. Forderung und Wertberichtigung werden ausgebucht. Bei Eingang erhöht dies das Bankguthaben. Es entsteht ein außerordentlicher Gewinn in Höhe des unerwarteten Zahlungseingangs.

Aktiva		**Bilanz 01.01.06 (in GE)**			**Passiva**
Halle		0	EK		170.000
Maschinen		0	davon außerordentlicher Gewinn	35.000	
Vorräte:	Rohstoffe	0			
FLL		~~70.000~~	Wertberichtigung auf Ford.		~~70.000~~
Bank		220.000	FK		50.000
Summe		220.000			220.000

Müller hat nun ein Bankguthaben von 220.000 GE. Falls er das Geschäft nicht fortsetzt, kann er das Guthaben dazu verwenden, den Bankkredit von 50.000 GE zurückzubezahlen und den Rest von 170.000 GE zu entnehmen. Gegenüber der Ausgangslage hat er 120.000 GE dazu gewonnen, sowohl was das Bankguthaben von anfänglich 100.000 GE angeht, als auch sein Eigenkapital von anfänglich 50.000 GE. Dieser **»Totalgewinn«** entspricht der Summe der Periodengewinne: in GE

Jahr	Periodengewinn
01	26.000
02	37.333
03	29.667
04	-14.000
05	6.000
06	35.000
Totalgewinn	120.000

Der Totalgewinn über die gesamte Lebensdauer der Vermögensgegenstände ist durch die damit verbundenen Zahlungen festgelegt. Zählt man sämtliche Einzahlungen und Auszahlungen zusammen, so ergeben sich Einzahlungen von 577.000 GE und Auszahlungen von 457.000 GE. Ihre Differenz beträgt 120.000 GE, um die der Bankbestand gestiegen ist.

Gesamte Umsatzeinzahlungen	GE	577.000
Gesamte Aufwandsauszahlungen	GE	457.000
Gesamtgewinn (Einzahlungsüberschuss)	GE	120.000

Der Totalgewinn als Summe aller Ertragsüberschüsse entspricht also der Summe aller Einzahlungsüberschüsse (**Kongruenzprinzip**). Die einzelnen Periodengewinne lassen sich durch unterschiedliche Bilanzierungsregeln jedoch verändern. Es sei unterstellt, die Abschreibungen sollten nach einem anderen Verfahren verrechnet werden.

Hierzu geht man von den Gewinnen vor Abzug der Abschreibungen aus: in GE

Jahr	Gewinn	Abschreibungen (linear)	Gewinn vor Abschreibungen
00	26.000	14.000	40.000
01	37.333	14.000	51.333
02	29.667	14.000	43.667
03	- 14.000	14.000	0
04	6.000	14.000	20.000
05	35.000	0	35.000
Gesamt	120.000	70.000	190.000

Insgesamt werden in den 5 Jahren 70.000 GE an Abschreibungen für die Maschinen und die Halle verrechnet. Angenommen, es wäre aufgrund einer steuerlichen Sonderregelung auch möglich, diese bereits in den ersten beiden Jahren mit je 35.000 GE anzusetzen und danach keine Abschreibung mehr vorzunehmen. Dann ergeben sich folgende Gewinne: in GE

Jahr	Gewinn vor Abschreibungen	Abschreibungen (linear)	Gewinn nach Abschreibungen
00	40.000	35.000	5.000
01	51.333	35.000	16.333
02	43.667	0	43.667
03	0	0	0
04	20.000	0	20.000
05	35.000	0	35.000
Gesamt	190.000	70.000	120.000

Der Totalgewinn beträgt wie zuvor 120.000 GE, die Periodengewinne haben sich jedoch stark verändert. Durch die zeitliche Verschiebung der Abschreibung in die ersten Jahre fallen die Gewinne am Anfang geringer als im Ausgangsfall und in den späteren Jahren deutlich höher aus.

Dies veranschaulicht die Wirkung bilanzpolitischer Maßnahmen der Gewinnermittlung: Maßnahmen, die den Gewinn senken, kehren sich später um, sodass der Gewinn wieder entsprechend höher ausfällt und umgekehrt. Dies bezeichnet man daher auch als die **Zweischneidigkeit der Bilanzierung**. Voraussetzung hierfür ist allerdings das Kongruenzprinzip – wo es durchbrochen wird, ergibt sich auch keine vollständige Umkehrung.

Zweiter Teil
Buchführung

5. Kapitel: Von der Eröffnungsbilanz zur Schlussbilanz

Aufgrund der zahlreichen Geschäftsvorfälle ist es notwendig, diese in einer einheitlichen Form und in allgemein akzeptierter und verständlicher Weise in der Buchhaltung abzubilden. Dazu wird im Folgenden der Begriff des Kontos eingeführt, das Eröffnen der Konten aus der Bilanz erläutert, die Arbeit mit mehreren Konten erläutert und schließlich gezeigt, wie diese zum Ende des Geschäftsjahres im Rahmen des Jahresabschlusses wieder zur Schlussbilanz verdichtet werden. In diesem Zusammenhang wird auch dargestellt, wie der Periodenerfolg zu ermitteln und zu verbuchen ist. Den Abschluss des Kapitels bildet eine Übersicht zur zeitlichen Abfolge der einzelnen Schritte eines geschlossenen Buchungskreislaufs.

A. Von der Bilanz zum Konto

Die Bilanz dient der Aufstellung des Vermögens und der Schulden. Ihr Saldo wird als Reinvermögen oder auch Eigenkapital bezeichnet. Gleichzeitig ergeben sich durch Geschäftsvorfälle im Laufe der Zeit Veränderungen dieser Vermögensgegenstände und Schulden und damit meist auch Veränderungen des Reinvermögens, d. h. ein Gewinn oder Verlust. Da es nicht sinnvoll ist, bei jedem Geschäftsvorfall eine neue Bilanz zu erstellen, müssen diese Geschäftsvorfälle unterjährig gesammelt werden. Dies geschieht auf **Konten**.

I. Das Konto

Das Konto ist eine zweiseitige Rechnung, in der auf der einen Seite alle Mehrungen und auf der anderen alle Minderungen zusammengefasst werden. Diese werden dann in Summe einander gegenübergestellt. Es hat die Form eines großen »T«, deshalb wird es auch als »T-Konto« bezeichnet. Jedes Konto hat zwei Seiten. Die linke Seite trägt die Bezeichnung **Soll** (S), die rechte Seite **Haben** (H). In der Mitte über dem Konto steht die Bezeichnung des Kontos.

Diese zweiseitige Rechnung hat den Vorteil, dass bei der Vielzahl von Geschäftsvorfällen eine leichtere Handhabbarkeit und Überprüfbarkeit erzielt wird, indem auf beiden Seiten nur addiert und am Ende die Summen gegeneinander verrechnet werden müssen. Wurde ein Konto z. B. durch 100 verschiedene Geschäftsvorfälle berührt, wovon ein Teil zu Mehrungen von insgesamt 10.000 GE und ein anderer Teil zu Minderungen von insgesamt 6.000 GE geführt hat, so werden diese nun im Konto getrennt gesammelt und in Summe gegeneinander verrechnet. Die Differenz bezeichnet man als **»Saldo«**, im Beispiel beträgt er 4.000 GE (= 10.000 GE - 6.000 GE).

II. Bestandskonten

Um nicht bei jedem Geschäftsvorfall eine neue Bilanz erstellen zu müssen, wird (mindestens) jeder einzelne Posten der Bilanz als eigenes Konto gleichsam wie eine eigene kleine Bilanz geführt und am Jahresende wieder zu einer Bilanz zusammengefügt (vgl. Abb. 5.1). Das Auseinanderbrechen der Bilanz führt dazu, dass alle Vermögensgegenstände, die in der Bilanz auf der linken Seite, der Aktivseite, geführt werden und am Jahresende wieder dort erscheinen sollen, auch in den

Konten so geführt werden, dass ihr Bestand auf der linken Seite, also im Soll des Kontos erscheint. Man nennt alle solche Konten, die in der Bilanz enthalten sind, **Bestandskonten**, da sie nur Bestände und ihre Entwicklung darstellen und - mit Ausnahme des Eigenkapitalkontos - nie einen Erfolg ausweisen.

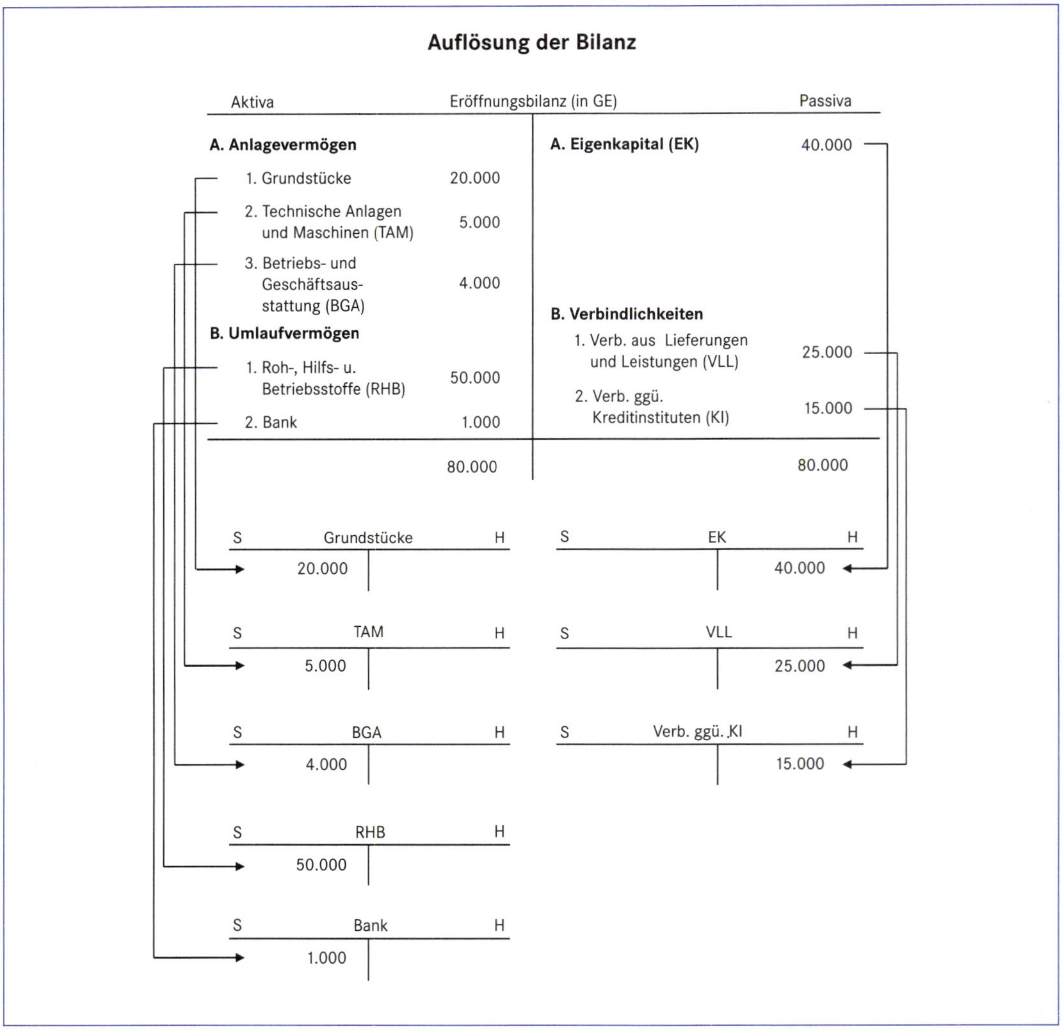

Abb. 5.1: Auflösung der Bilanz in Konten

Man spricht bei dieser Art von Konten daher von **»aktivischen Bestandskonten«** (auch kurz »Aktivkonten«). Umgekehrt werden alle Posten der Passivseite der Bilanz in den Konten als **»passivische Bestandskonten«** (kurz »Passivkonten«) geführt. Bei ihnen erscheint der Anfangsbestand auf der rechten Seite, also im Haben. Zugänge stehen grundsätzlich auf der Seite des Anfangsbestandes, da sie diesen vergrößern, Abgänge auf der dem Anfangsbestand gegenüberliegenden Seite, da sie diesen verkleinern (vgl. Abb. 5.2).

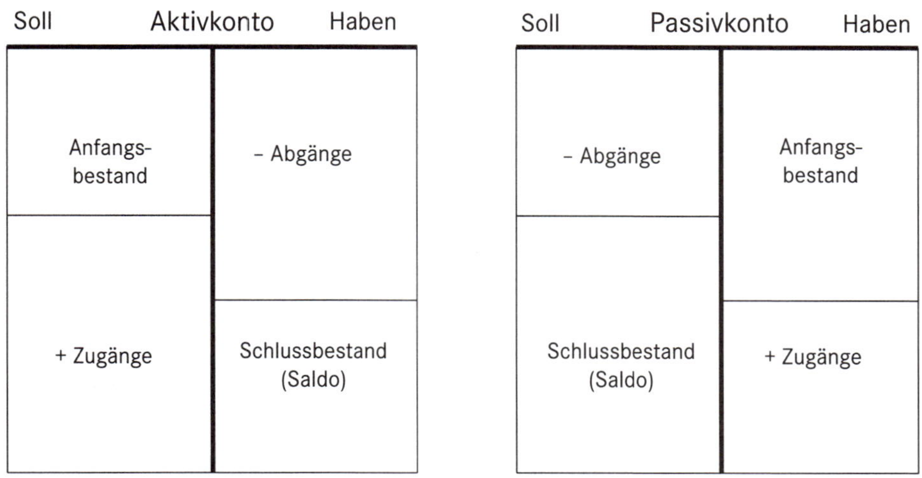

Abb. 5.2: Führung von Bestandskonten (Quelle: Wöhe/Kußmaul [2018], S. 62)

III. Buchung von Geschäftsvorfällen

Im Laufe des Jahres werden Geschäftsvorfälle also nicht unmittelbar in der Bilanz, sondern auf den Konten erfasst. Die Konten werden dann zur Erstellung der Bilanz abgeschlossen. Dabei folgt die Erfassung der Vorfälle in der Buchführung einer strengen Logik.

Kennzeichen der sog. **»Doppelten Buchführung«**, ist es, dass von jedem Geschäftsvorfall immer mindestens zwei Konten berührt werden. Grundsätzlich können in Konten keine »einzelnen« Eintragungen ohne entsprechende Gegenbuchung gemacht werden, es kann nur gebucht werden. Die Buchung eines Geschäftsvorfalls erfolgt immer im Soll auf einem Konto und im Haben auf einem anderen. Diese Buchung wird in einem sog. **Buchungssatz** ausgedrückt:

»(Von/Per) Konto X an Konto Y«

Dabei ist das erstgenannte Konto das im Soll und das zweite das im Haben zu buchende Konto (»Per Soll an Haben!«).

Beispiel

Angenommen, das Unternehmen, dessen Bilanz Abb. 5.1 wiedergibt, nimmt einen neuen Kredit i. H. v. 10.000 GE auf, der auf dem Bankkonto bereitgestellt wird. Die Bilanz würde nach diesem Geschäftsvorfall wie folgt aussehen:

Aktiva	Bilanz (in GE)		Passiva
A. Anlagevermögen		A. Eigenkapital	40.000
1. Grundstücke	20.000		
2. TAM	5.000		
3. BGA	4.000		
B. Umlaufvermögen		B. Verbindlichkeiten	
1. RHB	50.000	1. VLL	25.000
2. Bank	11.000	2. Verb. ggü. KI	25.000
	90.000		90.000

Es bestehen bereits Verbindlichkeiten gegenüber Kreditinstituten i. H. v. 15.000 GE - man sagt der Anfangsbestand (AB) beträgt 15.000 GE. Durch die Kreditaufnahme erhöhen sich die Verbindlichkeiten gegenüber Kreditinstituten um 10.000 GE auf nun insgesamt 25.000 GE. Gleichzeitig wird das Geld auf das Bankkonto überwiesen - dieses erhöht sich ebenfalls um 10.000 GE. Um nicht bei jedem Geschäftsvorfall eine neue Bilanz aufstellen zu müssen, werden die Vorgänge auf Konten erfasst. Das Bankguthaben ist ein Aktivposten. Daher wird sein Anfangsbestand im Konto auf der Sollseite erfasst. Eine Mehrung wird ebenfalls im Soll, eine Minderung im Haben erfasst. Verbindlichkeiten sind Passiva und tragen ihren Bestand und ihre Mehrungen im Haben. Die Kreditaufnahme würde in der Buchführung daher im Soll des Bankkontos und im Haben des Kontos »Verbindlichkeiten gegenüber Kreditinstituten« verbucht.

S	Bank (in GE)		H
AB	1.000		
+	10.000		
=	11.000		

S	Verb. ggü. KI (in GE)		H
		AB	15.000
		+	10.000
		=	25.000

Der Buchungssatz lautet:

Bank	10.000	an	Verb. ggü. KI	10.000

Man sieht, dass eine Soll-Buchung nicht notwendigerweise zu einer Abnahme des Kontostandes führt, denn im obigen Beispiel hat dieser bei der Bank ja zugenommen. Aus der dargestellten Systematik folgt, dass alle Konten der Aktivseite ihren Anfangsbestand auf der Sollseite tragen, und damit eine Sollbuchung sie erhöht, eine Habenbuchung sie verringert. Bei Passivkonten ist dies entsprechend umgekehrt.

Jeder kennt dieses »Soll« und »Haben« von den Kontoauszügen seines Girokontos bei einer Bank. Dort bedeutet »Soll« immer minus und »Haben« immer plus. Bei dem im Beispiel dargestellten Bankkonto ist das aber genau umgekehrt. Das liegt daran, dass für die Bank Girokonten Kundeneinlagen sind, also Verbindlichkeiten, und damit ein Passivposten. Deshalb wird dort das Konto wie ein Passivkonto geführt. Für einen Industriebetrieb ist ein Girokonto aber ein Vermögensgegenstand - und damit ein Aktivposten.

IV. Eröffnung und Abschluss der Konten

Dem Beispiel folgend, wird nun gezeigt, wie Konten zu Beginn des Geschäftsjahres eröffnet und an dessen Ende wieder abgeschlossen werden.

1. Eröffnungsbilanzkonto

Der Anfangsbestand wird nicht einfach in die Konten eingetragen, sondern muss aus der Bilanz durch einen Buchungssatz übertragen werden. Um den Anfangsbestand in die Konten einbuchen zu können, muss dieser aus der Bilanz »herausgebucht« werden. Da der Anfangsbestand sowohl in der Eröffnungsbilanz als auch auf den Aktivkonten im Soll steht (umgekehrt bei Passivposten im Haben), wird zur Ausbuchung ein Hilfskonto benötigt, das spiegelverkehrt zur Eröffnungsbilanz ist. Dies ist das sog. **»Eröffnungsbilanzkonto«**.

Beispiel

Die Eröffnungsbilanz wird durch die Eröffnungsbuchungen spiegelverkehrt in das Eröffnungsbilanzkonto übertragen:

Aktiva	Eröffnungsbilanz (in GE)		Passiva
A. Anlagevermögen		A. Eigenkapital	40.000
1. Grundstücke	20.000		
2. TAM	5.000		
3. BGA	4.000		
B. Umlaufvermögen		B. Verbindlichkeiten	
1. RHB	50.000	1. VLL	25.000
2. Bank	1.000	2. Verb. ggü. KI	15.000
	80.000		80.000

Soll	Eröffnungsbilanzkonto (EBK) (in GE)		Haben
Eigenkapital	40.000	Grundstücke	20.000
		TAM	5.000
		BGA	4.000
VLL	25.000	RHB	50.000
Verb. ggü. KI	15.000	Bank	1.000
	80.000		80.000

Der Buchungssatz zur Übertragung des Bestandes aus dem Eröffnungsbilanzkonto in ein Aktivkonto lautet:

»Per Konto A an Eröffnungsbilanzkonto«

Im Falle eines Passivpostens ist umgekehrt zu buchen:

»Per Eröffnungsbilanzkonto an Konto P«

Sind die Anfangsbestände in die Konten übertragen, wird das EBK nicht weiter benötigt.

Beispiel

Das Bankguthaben stellt z. B. einen Aktivposten dar, deshalb muss der Anfangsbestand bei der Eröffnung des Kontos »Bank« auch wieder auf der linken Seite erscheinen. Da es sich um ein Konto handelt, lautet die linke Seite nun »Soll«. Der Buchungssatz lautet:

Bank	1.000	an	EBK	1.000

Die weiteren Buchungssätze zur Eröffnung der Bestandskonten in diesem Beispiel lauten:

Grundstücke	20.000	an	EBK	20.000
TAM	5.000	an	EBK	5.000
BGA	4.000	an	EBK	4.000
RHB	50.000	an	EBK	50.000
EBK	40.000	an	EK	40.000
EBK	25.000	an	VLL	25.000
EBK	15.000	an	Verb. ggü. KI	15.000

Nach der Übertragung auf die Konten ergibt sich folgendes Bild:

S	Grundstücke		H
AB	20.000		

S	EK		H
		AB	40.000

S	TAM		H
AB	5.000		

S	VLL		H
		AB	25.000

S	BGA		H
AB	4.000		

S	Verb. ggü. KI		H
		AB	15.000

S	RHB		H
AB	50.000		

S	Bank		H
AB	1.000		

2. Saldo (Schlussbestand)

Werden über das Jahr die Abgänge und Zugänge auf dem Konto erfasst, dann ergeben sich gegenüber dem Anfangsbestand (AB) Änderungen. Der Kontostand zum Ende des Geschäftsjahres nennt sich Schlussbestand (SB) oder Saldo.

Beispiel

Zur Fortführung des obigen Beispiels wird angenommen, dass mit 8.000 GE des aufgenommenen Kredits Roh-, Hilfs- und Betriebsstoffe gekauft werden. Dadurch nimmt der Bestand des Bankkontos um 8.000 GE ab und der des Kontos Roh-, Hilfs- und Betriebsstoffe um 8.000 GE zu.
Dies geschieht durch die Buchung:

RHB	8.000	an	Bank	8.000

Das Bankkonto verringert sich und der Posten RHB erhöht sich um 8.000 GE.

S	RHB		H
AB	50.000	Saldo	58.000
Bank	8.000		
	58.000		58.000

S	Bank		H
AB	1.000	RHB	8.000
Verb. ggü. KI	10.000	Saldo	**3.000**
	11.000		11.000

Für das Bankkonto bedeutet dies folgende Änderung (in GE):

AB:	1.000
Zugang:	10.000
Abgang:	- 8.000
= Saldo:	3.000

Der Saldo, im Falle des Bankkontos i. H. v. 3.000 GE, stellt den Betrag dar, der auf dem Konto für den Ausgleich der Soll- und Habenseite sorgt. Er entspricht bei Abschluss des Kontos am Periodenende dem Schlussbestand.

3. Schlussbilanzkonto

Am Ende des Jahres muss wieder Bilanz gezogen werden. Diese **Schlussbilanz** ist zugleich die Eröffnungsbilanz der nächsten Periode (**Bilanzidentität**). In gleicher Weise, wie zu Beginn des Jahres die Konten eröffnet wurden, wird jetzt der Schlussbestand - der Saldo eines Bestandskontos - zurück in die Bilanz gebucht. Dies geschieht über das sog. **»Schlussbilanzkonto«**, kurz SBK. Da der Schlussbestand der Aktivkonten im Haben steht und der Saldo der Passivkonten im Soll, muss nicht wie bei der Eröffnungsbilanz auf ein spiegelverkehrtes Konto (Eröffnungsbilanzkonto) zwischengebucht werden, sondern das Schlussbilanzkonto weist die Bestände der Aktivposten im Soll und die Bestände der Passivposten im Haben aus.

Der Saldo eines Aktivkontos kommt durch die Buchung:

»Per Schlussbilanzkonto an Konto A«

zustande. Der eines Passivkontos umgekehrt:

»Per Konto P an Schlussbilanzkonto«

Beispiel

Im betrachteten Beispiel lauten die Abschlussbuchungen also:

SBK	3.000	an	Bank	3.000
SBK	58.000	an	RHB	58.000

In Kontenform zeigt sich das folgendermaßen:

S	RHB		H
AB	50.000	**SB**	**58.000**
	8.000		
	58.000		58.000

S	Bank		H
AB	1.000		8.000
Kredit	10.000	**SB**	**3.000**
	11.000		11.000

S	SBK (in GE)		H
Bank	**3.000**	...	
RHB	**58.000**		
...			

Das SBK dient als Vorlage zur Erstellung der Schlussbilanz. Es ist dann identisch mit der Schlussbilanz, wenn die Inventurbestände (d. h. durch körperliche Bestandsaufnahme (Inventur) bestimmte Bestände) mit den Buchbeständen übereinstimmen. Ist dies nicht der Fall, sind noch entsprechende Korrekturbuchungen notwendig, um zur Schlussbilanz zu gelangen. Darüber hinaus unterscheidet sich das Schlussbilanzkonto von der Schlussbilanz formal in den folgenden drei Punkten (vgl. Heinhold [2012], S. 21; Wöhe/Kußmaul [2018], S. 73):

- Das SBK wird mit »Soll« und »Haben« überschrieben, die Schlussbilanz dagegen mit »Aktiva« und »Passiva«.
- Im SBK erhält jedes Konto einen eigenen Posten, während in der Schlussbilanz gleichartige Konten zu einem Bilanzposten zusammengefasst werden können.
- Das SBK unterliegt keinen besonderen Gliederungsvorschriften, während bei der Schlussbilanz die Vorschriften des Handelsrechts (z. B. § 266 HGB) zu beachten sind.

Beispiel

Die Zusammenfassung des obigen Beispiels zeigt, wie die beiden betrachteten Geschäftsvorfälle der Kreditaufnahme und des Vorratseinkaufs die Bilanz verändern:

Aktiva	Eröffnungsbilanz		Passiva
A. Anlagevermögen		A. Eigenkapital	40.000
1. Grundstücke	20.000		
2. TAM	5.000		
3. BGA	4.000		
B. Umlaufvermögen		B. Verbindlichkeiten	
1. RHB	50.000	1. VLL	25.000
2. Bank	1.000	2. Verb. ggü. KI	15.000
	80.000		80.000

S	Bank		H
AB	1.000		8.000
+	10.000	**SB**	**3.000**
=	11.000	=	11.000

S	Verb. ggü. KI		H
SB	**25.000**	AB	15.000
		+	10.000
=		=	25.000

S	RHB		H
AB	50.000	**SB**	**58.000**
+	8.000		
=	58.000	=	58.000

Aktiva	Schlussbilanz		Passiva
A. Anlagevermögen		A. Eigenkapital	40.000
1. Grundstücke	20.000		
2. TAM	5.000		
3. BGA	4.000		
B. Umlaufvermögen		B. Verbindlichkeiten	
1. RHB	**58.000**	1. VLL	25.000
2. Bank	**3.000**	2. Verb. ggü. KI	**25.000**
	90.000		90.000

B. Ermittlung des Periodenerfolges

Die im vorangegangenen Abschnitt betrachteten Geschäftsvorfälle hatten gemeinsam, dass sie nicht zu einer Veränderung des Reinvermögens geführt haben, dass sie also erfolgsneutral waren. Wie werden aber erfolgswirksame Geschäftsvorfälle im dargestellten System der doppelten Buchführung berücksichtigt? Verändert ein Geschäftsvorfall das Vermögen und die Schulden so, dass sich deren Differenz, das Reinvermögen, erhöht oder verringert, dann resultiert daraus ein Gewinn oder Verlust. Ein einzelner Geschäftsvorfall, der zu einer Erhöhung des Eigenkapitals führt, wird als **Ertrag**, die Verringerung als **Aufwand** bezeichnet. Der Erfolg der Periode (Periodenerfolg), d. h. ein **Gewinn** oder **Verlust**, ergibt sich als Differenz aller Erträge und Aufwendungen.

Werden etwa Rohstoffe oder andere Vermögensgegenstände zu mehr als ihrem Buchwert verkauft, dann erhöhen die dafür eingetauschten liquiden Mittel oder Forderungen das Gesamtvermögen (Aktivseite). Gleichzeitig bleiben die Schulden unverändert, folglich ist das Reinvermögen gestiegen - es entsteht ein Gewinn.

Jeder erfolgswirksame Geschäftsvorfall müsste folglich auf dem Eigenkapitalkonto verbucht werden. Da dies bei der großen Anzahl von Geschäftsvorfällen im Geschäftsjahr zu einer unübersehbaren Flut von Buchungen auf diesem Konto führen würde, werden die einzelnen Geschäftsvorfälle zunächst auf einzelnen Konten verbucht, die man als Erfolgskonten bezeichnet. Erst am Ende der Periode wird der Gewinn in Summe in das Eigenkapital übertragen.

Beispiel

Werden z. B. Rohstoffe, die mit 13.000 GE in der Bilanz standen, für 20.000 GE verkauft, wobei der Betrag auf das Bankkonto überwiesen wird, dann bedeutet dies einen Gewinn von 7.000 GE, der das Eigenkapital entsprechend erhöht:

A	Bilanz (vorher)		P
AV	29.000	EK	40.000
UV:		FK	50.000
RHB	58.000		
Bank	3.000		
	90.000		90.000

A	Bilanz (nachher)		P
AV	29.000	EK	47.000
UV:		FK	50.000
RHB	45.000		
Bank	23.000		
	97.000		97.000

In Kontoform dargestellt, verringern sich die RHB um 13.000 GE und die Bank erhöht sich um 20.000 GE. Um die Differenz von 7.000 GE erhöht sich das Vermögen, ohne dass Schulden im gleichen Maß zunehmen - es entsteht eine Reinvermögensmehrung. Das Eigenkapital müsste also mit 7.000 GE im Haben gebucht werden.

Bank	20.000	an	RHB	13.000
			EK	7.000

S	Bank		H
AB	3.000		
a)	20.000	SB	23.000
	23.000		23.000

S	RHB		H
AB	58.000	a)	13.000
		SB	45.000
	58.000		58.000

S	EK		H
		AB	40.000
SB	47.000	a)	7.000
	47.000		47.000

I. Eigenkapital und Erfolgskonten

Die zur Erfassung erfolgswirksamer Geschäftsvorfälle verwendeten Konten werden als **Erfolgskonten** bezeichnet. Auf ihnen werden alle Aufwendungen und Erträge verbucht. Diese werden am Periodenende einander gegenübergestellt, wodurch der Gewinn oder Verlust ermittelt wird, der in das Eigenkapital übertragen wird. Anstatt also den Gewinn jedes einzelnen Geschäftsvorfalls im Eigenkapital zu erfassen, wird dieser zunächst auf Erfolgskonten zwischenerfasst und in Summe im Eigenkapital verbucht.

Außerdem werden nicht nur die bereits saldierten Nettoerfolge in den Erfolgskonten verbucht, sondern die einzelnen unsaldierten Erträge und Aufwendungen. Dies ermöglicht es, am Periodenende eine Gewinn- und Verlustrechnung aufstellen zu können, in der ein Überblick über sämtliche angefallenen Erträge und Aufwendungen gegeben werden kann.

Beispiel

Im obigen Beispiel wird also nicht nur der Nettoerfolg von 7.000 GE auf einem Erfolgskonto verbucht, sondern es wird einerseits der Erlös aus dem Verkauf von 20.000 GE und andererseits der entgegenstehende Aufwand für die Abgabe der Waren von 13.000 GE erfasst. Daraus ergibt sich anschließend in der GuV, die sämtliche Erträge und Aufwendungen sammelt, die Gegenüberstellung von 20.000 GE Ertrag und 13.000 GE Aufwand und damit ein Gewinn von 7.000 GE. Dieser wird erst dann ins Eigenkapital übertragen.
Auf die Buchungen wirkt sich dies dadurch aus, dass die oben angeführte, vereinfachte Buchung nun um die Erfolgskonten erweitert wird:

1. Der Erlös aus dem Verkauf mehrt das Bankkonto und verursacht einen Ertrag, der als Umsatzerlös i. H. v. 20.000 GE verbucht wird:

Bank	20.000	an	Umsatzerlöse	20.000

2. Die Abgabe der Waren stellt einen Materialaufwand dar, der als »Wareneinsatz« verbucht wird und das Konto »Roh-, Hilfs- und Betriebsstoffe« schmälert:

Wareneinsatz	13.000	an	RHB	13.000

3. Die Erfolgskonten werden in der GuV abgeschlossen, in der ein Gewinn von 7.000 GE ermittelt wird, der in das Eigenkapital gebucht wird:

GuV	7.000	an	EK	7.000

So wird über den Einschub der Erfolgskonten dasselbe Ergebnis erzielt, nämlich eine Zunahme des Eigenkapitals um 7.000 GE, jedoch zusätzlich die Möglichkeit zur Erstellung einer GuV eröffnet.

1. Erfolgskonten

Im Gegensatz zu den Bestandskonten werden auf **Erfolgskonten** keine Anfangsbestände geführt oder Endbestände ermittelt. Vielmehr beinhalten Erfolgskonten Sachverhalte, die zu einer Veränderung des Reinvermögens führen.

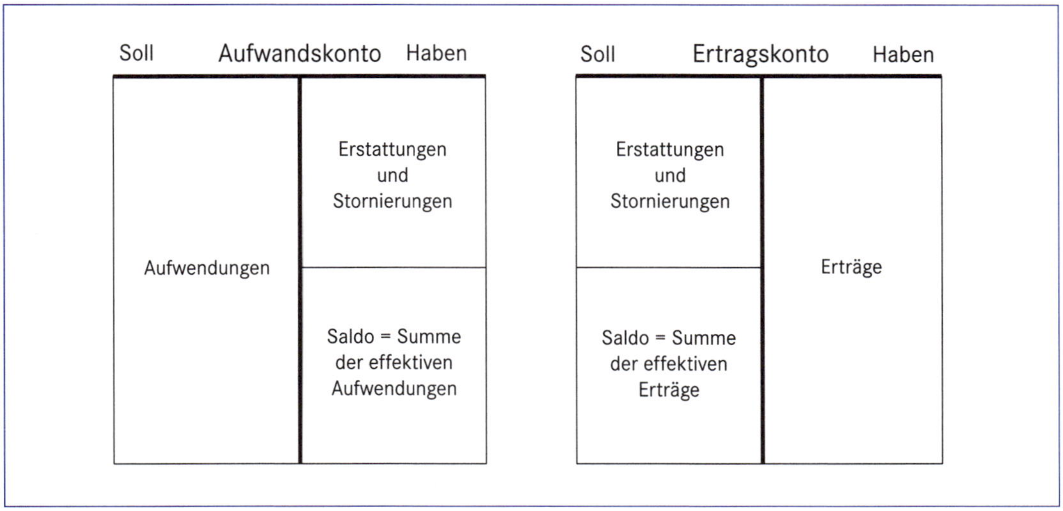

Abb. 5.3: Aufwands- und Ertragskonten

Dabei werden auch hier zwei Arten von Erfolgskonten unterschieden (vgl. Abb. 5.3). Konten, die Aufwendungen enthalten, werden als **Aufwandskonten** bezeichnet, Konten die Erträge enthalten, als **Ertragskonten**. Für jede Aufwands- und Ertragsart ist ein getrenntes Konto zu führen.

2. Abschluss der Erfolgskonten

Zum Ende eines Geschäftsjahres werden alle Erfolgskonten auf dem Gewinn- und Verlustkonto (GuV-Konto) abgeschlossen. Dazu wird der auf den Erfolgskonten festgestellte Saldo auf dem GuV-Konto gegengebucht. Durch diese Zusammenfassung der auf den einzelnen Erfolgskonten verbuchten Aufwendungen und Erträge in der GuV wird ein Gesamtüberblick möglich und der Periodenerfolg (Gewinn/Verlust) kann ermittelt werden. Der Saldo der GuV wird sodann in das Eigenkapital übertragen.

Zunächst müssen die Salden der Erfolgskonten in die GuV gebucht werden. Aufwendungen werden im Soll der Aufwandskonten erfasst. Ihr Saldo entsteht daher auf der Haben-Seite der Aufwandskonten. Durch die Buchung

»Per GuV-Konto an Aufwandskonto X«

wird der Saldo eines Aufwandskontos an das GuV-Konto übertragen. Das Aufwandskonto ist damit abgeschlossen, es weist nun auf beiden Seiten dieselbe Summe auf.

Bei einem Ertragskonto verhält es sich umgekehrt: Einzelne Erträge werden im Haben der Ertragskonten erfasst. Beim Abschluss wird ihr Saldo durch die Buchung

»Per Ertragskonto X an GuV-Konto«

auf die Haben-Seite des GuV-Kontos übertragen. Damit sind die Ertragskonten abgeschlossen.

Das Gewinn- und Verlustkonto sieht nach Abschluss der Erfolgskonten folgendermaßen aus:

Soll	**GuV-Konto**	**Haben**
Aufwendungen		Erträge
Saldo: Gewinn		
Summe		Summe

Auf dem Gewinn- und Verlustkonto entsteht ein Saldo, der in das Eigenkapitalkonto übertragen wird. Übersteigen die Erträge die Aufwendungen, so ergibt sich ein Saldo auf der Soll-Seite des GuV-Kontos. Dieser stellt einen Gewinn dar, der das Eigenkapital mehrt. Dies geschieht durch die Buchung:

»Per GuV-Konto an Eigenkapitalkonto«

Übersteigen dagegen die Aufwendungen die Erträge, so ergibt sich ein Verlust, der sich im GuV-Konto durch einen Saldo auf der Haben-Seite äußert und das Eigenkapital schmälert. Die Buchung lautet:

»Per Eigenkapitalkonto an GuV-Konto«

In Abb. 5.4 ist der Zusammenhang zwischen den einzelnen Konten dargestellt.

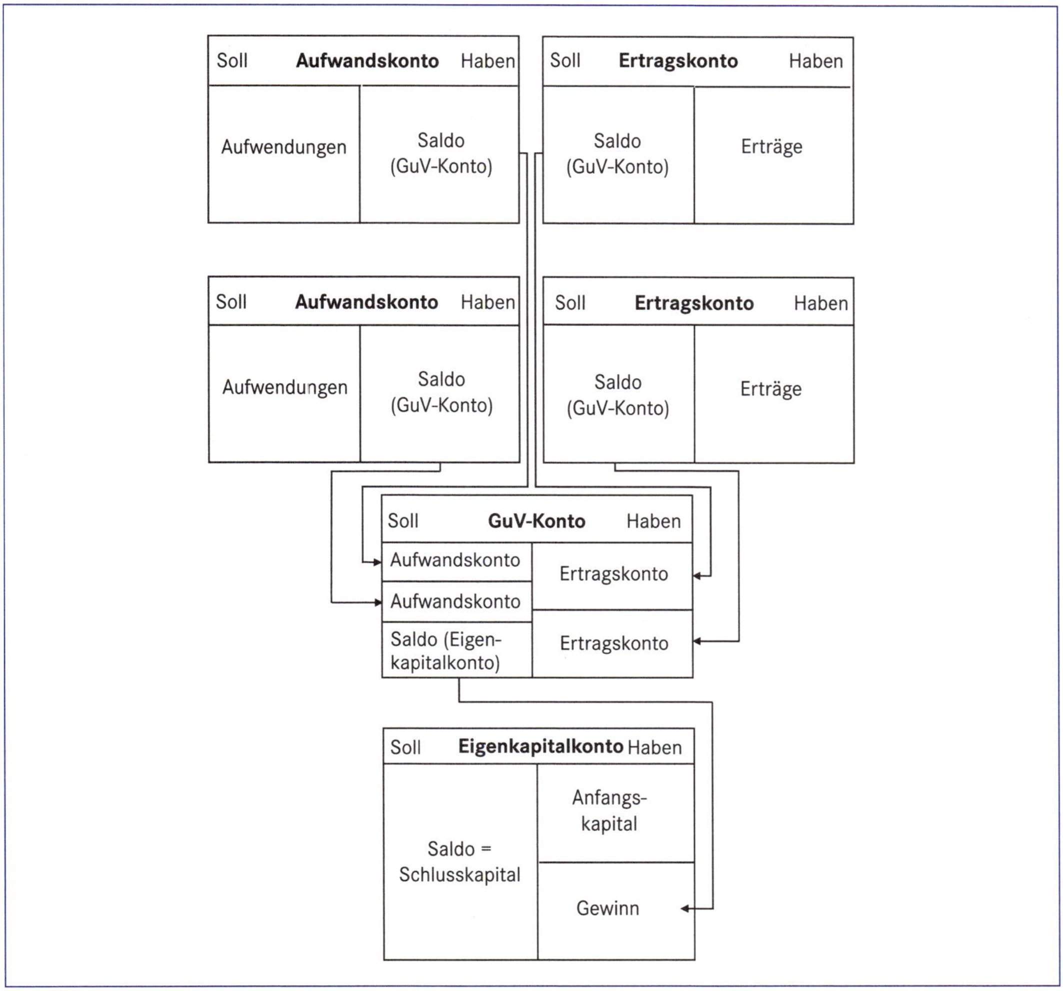

Abb. 5.4: Das Eigenkapitalkonto und seine Hilfskonten

Beispiel

Der Abschluss der Erfolgskonten ist durch folgendes Beispiel veranschaulicht:

1. Nehmen Sie an, es sind im Laufe des Jahres Aufwendungen für Material von 20.000 GE und für Löhne von 25.000 GE entstanden. Dies wird zunächst auf den Aufwandskonten Material und Löhne verbucht. Wurde dies per Überweisung beglichen, erfolgt die Gegenbuchung jeweils auf dem Bankkonto. Die Buchungen sind:

Materialaufwand	20.000	an	Bank	20.000
Löhne	25.000	an	Bank	25.000

2. Andererseits wurden aus Verkäufen 60.000 GE umgesetzt und 5.000 GE Zinseinnahmen verzeichnet, die auf dem Bankkonto gutgeschrieben wurden. Die Buchungen lauten:

Bank	60.000	an	Umsatzerlöse	60.000
Bank	5.000	an	Zinserträge	5.000

3. Am Jahresende werden die Erfolgskonten abgeschlossen und in die GuV übernommen. Dies geschieht durch die Buchungen:

GuV-Konto	20.000	an	Materialaufwand	20.000
GuV-Konto	25.000	an	Löhne	25.000
Umsatzerlöse (UE)	60.000	an	GuV-Konto	60.000
Zinserträge	5.000	an	GuV-Konto	5.000

4. Im GuV-Konto ergibt sich ein Saldo von 20.000 GE, der als Gewinn das Eigenkapital mehrt. Im Bankkonto ergibt sich ein Schlussbestand von 80.000 GE, der in das SBK übertragen wird. Die Buchungen sind entsprechend:

GuV-Konto	20.000	an	Eigenkapital	20.000
SBK	80.000	an	Bank	80.000

Auf die Konten wirkt sich das wie folgt aus:

S	Materialaufwand		H.
1)	20.000	3) Saldo	20.000
	20.000		20.000

S	Umsatzerlöse		H
3) Saldo	60.000	2)	60.000
	60.000		60.000

S	Löhne		H
1)	25.000	3) Saldo	25.000
	25.000		25.000

S	Zinserträge		H
3) Saldo	5.000	2)	5.000
	5.000		5.000

S	GuV-Konto		H
3) Material	20.000	3) UE	60.000
3) Löhne	25.000	3) Zinsen	5.000
4) Saldo (EK)	20.000		
	65.000		65.000

S	Bank		H
AB	60.000	1) Material	20.000
2)	60.000	1) Löhne	25.000
2)	5.000	4) Saldo (SBK)	80.000
	125.000		125.000

Es wurde gezeigt, dass die Bestandskonten auf das Schlussbilanzkonto abgeschlossen werden, und dass dessen Zusammenfassung, gemäß dem Bilanzschema des § 266 HGB gegliedert, als Schlussbilanz bezeichnet wird. Ebenso ist das Gewinn- und Verlustkonto innerhalb der Buchführung das Sammelkonto für die Erfolgskonten. Die Gewinn- und Verlustrechnung ist entsprechend die Zusammenfassung des GuV-Kontos gemäß dem Gliederungsschema des § 275 HGB.

3. Prinzip von Unter- bzw. Hilfskonten

Beim GuV-Konto ebenso wie bei den Erfolgskonten handelt es sich um Unterkonten des Eigenkapitalkontos. Da das Eigenkapitalkonto ein Passivkonto ist, bedeuten bei diesem Soll-Buchungen Minderungen und Haben-Buchungen Mehrungen des Eigenkapitals.

Das Prinzip von Konten und Unterkonten findet in der Buchführung sehr häufig Verwendung. Beispielsweise werden für einzelne Forderungen des Unternehmens einzelne Konten geführt, um über den Stand der jeweiligen Forderungen informiert zu sein. Diese lassen sich dann zusammenfassen zu einem Oberkonto, das summarisch Auskunft über den Stand und die Bewegungen sämtlicher Kundenforderungen gibt.

Die Logik dieses Prinzips wird im Folgenden anhand eines einfachen Beispiels veranschaulicht.

Beispiel

Nehmen Sie an, es besteht ein Bankguthaben i. H. v. 150 GE, davon 50 GE bei Bank A, 50 GE bei Bank B und 50 GE bei Bank C.

Es ereignen sich folgende Geschäftsvorfälle:

1. Auszahlung von 25 GE (Bank A)
2. Einzahlung von 30 GE (Bank B)
3. Auszahlung von 20 GE (Bank B)
4. Einzahlung von 65 GE (Bank C)

S	Bank		H
AB	150	1)	25
2)	30	3)	20
4)	65	Saldo (SBK)	200
	245		245

Diese Vorfälle könnten unmittelbar auf dem Konto Bank verbucht werden, das die Gesamtdarstellung der Bewegungen der Guthaben bei allen drei Banken widerspiegelt. Der Bestand von 150 GE wird um 95 GE gemehrt und um 45 GE gemindert, sodass sich ein Schlussbestand von 200 GE ergibt:

Um allerdings die Guthaben bei den einzelnen Kreditinstituten nachvollziehen zu können, bietet es sich an, statt eines einzigen Bankkontos drei getrennte Konten als **Unterkonten** zu führen, welche die Guthaben und Bewegungen der jeweiligen Bank erfassen.

S	Bank		H
EBK	150	Bank A	50
		Bank B	50
		Bank C	50
	150		150

S	Bank A		H
AB	50	1)	25
		SB	25
	50		50

S	Bank B		H
AB	50	3)	20
2)	30	SB	60
	80		80

S	Bank C		H
AB	50		
4)	65	SB	115
	115		115

Schließt man diese drei Unterkonten am Periodenende wieder auf das Konto Bank ab, so ergibt sich derselbe Schlussbestand von 200 GE.

S	Bank		H
Bank A	25		
Bank B	60		
Bank C	115	SBK	200
	200		200

Die Buchungen zu den Geschäftsvorfällen erfolgen somit auf dem Konto der jeweiligen Bank. Nicht zuletzt aus Gründen der Übersichtlichkeit werden die einzelnen, artgleichen Unterkonten zum Ende des Geschäftsjahres zum Posten Bank zusammengefasst.

II. Eigenkapital und Privatkonten

Das Eigenkapitalkonto wird aber auch durch (Kapital-) Einlagen oder Entnahmen verändert. Da dies zu einer Vermischung von erfolgswirksamen und erfolgsneutralen Bewegungen führen würde, werden diese nicht direkt im Eigenkapitalkonto verbucht, sondern zunächst auf Hilfs- und Unterkonten.

1. Definition des Privatkontos

Das **Privatkonto** ist wie das Gewinn- und Verlustkonto ein Unterkonto des Eigenkapitalkontos. Während das Gewinn- und Verlustkonto bei allen Gesellschaftsformen zur Anwendung kommt, gibt es das Privatkonto nur bei Personengesellschaften, nicht bei Kapitalgesellschaften. Auf ihm werden Einlagen und Entnahmen der Gesellschafter gesammelt. Überführt ein Eigner Vermögensgegenstände aus seinem Privatvermögen in das Gesellschaftsvermögen, dann handelt es sich um eine **Privateinlage**, umgekehrt um eine **Privatentnahme**. Der Saldo des Kontos wird auf das Eigenkapitalkonto übertragen.

Privatkonto

S	H
Entnahmen	Einlagen
	Saldo (effektive Entnahmen)

Entnahmen ergeben sich vor allem durch folgende Vorgänge (Wöhe/Kußmaul [2018], S. 83 f.):

- Der Unternehmer entnimmt bestimmte Vermögensgegenstände (vor allem Zahlungsmittel, aber auch Sachverhalte wie Waren) für seinen privaten Lebensunterhalt.
- Das Unternehmen tätigt Zahlungen für die Privatsphäre des Unternehmers. Diese werden dann dem Privatkonto belastet.
- Im Unternehmen existieren Sachverhalte, die teilweise die Privatsphäre des Unternehmers betreffen. Dann wird der Privatanteil dem Privatkonto belastet (z. B. teils privat, teils betrieblich genutzte Vermögensgegenstände, etwa Pkw).

Einlagen ergeben sich entsprechend umgekehrt, wenn der Unternehmer Vermögensgegenstände dem Unternehmen zuführt oder Zahlungen für das Unternehmen privat unternimmt. Diese Beträge werden seinem Privatkonto gutgeschrieben.

Einlagen erhöhen das Eigenkapital, Entnahmen verringern es. Sie sind jedoch grundsätzlich erfolgsneutral, d. h., sie haben keinen Einfluss auf den Gewinn.

2. Buchung und Abschluss der Privatkonten

Oft wird das Privatkonto nochmals untergliedert in ein **Privatentnahme**- und ein getrenntes **Privateinlagenkonto**, die dann jeweils auf das Privatkonto abgeschlossen werden, welches wiederum auf das Eigenkapitalkonto abgeschlossen wird. Hier sind unterschiedliche Vorgehensweisen denkbar. So können z. B. auch nur die Privatentnahmen gesondert auf einem eigenen Konto gesammelt werden, während die (selteneren) Einlagen direkt im Eigenkapitalkonto erfasst werden.

Beispiel

1. Der Unternehmer entnimmt 10.000 GE für private Zwecke vom Geschäftskonto durch Überweisung auf sein privates Bankkonto.

Privatentnahmenkonto	10.000	an	Bank	10.000

2. Der Unternehmer bringt ein Grundstück im Wert von 1 Mio. GE in das Unternehmen ein.

Grundstücke	1.000.000	an	Privateinlagenkonto	1.000.000

3. Abschlussbuchungen:

Privatkonto	10.000	an	Privatentnahmenkonto	10.000
Privateinlagenkonto	1.000.000	an	Privatkonto	1.000.000
Privatkonto	990.000	an	Eigenkapitalkonto	990.000
Eigenkapitalkonto	5.990.000	an	SBK	5.990.000

S	Privatentnahmen		H
1)	10.000	3)	10.000
Summe	10.000	Summe	10.000

S	Bank		H
AB	100.000	1)	10.000
		SB	90.000
Summe	100.000	Summe	90.000

S	Grundstücke		H
AB	5.000.000		
2)	1.000.000	SB	6.000.000
Summe	6.000.000	Summe	6.000.000

S	Privateinlagen		H
3)	1.000.000	2)	1.000.000
Summe	1.000.000	Summe	1.000.000

S	Privatkonto		H
AB	10.000	3)	1.000.000
EK	990.000		
Summe	1.000.000	Summe	1.000.000

S	EK		H
		AB	5.000.000
SB	5.990.000	Privatkonto	990.000
Summe	5.990.000	Summe	5.990.000

S	SBK		H
Bank	90.000	EK	5.990.000
Grundstücke	6.000.000	FK	...
...	...		

III. Eigenkapitalkonto am Ende eines Wirtschaftsjahres

Unterjährig werden die vielen Vorfälle, die im Laufe des Jahres zu Veränderungen des Eigenkapitals führen, zur besseren Übersicht nicht direkt, sondern auf Unterkonten verbucht. Am Jahresende werden diese zusammengefasst: Alle Aufwendungen und Erträge werden über das Gewinn- und Verlustkonto, alle Entnahmen und Einlagen über das Privatkonto abgeschlossen.

Das Privatkonto und das Gewinn- und Verlustkonto werden über das Eigenkapitalkonto abgeschlossen. Der sich auf dem Eigenkapitalkonto ergebende Saldo wird in das Schlussbilanzkonto übertragen (vgl. Abb. 5.5).

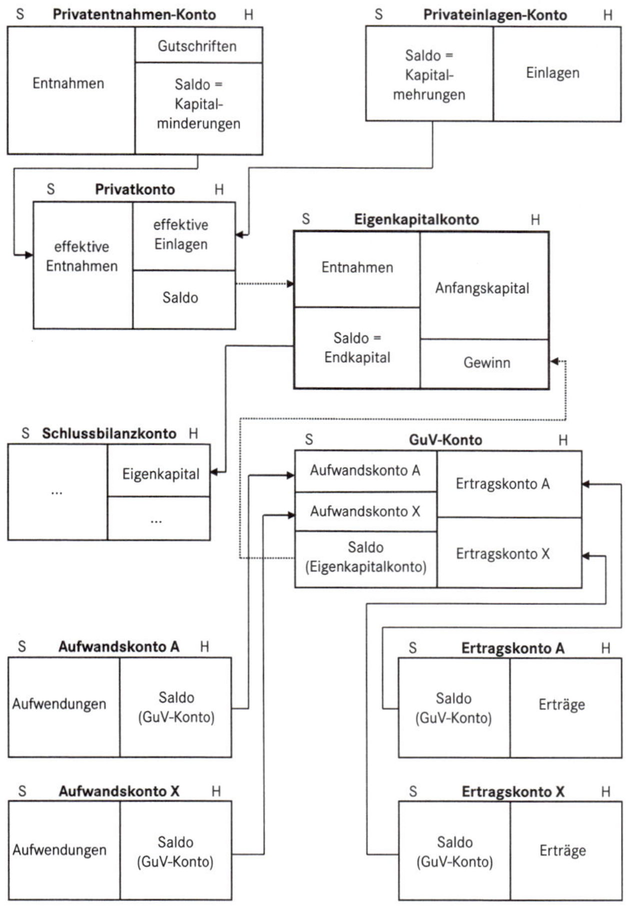

Abb. 5.5: Das Eigenkapitalkonto und seine Hilfskonten (im Detail)

C. Buchungskreislauf

Aufgrund der zumeist zahlreichen Geschäftsvorfälle und der notwendigen Ungleichbehandlung der verschiedenen Konten bei deren Abschluss ist ein konsequentes und stets einheitliches Vorgehen notwendig. Das zugrunde liegende System nennt man **Buchungskreislauf**. Im Folgenden werden die einzelnen Schritte kategorisiert und anschließend anhand eines einfachen Zahlenbeispiels veranschaulicht.

Zu Beginn des Geschäftsjahres werden die Bestände aus der Eröffnungsbilanz (bzw. der identischen Schlussbilanz des Vorjahres) in die Bestandskonten übertragen. In diesen sowie in den zusätzlich eingerichteten Erfolgskonten werden dann sämtliche Geschäftsvorfälle verbucht. Die Verbuchung dieser Sachverhalte wird ausführlich ab dem 7. Kapitel behandelt. Am Ende des Jahres werden verschiedene Vorbereitungen getroffen, bevor aus den Konten der Jahresabschluss entsteht. Diese sind Gegenstand des 13. Kapitels. Die Erstellung des Jahresabschlusses wird dann ab dem 14. Kapitel behandelt.

In einer vereinfachten Form können diese Schritte auch als Kreislauf dargestellt werden (vgl. Abb. 5.6).

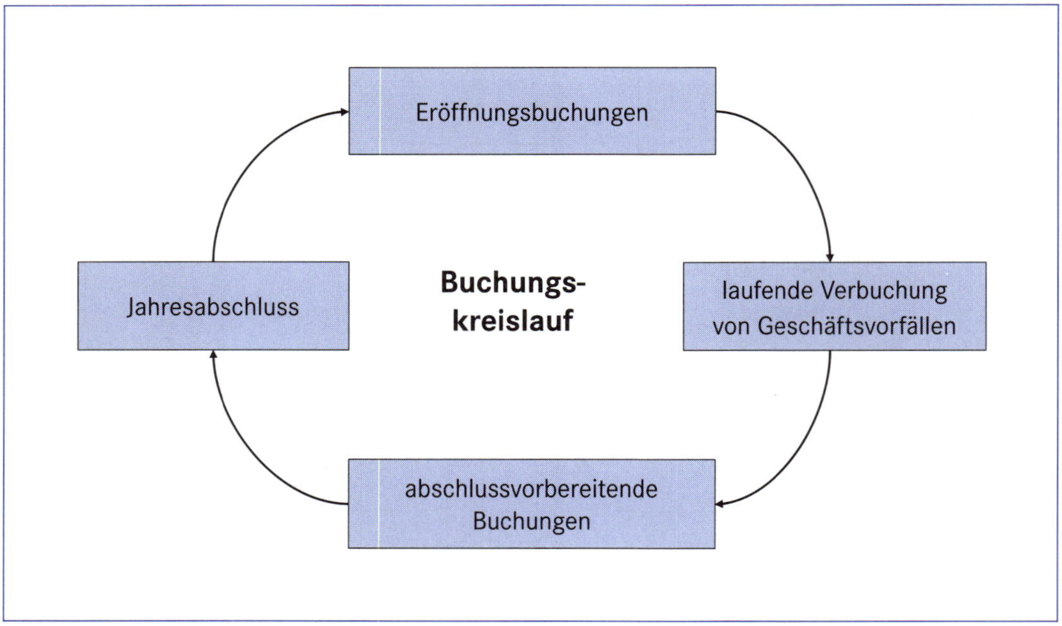

Abb. 5.6: Buchungskreislauf (in Anlehnung an: Bornhofen/Bornhofen [2015], S. 41)

Abb. 5.7 fasst die Schritte bei der Erfassung der Vorgänge eines Geschäftsjahres in der Buchhaltung nochmals zusammen. Darin sind sowohl Eröffnungs- und Abschlussbuchungen als auch die dazwischen liegende laufende Verbuchung der Geschäftsvorfälle enthalten.

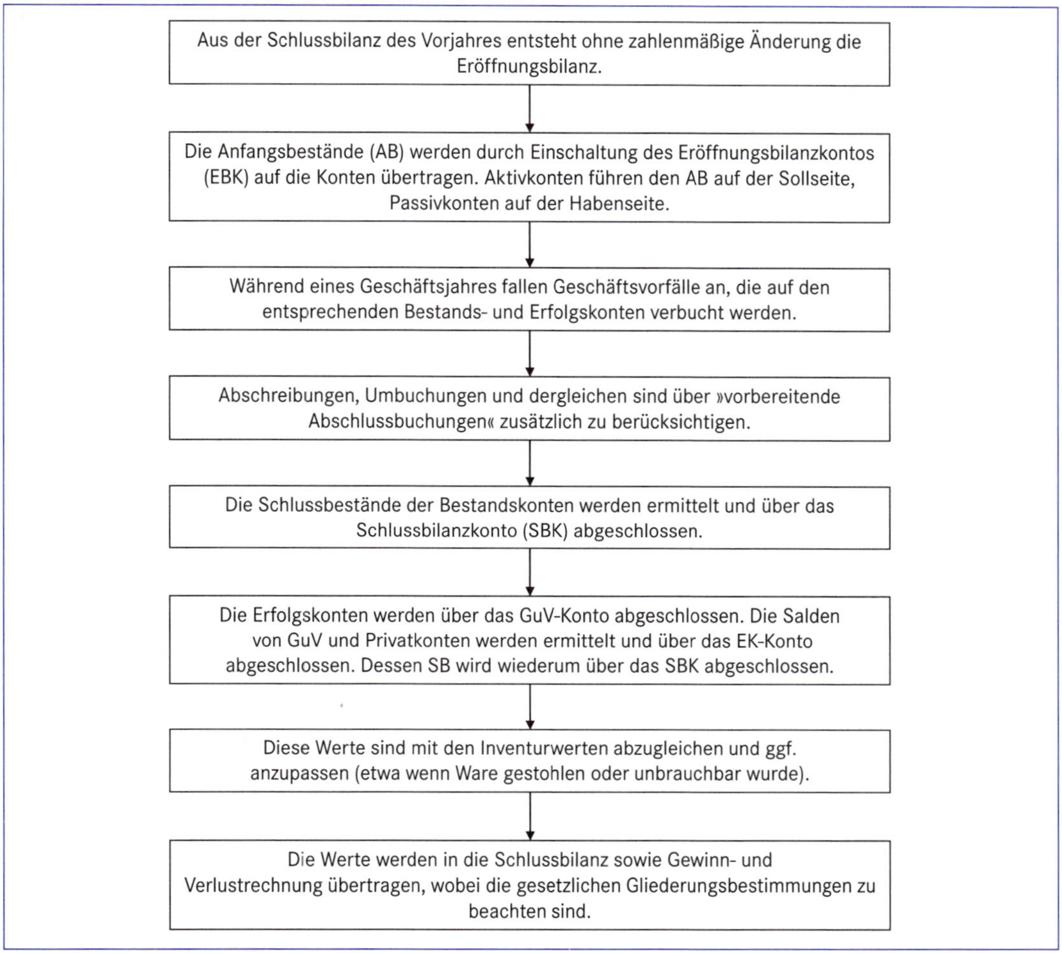

Abb. 5.7: Schrittfolge bei Eröffnung und Abschluss der Konten (in Anlehnung an: Gabele/Mayer [2003], S. 77)

Beispiel

Der Einzelunternehmer Kurt Stein hat durch Inventur folgende Bestände ermittelt:

Aktiva	Eröffnungsbilanz		Passiva
BGA	220.000	Eigenkapital	100.000
Waren	150.000	Verb. ggü. KI	220.000
Bank	60.000	VLL	120.000
Kasse	10.000		
	440.000		440.000

Im Laufe des Jahres ereignen sich folgende Geschäftsvorfälle:

1. Barabhebung vom Bankkonto 16.000 GE.
2. Begleichung einer VLL durch Bankscheck 12.000 GE.
3. Kauf eines Computers auf Ziel 2.000 GE.
4. Tilgung eines Bankdarlehens durch Banküberweisung 10.000 GE.
5. Umwandlung einer VLL in ein Bankdarlehen 40.000 GE.
6. Verkauf von Waren im Wert von 80.000 GE zu einem Preis von 120.000 GE.

Die Buchungssätze lauten:

1.	Kasse	16.000	an	Bank	16.000
2.	VLL	12.000	an	Bank	12.000
3.	BGA	2.000	an	VLL	2.000
4.	Verb. ggü. KI	10.000	an	Bank	10.000
5.	VLL	40.000	an	Verb. ggü. KI	40.000
6.	Materialaufwand (Wareneinsatz)	80.000	an	Waren	80.000
	Bank	120.000	an	Umsatzerlöse	120.000

Die Verbuchung auf den einzelnen Konten geschieht wie folgt:

S	BGA		H
AB	220.000		
3)	2.000	SB	222.000
	222.000		222.000

S	EK		H
		AB	100.000
SB	140.000	Gewinn (GuV)	40.000
	140.000		140.000

S	Waren		H
AB	150.000	6)	80.000
		SB	70.000
	150.000		150.000

S	Verb. ggü. KI		H
4)	10.000	AB	220.000
SB	250.000	5)	40.000
	260.000		260.000

S	Bank		H
AB	60.000	1)	16.000
6)	120.000	2)	12.000
		4)	10.000
		SB	142.000
	180.000		180.000

S	VLL		H
2)	12.000	AB	120.000
5)	40.000	3)	2.000
SB	70.000		
	122.000		122.000

S	Kasse		H
AB	10.000		
1)	16.000	SB	26.000
	26.000		26.000

S	EBK		H
EK	100.000	BGA	220.000
Verb. ggü. KI	220.000	Waren	150.000
VLL	120.000	Bank	60.000
		Kasse	10.000
	440.000		440.000

S	Materialaufwand		H
6)	80.000	Saldo	80.000
	80.000		80.000

S	Umsatzerlöse		H
Saldo	120.000	6)	120.000
	120.000		120.000

Die Konten werden wie folgt abgeschlossen:

S	GuV-Konto		H
Materialaufwand	80.000	Umsatzerlöse	120.000
Saldo (EK)	40.000		
	120.000		120.000

S	Schlussbilanzkonto (SBK)		H
BGA	222.000	Eigenkapital	140.000
Waren	70.000	Verb. ggü. KI	250.000
Bank	142.000	VLL	70.000
Kasse	26.000		
	460.000		460.000

6. Kapitel: Organisation der Bücher

Grundsätzlich stellt die Buchführung ein System dar, mit dem die Vielzahl der im Laufe eines Jahres auftretenden Geschäftsvorfälle erfasst und übersichtlich widergegeben werden kann. Dazu haben sich, je nach Entstehungszeit und -zweck, verschiedene Varianten herausgebildet. Vor allem bei Betrachtung der gebräuchlichsten Methode, der sog. doppelten Buchführung, zeigt sich, dass durch die Entwicklung des Kontenrahmens bzw. -plans mittlerweile einheitliche und allgemein akzeptierte Gliederungsgrundsätze für die Aufzeichnung der Geschäftsvorfälle existieren. Allerdings ist jede Buchführung nur so gut und nachvollziehbar wie die ihr zugrunde liegenden Belege. Auf die Anforderungen bei deren Behandlung wird in diesem Kapitel ebenso eingegangen, wie auf die Besonderheiten bei Anwendung von EDV-gestützten Buchhaltungssystemen.

A. Systeme der Buchführung

Buchführung ließe sich in jeder denkbaren Form betreiben. Dabei ist jedoch vor allem zu beachten, ob das jeweils angewandte Buchführungssystem den durch das zugrunde liegende Rechtssystem gegebenen Anforderungen im Hinblick auf die geforderten Aufzeichnungspflichten genügt.

I. Überblick

Es existieren heute drei verschiedene Buchhaltungssysteme: die kameralistische, die doppelte und die einfache Buchführung. Die jeweils charakteristischen Besonderheiten ergeben sich im Wesentlichen aus der Entstehungsgeschichte bzw. den spezifischen Einsatzgebieten.

1. Kameralistische Buchführung

Die **kameralistische Buchführung** stammt aus der Zeit des Merkantilismus (17./18. Jh.) und diente der Verwaltung der fürstlichen Einkünfte und der Verwaltung von Kriegskassen. Heute ist sie oft als Instrument staatlicher und kommunaler Behörden anzutreffen. Allerdings ist durch den Beschluss der Innenministerkonferenz vom 11.06.1999 zur »Konzeption zur Reform des kommunalen Haushaltsrechts« vorgesehen, in der öffentlichen Verwaltung neben einer erweiterten Kameralistik ebenfalls ein doppisches Haushalts- und Rechnungslegungssystem bereitzustellen. Damit wird die Kameralistik zunehmend durch die Doppik abgelöst (vgl. Raupach/Stangenberg [2009], S. 20).

Die kameralistische Buchführung ist eine reine Einnahmen-Ausgaben-Rechnung. Es existiert ein Haushaltsplan, der eingehalten werden soll, sodass sich Plan- und Ist-Ausgaben bzw. -Einnahmen gegenüberstehen. Sie ist aber keine kaufmännische Buchführung, da weder Inventur noch Bewertung des Vermögens einbezogen werden. Es gibt zwar auch noch eine gehobene Form, die u. a. auch Vermögenskonten und Periodenabgrenzung kennt, welche aber auch, aufgrund der fehlenden Verbindung zwischen Vermögens- und Erfolgsrechnung, für die Praxis ungeeignet ist (vgl. Eisele/Knobloch [2011], S. 654 f.).

2. Doppelte Buchführung

Im Jahre 1494 wurde erstmals durch den Franziskanermönch und Mathematiker Luca Pacioli die **doppelte Buchführung (Doppik)** dargestellt. Kennzeichnend für die doppelte Buchführung ist das geschlossene Kontensystem sowie der daraus entwickelte Kontenformalismus. Es werden alle Vorgänge, die das Betriebsvermögen berühren, nicht nur in zeitlicher, sondern auch in sachlicher Ordnung erfasst. Somit erfolgt jede Buchung in zwei Büchern: im Grundbuch und im Hauptbuch. Jeder Geschäftsvorfall stellt einen Wertübergang (Tauschakt) dar, wobei mindestens zwei Konten betroffen sind: Konto und Gegenkonto (Soll- und Habenbuchung). Dies ermöglicht eine genaue Kontrolle durch die zweimalige Aufführung der Beträge.

Weiter wird zwischen Leistungs- und Zahlungsvorgängen durch Verbuchung auf Bestands- und Erfolgskonten mit getrennten Abschlüssen unterschieden. Daraus ergibt sich die Möglichkeit einer doppelten Erfolgsermittlung: zum einen ein Vergleich der ausgewiesenen Eigenkapitalbestände in der Bilanz und zum anderen die Gegenüberstellung der in einem Geschäftsjahr angefallenen Erträge und Aufwendungen in der Gewinn- und Verlustrechnung.

3. Einfache Buchführung

Die **einfache Buchführung** ist als vereinfachte Form der doppelten Buchführung erst zeitlich später entstanden. Durch das Aufstellen des Inventars und der Bilanz wird der Gewinn durch einen Bestandsvergleich errechnet.

Im Grundbuch wird ein Kassenbuch zur Erfassung der baren sowie ein Tagebuch (Memorial) zur Erfassung der unbaren Geschäftsvorfälle geführt. Das Hauptbuch wird in Form von Personenkonten für Lieferanten und Kunden geführt. Es fehlt die sachliche Ordnung der Geschäftsvorfälle sowie die Verbuchung nach Bilanz- und Erfolgsposten.

Die einfache Buchführung beschränkt sich auf die Aufzeichnung von Einnahmen und Ausgaben. Eine Bilanz ist nur durch Inventur ermittelbar, kann aber nicht aus der Buchführung selbst abgeleitet werden. Ebenso wenig ist eine Gewinn- und Verlustrechnung aus den Unterlagen erstellbar, zumal keine Erfolgskonten existieren. Steuerlich spricht man von einer Einnahmen-Überschussrechnung. Diese ist nach § 4 Abs. 3 EStG für Kleingewerbetreibende, Freiberufler usw. als Alternative zur Gewinnermittlung durch Betriebsvermögensvergleich nach § 5 EStG zulässig.

II. Zulässigkeit der Systeme nach HGB

Grundsätzlich schreibt das Handelsrecht (§§ 238, 239 HGB) keine konkrete Buchhaltungssystematik vor. Da die einfache Buchführung die Mindesterfordernisse, die an eine kaufmännische Buchführung zu stellen sind, erfüllt, gilt sie als zulässiges Buchführungssystem (vgl. Buchner [2005], S. 415).

Dies gilt aufgrund der Maßgeblichkeit auch für die steuerliche Buchführung der Kaufleute, die ihren Gewinn nach § 5 EStG ermitteln. Da das Handelsrecht in §§ 242, 275 HGB die Aufstellung einer Gewinn- und Verlustrechnung vorschreibt, die im System der einfachen Buchführung nur durch eine gesonderte Nebenrechnung ermittelbar wäre, ist davon auszugehen, dass die handelsrechtliche Buchführungspflicht mit dem System der doppelten Buchführung verbunden ist.

B. Bücher der Doppik

Eine chronologische Aufzeichnung sämtlicher Geschäftsvorfälle erfolgt in den Büchern der doppelten Buchführung. Diese gliedern sich in

- das Grundbuch,
- das Hauptbuch,
- die Neben- und Hilfsbücher.

Der Zweck und Inhalt des jeweiligen Buches wird im Folgenden kurz dargestellt. Dabei wird, um das Grundverständnis zu legen, vom Modell einer manuell geführten Buchhaltung ausgegangen. Heute sind Buchhaltungen überwiegend EDV-gestützt. Darauf wird in diesem Kapitel in Abschnitt E. eingegangen.

I. Grundbuch

Jeder Geschäftsvorfall wird in chronologischer Reihenfolge im **Grundbuch** erfasst. Dies betrifft die Eröffnungsbuchungen (falls diese in Form von Buchungssätzen erfolgen), die laufenden Geschäftsvorfälle, die vorbereitenden Abschlussbuchungen sowie die eigentlichen Abschlussbuchungen (vgl. Wöhe/Kußmaul [2018], S. 41, 68 f.). Sämtliche Eintragungen müssen vollständig, richtig, zeitgerecht und geordnet vorgenommen werden (§ 239 Abs. 2 HGB; § 146 Abs. 1 AO). Dabei ist es üblich, das Datum, den Beleg, den Betrag und den Buchungssatz anzugeben. Ebenfalls müssen alle diese Grundbucheintragungen ins Hauptbuch auf die entsprechenden Sachkonten und ggf. in bestimmte Nebenbücher übertragen werden. Somit ist dieses Buch die Grundlage der gesamten Buchführung, weshalb es **Grundbuch** bzw. **Journal** (Tagebuch), **Memorial** (Gedächtnisbuch) oder Primanota (Buch der ersten Eintragung) genannt wird (vgl. Eisele/Knobloch [2011], S. 649 f.).

Die Zahl der Grundbücher eines Betriebes ist von dessen organisatorischen und technischen Gegebenheiten abhängig. In Frage kommen z. B. Kassenbücher, Wareneingangs- bzw. Warenausgangsbücher oder Bank- und Postscheckbücher.

II. Hauptbuch

Grundlage der Buchungen im **Hauptbuch** sind die Eintragungen im Grundbuch. Im Hauptbuch werden alle Geschäftsvorfälle sachlich gegliedert auf sog. Sachkonten (nämlich Kapital-, Vermögens-, Aufwands- und Ertragskonten). Von den Grundbüchern ins Hauptbuch werden die Geschäftsvorfälle meist gruppenweise nach gleichartigen Buchungen zusammengefasst und in gewissen Zeitabständen (maximal ein Monat) übertragen (vgl. Eisele/Knobloch [2011], S. 650).

Aus den Bestands- und Erfolgskonten des Hauptbuches kann jederzeit ein Abschluss, z. B. der Jahresabschluss, erstellt werden. Dieser soll die Vermögens-, Finanz- und Ertragslage des Unternehmens unter Beachtung der einschlägigen Rechnungslegungsvorschriften darstellen. Hierbei werden die Aufwands- und Ertragskonten zur Erfolgsrechnung (Gewinn- und Verlustrechnung) sowie die Vermögens- und Kapitalkonten zur Bilanz zusammengefasst.

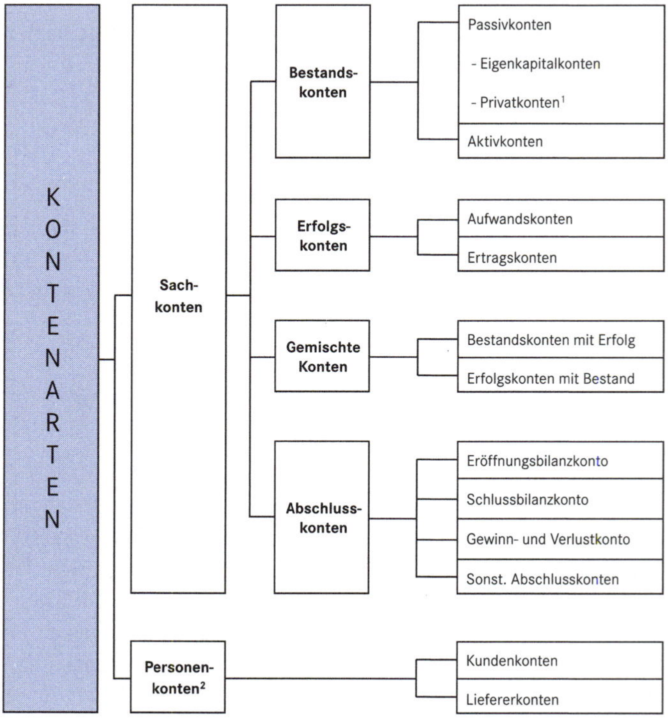

1) Unterkonten der Eigenkapitalkonten
2) Eigentlich Bestandskonten, oft als Sammelkonten »Debitoren« bzw. »Kreditoren« geführt

Abb. 6.1: Kontenarten (Quelle: Grimm-Curtius/Duchscherer [2000], S. 54)

III. Neben- und Hilfsbücher

Die **Neben- und Hilfsbücher** werden ergänzend zu den oben genannten Büchern geführt. Sie stehen außerhalb des Kontensystems, werden oft in Karteiform geführt und erläutern bestimmte Einzelinformationen, die aus den Sachkonten des Hauptbuches nicht ohne Weiteres zu ersehen sind. Die Neben- und Hilfsbücher sind für die Erstellung des Jahresabschlusses nicht in jedem Falle erforderlich (vgl. Wöhe/Kußmaul [2018], S. 69). Das wichtigste Beispiel für ein Nebenbuch ist das Geschäftsfreunde- und Kontokorrentbuch. Aus diesem kann ein Unternehmer entnehmen, wie hoch der Schuldenstand eines Kunden bei ihm oder sein Schuldenstand bei einem Lieferanten ist. Weitere Neben- und Hilfsbücher können das Waren- und Lagerbuch, das Besitzwechselbuch, das Schuldwechselbuch, das Lohn- und Gehaltsbuch oder das Anlagenbuch sein. Nach Art und Umfang der geführten Nebenbücher werden die sog. italienische, englische, deutsche, französische und amerikanische Methode der Übertragungsbuchführung unterschieden (vgl. Eisele/Knobloch [2011], S. 651 ff.).

C. Kontenplan und Kontenrahmen

Von der betriebswirtschaftlichen Forschung und den Wirtschaftsverbänden wurden die Konten und Kontengruppen vereinheitlicht und die Geschäftsvorfälle klassifiziert, um eine einheitliche Buchungspraxis zu erreichen. Die GoB fordern für die Buchführung ein übersichtliches Kontierungssystem in Form eines Kontenplans. Zweck dieser Forderung ist es, sicherzustellen, dass die verbuchten Geschäftsvorfälle nach einer sachlichen und zeitlichen Ordnung erfasst werden und ohne besondere Schwierigkeiten nachprüfbar sind.

I. Kontenrahmen

Der **Kontenrahmen** ist ein nach einheitlichen Prinzipien gestalteter Organisationsplan der Konten einer Buchführung und wird jeweils für die Unternehmen eines Wirtschaftszweiges erstellt. Bekannt sind beispielsweise folgende Kontenrahmen:

- Kontenrahmen des Einzelhandels,
- Kontenrahmen des Großhandels,
- Kontenrahmen der Industrie (IKR),
- DATEV-Kontenrahmen (SKR 03/04).

Alle Kontenrahmen sind gegliedert nach einem dekadischen (numerische Gliederung) oder einem alphabetischen (literale Gliederung) Prinzip. Es existiert ebenfalls eine Mischform, eine sog. alpha-numerische Gliederung. In der Praxis hat sich, nicht zuletzt aufgrund der häufig eingesetzten elektronischen Datenverarbeitung, die numerische Gliederung durchgesetzt.

Dabei gibt es 10 Kontenklassen, welche die regelmäßig vorkommenden Hauptkonten beinhalten. Diese Kontenklassen werden mit den einstelligen Ziffern von 0 bis 9 bezeichnet. Jede Kontenklasse ist weiter in 10 Kontengruppen und diese in weitere 10 Kontenarten untergliedert. Somit wird die Kontenklasse immer durch die erste, die Kontengruppe immer durch die zweite und die Kontenart immer durch die dritte Ziffer von links gekennzeichnet. Durch das Anhängen einer weiteren Ziffer ist noch eine Unterteilung in Kontenunterarten möglich. Für die Gliederung der Konten und deren Zuordnung zu Ziffern gibt es zwei Ansätze: das Prozessgliederungsprinzip und das Bilanzgliederungsprinzip. Nach dem **Prozessgliederungsprinzip** werden die Konten in ihrer Reihenfolge an den Phasen des betrieblichen Leistungserstellungsprozesses orientiert. Die Klassen 0 bis 3 sowie 9 gelten dabei einheitlich für alle Unternehmen (Einzelhandel, Großhandel, Fertigung) während die Klassen 4 bis 7 entsprechend der Eigenart der verschiedenen Wirtschaftszweige gestaltet sind. Diesem Prinzip folgt auch der DATEV-Kontenrahmen SKR 03, der insbesondere in Steuerberatungskanzleien häufig Anwendung findet. Nach dem **Bilanzgliederungsprinzip** wird die Kontensystematik am Gliederungsaufbau von Bilanz und GuV orientiert. Ein Beispiel für diesen Ansatz ist der weit verbreitete Industriekontenrahmen (IKR). Auch der DATEV-**Standardkontenrahmen (SKR) 04** folgt in den Kontenklassen 0 bis 7 diesem Prinzip (vgl. Abb. 6.2). Klasse 8 steht zur freien Verfügung, Klasse 9 beinhaltet Vortragskonten und statistische Konten. Der DATEV SKR 04 liegt dem in diesem Buch verwendeten Übungskontenrahmen zugrunde.

Bilanzklassen

Aktive Bestandskonten Vgl. § 266 Abs. 2 Buchstaben A-D HGB	Klasse 0: Klasse 1:	Anlagevermögen Umlaufvermögen
Passive Bestandskonten Vgl. § 266 Abs. 3 Buchstaben A-E HGB	Klasse 2: Klasse 3:	Eigenkapital Fremdkapital

Erfolgsklassen

Vgl. für Gesamtkostenverfahren § 275 Abs. 2 Nr. 1-4 HGB; für Umsatzkostenverfahren § 275 Abs. 3 Nr. 1, 6 HGB	Klasse 4:	Betriebliche Erträge
Vgl. für Gesamtkostenverfahren § 275 Abs. 2 Nr. 5-8 HGB; für Umsatzkostenverfahren § 275 Abs. 3 Nr. 2, 4-5, 7 HGB	Klasse 5: Klasse 6:	Betriebliche Aufwendungen (u.a. Materialaufwendungen) Betriebliche Aufwendungen (u.a. Personalaufwendungen, Abschreibungen)
Vgl. für Gesamtkostenverfahren § 275 Abs. 2 Nr. 9-14, 16 HGB; für Umsatzkostenverfahren § 275 Abs. 3 Nr. 8-13, 15 HGB	Klasse 7:	Weitere Erträge und Aufwendungen

Abb. 6.2: Kontenklassengliederung des DATEV-Standardkontenrahmens (SKR) 04 nach dem Bilanzgliederungsprinzip

II. Kontenplan

Aus einem solchen Kontenrahmen werden die unternehmensindividuellen **Kontenpläne** erstellt. Dabei werden die Konten, die im Kontenrahmen zwar vorgesehen sind, aber im betrieblichen Rechnungswesen der betreffenden Unternehmung nicht benötigt werden, weggelassen und der Kontenrahmen an solchen Stellen ergänzt oder erweitert, an denen dies aufgrund der individuellen Unternehmensverhältnisse erforderlich ist (vgl. Eisele/Knobloch [2011], S. 717 ff.).

D. Belegorganisation

Alle mit der Ausfertigung, Ausstattung, Aufbewahrung und Verwendung von Belegen zusammenhängenden Vorgänge machen die Belegorganisation aus. Unter einem Beleg versteht man ein Schriftstück, das geeignet ist, die Richtigkeit von Angaben über geschäftliche Vorgänge zu beweisen.

I. Belegerfordernis

Eine Vielzahl von Geschäftsvorfällen begleitet die unternehmerische Tätigkeit. Diese werden in Form von Buchungen auf Konten festgehalten. Der **Beleg** bildet die Grundlage jeder ordnungsgemäßen Buchführung (**Belegzwang**), d. h. **keine Buchung ohne Beleg (Belegprinzip)**.

II. Belegbestandteile

Folgende Bestandteile muss ein Beleg enthalten, um den Grundsätzen der ordnungsmäßigen Buchführung zu genügen (Gabele/Mayer [2003], S. 71):

- den Betrag sowie die verschiedenen Mengen- und Wertangaben,
- den Zeitpunkt des Geschäftsvorfalles,
- einen Text zur Erläuterung des Geschäftsvorfalles,
- die Unterschrift (Bestätigung) eines Zeichnungsberechtigten.

III. Belegarten

Bei Belegen gibt es natürliche (externe) und künstliche (interne) Belege. Die natürlichen Belege, auch **Fremdbelege** genannt, gelangen von außen in das Unternehmen, z. B. Eingangsrechnungen, Ausgangsrechnungen, Kontoauszüge und Frachtbriefe. Die künstlichen Belege, auch **Eigenbelege** genannt, entstehen im Unternehmen, z. B. Lohn- und Gehaltslisten, Materialentnahmescheine, Quittungen über Privatentnahmen und Durchschriften von Ausgangsrechnungen.

IV. Aufbewahrung von Belegen

Alle Belege unterliegen einer **Aufbewahrungsfrist** von zehn Jahren (§ 257 Abs. 4 HGB und § 147 Abs. 3 AO). Weiter sollen sie nicht unsystematisch, sondern geordnet, mit fortlaufender Nummerierung und vollständig aufbewahrt werden. Dies soll eine nachträgliche **retrograde** (von der Buchung ausgehende) oder **progressive** (vom Beleg ausgehende) Kontrolle der Geschäftsvorfälle und ihrer buchhalterischen Verarbeitung ermöglichen. Deswegen ist auf jedem Beleg anzumerken, in welche Bücher bzw. auf welche Konten er verbucht worden ist (Kontierung, Buchungsanweisung). Um diese Arbeit zu erleichtern, werden in der Praxis Buchungsstempel benutzt, mit welchen die Belege vorkontiert werden. Ebenfalls ist ein Vermerk über den Beleg bei dessen Verbuchung auf ein Konto anzulegen.

E. EDV-gestützte Buchführung

Es gibt eine Vielzahl von wiederkehrenden Sachverhalten in der Finanzbuchhaltung, deren Erfassung und Bearbeitung immer nach demselben Schema abläuft. Mit der zunehmenden Zahl der Belege und zunehmenden elektronischen Datenverarbeitung wurden natürlich auch Buchhaltungsprogramme entwickelt. Die manuelle Tätigkeit bei der **EDV-gestützten Buchführung** beschränkt sich auf die Belegsammlung, -prüfung sowie die Belegvorkontierung und -eingabe. Die restlichen Buchungsschritte werden programmgerecht durch das IT-System ausgeführt.

Für viele, insbesondere kleine Unternehmen ist es wirtschaftlich, die IT-gestützte Buchhaltung auf Spezialanbieter zu übertragen (Outsourcing, auch als Buchführung »außer Haus« bezeichnet). Weiterhin sind die heutigen Buchhaltungsprogramme zumeist mit anderen Programmen verbunden (z. B. SAP) und der Unternehmer kann sich somit relativ schnell Zahlen, Statistiken, Tabellen und vieles mehr aus der Buchhaltung holen, was früher nur durch einen hohen zusätzlichen Zeitaufwand möglich war. Es gibt einige führende Unternehmen im Bereich der Buchhaltung, aber auch viele kleinere Anbieter, insbesondere zahlreiche Steuerberater, die vor allem für kleine und mittelständische Firmen geeignete Software entwickelt haben.

7. Kapitel: Sachverhalte im warenwirtschaftlichen Bereich

Gegenstand des betrieblichen Rechnungswesens ist die Erfassung von Güter- und Finanzbeständen sowie -bewegungen. Im Folgenden sollen die zentralen Bewegungen in den einzelnen Funktionsbereichen näher untersucht werden. Im Einzelnen sind dies der Warenverkehr, der Personalbereich, die Produktion, die Anlagenwirtschaft, der Finanzbereich sowie der Steuerbereich.

Die Verbuchung der einzelnen Sachverhalte erfolgt dabei anhand des im Anhang B aufgeführten Kontenplans, der sich an den SKR 04 anlehnt.

Dieses Kapitel widmet sich zunächst den warenwirtschaftlichen Sachverhalten am Beispiel des Handelsunternehmens, da dieses (buchhalterisch) die geringste Komplexität aufweist.

A. Grundlagen

Unter (Handels-)Waren sind solche Güter zu verstehen, die von einem Unternehmen eingekauft und ohne wesentliche Ver- oder Bearbeitung weiterverkauft werden. Für Handelsunternehmen stellt der Warenverkehr das zentrale Buchungsgebiet dar. Aber auch bei Industrie- und Dienstleistungsunternehmen werden häufig Fertigwaren als Handelswaren eingekauft und als Zubehör für die eigenen Erzeugnisse oder zur Ergänzung des Angebotes unbearbeitet weiterveräußert. Waren sind Bestandteil des Postens **Vorräte** im Umlaufvermögen auf der Aktivseite der Bilanz. Zunächst sollen die wichtigsten grundlegenden Begriffe des Warenverkehrs betrachtet werden.

Waren werden zum **Einstandspreis** angeschafft. Dieser umfasst neben dem Einkaufspreis auch eventuelle Bezugskosten (**Anschaffungsnebenkosten**), wie z. B. Transportkosten, Transportversicherung, Notariatskosten, Maklergebühren, Provisionen, Zwischenlagergelder, Zölle, Prüfungskosten etc. Die Anschaffungsnebenkosten (ANK) umfassen alle Preise/Kosten, bis die Ware im Unternehmen/Lager »steht«. Eine nähere Betrachtung der ANK erfolgt bei der Diskussion von Zugängen im Anlagevermögen (vgl. 10. Kapitel).

Als **Handelsspanne** oder **Kalkulationsaufschlag** bezeichnet man die Differenz aus Verkaufspreis und Einstandspreis. Wird diese Differenz in Prozent des Verkaufspreises ausgedrückt, so spricht man von der Handelsspanne, wird sie in Prozent des Einstandspreises ausgedrückt, so spricht man vom Kalkulationsaufschlag.

Beispiel

Einstandspreis = 100 GE, Verkaufspreis = 150 GE
$\Rightarrow$ Differenz = 50 GE
$\rightarrow$ als Handelsspanne: 50 GE / 150 GE = 0,333 = 33,3 %
$\rightarrow$ als Kalkulationsaufschlag: 50 GE / 100 GE = 0,50 = 50,0 %

Der **Wareneinsatz** bezeichnet die Summe aller aus dem Lager abgegangenen und zum Verkauf »eingesetzten« Waren, bewertet zu Einstandspreisen. Hierzu werden zunächst die Abgänge aus dem Warenlager benötigt, die sich wie folgt errechnen lassen:

Abgänge = Anfangsbestand + Zugänge – Schlussbestand

Nachdem nicht alle Warenabgänge unbedingt aus Verkäufen resultieren müssen, ist dieser Wert noch um den Eigenverbrauch (also die Entnahme von Waren für private Zwecke) sowie eventuelle außerordentliche Abgänge (z. B. Diebstahl oder Feuer im Warenlager) zu kürzen.

Wareneinsatz (Bestandsrechnung) = Abgänge – Eigenverbrauch

Der Eigenverbrauch des Unternehmers ist gesondert zu erfassen. Außerordentliche Abgänge durch kleinere Diebstähle/Unterschlagungen, Schwund (z. B. Verdunsten) oder Verderb sind dagegen meist nicht eigens erfassbar. Wird der Schlussbestand lediglich über die Inventur ermittelt (sog. **Bestandsrechnung**), beinhalten die Abgänge folglich auch solche außerordentliche Posten. Eine Ermittlung dieser Abgänge als Inventurdifferenz erfolgt aber bei fortlaufender Erfassung der Verkäufe zu Einstandspreisen (sog. **Fortschreibungsrechnung**), beispielsweise indem jeder Warenverkauf mit einer »Scannerkasse« erfasst wird. Die Unterscheidung in Bestands- und Fortschreibungsrechnung spielt auch bei den Abschlussarten der Warenkonten eine Rolle, die weiter unten behandelt werden.

Wareneinsatz (Fortschreibungsrechnung) =
Abgänge – Eigenverbrauch – außerordentliche Abgänge

Der **Rohgewinn** oder Rohertrag bezeichnet die Differenz aus den Warenverkäufen (zu Verkaufspreisen) und dem Wareneinsatz (zu Einstandspreisen). Er ist ein vorläufiges (rohes) Ergebnis, das noch durch die Deckung der weiteren Aufwendungen, bis zur Ermittlung des Reingewinnes, gekürzt wird.

Der **Reingewinn** bezeichnet die Differenz aller Erträge und Aufwendungen. Angenommen, es existieren im Betrieb außer denen des Warenverkehrs keine weiteren Aufwendungen (z. B. Löhne) oder Erträge (z. B. Zinserträge), so entspricht der Rein- dem Rohgewinn. Der Reingewinn stellt somit den Saldo der Gewinn- und Verlustrechnung dar und kann deshalb logischerweise auch aus dem Betriebsvermögensvergleich ermittelt werden (vgl. 5. Kapitel). Die Bezeichnung Reingewinn wurde hier nur zur Abgrenzung zum Rohgewinn gewählt. I. d. R. wird der Begriff Ergebnis verwendet. Ein positives Ergebnis wird als Gewinn, ein Negatives als Verlust bezeichnet.

B. Buchung mit Warenkonten

Die Werte für die eben eingeführten Begriffe müssen in der Praxis selbstverständlich nicht in eigens dafür zu führenden Nebenrechnungen ermittelt werden. Vielmehr ergeben sich die meisten Zahlen bei Anwendung eines geeigneten Buchhaltungssystems geradezu automatisch. Die häufigsten Varianten, Vorgänge im Warenbereich kontenmäßig zu erfassen, werden im Folgenden entwickelt und dargestellt.

I. Gemischtes Warenkonto

Die einfachste Form der Erfassung der warenwirtschaftlichen Sachverhalte erfolgt durch Verwendung nur eines (gemischten) Kontos, auf welchem sämtliche warenbezogenen Geschäftsvorfälle erfasst werden. Später wird dieses Konto aus Gründen der Übersichtlichkeit in weitere Konten aufgespaltet.

1. Von der Bilanz zum Warenkonto

Wie im 5. Kapitel dargestellt, lassen sich die Bestandskonten aus der Eröffnungsbilanz erstellen. Für den Bestand an Vorräten (zunächst nur Waren) wird ein entsprechendes Warenkonto geführt, dessen Anfangsbestand sich aus der Eröffnungsbilanz der aktuellen Periode ergibt (vgl. Abb. 7.1).

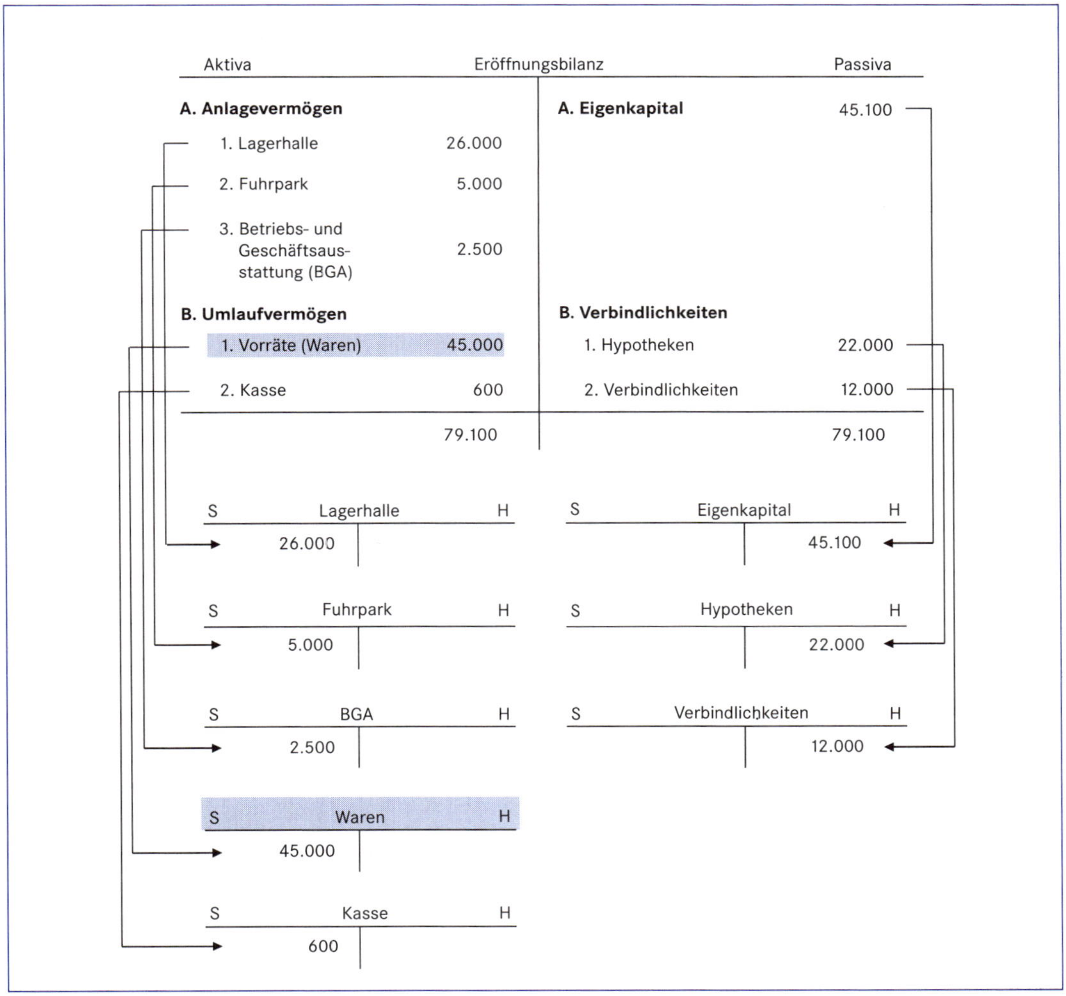

Abb. 7.1: Auflösung der Bilanz zum Warenkonto

Folglich stellt das Warenkonto ein aktives Bestandskonto (Vermögenskonto) dar. Man sollte sich die bekannten Buchungsregeln für Aktivkonten in Erinnerung rufen, aus denen sich der Inhalt des Warenbestandskontos ableiten lässt:

Anfangsbestand und Zugänge stehen im Soll (links)

Abgänge und Schlussbestand stehen im Haben (rechts)

Soll	**Warenkonto**	**Haben**
Anfangsbestand	Abgänge	
Zugänge	Schlussbestand	
Summe	Summe	

2. Erfolgsneutraler Warenverkehr

Es wird zunächst angenommen, dass der Warenverkauf ohne (Roh-)Gewinnerzielungsabsicht erfolgt, d. h., dass die Waren zu den Einstandspreisen veräußert werden. Dies ist z. B. vorstellbar, wenn das Angebot nur als Ergänzung zum eigentlichen Hauptgeschäft erfolgt. Unter dieser Annahme kann als einheitlicher Wertansatz der Einstandspreis verwendet werden - und zwar für sämtliche Buchungen im Soll und im Haben, also für alle Bestände, Zu- und Abgänge.

- Typische Soll-Buchungen auf dem Warenkonto sind dann:
  - Eröffnungsbuchung für den Anfangsbestand (einmalig)
  - Zugänge in Form von Wareneinkäufen (laufend)
  - Zugänge in Form von Rücksendungen durch Kunden (laufend)
- Typische Haben-Buchungen auf dem Warenkonto sind dann:
  - Abgänge in Form von Warenverkäufen (laufend)
  - Abgänge in Form von Rücksendungen an Lieferanten (laufend)
  - Abgänge in Form von Eigenverbrauch, also Entnahmen aus dem Betriebsvermögen (laufend)
  - Buchung des Endbestandes gemäß der Inventur (einmalig)

Beispiel

a) Kauf von Handelswaren für 200 GE. Es wird per Überweisung bezahlt:

1111	Gemischtes Warenkonto	200	an	1800	Bank	200

b) Verkauf von Handelswaren für 100 GE gegen bar:

1600	Kasse	100	an	1111	Gemischtes Warenkonto	100

c) Entnahme von Handelswaren im Wert von 50 GE für private Zwecke:

2100	Privatentnahmen	50	an	1111	Gemischtes Warenkonto	50

d) Mangelhafte Handelswaren werden an den Lieferanten zurückgesendet. Dieser erstattet dafür den Betrag von 50 GE in bar:

1600	Kasse	50	an	1111	Gemischtes Warenkonto	50

Betrachtet man nur die Buchungssätze, so lassen sich Warenzugänge und Warenabgänge zwar gut unterscheiden, eine genaue Interpretation des Buchungssatzes ist jedoch nicht möglich, da beispielsweise aus den Buchungssätzen b) und d) nicht eindeutig auf den Sachverhalt geschlossen werden kann.

3. Erfolgswirksamer Warenverkehr

Nun ist die Annahme der fehlenden Gewinnerzielungsabsicht meist unrealistisch, zumal bei einem Verzicht auf Rohertrag i. d. R. noch keine volle Kostendeckung erzielt wird.

Soll — Ungeteiltes Warenkonto — Haben

Soll		Haben	
Anfangs**bestand**	zu EP	Warenentnahmen	zu EP
Waren**ein**käufe	zu EP	Waren**ver**käufe	zu VP
Rücksendung der *Kunden*	zu VP	Warenrücksendungen an *Lieferanten*	zu EP
Preisnachlass an *Kunden*	auf VP	Preisnachlass der *Lieferanten*	auf EP
Saldo	Rohgewinn	End**bestand**	zu EP
	Summe		Summe

EP = Einstandspreis, VP = Verkaufspreis

Abb. 7.2: Das ungeteilte (gemischte) Warenkonto

Ein vom Einstandspreis abweichender Verkaufspreis führt damit zu unterschiedlichen Wertansätzen im Warenkonto. Verkäufe werden nun erfolgswirksam mit Verkaufspreisen bewertet und verbucht. Ebenso müssen die Stornobuchungen der Verkäufe, d. h. Rücksendungen der Kunden, auf richtige Weise mit Verkaufspreisen gebucht werden. Selbstverständlich bleibt es bei Einkäufen und Rücksendungen an Lieferanten beim (erfolgsneutralen) Wertansatz mit Einstandspreisen.

Als zusätzliche Buchungen sind noch (nachträgliche) Preisnachlässe/Erlösschmälerungen möglich:

- als Soll-Buchung in Form von (erfolgswirksamen) Nachlässen an Kunden (Erlösschmälerungen) bezogen auf Verkaufspreise,
- als Haben-Buchung in Form von (zunächst erfolgsneutralen) Nachlässen von Lieferanten bezogen auf Einstandspreise.

Sowohl Warenrücksendungen als auch Preisnachlässe werden durch Gutschriften verbucht. Damit ist das ungeteilte Warenkonto ein typisches gemischtes Konto. Bestände und Erfolge werden auf einem einzigen Konto verbucht. Die Erfolgsermittlung, d. h. die Feststellung des Rohgewinns, erfolgt erst nach der Bestimmung des Endbestandes aus der Inventur.

Das gemischte Warenkonto wird heute nur noch in manchen Kleinbetrieben oder für bestimmte Warenarten verwendet. Die Nachteile des gemischten Warenkontos sind:

- gleichzeitige, unübersichtliche Verwendung von zwei unterschiedlichen Wertansätzen (EP und VP) auf beiden Kontenseiten,
- Mischung von Bestandsrechnung und Erfolgsermittlung und damit die Verbuchung von erfolgsneutralen und erfolgswirksamen Sachverhalten auf demselben Konto.

II. Getrennte Warenkonten

Die Nachteile des gemischten Warenkontos führen in der Praxis zu einer buchhalterischen Trennung des Warenverkehrs in die Bereiche des Wareneinkaufs und des Warenverkaufs. Meist werden für jede Warengruppe, Filiale und Warenart mit unterschiedlichen Steuersätzen (USt) eigene Warenkonten eingerichtet.

1. Führung von zwei getrennten Warenkonten

Die einfachste Trennung ist die in ein Warenein- sowie ein Warenverkaufskonto. Das Wareneinkaufskonto lässt sich wie folgt darstellen:

Die Trennung des Warenkontos führt zu einer Trennung des Wertansatzes, d. h., Buchungen auf dem Wareneinkaufskonto (WEK) werden nur noch zu Einstandspreisen bewertet. Nach Verbuchung der laufenden Geschäftsvorfälle (Zugänge, Entnahmen, Gutschriften, bei Fortschreibungsrechnung: Abgänge) wird der Endbestand aus der Inventur ermittelt und das Konto wird mit dem rechnerischen Wareneinsatz abgeschlossen.

Auch diese Form des Wareneinkaufskontos ist ein gemischtes Konto, da es sowohl Bestandsgrößen (Anfangs- und Endbestand) als auch (negative) Erfolgsgrößen (Aufwand: Wareneinsatz) beinhaltet (vgl. Abb. 7.3).

Das Warenverkaufskonto (WVK) dagegen ist ein reines Erfolgskonto, auf welchem die Umsätze aus Warenverkäufen (im Haben) erfasst werden. Diesen werden die Gutschriften an Kunden (Retouren, Nachlässe) gegenübergestellt (vgl. Abb. 7.4).

Für Buchungen im Warenverkaufskonto wird als Wertansatz immer der Verkaufspreis verwendet. Damit erfolgt eine saubere Trennung von Ein- und Verkaufsseite. Die beiden Seiten werden erst beim Abschluss der Warenkonten zusammengeführt. Hierfür stehen zwei Abschlussarten zur

Verfügung, die sich durch den Ort der Ermittlung des Rohgewinns unterscheiden. Die Methoden werden als Netto- und Bruttomethode bezeichnet, wie sie in Abb. 7.4 dargestellt sind.

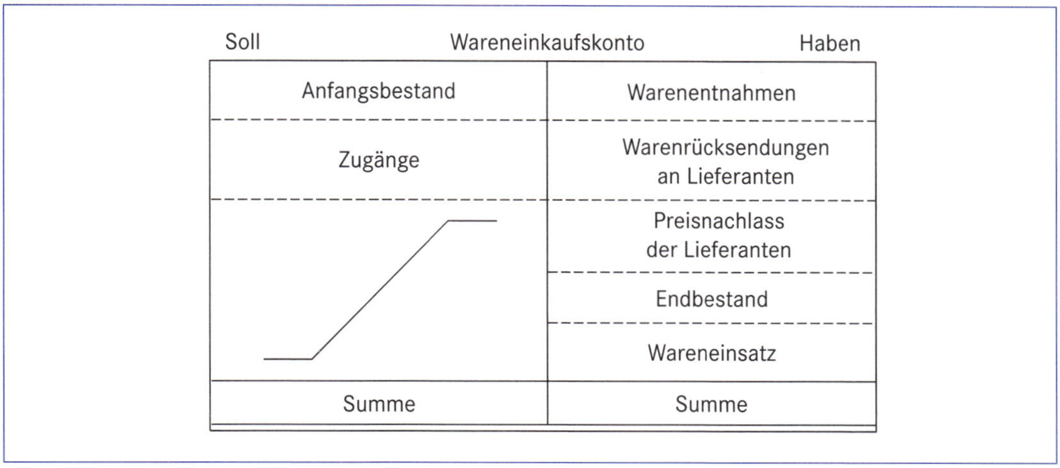

Abb. 7.3: Das Wareneinkaufskonto

Bei der **Nettomethode** wird der Wareneinsatz zunächst (im Soll) auf das Warenverkaufskonto übertragen. Das Rohergebnis wird als verbleibender Saldo (Rohgewinn im Soll, Rohverlust im Haben) bereits im Warenverkaufskonto ermittelt und auf das GuV-Konto übertragen. Folglich erscheint in diesem nur das Nettoergebnis des Warenhandels. Umsatz und Wareneinsatz werden so für die GuV nur saldiert dargestellt.

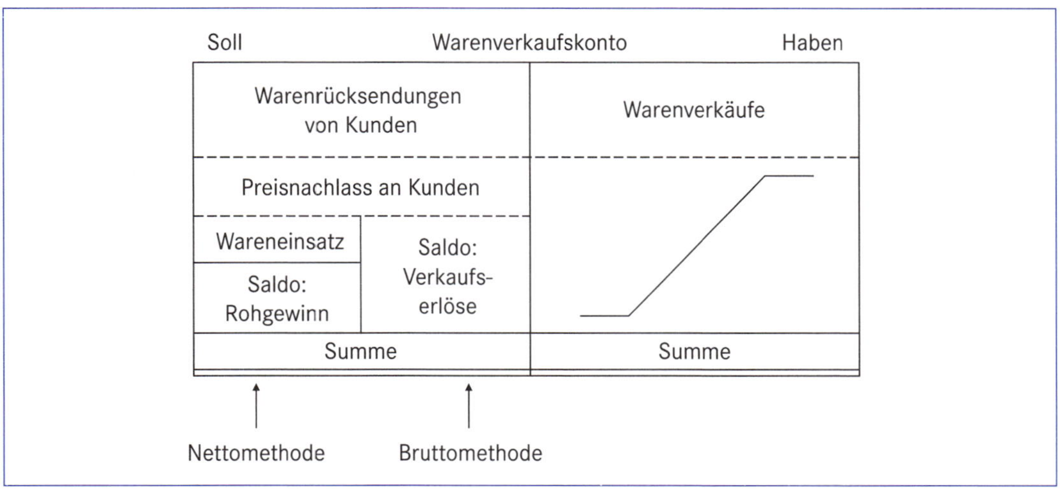

Abb. 7.4: Das Warenverkaufskonto

Bei der **Bruttomethode** wird der Wareneinsatz vom Wareneinkaufskonto direkt in das GuV-Konto übertragen. Damit enthält der Saldo des Warenverkaufskontos die Verkaufserlöse, die ebenfalls in das GuV-Konto übertragen werden. Erst dort werden die beiden Werte (zusammen mit den übrigen Aufwendungen und Erträgen) saldiert. Das Erscheinen von Warenverkauf und Wareneinsatz in der GuV ermöglicht einen besseren Einblick in das Zustandekommen des betrieblichen Erfolgs, beispielsweise über die Möglichkeit, die Handelsspanne zu ermitteln. Rechtlich sind nur große und mittelgroße Kapitalgesellschaften (sowie publizitätspflichtige Unternehmen) zur Bruttomethode und damit zum Ausweis von Umsatz und Wareneinsatz (bzw. »Herstellungskosten des Umsatzes« beim Produktionsbetrieb) verpflichtet.

Der Abschluss der Warenkonten wird im folgenden Beispiel veranschaulicht.

Beispiel

Ausgangslage:

Warenanfangsbestand:	90 GE
Zugänge:	+ 60 GE
Schlussbestand:	- 80 GE
⇒ Wareneinsatz:	= 70 GE

Umsatz:	100 GE
Wareneinsatz:	- 70 GE
⇒ Rohergebnis:	= 30 GE
Sonstiger Aufwand (z. B. Ladenmiete):	- 20 GE
⇒ (Rein-)Gewinn:	= 10 GE

Für die beiden Abschlussmethoden ergibt sich die folgende Situation auf den jeweiligen T-Konten, zunächst bei Anwendung der Bruttomethode:

S	WEK		H
AB	90	WE	70
Zugänge	60	SB	80
Summe	150	Summe	150

S	WVK		H
Saldo	100	Umsatz	100
Summe	100	Summe	100

S	GuV-Konto		H
WEK (Wareneinsatz)	70	WVK (Umsatz)	100
sonst. Aufwand	20		
Saldo (Gewinn)	10		
Summe	100	Summe	100

Das gleiche Ergebnis liefert auch die Nettomethode, jedoch mit einer teilweise saldierten GuV, welche den Rohgewinn ausweist:

S	WEK		H
AB:	90	WE	70
Zugänge.:	60	SB	80
Summe	150	Summe	150

S	WVK		H
WEK	70	Umsatz	100
Saldo: Rohgewinn	30		
Summe	100	Summe	100

S	GuV-Konto		H
sonst. Aufwand	20	WVK (Rohgewinn)	30
Saldo (Gewinn)	10		
Summe	30	Summe	30

Im Folgenden soll die Bruttomethode als Standardfall verwendet werden, da diese heute das in der Praxis übliche Verfahren darstellt und sich aus dem GuV-Konto beim Bruttoabschluss sowohl eine vollständige als auch eine saldierte GuV erstellen lässt.

Unabhängig von der Brutto-/Nettomethode kann die Ermittlung des Wareneinsatzes durch zwei Berechnungsverfahren erfolgen. Bei der **Bestandsrechnung** (inventurabhängiges Verfahren) kann der Wareneinsatz erst am Periodenende im Warenkonto bzw. Wareneinkaufskonto errechnet werden, wenn der Schlussbestand laut Inventur vorliegt. Dieser Wareneinsatz ist immer rechnerisch, die Höhe einer Inventurdifferenz kann so nicht ermittelt werden.

Bei der **Fortschreibungsrechnung** oder **Skontration** (inventurunabhängiges Verfahren) werden laufend bei Verkäufen zusätzlich die Wareneinsätze für diese Verkäufe auf dem Einkaufskonto als Abgänge (Verkaufsmenge zu Einstandspreis) verbucht. Oft wird ein entsprechendes Wareneinsatzkonto (Unterkonto zum WEK) geführt. Mit einer solchen Fortschreibungsrechnung ist der Warenbestand jederzeit auch ohne Inventur aus der Buchhaltung ersichtlich. Außerordentliche Abgänge beispielsweise durch Diebstahl werden allerdings auch hier nicht erfasst.

Der durch Erfassung und Bewertung von Verkäufen verursachte Aufwand beschränkt dieses Verfahren auf entsprechend wertvolle Waren (z. B. Antiquitäten, Autos) oder den Einsatz von EDV-Erfassung (z. B. Strichcode und Scanner an der Kasse im Supermarkt).

Die teilweise verwendete Bezeichnung »Verfahren ohne Inventur« (vs. mit) ist irreführend, da eine Inventur unabhängig von dem verwendeten Abschlussverfahren vorgeschrieben ist. Vielmehr ist mit dem »Verfahren ohne Inventur« ein »inventurunabhängiges« Verfahren gemeint, d. h., der Wareneinsatz kann ohne Inventur ermittelt werden.

Selbstverständlich können Brutto- und Nettomethode jeweils mit Bestands- und Fortschreibungsrechnung kombiniert werden, was zu unterschiedlichen Umfängen an Informationen (bezüglich Handelsspanne und Inventurdifferenz) im Abschluss führt.

2. Führung von drei Warenkonten

Für eine noch klarere Aufteilung der Warensachverhalte bietet sich eine weitere Trennungsstufe an, welche in der Praxis häufig anzutreffen ist: die Trennung des oben beschriebenen Wareneinkaufskontos in ein Bestands- und ein Aufwandskonto.

Dabei werden alle Wareneinkäufe auf einem entsprechenden »Wareneinsatzkonto« zunächst als Aufwand verbucht. Das Warenbestandskonto dagegen enthält keine laufenden Buchungen. Es wird nur mit dem Anfangsbestand eröffnet und am Periodenende mittels des Inventurbestandes abgeschlossen. Sein Saldo stellt eine Bestandsveränderung dar, welche auf das Wareneinsatzkonto übernommen wird. Damit werden die Einkäufe auf den tatsächlichen Wareneinsatz korrigiert. Wurden beispielsweise nicht alle Zugänge (mengenmäßig) verkauft, so ergibt sich eine Bestandserhöhung auf dem Warenbestandskonto, welche den ursprünglich gebuchten Wareneinsatz vermindert. Im Alternativfall einer Bestandsminderung wird der ursprünglich gebuchte Wareneinsatz entsprechend erhöht.

Diese Vorgehensweise wird als Standardmethode in diesem Buch verwendet.

Beispiel

Ein Holzhändler verfügt zu Beginn der Periode über einen Warenbestand im Wert von 80.000 GE. Im Laufe der Periode kauft er Holz im Wert von 220.000 GE ein. Am Periodenende ermittelt er einen Inventurbestand für Waren von 100.000 GE.

Der Warenbestand laut Inventur (für das SBK) wird auf das Warenbestandskonto gebucht. Dadurch wird die Bestandsveränderung (BV), hier in Form einer Bestandserhöhung von 20.000 GE, ermittelt. Diese mindert durch die entsprechende Gegenbuchung auf dem Wareneinkaufskonto den ursprünglichen Wareneinsatz von 220.000 GE auf den tatsächlichen Wareneinsatz (200.000 GE). Erst dieser Wareneinsatz wird auf das GuV-Konto übertragen.

S	Warenbestand		H
AB	80.000	SB	100.000
S: BV	20.000		
Summe	100.000	Summe	100.000

S	Wareneinsatz/ Wareneinkauf		H
Zug.	220.000	BV	20.000
		S: WE	200.000
Summe	220.000	Summe	220.000

C. Umsatzsteuer

Die bisherige Betrachtung der Geschäftsvorfälle erfolgte ohne Berücksichtigung steuerrechtlicher Vorschriften. In diesem Abschnitt werden zunächst das Prinzip der Besteuerung der Wertschöpfung sowie die buchhalterisch relevanten Grundlagen der Umsatzsteuer dargestellt. Anschließend wird auf die Verbuchung der (warenwirtschaftlichen) Geschäftsvorfälle unter Berücksichtigung der Umsatzsteuer eingegangen. Kapitel 12 behandelt die übrigen Steuersachverhalte im Überblick.

I. Prinzip der Wertschöpfungsbesteuerung

Im alltäglichen Sprachgebrauch ist für den Begriff der Umsatzsteuer (USt) auch die Bezeichnung »Mehrwertsteuer« (MwSt) gebräuchlich. Dies ist auf die geschichtliche Entwicklung der Umsatzsteuer zurückzuführen, die früher offiziell als Mehrwertsteuer bezeichnet wurde. Denn mit Inkrafttreten des UStG (damals: MwStG) am 01.01.1968 wurde in Deutschland ein »Allphasen-Netto-USt-System mit Vorsteuerabzug« eingeführt, ein System der Besteuerung des geschaffenen Mehrwerts.

Die Umsatzsteuer ist eine Verkehrsteuer, da durch sie wirtschaftliche Vorgänge (konkret: Umsätze) besteuert werden. Jeder steuerbare Umsatz eines Unternehmers wird auf jeder Wirtschaftsstufe besteuert, indem auf jeden dieser Umsätze die Umsatzsteuer erhoben wird (Allphasensystem).

Besteuert wird effektiv jedoch nur der Mehrwert, also der in der jeweiligen Leistungsstufe geschaffene Wert. Die Wertschöpfung repräsentiert den Wert der Eigenleistung von Wirtschaftseinheiten, also der Differenz zwischen erwirtschaftetem Umsatz und dem Wert der eingebrachten Vorleistungen. Von den abgegebenen Leistungen (Outputs) sind entsprechend die von anderen Unternehmen übernommenen Leistungen (Vorleistungen) abzuziehen. In Tab. 7.1 wird das Grundprinzip in einem fiktiven Beispiel dargestellt.

Stufe	Output (Erlös)	Input (Vorleistung)	Wert-schöpfung	Mehrwertsteuer (19 % der Wertschöpfung)
Urproduktion	100	0	100	19 (19 % von 100)
Verarbeitung	300	100	200	38 (19 % von 200)
Handel	600	300	300	57 (19 % von 300)
Gesamt	600	0	600	114 (19 % von 600)

Tab. 7.1: Zahlenbeispiel für die Ermittlung des Mehrwerts und der Mehrwertsteuer

Diese Besteuerung des Mehrwerts oder der Wertschöpfung wird in der Praxis dadurch erreicht, dass auf jeder Stufe der volle Umsatz (Output) durch die Ausgangs-USt besteuert wird, für bezogene Leistungen (Input) jedoch ein Abzug der von der Vorstufe in Rechnung gestellten Umsatzsteuer als Vorsteuer (VorSt) eingeräumt wird (Vorsteuerabzugssystem). Damit wird auf jeder Wertschöpfungsstufe effektiv nur der geschaffene »Mehrwert« (die Wertschöpfung) besteuert. Diese Steuer, die auf den Mehrwert entfällt, also die Differenz zwischen der Ausgangs-USt und der Vorsteuer, ist die eigentliche Steuerschuld, die vom Verkäufer (Steuerschuldner) direkt an das Finanzamt abgeführt wird.

Stufe:	Erlös (netto)	USt	Erlös (brutto)	Vorleistung (netto)	VorSt	Vorleistung (brutto)	Saldo: eff. USt (19 %)
Urproduktion	100	19	119	0	0	0	19 - 0 = 19
Verarbeitung	300	57	357	100	19	119	57 - 19 = 38
Handel	600	114	714	300	57	357	114 - 57 = 57
Gesamt	600	114	714	0	0	0	114 - 0 = 114

Tab. 7.2: Zahlenbeispiel für die Ermittlung der USt und VorSt

Im Zusammenhang mit der Umsatzsteuer werden Beträge inkl. USt als »Bruttobeträge«, solche ohne USt als »Nettobeträge« bezeichnet. Für die Berechnung der USt ist vom Nettobetrag auszugehen (Nettosystem).

Anhand des Zahlenbeispiels aus Tab. 7.2 wird deutlich, dass insgesamt nur Umsatzsteuer auf den Verbraucherpreis gezahlt wird. Der Endverbraucher hat die gesamte steuerliche Belastung zu tragen, da der Endverbraucher kein Unternehmer ist, der die ihm in Rechnung gestellte Umsatzsteuer als Vorsteuer abziehen kann.

Für Unternehmen ist die USt folglich ein durchlaufender Posten. Marktwirtschaftlich sind jedoch die Absatzwirkungen zu beachten, die sich durch die Verteuerung für den Endverbraucher ergeben, d. h. der Konsum geht durch diesen staatlichen Eingriff zurück. Diese Aspekte werden in volkswirtschaftlichen Betrachtungen untersucht.

II. Wesen der Umsatzsteuer

In diesem Abschnitt werden die steuerrechtlichen Grundlagen des UStG knapp dargestellt, soweit sie für buchhalterische Aspekte relevant sind. Weitere steuerlich relevante Sachverhalte über die Umsatzsteuer hinaus finden sich im 12. Kapitel.

1. Steuerschuldner der Umsatzsteuer

Steuerschuldner ist grundsätzlich der Unternehmer, der die Leistung ausführt. Nach § 2 UStG ist Unternehmer, wer eine gewerbliche oder berufliche Tätigkeit selbstständig und nachhaltig zur Erzielung von Einnahmen ausübt. Er ist verpflichtet, dem Finanzamt die Steuerschuld zu entrichten. Im Falle der Umsatzsteuer ist allerdings der Steuerschuldner nicht gleichzeitig Steuerträger, da die Steuer wirtschaftlich – wie aus dem Beispiel in Tab. 7.2 ersichtlich – auf den nachfolgenden Verbraucher abgewälzt wird. Die Umsatzsteuer gehört daher zur Gruppe der indirekten Steuern.

2. Steuergegenstand der Umsatzsteuer

Steuergegenstand sind gemäß § 1 Abs. 1 UStG:

- **Lieferungen und sonstige Leistungen** eines Unternehmers im Inland gegen Entgelt (im Rahmen seines Unternehmens),
- die **Einfuhr** von Gegenständen **aus dem Drittlandsgebiet** (Gebiet außerhalb der EU) in das Inland und
- der **innergemeinschaftliche Erwerb** im Inland gegen Entgelt (Importe aus anderen EU-Ländern).

Hierbei wird nach § 3 Abs. 1b UStG einer Lieferung gegen Entgelt gleichgestellt:

- die Entnahme eines Gegenstandes durch den Unternehmer für Zwecke, die außerhalb des Unternehmens liegen (z. B. ein Bäcker verzehrt seine eigenen Backwaren),
- die unentgeltliche Zuwendung eines Gegenstandes durch den Unternehmer an sein Personal (z. B. ein Bäcker gestattet seinen Mitarbeitern, Backwaren mit nach Hause zu nehmen).

Einer sonstigen Leistung gegen Entgelt werden gemäß § 3 Abs. 9a UStG folgende Sachverhalte gleichgestellt:

- die private Nutzung eines Gegenstandes, der dem Unternehmen zugeordnet ist, durch den Unternehmer selbst oder durch sein Personal (Nutzungsentnahme: z. B. ein Betriebs-Pkw wird für Privatfahrten genutzt),
- die unentgeltliche Erbringung einer anderen sonstigen Leistung durch den Unternehmer für private Zwecke (Leistungsentnahme: z. B. der Malermeister schickt seine Gesellen in die eigene Privatwohnung, um dort zu streichen).

Bis zum Steuerentlastungsgesetz 1999/2000/2002 wurden umsatzsteuerpflichtige Entnahmen als Eigenverbrauch bezeichnet. Unter diesen Begriff wurden drei Tatbestände eingeordnet:

- Entnahme von Gegenständen (z. B. der Bäcker verzehrt seine eigenen Backwaren),
- Nutzungsentnahmen (z. B. der Betriebs-Pkw wird für Privatfahrten genutzt),
- Repräsentationsaufwand (z. B. Geschenke an Geschäftsfreunde).

Sogar in der Finanzverwaltung wird teilweise weiterhin von Eigenverbrauch gesprochen. Einzelheiten über die umsatzsteuerpflichtigen Entnahmen werden im 13. Kapitel näher behandelt.

3. Bemessungsgrundlage der Umsatzsteuer

Bemessungsgrundlage für die Umsatzsteuer ist grundsätzlich das jeweils erzielte Entgelt (netto), d. h. alles, was der Leistungsempfänger aufwendet, um die Leistung zu erhalten, abzüglich USt. Damit gehören auch ein in Rechnung gestellter Auslagenersatz, Verbrauchssteuern und Abgaben (z. B. Zoll) oder sogar Trinkgelder zum Entgelt.

Den Privatentnahmen steht kein besonderes Entgelt entgegen. Die Bewertung erfolgt deshalb zum Teilwert. Dies ist nach § 6 Abs. 1 Nr. 1 Satz 3 EStG »der Betrag, den ein Erwerber des ganzen Betriebes im Rahmen des Gesamtkaufpreises für das einzelne Wirtschaftsgut ansetzen würde«. Hinsichtlich der Ermittlung des Teilwerts sei auf das 13. Kapitel verwiesen.

4. Tarife der Umsatzsteuer

Der reguläre deutsche Umsatzsteuersatz beträgt aktuell (seit Januar 2007) 19 %. Für bestimmte Waren und Leistungen (z. B. Grundnahrungsmittel, Bücher und Theateraufführungen) gilt ein ermäßigter Steuersatz von 7 %. Darüber hinaus besteht für eine Reihe von Umsätzen eine Befreiung von der Umsatzsteuer (z. B. Bankgeschäfte, Leistungen der Heilberufe und Vermietung/Verpachtung von Grundstücken und Gebäuden).

5. Besteuerungsverfahren

Der Besteuerungszeitraum ist das Kalenderjahr. Der Unternehmer hat aber dennoch regelmäßig eine Voranmeldung abzugeben. Für die meisten Unternehmer ist der Veranlagungszeitraum der Kalendermonat. Liegt die Steuerschuld des vergangenen Jahres unterhalb bestimmter Grenzen, so kann die Abgabe von Voranmeldungen auch quartalsweise erfolgen oder der Unternehmer von der Abgabe befreit werden.

Die Voranmeldungen sind elektronisch bis zum 10. Tag nach Ablauf des Voranmeldungszeitraums beim Finanzamt einzureichen und die selbst errechnete Steuerschuld ist zu begleichen.

Da diese kurze Frist gerade bei kleineren Unternehmen oft nicht ausreicht, um die erforderlichen Zahlen zu ermitteln und eine Steuervoranmeldung auszufüllen, hat sich in der Praxis die Beantragung einer sog. »Dauerfristverlängerung« durchgesetzt (§ 18 Abs. 6 UStG). Diese gewährt dem Unternehmer eine Fristverlängerung um einen Monat. Als Ausgleich für diese Regelung behält der Fiskus jedoch eine sog. Sondervorauszahlung (ein Elftel der regulären Umsatzsteuervorauszahlungen des vergangenen Jahres) ein. Diese wird dann schließlich mit der am Jahresende zusätzlich zu den Voranmeldungen einzureichenden Jahreserklärung, in der die endgültige Jahressteuerschuld errechnet wird, verrechnet.

6. Entstehung der Umsatzsteuer

I. d. R. wird die Besteuerung nach den »vereinbarten Entgelten« durchgeführt. Nach dieser sog. **Sollbesteuerung** entsteht die Steuer mit Ablauf des Voranmeldungszeitraums, in dem die Leistung ausgeführt wurde.

Unter bestimmten Voraussetzungen (z. B. bei Freiberuflern, bei Nicht-Buchführungspflichtigen) kann die Besteuerung auch nach den »vereinnahmten Entgelten« erfolgen (= **Istbesteuerung**). Die Steuer entsteht dann erst mit Ablauf des Voranmeldungszeitraums, in dem der Unternehmer das Entgelt erhält. Bei Gutschriften erfolgt eine entsprechende Korrektur in dem Voranmeldungszeitraum, in dem die Gutschrift bezahlt wird.

7. Vorsteuerabzug

Die Abzugsfähigkeit der Vorsteuer ist an bestimmte Formvorschriften bezüglich der Rechnungsstellung geknüpft. So muss eine Rechnung den Rechnungsaussteller und -empfänger, die Menge und Bezeichnung des Gegenstandes der Lieferung und Leistung, den Zeitpunkt des Umsatzes, das Entgelt (netto) sowie den Betrag der Umsatzsteuer und den Umsatzsteuersatz enthalten.

Ferner gilt, dass Privatpersonen nicht berechtigt sind, Rechnungen mit USt-Ausweis zu erstellen. Ist eine dieser Voraussetzungen nicht erfüllt, wird ein Vorsteuerabzug nicht gewährt. Lediglich bei Kleinbetragsrechnungen bis 250 EUR gelten weniger strenge Vorschriften. Hier kann auf die Angabe des Rechnungsempfängers und auf den separaten Ausweis der Umsatzsteuer bei Angabe des Steuersatzes verzichtet werden.

8. Kleinunternehmerregelung

Für sog. Kleinunternehmer gibt es nach § 19 UStG eine Befreiung von der Umsatzsteuer, d. h., sie können ihre Umsätze steuerfrei ausführen. Unter diese Regelung fallen alle Unternehmer, deren Umsatz im vorangegangenen Kalenderjahr 17.500 EUR nicht überstiegen hat und deren Umsatz im laufenden Jahr voraussichtlich 50.000 EUR nicht übersteigt.

Folge dieser Befreiung ist, dass die Unternehmer weder zum Vorsteuerabzug, noch zum Ausweis von USt auf Rechnungen berechtigt sind. Da dies nicht immer vorteilhaft für Unternehmer ist, z. B. dann, wenn sie größere Investitionen tätigen, aus denen sie hohe Vorsteuerabzüge geltend machen könnten, gibt es die Möglichkeit, freiwillig auf diese Befreiung zu verzichten. In diesem Falle ist der Unternehmer dann für mindestens 5 Jahre an seine Entscheidung gebunden.

9. Sonderproblem: Internationaler Warenverkehr

Für den internationalen Warenverkehr gilt - zur Vermeidung der Doppelbesteuerung - das sog. **Bestimmungslandprinzip**, d. h., die Umsatzsteuer ist in dem Land zu entrichten, in dem die Ware letztlich verbleibt. Dies bedeutet, dass für Exporte (Ausfuhr) keine Umsatzsteuer entrichtet werden muss. Der Exporteur tätigt eine steuerfreie Lieferung, wenn diese vom Empfänger besteuert wird.

Land	Bezeichnung	Steuersätze in %
Deutschland	Umsatzsteuer (USt)	7/19
Vereinigtes Königreich	value added tax (VAT)	0/5/20
Frankreich	taxe sur la valeur ajoutée (TVA)	2,1/5,5/10/20
Italien	imposta sul valore aggiunto (IVA)	4/5/10/22
Niederlande	belasting over de toegevoegde waarde (BTW)	6/21
Österreich	Umsatzsteuer (USt)	10/13/20
Schweden	mervärdeskatt (ML)	0/6/12/25
Schweiz	Mehrwertsteuer (MWST)	0/2,5/3,7/7,7
Spanien	impuesto sobre el valor anadido (IVA)	4/10/21
USA	sales tax (Einzelhandelsteuer)	je nach Staat 0 - 11

Tab. 7.3: Ausgewählte Umsatzsteuerbezeichnungen und -sätze im internationalen Vergleich

Bei Importen ist jedoch zu unterscheiden, ob die Ware aus dem Drittland oder aus einem Staat der EU geliefert wird. Bei einer Einfuhr, d. h. bei einem Import aus dem Drittland, entsteht Umsatzsteuer in Form der Einfuhrumsatzsteuer (EUSt). Sie wird nicht von den Finanzämtern erhoben, sondern von den Zollbehörden. Anderes gilt bei Lieferungen aus dem Gebiet der EU. Aus Sicht des Empfängers liegt hierbei ein innergemeinschaftlicher Erwerb vor, der der Erwerbsbesteuerung unterliegt. Voraussetzung hierfür ist, dass beide Vertragsparteien eine USt-Identifikationsnummer besitzen. Die Erwerbsteuer wird von der Finanzbehörde erhoben. Steuerschuldner in beiden Fällen des Imports ist, anders als im inländischen Warenverkehr, der Empfänger der Waren. Sowohl die Einfuhrumsatzsteuer als auch die Steuer für den innergemeinschaftlichen Erwerb können von Unternehmen, die zum Vorsteuerabzug berechtigt sind, als Vorsteuer beim Finanzamt geltend gemacht werden.

Vor der Einfuhrumsatzsteuer ist beim Import aus dem Drittland i. d. R. auch Zoll (je nach Warenart etwa 2 % bis 20 %) zu entrichten. Zu beachten ist, dass Zollzahlungen, im Gegensatz zur Einfuhrumsatzsteuer, zu den Anschaffungsnebenkosten gehören und damit den Wertansatz der Wirtschaftsgüter erhöhen. Sie sind entsprechend nicht als Vorsteuer abzugsfähig.

In Tab. 7.3 sind einige internationale Steuerbezeichnungen und -sätze beispielhaft aufgeführt. Die teilweise nicht unerheblichen Unterschiede lassen jedoch keinen Schluss auf die Gesamtsteuerbelastung in den einzelnen Ländern zu, da in diesen entsprechend unterschiedliche direkte Steuersätze und Bemessungsgrundlagen gelten.

III. Buchungstechnische Behandlung der Umsatzsteuer

Nach § 22 UStG ist der Unternehmer verpflichtet, aus seinen Aufzeichnungen die Grundlagen der Berechnung der Umsatzsteuer kenntlich zu machen. Die Entgelte sind in der Buchführung ersichtlich zu machen. Da für das Unternehmen (mit Berechtigung zum Vorsteuerabzug) die Umsatzsteuer einen durchlaufenden Posten ohne Aufwandscharakter darstellt, ist sie erfolgsneutral zu verbuchen. Die in den Ausgangsrechnungen enthaltene Umsatzsteuer wird auf einem Konto »Umsatzsteuer« gesammelt. Auf einem anderen Konto »Vorsteuer« wird die beim Einkauf bezahlte Umsatzsteuer (Vorsteuer) erfasst. Aus der Differenz zwischen der »berechneten Umsatzsteuer« und der »abzugsfähigen Vorsteuer« ergibt sich die effektive Umsatzsteuerschuld und damit die Zahllast an das Finanzamt.

1. Vorsteuer

Das Vorsteuerkonto ist ein aktives Bestandskonto, da es eine Forderung gegenüber dem Finanzamt darstellt. Es gehört zum Bilanzposten »Sonstige Forderungen«. Das Vorsteuerkonto wird meist in weitere Unterkonten aufgespalten, z. B. nach USt-Sätzen, Warengruppen, Filialen oder für die Einfuhrumsatzsteuer.

Beispiel

Ein Unternehmer kauft Waren (in bar) für 11.900 GE (brutto). Der USt-Satz beträgt 19 %:

5200	WEK	10.000	an	1600	Kasse	11.900
1400	Vorsteuer	1.900				

Der insgesamt (aus der Kasse) bezahlte Betrag (brutto) wird buchhalterisch aufgespalten in einen Nettobetrag, welcher den effektiv für die Waren bezahlten Wert darstellt und einen bezahlten Steuerbetrag, welcher von den Finanzbehörden zurückgefordert werden kann. Die tatsächlichen Anschaffungskosten der Waren betragen also nur 10.000 GE, während 1.900 GE am Ende des Veranlagungszeitraums vom Finanzamt zurückerstattet werden.

Allgemein erfasst das Vorsteuerkonto folgende Sachverhalte:

Soll	Vorsteuerkonto Haben
Anfangsbestand (Übertrag Vorjahr)	USt auf erhaltene Preisnachlässe und Gutschriften (Korrektur der VorSt)
USt auf Eingangsrechnungen (erhaltene Lieferungen)	Saldo: Schlussbestand (SB)
Bezahlte Einfuhrumsatzsteuer auf Importe	
Summe	Summe

2. Umsatzsteuer

Für die Verbuchung der Ausgangs-Umsatzsteuer wird ein eigenes Umsatzsteuerkonto geführt. Es handelt sich um ein passives Bestandskonto, da es eine Verbindlichkeit gegenüber dem Finanzamt abbildet. Es gehört zum Bilanzposten »Sonstige Verbindlichkeiten«. Wie beim Vorsteuerkonto ist auch hier eine weitere Aufspaltung des Kontos nach unterschiedlichen Steuersätzen, Warengruppen und Niederlassungen oder zur Ermittlung des Eigenverbrauchs üblich. Dies ist zum Teil auch notwendig, um den Aufzeichnungspflichten des UStG nachzukommen.

Erfolgt die Besteuerung zu »vereinbarten Entgelten«, wird die Umsatzsteuer bereits dann verbucht, wenn die Leistung ausgeführt ist. I. d. R. deckt sich dies mit dem Zeitpunkt der Rechnungsstellung. Die Verbuchung erfolgt damit - anders als bei der Besteuerung zu »vereinnahmten Entgelten« (Sonderfall) - unabhängig von der Bezahlung. Bei Großaufträgen und längeren Lieferungszeiten werden häufig bereits bei Vertragsabschluss Anzahlungen vereinbart. Geleistete Anzahlungen stellen dabei eine Forderung gegenüber dem Verkäufer, erhaltene Anzahlungen eine Verbindlichkeit gegenüber dem Kunden dar. Der Unternehmer, der die Anzahlung erhält, hat zu diesem Zeitpunkt bereits auch Umsatzsteuer auf diese Zahlung zu verbuchen. In diesem Fall wird damit vom Prinzip der vereinbarten Entgelte zum Prinzip der vereinnahmten Entgelte übergegangen.

Beispiel

Ein Unternehmer verkauft Waren für 23.800 GE (brutto) gegen bar. Der USt-Satz beträgt 19 %.

1600	Kasse	23.800	an	4200	Warenverkauf	20.000
				3800	Umsatzsteuer	3.800

Von dem von seinem Kunden eingenommenen Bruttobetrag bleibt dem Unternehmer effektiv nur das Nettoentgelt, welches folglich auch netto als Verkaufserlös zu buchen ist. Die Umsatzsteuerschuld ist als entsprechende »Verbindlichkeit gegenüber Finanzbehörden« auf das Konto Umsatzsteuer zu buchen und am Ende des Veranlagungszeitraums (nach einer Saldierung mit den Vorsteuer-Forderungen) an das Finanzamt zu überweisen.

Allgemein werden folgende Sachverhalte auf dem USt-Konto erfasst:

Soll — Umsatzsteuerkonto	Haben
USt auf ausgestellte Gutschriften (Korrektur der USt)	Anfangsbestand (Übertrag)
Vorsteuersaldo (SB des Vorsteuerkontos)	USt auf Ausgangsrechnungen (geleistete Lieferungen)
Saldo: Schlussbestand (Zahllast)	USt auf Eigenverbrauch
Summe	Summe

3. Abschluss

Am Periodenende werden der Saldo des Vorsteuerkontos und der Saldo des Umsatzsteuerkontos zusammengefasst und in die Schlussbilanz übertragen. Für diese Zusammenfassung gibt es zwei verschiedene Verfahren.

Beim sog. **Direktabschluss** wird der Saldo des Vorsteuerkontos in das Umsatzsteuerkonto übertragen. Der Saldo des Umsatzsteuerkontos wird dann als »Sonstige Verbindlichkeit« in die Schlussbilanz übernommen.

Sollte die Vorsteuer höher sein als die Umsatzsteuer (Vorsteuerüberhang), so ergibt sich der Saldo (Schlussbestand) des Umsatzsteuerkontos im Haben, folglich liegt keine Verbindlichkeit, sondern eine Forderung gegenüber den Finanzbehörden vor.

Beispiel

Bei einem Wareneinkaufsvolumen von 10.000 GE (netto) und einem Umsatz von 25.000 GE (netto) sowie einem USt-Satz von 19 % ergibt sich folgendes Beispiel für den Direktabschluss:

S	WEK		H
Einkauf	10.000	S: (GuV)	10.000
Summe	10.000	Summe	10.000

S	WVK		H
S: (GuV)	25.000	Verkauf:	25.000
Summe	25.000	Summe	25.000

S	VorSt		H
auf Einkauf	1.900	Saldo (USt)	1.900
Summe	1.900	Summe	1.900

S	USt		H
VorSt-S:	1.900	auf Verkauf	4.750
S: (SBK)	2.850		
Summe	4.750	Summe	4.750

S	SBK (Auszug)		H
...	...	...	...
...	...	So. Verb.	2.850
...	...	...	...
Summe	...	Summe	...

S	GuV (Auszug)		H
WEK	10.000	WVK	25.000
...	...	..	...
...	...		
Summe	...	Summe	...

Neben dem dargestellten Direktabschluss (Buchung des Vorsteuersaldos in das jeweilige USt-Konto) kann der Abschluss auch über ein eigenes **Umsatzsteuerverrechnungskonto** erfolgen, auf dem zunächst die Salden des Umsatzsteuer- und des Vorsteuerkontos zusammengefasst werden. Der Saldo des Verrechnungskontos wird dann als »Sonstige Forderung« respektive »Sonstige Verbindlichkeit« in die Schlussbilanz übernommen.

4. Nettoverfahren vs. Bruttoverfahren

In den oben dargestellten Sachverhalten wurde das (übliche) Nettoverfahren angewendet, bei dem das Entgelt und die darauf entfallende USt getrennt verbucht werden. Bei dem sog. Bruttoverfahren (auf das hier aber nicht näher eingegangen werden soll) wird zunächst der Warenwert inkl. USt (brutto) verbucht und die Trennung in Entgelt und USt jeweils erst am Ende eines Voranmeldungszeitraums durchgeführt. Vorteil dieses Verfahrens ist eine Vereinfachung durch die insgesamt seltenere Berechnung der USt. Dies geht allerdings sehr stark zulasten der Übersichtlichkeit und Kontrollmöglichkeit. Im Zuge des zunehmenden EDV-Einsatzes verliert dieser Vereinfachungsaspekt und damit das Bruttoverfahren an Bedeutung.

D. Sonderfälle des Wareneinkaufs

Bereits bei den Warenkonten wurden die Begriffe »Rücksendung« und »Preisnachlass/Gutschrift« verwendet. Im Folgenden werden diese Sonderfälle systematisch dargestellt und ihre jeweils korrekte buchhalterische Erfassung veranschaulicht.

I. Zieleinkauf

Die im Konsumbereich übliche Barzahlung bei Einkäufen ist unter Kaufleuten eher selten. Generell kann von etwa folgendem Ablauf ausgegangen werden:

- Bestellung (juristisches Angebot)
- Bestätigung der Bestellung (juristische Annahme)
- Lieferung mit Lieferschein
- Rechnungsstellung
- Begleichen der Rechnung (ggf. Mahnungen etc.).

Die zeitliche Differenz zwischen Lieferung und Fälligkeit der Rechnung wird als Zahlungsziel bezeichnet. Der Lieferant gewährt dem Kunden damit einen (Waren-)Kredit. Buchhalterisch sind somit zwei Vorgänge zu erfassen:

1. Die Warenlieferung mit Rechnungseingang und damit das Entstehen einer Verbindlichkeit beim Kunden (bzw. Forderung beim Lieferanten) und
2. die Begleichung der Rechnung und damit die Auflösung der entstandenen Verbindlichkeit des Kunden (bzw. Forderung des Lieferanten).

Beispiel

Ein Unternehmer kauft am 01.01.00 Waren für 10.000 GE (netto) auf Ziel. Am 15.01.00 bezahlt er die Rechnung durch Banküberweisung. Die Umsatzsteuer beträgt 19 %.

Am 01.01.00 ist der Einkauf zu buchen:

5200 WEK	10.000	an	3300 VLL	11.900
1400 Vorsteuer	1.900			

Am 15.01.00 sind die Überweisung und das Erlöschen der Verbindlichkeit zu buchen:

3300 VLL	11.900	an	1800 Bank	11.900

Bei Ratenkäufen wird die Restverbindlichkeit entsprechend der laufenden Ratenzahlungen abgebucht. Bei verzinslichen Ratenkäufen sind die Verbindlichkeiten um den jährlichen Zinsaufwand am Periodenende zu erhöhen. Bei unverzinslichen Ratenkäufen (mit einer Laufzeit von über einem Jahr) wäre der Warenwert zu diskontieren und die errechneten Zinsen digital über die Laufzeit zu verteilen.

Bei mehreren Gläubigern (Kreditoren) ist für jeden Einzelnen ein eigenes Schuldenkonto (Kreditorenbücher) zu führen, schon aus Gründen der Übersicht und um die jeweiligen Verbindlichkeiten eindeutig zuordnen zu können. Das Gleiche gilt für Schuldner/Kunden (Debitoren), für die ebenfalls jeweils ein eigenes Forderungskonto (Debitorenbücher) geführt wird. Historisch gehen die ersten Versuche der Buchhaltung auf diese Aufzeichnung von Schulden (Kreditoren und Debitoren) zurück.

II. Gutschriften von Lieferanten

Nach Eingang der Lieferantenrechnung erfolgt die Rechnungsprüfung. Dabei wird die Rechnung mit der Bestellung und dem Lieferschein auf Übereinstimmung geprüft. Bei Übereinstimmung wird die Rechnung zur Zahlung freigegeben. Bei einer Vielzahl von Warenlieferungen können jedoch Leistungsstörungen auftreten. Bezüglich der Rechnung kann dies die falsche Menge, falsche Ware oder der falsche Preis sein. Daneben kann die gelieferte Ware selbst mit Mängeln behaftet sein. Begrifflich sind bei Mängelfolgen zu unterscheiden:

- Rücksendungen (Retouren, Wandlung): Die Ware wird (meist unfrei) an den Lieferanten zurückgeschickt (oder vernichtet), welcher eine Gutschrift über den Warenwert (und ggf. die Bezugskosten) erteilt.
- Minderungen (Preisnachlass): Die Ware wird behalten und der Lieferant erteilt eine Gutschrift über einen Teil des Warenwertes.

In jedem Fall erfolgt – mit der Änderung der effektiven Anschaffungskosten – auch eine Korrektur der gebuchten USt (hier auf dem Vorsteuerkonto). Sämtliche Nachlässe können grundsätzlich entweder auf eigenen Unterkonten (z. B. Lieferanten-Nachlässe/Waren), die später umgebucht werden, oder gleich als Korrektur auf das entsprechende Warenkonto (z. B. Wareneinkaufskonto) gebucht werden. Wird eine fehlerhafte gegen eine einwandfreie Ware ohne Preisänderung umgetauscht, so ist keine Buchung erforderlich.

Beispiel

Sachverhalt:

1. Ein Unternehmer bestellt bei einem Lieferanten am 01.01.00 Waren im Wert von 5.000 GE (netto). Die USt beträgt 19 %.
2. Nach Eintreffen der Lieferung (am 09.01.00) stellt der Unternehmer fest, dass die Hälfte der Waren wegen Mängel unbrauchbar ist und verständigt sich mit dem Lieferanten zwei Tage später auf eine anteilige Gutschrift.
3. Die in Rechnung gestellten Transportkosten betragen (laut Rechnung vom 10.01.00) 400 GE (netto).
4. Am 15.01.00 trifft die Gutschrift des Lieferanten über 2.700 GE (netto) ein.
5. Bei einem Besuch am 20.01.00 bezahlt der Unternehmer seine Verbindlichkeiten gegenüber dem Lieferanten (i. H. v. 3.213 GE) in bar.

Bewertungen:

- Warenwert bei Lieferung (laut Lieferschein): 5.000 GE zuzüglich 950 GE USt
- Transportkosten (ANK): 400 GE zuzüglich 76 GE USt
- Rechnung: 5.000 GE Waren + 400 GE Transport = 5.400 GE (netto) Warenwert zuzüglich 19 % USt. (= 1.026) = 6.426 GE Rechnungsbetrag
- 50 % von 5.400 GE sind 2.700 GE (Wandlungsbetrag, netto) (= 3.213 GE brutto)
- Restbestand der Verbindlichkeit: 6.426 GE - 3.213 GE = 3.213 GE (brutto)

Buchungen:

01.01.00: Bestellung

Achtung: keine Buchung!

09.01.00: Eintreffen der Ware

5200	WEK	5.000	an	3300	VLL	5.950
1400	Vorsteuer	950				

10.01.00: Eintreffen der Rechnung (Korrektur des Wertansatzes um ANK)

5200	WEK	400	an	3300	VLL	476
1400	Vorsteuer	76				

15.01.00: Eintreffen der Gutschrift für Retour

3300	VLL	3.213	an	5200	WEK	2.700
				1400	Vorsteuer	513

20.01.00: Bezahlung der Verbindlichkeit

3300 VLL	3.213	an	1600	Kasse	3.213

Wie dargestellt, erhöhen die Bezugskosten (ohne USt) den Einstandspreis und damit den Wertansatz der eingekauften Waren. Die Bezugskosten dürfen nicht ergebnismindernd (auf dem GuV-Konto bzw. auf einem Aufwandskonto) verbucht werden, sondern müssen als Anschaffungsnebenkosten aktiviert werden.

Die Verbuchung von Gutschriften entspricht in der Buchungslogik einer Stornobuchung, da die vorherige Verbuchung der Rechnung rückgängig gemacht wird. In der Praxis wird das Eintreffen einer Gutschrift immer »per Verbindlichkeiten aus Lieferungen und Leistungen« gebucht. Dies geschieht unabhängig davon, ob tatsächlich eine aktuelle Verbindlichkeit besteht, mit welcher die Gutschrift verrechnet wird, da das Konto »Verbindlichkeiten aus Lieferungen und Leistungen« auch als Kontokorrentkonto mit dem Lieferanten (Kreditor) betrachtet wird. Sollte sich zum Periodenende hierauf ein Haben-Saldo ergeben, so wird in der Bilanz eine entsprechende Forderung ausgewiesen.

III. Lieferrabatte

Der Rabatt ist ein Preisnachlass, der direkt bei Erstellung der Rechnung gewährt wird. Er unterscheidet sich von Bonus oder Skonto dadurch, dass er sofort gewährt wird. Der Rabatt wird entweder in einem absoluten Betrag oder als Prozentsatz ausgedrückt. Die wesentlichen Rabatte sind:

- Mengenrabatt (bei Abnahme bestimmter Mindestmengen),
- Treuerabatt (für langjährige Kunden),
- Einführungsrabatt (bei neuen Produkten),
- Saisonrabatt (nach Jahreszeit),
- Funktions- oder Handelsrabatt (für Wiederverkäufer/Händler),
- Barzahlungsrabatt.

Da Rabatte bei Rechnungserstellung bekannt sind, werden sie direkt vom Brutto-Rechnungsbetrag abgezogen (**Nettomethode**). Allerdings ist auch eine **Bruttomethode** möglich, bei der ein eigenes Rabatt(ertrags)konto geführt wird. Ein entsprechender Buchungssatz (ohne USt) würde lauten:

»Per WEK (Preis vor Rabatt) an VLL (Preis nach Rabatt)

und an Rabattertrag (Rabatt)«

Vorwiegend wird jedoch die Nettomethode verwendet, da diese übersichtlicher und i. d. R. zweckmäßiger ist. Bei der Bruttomethode muss das Vorkonto Rabattertrag beim Abschluss über das Warenkonto abgeschlossen werden, damit es zu einem korrekten Wertansatz in der Schlussbilanz und GuV kommt. Ein Rabatt mindert also im Endeffekt immer die Anschaffungskosten. Bei der Nettomethode ist der Rabatt aus den Büchern nicht ersichtlich.

IV. Lieferboni

Der Bonus ist ein Preisnachlass, der bei der Erstellung der Rechnung noch nicht bekannt ist. Er wird erst nachträglich gewährt, wenn in einem vereinbarten Zeitraum bestimmte Voraussetzungen erfüllt wurden. Die beiden wesentlichen Arten sind der Treuebonus (am Periodenende für einen guten Kunden) und der Umsatzbonus (für die Überschreitung bestimmter Umsatzgrößen pro Monat/Quartal/Jahr oder allgemeine Umsatzvergütungen).

Die Erteilung eines Bonus erfolgt durch Gewähren einer entsprechenden Gutschrift. Diese wird (wie jede Gutschrift) entweder mit bestehenden oder künftigen Gegenverpflichtungen verrechnet oder einzeln überwiesen. Boni werden beim Kunden zunächst auf einem eigenen Konto (»Bonierträge«, »Lieferantenboni« oder »Preisnachlässe«) verbucht (beim Lieferanten auf einem entsprechenden Aufwandskonto). Bei Verbuchung der Bonusbeträge muss wieder eine Berichtigung der Vorsteuer (bzw. Umsatzsteuer beim Lieferanten) erfolgen.

Der Abschluss der Bonierträge erfolgt regelmäßig über das Wareneinkaufskonto. Beim Abschluss direkt über das GuV-Konto oder über ein Sammelkonto (neutraler Ertrag) wäre der Wareneinsatz und -endbestand entsprechend zu korrigieren. In jedem Fall haben die zurechenbaren Preisnachlässe die Anschaffungskosten (und damit den Wertansatz) der Wareneinkäufe zu mindern, da es sich um einen ex post gewährten Rabatt handelt und folglich effektiv weniger für den Warenbezug bezahlt wurde.

Die periodengerechte Gewinnermittlung erfordert, dass der Kunde (und auch der Lieferant) die Boni im Jahr der wirtschaftlichen Zugehörigkeit als Ertrag (Aufwand) erfasst.

Beispiel

Ein Unternehmer erhält am 10.01.01 eine Bonusgutschrift (für Mindestumsätze mit dem Lieferanten im Jahr 00) über 500 GE (netto).
Da die Bücher für das Jahr 00 noch nicht geschlossen sind, muss der Unternehmer die Bonuszusage im Rahmen der Abschlussbuchungen für das Jahres 00 wie folgt erfassen:

1300	Sonstige Forderungen	595	an	5749	Erhaltene Boni	500
				1400	Vorsteuer	95

Der Bonusertrag von 500 GE mindert den Wareneinkauf im Jahr 00, da der Ertrag diesem wirtschaftlich zuzuordnen ist. Die Korrektur der Vorsteuer mindert erfolgsneutral die anrechenbare Vorsteuer, da quasi die Forderung gegenüber dem Finanzamt (genauer: der USt-Anteil von 95 GE) durch die Forderung gegenüber dem Lieferanten ersetzt wurde. Im Jahr 01 wird der Bonus mit (bestehenden oder künftigen) Verbindlichkeiten gegenüber dem Lieferanten verrechnet:

3300	VLL	595	an	1300	Sonstige Forderungen	595

V. Lieferskonti (Skontoertrag)

Das (oder der) Skonto ist ein Preisnachlass, der dem Käufer zugebilligt wird, wenn er innerhalb einer vereinbarten Frist bezahlt. Das Skonto wird in Prozent des Rechnungsbetrages ausgedrückt. Es wirkt wie ein Zins für die Kreditierung des Rechnungsbetrages. Seine unverhältnismäßige Höhe lässt aber darauf schließen, dass es sich vor allem um ein Mittel zur Minderung des Kreditrisikos und der Verwaltungskosten (beim Mahnverfahren) handelt.

Die entsprechende Formulierung auf dem Rechnungsformular könnte z. B. lauten:

»Zahlungsziel 30 Tage, bei Zahlung innerhalb von 10 Tagen 2 % Skonto«

Bei diesen Zahlungsbedingungen ergibt sich für die nur 20 Tage frühere Bezahlung eine Verzinsung von 36,5 % p. a.[1] Verglichen mit einem gesetzlichen Zins von 5 % oder Geldmarktzinsen ist leicht ersichtlich, wie teuer Lieferantenkredite sein können.

Die wesentliche Frage bei der Verbuchung von Skonti ist die nach dem Zeitpunkt der Erfassung: Sollen Skonti bereits beim Eingang der Rechnung herausgerechnet und getrennt verbucht werden oder erst bzw. nur bei Inanspruchnahme? Entsprechend existieren wieder zwei Verfahren, namentlich die Brutto- und die Nettomethode.

Die betriebswirtschaftlich wahrscheinlich sinnvollere Methode der sofortigen Trennung des Rechnungsbetrages in Warenwert und Skonto (= Nettomethode) wird aber in der Praxis (aufgrund des höheren Buchungsaufwandes) kaum eingesetzt. Bei der Nettomethode wird bei der Verbuchung der Rechnung bereits ein Skontoaufwand gebucht, der bei fristgerechter Bezahlung wieder storniert wird. Im Folgenden wird die verbreitete Bruttomethode verwendet.

Erhaltene Skonti werden zunächst (wie Boni) auf einem eigenen Konto (»Skontierträge«, »Lieferantenskonti« oder »erhaltene Nachlässe/Skonti«) verbucht (beim Lieferanten auf einem entsprechenden Aufwandskonto).

Der Abschluss der Skontierträge erfolgt regelmäßig über das Wareneinkaufskonto. Beim Abschluss direkt über das GuV-Konto oder über ein Sammelkonto (neutraler Ertrag) wäre der Wareneinsatz und -endbestand entsprechend zu korrigieren. In jedem Fall haben die zurechenbaren Preisnachlässe die Anschaffungskosten (und damit den Wertansatz) der Wareneinkäufe zu mindern. Bei der Verbuchung der Skontibeträge muss entsprechend eine Berichtigung der Vorsteuer (bzw. Umsatzsteuer beim Lieferanten) erfolgen.

Die periodengerechte Gewinnermittlung erfordert wieder, dass der Kunde (und auch der Lieferant) die Skonti im Jahr der wirtschaftlichen Zugehörigkeit als Ertrag (bzw. der Lieferant als Aufwand) erfasst.

Der allgemeine Buchungssatz bei Inanspruchnahme des Skontos durch fristgerechte Bezahlung lautet (gemäß Bruttomethode):

»Per VLL (Rechnungsbetrag) an Bank (Überweisungsbetrag)

und an erhaltene Nachlässe/Skonti (Skontobetrag, netto)

und an Vorsteuer (USt auf Skonto)«

1 365 Tage / 20 Tage × 2 % = 36,5 %; bei 3 % Skonto entsprechend 54,75 % p. a. (ohne Zinseszins).

Beispiel

Sachverhalt:
Ein Unternehmen bestellt Waren für 10.000 GE zuzüglich 19 % USt. Der Lieferant räumt bei Bezahlung innerhalb einer Woche ein Skonto von 3 % ein. Daher wird der Rechnungsbetrag in dieser Woche überwiesen.

Berechnung:

	netto	19 % USt	brutto
Rechnungsbetrag	10.000	1.900	11.900
Überweisungsbetrag	9.700	1.843	11.543
Skonto	300	57	357

Buchungen:

a) bei Rechnungserhalt:

5200	WEK	10.000	an	3300	VLL	11.900
1400	VorSt	1.900				

b) bei fristgerechter Bezahlung:

3300	VLL	11.900	an	1800	Bank	11.543
				5730	erhaltene Nachlässe/Skonti	300
				1400	VorSt	57

E. Sonderfälle des Warenverkaufs

Die oben behandelten Sonderfälle des Einkaufs lassen sich selbstverständlich auch auf eigene Verkäufe übertragen. Da hier die gleichen Geschäftsvorfälle nur aus einer anderen Perspektive betrachtet werden, erübrigt sich eine Begriffserklärung und es wird jeweils nur die entsprechende buchtechnische Behandlung der Sachverhalte dargestellt.

I. Zielverkauf

Auch beim Verkauf auf Ziel wird dem Kunden zwischen Lieferung und Bezahlung der Waren ein Warenkredit eingeräumt. Der Verkäufer verbucht entsprechend den Verkaufsvorgang und das Eintreffen des Rechnungsbetrages getrennt. Wie bei den Verbindlichkeiten gegenüber den Lieferanten werden auch bei den Forderungen regelmäßig eigene Konten für jeden Schuldner (Kunden) geführt, die Debitorenkonten.

Beispiel

Die entsprechenden Buchungen des Verkäufers (wenn beispielsweise für 10.000 GE (netto) verkauft wird) sehen wie folgt aus:

a) Bei Lieferung und Rechnungsstellung (Entstehen einer Forderung, Realisation des Umsatzes und Entstehen einer Umsatzsteuerverbindlichkeit):

1200	FLL	11.900	an	4200	WVK/UE	10.000
				3800	USt	1.900

b) Bei Eintreffen der Banküberweisung (Eingang des Forderungsbetrages):

1800	Bank	11.900	an	1200	FLL	11.900

II. Gutschriften an Kunden

Leistungsstörungen, die das Unternehmen zu verantworten hat (bzw. deren Verantwortung das Unternehmen aus Kulanz übernimmt), sind als Wandlungen (Rücksendungen) nach folgendem Muster zu buchen:

»Per WVK/Umsatzerlöse und per Umsatzsteuer

an FLL«

Hierbei wird die ursprüngliche Verkaufsbuchung storniert, sodass ebenfalls die Umsatzsteuer hierauf entfällt. Entsprechend wird diese berichtigt. Die Korrektur erfolgt auf dem Umsatzsteuerkonto, da ein Verkaufsvorgang berichtigt wird, sodass auf dem Umsatzsteuerkonto (Verbindlichkeit) im Soll gebucht wird.

Bei Minderungen wird der entsprechende Nachlass als Basisbetrag der Korrektur angesetzt (sog. Nettomethode), bei Rücksendungen der volle Rechnungsbetrag. In der Praxis ist es üblich, Warenrücksendungen (auch Teillieferungen), wie dargestellt, als Storni zu buchen, reine Nachlässe auf den Rechnungsbetrag dagegen wie Boni oder Skonti über ein eigenes Konto »Gewährte Nachlässe« oder »Erlösschmälerungen«, welches ein Unterkonto des Warenverkaufskontos bzw. Umsatzerlöskontos darstellt.

Ein Umtausch führt (wie bereits beim Einkauf beschrieben) auch beim Lieferanten zu keiner Buchung. Mit der Rücksendung evtl. auftretende Transportkosten werden als Aufwand verbucht.

III. Kundenrabatte

Rabatte, die Kunden gewährt werden, tauchen in der Buchhaltung i. d. R. (Nettomethode) nicht auf:

Beispiel

Verkauf zu einem Warenwert von 1.000 GE zuzüglich 19 % USt. Dem Kunden wird aufgrund langjähriger Geschäftsbeziehungen ein Rabatt i. H. v. 20 % gewährt.

1200	FLL	952	an	4200	WVK/UE	800
				3800	USt	152

Nur die (selten angewandte) Bruttomethode führt zum Ausweis des Rabattaufwands, sodass die Zusatzinformationen über die gewährten Rabattbeträge auch aus der Finanzbuchführung ersichtlich sind:

Beispiel

Im obigen Beispiel hätte die Buchung nach der Bruttomethode folgendes Aussehen:

1200	FLL	952	an	4200	WVK/UE	1.000
4770	Rabattaufwand (gewährte Nachlässe)	200		3800	USt	152

Hier muss der Abschluss des Rabattaufwands in das Warenverkaufskonto (bzw. Umsatzerlöskonto) erfolgen, um dort einen korrekten Wertansatz (hier: effektiver Umsatz 800 GE netto) zu erhalten.

IV. Kundenboni

Wird einem Kunden ein Bonus gewährt und diesem eine Gutschrift erteilt, müssen die effektiven Umsätze (sowie die darauf entfallende Umsatzsteuer) entsprechend gekürzt werden. Nachdem die Gutschrift meist mit künftigen Forderungen an den Kunden verrechnet wird, erfolgt die Haben-Buchung auf dem entsprechenden Debitorenkonto (FLL):

Beispiel

Einem Kunden wird am Jahresende ein Treuebonus von 100 GE (netto) auf seine Forderungen angerechnet.

4749	Erlösschmälerungen (gewährte Boni)	100	an	1200	FLL	119
3800	USt	19				

Auch wenn ein Bonus erst im folgenden Geschäftsjahr (für Umsätze im aktuellen Jahr) gewährt wird, gehört er sachlich noch ins aktuelle Jahr - dem Jahr, in dem die Umsätze erzielt wurden, für welche der Bonus gewährt wird. Entsprechend wäre am Jahresende im Rahmen der Abgrenzung (analog zum oben beschriebenen Fall erhaltener Boni) eine »Sonstige Verbindlichkeit« zu buchen, wenn am Jahresende noch keine Gutschrift erstellt, diese aber sicher ist. Wird der Bonus erst im nächsten Geschäftsjahr erfasst, so kommt es zu einer ungenauen Periodenabgrenzung, jedoch mit geringer Relevanz, da diese (bei konstanter Bonuspolitik) nur zu einem einmaligen Fehler führt.

V. Kundenskonti (Skontoaufwand)

Wie beim Kunden werden auch beim Lieferanten Skonti meist nach der Bruttomethode (und damit nur bei Zahlungseingang mit Skontoabzug) verbucht.

Beispiel

Lieferung von Waren an einen Kunden für 11.900 GE (brutto). Der USt-Satz beträgt 19 %.

a) bei Rechnungsstellung:

1200	FLL	11.900	an	4200	WVK/UE	10.000
				3800	USt	1.900

b) bei fristgerechter Bezahlung (unter Abzug von 3 % Skonto):

1800	Bank	11.543	an	1200	FLL	11.900
4730	Erlösschmälerungen (gewährte Skonti)	300				
3800	USt	57				

F. Vorratsbewertung

Für den Abschluss der Warenkonten am Periodenende benötigt man den Endbestand der Waren. Für die Ermittlung dieses Endbestandes existieren verschiedene Verfahren, die im Folgenden dargestellt werden.

Handelswaren gehören neben Roh-, Hilfs- und Betriebsstoffen, Anzahlungen auf diese sowie unfertigen und fertigen Erzeugnissen zu den »Vorräten« und damit zum Umlaufvermögen. Die weiteren Vorratsposten werden, der prozessualen Gliederung dieses Buches folgend, in den Kapiteln zu den produktions- bzw. finanzwirtschaftlichen Sachverhalten dargestellt. Eine Zusammenfassung der Posten des Umlaufvermögens findet sich im Kapitel »Bilanzierung der Aktiva« (siehe 15. Kapitel).

I. Abweichung von der Einzelbewertung

Der Grundsatz der Einzelbewertung erfordert die Bewertung eines jeden einzelnen Vermögensgegenstandes mit seinen Anschaffungs- bzw. Herstellungskosten. Die eindeutige Zuordnung dieser Wertansätze kann jedoch problematisch werden, wenn die Werte sich im Zeitverlauf ändern und die einzelnen Waren nicht mehr unterscheidbar sind oder ihre Unterscheidung nur mit unverhältnismäßig hohem Aufwand erfolgen kann (Wirtschaftlichkeitsprinzip). Dies ist z. B. der Fall bei Lagerung identischer Produkte - mit unterschiedlichen Einkaufspreisen - im selben Regal oder bei Vermischung (z. B. Getreidesilo, Öltank).

Hier ergeben sich drei mögliche Abweichungen vom Prinzip der Einzelbewertung: Die in der Praxis am häufigsten anzutreffende Methode ist die Bewertung der Vorräte mit dem gewichteten Durchschnittspreis. Alternativ kann eine bestimmte Verbrauchsfolge (z. B. die Fiktion, dass die zuerst beschafften Waren auch zuerst verkauft werden) unterstellt werden. Schließlich kann ein im Allgemeinen konstant gehaltener Vorratsbestand für die Bewertung ggf. auch mit einem konstanten Wert angesetzt werden.

II. Durchschnittsbewertung

Die Bewertung mit Durchschnittswerten stellt eine plausible und in der Praxis am meisten verbreitete Bewertungsmethode dar, was auf ihre einfache Anwendung zurückzuführen sein dürfte.

1. Voraussetzungen für die Durchschnittsbewertung

Gemäß § 240 Abs. 4 HGB können »gleichartige Vermögensgegenstände des Vorratsvermögens [...] jeweils zu einer Gruppe zusammengefasst und mit dem gewogenen Durchschnittswert angesetzt werden.« Als gleichartig werden Vermögensgegenstände bezeichnet, die der **gleichen Warengattung** angehören, dem **gleichen Verwendungszweck** dienen und **etwa den gleichen Wert** besitzen. Beispielsweise kann ein Lager mit Standard-Pkw-Reifen als solch eine Gruppe behandelt werden, auch wenn diese von unterschiedlichen Herstellern stammen. Ein (wesentlich teurer) Formel 1-Reifen kann dieser Gruppe aber nicht zugeordnet werden.

Für die so definierte Gruppe kann ein Durchschnittspreis errechnet werden, der als Grundlage für die Bestandsbewertung sowie die Ermittlung des Wareneinsatzes herangezogen wird. Die Ermittlung dieses Durchschnittspreises kann entweder am Periodenende (einfacher gewogener Durchschnitt) oder nach jedem neuen Lagerzugang (gleitend gewogener Durchschnitt) erfolgen.

2. Einfach gewogenes Durchschnittsverfahren

Beim einfachen Durchschnittsverfahren wird ein durchschnittlicher Stückpreis am Periodenende ermittelt. Dabei werden die Einstandspreise mit den entsprechenden Bezugsmengen gewichtet, sodass man von einem gewogenen Durchschnitt spricht. Ein gleichgewichteter Durchschnitt (nur über die Preise) wäre unzulässig.

$$\text{Durchschnittspreis} \quad \bar{p} = \frac{\sum(\text{Wert}_{\text{AB}} + \text{Wert}_{\text{Zugänge}})}{\sum(\text{Menge}_{\text{AB}} + \text{Menge}_{\text{Zugänge}})}$$

Für die Periodenbetrachtung kann der Gesamtwert des Anfangsbestandes (AB) sowie der Zugänge durch die Gesamtmenge (AB sowie Zugänge) dividiert werden. Der so ermittelte Durchschnittspreis (pro Mengeneinheit) wird für die Bewertung des Schlussbestandes (SB) sowie des Wareneinsatzes (WE) verwendet.

Beispiel

Zahlenbeispiel zur Vorratsbewertung mit dem einfachen gewogenen Durchschnitt:

AB:	100 Stück	à 10 GE	=	1.000 GE
1. Abgang:	- 50 Stück			
1. Zugang:	+ 80 Stück	à 12 GE	=	960 GE
2. Abgang:	- 30 Stück			
2. Zugang:	+ 20 Stück	à 8 GE	=	160 GE
3. Abgang:	- 50 Stück			
SB:	= 70 Stück			
Summe AB + Zugänge (Wert)			=	2.120 GE
Summe AB + Zugänge (Stück)	200 Stück			

Durchschnittspreis = 2.120 GE / 200 Stück = 10,60 GE/Stück

⇒ Wert des SB:	70 Stück	à 10,60 GE	=	742 GE
⇒ Wert des WE:	(50 + 30+ 50 =) 130 Stück	à 10,60 GE	=	1.378 GE

Zur Überprüfung der Rechnung bietet es sich an, die Summe aus Anfangsbestand und Zugängen (hier 2.120 GE) mit der Summe von Schlussbestand und Wareneinsatz abzugleichen:
Probe: SB + WE = 742 GE + 1.378 GE = 2.120 GE

Unabhängig vom gewählten Bewertungsverfahren muss der Wert des Anfangsbestandes und der Zugänge auf den Schlussbestand sowie den Wareneinsatz aufgeteilt werden, sodass eine gewisse Rechenkontrolle möglich ist.

3. Gleitend gewogenes Durchschnittsverfahren

Bei Anwendung der Fortschreibungsrechnung, d. h. bei Erfassung der einzelnen Abgänge, kann das Durchschnittsverfahren verfeinert werden. Bei dem obigen Zahlenbeispiel fällt auf, dass alle Lagerabgänge mit dem ermittelten Durchschnittspreis bewertet werden. Für den ersten Lagerabgang werden beispielsweise 530 GE (50 Stück à 10,60 GE) angesetzt, obwohl sich zu diesem Zeitpunkt lediglich Waren zu 10 GE im Lager befinden. Der gleitend gewogene Durchschnitt weist dieses Defizit nicht auf, indem nach jedem Lagerzugang der Durchschnittspreis angepasst wird.

Beispiel

Zahlenbeispiel zur Vorratsbewertung mit dem gleitenden gewogenen Durchschnitt:

AB:	100 Stück	à 10 GE	=	1.000 GE
1. Abgang:	- 50 Stück			
1. Zugang:	+ 80 Stück	à 12 GE	=	960 GE
2. Abgang:	- 30 Stück			
2. Zugang:	+ 20 Stück	à 8 GE	=	160 GE
3. Abgang:	- 50 Stück			
SB:	= 70 Stück			

AB: ⇒	erster Durchschnittspreis:	10 GE			
1. Abgang:	50 Stück à 10 GE			=	500 GE
1. Zugang: ⇒	neuer Durchschnittspreis:[2]	11,23			
2. Abgang:	30 Stück à 11,23 GE			=	337 GE
2. Zugang: ⇒	neuer Durchschnittspreis:[3]	10,69 GE			
3. Abgang:	50 Stück à 10,69 GE=		535 GE		
⇒ SB:	70 Stück à 10,69 GE=		748 GE		
⇒ Summe Abgänge (WE):				=	1.372 GE

Probe: SB + WE = 748 GE + 1.372 GE = 2.120 GE

Diese Verfeinerung des Durchschnittsverfahrens wird mit einem entsprechend höheren Datenpflegeaufwand erkauft. Dieser und die Notwendigkeit zur genauen Aufzeichnung der einzelnen

2 (50 St. × 10 GE/St. + 80 St. × 12 GE/St.) / (50 St.+ 80 St.) = 1.460 GE / 130 St. = 11,23 GE/St.

3 (100 St. × 11,23 GE/St. + 20 St. × 8 GE/St.) / (100 St.+ 20 St.) = 1.283 GE / 120 St. = 10,69 GE/St.

Abgänge sowie die Fortschreibung der durchschnittlichen Anschaffungskosten (Skontration) bedingen die geringe Verbreitung dieses Verfahrens in der Praxis, obwohl durch dieses der Wertansatz jederzeit aus den Aufzeichnungen entnommen werden kann.

III. Sammelbewertung

Gemäß § 256 HGB kann alternativ zur Schätzung mittels Durchschnittsverfahren auch eine zeitliche Verbrauchsfolge angenommen werden. Eine solche Verbrauchsfolgefiktion muss den GoB entsprechen. Zu unterscheiden sind einerseits Verbrauchsfolgen, die sich am zeitlichen Eintreffen der Vorräte im Lager orientieren, und solche, die sich am Wert der Vorräte orientieren. Daneben sind aber auch andere Verbrauchsfolgen möglich, beispielsweise Lieferungen von Konzernunternehmen zu priorisieren. Handelsrechtlich sind jedoch nur die zeitlichen Verbrauchfolgefiktionen zulässig. Im Folgenden werden zunächst alle Verfahren dargestellt. Anschließend werden ihre Ergebnis- und Bilanzwirkung sowie ihre Zulässigkeit kurz diskutiert.

1. Zeitliche Verbrauchsfolgefiktionen

Die zeitlichen Verbrauchsfolgefiktionen unterstellen einen Verbrauch nach der zeitlichen Reihenfolge des Zugangs. Entweder werden die ältesten oder die neuesten Zugänge zuerst verbraucht.

a) Lifo-Prinzip

Bei einer Verbrauchsfolge nach Lifo (*last in - first out*) verlassen die zuletzt angeschafften Bestände das Lager zuerst. Das Lifo-Prinzip unterstellt, dass die Vorräte gestapelt oder geschichtet werden, sodass der Bestand immer aus den ältesten Lieferungen besteht, der Verbrauch (Wareneinsatz) dagegen aus den neuesten Lieferungen. Ein eventueller Anfangsbestand stellt immer die älteste Lieferung dar.

Wie auch beim Durchschnittsverfahren kann entweder eine Bestandsbewertung erst zum Ende der Periode (Perioden-Lifo) oder (bei Skontration) fortlaufend (Permanent-Lifo) durchgeführt werden.

Beispiel

Zahlenbeispiel zur Vorratsbewertung nach dem Lifo-Prinzip:

AB:	100 Stück	à 10 GE	=	1.000 GE
1. Abgang:	- 50 Stück			
1. Zugang:	+ 80 Stück	à 12 GE	=	960 GE
2. Abgang:	- 30 Stück			
2. Zugang:	+ 20 Stück	à 8 GE	=	160 GE
3. Abgang:	- 50 Stück			
SB:	= 70 Stück			

a) einfaches Lifo-Prinzip (Perioden-Lifo):

WE (130 St., neueste Zugänge):	20 St.	à 8 GE	=	160 GE
	und 80 St.	à 12 GE	=	960 GE
	und 30 St.	à 10 GE	=	300 GE
Summe WE	130 St.		=	1.420 GE
SB (70 St., ältester Zugang):	70 St.	à 10 GE	=	700 GE

Probe: SB + WE = 700 GE + 1.420 GE = 2.120 GE

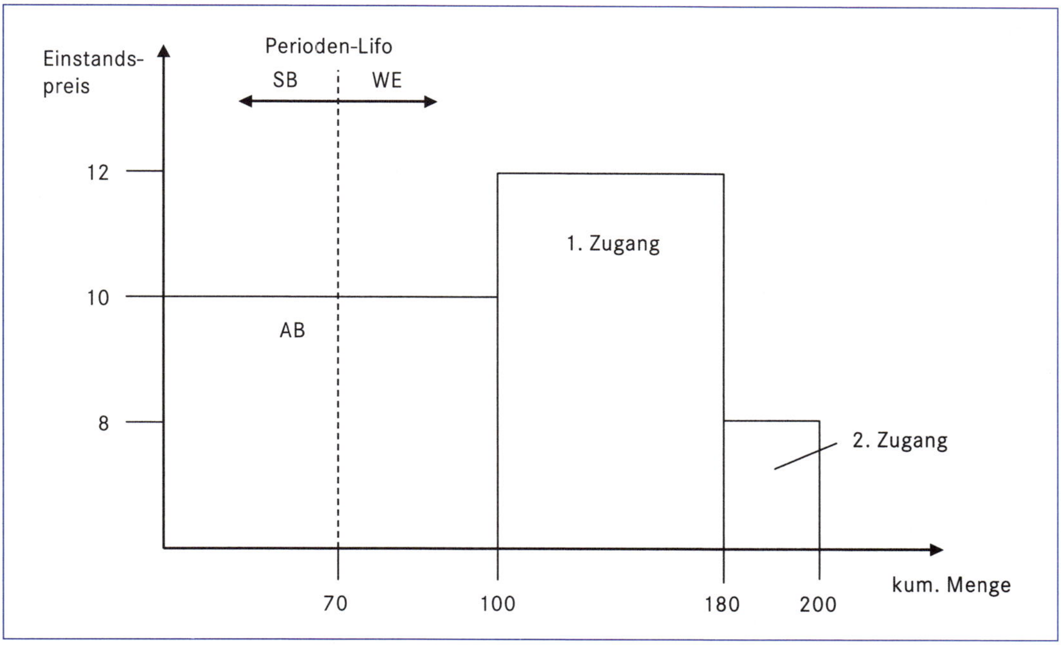

Abb. 7.5: Beispiel zum Perioden-Lifo

b) laufendes Lifo-Prinzip (Permanent-Lifo):

AB:	100 Stück	à 10 GE		
1. Abgang:	50 Stück	à 10 GE	=	500 GE
1. Zugang:	80 Stück	à 12 GE		
2. Abgang:	30 Stück	à 12 GE	=	360 GE
2. Zugang:	20 Stück	à 8 GE		
3. Abgang:	20 Stück	à 8 GE	=	160 GE
	und 30 Stück	à 12 GE	=	360 GE
Summe WE:	130 Stück		=	1.380 GE

SB:	50 Stück	à 10 GE	=	500 GE
	und 20 Stück	à 12 GE	=	240 GE
Summe SB:	70 Stück		=	740 GE

Probe: SB + WE = 740 GE + 1.380 GE = 2.120 GE

b) Fifo-Prinzip

Bei einer Verbrauchsfolge nach Fifo (*first in - first out*) werden die ältesten Bestände zuerst verbraucht bzw. verkauft. Die Lagerlogik entspricht einem Silo, Stausee oder Fließband.

Beispiel

Zahlenbeispiel zur Vorratsbewertung nach dem Fifo-Prinzip:

AB:	100 Stück	à 10 GE	=	1.000 GE
1. Abgang:	- 50 Stück			
1. Zugang:	+ 80 Stück	à 12 GE	=	960 GE
2. Abgang:	- 30 Stück			
2. Zugang:	+ 20 Stück	à 8 GE	=	160 GE
3. Abgang:	- 50 Stück			
SB:	= 70 Stück			

Bewertung nach Perioden-Fifo (vgl. Abb. 7.6):

WE (130 St., älteste Zugänge):	100 St.	à 10 GE	=	1.000 GE
	und 30 St.	à 12 GE	=	360 GE
Summe WE	130 St.		=	1.360 GE
SB (70 St., neueste Zugänge):	20 St.	à 8 GE	=	160 GE
	und 50 St.	à 12 GE	=	600 GE
Summe SB	70 St.		=	760 GE

Probe: SB + WE = 760 GE + 1.360 GE = 2.120 GE

Beim Fifo-Verfahren kann keine Unterscheidung in Periodenmethode und permanente Methode erfolgen, da die Lagerabgänge unabhängig von den Zeitpunkten der Zugänge immer aus dem ältesten Lagergut bestehen. In jedem Fall wird der Schlussbestand mit den zuletzt (in der Periode) eingetroffenen Lieferungen bewertet.

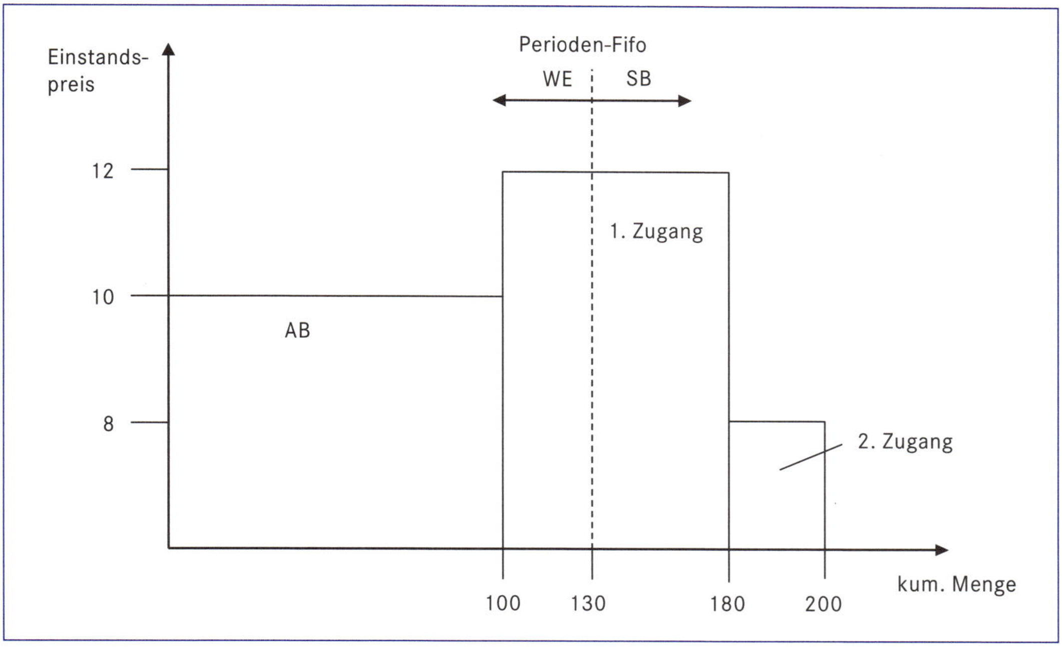

Abb. 7.6: Beispiel zum Perioden-Fifo

2. Kostenorientierte Verbrauchsfolgefiktionen

Die kostenorientierten Verbrauchsfolgefiktionen unterstellen einen Verbrauch nach dem Wert der Vorräte. Entweder werden die billigsten oder die teuersten Zugänge zuerst verbraucht.

a) Hifo-Prinzip

Nach dem Hifo-Prinzip (*highest in - first out*) werden die Waren mit den höchsten Einstandspreisen jeweils zuerst verbraucht bzw. verkauft. Damit wird der Verbrauch systematisch am höchsten und der Schlussbestand folglich am niedrigsten bewertet.

Theoretisch lässt sich ein einfaches (Perioden-Hifo) sowie ein permanentes (Permanent-Hifo) Prinzip (mit Skontration) unterscheiden. Da ein tatsächlicher Verbrauch nach den Einstandskosten fast ausgeschlossen ist und es sich folglich um eine reine Verbrauchsfolgefiktion handelt, findet das Permanent-Hifo in der Praxis keine Anwendung.

Beispiel

Zahlenbeispiel zur Vorratsbewertung nach dem Hifo-Prinzip:

AB:	100 Stück	à 10 GE	=	1.000 GE
1. Abgang:	- 50 Stück			

1. Zugang:	+ 80 Stück	à 12 GE	=	960 GE
2. Abgang:	- 30 Stück			
2. Zugang:	+ 20 Stück	à 8 GE	=	160 GE
3. Abgang:	- 50 Stück			
SB:	= 70 Stück			

WE (130 St., teuerste Zugänge):	80 St.	à 12 GE	=	960 GE
	und 50 St.	à 10 GE	=	500 GE
Summe WE:	130 St.		=	1.460 GE

SB (70 St., günstigste Zugänge):	20 St.	à 8 GE	=	160 GE
	und 50 St.	à 10 GE	=	500 GE
Summe SB:	70 St.		=	660 GE

Probe: SB + WE = 660 GE + 1.460 GE = 2.120 GE

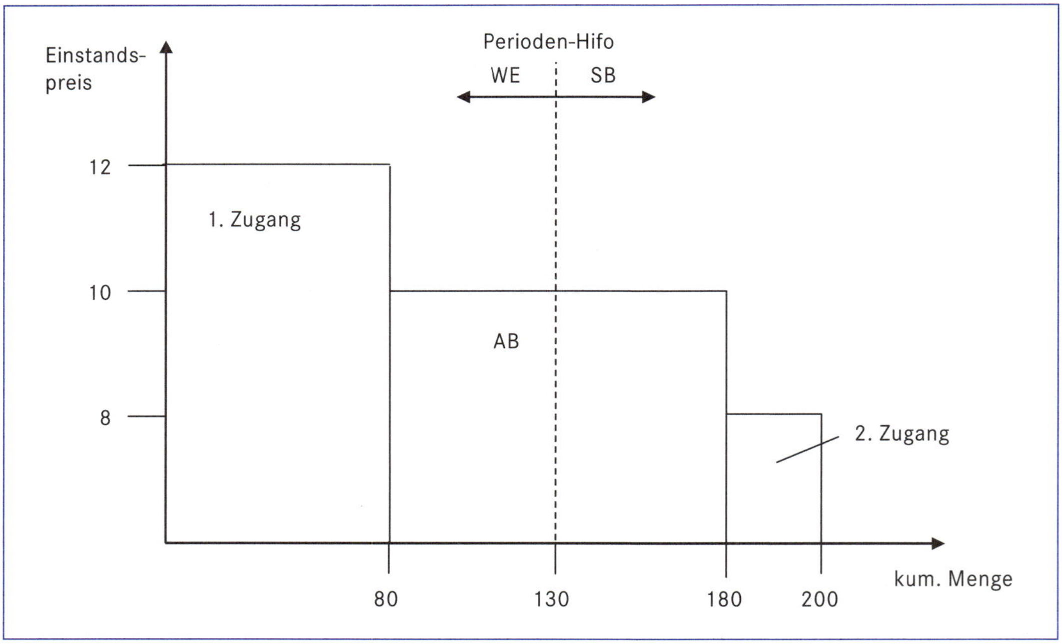

Abb. 7.7: Beispiel zum Perioden-Hifo

b) Lofo-Prinzip

Das Lofo-Prinzip (*lowest in - first out*) unterstellt, dass die Lagerabgänge zuerst mit den am niedrigsten bewerteten Beständen erfolgen. Folglich setzt sich der Schlussbestand aus den teuersten

Lieferungen zusammen, wird also systematisch am höchsten bewertet. Wie beim Hifo-Prinzip findet die permanente Lofo-Methode keine Anwendung.

Beispiel

Zahlenbeispiel zur Vorratsbewertung nach dem Lofo-Prinzip:

AB:	100 Stück	à 10 GE	=	1.000 GE
1. Abgang:	- 50 Stück			
1. Zugang:	+ 80 Stück	à 12 GE	=	960 GE
2. Abgang:	- 30 Stück			
2. Zugang:	+ 20 Stück	à 8 GE	=	160 GE
3. Abgang:	- 50 Stück			
SB:	= 70 Stück			
WE (130 St., billigste Zugänge):	20 St.	à 8 GE	=	160 GE
	und 100 St.	à 10 GE	=	1.000 GE
	und 10 St.	à 12 GE	=	120 GE
Summe WE:	130 St.		=	1.280 GE
SB (70 St., teuerster Zugang):	70 St.	à 12 GE	=	840 GE

Probe: SB + WE = 840 GE+ 1.280 GE = 2.120 GE

3. Konzernorientierte Verbrauchsfolgefiktionen

Erfolgen in einem Konzernverbund Lieferungen einer bestimmten Gütergruppe sowohl von Konzern- also auch von externen Unternehmen, so müssen deren Anteile am Schlussbestand für die ordnungsgemäße Erstellung eines Konzernabschlusses (Zwischenerfolgseliminierung) ermittelt werden.

Zur Vermeidung solcher gemischten Bestände dienen die Verbrauchsfolgefiktionen Kifo (*konzern in - first out*) und Kilo (*konzern in - last out*), sodass sich die Endbestände entweder (hauptsächlich) aus externen (Kifo) oder internen (Kilo) Lieferungen zusammensetzen.[4]

4. Wirkung der Verbrauchsfolgefiktionen

Je nach unterstellter Verbrauchsfolge kommt es in einer einzelnen Periode zu unterschiedlichen Bestandsbewertungen und (über den Wareneinsatz sowie Bestandsänderungen) Erfolgen. Dieser Effekt gleicht sich jedoch über die Totalperiode aus, sodass es »nur« zu einer Ergebnisverschie

4 Die Verfahren sind hier nur zur Vermittlung eines Überblicks dargestellt. Nähere Informationen zum Thema finden sich beispielsweise bei Coenenberg/Haller/Schultze [2018].

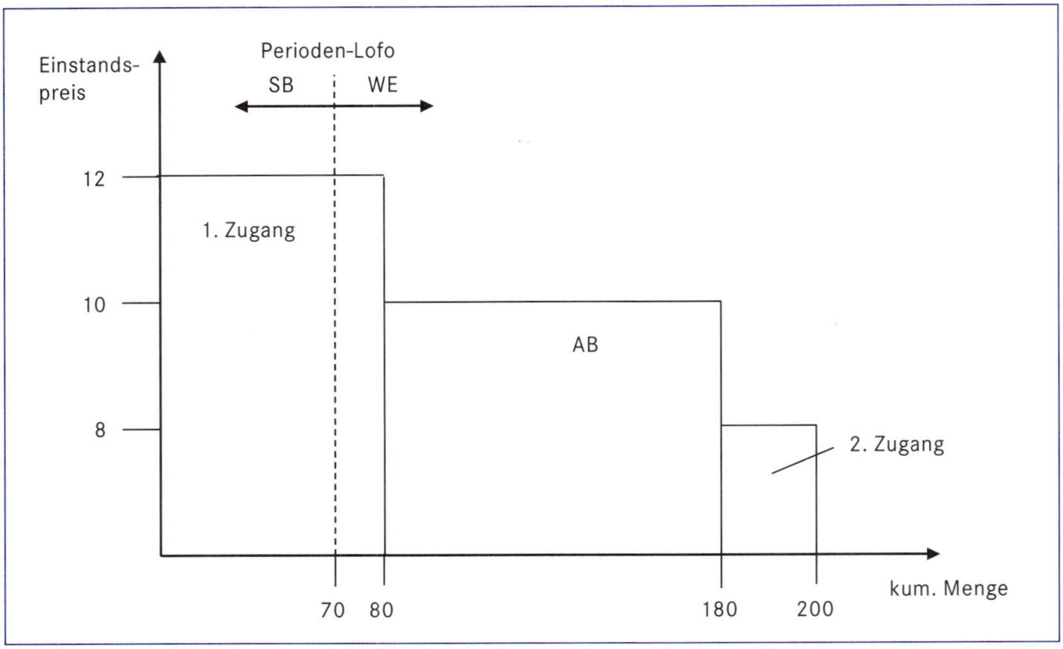

Abb. 7.8: Beispiel zum Perioden-Lofo

bung kommen kann, ähnlich der Ergebnisverschiebung durch die Wahl der Abschreibungsmethode im Bereich des Anlagevermögens (vgl. 10. Kapitel).

Die Wirkung der wertabhängigen Verbrauchsfolgeverfahren auf die Bewertung von Schlussbestand und Wareneinsatz wurde bereits angesprochen und ist auch unmittelbar ersichtlich (vgl. auch Abb. 7.9). Die Bewertung mit dem gewogenen Durchschnitt führt zu einer gleichmäßigen Bewertung der Abgänge (Wareneinsatz) und der Restbestände. Erwartungsgemäß führt dieses Verfahren zu den geringsten Ergebnisverschiebungen.

Die Wirkungen der zeitabhängigen Verfahren sind jedoch vom Verlauf der Anschaffungspreise (bzw. Herstellungskosten) abhängig. Steigen die Anschaffungspreise im Zeitverlauf an (Inflation), so werden die neuesten Lieferungen entsprechend teurer. Bei stetiger Inflation entspricht das Fifo- dem Lofo-Prinzip, das Lifo- dem Hifo-Prinzip. Bei sinkenden Anschaffungspreisen (Deflation) verhält es sich entsprechend umgekehrt. Das Fifo-Prinzip führt dann zu einem hohen Wareneinsatz und niedrigen Schlussbestand, das Lifo-Prinzip entsprechend zu einem hohen Schlussbestand. Bei schwankender, nicht eindeutiger Preisentwicklung kann keine eindeutige Aussage über die Bewertungswirkung der zeitabhängigen Verbrauchsfolgeverfahren gemacht werden.

Generell führen (bewertungsbedingt) niedrige Schlussbestände zu einem niedrigeren Gewinnausweis, da der Aufwand höher ausgewiesen wird (und das Vermögen geringer). So führt also beispielsweise die Hifo-Methode zu einem geringeren Gewinnausweis, bis zur Auflösung der Warenbestände. Die Gewinnrealisierung wird damit zeitlich hinausgeschoben.

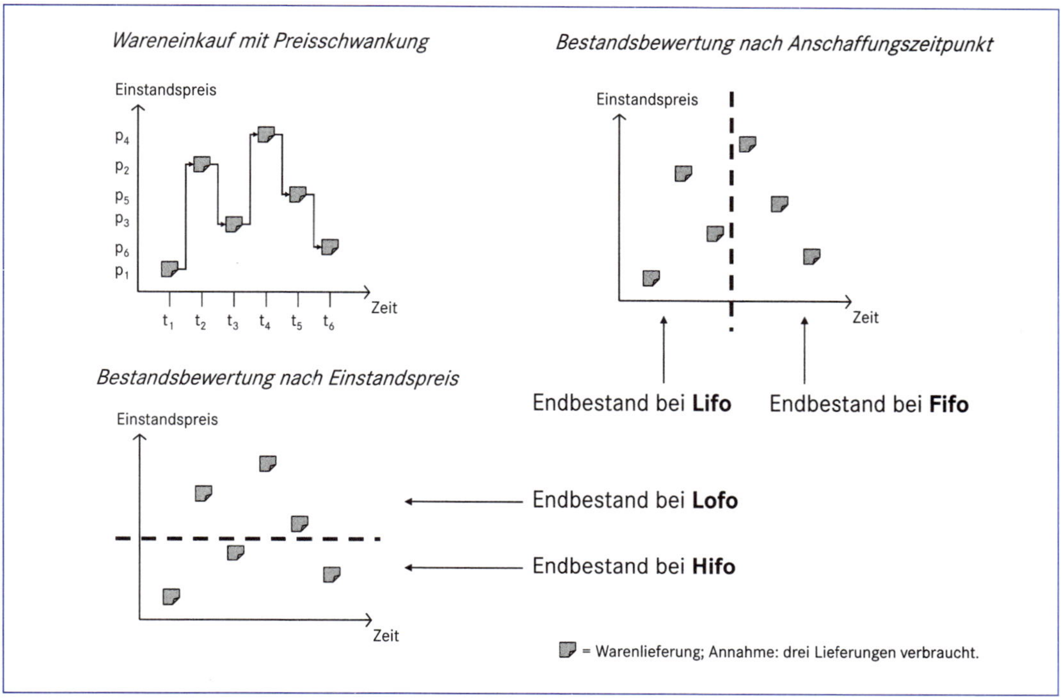

Abb. 7.9: Zusammensetzung des Endbestands bei zeitlichen und wertmäßigen Verbrauchsfolgefiktionen

5. Zulässigkeit

Bedenkt man die Gestaltungsmöglichkeiten, die sich in einem Unternehmen bezüglich der buchhalterischen Gewinnbeeinflussung ergeben würden, wird deutlich, warum diese in der Praxis eingeschränkt werden mussten. Zur Vermeidung von willkürlichen Bewertungen ergibt sich zum einen gemäß dem Stetigkeitsprinzip die Notwendigkeit, ein einmal gewähltes Bewertungsverfahren beizubehalten, sofern ein Wechsel nicht sachlich begründet ist (wenn sich z. B. die tatsächliche Verbrauchsreihenfolge geändert hat). Zum anderen ist die Auswahl von Bewertungsansätzen eingeschränkt.

Die Einzelbewertung ist immer zulässig, ebenso (sofern die Voraussetzungen für Sammelbewertung überhaupt erfüllt sind) das Durchschnittsverfahren.

Handelsrechtlich sind darüber hinaus nur die zeitlichen Verbrauchsfolgefiktionen (also Fifo und Lifo) zulässig.

Steuerrechtlich ist als Verbrauchsfolgefiktion nur das Lifo-Verfahren zugelassen, wenn dieses mit der tatsächlichen Verbrauchsfolge zumindest vereinbar ist (z. B. nicht bei verderblichen Waren).

Dabei ist es wichtig, zwei Ebenen zu unterscheiden: Das Verbot des Bewertungsverfahrens und die Überprüfung des Bilanzansatzes mit dem Niederstwertprinzip. Letztere führt im Abschluss unabhängig vom angewendeten Bewertungsverfahren immer dazu, dass die Anschaffungskosten nur dann zur Anwendung kommen, wenn sie nicht oberhalb des Tageswertes (steuerlich des Teilwertes) liegen.

IV. Festbewertung

Neben den Verbrauchsfolgefiktionen existiert eine weitere Bewertungsvereinfachung, die Festbewertung, die im Folgenden kurz dargestellt wird.

Gemäß § 240 Abs. 3 HGB können Vermögensgegenstände des Sachanlagevermögens ebenso wie Roh-, Hilfs-, und Betriebsstoffe (RHB) - abweichend vom Grundsatz der Einzelbewertung - mit einem gleichbleibenden Wert angesetzt werden, wenn ihr Neuzugang in etwa ihrem Verbrauch entspricht, sodass ihr Bestandswert nur geringen Veränderungen unterliegt und insgesamt von nachrangiger Bedeutung ist.

Unter diesen Voraussetzungen wird ein Festwert angesetzt, Zugänge werden sofort als Aufwand verbucht, Abschreibungen entfallen. Eine Inventur für diese Vermögensgegenstände ist nur alle drei Jahre vorgeschrieben.

In der Praxis kann das Verfahren beispielsweise für das Gerüst eines Bauunternehmens, bei Hotelwäsche, Werkzeug oder diversen Kleinteilbeständen Anwendung finden.

G. Kommissionsgeschäfte

Kommissionsgeschäfte sind rechtlich in den §§ 383 bis 406 HGB geregelt. Allgemein werden darunter Geschäfte verstanden, die ein Beauftragter gewerbsmäßig im eigenen Namen, aber im Auftrag eines anderen ausführt. Man unterscheidet zwischen der sog. »Einkaufskommission« und der »Verkaufskommission«.

I. Einkaufskommission

Bei der Einkaufskommission übernimmt ein Beauftragter (Kommissionär) gewerbsmäßig den Kauf von Waren (oder Wertpapieren) im eigenen Namen, aber im Auftrag und für Rechnung eines Auftraggebers (Kommittent).[5]

Die Einkaufskommission bietet sich an, wenn beim Warenbezug spezielle Kenntnisse von Vorteil (oder sogar notwendig) sind bzw. der Einkauf nur an speziellen (Börsen- oder) Marktplätzen möglich ist. Beim Bezug von russischen Waren mögen beispielsweise die Entfernung, Sprache, Gepflogenheiten, Importbestimmungen, etc. die Einschaltung eines Kommissionärs nahelegen.

Der Kommissionär wird regelmäßig mit einer Provision (Vergütung in Abhängigkeit der Auftragssumme) sowie einem Aufwandsersatz für seine Dienste entlohnt.

Der Kommissionär ist Beauftragter/Vermittler eines oder mehrerer Auftraggeber (Kommittenten), er tritt jedoch im Außenverhältnis selbst als Abnehmer auf. Daher wird er auch juristischer Eigentümer der Waren, nicht jedoch wirtschaftlicher Eigentümer (was für die Verbuchung bekanntlich wesentlich ist), da er verpflichtet ist, das Eigentum auf den/die Kommittenten zu übertragen.

5 Eine Kommission (i. S. v. Gremium) wird mit einer Aufgabe betraut, daher Kommissionär = Beauftragter; committere = (lat.) beauftragen, bestellen, daher Auftraggeber = Kommittent.

Weil der Kommissionär kein wirtschaftlicher Eigentümer der Kommissionsware ist, verbucht er den Wareneinkauf nur vorübergehend auf einem Kommissionswarenkonto (für den jeweiligen Kommittenten) und bucht diesen Bestand bei Lieferung an den Kommittenten auf das entsprechende Kontokorrentkonto (Verrechnungskonto). Befindet sich die Ware am Ende des Geschäftsjahres noch im Lager des Kommissionärs, so ist sie auf das Kontokorrentkonto (des Kommittenten) umzubuchen, da die Waren (an denen er kein wirtschaftliches Eigentum besitzt) nicht in seiner Schlussbilanz erscheinen dürfen.

Die Ware selbst kann entweder vom Lieferanten an den Kommissionär und anschließend von diesem an seinen/seine Kommittenten oder direkt vom Lieferanten an den Kommittenten geliefert werden (sog. Streckengeschäft). Beim Streckengeschäft entfällt entsprechend das Kommissionswarenkonto.

Das Kontokorrentkonto stellt für den Einkaufskommissionär eine Forderung gegenüber dem Kommittenten dar, für den Kommittenten entsprechend eine Verbindlichkeit gegenüber dem Kommissionär.

Als rechtlicher Eigentümer und gewerbsmäßiger Vermittler ist der Kommissionär umsatzsteuerpflichtig. Die Umsatzsteuer wird mit der Leistungserfüllung, also der Lieferung an den Kommissionär, fällig. Obwohl dieser Zeitpunkt in der Literatur zwar teilweise strittig ist, verfahren die Finanzbehörden so. Im Folgenden wird vom Lieferzeitpunkt als Entstehungszeitpunkt ausgegangen.

Beispiel

Sachverhalt:

Der Einkaufskommissionär B (Beauftragter) kauft für den Kommittenten A (Auftraggeber) Waren im Wert von 40.000 GE (netto). B wurde eine Provision i. H. v. 10 % zugesichert. Später entstehen B Auslagen (Frachtkosten) i. H. v. insgesamt 1.000 GE (netto). B kauft die Waren am 06.12.00 in bar und bezahlt am 12.12.00 seine Auslagen in bar.

a. Am 30.12.00 (im selben Geschäftsjahr) ...
b. Am 10.01.01 (im nächsten Geschäftsjahr) ...

... liefert B die Waren an A und stellt diesem eine Rechnung über die Gesamtsumme, welche A (jeweils) eine Woche später per Banküberweisung bezahlt.

Bewertung:

	netto	USt	brutto
Waren	40.000	7.600	47.600
Provision	4.000	760	4.760
Auslagen	1.000	190	1.190
Rechnungsbetrag (Summe)	45.000	8.550	53.550

Buchungen beim Kommissionär B:

06.12.00: Wareneinkauf:

1160	Kommissionswaren A	40.000	an	1600	Kasse	47.600
1400	VorSt	7.600				

12.12.00: Auslagen:

6700	Kosten der Warenabgabe	1.000	an	1600	Kasse	1.190
1400	VorSt	190				

30.12.00: Lieferung (Fall a) bzw. 31.12.00: Umbuchung (Fall b)

1200	FLL (Kontokorrent A)	53.550	an	1160	Kommissionswaren A	40.000
				4500	Provisionserträge	4.000
				6700	Kosten der Warenabgabe	1.000
				3800	USt	8.550

06.01.01 (Fall a) bzw. 16.01.01 (Fall b): Bezahlung:

1800	Bank	53.550	an	1200	FLL (Kontokorrent A)	53.550

Buchungen beim Kommittenten A:

Am 06.12.01 (Wareneinkauf) und 12.12.01 (Auslagen) zunächst keine Buchung (obwohl Vermögensgegenstand, da aber nicht zu bewerten bzw. unbekannt)

30.12.01: Fall a) Lieferung bzw. am 31.12.01 (Fall b) Umbuchung:

5200	WEK	45.000	an	3300	VLL (Kontokorrent B)	53.550
1400	VorSt	8.550				

06.01.01 bzw. 16.01.01: Bezahlung:

3300	VLL (Kontokorrent B)	53.550	an	1800	Bank	53.550

Aus dem Fallbeispiel wird ersichtlich, dass die Zuordnung der Kommissionsware zum Kommittenten spätestens zum Ende des Geschäftsjahres zu erfolgen hat, auch wenn sich die Ware noch im Lager des Kommissionärs befindet. Ferner ist zu erkennen, dass die Kosten und der Gewinn des Kommissionärs beim Kommittenten als Anschaffungsnebenkosten aktiviert werden. Möchte man ganz exakt buchen, so müsste bereits beim Wareneinkauf des Kommissionärs die Umsatzsteuerschuld und eigentlich auch die Umbuchung gebucht werden. In der älteren Literatur findet sich auch ein (sicher einfacher und ebenso zweckmäßig) gänzlicher Verzicht auf das Kommissionswarenkonto, sodass sofort auf ein Kontokorrentkonto bzw. Kommittentenkonto (beim Kommissionär) und Kommissionärskonto (beim Kommittenten) gebucht wird. Der Kommissionswarenbestand ist dann außerhalb der Buchhaltung aufzuzeichnen. Im Übrigen ergeben sich in der Praxis unterschiedliche Gestaltungsmöglichkeiten bezüglich der Führung eines Kommissionswarenkontos in der Buchhaltung (wie oben dargestellt) oder nur in eigenen Nebenbüchern.

II. Verkaufskommission

Der Verkaufskommissionär übernimmt im eigenen Namen und für Rechnung des Kommittenten den Verkauf von Waren (oder Wertpapieren). Auch hier besteht natürlich die Möglichkeit des Streckengeschäftes, d. h. der direkten Lieferung vom Kommittenten zum Käufer. Anders als bei der Einkaufskommission erwirbt der Verkaufskommissionär (juristisch und wirtschaftlich) kein Eigentum an der Ware. Dennoch muss der Warenbestand beim Kommissionär aufgezeichnet werden, sei es in einem Nebenbuch (außerhalb der regulären Buchführung) oder auf einem gesonderten Kommissionswarenkonto. Beim Kommittenten (dem wirtschaftlichen und rechtlichen Eigentümer) wird ein gesondertes Konto »Ware in Kommission« oder »Konsignationsware«[6] geführt, also ein Warenkonto und kein Debitorenkonto.

Bei Lieferung der Waren an den Kommissionär wird diesem eine pro forma Rechnung ausgestellt. Auf dieser wird der Warenwert zum vorgegebenen Verkaufspreis zuzüglich USt ausgewiesen. Bei der Berechnung der USt kann die vereinbarte Provision den Warenwert entweder sofort mindern oder erst beim Warenverkauf an den Kunden eine Korrektur vorgenommen werden. Da mit dieser pro forma Rechnung weder die Provision des Kommissionärs noch der Verkaufserlös des Kommittenten realisiert wurde, dürfen diese beiden Erträge auch noch nicht erfolgswirksam erfasst werden. Der Provisionsanspruch entsteht erst mit dem Warenverkauf an den Kunden, ebenso wird dann erst der Verkaufserlös dem Kommittenten gutgeschrieben. Selbstverständlich mindern die Provision (des Kommissionärs) und eventueller Auslagenersatz den Verkaufserlös des Kommittenten. Dabei ist die USt ggf. noch zu berücksichtigen (sofern das nicht schon im Rahmen der pro forma Rechnung geschehen ist).

Damit ergeben sich folgende wesentliche Gestaltungsmöglichkeiten:

- Nebenbücher oder eigenes Kommissionswarenkonto beim Kommissionär
- Trennung des Kommissionswarenkontos in ein Eingangs- und ein Ausgangskonto beim Kommittenten und beim Kommissionär
- Verbuchungszeitpunkt und -art der Provision (und damit der Umsatzsteuer)

Beispiel

Der Händler B (Beauftragter) ist Verkaufskommissionär für den Kommittenten A (Auftraggeber). Im Auftrag von A verkauft er (am 01.04.00) Waren aus dem Konsignationswarenlager (die am 15.03.00 geliefert wurden und für die A 45.000 GE netto bezahlt hat) für den vorgegebenen Verkaufspreis von 60.000 GE (netto). B steht die vereinbarte Verkaufsprovision von 10 % des Nettoverkaufspreises sowie Auslagenersatz (i. H. v. 800 GE netto) zu. Die USt beträgt 19 %.

6 Von konsignieren: akkreditieren, anerkennen.

Pro-forma Rechnung

Warenwert (netto)	60.000	
10 % Provision (netto)	- 6.000	
Rechnungsbetrag (netto)	54.000	54.000
19 % USt		10.260
		64.260
Auslagenersatz (netto)	- 800	
19 % USt	- 152	
Auslagen (brutto)	- 952	- 952
Restforderung		63.308

Verkaufsrechnung

Warenwert (netto)	60.000
19 % USt	11.400
Rechnungsbetrag	71.400

Buchungen beim Kommissionär B:

15.03.00: Lieferung von A an B:

1160	Kommissionsware A	60.000	an	3300	VLL (Kontokorrent A)	70.260
1400	VorSt	10.260				

Anschließend Auslagen:

6700	Kosten der Warenabgabe	800	an	1600	Kasse	952
1400	VorSt	152				

01.04.00: Verkauf:

1200	FLL	71.400	an	1160	Kommissionsware A	60.000
				3800	USt	11.400

3300	VLL (Kontokorrent A)	6.000	an	4500	Provisionserträge	6.000

3300	VLL (Kontokorrent A)	952	an	6700	Kosten der Warenabgabe	800
				3800	USt	152

Ausgleich des Kontokorrent A:

3300	VLL (Kontokorrent A)	63.308	an	1800	Bank	63.308

Buchungen beim Kommittenten A:

15.03.00: Lieferung von A an B:

1121	Konsignationsware B (EK)	45.000	an	4200	WVK	45.000
1200	FLL (Kontokorrent B)	10.260		3800	USt	10.260

01.04.00: Verkauf:

1200	FLL (Kontokorrent B)	60.000	an	1121	Konsignationsware B (VK)	60.000

6770	Provisionsaufwand	6.000	an	1200	FLL (Kontokorrent B)	6.000

6700	Kosten der Warenabgabe	800	an	1200	FLL (Kontokorrent B)	952
1400	VorSt	152				

Ausgleich des Kontokorrent B:

1800	Bank	63.308	an	1200	FLL (Kontokorrent B)	63.308

Die dargestellten Buchungen stellen nur eine Gestaltungsvariante der Praxis dar, hier mit einem Kommissionswarenkonto, einem Konsignationskonto und der sofortigen wertmindernden Berücksichtigung der Provision. Das Konsignationswarenkonto des Kommittenten stellt ein gemischtes Warenkonto dar. Zur Vermeidung der bereits angesprochenen Nachteile eines gemischten Kontos kann natürlich auch das Konsignationswarenkonto in ein Eingangs- und Ausgangskonto unterteilt werden. Beim gemischten Konto ist der Provisionsaufwand in das Konsignationswarenkonto (bei getrennten Konten entsprechend im Konsignationswarenverkaufskonto) abzuschließen.

Als Ergebnis (Salden) ergibt sich für den Kommissionär B:
Gewinn: 6.000 GE (Provisionsertrag)
USt-Zahllast: 1.140 GE (= 19 % auf 6.000 GE)

Als Ergebnis (Salden) ergibt sich für den Kommittenten A:
Gewinn: 8.200 GE (Netto-Verkaufserlös)
USt-Zahllast: 1.558 GE (= 19 % auf 8.200 GE)[7]

7 Der Vorsteuerabzug (von 8.550 GE) für den Wareneinsatz von 45.000 GE wurde hierbei berücksichtigt.

8. Kapitel: Sachverhalte im personalwirtschaftlichen Bereich

In diesem Abschnitt werden die im Zusammenhang mit dem Produktionsfaktor »Arbeit« (Humankapital) stehenden Geschäftsvorfälle dargestellt. Nach der Darstellung der Personalkosten wird auf die Lohnnebenkosten, Vorschüsse sowie auf Sachbezüge eingegangen.

A. Personalkosten

Zunächst seien kurz die wichtigsten Begriffe im Zusammenhang mit dem Entgelt betrachtet: Grundsätzlich unterscheidet man **Lohn** (Entgelt der Arbeiter) und **Gehalt** (Zeitlohn der Angestellten). Die wesentlichen Lohnformen sind Zeitlohn (bemessen nach der Arbeitszeit, z. B. Schicht-, Tage-, Wochen- oder Monatslohn), Akkordlohn (bemessen nach bearbeiteten Werkstücken oder der Zeit pro Werkstück) sowie Prämienlohn (abhängig vom Erfüllen bestimmter Ziele, z. B. hinsichtlich Qualität, Produktivität, Innovationen). Ferner können **Provisionen** (Erfolgsbeteiligungen), **Tantiemen** (Gewinnbeteiligungen der Geschäftsleitung) und **Sachleistungen** (z. B. ein Firmenfahrzeug, eine Werkswohnung oder begünstigter Warenbezug) Bestandteile der Vergütung sein. Sonstige Bestandteile der Vergütung sind beispielsweise: Urlaubsgeld, Zuschläge für Überstunden, Lohnfortzahlung im Krankheitsfall, vermögenswirksame Leistungen, Fahrtgeld, Sonntags-, Schicht- und Nachtzuschläge, Geburtsbeihilfen etc.

An den Handelswaren erwirbt das Unternehmen regelmäßig (wirtschaftlich, meist auch juristisch) Eigentum und erfasst damit vor allem Anzahl und Wert der Gegenstände (Bestände). Bei Arbeitskräften liegt ein anderes Rechtsverhältnis (Dienstvertrag) zugrunde. Unternehmen werden nicht Eigentümer der Arbeitskraft, stattdessen wird eine zeitlich begrenzte Nutzung der Arbeitskraft vertraglich vereinbart.

Rechtsgrundlage für das Entgelt sind die Einzelvereinbarungen (Arbeitsverträge), welche ergänzt werden durch Betriebsvereinbarungen (gültig für alle Mitarbeiter des Unternehmens) und Tarifverträge (meist gültig für alle Mitarbeiter der Branche).

Buchhalterisch ist damit lediglich die Nutzung der Arbeitskraft relevant. Dies bedeutet, dass es sich bei den Personalkosten um laufende Aufwandsbuchungen handelt.[1] Erst im Rahmen der sachlichen Abgrenzung am Periodenende werden die Teile der direkt zurechenbaren Personalkosten, die für die Leistungserstellung nicht verkaufter Produkte (oder Anlagen) aufgewendet wurden, als Bestandserhöhungen (oder aktivierte Eigenleistungen) aktiviert.

Sozialeinrichtungen, wie z. B. Kantinen, Betriebskindergärten, Sportplätze und ähnliche Anlagen für Mitarbeiter zählen nicht zum Personalaufwand, sondern werden entsprechend ihrer Art als Anlagen, mit Abschreibungen und Aufwendungen verbucht, auch wenn sie nicht mit Gewinnerzielungsabsicht betrieben werden.

Erhalten Arbeitnehmer einen Pensionsanspruch (Betriebsrente), so hat das Unternehmen unabhängig davon, ob es sich um eine freiwillige Leistung oder eine tarifvertragliche Leistung handelt,

1 Während betriebswirtschaftlich beispielsweise die Fortbildung von Mitarbeitern durchaus als Investition mit einem künftigen Nutzen betrachtet werden kann, sind diese Ausgaben finanzbuchhalterisch nicht zu aktivieren, sondern als sofortiger Aufwand zu behandeln.

eine entsprechende Rückstellung (Pensionsrückstellungen) zu bilden. Weil der Wertansatz dieser künftigen Verpflichtung nicht exakt zu bestimmen ist, bedient man sich statistischer Schätzungen, um den heutigen Wert dieser unsicheren Verbindlichkeiten zu bestimmen. Auf das Wesen und die Verbuchung von Rückstellungen wird im Rahmen der abschlussvorbereitenden Buchungen (13. Kapitel) und als Zusammenfassung bei der Bilanzierung der Passiva (16. Kapitel) eingegangen.

B. Lohnnebenkosten und -abzüge

Die im Arbeitsvertrag festgelegte Vergütung bildet das Bruttoentgelt. Aus diesem errechnen sich die vom Unternehmen einzubehaltende Lohnsteuer sowie die Sozialversicherungsbeiträge. Letztere werden von Arbeitnehmer und Arbeitgeber gemeinsam getragen, sodass die Arbeitgeberanteile der Sozialversicherung den Personalaufwand erhöhen. Zur Auszahlung an den Arbeitnehmer gelangt nur das Nettoentgelt. Die jeweiligen Abzüge werden direkt vom Arbeitgeber an die Finanzbehörden bzw. Einzugsstellen der Sozialversicherungsträger (Krankenkassen) geleistet.

Beispiel

Die Buchhalterin Frau Mayer verdient brutto 2.000 GE pro Monat. Laut Lohnsteuertabelle ihrer Steuerklasse muss sie davon 500 GE (also 25 %) Lohnsteuer entrichten. Ferner sind Sozialabgaben für Renten- (400 GE), Kranken-/Pflege- (300 GE) und Arbeitslosenversicherung (100 GE) zu entrichten (fiktive Werte).
Die Sozialabgaben betragen damit insgesamt 800 GE (40 % von 2.000 GE). Diese sind jeweils zur Hälfte von ihr und ihrem Arbeitgeber zu tragen. Ihr Nettogehalt (Auszahlungsbetrag) errechnet sich damit wie folgt: (in GE)

Bruttogehalt:	2.000	(laut Vertrag)
- Lohnsteuer:	- 500	(25 %, laut fiktiver Steuertabelle)
- Sozialabgaben (ArN-Anteil):	- 400	(20 %)
= Nettogehalt:	= 1.100	(Überweisungsbetrag)
Ihr Arbeitgeber zahlt folgende Beträge:		
Nettogehalt an Frau Mayer:	1.100	(siehe oben)
+ Lohnsteuer an das Finanzamt:	+ 500	(der einbehaltene Betrag)
+ Sozialabgaben (ArN-Anteil):	+ 400	(der einbehaltene Betrag)
+ Sozialabgaben (ArG-Anteil):	+ 400	(»Lohnnebenkosten«)
= Gesamter Personalaufwand:	= 2.400	(Bruttolohn + Nebenkosten)

Allgemein setzt sich der Personalaufwand wie in Abb. 8.1 dargestellt zusammen.

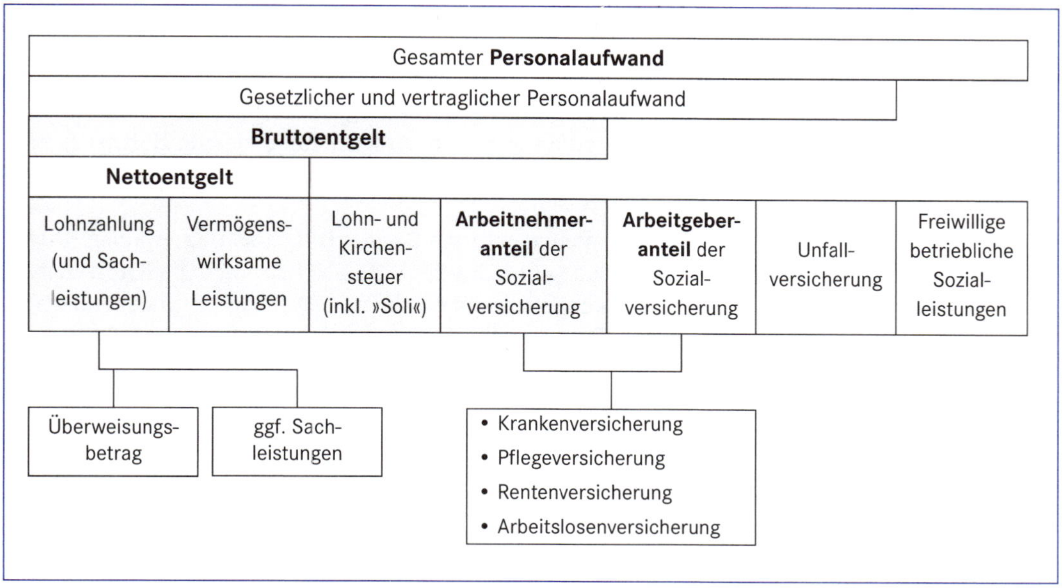

Abb. 8.1: Zusammensetzung des Personalaufwands

I. Normalfall

Die tatsächlichen Beitragssätze der Sozialversicherung belaufen sich für Arbeitnehmer und -geber zusammen beispielsweise im Jahr 2018 auf 18,6 % für die Rentenversicherung, 3,0 % für die Arbeitslosenversicherung, 14,6 % für die Krankenversicherung (gesetzlich fixierter Beitragssatz ohne Zusatzbeiträge) sowie 2,55 % für die Pflegeversicherung. Dabei gelten sog. Beitragsbemessungsgrenzen, bei deren Überschreiten sich der jeweilige Versicherungsbeitrag nur auf diesen Höchstsatz errechnet. Die aktuellen (2018) Bemessungsgrenzen liegen im Westen bei 6.500 EUR (im Osten: 5.800 EUR) pro Monat für die Renten- und Arbeitslosenversicherung sowie bei 4.350 EUR pro Monat für die Kranken- und Pflegeversicherung. Das diese Beträge überschreitende Einkommen ist sozialversicherungsfrei.[2]

Die Sozialversicherungsabgaben ergeben sich so aus festen Prozentsätzen auf das Bruttoentgelt, lediglich die Höhe der Krankenversicherungsbeiträge kann je nach Versicherungsträger durch mögliche kassenindividuelle einkommensabhängige Zusatzbeiträge unterschiedlich sein. Bei der Kranken-/Pflegeversicherung wird das Prinzip der hälftigen Aufteilung der Sozialabgaben durchbrochen. Den anfallenden Zusatzbeitrag in der Krankenversicherung trägt der Arbeitnehmer alleine. Kinderlose bezahlen darüber hinaus in der Pflegeversicherung einen Zuschlag von 0,25 %. Dagegen fallen für Arbeitgeber die **Umlagen** U1 (ca. 1 % bis 4 %, nur für Arbeitgeber bis zu 30 Mitarbeitern) und U2 (ca. 0,4 %, für alle Arbeitgeber) an, quasi als Versicherungsbeitrag für krankheitsbedingte (U1) oder durch Mutterschaftsurlaub bedingte (U2) Ausfälle von Mitarbeitern. In diesen Fällen erhält der Arbeitgeber die Lohn-/Gehaltsaufwendungen (teilweise) ersetzt. Zusätzlich müssen Unternehmen noch die Insolvenzgeldumlage (U3) i. H. v. 0,06 % entrichten. Allgemein

2 Davon zu unterscheiden ist die Versicherungspflichtgrenze (2018: 4.950 EUR), bei deren Überschreiten (für Arbeitnehmer) erst die Möglichkeit zur privaten Krankenversicherung besteht.

dient sie der Finanzierung von Insolvenzgeldzahlungen von zahlungsunfähigen Arbeitgebern. Die Umlagen sind vom Arbeitgeber an die Krankenkassen als Einzugsstelle zu entrichten. Bis 2008 wurde die Insolvenzgeldumlage über die Berufsgenossenschaften eingezogen.

Daneben ist vom Arbeitgeber alleine die **Unfallversicherung** zu bezahlen. Diese besteht aus einem vom Entgelt unabhängigen Versicherungsbetrag pro Arbeitnehmer, dessen Höhe sich nach dem Unfallrisiko des Betriebes bestimmt und der von allen Arbeitgebern an die Berufsgenossenschaften zu entrichten ist.

Im Rahmen der Lohn- und Einkommensteuer wird ein **Solidaritätszuschlag** erhoben. Dieser stellt eine Sonderform der Lohnsteuererhebung dar. Er errechnet sich (wie auch die **Kirchensteuer** - Bayern/Baden-Württemberg: 8 %; allen andern Bundesländer: 9 %) als prozentualer Aufschlag auf den geschuldeten Lohnsteuerbetrag. Damit ergibt sich beispielsweise bei einem Bruttolohn von 5.000 GE, einem Lohnsteuersatz von 30 % und einem Solidaritätszuschlag von 5,5 % sowie Kirchensteuer von 8 % eine Steuerschuld i. H. v.:

Lohnsteuer:	1.500,00	GE (30 % auf 5.000)
Solidaritätszuschlag:	+ 82,50	GE (5,5 % auf 1.500)
Kirchensteuer:	+ 120,00	GE (8 % auf 1.500)
Gesamtsteuerschuld:	= 1.702,50	GE (hier 34,05 % auf 5.000)

Ferner können sog. **vermögenswirksame Leistungen** vereinbart sein. Ihr Zweck ist die Förderung von Vermögensbildung bei Arbeitnehmern, indem sie nicht direkt ausbezahlt, sondern in gesetzlich vorgeschriebener Form zugunsten des Arbeitnehmers längerfristig angelegt werden (z. B. Prämien- und Bausparen, Kapitalversicherungen, Grunderwerb, Aktien, etc.). Die vermögenswirksamen Leistungen werden je nach Ausgestaltung des Tarifvertrages (bzw. Arbeitsvertrages), von Arbeitgeber und -nehmer entweder gemeinsam oder von einem alleine getragen.[3]

Wie bereits erwähnt stellen Arbeitsentgelte sofortigen Aufwand dar, entsprechend werden Personalaufwandskonten für Löhne, Gehälter, Sozialaufwand, etc. geführt. Die Beträge werden entweder sofort überwiesen (Bank) bzw. ausgezahlt (Kasse) oder als (sonstige) Verbindlichkeiten (gegenüber Finanzbehörden bzw. Sozialversicherungsträger) erfasst.

Beispiel

Legt man die im obigen Beispiel errechneten Werte für Frau Mayer zugrunde, so ergeben sich folgende Buchungssätze für die Gehaltsüberweisung:

6000	Löhne und Gehälter	2.000	an	1800	Bank	1.100
				3730	Verb. ggü. FB	500
				3740	Verb. ggü. SVT	400

3 Für geringere Einkommen (zu versteuerndes Einkommen von Alleinstehenden ≤ 20.000 EUR bzw. 17.900 EUR bei Bausparförderung) bezahlt der Staat eine (steuer- und sozialversicherungsfreie) jährliche Sparzulage (Arbeitnehmersparzulage), deren Höhe 20 % (höchstens 400 EUR) der vermögenswirksamen Leistungen beträgt (bzw. 9 % jedoch höchstens 470 EUR beim Bausparen).

6110	(gesetzlicher) Sozialaufwand	400	an	3740 Verb. ggü. SVT	400

Die Sozialversicherung (Arbeitgeber- und Arbeitnehmeranteil) wird zum drittletzten Banktag des laufenden Monats überwiesen.[4] Die einbehaltene Lohnsteuer wird am 10. des Folgemonats an das Finanzamt abgeführt:

3740	Verb. ggü. SVT	800	an	1800 Bank	800

3730	Verb. ggü. FB	500	an	1800 Bank	500

Erweitert man das Beispiel um vermögenswirksame Leistungen i. H. v. 40 GE (die von Frau Mayer getragen werden) und einen Unfallversicherungsbeitrag von 70 GE, so kommt es (mit dieser Erweiterung) zu den in Abb. 8.2 dargestellten Zahlungen.[5]

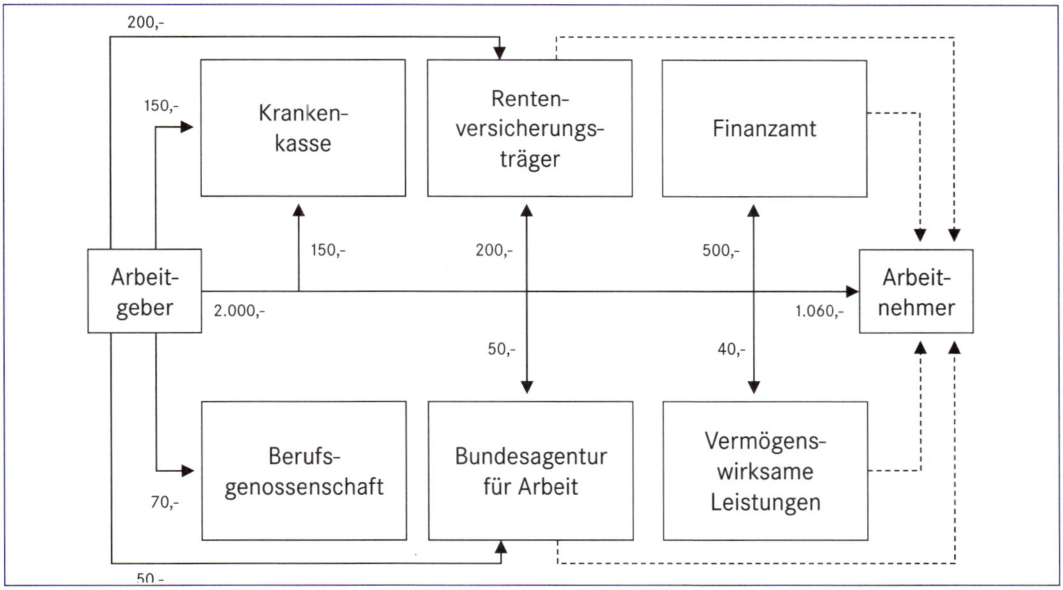

Abb. 8.2: Zahlungsströme bei der Entgeltzahlung (Beispiel)

Am Monatsende ergeben sich folgende Buchungen:

6000	Löhne und Gehälter	2.000	an	1800 Bank	1.060
				3770 Verb. aus vermögensw. Leist.	40
				3730 Verb. ggü. FB	500
				3740 Verb. ggü. SVT	400

4 Dazu muss entsprechend vor Monatsende der voraussichtliche Beitrag geschätzt werden. Eventuelle Korrekturen werden mit der Abrechnung des nächsten Monats vorgenommen.

5 In der Praxis wird nicht direkt an die Rentenversicherungsträger bzw. die Bundesanstalt für Arbeit gezahlt. Die jeweiligen Beiträge werden von den Krankenkassen weitergeleitet.

6110	(gesetzlicher) Sozialaufwand	400	an	3740	Verb. ggü. SVT	400

Die Beiträge zur Berufsgenossenschaft werden in der Praxis erst im Folgejahr exakt bestimmt. Theoretisch wäre zu buchen::

6120	Unfallversicherung	70	an	3787	Verb. ggü. Berufsgen.	70

Es ist leicht nachvollziehbar, dass die bereits relativ aufwendige Verbuchung der personalwirtschaftlichen Sachverhalte bei Betrieben mit vielen Mitarbeitern schwer zu handhaben ist. Dies führt häufig zu einer Ausgliederung aus der Finanzbuchhaltung in entsprechende Nebenbücher (und Abteilungen), die der Finanzbuchhaltung nur zu verbuchende Summen liefern. Üblicherweise werden Lohnlisten geführt, aus denen sich die Löhne eines jeden Arbeitnehmers ablesen lassen. In die Konten werden später nur die Gesamtsummen dieser Listen übernommen.

II. Sonderfall: Geringfügiges Beschäftigungsverhältnis

Beschäftigungsverhältnisse können unterschiedlich gestaltet sein. Bisher wurde implizit ein unbefristetes Arbeitsverhältnis unterstellt. Oftmals wird in der Praxis jedoch auch die Form eines sog. geringfügigen Beschäftigungsverhältnisses gewählt (Minijobs).

Ein solches Beschäftigungsverhältnis ist gegeben, wenn die Anstellung nur geringfügig entlohnt wird (**geringfügig entlohnte Beschäftigung**) oder nur von kurzer Dauer ist (**kurzfristige Beschäftigung**). Die Besonderheit liegt bei beiden Varianten in der Behandlung der Lohnsteuer und der Sozialabgaben. Einerseits kann der Arbeitgeber hierfür eine sog. pauschale Besteuerung vornehmen, andererseits sind beide Formen, von wenigen Sonderbestimmungen (z. B. Ausbildungsverhältnisse, witterungsbedingte Kurzarbeit, freiwilliges soziales Jahr, etc.) abgesehen, von der gesetzlichen Sozialversicherung befreit und dafür mit besonderen, pauschalen Sätzen zu versichern.

Bei einer geringfügigen Beschäftigung ist das Einkommen für den Arbeitnehmer steuerfrei, für den Arbeitgeber bedeutet dies jedoch einen höheren Personalaufwand. Neben der anfallenden Lohnsteuer trägt er je nach Konstellation auch den Solidaritätszuschlag (aktuell 5,5 %) sowie die pauschale Kirchensteuer (bundeslandabhängig 4 % bis 7 %).

Ferner gibt es für Arbeitnehmer mit einem monatlichem Einkommen zwischen 450 EUR und 850 EUR (Midijobs) Ermäßigungen bei den Sozialversicherungsbeiträgen. Im Folgenden werden die drei Varianten näher betrachtet.

1. Geringfügig entlohnte Beschäftigung (Minijobs)

Unter einem Minijob versteht man Beschäftigungsverhältnisse, bei denen das Arbeitsentgelt regelmäßig 450 EUR im Monat nicht übersteigt. Im Hinblick auf die Besteuerung ist zwischen der Pauschsteuer i. H. v. 2 % (§ 40a Abs. 2 EStG) und der pauschalen Lohnsteuer von 20 % (§ 40a Abs. 2a EStG) des Arbeitsentgelts zu unterscheiden.

Der Lohnsteuerabzug durch die einheitliche Pauschsteuer von 2 % kann dabei nur gewählt werden, wenn der Arbeitgeber gleichzeitig Beiträge zur gesetzlichen Rentenversicherung (je nach Versicherungsstatus des Arbeitnehmers 15 %[6] auf das Arbeitsentgelt) abführt. In diesem Fall sind mit dem pauschalen Steuersatz von 2 % die Lohnsteuer, der Solidaritätszuschlag sowie die Kirchensteuer abgegolten.

Ist der Arbeitgeber nicht verpflichtet, Beiträge zur gesetzlichen Rentenversicherung zu entrichten, so kann die pauschale Lohnsteuer nur durch einen Steuersatz i. H. v. 20 % abgegolten werden. In diesem Satz sind weder Solidaritätszuschlag noch Kirchensteuer enthalten.

Unabhängig von der Rentenversicherung fallen für den Arbeitgeber pauschale Beiträge zur Krankenversicherung i. H. v. 13 %[7] des Arbeitsentgeltes an. Schließlich müssen eventuell noch die Umlagen U1, U2 und U3 (insgesamt 1,2 %) entrichtet werden. Zur Arbeitslosen- und Pflegeversicherung fallen keine Beiträge an.

Beispiel

Arbeitnehmer Gring ist auf 450-Euro-Basis als Verkäufer an einer Tankstelle beschäftigt. Daneben ist Gring nicht berufstätig und somit nicht sozialversicherungspflichtig. Auf die Befreiung von der gesetzlichen Rentenversicherung hat Gring jedoch verzichtet. Sein Arbeitgeber führt den Pauschalsatz ab. Für den Arbeitgeber fallen somit folgende Zahlungen an:

Bruttogehalt:		450,00
Pauschalsteuer:	2 % von 450	9,00
Rentenversicherung:	15 % von 450	67,50
Krankenversicherung:	13 % von 450	58,50
Umlagen	1,2 % von 450	5,40
Summe		590,40

6030	Aushilfslöhne	450,00	an	1800	Bank	450,00
6040	Lohnsteuer Aushilfen	9,00		3740	Verb. ggü. SVT	140,40
6110	Sozialaufwand	131,40				

Wäre Gring, (z. B. als Renter oder Beamter) nicht rentenversicherungspflichtig, so hätte sein Arbeitgeber die Beschäftigung mit dem pauschalen Lohnsteuersatz von 20 % versteuern

6 Für Beschäftigungsverhältnisse in Privathaushalten gilt ein ermäßigter Pauschalsatz von 5 %.

7 Bzw. 5 % für Beschäftigte in Privathaushalten. Bei Privathaushalten fallen noch 1,6 % Unfallversicherungspauschale an, die gewerbliche Arbeitgeber über ihre Berufsgenossenschaft bezahlen. Die Insolvenzgeldumlage entfällt bei Privathaushalten.

müssen. Außerdem wären Solidaritätszuschlag sowie Kirchensteuer (z. B. pauschal 7 %) zu entrichten.

Bruttogehalt:		450,00
pausch. Lohnsteuer:	20 % von 450	90,00
Solidaritätszuschlag:	5,5 % auf 90	4,95
Kirchensteuer:	7 % auf 90	6,30
Krankenversicherung:	13 % von 450	58,50
Umlagen	1,2 % von 450	5,40
Summe		615,15

6030	Aushilfslöhne	450,00	an	1800	Bank	450,00
6040	Lohnsteuer Aushilfen	101,25		3740	Verb. ggü. SVT	165,15
6110	Sozialaufwand	63,90				

In diesem Fall erhöht sich der Gesamtaufwand für den Arbeitgeber von 590,40 EUR auf 615,15 EUR. Für den Einzug der pauschalen Sozialversicherung und Lohnsteuer ist in diesem Fall für alle Arbeitnehmer die Knappschaft-Bahn-See (Minijobzentrale) zuständig.

2. Kurzfristige Beschäftigung (Aushilfen)

Diese Beschäftigungsvariante kann gewählt werden, wenn die Beschäftigung im Laufe eines Kalenderjahres drei Monate oder insgesamt 70 Arbeitstage nicht überschreitet. Sind diese Kriterien erfüllt, so kann der Arbeitgeber die Lohnsteuer pauschal mit 25 % des Arbeitsentgeltes abgelten. Hinzu kommt der Solidaritätszuschlag sowie die Kirchensteuer.

Im Gegensatz zur geringfügig entlohnten Beschäftigung fallen hier weder für den Arbeitgeber noch für den Arbeitnehmer (pauschale) Sozialabgaben an. Jedoch hat der Arbeitgeber auch im Falle einer kurzfristigen Beschäftigung eventuell die Umlagen U1, U2 und U3 zu entrichten

Beispiel

Während der Ferienzeit hat sich Hausmann Schort entschlossen, in einem Lebensmittelgeschäft auszuhelfen. Dangel Mann bietet ihm daraufhin an, im Rahmen eines kurzfristigen Beschäftigungsverhältnisses für zwei Monate bei ihm zu arbeiten. Sie einigen sich auf einen Stundenlohn von 8,50 EUR und eine wöchentliche Arbeitszeit von 20 Stunden (vier Wochen pro Monat). Auf einen Rentenversicherungsanspruch will Schort verzichten. Der pauschale Kirchensteuersatz beträgt 7 %. Eventuell zu entrichtende Umlagen werden vernachlässigt.

Bruttolohn:		1.360,00
pausch. Lohnsteuer:	25 % von 1.360	340,00
Solidaritätszuschlag:	5,5 % auf 340	18,70
pausch. Kirchensteuer:	7 % auf 340	23,80
Summe		1.742,50

6030	Aushilfslöhne	1.360,00	an	1800	Bank	1.360,00
6040	Lohnsteuer Aushilfen	382,50		3730	Verb. ggü. FB	382,50

Bezogen auf die Lohnnebenkosten ist eine kurzfristige Beschäftigung (ca. 28 % Nebenkosten) verglichen mit der geringfügigen Beschäftigung (ca. 31 % bzw. 37 % Nebenkosten) für den Arbeitgeber die günstigere Variante.

3. Beschäftigungen in der Gleitzone (Midijobs)

Für Beschäftigte, die mehr als 450 EUR aber maximal 850 EUR (Gleitzone) pro Monat verdienen, hat der Gesetzgeber reduzierte Sozialabgaben für den Arbeitnehmer vorgesehen. Arbeitgeber entrichten allerdings den vollen Beitrag. Da für diese Arbeitsverhältnisse eine Lohnsteuerkarte erforderlich ist, unterscheidet sich die Besteuerung nicht von regulären Arbeitsverhältnissen.

Die Bemessungsgrundlage (BG) für die Sozialversicherung bemisst sich in diesem Fall für das Jahr 2018 nach folgender Formel:[8]

$$\textbf{Bemessungsgrundlage} = 1{,}2759625 \times \textbf{Entgelt} - 234{,}568125$$

Die sich aus dieser Bemessungsgrundlage ergebenden Sozialabgaben teilen sich Arbeitgeber und Arbeitnehmer. Der Arbeitgeberanteil ermittelt sich dabei aber aus seinen Beitragssätzen auf das volle Entgelt. Der Arbeitnehmer trägt die Differenz zwischen dem gesamten Beitrag aus obiger Formel und dem Arbeitgeberanteil.

Beispiel

Frau Garzon arbeitet im Restaurant von Herrn Cafard für 700 EUR pro Monat. Der Beitragssatz ihrer Krankenkasse beträgt 14,6 % plus 1,0 % Zusatzbeitrag (sowie U1 3,0 %, U2 0,4 %, U3 0,15 %). Frau Garzon hat zwei erwachsene Kinder, sie ist konfessionslos. Herr Cafard beschäftigt insgesamt 10 Mitarbeiter im Jahresdurchschnitt. Im Übrigen gelten folgende (2018) gesetzlichen Beitragssätze, für die Rentenversicherung (RV) von 18,6 %, die Arbeitslosenversicherung (ALV) von 3,0 % und die Pflegeversicherung (PF) von 2,55 %. Außerdem wird mit einem Solidaritätszuschlag von 5,5 % gerechnet. Für die Gehaltsabrechnung von Frau Garzon ergeben sich beispielsweise für den Monat Februar: (in GE)

8 Die Formel leitet sich aus der gesetzlichen Formel: BG = F × 450 + ((850 / (850 - 450)) - (450 / (850 - 450)) × F) × (Entgelt - 450) mit dem »Berechnungsfaktor F« ab. Dieser Faktor F (= 0,7547 für 2018) ermittelt sich als Verhältnis des Pauschalsatzes zum durchschnittlichen gesamten Sozialversicherungsbeitragssatz, wie ihn das Bundesministerium für Arbeit und Soziales bestimmt.

BG Sozialversicherung	(reduzierter Betrag)	658,61
RV	18,6 %	122,50
ALV	3,0 %	19,76
KV	14,6 %	96,16
KV-Zuschlag	1,0 %	6,59
PV	2,55%	16,80
PV-Zuschlag	keiner, da Elternschaft	0,00
Umlage U1	3,0 %	19,76
Umlage U2	0,4 %	2,63
Umlage U3	0,15 %	0,99
Sozialabgaben	(gesamt)	285,18

BG Arbeitgeber		700,00
Anteil RV	9,3 % (½ v. 18,6 %)	65,10
Anteil ALV	1,5 % (½ v. 3,0 %),	10,50
Anteil KV	7,3 % (½ v, 14,6 %)	51,10
Anteil PV	1,275 % (½ v. 2,55 %)	8,93
Umlagen U1/U2/U3	(siehe oben)	23,38
Sozialabgaben	(Arbeitgeberanteil)	159,01

Sozialabgaben	(Gesamt)	285,18
- Sozialabgaben	(Arbeitgeberanteil)	- 159,01
Sozialabgaben	(Arbeitnehmeranteil)	126,17

Bruttolohn:		700,00
- Lohnsteuer (laut Tab.):	z. B. 100	- 100,00
- Solidaritätszuschlag:	5,5 % auf 100	- 5,50
- Sozialabgaben	(Arbeitnehmer)	- 126,17
Auszahlungsbetrag		468,33

6000 Löhne und Gehälter	700,00	an	1800	Bank	468,33
			3730	Verb. ggü. FB	105,50
			3740	Verb. ggü. SVT	126,17

6110 (gesetzlicher) Sozialaufwand	159,01	an	3740	Verb. ggü. SVT	159,01

In der Praxis wird der Sozialversicherungsbeitrag drei Banktage vor Monatsende fällig. Folglich erfolgt die Zahlung an die Krankenkasse entsprechend vor der Lohnabrechnung. Anstatt direkt auf Konto 3740 kann daher auch zunächst auf ein spezielles Vorauszahlungskonto gebucht werden, welches anschließend mit dem Konto 3740 verrechnet wird.

C. Vorschüsse

Wie bei Warengeschäften kann auch bei Mitarbeitern der Zeitpunkt von Zahlung und Leistung auseinanderfallen. So wird heute das Arbeitsentgelt meist am Monatsende bezahlt, sodass der Arbeitnehmer zunächst eine Vorausleistung erbringt. Teilweise werden aber Vorauszahlungen oder Darlehen als Kredite des Arbeitgebers an den Arbeitnehmer vereinbart. **Vorauszahlungen** beziehen sich auf eine Zahlung vor dem Erbringen der Arbeitsleistung (z. B. am Monatsanfang), welche die Zahlung am Monatsende entsprechend reduziert.

Beispiel

In Fortsetzung des Beispiels von Frau Mayer (Bruttoverdienst: 2.000 GE, Sozialversicherung je 400 GE und Lohnsteuer 500 GE) wird angenommen, dass sie am Monatsanfang einmalig eine Vorauszahlung von 500 GE erhält:

6000	Löhne und Gehälter	500	an	1800	Kasse/Bank	500

Am Monatsende wird der Überweisungsbetrag um die Vorauszahlung gekürzt:

6000	Löhne und Gehälter	1.500	an	1800	Bank	600
				3730	Verb. ggü. FB	500
				3740	Verb. ggü. SVT	400

6110	(gesetzlicher) Sozialaufwand	400	an	3740	Verb. ggü. SVT	400

Die weiteren Buchungen (Arbeitgeberanteile, Überweisung der Abgaben und evtl. vermögenswirksame Leistungen etc.) bleiben unverändert. Eine Vorauszahlung kann auch (insbesondere zur korrekten Periodenabgrenzung) wie ein Darlehen behandelt werden, das im nächsten Monat vollständig zurückbezahlt wird.

Darlehen werden dem Arbeitnehmer für einen längeren Zeitraum (mehr als einen Monat) gewährt. Daher kann keine Aufwandsbuchung (Personalaufwand) erfolgen, sondern es muss eine Forderung gegenüber dem Personal gebildet werden. Diese wird entweder zu einem späteren Zeitpunkt vollständig bzw. in monatlichen Raten getilgt. In beiden Fällen wird der jeweilige Rückzahlungsbetrag vom Nettobezug einbehalten.

Beispiel

Frau Mayer (Bezüge wie im vorherigen Beispiel) erhält am 08.01.01 ein (zinsloses) Darlehen über 1.500 GE:

1340	Forderungen an Mitarbeiter	1.500	an	1800	Bank	1.500

Mit der Gehaltszahlung am Monatsende (und den folgenden 9 Monaten) werden beispielsweise jeweils 150 GE als Rückzahlungsbetrag vom Nettobezug einbehalten.

6000	Löhne und Gehälter	2.000	an	1800	Bank	950
				1340	Forderungen ggü. Mitarbeiter	150
				3730	Verb. ggü. FB	500
				3740	Verb. ggü. SVT	400

6110	(gesetzlicher) Sozialaufwand	400	an	3740	Verb. ggü. SVT	400

Nicht oder nur niedrig verzinsliche Darlehen an Arbeitnehmer führen beim Arbeitnehmer zu einem sog. **geldwerten Vorteil**, also praktisch einem zusätzlichen Entgelt (hier in Form von Zinsersparnis), welches der Steuer sowie der Sozialversicherung unterliegt. Es handelt sich dabei um eine Form des »Sachbezugs«, welcher unten behandelt wird (vgl. S. 187).

Eine weitere Variante von Vorschüssen sind **Abschlagszahlungen**, durch welche die Abrechnung auf einen späteren Zeitpunkt verschoben wird, sodass die Abrechnungsperiode länger als die Zahlungsperiode ist. Diese Vereinfachung greift insbesondere beim Wochenlohn, wodurch nur eine Abrechnung pro Monat notwendig wird. Buchtechnisch werden Abschlagszahlungen als sofortiger Aufwand, vergleichbar der Vorauszahlung, gebucht.

Beispiel

Ein Mitarbeiter bekommt einen Stundenlohn von 20 GE und weist im Januar 01 folgende Arbeitszeiten nach:

Woche:	Stunden:	rechnerischer Wochenlohn:
KW 1	19	380,-
KW 2	28	560,-
KW 3	25	500,-
KW 4	28	560,-
Summe:	100	2.000,-

Mit dem Arbeitnehmer wurde eine wöchentliche Abschlagszahlung i. H. v. 300 GE vereinbart, sodass mit den ersten drei Zahlungen nur der jeweilige Abschlagsbetrag erfasst wird:

6000	Löhne und Gehälter	300	an	1800	Kasse/Bank	300

Am Monatsende wird dann der tatsächliche Lohn errechnet (2.000 GE) und der Restbetrag (1.100 GE) beglichen. Die Abgaben werden entsprechend einbehalten.

6000	Löhne und Gehälter	1.100	an	1800	Bank	200
				3730	Verb. ggü. FB	500
				3740	Verb. ggü. SVT	400

6110	(gesetzlicher) Sozialaufwand	400	an	3740	Verb. ggü. SVT	400

D. Sachbezüge

Neben dem monetären Entgelt (**Geldlohn**) erhalten manche Arbeitnehmer auch Sachleistungen (**Naturallohn**) für ihren Arbeitseinsatz. Neben dem begünstigten oder freien Produktbezug sind beispielsweise folgende Sachleistungen möglich:

- Werkswohnung oder Unterkunft,
- Firmenwagen (zur privaten Nutzung),
- ermäßigte bzw. freie Mahlzeiten oder
- zinsgünstige Darlehen.

Steuerrechtlich werden Sachbezüge als **»geldwerter Vorteil«** bezeichnet und sind grundsätzlich lohnsteuer- sowie sozialversicherungspflichtig. Ferner unterliegen Sachleistungen auch der Umsatzbesteuerung, wenn die zugrunde liegende Leistung umsatzsteuerpflichtig ist. Die sich daraus ergebenden Bewertungsprobleme wurden durch Verordnungen (insbesondere Sozialversicherungsentgeltverordnung) im Wesentlichen geregelt. Lediglich geringwertige Aufmerksamkeiten können ausgenommen werden. Die Bewertungsrichtlinien sollen im Folgenden nur beispielhaft dargestellt werden:

- Für Verpflegung und Unterkunft werden jährlich allgemeingültige Werte festgelegt, z. B. beträgt der Sachbezugswert (2018) für freie Unterkunft monatlich 226 EUR und für freie Verpflegung 246 EUR pro Monat. Für die Berechnung der Mehrwertsteuer werden die Wertansätze der Lohnsteuer herangezogen. Im obigen Betrag sind beispielsweise 39,28 EUR Umsatzsteuer (für den Verpflegungsanteil) enthalten. Mietfreie oder vergünstigte Werkswohnungen sind mit ortsüblichen Mieten anzusetzen.
- Aufwandsersatz für Fahrten zur Arbeitsstätte ist mehrwertsteuerfrei, aber lohnsteuerpflichtig. Der Sachwert eines privat genutzten Firmenwagens beträgt 1 % des Listenneupreises (inkl. USt) pro Monat zuzüglich 0,03 % pro Entfernungskilometer zwischen Arbeitsstätte und Wohnung.

Ein 20 km von seinem Arbeitsplatz entfernt wohnender Angestellter muss sich folglich seinen auch privat genutzten Dienstwagen (Bruttolistenneupreis: 40.000 GE) monatlich mit 1,6 %, also absolut 640 GE als Sachbezug anrechnen lassen und diesen Betrag versteuern. Alternativ besteht auch die Möglichkeit, ein Fahrtenbuch zu führen und den tatsächlichen geldwerten Vorteil zu ermitteln.

- Für bestimmte Branchen (z. B. Bäcker) sind Pauschalsätze der Lohnsteuer auf den Sachbezug vorgesehen. Für Mitarbeiterrabatte werden zunächst 4 % Rabatt steuerfrei gewährt, daneben steht ein Rabatt-Freibetrag von 1.080 EUR p. a. zur Verfügung. Der Kauf einer Einbauküche vom Arbeitgeber für 26.000 EUR mit einem Listenpreis von 30.000 EUR kommt folglich einem steuerpflichtigen zusätzlichen Lohn von 1.720 EUR gleich.
- Bei zinslosen oder niedrig verzinslichen Darlehen an Mitarbeiter ist der marktübliche bzw. von der Deutschen Bundesbank veröffentlichte durchschnittliche Effektivzinssatz zum Zeitpunkt des Vertragsabschlusses heranzuziehen. Von diesem Effektivzinssatz kann noch ein Abschlag von 4 % vorgenommen werden. Erhält ein Angestellter beispielsweise von seinem Arbeitgeber ein Darlehen über 20.000 GE zu einem Effektivzins von 1,4 % pro Jahr bei einem marktüblichen Effektivzinssatz von 5 % bei Vertragsabschluss, so werden ihm monatlich ohne Einbezug des Zinsabschlags 60 GE als zu versteuernder, geldwerter Vorteil unterstellt.

Für die Verbuchung von Sachbezügen wird in der Praxis der Lohn-/Gehaltsaufwand um den geldwerten Vorteil erhöht, damit der Sachverhalt aus der Buchführung überhaupt ersichtlich wird. Da der Sachbezug nicht ausbezahlt wird, muss im Haben auf ein (fiktives) Ertragskonto »verrechnete Sachbezüge« gebucht werden. Würde man den Personalaufwand mit den verrechneten Sachbezügen gleich saldieren, so wäre der Sachverhalt aus den Büchern nicht mehr ersichtlich.

Beispiel

Die Mitarbeiterin Frau Huber verdient 3.000 GE (brutto) im Monat. Die Lohnsteuer beträgt 20 % (inkl. Solidaritätszuschlag/Kirchensteuer) und die Sozialabgaben sind mit 40 % angesetzt. Frau Huber bewohnt eine Werkswohnung, für die Sie 200 GE Miete bezahlt (die direkt vom Lohn einbehalten werden). Die ortsübliche Miete der Wohnung liegt bei 500 GE.

Bruttogehalt	3.000
geldwerter Vorteil	300
Bemessungsgrundlage	3.300
Steuern	660
Sozialversicherung (ArN-Anteil)	660
geldwerter Vorteil	300
Miete (Einbehalt)	200
Auszahlungsbetrag	1.480

6000	Löhne und Gehälter	3.300	an	1800	Bank	1.480
				4949	Verrechnete Sachbezüge ohne USt	300
				4860	Mieterträge	200
				3730	Verb. ggü. FB	660
				3740	Verb. ggü. SVT	660

6110	(gesetzlicher) Sozialaufwand	660	an	3740	Verb. ggü. SVT	660

Das folgende fiktive Beispiel fasst die Personalabrechnung und insbesondere den Sachbezug noch einmal zusammen.

Beispiel

Björn Smörrebröd ist als Bäcker bei der Firma Hanseback GmbH für einen Bruttolohn von 2.919 GE beschäftigt. Für seine Steuerklasse gelte folgende Lohnsteuertabelle (Auszug, rein fiktiv):

Monatsentgelt:	Lohnsteuer:	Solidaritätszuschlag:	Kirchensteuer:
2.988,- bis 3.031,99	741	40,76	59,28
3.032,- bis 3.091,99	750	41,25	60,00
3.092,- bis 3.153,99	764	41,97	61,04
3.154,- bis 3.202,99	791	43,51	63,28
3.203,- bis 3.276,99	824	45,32	65,92

Die Sozialversicherungssätze für Kranken-/Pflege-, Renten- und Arbeitslosenversicherung liegen hier beispielsweise bei 15 %, 20 % und 5 %. Von Umlagen/Zuschlägen wird abgesehen, die Hanseback trägt exakt die Hälfte der Sozialabgaben. Zu seinem Bruttogehalt erhält Herr Smörrebröd von seinem Arbeitgeber einen Zuschuss zu den vermögenswirksamen Leistungen (50 GE) i. H. v. 40 %. Für die täglich mit nach Hause gebrachten Backwaren habe der Gesetzgeber einen monatlichen Pauschalwert von 119 GE (brutto) unterstellt. Die USt beträgt (vereinfachend) 19 %.
Diesen Monat kauft er von seinem Arbeitgeber (der auch mit Kochbüchern handelt) ein Backbuch zum Preis von 21,40 GE, wobei der Ladenpreis 53,50 GE inkl. USt (ermäßigter Steuersatz von 7 %) beträgt. Seinen Freibetrag für verbilligten Produktbezug habe er bereits ausgeschöpft.

Berechnungen:

Wert der Sachbezüge	netto	USt	brutto
Backwaren (Pauschalbetrag)	100	19	119
Kochbuch (steuerpflichtiger Rabatt)	30	2,10	32,10
Summe Sachbezüge	130	21,10	151,10

Steuerpflichtiges Entgelt	
Bruttogehalt	2.919,00
Vermögensw. Leistungen	20,00
Sachbezüge	151,10
Bemessungsgrundlage	3.090,10

Steuern und Sozialabgaben		
Bemessungsgrundlage		3.090,10
Lohnsteuer (laut Tab.)	750,00	
Solidaritätszuschlag (laut Tab.)	41,25	
Kirchensteuer (laut Tab.)	60,00	
Summe Steuern		851,25
Kranken-/Pflegeversicherung (15 %)	463,52	
Rentenversicherung (20 %)	618,02	
Arbeitslosenversicherung (5 %)	154,51	
Summe Sozialversicherung/Anteil	1.236,05	618,02
Sachbezüge		151,10
Vermögenswirksame Leistungen		50,00
Auszahlungsbetrag		1.419,73

Welche Buchungssätze sind im Personalbereich vorzunehmen?

6000	Löhne und Gehälter	3.070,10	an	1800	Bank	1.419,73
6080	Vermögensw. Leistungen	20,00		4947	Verrechneter Sachbezug mit USt	130,00
				3800	USt	21,10
				3770	Verb. vermögensw. Leistungen	50,00
				3730	Verb- ggü. FB	851,25
				3740	Verb. ggü. SVT	618,02

6110	(gesetzlicher) Sozialaufwand	618,02	an	3740	Verb. ggü. SVT	618,02

9. Kapitel: Sachverhalte im produktionswirtschaftlichen Bereich

In diesem Kapitel wird die Sichtweise von einem reinen Handelsunternehmen auf die ersten Aspekte der Produktionswirtschaft erweitert. Dazu werden zunächst die **Grundlagen der Materialwirtschaft** angesprochen und ihre buchtechnische Erfassung erläutert. Ferner wird auf die Ermittlung der **Wertansätze für Erzeugnisse** eingegangen. Abschließend werden die **Ausweisalternativen der Gewinn- und Verlustrechnung** behandelt.

A. Grundlagen

In der Betriebswirtschaftslehre werden im Allgemeinen folgende Hauptprozesse bzw. Funktionen eines Unternehmens unterschieden:

- Beschaffung,
- Produktion oder Fertigung,
- Absatz oder Vertrieb,
- Unterstützungsprozesse (Geschäftsleitung, Forschung und Entwicklung (F&E), Logistik, Qualitäts- und Personalwesen, Controlling, Marketing, Service, etc.).

Die Bezeichnung und Gruppierung (bzw. Untergliederung) dieser Prozesse/Funktionen hängt im Wesentlichen von der jeweiligen Organisation des Unternehmens ab. Im Teilgebiet »Organisation« beschäftigt sich die Betriebswirtschaftslehre mit solchen Fragestellungen und insbesondere der Frage nach den jeweils optimalen Organisationsformen.

Im warenwirtschaftlichen Bereich wurden nur der Einkauf und Verkauf von Handelswaren betrachtet. In Industrieunternehmen werden Materialien aber regelmäßig verarbeitet, bevor sie weiterverkauft werden. Man unterscheidet diese Materialen weiter nach ihrer Art, mit der sie in die Produktion eingehen. Entsprechend spricht man von **Roh-, Hilfs- und Betriebsstoffen** (RHB):

- Rohstoffe gehen als Hauptbestandteile in das Fertigerzeugnis ein (z. B. Bleche beim Auto).
- Hilfsstoffe werden zu untergeordneten Bestandteilen verarbeitet (z. B. Schrauben).
- Betriebsstoffe sind Verbrauchsstoffe bei der Fertigung (z. B. Diesel im Generator).

B. Materialkonten

Materialkonten sind die **Bestandskonten** für Roh-, Hilfs- und Betriebsstoffe. Weil das Material nicht der direkten Veräußerung dient und damit nur ein Wertansatz (der Einstandspreis) zur Anwendung kommt, erfolgt auch keine Trennung in Ein- und Verkaufskonten. Damit sind die Materialkonten mit dem Wareneinkaufskonto beim zweigeteilten Warenkonto bzw. mit dem Warenbestandskonto beim dreigeteilten Warenkonto vergleichbar (vgl. 7. Kapitel).

Die Bestandteile der Materialkonten sind:

- Anfangsbestand und Zugänge im Soll sowie
- Abgänge und Schlussbestand im Haben.

Die Abgänge können ebenfalls inventurabhängig als Saldo oder inventurunabhängig durch laufende Erfassung (mit Hilfe sog. Materialentnahmescheine) ermittelt werden.

Die Abgänge der Materialkonten werden erfolgswirksam als **Materialaufwand** gebucht, wofür entsprechende Unterkonten des Kontos »Aufwendungen für Rohstoffe und Fertigungsmaterial« existieren. Der Buchungssatz für den Materialeinsatz lautet:

»Per Materialaufwand an Materialkonto«

Beispiel

Es werden 10 Stück eines Produktes für jeweils 50 GE verkauft. An Material wurden insgesamt Rohstoffe für 150 GE sowie Betriebs- und Hilfsstoffe von jeweils 50 GE verbraucht. Im Zuge der Fertigung wurden Löhne (LuG) i. H. v. 50 GE bezahlt. Die Anfangsbestände sowie Einkäufe von Rohstoffen für 100 GE sind bereits erfasst.

Berechnung:
Verkauf: 10 Stück zu 50 GE = 500 GE (Umsatz)
Einsatz: R + H + B + LuG = 150 GE + 50 GE + 50 GE + 50 GE = 300 GE (Aufwand)
Ergebnis: 500 GE - 300 GE = 200 GE (Gewinn)

Für den Materialverbrauch sowie den Personaleinsatz wird gebucht:

5010	Rohstoffaufwand	150	an	1010	Rohstoffe	150
5020	Hilfsstoffaufwand	50	an	1020	Hilfsstoffe	50
5030	Betriebsstoffaufwand	50	an	1030	Betriebsstoffe	50
6000	LuG-Aufwand	50	an	1800	Bank	50

Der Verkauf wird erfasst:

1800	Bank	500	an	4000	Umsatzerlöse	500

Die Abschlussbuchungen lauten:

4000	Umsatzerlöse	500	an	9999	GuV	500
9999	GuV	150	an	5010	Rohstoffaufwand	150

9999	GuV	50	an 5020	Hilfsstoffaufwand	50
9999	GuV	50	an 5030	Betriebsstoffaufwand	50
9999	GuV	50	an 6000	LuG-Aufwand	50

S	Rohstoffe		H
AB:	150	Abgänge	150
Zugang	100	SB	100
	250		250

S	Rohstoffaufwand		H
R-Abg.	150	Saldo (GuV)	150
	150		150

S	Hilfsstoffe		H
AB:	100	Abgänge	50
		SB	50
	100		100

S	Hilfsstoffaufwand		H
H-Abg.	50	Saldo (GuV)	50
	50		50

S	Betriebsstoffe		H
AB:	100	Abgänge	50
		SB	50
	100		100

S	Betriebsstoffaufw.		H
B-Abg.	50	Saldo (GuV)	50
	50		50

S	Umsatzerlöse		H
Saldo (GuV)	500		500
	500		500

S	LuG-Aufwand		H
	50	Saldo (GuV)	50
	50		50

S	Schlussbilanzkonto		H
R	100		...
H	50	Gewinn	200
B	50		...
	...		
	...		
	...		...

S	GuV		H
R-Aufw.	150	UE	500
H-Aufw.	50		
B-Aufw.	50		
LuG-Aufw.	50		
Gewinn	200		
	500		500

Wie bei den Waren findet sich in der Praxis häufig die Erfassung aller Einkäufe von Roh- Hilfs- und Betriebsstoffen sofort als Aufwand (Konto 5100). Am Periodenende wird dann dieses Aufwandskonto an den tatsächlichen (mittels Inventur ermittelten) Verbrauch angepasst.

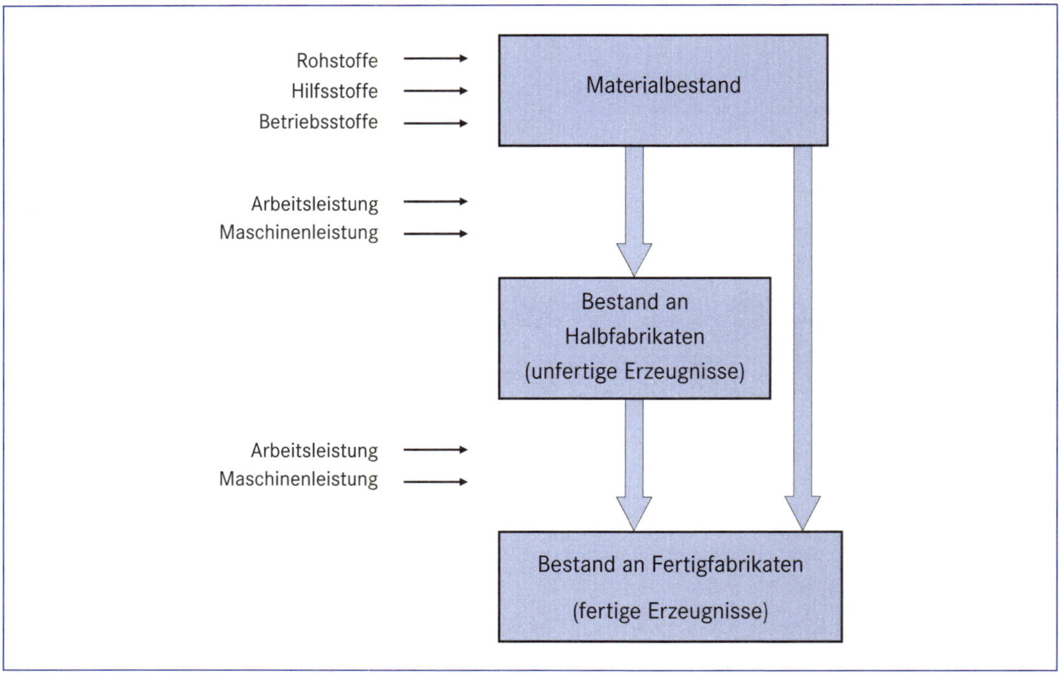

Abb. 9.1: Materialfluss

Wenn die produzierte Menge größer als die verkaufte Menge ist, kommt es zu **Beständen** an fertigen oder unfertigen Erzeugnissen. Erstere sind mit den Handelswaren vergleichbar, man spricht auch von **Fertigfabrikaten**. **Unfertige Erzeugnisse (Halbfabrikate/Halbzeug)** stellen die Vorstufe zu den Fertigfabrikaten dar, beispielsweise die Karosserien bei einem Autohersteller. Ferner existieren noch »unfertige Leistungen«, beispielsweise Bauten oder Anlagen auf fremdem Grund und Boden (in Ausführung befindliche Bauten). In Abb. 9.1 sind die zentralen Begriffe in ihrem Zusammenhang dargestellt. Die Zuordnung von Produkten zu fertigen bzw. unfertigen Erzeugnissen hängt von den Veräußerungsabsichten des jeweiligen Unternehmens ab, nicht unbedingt von ihrer technischen Beschaffenheit. Einen Grenzfall mag das folgende Beispiel verdeutlichen.

Beispiel

Ein Unternehmen schneidet Bauklötze aus Holz. Ein Teil dieser Produktion kann als Fertigerzeugnisse gelten, wenn diese unbehandelt verkauft werden sollen. Gleichzeitig können andere, identische Bauklötze, zu den unfertigen Erzeugnissen zählen, weil diese beispielsweise noch lackiert werden. Gleiches gilt für Halbzeug in der Stahlproduktion, das entweder selbst weiterverarbeitet oder zur Verarbeitung verkauft werden kann.

C. Fabrikatekonten

Analog existieren Fabrikatekonten als aktive Bestandskonten für unfertige Erzeugnisse sowie für fertige Erzeugnisse, mit den Bestandteilen:

- Anfangsbestand und Zugänge im Soll sowie
- Abgänge und Schlussbestand im Haben.

Als Wertansatz für sämtliche Buchungen sind die **Herstellungskosten** heranzuziehen. Zu- bzw. Abgänge werden i. d. R. nicht einzeln erfasst, sondern als Sammelposten Mehrungen (im Soll) oder Minderungen (im Haben) bei der Inventur ermittelt und gebucht. Auch bei laufender buchtechnischer Erfassung mit Materialentnahmescheinen darf jedoch nicht auf die Inventur verzichtet werden (vgl. 3. Kapitel).

D. Wertansatz

Aus dem Realisationsprinzip leitet sich die Forderung nach der leistungsentsprechenden Gegenüberstellung von Aufwendungen und Erträgen ab. Damit dürfen die im Herstellungsprozess angefallenen Aufwendungen erst in der Periode der Veräußerung der Erzeugnisse gewinnmindernd berücksichtigt werden. Man spricht von **sachlicher Abgrenzung** (vgl. Grundsätze ordnungsmäßiger Buchführung, S. 54 ff.). Daher sind die **Bestandserhöhungen** an Fabrikaten grundsätzlich **erfolgsneutral**. Werden jedoch nicht sämtliche Herstellungskosten erfasst bzw. aktiviert, wird dieser Grundsatz durchbrochen.

Als Wertansatz für Handelswaren werden die Einstandspreise, also die Anschaffungskosten einschließlich angefallener Anschaffungsnebenkosten, herangezogen. Dieses Prinzip wird ebenfalls für Roh-, Hilfs- und Betriebsstoffe angewendet.

Als Bewertungsgrundlage für Erzeugnisse verwendet man hingegen die sog. **Herstellungskosten**. Darunter fallen grundsätzlich alle Aufwendungen, die durch die Herstellung der Erzeugnisse bedingt sind.

Werden in einer Periode beispielsweise 10 Einheiten eines Erzeugnisses hergestellt und beträgt der Aufwand der Periode 300 GE, so ergeben sich Herstellungskosten von 30 GE pro Erzeugnis. Durch die Vorschriften zur Ermittlung der Herstellungskosten im Handelsrecht (§ 255 HGB) gestaltet sich die tatsächliche Berechnung dieser Herstellungskosten allerdings differenzierter.

Wichtig ist die begriffliche Unterscheidung von **Herstellungskosten** (Finanzbuchhaltung), die sich nach den gesetzlichen Regelungen berechnen, und den **Herstellkosten** (Betriebsbuchhaltung), die sich aus der internen Kostenrechnung ergeben und kalkulatorische Elemente enthalten können. Die Herstellkosten sind im Folgenden nicht relevant.

Die Herstellungskosten setzen sich aus den Einzel- und Gemeinkosten zusammen. Die handelsrechtlichen Herstellungskosten bestimmen sich nach § 255 Abs. 2 HGB und beinhalten eine Einbeziehungspflicht für Material- und Fertigungskosten, ein Einbeziehungswahlrecht für allgemeine Verwaltungskosten und ein Einbeziehungsverbot für Forschungs- und Vertriebskosten.

Die handelsrechtlichen Herstellungskosten stimmten bis 2008 mit den steuerrechtlichen Herstellungskosten der Einkommensteuerrichtlinie (EStR) 2008 überein. Daneben gab es von März 2013 bis Juli 2016 durch die Einkommensteuer-Änderungsrichtlinie (EStÄR) 2012 eine zweite steuerrechtliche Herstellungskostenregelung. Danach waren neben den handelsrechtlichen Pflichtbestandteilen auch die handelsrechtlichen Wahlbestandteile (mit Ausnahme der Fremdkapitalzinsen) zwingend zu aktivieren. Aufgrund der Widerstände gegen diese Regelung konnte weiterhin nach dem gültigen EStR 2008 verfahren werden. Mit dem Gesetz zur Modernisierung des Besteuerungsverfahrens vom Juli 2016 wurde der steuerliche Herstellungsbegriff in § 6 Abs. 1 Nr. 1b EStG n.F. neu geregelt und stimmt wieder mit dem der handelsrechtlichen Herstellungskosten überein. Zudem wurde das zuvor unabhängige Wahlrecht in Steuer- und Handelsbilanz eingeschränkt. Demnach ist der Umfang der steuerlichen Herstellungskosten nach § 5 EStG in Übereinstimmung mit der Handelsbilanz auszuüben. Die gesetzlich vorgeschriebene Berechnung der Herstellungskosten gestaltet sich im Einzelnen wie folgt (vgl. Tab. 9.1):

	HGB/EStG
Materialeinzelkosten	muss
Fertigungseinzelkosten	muss
Sondereinzelkosten der Fertigung	muss
Variable Material- und Fertigungsgemeinkosten	muss
Fixe Material- und Fertigungsgemeinkosten	muss
Allg. Verwaltungskosten	kann
Sondereinzelkosten des Vertriebs	verboten
Vertriebskosten	verboten
Forschungskosten	verboten

Tab. 9.1: Muss- und Kann-Bestandteile der Herstellungskosten

Die einzelnen Kostenbegriffe beinhalten:

- **Materialeinzelkosten**: Aufwendungen für verbrauchtes Fertigungsmaterial (z. B. Anschaffungskosten für Rohstoffe),
- **Materialgemeinkosten**: nicht einzeln (direkt) zurechenbare Materialkosten (z. B. Strom/allgemeine Umlagen für Materiallager, Prüfung),
- **Fertigungseinzelkosten**: direkt zurechenbare Fertigungskosten (z. B. Löhne),
- **Fertigungsgemeinkosten**: nicht direkt zurechenbare Kosten der Fertigung (z. B. Miete für Produktionshalle, Sachversicherung), produktionsbezogene Verwaltungskosten (z. B. Arbeitsvorbereitung, Qualitätssicherung, Lohnbüro),
- **Sonderkosten**: spezielle (meist einmalige) Kosten (z. B. Patente, Modelle),
- Allgemeine **Verwaltungskosten**: Kosten der Organisation, ohne Fertigungsbezug (z. B. Rechnungswesen, Personalbüro, Geschäftsführung),
- **Vertriebskosten**: Kosten des Absatzbereichs (z. B. Verkaufspersonal, Werbung),
- **Forschungskosten**: Kosten der Forschungstätigkeit (z. B. Ausstattung, Wissenschaftler).

Für die Ermittlung der Herstellungskosten immaterieller Vermögensgegenstände ist insbesondere die Trennung von Forschungs- und Entwicklungskosten relevant (§ 255 Abs. 2a HGB). Dabei stellen Forschungskosten diejenigen Kosten dar, die bei einer eigenständigen und planmäßigen Suche nach neuen wissenschaftlichen oder technischen Erkenntnissen anfallen. Dagegen werden die Kosten der konkreten Anwendung von Forschungsergebnissen als Entwicklungskosten bezeichnet. Bei der Bestimmung der Herstellungskosten von immateriellen Vermögensgegenständen sieht der § 255 Abs. 2a i. V. m. § 248 Abs. 2 HGB die Möglichkeit vor, Entwicklungskosten zu aktivieren, während Forschungskosten direkt als Aufwand zu verbuchen sind. Können Forschung und Entwicklung nicht verlässlich voneinander abgegrenzt werden, so ist eine Aktivierung der Entwicklungskosten ausgeschlossen (vgl. 15. Kapitel).

Durch die Aktivierung der Herstellungskosten wird die Produktion (auf Lager) zu einem erfolgsneutralen Vorgang, vergleichbar der Anschaffung. Erfolgswirksamer Aufwand kann nur durch nicht aktivierte Aufwendungen entstehen.

Beispiel

Ein Möbelproduzent weist folgende Anfangsbilanz auf:

A	Bilanz zum 01.01.01 (in GE)		P
Rohholz	400	EK	500
Kasse	600	FK	500
Summe	1.000	Summe	1.000

Im Jahr produziert er Möbel auf Lager (d. h. ohne dass er sie verkauft) unter Einsatz von:

Löhne:	300 GE (Fertigungseinzelkosten)
Materialverbrauch:	200 GE (Materialeinzelkosten)
Fertigwarenlagermiete:	100 GE (Fertigungsgemeinkosten)
Verwaltungskosten:	150 GE (Verwaltungskosten)
Werbung:	50 GE (Vertriebskosten)
Summe	800 GE

Für die Bewertung dieser Möbel ergibt sich:
Mindestens (gemäß HGB und EStG): Material- und Fertigungseinzelkosten: 600 GE
Höchstens (gemäß HGB und EStG): zusätzlich Verwaltungsgemeinkosten: 750 GE (= 600 + 150)

Damit ergibt sich für die Schlussbilanz:

A	Bilanz zum 31.12.01 (in GE)			P
Rohholz	200	EK	500	300 bis 450
Möbel	600 bis 750	- Verlust	- 50 bis - 200	
Kasse	0	FK		500
Summe	800 bis 950	Summe		800 bis 950

Da aufgrund der Vertriebskosten nicht alle Aufwendungen aktivierbar sind, schlägt sich in der Bilanz mindestens dieser Verlust (50 GE) nieder, je nach Ausübung des Wahlrechts, bis zu 200 GE Verlust, falls die Verwaltungskosten (150 GE) nicht aktiviert werden.

E. Exkurs: Gemischtes Herstellungskonto

Theoretisch lassen sich alle produktionswirtschaftlichen Sachverhalte in einem einzigen Konto erfassen. In der Praxis werden die Buchungen aber meist auf einzelne Unterkonten aufgeteilt und diese nicht mehr zusammen auf ein Konto, sondern direkt in die Bilanz und GuV abgeschlossen. An dieser Stelle erfolgt dennoch eine kurze Beschreibung eines solchen gemischten Kontos, da es die Sachverhalte anschaulich zusammenfasst und in der Praxis vornehmlich einer eigenen **Übersichtsrechnung** dienen kann. Das **gemischte** (oder ungeteilte) **Herstellungskonto** sammelt alle buchhalterisch relevanten Vorgänge im Produktionsprozess:

- Bestände von Roh-, Hilfs- und Betriebsstoffen (Material),
- Einkauf von Material (Zugänge),
- Bestände von unfertigen und fertigen Erzeugnissen (Fabrikate),
- Erlöse der verkauften Erzeugnisse (Erträge),
- Fertigungskosten (Aufwand),
- aber kein expliziter Ausweis des Materialeinsatzes (da sich dieser aus dem Schlussbestand an Material ergibt).

Abb. 9.2 zeigt ein gemischtes Herstellungskonto mit seinen drei trennbaren Bereichen. Zunächst lässt sich aus Anfangs- und Schlussbestand an Fabrikaten die Bestandsveränderung an Fabrikaten ermitteln. Weiterhin ergeben die in der Abbildung dunkel dargestellten Posten zu den Materialbeständen sowie dem Materialeinkauf im Saldo den Materialeinsatz. Daraus ergibt sich als Gesamtsaldo der Rohgewinn, also der Umsatz abzüglich der Herstellungskosten für diese Umsatzerlöse.

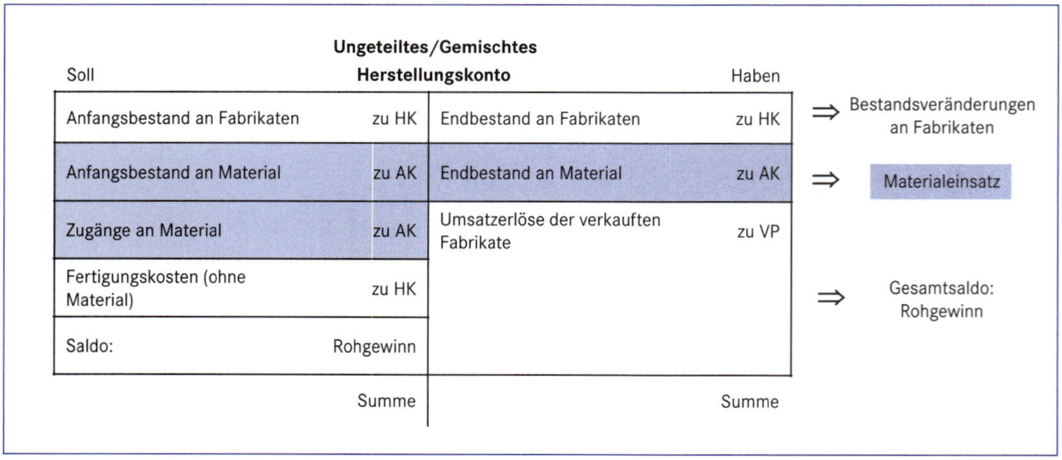

Abb. 9.2: Das ungeteilte/gemischte Herstellungskonto

Da die ersten beiden genannten Größen aus dem Konto nicht direkt ersichtlich sind, bietet sich die Aufteilung der Sachverhalte auf wenigstens drei individuelle Konten an. Dazu wird im nächsten Abschnitt das Bestandsveränderungskonto eingeführt.

F. Bestandsveränderungen

In diesem Abschnitt wird die separate Erfassung der **Bestandsveränderungen** auf eigenen Konten anhand eines Beispiels verdeutlicht. Im Gegensatz zu einer gemeinsamen Erfassung der produktionswirtschaftlichen Sachverhalte auf einem Konto (vgl. S. 198) werden in der Praxis getrennte Konten für den Materialbereich sowie für unfertige und fertige Erzeugnisse geführt.

Während der Materialverbrauch direkt (oder über ein eigenes Materialaufwandskonto) in der GuV erfasst wird, werden die Bestandsveränderungen an (un)fertigen Erzeugnissen zunächst auf einem eigenen »Bestandsveränderungskonto« erfasst. Dessen Saldo wird dann über die GuV abgeschlossen.

Kommt es zu Bestandsveränderungen, also einer Abweichung von Produktion und Absatz in einer Periode, bieten sich grundsätzlich zwei Möglichkeiten der Aufwands- und Ertragserfassung an. Zum einen kann den Umsatzerlösen der Aufwand für die abgesetzten Erzeugnisse (Herstellungskosten) gegenübergestellt werden (**Umsatzkostenverfahren**). Alternativ kann auch der gesamte Aufwand der Periode dargestellt werden, wenn den Umsatzerlösen die Bestandsveränderungen hinzugerechnet werden (**Gesamtkostenverfahren**).

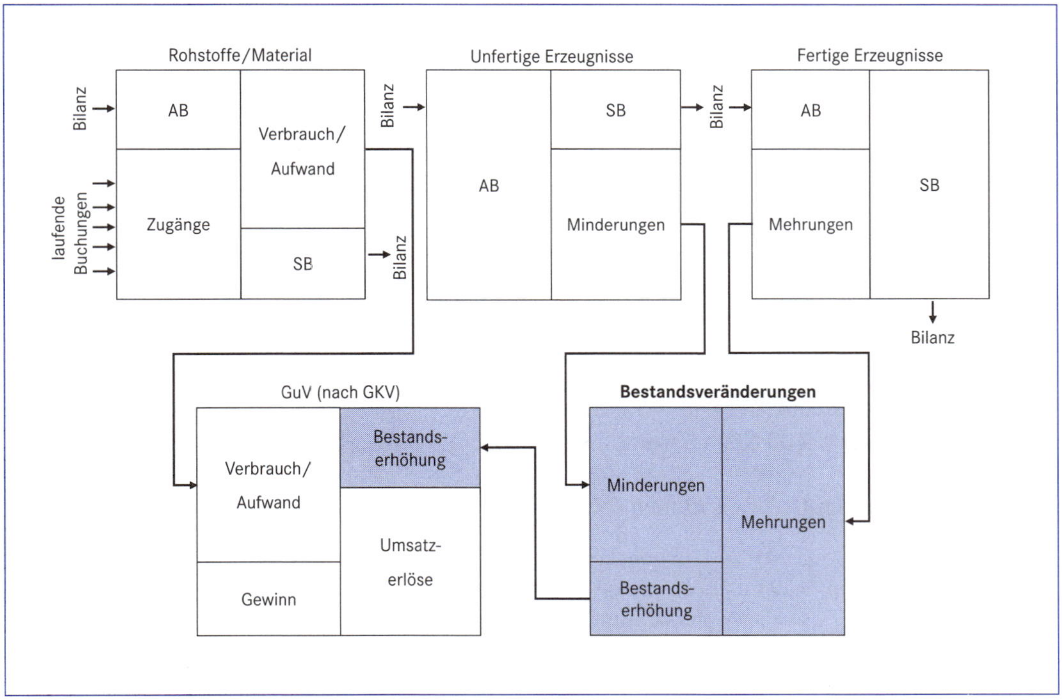

Abb. 9.3: Bestandsveränderungen

Im Produktionsprozess tritt ein Werteverzehr auf, der in Form von Aufwandsbuchungen (z. B. Materialeinsatz, Löhne, etc.) in die GuV einfließt. Diesen Aufwendungen steht im Falle einer Veräußerung in derselben Periode ein Umsatz gegenüber. Wurden die produzierten Fertigerzeugnisse jedoch nicht veräußert und liegen noch auf Lager, muss den Aufwendungen eine entsprechende Bestandserhöhung gegenübergestellt werden. Andernfalls wäre das Ergebnis verzerrt und würde zu niedrig ausgewiesen werden.

Das Konto »Bestandsveränderungen« wird meist in zwei Unterkonten »Bestandsminderungen« und »Bestandserhöhungen« (oder »Bestandsmehrungen«) aufgeteilt, welche dann auf dem Konto »Bestandsveränderungen« saldiert werden. An dieser Stelle kann es hilfreich sein, sich an den Grundsatz »Aufwand wird im Soll erfasst« zu erinnern, um diese Konten richtig interpretieren zu können: Das Bestandsminderungskonto beispielsweise erfasst einen Aufwand, wird folglich im Soll geführt. Abb. 9.3 fasst das Abschlussprinzip der Bestandsveränderungen zusammen.

Beispiel

In der laufenden Periode wurden 10 Stück eines Produktes hergestellt, wobei ausschließlich folgende Aufwendungen entstanden sind:

1. Rohstoffverbrauch: 150 GE
2. Hilfsstoffverbrauch: 50 GE
3. Betriebsstoffverbrauch: 50 GE
4. Löhne: 50 GE

Die gesamten Herstellungskosten für 10 Stück belaufen sich somit auf 300 GE (= 150 + 50 + 50 + 50). Die Herstellungskosten pro Stück betragen 30 GE (= 300 GE / 10 Stück).

Es konnten jedoch nur 8 Stück zu jeweils 50 GE abgesetzt werden, d. h., an Umsatzerlösen sind 400 GE zu verzeichnen. 2 Stück des Produktes verbleiben demnach im Lager und der Lagerbestand erhöht sich um 2 Stück × 30 GE / Stück (Herstellungskosten) = 60 GE.

Damit ergibt sich entsprechend der Logik des UKV aus Umsatz - Umsatzkosten ein Gewinn von 160 GE = (8 × 50 GE) - (8 × 30 GE). Dieser ergibt sich auch entsprechend der Logik des GKV aus Umsatz (400 GE) - Gesamtkosten (300 GE) + Bestandserhöhung (60 GE).

Erfassung durch »Gesamtkostenverfahren« bzw. »Umsatzkostenverfahren«:

GKV:	Umsatz	400 GE	(8 St. à 50 GE)
	+ Bestandserhöhung	60 GE	(2 St. à 30 GE)
	(- Bestandsminderung)		
	- Gesamtkosten	300 GE	(10 St. à 30 GE)
	= Gewinn	160 GE	(8 St. à 20 GE)
UKV:	Umsatz	400 GE	(8 St. à 50 GE)
	- Umsatzkosten	240 GE	(8 St. à 30 GE)
	(= Gesamtkosten - Bestandserh.)		
	= Gewinn	160 GE	(8 St. à 20 GE)

Die Bestandsveränderungen einer Periode ergeben sich als Saldo aus den Mehrungen und Minderungen aller Bestände (an Fabrikaten).

Beispiel

Bei den unfertigen Erzeugnissen ergibt sich eine Bestandsminderung um 500 GE, bei den fertigen Erzeugnissen eine Bestandserhöhung um 2.000 GE, sodass insgesamt eine Bestandserhöhung an Vorräten von 1.500 GE ausgewiesen wird:

S	Unfertige Erzeugnisse		H
AB	2.000	SB: (Saldo)	1.500
		Mind.:	500
	2.000		2.000

S	Fertige Erzeugnisse		H
AB	3.000	SB	5.000
(Saldo) Mehr.:	2.000		
	5.000		5.000

S	Bestandsveränd.		H
Mind.:	500	Mehr.:	2.000
Saldo:	1.500		
	2.000		2.000

S	GuV (GKV)		H
	...	BE	1.500
	...		...

G. Gesamt- und Umsatzkostenverfahren

An dieser Stelle wird kurz auf die beiden Möglichkeiten zur Darstellung des Periodenerfolgs in der Gewinn- und Verlustrechnung (GuV) eingegangen, da ihr Unterschied im Zusammenhang mit den **Bestandsveränderungen** besonders deutlich wird. Das Grundprinzip der GuV wurde bereits im 4. Kapitel behandelt, für eine zusammenfassende Diskussion der Ergebnisrechnung vgl. das 18. Kapitel. Abb. 9.4 stellt das Prinzip der beiden Methoden der Erfolgsrechnung dar.

Soweit ein Unternehmen Bestände aufbaut, also beispielsweise auf Lager produziert, entstehen dafür - wie oben dargestellt - einerseits Aufwendungen im Rahmen der Herstellung und andererseits korrespondierende Bestandserhöhungen in Form von Vorräten. Für die periodengerechte Erfolgsermittlung ist dieser Vorgang ergebnisneutral, wenn sämtliche Kosten der Herstellung mit der Bestandserhöhung an Vorräten aktiviert werden.

Für den Ausweis in der GuV ergibt sich jedoch die Frage, ob diese Kosten als Aufwand in der GuV und gleichzeitig die Bestandserhöhungen als Ertrag in die GuV übernommen werden sollten, oder ob diese beiden Bestandteile gegeneinander zu saldieren sind. Werden sämtliche Kosten ausgewiesen, spricht man vom **Gesamtkostenverfahren**, andernfalls vom **Umsatzkostenverfahren**.

Neben den Bestandserhöhungen (BE) werden hierbei auch die **anderen aktivierten Eigenleistungen** berücksichtigt. Dabei handelt es sich um selbst erstellte Vermögenswerte, die nicht der Weiterveräußerung dienen und daher nicht den Vorräten bzw. dem Umlaufvermögen zuzuordnen sind. Vielmehr dienen sie als Anlagevermögen der betrieblichen Nutzung.

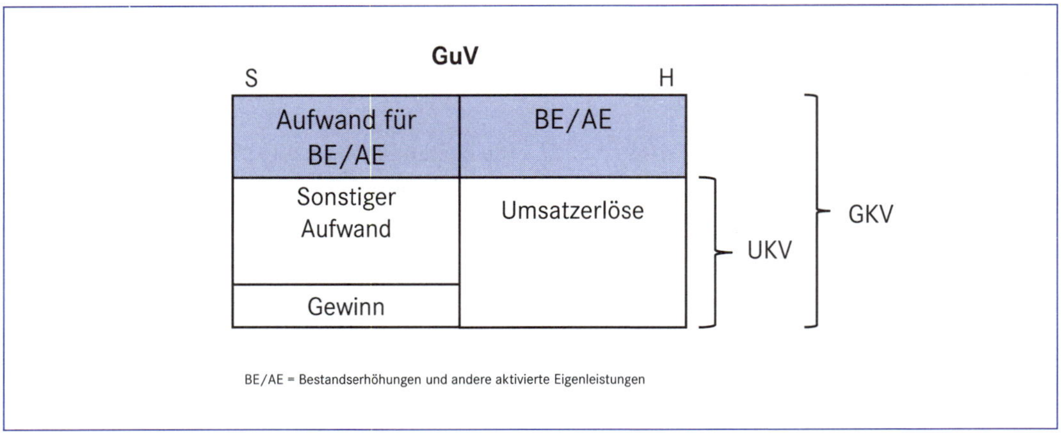

Abb. 9.4: Erfolgsrechnung nach GKV und UKV (Prinzip)

Für die buchtechnische Erfassung können sich nach den beiden Verfahren die im Folgenden dargestellten Unterschiede ergeben.

Bei Produktion auf Lager entsteht der Aufwand zunächst bei Materialentnahme (Fortschreibungsrechnung) bzw. bei Inventur (Bestandsrechnung) durch die Buchung:

»Per RHB-Aufwand an RHB«

Gleichzeitig existieren Bestände für fertige/unfertige Erzeugnisse, die entweder laufend geführt oder nur am Jahresende mit der Inventur abgeschlossen werden.

Das GKV geht grundsätzlich nach der Bestandsrechnung vor. Dadurch bleibt während des Jahres der Bestand an fertigen/unfertigen Erzeugnissen unverändert. Erst am Jahresende wird die Bestandsveränderung aus der Differenz aus Schlussbestand (gemäß Inventur) und Anfangsbestand der Erzeugnisse ermittelt. Eine Erhöhung der Bestände wird dem Erfolgskonto »Bestandsveränderungen« gutgeschrieben, das auf die GuV abgeschlossen wird. Für unfertige und fertige Erzeugnisse werden jeweils getrennte Bestandskonten und auch Bestandsveränderungskonten geführt. Die Buchungen für Bestandserhöhungen im GKV lauten:

»Per 1040 Unfertige Erzeugnisse an 4810 Bestandsveränderungen UE«

»Per 1110 Fertige Erzeugnisse an 4800 Bestandsveränderungen FE«

»Per 4800/4810 Bestandsveränderungen an 9999 GuV«

Im Falle einer Verringerung des Bestands an Erzeugnissen kehren sich diese Buchungen um.

UKV und GKV führen immer zu identischen Ergebnissen. Beide Rechnungen gewähren einen unterschiedlichen Einblick in die Struktur der Gewinnentstehung. Das GKV zeigt die einzelnen Aufwandsarten, wie Materialaufwand, Personalaufwand, usw. Das UKV gibt mit der Differenz von Umsatz und Umsatzkosten das Bruttoergebnis als eine aufschlussreiche Saldogröße an. Da sich die Verbuchung nach dem UKV jedoch nur unter Einbezug der Kostenrechnung gestalten lässt, wird im Folgenden nur auf die Verbuchung nach dem GKV eingegangen.

Beispiel

Folgender Beispielabschluss verdeutlicht die buchtechnische Erfassung gemäß dem GKV:

S	Rohstoffe		H
AB	150	Abgänge	150
Zugang	100	SB	100
	250		250

S	Rohstoffaufwand		H
R-Abg.	150	Saldo (GuV)	150
	150		150

S	Hilfsstoffe		H
AB	100	Abgänge	50
		SB	50
	100		100

S	Hilfsstoffaufwand		H
H-Abg.	50	Saldo (GuV)	50
	50		50

S	Betriebsstoffe		H
AB	100	Abgänge	50
		SB	50
	100		100

S	Betriebsstoffaufw.		H
B-Abg.	50	Saldo (GuV)	50
	50		50

S	Umsatzerlöse		H
Saldo (GuV)	400		400
	400		400

S	LuG-Aufwand		H
	50	Saldo (GuV)	50
	50		50

S	Fert. Erzeugnisse		H
AB	0	SB	60
BV	60		
	60		60

S	Bestandsveränderungen		H
Saldo (GuV)	60		60
	60		60

A	Schlussbilanz		P
R	100		...
H	50		...
B	50		...
FE	60		
	...		
	...		...

S	GuV		H
R-Aufw.	150	UE	400
H-Aufw.	50	BV	60
B-Aufw.	50		
LuG-Aufw.	50		
Gewinn	160		
	460		460

10. Kapitel: Sachverhalte im anlagenwirtschaftlichen Bereich

Die verschiedenen Vermögensgegenstände eines Unternehmens sind bilanziell entweder dem Anlagevermögen oder dem Umlaufvermögen zuzuordnen (vgl. 15. Kapitel). Zum Anlagevermögen zählen die Gegenstände, die dazu bestimmt sind, dauerhaft dem Geschäftsbetrieb der Unternehmung zu dienen (§ 247 Abs. 2 HGB).

Hierzu gehören immaterielle Anlagen, Sachanlagen und Finanzanlagen. Diese Anlagen werden in der Kontenklasse 0 des SKR 04 erfasst. **Immaterielle Vermögensgegenstände** sind Werte, die nicht monetär sind (wie Finanzanlagen) und keine physische Substanz haben (wie Sachanlagen). Sie umfassen Patente, Lizenzen, Software, etc. (Kontengruppe 01). **Sachanlagen** umfassen unter anderem Grundstücke und Gebäude, technische Anlagen und Maschinen sowie die Betriebs- und Geschäftsausstattung (Fuhrpark, Büroeinrichtung, etc.) des Unternehmens (Kontengruppen 02 bis 07). **Finanzanlagen** dagegen sind finanzielle Werte, wie z. B. Wertpapiere oder Darlehen an andere Unternehmen (Kontengruppen 08 und 09).

Im Folgenden wird die Verbuchung von typischen Sachverhalten im Anlagevermögen näher betrachtet. Dabei spielen die Sachverhalte eine Rolle, die mit dem Zugang des Vermögensgegenstandes in Zusammenhang stehen, die sich auf seinen Wert im Zeitablauf auswirken und schließlich bei Ausscheiden des Vermögensgegenstandes relevant sind.

A. Zugänge von Anlagen

Von Schenkungen und Einlagen abgesehen, erfolgen Zugänge von Vermögensgegenständen meist durch Kauf oder eigene Herstellung. Vermögensgegenstände haben investiven Charakter, d. h., sie werden mit dem Ziel erworben, später höhere Rückzahlungen zu erzielen, als für ihre Anschaffung notwendig waren. Im Gegensatz zu laufenden Zahlungen, wie z. B. für Strom, Miete etc., die jeweils ein Entgelt für eine vom Unternehmen bereits (oder kurz darauf) in Anspruch genommene Fremdleistung darstellen, sind Vermögensgegenstände eine Art Depot für eine spätere betriebliche Leistungsabgabe. Dies gilt insbesondere für das Anlagevermögen, zumal dies auf Dauer dem Unternehmen dienen soll. Im Gegensatz zu laufenden Zahlungen, die als Aufwand der Periode sofort GuV-wirksam werden, ist die Anschaffung von Vermögensgegenständen zunächst erfolgsneutral. Erst in dem Maße, wie der erworbene Vermögensgegenstand im Zeitablauf abgenutzt und das in ihm gespeicherte Potenzial aufgebraucht wird, wird der damit verbundene Werteverzehr als Aufwand den mit dem Vermögensgegenstand erzielten Leistungen gegenübergestellt und damit in der betreffenden Periode GuV-wirksam. Dies geschieht für Anlagevermögen über Abschreibungen, die in Abschnitt B dieses Kapitels besprochen werden.

I. Kauf und Anschaffungskosten

Erworbene Vermögensgegenstände sind grundsätzlich zu aktivieren. Dies geschieht durch die Verbuchung der Anschaffung auf den entsprechenden Aktivkonten der Klasse 0 und die Gegenbuchung auf den Konten, über die die Anschaffung erfolgt (z. B. Verbindlichkeiten bei einem Zielkauf). Erwirbt ein Unternehmen z. B. eine Software mit Anschaffungskosten von 11.900 GE (inkl. 19 % USt) gegen Rechnung mit 30 Tagen Zahlungsziel, so lautet die Buchung:

0135	Software	10.000	an	3300	VLL	11.900
1400	Vorsteuer	1.900				

Die erworbene Software erscheint wie Konzessionen, Lizenzen, Patente und andere Rechte in der Bilanz unter dem Posten »Immaterielle Vermögensgegenstände«. Anschaffungen sind dabei mit den Anschaffungskosten zu bewerten, sodass der Anschaffungsvorgang erfolgsneutral ist. Wird dieser Zugangswert später durch Abschreibungen (oder Zuschreibungen) verändert, so spricht man von **fortgeführten Anschaffungskosten**.

Zu den Anschaffungskosten zählen auch die mit dem Übergang des Gegenstandes auftretenden Aufwendungen sowie Aufwendungen, welche für die Versetzung der Anlage in einen **betriebsbereiten Zustand** anfallen. Damit ermitteln sich die **Anschaffungskosten** wie folgt:

	Anschaffungspreis (laut Rechnung)
+	Anschaffungsnebenkosten (Transport, Zoll, Gebühren, etc.)
+	nachträgliche Anschaffungsnebenkosten (z. B. Kanalgebühren)
–	Anschaffungspreisminderungen (Rabatte, Boni, Skonti)
+	Ausgaben für die Versetzung in den betriebsbereiten Zustand (z. B. Betonieren eines Fundamentes)
=	Anschaffungskosten (AK)

Tab. 10.1: Ermittlung der Anschaffungskosten

Beispiel

1. Eine Druckerei kauft eine neue Druckmaschine zum Preis von 2 Mio. GE (netto). Die USt beträgt 19 %.
2. Die Spedition berechnet für den Transport 30.000 GE (netto).
3. Eine Baufirma zementiert einen Sockel für die Maschine zum Preis von 50.000 GE (netto).
4. Mit der Montage der Maschine sind zwei Mitarbeiter 14 Tage beschäftigt; ihre Lohnkosten belaufen sich in dieser Zeit auf insgesamt 6.000 GE.
5. Die Einkaufsabteilung der Druckerei kalkuliert Kosten für die Auswahl der Druckmaschine i. H. v. 7.000 GE.
6. Wegen Überschreitung der zulässigen Lärmemission wird eine Spezialfirma mit Isolationsarbeiten beauftragt, wofür diese 25.000 GE (netto) in Rechnung stellt.
7. Der Chefcontroller errechnet weitere 50.000 GE an Kosten, die durch Produktionsausfälle und Anlaufschwierigkeiten im Rahmen der Anschaffung entstanden sind.
8. Von dem Lieferanten der Maschine wird der Druckerei ein Bonus von 2 % gewährt und ausbezahlt.

   Alle Zahlungen erfolgen sofort per Banküberweisung. Wie hoch sind die Anschaffungskosten der Druckmaschine und welche Buchungen sind vorzunehmen?

Bei den Anschaffungskosten sind die Positionen 1, 2, 3, 4, 6 und 8 zu berücksichtigen. Kosten für die Auswahl des Lieferanten (Pos. 5) sowie kalkulatorische Kosten (Pos. 7) zählen nicht zu den Anschaffungskosten.

Kaufpreis:	2.000.000	(Betrag laut Rechnung, netto)
Transport:	+ 30.000	(Anschaffungsnebenkosten)
Fundament:	+ 50.000	(Ausgaben für Betriebsbereitschaft)
Montage:	+ 6.000	(Ausgaben für Betriebsbereitschaft)
Lärmschutz:	+ 25.000	(nachträgliche Anschaffungsnebenkosten)
Bonus:	- 40.000	(Anschaffungspreisminderung)
Anschaffungskosten:	= 2.071.000	

Buchungen:

ad 1.

0440	Maschinen	2.000.000	an	1800	Bank	2.380.000
1400	Vorsteuer	380.000				

ad 2.[1]

0440	Maschinen	30.000	an	1800	Bank	35.700
1400	Vorsteuer	5.700				

ad 3.

0440	Maschinen	50.000	an	1800	Bank	59.500
1400	Vorsteuer	9.500				

ad 4.

0440	Maschinen	6.000	an	4820	Andere aktivierte Eigenleistungen	6.000

ad 5. keine Buchung

ad 6.

0440	Maschinen	25.000	an	1800	Bank	29.750
1400	Vorsteuer	4.750				

ad 7. keine Buchung

1 Anmerkung: Die Buchungen 2 bis 8 können auch jeweils, anstatt direkt auf das Konto »Maschinen«, erst auf ein Unterkonto »Wertkorrekturen Maschinen/ANK« o. Ä. gebucht werden, das später in das Konto »Maschinen« abgeschlossen wird.

ad 8.

1800	Bank	47.600	an	0440	Maschinen	40.000
				1400	Vorsteuer	7.600

Durch die Buchungen werden im Anlagenkonto »Maschinen« die Anschaffungskosten i. H. v. 2.071.000 GE gesammelt, die den Ausgangswert für spätere Abschreibungen bilden:

S	0440 Maschinen		H
1)	2.000.000	8)	40.000
2)	30.000	Saldo (SB)	2.071.000
3)	50.000		
4)	6.000		
6)	25.000		
	2.111.000		2.111.000

II. Erhaltungs- und Herstellungsaufwand

Instandhaltungs-, Instandsetzungs- oder Unterhaltungsarbeiten können die Frage nach einer bilanzierungspflichtigen Vermögensmehrung nach sich ziehen. Grundsätzlich liegt eine bilanzierungspflichtige Vermögensmehrung nicht vor, wenn die Arbeiten dazu dienen, einen Vermögensgegenstand in einem betriebsbereiten Zustand zu erhalten, auch wenn dies mit einer Modernisierung verbunden ist. Anders sind dagegen Vorgänge zu beurteilen, durch die

- Vermögensgegenstände in ihrer Substanz vermehrt werden,
- die Gebrauchs- und Verwertungsmöglichkeit der Vermögensgegenstände wesentlich verändert wird oder
- die Lebensdauer der Vermögensgegenstände nicht nur geringfügig verlängert wird.

In diesen Fällen liegt eine bilanzierungspflichtige Vermögensmehrung vor (**nachträgliche Anschaffungskosten**).

Beispiel

Die Reederei R baut ein erworbenes Frachtschiff unter Aufwendung von 5 Mio. GE zu einem Passagierschiff um. Buchung (neben den Aufwandsbuchungen):

0400	Techn. Anlagen und Maschinen	5.000.000.	an	4820	And. aktivierte Eigenleistungen	5.000.000

III. Eigenleistungen und Herstellungskosten

Ebenso wie im obigen Beispiel Eigenleistungen bei der Montage einer Anlage aktiviert wurden, werden auch die Herstellungskosten bei vollständigen Eigenleistungen aktiviert. Für die Berechnung der Herstellungskosten gelten die handels- bzw. steuerrechtlichen Vorschriften (vgl. 14. Kapitel, S. 342).

Eine bedeutende Ausnahme bei der Aktivierung von Eigenleistungen stellen die immateriellen Vermögensgegenstände des Anlagevermögens dar. Nach § 248 Abs. 2 Satz 2 HGB gilt für solche selbst erstellten immateriellen Werte, deren Herstellungskosten ihnen nicht zweifelsfrei zugeordnet werden können (z. B. Marken, Kundenlisten), ein Aktivierungsverbot. Dies gilt insbesondere für reine Forschungsleistungen. Dieses Aktivierungsverbot betrifft jedoch nicht selbst entwickelte Patente oder Software. Im Gegensatz zu Forschungskosten können bei Entwicklungskosten Aussagen über die technische Verwertbarkeit und wirtschaftliche Erfolgsaussichten von wissenschaftlichen Erkenntnissen gemacht werden (§ 255 Abs. 2a HGB). Nach § 248 Abs. 2 Satz 1 können selbst geschaffene immaterielle Vermögensgegenstände aktiviert werden, wenn mit einer hohen Wahrscheinlichkeit davon ausgegangen werden kann, dass ein immaterieller Vermögensgegenstand in der Entstehung begriffen ist. Für Entwicklungskosten besteht daher ein Wahlrecht zur Aktivierung. Bei Forschungskosten hingegen liegt die Voraussetzung für das Vorliegen eines Vermögensgegenstandes, nämlich einzelne Verwertbarkeit, nicht vor (vgl. ausführlich 15. Kapitel).

Werden Aktiva selbst erstellt, dann entstehen hierfür anfänglich diverse Ausgaben für Löhne und Gehälter, Material, etc. Diese werden zunächst als Aufwendungen erfasst. Entsteht dabei ein aktivierungsfähiger Vermögensgegenstand, so werden die Herstellungskosten nach den handels- bzw. steuerrechtlichen Regeln aktiviert. Dieses Aktivieren führt dazu, dass die zuvor erfassten Aufwendungen in einer GuV nach dem **Umsatzkostenverfahren** um die aktivierten Aufwendungen gekürzt werden. Wird die GuV nach dem **Gesamtkostenverfahren** aufgestellt, so werden die Aufwendungen ungekürzt in die GuV übernommen und der aktivierte Betrag als Ertrag ausgewiesen, sodass im Ergebnis die Aufwendungen indirekt gekürzt werden. Da sich die Verbuchung nach dem UKV nur durch Einbezug der Kostenrechnung gestalten lässt, wird hier nur die Verbuchung nach dem GKV dargestellt (vgl. im Detail 18. Kapitel). Sie lautet:

»Per Anlagekonto X an 4820 Andere aktivierte Eigenleistungen«

Das Konto 4820 ist ein Ertragskonto, ebenso wie die Konten 4800 »Bestandsveränderungen an fertigen Erzeugnissen« und 4810 »Bestandsveränderungen an unfertigen Erzeugnissen«, die für den ähnlich gelagerten Fall der Aktivierung selbst erstellten Vorratsvermögens dienen (vgl. auch 9. Kapitel).

Beispiel

In einem Unternehmen der Pharmaindustrie werden folgende Eigenleistungen erbracht:

1. Forschungskosten für ein neues Medikament i. H. v. 4 Mio. GE.
2. Entwicklungskosten für ein neues Medikament i. H. v. 5 Mio. GE.
3. Bau einer Fertigungseinrichtung zu Herstellungskosten i. H. v. 3 Mio. GE.

4. Kauf einer Lizenz für die Herstellung eines Medikaments von einem Tochterunternehmen für 2 Mio. GE.

ad 1.: Nach § 255 Abs. 2a sind nur Entwicklungskosten Bestandteil der Herstellungskosten eines selbst geschaffenen immateriellen Vermögensgegenstandes. Forschungskosten sind aufgrund ihrer ungewissen zukünftigen wirtschaftlichen Vorteile von der Aktivierung ausgeschlossen. Entsprechend werden die den Forschungsaktivitäten zuzuordnenden Ausgaben (z. B. Löhne, Material, Abschreibungen) als Aufwand erfasst:

	diverse Aufwendungen	4.000.000	an	1800	Bank	4.000.000

ad 2.: Nach § 248 Abs. 2 Satz 1 HGB besteht für selbst erstellte immaterielle Vermögenswerte ein Aktivierungswahlrecht. Entwicklungskosten tragen dazu bei, dass Güter oder Verfahren neu- bzw. weiterentwickelt werden und somit zu Vermögensgegenständen führen. Diese zunächst als Aufwand erfassten Entwicklungskosten können voll aktiviert werden. Bei Inanspruchnahme des Aktivierungswahlrechts müsste dann wie folgt gebucht werden:

	diverse Aufwendungen	5.000.000	an	1800	Bank	5.000.000
0143	Selbst geschaffene imm. VG	5.000.000	an	4820	And. aktivierte Eigenleistungen	5.000.000

ad 3.: Es entstehen diverse Aufwendungen, die bei Fertigstellung aktiviert werden:

	diverse Aufwendungen	3.000.000	an	1800	Bank	3.000.000
0400	Techn. Anlagen und Maschinen	3.000.000	an	4820	And. aktivierte Eigenleistungen	3.000.000

ad 4.: Entgeltlicher Erwerb von immateriellen Vermögensgegenständen:

0140	Lizenzen	2.000.000	an	1800	Bank	2.000.000

IV. Anlagen im Bau

Insbesondere die Fertigstellung umfangreicher Sachinvestitionen kann sich über mehr als eine Abrechnungsperiode erstrecken. Im Rahmen der sachlichen Abgrenzung sind die Aufwendungen für solche Investitionen bereits vor Fertigstellung der Investition zu aktivieren. Diese Aktivierung erfolgt allerdings nicht auf dem entsprechenden Vermögenskonto des Anlagevermögens (wie z. B. »Betriebsgebäude« oder »Technische Anlagen und Maschinen«), sondern auf eigenen Konten 0770 **»Anlagen im Bau«** bzw. 0710 **»Bauten im Bau«**.

Auf diesen Konten werden entweder sofort die jeweiligen Investitionen verbucht oder spätestens am Jahresende (im Rahmen der vorbereitenden Abschlussbuchungen) die entsprechenden Aufwendungen kompensiert.

Mit Fertigstellung der Investition erfolgt eine Umbuchung auf das entsprechende Bestandskonto des Anlagevermögens.

Beispiel

1. Beginn der Eigenherstellung einer technischen Großanlage im Herbst des Jahres 01. Es werden während des Jahres insgesamt Aufwendungen i. H. v. 277.000 GE gebucht.
2. Nachdem die Anlage am Jahresende 01 noch nicht fertiggestellt ist, werden diese Aufwendungen zunächst als Anlagen im Bau aktiviert.
3. Im Laufe des nächsten Geschäftsjahres werden die anfallenden Aufwendungen für diese Anlage (i. H. v. 123.000 GE) ebenfalls aktiviert.
4. Bei Fertigstellung der Anlage wird entsprechend umgebucht.

ad 1.

	diverse Aufwendungen	277.000	an	1800	Bank	277.000

ad 2.

0770	Anlagen im Bau	277.000	an	4820	And. aktivierte Eigenleistungen	277.000

ad 3.

	diverse Aufwendungen	123.000	an	1800	Bank	123.000
0770	Anlagen im Bau	123.000	an	4820	Aktivierte Eigenleistungen	123.000

ad 4.

0400	Techn. Anl. und Maschinen	400.000	an	0770	Anlagen im Bau	400.000

V. Geleistete Anzahlungen

Bei **Anzahlungen** handelt es sich um Vorleistungen auf **schwebende Geschäfte**. Leistet ein Unternehmen aufgrund eines abgeschlossenen Vertrages, z. B. im Rahmen eines Anlagenerwerbs, eine solche Anzahlung, so ist diese Ausgabe zu aktivieren. Es handelt sich der Sache nach um eine Forderung des Unternehmens auf Leistungserbringung durch den Lieferer. Aus Sicht des Lieferers handelt es sich bei den erhaltenen Anzahlungen um eine Verbindlichkeit.

Die Verbuchung geleisteter Anzahlungen erfolgt auf einem eigenen Konto »Geleistete Anzahlungen«. Dabei werden für Sachanlagen, immaterielle Anlagen sowie für Vorräte jeweils eigene Anzahlungskonten geführt:

0170 »Geleistete Anzahlungen auf immaterielle Vermögensgegenstände«
0795 »Geleistete Anzahlungen auf Sachanlagen«
1180 »Geleistete Anzahlungen auf Vorräte«

Mit Erhalt der Anzahlung wird beim Verkäufer i. d. R. auch die Umsatzsteuer fällig. Für den Käufer besteht mit Leistung der Anzahlung die Möglichkeit zum sofortigen Vorsteuerabzug, wenn eine ordnungsmäßige Rechnung mit Ausweis der Umsatzsteuer vorliegt.

Beispiel

Die Reederei R bestellt bei der Werft W ein Frachtschiff zum Preis von 25 Mio. GE (zuzüglich 19 % USt). Mit Abschluss des Vertrages verlangt W eine Anzahlung i. H. v. 10 Mio. GE (netto).

Folgende Buchungen werden bei R vorgenommen:

1. Anzahlung:

0795	Geleistete Anzahlungen/ Sachanlagen	10.000.000	an	1800	Bank	11.900.000
1400	Vorsteuer	1.900.000				

2. Lieferung und Bezahlung:

0400	Technische Anlagen und Maschinen	15.000.000	an	1800	Bank	17.850.000
1400	Vorsteuer	2.850.000				

0400	Technische Anlagen und Maschinen	10.000.000	an	0795	Geleistete Anzahlungen/ Sachanlagen	10.000.000

Folgende Buchungen werden bei W vorgenommen:

1. Anzahlung:

1800	Bank	11.900.000	an	3250	Erhaltene Anzahlungen	10.000.000
				3800	Umsatzsteuer	1.900.000

2. Lieferung und Bezahlung:

1800	Bank	17.850.000	an	4000	Umsatzerlöse	15.000.000
				3800	Umsatzsteuer	2.850.000

3250	Erhaltene Anzahlungen	10.000.000	an	4000	Umsatzerlöse	10.000.000

Kontrolle: Die Umsatzsteuer von W entspricht der Vorsteuer von R mit jeweils 4,75 Mio. GE.

B. Bewertung des Anlagevermögens im Zeitablauf

Basiswert und Wertobergrenze des Anlagevermögens sind die Anschaffungs- oder Herstellungskosten (§ 253 Abs. 1 HGB). Beim Anlagevermögen ist für die Folgebewertung zwischen nicht abnutzbarem und abnutzbarem Anlagevermögen zu differenzieren. Während das **nicht abnutzbare AV** im Zeitablauf eigentlich seinen Wert beibehält, wenn nicht unvorhergesehene Ereignisse dessen Wert mindern, ist beim **abnutzbaren AV** von vornherein ein Werteverzehr absehbar. Beide Arten des Werteverzehrs werden über Abschreibungen berücksichtigt.

I. Prinzip der Abschreibungen

Wie bereits eingangs erwähnt, stellen **Abschreibungen** eine Möglichkeit dar, die Anschaffungsausgabe für einen Vermögensgegenstand als Aufwand über seine Nutzungsdauer zu verteilen und erst im Zeitablauf erfolgswirksam werden zu lassen. Sie dienen damit einer periodengerechten Erfolgsermittlung gemäß der **dynamischen Bilanztheorie**. Gleichzeitig wird über Abschreibungen der Werteverzehr abgebildet, der im Zeitablauf bei den Zeitwerten der Vermögensgegenstände eintritt. Die Gegenstände des Anlagevermögens unterliegen mit ihrer Nutzung bestimmten Wertminderungen. Gebäude, Maschinen und Einrichtungen beispielsweise erfahren durch Abnutzung, Verschleiß, technischen Fortschritt, fallende Preise oder durch Veränderung der Nutzungsmöglichkeit eine Entwertung. Dieser Umstand wird mittels Abschreibungen in Form von Wertminderungen als Aufwand in der GuV berücksichtigt. Damit dienen Abschreibungen auch dem korrekten Ausweis des Vermögens des Bilanzierenden gemäß der **statischen** Bilanztheorie.

Es ist zwischen einem vorhersehbaren Werteverzehr, der zu planmäßigen Abschreibungen führt, und einem nicht vorhersehbaren Werteverzehr, der zu außerplanmäßigen Abschreibungen führt, zu unterscheiden (vgl. Abb. 10.1). Die **planmäßige** Abschreibung verteilt die Anschaffungs- oder Herstellungskosten auf die Geschäftsjahre, in denen der Vermögensgegenstand voraussichtlich genutzt werden kann (betriebsgewöhnliche Nutzungsdauer). Bei der Schätzung der Nutzungsdauer ist die i. d. R. kürzere wirtschaftliche und nicht die technische Nutzungsdauer entscheidend. Die **außerplanmäßige** Abschreibung hingegen berücksichtigt unvorhersehbaren Werteverzehr, beispielsweise bei Katastrophenverschleiß, versteckten Mängeln, erhöhter Inanspruchnahme, unterlassener Instandhaltung, Abbruch, technischem Fortschritt, sinkender Rentierlichkeit oder Fallen der Wiederbeschaffungspreise. Beim nicht abnutzbaren AV kann folglich definitionsgemäß lediglich ein unvorhersehbarer Werteverzehr eintreten, sodass dort ausschließlich außerplanmäßige Abschreibungen auftreten können. Dagegen müssen beim abnutzbaren AV die Anschaffungs- oder Herstellungskosten im Zeitablauf um planmäßige Abschreibungen vermindert werden (§ 253 Abs. 3 HGB). Das steuerrechtliche Äquivalent für die planmäßigen Abschreibungen stellen die **Absetzung für Abnutzung (AfA)** und die **Absetzung für Substanzverringerung**

(AfS) sowie für die außerplanmäßigen Abschreibungen die **Absetzung für außergewöhnliche Abnutzung (AfaA)** und die Teilwertabschreibung dar.

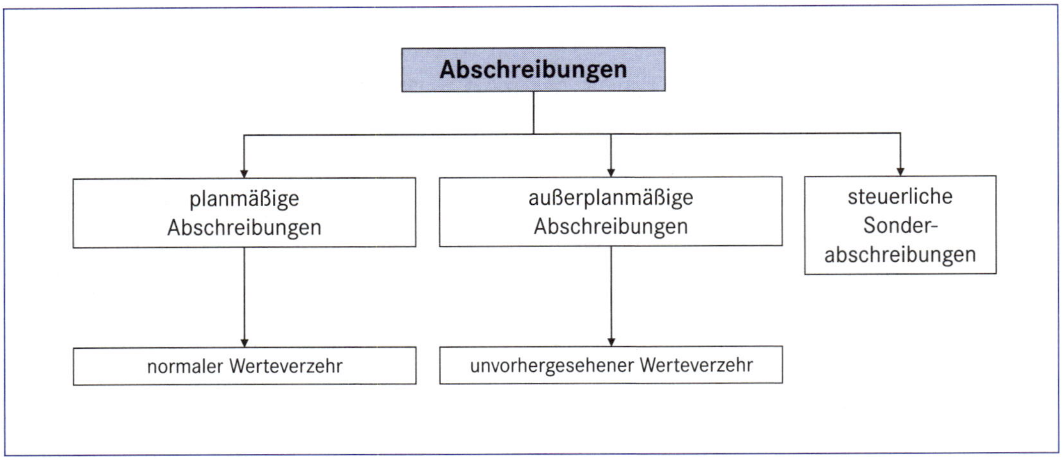

Abb. 10.1: Abschreibungsarten

II. Verfahren der planmäßigen Abschreibung

Planmäßige Abschreibungen können nur bei abnutzbaren Anlagegütern vorgenommen werden. Das sind i. d. R. solche Vermögensgegenstände, deren Nutzung zeitlich begrenzt ist (§ 253 Abs. 3 S. 1 HGB; § 7 Abs. 1 und Abs. 6 EStG), also weder Grundstücke noch Finanzanlagen.

Der Begriff planmäßige Abschreibung beinhaltet, dass ein **Abschreibungsplan** als Grundlage erforderlich ist. Dieser muss die zu verteilenden Anschaffungs- oder Herstellungskosten, die voraussichtliche Nutzungsdauer und die verwendete Abschreibungsmethode enthalten. Handelsrechtlich ist es erlaubt, einen (vorsichtig) geschätzten Rest- oder Veräußerungswert zu berücksichtigen. Steuerrechtlich ist der Ansatz eines Schrottwertes nur zulässig, wenn der Schrottwert von großer Bedeutung ist.

Um den Werteverzehr über die Zeit zu planen, lassen sich unterschiedliche Kriterien als Anhaltspunkte unterstellen. Dies ist zum einen eine geschätzte maximale Gesamtleistungsabgabe und zum anderen eine maximale Dauer der Nutzbarkeit des Vermögensgegenstandes. Entsprechend lassen sich zwei Gruppen von **Abschreibungsverfahren** unterscheiden:

- die Abschreibung nach Maßgabe der Inanspruchnahme und
- die zeitbedingten Abschreibungsverfahren (linear, degressiv, progressiv).

Die gewählten Abschreibungsverfahren sind gemäß § 284 Abs. 2 Nr. 1 HGB im Anhang anzugeben.

1. Abschreibung nach Maßgabe der Inanspruchnahme

Ist es möglich, bei einem Vermögensgegenstand die gesamte mögliche Leistungsabgabe anhand objektiver Kriterien wie Stückzahl, Fahrtstrecke, Maschinenstunden etc. festzumachen, so kann der Abnutzungsgrad anhand der bisher abgeleisteten Anzahl dieser Kriterien gemessen werden und als Grundlage für die Bemessung der Abschreibung dienen. Durch Division der Anschaffungskosten durch die geschätzte Gesamtzahl der abzugebenden Leistungseinheiten lassen sich die Kosten pro Leistungseinheit ermitteln. Durch anschließende Multiplikation der Kosten der Leistungseinheit mit der Anzahl der abgegebenen Leistungseinheiten der Berichtsperiode lässt sich der Werteverzehr der Periode ermitteln. Man spricht daher auch von **»Leistungsabschreibung«**.

Wenn der jährlich anfallende Umfang der Inanspruchnahme nachgewiesen werden kann, z. B. durch ein Zählwerk, ist dieses Verfahren handels- und steuerrechtlich zulässig. Vorteil dieser Abschreibungsmethode ist es, dass der leistungsgerechten Ausgabenverteilung sowie der Berücksichtigung von Beschäftigungsschwankungen Rechnung getragen wird. Andererseits bleiben die wirtschaftliche Entwertung und der natürliche Verschleiß außer Betracht. Abb. 10.2 stellt den unregelmäßigen Entwertungsverlauf stilisiert dar.

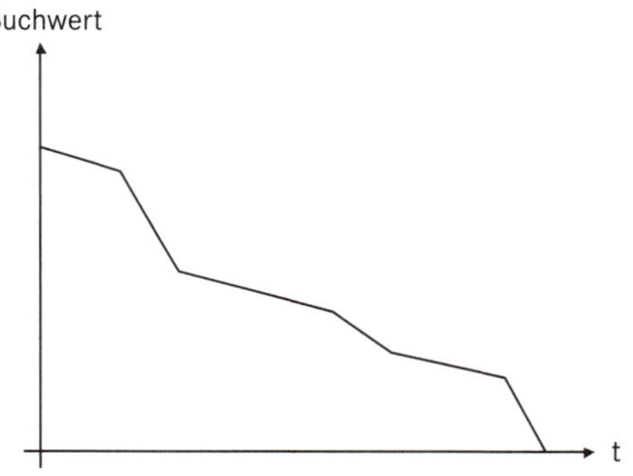

Abb. 10.2: Leistungsabschreibung

Beispiel

Ein Lkw mit dem Anschaffungswert von 60.000 GE und einer geschätzten Fahrleistung von 200.000 km wird leistungsbedingt abgeschrieben.
Der Abschreibungssatz beträgt 60.000 GE / 200.000 km = 0,30 GE/km

Jahr	km-Leistung	Buchwert Jahresanfang in GE	Abschreibungsbetrag in GE	Buchwert Jahresende in GE
1	40.000	60.000	12.000	48.000
2	60.000	48.000	18.000	30.000
3	50.000	30.000	15.000	15.000
4	50.000	15.000	15.000	0
Summe	**200.000**	–	**60.000**	–

2. Zeitlich bedingte Abschreibungsmethoden

Die Praxis arbeitet vorwiegend mit Abschreibungen, die nach Maßgabe der Zeit bemessen sind. Es wird eine Lebensdauer der Anlage geschätzt und die Anschaffungskosten auf diesen Zeitraum verteilt. Problematisch ist hierbei insbesondere die Schätzung der Nutzungsdauer. Bedeutsam ist, dass hierbei nicht die technische, sondern die wirtschaftliche Nutzungsdauer entscheidend ist. So mag ein Pkw technisch durchaus 15 Jahre nutzbar sein, nicht jedoch wirtschaftlich. In der Praxis hat die Finanzverwaltung für die steuerliche Abschreibung Tabellen (sog. AfA-Tabellen) herausgegeben, in denen die »betriebsgewöhnliche Nutzungsdauer« von Anlagegütern festgelegt wird. Nur in begründeten Fällen kann in der Steuerbilanz von diesen Tabellen abgewichen werden. Weitere Anhaltspunkte sind z. B. die erwartete Substanzverringerung, etwa bei Rohstoffvorkommen oder die Vertragslaufzeit bei Lizenzen etc.

Im Jahr des Zugangs ergibt sich zwangsläufig das Problem der Bemessung der Abschreibung eines Vermögensgegenstandes. Es wird zeitanteilig (pro rata temporis), meist monatsgenau, verfahren, d. h., es wird anteilig für die Monate der Betriebszugehörigkeit abgeschrieben.

Wird also z. B. eine Anlage mit 5 Jahren Nutzungsdauer im März des Jahres 07 angeschafft, so läuft die 5-jährige Nutzungsdauer von März des Jahres 07 bis Ende Februar des Jahres 12. Im Jahr 07 werden genau 10 Monate berücksichtigt, d. h., es werden 10/12 einer vollen Jahresabschreibung als Aufwand verrechnet, unabhängig davon, an welchem Tag im März die Anschaffung erfolgt ist. Im Jahr 12 müssen dann noch 2 Monate berücksichtigt werden (vgl. Abb. 10.3).

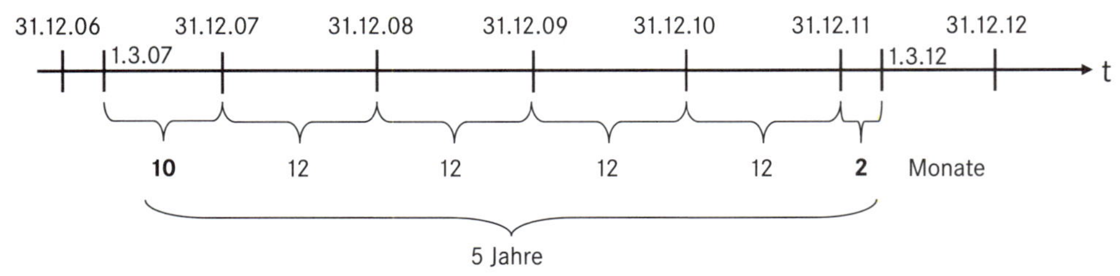

Abb. 10.3: Zeitanteilige Abschreibung bei unterjähriger Anschaffung

a) Lineare Abschreibung

Die einfachste Art der zeitlichen Abschreibung ist die **lineare Abschreibung**, bei der die Anschaffungs- oder Herstellungskosten durch die Nutzungsdauer geteilt werden und damit ein für alle Nutzungsjahre konstanter Abschreibungsbetrag ermittelt wird. Diese Abschreibungsform wird als »linear« bezeichnet, weil sie einen gleichmäßigen Abschreibungsverlauf unterstellt, der für sehr lange Nutzungsdauern einem linearen Verlauf nahe kommt (vgl. Abb. 10.4).

Die lineare Abschreibung hat den Vorteil, dass sie leicht zu handhaben ist. Der unterstellte Abnutzungsverlauf ist jedoch unrealistisch, da er insbesondere nicht berücksichtigt, dass der Wert einer Anlage meist erheblich sinkt, sobald der Gegenstand erstmalig in Gebrauch genommen wird.

Beispiel

Ein Lkw mit einem Anschaffungswert von 60.000 GE und einer Nutzungsdauer von 5 Jahren wird linear abgeschrieben. Der Abschreibungsbetrag pro Jahr beträgt 60.000 GE / 5 = 12.000 GE.

Jahr	Buchwert Jahresanfang in GE	Abschreibungs-betrag in GE	Buchwert Jahresende in GE
1	60.000	12.000	48.000
2	48.000	12.000	36.000
3	36.000	12.000	24.000
4	24.000	12.000	12.000
5	12.000	12.000	0
Summe	-	**60.000**	-

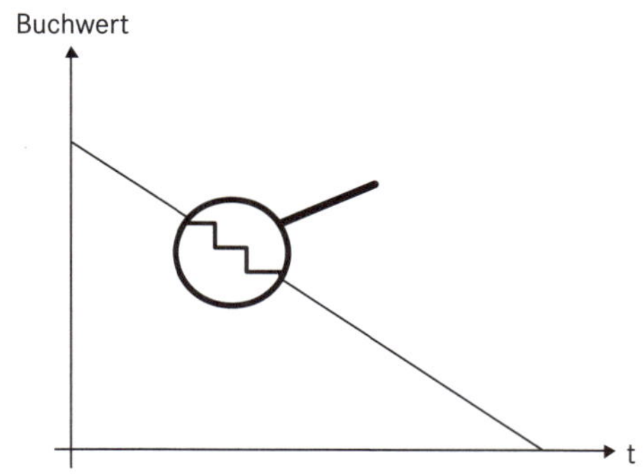

Abb. 10.4: Lineare Abschreibung

b) Degressive Abschreibung

Bei der **degressiven Abschreibung** werden die Anschaffungs- oder Herstellungskosten einer Anlage mittels sinkender Abschreibungsbeträge auf die Nutzungsdauer verteilt, sodass in den ersten Nutzungsjahren der Buchwert stärker sinkt als gegen Ende der Nutzungsdauer (vgl. Abb. 10.5).

Sie trägt damit der Tatsache Rechnung, dass neuwertige Vermögensgegenstände zu Beginn ihrer Nutzung einem stärkeren Wertverlust unterliegen. Damit entspricht die degressive Abschreibung am besten dem Vorsichtsprinzip.

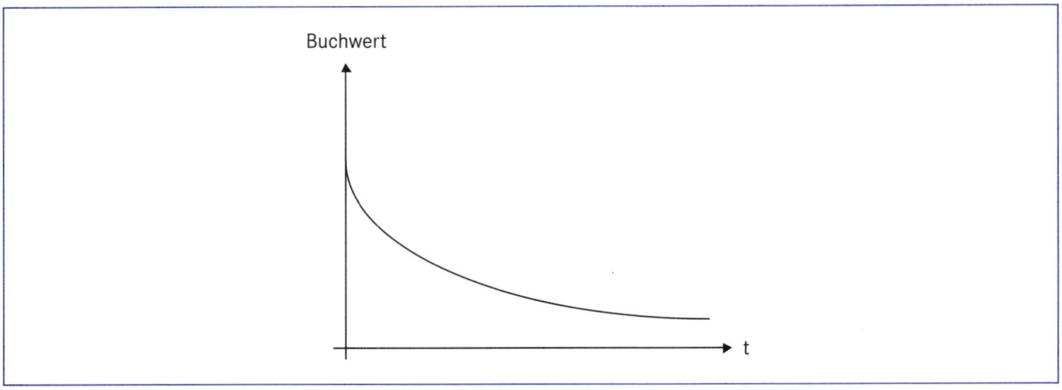

Abb. 10.5: Degressive Abschreibung

Es wird zwischen der geometrisch-degressiven Abschreibung und der arithmetisch-degressiven Abschreibung unterschieden. Bei der **geometrisch-degressiven Abschreibung** werden die Abschreibungsbeträge mittels eines konstanten Abschreibungsprozentsatzes (d) vom Buchwert am Periodenanfang (BW_{t-1}) ermittelt:

$$\text{degressiver Abschreibungsbetrag} = d \times BW_{t-1}$$

Nach erfolgter Abschreibung beträgt der Buchwert:

$$BW_t = BW_{t-1} - d \times BW_{t-1} = (1 - d) \times BW_{t-1}$$

Somit verbleibt nach jeder Abschreibung immer ein positiver Restwert i. H. v. (1-d) des Buchwerts vom Beginn der Periode. Dieser wird im letzten Jahr komplett abgeschrieben.

Beispiel

Ein Lkw mit einem Anschaffungswert von 60.000 GE und einer Nutzungsdauer von 5 Jahren wird geometrisch-degressiv abgeschrieben. Der Abschreibungsprozentsatz beträgt 30 %.

Jahr	Buchwert Jahresanfang in GE	Abschreibungsbetrag (degressiv) in GE	Buchwert Jahresende in GE
1	60.000	18.000	42.000
2	42.000	12.600	29.400
3	29.400	8.820	20.580
4	20.580	6.174	14.406
5	14.406	(Restwertabschreibung) 14.406	0
Summe	-	**60.000**	-

Um den sehr hohen Abschreibungsbetrag im letzten Jahr zu vermeiden, ist es sinnvoll, auf die lineare Abschreibung zu wechseln und den noch verbleibenden Restbuchwert (RBW) über die verbleibende Restnutzungsdauer (RND) zu verteilen. Ein Wechsel wird i. d. R. dann sinnvoll sein, wenn die lineare Restabschreibung größer oder gleich der degressiven Abschreibung ist:

$$\text{lineare Restabschreibung} \geq \text{degressive Abschreibung}$$

$$\frac{BW_{t-1}}{RND} \geq d \times BW_{t-1} \quad \Leftrightarrow \quad \frac{1}{RND} \geq d$$

Diesen häufigen Fall des **Wechsels von der geometrisch-degressiven auf die lineare Abschreibung** bezeichnet man auch als »kombinierte Abschreibung«, die in Abb. 10.6 dargestellt ist.

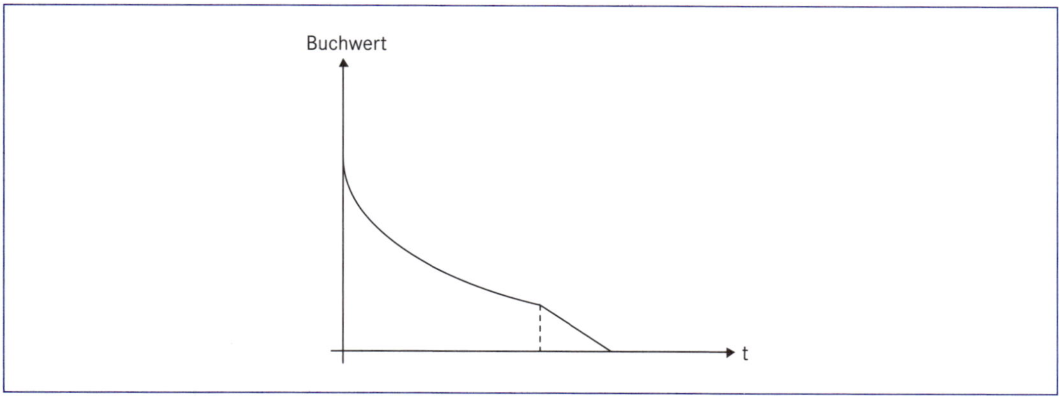

Abb. 10.6: Kombinierte Abschreibung

Beispiel

Auf das vorherige Beispiel bezogen, können bei einer Restnutzungsdauer von 3 Jahren bei der linearen Abschreibung 33,33 % des Buchwerts verrechnet werden, bei der degressiven dagegen nur 30 %. Daher lohnt sich ein Wechsel 3 Jahre vor Ende der Nutzungsdauer.

Jahr	Buchwert Jahresanfang in GE	Abschreibungsbetrag (degressiv) in GE	Buchwert Jahresende in GE	lineare Restabschreibung =RBW/RND in GE
1	60.000	18.000	42.000	60.000 / 5 = 12.000
2	42.000	12.600	29.400	42.000 / 4 = 10.500
3	29.400	9.800	19.600	29.400/ 3 = 9.800
4	19.600	9.800	9.800	
5	9.800	9.800	0	
Summe	–	**60.000**	–	

Bei der **arithmetisch-degressiven Abschreibung** sinken die jährlichen Abschreibungsbeträge jeweils um denselben Betrag (Degressionsbetrag). Die **digitale Abschreibung** stellt einen Sonderfall der arithmetisch-degressiven Abschreibung dar, bei dem der Degressionsbetrag so gewählt wird, dass mit der letzten Rate restlos abgeschrieben wird. Dieser ergibt sich aus der Division der AHK durch die Gaußsche Summenformel:

$$\text{AHK}/\frac{\text{ND} \times (\text{ND}+1)}{2} = \text{AHK}/[1+2+\ldots+(\text{ND}-1)+\text{ND}]$$

Beispiel

Ein Lkw mit einem Anschaffungswert von 60.000 GE und einer Nutzungsdauer von 4 Jahren wird digital abgeschrieben. Der Degressionsbetrag errechnet sich mit 60.000 GE / (1+2+3+4) = 60.000 GE / 10 = 6.000 GE

Jahr	Buchwert Jahresanfang in GE	Abschreibungsbetrag in GE	Buchwert Jahresende in GE
1	60.000	4 × 6.000 = 24.000	36.000
2	36.000	3 × 6.000 = 18.000	18.000
3	18.000	2 × 6.000 = 12.000	6.000
4	6.000	1 × 6.000 = 6.000	0
Summe		**60.000**	

c) Progressive Abschreibung

Bei der **progressiven Abschreibung** steigen die Abschreibungsbeträge jährlich geometrisch oder arithmetisch an.

Die anfänglich niedrigen Abschreibungsraten führen bei den meisten Vermögensgegenständen zu einem zu hohen Bewertungsansatz, der dem Vorsichtsprinzip widerspricht, sodass die Anwendung auf wenige Sonderfälle begrenzt ist, bei denen mit einer langen Anlaufphase und starken Wertminderungen erst am Nutzungsende zu rechnen ist. Beispielsweise ist die progressive Abschreibung bei Obstplantagen und Staudämmen anwendbar.

Rechnerisch lassen sich die Abschreibungen durch Umkehrung der Reihenfolge der Abschreibungsbeträge aus der entsprechenden degressiven Methode ermitteln. Der Buchwertverlauf nach progressiver Abschreibung ist in Abb. 10.7 stilisiert dargestellt.

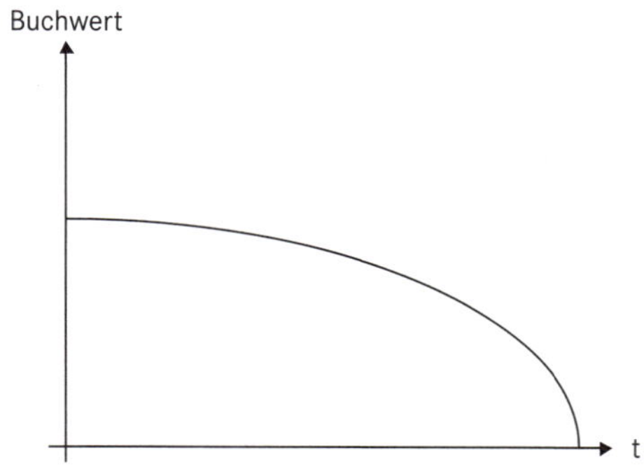

Abb. 10.7: Progressive Abschreibung

III. Zulässigkeit der planmäßigen Abschreibungsmethoden

Grundsätzlich sind für die Handelsbilanz sowohl die Abschreibung nach Maßgabe der Inanspruchnahme als auch die verschiedenen zeitbedingten Abschreibungsverfahren (lineare, degressive und progressive Abschreibung) zulässig. Im Einzelfall ist zu prüfen, ob das gewählte Verfahren mit dem Vorsichtsprinzip zu vereinbaren ist. In der Praxis finden das lineare und degressive Abschreibungsverfahren sowie die Kombination von degressiver und linearer Abschreibung besonders häufig Anwendung. Im internen Rechnungswesen (Kostenrechnung) sind aufgrund der fehlenden Außenwirkung sämtliche Abschreibungsverfahren zulässig, sofern sie betriebswirtschaftlich überhaupt sinnvoll sind.

In der Steuerbilanz ist die Abschreibung nach Maßgabe der Inanspruchnahme zulässig, wenn sie wirtschaftlich begründet ist (d. h., wenn z. B. wesentliche Verschleißschwankungen auftreten) und der Umfang der Leistung nachgewiesen werden kann (z. B. durch ein Zählwerk). Auch die lineare Abschreibung ist in der Steuerbilanz zulässig. Die Nutzungsdauern werden in sog. »AfA-Tabellen« von den Finanzbehörden vorgegeben. Von diesen kann nur mit triftiger Begründung abgewichen werden. Sowohl die degressive als auch die progressive Abschreibung sind steuerrechtlich unzulässig. Allerdings ermöglichte beispielsweise das Gesetz zur Umsetzung steuerrechtlicher Regelungen des Maßnahmenpakets »Beschäftigungssicherung durch Wachstumsstärkung«

eine geometrisch-degressive Abschreibung für bewegliche Wirtschaftsgüter des Anlagevermögens, die nach dem 31.12.2008 und vor dem 01.01.2011 angeschafft oder hergestellt worden sind. Der maximale Abschreibungssatz beträgt dabei das 2,5-fache der linearen Abschreibung, jedoch maximal 25 % (vgl. § 7 Abs. 2 EStG).

IV. Außerplanmäßige Abschreibung

Außerplanmäßige Abschreibungen sind immer dann notwendig, wenn ein unvorhergesehener Werteverzehr eintritt, d. h., wenn der Wert eines Vermögensgegenstandes aufgrund von Ereignissen, die nicht vorhersehbar waren, beeinträchtigt ist. Eine außergewöhnliche Wertminderung kann im abnutzbaren Vermögen auch neben der gewöhnlichen Abnutzung, die durch die planmäßige Abschreibung abgebildet wird, eintreten. Bei nicht abnutzbarem Vermögen ist sie der einzige Grund für die Vornahme einer Abschreibung. Im Gegensatz zur planmäßigen Abschreibung kann sich die außerplanmäßige Abschreibung deshalb auch auf nicht abnutzbare Vermögensgegenstände beziehen.

Außerplanmäßige Abschreibungen im Anlagevermögen sind handelsrechtlich gemäß dem gemilderten Niederstwertprinzip (§ 253 Abs. 3 HGB) immer dann vorzunehmen, wenn der Wert voraussichtlich dauerhaft beeinträchtigt ist. Für das Finanzanlagevermögen besteht ein Wahlrecht, dass dieses auch bei einer nur vorübergehenden Wertminderung abgeschrieben werden darf (vgl. im Detail 15. Kapitel).

Beispiel

Eine Maschine wird zu Anschaffungskosten von 80.000 GE erworben. Die ursprünglich geplante Nutzungsdauer beträgt 10 Jahre. Im dritten Jahr wird die Maschine durch einen Unfall beschädigt, sodass eine Wertminderung von 10.000 GE auftritt. Ferner verkürzt sich die Nutzungsdauer auf insgesamt 6 Jahre. Die ursprüngliche planmäßige Abschreibung betrug 8.000 GE p. a. (linear). Vor dem Unfall hat die Maschine einen Buchwert von 64.000 GE.

Jahr	Buchwert Jahresanfang in GE	Abschreibungsbetrag in GE	Buchwert Jahresende in GE
1	80.000	8.000	72.000
2	72.000	8.000	64.000
3 (Unfall)	64.000	23.500 (= 10.000 + 13.500)	40.500
4	40.500	13.500	27.000
5	27.000	13.500	13.500
6	13.500	13.500	0
Summe	–	**80.000**	–

Die Berücksichtigung der außerplanmäßigen Abschreibung i. H. v. 10.000 GE führt zu einem Buchwert von 54.000 GE, aus dem sich, unter Berücksichtigung der restlichen Nutzungsdauer von 4 Jahren, der neue planmäßige Abschreibungsbetrag von 13.500 GE p. a. errechnet.

V. Zuschreibungen

Bei **Zuschreibungen** handelt es sich um das Gegenteil von Abschreibungen. Sie dienen dazu, eine Korrektur des augenblicklichen Buchwertes auf einen höheren Wert vorzunehmen. Eine derartige Wertkorrektur darf nach den Regeln des Handels- und Steuerrechts nur vorgenommen werden, um eine zuvor vorgenommene außerplanmäßige Abschreibung rückgängig zu machen. Sie darf bei nicht abnutzbaren Vermögensgegenständen höchstens bis zu den AK/HK erfolgen. Bei abnutzbaren Vermögensgegenständen darf eine Zuschreibung nur bis zu dem Wert vorgenommen werden, der sich ergeben hätte, wenn zuvor nicht außerplanmäßig abgeschrieben worden wäre (fortgeführte AK/HK nach planmäßiger Abschreibung). Damit muss eine Zuschreibung immer dann erfolgen, wenn der Grund für eine außerplanmäßige Abschreibung entfallen ist. Eine Ausnahme ist der Geschäfts- oder Firmenwert, bei dem keine Zuschreibungen vorgenommen werden dürfen (vgl. § 253 Abs. 5 HGB).

VI. Verbuchung von Abschreibungen

Buchungstechnisch ist zwischen direkter und indirekter Abschreibung zu unterscheiden. Vermindert man den Wertansatz der Vermögensgegenstände direkt im jeweiligen Bestandskonto, so spricht man von direkter Abschreibung. Alternativ kann die Abschreibung durch Bildung eines passivischen Korrekturpostens erfolgen. Hier spricht man von indirekter Abschreibung.

Abschreibungen stellen per Definition Aufwendungen dar. Sie werden also im Soll auf ein entsprechendes Aufwandskonto gebucht. Bei **direkten Abschreibungen** erfolgt die Gegenbuchung im Haben auf dem entsprechenden Bestandskonto des Anlagevermögens. Bei **indirekter Abschreibung** wird im Haben auf ein Konto »Wertberichtigungen« gebucht. Die Buchung für eine direkte Abschreibung lautet somit:

»Per Abschreibungen (Aufwand) an aktives Bestandskonto«

Die Buchung einer indirekten Abschreibung lautet entsprechend:

»Per Abschreibungen (Aufwand) an Wertberichtigungen«

Das Konto »Wertberichtigungen« ist nach seinen Eigenschaften ein Passivkonto. Es wird jedoch i. d. R. nicht in der Bilanz als Passivposten ausgewiesen, da das HGB dies nicht vorsieht. Statt dessen werden das Aktivkonto und die ihm zuzurechnende Wertberichtigung für Ausweiszwecke saldiert, sodass der Ausweis der indirekten Abschreibung dem Ausweis der direkten Abschreibung entspricht. Die indirekte Verbuchung hat jedoch den Vorteil, dass die ursprünglichen Anschaffungskosten und die im Laufe der Zeit angefallenen Abschreibungen (die sog. **kumulierten Abschreibungen**) aus den Konten ersichtlich sind. Diese Informationen werden z. B. für die Erstellung des **Anlagespiegels** benötigt (vgl. 15. Kapitel).

Die Verbuchung des Aufwands erfolgt auf speziellen Abschreibungskonten für die Art der Abschreibung und des Vermögensgegenstandes. Für die planmäßige Abschreibung werden die Konten:

6200 »Abschreibungen auf immaterielle Vermögensgegenstände«

6220 »Abschreibungen auf Sachanlagen«

benutzt.

Die außerplanmäßigen Abschreibungen werden auf folgenden Konten erfasst:

6210 »Außerplanmäßige Abschreibungen auf immaterielle Vermögensgegenstände«

6230 »Außerplanmäßige Abschreibungen auf Sachanlagen«

Beispiel

Eine Maschine wurde vor 6 Jahren zu Anschaffungskosten von 40.000 GE erworben. Sie wird über 10 Jahre linear mit 4.000,GE abgeschrieben. Zum Ende des Jahres 6 sollen die Abschreibungen verbucht werden.

Planmäßige Abschreibung einer Maschine i. H. v. 4.000 GE:

a) direkt:

6220	Abschreibungen auf Sachanlagen	4.000	an	0400	Techn. Anlagen und Maschinen	4.000

b) indirekt:

6220	Abschreibungen auf Sachanlagen	4.000	an	0499	Wertberichtigungen	4.000

Bei **direkter Verbuchung** wird der Bestand des Aktivkontos unmittelbar reduziert. Es wurden bereits 5 Jahresabschreibungen verbucht, sodass der Buchwert am Jahresanfang 20.000 GE beträgt. Die erneute Abschreibung reduziert den Buchwert auf 16.000 GE.

S	0400 Techn. Anlagen und Maschinen		H
AB	20.000	Abschreibungen	4.000
		SB	16.000
	20.000		20.000

Bei **indirekter Abschreibung** werden sämtliche Wertkorrekturen auf einem getrennten Konto erfasst. Das Anlagenkonto enthält damit nur die Anschaffungskosten. Das Konto Wertberichtigungen weist seinen Anfangsbestand im Haben aus und erfasst alle entsprechenden Wertkorrekturen aus dem laufenden Geschäftsjahr. Es verhält sich wie ein Passivkonto. Im

Beispiel wurden bereits 20.000 GE an Abschreibungen in früheren Jahren verbucht, die nun um 4.000 GE erhöht werden:

S	0400 Techn. Anlagen und Maschinen		H
AB	40.000	SB	40.000
	40.000		40.000

S	0499 Wertberichtigungen		H
SB	24.000	AB	20.000
		Abschr.	4.000
	24.000		24.000

Dadurch erhöht sich die Wertkorrektur auf 24.000 GE, sodass der effektive Wert der Maschinen 40.000 - 24.000 = 16.000 GE beträgt. Im Schlussbilanzkonto stehen sich beide Posten gegenüber und werden für Ausweiszwecke in der Schlussbilanz saldiert:

S	Schlussbilanzkonto		H
Maschinen	40.000	Wertberichtigungen	24.000
...	...	...	...

A	Schlussbilanz		P
Maschinen	16.000	...	...
...	...		

VII. Steuerliche Sonderabschreibungen

Neben der planmäßigen und der außerplanmäßigen Abschreibung existieren auch **steuerliche Sonderabschreibungen**. Diese begründen sich nicht durch den Werteverzehr, sondern ergeben sich lediglich aus dem Steuergesetz. Dies ist zumeist dann der Fall, wenn sie vom Steuergesetzgeber gewährt werden, um damit bestimmte wirtschaftspolitische Ziele zu erreichen. Diese rein steuerlich motivierten Abschreibungen dürfen in der Handelsbilanz nicht vorgenommen werden. Vgl. dazu ausführlicher Coenenberg/Haller/Schultze [2018], 3. Kapitel.

VIII. Sofortabschreibung geringwertiger Wirtschaftsgüter

Da sich der mit dem Vorgang des Aktivierens und der Abschreibung über die Nutzungsdauer ergebende Verwaltungsaufwand nicht für Vermögensgegenstände von geringem Wert lohnt, ist es auch zulässig, solche geringwertigen Gegenstände bereits im Jahr der Anschaffung voll oder pauschal abzuschreiben bzw. direkt als Aufwand zu erfassen.

Im Steuerrecht werden solche Vermögensgegenstände als sog. **»geringwertige Wirtschaftsgüter (GWG)«** bezeichnet. Die Vorschriften beziehen sich nur auf selbstständig funktionstüchtige Gegenstände, also nicht auf solche, die Bestandteil einer größeren Funktionseinheit (z. B. gehört ein Monitor zu einem Computer) sind. Dabei eröffnet das Steuerrecht für geringwertige Wirtschaftsgüter ein Wahlrecht zwischen der Sofortabschreibung und der Bildung eines Sammelpostens.

Bei der Sofortabschreibung können alle geringwertigen Wirtschaftsgüter mit Anschaffungskosten bis zu 800,- EUR (netto) im Geschäftsjahr der Anschaffung voll abgeschrieben werden; jedoch muss für GWGs mit Anschaffungskosten von über 250,- EUR (netto) ein Verzeichnis für die Wirtschaftsgüter geführt werden, wenn diese Angaben nicht aus der Buchführung ersichtlich sind (§ 6 Abs. 2 EStG). Bei Anschaffung werden die GWG auf dem Konto: 0670 »Geringwertige Wirtschaftsgüter« aktiviert. Die Abschreibung erfolgt durch die Buchung:

»Per 6262 Abschreibungen auf aktivierte GWG an 0670 Geringwertige Wirtschaftsgüter«

Alternativ dazu können geringwertige Wirtschaftsgüter mit Anschaffungskosten von mehr als 250,- EUR (netto) und höchstens 1.000,- EUR (netto) pro Jahr auf einem entsprechenden Konto (GWG) als Sammelposten aktiviert werden. Dieser Sammelposten wird ab dem Jahr der Anschaffung oder Herstellung über fünf Jahre abgeschrieben (§ 6 Abs. 2a EStG). Weder die tatsächliche Nutzungsdauer noch die Veräußerung oder Wertminderung der einzelnen Wirtschaftsgüter spielen eine Rolle. Bei Anschaffung werden die GWG auf dem Konto: 0675 »Wirtschaftsgüter Sammelposten (250 EUR bis 1.000 Euro)« aktiviert. Die Abschreibung des Sammelpostens über fünf Jahre erfolgt durch die Buchung:

»Per 6264 Abschreibungen auf den Sammelposten Wirtschaftsgüter an 0675 Wirtschaftsgüter Sammelposten (250 EUR bis 1.000 EUR)«

Beträgt der Anschaffungswert der geringwertigen Wirtschaftsgüter nicht mehr als 250 EUR (netto), so dürfen sie sofort als Aufwand (z. B. Bürobedarf) - ohne Aktivierung - verbucht werden und die Aufzeichnungspflichten entfallen. Die Verbuchung erfolgt dann auf dem entsprechenden Aufwandskonto (z. B. 6815 »Büromaterial«).

C. Abgänge von Anlagen

Sachanlagen scheiden durch Veräußerung, Entnahme, Verschrottung oder infolge höherer Gewalt aus dem Unternehmen aus. Dieser Abgang und die damit eventuell einhergehende Vermögensänderung muss selbstverständlich auch in der Buchhaltung erfasst werden.

Häufig entsteht bei Abgang ein Buchgewinn, wenn der Veräußerungspreis höher ist als der Restbuchwert des Vermögensgegenstands in den Büchern (vgl. Abb. 10.8).

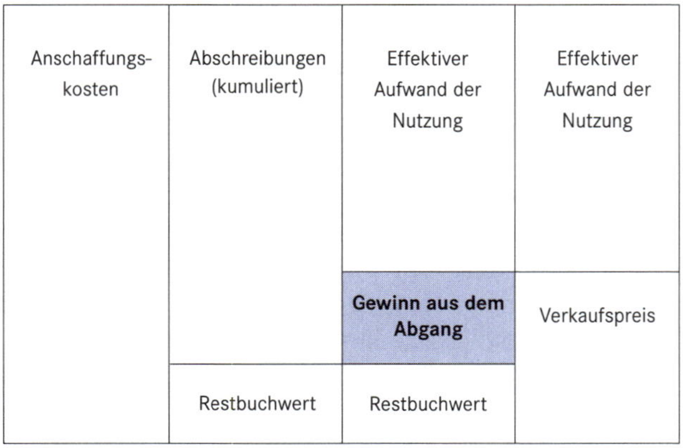

Abb. 10.8: Buchgewinn aus Anlagenabgang

Alternativ ist auch ein Verlust aus dem Abgang möglich, wenn der erzielbare Verkaufspreis niedriger ist als der Restbuchwert. Dieser Fall ist in Abb. 10.9 dargestellt.

Wurde z. B. eine Maschine, die vor Jahren zu 10.000 GE angeschafft wurde und inzwischen auf einen Restwert von 2.000 GE abgeschrieben wurde, zu einem Preis von 5.000 GE verkauft, so entsteht ein Buchgewinn (**Anlagenabgangsgewinn**) von 3.000 GE. Damit hat die Nutzung der Maschine in den letzten Jahren effektiv nur 5.000 GE gekostet. Im Folgenden werden die beiden Fälle der Veräußerung und der Entnahme näher betrachtet.

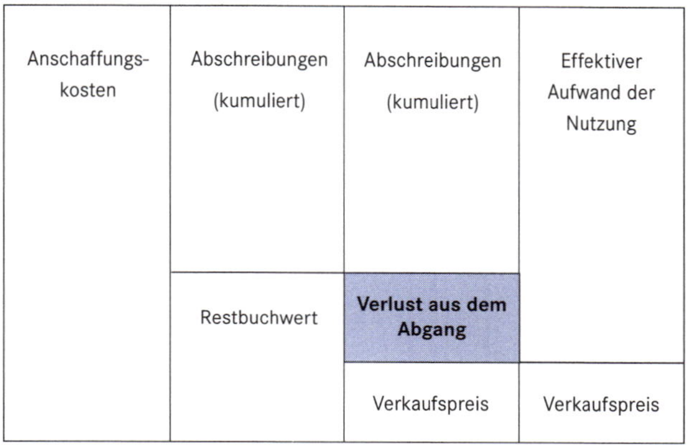

Abb. 10.9: Buchverlust aus Anlagenabgang

I. Verkauf

Beim Verkauf von Anlagen ist deren Ausscheiden als Minderung der Bestandskonten zu verbuchen. Bei Abgängen während des Geschäftsjahres stellt sich dabei die Frage, welcher Restbuchwert anzusetzen ist. Bei korrektem Vorgehen werden zunächst die anteiligen Abschreibungen (bis zum Verkaufszeitpunkt) verbucht, um den Restbuchwert zum Ausscheidungszeitpunkt zu ermitteln. In der Praxis wird häufig aus Vereinfachungsgründen auch der Buchwert zum Ende des Vorjahres angesetzt. Die beiden Möglichkeiten haben keinen Einfluss auf den Erfolg der Periode, sondern lediglich auf seine Zusammensetzung in der Gewinn- und Verlustrechnung.

Die Verbuchung des Abgangs kann auf zwei Weisen erfolgen: Brutto oder Netto. Bei der **Nettomethode** wird der Verkaufserlös dazu benutzt, um den Vermögensgegenstand aus dem Aktivkonto auszubuchen. Der Restbetrag stellt Gewinn dar und wird auf einem Ertragskonto **»Erträge aus dem Abgang von Gegenständen des Anlagevermögens«** verbucht und in der GuV unter den »sonstigen betrieblichen Erträgen« ausgewiesen.

Beispiel

Für die Fertigung wurde im Januar 01 eine Maschine mit einer gewöhnlichen Nutzungsdauer von 5 Jahren für 20.000 GE (netto) erworben und linear abgeschrieben. Am 29.06.03 wird die Maschine zum Preis von 15.000 GE verkauft.

Nettomethode:
Zunächst ist der Restwert der Maschine zum 29.06.03 zu ermitteln. Bei linearer Abschreibung beträgt die jährliche lineare Abschreibung 4.000 GE (20.000 / 5). Die anteilige Abschreibung in 2008 für sechs Monate beträgt damit 2.000 GE, die noch zu buchen ist:

6220	Abschr. Sachanlagen	2.000	an	0440	Maschinen	2.000

Der Restbuchwert der Maschine am 29.06.03 beträgt damit 10.000 GE und ist bei Abgang des Vermögensgegenstandes auszubuchen. Wird die Maschine nun für 15.000 GE verkauft, so entsteht ein Gewinn von 5.000 GE.

1800	Bank	15.000	an	0440	Maschinen	10.000
				4900	Erträge a. d. Abgang von Gegenständen des AV	5.000

Fall	Konten
Buchgewinn	Umsatz: 4845 Erlöse aus Anlagenabgängen bei Buchgewinn Aufwand: 4855 Anlagenabgänge (RBW) bei Buchgewinn → beide abzuschließen auf: 4900 Erträge a. d. Abgang von VG (Buchgewinn)
Buchverlust	Umsatz: 6885 Erlöse aus Anlagenabgängen bei Buchverlust Aufwand: 6895 Anlagenabgänge (RBW) bei Buchverlust → beide abzuschließen auf: 6900 Verluste a. d. Abgang von VG (Buchverlust)

Tab. 10.2: Konten für die Erfassung des Anlagenverkaufes

Zusätzlich zu beachten ist, dass dieser Vorgang der Umsatzsteuerpflicht nach § 1 Abs. 1 UStG unterliegt. Nach § 22 Abs. 2 Nr. 3 UStG ist der Unternehmer zu Aufzeichnungen verpflichtet, aus denen sich die Bemessungsgrundlage für die Umsatzsteuer ergibt. Die eben dargestellte Verbuchung nach der Nettomethode genügt diesen Aufzeichnungsvorschriften aber nicht. Die Bemessungsgrundlage für die Umsatzsteuer wird aus den obigen Konten nicht ersichtlich. Deshalb ist es notwendig, ein eigenes Erlöskonto einzurichten, auf dem die Erlöse aus umsatzsteuerpflichtigen Anlagenverkäufen in voller Höhe gebucht werden können. Demgegenüber ist ein weiteres Konto für den Aufwand einzurichten, der aus dem Abgang des Buchwerts des Vermögensgegenstandes entsteht. Die beiden Konten werden am Jahresende gegeneinander verrechnet, sodass sich daraus wieder der Gewinn aus den Anlageabgängen ergibt. Dieser Gewinn wird wiederum, wie schon erwähnt, in der GuV ausgewiesen. Dieses Vorgehen bezeichnet man als **Bruttomethode**.

Gemäß den GoB (vgl. Adler/Düring/Schmaltz [1998], § 246 Tz. 476; Adler/Düring/Schmaltz [1997], § 275 Tz. 73 ff.) ist in der GuV nur der Nettoerfolg (Erlös minus Buchwert) des Anlagenverkaufs auszuweisen. Nachdem aber Buchverluste und -gewinne aus verschiedenen Anlagenabgängen nicht miteinander verrechnet werden dürfen, sind ferner Anlagenverkäufe mit Buchgewinnen von solchen mit Buchverlusten abzugrenzen und entsprechend auf unterschiedlichen Konten (»... bei Buchgewinn« bzw. »... bei Buchverlust«) zu buchen. Daher werden für beide Fälle jeweils drei Konten geführt: Eines, das den Verkaufserlös aufnimmt (4845 bzw. 6885), ein Zweites, auf dem die Ausbuchung des Restbuchwerts als Aufwand erscheint (4855 bzw. 6895) und ein Drittes, auf dem das Erlös- und Aufwandskonto abgeschlossen werden und worauf der Nettoerfolg entsteht (4900 bzw. 6900). Letztere werden in der GuV abgeschlossen. Tab. 10.2 fasst diese Verbuchung zusammen.

Beispiel

Bei Anwendung der **Bruttomethode** ergibt sich auf obiges Beispiel bezogen:

6220	Abschr. Sachanlagen	2.000	an	0440	Maschinen	2.000

4855	Anlagenabgänge (RBW) bei Buchgewinn	10.000	an	0440	Maschinen	10.000

1200	FLL	17.850	an	4845	Erlöse aus Anlagenabgang bei Buchgewinn	15.000
				3800	Umsatzsteuer	2.850

Am Jahresende werden die Konten wie folgt abgeschlossen:

4900	Erträge aus dem Abgang von VG (Buchgewinn)	10.000	an	4855	Anlagenabgänge (RBW) bei Buchgewinn	10.000

4845	Erlöse aus dem Abgang von VG bei Buchgewinn	15.000	an	4900	Erträge aus dem Abgang von VG (Buchgewinn)	15.000

4900	Erträge aus dem Abgang von VG (Buchgewinn)	5.000	an	9999	GuV-Konto	5.000

Hätte **alternativ** der Verkaufspreis nur 5.000 GE betragen, wäre ein Buchverlust entstanden. Dann wäre wie folgt zu buchen:

6220	Abschr. Sachanlagen	2.000	an	0440	Maschinen	2.000

6895	Anlagenabgänge (RBW) bei Buchverlust	10.000	an	0440	Maschinen	10.000

1200	FLL	5.950	an	6885	Erlöse aus Anlagenverkäufen bei Buchverlust	5.000
				3800	USt	950

Am Jahresende würden die Konten wie folgt abgeschlossen:

6900	Verluste aus dem Abgang von VG (Buchverlust)	10.000	an	6895	Anlagenabgänge (RBW) bei Buchverlust	10.000

6885	Erlöse aus Anlagenverkäufen bei Buchverlust	5.000	an	6900	Verluste aus dem Abgang von VG (Buchverlust)	5.000

9999	GuV-Konto	5.000	an	6900	Verluste aus dem Abgang von VG (Buchverlust)	5.000

Durch den Verkauf von Anlagevermögen erzielt das Unternehmen einen Erlös. Er unterscheidet sich vom normalen Umsatz dadurch, dass er keinen Bezug zum Betriebszweck des Unternehmens aufweist. Daher werden Veräußerungsgewinne oder -verluste aus dem Anlagenabgang unter den sonstigen betrieblichen Erträgen oder Aufwendungen ausgewiesen und zählen damit zum **operativen Ergebnis**.

II. Entnahme

Erfolgt der Abgang aufgrund einer Entnahme durch den Unternehmer, so wird dies sehr ähnlich zum Verkauf gebucht. Bei der Bewertung der Entnahme muss aufgrund des Fehlens eines tatsächlich bezahlten Marktpreises auf den Teilwert zurückgegriffen werden (vgl. 13. Kapitel). Er ist die Bemessungsgrundlage für die Entnahme und die Berechnung eines Buchgewinnes/-verlustes ebenso wie für die USt.

Die Entnahme unterscheidet sich daher vom Abgang nur dadurch, dass kein Veräußerungserlös von außen zufließt. Bei der Verbuchung erfolgt daher die Soll-Buchung nicht bei den liquiden Mitteln oder Forderungen, sondern in den Privatentnahmen (2100). Im Übrigen ist die Verbuchung identisch.

Beispiel

Ein Unternehmer entnimmt einen Pkw mit einem Restbuchwert am Ende der Vorperiode von 20.000 GE, wobei noch zeitanteilige Abschreibungen von 2.000 GE zu berücksichtigen sind. Der Teilwert beträgt 25.000 GE. Das sonstige Vermögen beläuft sich auf 30.000 GE; der Unternehmer hat keine Schulden und tätigt keine weiteren Geschäfte in der betrachteten Periode. Die USt wird mit 19 % berücksichtigt. Es ergeben sich folgende Buchungen:

6220	Abschr. Sachanlagen	2.000	an	0520	Fuhrpark	2.000

4855	Anlagenabgänge (RBW) bei Buchgewinn	18.000	an	0520	Fuhrpark	18.000

2100	Privatentnahmen	29.750	an	4845	Erlöse aus dem Abgang von VG bei Buchgewinn	25.000
				3800	Umsatzsteuer	4.750

Am Jahresende werden die Konten wie folgt abgeschlossen:

4900	Erträge aus dem Abgang von VG (Buchgewinn)	18.000	an	4855	Anlagenabgänge (RBW) bei Buchgewinn	18.000

4845	Erlöse aus dem Abgang von VG bei Buchgewinn	25.000	an	4900	Erträge aus dem Abgang von VG (Buchgewinn)	25.000

4900	Erträge aus dem Abgang von VG (Buchgewinn)	7.000	an	9999	GuV	7.000

Aus der Entnahme resultiert folglich ein Buchgewinn von 7.000 GE, den der Unternehmer versteuern muss.

11. Kapitel: Sachverhalte im finanzwirtschaftlichen Bereich

In diesem Kapitel werden die Behandlung von Sachverhalten des unternehmerischen Finanzverkehrs und deren Verbuchung dargestellt. Im Wesentlichen handelt es sich hierbei um die Behandlung der monetären Beziehungen zu Kunden und Lieferanten, also **Forderungen** und **Verbindlichkeiten**. Einen Schwerpunkt nimmt vor allem die Verbuchung von Wertschwankungen im Bereich Forderungen/Verbindlichkeiten ein. Darüber hinaus werden die verschiedenen Arten von **Wertpapieren** vorgestellt. Ferner wird auf Fremdwährungsgeschäfte mit dem Ausland, sog. **Devisengeschäfte**, eingegangen und der **Wechselverkehr** beleuchtet. Abschließend wird die Erfassung von Auf- und Abgelten bei der Aufnahme bzw. Ausgabe von Finanzmitteln, das sog. **Agio** und **Disagio**, eingegangen.

A. Forderungen und Verbindlichkeiten

Diese Posten stellen aus rechtlicher Sicht Schuldtitel (Herausgabeansprüche) dar. Dabei unterscheidet man Ansprüche von Gläubigern und Ansprüche gegen Schuldner. Aus der Sicht eines Unternehmens werden erstere als »Kreditoren« (Verbindlichkeiten), letztere unter der Kategorie »Debitoren« (Forderungen) geführt.

I. Rechtsansprüche

Üblicherweise erfolgen im Geschäftsverkehr Leistung und Bezahlung nicht zum gleichen Zeitpunkt. Für das Unternehmen, das in Vorleistung tritt, entsteht damit eine Forderung gegenüber dem Vertragspartner. Für Letzteren entsteht durch die Inanspruchnahme dieser Vorleistung eine Verbindlichkeit.

Vergleichbar der Lohn- und Gehaltsabrechnung erfolgt die Verwaltung der Debitoren und Kreditoren sowie das damit verbundene Mahnwesen und die rechtzeitige Einleitung der Zahlung in einer Nebenabteilung. Die Hauptbuchhaltung greift auf diese Angaben zurück. Neben den Sachkonten werden auch sog. Personen- oder Kontokorrentkonten für Kunden (Debitoren) und Lieferanten (Kreditoren) geführt. Abb. 11.1 zeigt die Bestände an Forderungen und Verbindlichkeiten mit Beispielmandanten.

Neben den **Forderungen/Verbindlichkeiten aus Lieferungen und Leistungen** können sich z. B. auch Ansprüche aus Anzahlungen, reinen Darlehensgeschäften, Anleihen oder Beteiligungen ergeben.

Geleistete Anzahlungen auf Gegenstände des Vorratsvermögens werden, vergleichbar den Anzahlungen auf Sachanlagen, unter einem Posten der Vorräte (Geleistete Anzahlungen auf Vorräte, Konto 1180) ausgewiesen.

Erhaltene Anzahlungen werden dagegen als eigener Posten der Verbindlichkeiten (Konto 3250) auf der Passivseite der Bilanz aufgenommen.

Wechselforderungen aus Lieferungen und Leistungen zählen zu den Forderungen aus Lieferungen und Leistungen, reine Finanzwechsel dagegen zu den Wertpapieren. Wechselverbindlichkeiten sind als eigener Posten der Verbindlichkeiten auszuweisen.

Scheckbestände werden nicht zu den Forderungen gezählt, sondern zu den liquiden Mitteln. Eigene Schecks (selbst ausgestellte Schecks an Gläubiger) werden erst mit Einlösung als Abgang auf dem Bankkonto verbucht.

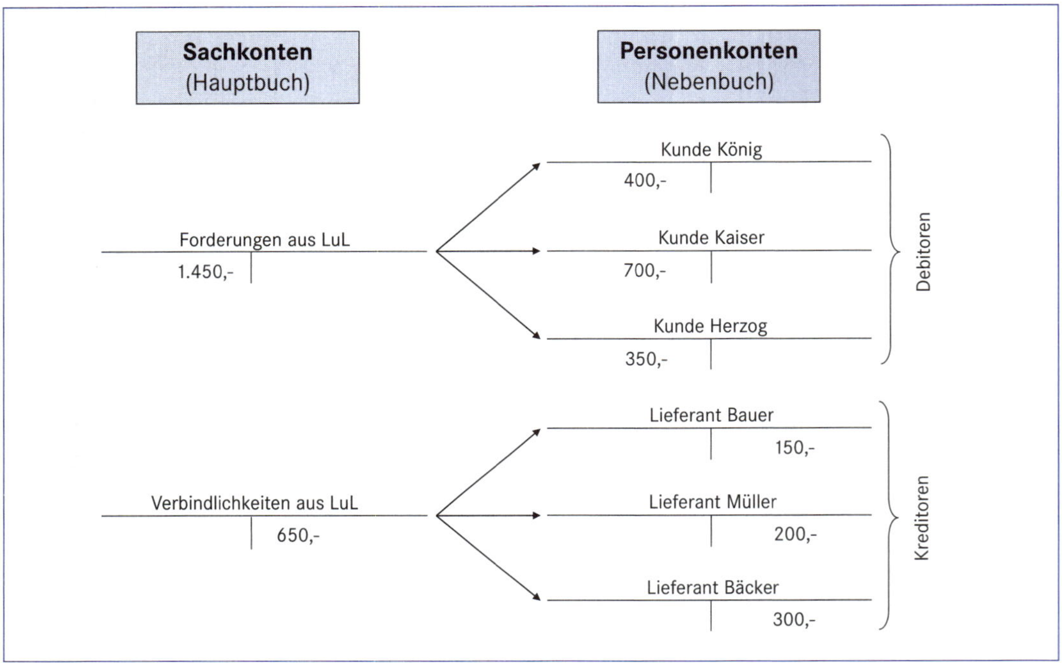

Abb. 11.1: Personenkonten (Kontokorrentkonten)

Für Zwecke der Bilanzierung werden Forderungen und Verbindlichkeiten ferner nach ihrer Restlaufzeit unterschieden in kurz-, mittel- und langfristige Ansprüche. Ansprüche mit einer Restlaufzeit von weniger als einem Jahr (kurzfristig), von mehr als einem Jahr bzw. von mehr als fünf Jahren (langfristig) sind gesondert auszuweisen (§§ 268 Abs. 4 und 5, 285 Nr. 1a HGB).

II. Verbindlichkeiten

Verbindlichkeiten sind Verpflichtungen, deren Höhe und Fälligkeit bereits feststehen. Sie sind insbesondere zu unterscheiden von Rückstellungen, deren Höhe und/oder Fälligkeit mit Unsicherheiten behaftet ist. Rückstellungen werden später im Zusammenhang mit den Abgrenzungen behandelt (vgl. 13. Kapitel, S. 300 ff., siehe auch 16. Kapitel, S. 417 ff.).

Die **Verbindlichkeiten** sind nach **Gläubigergruppen** zu gliedern. Es können folgende Posten unterschieden werden:

1. Anleihen (am Kapitalmarkt),
2. Bankverbindlichkeiten,
3. erhaltene Anzahlungen,
4. Verbindlichkeiten aus Lieferungen und Leistungen,
5. Wechselverbindlichkeiten,
6. Verbindlichkeiten gegenüber verbundenen Unternehmen,
7. Verbindlichkeiten gegenüber Unternehmen, mit denen ein Beteiligungsverhältnis besteht,
8. sonstige Verbindlichkeiten.

Unter die **sonstigen Verbindlichkeiten** fallen insbesondere:

- Verbindlichkeiten gegenüber Finanzbehörden (z. B. Umsatzsteuer),
- Verbindlichkeiten gegenüber Sozialversicherungsträgern,
- Verbindlichkeiten gegenüber Mitarbeitern/Organmitgliedern/Gesellschaftern,
- sog. antizipative Rechnungsabgrenzung, d. h. streng zeitraumbezogene Sachverhalte, die Aufwand dieser Periode darstellen (vgl. 2. Kapitel und 13. Kapitel).

Bei letztgenanntem Punkt werden Vorgänge erfasst, bei denen der Aufwand bereits in der Berichtsperiode entsteht, die Ausgabe jedoch erst später erfolgt, sog. passive antizipative Posten.

Die Verbuchung von Sachverhalten bezüglich der Verbindlichkeiten erfolgt, wie auf allen passiven Bestandskonten, als Zugänge zu den Verbindlichkeiten im Haben sowie als Abgänge von Verbindlichkeiten im Soll.

Beispiel

1. Es werden Anleihen auf ein Unternehmen im Wert von 20 Mio. GE am Kapitalmarkt begeben:

1800	Bank	20.000.000	an	3100	Anleihen	20.000.000

2. Es wird eine Rate i. H. v. 20.000 GE eines Bankkredites bezahlt, wobei 15.000 GE auf Zinsen und 5.000 GE auf die Tilgung entfallen:

7300	Zinsaufwand	15.000	an	1800	Bank	20.000
3150	Verb. ggü. KI	5.000				

III. Forderungen

Zu den **Forderungen aus Lieferungen und Leistungen** zählen Ansprüche aus gegenseitigen Verträgen, die vom betrachteten Unternehmen bereits erfüllt sind, deren Erfüllung durch den Schuldner aber noch aussteht.

Es können folgende Kategorien bei Forderungen unterschieden werden:

1. Geleistete Anzahlungen (ausgewiesen als Unterposten der Vorräte),
2. Forderungen aus Lieferungen und Leistungen,
3. Forderungen gegen verbundene bzw. beteiligte Unternehmen,
4. sonstige Forderungen (ausgewiesen unter »Sonstige Vermögensgegenstände« nach § 266 Abs. 2 Nr. B.II.4 HGB).

Unter die **sonstigen Forderungen** fallen insbesondere:

- Forderungen gegen Finanzbehörden (z. B. Vorsteuer),
- Forderungen gegen Sozialversicherungsträger,
- Forderungen gegen Mitarbeiter/Organmitglieder/Gesellschafter,
- sog. antizipative Rechnungsabgrenzung, d. h. streng zeitraumbezogene Sachverhalte, die Ertrag dieser Periode darstellen (vgl. 13. Kapitel).

Bei dem letzten Punkt handelt es sich um Sachverhalte, in denen bereits in der Berichtsperiode ein Ertrag anfällt, die zugehörige Einnahme jedoch erst später erfolgt, sog. aktive antizipative Posten.

Die Verbuchung von Sachverhalten bezüglich der Forderungen erfolgt, wie auf allen aktiven Bestandskonten, als Zugänge zu den Forderungen im Soll sowie als Abgänge von Forderungen im Haben.

Beispiel

1. Ein Vorsteuerüberhang (aus dem Vorjahr) i. H. v. 50.000 GE wird vom Finanzamt beglichen:

1800	Bank	50.000	an	1420	Sonstige Forderungen ggü. FB	50.000

2. Für ein Mitarbeiterdarlehen wird eine Rate von 1.000 GE (davon 60 % Tilgung) einbehalten, wobei das Gehalt 3.000 GE und Sozialabgaben (ArN) und Lohnsteuer jeweils 500 GE betragen:

6020	Gehälter	3.000	an	1800	Bank	1.000
6100	Sozialaufwand	500		1340	Forderungen ggü. Mitarbeiter	600
				7110	Zinsertrag	400
				3740	Verb. ggü. SVT	1.000
				3730	Verb. ggü. FB	500

1. Abschreibungen auf Forderungen

Grundsätzlich sind Forderungen mit ihrem **Nennwert** inkl. Umsatzsteuer anzusetzen (§ 253 Abs. 1 HGB, § 6 Abs. 1 Nr. 2 EStG). Als Bestandteil des Umlaufvermögens unterliegen Forderungen dem **strengen Niederstwertprinzip**. Fällt der tatsächliche Wert einer Forderung unter den Nennwert, so muss gemäß des Vorsichtsprinzips der niedrigere **beizulegende Wert** bzw. **Teilwert** angesetzt werden (vgl. 15. Kapitel, insbesondere S. 379 f.). Für den Wertansatz gelten die Verhältnisse am Bilanzstichtag. Jedoch müssen Umstände, die bis zur Bilanzerstellung bekannt werden (**wertaufhellende Tatsachen**), berücksichtigt werden. Der Ausfall einer Forderung aufgrund einer Insolvenz ist demnach dann zu berücksichtigen, wenn er bereits vor Bilanzstichtag eingetreten ist, auch wenn er erst nach dem Bilanzstichtag bekannt wurde. Nicht zu berücksichtigen sind dagegen Umstände, die erst nach dem Bilanzstichtag eintreten (**wertbegründende Tatsachen**), wenn also z. B. eine Insolvenz erst nach Bilanzstichtag eintritt, selbst wenn dies im Zeitraum zwischen Bilanzstichtag und Bilanzerstellung bekannt wird.

Der niedrigere Wert der Forderung lässt sich dabei oft nur durch Schätzung ermitteln. Dazu dienen etwa Erwartungen über die Insolvenzquote oder Erfahrungswerte.

Die Wertberichtigung der Forderungen erfolgt in Form von **Abschreibungen**, d. h., es entstehen in der GuV Aufwendungen, die das Ergebnis mindern. Der Ausweis der Forderung erfolgt nach § 266 HGB grundsätzlich abzüglich vorgenommener Wertberichtigungen. Die Vorgehensweise bei der Ermittlung und Verbuchung der Abschreibung hängt jedoch vom jeweiligen Tatbestand ab.

2. Einzelwertberichtigungen

Ausgehend vom individuellen Geschäftsvorfall ist jede Forderung mit dem richtigen Wert einzeln zu erfassen. Bei einer begründeten Annahme von Wertänderungen ist deshalb jede Forderung eigens, gemäß dem Grundsatz der Einzelwertberichtigung, zu untersuchen.

Nach der Bonität können Forderungen in drei Gruppen unterteilt werden:

1. **Einwandfreie Forderungen** (Es besteht kein Zweifel an der Zahlungsfähigkeit des Schuldners.),
2. **Uneinbringliche Forderungen** (Der Forderungsausfall steht endgültig fest, z. B. bei erfolgloser Zwangsvollstreckung oder eidesstattlicher Versicherung des Schuldners.),
3. **Zweifelhafte Forderungen/Dubiose** (Es bestehen begründete Zweifel an der Zahlungsfähigkeit, z. B. wenn trotz mehrmaliger Mahnung der Schuldner mit der Zahlung im Verzug bleibt.).

a) Einwandfreie Forderungen

Auch Forderungen unterliegen dem Grundsatz der Einzelbewertung. Entsprechend ist für jede Forderung zu prüfen, inwieweit sie Bestand hat, d. h., welcher der obigen Kategorien sie zuzurechnen ist.

Einwandfreie Forderungen werden mit ihrem Nennwert in dem entsprechenden Aktivposten ausgewiesen. Ein trotz scheinbarer Einbringlichkeit möglicher Ausfall wird über eine pauschale Berücksichtigung des inhärenten Risikos über eine Pauschalwertberichtigung erfasst (vgl. S. 249 ff.).

b) Uneinbringliche Forderungen

Eine Forderung ist uneinbringlich, wenn ihr Ausfall sicher ist, d. h., wenn feststeht, dass sie nicht mehr (vollständig) beglichen wird. Sie ist auf den Betrag zu reduzieren, der noch erzielt werden kann. Durch die Abschreibung einer Forderung aus Lieferungen und Leistungen verringert sich auch das effektive Nettoentgelt für diese Leistung und damit die Bemessungsgrundlage für die hierauf zu entrichtende Umsatzsteuer. Von den Finanzbehörden werden für die Umsatzsteuerberichtigung nur solche Forderungsabschreibungen anerkannt, die als uneinbringlich gelten, keinesfalls allgemeine Risikoabschreibungen (§ 17 Abs. 2 UStG). Ist sofort mit Bekanntwerden der Uneinbringlichkeit die Höhe des Ausfalls bekannt, dann wird die Forderung unmittelbar auf ihren Restwert reduziert und gleichzeitig die Umsatzsteuer berichtigt. Ein sicherer Ausfall liegt beispielsweise bei erfolgloser Zwangsvollstreckung oder einer eidesstattlichen Versicherung des Schuldners vor.

Beispiel

Eine (noch nicht wertberichtigte) Forderung über 59.500 GE (brutto) fällt mit Sicherheit zu 80 % aus:

	Netto	USt 19 %	Brutto
Nennwert:	50.000	+ 9.500	= 59.500
Ausfall 80 %:	40.000	+ 7.600	= 47.600
Restwert 20 %	10.000	+ 1.900	= 11.900

1. Wertberichtigung: (80 % von 50.000 GE = 40.000 GE)

6930 Forderungsabschreibung	40.000	an	1200 FLL		40.000

2. USt-Berichtigung: (80 % von 9.500 GE = 7.600 GE)

3800 USt	7.600	an	1200 FLL		7.600

S	FLL		H
AB	59.500	1.	40.000
		2.	7.600
		SB	11.900
	59.500		59.500

S	USt		H
2.	7.600	AB	9.500
SB	1.900		
	9.500		9.500

Nach der Umsatzsteuerberichtigung verbleiben 1.900 GE auf dem Umsatzsteuerkonto, die der Umsatzsteuer auf das berichtigte Nettoentgelt von 10.000 GE entsprechen. Die verbleibende Restforderung (11.900 GE) setzt sich aus diesen beiden Bestandteilen zusammen.

Das Insolvenzverfahren stellt einen Sonderfall von uneinbringlichen Forderungen dar. Wird über das Vermögen eines Unternehmers das Insolvenzverfahren eröffnet, dann werden die gegen ihn bestehenden Forderungen in voller Höhe uneinbringlich i. S. des § 17 Abs. 2 S. 1 UStG - unbeschadet einer möglichen Insolvenzquote (vgl. Umsatzsteuer-Anwendungserlass 2018 17.1 (5)). Eine Umsatzsteuerberichtigung erfolgt sofort in voller Höhe. Einkommensteuerrechtlich ist die Vollabschreibung nicht zwingend. Gehen später noch Zahlungen ein, so werden diese als Erträge aus abgeschriebenen Forderungen (Konto 4925) erfasst.

c) Zweifelhafte Forderungen

Eine Forderung gilt als zweifelhaft und noch nicht als uneinbringlich, wenn etwa trotz mehrmaliger Mahnung keine Bezahlung erfolgt ist. Solche zweifelhaften Forderungen, bei denen mit einem (teilweisen) Ausfall gerechnet werden muss, sind in voller Höhe auf ein entsprechendes Konto »Dubiose« (zweifelhafte Forderungen) umzubuchen. Sie sind unter Berücksichtigung der jeweiligen Umstände mit ihrem wahrscheinlichen Wert anzusetzen, der zu erwartende Ausfall ist abzuschreiben. Da der Ausfall jedoch noch nicht feststeht, ist eine Umsatzsteuerberichtigung noch nicht zulässig. Die Abschreibung der Forderung erfolgt deshalb nur auf den Nettowert der Forderung.

Die Verbuchung der Forderungsabschreibung kann, wie jede Abschreibung, entweder direkt oder indirekt erfolgen. Lediglich der Bilanzausweis ist auf einen saldierten Ausweis beschränkt.

Beispiel

Eine Forderung über 59.500 GE (inkl. 19 % USt) fällt wahrscheinlich zu 80 % aus. Es wird direkt abgeschrieben.

1. Umbuchung

1240	Dubiose	59.500	an	1200	FLL	59.500

2. Wertberichtigung: (80 % von 50.000 GE)

6930	Forderungsabschreibung	40.000	an	1240	Dubiose	40.000

3. Restwert auf Dubiose: 19.500 GE davon USt: 9.500 GE

In der Praxis ist die indirekte Abschreibung vorherrschend. Denn i. d. R. wird die einzelne Forderung gegen den Kunden X auf einem speziellen Debitoren-Konto X für den betreffenden Kunden geführt, das den Gesamtbestand an Forderungen gegenüber diesem Kunden ausweist. Eine direkte Abschreibung auf diesem Konto würde diese Information zunichtemachen. Da trotz Zweifelhaftigkeit der Forderung der rechtliche Anspruch bestehen bleibt, ist es sinnvoll, die volle Höhe der

Forderung weiterhin in den Büchern beizubehalten. Erst bei Abschluss der rechtlichen Möglichkeiten des Mahn-, Klage- oder Insolvenzverfahrens ist die Forderung endgültig auf den resultierenden Restwert geschrumpft. Deshalb wird in der Praxis i. d. R. der Nennwert der Forderung einschließlich Umsatzsteuer auf dem Konto Dubiose/zweifelhafte Forderungen gegen den Kunden X geführt und die Wertminderung passivisch auf dem Konto »Einzelwertberichtigungen auf Forderungen« getrennt berücksichtigt. Dies dient gleichzeitig einer besseren Klarheit bezüglich der enthaltenen Umsatzsteuer.

Da das Gliederungsschema des § 266 HGB den passivischen Ausweis von Wertberichtigungen für Kapitalgesellschaften nicht vorsieht, ist bei der Erstellung der Schlussbilanz aus dem Schlussbilanzkonto die Wertberichtigung mit den Forderungen zu saldieren, wobei auch zweifelhafte und einwandfreie Forderungen zusammengefasst werden.

Beispiel

Eine Forderung über 59.500 GE (inkl. 19 % USt) fällt wahrscheinlich zu 80 % aus. Es wird indirekt abgeschrieben:

1. Umbuchung:

1240	Dubiose	59.500	an	1200	FLL	59.500

2. Wertberichtigung: (80 % von 50.000 GE)

6923	Einst. in EWB	40.000	an	1246	EWB	40.000

3. Restwert auf Dubiose: 59.500 GE (davon USt: 9.500 GE)

S	Dubiose		H
1.	59.500	SB	59.500
	59.500		59.500

S	EWB		H
SB	40.000	2.	40.000
	40.000		40.000

Beim Jahresabschluss wird das Konto EWB wie alle Passivkonten auf das SBK abgeschlossen und für den Bilanzausweis dann mit dem Konto FLL saldiert.

Ebenso werden die zweifelhaften Forderungen mit den übrigen sicheren Forderungen z. B. i. H. v. 100.000 GE zusammengefasst:

S	SBK		H
FLL	100.000	EWB	40.000
Dubiose	59.500		…
	…		…

A	Bilanz		P
FLL	119.500		…
	…		…
	…		…

d) Bekanntwerden des endgültigen Forderungsausfalls bei zweifelhaften Forderungen

I. d. R. wird häufig eine uneinbringliche Forderung zuvor als zweifelhaft geführt und wurde meist bereits wertberichtigt. Dann sind für die weitere Verbuchung drei verschiedene Fälle denkbar: der ursprünglich geschätzte Ausfall kann dem tatsächlichen Ausfall entweder genau **entsprechen**, **geringer** oder auch **höher** sein.

(i) Geschätzter Ausfall entspricht tatsächlichem Ausfall

Entsprechen sich tatsächlicher und geschätzter Ausfall, dann muss keine weitere Abschreibung bzw. Wertberichtigung vorgenommen werden. Da nun jedoch der Ausfall sicher ist, muss die Umsatzsteuer berichtigt werden.

Beispiel

Eine zweifelhafte Forderung über 59.500 GE (inkl. 19 % USt) wurde mit einem wahrscheinlichen Ausfall von 80 % wertberichtigt und auf Dubiose umgebucht.

Direkte Abschreibung:

1. Umbuchung und Wertberichtigung:

1240	Dubiose	59.500	an	1200	FLL	59.500
6930	Forderungsabschreibung	40.000	an	1240	Dubiose	40.000

2. Nun wird tatsächlich dieser Ausfall realisiert und der Restwert von 11.900 GE vom Insolvenzverwalter überwiesen. Buchung bei Zahlungseingang:

1800	Bank	11.900	an	1240	Dubiose	11.900

3. USt-Berichtigung: (80 % von 9.500 GE = 7.600 GE)

3800	USt	7.600	an	1240	Dubiose	7.600

S	Dubiose		H
AB	59.500	1.	40.000
		2.	11.900
		3.	7.600
		SB	0
	59.500		59.500

Indirekte Abschreibung:

Wurde die Abschreibung ursprünglich indirekt vorgenommen, so muss nun bei Bekanntwerden des Ausfalls diese passivische Wertberichtigung aufgelöst werden.

1. Umbuchung und Wertberichtigung:

1240 Dubiose	59.500	an	1200 FLL	59.500

6923 Einst. in EWB	40.000	an	1246 EWB	40.000

2. Nun wird tatsächlich dieser Ausfall realisiert und der Restwert von 11.900 GE vom Insolvenzverwalter überwiesen. Zahlungseingang:

1800 Bank	11.900	an	1240 Dubiose	11.900

3. USt-Berichtigung: (80 % von 9.500 GE = 7.600 GE)

3800 USt	7.600	an	1240 Dubiose	7.600

4. Auflösung der Wertberichtigung:

1246 EWB	40.000	an	1240 Dubiose	40.000

S	Dubiose		H
1.	59.500	2.	11.900
		3.	7.600
		4.	40.000
		SB	0
	59.500		59.500

S	EWB		H
4.	40.000	1.	40.000
SB	0		
	40.000		40.000

(ii) Geschätzter Ausfall ist geringer als tatsächlicher Ausfall

Entsprechen sich tatsächlicher und geschätzter Ausfall nicht, dann entsteht über den bereits realisierten Aufwand hinaus weiterer Aufwand bzw. Ertrag. Ist der tatsächliche Ausfall höher als der geschätzte, dann müssen zusätzliche Abschreibungen vorgenommen werden. Außerdem muss, wie zuvor, nun die Umsatzsteuer berichtigt werden und eine evtl. gebildete Wertberichtigung aufgelöst werden.

Beispiel

Eine zweifelhafte Forderung über 59.500 GE (inkl. 19 % USt) wurde mit einem wahrscheinlichen Ausfall von 80 % auf Dubiose umgebucht und abgeschrieben. Nun wird ein tatsächlicher Ausfall von 90 % realisiert und der Restwert von nur 5.950 GE (inkl. 950 GE USt) vom Insolvenzverwalter überwiesen.

	Netto	**USt**	**Brutto**
Forderung	50.000	+ 9.500	= 59.500
Zahlungseingang	5.000	+ 950	= 5.950
tatsächlicher Ausfall	45.000	+ 8.550	= 53.550
ursprüngliche Abschr.	- 40.000	0	
Berichtigung	5.000	8.550	

Direkte Abschreibung:

1. Umbuchung und Wertberichtigung:

1240	Dubiose	59.500	an	1200	FLL	59.500
6930	Forderungsabschreibung	40.000	an	1240	Dubiose	40.000

2. Zahlungseingang:

1800	Bank	5.950	an	1240	Dubiose	5.950

3. Restabschreibung:

6930	Forderungsabschreibung	5.000	an	1240	Dubiose	5.000

4. USt-Berichtigung: (90 % von 9.500 GE = 8.550 GE)

3800	USt	8.550	an	1240	Dubiose	8.550

S	Dubiose		H
1.	59.500	1.	40.000
		2.	5.950
		3.	5.000
		4.	8.550
		SB	0
	59.500		59.500

S	USt		H
4.	8.550	AB	9.500
SB	950		
	9.500		9.500

Indirekte Abschreibung:

Wurde die Abschreibung ursprünglich indirekt vorgenommen, so muss nun bei Bekanntwerden des Ausfalls diese passivische Wertberichtigung aufgelöst werden.

1. Umbuchung und Wertberichtigung:

1240	Dubiose	59.500	an	1200	FLL	59.500
6923	Einst. in EWB	40.000	an	1246	EWB	40.000

Nun wird der Restwert von nur 5.950 GE (inkl. 950 GE USt) vom Insolvenzverwalter überwiesen.

2. Zahlungseingang:

1800	Bank	5.950	an	1240	Dubiose	5.950

3. Auflösung der Wertberichtigung:

1246	EWB	40.000	an	1240	Dubiose	40.000

4. Restabschreibung:

6930	Forderungsabschreibung	5.000	an	1240	Dubiose	5.000

5. USt-Berichtigung: (90 % von 9.500 GE = 8.550 GE)

3800	USt	8.550	an	1240	Dubiose	8.550

S	Dubiose		H
1.	59.500	2.	5.950
		3.	40.000
		4.	5.000
		5.	8.550
		SB	0
	59.500		59.500

S	EWB		H
3.	40.000	AB	40.000
SB	0		
	40.000		40.000

(iii) Geschätzter Ausfall ist größer als tatsächlicher Ausfall

Ist der tatsächliche Ausfall geringer als der geschätzte, dann wurde eine zu hohe Abschreibung vorgenommen. In dieser Höhe entsteht nun ein Ertrag. Wie zuvor muss die Umsatzsteuer berichtigt und eine evtl. gebildete Wertberichtigung aufgelöst werden.

Beispiel

Eine zweifelhafte Forderung über 59.500 GE (inkl. 19 % USt) wurde mit einem wahrscheinlichen Ausfall von 80 % auf Dubiose umgebucht und direkt abgeschrieben. Nun wird aber ein tatsächlicher Ausfall von 70 % realisiert und der Restwert von 17.850 GE vom Insolvenzverwalter überwiesen.

	Netto	USt	Brutto
Forderung	50.000	+ 9.500	= 59.500
Zahlungseingang	15.000	+ 2.850	= 17.850
tatsächlicher Ausfall	35.000	+ 6.650	= 41.650
ursprüngliche Abschr.	- 40.000		
Berichtigung	- 5.000	6.650	

Direkte Abschreibung:

1. Umbuchung und Wertberichtigung:

1240	Dubiose	59.500	an	1200	FLL	59.500
6930	Forderungsabschreibung	40.000	an	1240	Dubiose	40.000

2. Zahlungseingang:

1800	Bank	17.850	an	1240	Dubiose	17.850

3. Ertrag:

1240	Dubiose	5.000	an	4923	Erträge aus Auflösung EWB	5.000

4. USt-Berichtigung: (70 % von 9.500 GE = 6.650 GE)

3800	USt	6.650	an	1240	Dubiose	6.650

S Dubiose H

S		H	
1.	59.500	1.	40.000
3.	5.000	2.	17.850
		4.	6.650
		SB	0
	64.500		64.500

S USt H

S		H	
4.	6.650	AB	9.500
SB	2.850		
	9.500		9.500

S GuV H

S		H	
6930	40.000	Umsatz	50.000
(Saldo	15.000)	4923	5.000
	55.000		55.000

Indirekte Abschreibung:

Wurde die Abschreibung ursprünglich indirekt vorgenommen, so muss nun bei Bekanntwerden des Ausfalls diese passivische Wertberichtigung aufgelöst werden.

1. Umbuchung und Wertberichtigung:

1240	Dubiose	59.500	an	1200	FLL	59.500
6923	Einst. in EWB	40.000	an	1246	EWB	40.000

2. Zahlungseingang:

1800	Bank	17.850	an	1240	Dubiose	17.850

3. Auflösung der Wertberichtigung:

1246	EWB	40.000	an	1240	Dubiose	40.000

4. Ertrag:

1240	Dubiose	5.000	an	4923	Erträge aus Auflösung EWB	5.000

5. USt-Berichtigung:

3800	USt	6.650	an	1240	Dubiose	6.650

S	Dubiose		H
1.	59.500	2.	17.850
4.	5.000	3.	40.000
		5.	6.650
		SB	0
	64.500		64.500

S	EWB		H
3.	40.000	AB	40.000
SB	0		
	40.000		40.000

Das im Beispiel dargestellte Vorgehen erfordert die Ermittlung des Korrekturwertes. Man spricht daher von der »**Nettomethode**« der Auflösung, da nur der Korrekturwert aufgelöst wird. Für die Verbuchung einfacher ist dagegen die »**Bruttomethode**«, bei der immer die gesamte Wertberichtigung (Konto 1246) als Ertrag (auf Konto 4923) aufgelöst wird. Gleichzeitig wird eine volle Abschreibung in Höhe des tatsächlichen Ausfalls vorgenommen.

Beispiel

Im obigen Beispiel wird ein tatsächlicher Ausfall von 70 % von 50.000 GE, d. h. 35.000 GE, als Forderungsausfall realisiert, der Eingang von 17.850 GE enthält USt von 2.850 GE und ein Nettoentgelt von 15.000 GE. Die ursprüngliche Wertberichtigung von 80 % von 50.000 GE, d. h. 40.000 GE, wird als Ertrag aufgelöst und steht so dem tatsächlichen Ausfall von 35.000 GE in der GuV gegenüber, in der sich netto der oben ermittelte Umsatz- und Wertberichtigungsertrag von 15.000 GE ergibt.

1. Umbuchung und Wertberichtigung:

1240	Dubiose	59.500	an	1200	FLL	59.500

6923	Einst. in EWB	40.000	an	1246	EWB	40.000

2. Zahlungseingang

1800	Bank	17.850	an	1240	Dubiose	17.850

3. Auflösung der Wertberichtigung:

1246	EWB	40.000	an	4923	Erträge aus Auflösung EWB	40.000

4. Forderungsausfall und USt-Berichtigung: (19 % von 35.000 GE = 6.650 GE)

6930	Forderungsabschreibung	35.000	an	1240	Dubiose	41.650
3800	USt	6.650				

S	Dubiose		H
1.	59.500	2.	17.850
		4.	41.650
		SB	0
	59.500		59.500

S	GuV		H
1.	40.000	Umsatz	50.000
4.	35.000	3.	40.000
Saldo	15.000		
	90.000		90.000

Diese Vorgehensweise hat zum einen den Vorteil, dass die Differenz aus tatsächlichem Ausfall und ursprünglich erwartetem Ausfall nicht berechnet werden muss, zum anderen ergibt sich die Umsatzsteuerkorrektur hier einfach als Prozentsatz der Umsatzsteuer auf den tatsächlichen Ausfall bei dessen Ausbuchung. Mit dieser Vorgehensweise wird obige Fallunterscheidung unnötig, da sich Restabschreibung oder Restertrag als Differenz der tatsächlichen von der ursprünglich vorgenommenen Abschreibung automatisch in der GuV ergibt.

Beispiel

Gehen in obigem Beispiel nur 5.950 GE ein, dann enthält dieser Betrag 950 GE USt (19 %) und ein Nettoentgelt von 5.000 GE. Der tatsächliche Ausfall beträgt dann 45.000 GE oder 90 % von 50.000 GE. Es wurden 5.000 GE zu wenig abgeschrieben, wenn die ursprüngliche Wertberichtigung 80 % von 50.000 GE, d. h. 40.000 GE, betragen hat. Dies muss jedoch nicht ermittelt werden, da sich dieser zusätzliche Aufwand innerhalb der GuV ergibt.

1. Umbuchung und Wertberichtigung:

1240	Dubiose	59.500	an	1200	FLL	59.500

6923	Einst. in EWB	40.000	an	1246	EWB	40.000

2. Zahlungseingang:

1800	Bank	5.950	an	1240	Dubiose	5.950

3. Auflösung der Wertberichtigung:

1246	EWB	40.000	an	4923	Erträge aus Auflösung EWB	40.000

4. Forderungsausfall und USt-Berichtigung: (19 % von 45.000 GE = 8.550 GE)

6930	Forderungsabschreibung	45.000	an	1240	Dubiose	53.550
3800	USt	8.550				

S	Dubiose		H
1.	59.500	2.	5.950
		4.	53.550
		SB	0
	59.500		59.500

S	GuV		H
1.	40.000	Umsatz	50.000
4.	45.000	3.	40.000
Saldo	5.000		
	90.000		90.000

3. Pauschalwertberichtigungen

Für Forderungen gilt prinzipiell der Grundsatz der Einzelbewertung. Werden jedoch Wertberichtigungen für allgemeine Risiken erforderlich, so kann aus Vereinfachungsgründen bei einer entsprechend großen Anzahl an Einzelforderungen (z. B. im Versandgeschäft) eine Pauschalwertberichtigung gebildet werden.

a) Erstmalige Durchführung einer Pauschalwertberichtigung

Bemessungsgrundlage für Pauschalwertberichtigungen ist der Gesamtbestand an Forderungen abzüglich der bereits einzelwertberichtigten Forderungen. Der Abschreibungsprozentsatz ergibt sich aus Erfahrungswerten und der sich bereits abzeichnenden Entwicklung. Pauschalwertberichtigungen werden auf einem entsprechenden Passivkonto erfasst, es handelt sich also um eine indirekte Abschreibung. Der Bilanzausweis erfolgt, wie bei den Einzelwertberichtigungen ausgeführt, grundsätzlich saldiert.

Beispiel

Die Versandfix GmbH bildet für ihren Forderungsbestand i. H. v. 2.380.000 GE (inkl. 19 % USt) eine Pauschalwertberichtigung von 5 %:

6920	Einst. in die PWB	100.000	an	1248	PWB auf FLL	100.000

Diese (indirekte) Abschreibung mindert das handelsrechtliche Ergebnis der Versandfix GmbH um den Abschreibungsbetrag. Steuerlich sind Pauschalwertberichtigungen grundsätzlich unzulässig. Bei entsprechendem Nachweis kann eine Pauschalwertberichtigung von 1 % anerkannt werden.

Eine Korrektur der Umsatzsteuer kommt bei Pauschalwertberichtigungen aufgrund der fehlenden Sicherheit des Forderungsausfalls nicht in Betracht.

b) Anpassung des Wertberichtigungsbetrags

Der Nachteil der direkten Methode zur Pauschalwertberichtigung liegt in der erschwerten Ermittlung des Wertberichtigungsbetrages der Folgejahre. Dieser lässt sich bei Anwendung der direkten Methode nur mittels einer eigenen Nebenrechnung bestimmen.

In der Praxis wird deshalb eine indirekte Verfahrensweise bevorzugt. Hierbei ist das Gegenkonto für die Abschreibungsbuchung nicht »Forderungen aus Lieferungen und Leistungen«, sondern das passivische Korrekturkonto 1248 »Pauschalwertberichtigungen auf Forderungen aus Lieferungen und Leistungen«.

Zur Verbuchung der Anpassung unterscheidet man zwei Verfahren: die Auflösungs- und die Anpassungsmethode.

Auflösungsmethode

Hier wird der im Vorjahr gebildete Pauschalabsetzungsbetrag zunächst vollständig erfolgswirksam aufgelöst, bevor der im aktuellen Jahr neu ermittelte Wertberichtigungsbedarf wiederum vollständig als Aufwand verbucht wird.

Beispiel

Im obigen Beispiel sollen im Vorjahr bereits 80.000 GE an Wertberichtigungsbedarf ermittelt worden sein. Somit ist im aktuellen Jahr eine Anpassung auf 100.000 GE nötig:

1. Volle Auflösung des Vorjahresbetrages

1248	PWB auf FLL	80.000	an	4920	Ertr. aus der Auflösung von PWB	80.000

2. Bildung der neuen Pauschalwertberichtigung des Berichtsjahres

6920	Einst. in die PWB	100.000	an	1248	PWB auf FLL	100.000

S	Einst. in die PWB		H
2.	100.000	Saldo	100.000
	100.000		100.000

S	GuV		H
2.	100.000	1.	80.000
		Saldo	20.000
	100.000		100.000

Anpassungsmethode

Alternativ kann der Vorjahresbestand auch nur um die Differenz berichtigt werden. Der Unterschiedsbetrag wird entweder als zusätzliche »Einstellung in die Pauschalwertberichtigungen« den Bestand der Pauschalwertberichtigung erhöhen oder durch die Gegenbuchung auf »Erträge aus der Auflösung von Pauschalwertberichtigungen« diesen verringern.

Beispiel

Im obigen Beispiel erfolgt die Anpassung des Wertberichtigungsbestandes wie folgt:

6920	Einst. in die PWB	20.000	an	1248	PWB auf FLL	20.000

IV. Zinserträge und -aufwendungen

Zins ist das Entgelt für die Überlassung von (Fremd-)Kapital. Der Zinsbetrag errechnet sich als Prozentsatz auf das zu verzinsende Kapital und gibt i. d. R. den auf ein Jahr bezogenen Zinsbetrag an.

Beispiel

Ein Guthaben von 10.000 GE wird mit 7,5 % Zins p. a. verzinst. Als jährliche Zinsgutschrift errechnen sich:
10.000 GE × 7,5 % = 10.000 GE × 7,5 / 100 = 10.000 GE × 0,075 = 750 GE
(»Prozent« bedeutet wörtlich »pro Hundert«, daher gilt mathematisch: 100 % = 1,0)
Die Zinsgutschrift beträgt folglich 750 GE pro Jahr.

Etwas schwieriger gestaltet sich die Zinsberechnung dagegen bei unterjährigen Betrachtungen sowie bei der Berücksichtigung von Zinseszinsen. Diese Probleme werden detailliert in der Finanzmathematik behandelt. Hier wird nur auf das Problem der Bestimmung von anteiligen Zinsen bei Kauf und Verkauf eingegangen.

Für die **bürgerliche Zinsrechnung** hat das Jahr 365 (366) Tage und jeder Monat wird genau berechnet. Für die **kaufmännische Zinsrechnung** werden pro Jahr 360 Tage unterstellt, damit jedem Monat 30 Tage. Ausnahme: Fällt das Ende des Zeitraums auf »Ende Februar«, wird dieser Monat genau (28 bzw. 29 Tage) berechnet, andernfalls hat auch der Februar 30 Tage.

Beispiel

Für ein halbjährlich mit 500 GE zu verzinsendes Wertpapier, das am 24. Mai verkauft wird, werden die Zinsen gemäß der kaufmännischen Zinsrechnung gutgeschrieben.
Zinstermin ist »J/J«, d. h. am 01.01. und am 01.07.:
Zeitraum: 4 Monate (Jan. bis Apr.) + 24 Tage (im Mai) = 4 × 30 + 24 = 144 Tage
Anteil: 144 / 180 × 500 GE = 0,8 × 500 GE = 400 GE Zins

Für die Verbuchung von Zinsen existieren eigene Aufwands- und Ertragskonten, schon um die Ergebniswirkung dieser Vorgänge von dem operativen Geschäftsergebnis (des Handels- oder Industrieunternehmens) zu unterscheiden. So lässt sich aus der Gegenüberstellung von Aufwendungen und Erträgen im Bereich der Zinsen, Dividenden u. Ä. ein Finanzergebnis errechnen.

Beispiel

1. Dem betrieblichen Bankkonto werden Zinsen von 5.000 GE gutgeschrieben.

1800	Bank	5.000	an	7110	Zinsertrag	5.000

2. Das Bankkonto wird mit Zinsen von 3.000 GE belastet.

7300	Zinsaufwand	3.000	an	1800	Bank	3.000

Als Finanzergebnis ergibt sich folglich ein Gewinn (Zinsergebnis) von 2.000 GE (= 5.000 GE - 3.000 GE).

S	Zinsaufwand		H
2.	3.000	Saldo	3.000
	3.000		3.000

S	Zinsertrag		H
Saldo	5.000	1.	5.000
	5.000		5.000

S	Zinsergebnis		H
Aufw.	3.000	Ertr.	5.000
Saldo	2.000		
	5.000		5.000

S	GuV		H
Saldo	2.000	Zinsergebnis	2.000
	2.000		2.000

B. Wertpapiere

Wertpapiere lassen sich nach der Dauer der Kapitalanlage einerseits in Wertpapiere des Anlagevermögens und andererseits in Wertpapiere des Umlaufvermögens unterscheiden. Letztere dienen dabei der Anlage kurzfristig verfügbarer Geldmittel (als Liquiditätsreserve oder auch der kurzfristigen Spekulation). Wertpapiere des Anlagevermögens werden dagegen zur langfristigen Anlage (mit oder ohne Beteiligungsabsicht) erworben. In der Bilanz finden sich Wertpapiere in diversen Posten (vgl. im Detail 15. Kapitel) und werden in den Kontengruppen 08, 09 und 15 erfasst.

Vergleichbar dem ungeteilten Warenkonto kann auch ein **ungeteiltes Wertpapierkonto** geführt werden, auf dem sowohl die Bestände, Bestandsänderungen als auch die Erfolge der Wertpapiergeschäfte verbucht werden. Die Nachteile eines solchen gemischten Kontos wurden bereits beim gemischten Warenkonto (vgl. 7. Kapitel) angesprochen.

S — Das gemischte Wertpapierkonto — H

S		H	
AB	(EP)	Umsätze	(VP)
Zugänge	(EP)		
		EB (laut Inventur)	(EP)
Rohgewinn			

Abb. 11.2: Das ungeteilte (gemischte) Wertpapierkonto

Im Folgenden wird jedoch von getrennten Wertpapierkonten ausgegangen, d. h. von Bestandskonten für die einzelnen Wertpapierarten sowie Ertrags- bzw. Aufwandskonten für Zinsen bzw. Dividenden.

I. Zinspapiere

Zinspapiere verbriefen eine Forderung und damit meist einen Anteil am Fremdkapital eines anderen Unternehmens oder eines Staates. Die Verzinsung erfolgt gewinnunabhängig durch einen festen (nominalen) Zins, der meist jährlich oder halbjährlich zu bestimmten Terminen ausgezahlt wird (z. B. »M/S« = März/September).

Ein Zinspapier besteht aus dem eigentlichen Schuldversprechen, das am Ende der Laufzeit gegen den vereinbarten Rückzahlungsbetrag eingetauscht wird. Für jeden Zinstermin existieren ferner Zinsscheine, gegen welche die laufenden Zinszahlungen erfolgen. Diese beiden Elemente lassen sich auch trennen und separat handeln, die Finanztheorie spricht von ***»Bond-Stripping«***.

Während der Rückzahlungsbetrag garantiert ist, kann es beim vorzeitigen Verkauf, entsprechend den Änderungen des realen Zinssatzes, zu Kursänderungen von Zinspapieren kommen. Im Gegensatz zu Dividendenpapieren sind diese Anpassungen grundsätzlich unabhängig von der Entwicklung der Ertragslage des ausgebenden Unternehmens. Es kommt jedoch zu Abschlägen, wenn sich dessen Ertragslage so sehr verschlechtert, dass die Rückzahlung gefährdet ist (Ausfallrisiko).

Beim Handel mit diesen Wertpapieren fallen Nebenkosten an, die (beim Erwerb) als Anschaffungsnebenkosten aktivierungspflichtig sind. Beim Verkauf mindern diese den Erlös.

Im Gegensatz zu Dividendenpapieren wird bei Notierungen von Zinspapieren der Zinstermin nicht im Kurs widergespiegelt, sodass regelmäßig ein Ausgleich von anteiligen Zinsen (Stückzinsen) erfolgt.

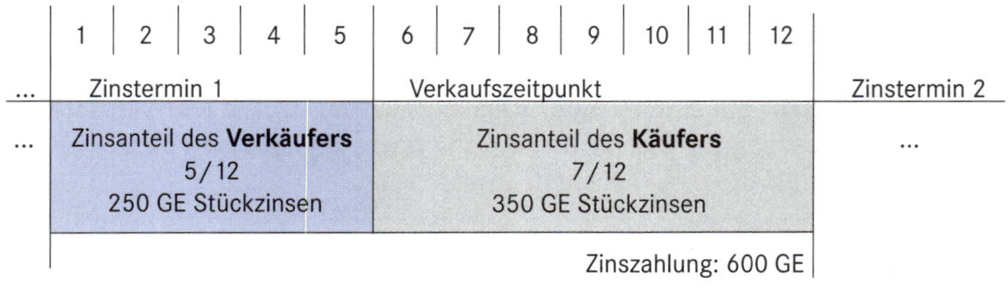

Abb. 11.3: Beispiel zur Verteilung der anteiligen Zinsen (Stückzinsen)

I. d. R. zahlt der Käufer dem Verkäufer für die Zeitspanne zwischen letzter Zinszahlung und Verkaufszeitpunkt die anteiligen Stückzinsen seit dem letzten Zinstermin. Dafür erhält er die nächste Zinszahlung in voller Höhe, also beim Kauf alle verbleibenden Zinsscheine. Daher spricht man von **Erwerb mit Zinsschein**. Alternativ ist auch ein **Erwerb ohne Zinsschein** möglich. In diesem Fall behält der Verkäufer den nächsten Zinsschein und erstattet dem Käufer die Stückzinsen bis zum nächsten Zinstermin. Im Folgenden wird vom Regelfall, also dem Erwerb mit Zinsschein ausgegangen.

Die Stückzinsen sind aktivierungspflichtig, da der entsprechende Zinsschein (über die Stückzinszahlung) entgeltlich erworben wurde. In der Praxis werden Zinsscheine aber nicht als eigene Wertpapiere, sondern als Sachverhalt der zeitlichen Abgrenzung (vgl. S. 294 ff.) betrachtet und daher als sonstige Forderungen auf dem Konto »Sonstige Vermögensgegenstände« (1300) erfasst.

Beispiel

Am 01.08.01 werden 20 Industrieobligationen mit einem Nennwert von jeweils 10.000 GE und einer Nominalverzinsung von 6 % bei einem Kurs von 95 % gekauft. Die Bankspesen betragen 1.700 GE. Zinstermine sind 1. April und 1. Oktober (A/O).

Jährlich werden pro Obligation 600 GE (6 % von 10.000 GE) an Zinsen ausbezahlt. Die Stückzinsen für den Verkäufer ergeben sich aus den 4 Monaten seit dem letzten Zinstermin: 4 / 12 × 600 GE = 200 GE, insgesamt für die 20 Papiere 4.000 GE. Für die Obligationen selbst fallen folgende Anschaffungskosten an: in GE

Anschaffungspreis:	20 × 10.000 × 0,95	= 190.000
ANK		= 1.700
Anschaffungskosten:		= 191.700

Die Buchung beim Kauf zur langfristigen Kapitalanlage (Anlagevermögen) lautet:

0920	Festverz. WPa AV	191.700	an	1800	Bank	195.700
1300	Sonst. Vermögensgegenstände	4.000				

Bei der Einlösung der Zinsscheine im Oktober wird gebucht:

1800	Bank	6.000	an	7100	Zinsertrag	2.000
				1300	Sonst. Vermögensgegenstände	4.000

Bei Zinszahlungen behalten die Banken für die Finanzbehörden eine **Quellensteuer** ein, vergleichbar dem Einbehalt der Lohnsteuer durch den Arbeitgeber. Diese Quellensteuer wird seit 01.01.2009 als **Abgeltungsteuer** bezeichnet. Die auf die Kapitalerträge zu zahlende Einkommensteuer ist mittels Zahlung der Abgeltungsteuer über die Kreditinstitute (für Privatpersonen) abgegolten. Der Steuersatz für Zinserträge beträgt grundsätzlich 25 %. Ferner fallen darauf 5,5 % Solidaritätszuschlag und evtl. Kirchensteuer an. Für Unternehmen stellt die bezahlte Kapitalertragsteuer lediglich eine Steuervorauszahlung dar.

Für Privatpersonen besteht die Möglichkeit, der Bank einen Freistellungsauftrag zu erteilen, womit bis zu 801 EUR (pro Person) an Kapitalerträgen im Jahr steuerfrei bleiben (Sparerpauschbetrag). Für Personen mit niedrigen Einkommen besteht die Möglichkeit, eine Nichtveranlagungsbescheinigung von den Finanzbehörden zu erhalten, womit sie ebenfalls von der Abgeltungsteuer befreit werden.

Beispiel

Einzelunternehmer Müller erhält für festverzinsliche Wertpapiere seines Umlaufvermögens Bruttozinsen von 8.000 GE. Unter Berücksichtigung der Steuern (ohne KiSt) ergeben sich:

Bruttozins:	8.000 GE
Kapitalertragsteuer (25 %):	- 2.000 GE
Solidaritätszuschlag (5,5 %):	- 110 GE
Nettozins:	5.890 GE

Bei Fälligkeit der Zinsen werden seinem Bankkonto die 5.890 GE gutgeschrieben. Ferner entrichtet seine Bank die einbehaltenen Steuern von insgesamt 2.110 GE an das Finanzamt.

1800	Bank	5.890	an	7100	Zinsertrag	8.000
2100	Privatentnahmen	2.110				

Buchtechnisch handelt es sich bei der Abgeltungsteuer um eine Steuerauszahlung. Personengesellschaften verbuchen diese daher auf dem Privatentnahmekonto (Konto 2100), Kapitalgesellschaften auf einem speziellen Konto »Kapitalertragsteuer« (Konto 7630). Als Zinsertrag wird immer der Bruttozins erfasst, um die tatsächliche Steuerschuld direkt ermitteln zu können.

II. Dividendenpapiere

Dividendenpapiere verbriefen i. d. R. einen Anteil am Eigenkapital eines anderen Unternehmens, sodass ihre »Verzinsung« (in Form einer Dividende) als Anteil am Gewinn dieses Unternehmens erfolgt. Während eine Rückzahlung nicht vorgesehen ist, ist ein Verkauf des Dividendenpapiers fast immer möglich, sodass der Inhaber über die Kursentwicklung und die Dividendenzahlung unmittelbar am Erfolg des Unternehmens beteiligt ist. Dividendenpapiere sind im Wesentlichen Aktien und vergleichbare Rechte.

Beim Handel mit Wertpapieren fallen Kosten an, die (beim Erwerb) als Anschaffungsnebenkosten aktivierungspflichtig sind. Beim Verkauf mindern diese entsprechend den Erlös. Der Zeitpunkt der Dividendenzahlung spiegelt sich in der jeweiligen Kursentwicklung wider, sodass diese bei der Verbuchung - im Gegensatz zu Stückzinsen - keine spezielle Betrachtung bei Kauf-/Verkaufsbuchungen benötigt.

Die Verbuchung der Papiere erfolgt je nach Anlagezweck entweder im Anlage- oder Umlaufvermögen auf dem entsprechenden Wertpapierbestandskonto. Dabei ist zwischen Wertpapieren verbundener Unternehmen, Beteiligungen und sonstigen Wertpapieren zu unterscheiden.

Beispiel

1. Einzelunternehmer Müller kauft im Mai 01 200 Aktien der Firma A mit einem Nennwert von 50 GE und einem aktuellen Kaufkurs von 210 GE. Für den Kauf stellt die Bank 600 GE in Rechnung. Die USt beträgt 19 %.

   Als Anschaffungskosten ergeben sich: in GE

Anschaffungspreis:	200 × 210	= 42.000
Anschaffungsnebenkosten		= 600
Anschaffungskosten:		= 42.600

   Wertpapiergeschäfte sind von der USt befreit, sodass diese unberücksichtigt bleibt. Sofern kein wesentlicher Anteil an der Firma A besessen wird und diese Aktien nur kurzfristig gehalten werden sollen, lautet die Buchung:

1510	Sonstige WPa	42.600	an	1800	Bank	42.600

2. Im September geht eine Dividendenzahlung von 9 GE pro Aktie der Firma A (hier vereinfacht ohne Kapitalertragsteuer, siehe nächstes Beispiel) ein:

1800	Bank	1.800	an	7103	Dividendenerträge (UV)	1.800

3. Im November werden sämtliche Aktien der Firma A zu einem Kurs von 205 GE verkauft. Es fallen Spesen von 600 GE an.
   Der Nettoerlös beträgt: 200 × 205 GE - 600 GE = 40.400 GE

1800	Bank	40.400	an	1510	Sonstige WPa	42.600
6905	Verl. Abg. WPa UV	2.200				

4. Welches Finanzergebnis wurde in diesem Jahr (mit diesen Vorgängen) erzielt?
   Finanzerträge - Finanzaufwendungen = 1.800 GE - 2.200 GE = 400 GE Verlust

Wie bei Zinserträgen fällt auch bei Dividendenerträgen eine **Kapitalertragsteuer** in Form der Abgeltungsteuer und des Solidaritätszuschlages an. Der Steuersatz beträgt hier ebenfalls 25 %.

Beispiel

Einzelunternehmer Müller erhält eine Bruttodividende von 2.400 GE für Aktien seines Umlaufvermögens. Die Bank erstellt folgende Abrechnung:

Bruttodividende:	2.400 GE
Kapitalertragsteuer (25 %):	- 600 GE
Solidaritätszuschlag (5,5 %):	- 33 GE
Bankgutschrift:	1.767 GE

Der Sachverhalt ist wie folgt zu buchen:

1800	Bank	1.767	an	7103	Dividendenerträge (UV)	2.400
2100	Privatentnahmen	633				

Bei der Ermittlung der Körperschaftsteuer bleiben Dividendenerträge (als bereits versteuerte Gewinne) steuerfrei, um eine Doppelbesteuerung zu vermeiden. Allerdings werden 5 % der Dividendenerträge als »nicht abzugsfähige Betriebsausgaben« behandelt, indem sie dem zu versteuernden Ergebnis wieder hinzugerechnet werden. Damit sind 95 % der Gewinnausschüttungen von der Doppelbesteuerung ausgenommen.

III. Scheckverkehr

Schecks gehören buchungstechnisch nicht zu den Wertpapieren. Sie werden vielmehr zu den liquiden Mitteln gezählt. Erhaltene Schecks werden auf einem entsprechenden Unterkonto der liquiden Mittel, dem Konto »Schecks« erfasst. Abgänge erfolgen i. d. R. durch Einlösung bei der

Bank bzw. durch Weitergabe der (Kunden-)Schecks an eigene Gläubiger. Im ersten Fall erfolgt die Umbuchung erst mit Gutschrift auf dem Bankkonto.

Eigene ausgestellte Schecks werden üblicherweise erst bei Einlösung durch den Empfänger als Abgang vom Bankkonto (1800) gebucht.

Beispiel

1. Ein Unternehmen erhält von einem Kunden, der dem Unternehmen 5.950 GE (brutto) schuldet, einen Bankscheck über diesen Betrag:

1550	Schecks	5.950	an	1200 FLL	5.950

2. Es wird die Monatsmiete mit einem Scheck über 4.000 GE bezahlt und der Kontenbeleg wird eingebucht (die Buchung erfolgt erst bei Einlösung des Schecks durch den Vermieter mit der Belastung des Bankkontos):

6310	Mietaufwand	4.000	an	1800 Bank	4.000

C. Devisen

Bei **Fremdwährungsgeschäften** kann es zu Forderungen oder Verbindlichkeiten in Fremdwährungen (FW) bzw. zu Devisenbeständen kommen. Da die Buchführung eine einheitliche Währung erfordert, sind solche Posten entsprechend umzurechnen.

Hinsichtlich der Art des Umrechnungskurses stellt sich die Frage, ob der Ankaufskurs oder Verkaufskurs der Bank verwendet werden soll. In der seit 1999 in Europa üblichen Mengennotierung (FW : 1 EUR) bezeichnet man als EUR-Geldkurs den Ankaufskurs des EUR und damit den Verkaufskurs der Fremdwährung. Als EUR-Briefkurs bezeichnet man entsprechend den EUR-Verkaufskurs, also den Ankaufskurs der Fremdwährung. Nach § 256a HGB ist für alle Forderungen und Verbindlichkeiten in Fremdwährung der Mittelkurs aus Geld- und Briefkurs am Abschlussstichtag (= Devisenkassamittelkurs) relevant.

I. Fremdwährungsverbindlichkeiten

Beim Import von Waren und Dienstleistungen, aber auch bei reinen Finanzgeschäften, kann es zu **Verbindlichkeiten in Fremdwährungseinheiten** kommen. Sie sind bei Entstehung der Verbindlichkeit korrekterweise mit dem EUR-Geldkurs umzurechnen.

Bestände zum Bilanzstichtag sind gemäß dem sog. **Stichtagsprinzip** (Bilanzstichtag) mit Bezug auf den Devisenkassamittelkurs auf Kursänderungen zu überprüfen und ggf. zuzuschreiben, Abschreibungen sind nur bis zu den historischen Anschaffungskosten (ursprünglicher Wert) möglich (Höchstwertprinzip). Bei Beständen mit einer Restlaufzeit von einem Jahr und weniger ist abweichend von dieser Regelung immer der Devisenkassamittelkurs zum Abschlussstichtag anzusetzen (§ 256a HGB).

Beispiel

1. Am 01.11.01 werden Handelswaren aus den USA für 10.000 US-$ auf Ziel importiert. Es fallen 10 % Zoll und die Einfuhrumsatzsteuer (EUSt) an, welche beide per Bankscheck bezahlt werden. Der Wechselkurs am 01.11.01 beträgt 0,9009 $/EUR.

Warenwert in EUR:	11.100,00 EUR
Zoll (10 %):	1.110,00 EUR
EUSt (19 %):	2.319,90 EUR

5200	Wareneingang	11.100,00	an	3300	VLL	11.100,00
5800	ANK	1.110,00		1800	Bank	3.429,90
1433	EUSt	2.319,90				

2. Bis Jahresende 01 ist die Verbindlichkeit noch nicht beglichen. Der Wechselkurs per 31.12.01 beträgt 0,885 $/EUR. Entsprechend ist die Verbindlichkeit zuzuschreiben:

6880	Aufwendungen aus Kursdifferenzen	200	an	3300	VLL	200

3. Angenommen die Verbindlichkeit besteht auch noch zum 31.12.02 und der Wechselkurs beträgt nun 1,05 $/EUR. Jetzt wird die Verbindlichkeit abgeschrieben, allerdings nur bis zu ihren historischen Anschaffungskosten (11.100 EUR):

3300	VLL	200	an	4840	Erträge aus Kursdifferenzen	200

4. Am 31.12.03 beträgt der Kurs 0,99 $/EUR. Es wird der Stichtagswert von 10.101 EUR angesetzt, da bei einer Restlaufzeit von einem Jahr oder weniger immer mit dem Devisenkassamittelkurs am Abschlussstichtag umgerechnet wird und so in diesem Fall eine Bewertung unter den historischen Anschaffungskosten erfolgt. Am 02.01.04 wird die Verbindlichkeit per Auslandsüberweisung zu diesem Kurs beglichen und der Bank belastet.

3300	VLL	999	an	4840	Erträge aus Kursdifferenzen	999
3300	VLL	10.101		1800	Bank	10.101

II. Fremdwährungsforderungen

Beim Export wird i. d. R. in der Währung des Exporteurs bezahlt, sodass bei internationalen Verkäufen eine Forderung in Inlandswährung eingebucht wird. Kursdifferenzen kommen dann nicht vor. Erfolgt die Rechnungstellung in der Währung des Kunden, so kommt es, wie auch bei reinen Finanzgeschäften, zu **Forderungen in Fremdwährungseinheiten**. Diese sind korrekterweise mit dem EUR-Briefkurs bei Entstehung umzurechnen.

Wie die Fremdwährungsverbindlichkeiten sind sie zum Bilanzstichtag mit Bezug auf den Devisenkassamittelkurs zu überprüfen und bei Wechselkursänderungen, die zu einem niedrigeren Forderungswert führen, abzuschreiben. Durch Wechselkursänderungen bedingte Steigerungen des Forderungswertes über die Anschaffungskosten hinaus dürfen nicht erfasst werden, es sei denn, es handelt sich um eine Forderung mit Restlaufzeit von maximal einem Jahr (§ 256a HGB; vgl. 15. Kapitel, S. 385). Die Verbuchung erfolgt analog zu den oben dargestellten Fremdwährungsverbindlichkeiten.

III. Fremdwährungsbestände

Werden Fremdwährungsforderungen beglichen, kann es zu **Sorten- und Devisenbeständen** kommen. Auch diese sind mit der Erfassung umzurechnen und am Periodenende gemäß dem Stichtagsprinzip anzupassen. **Barbestände** (**Sorten**) an Fremdwährungen sind mit dem Sortenbriefkurs am Bilanzstichtag zu bewerten. Vereinfachend kann bei der Umrechnung auch der Sortenmittelkurs herangezogen werden. Devisen, also **Bankguthaben** (**Valuta-Guthaben**) und Schecks in Fremdwährungen sind mit dem Devisenkassamittelkurs umzurechnen.

Beispiel

1. Es werden Handelswaren für 2.000 SFR (netto) in die Schweiz exportiert. Der Kunde bezahlt in bar. Der Kurs zum Verkaufszeitpunkt beträgt 0,64 EUR/SFR:

1600	Kasse (Sorten)	1.280	an	4000	Umsatzerlöse	1.280

2. Am Jahresende beträgt der Briefkurs 0,68 EUR/SFR:

1600	Kasse (Sorten)	80	an	4840	Erträge aus Kursdifferenzen	80

D. Wechselverkehr

Im Zusammenhang mit **Wechselgeschäften**, die allerdings in den vergangenen Jahren an Bedeutung verloren haben und nur noch selten vorkommen, werden diverse Spezialbegriffe verwendet, welche den Sachverhalt zunächst komplizierter erscheinen lassen, als er ist. Zur Klärung dieser Begriffe wird im Folgenden das Prinzip des Wechselverkehrs dargestellt.

I. Prinzip

Ein Wechsel ist ein Wertpapier, das eine Zahlungsverpflichtung bzw. ein Zahlungsversprechen enthält. Vorteil des Wechsels gegenüber normalen Kundenforderungen ist, dass die Forderung durch die relativ strengen Regelungen des Wechselgesetzes rasch durchgesetzt werden kann. Dafür muss der Wechsel folgende Elemente enthalten:

- Bezeichnung »Wechsel« im Text der Urkunde
- Die (unbedingte) Anweisung, eine bestimmte Summe zu zahlen (Zahlungsklausel)
- Name/Firma des Schuldners (Bezogener)
- Zeitpunkt der Fälligkeit
- Zahlungsort
- Name/Firma des Gläubigers (Remittent)
- Ausstellungstag und -ort
- Unterschrift des Ausstellers (und Bezogenen)

Der Wechsel ist ein geborenes Orderpapier, das durch bloße Einigung und Übergabe übertragen werden kann. Der Eigentumsübergang wird per **Indossament (Weitergabevermerk)** auf dem Wechsel dokumentiert. Mit dem Indossament übernimmt der Indossant die Haftung für die Annahme und Einlösung des Wechsels. Für die Gewährung der Zahlungsfrist verlangt der Gläubiger i. d. R. Zinsen (**Wechseldiskont**) und Kostenersatz (**Wechselspesen**) vom Schuldner. Beide werden meist neben der Wechselforderung in Rechnung gestellt und bezahlt, eine entsprechende Erhöhung der Wechselverbindlichkeit (bzw. -forderung) ist allerdings möglich. Letztgenannter Fall soll hier jedoch nicht behandelt werden.

Diese Nebenkosten sind grundsätzlich umsatzsteuerpflichtig, wenn sie nicht eine reine Schadensersatzleistung (z. B. im Fall des Wechselprotests) darstellen.

Wechsel können nach den ihnen zugrunde liegenden Geschäften unterschieden werden in:

- **Warenwechsel** (aus Lieferungen und Leistungen),
- **Finanzwechsel** (ohne Realgeschäft).

Weiterhin kann nach dem Aussteller unterschieden werden in:

- **Eigene Wechsel (Solawechsel)**: Versprechen des Ausstellers (Schuldner) selbst an den genannten Wechselnehmer (Remittent) bei Fälligkeit zu zahlen.
- **Gezogene Wechsel (Tratte)**: Zahlungsaufforderung des Ausstellers (Trassant) an den Bezogenen (Trassat) bei Fälligkeit zu zahlen.

Der Zusammenhang zwischen obigen Begriffen und der Lieferer-/Kunden-Beziehung ist in Abb. 11.4 dargestellt.

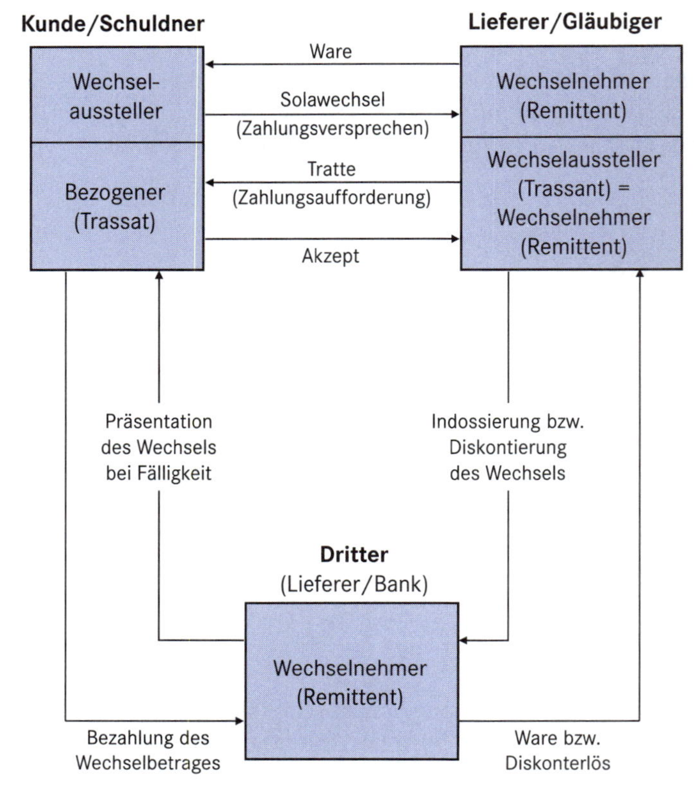

Abb. 11.4: Grundsachverhalte des Wechsels

II. Wechselprotest

Kommt der Schuldner bei Fälligkeit des Wechsels seiner Zahlungsverpflichtung nicht nach, so kann der Wechselinhaber (i. d. R. bei einem Notar) **Wechselprotest** erheben und damit die rasche Durchsetzbarkeit seiner Forderung vor Gericht ermöglichen. Dabei haftet jeder frühere Wechselinhaber (ohne Rücksicht auf die Reihenfolge) voll für die Einlösung des Wechsels (**Wechselregress**). Da dieser jedoch auch wieder an seinen Vorgängern Regress nehmen kann, hat im Endeffekt der erste Schuldner die Folgen der Nichteinlösung zu tragen.

Bei der in Abb. 11.5 dargestellten Weitergabekette kann sich beispielsweise die dargestellte Regresskette ergeben.

Neben dem eigentlichen Wechselbetrag wird der Vorgänger jeweils auch mit entstandenen Verzugszinsen und Kosten belastet.

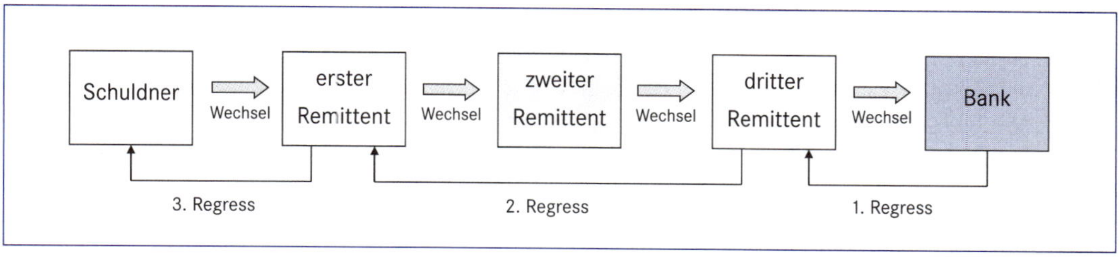

Abb. 11.5: Regresskette bei Weitergabe eines Wechsels

III. Buchungen

Die buchtechnische Erfassung der Wechselsachverhalte erfolgt für Wechselforderungen auf dem entsprechenden Bestandskonto:[1]

- Besitzwechsel (1230) (noch nicht fällige Wechselforderungen aus Lieferungen und Leistungen),
- Protestwechsel (1233) (fällige Wechsel mit Protestvermerk, für die Vorgänger in Anspruch genommen werden können) bzw.
- Finanzwechsel (1520) (reine Finanzwechsel).

Wechselverbindlichkeiten werden auf der Passivseite unter dem entsprechenden Posten verbucht:

- Bis zur Ausstellung bzw. bis zum Akzept des Wechsels ist die Schuld als Verbindlichkeit aus Lieferungen und Leistungen (3300) auszuweisen.
- Mit Ausstellung bzw. Akzept des Wechsels ist eine Umbuchung auf »Wechselverbindlichkeiten« (3350) vorzunehmen.

Eventualverbindlichkeiten (sog. **Wechselobligo**) aus der Weitergabe von Wechseln sind nicht als Verbindlichkeiten zu buchen, sondern lediglich unter der Bilanz bzw. im Anhang zu vermerken (§ 251 HGB).

Beispiel

Schreinermeister Eder verkauft eine Ladeneinrichtung an den Schreibwarenhändler Birnbacher. Der vereinbarte Kaufpreis beträgt 15.000 GE (netto). Da Birnbacher zurzeit nicht liquide ist, aber in den nächsten Monaten hohe Umsätze erwartet, gewährt ihm Eder Zahlungsaufschub für drei Monate gegen einen Wechsel. Dafür verlangt er im Voraus 8 % Zins p. a. sowie Wechselspesen von 20 GE (netto).

---

1 In der Bilanz werden Besitzwechsel als Bestandteil des Postens »Forderungen aus Lieferungen und Leistungen« und nicht eigens ausgewiesen. Reine Finanzwechsel sind unter den »sonstigen Wertpapieren des Umlaufvermögens« auszuweisen.

1. Welche Buchungen sind bei Eder bzw. Birnbacher vorzunehmen?
2. Welche weiteren Buchungen erfordert die Weitergabe des Wechsels für die Begleichung einer Verbindlichkeit (über 17.850 GE brutto) nach einem Monat an Eders Lieferanten Holzmann, wenn dieser 12 % Diskont p. a. verlangt?
3. Welche Buchungen nehmen Eder bzw. Birnbacher vor, wenn bei Fälligkeit der (inzwischen weitergegebene) Wechsel durch einen neuen um 4 Monate zu 6 % p. a. spesenfrei, gegen sofortigen Abzug der Zinsen, prolongiert wird?
4. Welche Buchungen nimmt Holzmann vor, wenn er bei Fälligkeit des ersten Wechsels seine Bank (gegen eine Gebühr von 20 GE) mit dem (erfolgreichen) Wechselinkasso beauftragt?
5. Welche Buchungen erfordert die Diskontierung des neuen Wechsels nach zwei Monaten durch Eders Hausbank, wenn diese 20 GE Spesen sowie Diskont von 4 % p. a. verlangt?
6. Bei Fälligkeit legt Eders Hausbank den Wechsel Birnbacher vor, der allerdings nicht bezahlen kann. Daraufhin erhebt sie Wechselprotest und belastet den Vormann Eder mit dem fälligen Wechselbetrag, 20 GE Verzugszinsen und 200 GE Gebühren. Welche Buchungen entstehen bei Eder?

Lösung:

1. Buchungen bei Eder:

1200	FLL	17.850	an	4000	Umsatzerlöse	15.000
				3800	Umsatzsteuer	2.850

1230	Besitzwechsel	17.850	an	1200	FLL	17.850

1600	Kasse	448,63	an	7130	Diskontertrag	357,00
				4830	Sonstige Erträge	20,00
				3800	Umsatzsteuer	71,63

Buchungen bei Birnbacher:

0640	Ladeneinrichtung	15.000	an	3300	VLL	17.850
1400	Vorsteuer	2.850				

3300	VLL	17.850	an	3350	Wechselverbindlichkeit	17.850

7340	Diskontaufwand	357,00	an	1600	Kasse	448,63
6855	Nebenkosten des Geldverkehrs	20,00				
1400	Vorsteuer	71,63				

2. Buchungen bei Eder:

3300	VLL	17.850	an	1230	Besitzwechsel	17.850

7340	Diskontaufwand	357,00	an	1600	Kasse	424,83
1400	Vorsteuer	67,83				

Buchungen bei Holzmann:

1230	Besitzwechsel	17.850	an	1200	FLL	17.850

1600	Kasse	424,83	an	7130	Diskontertrag	357,00
				3800	Umsatzsteuer	67,83

3. Buchungen bei Eder:

1230	Besitzwechsel	17.850	an	1800	Bank	17.425,17
				7130	Diskontertrag	357,00
				3800	Umsatzsteuer	67,83

Buchungen bei Birnbacher:

1800	Bank	17.425,17	an	3350	Wechselverbindlichkeiten	17.850
7340	Diskontaufwand	357,00				
1400	Vorsteuer	67,83				

4. Buchung bei Holzmann:

1800	Bank	17.830	an	1230	Besitzwechsel	17.850
6855	Nebenkosten des Geldverkehrs	20				

5. Buchung bei Eder:

1800	Bank	17.711	an	1230	Besitzwechsel	17.850
7340	Diskontaufwand	119				
6855	Nebenkosten des Geldverkehrs	20				

6. Buchungen bei Eder:

1233	Protestwechsel	18.070		1800	Bank	18.070

E. Disagio und Agio

Bei Finanzierungsgeschäften ist es oft üblich, nicht den Nominalbetrag zu erhalten, unabhängig davon, ob es sich um Finanzierungen über Eigen- oder Fremdkapital handelt. Vielmehr kommt es zu Auf- bzw. Abschlägen, dem sog. **Agio** bzw. **Disagio**.

I. Disagio

Als Disagio (oder auch **Damnum**) wird der Abschlagsbetrag bezeichnet, um den der Auszahlungsbetrag den Rückzahlungsbetrag eines Darlehens unterschreitet.

Beispielsweise beträgt bei einem Darlehen über nominal 2 Mio. GE und einer Auszahlung von 98 % das Disagio 2 % bzw. 40.000 GE. Da Verbindlichkeiten mit dem Erfüllungsbetrag zu verbuchen sind, ergibt sich für den Schuldner bei Auszahlung des Darlehens ein Aufwand i. H. v. 40.000 GE. Dieses Disagio stellt allerdings effektiv eine Zinszahlung an den Gläubiger dar (bzw. eine zusätzliche Nutzungsvergütung für die Kapitalüberlassung). Daher sollte es als sog. aktiver Rechnungsabgrenzungsposten bei Auszahlung aktiviert und über die Laufzeit des Darlehens linear abgeschrieben werden.

Beispiel

Ein Unternehmen erhält am 01.01.01 einen »zinslosen« Kredit über 100.000 GE, bei einem Disagio von 10 % und einer Laufzeit von 2 Jahren:

Auszahlungsbetrag:	90.000 GE
Erfüllungsbetrag:	100.000 GE

Praktisch werden »Zinsen« (oder ein Nutzungsentgelt für die Kapitalüberlassung) i. H. v. 10.000 GE für beide Jahre bezahlt:

Zeitpunkt	Bank:	Disagio:	»Zinsaufwand«:	Verbindlichkeit:
Anfang Jahr 1:	90.000	10.000	–	100.000
Ende Jahr 1:	90.000	5.000	5.000	100.000
Ende Jahr 2:	0	0	5.000	0

Die Verteilung des Disagios auf die Laufzeit des Kredites dient der periodengerechten Erfolgsermittlung.

1. Auszahlung des Kredites:

1800	Bank	90.000	an	3150	Verb. ggü. KI	100.000
1940	Disagio	10.000				

2. Abschreibung des Disagios am Jahresende (jeweils 01 und 02):

7300	Zinsaufwand	5.000	an	1940	Disagio	5.000

3. Rückzahlung des Kredites:

3150	Verb. ggü. KI	100.000	an	1800	Bank	100.000

In der Handelsbilanz hat der Bilanzierende allerdings gemäß § 250 Abs. 3 HGB ein Wahlrecht bezüglich der Aktivierung des Disagios. In der Steuerbilanz besteht Aktivierungspflicht. Bei Aktivierung des Disagios handelt es sich um einen Sonderfall der zeitlichen Abgrenzung (vgl. hierzu 12. Kapitel, S. 294 ff.).

Falls auf Seiten des Darlehengebers der ausgegebene Betrag unter dem Rückzahlungsbetrag liegt, so ist der Unterschiedsbetrag (Disagio) als Zinsertrag über die Laufzeit der Ausleihung zu vereinnahmen, indem der Buchwert der Ausleihung durch ratierliche Zuschreibungen erhöht wird. Alternativ ist eine Bewertung der Ausleihung zum Nennbetrag und Bildung eines passiven Rechnungsabgrenzungspostens in Höhe des einbehaltenen Disagios möglich.

II. Agio

Das sog. **Rückzahlungsagio** entspricht in der Wirkung dem Disagio (eigentlich »Ausgabedisagio«) bei Darlehen und wird entsprechend behandelt. Der Unterschied besteht in der Bezeichnung des Nennbetrags des Darlehens.

Beispiel

Ein Unternehmen erhält ein Darlehen mit einem Nennbetrag von 50.000 GE, auf das bei Rückzahlung ein Rückzahlungsagio i. H. v. 2 % entrichtet werden muss:

Auszahlungsbetrag:	50.000 GE
Erfüllungsbetrag:	51.000 GE

Das Rückzahlungsagio wird wie ein Disagio von 1.000 GE behandelt; die Verbindlichkeit ist wieder mit dem Erfüllungsbetrag zu verbuchen.

Bekannter ist der Begriff Agio als **Aufgeld bei der Ausgabe von Aktien** (**Ausgabeaufschlag**), wobei der über dem Nennbetrag der Ausgabewerte liegende Betrag (als Agio) in die sog. Kapitalrücklage (im Eigenkapital des Unternehmens) einzustellen ist (zur Zusammensetzung des Eigenkapitals vgl. 16. Kapitel).

Beispiel

Die Cash AG hat ein gezeichnetes Kapital von 1 Mio. GE. Sie führt eine Kapitalerhöhung durch, indem sie 10.000 neue Aktien mit einem Nennwert von jeweils 10 GE ausgibt. Die neuen Aktien werden zum Ausgabepreis von 50 GE pro Stück gezeichnet.

Erhöhung des gezeichneten Kapitals	100.000 GE
Erhöhung der Kapitalrücklage (Agio)	400.000 GE
Gesamtbetrag der Kapitalerhöhung	500.000 GE

Die Cash AG bucht die erfolgreiche Kapitalerhöhung wie folgt:

1800	Bank	500.000	an	2900	Gezeichnetes Kapital	100.000
				2925	Kapitalrücklage (Agio)	400.000

12. Kapitel: Sachverhalte im steuerlichen Bereich

Damit der Staat seine Aufgaben wahrnehmen kann, ist er auf Einnahmen angewiesen. Diese bestehen zu einem wesentlichen Teil aus Steuern, die die Bürger und Unternehmen aufgrund diverser Steuergesetze zu entrichten haben. Einen Überblick über das **Steueraufkommen in der Bundesrepublik Deutschland** liefert Tab. 12.1. Darin zeigt sich die Verteilung der gesamten Steuereinnahmen von Bund, Ländern und Gemeinden des Jahres 2016 i. H. v. rund 706 Mrd. EUR auf die verschiedenen Steuerarten. Die Steuern mit verhältnismäßig geringem Aufkommen sind unter dem Posten »sonstige Steuern« zusammengefasst.

Steuer	**Steueraufkommen in Mrd. Euro**	**Anteil am Gesamtaufkommen**
Umsatzsteuer	217,1	30,76 %
Lohnsteuer	184,8	26,18 %
Veranlagte Einkommensteuer	53,8	7,62 %
Gewerbesteuer	50,1	7,10 %
Energiesteuer	40,1	5,68 %
Körperschaftsteuer	27,4	3,88 %
Nicht veranlagte Steuern vom Ertrag	19,5	2,76 %
Solidaritätszuschlag	16,9	2,39 %
Tabaksteuer	14,2	2,01 %
Grundsteuer	13,7	1,94 %
Versicherungssteuer	12,8	1,81 %
Grunderwerbsteuer	12,4	1,76 %
Kfz-Steuer	9,0	1,28 %
Erbschaftsteuer	7,0	0,99 %
Stromsteuer	6,6	0,94 %
Abgeltungsteuer	5,9	0,84 %
Zölle	5,1	0,72 %
Branntweinsteuer	2,1	0,30 %
Lotteriesteuer	1,8	0,26 %
Kaffeesteuer	1,0	0,14 %
Biersteuer	0,7	0,10 %
Schaumweinsteuer	0,4	0,06 %
Sonstige Steuern	3,5	0,50 %
Summe	705,8	**100,0 %**

Tab. 12.1: Steueraufkommen der Bundesrepublik Deutschland nach Steuerarten im Jahr 2016
Quelle: Bundesministerium der Finanzen

Im Rahmen der Buchführung stellt sich in diesem Zusammenhang die Frage, wie diese Fülle unterschiedlicher Steuern zu behandeln und zu verbuchen ist. Dazu wird zunächst geklärt, was überhaupt das Wesen einer Steuer ist und anhand welcher Kriterien sich die verschiedenen Steuerarten systematisieren lassen. Nach einer Einführung in die aus unternehmerischen Gesichtspunkten wichtigsten Steuerarten wird dargestellt, wie diese in der Buchführung zu erfassen sind. Dabei spielt auch die Frage der zeitlich richtigen Erfassung eine große Rolle, da gerade Steuern oft abweichend von dem Jahr gezahlt werden, dem sie wirtschaftlich zuzuordnen sind.

Den Abschluss bildet eine Betrachtung des sinngemäßen Gegenstücks der Steuern, nämlich die Zuwendungen des Staates, auch **Subventionen** genannt.

A. Begriff der Steuer

Nach § 3 Abs. 1 AO sind **Steuern** »Geldleistungen, die nicht eine Gegenleistung für eine besondere Leistung darstellen und von einem öffentlich-rechtlichen Gemeinwesen zur Erzielung von Einnahmen allen auferlegt werden, bei denen der Tatbestand zutrifft, an den das Gesetz die Leistungspflicht knüpft«. Das wesentliche Kriterium der Steuer ist, dass ihr keine Gegenleistung gegenübersteht. Hierdurch lässt sie sich von anderen öffentlich-rechtlichen Abgaben, nämlich Gebühren und Beiträgen, abgrenzen. Unter **Gebühren** versteht man Entgelte für bestimmte öffentliche Leistungen (z. B. Kfz-Zulassungsgebühren, Gebühr bei Ausstellung eines Reisepasses, etc.). Dagegen handelt es sich bei **Beiträgen** um Entgelte für die Möglichkeit, angebotene öffentliche Leistungen zu nutzen. Leistung und Gegenleistung können dabei zeitlich und sachlich auseinanderfallen (z. B. Kammerbeiträge).

B. Klassifikation von Steuern

Je nach dem Zweck der Betrachtung lassen sich die verschiedenen Steuerarten nach verschiedenen Gesichtspunkten einteilen. Im Folgenden wird kurz auf die Klassifikation nach buchtechnischer Behandlung, nach wirtschaftlicher Auswirkung sowie nach der Ermittlungsbasis eingegangen.

I. Einteilung der Steuern zur buchtechnischen Behandlung

Hier geht es darum, die Steuern nach ihrer Behandlung in der Buchführung, und damit nach ihrem **Einfluss auf den Gewinn/Verlust**, einzuteilen. Wie in Abb. 12.1 aufgezeigt, unterscheidet man hierfür zwischen Betriebssteuern, Steuern der privaten Sphäre (Privatsteuern) und sonstigen Steuern.

Während abzugsfähige Betriebssteuern den Gewinn im Entstehungsjahr in vollem Umfang mindern, sind Steuern, die einen durchlaufenden Posten darstellen, erfolgsneutral. Nicht abzugsfähige Steuern mindern nicht den steuerlichen Gewinn, sind aber handelsrechtlich als Aufwand zu erfassen. Privatsteuern, die aus betrieblichen Mitteln gezahlt wurden, sind als Privatentnahme zu behandeln. Aktivierungspflichtige Betriebssteuern sind als Anschaffungsnebenkosten zu verbuchen und entfalten über eine eventuell vorzunehmende planmäßige Abschreibung oder durch den Verbrauch des zugrunde liegenden Aktivums ihre Ergebniswirkung.

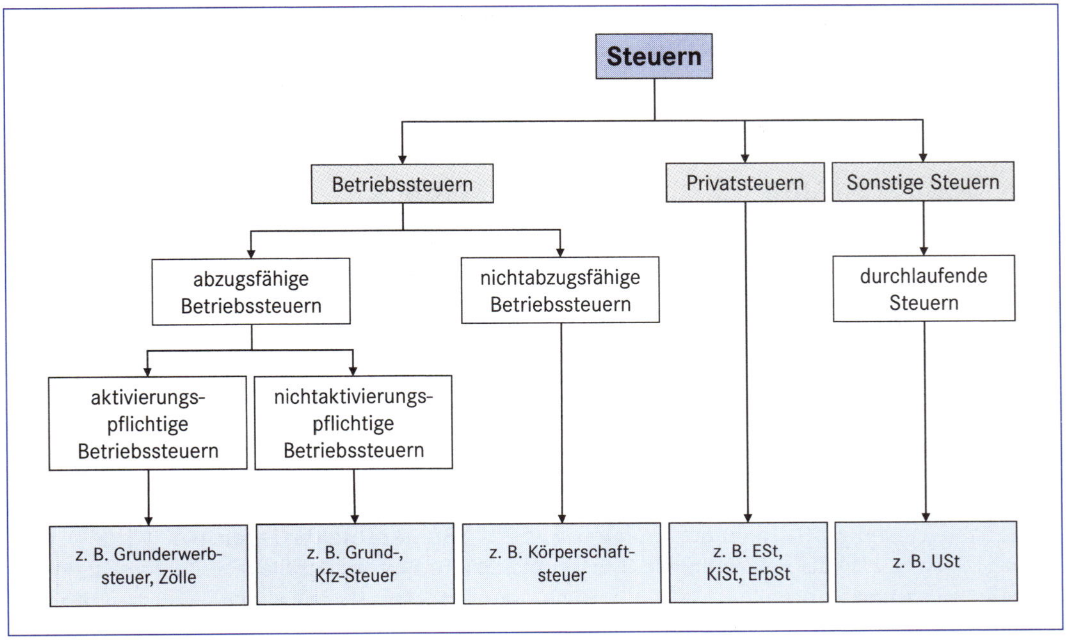

Abb. 12.1: Steuerarten

II. Einteilung nach der wirtschaftlichen Auswirkung

Bei dieser Einteilung geht es um die Frage, **wer von der Steuer tatsächlich betroffen** ist. Nicht immer ist der gesetzlich Steuerpflichtige, also jene Person, die die Steuer an das Finanzamt zu zahlen hat, von der Steuer wirtschaftlich belastet. Bei manchen Steuerarten ordnet der Gesetzgeber an, die Steuer zunächst einer weiteren Person in Rechnung zu stellen, und dann die einbehaltene Steuer an den Fiskus abzuführen. Im Rahmen dieser Problematik unterscheidet man zwischen direkten und indirekten Steuern.

Bei sog. **»direkten Steuern«** ist die Person, die die Steuer nach dem Gesetz zu zahlen hat, von dieser auch wirtschaftlich betroffen. **Steuerschuldner** und **Steuerträger** (= **Steuersubjekt**) sind identisch, wie beispielsweise bei der Einkommensteuer.

Dagegen ist bei sog. **»indirekten Steuern«** der Steuerschuldner von der Steuer nicht wirtschaftlich belastet, da er sie auf eine andere Person abwälzt, wie beispielsweise bei der Umsatzsteuer oder der einbehaltenen Lohnsteuer. Steuerschuldner (Unternehmen) und Steuerträger (Konsumenten/Arbeitnehmer) sind unterschiedliche Personen.

III. Einteilung in Ertrag- und Substanzsteuer

Weiterhin lassen sich Steuern dahingehend systematisieren, ob sie **auf Basis des Ertrages, der Substanz oder einer Tauschaktion (= Verkehrsakt) ermittelt** werden. **Ertragsteuern** erfassen den erzielten Gewinn bzw. das Einkommen eines Jahres. Unter diese Gruppe von Steuern fällt die Einkommensteuer, Körperschaftsteuer oder Gewerbesteuer. Im Gegensatz dazu zielen die **Sub-**

stanzsteuern auf das bereits vorhandene Vermögen ab, wie z. B. die Grundsteuer oder die nicht mehr erhobene Vermögensteuer. **Konsumsteuern** knüpfen an eine Transaktion (z. B. Umsatz oder Verbrauch) an. Beispiele sind die Umsatzsteuer oder die Mineralölsteuer.

C. Beschreibung einzelner Steuerarten

Um eine Steuerart eindeutig zu bestimmen, betrachtet man im Wesentlichen folgende vier Merkmale:

1. Steuersubjekt,
2. Steuerobjekt,
3. Bemessungsgrundlage,
4. Steuertarif.

Unter dem Begriff **»Steuersubjekt«** wird die Person bzw. Unternehmung verstanden, die von der Steuer betroffen ist. Ferner muss bei diesem ein Tatbestand gegeben sein, an den das Gesetz eine steuerliche Leistungspflicht knüpfen kann, was als **»Steuerobjekt«** bezeichnet wird. Dessen Quantifizierung, also die Bewertung des Steuerobjektes für Zwecke der Steuererhebung, bildet die sog. **»Bemessungsgrundlage«**, auf die letztlich der **»Steuertarif«** angewandt wird, um die endgültige Steuerbelastung zu ermitteln.

Der Gesetzgeber muss aus Gründen der Rechtssicherheit diese Kriterien für jede Steuerart definieren, da es dem Steuerzahler möglich sein muss, anhand der gesetzlichen Vorschriften seine Steuer zu berechnen. Im Folgenden werden die einzelnen Steuerarten anhand dieser Merkmale beschrieben. Die **Umsatzsteuer** wurde bereits im 7. Kapitel erläutert.

I. Einkommensteuer

Die **Einkommensteuer** gehört zu den Privatsteuern. Dies bedeutet, dass sie nicht unmittelbar betrieblich veranlasst ist. Sie ist personenbezogen und dem privaten Bereich des Unternehmers zuzurechnen.

1. Steuersubjekt

Unbeschränkt einkommensteuerpflichtig sind alle **natürlichen Personen**, die ihren Wohnsitz oder gewöhnlichen Aufenthalt im Inland haben (§ 1 Abs. 1 EStG). Auch natürliche Personen mit Wohnsitz im Ausland können der Einkommensteuer unterliegen. Man spricht dann von beschränkter Steuerpflicht, da die Einkommensteuer in diesem Fall auf die im Inland erzielten Einkünfte beschränkt ist (§ 1 Abs. 4 EStG).

2. Steuerobjekt

Bei unbeschränkter Steuerpflicht unterliegen in- und ausländische Einkünfte der Einkommensteuer. Das Einkommensteuergesetz kennt sieben **Einkunftsarten** (§ 2 Abs. 1 EStG):

1. Einkünfte aus Land- und Forstwirtschaft,
2. Einkünfte aus Gewerbebetrieb,
3. Einkünfte aus selbstständiger Arbeit,
4. Einkünfte aus nichtselbstständiger Arbeit,
5. Einkünfte aus Kapitalvermögen,
6. Einkünfte aus Vermietung und Verpachtung,
7. sonstige Einkünfte i. S. des § 22 EStG.

Bei den Einkunftsarten (1) bis (3) spricht man von **Gewinneinkünften**, bei den Einkunftsarten (4) bis (7) von **Überschusseinkünften**. Bei diesen werden die Einkünfte als Überschuss der Einnahmen über die Werbungskosten ermittelt. Bei Gewinneinkünften entspricht der erzielte Gewinn den steuerpflichtigen Einkünften. Zur Ermittlung dieses Gewinns gibt es folgende drei Methoden.

a) Gewinnermittlung nach § 4 Abs. 1 und § 5 EStG

Für bilanzierende Steuerpflichtige kennt das Einkommensteuergesetz die Gewinnermittlung nach § 4 Abs. 1 EStG und die Gewinnermittlung nach § 5 EStG. Hierbei handelt es sich um zwei separate Gewinnermittlungsvorschriften, die jeweils von einem unterschiedlichen Personenkreis zu befolgen sind. Zum Personenkreis des § 5 EStG gehören:

- Kaufleute, die nach dem HGB verpflichtet sind, Bücher zu führen und regelmäßig Abschlüsse zu machen,
- gewerbliche Unternehmer, die nach § 141 AO zur Buchführung verpflichtet sind, weil sie bestimmte gesetzlich vorgeschriebene Gewinn- und Umsatzgrenzen überschritten haben und das Finanzamt darauf hingewiesen hat (§ 141 Abs. 2 Satz 1 AO) sowie
- Gewerbetreibende, die freiwillig Bücher führen und Abschlüsse erstellen.

Zum Personenkreis des § 4 Abs. 1 EStG gehören:

- Land- und Forstwirte, die die Betragsgrenzen des § 141 AO überschritten haben und die das Finanzamt darauf hingewiesen hat sowie
- selbstständig Tätige i. S. des § 18 EStG, die freiwillig ihren Gewinn nach § 4 Abs. 1 EStG ermitteln.

In beiden Fällen wird der Gewinn nach dem gleichen Verfahren ermittelt, nämlich durch den sog. **»Betriebsvermögensvergleich«**. Hiernach ist der Gewinn der Unterschiedsbetrag zwischen dem Betriebsvermögen am Schluss des Wirtschaftsjahres und dem Betriebsvermögen am Schluss des vorangegangenen Wirtschaftsjahres, vermehrt um den Wert der Entnahmen und vermindert um den Wert der Einlagen. Während jedoch nach § 4 Abs. 1 EStG für die Ermittlung des zu vergleichenden Betriebsvermögens lediglich steuerrechtliche Vorschriften zu beachten sind, fordert die Ermittlung nach § 5 EStG zusätzlich noch die Beachtung handelsrechtlicher Bilanzierungs- und Bewertungsvorschriften (Maßgeblichkeitsprinzip, vgl. 2. Kapitel). § 5 EStG ist also die strengere Gewinnermittlungsart, da sowohl Handels- als auch Steuerrecht zu berücksichtigen sind. Sie entspricht der in diesem Buch dargestellten doppelten Buchführung und Bilanzierung nach Handels- und Steuerrecht.

b) Überschussrechnung nach § 4 Abs. 3 EStG

Steuerpflichtige, die nicht aufgrund gesetzlicher Regelungen verpflichtet sind, Bücher zu führen und Abschlüsse zu erstellen und dies auch nicht freiwillig tun, können den Gewinn in Form einer **»Einnahmen-Überschuss-Rechnung«** ermitteln, indem sie den Überschuss der Betriebseinnahmen über die Betriebsausgaben berechnen. Dadurch soll insbesondere kleinen und mittelgroßen Unternehmen die Möglichkeit gegeben werden, ihren Aufwand gering zu halten und dennoch als sog. »Gewinnermittler« zu gelten, da dies für einige steuerliche Vergünstigungsvorschriften, wie beispielsweise die erhöhten Abschreibungssätze nach § 7g EStG, Voraussetzung ist.

Die Einnahmen-Überschuss-Rechnung verzichtet im Wesentlichen auf die zeitliche und sachliche Abgrenzung. So gelten beispielsweise Umsätze erst mit ihrem Zahlungseingang als realisiert. Anlagen werden dagegen »aktiviert« und wie in der Doppik planmäßig abgeschrieben. Nicht einheitlich gestaltet sich die Bildung von Rückstellungen, die - bis auf wenige Ausnahmen - im Allgemeinen jedoch nicht möglich ist.

c) Durchschnittssätze nach § 13a EStG

Die dritte und im Verhältnis eher unbedeutende Variante ist ausschließlich für nicht buchführungspflichtige Land- und Forstwirte vorgesehen. Diese können, sofern sie nicht die anderen Möglichkeiten bevorzugen, ihren Gewinn nach **Durchschnittssätzen**, die auf dem Einheitswert ihres Betriebs basieren, ermitteln.

3. Steuerbemessungsgrundlage

Steuerbemessungsgrundlage ist das **zu versteuernde Einkommen**. Dieses lässt sich für die Einkommensteuer nach folgendem vereinfachten Schema berechnen (vgl. R 2 EStR):

	Gesamtbetrag der Einkünfte (aus den sieben Einkunftsarten)
-	Sonderausgaben (z. B. Versicherungen, Spenden)
-	außergewöhnliche Belastungen (z. B. Krankheitskosten)
-	sonstige Freibeträge (z. B. Kinderfreibetrag)
=	zu versteuerndes Einkommen (zvE)

4. Steuersatz

Die Steuer, die auf ein bestimmtes zu versteuerndes Einkommen entfällt, kann aus dem Berechnungsschema des § 32a EStG ermittelt werden. In § 32a Abs. 1 EStG ist dabei zunächst auf Einzelsteuerpflichtige abgestellt. Dem Grundgedanken der Familienförderung Rechnung tragend, sieht in Abweichung davon § 32a Abs. 5 EStG i. V. m. § 2 Abs. 8 EStG einen ermäßigten Tarif für die Besteuerung von Ehegatten und eingetragenen Lebenspartnern vor.

Für Einzelsteuerpflichtige gelten im Jahr 2018 folgende Eckdaten: Grundsätzlich ist ein zu versteuerndes Einkommen i. H. v. 9.000 EUR steuerfrei (Grundfreibetrag). Es folgt eine linear-progressive Zone, in der der Steuersatz von 14 % (Einstiegssteuersatz) auf 42 % (Spitzensteuersatz) ansteigt. Ab einem zu versteuernden Einkommen von 54.950 EUR bis 260.532 EUR bleibt der Steuersatz konstant bei 42 %. Ab einem zu versteuernden Einkommen von 260.533 EUR beträgt der neue Spitzensteuersatz 45 % (Reichensteuer). Der Verlauf des Steuertarifs für das Jahr 2018 ist in Abb. 12.2 dargestellt. Zu den genannten Steuersätzen kommt noch der **Solidaritätszuschlag** mit 5,5 % (§ 4 SolZG) auf die Einkommensteuer sowie ggf. die **Kirchensteuer**, mit je nach Bundesland 8 % oder 9 % auf die Einkommensteuer, hinzu.

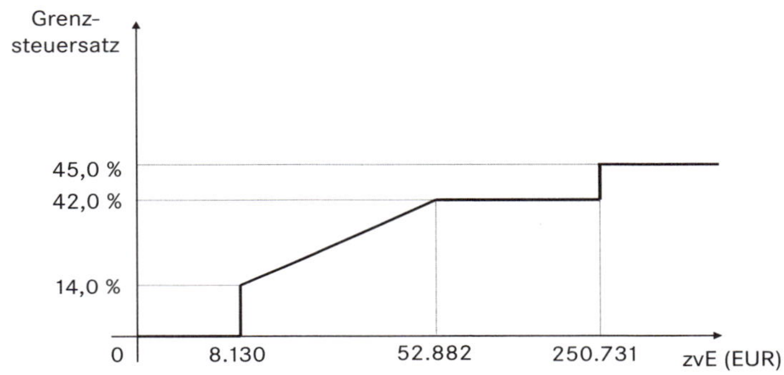

Abb. 12.2: Einkommensteuertarif 2018

II. Die Körperschaftsteuer

Die **Körperschaftsteuer** ist die Einkommensteuer für juristische Personen. Sie gehört zu den Betriebssteuern, ist jedoch gemäß § 10 Nr. 2 KStG nicht abzugsfähig.

1. Steuersubjekt

Körperschaftsteuerpflichtig nach § 1 KStG sind **Körperschaften**, also im Wesentlichen Kapitalgesellschaften (AG, KGaA, GmbH), Genossenschaften, Versicherungsvereine auf Gegenseitigkeit, Betriebe gewerblicher Art von juristischen Personen des öffentlichen Rechts, sonstige juristische Personen und Zweckvermögen des privaten Rechts. Ebenso wie bei der Einkommensteuer wird zwischen unbeschränkter und beschränkter Steuerpflicht unterschieden, abhängig davon, ob sich der Sitz bzw. die Geschäftsleitung des Betriebs im Inland befindet.

2. Steuerobjekt

Steuergegenstand ist das Einkommen, das nach den Vorschriften des Einkommensteuergesetzes sowie ergänzt um die Vorschriften des Körperschaftsteuergesetzes ermittelt wird (§§ 7 Abs. 1 und 8 Abs. 1 KStG). Im Gegensatz zu natürlichen Personen erzielt eine Körperschaft ausschließlich Einkünfte aus Gewerbebetrieb.

3. Steuerbemessungsgrundlage

Grundlage für die Ermittlung der Steuerbelastung ist der Gewinn aus der Steuerbilanz, der sich üblicherweise aus dem Ergebnis der Handelsbilanz nach Korrektur gemäß den spezifischen körperschaftsteuerlichen Vorschriften der §§ 8 - 10 KStG ergibt. Daraus resultiert als Bemessungsgrundlage auch hier das sog. »zu versteuernde Einkommen«. Dieses ermittelt sich aus dem modifizierten Gewinn vermindert um die Freibeträge der §§ 24 und 25 KStG, sofern diese Anwendung finden.

4. Steuertarif

Einerseits muss der steuerliche Gewinn der Körperschaft gemäß § 23 KStG mit einem 15%igen Körperschaftsteuersatz versteuert werden. Andererseits muss die Besteuerung beim Empfänger einer etwaigen Gewinnausschüttung betrachtet werden. Um eine Doppelbelastung zu beseitigen bzw. zu mildern, erfolgt die Besteuerung beim Ausschüttungsempfänger mit dem sog. »**Teileinkünfteverfahren**«.

Beim **Teileinkünfteverfahren** muss zunächst unterschieden werden, ob die Anteile im Privatvermögen gehalten werden und die daraus resultierende Dividende der Abgeltungsteuer unterliegt oder ob sie im Betriebsvermögen eines Einzelunternehmens oder einer Personengesellschaft gehalten werden und somit im Rahmen des Teileinkünfteverfahrens besteuert werden.

Ist der Empfänger des ausgeschütteten Gewinns eine **natürliche Person**, so ist zu beachten, dass die ausgeschütteten Gewinnanteile - i. d. R. Dividenden - nochmals der Besteuerung unterworfen werden, da sie Einkünfte aus Kapitalvermögen darstellen. Es erfolgt damit eine faktische Doppelbesteuerung: Zunächst wird der Gewinn auf Ebene der Gesellschaft mit Körperschaftsteuer belegt, dann als Kapitalerträge auf der Ebene des Anteilseigners nochmals mit Einkommensteuer (in Form der sog. Abgeltungsteuer). Bei der Abgeltungsteuer wird die Dividende von im Privatvermögen gehaltenen Anteilen pauschal mit einem Steuersatz von 25 % sowie mit dem Solidaritätszuschlag und ggf. der Kirchensteuer belegt und, ähnlich wie bei der Lohnsteuer, von der Körperschaft einbehalten und abgeführt (vgl. auch 11. Kapitel). Damit gilt die Einkommensteuer als abgegolten.

Beim Teileinkünfteverfahren werden hingegen 60 % der ausgeschütteten Dividende auf der Ebene des Anteilseigners versteuert, die restlichen 40 % sind nach § 3 Nr. 40 EStG steuerfrei. Die zu versteuernden 60 % müssen mit dem individuellen Steuersatz des Dividendenempfängers besteuert werden, eine Anrechnung der gezahlten Körperschaftsteuer findet nicht statt. Handelt es sich beim Empfänger der Ausschüttung um eine ebenfalls der Körperschaftsteuer unterliegenden **Gesellschaft**, so sind die ausgeschütteten Beträge bei deren Ermittlung des Gewinns, abgesehen von einem 5%igen Abzugsverbot, außen vor zu lassen und damit faktisch steuerfrei (§ 8b Abs. 1 i. V. m. Abs. 3 KStG).

Beispiel

Eine natürliche Person P ist Alleingesellschafter der A-GmbH. Die A-GmbH erwirtschaftet einen Gewinn von 100.000 GE, der voll an P ausgeschüttet wird. Neben den Einkünften aus der GmbH hat P noch Einkünfte aus Vermietung und Verpachtung i. H. v. 50.000 GE. Der

Einkommensteuersatz des P beträgt 40 %. Diese Gewinnkonstellation soll sowohl im Jahr 01 als auch im Jahr 02 vorgelegen haben. Vom Solidaritätszuschlag wird hier abgesehen.

Teileinkünfteverfahren und Abgeltungsteuer

Behandlung bei der A-GmbH.
Gemäß § 23 KStG besteht ein einheitlicher Körperschaftsteuersatz von 15 %. Die Körperschaftsteuer der A-GmbH beträgt somit 15.000 GE, die ausgeschüttete Bardividende 85.000 GE.

Behandlung bei P:

Einkünfte aus Kapitalvermögen	GE	85.000	
darauf 25 % Abgeltungsteuer	GE	21.250	21.250
Einkünfte aus VuV	GE	50.000	
darauf Einkommensteuer 40 %	GE	20.000	20.000
= zu zahlende Einkommensteuer	GE		41.250

Die erhaltene Bardividende i. H. v. 85.000 GE stellt bei P die Grundlage für die Ermittlung der Einkünfte aus Kapitalvermögen dar. Das Teileinkünfteverfahren findet keine Anwendung, da die Anteile im Privatvermögen des P gehalten werden. Folglich unterliegen die Einkünfte aus Kapitalvermögen der Abgeltungsteuer von 25 %. Daraus resultiert eine zu zahlende Einkommensteuer von 21.250 GE. Die Mieteinkünfte werden mit dem persönlichen Einkommensteuersatz von 40 % versteuert, hierauf entfällt eine Einkommensteuer von 20.000 GE, die auch in voller Höhe an das Finanzamt zu entrichten ist.

III. Die Gewerbesteuer

Wie die Körperschaftsteuer ist die **Gewerbesteuer** eine betriebliche Steuer. Die Gewerbesteuer ist auf der Ebene des körperschaftsteuerlich und einkommensteuerlich zu versteuernden Einkommens nicht mehr abzugsfähig (§ 4 Abs. 5b EStG). Um eine Doppelbelastung auf Ebene der Gesellschafter dennoch zu vermeiden, kann die gezahlte Gewerbesteuer pauschaliert auf die zu zahlende Einkommensteuer angerechnet werden, soweit diese auf Einkünfte aus Gewerbebetrieb entfällt (§ 35 Abs. 1 Nr. 1 EStG). Der Ermäßigungsbetrag wird pauschal mit dem 3,8-fachen des festgesetzten Gewerbesteuermessbetrags ermittelt. Die Anrechnung ist maximal auf die tatsächlich zu zahlende Gewerbesteuer begrenzt.

1. Steuersubjekt

Steuerschuldner ist nach § 5 GewStG der Unternehmer, auf dessen Rechnung und Gefahr das Gewerbe betrieben wird. Die Gewerbesteuer ist eine **Gemeindesteuer**. Sie fließt der Gemeinde zu, in deren Bezirk sich der Betrieb des Unternehmens befindet. Hat ein Unternehmen mehrere Filialen in unterschiedlichen Gemeinden, so ist die Gewerbesteuer nach einem bestimmten Schlüssel auf diese zu verteilen.

2. Steuerobjekt

Gegenstand der Gewerbesteuer ist jeder stehende **Gewerbebetrieb** und jedes **Reisegewerbe**, soweit es im Inland betrieben wird (§ 2 i. V. m. § 35a Abs. 1 GewStG).

3. Steuerbemessungsgrundlage

Bemessungsgrundlage ist der **Gewerbesteuermessbetrag**. Dieser ermittelt sich auf Grundlage des nach den Vorschriften des EStG und KStG ermittelten Gewinns (= Gewerbeertrag), vermehrt um die gesetzlich vorgesehenen **Hinzurechnungen** des § 8 GewStG (beispielsweise Entgelte für Schulden, § 8 Nr. 1 a GewStG) und vermindert um bestimmte **Kürzungen** gemäß § 9 GewStG (z. B. 1,2 % des Einheitswerts des zum Betriebsvermögen des Unternehmers gehörenden Grundbesitzes, § 9 Nr. 1 GewStG).

Als Beispiel sind im Rahmen des Teileinkünfteverfahrens die im Rahmen der Einkommensteuer steuerfreien Anteile mit 40 % hinzuzurechnen (§ 8 Nr. 5 GewStG).

Durch Multiplikation mit einer gesetzlich vorgegebenen **Steuermesszahl** (§ 11 Abs. 2 GewStG) von 3,5 % wird aus dem Gewerbeertrag der **Steuermessbetrag** berechnet. Die Steuermesszahl ist für natürliche Personen und Personengesellschaften nicht auf den vollen, sondern den um einen Freibetrag i. H. v. 24.500 EUR gekürzten Gewerbeertrag zu berechnen (§ 11 Abs. 1 Nr. 1 GewStG).

4. Steuersatz

Der Steuersatz, der auf den Steuermessbetrag erhoben wird, heißt **Hebesatz**. Dieser wird von jeder einzelnen Gemeinde autonom bestimmt und ist daher nicht einheitlich. Laut § 16 Abs. 4 GewStG muss er mindestens 200 % betragen. Betrachtet man beispielsweise deutsche Großstädte mit mehr als 50.000 Einwohnern, so ergeben sich Hebesätze zwischen 350 % und 550 %, kleinere Gemeinden weichen dagegen immer wieder (zum Teil deutlich) sowohl nach unten als auch nach oben davon ab. Im Jahr 2016 betrug er im bundesweiten Durchschnitt 400 %, weshalb in vielen Modellen mit einem angenommenen Hebesatz von 400 % gerechnet wird.

Beispiel

Im Jahr 01 beträgt der steuerlich relevante Gewinn der A-GmbH 200.000 GE. Nach den gesetzlichen Vorschriften ergibt sich ein Hinzurechnungsbetrag i. H. v. 60.000 GE und ein Kürzungsbetrag von 10.000 GE. Die Steuermesszahl (m) beträgt 3,5 %. Die Gemeinde, in deren Bereich das Unternehmen liegt, hat einen Hebesatz von 400 %.

Ermittlung des **Gewerbeertrags**

Steuerlicher Gewinn	GE	200.000
+ Hinzurechnungen	GE	60.000
- Kürzungen	GE	10.000
= Gewerbeertrag	GE	250.000

Der für die weitere Berechnung relevante **Steuermessbetrag** wird durch Anwendung der Steuermesszahl auf den Gewerbeertrag ermittelt: 3,5 % von 250.000 GE = 8.750 GE.
Diese Steuermesszahl wird nun vom Finanzamt der Gemeinde mitgeteilt, die daraus durch Multiplikation mit dem Hebesatz (h) die **Gewerbesteuer** berechnet: 400 % von 8.750 GE = 35.000 GE; der Gewerbesteuersatz (S) beträgt dabei 14 %:

$S = m \times h = 0{,}035 \times 4 = 14\ \%$
$250.000 \times 14\ \% = 35.000\ GE$

Die A-GmbH hätte nach dieser Rechnung für das Jahr 01 somit eine Gewerbesteuerschuld i. H. v. 35.000 GE zu begleichen.

IV. Die Grunderwerbsteuer

Die Grunderwerbsteuer entsteht bei Umsätzen mit inländischen Grundstücken, hauptsächlich beim Kauf bzw. Verkauf. Steuerschuldner sind hierbei die am Kaufvertrag beteiligten Personen, i. d. R. ist es der Käufer. Im Fall eines Kaufes ist die Bemessungsgrundlage der Kaufpreis. Je nach Bundesland beträgt der Steuersatz zwischen 3,5 % und 6,5 % auf den Kaufpreis. Die Grunderwerbsteuer ist dann eine **Betriebssteuer**, wenn sie auf eine betrieblich veranlasste Anschaffung eines Grundstücks entfällt. Die Zahlung ist jedoch **nicht sofort abzugsfähig**, sondern stellt aktivierungspflichtige Anschaffungsnebenkosten dar.

V. Die Grundsteuer

Die Grundsteuer entfällt jährlich auf unbebaute und bebaute Grundstücke, wobei zwischen land- und forstwirtschaftlichen Betrieben, Betriebsgrundstücken und privaten Grundstücken differenziert wird. Sie ist dann als **Betriebssteuer sofort abzugsfähig**, wenn sie für betrieblich genutzte Grundstücke erhoben wird. Steuerschuldner sind die Personen, denen die Grundstücke bewertungsrechtlich zugerechnet werden. Steuerbemessungsgrundlage ist der Steuermessbetrag, der sich durch Anwendung einer gesetzlich bestimmten Steuermesszahl auf den Einheitswert ergibt. Da die Grundsteuer ebenso wie die Gewerbesteuer eine Gemeindesteuer ist, wird der Steuer- bzw. Hebesatz individuell von den Gemeinden festgesetzt.

VI. Die Erbschaftsteuer

Die Erbschaftsteuer entsteht bei Erwerb aufgrund eines Todesfalls. Der Erbschaftsteuer unterliegen alle Vermögensarten, wobei zahlreiche Befreiungen und erhöhte Freibeträge gewährt werden. Steuersubjekt ist der Erbe. Die Erbschaftsteuer ist eine **Privatsteuer**, die **nicht abzugsfähig** ist. Dies gilt selbst dann, wenn ein Betrieb vererbt wird. Es bestehen nach Verwandtschaftsgrad gestaffelte Steuerklassen mit unterschiedlichen Freibeträgen, wobei auf Ehegatten und eingetragene Lebenspartner der höchste Freibetrag von 500.000 EUR entfällt. Der Steuertarif richtet sich sowohl nach dem Wert des steuerpflichtigen Erwerbs als auch nach der Steuerklasse des Erwerbers und liegt zwischen 7 % und 50 %. Die Schenkungsteuer entspricht systematisch und inhaltlich der Erbschaftsteuer, entsteht allerdings bei Erwerb durch Schenkung.

D. Verbuchung nach Steuerarten

Nach der vorstehenden Darstellung der wichtigsten Steuerarten wird im Folgenden auf deren buchtechnische Behandlung eingegangen. Dabei sind zunächst vier Kategorien zu unterscheiden (vgl. auch Abb. 12.1):

- abzugsfähige, aktivierungspflichtige Betriebssteuern,
- abzugsfähige, nicht aktivierungspflichtige Betriebssteuern,
- nicht abzugsfähige Betriebssteuern,
- Privatsteuern.

Darüber hinaus wird auch auf den Fall eingegangen, in dem private Steuern aus betrieblichen Mitteln bezahlt werden. Auch können neben der ursprünglichen Steuer noch sog. »steuerliche Nebenleistungen« anfallen, z. B. wenn eine Steuer zu spät bezahlt wird.

I. Abzugsfähige, aktivierungspflichtige Betriebssteuern

Zu dieser Gruppe zählen beispielsweise die Grunderwerbsteuer und die Zölle. Diese Steuern entstehen bei der Anschaffung von betrieblich genutzten Wirtschaftsgütern und sind gemäß § 255 Abs. 1 HGB als **Anschaffungsnebenkosten** zu behandeln. Zu den aktivierungspflichtigen Anschaffungskosten gehören nicht nur der zu zahlende Kaufpreis, sondern auch alle sonstigen Kosten, die dazu dienen, das Wirtschaftsgut aus der fremden in die eigene Verfügungsmacht zu überführen. Die Steuer ist somit nicht sofort als Aufwand zu verbuchen.

Beispiel

Der Einzelunternehmer U erwirbt für seinen Betrieb ein unbebautes Grundstück zum Kaufpreis von 100.000 GE. Laut Kaufvertrag ist U verpflichtet, die gesamte anfallende Grunderwerbsteuer zu entrichten. U überweist die Grunderwerbsteuer i. H. v. 3.500 GE (3,5 % von 100.000) an das Finanzamt und den Kaufpreis i. H. v. 100.00 GE an den Verkäufer.

1. Aktivierung des Grundstücks und Zahlung des Kaufpreises:

0215	Unbebaute Grundstücke	100.000	an	1800	Bank	100.000

2. Aktivierung der Anschaffungsnebenkosten und Zahlung der Grunderwerbsteuer:

0215	Unbebaute Grundstücke	3.500	an	1800	Bank	3.500

II. Abzugsfähige, nicht aktivierungspflichtige Betriebssteuern

Zu dieser Gruppe von Steuern gehört beispielsweise die Kfz-Steuer für betrieblich genutzte Pkw oder die Grundsteuer für betrieblich genutzte Grundstücke. Sie werden sofort als Aufwand verbucht.

Beispiel

Im Betriebsvermögen des Unternehmers U befindet sich ein Pkw. Für das Jahr 01 entrichtet U die Kfz-Steuer i. H. v. 500 GE von seinem betrieblichen Bankkonto.

7685	Kraftfahrzeugsteuer	500	an	1800	Bank	500

III. Nicht abzugsfähige Betriebssteuern

Das klassische Beispiel für die Gruppe der **nicht abzugsfähigen Betriebssteuern** ist die Körperschaftsteuer. Sie ist zwar betrieblich veranlasst, die Vorschriften der Steuergesetze lassen jedoch einen Gewinn mindernden Abzug nicht zu (§ 10 Nr. 2 KStG).

Beispiel

Die X-GmbH erhält im Jahr 02 für 01 vom Finanzamt einen Bescheid über die Körperschaftsteuer i. H. v. 25.000 GE. Sie überweist den Betrag von ihrem Bankkonto. Sie hatte dafür im Jahr 01 keine Rückstellung gebildet.

7600	Körperschaftsteuer	25.000	an	1800	Bank	25.000

Durch diese Buchung wird der Gewinn der Handelsbilanz gemindert, da das Konto »Körperschaftsteuer« ein Aufwandskonto ist. Zur Ermittlung der steuerpflichtigen Einkünfte muss der Betrag jedoch außerbilanziell wieder zum Gewinn hinzugerechnet werden.

IV. Privatsteuern

Steuerarten, die unter die Gruppe der **Privatsteuern** fallen, sind nicht unmittelbar durch den Betrieb veranlasst, sondern betreffen die Privatsphäre des Unternehmers. Nach § 12 Nr. 3 EStG stellen sie eine nicht abzugsfähige Ausgabe dar. Als Privatsteuer sind sowohl die Einkommensteuer, Kirchensteuer und Erbschaftsteuer, als auch die Grundsteuer oder Kfz-Steuer, soweit sie auf privat genutzte Grundstücke bzw. Fahrzeuge entfallen, zu behandeln.

Beispiel

Der Unternehmer U begleicht die Einkommensteuerschuld für das Jahr 01 i. H. v. 3.000 GE durch Überweisung von seinem betrieblichen Bankkonto an das Finanzamt.

2100	Privatentnahmen	3.000	an	1800	Bank	3.000

Die Zahlung von Privatsteuern vom betrieblichen Bankkonto ist als Privatentnahme zu behandeln. Die Verbuchung erfolgt auf dem Konto »Privatsteuern«, das ein Unterkonto des Kontos »Privatentnahmen« ist. Der Vorgang ist somit insgesamt erfolgsneutral.

V. Steuerliche Nebenleistungen

Zu den steuerlichen **Nebenleistungen** nach § 3 Abs. 4 AO gehören Verspätungszuschläge, Zinsen, Säumniszuschläge, Zwangsgelder und Kosten, die im Rahmen des Besteuerungsverfahrens erhoben werden. Diese Nebenleistungen sind wie die zugrunde liegende Steuer zu behandeln. Ist die Steuer abzugsfähig, ist die Nebenleistung ebenfalls abzugsfähig.

Beispiel

Der Unternehmer U zahlt die Grundsteuer für sein betrieblich genutztes Grundstück i. H. v. 5.000 GE erst 15 Tage nach Fälligkeit. Das Finanzamt setzt deshalb einen Säumniszuschlag von 50 GE fest. U überweist diesen von seinem betrieblichen Bankkonto.

Zahlung der Grundsteuer:

7680	Grundsteuer	5.000	an	1800	Bank	5.000

Zahlung des Säumniszuschlags auf die Grundsteuer:

7650	Sonstige Steuern	50	an	1800	Bank	50

Soweit sich die steuerlichen **Nebenleistungen auf Privatsteuern** beziehen, stellt deren Zahlung eine Privatentnahme dar, sofern die Nebenleistungen von einem betrieblichen Konto bezahlt werden.

Beispiel

Der Unternehmer U gibt seine Einkommensteuererklärung nicht fristgerecht ab. Das Finanzamt setzt deshalb im Rahmen der Einkommensteuererklärung einen Verspätungszuschlag fest. U überweist von seinem betrieblichen Bankkonto die festgesetzte Einkommensteuer i. H. v. 10.000 GE und den Verspätungszuschlag von 100 GE.

2100	Privatentnahmen	10.100	1800	Bank	10.100

Steuerstrafen, z. B. **Bußgelder** oder **Hinterziehungszinsen**, gehören nicht zu den steuerlichen Nebenleistungen. Sie sind stets, unabhängig von der Steuerart mit der sie zusammenhängen, als nicht abzugsfähige Betriebsausgaben bei der Ermittlung der Steuerbemessungsgrundlage zu behandeln. Gleichwohl sind sie handelsrechtlich als sonstige Steuern zu verbuchen, sofern sie Betriebssteuern betreffen und als Privatsteuern, falls sie vom betrieblichen Bankkonto überwiesen werden.

E. Zeitliche Abgrenzung bei Steuerzahlungen

Bei Steuerpflichtigen, die ihren Gewinn nach § 4 Abs. 1 oder § 5 EStG ermitteln, also zur Buchführung verpflichtet sind, gilt der Grundsatz der **periodengerechten Erfolgsermittlung**. Dies bedeutet, dass Erträge und Aufwendungen dem Wirtschaftsjahr zugerechnet werden, dem sie - wirtschaftlich betrachtet - angehören. Es ist folglich dann eine Abgrenzung vorzunehmen, wenn der

Ertrag bzw. Aufwand in eine andere Periode fällt als der eigentliche Zahlungsvorgang (zur zeitlichen und sachlichen Abgrenzung vgl. 2. Kapitel).

Gerade im Bereich der Steuern ist die Abgrenzung von Bedeutung. Steuern werden oft nicht in dem Zeitraum bezahlt, in den sie wirtschaftlich gehören.

Es gilt, dass Steuern in jenem Wirtschaftsjahr als Aufwand zu buchen sind, in dem sie wirtschaftlich verursacht wurden. Folglich ist keine Abgrenzung vorzunehmen, wenn der Unternehmer seine Jahressteuerschuld bereits in dem Wirtschaftsjahr begleicht, in dem die Steuer entsteht. Hierfür ist jedoch nötig, dass die Höhe des Steuerbetrags bereits im Voraus feststeht, also nicht vom Jahresergebnis abhängt.

Dies gilt z. B. für geleistete Vorauszahlungen auf die voraussichtliche Steuerschuld. Die Zahlung der Steuer und der Steueraufwand liegen hier in der gleichen Periode.

Beispiel

Der Unternehmer leistet quartalsmäßig Vorauszahlungen i. H. v. jeweils 1.500 GE auf seine voraussichtliche Gewerbesteuerschuld.
Buchung je Quartal:

7610	Gewerbesteuer	1.500	an	1800	Bank	1.500

Ein Fall der Abgrenzung liegt dann vor, wenn die Steuer erst im Jahr nach ihrer Entstehung gezahlt wird. Diese spätere Zahlung ist – wenn nicht durch ein Versäumnis des Steuerzahlers begründet – darauf zurückzuführen, dass sich die Höhe der Steuer nach dem Jahresgewinn bemisst. Da der Gewinn erst nach Ablauf des Wirtschaftsjahrs exakt ermittelt wird, kann auch die darauf entfallende Steuer erst im Folgejahr festgesetzt und bezahlt werden. Zur **periodengerechten Steuerabgrenzung** ist in diesem Fall folglich eine Rückstellung in Höhe der geschätzten Steuer zu bilden. Rückstellungen sind in der Bilanz zu bildende Passivposten. Sie betreffen künftige Zahlungen, die wirtschaftlich zum abgelaufenen Jahr gehören, und dem Grunde und/oder der Höhe nach ungewiss sind (vgl. 16. Kapitel). Wird die Steuer dann im folgenden Jahr beglichen, wird die Rückstellung erfolgsneutral aufgelöst.

Beispiel

Im Laufe des Geschäftsjahres 01 wurden 6.000 GE als Gewerbesteuervorauszahlung gebucht. Aufgrund des vorläufigen Jahresergebnisses wird eine Gewerbesteuerschuld von 8.000 GE errechnet. Unter Anrechnung der bereits geleisteten Vorauszahlungen verbleibt eine noch nicht beglichene Steuerschuld von voraussichtlich 2.000 GE, für die eine Rückstellung gebildet wird.

7610	Gewerbesteuer	2.000	an	3030	Gewerbesteuerrückstellungen	2.000

a) Im August 02 erhält der Unternehmer nun den Gewerbesteuerbescheid für 01 über 8.000 GE. Die verbleibende Gewerbesteuerschuld beträgt, wie erwartet, 2.000 GE, da er bereits Vorauszahlungen i. H. v. 6.000 GE geleistet hat. Er überweist die 2.000 GE innerhalb der Zahlungsfrist an das Finanzamt. Die Rückstellung wird nun erfolgsneutral ausgebucht.

3030	Gewerbesteuerrückstellungen	2.000	an	1800	Bank	2.000

b) Durch den Gewerbesteuerbescheid vom August 02 wird eine Gewerbesteuer i. H. v. 8.500 GE festgesetzt. Unter Berücksichtigung der geleisteten Vorauszahlungen verbleibt eine Schuld von 2.500 GE, die vom Unternehmer an das Finanzamt überwiesen wird. Zusätzlich zur Ausbuchung der Rückstellung ist noch ein (periodenfremder) Aufwand in Höhe der nicht durch die Rückstellung gedeckten Steuerschuld zu buchen.

3030	Gewerbesteuerrückstellungen	2.000	an	1800	Bank	2.500
7640	Steuernachzahlungen für Vorjahre vom Einkommen und Ertrag	500				

Von Bedeutung ist auch die Unterscheidung zwischen Verbindlichkeiten und Rückstellungen. **Verbindlichkeiten** stehen dem Grunde und der Höhe nach fest, während **Rückstellungen** diesbezüglich noch ungewiss sind (vgl. 16. Kapitel). Im Bereich der Steuern ist folglich dann eine Verbindlichkeit zu bilanzieren, wenn zum Jahresende ein Steuerbescheid mit der genauen Höhe der Steuerschuld vorliegt, die Zahlung aber erst im darauf folgenden Jahr stattfindet.

Beispiel

Unternehmer U erhält im Dezember 01 einen Vorauszahlungsbescheid für die Gewerbesteuer des Jahres 01 i. H. v. 4.000 GE. Er begleicht die Schuld erst im Januar 02.
Die Steuerschuld betrifft wirtschaftlich das Jahr 01. Die Steuerschuld steht dem Grunde und der Höhe nach fest. Folglich ist eine Verbindlichkeit zu bilanzieren:

7610	Gewerbesteuer	4.000	an	3500	Sonstige Verbindlichkeiten	4.000

Über die erörterte Rückstellungsbildung voraussichtlicher Steuerbelastungen hinaus kann sich i. S. einer periodengerechten Erfolgsermittlung die Notwendigkeit einer umfassenden Steuerabgrenzung in Form sog. **latenter Steuern** ergeben. Derartige latente Steuerabgrenzungen entstehen im handelsrechtlichen Abschluss immer dann, wenn der Ansatz von Vermögensgegenständen und Schulden in der Handelsbilanz und in der Steuerbilanz voneinander abweicht und diese Abweichung Einfluss auf die künftige Steuerbelastung des Unternehmens hat (vgl. 17. Kapitel).

F. Subventionen

Als sinngemäßes Gegenstück zu den bislang behandelten Steuern können **Subventionen** gesehen werden. Der Staat fordert nicht nur Steuern ein, er gewährt auch Subventionen. Diese können einerseits die Form **direkter Geldleistungen** (= Ausgaben des Staates), andererseits **steuerlicher Vergünstigung** (= staatliche Mindereinnahmen) haben. Subventionen fließen Unternehmen aber auch privaten Haushalten zu (insbesondere in den Sektoren der Landwirtschaft, dem Wohnungsbau, aber auch der Energiewirtschaft). Mit Subventionen können verschiedene Ziele verfolgt werden: So dienen sie im Unternehmenssektor der Beeinflussung von unternehmerischen Investitionsentscheidungen, sollen aber auch die Unternehmen in Zeiten schwacher Konjunktur stärken.

Werden Subventionen als steuerliche Vergünstigung, beispielsweise als **Sonderabschreibung**, gewährt, so ist keine besondere buchtechnische Behandlung nötig. Sie werden analog zu den anderen Abschreibungen behandelt (vgl. 10. Kapitel und 15. Kapitel). Besonderheiten ergeben sich bei jenen Subventionen, die Geldleistungen darstellen. Sie führen beim begünstigten Unternehmen zu Einzahlungen. Im Folgenden werden diese Subventionen, die auch **Zuwendungen** heißen, näher betrachtet.

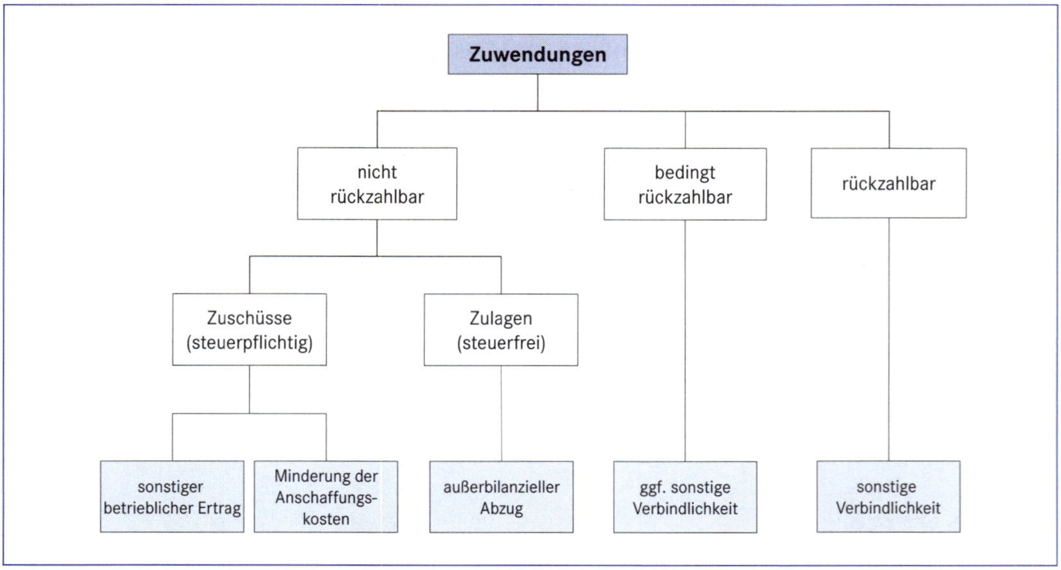

Abb. 12.3: Subventionen und ihre Verbuchung

I. Einteilung der Subventionen

Neben der Abgrenzung nach Art der wirtschaftlichen Belastung für die öffentliche Hand lassen sich Subventionen auch danach einteilen, für welchen Zeitraum diese dem Unternehmen überlassen werden. Dabei ist es einerseits denkbar, dass die Zuwendung dauerhaft im Unternehmen verbleibt und nicht zurückgezahlt werden muss. Daneben ist es möglich, dass die Gewährung der Subvention an bestimmte Bedingungen gekoppelt ist oder dass von Anfang an feststeht, dass der erhaltene Betrag an den Subventionsgeber zurückgezahlt werden muss (vgl. Abb. 12.3).

1. Nicht rückzahlbare Zuwendungen

Die nicht rückzahlbaren Zuwendungen stellen unabhängig davon, ob sie als steuerpflichtig oder steuerfrei behandelt werden, einen Ertrag dar. Bei den **steuerfreien Zulagen**, z. B. nach dem Investitionszulagengesetz, ist dieser Ertrag bei der Ermittlung des steuerlichen Periodenergebnisses wieder außerbilanziell zu kürzen, um den Steuergewinn nicht zu erhöhen und den gewährten Vorteil nicht wieder umzukehren.

Handelt es sich dagegen um einen **steuerpflichtigen Zuschuss**, hat der Unternehmer ein Ansatzwahlrecht, soweit der Zuschuss in Zusammenhang mit einem zugegangenen Vermögensgegenstand steht. Er kann den Ertrag sofort realisieren oder auf die Nutzungsdauer des Vermögensgegenstandes, für den die Zuwendung gewährt wurde, verteilen. Dies ist durch volle Anrechnung des Zuschusses auf die Anschaffungs- bzw. Herstellungskosten möglich. Dadurch mindert sich das Abschreibungsvolumen und verringert damit die Höhe des jährlichen Abschreibungsaufwands. Dieses Wahlrecht gilt sowohl handels- als auch steuerrechtlich.

Beispiel

Unternehmer U kauft im Januar 01 für seinen Betrieb eine neue Maschine (Nutzungsdauer: 10 Jahre) zu Anschaffungskosten i. H. v. 50.000 GE. Der Staat gewährt ihm einen Zuschuss von 20 % auf die Anschaffungskosten.

0440	Maschinen	50.000	an	1800	Bank	50.000

Bei Erhalt des Zuschusses besteht für U nun ein Ansatzwahlrecht, woraus sich zwei Buchungsmöglichkeiten ableiten lassen:

a) Der Zuschuss wird sofort als Ertrag verbucht und erhöht als »sonstiger betrieblicher Ertrag« das Ergebnis der GuV.

1800	Bank	10.000	an	4830	Sonstige betriebliche Erträge	10.000

Buchung der linearen Abschreibung für die Maschine im Jahr 01:

6220	Abschreibung auf Sachanlagen	5.000	an	0440	Maschinen	5.000

b) Alternativ kann der Zuschuss auch von den Anschaffungskosten abgezogen werden.

1800	Bank	10.000	an	0440	Maschinen	10.000

Buchung der verminderten linearen Abschreibung:

6220	Abschreibung auf Sachanlagen	4.000	an	0440	Maschinen	4.000

2. Bedingt rückzahlbare Zuwendungen

Eine **bedingt rückzahlbare Zuwendung** liegt dann vor, wenn die Zuwendung bei Erfüllung gewisser **Bedingungen** wieder zurückzuzahlen ist. Ist die Zuwendung beispielsweise für ein gewinnbringendes Projekt gewährt worden, so ist sie im Falle des Erfolgs dieses Projekts zurückzuzahlen.

Grundsätzlich sind diese Zuwendungen deshalb zunächst buchtechnisch wie Verbindlichkeiten zu behandeln. Tritt der Erfolg dann ein, so ist die Rückzahlung erfolgsneutral mit der Verbindlichkeit aufzurechnen. Wird dagegen kein Erfolg realisiert, so stellt die gewährte Zuwendung einen Ertrag dar. Die Verbindlichkeit ist erfolgswirksam auszubuchen. Ist eine Rückzahlung sehr unwahrscheinlich, so kann alternativ auch lediglich die Angabe des Sachverhalts im Anhang geboten sein.

Beispiel

Der Unternehmer U benötigt für die Produktion eines neuen Geräts eine Spezialmaschine. Er erhält hierfür eine Zuwendung i. H. v. 100.000 GE. Für den Fall, dass der Unternehmer aus dieser neuen Produktion einen Gewinn erzielt, ist die Zuwendung zurückzuzahlen.

Buchung bei Erhalt der Zuwendung:

1800	Bank	100.000	an	3500	Sonstige Verbindlichkeiten	100.000

Buchung bei Beendigung des Projekts:

a) Das Projekt hat Erfolg und die Zuwendung ist zurückzuzahlen:

3500	Sonstige Verbindlichkeiten	100.000	an	1800	Bank	100.000

b) Das Projekt hat keinen Erfolg, der Unternehmer kann die Zuwendung behalten:

3500	Sonstige Verbindlichkeiten	100.000	an	4830	Sonstige betriebliche Erträge	100.000

3. Rückzahlbare Zuwendungen

Buchtechnisch sind **rückzahlbare Zuwendungen** völlig problemlos. Da von Anfang an bestimmt ist, dass die Zuwendung nur als **befristeter »Kredit«** gewährt wurde, ist sie - wie die bedingt rückzahlbare Zuwendung - bei Erhalt als Verbindlichkeit zu verbuchen.

13. Kapitel: Vorbereitung des Jahresabschlusses

Nachdem in den vorangegangenen Kapiteln insbesondere spezifische Geschäftsvorfälle behandelt wurden, widmet sich dieses Kapitel den am Periodenende vorzunehmenden Abschlussvorbereitungen. Im Einzelnen sind dies vor allem **Periodenabgrenzung**, **Bewertungsfragen** und **Privatabgrenzung**. Schließlich wird der in der Praxis häufig durchgeführte Probeabschluss in Form der **Hauptabschlussübersicht** dargestellt.

A. Überblick

Am Jahresende muss aus den Daten der Buchführung der Jahresabschluss erstellt werden. Formal geschieht dies durch Übertragung der Salden der Erfolgskonten in die GuV, deren Saldo zusammen mit dem Saldo des Privatkontos wiederum auf das Eigenkapitalkonto abgeschlossen wird. Die Salden der Bestandskonten werden über das Schlussbilanzkonto in die Schlussbilanz übernommen.

Bevor diese tatsächlichen Abschlussbuchungen erfolgen können, müssen einige Vorbereitungen getroffen werden. Beispielsweise können Differenzen zwischen den Buchbeständen und den Inventurbeständen auftreten. Die Buchhaltung ist dann an die tatsächlichen Werte anzupassen.

Bei der Jahresabschlussvorbereitung werden vor allem folgende Anpassungen notwendig: Zunächst werden die **Feststellung der Inventurbestände** und der Abgleich mit den Buchbeständen (bei Fortschreibungsrechnung) oder die Ermittlung des Verbrauchs (Bestandsrechnung) vorgenommen. Fehlbestände bei der Fortschreibungsrechnung werden über »Sonstigen Aufwand« und Überbestände über »Sonstigen Ertrag« ausgebucht. Bei außergewöhnlicher Größenordnung oder außergewöhnlicher Bedeutung der Beträge sind die entsprechenden Aufwands-/Ertragsposten nach Betrag und Art im Anhang anzugeben, soweit sie nicht von untergeordneter Bedeutung sind (vgl. § 285 Nr. 31 HGB).

Weiterhin erforderlich ist die **Rechnungsabgrenzung**, d. h. die Erfassung solcher streng zeitraumbezogener Aufwendungen und Erträge, die bereits verbucht, aber erst späteren Perioden zuzurechnen sind (transitorische Rechnungsabgrenzung), ebenso wie solcher, die erst später zu Zahlungen führen, aber bereits dieser Periode als Aufwand/Ertrag zuzurechnen sind (antizipative Rechnungsabgrenzung). Den antizipativen Aufwendungen vergleichbar sind (nach dem Vorsichtsprinzip) auch für nicht streng zeitraumbezogene künftige Verpflichtungen sog. »Rückstellungen« zu bilden, die bezüglich ihrer Höhe bzw. Fälligkeit nicht sicher sind.

Um der Forderung nach einer korrekten Darstellung der Vermögens-, Finanz- und Ertragslage des Unternehmens gerecht zu werden, sind am Periodenende eventuelle **Wertveränderungen von Vermögensgegenständen und Schulden** zu ermitteln. Der normale Werteverzehr wird durch planmäßige Abschreibungen berücksichtigt. Außerplanmäßiger Wertverlust ist gemäß dem Niederstwertprinzip zu berücksichtigen. Werterhöhungen können nur bei vorangegangener außerplanmäßiger Abschreibung zu Zuschreibungen bis zu den um planmäßige Abschreibungen verringerten historischen Anschaffungs- oder Herstellungskosten führen (**Höchstwertprinzip**).

Schließlich ist im Rahmen der **Privatabgrenzung** eventuell die Korrektur der Erfolgskonten um Privatanteile, z. B. für die private Nutzung von Geschäftsfahrzeugen, Gebäuden etc., sowie um die steuerlich nicht abzugsfähigen Betriebsausgaben (z. B. Teile der Bewirtungskosten) nach § 4 Abs. 5 EStG, die handelsrechtlich abzugsfähig sind, vorzunehmen.

Die mechanische Abschlussvorbereitung erfordert den Abschluss von Unterkonten auf Hauptkonten bis zur Erstellung von Gewinn- und Verlustrechnung und Bilanz. Bevor die Salden der Erfolgskonten in das GuV-Konto, der Saldo des GuV-Kontos in das Eigenkapitalkonto und die Salden der einzelnen Bestandskonten in das Schlussbilanzkonto übertragen werden, wird in der Praxis meist eine sog. »Hauptabschlussübersicht« (HÜ) erstellt.

B. Bilanzielle Wertkorrekturen

Am Jahresende sind zunächst solche Sachverhalte zu erfassen, welche die gesamte Abrechnungsperiode betreffen und daher keinem spezifischen Geschäftsvorfall zurechenbar sind. Im Einzelnen sind dies die Verbuchung von **(planmäßigen) Abschreibungen** sowie die Berücksichtigung von **außerordentlichen Wertveränderungen**.

I. Planmäßige Abschreibungen

Abschreibungen wurden bereits im Zusammenhang mit der Anlagenwirtschaft (vgl. 10. Kapitel) behandelt, obgleich sie erst am Periodenende buchtechnisch erfasst werden. Zunächst sind für alle planmäßig abzuschreibenden Vermögensgegenstände des Anlagevermögens die jeweiligen Abschreibungsbeträge aus der Anlagenkartei zu ermitteln. Bei Abschreibung nach Maßgabe der Inanspruchnahme ist entsprechend die Leistungsabgabe des Vermögensgegenstandes festzustellen.

Früher wurden in der Praxis Vermögensgegenstände nicht vollständig, d. h. auf den Wert null, abgeschrieben, sondern auf einen minimalen »**Erinnerungswert**« von einem Euro, sodass ein finanzwirtschaftlich zwar voll abgeschriebener, aber technisch intakter (und damit nutzbarer) Vermögensgegenstand von einem ausgeschiedenen bzw. zu verschrottenden Gegenstand auch in der Finanzbuchführung direkt abgrenzbar und ersichtlich war. Heute werden Vermögensgegenstände auf null Euro abgeschrieben, da die entsprechenden Informationen aus der Anlagenkartei ersichtlich sind.

Bei unterjährigen Neuzugängen von Anlagen sind die Abschreibungsbeträge monatsgenau ab Anschaffung anteilig zu ermitteln.

Scheiden Vermögensgegenstände aus dem Betrieb aus, so sind die Abschreibungen ebenfalls zeitanteilig (monatsgenau) vorzunehmen. So wird vermieden, dass ein eventueller Buchverlust/-gewinn das operative Ergebnis verfälscht. Dieser Sachverhalt wurde bereits im Kapitel zur Anlagenwirtschaft (vgl. 10. Kapitel) diskutiert.

II. Steuerliche Sonderabschreibungen

Steuerrechtlich zulässige Sonderabschreibungen sind ein Sonderfall der Abschreibungen zur Förderung bestimmter Unternehmensgruppen. So erlaubt beispielsweise § 7g EStG erhöhte Abschreibungssätze zur Förderung von kleinen und mittleren Betrieben. Durch die Aufgabe der umgekehrten Maßgeblichkeit in § 5 Abs. 1 EStG finden sich diese Abschreibungen nur noch in der Steuerbilanz.

III. Außerplanmäßige Abschreibungen

Außerplanmäßige Sachverhalte, die den Wert von Vermögensgegenständen beeinflussen, wie z. B. ein technischer Totalschaden einer Fertigungsmaschine, werden meist bereits bei Auftreten eines solchen Sachverhaltes erfasst, spätestens jedoch am Periodenende. Hier zwingt das Vorsichtsprinzip ohnehin zur Berücksichtigung eventueller Wertkorrekturen. Die außerplanmäßigen Abschreibungen werden im 15. Kapitel detaillierter behandelt.

1. Wertkorrekturen in der Handelsbilanz

Das aus dem **Vorsichtsprinzip** abgeleitete **Imparitätsprinzip** führt zur systematisch vorsichtigen Bewertung von Vermögensgegenständen, also der Anwendung des **Niederstwertprinzips** (zu den Begriffen vgl. auch 2. Kapitel). Dieses wird für Anlage- und Umlaufvermögen unterschiedlich streng angewandt.

Umlaufvermögen wird (relativ) schneller liquidiert als Anlagevermögen, sodass eventuelle Wertminderungen auch bald und relativ sicher zu einem schlechteren Ergebnis führen. Daher gilt für das Umlaufvermögen das sog. **strenge Niederstwertprinzip**, d. h., auch vorübergehende Wertminderungen sind zu berücksichtigen.

Anlagevermögen verbleibt dagegen i. d. R. länger im Unternehmen, sodass vorübergehende Wertschwankungen eher unerheblich sind. Folglich gilt für die Vermögensgegenstände des Anlagevermögens das **gemilderte Niederstwertprinzip**: Nur (voraussichtlich) dauerhafte Wertminderungen sind zu berücksichtigen. Eine Ausnahme bildet hier das Finanzanlagevermögen, da dieses auch bei einer voraussichtlich nicht dauerhaften Wertminderung auf den niedrigeren Wert abgeschrieben werden darf.

Zur Feststellung solcher Wertminderungen sind bestimmte Korrekturwerte zu ermitteln und mit den Buchwerten zu vergleichen. Man spricht vom **»beizulegenden Wert«**. Tab. 13.1 fasst die Ansätze zur Ermittlung des beizulegenden Wertes grob zusammen.

Positionen	Beizulegender Wert
Anlagevermögen	
• nicht abnutzbar	AK/HK eines vergleichbaren Gegenstandes zum Bilanzstichtag
• abnutzbar	Wiederbeschaffungszeitwert
Umlaufvermögen	
• mit Börsen-/Marktwert	Börsen-/Marktwert + Anschaffungsnebenkosten
• ohne Börsen-/Marktwert	
• Fertigwaren	Verkaufspreis – Vertriebskosten
• Sonstiges UV	Wiederbeschaffungszeitwert

Tab. 13.1: Beizulegende Werte gemäß dem Niederstwertprinzip

Liegt der beizulegende Wert unter dem momentanen Buchwert, so sind entsprechende außerplanmäßige Abschreibungen zu prüfen und ggf. vorzunehmen.

2. Wertkorrekturen in der Steuerbilanz

Der **Teilwert** dient in der Steuerbilanz nicht nur der Bewertung von Entnahmen und Einlagen, sondern auch zur Korrektur unzutreffend hoher Buchwerte. Der Buchwert von Wirtschaftsgütern kann (Wahlrecht) auf den niedrigeren Teilwert reduziert werden (**Teilwertabschreibung**). Allerdings sind Teilwertabschreibungen steuerrechtlich nur noch dann zulässig, wenn von einer voraussichtlich dauerhaften Wertminderung ausgegangen werden muss. Hinsichtlich der Dauerhaftigkeit einer solchen Wertminderung wurden von der Rechtsprechung je nach Wirtschaftsgut unterschiedliche Kriterien entwickelt.

Die aktuelle steuerrechtliche Regelung steht im Widerspruch zum strengen Niederstwertprinzip des Handelsrechts, sodass es im Einzelfall zu zwingenden Unterschieden zwischen Handels- und Steuerbilanz kommen kann.

3. Wertaufholung

Stellt sich bei einer außerplanmäßigen Abschreibung in späteren Jahren heraus, dass die Gründe dafür nicht mehr bestehen bzw. sich Gründe für eine Werterhöhung ergeben haben, so ergibt sich die Frage, ob der niedrigere (Teil-)Wert beibehalten werden darf.

Handelsrechtlich besteht ein **Wertaufholungsgebot**. Der Geschäfts- oder Firmenwert ist jedoch davon ausgenommen, hier besteht ein Wertaufholungsverbot. In der Steuerbilanz besteht ein **Wertaufholungsgebot**, wenn der Steuerpflichtige nicht nachweisen kann, dass eine voraussichtlich dauerhafte Wertminderung besteht. Nach herrschender Meinung ist das Wertaufholungsverbot für den Geschäfts- oder Firmenwert über die Maßgeblichkeit auch auf die Steuerbilanz zu übertragen (vgl. Beck'scher Bilanzkommentar [2018], § 253 Tz. 676).

Zuschreibungen auf einen höheren beizulegenden Wert sind nur bis zur Höhe der (fortgeführten) Anschaffungs- bzw. Herstellungskosten zulässig.

C. Zeitliche Abgrenzung

Aus dem Ziel der periodengerechten Erfolgsermittlung ergibt sich die Notwendigkeit, Vermögensänderungen gemäß ihrer sachlichen und zeitlichen Zugehörigkeit ggf. auf verschiedene Perioden zu verteilen, vergleichbar dem Vorgehen bei (planmäßigen) Abschreibungen.

Für **streng zeitraumbezogene** Sachverhalte werden die Aufwendungen und Erträge mit Hilfe der **antizipativen** bzw. **transitorischen** Rechnungsabgrenzung dem Jahr ihrer Verursachung zugeordnet. Diese Abgrenzungen werden als Rechnungsabgrenzung bezeichnet, ohne dass davon ein **Konto »Rechnungsabgrenzung«** betroffen sein muss (vgl. Abb. 13.1).

Das Merkmal des **bestimmten Zeitraums** (d. h. des strengen Bezugs auf einen bestimmten Zeitraum) erfüllen nur Sachverhalte, bei denen Einzahlungen und Auszahlungen im Voraus einem bestimmten Zeitabschnitt zuzuordnen sind. Zeitbestimmt heißt: »für eine bestimmte Zeit nach dem Abschlussstichtag«, d. h. entweder kalendermäßig eindeutig festgelegt oder (ohne Schätzungen) rechnerisch bestimmbar. Zielsetzung hierbei ist die Verhinderung einer Umgehung von Aktivierungsverboten. Typische Beispiele für streng zeitraumbezogene Sachverhalte sind Zinsen, Miete, Pacht, Leasing, Versicherungsprämien, Beiträge, Wartungsverträge und Kfz-Steuern.

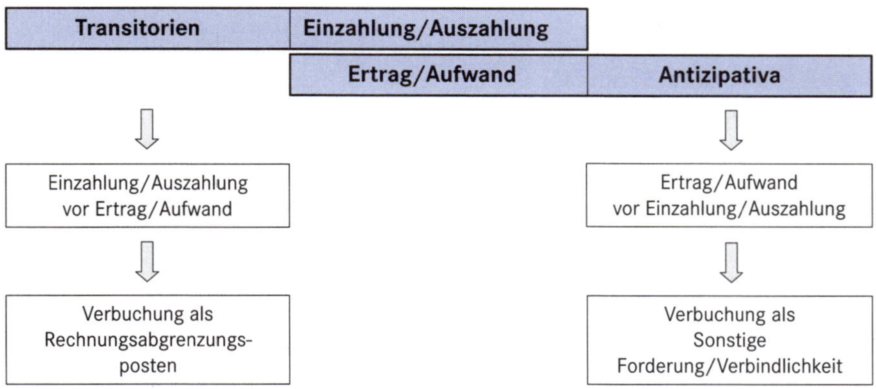

Abb. 13.1: Antizipative und transitorische Abgrenzung

I. Antizipative Abgrenzung

Erfolgt eine zeitraumbezogene Leistung im aktuellen Geschäftsjahr, ihre Bezahlung jedoch erst im nächsten Geschäftsjahr, so ist der auf das aktuelle Geschäftsjahr entfallende Anteil dieser Leistung im Rahmen der vorbereitenden Abschlussbuchungen am Ende des aktuellen Geschäftsjahres zu erfassen, falls dies bisher noch nicht geschehen ist.

Gehören Erträge bzw. Aufwendungen in die aktuelle Periode, die entsprechenden Einzahlungen bzw. Auszahlungen jedoch erst in eine spätere, so spricht man von **antizipativer Abgrenzung**. Es handelt sich hierbei nicht um eine Rechnungsabgrenzung i. e. S., weil diese Sachverhalte eher der Konzeption einer Verbindlichkeit (bzw. Forderung) entsprechen. Durch die strenge Zeitbezogenheit kann auch ein Ertrag als realisiert angesehen werden, sodass weder das Imparitätsprinzip noch das Realisationsprinzip gebrochen werden.

Diese Sachverhalte werden als **»Sonstige Forderungen«** bzw. **»Sonstige Verbindlichkeiten«** erfasst.

Beispiel

Das Unternehmen P pachtet ab dem 01.08.01 ein Grundstück für monatlich 2.000 GE. Die Pachtzahlungen erfolgen halbjährlich im Nachhinein. Im Rahmen der vorbereitenden Abschlussbuchungen des Jahres 01 ist dieser Sachverhalt in Form einer antizipativen Abgrenzung zu berücksichtigen, weil (auch ohne Vorliegen einer entsprechenden Rechnung und damit eines einzelnen Beleges, da in diesen Fällen der Vertrag als Beleg gilt) eine Zahlungsverpflichtung für P besteht. Anteilsmäßig beläuft sich diese Verpflichtung bis zum Ende des Geschäftsjahres 01 auf: 5 Monate × 2.000 GE = 10.000 GE.

Dementsprechend ist bei P zu buchen:

6305	Raumkosten	10.000	an	3500	Sonstige Verbindlichkeiten	10.000

Für den Verpächter V führt dieser Sachverhalt ebenfalls zu einer antizipativen Abgrenzung, da er eine faktische Forderung für den anteiligen Pachtzins gegen P besitzt:

1300	Sonstige Forderungen	10.000	an	4860	Pachtertrag	10.000

Die mit dieser Abgrenzung verbundene Korrektur des Jahresergebnisses 01 ist für V und P notwendig, um den periodengerechten Erfolg dieser Periode, der zeitlich den Anteil am Pachtzins berücksichtigen muss, zu ermitteln.

Aktiva	**Bilanz des P ohne antizipative Abgrenzung**		**Passiva**
Anlagevermögen	60.000	Eigenkapital	80.000
Umlaufvermögen	40.000	Gewinn	20.000
Summe	100.000	Summe	100.000

Aktiva	**Bilanz des P mit antizipativer Abgrenzung**		**Passiva**
Anlagevermögen	60.000	Eigenkapital	80.000
Umlaufvermögen	40.000	Gewinn	10.000
		Sonstige Verbindlichkeiten	10.000
Summe	100.000	Summe	100.000

Mit der Zahlung im nächsten Jahr erfolgt dann die Auflösung dieser Verbindlichkeit bei P (bzw. Forderung bei V), wie bei anderen Verbindlichkeiten auch. Ferner ist der weitere Aufwand bei P (bzw. Ertrag bei V) zu buchen, der für den Zeitraum zwischen Bilanzstichtag und Ende des zeitbestimmten Abschnittes anfällt und ebenfalls zu bezahlen ist.

Daher bucht P bei Bezahlung der Pacht im Jahr 02:

3500	Sonstige Verbindlichkeiten	10.000	an	1800	Bank	12.000
6305	Raumkosten	2.000				

Entsprechend hat V zu buchen:

1800	Bank	12.000	an	1300	Sonstige Forderungen	10.000
				4860	Pachtertrag	2.000

Damit verteilt sich auch bei V der Ertrag genau zeitanteilig auf die beiden betrachteten Perioden 01 und 02.

II. Transitorische Rechnungsabgrenzung

Erfolgt eine Zahlung im aktuellen Geschäftsjahr und stellt diese Ertrag bzw. Aufwand für einen streng zeitbestimmten Abschnitt nach dem Bilanzstichtag dar, so ist eine entsprechende **transitorische Rechnungsabgrenzung** vorzunehmen.

Es handelt sich hierbei um Rechnungsabgrenzungen i. e. S., sodass auf die entsprechenden Konten für **»Aktive/Passive Rechnungsabgrenzung«** gebucht wird.

Durch die **strenge Zeitbestimmtheit** unterscheidet sich die transitorische Rechnungsabgrenzung von Anzahlungen, die unter den Forderungen bzw. Verbindlichkeiten zu verbuchen sind.

Beispiel

In Anlehnung an obiges Beispiel mietet das Unternehmen M ab dem 01.08.01 ein Gebäude für monatlich 2.000 GE. Die Mietzahlungen erfolgen allerdings halbjährlich im Voraus.

Die Zahlung wird bei M zunächst meist regulär erfasst:

6305	Raumkosten	12.000	an	1800	Bank	12.000

Beim Vermieter V wird dieser Zahlungseingang ebenfalls verbucht:

1800	Bank	12.000	an	4860	Mieterträge	12.000

Bei M ist im Rahmen der vorbereitenden Abschlussbuchungen zu berücksichtigen, dass am Bilanzstichtag (31.12.01) nur ein Teil der Mietausgabe auch Aufwand der Periode 01 darstellt, der andere Teil stellt Aufwand der Periode 02 dar. Daher ist eine aktive Rechnungsabgrenzung (ARAP) vorzunehmen:

1900	Aktive Rechnungsabgrenzung	2.000	an	6305	Raumkosten	2.000

Damit ergibt sich ein effektiver Mietaufwand von 10.000 GE für die Periode 01 (und von 2.000 GE für die Periode 02).

Aktiva	**Bilanz des M ohne transitori-**	**sche Abgrenzung**	**Passiva**
Anlagevermögen	60.000	Eigenkapital	95.000
Umlaufvermögen	40.000	Gewinn	5.000
Summe	100.000	Summe	100.000

Aktiva	Bilanz des M mit transitorischer	Abgrenzung	Passiva
Anlagevermögen	60.000	Eigenkapital	95.000
Umlaufvermögen	40.000	Gewinn	7.000
Rechnungsabgrenzungsposten	2.000		
Summe	102.000	Summe	102.000

Auch V hat den Umstand zu berücksichtigen, dass nur ein Teil der Einzahlung auch Ertrag der Periode 01 darstellt und daher am Jahresende eine passive Rechnungsabgrenzung (PRAP) vorzunehmen ist:

4860	Mietertrag	2.000	an	3900	Passive Rechnungsabgrenzung	2.000

Somit ergibt sich auch bei V der korrekte (zeitanteilige) Ertrag von 10.000 für die Periode 01.

Im nächsten Geschäftsjahr ist der RAP aufzulösen und dafür der entsprechende Aufwand (bei M) bzw. Ertrag (bei V) zu buchen:

Folglich bucht M:

6305	Raumkosten	2.000	an	1900	Aktive Rechnungsabgrenzung	2.000

Bei V ist zu buchen:

3900	Passive Rechnungsabgrenzung	2.000	an	4860	Mietertrag	2.000

Bei einem **Disagio** bzw. **Damnum** (vgl. 11. Kapitel) muss die strenge Zeitbestimmtheit nicht gegeben sein. Das ist beispielsweise dann der Fall, wenn eine vorzeitige Rückzahlung möglich ist und kein Rückerstattungsanspruch für das zeitanteilige Disagio besteht. Die vorzeitige Rückzahlung führt dann zu effektiv höheren Zinsen und einem anderen Zeitraum. Dennoch wird das Disagio grundsätzlich wie ein transitorischer Rechnungsabgrenzungsposten behandelt.

Abb. 13.2 fasst die Behandlung der zeitlichen Abgrenzungssachverhalte zusammen. Als Beispiel dient der Fall, dass Mitte des Jahres eine Zahlung für ein Jahr im Voraus (transitorisch) bzw. im Nachhinein (antizipativ) erfolgt.

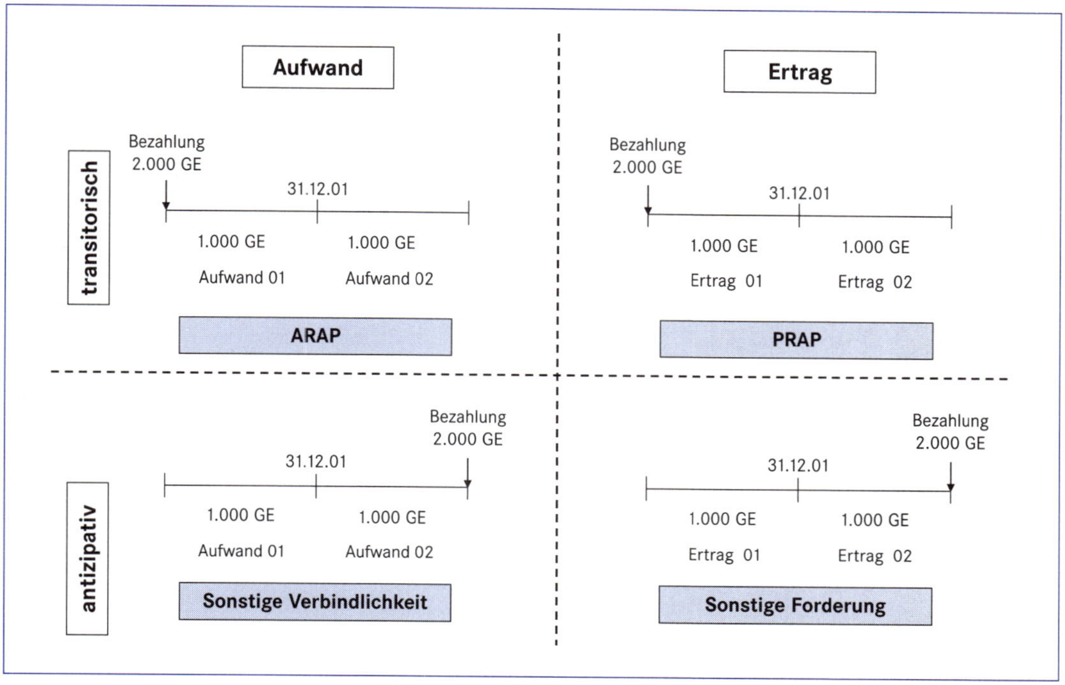

Abb. 13.2: Zusammenfassung der zeitlichen Rechnungsabgrenzung

III. Zeitliche Abgrenzung der Umsatzsteuer

Sofern streng zeitraumbezogene Sachverhalte der Umsatzsteuer unterliegen, beispielsweise bei Wartungsverträgen, sind bei der Abgrenzung die entsprechenden umsatzsteuerlichen Regeln zu berücksichtigen.

Bei der Abgrenzung von Erträgen ist die Umsatzsteuer immer hinzuzurechnen. Im transitorischen Fall ist die gesamte Umsatzsteuer - wie bei jeder Vorauszahlung - noch im alten Jahr fällig. Im antizipativen Fall ist der Leistungsanteil im alten Jahr umsatzsteuerpflichtig, da die Leistung entsprechend anteilig erbracht worden ist.

Bei der Abgrenzung von Aufwendungen ist im transitorischen Fall ein vollständiger Vorsteuerabzug möglich, sofern ein entsprechender Beleg (ggf. auch Vertrag) vorliegt, sonst ist - ebenso wie im antizipativen Fall - die sonstige Verbindlichkeit brutto zu erfassen. Der Vorsteueranteil darf dann aber nicht auf dem Vorsteuerkonto gebucht werden, sondern muss auf einem speziellen Konto »Vorsteuer im Folgejahr abziehbar« (1434) erfasst werden. Dieses wird dann bei Vorliegen des Belegs bzw. bei Bezahlung auf das Vorsteuerkonto (1400) abgeschlossen.

Beispiel

1. Für eine Fräsmaschine wird mündlich ein Wartungsvertrag ab 01.12.01 abgeschlossen. Die Laufzeit beträgt ein Jahr, wofür insgesamt 1.800 GE (netto) am Ende des Vertragsjahres fällig werden. Bis Jahresende wurde noch nichts gebucht. Die USt beträgt 19 %.

   Der Vorgang muss im Rahmen der Abschlussvorbereitung 01 wie folgt erfassen werden:

6490	Sonst. Rep. und Instandhaltung	150	an	3500	Sonstige Verbindlichkeiten	178,50
1434	Vorsteuer Folgejahr abziehbar	28,50				

2. Im nächsten Jahr ist der Betrag von 2.142 GE (1.800 GE zuzüglich USt 342 GE) zu zahlen und es wird ein ordnungsgemäßer Beleg ausgestellt:

6490	Sonst. Rep und Instandhaltung	1.650	an	1800	Bank	2.142
3500	Sonstige Verbindlichkeiten	178,50		1434	Vorsteuer Folgejahr abziehbar	28,50
1400	Vorsteuer	342				

3. Das Wartungsunternehmen musste bereits im alten Jahr (01) den Ertrag erfassen. Damit musste es auch die anteilige Umsatzsteuer noch im alten Jahr abführen:

1300	Sonstige Forderungen	178,50	an	4000	Umsatzerlöse	150
				3800	USt	28,50

D. Rückstellungen

Aus dem Vorsichts- und Imparitätsprinzip lässt sich ableiten, dass Aufwendungen, die der aktuellen Periode zuzurechnen sind, aber erst Ausgaben in (einer) der nächsten Periode(n) darstellen, bereits heute zu berücksichtigen sind. Für streng zeitraumbezogene Aufwendungen ergibt sich daher die Notwendigkeit, antizipative Abgrenzungen (in Form von sonstigen Verbindlichkeiten) vorzunehmen.

Aber auch Aufwendungen, die bezüglich ihrer Höhe und/oder Fälligkeit noch unklar sind, müssen in Form von Rückstellungen berücksichtigt werden.

Rückstellungen werden wie folgt definiert (Coenenberg/Haller/Schultze [2018], Kapitel 7): »Rückstellungen sind Passivposten, die solche Wertminderungen der Berichtsperiode als Aufwand zurechnen, die durch zukünftige Handlungen (Zahlungen, Dienstleistungen, Eigentumsübertragungen) bedingt werden und deshalb bezüglich ihres Eintretens oder ihrer Höhe nicht völlig, aber dennoch ausreichend sicher sind. Sie dienen dabei nicht zur Korrektur des Bilanzansatzes bestimmter Vermögensgegenstände.«

Eine Übersicht über die Klassifizierung der Rückstellungen i. S. v. § 249 HGB gibt Abb. 13.3:

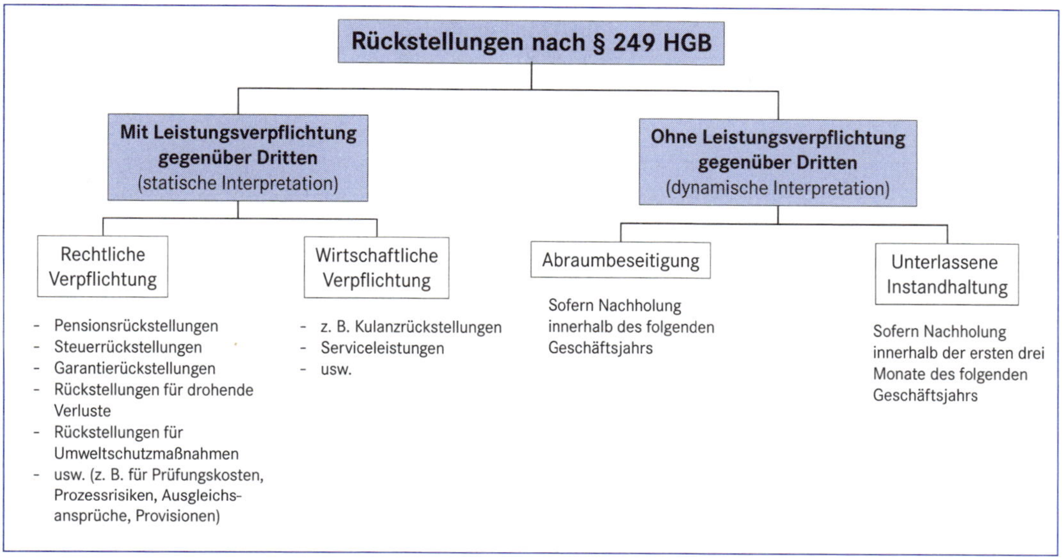

Abb. 13.3: Klassifizierung der Rückstellungen

Die Bewertung der Rückstellung gestaltet sich in der Praxis teilweise schwierig, da i. d. R. von Schätzungen auszugehen ist. Einzelheiten zum Prinzip von Rückstellungen werden im Rahmen der Passiva detailliert behandelt (vgl. 16. Kapitel), hier geht es im Wesentlichen um deren buchungstechnische Erfassung.

Die Verbuchung der Rückstellungen erfolgt über die Bildung eines entsprechenden Passivpostens. Die Bildung einer Rückstellung am Periodenende ist zunächst erfolgswirksam, sodass der entsprechende (geschätzte) Aufwand antizipiert wird. Mit Abschluss des Sachverhaltes wird die Rückstellung aufgelöst, was zu einem Ertrag führt, der die gebuchten (tatsächlichen) Aufwendungen ausgleicht. Es verbleibt damit netto nur ein eventueller Schätzfehler als Ertrag/Aufwand in der späteren Periode.

Das Ergebnis über alle Perioden ist unabhängig von der Rückstellungsbildung identisch, lediglich die Verteilung des Ergebnisses auf die einzelnen Perioden variiert. Die Rückstellungsbildung dient damit der verursachungs- und periodengerechten Gegenüberstellung von Erträgen und Aufwendungen.

Beispiel

Es wird eine Rückstellung für zu erwartende Garantieleistungen i. H. v. 3.000 GE für das nächste Geschäftsjahr gebildet:

6300	Sonstige betr. Aufwendungen	3.000	an	3070	Sonstige Rückstellungen	3.000

Aktiva **Bilanz vor Bildung der Rückstellungen** **Passiva**

Anlagevermögen	75.000	Eigenkapital	60.000
Umlaufvermögen	25.000	Gewinn	10.000
		Fremdkapital	30.000
Summe	100.000	Summe	100.000

Aktiva **Bilanz nach Bildung der Rückstellungen** **Passiva**

Anlagevermögen	75.000	Eigenkapital	60.000
Umlaufvermögen	25.000	Gewinn	7.000
		Rückstellungen	3.000
		Fremdkapital	30.000
Summe	100.000	Summe	100.000

Würden in diesem Fall keine Rückstellungen gebildet werden, so wäre der Gewinn (um den Rückstellungsbetrag von 3.000 GE) zu hoch ausgewiesen, da der Sachverhalt der Garantieleistungen unberücksichtigt bliebe.

Im nächsten Geschäftsjahr entstehen diverse Aufwandsbuchungen aufgrund von Garantieleistungen (z. B. Reparaturkosten durch ein Partnerunternehmen):

6780	Fremdarbeiten	2.900	an	1800	Bank	2.900

Wird die Garantierückstellung im nächsten Jahr aufgelöst, so bucht man:

3070	Sonstige Rückstellungen	3.000	an	4930	Erträge aus der Auflösung von Rückstellungen	3.000

Damit wird das Ergebnis dieses Jahres nicht durch die Aufwendungen für die Garantieleistungen belastet, da den Aufwendungen (von 2.900 GE) ein Ertrag (von 3.000 GE) entgegengestellt wird. Durch die Fehleinschätzung entsteht eine Ertragsverbesserung i. H. v. 100 GE (um die das Ergebnis des Vorjahres zu niedrig ausgewiesen wurde).

E. Privatabgrenzung

Im Rahmen der **Privatabgrenzung** werden am Jahresende die Privatentnahmen und Privateinlagen des Unternehmers erfasst. Dabei werden neben den Geld- und Sachentnahmen auch die Nutzungsentnahmen berücksichtigt. Privatentnahmen spielen nur bei Personengesellschaften eine Rolle und werden im Folgenden dargestellt. Bei Kapitalgesellschaften sind Privatentnahmen nicht möglich, da die Gesellschaft über eine eigene Rechtspersönlichkeit verfügt und die Geschäfte zwischen Gesellschafter und Gesellschaft einzeln geregelt werden müssen. Sollte ein Gesellschafter Geld oder Gegenstände aus der Gesellschaft entnehmen, könnte es sich hierbei um eine verdeckte Gewinnausschüttung handeln.

I. Definition der Entnahme und Einlage

Entnahmen sind gemäß § 4 Abs. 1 Satz 2 EStG alle Wirtschaftsgüter (Barentnahmen/Geld, Waren, Erzeugnisse, Nutzungen und Leistungen), die der Steuerpflichtige für sich, für seinen Haushalt oder für andere betriebsfremde Zwecke dem Betrieb entnommen hat. Typische Beispiele sind:

- Der Unternehmer bezahlt eine Privatrechnung durch Überweisung vom Firmenkonto (Geldentnahme).
- Ein Elektrohändler schenkt seinem Bruder einen Fernseher aus seinem Warenlager (Gegenstandsentnahme).
- Die Unternehmerin fährt mit dem Firmen-Pkw privat zu einer Bekannten (Nutzungsentnahme).
- Ein Malermeister schickt seine Gesellen zum Streichen seines (privaten) Gartenhauses (Leistungsentnahme).

Die persönliche Arbeitsleistung des Unternehmers gilt nicht als Entnahme, da sie kein Wirtschaftsgut darstellt (z. B. ein Steuerberater erledigt seine eigene Steuererklärung).

Einlagen sind entsprechend alle Wertzuführungen, die der Betrieb aus außerbetrieblichen Gründen erhält. Darunter fallen wiederum alle Geld- und Sachleistungen sowie Nutzungen.

Beispielsweise kann die Überweisung einer privaten Steuerrückzahlung auf das Firmenkonto erfolgen (Geldeinlage) oder ein Antiquitätenhändler stellt ein Erbstück in seinem Laden zum Verkauf (Sacheinlage).

Entnahmen erhöhen buchtechnisch den aus Reinvermögensvergleich ermittelten (zu versteuernden) Gewinn des Unternehmens, da sie quasi eine vorweggenommene Gewinnausschüttung an den Eigentümer/Unternehmer darstellen. Die Korrektur ist notwendig, da der aus Vermögensvergleich ermittelte Gewinn sonst (um die Entnahme) zu niedrig ausgewiesen würde. Entsprechend vermindern Einlagenkorrekturen den Gewinn.

Der Periodenerfolg kann in zweifacher Weise ermittelt werden:

$$\text{Gewinn} = \text{Erträge} - \text{Aufwendungen}$$

$$\text{Gewinn} = EK_t - EK_{t-1} + \text{Entnahmen} - \text{Einlagen}$$

Entsprechend korrigiert die Buchung von Privatsachverhalten immer die Entnahmen/Einlagen sowie entweder die Nettovermögensänderung direkt (z. B. bei Geldentnahmen) oder die entsprechende Aufwands-/Ertragsposition. Die einzelnen Sachverhalte werden im Folgenden detailliert dargestellt.

II. Umsatzsteuerliche Behandlung von Privatsachverhalten

Grundsätzlich werden bei umsatzsteuerpflichtigen Unternehmen alle empfangenen Lieferungen und Leistungen unter Abzug von Vorsteuer erworben. Damit Vermögensgegenstände und Leistungen nicht außerbetrieblich genutzt und gleichzeitig der volle Vorsteuerabzug geltend gemacht werden kann, unterliegen alle Wertabgaben für außerbetriebliche Zwecke der Umsatzsteuer. Ausnahmen stellen die Geldentnahme dar sowie ferner andere Gegenstände, Nutzungen und Leistungen, die ohne Abzug von Vorsteuer eingebucht wurden. Abb. 13.4 zeigt die Arten von Entnahmen.

Bis zur Einführung des Steuerentlastungsgesetzes 1999/2000/2002 wurden umsatzsteuerpflichtige Entnahmen als **Eigenverbrauch** bezeichnet. Dieser Begriff wird im UStG nun nicht mehr verwendet. Die Praxis und auch die Finanzbehörden verwenden diesen Begriff aber weiterhin.

Eine weitere wichtige Änderung betrifft die nicht abzugsfähigen Betriebsausgaben nach § 4 Abs. 5 Satz 1 Nr. 1 bis 4, 7, Abs. 7 und § 12 Nr. 1 EStG. Diese stellten bislang ebenfalls Eigenverbrauch dar und unterlagen damit der Umsatzsteuer. Nach neuer Regelung darf für diese nun kein Vorsteuerabzug mehr geltend gemacht werden.

Entnahmen (§ 4 Abs. 1 Satz 2 EStG)			
Geld-entnahme	**Gegenstands-**entnahme	**Nutzungs-**entnahme	**Leistungs-**entnahme
	Entnahme/ unentgeltliche Lieferung von Gegenständen (§ 3 Abs. 1b Nr. 1 - 3 UStG)	außerbetriebliche Nutzung von Gegenständen (§ 3 Abs. 9a Nr. 1 UStG)	unentgeltliche außerbetriebliche sonstige Leistungen (§ 3 Abs. 9a Nr. 2 UStG)
	der Lieferung gegen Entgelt gleichgestellt und damit umsatzsteuerpflichtig gemäß § 1 Abs. 1 Nr. 1 UStG Voraussetzung: Vorsteuerabzugsberechtigung		

Abb. 13.4: Arten von Entnahmen (in Anlehnung an: Bornhofen [2014], S. 211)

III. Bewertung der Entnahmen und Einlagen

Entnahmen und Einlagen sind grundsätzlich mit dem Teilwert anzusetzen. **Teilwert** ist »der Betrag, den ein Erwerber des ganzen Betriebes im Rahmen des Gesamtkaufpreises für das einzelne Wirtschaftsgut ansetzen würde; dabei ist davon auszugehen, dass der Erwerber den Betrieb fortführt.« (§ 6 Abs. 1 Nr. 1 Satz 3 EStG). Die schwierige Ermittelbarkeit des Teilwertes führt regelmäßig zur sog. **Teilwertvermutung**, d. h., es werden bestimmte Wertansätze (z. B. (fortgeführte) Anschaffungskosten, Wiederbeschaffungskosten, Verkaufspreis) unterstellt.

Bei umsatzsteuerpflichtigen **Entnahmen** erhöht die fällige Umsatzsteuer den Entnahmewert entsprechend, d. h., der Unternehmer muss sowohl den Wert des Gegenstands oder der Leistung als auch die fällige Umsatzsteuer tragen.

Einlagen werden ebenfalls grundsätzlich mit dem Teilwert angesetzt. Um Überbewertungen einzuschränken, ist der Wertansatz bei Einlagen, die innerhalb der letzten 3 Jahre vor dem Zeitpunkt der Zuführung angeschafft oder hergestellt wurden, auf maximal die fortgeschriebenen Anschaffungskosten bzw. Herstellungskosten begrenzt.

Bei Einlagen ist die Vorsteuer grundsätzlich nicht abzugsfähig, da das Wirtschaftsgut ursprünglich für private Zwecke angeschafft wurde. Die Umsatzsteuer erhöht damit die Anschaffungskosten.

Beispiel

Ein Autohändler kauft privat am 01.01.01 einen Pkw für 30.000 GE zuzüglich 5.700 GE USt. Am 01.01.03 überführt er den Pkw in das Umlaufvermögen seines Betriebs, da er beabsichtigt, den Wagen über seinen Betrieb zu verkaufen. Der Teilwert des Pkw beträgt 20.000 GE, die fortgeschriebenen Anschaffungskosten betragen 17.400 GE.

Da die Einlage innerhalb der 3 Jahre nach Anschaffung erfolgt, ist sie nicht mit dem Teilwert, sondern höchstens mit den fortgeführten Anschaffungskosten (17.400 GE) zu bewerten. Die Vorsteuer kann nicht zum Abzug gebracht werden.

5200	Wareneingang (WEK)	17.400	an	2180	Privateinlagen	17.400

Zukünftige Wertsteigerungen und Wertverzehr (Abschreibung) der Einlage sind nun betrieblich veranlasst und entsprechend zu berücksichtigen.

IV. Verbuchung von Entnahmen

Ausgangspunkt bei der **Verbuchung von Entnahmen** ist die Feststellung, dass hierbei ein Gegenstand, eine Leistung oder eine Nutzung das Unternehmen verlässt. Dieser Abgang ist jedoch nicht durch den Betrieb veranlasst, sondern durch die Privatsphäre des Unternehmers. Ihm steht keine Gegenleistung gegenüber. Deshalb muss der Unternehmer die entstandenen Kosten tragen. Der Wert der entnommenen Leistungen bzw. Gegenstände wird deshalb seinem Eigenkapitalanteil am Unternehmen belastet.

Gleichzeitig müssen Korrekturen der bisherigen Buchungen vorgenommen werden, die innerhalb der Buchhaltung erkenntlich machen, dass Vermögensgegenstände abgegangen bzw. bisher vom Unternehmen getragene Kosten nun vom Unternehmer privat getragen werden müssen. Bei der Verbuchung können deshalb grob zwei Bereiche unterschieden werden (vgl. Abb. 13.5).

Werden Vermögensgegenstände entnommen, so muss deren Abgang auf den Bestandskonten berücksichtigt werden. Die Vorgehensweise entspricht prinzipiell der beim Verkauf von Aktiva und wurde bereits im 10. Kapitel dargestellt.

Werden dagegen Vermögensgegenstände oder Leistungen des Unternehmens außerbetrieblich genutzt, so sind die dafür entstandenen Kosten i. d. R. bereits in voller Höhe betrieblich verbucht. Die entstandenen Aufwendungen müssen aber, zumindest teilweise, vom Unternehmer getragen werden. Sie müssen folglich korrigiert werden.

Bei Vorräten hängt die Erfassung des Privatanteils von der Art der buchtechnischen Behandlung der Vorräte ab. Eigentlich handelt es sich um Abgänge von Gegenständen und erfordert daher eine Korrektur von Aktiva. Da Zugänge an Vorräten aber in der Praxis zunächst als Aufwand erfasst werden (und der Wareneinsatz erst am Periodenende ermittelt wird), ist für Privatentnahmen entsprechend eine Aufwandskorrektur erforderlich.

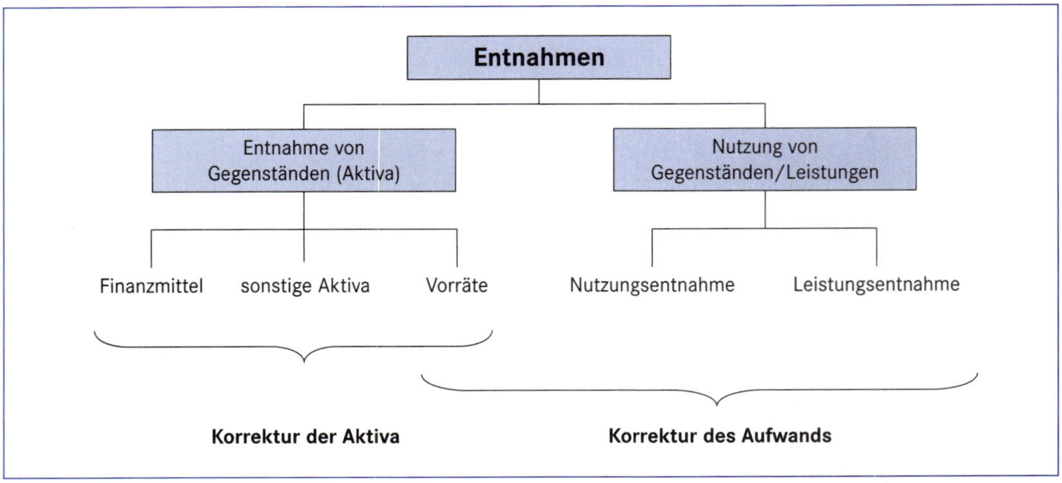

Abb. 13.5: Verbuchung von Entnahmen

1. Geldentnahme

Der einfachste, jedoch sehr häufige Fall einer Entnahme ist die **Geldentnahme**, bei welcher keine Umsatzsteuer anfällt.

Bilanziell betrachtet liegt eine Bilanzverkürzung vor: Ein Vermögensgegenstand verlässt das Unternehmen, das Eigenkapital verringert sich um dessen Wert. Die Verbuchung erfolgt entsprechend im Soll auf einem Unterkonto des Eigenkapitalkontos, dem Privatkonto des Unternehmers, und im Haben auf einem Aktivkonto. Das Privatkonto kann in ein Privatentnahmen- und ein Privateinlagenkonto unterteilt werden und wird am Jahresende auf das Eigenkapitalkonto abgeschlossen. Die Haben-Buchung erfolgt auf dem entsprechenden Aktivkonto, z. B. Bank, Kasse oder auch Wertpapiere, abhängig davon, woraus die Entnahme erfolgt ist.

Beispiel

Der Unternehmer überweist den Beitrag i. H. v. 1.000 GE für seine private Krankenversicherung von seinem betrieblichen Bankkonto.

2100	Privatentnahmen	1.000	an	1800	Bank	1.000

2. Gegenstandsentnahmen

Bei Gegenstandsentnahmen ist zwischen der Entnahme von Vorräten und Anlagevermögen zu unterscheiden, da bei Ersteren der entsprechende Aufwand zu korrigieren ist, während bei Letzteren wie bei einem Anlagenverkauf zu buchen ist.

a) Entnahme von Gegenständen des Anlagevermögens

Die Verbuchung der **Entnahme von Gegenständen des Anlagevermögens** erfolgt allgemein nach dem gleichen Schema wie die Geldentnahme. Zusätzlich zu beachten ist, dass diese als Gegenstandsentnahme der Umsatzsteuerpflicht nach § 1 Abs. 1 Nr. 1 i. V. m. § 3 Abs. 1b UStG unterliegt. Der Entnahmewert erhöht sich damit um den Betrag der Umsatzsteuer. Dies gilt aber nur insoweit, als Vorsteuer bei der Anschaffung des Vermögensgegenstandes angefallen ist. Wurde z. B. ein Pkw von privat erworben und deshalb keine Umsatzsteuer bezahlt und als Vorsteuer abgezogen, so wird auch bei der Entnahme keine Umsatzsteuer fällig.

Werden Gegenstände des Anlagevermögens für außerbetriebliche Zwecke aus dem Unternehmen entnommen, dann erfolgt die Verbuchung der Entnahmen von Gegenständen aus dem Anlagevermögen in analoger Weise zu der Verbuchung von Anlageabgängen. Eine Darstellung erfolgte bereits im 10. Kapitel. Ein Unterschied besteht lediglich in der Soll-Buchung. Da der Gegenstand nicht verkauft wird, also keine Finanzmittel zufließen, geht der Abgang zulasten des Eigenkapitals des Unternehmers. Der Wert des Vermögensgegenstandes zuzüglich der fälligen Umsatzsteuer (Brutto-Betrag) wird dem Privatkonto belastet. Zu beachten ist, dass aufgrund der Vorschriften des § 22 UStG die Haben-Buchung auf dem dafür vorgesehenen eigenen Erlöskonto notwendig wird.

Gemäß § 22 UStG ist der Unternehmer zu Aufzeichnungen verpflichtet, aus denen sich die Bemessungsgrundlage für die Umsatzsteuer ergibt. Durch eine generelle Verbuchung aller Entnahmen (unabhängig davon, ob sie der Umsatzsteuer unterliegen oder nicht) auf dem Konto Privatentnahme könnte der gesetzlichen Forderung nicht nachgekommen werden. Die Bemessungsgrundlage für die Umsatzsteuer würde aus dem Entnahmekonto nicht ersichtlich, da dieses auch Entnahmen enthält, die nicht umsatzsteuerpflichtig sind.

Aus diesem Grund ist die Einführung eines zusätzlichen Ertragskontos nötig, auf dem umsatzsteuerpflichtige Entnahmen verbucht werden können. Aufgrund des früher üblichen umsatzsteuerlichen Begriffs des »Eigenverbrauchs« für umsatzsteuerpflichtige Entnahmen wird dieses Konto als **Eigenverbrauchskonto** (oder **»Verwendungskonto«**) bezeichnet. Es stellt eine Art Umsatzerlöskonto für Geschäfte des Unternehmers mit sich selbst dar. Dieses Konto wird i. d. R. in verschiedene Unterkonten aufgespalten, z. B. nach unterschiedlichen Umsatzsteuersätzen (19 %, 7 % oder steuerfrei), die für die Entnahme gelten, oder nach den verschiedenen Entnahmearten.

Für die Gegenstandsentnahme aus dem Anlagevermögen sind bei Buchgewinn folgende Buchungen durchzuführen:

1. Ausbuchen des Restbuchwertes:

»Per 4855 Anlagenabgang (RBW) an entsprechendes Aktivkonto«

2. Verbuchung der »Erlöse«:

»Per 2100 Privatentnahmen an 4845 Erlöse aus Anlagenabgängen

und an 3800 Umsatzsteuer«

Auch der Fall des Buchverlusts kann eintreten, vgl. hierzu 10. Kapitel.

Beispiel

Im Anlagevermögen des Unternehmers befindet sich ein Pkw, den er in das Privatvermögen überführt. Der Buchwert zum Zeitpunkt der Entnahme beträgt 10.000 GE, der Teilwert 15.000 GE. Es ist von einem USt-Satz von 19 % auszugehen.
Ausbuchung des Restbuchwerts:

4855	Anlagenabgang (RBW)	10.000	an	0520	Fuhrpark	10.000

Verbuchung des Erlöses:

2100	Privatentnahmen	17.850	an	4845	Erlöse aus Anlagenabgang bei Buchgewinn	15.000
				3800	Umsatzsteuer	2.850

b) Entnahme von Vorräten

Die Verbuchung der **Entnahme von Vorräten** (Waren, Erzeugnissen) erfolgt prinzipiell wie die Entnahme anderer Vermögensgegenstände. Die einzelne Entnahme aus dem Vorrat könnte vom betreffenden Bestand direkt abgetragen werden (durch Haben-Buchung auf dem Bestandskonto), z. B., wenn der Verbrauch des Vorratsvermögens durch **Fortschreibungsrechnung** kontinuierlich ermittelt wird.

In der Praxis wird der Zugang im Jahresablauf der Einfachheit halber sofort auf ein Aufwandskonto »Wareneinkauf« verbucht und am Jahresende der Verbrauch durch Inventur ermittelt (**Bestandsrechnung**). Die Veränderung des Bestandes des betreffenden Vorratsgegenstandes plus der Zugänge stellt den Verbrauch der Periode dar. Eventueller Schwund, Diebstahl, aber auch Entnahmen sind darin enthalten, der Wareneinsatz bzw. Materialaufwand etc. ist entsprechend zu hoch ausgewiesen. Deshalb müsste hier der Aufwand entsprechend korrigiert werden (durch Haben-Buchung auf dem betreffenden Aufwandskonto). Liegt der angesetzte Teilwert über dem Buchwert, so entsteht in Höhe der Differenz ein sonstiger Ertrag, der zusätzlich im Haben auf dem Konto »Erträge aus Wertdifferenzen« zu buchen wäre.

Eine solche Verbuchung würde jedoch wiederum nicht den Aufzeichnungsvorschriften des § 22 Abs. 2 Nr. 3 UStG genügen. Eine Haben-Buchung auf einem entsprechenden Erlöskonto ist notwendig.

Der allgemeine Buchungssatz lautet damit:

»Per 2100 Privatentnahmen an 4620 Gegenstandsentnahme

und an 3800 Umsatzsteuer«

Beispiel

Der Buchungssatz für eine Warenentnahme mit einem Teilwert von 500 GE lautet:

2100	Privatentnahme	595	an	4620	Gegenstandsentnahme	500
				3800	Umsatzsteuer	95

Die Korrektur des Aufwandes bzw. Realisation eines Gewinnes/Verlustes aus Wertdifferenzen geschieht »automatisch« innerhalb der GuV, da im Wareneinsatz nur die Anschaffungskosten der Entnahme enthalten sind, auf dem Ertragskonto »Gegenstandsentnahme« dagegen der tatsächliche Teilwert erfasst wurde.

Beispiel

Ein Unternehmer entnimmt Waren zum Teilwert von 5.000 GE zuzüglich 19 % USt. Das Warenbestandskonto weist einen Anfangsbestand von 22.000 GE und einen Schlussbestand von 10.000 GE aus. Zugänge erfolgten keine. Es wurden Umsatzerlöse von 13.000 GE erzielt.

Buchung bei Entnahme:

2100	Privatentnahme	5.950	an	4620	Gegenstandsentnahme	5.000
				3800	Umsatzsteuer	950

Buchung bei Abschluss:

9999	GuV-Konto	12.000	an	1140	Waren	12.000
4620	Gegenstandsentnahme	5.000	an	9999	GuV-Konto	5.000

S — **GuV-Konto** — **H**

Wareneinsatz	12.000	Gegenstandsentnahme	5.000
Gewinn	6.000	Umsatz	13.000
Summe	18.000	Summe	18.000

Aus dem Abschluss der Warenkonten ergibt sich ein Wareneinsatz von 12.000 GE. Darin ist aber die Entnahme von 5.000 GE enthalten. Es wurden tatsächlich also nur Waren im Anschaffungswert von 7.000 GE verkauft und damit Umsätze von 13.000 GE erzielt. Dabei entstand ein Gewinn von 6.000 GE. Das Gegenstandsentnahmekonto korrigiert damit indirekt den Wareneinsatz, indem im GuV-Konto ausgewiesen wird, dass Waren im Anschaffungswert von 12.000 GE einerseits an den Unternehmer für 5.000 GE und andererseits an Dritte für 13.000 GE verkauft wurden. Ginge man weiterhin z. B. davon aus, dass die entnommenen Waren einen Buchwert von lediglich 4.000 GE hatten, dann entstünde aus der Entnahme zum Teilwert ein Gewinn von 1.000 GE, der aber nicht gesondert ausgewiesen wird, sondern in den obigen 6.000 GE enthalten ist.

Für manche Berufsgruppen ist der Wert der entnommenen Waren nur unter verhältnismäßig großem Aufwand zu ermitteln. Dies betrifft hauptsächlich Unternehmer, die sehr häufig Gegenstände mit geringem Wert entnehmen, vor allem Nahrungsmittel, wie z. B. bei einem Bäcker, Metzger oder Obstverkäufer. Die Finanzverwaltung lässt in diesen Fällen zu, den Entnahmewert anhand von amtlich festgelegten **Pauschalbeträgen** zu ermitteln. Hierbei wird für den Unternehmer selbst und für jede Person, die in seinem Haushalt lebt, ein bestimmter Entnahmebetrag angesetzt. Gäbe es diese Vereinfachungsregelung nicht, so hätte beispielsweise der Bäcker über jede von ihm und seiner Familie verzehrte Backware Aufzeichnungen zu führen.

3. Nutzungsentnahme

Der Begriff der Nutzungsentnahme bezeichnet die **private Verwendung** eines dem Unternehmen zugeordneten Gegenstandes. Hierunter fällt beispielsweise sowohl die private Nutzung eines betrieblichen Computers oder einer Maschine als auch die Nutzung eines betrieblichen Pkw für Privatfahrten. Die Nutzungsentnahme unterliegt der Umsatzsteuerpflicht nach § 1 Abs. 1 Nr. 1 i. V. m. § 3 Abs. 9a UStG. Dies gilt auch hier nur insoweit, als bei der Anschaffung bzw. bei den laufenden Kosten (z. B. Reparaturaufwand) Vorsteuer abgezogen werden konnte (beispielsweise nicht für die Kfz-Steuer). Die Bewertung der Entnahme erfolgt anhand der bei der Ausführung der Leistung entstandenen Kosten. Dies erweist sich vor allem in der Praxis als großes Problem. Es gilt zu klären,

- in welchem Umfang eine private Nutzung vorliegt und
- welche Art von Kosten in welcher Höhe für diese Nutzung angefallen sind.

Der allgemeine Buchungssatz lautet damit:

»Per 2100 Privatentnahmen an 4640 Nutzungsentnahme

und an 3800 Umsatzsteuer«

Das Konto »Nutzungsentnahme« (4640) ist ein Ertragskonto. Durch die Verbuchung dieser Nutzungsentnahmen soll der bereits erfasste betriebliche Aufwand für die verwendeten Wirtschaftsgüter korrigiert werden.

Beispiel

Im Betriebsvermögen des Unternehmers U befindet sich ein Computer. U nutzt diesen auch für private Zwecke. Hierfür wurde für das Jahr 02 ein privater Nutzungsanteil von 10 % ermittelt. Die Anschaffungskosten betrugen im Jahr 01 1.000 GE (netto, USt-Satz 19 %). Der Computer wird während der betriebsgewöhnlichen Nutzungsdauer von 4 Jahren linear abgeschrieben. Des Weiteren entstanden in 01 Reparaturaufwendungen für die Computeranlage i. H. v. 200 GE (netto).

Buchungen:

Die für die Computeranlage im Jahr 01 entstandenen Aufwendungen werden zunächst in voller Höhe gebucht:

6220	Abschreibung auf Sachanlagen	250	an	0500	Andere Anlagen, BGA	250

6490	Sonstige Reparaturen und Instandhaltung	200	an	1800	Bank	238
1400	Vorsteuer	38				

Für die private Mitbenutzung ist eine Entnahme zu buchen. Sie beträgt 10 % des in diesem Jahr für die Computeranlage gebuchten Aufwands, also 45 GE (10 % von Abschreibung 250 GE und Reparaturaufwand 200 GE). Da alle Kosten zu einem Vorsteuerabzug berechtigt haben, sind sie in die Bemessungsgrundlage für die USt auf die Entnahme sonstiger Leistungen einzubeziehen.

2100	Privatentnahme	53,55	an	4640	Nutzungsentnahme	45,00
				3800	Umsatzsteuer	8,55

Ein weiterer, sehr häufiger Fall der Nutzungsentnahme ist die **private Mitbenutzung eines Pkw**, der sich im Betriebsvermögen des Unternehmens befindet. Der private Nutzungsanteil lässt sich dabei exakt durch ein **Fahrtenbuch** bestimmen. In solch einem Fahrtenbuch dokumentiert der Unternehmer für jede Fahrt den Zweck derselben und die gefahrenen Kilometer. Dies bedeutet natürlich für den Unternehmer einen enormen Aufwand, da für jeden Betriebs-Pkw ein eigenes Fahrtenbuch geführt werden muss und die Dokumentationspflichten sehr strengen Anforderungen seitens der Finanzverwaltung unterliegen. Eine weitere einfachere Möglichkeit, den Privatanteil zu ermitteln, ist die sog. **1 %-Regelung**. Hierbei handelt es sich um ein von der Finanzverwaltung zugelassenes Schätzverfahren. Nach dieser Methode wird monatlich 1 % des Bruttolistenneupreises (zum Zeitpunkt der Erstzulassung des Kfz) inkl. der Kosten für Sonderausstattungen als Netto-Entnahmewert angesetzt. Voraussetzung für die Anwendung der 1 %-Regelung ist, dass das Fahrzeug zu mindestens 50 % betrieblich genutzt wird (vgl. § 6 Abs. 1 Nr. 4 Satz 2 EStG). Zusätzlich werden für Fahrten zwischen Wohnung und Betriebsstätte 0,03 % (auf den Bruttolistenneupreis) pro Entfernungskilometer und Monat zu diesem Entnahmewert hinzugerechnet.

Die Problematik der privaten Nutzung eines betrieblichen Kfz ist in folgendem Zahlenbeispiel verdeutlicht.

Beispiel

Im Betriebsvermögen des Unternehmers U befindet sich ein Pkw. U hat diesen am 01.01.01 gebraucht für 40.000 GE zuzüglich USt 7.600 GE erworben und geht von einer Restnutzungsdauer von vier Jahren aus. Bis zur Anschaffung befand sich kein Pkw im Betriebsvermögen. Im Jahr 01 sind weitere Kosten angefallen: Kfz-Steuer 400 GE, Kfz-Versicherung 1.000 GE, Benzin 3.000 GE zuzüglich USt 570 GE und Reparaturen 1.600 GE (netto). Der Bruttolistenneupreis des Pkw im Zeitpunkt der Erstzulassung betrug 60.000 GE. Fahrten zwischen Wohnung und Betriebsstätte bleiben unberücksichtigt, da U neben seinem Betrieb wohnt.

a) Der Privatanteil wird mittels Fahrtenbuch bestimmt und beträgt 40 %.

Zunächst sind die Aufwendungen in voller Höhe zu verbuchen.
Kauf des PKW:

0520	Fuhrpark	40.000	an	1800	Bank	47.600
1400	Vorsteuer	7.600				

Abschreibung (lineare Abschreibung über 4 Jahre):

6220	Abschreibung auf Sachanlagen	10.000	an	0520	Fuhrpark	10.000

Laufende Betriebskosten:

7685	Kfz-Steuer	400	an	1800	Bank	400

6500	Fahrzeugkosten	1.000	an	1800	Bank	1.000

6500	Fahrzeugkosten	3.000	an	1800	Bank	3.570
1400	Vorsteuer	570				

6500	Fahrzeugkosten	1.600	an	1800	Bank	1.904
1400	Vorsteuer	304				

Im Jahr 01 sind damit 16.000 GE als Aufwand für den Pkw entstanden. Von diesem ermittelten Aufwandsbetrag sind 40 % (6.400 GE netto) privat veranlasst. Durch die Buchung einer Entnahme ist der Aufwand auf seinen betrieblichen Teil zu reduzieren. Hierbei ist zu beachten, dass nicht alle Aufwendungen zum Vorsteuerabzug berechtigten. Nur für 14.600 GE

(91,25 %) war die Vorsteuer abzugsfähig. Entsprechend sind anteilig nur 5.840 GE der Umsatzsteuer zu unterwerfen. Es ist zu buchen:

2100	Privatentnahme	7.509,60	an	4640	Nutzungsentnahme (mit USt)	5.840,00
				3800	USt	1.109,60
				4639	Nutzungsentnahme (steuerfrei)	560,00

b) Der Privatanteil wird mittels der 1 %-Regelung ermittelt.

Da der Pkw 12 Monate im Betriebsvermögen war, beträgt der jährliche Entnahmewert 7.200 GE netto (12 × 1 % von 60.000 GE). Hinsichtlich der Umsatzsteuerpflicht der Entnahme wurde einzelfallunabhängig geregelt, dass pauschal 80 % des Entnahmewerts der Umsatzsteuer unterliegen.

2100	Privatentnahme	8.294,40	an	4640	Nutzungsentnahme (mit USt)	5.760,00
				3800	USt	1.094,40
				4639	Nutzungsentnahme (steuerfrei)	1.440,00

4. Leistungsentnahme

Der klassische Fall der **Leistungsentnahme** liegt in der Verwendung von **Arbeitskräften** des Unternehmens im privaten Bereich. Dies ist beispielsweise dann gegeben, wenn der Möbelhändler einen Schrank in seiner eigenen Wohnung von seinen Angestellten aufbauen lässt oder der Malermeister seine Gesellen zum Tapezieren der eigenen Wohnung schickt. Die Leistungsentnahme unterliegt der Umsatzsteuerpflicht nach § 1 Abs. 1 Nr. 1 UStG i. V. m. § 3 Abs. 9a UStG.

Bemessungsgrundlage der Entnahme sind auch hier wiederum sämtliche bei Ausführung der Leistung entstandene Kosten, typischerweise Lohn- und Materialkosten. Setzt der Unternehmer jedoch seine eigene Arbeitskraft ein, z. B. wenn ein Steuerberater seine eigene Steuererklärung erstellt, so fallen insoweit lediglich Materialkosten an. Einen eigenen Stundenlohn braucht sich der Unternehmer nicht zu berechnen.

Die Verbuchung der Leistungsentnahme erfolgt in analoger Weise wie die der Nutzungsentnahme. Durch die Entnahmebuchung soll der bereits erfasste Aufwand für die entnommene Leistung korrigiert werden. Der allgemeine Buchungssatz lautet:

»Per 2100 Privatentnahmen an 4640 Nutzungsentnahme

und an 3800 Umsatzsteuer«

Beispiel

Der Malermeister schickt zwei seiner Gesellen in seine eigene Wohnung, um dort zu tapezieren. Das Material (Tapeten und Kleister), das einen Wiederbeschaffungswert von 510 GE hat, entnimmt er seinem Lager. Den Gesellen zahlt er einen Bruttostundenlohn von 30 GE. Die Gesellen sind je 4 Stunden beschäftigt.
Insgesamt sind Kosten i. H. v. 750 GE (30 × 4 × 2 + 510) entstanden, die voll der Umsatzsteuer unterliegen. Es ist folgendermaßen zu buchen:

2100	Privatentnahmen	892,50	an	4640	Nutzungsentnahme	750,00
				3800	Umsatzsteuer	142,50

V. Nicht abzugsfähige Betriebsausgaben

Nicht abzugsfähige Betriebsausgaben stellen steuerlich im Prinzip Entnahmen dar. Es handelt sich hierbei um Ausgaben, die zwar vom Betrieb veranlasst, aber vom Gesetzgeber als **steuerlich nicht abzugsfähig** bestimmt sind. Ausgaben dieser Art sind im Gesetz abschließend aufgezählt und betreffen die Repräsentation des Betriebs und Bereiche im Unternehmen, die sich mit der privaten Lebensführung des Unternehmers überschneiden.

Nach § 4 Abs. 5 EStG sind im Wesentlichen folgende Ausgaben zum Abzug nicht zugelassen:

- Aufwendungen für Geschenke an Personen, die nicht Arbeitnehmer sind, wenn sie die Freigrenze von 35 EUR (Anschaffungskosten) im Kalenderjahr übersteigen,
- 30 % der Bewirtungsaufwendungen, die als angemessen anzusehen sind, sowie die gesamten unangemessenen Bewirtungsaufwendungen,
- Aufwendungen für Gästehäuser, die außerhalb des Ortes liegen, in dem sich der Betrieb befindet,
- Aufwendungen für Jagd, Fischerei, Segel- und Motorjachten,
- Mehraufwendungen für Verpflegung, soweit bestimmte Pauschalbeträge überschritten werden,
- Aufwendungen für die Fahrten zwischen Wohnung und Betriebsstätte und für Familienheimfahrten, soweit Pauschalbeträge überschritten werden,
- Aufwendungen für ein häusliches Arbeitszimmer sowie die Kosten der Ausstattung (dies gilt nicht, wenn das Arbeitszimmer den Mittelpunkt der gesamten betrieblichen und beruflichen Tätigkeit bildet, d. h., in diesem Fall ist eine steuerliche Berücksichtigung möglich oder wenn kein anderer Arbeitsplatz zur Verfügung steht, dann können Kosten bis zu 1.250 EUR berücksichtigt werden),
- andere Aufwendungen, die die Lebensführung des Unternehmers oder anderer Personen betreffen, soweit sie als unangemessen anzusehen sind,
- Geldbußen, Ordnungsgelder und Verwarnungsgelder, die von einem Gericht oder einer Behörde festgesetzt wurden und
- Schmiergelder.

In der Praxis sind vor allem die Aufwendungen für Geschenke und die Bewirtungsaufwendungen von Bedeutung. Bei den Geschenken ist zu beachten, dass die 35 EUR-Grenze pro Empfänger innerhalb eines Kalenderjahres gilt. Erhält eine Person mehrere Geschenke im Jahr, so ist deren Wert zu summieren.

Beispiel

1. Angenommen, es wird einem Kunden ein Geschenk im Wert von 58 GE gekauft und mit der ec-Karte für das Betriebskonto gezahlt. Die Buchung lautet:

6620	Geschenke (nicht abzugsfähig)	58	an	1800	Bank	58

Der Aufwand i. H. v. 58 GE wird außerbilanziell zur Ermittlung des steuerlichen Gewinns wieder hinzugerechnet.

2. Es wird ein guter Kunde zu einem Mittagsessen eingeladen und die Bezahlung der Rechnung über 119 GE (inkl. 19 % USt) erfolgt mit der ec-Karte des Betriebskontos. Die Buchung lautet:

6640	Gästebewirtung	70	an	1800	Bank	119
1400	VorSt	19				
6644	Nicht abzugsfähige Bewirtungskosten	30				

Der Vorsteuerabzug ist in voller Höhe möglich.

F. Abschluss von Unterkonten auf Hauptkonten

Die eigentliche (mechanische) Abschlussarbeit besteht in der Saldierung sämtlicher Konten und dem Abschluss auf übergeordnete Konten, bis schließlich Gewinn- und Verlustrechnung sowie die Schlussbilanz erstellt werden können.

Beispielsweise sind zunächst folgende Unterkonten abzuschließen:

- Erhaltene Skonti und Lieferantenboni auf das entsprechende Bestandskonto, z. B. Wareneinkauf oder Roh-, Hilfs-, und Betriebsstoffe,
- gewährte Skonti und Kundenboni auf das entsprechende Ertragskonto, z. B. Umsatzerlöse oder Warenverkauf,
- Vorsteuerkonto und Umsatzsteuerkonto auf ein entsprechendes Verrechnungskonto (bzw. beim Direktabschluss auf das Umsatzsteuerkonto) und dieser Saldo auf »Sonstige Verbindlichkeiten« bzw. »Sonstige Vermögensgegenstände«,
- Privatentnahmen und Privateinlagen auf das Privatkonto, dessen Saldo auf das Eigenkapitalkonto usw.

Folgendes Beispiel soll den gesamten Buchungszyklus noch einmal zusammenfassen.

Beispiel

Gegeben sind folgende Schlussbilanz des Vorjahres, folgende sechs Geschäftsvorfälle sowie die notwendigen Abschlussangaben (unter Berücksichtigung der USt von 19 %): in GE

S	Schlussbilanzkonto zum 31.12.01		H
Geschäftsbauten	175.000	Eigenkapital	378.200
Pkw	50.000	VLL	34.800
Büroeinrichtung	42.000		
Warenbestand	20.000		
FLL	27.400		
Bank	87.700		
Kasse	10.900		
Summe	413.000	Summe	413.000

Geschäftsvorfälle in 02: in GE

1.	Wareneinkauf auf Ziel	14.000
2.	Warenverkauf auf Ziel	30.000
3.	Barzahlung der Löhne (ohne Nebenkosten)	7.000
4.	Banküberweisung an Lieferanten	34.800
5.	Entnahme aus der Geschäftskasse für eine Urlaubsreise	1.000
6.	Zahlung der Büromiete durch Banküberweisung	1.500

Abschlussangaben für 02: in GE

a)	Warenbestand laut Inventur	25.000
b)	Abschreibung auf Geschäftsbauten	12.000
c)	Abschreibung auf Pkw	10.000
d)	Abschreibung auf Büroeinrichtung	4.000
e)	Bildung einer Rückstellung für Gewährleistung	5.000

Im Folgenden werden zuerst die Buchungssätze für 02 gebildet. Anschließend werden die Anfangsbestände in die Konten übertragen und die Buchungen auf den T-Konten nachvollzogen. Abschließend ergeben sich Schlussbilanz und die GuV für 02.

Buchungssätze:

1. Wareneinkauf auf Ziel

5200	Wareneingang	14.000	an	3300	VLL	16.660
1400	Vorsteuer	2.660				

2. Warenverkauf auf Ziel

1200	FLL	35.700	an	4000	Umsatzerlöse	30.000
				3800	Umsatzsteuer	5.700

3. Barzahlung der Löhne

6010	Löhne	7.000	an	1600	Kasse	7.000

4. Banküberweisung an Lieferanten

3300	VLL	34.800	an	1800	Bank	34.800

5. Privatentnahme aus der Geschäftskasse

2100	Privatentnahme	1.000	an	1600	Kasse	1.000

6. Mietzahlung durch Banküberweisung

6305	Raumkosten	1.500	an	1800	Bank	1.500

a) Anpassung des Warenbestandes (von 20.000 auf 25.000 gemäß Inventur) und Korrektur des Wareneinsatzes

1140	Waren (Bestand)	5.000	an	5200	Wareneingang (WEK)	5.000

b) Abschreibung auf Geschäftsbauten

6220	Abschreibungen SA	12.000	an	0240	Geschäftsbauten	12.000

c) Abschreibung auf Pkw

6220	Abschreibungen SA	10.000	an	0520	Fuhrpark	10.000

d) Abschreibung auf Büroeinrichtung

6220	Abschreibungen SA	4.000	an	0650	Büroeinrichtungen	4.000

e) Bildung der Rückstellung für Gewährleistungen

6790	Aufwand für Gewährleistung	5.000	an	3070	Sonstige Rückstellungen	5.000

Auf die T-Konten übertragen ergibt sich folgendes Bild:

S	Geschäftsbauten (0240)		H
AB	175.000	b)	12.000
		SB	163.000
Summe	175.000	Summe	175.000

S	Büroeinr. (0650)		H
AB	42.000	d)	4.000
		SB	38.000
Summe	42.000	Summe	42.000

S	FLL (1200)		H
AB	27.400		
2.	35.700		
		SB	63.100
Summe	63.100	Summe	63.100

S	Kasse (1600)		H
AB	10.900	3.	7.000
		5.	1.000
		SB	2.900
Summe	10.900	Summe	10.900

S	VLL (3300)		H
4.	34.800	AB	34.800
SB	16.660	1.	16.660
Summe	51.460	Summe	51.460

S	Vorsteuer (1400)		H
1.	2.660		
		SB (USt)	2.660
Summe	2.660	Summe	2.660

S	Umsatzsteuer (3800)		H
VorSt	2.660	2.	5.700
SB	3.040		
Summe	5.700	Summe	5.700

S	Pkw (0520)		H
AB	50.000	c)	10.000
		SB	40.000
Summe	50.000	Summe	50.000

S	Warenbestand (1140)		H
AB	20.000		
a)	5.000	SB	25.000
Summe	25.000	Summe	25.000

S	Bank (1800)		H
AB	87.700	4.	34.800
		6.	1.500
		SB	51.400
Summe	87.700	Summe	87.700

S	EK (2010)		H
Privat	1.000	AB	378.200
Verlust (GuV)	18.500		
SB	358.700		
Summe	378.200	Summe	378.200

S	WEK (5200)		H
1.	14.000	a)	5.000
		Saldo: WE	9.000
Summe	14.000	Summe	14.000

S	Umsatzerlöse (4000)		H
		2.	30.000
Saldo	30.000		
Summe	30.000	Summe	30.000

S	Löhne (6010)		H
3.	7.000		
		Saldo	7.000
Summe	7.000	Summe	7.000

S	Privatentnahme (2100)		H
5.	1.000		
		SB	1.000
Summe	1.000	Summe	1.000

S	Raumkosten (6305)		H
6.	1.500		
		Saldo	1.500
Summe	1.500	Summe	1.500

S	Abschr. SA (6220)		H
b)	12.000		
c)	10.000		
d)	4.000	Saldo	26.000
Summe	26.000	Summe	26.000

S	Aufw. f. Gewährl. (6790)		H
e)	5.000		
		Saldo	5.000
Summe	5.000	Summe	5.000

S	Sonst. RS (3070)		H
		e)	5.000
SB	5.000		
Summe	5.000	Summe	5.000

S	GuV (9999)		H
Löhne	7.000	WVK	30.000
Miete	1.500		
WE	9.000		
Abschreib.	26.000		
Gewährl.	5.000	Verlust	18.500
Summe	48.500	Summe	48.500

S	Schlussbilanzkonto (9998) zum 31.12.02		H
Geschäftsbauten	163.000	Eigenkapital	358.700
Pkw	40.000	VLL	16.660
Büroeinrichtung	38.000	Sonst. Verbindlichkeiten	3.040
Warenbestand	25.000	Rückstellungen	5.000
FLL	63.100		
Bank	51.400		
Kasse	2.900		
Summe	383.400	Summe	383.400

G. Hauptabschlussübersicht

Vor dem endgültigen Abschluss aller Konten und der Erstellung des Jahresabschlusses wird in der Praxis meist ein »Probeabschluss« in Form der **Hauptabschlussübersicht** erstellt. Ferner kann mit Hilfe der Hauptabschlussübersicht auch unterjährig leichter ein Abschluss erstellt werden.

I. Aufgabe der Hauptabschlussübersicht

Die Aufgabe der **Hauptabschlussübersicht (HÜ)** (auch **Summen- und Saldenliste, Betriebsübersicht, Bilanzübersicht** genannt) ist es, einen Jahresabschluss vorzubereiten, indem das dafür nötige Zahlenmaterial gesammelt und aufbereitet wird. Sämtliche Geschäftsvorfälle des laufenden Jahres sind zu diesem Zeitpunkt vollständig verbucht. Die Bilanz und die GuV-Konten wurden jedoch noch nicht abgeschlossen (deshalb wird sie auch Probeabschluss genannt).

Die Hauptabschlussübersicht ist eine Tabelle, in der alle Sachkonten mit ihrem Buchführungsergebnis zusammengestellt werden. Sie sammelt alle Daten der Buchführung in übersichtlicher, kumulierter Form und stellt diese tabellarisch dar. Ihr gesamtes Zahlenmaterial entstammt komplett der Buchführung. Eine »große« Buchführung mit vielen verschiedenen Konten wäre in T-Konten-Darstellung unüberschaubar und nicht mehr zu bearbeiten.

Die Aufstellung einer Hauptabschlussübersicht erfolgt vor allem aus folgenden Gründen:

- Mit Hilfe des vorläufigen Abschlusses soll dem Management ein erster Überblick gewährt werden. Da viele der vorbereitenden Abschlussbuchungen Entscheidungen des Managements etwa bezüglich der Bildung von Rückstellungen, Höhe der Abschreibungen etc. erfordern, ist es sinnvoll, die Auswirkungen solcher Ansätze zunächst innerhalb eines Probeabschlusses festzustellen.
- Die HÜ gewährt darüber hinaus dem Management und anderen Lesern (z. B. Kreditgebern) zusätzlichen Einblick in die wirtschaftliche Lage des Unternehmens, da sie nicht nur den Stand am Jahresende, sondern auch die Bewegungen im Jahresablauf darstellt.
- Bei der Vielzahl von Buchungen im Laufe des Jahres können leicht Fehler auftreten. Die HÜ dient dazu, Buchungsfehler vor Abschluss der Konten zu erkennen, da eine anschließende Berichtigung sehr viel schwieriger wäre.
- Sie kann auch dazu dienen, aus ihr die Steuerbilanz abzuleiten, da in ihr Änderungen außerhalb der normalen Buchhaltung möglich sind.
- Schließlich ist sie ein Nachweismittel für steuerliche Zwecke.

II. Gliederung der Hauptabschlussübersicht

Die Hauptabschlussübersicht hat die in Tab. 13.2 dargestellten Spalten.

Eröffnungsbilanz	Abschrift
Umsätze	Summen der laufenden Geschäftsvorfälle (alle Soll- und Haben-Buchungen)
Summenbilanz	Eröffnungsbilanz + Umsätze
Saldenbilanz I	Aus den Soll- und Haben-Spalten der Summenbilanz werden Salden gebildet und in die Saldenbilanz I übertragen
Umbuchungen	Korrekturen von Buchungen und Abschlussbuchungen werden vorgenommen
Saldenbilanz II	Salden nach Umbuchungen werden eingetragen
Schlussbilanz	Salden der Bestandskonten aus Saldenbilanz II werden übertragen
Erfolgsübersicht	Salden der Erfolgskonten aus Saldenbilanz II werden übertragen

Tab. 13.2: Gliederung der Hauptabschlussübersicht

Abb. 13.6 zeigt das Schema einer Hauptabschlussübersicht. Eine Kontrolle erfolgt über die Spaltensummen. In den letzten Spalten ist ersichtlich, wie das Ergebnis (Gewinn/Verlust) sowohl aus der Bilanz als auch aus der GuV ermittelt werden kann.

Konten	Eröffn.-bilanz (AB)		Umsätze (Summen)		Summen-bilanz		Salden-bilanz I		Umbu-chungen/ Abschluss		Salden-bilanz II		Schluss-bilanz		GuV	
	A	P	S	H	S	H	S	H	S	H	S	H	A	P	S	H
Summen	A = P		S = H		S = H		S = H		S = H		S = H		A	P	S	H
Gewinn/ Verlust													(V)	(G)	(G)	(V)
Summen													A = P		S = H	

Abb. 13.6: Gliederung der Hauptabschlussübersicht

Beispiel

In Weiterführung des vorangegangenen, zusammenfassenden Beispiels soll eine HÜ erstellt werden.

Aufgaben:

a) Legen Sie eine Hauptabschlussübersicht an!

b) Tragen Sie die Umbuchungen ein!

c) Bilden Sie die Saldenbilanzen!

HÜ (Teil 1)	Eröffnungsbilanz		Umsatzbilanz		Summenbilanz		Saldenbilanz 1	
(in GE)	Aktiva	Passiva	Soll	Haben	Soll	Haben	Soll	Haben
Bauten	175.000				175.000		175.000	
Pkw	50.000				50.000		50.000	
Büro	42.000				42.000		42.000	
Warenbestand	20.000				20.000		20.000	
FLL	27.400		35.700		63.100		63.100	
Bank	87.700			36.300	87.700	36.300	51.400	
Kasse	10.900			8.000	10.900	8.000	2.900	
EK		378.200				378.200		378.200
VLL		34.800	34.800	16.660	34.800	51.460		16.660
RS								
USt				5.700		5.700		5.700
Vorst.			2.660		2.660		2.660	
WEK			14.000		14.000		14.000	
Raumkosten			1.500		1.500		1.500	
Löhne			7.000		7.000		7.000	
Umsatzerl.				30.000		30.000		30.000
Abschr. SA								
Gewährl.								
Privat			1.000		1.000		1.000	
Summe	413.000	413.000	96.660	96.660	509.660	509.660	430.560	430.560
Verlust								
Summe	413.000	413.000	96.660	96.660	509.660	509.660	430.560	430.560

HÜ (Teil 2)	Umbuchungen		Saldenbilanz 2		Schlussbilanz		GuV	
(in GE)	Soll	Haben	Soll	Haben	Aktiva	Passiva	Aufw.	Ertrag
Bauten		12.000	163.000		163.000			
Pkw		10.000	40.000		40.000			
Büro		4.000	38.000		38.000			
Warenbestand	5.000		25.000		25.000			
FLL			63.100		63.100			
Bank			51.400		51.400			
Kasse			2.900		2.900			
EK	1.000			377.200		377.200		
VLL				16.660		16.660		
RS		5.000		5.000		5.000		
USt	2.660			3.040		3.040		
Vorst.		2.660						
WEK		5.000	9.000				9.000	
Raumkosten			1.500				1.500	
Löhne			7.000				7.000	
Umsatzerl.				30.000				30.000
Abschr. SA	26.000		26.000				26.000	
Gewährl.	5.000		5.000				5.000	
Privat		1.000						
Summe	39.660	39.660	431.900	431.900	383.400	401.900	48.500	30.000
Verlust					18.500			18.500
Summe	39.660	39.660	431.900	431.900	401.900	401.900	48.500	48.500

Korrekturrechnung zur Gewinnermittlung:

1. Aktiva Schlussbilanz - Passiva Schlussbilanz = 383.400 GE - 401.900 GE = - 18.500 GE.
2. Aufwendungen - Erträge = 48.500 GE - 30.000 GE = 18.500 GE (da sich ein Aufwandsüberhang ergibt, wird auch hier ein Verlust festgestellt).
3. Differenz 1 - Differenz 2 = - 18.500 GE - (- 18.500 GE) = 0 GE.

Dritter Teil
Jahresabschluss und Jahresabschlussanalyse

14. Kapitel: Ziele und Grundsätze der Jahresabschlusserstellung

In diesem Kapitel wird zunächst auf die Aufgaben des Jahresabschlusses eingegangen. Im Anschluss daran werden die Basiselemente der Bilanzierung, die zum Teil bereits kurz im 3. Kapitel (S. 61 ff.) skizziert wurden, detailliert aus den Funktionen des Jahresabschlusses abgeleitet. Zur rechtlichen Verpflichtung zur Abschlusserstellung und den relevanten gesetzlichen Regelungen ist auf das 2. Kapitel (S. 33 ff.) verwiesen.

A. Funktionen des Jahresabschlusses

Betrachtet man die Funktionen des Jahresabschlusses, so ist aufgrund unterschiedlicher Zwecksetzungen zwischen dem handelsrechtlichen und steuerrechtlichen Jahresabschluss sowie dem Konzernabschluss zu unterscheiden (vgl. hierzu ausführlich Coenenberg/Haller/Schultze [2018], Kapitel 1).

I. Handelsrechtliche Aufgaben

Zwischen den verschiedenen Gruppen der Bilanzadressaten und der Unternehmensleitung existieren potenzielle Interessenkonflikte. Zweck des Jahresabschlusses ist es, die unterschiedlichen Interessen der einzelnen Partizipantengruppen zu schützen. Das Schutzbedürfnis ist dabei abhängig von der jeweiligen Rechtsposition, die die einzelnen Gruppen einnehmen. In diesem Zusammenhang spielen auch die Rechtsform des Unternehmens und die mit der Rechtsform verbundenen gesetzlichen Regelungen eine wichtige Rolle. Zu den wichtigsten Aufgaben des Jahresabschlusses gehört die Regelung der **Informationsinteressen** und der **Zahlungsbemessungsinteressen**, worauf im Folgenden näher eingegangen wird.

1. Informationsfunktion des Jahresabschlusses

Der Jahresabschluss hat einerseits die Aufgabe, allen am Unternehmen Beteiligten (Eignern, Kreditgebern, Arbeitnehmern, Kunden, Lieferanten) Informationen bereitzustellen, die diesen eine Abschätzung von Ausmaß und Sicherheitsgrad der zu erwartenden Zielrealisation ihrer Beteiligung am Unternehmen ermöglichen. Wegen der vorhandenen Interessenvielfalt und Interessengegensätze der Beteiligungsgruppen und der Unternehmensleitung ist eine zufriedenstellende Regelung der **Informationsinteressen** nur mittels eines objektivierten und normierten Informationsinstruments möglich. Der Umfang der Informationen ergibt sich aus § 264 Abs. 2 HGB, wonach der Jahresabschluss einer Kapitalgesellschaft unter Beachtung der Grundsätze ordnungsmäßiger Buchführung (vgl. 2. Kapitel, S. 54 ff.) ein den tatsächlichen Verhältnissen entsprechendes Bild der Vermögens-, Finanz- und Ertragslage des Unternehmens zu vermitteln hat. Ferner sind die sehr detaillierten Gliederungsvorschriften des § 266 HGB aus der Zielsetzung der Informationsregelung heraus zu erklären. Die Kodifizierung des Anhangs mit seinen umfangreichen Informations- und Erläuterungspflichten als Pflichtbestandteil des Jahresabschlusses aller Kapitalgesellschaften sowie die Pflicht von mittelgroßen und großen Kapitalgesellschaften zur zusätzlichen Erstellung eines Lageberichts (vgl. 21. Kapitel, S. 469 ff.) macht deutlich, dass auch der Gesetzgeber die Information als Hauptfunktion der externen Rechnungslegung betrachtet. In engem Zusammenhang mit der Informationsfunktion stehen auch die Aufgaben der Dokumentation des Unternehmensgeschehens während einer Periode und der Selbstinformation des Kaufmanns bzw. der Leitungsorgane von Unternehmen.

Obwohl der Jahresabschluss streng nach den gesetzlichen Vorschriften und den Grundsätzen ordnungsmäßiger Buchführung mit dem Ziel der objektiven Informationsvermittlung über das betriebliche Geschehen aufgestellt wird, enthält er dennoch sachlich und zeitlich bedingte Unschärfen, welche nie völlig aus dem Weg geräumt werden können. Ein Beispiel für eine sachlich bedingte Unschärfe ist die notwendige Gemeinkostenschlüsselung zur Ermittlung der Herstellungskosten von selbst erstellten Vermögensgegenständen (vgl. in diesem Kapitel, S. 342 ff.), eine zeitlich bedingte Unschärfe resultiert beispielweise aus der zukunftsbezogenen Nutzungsdauerschätzung von abnutzbaren Gegenständen.

Abgesehen von diesen Unschärfen bietet der handelsrechtliche Jahresabschluss aussagefähige Informationen über die wirtschaftlichen Verhältnisse in der Berichtsperiode. Zwar bietet er den Unternehmensinteressenten keinen unmittelbaren Maßstab für den individuellen Zielerreichungsgrad, er gibt aber zumindest die Möglichkeit, eigene Einschätzungen des Zielerreichungsgrades vorzunehmen.

2. Zahlungsbemessungsfunktion des Jahresabschlusses

Zudem hat der Jahresabschluss die Aufgabe der Gewinnermittlung als Grundlage zur Bemessung von ergebnisabhängigen Einkommenszahlungen wie Dividenden- und Erfolgsbeteiligungen (sog. **Zahlungsbemessungsfunktion**). Divergierende Zahlungsbemessungsinteressen werden vor allem durch Interessengegensätze zwischen Gläubigern und Aktionären sowie zwischen Minderheitsaktionären, Mehrheitsaktionären und Unternehmensleitung repräsentiert.

Der **Gläubigerschutzgedanke** erfordert wegen der Haftungsbeschränkung der Aktiengesellschaft (Vergleichbares gilt für die GmbH) eine Begrenzung der an die Aktionäre auszuschüttenden Beträge, um die Erhaltung eines Mindesthaftungsvermögens für die Ansprüche der Gläubiger zu sichern. Zu diesem Zwecke enthält das HGB verschiedene Ausschüttungssperrvorschriften; z. B.:

- für den Betrag aktivierter, selbst geschaffener immaterieller Vermögensgegenstände des Anlagevermögens abzüglich der hierfür gebildeten passiven latenten Steuern (§ 268 Abs. 8 Satz 1 HGB);
- für den Betrag, um den die angesetzten aktiven latenten Steuern die passiven latenten Steuern übersteigen (§ 268 Abs. 8 Satz 2 HGB);
- für den aktivierten Unterschiedsbetrag aus der Vermögensverrechnung nach § 246 Abs. 2 Satz 2 HGB (Verrechnung von Vermögensgegenständen, die der Erfüllung von Schulden aus Altersversorgungsverpflichtungen oder vergleichbaren langfristig fälligen Verpflichtungen dienen, mit diesen Schulden) abzüglich der hierfür gebildeten passiven latenten Steuern, der die Anschaffungskosten übersteigt (§ 268 Abs. 8 Satz 3 HGB).

Neben dem HGB enthält auch das AktG ausschüttungsbegrenzende Regelungen; z. B.:

- Verbot der Rückgewähr des Grundkapitals (§ 57 Abs. 1 Satz 1 AktG);
- Beschränkung der Ausschüttung auf den Bilanzgewinn (§ 57 Abs. 3 AktG);
- Rücklagenbildung durch den Vorstand darf maximal 50 % des Jahresüberschusses entsprechen (§ 58 Abs. 2 AktG);
- Dotierung der gesetzlichen Rücklage aus dem Gewinn (§ 150 Abs. 2 AktG);
- Möglichkeit der Bildung einer Rücklage in Höhe des Eigenkapitalanteils von Wertaufholungen bei Vermögensgegenständen (§ 58 Abs. 2a AktG).

Neben den spezifischen Vorschriften zur Ausschüttungsbegrenzung kommt die Gläubigerschutzfunktion auch durch konkrete Bewertungsregeln (vgl. in diesem Kapitel, S. 338 ff.) und die vom Vorsichtsprinzip geprägte Konkretisierung des Realisationsprinzips (vgl. 2. Kapitel, S. 54 ff.) zum Ausdruck. Ein zentrales Ziel ist hierbei die Vermeidung der Überbewertung des Vermögens, was sich unmittelbar in folgenden Regelungen widerspiegelt:

- Definition von Höchstwerten für die Vermögensbewertung im Rahmen der Gewinnermittlung (§ 253 Abs. 1 HGB) (gilt für Unternehmen aller Rechtsformen);
- Imparitätsprinzip (§ 252 Abs. 1 Nr. 4 HGB) und Niederstwertprinzip (§ 253 Abs. 3 und 4 HGB) (gilt für Unternehmen aller Rechtsformen);
- Nichtigkeit des Jahresabschlusses (einer AG) bei Überbewertung (§ 256 Abs. 5 AktG).

Eine weitere Aufgabe im Rahmen der Regelung von Zahlungsbemessungsinteressen bei Aktiengesellschaften ist die Sicherung einer **Mindestausschüttung**. So sollen Minderheitsaktionäre vor den Mehrheitseignern und die Aktionäre insgesamt vor den Führungsorganen geschützt werden. Diesem Gedanken tragen das AktG und das HGB ebenfalls in verschiedenen Vorschriften Rechnung; z. B.:

- Anspruch der Aktionäre auf Bilanzgewinn (§ 58 Abs. 4 AktG);
- Begrenzung der Rücklagenbildungsmöglichkeit durch das bilanzfeststellende Organ (§ 58 Abs. 1 und 2 AktG);
- Anfechtungsrecht des Gewinnverwendungsbeschlusses der Hauptversammlung (§ 254 Abs. 1 AktG).

Diese, die Aktionärsinteressen schützenden Vorschriften zur Sicherung einer Mindestausschüttung bei Aktiengesellschaften werden für Unternehmen aller Rechtsformen durch folgende Regelungen ergänzt, die sicherstellen, dass das Vermögen eines Unternehmens nicht unterbewertet wird:

- Höchstwertvorschriften gelten, von wenigen Ausnahmen abgesehen, auch als Mindestvorschriften (= Fixwertprinzip) (§ 253 Abs. 1 HGB);
- Begrenzung außerplanmäßiger Abschreibungen bei vorübergehender Wertminderung auf das Finanzanlagevermögen (§ 253 Abs. 3 HGB);
- Wertaufholungsgebot (§ 253 Abs. 5 HGB).

II. Steuerrechtliche Aufgaben und Maßgeblichkeitsprinzip

Einziger Adressat der Steuerbilanz ist der Fiskus, der mit Hilfe des Steuerbilanzgewinns festlegt, welche Beträge nach dem Einkommen- bzw. dem Körperschaftsteuergesetz sowie dem Gewerbesteuergesetz an den Staat abzuführen sind. Zweck der Steuerbilanz ist folglich eine **Zahlungsbemessungsfunktion**. Für die Steuerbilanz hat neben der Forderung nach Manipulationsfreiheit im Interesse der Rechtssicherheit der Gedanke der Steuergerechtigkeit eine wesentliche Bedeutung. Die Verwirklichung der **Steuergerechtigkeit** setzt bei der steuerlichen Leistungsfähigkeit des Bürgers an. Dementsprechend ist

1. gleiche steuerliche Leistungsfähigkeit unterschiedslos zu besteuern und
2. höhere steuerliche Leistungsfähigkeit stärker als niedrigere Leistungsfähigkeit zu besteuern.

Die erste Forderung führt zum **Grundsatz der Gleichmäßigkeit der Besteuerung**, die zweite zum **Grundsatz der Besteuerung nach der Leistungsfähigkeit**. Als Kriterium der wirtschaftlichen Leistungsfähigkeit wird nach herrschender Meinung das Einkommen, zu dessen Bestandteilen auch der Steuerbilanzgewinn zählt, angesehen. Die Forderung einer Besteuerung nach der Leistungsfähigkeit bedeutet, dass gewinnabhängige Steuern nicht dazu führen dürfen, die wirtschaftliche Leistungsfähigkeit der Unternehmung zu gefährden. Dieser Forderung kann aber alleine eine ökonomische, d. h. an der Erhaltung der betrieblichen Ertragskraft orientierte, Erfolgsmessung gerecht werden, die als Gewinn die Differenz der Zukunftserfolgswerte des Unternehmens zu Beginn und zum Ende der Rechnungsperiode aufweist. Dieser ökonomische Gewinn genügt aber nicht dem verfassungsmäßigen Grundsatz der Rechtssicherheit, da er aus unsicheren Zukunftsgrößen bestimmt wird und damit Bilanzmanipulationen ermöglicht. Eine Gewährleistung der Rechtssicherheit wäre dagegen gegeben, wenn eine Rechnung, die nur auf Einnahmen und Ausgaben der abgelaufenen Periode beruht, zur Ermittlung des steuerlichen Gewinns vorgeschrieben werden würde. Dabei ergibt sich aber nicht der periodengerechte Gewinn, der als Maß für die wirtschaftliche Leistungsfähigkeit gilt.

Der geschilderte Konflikt zwischen periodengerechter Erfolgsermittlung einerseits und objektivierter Erfolgsmessung andererseits ist nur mittels eines Kompromisses zu lösen. Dieser besteht im deutschen Steuerrecht darin, dass die Steuerbilanz auf den handelsrechtlichen Bilanzierungsvorschriften aufbaut. Die Ansätze in der Steuerbilanz richten sich - soweit nicht steuerliche Bestimmungen etwas anderes zwingend vorschreiben oder steuerliche Wahlrechte abweichende Ansätze ermöglichen - nach den handelsrechtlichen Grundsätzen ordnungsmäßiger Buchführung. Man bezeichnet diesen Sachverhalt, der sich aus § 5 Abs. 1 EStG ergibt, als **Maßgeblichkeitsprinzip** der Handelsbilanz für die Steuerbilanz. Von den handelsrechtlichen Regelungen abweichende steuerliche Bestimmungen bestehen meist dort, wo das Handelsrecht Gestaltungsspielräume offen lässt. Würde das Steuerrecht keine gesonderten und eigenständigen Bilanzierungsvorschriften enthalten, so könnte der Steuerpflichtige im Rahmen der handelsrechtlichen Spielräume seinen Steuerbilanzgewinn und damit seine Steuerlast schmälern, indem er das Vermögen so niedrig und die Schulden so hoch wie möglich ansetzt.

In bestimmten Fällen eröffnet der Gesetzgeber den Steuerpflichtigen allerdings aus wirtschafts- und konjunkturpolitischen Gründen die Möglichkeit, Teile des zu versteuernden Gewinns in zukünftige Perioden zu verschieben und so die gegenwärtige Steuerlast zu vermindern. Diese steuerlich bedingten Werte dürfen in die Handelsbilanz nicht übernommen werden, was unmittelbar zu abweichenden Werten zwischen der Handels- und der Steuerbilanz führt.

III. Aufgaben des Konzernabschlusses

Der Konzernabschluss stellt die Zusammenfassung der Jahresabschlüsse rechtlich selbstständiger, wirtschaftlich jedoch von einer übergeordneten Einheit beherrschter Unternehmen dar. Durch die mögliche bilanzpolitische Gestaltung des Jahresabschlusses aus konzernpolitischen Gesichtspunkten verlieren die Jahresabschlüsse der in den Konzernabschluss einbezogenen Unternehmen viel von ihrer Aussagekraft. Die Jahresabschlüsse büßen beispielweise dann einiges an Aussagekraft ein, wenn aus rein steuerlichen Gründen Gewinne bzw. Verluste in bestimmte Unternehmen des Konzernverbunds verlagert werden. Hieraus entstehende Informationsdefizite der Jahresabschlüsse sollen durch den zusätzlich zur Verfügung gestellten Konzernabschluss beseitigt werden.

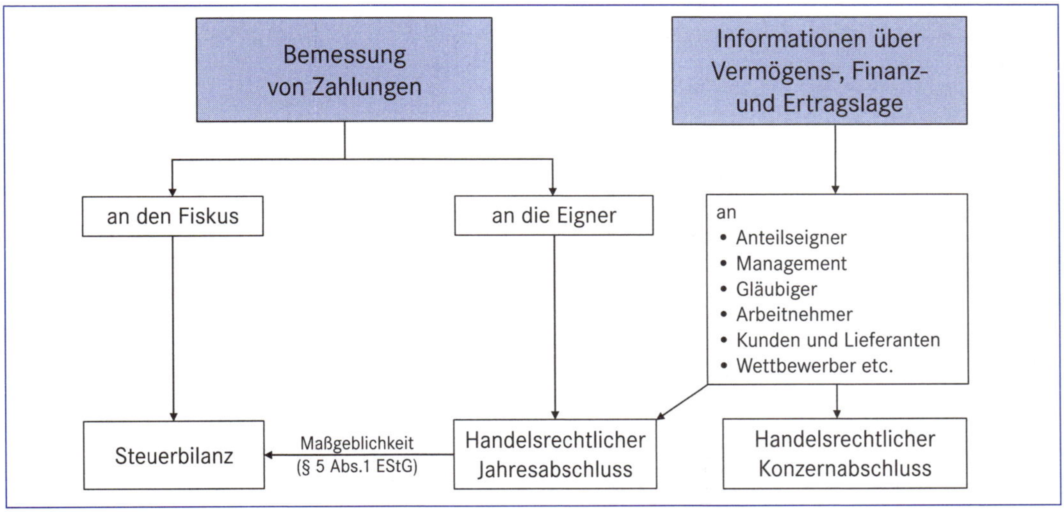

Abb. 14.1: Funktionen des Jahresabschlusses

Der Konzernabschluss hat deshalb die Aufgabe, ein den tatsächlichen Verhältnissen entsprechendes Bild der Vermögens-, Finanz- und Ertragslage einer wirtschaftlich als geschlossene Einheit zu betrachtenden Gruppe rechtlich selbstständiger Unternehmen, die vom gleichen Unternehmen (sog. Mutterunternehmen) beherrscht werden, zu vermitteln (§ 297 Abs. 3 Satz 1 HGB). Er beschränkt sich damit – im Gegensatz zum handelsrechtlichen Einzelabschluss – auf eine reine **Informationsfunktion**. Die dem Jahresabschluss neben der Informationsvermittlung zukommende Funktion der Zahlungsbemessung findet auf den Konzernabschluss keine Anwendung, da die wirtschaftliche Einheit namens Konzern nach herrschendem Gesellschaftsrecht als Rechtsperson nicht existiert und insofern auch nicht Träger von Rechten und Pflichten sein kann. Auszahlungsansprüche der Gesellschafter, der Gläubiger und des Fiskus richten sich immer gegen eigenständige Rechtspersonen. Wegen der fehlenden Maßgeblichkeit des handelsrechtlichen Jahresabschlusses sowie der Steuerbilanz für den Konzernabschluss kann dieser losgelöst von bei der Erstellung der Jahresabschlüsse ergriffenen bilanzpolitischen oder steuerpolitischen Maßnahmen gestaltet werden. Abb. 14.1 fasst die unterschiedlichen Funktionen des handels- und steuerrechtlichen Jahresabschlusses sowie des Konzernabschlusses zusammen.

B. Basiselemente der Bilanzierung

Unter Bilanzierung versteht man die Darstellung von Vermögen und Schulden eines Unternehmens zu einem bestimmten Stichtag in der Bilanz. Vermögensänderungen werden in der Buchhaltung erfasst, soweit sie das sog. »Betriebsvermögen« betreffen. Um die Änderungen des Betriebsvermögens im Jahresabschluss zutreffend erfassen zu können, müssen folgende Fragen beantwortet werden:

1. Was zählt als Vermögen und was als Schulden? Welche Sachverhalte führen zu einer Änderung von Vermögen und Schulden? (Bilanzierung dem Grunde nach, Bilanzansatz)
2. Welchen Wert besitzen das Vermögen und die Schulden? (Bilanzierung der Höhe nach, Bilanzbewertung)
3. In welcher Form sind Vermögen und Schulden darzustellen? (Bilanzausweis)

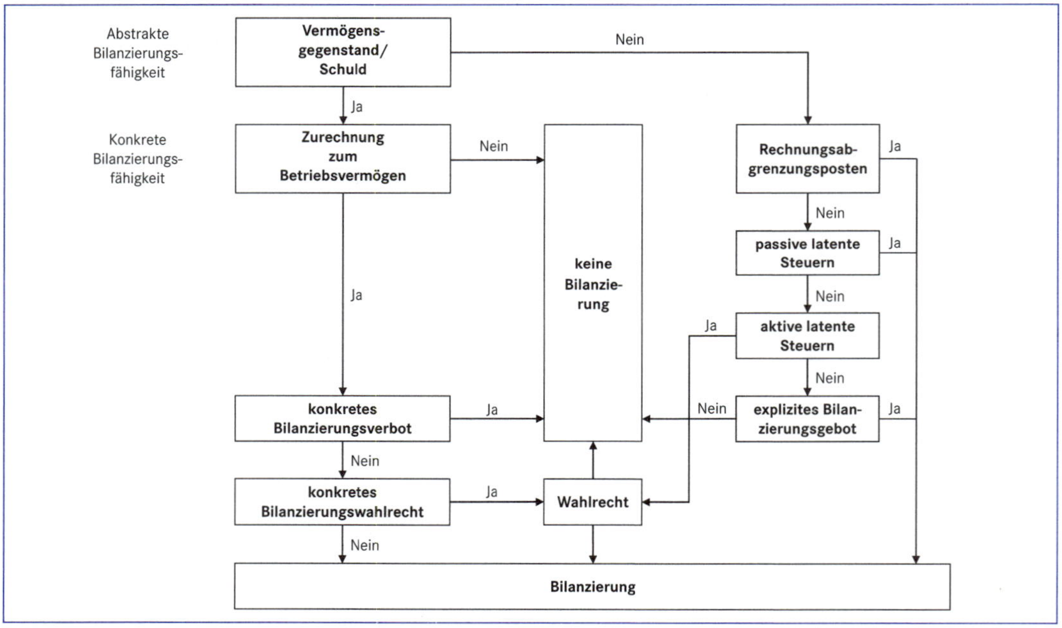

Abb. 14.2: Bilanzansatzentscheidungen

I. Bilanzansatz (»Bilanzierung dem Grunde nach«)

Im Folgenden wird dargestellt, nach welchen Kriterien entschieden wird, ob spezifische Sachverhalte in der Bilanz erfasst werden müssen bzw. dürfen. Abb. 14.2 gibt einen Überblick der im Hinblick auf den Bilanzansatz zu treffenden Entscheidungen, die anschließend näher erläutert werden.

1. Bilanzierungsfähigkeit

Unter **Bilanzierungsfähigkeit** versteht man die Eignung eines Sachverhalts, als Aktivposten (Aktivierungsfähigkeit) bzw. Passivposten (Passivierungsfähigkeit) in der Bilanz berücksichtigt zu werden. Grundsätzlich gelten Vermögensgegenstände und Schulden, die dem Unternehmen zuzurechnen sind, als bilanzierungsfähig. Soweit das Gesetz kein spezifisches Bilanzierungsverbot (vgl. in diesem Kapitel, S. 336) oder -wahlrecht (vgl. in diesem Kapitel, S. 337) vorgibt, besteht für alle bilanzierungsfähigen Vermögensgegenstände und Schulden eine Bilanzierungspflicht (vgl. § 246 Abs. 1 HGB).

Von »abstrakter Bilanzierungsfähigkeit« spricht man, wenn ein Sachverhalt die Charakteristika eines Vermögensgegenstandes oder einer Schuld erfüllt. Unter Berücksichtigung gesetzlich oder durch GoB gewährter Bilanzierungswahlrechte oder -verbote ergibt sich die »konkrete Bilanzierungsfähigkeit«, d. h. der durchzuführende Bilanzansatz.

Vermögensgegenstände und Schulden werden nicht im Gesetz definiert, sondern deren Charakterisierung ergibt sich aus den GoB. **Vermögensgegenstände** umfassen demnach solche Sachverhalte,

1. die für das Unternehmen einen wirtschaftlichen Wert darstellen, d. h., die dem Unternehmen in der Zukunft Nutzen bringen werden, und die
2. selbstständig bewertbar, d. h. objektivierbar (Vorliegen von Aufwendungen), sowie
3. selbstständig verkehrsfähig, d. h. einzeln verwertbar, sind.

Schulden sind definiert als

1. bestehende oder hinreichend sicher erwartete Belastungen des Vermögens, die
2. auf einer rechtlichen oder wirtschaftlichen Leistungsverpflichtung des Unternehmens beruhen und
3. selbstständig bewertbar, d. h. als solche abgrenzbar, sind und z. B. nicht nur Ausfluss des allgemeinen Unternehmerrisikos sind.

Das Steuerrecht hingegen spricht nicht von Vermögensgegenstand und Schuld, sondern von positivem und negativem Wirtschaftsgut (aus diversen BFH-Urteilen). Die Begriffe **negatives Wirtschaftsgut** und Schulden entsprechen sich weitgehend. Ein **positives Wirtschaftsgut** ist durch drei Merkmale gekennzeichnet:

1. Es sind Aufwendungen entstanden, die
2. einen über das Wirtschaftsjahr hinausgehenden Nutzen versprechen und
3. selbstständig bewertbar sind, d. h., ein Erwerber des gesamten Betriebs würde dafür im Rahmen des Gesamtkaufpreises ein besonderes Entgelt ansetzen.

Ein Vergleich der jeweils zugrunde gelegten Merkmale macht deutlich, dass der Begriff des Wirtschaftsgutes über den des Vermögensgegenstandes insofern hinausgeht, als auch Sachverhalte umfasst werden, die bei einer Veräußerung des Unternehmens den Gesamtkaufpreis erhöhen, aber nicht einzeln verkehrsfähig sind. Als Beispiel ist hier der entgeltlich erworbene Geschäfts- oder Firmenwert zu nennen, bei dem es sich wegen fehlender Verkehrsfähigkeit eigentlich nicht um einen aktivierungsfähigen Vermögensgegenstand handelt. Er muss handelsrechtlich nur aufgrund ausdrücklicher Rechtsvorschrift aktiviert werden (§ 246 Abs. 1 Satz 4 HGB). Steuerlich liegt ein aktivierungspflichtiges Wirtschaftsgut vor (§ 5 Abs. 2 EStG).

Der Inhalt der Handelsbilanz ist - abgesehen vom Eigenkapital, den Rechnungsabgrenzungsposten und latenten Steuern (vgl. 17. Kapitel, S. 429 ff.) - grundsätzlich auf Vermögensgegenstände und Schulden begrenzt.

Auch wenn weder ein Vermögensgegenstand noch eine Schuld vorliegt, kann eine Bilanzierung geboten sein. Aktive und passive transitorische Rechnungsabgrenzungsposten sind nach § 250 Abs. 1 bzw. 2 HGB zu bilanzieren (vgl. 17. Kapitel, S. 429 ff.), ebenso besteht für passive latente Steuern ein Bilanzierungsgebot (§ 274 Abs. 1 HGB; vgl. 17. Kapitel, S. 430 ff.; kleine und kleinste Kapitalgesellschaften sind nach § 274a bzw. § 267a HGB von der Anwendung befreit). Wie oben bereits angeführt, bestimmt § 246 Abs. 1 Satz 4 HGB zudem, dass ein entgeltlich erworbener Geschäfts- oder Firmenwert trotz fehlender Verkehrsfähigkeit als Vermögensgegenstand gilt; er wird damit vom Gesetzgeber per Fiktion zum Vermögensgegenstand erklärt und unterliegt einer Aktivierungspflicht (vgl. 15. Kapitel, S. 358 ff.).

2. Zurechnung zum Betriebsvermögen

Wenn die Bilanz das Vermögen und die Schulden des Unternehmens darstellen soll, liegt es nahe, dass die Vermögensgegenstände und Schulden, die der Privatsphäre des Unternehmers zuzurechnen sind, nicht in die Bilanz aufgenommen werden dürfen. Das Privatvermögen unterliegt damit einem Bilanzierungsverbot. Diese Unterscheidung in Privat- und Betriebsvermögen ist jedoch nur bei Einzelkaufleuten und Personengesellschaften sinnvoll, da juristische Personen über kein Privatvermögen verfügen. Zum handelsrechtlichen Bilanzvermögen des Einzelkaufmannes gehören damit alle Vermögensgegenstände, die von ihm dazu bestimmt sind, dem Betrieb zu dienen. Bei den Gegenständen des notwendigen Betriebsvermögens besteht somit eine Bilanzierungspflicht. In bestimmten Grenzfällen hat er faktisch die Wahl, einen Vermögensgegenstand seinem Privat- oder seinem Betriebsvermögen zuzurechnen. Steuerrechtlich wird derartiges Vermögen als gewillkürtes Betriebsvermögen bezeichnet.

Bei Personengesellschaften gehören alle Vermögensgegenstände zum Betriebsvermögen, die zum gemeinschaftlichen Gesellschaftsvermögen zählen.

Die Finanzverwaltung unterscheidet folgende Begriffe (vgl. Abb. 14.3):

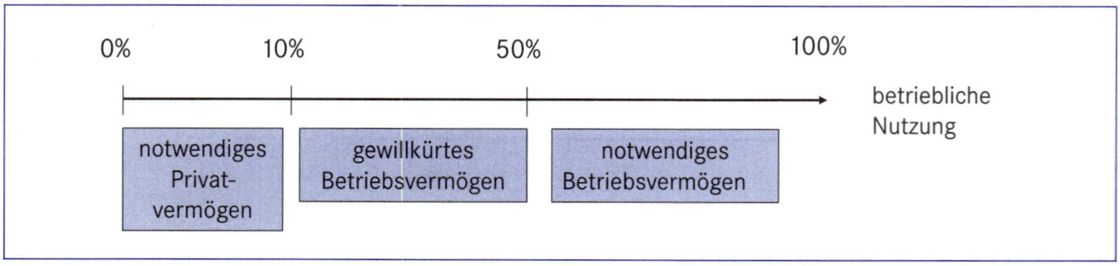

Abb. 14.3: Abgrenzung von Betriebsvermögen und Privatvermögen

Notwendiges Betriebsvermögen (> 50 % betriebliche Nutzung)

Gegenstände, die aufgrund ihrer Beschaffenheit oder ihrer tatsächlichen Verwendung im Betrieb zum Betriebsvermögen gerechnet werden müssen und entsprechend bilanzierungspflichtig sind. Beispiele: Stanzmaschine; betrieblich genutztes Gebäude, das Eigentum des Steuerpflichtigen ist.

Notwendiges Privatvermögen (< 10 % betriebliche Nutzung)

Gegenstände, die aufgrund ihrer Beschaffenheit oder aufgrund ihrer tatsächlichen Verwendung im privaten Bereich des Steuerpflichtigen nicht zum Betriebsvermögen gehören und demnach auch nicht bilanziert werden dürfen. Beispiele: Segelboot eines Brauereibesitzers; nur von der nicht berufstätigen Ehefrau des Steuerpflichtigen benutzter Zweitwagen.

Gewillkürtes Betriebsvermögen (10 % bis 50 % betriebliche Nutzung)

Gegenstände, die keinen unmittelbaren Bezug zum notwendigen Betriebs- oder Privatvermögen besitzen. Über die Zuordnung entscheidet der Steuerpflichtige nach eigenem Ermessen. Beispiele: Bürogebäude des Steuerpflichtigen, das an eine fremde Firma vermietet ist; zu Anlagezwecken gekaufte Wertpapiere.

Werden Gegenstände aus dem Bereich des Privatvermögens in den Bereich des Betriebsvermögens überführt, so spricht man von **Einlagen**, im umgekehrten Fall von **Entnahmen**.

Neben der oben geschilderten Abgrenzung des Betriebsvermögens vom Privatvermögen hat die Abgrenzung des Betriebsvermögens nach wirtschaftlichen und nicht nach juristischen Gesichtspunkten zu erfolgen. Deshalb gehören zum Betriebsvermögen nicht nur die im juristischen Eigentum des Kaufmanns befindlichen, betrieblich genutzten Güter, sondern auch betrieblich genutzte Gegenstände, die juristisches Eigentum fremder Personen sind. Voraussetzung dafür ist, dass der Kaufmann sie wie eigene Gegenstände nutzen darf und für ihren Verlust, wie bei seinem juristischen Eigentum selbst haftet. Dieses Prinzip der wirtschaftlichen Zurechnung von Vermögensgegenständen ist auch gesetzlich verankert (§ 246 Abs. 1 Satz 2 HGB).

Eine Ausnahme stellt § 246 Abs. 1 Satz 3 HGB da, welcher bestimmt, dass Schulden in die Bilanz des Schuldners aufzunehmen sind. Somit ist im Bereich der Schulden das Prinzip der wirtschaftlichen Zurechnung im Wesentlichen aufgrund des Vorsichtsprinzips stark eingeschränkt. Vielmehr gilt hier das Prinzip der rechtlichen Zugehörigkeit.

Unterschiede zwischen wirtschaftlichem und juristischem Eigentum treten beim Eigentumsvorbehalt, bei der Sicherungsübereignung und Sicherungszession, bei Kommissionsgeschäften und beim Leasing auf.

Der Warenkreditgeber behält sich zur Sicherung häufig das juristische Eigentum an den gelieferten Waren bis zur endgültigen Bezahlung vor (**Eigentumsvorbehalt**, § 449 BGB). Ähnlich sichert der Geldkreditgeber seine Forderungen ab, indem er sich bewegliche Sachen des Kreditnehmers zur Sicherheit übereignen lässt (**Sicherungsübereignung**, §§ 930, 868 BGB). Soweit der Schuldner Forderungen gegenüber Kunden an die Gläubiger als Sicherheit abtritt, spricht man von einer **Sicherungszession**. Sowohl beim Eigentumsvorbehalt, bei der Sicherungsübereignung als auch bei der Sicherungszession besitzt der Schuldner zwar nicht das juristische Eigentum an den Vermögensgegenständen, er kann aber über sie im Rahmen des normalen Geschäftsbetriebes frei verfügen. In allen Fällen ist der Schuldner als wirtschaftlicher Eigentümer der Vermögensgegenstände zu betrachten (§ 246 Abs. 1 Satz 2 HGB), d. h., er muss sie in seiner Bilanz ansetzen.

Kommissionsgeschäfte (§§ 383 ff. HGB) sind dadurch gekennzeichnet, dass ein Beauftragter (Kommissionär) im eigenen Namen, aber im Auftrag und für Rechnung einer zweiten Person (Kommittent) Waren kauft oder verkauft. Bei einem Kauf wird zunächst der Kommissionär juristischer Eigentümer, trotzdem geht die Ware zum Zeitpunkt des Kaufs bereits in das wirtschaftliche Eigentum des Kommittenten über und ist entsprechend in dessen Bilanz aufzuführen. Wird der Kommissionär dagegen mit dem Verkauf einer im juristischen Eigentum des Kommittenten befindlichen Ware beauftragt, so bleibt die Ware bis zum Verkauf im juristischen und wirtschaftlichen Eigentum des Kommittenten. Kommissionswaren werden daher unabhängig vom juristischen Eigentum grundsätzlich beim Kommittenten (Auftraggeber) bilanziert. Gleiches gilt für die Übertragung von Vermögensgegenständen im Rahmen von Treuhandverhältnissen (fiduziarische Treuhand). Auch hier verbleiben die Vermögensgegenstände in der Bilanz des Treugebers (Beck'scher Bilanzkommentar (2018), § 246 Tz. 9 ff.).

Eine wesentliche, gleichzeitig aber auch umstrittene Frage hinsichtlich der Bilanzierung von **Leasinggeschäften** ist die Zurechnung der Leasinggegenstände zum Leasinggeber oder Leasingnehmer. Die handelsrechtliche Vorgehensweise orientiert sich hier an den steuerlichen Zurechnungskriterien, die durch die BFH-Rechtsprechung und die Finanzverwaltung entwickelt worden sind. An dieser Stelle erfolgt nur ein grober Überblick über die bilanzielle Behandlung (für detailliertere Ausführungen vgl. 15. Kapitel, S. 365 ff.).

Ist ein Leasingvertrag wie ein normaler, jederzeit kündbarer Miet- oder Pachtvertrag ausgestaltet, d. h., ist er in erster Linie auf die Nutzungsüberlassung und nicht auf die Verschaffung des wirtschaftlichen Eigentums an den Benutzer (Leasingnehmer) ausgerichtet, so spricht man von Operating-Leasing. Diese Leasinggegenstände sind wie im Fall der Miete beim juristischen Eigentümer (Leasinggeber) zu bilanzieren.

Von Finanzierungsleasing hingegen spricht man, wenn das Leasingverhältnis aufgrund der jeweiligen Vertragsgestaltung seinem Charakter nach eher einem Ratenkauf unter Eigentumsvorbehalt entspricht. In diesem Fall ist das wirtschaftliche Eigentum dem Leasingnehmer zuzurechnen, der den Leasinggegenstand zu aktivieren und die Leasingverbindlichkeit zu passivieren hat.

3. Bilanzierungsverbote

Das HGB enthält explizite, rechtsformunabhängige Bilanzierungsverbote, die einerseits ein als adäquat angesehenes Maß an Objektivität sichern und andererseits die Auslegung des Prinzips der periodengerechten Erfolgsermittlung einschränken sollen. Der erste Grund ist verantwortlich für folgende Verbote:

- Aktivierungsverbot für selbst geschaffene Marken, Drucktitel, Verlagsrechte, Kundenlisten oder vergleichbare immaterielle Vermögensgegenstände des Anlagevermögens (§ 248 Abs. 2 Satz 2 HGB);
- Passivierungsverbot bezüglich der Bildung anderer als der im Gesetz genannten Rückstellungen (§ 249 Abs. 2 Satz 1 HGB).

Aus dem zweiten Grund ergeben sich folgende Aktivierungsverbote (§ 248 Abs. 1 Nr. 1 bis 3 HGB):

- Aktivierungsverbot für Aufwendungen für die Gründung eines Unternehmens;
- Aktivierungsverbot für Aufwendungen für die Beschaffung des Eigenkapitals;
- Aktivierungsverbot für Aufwendungen für den Abschluss von Versicherungsverträgen.

Darüber hinaus ergibt sich ein implizites Aktivierungsverbot für den originären Geschäfts- oder Firmenwert (hierunter versteht man die Differenz zwischen dem Ertragswert und dem Substanz(zeit)wert eines Unternehmens), da dieser die Vermögensgegenstandseigenschaft nicht aufweist (fehlende Einzelverkehrsfähigkeit).

Die steuerliche Bilanzierung ist durch das Maßgeblichkeitsprinzip grundsätzlich an die handelsrechtlichen Bilanzierungsverbote gebunden.

4. Bilanzierungswahlrechte

In bestimmten Fällen gewährt das Handelsrecht Ausnahmen vom Grundsatz der vollständigen Erfassung aller (bilanzierungsfähigen) Vermögensgegenstände und Schulden. Bilanzierungswahlrechte sollen den Gestaltungsspielraum der Bilanzierenden erhöhen. Zudem gibt es auch Wahlrechte, die als Ausfluss der GoB zu betrachten sind. **Bilanzierungswahlrechte** gewährt der Gesetzgeber für (im Detail vgl. die nachfolgenden Kapitel):

- selbst geschaffene immaterielle Vermögensgegenstände des Anlagevermögens (§ 248 Abs. 2 Satz 1 HGB),
- Disagio (unter den aktiven Rechnungsabgrenzungsposten auszuweisen, § 250 Abs. 3 HGB),
- aktive latente Steuern (§ 274 Abs. 1 Satz 2 HGB),
- Pensionsrückstellungen, sofern der Pensionsanspruch vor dem 01.01.1987 erworben wurde oder sich ein vor diesem Zeitpunkt erworbener Rechtsanspruch nach dem 31.12.1986 erhöht (Art. 28 Abs. 1 Satz 1 EGHGB) und
- unentgeltlich erworbene (materielle) Vermögensgegenstände (Ausfluss der GoB).

Im Steuerrecht wird mit den in den obigen Wahlrechten angesprochenen Sachverhalten uneinheitlich umgegangen. Während die letzten zwei ebenso im Steuerrecht enthalten sind, besteht für das Disagio eine Aktivierungspflicht (§ 5 Abs. 5 Satz 1 EStG), für aktive latente Steuern und für selbst geschaffene immaterielle Wirtschaftsgüter des Anlagevermögens (§ 5 Abs. 2 EStG) hingegen ein Aktivierungsverbot.

5. Zusätzliche Bilanzposten

Entsprechend den vorangegangenen Ausführungen, werden neben Vermögensgegenständen und Schulden auch Rechnungsabgrenzungsposten, latente Steuern und das Eigenkapital in der Bilanz ausgewiesen. Würde die Bilanz nur Vermögensgegenstände und Schulden enthalten, könnte dies zu unerwünschten Ergebnissen im Vermögens- und Erfolgsausweis führen.

a) Rechnungsabgrenzungsposten

Als Rechnungsabgrenzungsposten kommen sowohl aktive (§ 250 Abs. 1 und 3 HGB) als auch passive Rechnungsabgrenzungsposten (§ 250 Abs. 2 HGB) in Betracht. Zu näheren Ausführungen wird auf das 17. Kapitel, S. 429 f. sowie das 13. Kapitel, S. 294 ff. verwiesen.

b) Latente Steuern

Latente Steuern können sowohl als Aktivposten als auch als Passivposten auftreten. Für passive latente Steuern besteht dabei ein Bilanzierungsgebot (Ausnahme: Kleine Kapitalgesellschaften sind nach § 274 Abs. 1 Satz 1 HGB befreit), für aktive latente Steuern hingegen ein Bilanzierungswahlrecht (§ 274 Abs. 1 Satz 2 HGB). Weitere Erläuterungen dazu finden sich im 17. Kapitel, S. 430 ff.

c) Eigenkapital

Das Eigenkapital ergibt sich rechnerisch aus dem Saldo der aktivierten und passivierten Bilanzposten. Es ist entsprechend seinem rechtlichen Wesen in unterschiedliche Komponenten (Posten) aufzuspalten (vgl. 16. Kapitel, S. 391 ff.).

6. Abgrenzung von Erhaltungs- und Herstellungsaufwand

Soweit an Vermögensgegenständen Instandhaltungs-, Instandsetzungs- oder Unterhaltungsarbeiten durchgeführt werden, kann fraglich sein, ob dadurch eine bilanzierungspflichtige Vermögensmehrung eingetreten ist, d. h., ob die Kosten hierfür als nachträgliche Anschaffungs- bzw. Herstellungskosten aktiviert werden können oder aber Aufwand der Periode darstellen. Steuerlich wird diese Frage unter dem Stichwort »Erhaltungs- oder Herstellungsaufwand« diskutiert (vgl. R 21.1 EStR).

Keine Vermögensmehrung - also **Erhaltungsaufwand**, der unmittelbar als Aufwand der Periode zu erfassen ist - liegt vor, wenn folgende Kriterien erfüllt sind:

- Das Wesen des Wirtschaftsgutes wird nicht verändert.
- Das Wirtschaftsgut wird in ordnungsmäßigem Zustand erhalten.
- Die Aufwendungen fallen regelmäßig in ungefähr gleicher Höhe an.

Von einer Vermögensmehrung - also von **Herstellungsaufwand**, der aktivierungspflichtig ist - spricht man dagegen bei Auftreten eines der folgenden Fälle:

- Eine wesentliche Substanzvermehrung ist erfolgt (z. B. Anbau oder Erweiterung eines Gebäudes).
- Das Wesen des Wirtschaftsgutes wurde verändert (z. B. Umbau eines Frachtschiffes zum Passagierschiff).
- Die Nutzungsdauer des Wirtschaftsgutes wurde nicht nur geringfügig verlängert.

Hinsichtlich dieser Abgrenzung bestehen zwischen Handels- und Steuerrecht keine Unterschiede.

II. Bilanzbewertung (»Bilanzierung der Höhe nach«)

Neben der Entscheidung, welche Posten in der Bilanz angesetzt werden müssen, ist die Frage nach der Höhe des Ansatzes zu klären. Diese Frage stellt sich zum einen bei der Ersterfassung eines Postens sowie zu jedem Bilanzstichtag, an dem der Posten in der Bilanz erscheint. Im ersten Zeitpunkt spricht man von der Zugangsbewertung, bei der sog. »Ausgangswerte« Anwendung finden. In den Folgeperioden wird eine sog. »Folgebewertung« vorgenommen, bei der die Ausgangswerte fortgeführt und am Ende der jeweiligen Abrechnungsperiode zur Überprüfung der Werthaltigkeit speziellen Korrekturwerten gegenübergestellt werden (vgl. Abb. 14.4).

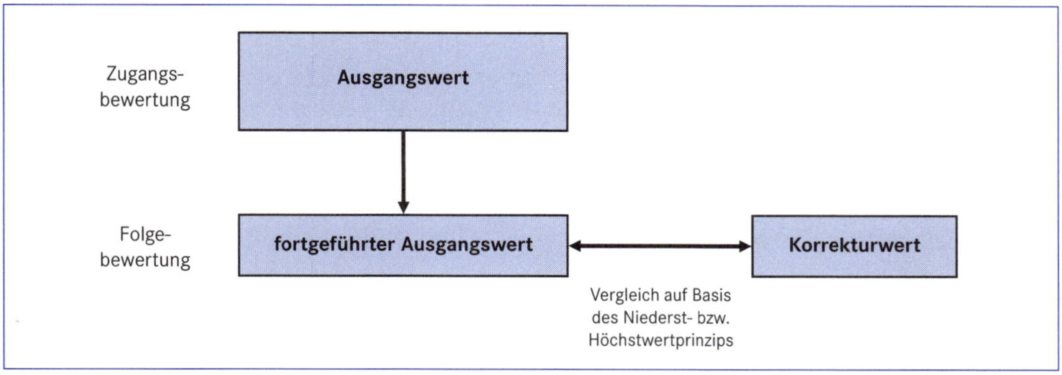

Abb. 14.4: Grundsätzliche Vorgehensweise bei der Bewertung von Vermögensgegenständen und Schulden

1. Wertbegriffe bei der Zugangsbewertung

Dem Grundsatz der Klarheit folgend sind die Vermögensgegenstände und Schulden zu jedem Abschlussstichtag einzeln zu bewerten (Grundsatz der Einzelbewertung, § 252 Abs. 1 Nr. 3 HGB). Dies setzt voraus, dass die Bilanzierungsgegenstände zum Zugangszeitpunkt einzeln erfasst und bewertet wurden.

Der **Einzelbewertungsgrundsatz** ist auch anzuwenden, wenn mehrere Vermögensgegenstände zusammen erworben werden (z. B. Erwerb eines Pakets von Wertpapieren, eines Gebäudes inkl. Einrichtung oder eines gesamten Unternehmens). Das erworbene Vermögensbündel ist deshalb in seine selbstständig verkehrsfähigen Einzelteile (Vermögensgegenstände, Schulden) aufzuspalten, die mit ihren jeweiligen beizulegenden Zeitwerten im Erwerbszeitpunkt zu bewerten sind. Weicht die Summe der Zeitwerte von den Anschaffungskosten des Bündels ab, so ist die Differenz im Verhältnis der Zeitwerte der bilanzierten Einzelteile auf diese zu übertragen. Besteht das Bündel aus einem gesamten Unternehmen oder einem Unternehmensteil, so handelt es sich bei dem die Zeitwerte der Einzelteile übersteigenden Betrag der Bündelanschaffungskosten um einen Geschäfts- oder Firmenwert, der selbstständig zu aktivieren ist (§ 246 Abs. 1 Satz 4 HGB).

Der Grundsatz der Einzelbewertung darf in bestimmten Fällen auch durchbrochen werden. Gemäß § 254 HGB dürfen Vermögensgegenstände, Schulden, schwebende Geschäfte oder mit hoher Wahrscheinlichkeit erwartete Transaktionen (Grundgeschäfte) zum Ausgleich gegenläufiger Wertänderungen oder Zahlungsströme aus dem Eintritt vergleichbarer Risiken mit Finanzinstrumenten oder Warentermingeschäften (Sicherungsgeschäfte) zu einer **Bewertungseinheit** zusammengefasst werden. Der Einzelbewertungsgrundsatz darf aber nur in dem Umfang und für den Zeitraum durchbrochen werden, in dem die gegenläufigen Wertänderungen oder Zahlungsströme sich ausgleichen. Durch solche Sicherungsgeschäfte werden beispielweise Zins-, Währungs-, Ausfall- oder Preisänderungsrisiken abgesichert.

Die relevanten Vorschriften bezüglich der Zugangsbewertung der einzelnen Vermögensgegenstände und Schulden sind in § 253 Abs. 1 HGB kodifiziert. Dabei sind anzusetzen:

- Vermögensgegenstände mit den Anschaffungs- oder Herstellungskosten;
- Verbindlichkeiten mit dem Erfüllungsbetrag;

- Rückstellungen mit dem nach »vernünftiger kaufmännischer Beurteilung« notwendigen Erfüllungsbetrag;
- Rückstellungen für Altersversorgungsverpflichtungen, deren Höhe sich ausschließlich nach dem beizulegenden Zeitwert von bestimmten Wertpapieren bestimmt (sog. »wertpapiergebundene Pensionszusagen«), mit dem beizulegenden Zeitwert dieser Wertpapiere (soweit dieser einen garantierten Mindestbetrag übersteigt);
- zur Erfüllung von Schulden aus Altersversorgungsverpflichtungen oder vergleichbaren langfristig fälligen Verpflichtungen nach § 246 Abs. 2 Satz 2 HGB zu verrechnende Vermögensgegenstände mit dem beizulegenden Zeitwert.

Darüber hinaus ist gemäß § 272 Abs. 1 Satz 2 HGB für Kapitalgesellschaften der Ansatz des gezeichneten Kapitals (Grundkapital) zum Nennbetrag verbindlich.

Das Steuerrecht nennt als weiteren Wertmaßstab den Teilwert und den gemeinen Wert. Erstgenannter ist für die Bewertung von Entnahmen und Einlagen einerseits und andererseits als Korrekturwert im Rahmen der Folgebewertung vorgesehen (§ 6 Abs. 1 EStG), wohingegen letztgenannter beispielsweise bei der Ermittlung der Anschaffungskosten bei Tauschgeschäften zum Einsatz kommt (§ 6 Abs. 6 Satz 1 EStG).

a) Anschaffungskosten

Die **Anschaffungskosten** stellen den originären Wertmaßstab für alle vom Unternehmen fremd bezogenen Vermögensgegenstände dar. In § 255 Abs. 1 HGB (für die Steuerbilanz gilt grundsätzlich das Maßgeblichkeitsprinzip, § 5 Abs. 1 Satz 1 EStG) werden die Anschaffungskosten definiert, als die Aufwendungen, die geleistet werden, um einen Vermögensgegenstand zu erwerben und ihn in einen betriebsbereiten Zustand zu versetzen, soweit diese dem Vermögensgegenstand einzeln zugerechnet werden können. Diese handelsrechtliche Definition entspricht auch der steuerrechtlichen Begriffsauslegung durch die Rechtsprechung.

In die Anschaffungskosten gehen nur Nettopreise ein, wenn der Unternehmer zum Vorsteuerabzug berechtigt ist. Bei in fremder Währung valutierten Anschaffungskosten ist der Devisenkassamittelkurs der Verbindlichkeit (zum Zeitpunkt des Eingehens der Verbindlichkeit) aus Vereinfachungsgründen auch für die Ermittlung der Anschaffungskosten des entsprechenden Vermögensgegenstandes maßgebend (§ 256a HGB; nähere Ausführungen zu Valutaverbindlichkeiten vgl. 16. Kapitel, S. 415 f.).

Der Grundsatz der Erfolgsneutralität des Beschaffungsvorganges fordert, dass zu den Anschaffungskosten nur die Beträge zählen, die das Unternehmen tatsächlich aufwenden musste. Daher sind erhaltene Rabatte, Boni und Skonti sowie gegebenenfalls Subventionen und Zuschüsse Dritter, die dem Vermögensgegenstand einzeln zugeordnet werden können, als Anschaffungspreisminderungen abzuziehen.

Die aktivierungspflichtigen Anschaffungsnebenkosten umfassen die Kosten, die notwendig sind, um den Vermögensgegenstand in einen betriebsbereiten Zustand zu versetzen und an seinen Einsatzort zu befördern (z. B. Kosten des Transports und der Transportversicherung, Aufwendungen für das Aufstellen und die Montage, Fundamentierungskosten, Gebühren für die Beurkundung von Kaufverträgen, Provisionen und Vermittlungsgebühren sowie Zölle und sonstige Abgaben). Voraussetzung für die Aktivierung ist jedoch immer, dass die Anschaffungsnebenkosten dem Vermögensgegenstand einzeln zugerechnet werden können.

Kosten der Geldbeschaffung dürfen grundsätzlich nicht als Anschaffungsnebenkosten aktiviert werden. Strittig ist, ob in Analogie zu den Herstellungskosten (vgl. in diesem Kapitel, S. 342) Ausnahmen für die Fälle bestehen könnten, in denen Kredite als Anzahlungen oder Vorauszahlungen zur Finanzierung von Neuanlagen mit längerer Bauzeit verwendet werden.

Die im Rahmen von Um- oder Ausbauarbeiten anfallenden Kosten sind als nachträgliche Anschaffungskosten dieser Vermögensgegenstände zu aktivieren. Die Abgrenzung dieser Kosten von sofort abzugsfähigen Aufwendungen erfolgt nach den gleichen Kriterien nach denen Erhaltungsaufwand von Herstellungsaufwand unterschieden wird (vgl. in diesem Kapitel, S. 338).

Abb. 14.5 veranschaulicht die Bestandteile der Anschaffungskosten nach § 255 Abs. 1 HGB.

	Kosten der Beschaffungsvorbereitung
+	Anschaffungspreis (Listenpreis mit Zu- und Abschlägen)
-	Anschaffungspreisminderungen (Rabatte, Boni, Skonti)
+	Anschaffungsnebenkosten (Zölle, Frachtkosten)
+	Kosten der Herstellung der Betriebsbereitschaft (z. B. Kosten für Funktionstests, Montage etc.)
+	Nachträgliche Anschaffungskosten (nachträgliche Erschließungskosten)
=	**Anschaffungskosten**

Abb. 14.5: Definition der Anschaffungskosten

Bei der Ermittlung der **Anschaffungskosten bei Tauschgeschäften** unterscheiden sich die handelsrechtlichen Behandlungsmöglichkeiten von der steuerrechtlichen Behandlung. Während nach Handelsrecht als Anschaffungskosten des eingetauschten Vermögensgegenstandes sowohl der Buchwert des hingegebenen Vermögensgegenstandes (erfolgsneutrale Behandlung), der Zeitwert des hingegebenen Vermögensgegenstandes (erfolgswirksame Behandlung) oder ein steuerneutraler Zwischenwert (entspricht dem Buchwert des hingegebenen Vermögensgegenstandes zuzüglich der durch den Tausch ausgelösten Ertragsteuerbelastung) angesetzt werden kann, ist steuerrechtlich grundsätzlich der gemeine Wert des hingegebenen Wirtschaftsgutes anzusetzen (§ 6 Abs. 6 Satz 1 EStG). Der gemeine Wert bestimmt sich durch den Preis, der im gewöhnlichen Geschäftsverkehr nach der Beschaffenheit des Wirtschaftsgutes bei einer Veräußerung zu erzielen wäre (§ 9 Abs. 2 Satz 1 BewG).

Ein weiteres Problemfeld bei der Bestimmung von Anschaffungskosten ergibt sich bezüglich der Behandlung von für spezifische Anschaffungen gewährte **Investitionszuschüsse**. Hier sind prinzipiell drei Vorgehensweisen denkbar:

1. Absetzung der erhaltenen Zuschüsse von den Anschaffungskosten;
2. sofortige erfolgswirksame Vereinnahmung der Zuschüsse;
3. erfolgsneutraler Ausweis der Zuschüsse in einem passiven Sonderposten (der i. d. R. parallel zu den Abschreibungen des entsprechenden Vermögensgegenstandes aufzulösen ist).

Während nach Handelsrecht alle drei genannten Methoden als zulässig erachtet werden, darf in der Steuerbilanz die letzte Methode mit der Bildung eines passiven Sonderpostens nicht angewandt werden. Steuerrechtlich besteht gemäß R 6.5 Abs. 2 EStR ein Wahlrecht zwischen den beiden ersten Methoden.

b) Herstellungskosten

Die **Herstellungskosten** sind die notwendige Bewertungsgrundlage für alle im Unternehmen selbst hergestellten Vermögensgegenstände, die am Bilanzstichtag noch dem Betriebsvermögen des Unternehmens zuzurechnen sind und daher als Vermögensgegenstände in die Bilanz aufgenommen werden müssen. Das gilt z. B. für die produzierten, aber noch nicht verkauften fertigen und unfertigen Erzeugnisse des Unternehmens, die im Vorratsvermögen auszuweisen sind sowie für eigenbetrieblich genutzte selbst erstellte Anlagen. § 255 Abs. 2 HGB definiert die Herstellungskosten als diejenigen Aufwendungen, die durch den Verbrauch von Gütern und die Inanspruchnahme von Diensten für die Herstellung eines Vermögensgegenstandes, seine Erweiterung oder für eine über seinen ursprünglichen Zustand hinausgehende wesentliche Verbesserung entstehen.

Der Umfang der Herstellungskosten ergibt sich in erster Linie aus dem Grundsatz der sachlichen Abgrenzung, nach dem alle in der Periode hergestellten, aber noch nicht veräußerten Vermögensgegenstände mit den ihnen zuzurechnenden Aufwendungen angesetzt werden müssen. Der Produktionsvorgang soll damit erfolgsneutral sein und lediglich eine Umschichtung des Vermögens darstellen. Für das Handelsrecht enthält § 255 Abs. 2 HGB eine abschließende Aufzählung der einbeziehungspflichtigen und einbeziehungsfähigen Herstellungskostenbestandteile. Der Umfang der steuerrechtlichen Herstellungskosten ergibt sich aus § 6 Abs. 1 Nr. 1b EStG und den Richtlinien der Finanzverwaltung (R 6.3 EStR). Demnach umfassen die Herstellungskosten nach Steuerrecht dieselben Wahl- und Pflichtbestandteile wie das Handelsrecht, wobei das Handelsrecht hinsichtlich der Wahlrechtsausübung maßgeblich für das Steuerrecht ist. Die Wertansätze in Handels- und Steuerbilanz sind somit identisch (vgl. hierzu ausführlich Coenenberg/Haller/Schultze [2018], Kapitel 2). Die Abb. 14.6 zeigt die aktuell nach Handels- und Steuerrecht gebotenen bzw. möglichen Bestandteile der Herstellungskosten auf.

Material- und Fertigungseinzelkosten gehören zu den Pflichtbestandteilen der Herstellungskosten. Sie zeichnen sich durch ihre direkte Zurechenbarkeit zu den Produkteinheiten aus und unterscheiden sich dadurch von den (ebenfalls aktivierungspflichtigen) Material- und Fertigungsgemeinkosten, welche nicht einzeln (direkt) den Produkteinheiten zurechenbar sind.

Insbesondere bei Unternehmen mit langfristiger Auftragsfertigung fallen oft vor Beginn des eigentlichen Herstellungsprozesses Kosten für Vorleistungen an (z. B. Kosten für Modelle, Spezialwerkzeuge, Lizenzgebühren). Soweit diese Kosten einem Auftrag als Einzelkosten direkt zurechenbar sind, sind sie als Sondereinzelkosten der Fertigung, soweit eine direkte Zurechnung nicht möglich ist, als Fertigungsgemeinkosten zu aktivieren.

Verwaltungskosten, die im Material- oder Fertigungsbereich anfallen, gehören entsprechend zu den aktivierungspflichtigen Material- und Fertigungsgemeinkosten. Für Kosten der allgemeinen Verwaltung (z. B. Löhne und Gehälter des Verwaltungsbereichs) bietet § 255 Abs. 2 Satz 3 HGB und § 6 Abs. 1 Nr. 1b EStG ein Ansatzwahlrecht.

Soweit sie auf den Zeitraum der Herstellung entfallen, besteht gemäß § 255 Abs. 2 Satz 3 HGB und § 6 Abs. 1 Nr. 1b EStG zudem ein Ansatzwahlrecht für Aufwendungen für soziale Einrichtungen des Betriebs (z. B. Kantine, Ferienerholungsheime), für freiwillige soziale Leistungen (z. B. Jubiläumszuwendungen, Wohnungsbeihilfen) sowie für die betriebliche Altersversorgung (z. B. Beiträge zu Direktversicherungen, Zuwendungen an Pensions- und Unterstützungskassen).

Als Ausnahme vom generellen Aktivierungsverbot für Geldbeschaffungskosten gewährt § 255 Abs. 3 Satz 2 HGB die Möglichkeit, Zinsen für Fremdkapital, das zur Finanzierung der Herstellung eines Vermögensgegenstandes verwendet wird, in die Herstellungskosten mit einzubeziehen, soweit sie auf den Zeitraum der Herstellung entfallen und das Fremdkapital speziell für die Herstellung aufgenommen wurde. Dieses handelsrechtliche Wahlrecht gilt ebenso für das Steuerrecht (R 6.3 Abs. 5 Satz 1 EStR).

§ 255 Abs. 2 Satz 4 HGB enthält ein Aktivierungsverbot für Vertriebs- und Forschungskosten. Vertriebskosten umfassen die Kosten, die bei der Verteilung der produzierten Vermögensgegenstände anfallen (z. B. Werbung). Von den Forschungskosten sind die Entwicklungskosten abzugrenzen, da für die Entwicklungskosten von selbst geschaffenen immateriellen Vermögensgegenständen des Anlagevermögens ein handelsrechtliches Aktivierungswahlrecht besteht (§ 255 Abs. 2a i. V. m. § 248 Abs. 2 HGB).

Hinsichtlich der **Wertuntergrenze** (Summe der Pflichtbestandteile) und der **Wertobergrenze** (Summe aus Pflicht- und Wahlbestandteilen) bestehen entsprechend den vorangegangenen Ausführungen zwischen Handels- und Steuerbilanz keine Unterschiede.

Der bilanzpolitische Spielraum im Handelsrecht (jeder Wertansatz zwischen Wertunter- und Wertobergrenze kann durch die Ausübung von Wahlrechten grundsätzlich gewählt werden) wird durch das Stetigkeitsgebot (§ 252 Abs. 1 Nr. 6 HGB), das ein Abweichen von den angewandten Bewertungsmethoden nur in Ausnahmefällen zulässt, eingeschränkt. Eine im Zeitablauf unterschiedliche Ausnutzung von Aktivierungswahlrechten bei der Bestimmung der Herstellungskosten ist somit nur in sachlich begründeten Ausnahmefällen zulässig (§ 252 Abs. 2 HGB).

Aus der im HGB und Steuerrecht verbindlichen Forderung nach Angemessenheit aller dem einzelnen Erzeugnis nur mittelbar zurechenbaren Kosten (Gemeinkosten) (§ 255 Abs. 2 Satz 2 und 3 HGB) folgt, dass Aufwendungen, die das normale Maß wesentlich übersteigen, nicht in die Herstellungskosten einbezogen werden dürfen. Darüber hinaus stellt § 255 Abs. 2 Satz 3 HGB klar, dass Kosten der allgemeinen Verwaltung, Aufwendungen für soziale Einrichtungen, für freiwillige soziale Leistungen sowie für betriebliche Altersversorgung nur berücksichtigt werden dürfen, soweit sie auf den Zeitraum der Herstellung entfallen.

Aus dem Grundsatz der Angemessenheit folgt zudem, dass nur der Teil der Fixkosten, der der tatsächlich genutzten Kapazität zuzurechnen ist (Nutzkosten), in die Herstellungskosten einbezogen werden darf. Für den auf die nicht genutzte Kapazität entfallenden Teil der Fixkosten (Leerkosten) gilt dagegen ein Einbeziehungsverbot. Basis für die Aufteilung der fixen Kosten in Nutz- und Leerkosten stellt dabei das Niveau der Vollbeschäftigung dar. Nur sofern diese Vollbeschäftigung unterschritten wird, sind handels- und steuerrechtlich (R 6.3 Abs. 7 EStR) nicht aktivierungsfähige Leerkosten zu eliminieren.

Gemäß den Definitionen des Herstellungsaufwands zählen zu den aktivierungspflichtigen Herstellungskosten auch die Aufwendungen für die Erweiterung oder für die über den ursprünglichen Zustand hinausgehende wesentliche Verbesserung eines Vermögensgegenstandes. Hinsichtlich der Abgrenzung dieser nachträglichen Herstellungskosten von den sofort abzugsfähigen Erhaltungsaufwendungen vgl. S. 338 dieses Kapitels.

c) Erfüllungsbetrag und Barwert

Ähnlich wie die Anschaffungs- und Herstellungskosten als Wertmaßstab für Vermögenszugänge herangezogen werden, findet im Bereich der Schulden die Zugangsbewertung anhand des Erfüllungsbetrages bzw. seines Barwertes statt.

Für **Verbindlichkeiten** sieht § 253 Abs. 1 Satz 2 HGB einen Ansatz zu ihrem Erfüllungsbetrag vor. Unter dem Erfüllungsbetrag versteht man den Betrag, den der Schuldner zur Erfüllung der Verpflichtung aufwenden muss.

Rückstellungen sind gemäß § 253 Abs. 1 Satz 2 HGB mit dem Erfüllungsbetrag anzusetzen, der nach vernünftiger kaufmännischer Beurteilung benötigt wird, um die (mögliche) Verpflichtung zu begleichen. Durch die Verwendung des Begriffs »Erfüllungsbetrag« soll zum Ausdruck kommen, dass künftige Preis- und Kostensteigerungen - unter Einschränkung des Stichtagsprinzips - bei der Rückstellungsbewertung zu berücksichtigen sind. Nach § 253 Abs. 2 HGB sind Rückstellungen mit einer Restlaufzeit von mehr als einem Jahr abzuzinsen, d. h., es ist ein Barwert zu bilden. Unter dem Barwert versteht man den Zeitwert einer zukünftigen Zahlungsreihe zum Bewertungszeitpunkt. Man erhält ihn durch Abzinsung der Zahlungsströme mit einem Diskontierungssatz auf den Bewertungszeitpunkt. Dabei ist ein der Restlaufzeit entsprechender durchschnittlicher Marktzinssatz der vergangenen sieben Geschäftsjahre anzuwenden. Für Rückstellungen für Altersversorgungsverpflichtungen gilt ein restlauftzeitäquivalenter durchschnittlicher Marktzinssatz der letzten zehn Geschäftsjahre (§ 253 Abs. 2 Satz 1 HGB). Abweichend davon dürfen Rückstellungen für Altersversorgungsverpflichtungen oder vergleichbare langfristig fällige Verpflichtungen - unter Außerachtlassung des Einzelbewertungsgrundsatzes - auch pauschal mit dem durchschnittlichen Marktzinssatz abgezinst werden, der sich bei einer angenommenen Restlaufzeit von 15 Jahren ergibt (§ 253 Abs. 2 Satz 1 und 2 HGB). Die jeweils relevanten Zinssätze werden zur Erhöhung der Objektivität der Barwertermittlung von der Bundesbank ständig angepasst und auf www.bundesbank.de veröffentlicht.

Die Diskontierungsbestimmungen des § 253 Abs. 2 HGB für Rückstellungen gelten auch für auf **Rentenverpflichtungen** beruhende Verbindlichkeiten, für die eine Gegenleistung nicht mehr zu erwarten ist (z. B. Leibrenten).

In der Steuerbilanz sind Verbindlichkeiten mit ihren Anschaffungskosten oder ihrem höheren Teilwert anzusetzen. Als Anschaffungskosten einer Verbindlichkeit gilt dabei der Nennwert (H 6.10 EStR), der grundsätzlich dem Erfüllungsbetrag entspricht. Verpflichtungen mit einer Restlaufzeit von mehr als zwölf Monaten sind mit ihrem abgezinsten Nennbetrag (Barwert) zu erfassen. Maßgeblich ist hier ein Zinssatz von 5,5 % (§ 6 Abs. 1 Nr. 3 EStG). Ebenso mit 5,5 % abzuzinsen sind Rückstellungen für Geld- und Sachleistungsverpflichtungen mit einer mehr als einjährigen Laufzeit. Eine Ausnahme stellt die Berechnung des Barwertes von Pensionsrückstellungen dar, hier ist ein Zinssatz von 6 % anzuwenden (§ 6a Abs. 3 Satz 3 EStG) (vgl. auch 16. Kapitel, S. 425 f.). Anders als im Handelsrecht sind für die Bewertung von Rückstellungen im Steuerrecht die Wertverhältnisse am Bilanzstichtag maßgebend, künftige Kosten- und Preissteigerungen dürfen folglich nicht berücksichtigt werden (§ 6 Abs. 1 Nr. 3a Buchstabe f EStG).

d) Beizulegender Zeitwert

§ 255 Abs. 4 HGB regelt die Ermittlung des beizulegenden Zeitwertes. Demnach entspricht dieser dem Marktpreis, der auf einem aktiven Markt ermittelt wird. Ist ein Marktpreis nicht zu ermitteln, muss der beizulegende Zeitwert mittels anerkannter Bewertungsmethoden bestimmt werden (vgl. dazu im Detail Coenenberg/Haller/Schultze [2018], Kapitel 2). Da durch das Einfließen zahlreicher Bewertungsparameter beim Einsatz von Bewertungsmodellen zur Bestimmung des beizulegenden Zeitwerts erhebliche Ermessensspielräume eröffnet werden, fordert der Gesetzgeber die Offenlegung der grundlegenden Annahmen (im Anhang), die bei der Ermittlung des beizulegenden Zeitwerts zugrunde gelegt wurden (§ 285 Nr. 25 i. V. m. § 285 Nr. 20 HGB).

Der beizulegende Zeitwert dient einerseits für spezifische Vermögensgegenstände (z. B. Planvermögen) sowie für bestimmte Schulden (wertpapiergebundene Pensionszusagen) als Ausgangswert sowie als regulärer Wertansatz im Rahmen der Folgebewertung (vgl. in diesem Kapitel, S. 347 ff.).

Nach § 253 Abs. 1 Satz 4 HGB stellt der beizulegende Zeitwert den Bewertungsmaßstab für die Zugangs- und Folgebewertung von sog. **Planvermögen** dar. Darunter werden Vermögensgegenstände verstanden, die ausschließlich der Erfüllung von Schulden aus Altersversorgungsverpflichtungen oder vergleichbaren langfristig fälligen Verpflichtungen dienen und gemäß § 246 Abs. 2 Satz 2 HGB mit diesen Schulden zu verrechnen sind. In der Steuerbilanz ist die Verrechnung von Posten der Aktivseite mit Posten der Passivseite nicht zulässig (§ 5 Abs. 1a Satz 1 EStG).

Der beizulegende Zeitwert dient zudem als Wertmaßstab bei der Zugangsbewertung eines **Vermögensbündels**, d. h., wenn mehrere Vermögensgegenstände zusammen erworben werden. Das Vermögensbündel ist dabei in seine selbstständig verkehrsfähigen Einzelteile aufzuspalten, die gemäß des Einzelbewertungsgrundsatzes mit ihren jeweiligen beizulegenden Zeitwerten zu bewerten sind (vgl. in diesem Kapitel, S. 339). Hierzu zählt auch der Erwerb ganzer Unternehmen. Deshalb findet der beizulegende Zeitwert auch bei der Kapitalkonsolidierung im Konzernabschluss nach der Erwerbsmethode Anwendung (vgl. § 301 Abs. 1 Satz 2 HGB; siehe 13. Kapitel).

Zudem kommt der beizulegende Zeitwert auf der Passivseite bei sog. **wertpapiergebundenen Pensionszusagen** sowohl als Ausgangswert als auch als regulärer Wertansatz im Rahmen der Folgebewertung zur Anwendung. Unter wertpapiergebundenen Pensionszusagen versteht man Altersversorgungsverpflichtungen, deren Höhe sich ausschließlich nach dem beizulegenden Zeitwert von bestimmten Wertpapieren bestimmt. Rückstellungen hierfür sind in Höhe des beizulegenden Zeitwerts dieser Wertpapiere anzusetzen, soweit dieser einen garantierten Mindestbetrag übersteigt (§ 253 Abs. 1 Satz 3 HGB).

Für Kleinstkapitalgesellschaften bestehen besondere Einschränkungen für die Anwendung des beizulegenden Zeitwerts. Nach § 253 Abs. 1 Satz 5 HGB dürfen sie eine Bewertung zum beizulegenden Zeitwert nur vornehmen, wenn sie von keiner der Erleichterungen gemäß § 264 Abs. 1 Satz 5, § 266 Abs. 1 Satz 4, § 275 Abs. 5 und § 326 Abs. 2 HGB Gebrauch machen.

e) Teilwert

Der Teilwert ist ein rein steuerrechtlicher Wertbegriff, der grundsätzlich den Zeitwert eines Wirtschaftsgutes repräsentiert. Er kommt als Ausgangswert bei Einlagen von Wirtschaftsgütern durch den Eigentümer in das Betriebsvermögen zum Tragen (§ 6 Abs. 1 Nr. 4 und 5 EStG). Ebenso bestimmt er den Wert von entsprechenden Entnahmen. Der Teilwert wird als jener Betrag definiert, »den ein Erwerber des ganzen Betriebs im Rahmen des Gesamtkaufpreises für das einzelne Wirtschaftsgut ansetzen würde, wobei davon auszugehen ist, dass der Erwerber den Betrieb fortführt«. Der Teilwert ist seiner Konzeption nach ein ertragsabhängiger Wert. Da die Finanzverwaltung bald erkennen musste, dass die Definition des Teilwerts aus Objektivierungsgesichtspunkten nicht brauchbar war, wurden von der Rechtsprechung sog. »Teilwertvermutungen« aufgestellt, die die Bestimmung des Teilwertes praktikabel machen und so lange gelten, wie sie nicht vom Steuerpflichtigen widerlegt werden. Für die Bilanzierung gelten folgende **Teilwertvermutungen**:

- Im Zeitpunkt der Anschaffung oder Herstellung eines Wirtschaftsgutes entspricht der Teilwert den tatsächlichen Anschaffungs- oder Herstellungskosten.
- Bei abnutzbaren Wirtschaftsgütern des Anlagevermögens entspricht der Teilwert in späteren Jahren den um Abschreibungen verminderten Anschaffungs- oder Herstellungskosten.
- Bei nicht abnutzbaren Wirtschaftsgütern des Anlagevermögens entspricht der Teilwert auch in späteren Jahren den Anschaffungs- oder Herstellungskosten.
- Bei Wirtschaftsgütern des Umlaufvermögens entspricht der Teilwert i. d. R. den Wiederbeschaffungskosten bzw. dem Börsen- oder Marktpreis am Bilanzstichtag.

Gründe, die zur Widerlegung der Teilwertvermutungen ausreichen, sind z. B.:

- Die Wiederbeschaffungskosten sind gesunken.
- Die Anschaffung bzw. Herstellung hat sich als Fehlentscheidung erwiesen.
- Die Verkaufspreise von Vorräten sind unter die Selbstkosten zuzüglich eines durchschnittlichen Gewinns gesunken.
- Es ist eine Wertminderung durch modischen Wandel, technisches Veralten etc. eingetreten.

Angesichts der genannten Vermutungen und Widerlegungsgründe ist festzustellen, dass von der ursprünglichen Teilwertidee kaum etwas übrig geblieben ist. Damit führen die in der Rechtsprechung entwickelten Grundsätze zur Teilwertermittlung mit wenigen Ausnahmen zu den gleichen Ergebnissen wie die handelsrechtlichen Regelungen zur Ermittlung des beizulegenden Wertes.

2. Wertbegriffe bei der Folgebewertung

Im Zugangszeitpunkt zu Anschaffungs- oder Herstellungskosten bewertete Vermögensgegenstände verlieren im Zeitablauf häufig an Wert. I. S. einer »richtigen« Vermögens- und Erfolgsdarstellung ist dieser Werteverzehr, der eine Schmälerung des Nettovermögens (Eigenkapitals) darstellt, zum jeweiligen Bilanzstichtag der Folgeperioden zu erfassen. Handelt es sich um abnutzbares Vermögen (z. B. Maschinen), so ist vorhersehbar, dass ein solcher Gegenstand an Wert verliert. Dieser planmäßige Wertverzehr wird deshalb durch planmäßige Abschreibungen berücksichtigt. Der Wert des Gegenstands wird um diese planmäßigen Abschreibungen verringert, den resultierenden Betrag nennt man »fortgeführte Anschaffungs- bzw. Herstellungskosten« (vgl. hierzu im Detail 10. Kapitel, S. 205 ff.).

Auch Schulden werden gemäß den für sie spezifischen Regelungen im Rahmen der Folgebewertung weitergeführt. Bilanzposten, welche ursprünglich zum Barwert angesetzt wurden, werden i. d. R. um den Diskontierungsanteil des Geschäftsjahres erhöht.

Neben diesen planmäßigen Vermögensminderungen kann es aber zudem noch nicht geplante Vermögensminderungen geben. Solche werden bei Vermögensgegenständen durch sog. »außerplanmäßige Abschreibungen« und bei Schulden durch sog. »Zuschreibungen« in der Bilanz erfasst. Um das Vorliegen solcher Vermögensminderungen feststellen zu können, werden die fortgeführten Ausgangswerte mit bestimmten Korrekturwerten, die im Folgenden näher erläutert werden, verglichen.

a) Korrekturwerte

Wie in diesem Kapitel bereits ausgeführt, dient der beizulegende Zeitwert auch als Korrekturwert für die Folgebewertung von besonderen Vermögensgegenständen bzw. Schulden (Planvermögen, wertpapiergebundene Pensionszusagen). Wenn der beizulegende Zeitwert nicht verlässlich ermittelbar ist, erfolgt die Folgebewertung mit Hilfe der fortgeführten Anschaffungs- oder Herstellungskosten. Nach § 255 Abs. 4 Satz 3 und 4 HGB gilt der zuletzt ermittelte beizulegende Zeitwert als Anschaffungs- oder Herstellungskosten (vgl. hierzu ausführlich Coenenberg/Haller/Schultze [2018], Kapitel 2).

Vom beizulegenden Zeitwert ist der Bewertungsmaßstab des beizulegenden Werts zu trennen. Dieser findet in § 253 Abs. 3 und 4 HGB ausschließlich als Korrekturwert Verwendung. So ist nach § 253 Abs. 3 Satz 5 HGB der am Bilanzstichtag niedrigere **beizulegende Wert** der relevante Korrekturwert für Vermögengegenstände des **Anlagevermögens**. Als Maßstab für dessen Ermittlung kommen die Wiederbeschaffungs- oder Reproduktionskosten in Betracht, d. h. die Anschaffungs- oder Herstellungskosten eines vergleichbaren Gegenstandes zum Bilanzstichtag. Handelt es sich um abnutzbare Gegenstände, so ist dem Vergleich der Wiederbeschaffungszeitwert (= Wiederbeschaffungswert - planmäßige Abschreibung) zugrunde zu legen. Damit ist im Bereich des Anlagevermögens für die Korrekturwertermittlung der Beschaffungsmarkt maßgeblich. Nur in den Ausnahmefällen, in denen Gegenstände des Anlagevermögens in naher Zukunft veräußert werden, entspricht der beizulegende Wert dem Einzelverkaufspreis abzüglich der im Vorfeld und im Rahmen der Veräußerung noch entstehenden Aufwendungen.

Für **Vermögensgegenstände des Umlaufvermögens**, die noch nicht in die Produktion eingegangen sind (Roh-, Hilfs- und Betriebsstoffe, Handelswaren) und für die kein Börsen- oder Marktpreis vorhanden ist, leitet sich der **beizulegende Wert** aus den Wiederbeschaffungs- oder Reproduktionskosten ab. Für unfertige und fertige Erzeugnisse ergibt sich der Wert aus dem vorsichtig geschätzten Veräußerungserlös abzüglich der noch entstehenden Kosten wie z. B. für Verpackung, Vertrieb, Verwaltung und weitere Bearbeitung.

Falls ein **Börsen- oder Marktpreis** vorhanden ist, so ist dieser als Korrekturwert für das Umlaufvermögen (§ 253 Abs. 4 Satz 1 HGB) heranzuziehen. Der endgültige Korrekturwert ergibt sich aus dem Börsen- bzw. Marktpreis zuzüglich der Anschaffungsnebenkosten. Der Beschaffungsmarkt ist dann maßgeblich, wenn es sich um Roh-, Hilfs- und Betriebsstoffe oder um unfertige und fertige Erzeugnisse handelt, die auch von anderen Unternehmen bezogen werden könnten. Der Absatzmarkt hingegen ist maßgeblich für die übrigen unfertigen und fertigen Erzeugnisse, für Überbestände an Roh-, Hilfs- und Betriebsstoffen sowie für Wertpapiere.

b) Niederstwertprinzip

Ausschlaggebend für die Anwendung möglicher Korrekturwerte ist das aus dem Vorsichts- und Imparitätsprinzip folgende »Niederstwertprinzip« (vgl. Abb. 14.6).

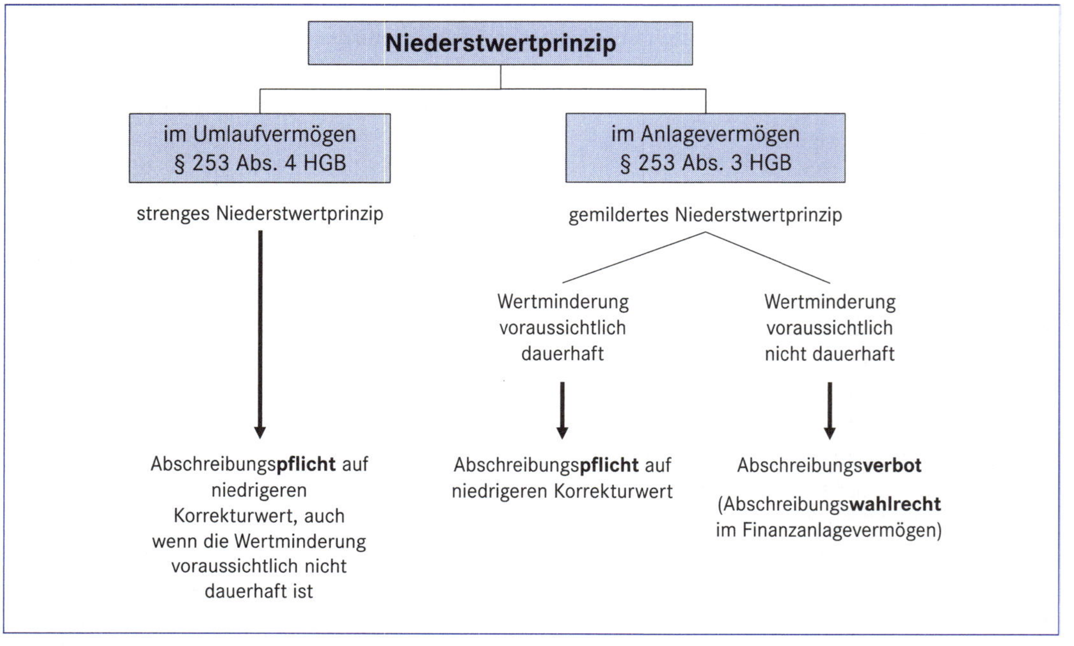

Abb. 14.6: Niederstwertprinzip

Danach müssen bei Gegenständen des Umlaufvermögens niedrigere beizulegende Werte bzw. Börsen- und Marktpreise zum Bilanzstichtag zwingend durch entsprechende Verminderung der Buchwerte (außerplanmäßige Abschreibung) berücksichtigt werden (**strenges Niederstwertprinzip**, § 253 Abs. 4 HGB). Im Anlagevermögen sind Korrekturen auf den niedrigeren beizulegenden Wert dagegen nur vorgeschrieben, wenn eine voraussichtlich dauernde Wertminderung vorliegt (**gemildertes Niederstwertprinzip**, § 253 Abs. 3 HGB). Entsprechend der längerfristigen Nutzung des Anlagevermögens ist bei einer nur vorübergehenden Wertminderung die Vornahme einer außerplanmäßigen Abschreibung verboten. Hiervon ausgenommen sind Vermögensgegenstände des Finanzanlagevermögens. Für diese besteht bei vorübergehender Wertminderung ein Abschreibungswahlrecht (§ 253 Abs. 3 Satz 6 HGB).

c) Zuschreibungen bei Wegfall des Grundes für eine außerplanmäßige Abschreibung

Stellt sich nach der Vornahme einer außerplanmäßigen Abschreibung in späteren Jahren heraus, dass die Gründe dafür nicht mehr bestehen, so ergibt sich die Frage, ob der niedrigere Buchwert beibehalten oder ob wieder zugeschrieben werden darf bzw. muss.

Nach § 253 Abs. 5 Satz 1 HGB besteht ein rechtsformunabhängiges **Wertaufholungsgebot**, d. h., die Buchwerte sind um den Betrag der in früheren Jahren vorgenommenen außerplanmäßigen Abschreibungen zu erhöhen, falls die Gründe dafür nicht mehr bestehen und folglich der relevante Korrekturwert wieder gestiegen ist. Die Zuschreibungsobergrenze bilden dabei weiterhin die ggf. um planmäßige Abschreibungen verminderten Anschaffungs- bzw. Herstellungskosten (fortgeführte Anschaffungs- bzw. Herstellungskosten) bzw. der aktuelle Korrekturwert, soweit dieser darunter liegt. Ein entgeltlich erworbener Geschäfts- oder Firmenwert ist jedoch von der verpflichtenden Wertaufholung ausgenommen. Somit ist ein in Vorperioden geminderter Wertansatz eines entgeltlich erworbenen Geschäfts- oder Firmenwerts zwingend beizubehalten (§ 253 Abs. 5 Satz 2 HGB).

Im Falle von Zuschreibungen sieht das Gesetz die Möglichkeit einer Ausschüttungssperre vor, indem den Führungsorganen einer Kapitalgesellschaft ein Wahlrecht zur Bildung einer Rücklage in Höhe des Eigenkapitalanteils der Zuschreibung gewährt wird (§§ 58 Abs. 2a AktG, 29 Abs. 4 GmbHG). Der Eigenkapitalanteil der Zuschreibung ergibt sich dabei aus dem Zuschreibungsbetrag abzüglich des darauf entfallenden Steueraufwands.

d) Höchstwertprinzip für Schulden

Die Folgebewertung der Schulden ergibt sich primär aus den allgemeinen Bewertungsvorschriften des § 252 Abs. 1 HGB, insbesondere aus dem dort verankerten Vorsichtsprinzip. Aus diesem lässt sich in Analogie zum Niederstwertprinzip bei Vermögensgegenständen ein »Höchstwertprinzip« für Schulden definieren. Demnach sind Schulden mit einem höheren Wertansatz anzusetzen, falls sich die aus ihnen resultierende Belastung zum Bilanzstichtag als höher erweist, als durch den Buchwert zum Ausdruck kommt. Eine Bilanzierung der Passivposten unterhalb ihrer Zugangswerte ist nicht zulässig, da dies die Erfassung eines nicht realisierten Ertrages zur Folge hätte, was dem Realisationsprinzip widerspräche. Eine Verminderung der Schuld (analog der Wertaufholung bei Vermögensgegenständen) kommt daher nur dann in Frage, falls die Gründe einer früheren Aufwertung entfallen sind. Wertuntergrenze ist dann der ursprüngliche Zugangswert.

e) Wertkorrekturen in der Steuerbilanz

Wertkorrekturen im Steuerrecht basieren auf den Regelungen des § 6 Abs. 1 EStG. Als relevanter Korrekturwert dient der Teilwert. Gemäß seiner Definition ist dies jener Wert, den ein Käufer des Unternehmens dem einzelnen Wirtschaftsgut beimessen würde (Zeitwert zum Bilanzstichtag). Nach § 6 Abs. 1 Nr. 1 und 2 EStG kann der Buchwert von Wirtschaftsgütern auf den niedrigeren Teilwert reduziert werden (**Teilwertabschreibung**), wenn dieser aufgrund einer voraussichtlich dauernden Wertminderung niedriger ist. Dieses Wahlrecht zur Teilwertabschreibung bei voraussichtlich dauerhafter Wertminderung gilt sowohl für das Anlage- als auch Umlaufvermögen.

Ist der Teilwert nur wegen einer voraussichtlich vorübergehenden Wertminderung niedriger, so darf keine Teilwertabschreibung vorgenommen werden, auch wenn dies handelsrechtlich im Umlaufvermögen verpflichtend oder im Finanzanlagevermögen optional vorgesehen ist.

Für Wirtschaftsgüter, die bereits am vorhergehenden Stichtag vorhanden waren, ist der Teilwert bei einer weiterhin voraussichtlich dauernden Wertminderung zum Bilanzstichtag neu zu ermitteln (§ 6 Abs. 1 Nr. 1 Satz 4, 2. Halbsatz EStG). Ist der Teilwert zum Bilanzstichtag höher als der am vorhergehenden Stichtag, erfolgt eine Erhöhung des Buchwertansatzes, wobei die fortgeführten Anschaffungs- und Herstellungskosten nicht überschritten werden dürfen.

Sollte die Wertminderung am folgenden Bilanzstichtag voraussichtlich nur noch vorübergehend sein, so entfällt die Teilwertabschreibung, es ist eine Wertaufholung bis zu den fortgeführten Anschaffungs- und Herstellungskosten vorzunehmen.

Liegt bei Schulden die erwartete Belastung - also der steuerliche Teilwert - zum Bilanzstichtag voraussichtlich dauerhaft über dem Buchwert, so besteht in der Steuerbilanz ein Wahlrecht zur Zuschreibung. Liegt der steuerliche Teilwert hingegen nur vorübergehend über dem Buchwert, so besteht (im Gegensatz zum Handelsrecht) ein steuerliches Zuschreibungsverbot (§ 6 Abs. 1 Nr. 3 EStG).

Abb. 14.7 gibt einen zusammenfassenden Überblick über die Verbote, Pflichten und Wahlrechte zur Vornahme außerplanmäßiger Abschreibungen bei Vermögensgegenständen (bzw. Zuschreibungen bei Schulden) nach Handels- und Steuerrecht.

Bilanzposten		Vergleichsergebnis	Fortbestand der Wertminderung	Handelsrecht	Steuerrecht
AV	Immaterielles AV und Sach-AV	Buchwert > beizulegender Wert	dauerhaft	Abschreibungspflicht	Abschreibungswahlrecht
			nicht dauerhaft	Abschreibungsverbot	Abschreibungsverbot
	Finanz-AV	Buchwert > beizulegender Wert	dauerhaft	Abschreibungspflicht	Abschreibungswahlrecht
			nicht dauerhaft	Abschreibungswahlrecht	Abschreibungsverbot
UV		Buchwert > Börsen- oder Marktwert bzw. beizulegender Wert	dauerhaft	Abschreibungspflicht	Abschreibungswahlrecht
			nicht dauerhaft	Abschreibungspflicht	Abschreibungsverbot
FK	Schulden	Buchwert < erwartete Belastung	dauerhaft	Zuschreibungspflicht	Zuschreibungswahlrecht
			nicht dauerhaft	Zuschreibungspflicht	Zuschreibungsverbot
AV = Anlagevermögen		UV = Umlaufvermögen		FK = Fremdkapital	

Abb. 14.7: Außerplanmäßige Wertkorrekturen nach Handels- und Steuerrecht

III. Bilanzausweis

Die Gliederung der Bilanz dient der übersichtlichen Darstellung aller in der Bilanz enthaltenen Informationen. Daher sieht das HGB - wie in Abb. 14.8 schematisch dargestellt - eine Gliederung der Vermögensgegenstände nach dem Grad ihrer Liquidierbarkeit und der Posten der Passivseite nach ihrer Fristigkeit vor.

Gemäß der allgemeinen Systematik der Vorschriften des dritten Buches des HGB gibt es auch im Bereich der Gliederung allgemeine Vorschriften, die für alle Kaufleute (§ 243 HGB) - mit Ausnahme der Einzelkaufleute, die gemäß § 242 Abs. 4 HGB von der Pflicht zur Aufstellung eines handelsrechtlichen Jahresabschlusses befreit sind - gelten, und Bestimmungen, die sich darüber hinaus speziell auf Kapitalgesellschaften (§ 265 HGB) bzw. auf Kreditinstitute (§ 340a Abs. 2 HGB) oder Versicherungsunternehmen (§ 341a Abs. 2 HGB) beziehen.

Allen Gliederungsvorschriften des HGB gemein ist die Tatsache, dass Anlage- und Umlaufvermögen getrennt ausgewiesen werden. Unter den Posten des Anlagevermögens sind gemäß § 247

Abs. 2 HGB nur die Gegenstände auszuweisen, die dazu bestimmt sind, dauernd dem Geschäftsbetrieb des Unternehmens zu dienen. Im Gegensatz dazu werden in Form einer Negativabgrenzung als Umlaufvermögen alle Vermögensgegenstände klassifiziert, die nicht zum Anlagevermögen gehören. Den Ausschlag für die Zuordnung eines Gegenstandes zum Anlage- bzw. Umlaufvermögen gibt seine Zweckbestimmung. Ist vorgesehen, dass der Vermögensgegenstand im Rahmen des Produktionsprozesses weiterverarbeitet und umgesetzt werden soll, so ist die Zugehörigkeit zum Anlagevermögen ausgeschlossen und es erfolgt eine Einstufung im Umlaufvermögen. Das Anlagevermögen ist (unbeschadet einer späteren Veräußerung) dafür vorgesehen, Nutzen über eine gewisse Zeit abzugeben. Die Entscheidung über den Einsatz und damit indirekt über den Ausweis in der Bilanz trifft die Unternehmensleitung.

Die Passivseite gliedert sich in Eigen- und Fremdkapital. Im Rahmen des Fremdkapitals ist nach HGB keine strikte Trennung zwischen lang- und kurzfristigen Schulden in der Bilanz vorzunehmen. Der Betrag an Verbindlichkeiten, der in den kommenden zwölf Monaten fällig wird und der Betrag an Verbindlichkeiten mit einer Restlaufzeit von mehr als einem Jahr, sind jeweils in der Bilanz anzugeben (§ 268 Abs. 5 HGB). Genauere Angaben zur Fristigkeit der Verbindlichkeiten sind im Anhang zu machen.

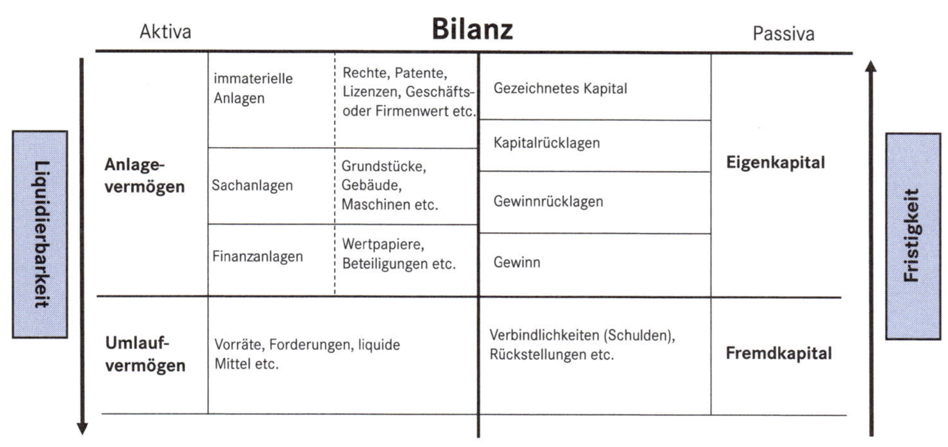

Abb. 14.8: Bilanzstruktur

Für Einzelkaufleute und »echte« Personengesellschaften sind die GoB die Richtschnur der Bilanzgliederung (§ 243 Abs. 1 HGB). § 247 Abs. 1 HGB zeigt nur die grundsätzlich in Frage kommenden Posten auf (Anlage- und Umlaufvermögen, Rechnungsabgrenzungsposten, Schulden und Eigenkapital), welche hinreichend aufzugliedern sind.

Über diese allgemein für Kaufleute geltende, nur auf den GoB basierende, Gliederung hinausgehend sieht das Handelsrecht in § 266 HGB für alle Kapitalgesellschaften sowie Genossenschaften und über § 5 Abs. 1 PublG auch für alle nach PublG rechnungslegungspflichtigen Unternehmen eine wesentlich detailliertere Mindestgliederung in Kontoform vor. Die Tiefe der Bilanzgliederung hängt dabei zusätzlich noch von der Größe des Unternehmens ab (§ 266 Abs. 1 i. V. m. § 267 und § 267a Abs. 2 HGB). Dabei nimmt sie mit wachsender Unternehmensgröße zu.

Aufgrund von § 264a HGB gelten die Vorschriften der Kapitalgesellschaften zudem für alle (»unechten«) Personenhandelsgesellschaften, bei denen keine natürliche Person persönlich haftender Gesellschafter ist. Daher müssen diese besonderen Personengesellschaften auch die Gliederungsvorschriften des § 266 HGB beachten.

Detailliertere Ausführungen zum Ausweis einzelner Posten finden sich jeweils in den nachfolgenden Kapiteln (sowie in Coenenberg/Haller/Schultze [2018], Kapitel 2). Darüber hinaus enthält **Anhang A** eine Bilanz gemäß der Mindestgliederungsvorschrift des § 266 HGB.

15. Kapitel: Bilanzierung der Aktiva

In diesem Kapitel werden der Ansatz, die Bewertung und der Ausweis der auf der **Aktivseite** der Bilanz enthaltenen Posten beschrieben. Dabei wird weitgehend dem HGB-Gliederungsschema (vgl. Anhang A, S. 601) gefolgt, indem zunächst die Posten des Anlagevermögens und anschließend die des Umlaufvermögens behandelt werden. Die aktiven Rechnungssposten und die latenten Steuern werden im 17. Kapitel näher besprochen. Eine Erläuterung der Abgrenzung zwischen **Anlage-** und **Umlaufvermögen** wurde dementgegen bereits im vorangegangenen Kapitel vorgenommen (vgl. 14. Kapitel, S. 351).

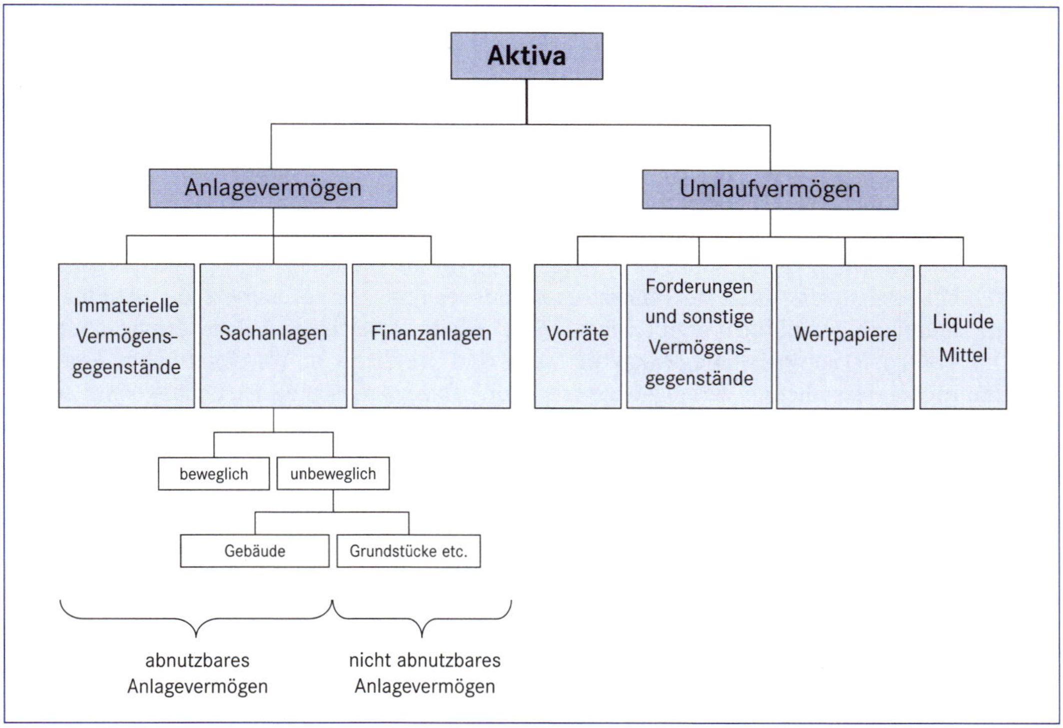

Abb. 15.1: Strukturierung der Aktiva

A. Anlagevermögen

Im Anlagevermögen sind alle Vermögensgegenstände auszuweisen, die dem Geschäftsbetrieb dauernd dienen sollen (§ 247 Abs. 2 HGB). Die Unternehmensleitung entscheidet über die Zweckbestimmung, sodass z. B. selbst hergestellte Maschinen in Maschinenbauunternehmen entweder Anlage- oder Umlaufvermögen darstellen können, je nachdem, ob die erstellten Maschinen zum Verkauf an Kunden oder zur eigenen Nutzung in der Fertigung bestimmt sind.

I. Ansatz und Ausweis des Anlagevermögens

Das Anlagevermögen gliedert sich gemäß § 266 Abs. 2 A. I-III HGB in folgende drei Hauptposten (vgl. Abb. 15.1), die gleichzeitig auch die Mindestgliederung für kleine Kapitalgesellschaften (zu den Größenklassen vgl. 2. Kapitel, S. 52) darstellen (§ 266 Abs. 1 Satz 3 HGB):

1. Immaterielle Vermögensgegenstände,
2. Sachanlagen,
3. Finanzanlagen.

Große und mittelgroße Kapitalgesellschaften müssen diese drei Hauptposten gemäß den in § 266 Abs. 2 HGB genannten Posten weiter untergliedern (vgl. Anhang A, S. 601). Personengesellschaften und Einzelkaufleute müssen hingegen das Anlagevermögen nur gesondert ausweisen und entsprechend dem Grundsatz der Klarheit hinreichend aufgliedern (§ 247 Abs. 1 HGB). Ebenso sind kleinste Kapitalgesellschaften nur dazu verpflichtet, das Anlagevermögen als eigenen Posten anzugeben (§ 266 Abs. 1 Satz 4 HGB).

Entsprechend der Informationsfunktion des Jahresabschlusses müssen Kapitalgesellschaften gemäß § 284 Abs. 3 Satz 1 HGB im Anhang die Entwicklungen der einzelnen Posten des Anlagevermögens in Form eines **Anlagespiegels** (auch Anlagegitter genannt) darstellen. Für weitere Ausführungen zum Anlagespiegel vgl. S. 374 ff.

Um dem Vollständigkeitsgebot zu entsprechen, besteht für alle Unternehmen die handelsrechtliche Pflicht zur Führung eines **Bestandsverzeichnisses** (Inventar) gemäß § 240 HGB. Eine äquivalente steuerrechtliche Pflicht ergibt sich aus § 141 AO. Im Bereich des Anlagevermögens spricht man hierbei i. d. R. von der **Anlagenkartei**. Darin sind sämtliche, im wirtschaftlichen Eigentum des Unternehmens stehende Vermögensgegenstände des Anlagevermögens, auch wenn diese bereits abgeschrieben sind, grundsätzlich einzeln und geordnet aufzuführen. Die Mindestangaben der Anlagenkartei umfassen dabei eine genaue Bezeichnung des Gegenstandes und den Bilanzwert des Anlagegutes am Bilanzstichtag. Will sich der Unternehmer steuerrechtlich die nach § 240 Abs. 2 HGB erforderliche jährliche körperliche Bestandsaufnahme ersparen, müssen zusätzlich aus dem Anlagenverzeichnis der Tag der Anschaffung/Herstellung, die Höhe der Anschaffungs-/Herstellungskosten und der Tag des Abgangs ersichtlich sein (R 5.4 Abs. 4 EStR). Üblicherweise wird in der Praxis auch der Wert der Abschreibungen und ihre Berechnungsgrundlagen, d. h. Nutzungsdauer, Abschreibungsart etc. hier festgehalten.

II. Bewertung des Anlagevermögens

Die Anschaffungs- und Herstellungskosten bilden für Vermögensgegenstände des Anlagevermögens den Ausgangswert und gleichzeitig die Obergrenze bei der Bewertung (§ 253 Abs. 1 Satz 1 HGB).

Zur Folgebewertung der Vermögensgegenstände des Anlagevermögens sind diese in **abnutzbares** (= Nutzung ist zeitlich begrenzt) und **nicht abnutzbares Anlagevermögen** zu unterscheiden. Auftretende Wertminderungen werden durch **planmäßige** und **außerplanmäßige Abschreibungen** erfasst.

Die Funktion der planmäßigen Abschreibungen lässt sich aus zweierlei konzeptionellen (theoretischen) Betrachtungsweisen erklären. Die Gegenstände des Anlagevermögens verlieren i. d. R. durch ihre Nutzung an Wert. Die planmäßigen Abschreibungen haben die Aufgabe, diesen kontinuierlichen Wertverzehr in Bilanz und GuV abzubilden, um die Vermögens- und Ertragslage des Unternehmens realistisch darzustellen. Diese Begründung entspricht der **statischen Bilanztheorie** und trifft auch für die außerplanmäßigen Abschreibungen zu.

Die **dynamische Bilanztheorie** hingegen sieht die Funktion der planmäßigen Abschreibungen in der Verteilung der Ausgaben für eine Investition über die Nutzungsdauer des Vermögensgegenstandes, sodass jeder Periode in Erfüllung der Zielsetzung der periodengerechten Erfolgsermittlung ein entsprechender Aufwand zuzuordnen ist (vgl. hierzu auch 10. Kapitel, S. 213).

1. Planmäßige Abschreibungen

Die Grundlage einer planmäßigen Abschreibung bildet ein **Abschreibungsplan** (vgl. zur planmäßigen Abschreibung im Detail 10. Kapitel, S. 214 ff.). Dieser muss die zu verteilenden Anschaffungs- oder Herstellungskosten, die voraussichtliche Nutzungsdauer und die verwendete Abschreibungsmethode enthalten. Bei der Schätzung der Nutzungsdauer ist die i. d. R. kürzere **wirtschaftliche** und nicht die **technische Nutzungsdauer** entscheidend. Für die steuerliche Abschreibung ist die **»betriebsgewöhnliche Nutzungsdauer«** in sog. »AfA-Tabellen« festgelegt. Planmäßige Abschreibungen können nach Maßgabe der Inanspruchnahme - dieses Verfahren richtet sich nicht nach der Nutzungsdauer, sondern nach der sog. Nutzungsabgabe (Beispiele sind Fahrstrecke oder Maschinenstunden) - oder durch zeitbedingte Abschreibungsmethoden vorgenommen werden. Die folgende Abbildung fasst die Abschreibungsmethoden und deren Zulässigkeit in der Handels- und Steuerbilanz zusammen.

Abschreibungs-methode	Ermittlung	Zulässigkeit
Leistungsabschreibung	nach Maßgabe der Inanspruchnahme (nach Leistungsabgabe)	in HB und StB
linear	Anschaffungs-/Herstellungskosten durch Nutzungsdauer	in HB und StB
progressiv	jährliche Abschreibungsbeträge steigen während der Nutzungsdauer an	in HB*, Verbot in StB
geometrisch-degressiv	mittels eines festgelegten Abschreibungssatzes vom Buchwert	in HB, Verbot in StB†
arithmetisch-degressiv (digital)	Anteil der Anschaffungs-/Herstellungskosten in gleichmäßig sinkenden Beträgen	in HB, Verbot in StB

Tab. 15.1: Abschreibungsmethoden

* Nur zulässig, soweit die progressive Abschreibung dem tatsächlichen Wertverzehr entspricht.

† Nur möglich für bewegliche Wirtschaftsgüter des Anlagevermögens, die vor dem 01.01.2011 angeschafft oder hergestellt worden sind. Der maximale Abschreibungssatz wurde in den vergangenen Jahren mehrfach überarbeitet und beträgt für nach dem 31.12.2008 und vor dem 01.01.2011 angeschaffte oder hergestellte Wirtschaftsgüter des Anlagevermögens das 2,5 fache der linearen Abschreibung, jedoch maximal 25 % (§ 7 Abs. 2 EStG).

Im Zugangsjahr wird die Abschreibungsrate einer planmäßigen Abschreibung monatsgenau (***pro rata temporis***) für den Zeitraum zwischen Anschaffungs- oder Herstellungszeitpunkt und dem Bilanzstichtag berechnet, wobei auf volle Monate gerundet wird. Die Abschreibungsraten sind bei einem unterjährigen Abgang eines Vermögensgegenstandes ebenfalls monatsgenau zu berechnen (vgl. hierzu auch 10. Kapitel, S. 227). Eine solche zeitanteilige Abschreibung ist auch in der Steuerbilanz gemäß § 7 Abs. 1 Satz 4 EStG vorzunehmen.

2. Außerplanmäßige Abschreibungen

Außerplanmäßige Abschreibungen sind gemäß dem **gemilderten Niederstwertprinzip** sowohl bei abnutzbaren als auch bei nicht abnutzbaren Vermögensgegenständen des Anlagevermögens vorzunehmen, um sie mit dem niedrigeren Wert anzusetzen, der ihnen aufgrund einer voraussichtlich dauerhaften Wertminderung beizulegen ist (§ 253 Abs. 3 Satz 5 HGB).

Voraussichtlich nicht dauerhafte Wertminderungen zum Bilanzstichtag dürfen nur im Bereich des Finanzanlagevermögens durch eine Abschreibung erfasst werden; für das restliche Anlagevermögen besteht ein Abschreibungsverbot (§ 253 Abs. 3 Satz 5 und Satz 6 HGB, vgl. auch 14. Kapitel, S. 348 ff.).

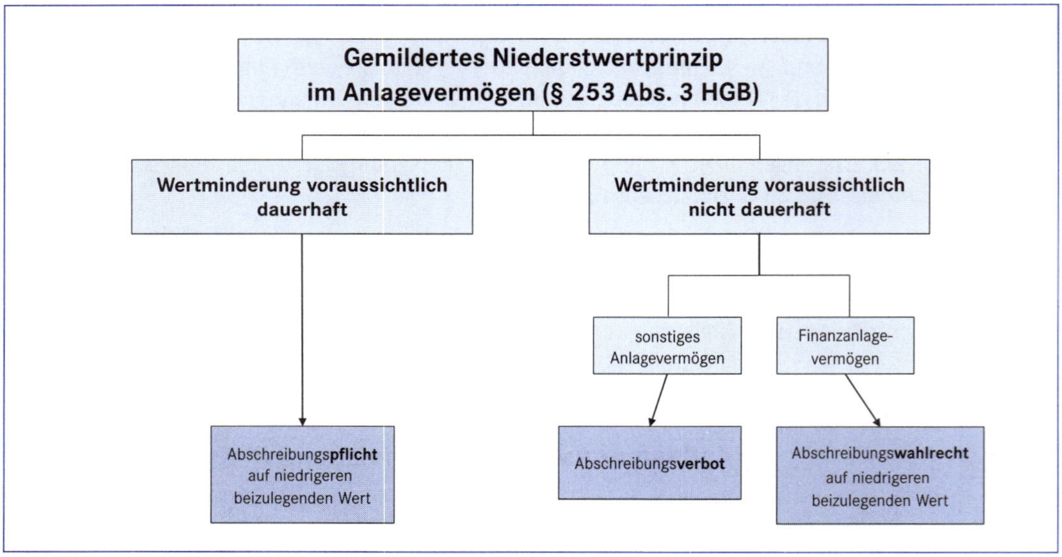

Abb. 15.2: Außerplanmäßige Abschreibungen

Der außerplanmäßigen Abschreibung auf den niedrigeren beizulegenden Wert entspricht im Steuerrecht die Absetzung für außergewöhnliche technische oder wirtschaftliche Abnutzung (§ 7 Abs. 1 Satz 7 EStG) für abnutzbare Wirtschaftsgüter sowie die Teilwertabschreibung (§ 6 Abs. 1 Nr. 1 und 2 EStG) für abnutzbare und nicht abnutzbare Wirtschaftsgüter. Außergewöhnliche Abnutzungen sind gegeben, wenn - entsprechend den oben genannten Ursachen außerordentlicher Wertminderungen - durch technische oder wirtschaftliche Einwirkungen auf das Wirtschaftsgut dessen Nutzung oder Nutzungsdauer beeinträchtigt wird. Die Berücksichtigung der außergewöhnlichen Abnutzung erfolgt ebenfalls je nach den Ursachen durch einmalige Abschreibung und/oder Verkürzung der Restnutzungsdauer. Aus § 6 Abs. 1 Nr. 1 EStG ergibt sich, dass die Absetzung für außergewöhnliche Abnutzung (AfaA) Vorrang vor der Teilwertabschreibung hat, d. h., der Teilwert darf erst dann angesetzt werden, falls er niedriger als der Wert ist, der sich bei Vornahme einer außergewöhnlichen Absetzung ergeben würde.

Bei nur vorübergehenden Wertminderungen darf nicht auf den Teilwert abgeschrieben werden. Hingegen darf die Absetzung für außergewöhnliche technische oder wirtschaftliche Abnutzung auch bei nur vorübergehender Wertminderung vorgenommen werden. Bei voraussichtlich dauernder Wertminderung besteht sowohl zur Teilwertabschreibung als auch zur Absetzung für außergewöhnliche technische oder wirtschaftliche Abnutzung ein Wahlrecht. Das im Steuerrecht vorgesehene Wahlrecht zur Vornahme von Abschreibungen bei voraussichtlich dauernder Wertminderung wird durch die Maßgeblichkeit nicht eingeschränkt. Auch wenn in der Handelsbilanz aufgrund einer voraussichtlich dauerhaften Wertminderung eine außerplanmäßige Abschreibung vorgenommen werden muss, darf das steuerrechtliche Wahlrecht eigenständig ausgeübt werden (§ 5 Abs. 1 Satz 1 EStG).

Entfällt nachträglich der Grund für die Wertminderung, so besteht nach § 253 Abs. 5 HGB ein **Wertaufholungsgebot**, maximal bis zu den fortgeführten Anschaffungs- und Herstellungskosten. Auch steuerlich gilt gemäß § 6 Abs. 1 Nr. 2 Satz 3 i. V. m. Nr. 1 Satz 4 EStG für eine zuvor vorgenommene Teilwertabschreibung oder gemäß § 7 Abs. 1 Satz 7 EStG für die Absetzung für außergewöhnliche technische oder wirtschaftliche Abnutzung (AfaA) ein Wertaufholungsgebot.

3. Steuerliche Sonderabschreibungen

Neben den planmäßigen und außerplanmäßigen Abschreibungen existieren auch **steuerliche Sonderabschreibungen**, d. h. solche, die nicht im Wertverzehr begründet sind, sondern durch das Steuergesetz ermöglicht werden. Meist werden sie vom Steuergesetzgeber gewährt, um durch Steuerstundungen konjunktur- und wirtschaftspolitische Ziele zu erreichen. In der Handelsbilanz dürfen steuerliche Sonderabschreibungen nicht angewandt werden.

4. Abschreibung geringwertiger Wirtschaftsgüter

Das Steuerrecht sieht in § 6 EStG für geringwertige Wirtschaftsgüter (GWG), die abnutzbar und einer selbstständigen Nutzung fähig sind, gesonderte Abschreibungsregeln vor, die grundsätzlich auch in der Handelsbilanz akzeptiert werden. Handelsrechtlich muss das Kriterium der Beweglichkeit bei der Abgrenzung von geringwertigen Wirtschaftsgütern nicht erfüllt sein, sodass auch immaterielle Vermögensgegenstände bei Erfüllen der sonstigen Voraussetzungen in den Bereich der geringwertigen Wirtschaftsgüter fallen. Beispiele für geringwertige Wirtschaftsgüter sind Taschenrechner, Büroregale, Werkzeuge, nicht aber z. B. ein Drucker, der nicht selbstständig nutzbar ist. In Abhängigkeit von der Höhe der Anschaffungs- oder Herstellungskosten (ohne Vorsteuer) sieht § 6 EStG folgende Bilanzierungsmöglichkeiten vor:

- Bis zu einem Schwellenwert von 250 EUR können Wirtschaftsgüter im Zugangszeitpunkt:
  - in der Buchführung oder in einem gesondertem und laufend geführten Verzeichnis als Sofortaufwand verbucht,
  - im Wirtschaftsjahr des Zugangs sofort abgeschrieben, oder
  - aktiviert und über die Nutzungsdauer planmäßig abgeschrieben werden;

- bei Anschaffungs- oder Herstellungskosten zwischen 250 EUR und 800 EUR kann im Wirtschaftsjahr des Zugangs:
  - eine Sofortabschreibung,
  - eine Erfassung in einem Sammelposten mit Poolabschreibung über fünf Jahre, oder
  - eine Aktivierung mit Abschreibung über die wirtschaftliche Nutzungsdauer vorgenommen werden
- bei Anschaffungs- oder Herstellungskosten zwischen 800 EUR und 1.000 EUR kann im Wirtschaftsjahr des Zugangs:
  - eine Erfassung in einem Sammelposten mit Poolabschreibung über fünf Jahre, oder
  - eine Aktivierung mit Abschreibung über die wirtschaftliche Nutzungsdauer vorgenom men werden.

Die gewählte Methode muss jedoch in jedem Geschäftsjahr einheitlich auf alle geringwertigen Wirtschaftsgüter angewendet werden. Bei der Poolabschreibung bleiben ferner sowohl die tatsächliche Nutzungsdauer als auch die Veräußerung oder Wertminderung der einzelnen Wirtschaftsgüter unberücksichtigt, da jedes Geschäftsjahr die Anschaffungs- oder Herstellungskosten aller angeschafften geringwertigen Wirtschaftsgüter mit Poolabschreibung zu einer Größe (Pool) zusammengefasst werden und über die folgenden fünf Jahre linear abgeschrieben werden.

III. Immaterielle Vermögensgegenstände

Als **immaterielle Vermögensgegenstände** gelten Werte, die keine physische Substanz haben (wie materielle Werte) und auch nicht monetär sind (wie Finanzanlagen). Sie stellen somit handelsrechtlich weder bewegliche noch unbewegliche Vermögensgegenstände dar. Hierzu zählen insbesondere Rechte, wie **Konzessionen** (z. B. Betriebs- und Versorgungsrechte von Energieversorgungsunternehmen, Fischereirechte, Wegerechte), **gewerbliche Schutzrechte** (z. B. Patente, Marken, Urheber- und Verlagsrechte), **Lizenzen** aber auch rein wirtschaftliche **Werte** (z. B. ungeschützte Erfindungen, EDV-Programme, Kundenkarteien, Geschäftsbeziehungen). Abgesehen von expliziten Ausnahmen wie z. B. Marken, Verlagsrechten, Kundenlisten können auch immaterielle Werte aktiviert werden, die nicht entgeltlich erworben, sondern selbst geschaffen wurden. Ein derivativer Geschäfts- oder Firmenwert stellt gemäß explizitem Willen des Gesetzgebers (§ 246 Abs. 1 Satz 4 HGB) ebenfalls einen immateriellen Vermögensgegenstand dar und unterliegt somit einem Aktivierungsgebot.

1. Ansatz und Ausweis der immateriellen Vermögensgegenstände

Immaterielle Vermögensgegenstände können grundsätzlich entgeltlich erworben oder selbst erstellt werden. Entgeltlich erworbene immaterielle Vermögensgegenstände, wie z. B. Software, Patente, Marken etc. müssen mit ihren Anschaffungskosten aktiviert werden. Für selbst geschaffene und damit nicht entgeltlich erworbene immaterielle Vermögensgegenstände des Anlagevermögens besteht grundsätzlich ein Aktivierungswahlrecht. Lediglich die in § 248 Abs. 2 Satz 2 HGB explizit genannten nicht entgeltlich erworbenen Marken, Drucktitel, Verlagsrechte, Kundenlisten oder vergleichbare immaterielle Vermögensgegenstände dürfen nicht in der Bilanz aktiviert werden. Diesen selbst geschaffenen immateriellen Werten ist gemein, dass ihre Herstellungskosten von den auf den Geschäfts- oder Firmenwert entfallenden Aufwendungen nicht zweifelsfrei abgegrenzt werden können bzw. eine alternative Zurechnung möglich ist. Hingegen können selbst geschaffene immaterielle Werte wie Schutzrechte (z. B. Patente, Warenzeichen, Urheberrechte), **Rechte** (z. B. Nutzungsberechtigungen, Vertriebsrechte) und Werte wie ungeschützte Erfindungen, EDV-Software sowie insbesondere Eigenentwicklungen für neue Produkte und Verfahren nach § 248 Abs. 2 Satz 1 HGB aktiviert werden. Es muss dabei mit einer hohen Wahrscheinlichkeit davon ausgegangen werden können, dass ein einzeln verwertbarer immaterieller Vermögensgegenstand zur Entstehung gelangt. Dabei wird zwischen Entwicklungs- und Forschungskosten unterschieden. Letztere dürfen nicht aktiviert werden, da über deren technische Verwertbarkeit und wirtschaftliche Erfolgsaussichten grundsätzlich keine Aussagen gemacht werden können. Hingegen führen Entwicklungskosten zu Neuentwicklungen bzw. auch zu Weiterentwicklungen von Gütern oder Verfahren und sind dem Begriff des Vermögensgegenstandes entsprechend selbstständig verwertbar (Veräußerung, Verbrauch oder Nutzungsüberlassung). Der Zeitpunkt, ab welchem die während der Entwicklung angefallenen Herstellungskosten aktiviert werden können, sowie die Abgrenzung der Forschungs- und Entwicklungsphase werden in § 255 Abs. 2a HGB geregelt. Demnach können Entwicklungskosten nicht erst bei Vorliegen eines Vermögensgegenstandes, sondern bereits in der Entwicklungsphase aktiviert werden. Falls die Trennung von Forschungs- und Entwicklungskosten nicht verlässlich möglich ist, ist eine Aktivierung ausgeschlossen. Um dem Gläubigerschutzgedanken Rechnung zu tragen, wurde durch den Gesetzgeber eine Ausschüttungssperre in Höhe der aktivierten Entwicklungsaufwendungen implementiert (§ 268 Abs. 8 HGB).

Die Aktivierung von Entwicklungskosten bei Inanspruchnahme des Bilanzierungswahlrechts nach HGB kam durch das BilMoG im Jahre 2009 neu ins HGB und folgt im Wesentlichen dem internationalen Standard IAS 38 (vgl. 22. Kapitel), der die Aktivierung von Entwicklungskosten vorschreibt und ebenso die von Forschungskosten verbietet.

In der Steuerbilanz ist die Aktivierung von selbst geschaffenen immateriellen Vermögensgegenständen verboten. Es besteht jedoch eine Aktivierungspflicht für entgeltlich erworbene immaterielle Vermögensgegenstände des Anlagevermögens (§ 5 Abs. 2 EStG). Diese werden in der Steuerbilanz als unbewegliche immaterielle Wirtschaftsgüter angesehen (H 7.1 EStH).

Eine besondere Stellung nimmt im Bereich immaterieller Vermögensgegenstände der **derivative Geschäfts- oder Firmenwert** ein. Wenn bei einer Unternehmensübernahme durch Gesamtrechtsnachfolge (sog. »*asset deal*«, d. h., der Käufer übernimmt die Vermögensgegenstände und Schulden des verkauften Unternehmens) der Kaufpreis höher als der Substanzwert ist, liegt ein derivativer Geschäfts- oder Firmenwert vor. Nach § 246 Abs. 1 Satz 4 HGB gilt dieser entgeltlich erworbene Geschäfts- oder Firmenwert als zeitlich begrenzt nutzbarer Vermögensgegenstand. Obwohl er aufgrund der fehlenden Einzelveräußerbarkeit die Definition eines Vermögensgegenstandes nicht erfüllt, schreibt ihm der Gesetzgeber in § 246 Abs. 1 Satz 4 HGB den Rang eines Vermögensgegenstands zu. Als Vermögensgegenstand unterliegt er somit dem Vollständigkeitsgebot und ist aktivierungspflichtig. Er ist in der Bilanz als eigener Posten unter den immateriellen Vermögensgegenständen (§ 266 Abs. 2 A. I. 3. HGB) auszuweisen.

Unter dem Substanzwert versteht man den Wert des Eigenkapitals, der sich ergibt, wenn man die einzelnen Vermögensgegenstände und Schulden (sowohl diejenigen, die beim erworbenen Unternehmen bilanziert, als auch solche, die nicht bilanziert sind, wie z. B. immaterielle Vermögensgegenstände, die unter § 248 Abs. 2 Satz 2 HGB fallen) zum Stichtag erwerben würde. Darunter fallen daher neben dem bilanziellen Eigenkapital auch alle stillen Reserven, d. h. sämtliche Wertunterschiede zwischen den Tageswerten der erworbenen Vermögensgegenstände und Schulden und deren Buchwerten. Der Wert eines Unternehmens wird aber nicht allein durch die darin enthaltenen Einzelwerte bestimmt, sondern auch durch ihre gemeinsame Nutzung. Das dabei zum Einsatz kommende Know-How der Mitarbeiter, die Arbeitsorganisation, die Beziehungen zu Lieferanten und Kunden etc. bewirken, dass die Einzelwerte in ihrem Zusammenspiel mehr wert sind als alleinstehend. Der Wert eines ganzen Unternehmens ergibt sich aus den damit für die Eigentümer erzielbaren Überschüssen und wird durch eine den Regeln der Investitionsrechnung folgende Unternehmensbewertung (vgl. 1. Kapitel) ermittelt. Er wird, in Unterscheidung zum Substanzwert, auch als Ertragswert bezeichnet. Die Differenz zwischen dem Ertragswert und dem Substanzwert bezeichnet man als **originären Geschäfts- oder Firmenwert**. Dieser ist in der Bilanz nicht ansatzfähig. Wird bei einem Unternehmenserwerb ein tatsächlicher Kaufpreis bezahlt, so wird dadurch der Ertragswert objektiviert. Dadurch wird auch die Differenz aus Kaufpreis und Substanzwert, also der aus dem Kaufpreis abgeleitete, d. h. derivative, Geschäfts- oder Firmenwert, ansatzfähig und muss aufgrund des Vollständigkeitsgebots aktiviert werden.

Für den derivativen Geschäfts- oder Firmenwert, der heutzutage auch häufig als »derivativer **Goodwill**« bezeichnet wird, besteht auch in der Steuerbilanz eine Aktivierungspflicht. Er bemisst sich nach dem die Teilwerte der erworbenen Wirtschaftsgüter übersteigenden Kaufpreisanteil (§ 5 Abs. 2 EStG) und entspricht in den meisten Fällen dem handelsrechtlichen Wert.

Beispiel

Die KAUF-AG erwirbt die GENIUS GmbH zum 31.12.00 zu einem Kaufpreis von 750 TGE durch Übernahme aller Vermögensgegenstände und Schulden (sog. *asset deal*). Die GENIUS GmbH ist ein kleines Start-up-Unternehmen, das in den vergangenen Jahren durch besonders innovative Ideen bekannt geworden ist. Es verfügt über höchst exklusive Kundenlisten, die einen Marktwert von derzeit 200 TGE haben. Die Kundenlisten sind jedoch, da sie nicht aktivierbare selbst geschaffene immaterielle Werte darstellen, in der Bilanz der GENIUS GmbH nicht enthalten. Diese weist derzeit Aktiva von 1.000 TGE und Fremdkapital von 700 TGE auf. Der bilanzielle Wert (= Eigenkapital) der GENIUS GmbH beträgt zum 31.12.00 daher 300 TGE.

Aktiva	**Bilanz GENIUS GmbH zum 31.12.00 (TGE)**		**Passiva**
Grundstücke und Gebäude	800	Eigenkapital	300
Betriebs- und Geschäftsausstattung	200	Fremdkapital	700
	1.000		1.000

Nicht berücksichtigt in diesem Wert sind zudem stille Reserven i. H. v. 100 TGE, die sich aus einem höheren Marktwert der Grundstücke und Gebäude des Unternehmens ergeben. Einschließlich der erwähnten Kundenlisten im Wert von 200 TGE beträgt der Substanzwert der GENIUS GmbH demnach 600 TGE (= 300 TGE + 200 TGE + 100 TGE).

Durch einen Unternehmenserwerb werden nicht nur die Anschaffungskosten auf eine neue, erhöhte Basis gestellt, sondern es gelten dann auch alle bei Erwerb übernommenen Vermögensgegenstände als entgeltlich erworben. Dadurch werden für den Erwerber auch die aus

Sicht der GENIUS GmbH selbst geschaffenen Kundenlisten bilanzierungspflichtig. Dies erhöht den Wert des bilanzierten Nettovermögens auf den Substanzwert von 600 TGE:

Aktiva	**Bilanz GENIUS GmbH zum Zeitpunkt des Kaufes, bewertet zu Zeitwerten (TGE)**		**Passiva**
Kundenlisten	200	Eigenkapital (=Substanzwert)	600
Grundstücke und Gebäude	900	Fremdkapital	700
Betriebs- und Geschäftsausstattung	200		
	1.300		1.300

Die KAUF-AG bezahlt für die GENIUS GmbH einen Kaufpreis von 750 TGE. Der Geschäfts- oder Firmenwert (GFW) entspricht der Differenz aus Kaufpreis (Unternehmenswert) und Substanzwert: GFW = 750 TGE - 600 TGE = 150 TGE.
Die KAUF-AG habe Vermögen i. H. v. 2.000 TGE in Form von liquiden Mitteln und ist unverschuldet:

Aktiva	**Bilanz KAUF-AG vor Übernahme (TGE)**		**Passiva**
Liquide Mittel	2.000	Eigenkapital	2.000
	2.000		2.000

Nach § 246 Abs. 1 Satz 4 HGB liegt mit dem derivativen Geschäfts- oder Firmenwert ein zeitlich begrenzt nutzbarer Vermögensgegenstand vor und muss somit aktiviert werden. Somit erfolgt durch den Unternehmenserwerb in ihrer Bilanz ein Aktivtausch, bei der Liquidität i. H. v. 750 TGE durch Nettovermögen i. H. v. 750 TGE ersetzt wird.

Aktiva	**Bilanz KAUF-AG nach Übernahme zum 31.12.00 (TGE)**		**Passiva**
Kundenlisten	200	Eigenkapital	2.000
Derivativer GFW	150	Fremdkapital	700
Grundstücke und Gebäude	900		
Betriebs- und Geschäftsausstattung	200		
Liquide Mittel	1.250		
	2.700		2.700

Durch die Aktivierung des Geschäfts- oder Firmenwerts werden das Jahresergebnis und das Eigenkapital nicht belastet. Im Folgejahr hat die KAUF-AG den Firmenwert gemäß § 253 Abs. 3 Satz 2 HGB wie andere Vermögensgegenstände des Anlagevermögens über die voraussichtliche Nutzungsdauer abzuschreiben, was die zukünftigen Gewinne belastet.

Gemäß § 266 Abs. 2 A. I. 1 HGB werden die selbst geschaffenen immateriellen Vermögensgegenstände getrennt von den entgeltlich erworbenen immateriellen Vermögensgegenständen ausgewiesen. Für Kapitalgesellschaften (ausgenommen kleinste und kleine Gesellschaften; vgl. zu den Größenklassen 2. Kapitel, S. 52) sind folgende Unterposten auszuweisen und entsprechend in den Anlagespiegel (§ 284 Abs. 3 HGB) aufzunehmen:

1. Selbst geschaffene gewerbliche Schutzrechte und ähnliche Rechte und Werte;
2. entgeltlich erworbene Konzessionen, gewerbliche Schutzrechte und ähnliche Rechte und Werte sowie Lizenzen an solchen Rechten und Werten;
3. Geschäfts- oder Firmenwert;
4. geleistete Anzahlungen.

Werden selbst geschaffene immaterielle Vermögensgegenstände aktiviert und ausgewiesen, so ist im Anhang der Gesamtbetrag der Forschungs- und Entwicklungskosten des Geschäftsjahres sowie der davon auf selbst geschaffene immaterielle Vermögensgegenstände des Anlagevermögens entfallende Betrag anzugeben (§ 285 Nr. 22 HGB).

Der Ausweis des **Geschäfts- oder Firmenwerts** erfolgt unter dem immateriellen Vermögen, da er seinem Wesen nach eine Summe von (nicht identifizierbaren) immateriellen Werten umfasst. Er gehört somit sowohl ökonomisch betrachtet zum immateriellen Vermögen eines Unternehmens als auch durch die Definition in § 246 HGB, in dem er zum Vermögensgegenstand deklariert wird.

Unter dem Posten **»geleistete Anzahlungen«** werden von dem Unternehmen geleistete Zahlungen aufgrund abgeschlossener Verträge, soweit sich diese auf immaterielle Vermögensgegenstände beziehen, wie z. B. bei Lizenzverträgen, ausgewiesen.

2. Bewertung der immateriellen Vermögensgegenstände

Entgeltlich erworbene immaterielle Vermögensgegenstände werden bei ihrem Zugang mit den Anschaffungskosten bewertet (zur Definition der Anschaffungskosten vgl. 14. Kapitel, S. 340 f.), selbst geschaffene immaterielle Vermögensgegenstände mit den Herstellungskosten.

Als abnutzbares Vermögen sind die immateriellen Vermögensgegenstände planmäßig über ihre Nutzungsdauer abzuschreiben (§ 253 Abs. 1 und 3 HGB), die häufig durch die Laufzeit eines erworbenen Rechts bestimmt wird (wie z. B. die Laufzeit eines Lizenzvertrages oder der Nutzungszeitraum eines Patentes). Soweit die rechtliche Nutzungsdauer die ökonomische übersteigt, bestimmt letztere die relevante Abschreibungsdauer. Auch kann eine höhere Abschreibungsrate in den ersten Jahren sinnvoll sein, da immaterielle Vermögensgegenstände schnell an Wert verlieren können. Wenn im Fall von selbst geschaffenen immateriellen Vermögensgegenständen die voraussichtliche Nutzungsdauer nicht verlässlich ermittelbar ist, sind diese gemäß § 253 Abs. 3 Satz 3 HGB über zehn Jahre abzuschreiben.

Für immaterielle Vermögensgegenstände gilt entsprechend den Bestimmungen des § 253 Abs. 3 Satz 5 HGB das **Niederstwertprinzip**. Demnach ist eine außerplanmäßige Abschreibung dann vorzunehmen, wenn durch die technologische Entwicklung immaterielle Vermögensgegenstände voraussichtlich dauerhaft an Wert verlieren oder ganz wertlos werden (z. B. Wertverlust eines erworbenen Patents durch eine neue Erfindung). Bei vorübergehender Wertminderung darf eine Abschreibung nicht vorgenommen werden. Hinsichtlich der Wertaufholung bei Wegfall des Grundes für die außerplanmäßige Abschreibung gilt gemäß § 253 Abs. 5 HGB ein rechtsformunabhängiges Wertaufholungsgebot (vgl. oben Abschnitt A. II., S. 354 f.). Dieses gilt jedoch nicht für einen entgeltlich erworbenen Geschäfts- oder Firmenwert (vgl. unten).

Aufgrund des Maßgeblichkeitsprinzips entspricht die Bewertung von immateriellen Wirtschaftsgütern in der Steuerbilanz jener in der Handelsbilanz. Allerdings schreibt § 7 Abs. 1 EStG vor, dass für die planmäßige Abschreibung nur die lineare Methode zulässig ist, da im Steuerrecht immaterielle Wirtschaftsgüter als unbeweglich angesehen werden.

Da der derivative Geschäfts- oder Firmenwert durch § 246 Abs. 1 Satz 4 HGB zum Vermögensgegenstand deklariert wird, unterliegt er in den folgenden Geschäftsjahren somit auch den allgemeinen Vorschriften zur Folgebewertung von Vermögensgegenständen (§ 253 HGB). Als zeitlich begrenzt nutzbarer Vermögensgegenstand ist er um über die geschätzte Nutzungsdauer planmäßige Abschreibungen zu mindern. Weiterhin unterliegt er außerplanmäßigen Abschreibungen und ist mit dem niedrigeren Wert anzusetzen, der ihm am Abschlussstichtag beizulegen ist. Nach § 253 Abs. 5 HGB ist dieser niedrigere Wertansatz auch dann beizubehalten, wenn die Gründe dafür nicht mehr bestehen. Bei einer planmäßigen Verteilung der Abschreibungsbeträge auf die Geschäftsjahre ist ein gleichlaufender Abschreibungsplan in der Handels- und Steuerbilanz möglich, da steuerrechtlich bei der Berechnung des linearen AfA-Satzes von einer betriebsgewöhnlichen Nutzungsdauer von 15 Jahren auszugehen ist, sodass der AfA-Satz 6 2/3 % beträgt (§ 7 Abs. 1 S. 3 EStG). Sollte die Nutzungsdauer nicht verlässlich geschätzt werden können, sieht § 253 Abs. 3 Satz 4 HGB eine Abschreibung über zehn Jahre vor.

IV. Sachanlagevermögen

Im Sachanlagevermögen sind die Vermögensgegenstände mit physischer Substanz aufzunehmen, die dauerhaft im Unternehmen verbleiben. Hierunter fallen nicht die Finanzanlagen. Beispiele sind Produktionshallen und technische Anlagen.

1. Ansatz und Ausweis der Sachanlagen

Entsprechend dem Vollständigkeitsgebot (§ 246 Abs. 1 HGB) unterliegen sämtliche Vermögensgegenstände des **Sachanlagevermögens**, die im wirtschaftlichen Eigentum des Unternehmens stehen, einem Aktivierungsgebot. Gemäß § 266 Abs. 2 A. II. HGB ist das Sachanlagevermögen von Kapitalgesellschaften (ausgenommen kleinste und kleine Gesellschaften; vgl. zu den Größenklassen 2. Kapitel, S. 52) in den folgenden Unterposten auszuweisen und entsprechend in den Anlagespiegel (§ 284 Abs. 3 HGB) aufzunehmen:

1. Grundstücke, grundstücksgleiche Rechte und Bauten einschließlich der Bauten auf fremden Grundstücken,
2. technische Anlagen und Maschinen,
3. andere Anlagen, Betriebs- und Geschäftsausstattung,
4. geleistete Anzahlungen und Anlagen im Bau.

Grundstücke und **grundstücksgleiche Rechte** (Erbbaurecht, Wohnungs-, Bergwerkseigentum) werden handelsrechtlich unabhängig von ihrer Bebauung in einem Sammelposten ausgewiesen.

Bei **Bauten auf fremden Grundstücken** handelt es sich meist um Gebäude auf gepachtetem Grund. Dabei ist es für den Bilanzausweis unerheblich, ob das Gebäude gemäß den §§ 93 ff. BGB als wesentlicher Bestandteil des Grund und Bodens in das rechtliche Eigentum des Verpächters übergeht.

Gebäude umfassen auch die der Benutzung dienenden Einrichtungen wie Heizungs-, Beleuchtungsanlagen, Aufzüge usw. Bei der Abgrenzung gegenüber dem Posten »technische Anlagen und Maschinen« entscheidet primär die Zweckbestimmung.

Was direkt der Fabrikation dient (Betriebsvorrichtung), wird unter dem Posten **»technische Anlagen und Maschinen«** ausgewiesen, unabhängig davon, ob es sich um bewegliche Vermögensgegenstände handelt oder um solche, die fest mit dem Gebäude oder Grundstück verbunden und damit rechtlicher Bestandteil des Grundstücks sind (§ 94 BGB). Es kommt primär auf die wirtschaftliche Zugehörigkeit an, sodass darunter auch technische Anlagen und Maschinen ausgewiesen werden, die wesentlicher Bestandteil eines fremden Grundstücks, sicherungsübereignet oder unter Eigentumsvorbehalt geliefert sind, obwohl sie rechtlich dem Eigentum eines Dritten zugerechnet werden. Auch Anlagen, bei denen Gebäude und technische Vorrichtung eine Einheit bilden, wie Hochofen, Kühlturm und Transformatorenhaus, werden unter den technischen Anlagen und Maschinen ausgewiesen.

Unter den Posten **»andere Anlagen, Betriebs- und Geschäftsausstattung«** fallen z. B. die Einrichtung der Werkstatt, der Fuhrpark, Werkzeuge, Büroausstattung, soweit diese nicht unter den »technischen Anlagen und Maschinen« ausgewiesen werden oder Betriebsstoffe (Umlaufvermögen) sind.

Der Posten **»geleistete Anzahlungen und Anlagen im Bau«** beinhaltet Investitionen in das Anlagevermögen, die am Bilanzstichtag noch nicht vollendet sind. Die Aktivierung bewirkt eine erfolgsmäßige Neutralisation dieser Ausgaben für Eigen- und Fremdleistungen. Die erste Phase einer Investition ist ggf. eine Anzahlung auf Anlagen. Um diese Umgliederung des Vermögens von dem unter dem Umlaufvermögen erfassten Bankkonto in Richtung Anlagevermögen deutlich zu machen, werden derartige Vorleistungen bereits als Anlagevermögen ausgewiesen.

Das Sachanlagevermögen ist – wie in diesem Kapitel auf S. 354 näher erläutert – durch ein Bestandsverzeichnis (Inventar, Anlageverzeichnis) nachzuweisen und dessen Bewegung während des Geschäftsjahrs im Anlagespiegel aufzuführen (vgl. S. 374 ff. am Ende dieses Kapitels).

Zum Sachanlagevermögen zählen somit **abnutzbare** (z. B. technische Anlagen und Maschinen) und **nicht abnutzbare** Vermögensgegenstände (z. B. Grundstücke und grundstücksgleiche Rechte). Weiterhin lassen sich **unbewegliche** (z. B. Grundstücke) und **bewegliche** (z. B. Betriebs- und Geschäftsausstattung) Vermögensgegenstände unterscheiden (vgl. auch Abb. 15.1, S. 353).

2. Bewertung der Sachanlagen

Den Ausgangswert der Sachanlagen stellen die Anschaffungs- oder Herstellungskosten dar (§ 253 Abs. 1 HGB); vgl. zur Definition 14. Kapitel, S. 339 ff. Bei Grundstücken, grundstücksgleichen Rechten und Gebäuden zählen zu den Anschaffungsnebenkosten die Kosten für die Grundstücksherrichtung, wie Entwässerung und Parzellierung, die Grundbuch- und Notargebühren, die Maklerprovisionen und die Grunderwerbsteuer.

Für die Folgebewertung ist die Unterscheidung in abnutzbares und nicht abnutzbares Sachanlagevermögen wichtig (vgl. hierzu in diesem Kapitel, S. 354 ff.). So sind ein Grundstück und ein darauf stehendes Gebäude getrennt abzuschreiben, da das Gebäude aufgrund der natürlichen, ökonomischen oder technischen Beschränkung seiner Nutzungsdauer planmäßig abgeschrieben werden muss; das Grundstück, das i. d. R. keiner Abnutzung unterliegt, hingegen aber nur bei auftretenden Wertminderungen (z. B. Verseuchung des Bodens), gemäß dem **Niederstwertprinzip**, außerplanmäßig abzuschreiben ist. Unterliegen Grundstücke jedoch einer Abnutzung, wie z. B. bei Kiesgruben, Steinbrüchen oder anderen Rohstoffvorkommen, sind diese auch planmäßig entsprechend des Verbrauches des Rohstoffvorkommens abzuschreiben.

Vom Grundsatz der Einzelbewertung darf aus Vereinfachungsgründen bei Massengütern des Sachanlagevermögens (z. B. Werkzeuge, Schreibmaschinen, Hotelgeschirr) abgewichen und das **Festwertverfahren** (§ 240 Abs. 3 HGB) angewandt werden. Hierbei wird ein bestimmter, festgelegter Wert beibehalten und nicht abgeschrieben, aber auch nicht durch Zugänge aus der Ersatzbeschaffung vermehrt. Die dahinter stehende Annahme ist, dass sich Verbrauch und Ersatzbeschaffung die Waage halten. Daher werden Ausgaben für Ersatzbeschaffungen unmittelbar als Aufwand verrechnet und nicht aktiviert. Entsprechen sich Abnutzung und Ersatzbeschaffung, so entspricht diese Fiktion der Realität, die Abschreibung wird nur durch den Aufwand der Ersatzbeschaffung ersetzt.

Die Anwendungsvoraussetzungen für das Festwertverfahren sind, dass der Gesamtwert der jeweiligen Vermögensgegenstände für das bilanzierende Unternehmen von nachrangiger Bedeutung ist und die Anlagengüter nicht bereits als geringwertige Wirtschaftsgüter (GWG) behandelt werden. Ferner darf bezüglich Größe, Wert und Zusammensetzung über die Jahre nur eine geringe Bestandsveränderung erfolgen. Zusätzlich ist i. d. R. alle drei Jahre eine körperliche Bestandsaufnahme (Inventur) durchzuführen. Weicht bei dieser Inventur der Bestand um mehr als 10 % nach oben ab, so ist ein neuer Festwert zu ermitteln (Anlehnung an R 5.4 Abs. 3 EStR). Bei Mindermengen sind immer Anpassungen erforderlich. Das Festwertverfahren ist auch steuerlich anwendbar (R 5.4 EStR).

Die außerplanmäßigen Abschreibungen des Sachanlagevermögens unterliegen dem **gemilderten Niederstwertprinzip**. Falls die Gründe für eine außerplanmäßige Abschreibung entfallen, besteht ein Wertaufholungsgebot (vgl. in diesem Kapitel, S. 356).

3. Leasing

Vermögensgegenstände des Sachanlagevermögens werden in der Unternehmenspraxis häufig auf Basis von Leasingverträgen übertragen und genutzt. Für den Sachverhalt des **Leasings** kann man keine einheitliche Definition finden, Leasingverhältnisse lassen sich vom Mietvertrag bis zum Ratenkaufvertrag einordnen (vgl. Helmschrott [1997], S. 1 f.). Die eigentliche Motivation eines Unternehmens, einen Leasingvertrag abzuschließen, besteht i. d. R. darin, Investitionsgüter für eine begrenzte Zeit gegen Entgelt zu gebrauchen bzw. zu nutzen, ohne dabei das zivilrechtliche Eigentum an diesem Gegenstand zu erwerben.

Eine wesentliche Frage hinsichtlich der Bilanzierung von Leasinggeschäften ist die Zurechnung der Leasinggegenstände zum Leasinggeber oder Leasingnehmer. § 246 Abs. 1 Satz 2 HGB schreibt vor, dass Vermögensgegenstände nur in die Bilanz aufzunehmen sind, wenn sie dem Eigentümer auch wirtschaftlich zuzurechnen sind. International spricht man in diesem Zusammenhang auch von »*substance over form*«. Diese handelsrechtliche Bilanzierungsvorgabe entspricht bezüglich des wirtschaftlichen Eigentümers den steuerrechtlichen Vorschriften des § 39 AO. Dieser hat den Leasinggegenstand zu aktivieren, da er die mit dem Leasinggut verbundenen Chancen und Risiken trägt. Je nachdem welcher Vertragspartner das Investitionsrisiko trägt, wird grundsätzlich zwischen Finanzierungsleasing (Leasingnehmer trägt Chancen und Risiken) und Operating-Leasing (Leasinggeber trägt Chancen und Risiken) unterschieden.

Man spricht von **Operating-Leasing**, wenn der Leasingvertrag neben einem normalen, jederzeit kündbaren Mietverhältnis nur die Verpflichtung des juristischen Eigentümers (Leasinggeber) gegenüber dem Benutzer (Leasingnehmer) vorsieht, den Gegenstand zu pflegen, zu warten, zu reparieren oder sonstige Arbeiten im Zusammenhang mit dem Gegenstand zu übernehmen. Derartige Verträge werden von dem Leasingnehmer zur Abdeckung von Risiken abgeschlossen, die im vorschnellen wirtschaftlichen Veraltern des Leasinggegenstandes oder der mangelnden Nutzbarkeit im eigenen Betrieb liegen. Solche Verträge sind in der EDV-Branche üblich und beinhalten bei der Aufstellung des Jahresabschlusses keine besonderen Probleme, da die Gegenstände wie gewöhnlich im Fall der Miete beim juristischen Eigentümer (Leasinggeber) zu bilanzieren sind. Die Leasingraten sind beim Leasinggeber als »sonstiger betrieblicher Ertrag« und beim Leasingnehmer als »sonstiger betrieblicher Aufwand« in der GuV zu erfassen.

Das **Finanzierungsleasing** ist mit einem Ratenkauf unter Eigentumsvorbehalt zu vergleichen. Der Leasinggeber ist zwar der juristische Eigentümer, aber der Leasingnehmer trägt die wirtschaftlichen Chancen und Risiken des Leasinggegenstandes und hat als wirtschaftlicher Eigentümer den Gegenstand zu dessen Zeitwert zu aktivieren und eine entsprechende Leasingverbindlichkeit in derselben Höhe zu passivieren. Des Weiteren hat der Leasingnehmer die zu zahlende Leasingrate in einen Zins- und einen Tilgungsanteil aufzuteilen, mit dem die Leasingverbindlichkeit beglichen wird. Darüber hinaus hat er den Gegenstand planmäßig abzuschreiben, soweit dieser abnutzbar ist.

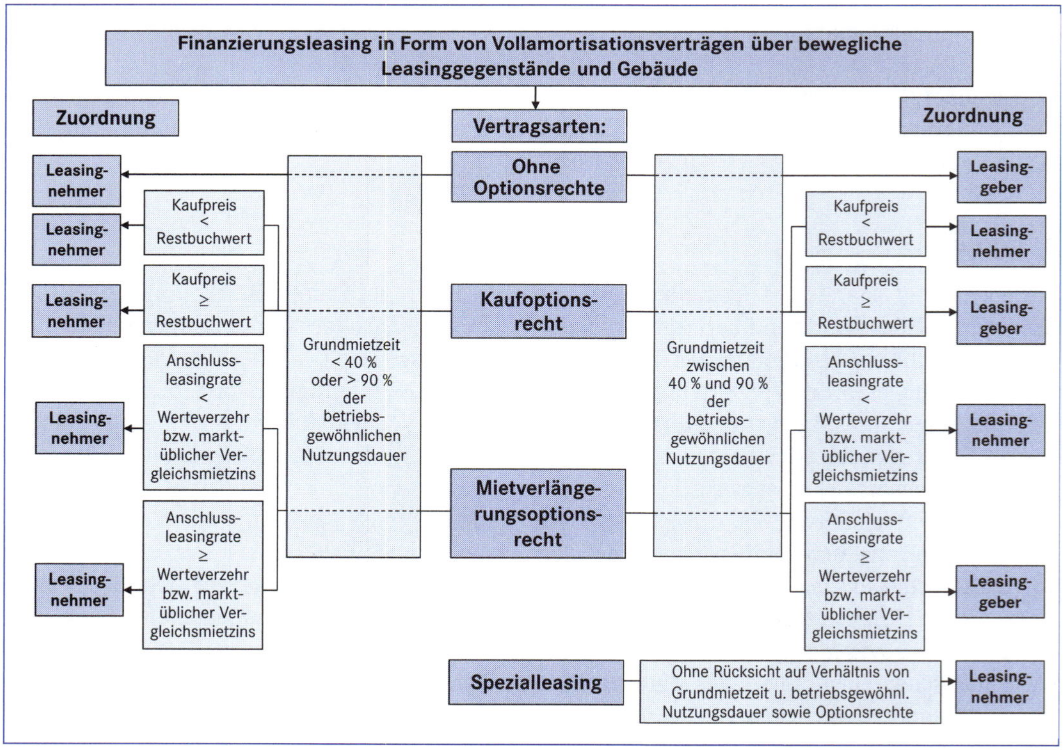

Abb. 15.3: Finanzierungsleasing bei Vollamortisationsverträgen

Einen Sonderfall des Finanzierungsleasings stellt das **Spezialleasing** dar, bei dem der Leasinggegenstand nur von dem Leasingnehmer wirtschaftlich sinnvoll genutzt werden kann, da der Gegenstand genau für die Verhältnisse des Leasingnehmers entwickelt und gestaltet wurde und somit vom Leasingnehmer zu bilanzieren ist.

Finanzierungsleasingverträge sind in solche zu unterteilen, die eine **Vollamortisation** der Investitionskosten und des Gewinns des Leasinggebers während der Grundmietzeit durch die Leasingraten gewährleisten. Zuordnungskriterien sind hierbei die Vertragsdauer im Verhältnis zur wirtschaftlichen Nutzungsdauer, eine Kaufoption des Leasingnehmers mit Kaufpreisangabe oder eine Mietverlängerungsoption des Leasingnehmers (vgl. hierzu Abb. 15.3).

Bei **Teilamortisierungsverträgen** werden die Investitionskosten des Leasinggebers und dessen Gewinn während der Grundmietzeit durch die Leasingraten nicht voll gedeckt. Die Zuordnung des Leasinggegenstandes richtet sich hierbei nach der Vertragsgestaltung.

Im Falle eines Andienungsrechts des Leasinggebers hat dieser den Gegenstand zu bilanzieren. Am Ende der Grundmietzeit wird über eine Mietverlängerung verhandelt. Falls es nicht zur Verlängerung kommt, muss der Leasingnehmer den Leasinggegenstand zu einem bei Vertragsschluss festgelegten Betrag kaufen. Die Verlängerungsmiete bzw. der Kaufpreis werden so bemessen, dass sie die Vollamortisierung gewährleisten.

Ein anderer Vertragstyp sieht eine Restzahlung des Leasingnehmers vor, soweit der aus dem Verkauf nach Ablauf der Grundmietzeit erzielte Verkaufserlös den Restamortisationsbetrag nicht deckt. Falls der Verkaufspreis den Restamortisationsbetrag übersteigt und der Leasinggeber mindestens 25 % des Verkaufserlöses erhält, hat dieser den Gegenstand zu bilanzieren, sonst der Leasingnehmer.

Falls dem Leasingnehmer nach Ablauf der Grundmietzeit ein Kündigungsrecht zusteht und die Schlusszahlung mit dem Verkaufserlös des Leasinggegenstandes verrechnet wird, ist der Gegenstand ebenfalls dem Leasinggeber zuzurechnen.

V. Finanzanlagevermögen

Zum Finanzanlagevermögen zählen all diejenigen Vermögensgegenstände, die durch dauerhafte Kapitalüberlassung an andere Unternehmen entstanden sind.

1. Ansatz und Ausweis der Finanzanlagen

Entsprechend dem Vollständigkeitsgebot (§ 246 Abs. 1 HGB) unterliegen sämtliche Vermögensgegenstände des Finanzanlagevermögens, die im wirtschaftlichen Eigentum des Unternehmens stehen, einem Aktivierungsgebot. Gemäß § 266 Abs. 2 A. III. HGB ist das **Finanzanlagevermögen** von Kapitalgesellschaften (ausgenommen Kleinstkapitalgesellschaften und kleine Kapitalgesellschaften; vgl. zu den Größenklassen im 2. Kapitel, S. 52) in den folgenden Unterposten auszuweisen und entsprechend im Anhang in den Anlagespiegel (§ 284 Abs. 3 HGB) aufzunehmen:

1. Anteile an verbundenen Unternehmen;
2. Ausleihungen an verbundene Unternehmen;
3. Beteiligungen;
4. Ausleihungen an Unternehmen, mit denen ein Beteiligungsverhältnis besteht;
5. Wertpapiere des Anlagevermögens;
6. Sonstige Ausleihungen.

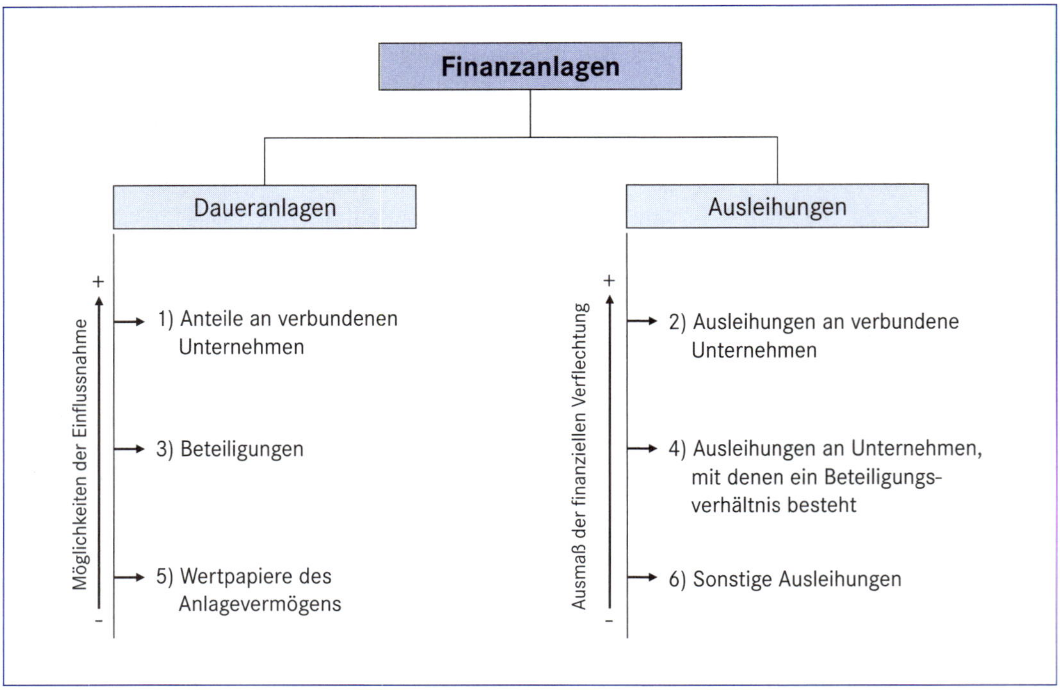

Abb. 15.4: Die Aufgliederung der Finanzanlagen nach HGB

Innerhalb des Finanzanlagevermögens wird in mehrfacher Hinsicht untergliedert: Zum einen wird nach dem Charakter des finanziellen Anspruchs unterschieden in »Anteile« bzw. »Beteiligungen« am Eigenkapital eines anderen Unternehmens und »Ausleihungen«, also langfristige Forderungen, die für das schuldende andere Unternehmen Fremdkapital darstellen. Damit unterscheiden sich diese beiden Gruppen im Wesentlichen durch die Möglichkeit der Einflussnahme auf das andere Unternehmen. Dabei nehmen die »Wertpapiere des Anlagevermögens« eine Zwitterstellung ein, da sie sowohl Anteile am Eigenkapital als auch verbriefte Fremdkapitalforderungen beinhalten können. Zum anderen erfolgt innerhalb der beiden Gruppen eine Untergliederung nach dem Ausmaß der finanziellen Verflechtung bzw. der Einflussnahmemöglichkeit in verbundene Unternehmen, in Beteiligungsunternehmen und in solche, bei denen keine Möglichkeit der Einflussnahme besteht (vgl. Abb. 15.4).

Im Folgenden werden die einzelnen Posten des Finanzanlagevermögens näher beschrieben.

Beteiligungen

§ 271 Abs. 1 Satz 1 HGB definiert **Beteiligungen** als Anteile an anderen Unternehmen, die bestimmt sind, dem eigenen Geschäftsbetrieb durch die Herstellung einer dauerhaften Verbindung zu dienen, wie z. B. die Anteile an einer GmbH sowie Komplementär- und Kommanditeinlagen bei einer KG. Entscheidend hierfür ist nicht die Beteiligungshöhe, sondern die Beteiligungsabsicht (mögliche Indizien: personelle Verflechtung, gemeinsame Forschungs- und Entwicklungsprojekte). Von Beteiligungen spricht man nach § 271 HGB bei Kapitalgesellschaften im Zweifel dann, wenn ein **maßgeblicher Einfluss** ausgeübt wird. Ein solcher wird ab einer Beteiligungsquote von 20 % am Nennkapital oder, falls ein Nennkapital nicht vorhanden ist, entsprechend 20 % der Summe aller Kaptalanteile an diesem Unternehmen angenommen (§ 271 Abs. 1 Satz 3 HGB). Diese Vermutung ist aber widerlegbar. Falls keine Beteiligungsabsicht besteht, sind die Anteile unter dem Posten »Wertpapiere des Anlagevermögens« auszuweisen. Sollte auch die Annahme der Daueranlage widerlegt werden können, sind diese Anteile im Umlaufvermögen unter dem Posten »sonstige Wertpapiere« (vgl. in diesem Kapitel, S. 388) auszuweisen.

Wie für alle Vermögensgegenstände des Anlagevermögens, so ist auch für das Finanzanlagevermögen der Nachweis der Vermögensgegenstände durch ein **Bestandsverzeichnis** (Inventar) zu führen, das für jeden Bilanzstichtag aufzustellen ist (§ 240 Abs. 2 HGB). Bei den Beteiligungen ist im Bestandsverzeichnis jeweils das Beteiligungsunternehmen mit seiner Rechtsform, der prozentualen und nominalen Beteiligungshöhe, den Anschaffungskosten der Beteiligung und dem letzten Buchwert einzeln aufzuführen. Grundlage für dieses Inventar bilden bei unverbrieften Beteiligungen einzelne Bestandsnachweise wie Handelsregisterauszüge, Gesellschafts- oder Kaufverträge. Bei verbrieften Beteiligungen erfolgt der Bestandsnachweis wie bei anderen Wertpapieren des Anlagevermögens. Bei eigener Verwahrung erfolgt der Bestandsnachweis nach einem zulässigen Inventurverfahren bzw. bei Fremdverwahrung durch einen Depotauszug.

Anteile an verbundenen Unternehmen

Einen Unterfall der Beteiligungen bilden i. d. R. die gesondert auszuweisenden **Anteile an verbundenen Unternehmen**. Von **verbundenen Unternehmen** spricht man gemäß § 271 Abs. 2 HGB, wenn diese entsprechend § 290 HGB als Mutter- oder Tochterunternehmen in einen Konzernabschluss einzubeziehen sind. Das ist dann der Fall, wenn ein Unternehmen unmittelbar oder mittelbar einen **beherrschenden Einfluss** auf ein anderes Unternehmen ausüben kann, wovon, vereinfacht ausgedrückt, ab einer Beteiligungshöhe von mehr als 50 % (genauer: Stimmrechtsmehrheit) auszugehen ist (vgl. § 290 HGB).

Falls im Ausnahmefall die dauerhafte Besitzabsicht widerlegt werden kann, sind diese Anteile unter dem Posten »Anteile an verbundenen Unternehmen« im Umlaufvermögen (vgl. in diesem Kapitel, S. 388) auszuweisen.

Wertpapiere des Anlagevermögens

Bei den **Wertpapieren des Anlagevermögens** werden die Wertpapiere ausgewiesen, die zwar auf Dauer angelegt sind, bei denen jedoch eine Beteiligungsabsicht fehlt bzw. die Beteiligungsvermutung nach § 271 Abs. 1 Satz 3 HGB widerlegt werden kann. Beispiele hierfür sind insbesondere Kapitalmarktpapiere wie Aktien, Investmentanteile und festverzinsliche Wertpapiere (z. B. Obligationen, Pfandbriefe, Bundes- und Länderanleihen) oder wertpapierähnliche Rechte, wie Bundesschatzbriefe.

Die auf diese Wertpapiere entfallenden Zins- und Dividendenforderungen sind unter dem Posten »sonstige Vermögensgegenstände« des Umlaufvermögens (vgl. in diesem Kapitel, S. 383) auszuweisen.

Ausleihungen

Die **Ausleihungen** stellen langfristiges Gläubigerkapital als Folge von Finanzgeschäften dar. Unter Ausleihungen sind daher langfristige Finanzforderungen auszuweisen, die dazu bestimmt sind, dauernd dem Geschäftsbetrieb zu dienen. Beispiele für Ausleihungen sind Hypotheken, Grund- und Rentenforderungen sowie langfristige Darlehen. Das HGB gibt zwar keine Mindestlaufzeit vor, allerdings wird für den Nachweis der Daueranlageabsicht eine Gesamtlaufzeit von wenigstens einem Jahr zu fordern sein. Waren- oder Leistungsforderungen gelten dagegen unabhängig von ihrer Laufzeit nicht als Ausleihungen, sondern sind immer im Umlaufvermögen auszuweisen. Wie zu Beginn bereits erläutert, sind die Ausleihungen in solche »an verbundene Unternehmen«, »an Unternehmen, mit denen ein Beteiligungsverhältnis besteht« und »sonstige Ausleihungen« zu untergliedern.

Wie alle Posten des Finanzanlagevermögens sind auch Ausleihungen in einem **Bestandsverzeichnis** nachzuweisen. Die Grundlage für das Inventar bei den Ausleihungen wird aufgrund von Darlehens- oder Personenkonten zusammengestellt. Diese **Saldenliste** enthält die Sollbestände der Buchhaltung, deren Übereinstimmung mit den tatsächlichen Beständen durch Darlehensverträge, Auszahlungsbelege und Saldenbestätigungen dokumentiert wird.

Beispiel

Die Dagobert GmbH ist ein Tochterunternehmen der Dack AG. Ihr Wertpapierbestand weist Aktien der Donald AG i. H. v. 1.000 GE auf, die ebenfalls ein Tochterunternehmen des Dack-Konzerns ist. Außerdem enthält der Bestand festverzinsliche Wertpapiere der Gans AG i. H. v. 500 GE, an der die Dagobert GmbH zu 20 % beteiligt ist. Der Wert der Anteile an der Gans AG beträgt 800 GE. Darüber hinaus hält die Dagobert GmbH Aktien des Konkurrenzunternehmens Klever AG im Wert von 700 GE, mit denen keine Möglichkeit der maßgeblichen Einflussnahme verbunden ist.
Der Ausweis dieser Wertpapiere in den Finanzanlagen des Abschlusses der Dagobert GmbH sieht wie folgt aus:

1) Anteile an verbundenen Unternehmen	1.000
2) Ausleihungen an Unternehmen, mit denen ein Beteiligungsverhältnis besteht	500
3) Beteiligungen	800
4) Wertpapiere des Anlagevermögens	700
Finanzanlagen (in GE)	3.000

2. Bewertung der Finanzanlagen

Die Bewertung von **Daueranlagen (Anteilen an verbundenen Unternehmen und Beteiligungen)** erfolgt zu Anschaffungskosten. Bei einem Anteils- oder Beteiligungserwerb von Dritten bestehen die Anschaffungskosten aus dem Kaufpreis zuzüglich der Nebenkosten (z. B. Notargebühren, Provisionen, Spesen). Bei Anteilen bzw. einer Beteiligung, die direkt durch Einlagen in das Beteiligungsunternehmen anlässlich einer Gründung oder Kapitalerhöhung erworben wurden, muss zwischen Geld- und Sacheinlagen unterschieden werden. Bei Geldeinlagen entsprechen die Anschaffungskosten dem hinterlegten Geldbetrag, bei Sachanlagen besteht in der Handelsbilanz ein Wahlrecht zwischen dem Buchwert und dem Zeitwert (beizulegender Wert bzw. Marktpreis) der eingebrachten Gegenstände. In der Steuerbilanz muss die Beteiligung mit den Anschaffungskosten oder dem niedrigeren Teilwert (vgl. 14. Kapitel, S. 345) bewertet werden (§ 6 Abs. 1 Nr. 2 EStG).

Bei **Beteiligungen an Personengesellschaften** müssen in den Folgejahren die Anschaffungskosten um Gewinne und Verluste sowie um Einlagen und Entnahmen erhöht bzw. vermindert werden, da das Jahresergebnis den Gesellschaftern unmittelbar zur Verwendung zusteht und die Verteilungsmodalitäten i. d. R. feststehen. Sofern die Gewinnanteile nicht der Verfügungsgewalt der Gesellschafter entzogen sind, wirkt sich das Ergebnis mit seiner Entstehung unmittelbar auf die Höhe der Kapitalanteile der Gesellschafter aus, d. h., das Ergebnis bewirkt unmittelbar eine Kapitalerhöhung oder -herabsetzung (Coenenberg, A. G./Haller, A./Schultze, W. [2018], S. 266).

Im Unterschied dazu können **thesaurierte Gewinne von Kapitalgesellschaften** (gemäß dem Realisationsprinzip) nicht zu einer Erhöhung des Beteiligungsbuchwertes bei dem beteiligten Unternehmen führen, da grundsätzlich hinsichtlich der Ergebnisverwendung immer ein entsprechender Beschluss der Organe notwendig ist. Eine Ausnahme von dieser Regelung bei Kapitalgesellschaften stellt die ***Equity*-Methode** dar. Bei dieser führen die dem Gesellschafter zuzuordnenden Gewinne/Verluste zu einer Erhöhung/Minderung des Wertansatzes der Beteiligung. Diese Methode ist allerdings nach HGB nur im Konzernabschluss (vgl. 23. Kapitel, S. 517 ff.), nicht dagegen im Einzelabschluss anwendbar (vgl. § 312 HGB).

Die in der GuV auszuweisenden Erträge aus Beteiligungen sind die laufenden Gewinnanteile aus Anteilen an verbundenen Unternehmen und Beteiligungen. Sie sind als Bruttoerträge auszuweisen. Ein Abzug der Kapitalertragsteuer findet nicht statt. Die Beteiligungserträge sind bei Kapitalgesellschaften erst zu vereinnahmen, wenn ein Gewinnverwendungsbeschluss vorliegt. Eine zeitgleiche Vereinnahmung in der Periode der Entstehung kommt nur unter ganz bestimmten Voraussetzungen in Betracht (siehe im Detail Coenenberg/Haller/Schultze [2018], Kapitel 5.B.I.1.b).

Für Anteile bzw. Beteiligungen gilt in der Handelsbilanz das **gemilderte Niederstwertprinzip**, d. h., bei vorübergehenden Wertminderungen besteht ein Wahlrecht zur Vornahme einer außerplanmäßigen Abschreibung auf den niedrigeren beizulegenden Wert (§ 253 Abs. 3 Satz 6 HGB). Bei voraussichtlich dauerhaften Wertminderungen hingegen gilt ein entsprechendes Abschreibungsgebot. Steuerrechtlich besteht hingegen bei einer vorübergehenden Wertminderung ein Abschreibungsverbot und nur bei voraussichtlich dauernder Wertminderung ein Abschreibungswahlrecht (§ 6 Abs. 1 Nr. 1 Satz 2 EStG).

Für die **Wertpapiere des Anlagevermögens** gelten im HGB-Abschluss die gleichen Bewertungsgrundsätze wie für Beteiligungen. Wertpapiere der gleichen Gesellschaft, die zu unterschiedlichen Zeitpunkten und Kursen gekauft wurden, werden gewöhnlich handels- und steuerrechtlich zu Durchschnittsanschaffungskosten bewertet. Wenn die individuellen Anschaffungskosten anhand der Wertpapiernummer nachgewiesen werden, kann handelsrechtlich allerdings auch eine Einzelbewertung erfolgen.

Beispiel

Die Clorion AG hält 80 festverzinsliche Wertpapiere der Krosix AG, an der sie zu 40 % beteiligt ist. Die Papiere haben eine Restlaufzeit von 4 Jahren und einen Nominalzins von 4 %. Die Anschaffung erfolgte zum Ausgabepreis von 1.000 GE pro Wertpapier. Der Buchwert beträgt 80.000 GE. Wegen eines Anstiegs des Zinsniveaus ist der Kurs der Papiere verfallen und beträgt nun nur noch 96 %. Der Kurswert der Papiere beträgt daher nur noch 76.800 GE. Es besteht keine Absicht, die Papiere vor Fälligkeit zu verkaufen.
Die Papiere sind Bestandteil des finanziellen Anlagevermögens. Für sie gilt das gemilderte Niederstwertprinzip. Da keine dauerhafte Wertminderung vorliegt, zumal die Rückzahlung der Papiere zum vollen Nennwert erfolgt, hat die Clorion AG handelsrechtlich ein Wahlrecht, den Buchwert von 80.000 GE beizubehalten oder aber auf 76.800 GE abzuschreiben. Steuerrechtlich ist dementgegen der Buchwert von 80.000 GE zwingend beizubehalten.

Als Ausgangswert zur Bewertung von **Ausleihungen** entsprechen die Anschaffungskosten den aufgewendeten Beträgen, i. d. R. also den Auszahlungsbeträgen an den Darlehensnehmer. Liegt der Ausgabebetrag unter dem Erfüllungsbetrag, so ist der Unterschiedsbetrag als zusätzlicher Zinsertrag (Disagio) über die Laufzeit der Ausleihung zu vereinnahmen. Der Buchwert der Ausleihung ist dementsprechend durch Zuschreibungen zu erhöhen. Eine spezifische Form solcher Anleihen stellen die sog. **»Null-Kupon-Anleihen (Zero-Bonds)«** dar. Dies sind festverzinsliche Anleihen, die keine nominelle Verzinsung beinhalten und erst am Ende der regelmäßig langen Laufzeit durch einen höheren Erfüllungsbetrag als Ausgabebetrag implizit zu einer Zinszahlung führen (d. h., die fehlende Zinszahlung wird durch ein hohes Disagio kompensiert). Da die Differenz aber effektiv eine Zinszahlung darstellt, wird ein Zero-Bond mit dem Ausgabebetrag aktiviert und um den jährlichen Zinsanteil zugeschrieben (Buchung: Per Zero-Bond an Zinserträge). Dieser Zinsanteil resultiert aus einer Effektivzinsberechnung.

Beispiel

Die M. Gomez AG emittiert einen Zero-Bond mit einer Laufzeit von 3 Jahren, einem Rücknahmebetrag i. H. v. 1.000 GE und einem Ausgabebetrag i. H. v. 751,31 GE. Als Effektivzins ergibt sich somit:

$$\text{Effektivzins} = \sqrt[3]{\frac{1.000}{751{,}31}} - 1 = 10\,\%$$

Die Zuschreibungsbeträge und Buchwerte ergeben sich damit wie folgt:

Buchwert bei Ausgabe	in t = 0:	751,31
Zuschreibung (10 %)	in t = 1:	75,13
Buchwert	in t = 1:	826,44
Zuschreibung (10 %)	in t = 2:	82,64
Buchwert	in t = 2:	909,08
Zuschreibung (10 %)	in t = 3:	90,91
Buchwert	in t = 3:	1.000,00

Da die Ausleihungen wie die Beteiligungen zum Finanzanlagevermögen zählen, gilt auch für sie handelsrechtlich das gemilderte Niederstwertprinzip (nicht so im Steuerrecht, siehe § 6 Abs. 1 Nr. 1 Satz 2 EStG; vgl. in diesem Kapitel, S. 356). Die wesentlichen Gründe für den Ansatz eines niedrigeren Zeitwerts unter den Anschaffungskosten sind sinkende Kurse bei Ausleihungen in fremder Währung, Unverzinslichkeit oder Minderverzinslichkeit von Ausleihungen sowie die Konkretisierung von Forderungsrisiken.

Ausleihungen in **fremder Währung** sind bei Zugang (vereinfachungshalber) sowie am Bilanzstichtag mit dem Devisenkassamittelkurs (Mittelkurs aus Geld- und Briefkurs) unter Beachtung des Imparitäts-, Realisations- und des Anschaffungskostenprinzips zu bewerten (§ 256a HGB; vgl. ausführlicher in diesem Kapitel, S. 385). Kursgewinne können hier erst mit dem Eingang der Finanzforderung vereinnahmt werden (Realisationsprinzip). Kursverluste hingegen müssen eine niedrigere Bewertung auslösen. Bei Ausleihungen mit einer Restlaufzeit von einem Jahr oder weniger sind diese vorsichtigen Bilanzierungsprinzipien nach § 256a Satz 2 HGB nicht anzuwenden und es kann - bei entsprechender Kursentwicklung - eine Bewertung oberhalb der Anschaffungskosten resultieren.

Ein drohender Verlust durch Minderverzinslichkeit ist gegeben, wenn die zur Finanzierung der Ausleihung notwendigen Zinsaufwendungen die aus der Ausleihung erzielbaren Zinserträge während der zukünftigen Laufzeit übersteigen. Der beizulegende Wert einer solchen oder einer unverzinslichen Ausleihung bestimmt sich dann nach dem Auszahlungsbetrag der Ausleihung vermindert um den Kapitalwert des Zinsverlustes.

Zu den wertmindernden Forderungsrisiken zählt das Ausfallrisiko der Ausleihung wegen unzureichender Zahlungsfähigkeit des Schuldners. Der hier vorzunehmende Abschlag von den Anschaffungskosten der Ausleihung bemisst sich nach dem voraussichtlich uneinbringlichen Erfüllungsbetrag.

Für sämtliche Vermögensgegenstände des Finanzanlagevermögens gilt das Wertaufholungsgebot nach § 253 Abs. 5 HGB, d. h., sollte der Grund für eine außerplanmäßige Abschreibung in den Folgeperioden entfallen, ist der Buchwert maximal bis zu dem Wert zu erhöhen, der sich ergeben würde, wenn vorher niemals außerplanmäßig abgeschrieben worden wäre.

VI. Anlagespiegel

I. S. der erhöhten Anforderungen an die Informationsfunktion von Jahresabschlüssen von Kapitalgesellschaften haben diese gemäß § 284 Abs. 3 HGB einen sog. **Anlagespiegel** (gelegentlich auch **Anlagegitter** genannt) nach der **direkten Bruttomethode** zu erstellen. Dabei handelt es sich um eine reine Darstellungsform der Bewegungen, die im Bereich des Anlagevermögens während eines Geschäftsjahres aufgetreten sind. Sie hat entsprechend § 284 Abs. 3 Satz 1 HGB im Anhang zu erfolgen. Ein derartiger Anlagespiegel (vgl. Tab. 15.2) hat zumindest die Anschaffungs-/Herstellungskosten, die Zugänge, Abgänge, Umbuchungen, Zuschreibungen des Geschäftsjahres und die kumulierten Abschreibungen für jeden im Anlagevermögen ausgewiesenen Posten zu enthalten. Gemäß § 284 Abs. 3 Satz 3 HGB sind zudem die folgenden Angaben zu den Abschreibungen gesondert zu machen: die kumulierten Abschreibungen zu Beginn und Ende des Geschäftsjahres, die im Laufe des Geschäftsjahres vorgenommenen Abschreibungen und die Änderungen in den kumulierten Abschreibungen im Zusammenhang mit Zu- und Abgängen sowie Umbuchungen im Laufe des Geschäftsjahres. Diese Angaben sind jedoch nicht zwingender Bestandteil des Anlagespiegels. Sie können auch als Erläuterung zum Anlagespiegel oder als Vermerk zum jeweiligen Posten gemacht werden. Detailliertere Angaben im Anlagespiegel sind den Unternehmen freigestellt, so können zusätzlich auch der Restbuchwert des Vorjahres und die kumulierten Abschreibungen (§ 284 Abs. 3 Satz 3 HGB) jeweils in einer Spalte des Anlagespiegels aufgelistet werden.

Anschaffungs-/Herstellungskosten	Zugänge +	Abgänge –	Umbuchungen ±	Zuschreibungen +	Abschreibungen (kumuliert) –	Restbuchwert des laufenden GJ	Restbuchwert des Vorjahres	Abschreibungen des GJ

Tab. 15.2: Darstellungsform des Anlagespiegels inklusive beispielhafter freiwilliger Angaben

Die einzelnen Spalten haben die im Folgenden dargestellten Inhalte.

Anschaffungs-/Herstellungskosten

Durch die Bruttodarstellung des Anlagespiegels sind hier sämtliche Vermögensgegenstände der Periodeneröffnungsbilanz mit ihren historischen Anschaffungs- und Herstellungskosten aufzunehmen, unabhängig davon, wie lange sie sich schon im Unternehmen befinden und welchen Buchwert sie aufweisen.

Zugänge

Zugänge umfassen die Anschaffungs- und Herstellungskosten neu erworbener bzw. hergestellter Vermögensgegenstände. Sie beziehen sich nur auf das jeweilige Geschäftsjahr und werden zu Beginn des folgenden Geschäftsjahres in die Spalte »Anschaffungs- und Herstellungskosten« aufgenommen.

Abgänge

In der Periode, in der ein Vermögensgegenstand aus dem Unternehmen ausscheidet, werden die ursprünglich aktivierten historischen Anschaffungs- oder Herstellungskosten in voller Höhe unter den Abgängen erfasst. Die auf den ausgeschiedenen Vermögensgegenstand entfallenden kumulierten Abschreibungen müssen deshalb im Jahr des Abgangs aus der entsprechenden Spalte des Anlagespiegels eliminiert werden.

Umbuchungen

Umbuchungen erfolgen nicht aufgrund von Mengen- oder Wertänderungen, sondern beinhalten lediglich die Umgliederungen bereits vorhandener Anlagewerte auf andere Posten des Anlagespiegels. So sind z. B. Anlagen im Bau nach ihrer Fertigstellung in den entsprechenden Posten des Anlagevermögens umzugliedern. Neben den (historischen) Anschaffungs-/Herstellungskosten sind ggf. die darauf entfallenden kumulierten Abschreibungen ebenfalls auf den entsprechenden Posten umzugliedern.

Zuschreibungen

Zuschreibungen dienen der Korrektur von in früheren Jahren vorgenommenen außerplanmäßigen Abschreibungen (Wertaufholungen gemäß § 253 Abs. 5 HGB). Die Zuschreibungen sind im folgenden Geschäftsjahr von den kumulierten Abschreibungen abzuziehen.

Kumulierte Abschreibungen

Die kumulierten Abschreibungen umfassen sämtliche in früheren Jahren und im laufenden Geschäftsjahr vorgenommenen planmäßigen und außerplanmäßigen Abschreibungen auf die am Jahresende noch vorhandenen Anlagegegenstände, soweit in den Vorjahren keine Korrektur durch Zuschreibungen vorgenommen wurde.

Die kumulierten Abschreibungen lassen sich für jeden Posten des Anlagevermögens folgendermaßen berechnen:

	kumulierte Abschreibungen des Vorjahres
–	Zuschreibungen des Vorjahres
+	Abschreibungen des Geschäftsjahres
–	auf Abgänge entfallende kumulierte Abschreibungen
±	auf Umbuchungen entfallende kumulierte Abschreibungen
=	Kumulierte Abschreibungen des Geschäftsjahres

Tab. 15.3: Berechnung der kumulierten Abschreibungen zum Ende des Geschäftsjahres

Restbuchwerte

Da die kumulierten Abschreibungen rechnerisch von den historischen Anschaffungs-/Herstellungskosten abzusetzen sind, ergeben sich unmittelbar die Restbuchwerte zum Ende des jeweiligen Geschäftsjahres.

Zu Beginn eines neuen Geschäftsjahres sind die Veränderungsspalten des Anlagespiegels zu bereinigen, d. h. mit den »Bestandsspalten« zu verrechnen, damit sie wieder frei sind, um die Bewegungen des neuen Geschäftsjahres aufnehmen zu können. So werden die Spalten »Zugänge«, »Abgänge« und »Umbuchungen« über die Spalte »Anschaffungs-/Herstellungskosten« verrechnet und die Spalte »Zuschreibungen« mit den »kumulierten Abschreibungen«.

Das folgende Beispiel zeigt eine in der Unternehmenspraxis häufig angewendete Vorgehensweise zur Darstellung eines Anlagespiegels. Bei dieser werden die Entwicklung der AK/HK sowie die Entwicklung der kumulierten Abschreibungen in zwei getrennten Übersichten aufgeführt.

Beispiel

Nachfolgend sind die beiden Bestandteile des Anlagespiegels der Dagobert GmbH zum 31.12.01 abgebildet.

in TGE	Stand AK/HK am 01.01.01	Zugänge	Abgänge	Umbuchungen	Stand AK/HK am 31.12.01
Grundstücke	2.000	–	–	–	2.000
TAM	3.000	200	100	+ 20	3.120
BGA	300	50	–	–	350
AiB	20	500	–	– 20	500
Beteiligungen	100	–	–	–	100

Tab. 15.4: Entwicklung der AK/HK im Geschäftsjahr 01

in TGE	Stand kum. Abschreibungen am 01.01.01	Zugänge	Abgänge	Umbuchungen	Zuschreibungen	Stand kum. Abschreibungen am 31.12.01	Stand Restbuchwerte am 31.12.01
Grundstücke	450	50	–	–	–	500	1.500
TAM	1.400	600	–	–	100	2.000	1.220
BGA	90	60	–	–	–	150	200
AiB	0	–	–	–	–	0	500
Beteiligungen	30	–	–	–	–	30	70

Tab. 15.5: Entwicklung der kumulierten Abschreibungen im Geschäftsjahr 01 inkl. Restbuchwerte

Im Jahr 02 sind folgende Sachverhalte zu berücksichtigen:

a) Die gesamten planmäßigen und außerplanmäßigen Abschreibungen des Geschäftsjahres betragen bei

Gebäuden:	50 TGE
Technische Anlagen und Maschinen:	600 TGE
Betriebs- und Geschäftsausstattung (BGA):	60 TGE

b) Fertigstellung eines Geschäftsgebäudes zum 31.12.02, Herstellungskosten in 01: 500 TGE, in 02: 1.000 TGE.
c) Verkauf eines Firmen-Lkw zum 2.1.02. Anschaffungskosten 100 TGE, Buchwert zum 31.12.01 10 TGE, Verkaufspreis 30 TGE (netto).
d) Zuschreibung auf Beteiligungen i. H. v. 30 TGE.

Lösung:
Zunächst erfolgt eine Betrachtung der Entwicklung der Anschaffungs-/Herstellungskosten (vgl. Tab. 15.6). Aus dem Anlagespiegel des Vorjahres 01 ergeben sich dabei die Ausgangswerte des Anlagespiegels für das Jahr 02. Die historischen Anschaffungs-/Herstellungskosten, vermehrt um Zugänge, vermindert um Abgänge und einschließlich Umbuchungen zwischen den Posten, ergeben die neuen historischen Anschaffungs-/Herstellungskosten des Geschäftsjahres.
Zugänge ergeben sich im Fall b) zu 1.000 TGE. Sie werden in der Spalte »Zugänge« berücksichtigt. Der Fall b) hatte bereits im Jahr 01 Herstellungskosten verursacht, die als »Anlagen im Bau« aktiviert wurden und daher im Anlagespiegel 01 dort als Zugang erfasst wurden. Diese werden bei Fertigstellung des Gebäudes umgebucht, was im Anlagenspiegel 02 in der Spalte »Umbuchungen« erfasst wird.
Abgänge ergeben sich in Fall c). Da im Anlagespiegel die Anschaffungs-/Herstellungskosten verzeichnet sind und im Zeitablauf um Zu- und Abgänge fortgeschrieben werden, müssen auch die Abgänge zu diesen Anschaffungs-/Herstellungskosten erfasst werden und nicht zu den Restbuchwerten. In Fall c) wird ein Lkw verkauft, der zu seinen historischen Anschaffungskosten von 100 TGE in der Spalte »AK/HK« enthalten ist. Durch den Abgang verlässt der Lkw das Betriebsvermögen. Damit sollen auch die 100 TGE aus der Summe der Anschaffungs-/Herstellungskosten entfernt werden. Deshalb ist der Verkauf in der Spalte »Abgänge« mit den 100 TGE zu erfassen.
Anschließend werden die Wertberichtigungen berücksichtigt (vgl. Tab 15.7).
Die kumulierten Abschreibungen beinhalten sämtliche Abschreibungen sowie Korrekturen durch Vorjahreszuschreibungen und werden nach dem oben aufgeführten Schema berechnet (vgl. in diesem Kapitel, S. 375).
Bei den Grundstücken/Gebäuden müssen zu den kumulierten Abschreibungen des Vorjahres die Abschreibungen dieses Jahres hinzugerechnet werden (500 TGE + 50 TGE = 550 TGE). Die kumulierten Abschreibungen der »technischen Anlagen und Maschinen« berechnen sich wie folgt:

Kumulierte Abschreibungen des Vorjahres	TGE	2.000
- Zuschreibungen des Vorjahres	TGE	100
+ Abschreibungen des Geschäftsjahres (siehe a))	TGE	600
= Kumulierte Abschreibungen des Geschäftsjahres (31.12.02)	TGE	2.500

Bei den »anderen Anlagen/BGA« ist zu beachten, dass der verkaufte Lkw in c) Anschaffungskosten von 100 TGE und einen Restbuchwert von 10 TGE aufweist, sodass insgesamt 90 TGE bereits abgeschrieben wurden.

Kumulierte Abschreibungen des Vorjahres	TGE	150
- auf Abgänge entfallende Abschreibungen	TGE	90
+ Abschreibungen des Geschäftsjahres (siehe a))	TGE	60
= Kumulierte Abschreibungen des Geschäftsjahres	TGE	120

Bei den Beteiligungen werden in der entsprechenden Spalte die kumulierten Abschreibungen des Vorjahres in den Anlagespiegel 02 übernommen. Zusätzlich ergibt sich in Geschäftsjahr 02 aus Fall d) eine Zuschreibung, sprich die Aufhebung einer vormals erfolgten Abschreibung, und wird in der Spalte »Zuschreibungen« erfasst.
Die Restbuchwerte zum Ende des Geschäftsjahres 02 ergeben sich rechnerisch als Differenz aus den historischen Anschaffungs-/Herstellungskosten zum 31.12.02 und den kumulierten Abschreibungen zum 31.12.02 korrigiert um eventuelle Zuschreibungen aus dem Geschäftsjahr 02.

Die folgenden Tabellen geben die Bestandteile des resultierenden Anlagespiegels zum Stichtag 31.12.02 wieder:

in TGE	**Stand AK/HK am 01.01.02**	**Zugänge**	**Abgänge**	**Umbuchungen**	**Stand AK/HK am 31.12.02**
Grundstücke	2.000	b) 1.000	-	b) + 500	3.500
TAM	3.120	-	-	-	3.120
BGA	350	-	c) 100	-	250
AiB	500	-	-	b) - 500	0
Beteiligungen	100	-	-	-	100

Tab. 15.6: Entwicklung der AK/HK im Geschäftsjahr 02

in TGE	**Stand kum. Abschreibungen am 01.01.02**	**Zugänge**	**Abgänge**	**Umbuchungen**	**Zuschreibungen**	**Stand kum. Abschreibungen am 31.12.02**	**Stand Restbuchwerte am 31.12.02**
Grundstücke	500	a) 50	-	-	-	550	2.950
TAM	1.900	a) 600	-	-	-	2.500	620
BGA	150	a) 60	c) 90	-	-	120	130
AiB	0	-	-	-	-	0	0
Beteiligungen	30	-	-	-	d) 30	30	100

Tab. 15.7: Entwicklung der kumulierten Abschreibungen im Geschäftsjahr 02 inkl. Restbuchwerte

B. Umlaufvermögen

Da im HGB nicht exakt beschrieben wird, was unter **Umlaufvermögen** zu verstehen ist, definiert man den Begriff des Umlaufvermögens dadurch, dass er alle Vermögensteile umfasst, die weder einen Posten des Anlagevermögens noch der Rechnungsabgrenzung oder aktive latente Steuern darstellen (§ 247 Abs. 1 HGB). Im Umlaufvermögen sind somit alle Vermögensgegenstände auszuweisen, die dem Geschäftsbetrieb **nicht dauernd** dienen sollen (Umkehrschluss aus § 247 Abs. 2 HGB).

I. Ansatz und Ausweis des Umlaufvermögens

Das Umlaufvermögen gliedert sich gemäß § 266 Abs. 2 B. I.-IV. HGB in folgende vier Hauptposten (vgl. Abb. 15.1, S. 353), die gleichzeitig auch die Mindestgliederung für kleine Kapitalgesellschaften darstellen, wobei Kleinstkapitalgesellschaften den Posten »Umlaufvermögen« nicht weiter untergliedern müssen (§ 266 Abs. 1 Satz 3 HGB) (vgl. zu den Größenklassen 2. Kapitel, S. 52):

1. Vorräte;
2. Forderungen und sonstige Vermögensgegenstände;
3. Wertpapiere;
4. Kassenbestand, Bundesbankguthaben, Guthaben bei Kreditinstituten und Schecks (liquide Mittel).

Große Kapitalgesellschaften haben die detaillierte Aufgliederung dieser vier Hauptposten entsprechend den in § 266 Abs. 2 HGB genannten Untergliederungspunkten vorzunehmen. Personengesellschaften und Einzelkaufleute müssen das Umlaufvermögen nur gesondert ausweisen und hinreichend aufgliedern (§ 247 Abs. 1 HGB; vgl. zur Gliederung 14. Kapitel, S. 350 f.).

Hinsichtlich des Bilanzansatzes bestehen für Vermögensgegenstände des Umlaufvermögens keine Besonderheiten (Wahlrechte oder Verbote). So gilt auch für selbst geschaffene (unentgeltlich erworbene) immaterielle Vermögensgegenstände (z. B. selbst erstellte Software, Musikproduktionen, Filme etc.), die zur Weiterveräußerung bestimmt und deshalb dem Umlaufvermögen zuzurechnen sind, die generelle Aktivierungspflicht von Vermögensgegenständen (Vollständigkeitsgrundsatz des § 246 Abs. 1 Satz 1 HGB). Ein Aktivierungsverbot besteht nur für bestimmte selbst geschaffene immaterielle Vermögensgegenstände des Anlagevermögens, die unter § 248 Abs. 2 Satz 2 HGB fallen (wie Marken, Drucktitel, Verlagsrechte, Kundenlisten etc.). Für andere selbst geschaffene immaterielle Vermögensgegenstände des Anlagevermögens existiert ein Aktivierungswahlrecht (§ 248 Abs. 2 Satz 1 HGB).

II. Bewertung des Umlaufvermögens

Aufgrund des herrschenden Anschaffungswertprinzips werden Vermögensgegenstände des Umlaufvermögens mit ihren Anschaffungs-/Herstellungskosten angesetzt, die gleichzeitig auch die Bewertungsobergrenze in der Handels- und Steuerbilanz darstellen (§ 253 Abs. 1 HGB, § 6 Abs. 1 Nr. 2 EStG).

Bei der Bewertung des Umlaufvermögens führt das anzuwendende **strenge Niederstwertprinzip** zu einer verpflichtenden außerplanmäßigen Abschreibung von Vermögensgegenständen selbst bei nicht dauerhaften Wertminderungen in der Handelsbilanz (§ 253 Abs. 4 HGB) (vgl. hierzu 14. Kapitel, S. 348). Zwingend abzuschreiben ist auf den - verglichen mit den Anschaffungs- oder Herstellungskosten - niedrigeren Korrekturwert, der am Abschlussstichtag aus dem Börsen- oder Marktpreis bzw. - falls ein solcher nicht feststellbar ist - aus dem niedrigeren beizulegenden Wert abzuleiten ist.

Falls die Gründe für eine in Vorjahren vorgenommene außerplanmäßige Abschreibung in der betrachteten Periode entfallen sind, so müssen, unabhängig von der Rechtsform, alle Unternehmen eine maximal bis zu den Anschaffungs- oder Herstellungskosten mögliche Zuschreibung (Wertaufholung) vornehmen, um die entsprechende Werterhöhung abzubilden (§ 253 Abs. 5 Satz 1 HGB).

Beim Vorliegen einer voraussichtlich dauerhaften Wertminderung kann gemäß § 6 Abs. 1 Nr. 2 Satz 2 EStG eine Teilwertabschreibung eines Wirtschaftsgutes des Vorratsvermögens in der Steuerbilanz vorgenommen werden. Eine dauerhafte Wertminderung ist gegeben, wenn sie für einen erheblichen Teil der Nutzungsdauer des Wirtschaftsgutes im Unternehmen angenommen werden kann. Eine Wertaufholung gemäß § 6 Abs. 1 Nr. 2 Satz 3 EStG auf einen höheren und voraussichtlich dauerhaften Teilwert ist bis maximal zu den Anschaffungs- oder Herstellungskosten möglich. Eine volle Zuschreibung auf die Anschaffungs- oder Herstellungskosten ist dann vorzunehmen, wenn sich die Wertminderung als nicht dauerhaft herausstellt.

Bei nicht dauerhaften Wertänderungen fallen somit die Wertansätze im Umlaufvermögen zwischen Handels- und Steuerbilanz auseinander, bei dauerhaften Wertminderungen kann es unterschiedliche Wertansätze nach Handels- und Steuerrecht aufgrund des Abschreibungswahlrechts in der Steuerbilanz geben.

III. Vorräte

Die **Vorräte** umfassen die Verbrauchsgüter, die im betrieblichen Produktionsprozess eingesetzt werden, sowie die aus diesem Produktionsprozess entstehenden fertigen und unfertigen Güter oder Leistungen. Zusätzlich zählen auch (Handels-)Waren und die auf bestellte Einsatzstoffe oder Waren geleisteten Anzahlungen zu den Vorräten.

1. Ansatz und Ausweis des Vorratsvermögens

Gemäß § 266 Abs. 2 B. I. HGB ist das Vorratsvermögen in folgende Unterposten aufzuspalten:

1. Roh-, Hilfs- und Betriebsstoffe;
2. unfertige Erzeugnisse, unfertige Leistungen;
3. fertige Erzeugnisse und Waren;
4. geleistete Anzahlungen.

Rohstoffe sind Stoffe, die unmittelbar in das zu fertigende Produkt eingehen und dessen Hauptbestandteil bilden. **Hilfsstoffe** gehen ebenfalls in das fertige Produkt ein, stellen jedoch nur Nebenbestandteile dar (z. B. Schrauben). **Betriebsstoffe** hingegen bilden keinen Bestandteil des Endproduktes. Sie werden vielmehr unmittelbar oder mittelbar bei dessen Produktion verbraucht (z. B. Brennstoffe, Schmieröle).

Unter dem Posten **»unfertige Erzeugnisse, unfertige Leistungen«** werden alle Vorräte an noch nicht verkehrsfähigen Produkten und (Dienst-)Leistungen erfasst, für die durch Be- oder Verarbeitung im eigenen Unternehmen bereits Aufwendungen entstanden sind. Langfristige Fertigungsaufträge sind bis zur Abnahme durch den Kunden und der Ausstellung der Endabrechnung ebenfalls unter den unfertigen Erzeugnissen auszuweisen. Unfertige Bauten auf fremden Grund und Boden sind als unfertige Erzeugnisse des Herstellers zu behandeln, da der wirtschaftliche Eigentümer im Gegensatz zum juristischen Eigentümer (§ 94 BGB, wesentliche Bestandteile eines Grundstücks) diese Bauten bilanziert und gesondert innerhalb der Vorräte ausweist.

Fertige Erzeugnisse und **Waren** stellen selbst gefertigte bzw. zugekaufte (Handelswaren) Vorräte dar, die das Stadium der Versandfertigkeit erreicht haben. Fertige Leistungen sind unter diesem Posten nicht auszuweisen, da bei Fertigstellung einer Leistung die Forderung auf das Leistungsentgelt zu bilanzieren ist.

Geleistete Anzahlungen stellen Vorleistungen eines Vertragspartners auf schwebende Geschäfte dar. Unter diesem Posten werden folglich Zahlungen des Unternehmens an Dritte aufgrund abgeschlossener Lieferungs- oder Leistungsverträge bilanziert, für die die Lieferung oder Leistung noch ausstehen (vgl. im Detail 10. Kapitel, S. 211). Sie stellen somit Forderungen der Gesellschaft gegenüber dem Lieferanten auf Erbringung der vereinbarten Leistung dar. Sofern sich geleistete Anzahlungen auf Roh-, Hilfs- oder Betriebsstoffe sowie Waren, ferner auf Dienstleistungen beziehen, werden sie den Vorräten zugeordnet. Anzahlungen auf Sachanlagen und immaterielle Vermögensgegenstände werden hingegen im Anlagevermögen ausgewiesen (vgl. in diesem Kapitel, S. 364).

Erhält ein Unternehmen von seinen Kunden Anzahlungen auf Leistungen, die es zu erbringen hat (sog. »**erhaltene Anzahlungen** auf Bestellungen«), so stellen diese Verbindlichkeiten dar, da das Unternehmen eine »Leistungsschuld« besitzt. Für solche Verbindlichkeiten gewährt der Gesetzgeber ein Ausweiswahlrecht. Sie können einerseits auf der Passivseite ausgewiesen (vgl. 16. Kapitel, S. 413) oder gemäß § 268 Abs. 5 Satz 2 HGB offen von dem Posten »Vorräte« abgesetzt werden, d. h., sie sind als Vorspaltenvermerk von dem Wert der Vorräte abzuziehen, was gegenüber dem Verbindlichkeitenausweis zu einer Bilanzverkürzung führt.

Hinsichtlich des Bilanzansatzes sind bei den Vorräten vor allem zwei Sachverhalte besonders relevant:

Zum einen ist dies die häufig vorkommende Trennung zwischen **wirtschaftlichem** und **rechtlichem Eigentum**. So werden Waren häufig unter Eigentumsvorbehalt geliefert oder auch als Sicherungsgut übereignet (z. B. verpfändet etc.). Solche Gegenstände sind entsprechend § 246 Abs. 1 Satz 2 HGB beim wirtschaftlichen Eigentümer zu bilanzieren, d. h. jenem, der die Gegenstände nutzt, verarbeitet etc. und damit auch für deren Untergang haftet, dies ist der Erwerber (bei Eigentumsvorbehalt) bzw. der Sicherungsgeber (bei Sicherungsübereignung). In Kommission gegebene Erzeugnisse oder Waren sind unter den Vorräten und nicht als Forderungen auszuweisen. Analog dürfen in Kommission genommene Gegenstände nicht aktiviert werden (vgl. 14. Kapitel, S. 334 f.).

Zum anderen stellt sich regelmäßig die Frage, wann erhaltene bzw. gelieferte Vorräte ein- bzw. auszubuchen sind. Hierbei ist gemäß dem Realisationsprinzip der Zeitpunkt maßgebend, zu dem die **Gefahr des zufälligen Untergangs** der Ware (z. B. durch Zerstörung) von einem Vertragspartner auf den anderen übergegangen ist. Dies wird häufig durch die vertraglich vereinbarten Lieferbedingungen bestimmt. Befindet sich z. B. zum Bilanzstichtag eine zu liefernde Ware noch auf dem Transportweg (sog. Unterwegsware), ist für deren Erfassung beim Empfänger und Ausbuchen beim Lieferanten entscheidend, ob die Vertragsbedingungen für eine Erfüllung des Geschäfts das Verlassen der Ware beim Lieferanten oder deren Eingang beim Kunden vorschreiben. Gilt Ersteres, so muss der Lieferant die Ware aus- und einen Umsatzerlös einbuchen (der Kunde hat die Ware als Eingang zu erfassen). Gilt Letzteres, darf weder der Lieferant die Ware ausbuchen, noch darf sie der Kunde einbuchen.

2. Bewertung des Vorratsvermögens

Wie für alle Posten gelten auch für die Vorräte die Bewertungsgrundlagen des Umlaufvermögens (vgl. in diesem Kapitel, S. 379). Demnach unterliegen sie dem **strengen Niederstwertprinzip**.

Der **Grundsatz der verlustfreien Bewertung** führt bei unfertigen und fertigen Erzeugnissen (Vorratsvermögen) im Rahmen des Niederstwertprinzips zu einer niedrigeren Bewertung, falls die voraussichtlichen Verkaufserlöse abzüglich der Erlösminderungen und aller noch anfallenden Aufwendungen unter den Herstellungskosten liegen. So müssen bei zu erwartenden Verlusten aus einem schwebenden Geschäft (z. B. langfristiger Vertrag zur Lieferung einer bestimmten Anzahl von Fertigprodukten) die auf Lager liegenden Fertigprodukte abgeschrieben werden und es muss für die noch vertraglich zu liefernden Fertigprodukte eine Rückstellung in Höhe des daraus zu erwartenden Verlustes gebildet werden (sog. »Rückstellung für drohende Verluste aus schwebenden Geschäften«; vgl. 16. Kapitel, S. 421).

Bei den Vorräten bereitet der **Grundsatz der Einzelbewertung** bei schwankenden Einkaufspreisen teilweise große Schwierigkeiten, da bei der Einlagerung oder im Laufe des Produktionsprozesses oft Vermischungen (z. B. bei Flüssigkeiten, Gasen, Schüttgütern) auftreten, die eine einzelne Bewertung erschweren oder verhindern. Daher lässt der Gesetzgeber (§§ 240 bzw. 256 HGB) aus Gründen der Wirtschaftlichkeit bei gleichartigen und gleichwertigen Vorratsgegenständen sog. **»Bewertungsvereinfachungen«** zu. Hierzu zählen das Festwertverfahren (§ 240 Abs. 3 i. V. m. § 256 Satz 2 HGB), die Gruppenbewertung (§ 240 Abs. 4 i. V. m. § 256 Satz 2 HGB) sowie die Sammelbewertungsverfahren (§ 256 Satz 1 HGB), die im 7. Kapitel, S. 160 ff. ausführlich dargestellt werden. Während die Festbewertung und die Gruppenbewertung handels- und steuerrechtlich grundsätzlich zulässig sind, ist die Anwendung der Sammelbewertungsverfahren nur eingeschränkt möglich.

Bis zum Inkrafttreten des BilMoG war auch das Hifo-Verfahren - das Lofo-Verfahren wurde wegen des Verstoßes gegen das Vorsichtsprinzip überwiegend abgelehnt - handelsrechtlich als Sammelbewertungsverfahren zulässig; beide Verfahren sind steuerrechtlich unzulässig. Diese Verfahren machen die Einbeziehung von Lieferungen in die zur Bewertung benötigten Anschaffungskosten nicht am Zeitpunkt der Lieferung, sondern am Preis der Zugänge fest.

3. Bewertung langfristiger Fertigungsaufträge

Unter **langfristigen Fertigungsaufträgen** sind Aufträge zu verstehen, deren Durchführungszeitraum von Auftragsbeginn bis zur Fertigstellung mindestens zwei Geschäftsjahre betrifft (z. B. langjähriger Bau einer Fabrik, Brücke oder Großanlage). Aufgrund des Realisationsprinzips kann das Leistung erbringende Unternehmen erst im Jahr der Fertigstellung und Endabnahme des Fertigungsobjektes einen Umsatz und einen entsprechenden Gewinn verbuchen, da erst dann das Geschäft rechtlich erfüllt und die sog. »Gefahr des Untergangs« auf den Kunden übergegangen ist. Diese Regelung führt während der Fertigstellungsphase zu einer kumulativen Aktivierung der dem Auftrag zuzurechnenden Kosten (Bewertung der unfertigen Auftragsleistung zu Herstellungskosten) und deren Ausweis unter den Vorräten z. B. als Posten »in Arbeit befindliche Aufträge«.

Nicht aktivierungsfähige, im Zusammenhang mit dem Auftrag entstandene Kosten (z. B. Vertriebskosten etc.) sind in der Periode ihres Anfalls als Aufwand zu erfassen und belasten das Periodenergebnis, obwohl der langfristige Fertigungsauftrag im Ganzen einen Gewinn einbringen wird (vgl. hierzu ausführlich Coenenberg/Haller/Schultze [2018], Kapitel 4).

Um dieser, im Hinblick auf die grundsätzlich bei der Abschlusserstellung herrschende wirtschaftliche Betrachtung, fragwürdigen Vorgehensweise gestalterisch zu begegnen, wird in der Praxis häufiger der Gesamtauftrag in technisch und wirtschaftlich abgrenzbare Teilleistungen (sog. »milestones«) zerlegt, die nach ihrer jeweiligen Fertigstellung vom Kunden abgenommen werden. In der Periode der Abnahme solcher Teilleistungen sind dem Gesamtumsatz des Projektes proportional entsprechende Umsatzerlöse zu erfassen und die Herstellungskosten der Teilleistung aus dem Posten »in Arbeit befindliche Aufträge« auszubuchen. Die Differenz aus dem erfassten Teilumsatz und den entsprechenden Herstellungskosten ergibt den Teilgewinn, der aus dem Gesamtauftrag der betrachteten Periode zuzurechnen ist. Diese Verfahrensweise führt zu einer gleichmäßigeren Darstellung der Periodenergebnisse während der Fertigstellungsphase eines langfristigen Auftrages, da nicht erst bei der Endabnahme Umsätze ausgewiesen werden und Gewinne entstehen. Solche Teilprojektvereinbarungen sind allerdings nur dann zulässig, wenn sich die Auftragsleistung auch in einzelne Funktionseinheiten zerlegen lässt und für den Lieferanten letztlich kein Funktionsrisiko im Hinblick auf die Gesamtleistung besteht.

Eine Aktivierung der Selbstkosten, d. h. die Erfassung von in der Herstellungskostendefinition des § 255 Abs. 2 HGB nicht enthaltenen Kostenbestandteilen, bei langfristigen Fertigungsaufträgen zur Vermeidung von »Auftragszwischenverlusten« wird in der Literatur mehrheitlich abgelehnt (vgl. im Detail Coenenberg/Haller/Schultze [2018], Kapitel 4).

Unabhängig von der gewählten Bilanzierungsmethode muss, sobald in einer Periode abzusehen ist, dass die Gesamtkosten nicht durch die Gesamterlöse gedeckt sein werden, aufgrund der verlustfreien Bewertung (Imparitätsprinzip) der gesamte zu erwartende Verlust neben der Abschreibung der bilanzierten unfertigen Erzeugnisse eventuell auch durch die Bildung einer »Rückstellung für drohende Verluste aus schwebenden Geschäften« erfasst werden (§ 249 Abs. 1 Satz 1 HGB), falls durch die Abschreibung nicht alle zu erwartenden Verluste abgedeckt werden (vgl. auch 16. Kapitel, S. 421).

IV. Forderungen und sonstige Vermögensgegenstände

Forderungen sind Ansprüche eines Gläubigers gegenüber einem Schuldner auf eine erzwingbare Geld- oder Sachleistung auf der Grundlage eines Vertrages oder eines sonstigen Schuldverhältnisses.

1. Ansatz und Ausweis der Forderungen und sonstigen Vermögensgegenstände

Gemäß § 266 Abs. 2 B. II. HGB unterteilt sich der Bilanzposten »Forderungen und sonstige Vermögensgegenstände« in folgende Unterposten:

1. Forderungen aus Lieferungen und Leistungen;
2. Forderungen gegen verbundene Unternehmen;
3. Forderungen gegen Unternehmen, mit denen ein Beteiligungsverhältnis besteht;
4. sonstige Vermögengegenstände.

Zu den **Forderungen aus Lieferungen und Leistungen** zählen Ansprüche aus gegenseitigen Verträgen (Lieferungs-, Werks- oder Dienstverträge), die von dem bilanzierenden Unternehmen bereits durch Lieferung oder Leistung erfüllt wurden, wobei jedoch die Erfüllung durch den Schuldner in Form einer Bezahlung noch aussteht, sodass dieser eine entsprechende Verbindlichkeit verbucht hat.

Wird eine Forderung abgetreten (**Zession**), so hat der Sicherungsgeber (Zedent) als wirtschaftlicher Eigentümer diese Forderung auch weiterhin zu bilanzieren, da er gegenüber dem Zessionar (Sicherungsnehmer) für den Forderungsausfall haftet.

Anders stellt es sich bei einem Forderungsverkauf (**Factoring**) dar. Hier darf der Forderungsverkäufer die Forderung nicht mehr aktivieren, da das wirtschaftliche Eigentum auf den Käufer der Forderung übergegangen ist und dieser das Risiko des Forderungsausfalls (Delkredererisiko bezüglich Zahlungsunfähigkeit des Schuldners) übernimmt (sog. »echtes Factoring«). Wird die Forderung verkauft, verbleibt aber das Delkredererisiko beim Forderungsverkäufer (sog. »unechtes Factoring«), so hat dieser - soweit er von einem Forderungsausfall nicht ausgeht - die Forderung unter den Haftungsverhältnissen nach § 251 HGB auszuweisen (vgl. hierzu 16. Kapitel, S. 411). Muss er allerdings mit einem Ausfall der Forderung rechnen, hat er in der Forderungshöhe eine Rückstellung für ungewisse Verbindlichkeiten zu passivieren, da der Forderungskäufer den Forderungsbetrag bei ihm einklagen kann.

Als Ausfluss der Informationsfunktion des Abschlusses dominiert - wie bei den Ausleihungen im Finanzanlagevermögen (vgl. in diesem Kapitel, S. 371) - die Offenlegung der finanziellen Verflechtung eines Unternehmens den Ausweis der Forderungen. Demnach sind sämtliche Forderungen (auch solche aus Lieferungen und Leistungen), die gegenüber verbundenen Unternehmen i. S. des § 271 Abs. 2 HGB bestehen, unter den spezifischen »Forderungen gegen verbundene Unternehmen« auszuweisen. Gleiches gilt für Forderungen gegen Unternehmen, mit denen ein Beteiligungsverhältnis i. S. des § 271 Abs. 1 HGB besteht. Dabei handelt es sich nicht nur um Forderungen gegen Unternehmen, an denen das bilanzierende Unternehmen Anteile hält, sondern auch um Forderungen gegen Unternehmen, die Anteile des bilanzierenden Unternehmens halten. Diese Regelung ist auch anzuwenden auf durch Wechsel verbriefte Forderungen (sog. **»Besitzwechsel«**), die im Gegensatz zu den Verbindlichkeiten aus von dem Unternehmen ausgestellten Wechseln (sog. »Solawechsel«) nicht gesondert auszuweisen, sondern den zugrunde liegenden Forderungen (aus Lieferungen und Leistungen oder gegen verbundene Unternehmen etc.) zuzuweisen sind.

Während nicht eingeforderte ausstehende Einlagen vom »Gezeichneten Kapital« offen abzusetzen sind, sind Einlagen, die zwar bereits eingefordert, aber noch nicht einbezahlt wurden, unter den Forderungen gesondert auszuweisen (vgl. 16. Kapitel, S. 394).

Der Posten **»sonstige Vermögensgegenstände«** ist ein Misch- und Sammelposten für all jene Vermögensgegenstände, die von keinem anderen Bilanzposten des Umlaufvermögens erfasst werden. Beispiele für Posten der sonstigen Vermögensgegenstände sind Darlehen und Gehaltsvorschüsse (soweit kein anderer Ausweis vorgeht), GmbH- und Genossenschaftsanteile ohne Beteiligungs- oder Daueranlageabsicht, Schadensersatzansprüche, Kautionen, Umsatzprämien und Provisionen etc. Weiterhin sind unter den sonstigen Vermögensgegenständen auch die zu den sonstigen Forderungen zählenden antizipativen aktiven Rechnungsabgrenzungsposten (vgl. hierzu 17. Kapitel, S. 429) zu erfassen. Diese sind dadurch charakterisiert, dass der Ertrag vor, die entsprechende Einnahme jedoch nach dem Bilanzstichtag liegt.

Um die **Liquiditätslage** besser einschätzen zu können, sind gemäß § 268 Abs. 4 Satz 1 HGB bei allen drei Forderungsposten die Beträge mit einer Restlaufzeit von mehr als einem Jahr gesondert anzugeben.

Durch § 246 Abs. 2 Satz 1 HGB besteht ein generelles **Saldierungsverbot** von Forderungen und Verbindlichkeiten. Nur in Ausnahmefällen, bei denen sich gleichartige Ansprüche und Verbindlichkeiten etwa gleicher Fälligkeit gegen gleiche Personen aufrechenbar gegenüberstehen (§ 387 BGB), ist eine Verrechnung möglich.

Die Erfassung der Forderungen erfolgt i. d. R. auf Einzelkonten in einem **Kontokorrent**, wobei die Forderungen sowohl im Grundbuch als auch im Einzelnen im Kontokorrentbuch erfasst werden. Auch für die Forderungen ist (§ 240 Abs. 2 i. V. m. Abs. 1 HGB) am Ende jedes Geschäftsjahres ein **Inventar** aufzustellen. Wie für die Verbindlichkeiten ist für die Forderungen ein Nachweis in Form einer körperlichen Bestandsaufnahme nicht möglich, sodass die Inventur ein Auszug aus den Büchern einschließlich des Kontokorrents und sonstiger Aufzeichnungen mit Buchfunktion ist. Das Inventar über die Forderungen hat den Charakter eines Soll-Bestandsnachweises. Die Ist-Bestandsnachweise über die Forderungen lassen sich nur mithilfe externer Unterlagen führen. Beispiele dafür sind **Saldenbestätigungen** durch Geschäftsfreunde, Kontoauszüge und Abschlussbenachrichtigungen (Saldenmitteilungen), Belege über Zahlungseingänge nach dem Stichtag des Forderungsausweises sowie Verträge i. V. m. Nachweisen über die zum Entstehen der Forderung führende einseitige Vertragserfüllung.

2. Bewertung der Forderungen und sonstigen Vermögensgegenstände

Laut den zu Beginn des Kapitels beschriebenen Regelungen (vgl. in diesem Kapitel, S. 379) sind Forderungen handels- und steuerrechtlich grundsätzlich zu ihrem Nennbetrag (= Anschaffungs- bzw. Herstellungskosten der Forderung) zu bewerten (§ 253 Abs. 1 HGB, § 6 Abs. 1 Nr. 2 EStG).

Forderungen aus **Lieferungen zur Probe**, die dem Abnehmer ein Rückgaberecht einräumen, sind - sofern das Niederstwertprinzip keinen geringeren Wertansatz erfordert - höchstens zu den Anschaffungskosten der gelieferten Waren zu bewerten. Eine Gewinnrealisation ist erst nach Ablauf des Rückgaberechts möglich.

Valutaforderungen (Fremdwährungsforderungen) sind bei Zugang (vereinfachungshalber, sonst Briefkurs bei Zugang) sowie am Bilanzstichtag nach § 256a HGB grundsätzlich zum Devisenkassamittelkurs (Mittelkurs aus Geld- und Briefkurs) zu bewerten, wobei bei Beständen mit einer Restlaufzeit von mehr als 12 Monaten das Realisations- und Imparitätsprinzip sowie das Anschaffungskostenprinzip zu beachten sind. Ergibt demnach die Umrechnung mit dem Devisenkassamittelkurs zum Bilanzstichtag einen Forderungswert unterhalb des Buchwerts, so ist ein solcher anzusetzen. Resultiert jedoch bei der Umrechnung zum Bilanzstichtag ein Forderungswert oberhalb des Werts bei Ersteinbuchung aufgrund einer für das Unternehmen positiven Entwicklung des Devisenkassamittelkurses, darf die Forderung nicht aufgewertet werden, da ansonsten unrealisierte Gewinne ausgewiesen werden würden. Bei kurzfristigen Forderungen (Restlaufzeit von einem Jahr oder weniger) ist die Umrechnung zum Devisenkassamittelkurs auch ohne Beachtung dieser Restriktionen, also auch bei einer Überschreitung der Anschaffungskosten, vorzunehmen (§ 256a Satz 2 HGB). In der Steuerbilanz ist eine Abwertung der Forderung nur möglich, wenn die Wertminderung von Dauer ist (vgl. § 6 Abs. 1 Nr. 2 S. 2 EStG); ein Wertansatz über dem Zugangswert scheidet aus (vgl. § 6 Abs. 1 Nr. 1 EStG).

Beispiel

Die Bachi GmbH liefert im Dezember Waren an einen Kunden in Großbritannien. Der Rechnungsbetrag lautet auf 10.000 £ mit einem Zahlungsziel von drei Monaten. Bei Lieferung betragen die Wechselkurse (in Mengennotierung): 1 EUR = 0,89 £ (Geldkurs); 1 EUR = 0,91 £ (Briefkurs). Die Bachi GmbH bucht daher Forderungen i. H. v. 11.111,11 EUR (Umrechnung zum Devisenkassamittelkurs 1 EUR = 0,90 £) ein. Am Jahresende gelten folgende Kurse: 1 EUR = 0,91 £ (Geldkurs); 1 EUR = 0,93 £ (Briefkurs). Bei Geldeingang im Februar des nächsten Jahres hat sich der Kurs des englischen Pfunds wieder erholt.
Der Buchwert der Forderung ist in der Handelsbilanz 01 auf 10.869,57 EUR (Umrechnung zum Devisenkassamittelkurs 1 EUR = 0,92 £ am Bilanzstichtag) abzuschreiben. Für die Steuerbilanz ist keine Abschreibung möglich, da der Wertverlust nicht dauerhaft war.

Aufgrund des **strengen Niederstwertprinzips** sind Forderungen handelsrechtlich außerplanmäßig abzuschreiben, wenn der beizulegende Wert zum Bilanzstichtag vorübergehend oder auf Dauer unter dem Buchwert liegt. Steuerrechtlich führen nur voraussichtlich dauerhafte Wertminderungen zu Teilwertabschreibungen (§ 6 Abs. 1 Nr. 2 EStG). Die oben beschriebenen Bestimmungen des § 253 Abs. 5 HGB bezüglich der Wertaufholung, falls der Grund für früher vorgenommene außerplanmäßige Wertminderungen zum Bilanzstichtag entfallen ist, gelten hier gleichermaßen.

Zweifelhafte (dubiose) Forderungen sind zu ihrem wahrscheinlichen Wert anzusetzen. Die Höhe der Abschreibungen bestimmt sich gemäß dem Vorsichtsprinzip aus der Höhe der nach vernünftiger kaufmännischer Beurteilung abzuschätzenden Ausfälle. Als Wertmaßstab kann z. B. die Insolvenz- bzw. die Vergleichsquote gelten. **Uneinbringliche Forderungen** sind demnach auf den Wert »0« abzuschreiben (vgl. hierzu im Detail 11. Kapitel). **Unverzinsliche** oder **niedrig verzinsliche Forderungen** sind mit einem fristadäquaten Marktzins abzuzinsen und zum Barwert anzusetzen. Bei kurzfristig fälligen Forderungen (mit einer Restlaufzeit unter 1 Jahr) kann diese Abzinsung aus Vereinfachungsgründen unterbleiben.

Beispiel

Die Mega KG gewährt im Dezember 01 der Mikro GmbH ein zinsloses Darlehen über 100 GE für 2 Jahre. Der fristadäquate Marktzins beträgt 5 %. Die Mega KG weist im Abschluss des Jahres 01 die Forderung gegen die Mikro GmbH mit dem Barwert von 90,70 GE aus. Im Jahr 02 wird diese um 5 % auf 95,24 GE zugeschrieben, im Jahr 03 um weitere 5 % auf 100 GE.

Außerplanmäßige Abschreibungen auf Forderungen werden häufig als »Wertberichtigungen« bezeichnet. Bei ihrer Ermittlung gilt grundsätzlich das Prinzip der Einzelbewertung (§ 252 Abs. 1 Nr. 3 HGB). Deshalb führen spezielle Einzelrisiken (z. B. Zahlungsunfähigkeit eines Kunden) zu einer Neubewertung der betroffenen Forderung und der vermutliche Ausfallbetrag wird abgeschrieben. Aus Gründen der Wirtschaftlichkeit und Vereinfachung dürfen bei größeren Forderungsbeständen mit zahlreichen kleineren Forderungsbeträgen spezielle Risiken pauschal berücksichtigt werden. Hierzu wird ein aus der kaufmännischen Erfahrung abgeleiteter Prozentsatz vom Nennbetrag der jeweiligen Forderungen direkt abgeschrieben (**Einzelwertberichtigung**).

Von dieser pauschal errechneten Abschreibung aufgrund spezieller Risiken ist die **Pauschalwertberichtigung** wegen des allgemeinen Kreditrisikos (z. B. das allgemeine Ausfallrisiko bei Konjunkturabschwächung) zu unterscheiden. Bemessungsgrundlage für die Pauschalwertberichtigung ist der gesamte Netto-Forderungsbestand des Umlaufvermögens zum Ende des Geschäftsjahres abzüglich der bereits einzelwertberichtigten Forderungen (netto). Der passivische Ausweis einer Wertberichtigung auf Forderungen ist für Kapitalgesellschaften nicht möglich. Der Bilanzausweis erfolgt daher nach Saldierung des Forderungsbestandes mit den vorgenommenen Wertberichtigungen (zur Verbuchung vgl. 11. Kapitel).

Beispiel

Der Bestand an Forderungen aus Lieferungen und Leistungen (FLL) der Wert-AG beträgt am 31.12.01 145.000 GE. Der Umsatzsteuersatz ist 19 %. Eine Forderung i. H. v. 30.000 GE (brutto) hat ein Ausfallrisiko von 8.000 GE, eine weitere Forderung i. H. v. 15.000 GE hat ein Ausfallrisiko von 3.900 GE. Wegen des allgemeinen Kreditrisikos ist eine pauschale Wertberichtigung von 2 % geboten.
Wie ist der Forderungsbestand am Bilanzstichtag (31.12.01) zu bewerten?

1. Wertberichtigung der zweifelhaften Forderungen:

Zweifelhafter Betrag brutto	GE	11.900
- 19 % USt	GE	1.900
= Zweifelhafter Betrag netto	GE	10.000

Buchung:

6923	Einstellung in EWB	10.000	an	1246	EWB	10.000

Die Umsatzsteuer wird erst bei Ausfall der Teilforderung berichtigt.

2. Pauschalwertberichtigung

Forderungsbestand	GE	145.000
- einzelwertberichtigte Forderungen	GE	45.000
= Bruttobetrag	GE	100.000
- 19 % USt	GE	15.966
= Nettobetrag	GE	84.034
2 % Pauschalwertberichtigung	GE	1.681

Buchung:

6920	Einstellung in PWB	1.681	an	1248	PWB	1.681

Die Umsatzsteuer wird erst bei Ausfall der Teilforderung berichtigt.

3. Forderungsbestand nach Berichtigung (Bilanzausweis):

Bestand vor Wertberichtigung	GE	145.000
- Einzelwertberichtigung	GE	10.000
- Pauschalwertberichtigung	GE	1.681
= Bestand zum 31.12.01	GE	133.319

Ausgehend von den Anschaffungskosten unterliegen die **sonstigen Vermögensgegenstände** des Umlaufvermögens ebenfalls dem strengen Niederstwertprinzip (vgl. in diesem Kapitel, S. 379). Bezüglich der Bewertung der sonstigen Vermögensgegenstände sind die Wertansätze der einzelnen Posten aufgrund ihrer Vielzahl entsprechend ihrem Charakter zu bestimmen.

V. Wertpapiere des Umlaufvermögens

Als **Wertpapiere des Umlaufvermögens** gelten im Wesentlichen nicht dauernd dem Geschäftsbetrieb dienende Aktien, Inhaberschuldverschreibungen, Investmentanteile, Wertrechte, Genussscheine, Finanzierungswechsel, Zins- und Dividendenscheine. Hierzu zählen auch Anteile an verbundenen Unternehmen, die kurzfristig gehalten werden.

1. Ansatz und Ausweis der Wertpapiere

§ 266 Abs. 2 HGB sieht folgende Untergliederung der Wertpapiere des Umlaufvermögens vor:

1. Anteile an verbundenen Unternehmen;
2. sonstige Wertpapiere.

Anteile an verbundenen Unternehmen sind unter gleichnamigem Posten im Umlaufvermögen auszuweisen, falls eine dauerhafte Besitzabsicht an den Anteilen widerlegt werden kann, sonst erfolgt der Ausweis im Anlagevermögen (vgl. in diesem Kapitel, S. 367 f.).

Unter dem Posten »**sonstige Wertpapiere**« werden alle Wertpapiere zusammengefasst, die zur vorübergehenden Anlage flüssiger Mittel bestimmt sind, wie z. B. Aktien, Pfandbriefe, Industrieobligationen etc., und die keine Anteile an verbundenen oder dem eigenen Unternehmen darstellen.

2. Bewertung der Wertpapiere

Für die Bewertung der Wertpapiere des Umlaufvermögens bei Zugang und in den Folgeperioden gelten die Ausführungen zu Beginn dieses Kapitels auf S. 379. Dabei ist zu beachten, dass bei Erwerb anfallende Maklergebühren, Courtage, Provisionen etc. zu den Anschaffungskosten zählen.

Beispiel

Die Clorix AG hält 80 festverzinsliche Wertpapiere der Krumm AG, um überschüssige Liquidität für ein halbes Jahr ertragreich anzulegen. Die Papiere haben eine Restlaufzeit von 4 Jahren und einen Nominalzins von 6 %. Die Anschaffung erfolgte zum Ausgabepreis (Nominalwert) von 1.000 GE. Der Buchwert beträgt 80.000 GE. Wegen eines Anstiegs des Zinsniveaus ist der Kurs der Papiere verfallen und beträgt nun nur noch 96 %. Der Kurswert der Papiere beträgt daher nur noch 76.800 GE. Es besteht keine Absicht, die Papiere bis zur Fälligkeit zu halten.
Die Papiere sind Bestandteil des Umlaufvermögens. Für sie gilt das strenge Niederstwertprinzip. Die Papiere müssen handelsrechtlich auf 76.800 GE abgeschrieben werden. Steuerrechtlich wäre zu prüfen, ob der Kurs sich in der geplanten kurzen Haltezeit wieder erholen wird, da nach § 6 Abs. 1 Nr. 2 EStG Teilwertabschreibungen nur bei dauerhaften Wertminderungen zulässig sind.

Eine Ausnahmeregelung bei der Bewertung von Wertpapieren existiert für den Handelsbestand von Kredit- und Finanzdienstleistungsinstituten. Diese Wertpapiere sind zum beizulegenden Zeitwert (d. h. zum Marktpreis bzw. zu einem nach anerkannten Bewertungsverfahren ermittelten Wert), allerdings unter Abzug eines Risikoabschlags zu bewerten (§ 340e Abs. 3 i. V. m. § 255 Abs. 4 HGB). Eine Begrenzung der Bewertung auf die Anschaffungskosten existiert hier nicht. Allerdings sind jährlich 10 % der entstandenen Nettoerträge aus dem Handelsbestand dem Sonderposten »Fonds für allgemeine Bankrisiken« zuzuführen (§ 340e Abs. 4 HGB) (siehe im Detail Coenenberg/Haller/Schultze [2018], Kapitel 5.B.I.2.b).

VI. Liquide Mittel

Unter **liquiden Mitteln** versteht man i. d. R. frei verfügbare Zahlungsmittel bzw. als Zahlungsmittel gehaltene Wertpapierbestände. Hierzu zählen insbesondere Kassen- und Bankbestände, Briefmarken, Schecks etc. Das HGB verwendet den Begriff der liquiden Mittel nicht, sondern führt in der Mindestgliederung nach § 266 HGB einzelne Bestandteile (Kassenbestand, Bundesbankguthaben, Guthaben bei Kreditinstituten und Schecks) explizit an.

1. Ansatz und Ausweis von liquiden Mitteln

In § 266 Abs. 2 B. IV HGB werden der Kassenbestand (Haupt- und Nebenkassen z. B. für Sorten, Briefmarken etc.), Bundesbankguthaben, Guthaben bei Kreditinstituten und Schecks in einem Bilanzposten zusammengefasst. Der Bestand dieser Finanzmittel ist wie die anderen Posten des Umlaufvermögens durch eine Inventur zu ermitteln. Der Kassenbestand und die Schecks werden dabei durch eine körperliche Bestandserfassung, die Guthaben bei Kreditinstituten hingegen durch Kontoauszüge belegt.

2. Bewertung der liquiden Mittel

Flüssige Mittel sind gemäß der in § 253 Abs. 1 HGB beschriebenen Regeln zur Bewertung des Umlaufvermögens (vgl. in diesem Kapitel, S. 379) zu bewerten. Dabei ergibt sich der Ausgangswert aus dem Nennwert. Sorten (ausländische Zahlungsmittel) sind mit dem Sortenbriefkurs am Bilanzstichtag zu bewerten. Vereinfachend kann bei der Umrechnung auch der Sortenmittelkurs herangezogen werden. Täglich fällige Valutaguthaben sind in Handels- und Steuerbilanz grundsätzlich mit dem Devisenkassamittelkurs am Bilanzstichtag zu bewerten. Realisations-, Imparitäts- und Anschaffungskostenprinzip sind bei der Umrechnung von Sorten und täglich fälligen Valutaguthaben nicht anzuwenden.

Aufgrund des strengen Niederstwertprinzips ist ein Scheck, der sich zum Bilanzstichtag als nicht einlösbar darstellt, da der Aussteller in Konkurs geraten ist oder die Ware aufgrund von Mängeln zurückgesandt wurde, auf den beizulegenden Wert abzuschreiben (dieser ist im Zweifel »0«). Guthaben bei Kreditinstituten können als sicher angesehen werden. Sollte dennoch eine Insolvenz bei einem Kreditinstitut auftreten, sind diese Guthaben wie Forderungen gegenüber anderen insolventen Unternehmen zu behandeln und ggf. abzuschreiben.

C. Rechnungsabgrenzungsposten

Neben dem bereits behandelten Anlage- und Umlaufvermögen sind vor den aktiven latenten Steuern und dem aktiven Unterschiedsbetrag aus der Vermögensverrechnung als weiterer Gliederungspunkt auf der Aktivseite einer Bilanz nach § 266 Abs. 2 HGB die **Rechnungsabgrenzungsposten** aufzuführen. Durch die Regelungen des HGB (§ 246 Abs. 1 Satz 1 HGB) wird bei den Aktiva eine Trennung zwischen Vermögensgegenständen und Rechnungsabgrenzungsposten vorgegeben. Für weitere Ausführungen zu den Rechnungsabgrenzungsposten und den aktiven latenten Steuern vgl. 17. Kapitel.

16. Kapitel: Bilanzierung der Passiva

Zu den Passiva der Bilanz gehören das Eigenkapital, Verbindlichkeiten, Rückstellungen, passive Rechnungsabgrenzungsposten sowie passive latente Steuern. Dabei repräsentieren die Verbindlichkeiten und Rückstellungen das Fremdkapital des Unternehmens, während die Rechnungsabgrenzungsposten (vgl. 17. Kapitel, S. 429) ein abschlusstechnisches Konstrukt darstellen. Die Aufteilung zwischen Eigen- und Fremdkapital macht deutlich, mit welchen Mitteln das Unternehmensvermögen, die Aktiva, finanziert sind und gibt somit Auskunft über die finanzielle Stabilität des Unternehmens.

A. Eigenkapital

Das **Eigenkapital** umfasst die der Unternehmung von ihren Eigentümern ohne zeitliche Begrenzung zur Verfügung gestellten Mittel, die dem Unternehmen durch Zuführung von außen oder durch Verzicht auf Gewinnausschüttung von innen zufließen.

Im Gegensatz zu den Aktiva und den Fremdkapitalposten sind für die Bilanzierung des Eigenkapitals die Basiselemente der Bilanzierung »Ansatz« und »Bewertung« primär nur indirekt anzuwenden, da sich das Eigenkapital in Form des Nettovermögens (bzw. Reinvermögens) rechnerisch als Residuum zwischen den Aktiva und dem Fremdkapital ergibt. Somit bestimmen der Ansatz und die Bewertung des Vermögens und des Fremdkapitals indirekt die Höhe des Eigenkapitals. Vielmehr stellt der Ausweis des Eigenkapitals die zentrale Herausforderung dar. Dieser sollte im Wesentlichen durch den Grundsatz der Klarheit bestimmt sein. Aufgrund der engen Verbindung des Eigenkapitals mit spezifischen Bestimmungen des Gesellschaftsrechts hängt die Darstellung des Eigenkapitals in der Bilanz entscheidend von der jeweiligen Unternehmensrechtsform ab.

Je nach Zusammenfassung der unterschiedlichen Eigenkapitalkomponenten in der Bilanz unterscheidet man bei Kapitalgesellschaften die drei Begriffe »Nominalkapital«, »rechnerisches Eigenkapital« und »effektives Eigenkapital« (vgl. Abb. 16.1).

Den konstanten Teil des Eigenkapitals (Grund- bzw. Stammkapital) bezeichnet man auch als **Nominalkapital**. Addiert man zu diesem noch sämtliche variablen Eigenkapitalkonten, erhält man das **rechnerische Eigenkapital**. Erweitert man dieses zusätzlich um die stillen Reserven des Unternehmens, ergibt sich das **effektive Eigenkapital**.

Bei **stillen Reserven**, die auch als **stille Rücklagen** bezeichnet werden, handelt es sich um Eigenkapital, das aus der Bilanz nicht ersichtlich ist. Anschaffungskosten- und Niederstwertprinzip sowie Ermessensspielräume in der Bilanzierung können dazu führen, dass die Buchwerte der Vermögensgegenstände häufig unter den Marktwerten des Vermögens liegen. Ebenso können aufgrund des Höchstwertprinzips beim Fremdkapital die Buchwerte über den Marktwerten liegen. Dies führt dazu, dass das Reinvermögen (Vermögensgegenstände – Schulden), bewertet zu Marktwerten, häufig über dem bilanziellen Reinvermögen (Eigenkapital) liegt. Die Differenz bezeichnet man als stille Reserven (vgl. in diesem Kapitel, S. 402).

Grundsätzlich lassen sich variable und konstante Eigenkapitalkonten unterscheiden. Ein variables Eigenkapitalkonto ist gekennzeichnet durch die von Jahr zu Jahr auftretenden Schwankungen seines Bestands, die aus der direkten Verbuchung von Einlagen, Entnahmen bzw. von erwirtschafteten Gewinnen und Verlusten resultieren. Diese Art der Eigenkapitalverbuchung findet vor allem bei Einzelkaufleuten und Personenhandelsgesellschaften Anwendung. Der Typ des konstanten Eigenkapitalkontos tritt vor allem bei Kapitalgesellschaften, vereinzelt jedoch auch bei anderen Rechtsformen mit Haftungsbeschränkungen (z. B. KG, stille Gesellschaft und Genossenschaft) auf. Das konstante Eigenkapitalkonto besitzt primär die Funktion, Haftungsvermögen in der im Gesellschaftsvertrag vereinbarten Höhe zu binden und nach außen transparent zu machen, da, im Gegensatz zu Einzelkaufleuten und Personenhandelsgesellschaften, die grundsätzlich neben dem Gesellschaftsvermögen auch mit ihrem Privatvermögen haften, die Haftung der Gesellschafter für die Verbindlichkeiten der Kapitalgesellschaft hierauf beschränkt ist. Nach § 272 Abs. 1 Satz 1 HGB wird das konstante Eigenkapital der Kapitalgesellschaft »gezeichnetes Kapital« bezeichnet. Bei der Aktiengesellschaft trägt es den Namen »**Grundkapital**«, während es bei der Gesellschaft mit beschränkter Haftung als »**Stammkapital**« bezeichnet wird. Solange keine Kapitalherabsetzung oder -erhöhung beschlossen wird, bleibt dieser Eigenkapitalbetrag unverändert.

Da die Bilanzierung des Eigenkapitals nach deutschem Handelsrecht grundsätzlich lediglich für Kapitalgesellschaften gesetzlich geregelt ist, wird im Folgenden auf diese Unternehmensform ausführlich eingegangen. Besonderheiten von Personenhandelsgesellschaften werden am Ende des Kapitels erläutert.

NOMINAL-KAPITAL:	Grund- o. Stamm-kapital			
RECHN. EIGENKAPITAL:	Grund- o. Stamm-kapital	+ Rücklagen	+ Gewinn (– Verlust)	
EFFEKTIVES EIGENKAPITAL:	Grund- o. Stamm-kapital	+ Rücklagen	+ Gewinn (– Verlust)	+ stille Reserven

Abb. 16.1: Bestandteile des Nominalkapitals, des rechnerischen und des effektiven Eigenkapitals

I. Ausweis des Eigenkapitals bei Kapitalgesellschaften

Der Hauptgliederungsposten »Eigenkapital« ist die erste Abschlusskategorie auf der Passivseite (§ 266 Abs. 3 HGB). In diesem Posten werden aber nicht alle Werte erfasst, die zum Gesamtwert des Eigenkapitals beitragen. Abb. 16.2 gibt einen Überblick über die Posten des Eigenkapitals in der Bilanz für Kapitalgesellschaften nach HGB.

AKTIVSEITE	PASSIVSEITE
A. Anlagevermögen III. Finanzanlagen 1. Anteile an verbundenen Unternehmen B. Umlaufvermögen II. Forderungen und sonstige Vermögensgegenstände 5. Eingeforderte, aber noch nicht eingezahlte Einlagen auf das gezeichnete Kapital (§ 272 Abs. 1 Satz 3 HGB) oder Eingeforderte Nachschüsse von Gesellschaftern einer GmbH (§ 42 Abs. 2 GmbHG) III. Wertpapiere 1. Anteile an verbundenen Unternehmen 2. Sonstige Wertpapiere ... F. Nicht durch Eigenkapital gedeckter Fehlbetrag (§ 268 Abs. 3 HGB)	A. Eigenkapital I. Gezeichnetes Kapital (§ 272 Abs. 1 Satz 1 HGB; s. a. § 152 Abs. 1 AktG; § 42 Abs. 1 GmbHG) II. Kapitalrücklage (§ 272 Abs. 2 HGB; s. a. § 152 Abs. 2 AktG) 1. Eingefordertes Nachschusskapital bei der GmbH (§ 42 Abs. 2 Satz 3 GmbHG) III. Gewinnrücklagen (§ 272 Abs. 3 HGB) 1. gesetzliche Rücklage (§ 150 AktG) 2. Rücklage für Anteile an einem herrschenden oder mehrheitlich beteiligten Unternehmen (§ 272 Abs. 4 HGB) 3. satzungsmäßige Rücklagen 4. andere Gewinnrücklagen IV. Gewinnvortrag/Verlustvortrag (§ 266 Abs. 3 HGB) V. Jahresüberschuss/Jahresfehlbetrag (§ 266 Abs. 3 HGB) VI. Bilanzgewinn/Bilanzverlust - davon Ergebnisvortrag; gemäß § 268 Abs. 1 HGB (als Alternative zu IV. und V. oben)

Abb. 16.2: Ausweis des Eigenkapitals nach HGB

Die für Kapitalgesellschaften vorgeschriebene Gliederung des Eigenkapitals differenziert im Wesentlichen nach den Ursachen der Kapitalbildung. So werden unter den Posten I und II dem Unternehmen durch Einlagen der Gesellschafter von außen zur Verfügung gestellte Mittel erfasst, während unter dem Posten III durch einbehaltene Gewinne gebildetes Eigenkapital ausgewiesen wird. Dabei geben die einzelnen Gliederungsposten zudem an, worin die Gründe für die Gewinneinbehaltung lagen. Außerdem wird zwischen konstanten und variablen Kapitalkonten differenziert. Der Posten »Gezeichnetes Kapital« steht für das konstante Kapitalkonto einer Kapitalgesellschaft und sämtliche Rücklagen sowie die Posten »Gewinn-/Verlustvortrag« und »Jahresüberschuss/-fehlbetrag« bzw. »Bilanzgewinn/-verlust« für die variablen Eigenkapitalkonten.

II. Gezeichnetes Kapital

Der erste Posten des Eigenkapitals ist das **»gezeichnete Kapital«**. Es entspricht dem Nominalkapital einer Kapitalgesellschaft (= konstantes Eigenkapital) und wird, wie erwähnt, in der Bilanz einer AG bzw. KGaA als »Grundkapital« und in der Bilanz einer GmbH als »Stammkapital« bezeichnet. Zu beachten ist jedoch, dass es sich bei dem gezeichneten Kapital lediglich um eine formelle Rechengröße handelt. Zur Haftung der Gesellschaft gegenüber ihren Gläubigern und zur Ermittlung der Beteiligungswerte der Gesellschafter ist das Rein-(Netto-)Vermögen der Gesellschaft heranzuziehen, unabhängig von der Höhe des gezeichneten Kapitals.

Das **Grundkapital** einer AG (gemäß § 7 AktG i. H. v. mindestens 50.000 EUR) wird durch die Summe der Nennbeträge aller ausgegebenen Aktien bestimmt. Eine Änderung der Höhe des

Grundkapitals bedarf einer 3/4-Mehrheit der in der Hauptversammlung anwesenden Stimmen (vgl. z. B. § 182 Abs. 1 AktG hinsichtlich einer Kapitalerhöhung gegen Einlagen).

Das **Stammkapital** einer GmbH setzt sich aus den sog. Stammeinlagen der/des Gesellschafter(s) zusammen, deren Nennbeträge auf volle Euro lauten müssen und beträgt mindestens 25.000 EUR (§ 5 Abs. 1 GmbHG). Die Höhe des Stammkapitals kann ebenfalls nur mit 3/4-Stimmrechtsmehrheit der bei der Gesellschafterversammlung anwesenden Gesellschafter verändert werden. § 5a GmbHG gibt zudem die Möglichkeit, eine sog. »Unternehmergesellschaft (haftungsbeschränkt)« zu gründen. Es handelt sich dabei um eine Erscheinungsform der GmbH, deren Stammkapital bei Gründung mindestens 1 EUR und maximal 24.999 EUR beträgt (§ 5a Abs. 1 GmbHG).

Nach § 272 Abs. 1 Satz 1 HGB ist das gezeichnete Kapital zum Nennbetrag anzusetzen, der am Bilanzstichtag im Handelsregister eingetragen ist. Allerdings muss es nicht vollständig einbezahlt sein. Wurde das gezeichnete Kapital nicht voll eingezahlt, sind die ausstehenden Teile des Eigenkapitals gesondert in der Bilanz zu zeigen.

III. Ausstehende Einlagen

Die nicht einbezahlten und noch ausstehenden Teile des gezeichneten Kapitals werden als **»ausstehende Einlagen«** bezeichnet und besitzen einen Doppelcharakter:

- Sie haben Forderungscharakter, da sie einen Anspruch der Gesellschaft an die Gesellschafter bzw. Aktionäre auf volle Zahlung der Einlage darstellen.
- Sie sind Korrekturposten, die bei der Berechnung des tatsächlich einbezahlten Nominalkapitals zu berücksichtigen sind.

Gemäß § 272 Abs. 1 Satz 2 HGB sind die nicht eingeforderten ausstehenden Einlagen auf das gezeichnete Kapital offen, d. h. in einer Vorspalte des Passivpostens, vom Nennbetrag bzw., falls ein solcher nicht vorhanden ist (dies ist bei nennwertlosen Stückaktien der Fall), vom rechnerischen Wert des gezeichneten Kapitals abzusetzen; der dabei entstehende Saldo ist als »eingefordertes Kapital« in der Hauptspalte auszuweisen. Der eingeforderte, aber noch nicht eingezahlte Betrag ist auf der Aktivseite unter den Forderungen gesondert auszuweisen und entsprechend zu bezeichnen (§ 272 Abs. 1 Satz 2 HGB). In dem folgenden Beispiel wird die Bilanzierung ausstehender Einlagen veranschaulicht (vgl. Coenenberg/Haller/Schultze [2018], Kapitel 6).

Beispiel

Bei einer Kapitalgesellschaft ergibt sich folgende Konstellation:

Gezeichnetes Kapital	2.000.000 GE
Eingezahltes Kapital	1.500.000 GE
Eingeforderte, aber noch nicht eingezahlte Einlagen	300.000 GE

Die bilanzielle Abbildung für diese Konstellation stellt sich folgendermaßen dar:

Aktiva		Eigenkapitalausweis gemäß § 272 Abs. 1 Satz 2 HGB (Nettoausweis)		Passiva
B. Umlaufvermögen		A. Eigenkapital		
II. Forderungen und sonstige Vermögensgegenstände		I. Gezeichnetes Kapital	2.000.000	
		- nicht eingeforderte Einlagen	200.000	
5. Eingefordertes, aber noch nicht eingezahltes Kapital	300.000	Eingefordertes Kapital		1.800.000

IV. Rücklagen

Rücklagen haben in der Betriebswirtschaftslehre eine Reservefunktion. Im Rechnungswesen sind Rücklagen Bestandteile des Eigenkapitals, die auf den gesonderten Rücklagekonten ausgewiesen werden bzw. in Form stiller Reserven - aus der Bilanz nicht ersichtlich - im Unternehmen vorhanden sind. Die Rücklagekonten stellen neben dem erwirtschafteten Jahresergebnis und dem Gewinn-/Verlustvortrag variable Eigenkapitalkonten einer Kapitalgesellschaft dar und besitzen mehrere Funktionen:

- Zum einen dienen Rücklagen dazu, auftretende Verluste ausgleichen zu können, ohne dass das konstante Nominalkapital angegriffen wird.
- Zum anderen wird durch die Bildung von Rücklagen die Eigenkapitalbasis der Gesellschaft über das Nominalkapital hinaus verstärkt. Daraus ergeben sich eine verbesserte Widerstandsfähigkeit des Unternehmens gegenüber wirtschaftlichen Krisen und somit die Sicherung des Fortbestandes des Unternehmens.
- Darüber hinaus erhöhen Rücklagen, die meist durch einbehaltene Gewinne gebildet werden, die Haftungsbasis gegenüber Dritten, was dem Gläubigerschutz Rechnung trägt und somit die Unternehmensliquidität verbessert.

Entsprechend dem Ausweis in der Bilanz lassen sich die Rücklagen in **offene** und **stille Rücklagen** (oder **stille Reserven**) einteilen. Im Gegensatz zu den offenen Rücklagen sind stille Rücklagen Bestandteile des Eigenkapitals, deren Höhe aus der Bilanz nicht ersichtlich ist.

Die offenen, d. h. in der Bilanz ausgewiesenen Rücklagen umfassen die sog. Kapitalrücklage sowie die Gewinnrücklagen.

Abb. 16.3 stellt die Strukturierung der Rücklagen kurz dar, die im Nachfolgenden näher erläutert wird.

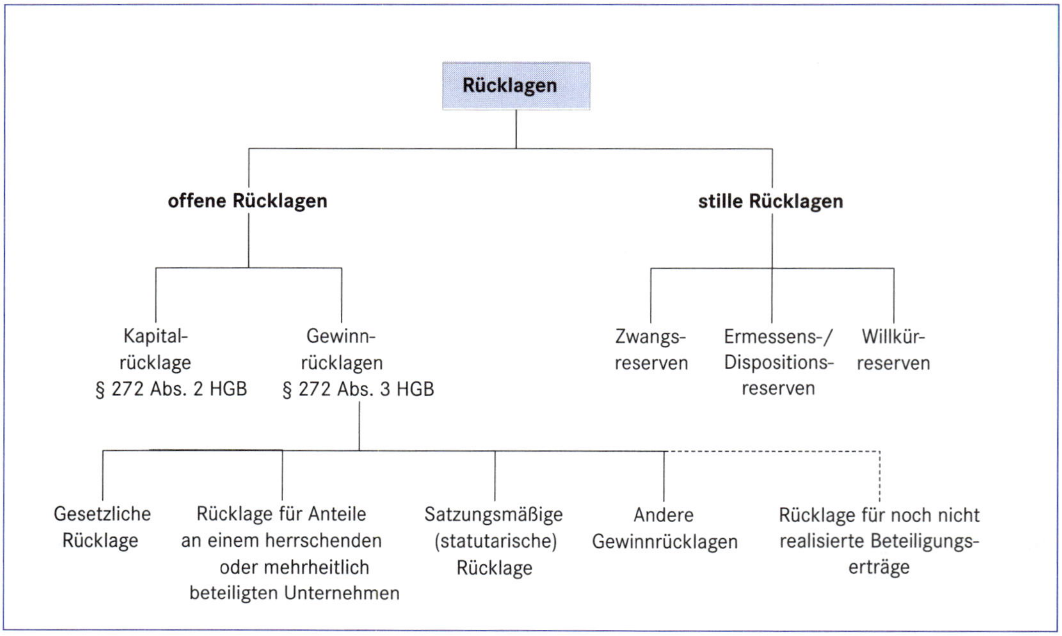

Abb. 16.3: Rücklagenarten

1. Kapitalrücklage

Gemäß § 272 Abs. 2 HGB sind in die **Kapitalrücklage** folgende Beträge aufzunehmen, die dem Unternehmen von außen zugeführt werden:

1. Der Betrag, der bei der Ausgabe von Anteilen über deren Nennbetrag hinaus erzielt wird (Agio, Aufgeld).
2. Der Betrag, der bei Ausgabe von Schuldverschreibungen für Wandlungsrechte und Optionsrechte zum Erwerb von Anteilen erzielt wird.
3. Zuzahlungen von Gesellschaftern gegen Gewährung eines Vorzugs für ihre Anteile.
4. Andere Zuzahlungen, die Gesellschafter in das Eigenkapital leisten, z. B. Nachschüsse bei einer GmbH.

Die Auflösung der Komponenten der Kapitalrücklagen gemäß § 272 Abs. 2 Nr. 1 bis 3 HGB erlaubt der Gesetzgeber für Aktiengesellschaften und Kommanditgesellschaften auf Aktien - aus Gründen des Gläubigerschutzes - nur für wenige, restriktiv geregelte Fälle (§ 150 Abs. 3 und 4 AktG) (vgl. in diesem Kapitel, S. 401 f.).

2. Gewinnrücklagen

Unter dem Posten »Gewinnrücklagen« sind nach § 266 Abs. 3 HGB die unter a) – d) aufgeführten Rücklagen gesondert auszuweisen:

a) Gesetzliche Rücklage

Für AG und KGaA ist gemäß § 150 Abs. 1 und 2 AktG und für eine »Unternehmergesellschaft (haftungsbeschränkt)« gemäß § 5a Abs. 3 GmbHG zum Schutz der Gläubiger die Bildung einer **gesetzlichen Rücklage** zwingend vorgeschrieben. Für die GmbH existiert keine vergleichbare Regelung. Die gesetzliche Rücklage wird, wie alle anderen Gewinnrücklagen grundsätzlich auch, aus dem Jahresüberschuss gespeist. Nach § 150 Abs. 2 AktG sind so lange 5 % des Jahresüberschusses in die gesetzliche Rücklage einzustellen, bis diese – zusammen mit den Beträgen, die nach § 272 Abs. 2 Nr. 1 bis 3 HGB in die Kapitalrücklagen eingestellt wurden – 10 % des Grundkapitals oder einen von der Satzung bestimmten höheren Prozentsatz erreicht haben. Besteht ein Verlustvortrag aus dem Vorjahr, so ist der Jahresüberschuss vor der Berechnung des Dotierungsbetrages entsprechend zu kürzen. Die Auflösung der gesetzlichen Rücklage ist analog zur Auflösung der Kapitalrücklagen nach § 272 Abs. 2 Nr. 1 bis 3 HGB durch die Vorschriften des § 150 Abs. 3 und 4 AktG bestimmt (vgl. in diesem Kapitel, S. 401 f.).

Die gesetzliche Rücklage einer »Unternehmergesellschaft (haftungsbeschränkt)« ist nach § 5a Abs. 3 Satz 1 GmbHG mit einem Viertel des um einen Verlustvortrag aus dem Vorjahr geminderten Jahresüberschusses zu dotieren. Es besteht keine Obergrenze entsprechend § 150 Abs. 2 AktG. Eine Verpflichtung zur Dotierung der Rücklage besteht erst dann nicht mehr, wenn die Gesellschaft ihr Stammkapital auf einen Betrag von mindestens 25.000 EUR erhöht hat (§ 5a Abs. 5 GmbHG).

b) Rücklage für Anteile an einem herrschenden oder mehrheitlich beteiligten Unternehmen

Erwirbt eine Kapitalgesellschaft Anteile an einem herrschenden oder mehrheitlich beteiligten Unternehmen (z. B. ein Tochterunternehmen erwirbt Anteile seines Mutterunternehmens), so hat sie für diese eine **»Rücklage für Anteile an einem herrschenden oder mehrheitlich beteiligten Unternehmen«** zu bilden, die in ihrer Höhe dem auf der Aktivseite für die Anteile an einem herrschenden oder mehrheitlich beteiligten Unternehmen auszuweisenden Betrag entspricht (§ 272 Abs. 4 Satz 2 HGB). Die Zuführung zu der Rücklage ist bei der Aufstellung der Bilanz, unabhängig davon, ob ein Jahresüberschuss erwirtschaftet wurde, vorzunehmen. Sie kann aus dem Jahresüberschuss oder aus den frei verfügbaren Rücklagen erfolgen. Der Begriff der »frei verfügbaren Rücklagen« umfasst dabei die »anderen Gewinnrücklagen« sowie die »Kapitalrücklage« nach § 272 Abs. 2 Nr. 4 HGB. Die Rücklage darf nur aufgelöst werden, wenn die Anteile an dem herrschenden oder mehrheitlich beteiligten Unternehmen ausgegeben, veräußert oder eingezogen werden. Eine teilweise Auflösung ist erforderlich, wenn auf der Aktivseite ein niedrigerer Betrag angesetzt wird (§ 272 Abs. 4 Satz 4 HGB). In Höhe der gebildeten Rücklage liegt damit eine Ausschüttungssperre vor.

Sofern die Bedingungen des § 271 Abs. 2 HGB erfüllt sind, hat der Ausweis der zu aktivierenden Anteile grundsätzlich unter dem Posten »Anteile an verbundenen Unternehmen« im Umlaufvermögen zu erfolgen, sonst unter dem Posten »sonstige Wertpapiere« im Umlaufvermögen. Fraglich ist die Möglichkeit eines Ausweises im Anlagevermögen. Kann das herrschende oder mehrheitlich beteiligte Unternehmen jederzeit die Übertragung der Anteile verlangen (§ 71d AktG), dann ist eine Aktivierung unter den Finanzanlagen nur möglich, wenn ausreichende Anhaltspunkte dafür bestehen, dass dieses Recht nicht ausgeübt wird.

c) Satzungsmäßige Rücklagen

Satzungsmäßige oder **statutarische Rücklagen** umfassen alle diejenigen Gewinnrücklagen, zu deren Bildung eine Kapitalgesellschaft aufgrund ihres Gesellschaftsvertrages bzw. ihrer Satzung verpflichtet bzw. berechtigt ist, z. B. Substanzerhaltungsrücklagen (diese sollen u. a. helfen, Kaufkraftverluste des Geldes auszugleichen).

Enthält die Satzung oder der Gesellschaftsvertrag aber lediglich eine Ermächtigung zur Bildung von Gewinnrücklagen, führt dies nicht zur Dotierung der satzungsmäßigen Rücklage, sondern der anderen Gewinnrücklagen (vgl. z. B. § 58 Abs. 1 AktG). Beziehen sich Satzungsbestimmungen auf die gesetzliche Rücklage nach § 150 AktG, so ist diese zu dotieren. Die Auflösung der satzungsmäßigen Rücklagen, wie deren Bildung, bestimmt sich nach den jeweiligen Vorschriften der Satzung.

d) Andere Gewinnrücklagen

Der Posten **»andere Gewinnrücklagen«** stellt einen Sammelposten all jener Rücklagen dar, die aus dem Jahresüberschuss ohne gesonderten Bilanzausweis eingestellt werden.

Mit § 58 AktG wird für die AG und für die KGaA explizit gesetzlich geregelt, wie die Einstellung von Teilen des Jahresüberschusses in die »anderen Gewinnrücklagen« vorgenommen werden darf. Für die GmbH hingegen bestehen keine Einschränkungen.

Andere Gewinnrücklagen können sowohl durch die Hauptversammlung als auch durch Vorstand und Aufsichtsrat dotiert werden. Entsprechend lassen sich folgende Fälle unterscheiden:

- Die **Hauptversammlung** (HV) stellt den Jahresabschluss (JA) fest (§ 58 Abs. 1 AktG): In der Satzung kann maximal eine Einstellung von 50 % des korrigierten Jahresüberschusses (JÜ) in die anderen Gewinnrücklagen vorgesehen werden. Die Korrektur des Jahresüberschusses bezieht sich auf dessen Kürzung um einen bestehenden Verlustvortrag (VV) und um Einstellungen in die gesetzliche Rücklage.
- **Vorstand und Aufsichtsrat** (V und AR) stellen den Jahresabschluss fest (§ 58 Abs. 2 AktG):
  - Maximal 50 % des um einen Verlustvortrag und die Pflichtdotierung der gesetzlichen Rücklage bereinigten Jahresüberschusses können grundsätzlich in die anderen Gewinnrücklagen eingestellt werden.
  - Durch Satzungsermächtigung können auch mehr als 50 % des korrigierten Jahresüberschusses in die anderen Gewinnrücklagen eingestellt werden. Hierbei ist zu beachten, dass eine Einstellung von mehr als 50 % in die anderen Gewinnrücklagen nur möglich ist, wenn diese weder vor noch nach Einstellung die Hälfte des Grundkapitals übersteigen (Überlaufprinzip).
- Unabhängig davon, wer den Jahresabschluss feststellt (§ 58 Abs. 2a AktG), können Vorstand und Aufsichtsrat (ohne von der Satzung oder der Hauptversammlung dazu ermächtigt zu sein) den **Eigenkapitalanteil von Wertaufholungen** im Anlage- und Umlaufvermögen in die anderen Gewinnrücklagen einstellen. Durch diese Möglichkeit, den auf der Aktivseite zugeschriebe-

nen Betrag (abzüglich der darauf entfallenden Ertragsteuern) in die anderen Gewinnrücklagen einzustellen, können Vorstand und Aufsichtsrat den Zuschreibungsbetrag von der Ausschüttung sperren.

- **Hauptversammlungsbeschluss mit einfacher Stimmenmehrheit** (§ 58 Abs. 3 AktG): Eine Einstellung weiterer Beträge, ggf. auch des gesamten Bilanzgewinns, in die anderen Gewinnrücklagen ist möglich. Ist die Rücklagendotierung jedoch als übermäßig hoch einzuschätzen und wird nicht mindestens eine Dividende i. H. v. 4 % des Grundkapitals ausgeschüttet, so haben Aktionäre das Recht, den Hauptversammlungsbeschluss anzufechten (§ 254 Abs. 1 AktG). Abb. 16.4 veranschaulicht die Dotierung sowie die Auflösung (vgl. hierzu in diesem Kapitel, S. 401 f.) der anderen Gewinnrücklagen.

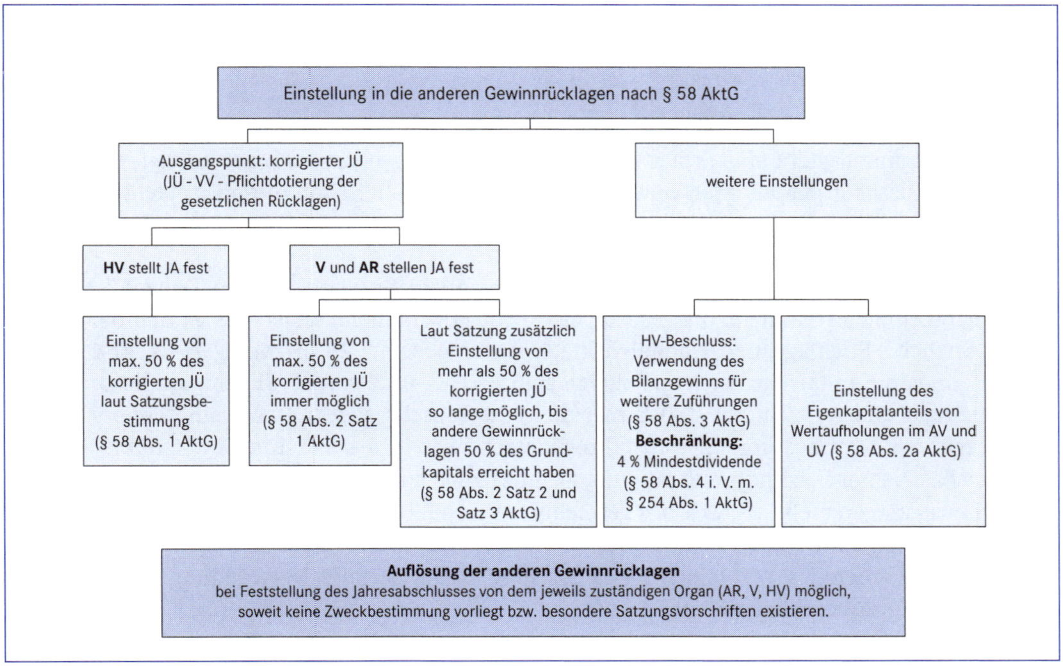

Abb. 16.4: Dotierung und Auflösung der anderen Gewinnrücklagen

e) Rücklage für noch nicht realisierte Beteiligungserträge

Eine weitere Rücklage ist für Erträge aus Beteiligungen zu bilden, die zwar bereits in der GuV ausgewiesen werden, für die aber noch keine Dividenden eingegangen sind bzw. auf deren Erhalt noch kein Anspruch besteht (§ 272 Abs. 5 HGB). Bei dieser Regelung handelt es sich um eine direkt aus EU-Recht übernommene Vorgabe, welche hauptsächlich die sog. phasengleiche Gewinnvereinnahmung von Kapitalgesellschaften innerhalb eines Konzerns betrifft (vgl. Coenenberg/Haller/Schultze [2018], Kapitel 9).

Allerdings ist aufgrund der Rechtssprechung und des Realisationsprinzips in Deutschland davon auszugehen, dass in der GuV nur Beteiligungserträge ausgewiesen werden, wenn auch ein Anspruch auf Zahlung des Betrags besteht. Somit dürfte die Regelung, und damit auch die Rücklage, i. d. R. keine Anwendung findet.

Beispiel

Der Jahresabschluss für das Jahr 01 der GROSCHENPETZER AG wird durch Vorstand und Aufsichtsrat festgestellt und nach teilweiser Gewinnverwendung aufgestellt. Vor Gewinnverwendung liegen folgende Eigenkapitalwerte zum 31.12.01 vor:

A.	Eigenkapital		in GE
	I.	Gezeichnetes Kapital	300
	II.	Kapitalrücklage nach § 272 Abs. 2 Nr. 1 HGB	20
	III.	Gewinnrücklagen	
		1. Gesetzliche Rücklage	8
		2. Andere Gewinnrücklagen	150
	IV.	Verlustvortrag	1
	V.	Jahresüberschuss	31

Laut Satzung besteht eine Ermächtigung des Vorstandes, bis zu 70 % des korrigierten Jahresüberschusses in die anderen Gewinnrücklagen einzustellen. Von dieser Ermächtigung wird i. d. R. in vollem Umfang Gebrauch gemacht, wenn dies nach § 58 Abs. 2 Satz 2 und 3 AktG möglich ist.

Zunächst ist der Verlustvortrag durch den Jahresüberschuss abzudecken. Danach ist zu prüfen, ob eine Einstellung in die gesetzliche Rücklage vorzunehmen ist. Das ist hier der Fall, da gesetzliche Rücklage und Kapitalrücklage zusammen mit 28 GE weniger als 10 % des gezeichneten Kapitals ausmachen. Folglich sind 1,5 GE (= 5 % von 30 GE) einzustellen.

Vorstand und Aufsichtsrat stellen hier den Jahresabschluss fest. Daher sind höhere Einstellungen als 50 % des korrigierten Jahresüberschusses in die anderen Gewinnrücklagen auf der Basis einer Satzungsermächtigung grundsätzlich zulässig, solange nicht die anderen Gewinnrücklagen mehr als 50 % des gezeichneten Kapitals ausmachen. Das wäre hier aber der Fall, daher können nur 14,25 GE (= 50 % von 28,5 GE) in die anderen Gewinnrücklagen eingestellt werden. Es verbleiben 14,25 GE, über deren weitere Verwendung die Hauptversammlung zu beschließen hat.

Die Gewinnverwendung vollzieht sich nach folgender Rechnung:

Jahresüberschuss (JÜ)		31,00
-	Verlustvortrag	1,00
=	Bemessungsgrundlage (BMGL) 1	= 30,00
-	Einstellung in die gesetzliche Rücklage	- 1,50
=	BMGL 2 (korrigierter JÜ)	= 28,50
-	Einstellung in die anderen Gewinnrücklagen	- 14,25
=	Ausschüttungsvorschlag an die Hauptversammlung	= 14,25

3. Auflösungsmöglichkeiten der Gewinnrücklagen und Kapitalrücklage

Bezüglich der **Auflösung der Gewinnrücklagen** gelten folgende Regelungen:

- Für die Auflösung der gesetzlichen Rücklage gelten die Vorschriften des § 150 Abs. 3 und 4 AktG. Zur Veranschaulichung wird auf Abb. 16.5 verwiesen.
- Die Rücklage für Anteile an einem herrschenden oder mehrheitlich beteiligten Unternehmen ist in dem Maße aufzulösen, wie sich der Posten »Anteile an einem herrschenden oder mehrheitlich beteiligten Unternehmen« auf der Aktivseite verringert (§ 272 Abs. 4 Satz 4 HGB).
- Die Auflösung der satzungsmäßigen Rücklagen bestimmt sich - genau wie ihre Bildung - nach den Vorschriften der Satzung; gesetzliche Vorschriften bestehen hier nicht.
- Für die Gesellschafter einer GmbH existieren bezüglich der Auflösung der anderen Gewinnrücklagen keine gesetzlichen Regelungen. Stellen bei einer AG oder KGaA Vorstand und Aufsichtsrat den Jahresabschluss fest (§ 172 AktG), können andere Gewinnrücklagen nach deren freiem Ermessen aufgelöst werden, sofern keine Zweckbindung vorliegt. Auch bei der Feststellung des Jahresabschlusses durch die Hauptversammlung (§ 173 AktG) sind - vorbehaltlich besonderer Satzungsbestimmungen - keine besonderen Regelungen zu befolgen.
- Die gesetzliche Rücklage einer »Unternehmergesellschaft (haftungsbeschränkt)« darf nach § 5a Abs. 3 Satz 2 GmbHG für eine Kapitalerhöhung aus Gesellschaftsmitteln, zum Ausgleich eines Jahresfehlbetrags, soweit er nicht durch einen Gewinnvortrag aus dem Vorjahr gedeckt ist, und zum Ausgleich eines Verlustvortrags aus dem Vorjahr, soweit er nicht durch einen Jahresüberschuss gedeckt ist, aufgelöst bzw. verwendet werden.
- Die Rücklage nach § 272 Abs. 5 HGB für noch nicht realisierte Beteiligungserträge, darf aufgelöst werden, sobald die Kapitalgesellschaft die entsprechenden Beträge vereinnahmt oder einen Anspruch auf ihre Zahlung erwirbt.

Bei der **Auflösung der Kapitalrücklage** sind die folgenden Punkte zu beachten (vgl. auch Abb. 16.5):

- Die Kapitalrücklage nach § 272 Abs. 2 Nr. 4 HGB darf jederzeit und unbegrenzt aufgelöst werden, da gesetzliche Regelungen zur Auflösung fehlen.
- Die Anteile der Kapitalrücklage, die nach § 272 Abs. 2 Nr. 1 bis 3 HGB gebildet wurden, dürfen nur für die in § 150 Abs. 3 und 4 AktG genau festgelegten Zwecke aufgelöst werden.

Wie Abb. 16.5 zeigt, ist die Zulässigkeit der Auflösung nicht allein von der Höhe der Kapitalrücklage, sondern von der Höhe der Summe aus Kapitalrücklage und gesetzlicher Rücklage abhängig.

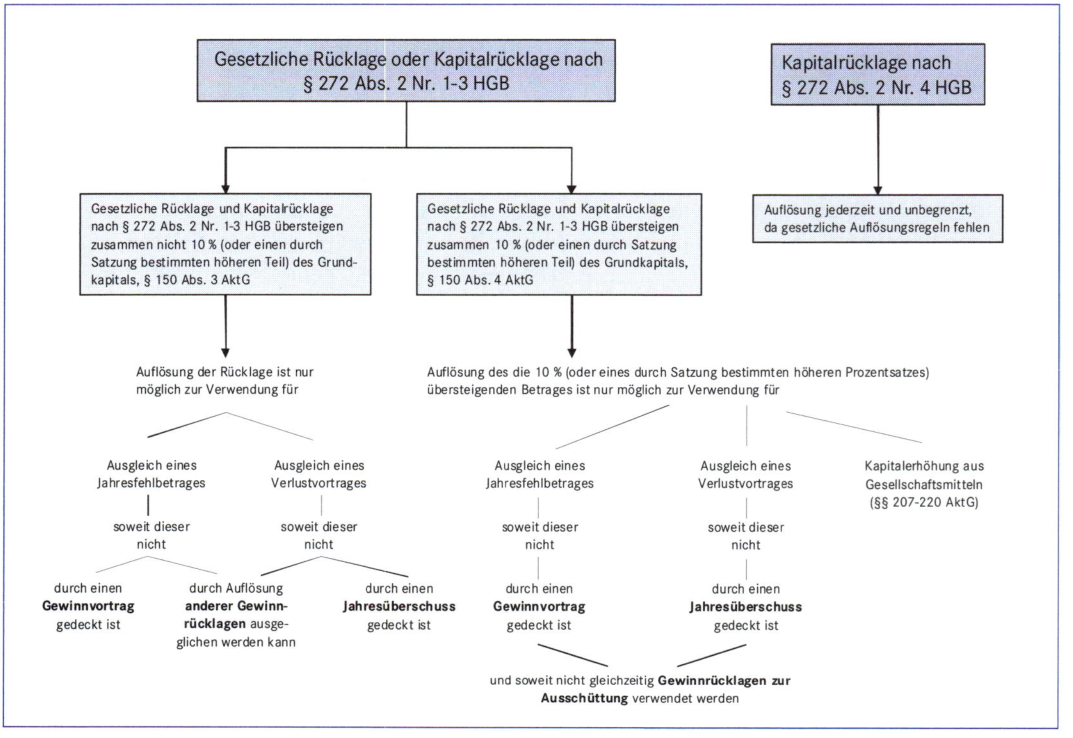

Abb. 16.5: Auflösung der gesetzlichen Rücklage und der Kapitalrücklage

4. Stille Rücklagen

Stille Rücklagen bzw. stille Reserven können sowohl auf der Aktivseite (durch zu niedrige Bewertung oder Nichtaktivierung von Vermögensgegenständen) als auch auf der Passivseite (durch zu hohe Wertansätze der Verbindlichkeiten und Rückstellungen) der Bilanz enthalten sein. Nach der Art ihrer Entstehung können stille Rücklagen in Zwangsreserven, Dispositions- und Ermessensreserven sowie Willkürreserven unterschieden werden. Gesetzliche **Zwangsreserven** entstehen beispielsweise durch das Aktivierungsverbot für selbst erstellte Marken, Drucktitel, Verlagsrechte, Kundenlisten oder vergleichbare immaterielle Vermögensgegenstände des Anlagevermögens (§ 248 Abs. 2 Satz 2 HGB, vgl. 15. Kapitel, S. 358) und bei langfristigen Investitionen wie Grundstücken, Beteiligungen und Wertpapieren des Anlagevermögens, da dort Wertsteigerungen über die Anschaffungs- und Herstellungskosten hinaus nicht erfasst werden dürfen (vgl. 15. Kapitel, S. 356). Die Beachtung des Vorsichtsprinzips führt zum Entstehen von **Dispositions- und Ermessensreserven**. Bilanzierungs- und Bewertungswahlrechte (z. B. unterschiedliche Verfahren der Vorratsbewertung) können dabei zu Dispositionsreserven führen, Schätzungsunsicherheiten (z. B. Schätzung der Nutzungsdauer des abnutzbaren Anlagevermögens, Bemessung von Rückstellungen) zu Ermessensreserven. Die Bildung von **Willkürreserven** ist unzulässig. Sie entstehen bei Verstößen gegen zwingende Bilanzierungsvorschriften, z. B. durch Unterlassen der Aktivierung von aktivierungspflichtigen Vermögensgegenständen oder durch die Bildung fiktiver Rückstellungen.

Stille Reserven, die im Umlaufvermögen durch Unterbewertung entstanden sind, lösen sich automatisch bei der Veräußerung der unterbewerteten Gegenstände auf. Die Auflösung stiller Reserven im abnutzbaren Anlagevermögen erfolgt von dem Augenblick an, ab dem der durch die Nutzung eintretende Werteverzehr die bilanziellen Abschreibungen übersteigt. Werden Gegenstände des Anlagevermögens vorzeitig verkauft und liegt deren Verkaufspreis über dem Buchwert, so kommt es ebenfalls zu einer (bewussten) Auflösung stiller Reserven. In Verbindlichkeiten und Rückstellungen ruhende stille Reserven lösen sich auf, wenn der entsprechende Bilanzposten ausgebucht oder in seinem Wert nach unten korrigiert wird. Stille Reserven wirken bei ihrer Auflösung Gewinn erhöhend und führen i. d. R. zu Ertragsteuerzahlungen. Die Bildung stiller Reserven stellt daher, soweit sie steuerlich überhaupt zulässig sind, keine Steuerersparnis, sondern nur eine Steuerstundung dar.

V. Bilanzierung eigener Anteile

Eine AG oder GmbH kann ihre eigenen Anteile erwerben, um beispielsweise Übernahmeversuche abzuwehren, um sie an Mitarbeiter abzugeben, um Minderheitsaktionäre abzufinden oder um die Anzahl ihrer Aktien zu reduzieren, also eine Kapitalherabsetzung durchzuführen. Hieraus ergibt sich eine wichtige Bedeutung des Rückkaufs eigener Anteile und der sich daraus ergebenden Implikationen hinsichtlich der Bilanzierung für die Unternehmenspolitik. Für die AG regelt § 71 AktG die verschiedenen Fälle und die Voraussetzungen für den Erwerb eigener Aktien. Die gesellschaftsrechtlichen Voraussetzungen für den Erwerb eigener Geschäftsanteile für die GmbH regelt § 33 GmbHG.

Die handelsbilanzielle Erfassung eigener Anteile erfolgt rechtsformunabhängig einheitlich. Darüber hinaus spielen die Gründe für den Erwerb der Anteile keine Rolle für den Bilanzausweis. Jeder **Erwerb eigener Anteile** wird in Form eines Korrekturpostens zum Eigenkapital bilanziert. Werden eigene Anteile erworben, dann ist der Nennbetrag bzw., falls ein solcher nicht vorhanden ist (dies ist bei nennwertlosen Stückaktien der Fall), der rechnerische Wert der erworbenen Anteile in der Vorspalte offen von dem Posten »gezeichnetes Kapital« abzusetzen (§ 272 Abs. 1a Satz 1 HGB). Der verbleibende Betrag in der Hauptspalte kann dann als »ausgegebenes Kapital« bezeichnet werden. Der Unterschiedsbetrag zwischen dem Nennbetrag oder dem rechnerischen Wert und den Anschaffungskosten der eigenen Anteile ist gemäß § 272 Abs. 1a Satz 2 HGB mit den frei verfügbaren Rücklagen zu verrechnen. Diese werden demnach um den entsprechenden Betrag vermindert, sofern die Anschaffungskosten den vom gezeichneten Kapital abzusetzenden Betrag übersteigen. Falls die Anschaffungskosten unter dem Nennbetrag bzw. dem rechnerischen Wert liegen, so ist die Einstellung des Unterschiedsbetrags in die frei verfügbaren Rücklagen, eine Vereinnahmung als Ertragszuschuss oder die Dotierung der Kapitalrücklage nach § 272 Abs. 2 Nr. 4 HGB möglich. Anschaffungsnebenkosten sind als Aufwand in der Gewinn- und Verlustrechnung zu erfassen (§ 272 Abs. 1a Satz 3 HGB). Sollten die frei verfügbaren Rücklagen nicht zur Verrechnung der den Nennbetrag bzw. den rechnerischen Wert der eigenen Anteile übersteigenden Anschaffungskosten ausreichen, ist der verbleibende Betrag im Rahmen der Ergebnisverwendung, unter Umständen auch zulasten eines Bilanzverlusts, zu verrechnen.

Werden die **eigenen Anteile wieder veräußert**, ist die Vorschrift des § 272 Abs. 1b HGB anzuwenden. Demnach entfällt der bei Erwerb der eigenen Anteile vorgenommene Ausweis nach § 272 Abs. 1a Satz 1 HGB. Ein den Nennbetrag oder den rechnerischen Wert übersteigender Differenzbetrag aus dem Veräußerungserlös ist bis zur Höhe des mit den frei verfügbaren Rücklagen verrechneten Betrags in die jeweiligen Rücklagen einzustellen, die bei Erwerb vermindert wurden. Ein darüber hinausgehender Differenzbetrag ist der Kapitalrücklage nach § 272 Abs. 2 Nr. 1 HGB zuzuführen. Nebenkosten sind wieder als Aufwand in der Gewinn- und Verlustrechnung des Geschäftsjahres zu erfassen. Keine expliziten Vorgaben enthält § 272 Abs. 1b HGB für den Fall, dass der Veräußerungspreis unterhalb der ursprünglichen Anschaffungskosten bzw. sogar unterhalb des Nennbetrags bzw. des rechnerischen Werts liegt. Auch in diesen Fällen ist jedoch zunächst die bei Erwerb der eigenen Anteile vorgenommene offene Absetzung des Nennbetrags bzw. rechnerischen Werts sowie die Verrechnung mit frei verfügbaren Rücklagen rückgängig zu machen. Anschließend ist ein Veräußerungsverlust gegenüber den ursprünglichen Anschaffungskosten der eigenen Anteile mit den frei verfügbaren Rücklagen zu verrechnen.

VI. Bilanzergebnis

Der Jahresüberschuss eines Unternehmens kann entweder ausgeschüttet oder einbehalten werden. Zu den Maßnahmen dieser **Ergebnisverwendung** zählen Ausschüttungen an die Anteilseigner, Einstellungen in und Auflösungen von Gewinnrücklagen, Auflösungen der Kapitalrücklage sowie ein i. d. R. aus diesen Maßnahmen resultierender Gewinnvortrag. Damit ergeben sich drei mögliche Ergebnisposten für die Bilanz (§ 268 Abs. 1 HGB):

- Jahresüberschuss/-fehlbetrag (= Ergebnis der aktuellen Periode),
- Gewinn-/Verlustvortrag (= unverwendete Ergebnisanteile von Vorperioden bzw. der aktuellen Periode) oder
- Bilanzgewinn/-verlust (= zur Ausschüttung vorgeschlagene Ergebnisanteile).

Der Jahresabschluss einer Kapitalgesellschaft kann

- vor Ergebnisverwendung,
- nach teilweiser Ergebnisverwendung oder
- nach vollständiger Ergebnisverwendung

erstellt werden (§ 268 Abs. 1 HGB). Je nach verwendeter Alternative ergeben sich unterschiedliche Formen, das Ergebnis des Geschäftsjahres in der Bilanz auszuweisen. Ein Ergebnisausweis vor Gewinnverwendung ist nur dann möglich, wenn für die bilanzerstellenden Organe keine gesetzliche oder satzungsmäßige bzw. gesellschaftsvertragliche Verpflichtung zur Einstellung oder Auflösung einer Rücklage besteht. Für Aktiengesellschaften ist die Bilanzerstellung nach teilweiser Ergebnisverwendung der übliche Fall, da zumeist gesetzliche bzw. statutarische Verpflichtungen zur Einstellung in Rücklagen bestehen (§ 150 Abs. 2 AktG, § 272 Abs. 4 HGB) und ein Ergebnisverwendungsbeschluss durch die Hauptversammlung gemäß § 174 Abs. 1 AktG auf einem bereits festgestellten Jahresabschluss basieren muss. Für die AG ist allerdings zu beachten, dass gemäß § 158 Abs. 1 AktG die Maßnahmen der Ergebnisverwendung in der GuV oder im Anhang darzustellen sind. Das in einem Unternehmen erwirtschaftete und nicht ausgeschüttete Periodenergebnis zählt in jedem Fall zum Eigenkapital. Die Anteile des Gewinns, die ausgeschüttet werden sollen, sind materiell Verbindlichkeiten gegenüber Aktionären, werden aber so lange im Eigenkapital ausgewiesen, wie noch keine definitive Gewinnverwendungsentscheidung getroffen worden ist.

Die Alternativen werden anhand des folgenden Beispiels erläutert.

Beispiel

Ein Unternehmen verfügte zu Periodenbeginn über ein Eigenkapital von 27 GE (10 GE gezeichnetes Kapital, 3 GE Kapitalrücklage, 12 GE Gewinnrücklagen und 2 GE Gewinnvortrag). Über die Verwendung der 2 GE Gewinnvortrag wurde im Vorjahr noch nicht entschieden. In der aktuellen Periode hat das Unternehmen einen Jahresüberschuss von 3 GE erzielt. Damit stehen insgesamt 5 GE für die Verwendung in der laufenden Periode zur Verfügung. Ferner hat das Unternehmen Verbindlichkeiten von 70 GE.

a) Wird der Jahresabschluss vor Gewinnverwendung aufgestellt, so ergibt sich folgende Bilanz:

Aktiva	**Bilanz vor Gewinnverwendung**			**Passiva**
Vermögen	100	A. Eigenkapital		30
		I. Gez. Kapital	10	
		II. Kapitalrücklage	3	
		III. Gewinnrücklagen	12	
		IV. Gewinnvortrag	2	
		V. Jahresüberschuss	3	
		B. Fremdkapital		70
Summe	100	Summe		100

b) Alternativ kann der Jahresabschluss nach teilweiser Gewinnverwendung (durch Vorstand/Aufsichtsrat) aufgestellt werden. Wenn der Vorstand 1 GE in die Gewinnrücklagen einstellt, ergibt sich folgende Bilanz:

Aktiva	**Bilanz nach teilweiser Gewinnverwendung**			**Passiva**
Vermögen	100	A. Eigenkapital		30
		I. Gez. Kapital	10	
		II. Kapitalrücklage	3	
		III. Gewinnrücklagen	13	
		IV. Bilanzgewinn	4	
		B. Fremdkapital		70
Summe	100	Summe		100

Die Hauptversammlung kann hier über die Verwendung des Bilanzgewinns von 4 GE entscheiden. Soweit diese Entscheidung nicht den gesamten Betrag betrifft, stellt der Restbetrag den Gewinnvortrag für das nächste Jahr dar.

c) Alternativ kann der Jahresabschluss nach vollständiger Gewinnverwendung erstellt werden. Wenn aufgrund des Beschlusses der Gesellschafterversammlung 3 GE in die Rücklagen eingestellt werden und 2 GE auszuschütten sind, ergibt sich folgende Bilanz (der konkrete Fall ist rechtlich grundsätzlich nur für die GmbH denkbar, da bei einer AG ein Ergebnisverwendungsbeschluss durch die Hauptversammlung gemäß § 174 Abs. 1 AktG auf einem bereits festgestellten Jahresabschluss basieren muss):

Aktiva	Bilanz nach vollständiger	Gewinnverwendung		Passiva
Vermögen	100	A. Eigenkapital		28
		I. Gez. Kapital	10	
		II. Kapitalrücklage	3	
		III. Gewinnrücklagen	15	
		B. Fremdkapital		72
Summe	100	Summe		100

Zur Ausschüttung bestimmte Ergebnisteile stellen Verbindlichkeiten des Unternehmens gegenüber seinen Anteilseignern dar. Eine Verbuchung erfolgt unter dem Posten »sonstige Verbindlichkeiten«.

Aktiengesellschaften müssen - unabhängig vom bilanziellen Ergebnisausweis - gemäß § 158 Abs. 1 AktG eine Gewinnverwendungsrechnung im Anschluss an die GuV oder im Anhang aufstellen, um die Verwendung des Jahresüberschusses zu verdeutlichen (vgl. auch 18. Kapitel, S. 454 f.).

VII. Nicht durch Eigenkapital gedeckter Fehlbetrag

Übersteigen die erwirtschafteten Verluste das gesamte Eigenkapital einer Kapitalgesellschaft (buchmäßige **Überschuldung**), so ist der Differenzbetrag am Bilanzende auf der Aktivseite als **»nicht durch Eigenkapital gedeckter Fehlbetrag«** gesondert auszuweisen (§ 268 Abs. 3 HGB). Dadurch soll ein negativer Ausweis der Abschlussgruppe »Eigenkapital« verhindert werden. Liegt eine derartige buchmäßige Überschuldung vor, so darf diese Situation nicht mit einer Überschuldung i. S. einer Insolvenz gleichgesetzt werden. Denn zur Ermittlung der Überschuldung nach dem Insolvenzrecht sind nicht die nach den für den Jahresabschluss geltenden Bewertungsbestimmungen, sondern das Ergebnis einer nach Liquidations- bzw. Zeitwerten bewerteten Vermögensbilanz heranzuziehen. Die buchmäßige Überschuldung ist mit der Überschuldung nach Insolvenzrecht nur dann gleichzusetzen, wenn das Unternehmen über keine stillen Reserven verfügt.

VIII. Besonderheiten von Personenhandelsgesellschaften

Bislang wurden in diesem Kapitel die Regelungen im Wesentlichen für Kapitalgesellschaften dargestellt. Im Folgenden soll die Bilanzierung des Eigenkapitals für Einzelkaufleute und Personenhandelsgesellschaften kurz erläutert werden, welche im Gegensatz zu Kapitalgesellschaften nicht gesetzlich geregelt ist. Daher bestehen für diese Unternehmen unterschiedliche Möglichkeiten des Eigenkapitalausweises (unter Beachtung der GoB). In der Praxis haben sich jedoch trotz mangelnder gesetzlicher Regelungen weitgehend einheitlich anerkannte Ausweismethoden herausgebildet.

So führen Einzelkaufleute, Offene Handelsgesellschaften (OHG), Kommanditgesellschaften (KG) und stille Gesellschaften meist nur variable Eigenkapitalkonten, auf denen sämtliche Veränderungen verbucht werden. Bei der Führung variabler Kapitalkonten kann sich ein Habensaldo ergeben, man spricht dann von einem negativen Kapitalkonto. Es entsteht, wenn die Verluste das variable Eigenkapital übersteigen oder auch durch überhöhte Entnahmen.

Daneben ergeben sich für Personenhandelsgesellschaften (und Einzelkaufleute) noch weitere Besonderheiten (z. B. hinsichtlich der Gewinnverwendung). Diese Sachverhalte werden im Folgenden für die OHG und die KG dargestellt.

1. Gewinnverwendung bei der OHG

Die OHG (§§ 105-160 HGB) ist (als nur quasi-juristische Person) im Gesamthandsvermögen der gleichberechtigten Gesellschafter. Nicht die Gesellschaft, sondern die einzelnen Gesellschafter erzielen den Gewinn, bei dem es sich - steuerrechtlich betrachtet - um Einkünfte aus Gewerbebetrieb handelt. Folglich müssen sowohl gesellschafts- als auch steuerrechtlich die Gewinnanteile der Gesellschafter ermittelt werden.

a) Gewinnermittlung

Soweit im Gesellschaftsvertrag nichts anderes bestimmt ist, gilt die im Folgenden dargestellte **gesetzliche Gewinnverteilungsvorschrift** (§ 121 HGB). Die Gesellschafter erhalten danach zunächst auf ihre Kapitalanteile jeweils eine 4%ige Verzinsung. Der verbleibende Gewinn wird nach Köpfen verteilt. Soweit der Gewinn für diese Verteilung nicht ausreicht, findet ein entsprechender niedrigerer Prozentsatz Anwendung bzw. werden Verluste nach Köpfen verteilt. In Gesellschaftsverträgen werden häufig Vorabgewinne (insbesondere für die geschäftsführenden Gesellschafter) oder höhere Prozentsätze vereinbart.

Für die Ermittlung der jeweiligen Kapitalanteile sind unterjährig geleistete Einlagen bzw. vorgenommene Entnahmen für die Verzinsung zeitanteilig zu berücksichtigen.

Beispiel

Gegeben ist eine OHG mit den beiden Gesellschaftern A und B. Diese sind mit 600 GE bzw. 300 GE an der Gesellschaft beteiligt. Am 01.07. des laufenden Geschäftsjahres entnimmt Gesellschafter A einen Betrag von 100 GE, während am 01.10. Gesellschafter B eine Einlage i. H. v. 100 GE leistet. Unterstellt man Identität von Geschäfts- und Kalenderjahr sowie einen Jahresgewinn i. H. v. 215 GE, ergibt sich folgende Verteilung des Gewinns:

Gesell-schafter	Kapital	Zins 4 %	Zins auf Entn./Einl.	Gewinn gemäß Kapitalanteil	Restgewinn	Gesamt-gewinn
A	600	24	- 2	22	90	112
B	300	12	+ 1	13	90	103
Summe	900	36	- 1	35	180	215

Für die Entnahme des A zur Jahresmitte i. H. v. 100 GE ergibt sich eine Verminderung des Anspruches auf Vorabverzinsung seines Kapitalanteils i. H. v. 2 GE, also die Hälfte des Jahreszinses (6 Monate) auf die Entnahmesumme (4 % von 100 GE dividiert durch 2). Für B entsteht durch die für 3 Monate des laufenden Jahres zur Verfügung gestellte zusätzliche Einlage von 100 GE ein zusätzlicher Zinsanspruch i. H. v. 1/4 des darauf entfallenden Jahreszinses, also 1 GE (4 % von 100 GE dividiert durch 4).

b) Gewinnverwendung

Die OHG führt für jeden Gesellschafter ein eigenes Eigenkapitalkonto. Wie beim Einzelunternehmer auch, wird diesen (jeweils) mindestens ein Privatkonto zugeordnet. Buchungstechnisch werden die vorab ermittelten Gewinnanteile aus dem GuV-Konto auf die jeweiligen Privatkonten der Gesellschafter gebucht. Dort werden sie mit eventuellen Einlagen oder Entnahmen verrechnet. Der hier im Saldo jeweils verbleibende Gewinnanteil kann nun entweder ausgeschüttet werden oder im Unternehmen verbleiben und den jeweiligen Eigenkapitalkonten zugeordnet werden.

Beispiel

Unter Fortführung des vorangegangenen Beispiels mit der zusätzlichen Annahme, dass in der OHG im laufenden Geschäftsjahr ein Umsatz i. H. v. 850 GE sowie Aufwendungen i. H. v. 635 GE angefallen sind, ergibt sich folgendes Bild:

S	GuV-Konto		H
Aufwand	635	Umsatz	850
Gewinn A	112		
Gewinn B	103		
Summe	850	Summe	850

S	Privatkonto A		H
Entnahme	100	Gewinnanteil	112
Saldo	12		
Summe	112	Summe	112

S	Privatkonto B		H
Saldo	203	Einlage	100
		Gewinnanteil	103
Summe	203	Summe	203

S	Eigenkapitalkonto A		H
Schlussbestand	612	Anfangsbestand	600
		Privat	12
Summe	612	Summe	612

S	Eigenkapitalkonto B		H
Schlussbestand	503	Anfangsbestand	300
		Privat	203
Summe	503	Summe	503

Die Buchungssätze der Gewinnverbuchung lauten entsprechend:

9999	GuV-Konto	112	an	2131	Privatkonto A	112
9999	GuV-Konto	103	an	2132	Privatkonto B	103

In der Praxis finden sich verschiedene Varianten in der Führung der Kapitalkonten von offenen Handelsgesellschaften. Diese reichen von der Führung nur eines (variablen) Eigenkapitalkontos für jeden Gesellschafter bis zur Führung fester und variabler Kapitalkonten sowie Privatkonten.

2. Gewinnverwendung bei der Kommanditgesellschaft

Während die Komplementäre der KG (§§ 161–177a HGB) wie die Gesellschafter der OHG behandelt werden können, ergibt sich für die Kommanditisten ein abweichendes Verfahren.

a) Gewinnermittlung

Soweit im Gesellschaftsvertrag nichts anderes vereinbart wurde, ergibt sich nach § 168 Abs. 1 i. V. m. § 121 Abs. 1 und 2 HGB auch für alle Gesellschafter der KG zunächst ein Anspruch auf Verzinsung ihrer Kapitalanteile i. H. v. 4 % bzw. einem entsprechenden niedrigeren Prozentsatz, soweit der Gewinn hierfür nicht ausreicht. Problematisch ist die in § 168 Abs. 2 HGB nicht näher bestimmte Verteilung des Restgewinns in einem **»angemessenen Verhältnis«**, die auch für einen Verlust gilt. Hierbei muss insbesondere das höhere Risiko sowie der Arbeitsaufwand für die

Geschäftsführung der Komplementäre berücksichtigt werden. Idealerweise ist die Gewinnverteilung jedoch in einem entsprechenden Gesellschaftsvertrag geregelt.

Folgendes Beispiel soll die Ermittlung der Gewinnanteile gemäß einem plausiblen Gesellschaftsvertrag verdeutlichen.

Beispiel

Es ist eine Kommanditgesellschaft mit einem Komplementär (A) sowie einem Kommanditisten (B) gegeben. Der Gesellschaftsvertrag sieht eine Vorabvergütung des Gesellschafters A (für seine Geschäftsführungstätigkeit) i. H. v. 60 GE vor. Aus dem verbleibenden Gewinn soll eine 10%ige Verzinsung auf die Kapitalanteile geleistet werden. Ein eventueller Restgewinn ist nach Köpfen zu verteilen. Bei Kapitalanteilen von 500 bzw. 300 GE ergibt sich für einen Gewinn von 180 GE folgende Verteilung:

Gesellschafter	Kapital	Vorabgewinn	10 %	Restgewinn	Gesamtgewinn
Komplementär A	500	60	50	20	130
Kommanditist B	300	0	30	20	50
Summe	800	60	80	40	180

b) Gewinnverwendung

Die **Komplementäre** der KG werden wie die OHG-Gesellschafter behandelt, d. h., es wird üblicherweise für jeden Vollhafter ein Eigenkapitalkonto sowie ein Privatkonto geführt. Für die **Kommanditisten** ist nach der gesetzlichen Regelung ein festes Kapitalkonto vorgeschrieben, welches ihren Kapitalanteil an der Gesellschaft ausweist. Da sie nicht berechtigt sind Einlagen zu leisten oder Entnahmen zu tätigen, existiert i. d. R. auch kein Privatkonto. Dagegen werden ihre Gewinnanteile (sobald die Kommanditeinlage voll geleistet ist) als Verbindlichkeiten der Gesellschaft auf ein entsprechendes Verbindlichkeitenkonto gegenüber Kommanditisten gebucht.

Beispiel

Unter Fortführung des vorangegangenen Beispiels ergibt sich unter Annahme eines Umsatzes von 490 GE sowie von Aufwendungen i. H. v. 310 GE folgende Gewinnverbuchung:

S	**GuV-Konto**		**H**
Aufwand	310	Umsatz	490
Gewinn A	130		
Gewinn B	50		
Summe	490	Summe	490

S	Privatkonto Komplementär A		H
Saldo	130	Gewinn	130
Summe	130	Summe	130

S	Verbindl. ggü. Kommanditist B		H
Schlussbestand	50	Gewinn	50
Summe	50	Summe	50

S	Eigenkapital Komplementär A		H
Schlussbestand	630	Anfangsbestand	500
		Privat	130
Summe	630	Summe	630

S	Eigenkapital Kommanditist B		H
Schlussbestand	300	Anfangsbestand	300
Summe	300	Summe	300

Als Gewinnverwendungsbuchungen ergeben sich:

9999	GuV-Konto	130	an	2130	Privatkonto (A)	130
9999	GuV-Konto	50	an	3510	Verb. ggü. Gesellschaftern	50

Die Kapitalanteile der Kommanditisten ändern sich daher nur durch explizite im Handelsregister einzutragende Einlagen oder durch entsprechende Verlustzuweisung. Soweit Kommanditisten im Gesellschaftsvertrag explizit das Recht zur Entnahme zugebilligt wird, erfolgt die Verbuchung dieser Entnahme über die Soll-Seite des Verbindlichkeitenkontos des jeweiligen Kommanditisten, weil dies als vorweggenommene Gewinnausschüttung interpretiert werden kann.

In der Bilanz der Kommanditgesellschaft stellen die Gewinnanteile des Kommanditisten Fremdkapital dar, während die (nicht entnommenen) Gewinnanteile der Komplementäre dem Eigenkapital zugerechnet werden. Steuerrechtlich gehören beide Posten zum Betriebsvermögen.

B. Fremdkapital

Zum **Fremdkapital (FK)** zählen alle Mittel, die vom Unternehmen in absehbarer Zukunft benötigt werden, um Verpflichtungen (Schulden) gegenüber Dritten abzudecken. Es steht somit - im Gegensatz zum Eigenkapital - dem Unternehmen nur zeitlich begrenzt zur Verfügung. Dabei entscheidet der Typus der Verpflichtung über den Ansatz und Ausweis in der Bilanz. Verpflichtungen, die zum Abschlussstichtag hinsichtlich ihres Eintritts und ihrer Höhe feststehen, stellen Verbindlichkeiten dar und sind zu passivieren. Ebenfalls zu passivieren sind Verpflichtungen, bei denen zwar Höhe oder Eintritt noch nicht feststeht, eine Inanspruchnahme des Unternehmens jedoch wahrscheinlich ist. Diese Verpflichtungen werden als Rückstellungen ausgewiesen. Verpflichtungen, deren Eintritt zwar grundsätzlich möglich, jedoch zum Bilanzstichtag unwahrscheinlich ist, dürfen nicht passiviert werden. Sie sind als sog. »Eventualverbindlichkeiten« (auch als »Haftungsverhältnisse« bezeichnet) i. S. der Informationsfunktion des Abschlusses gemäß § 251 HGB »unterhalb« (d. h. außerhalb) der Bilanz einzeln oder in Summe anzugeben.

Zum Fremdkapital zählen folglich folgende Arten von Bilanzposten:

- Verbindlichkeiten und
- Rückstellungen.

Zum Fremdkapital gehört auch der Bilanzposten »passive latente Steuern« sowie die sog. »transitorischen Rechnungsabgrenzungsposten«, die unter dem Bilanzposten »Rechnungsabgrenzungsposten« auszuweisen sind. Daneben existieren auf der Passivseite sog. »antizipative Rechnungsabgrenzungsposten«, die ebenso als Fremdkapital zu klassifizieren sind. Sie werden jedoch - anders als die transitorischen passiven Rechnungsabgrenzungsposten - nicht in den Bilanzposten »Rechnungsabgrenzungsposten« aufgenommen, sondern unter den »sonstigen Verbindlichkeiten« ausgewiesen. Passive Rechnungsabgrenzungsposten werden zusammen mit den aktiven Rechnungsabgrenzungsposten im nächsten Kapitel behandelt, ebenso wie die latenten Steuern.

I. Verbindlichkeiten

Wie bereits festgestellt, versteht man unter **Verbindlichkeiten** solche Verpflichtungen eines Unternehmens, die am Bilanzstichtag ihrer Höhe und Fälligkeit nach feststehen. Zu ihren Charakteristika gehört es, dass sie mit juristischen Mitteln erzwingbar sind, ihr Wert eindeutig feststellbar ist und sie zum Abschlusszeitpunkt eine wirtschaftliche Belastung für das Unternehmen darstellen.

1. Ansatz und Ausweis von Verbindlichkeiten

Demnach sind Verbindlichkeiten Schulden i. S. der im 14. Kapitel, S. 333 angeführten Definition. Somit unterliegen sie ohne Ausnahme einem Passivierungsgebot. Eine Saldierung mit Forderungen scheidet grundsätzlich aus (§ 246 Abs. 2 Satz 1 HGB). Wie bereits für die Forderungen erläutert (vgl. 15. Kapitel, S. 383 f.), besteht eine Ausnahme für unverbriefte Verbindlichkeiten, die gemäß § 387 BGB aufrechenbar sind. Eine weitere Ausnahme vom Grundsatz des Saldierungsverbotes formuliert § 246 Abs. 2 Satz 2 HGB. So müssen Vermögensgegenstände, die dem Zugriff aller übrigen Gläubiger entzogen sind und ausschließlich der Erfüllung von Schulden aus Altersversorgungsverpflichtungen oder vergleichbaren langfristig fälligen Verpflichtungen dienen (sog. Planvermögen), mit diesen Schulden verrechnet werden.

Während Personenhandelsgesellschaften und Einzelunternehmen in ihrem Ausweis primär lediglich dem Grundsatz der Klarheit und der Stetigkeit unterliegen, sieht § 266 Abs. 3 HGB für mittlere und große Kapitalgesellschaften sowie für haftungsbeschränkte Personenhandelsgesellschaften nach § 264a HGB eine Ausweisstrukturierung nach Gläubigergruppen vor, welche die nachfolgenden acht Typen unterscheidet (vgl. im Detail Coenenberg/Haller/Schultze [2018],

Kapitel 7). Kleine Kapitalgesellschaften (§ 267 Abs. 1 HGB) sowie Kleinstkapitalgesellschaften (§ 267a Abs. 1 HGB) können sich auf einen zusammengefassten Ausweis sämtlicher Verbindlichkeiten beschränken (§ 266 Abs. 1 Satz 3 HGB bzw. § 266 Abs. 1 Satz 4 HGB).

Anleihen

Diese Art von Verbindlichkeiten entsteht durch die Inanspruchnahme des öffentlichen Kapitalmarktes. I. d. R. steht diese Möglichkeit der Beschaffung von Fremdkapital durch die Ausgabe von Wertpapieren nur Aktiengesellschaften oder größeren Gesellschaften anderer Rechtsformen offen, die über einen guten Ruf und ausreichend Bonität verfügen. Zu den Anleihen zählen beispielsweise Teilschuldverschreibungen, Wandelschuldverschreibungen und Optionsanleihen. Konvertible Anleihen - hierunter fallen insbesondere Wandelschuldverschreibungen - sind gemäß § 266 Abs. 3 HGB als »Davon-Vermerk« von den anderen Anleihen getrennt auszuweisen.

Verbindlichkeiten gegenüber Kreditinstituten

Hierzu zählen insbesondere Bankkredite. Diese sind nur in Höhe des tatsächlich in Anspruch genommenen Betrages (und nicht z. B. in Höhe der zugesagten Kreditlinie) auszuweisen. Soweit Wechsel einer Bank lediglich zur Sicherung eines eingeräumten Kredits in Kaution gegeben werden (Depot- oder Kautionswechsel), dürfen diese nicht als Wechselverbindlichkeit ausgewiesen werden. Es ist vielmehr der Betrag, mit dem der so gesicherte Kredit in Anspruch genommen wurde, als Verbindlichkeit gegenüber Kreditinstituten anzusetzen. Zu den Verbindlichkeiten gegenüber Kreditinstituten gehören auch Schuldverschreibungen gegenüber Kreditinstituten und Verbindlichkeiten gegenüber Bausparkassen.

Erhaltene Anzahlungen auf Bestellungen

Erhaltene Anzahlungen dienen als Sicherheitsleistung für bestellte Waren oder Dienstleistungen bzw. zur Vorfinanzierung von Aufträgen, die erhebliche finanzielle Mittel binden (z. B. Schiffsbau, Brückenbau, Gebäudebau). Gehören die Anzahlungen wirtschaftlich zu bestimmten Vorratsgütern, so besteht neben der Passivierung gemäß § 268 Abs. 5 Satz 2 HGB auch die Möglichkeit, erhaltene Anzahlungen auf der Aktivseite offen von den Vorräten abzusetzen (vgl. 15. Kapitel, S. 380 f.).

Verbindlichkeiten aus Lieferungen und Leistungen

Hierbei handelt es sich um Verpflichtungen, die daraus resultieren, dass das Unternehmen Lieferungen oder Leistungen jeglicher Art erhalten bzw. in Anspruch genommen hat, ohne dafür bislang eine Gegenleistung erbracht zu haben. Nicht bilanziert werden dürfen Verpflichtungen aus Verträgen, die noch von keiner Seite erfüllt worden sind (sog. »schwebende Geschäfte«).

Verbindlichkeiten aus der Annahme gezogener Wechsel und der Ausstellung eigener Wechsel

Dieser Posten erfasst sowohl die auf die bilanzierende Gesellschaft gezogenen und von ihr akzeptierten Wechsel als auch eigene, von der Gesellschaft ausgestellte Wechsel (sog. »Solawechsel«). Selbstverständlich darf die Verbindlichkeit aus dem Schuldverhältnis, das dem Wechsel zugrunde liegt, nicht zusätzlich unter einem anderen Verbindlichkeitsposten (beispielsweise »Verbindlichkeiten aus Lieferungen und Leistungen«) passiviert werden. Verpflichtungen aus einem Wechselindossament sind hierunter nur dann auszuweisen, wenn sicher ist, dass das Unternehmen in Anspruch genommen wird. Andernfalls stellen diese sog. »Eventualverbindlichkeiten« dar (vgl. unten).

Verbindlichkeiten gegenüber verbundenen Unternehmen

Zur Offenlegung der wirtschaftlichen Verflechtungen sind sämtliche Verbindlichkeiten gegenüber verbundenen Unternehmen (zur Definition von verbundenen Unternehmen vgl. § 271 Abs. 2 HGB und Coenenberg/Haller/Schultze [2018], Kapitel 5), unabhängig von ihren Entstehungsursachen, gesondert und vorrangig vor anderen Verbindlichkeitsposten in diesem Abschnitt auszuweisen. Die Verbindlichkeiten müssen nicht notwendigerweise aus dem Geschäftsverkehr resultieren, es kann sich beispielsweise auch um Finanzierungsschulden handeln.

Verbindlichkeiten gegenüber Unternehmen, mit denen ein Beteiligungsverhältnis besteht

Hier sind nicht nur Verbindlichkeiten gegenüber Unternehmen auszuweisen, an denen das bilanzierende Unternehmen eine Beteiligung hält, sondern auch jene gegenüber Unternehmen, welche an dem bilanzierenden Unternehmen i. S. des § 271 Abs. 1 HGB beteiligt sind. Unter Beteiligungen versteht man dabei Anteile an anderen Unternehmen, die dazu bestimmt sind, dem eigenen Geschäftsbetrieb durch Herstellung einer dauernden Verbindung zu diesen Unternehmen zu dienen (§ 271 Abs. 1 HGB).

Sonstige Verbindlichkeiten

Bei diesem letzten Verbindlichkeitsposten handelt es sich um einen Sammelposten für alle sonstigen, noch nicht erfassten Verbindlichkeiten, z. B. Steuerschulden, Sozialabgaben sowie bestimmte Posten der antizipativen Rechnungsabgrenzung (z. B. nachschüssig zu zahlende Miet- und Pachtzinsen).

Postenübergreifend bestehen für alle Arten von Verbindlichkeiten – zumindest für mittelgroße und große Kapitalgesellschaften – hinsichtlich der **Restlaufzeiten** (RLZ) der jeweils darunter erfassten Verpflichtungen folgende Angabepflichten:

- Verbindlichkeiten mit einer RLZ < 1 Jahr (Angabe in der Bilanz; § 268 Abs. 5 HGB) und
- Verbindlichkeiten mit einer RLZ > 5 Jahre (Angabe in der Bilanz; § 268 Abs. 5 HGB und im Anhang; § 285 Nr. 1 und Nr. 2 HGB).

Die Informationen können im Anhang in tabellarischer Form durch einen sog. »Verbindlichkeitenspiegel« bereitgestellt werden. Diese Informationen sollen – i. V. m. den Restlaufzeitangaben bei den Forderungen (vgl. § 268 Abs. 4 HGB und 15. Kapitel, S. 383) – einen besseren Einblick in die

Fristenkongruenz von zukünftigen Zahlungsverpflichtungen und Zahlungsansprüchen und damit in die zukünftige Liquiditätslage des Unternehmens gewähren.

Neben den in der Bilanz auszuweisenden Schulden sind außerdem gemäß § 251 HGB bestehende **Haftungsverhältnisse** (= **Eventualverbindlichkeiten**) im Jahresabschluss offenzulegen. Hierbei handelt es sich - wie bereits in der Einleitung zum Abschnitt B dieses Kapitels geschildert - um Risiken, die nur möglicherweise eine Belastung für das Unternehmen darstellen, mit deren Eintritt jedoch nicht gerechnet wird.

Folgende Eventualverbindlichkeiten sind nach § 251 HGB »unter« der Bilanz (d. h. unter dem Bilanzstrich) zu vermerken:

- Verbindlichkeiten aus der Begebung und Übertragung von Wechseln (Wechselindossamente),
- Verbindlichkeiten aus Bürgschaften, Wechsel- und Scheckbürgschaften,
- Verbindlichkeiten aus Gewährleistungsverträgen,
- Haftungsverhältnisse aus der Bestellung von Sicherheiten für fremde Verbindlichkeiten (beispielsweise Pfandleihe).

Kapitalgesellschaften und Personenhandelsgesellschaften, bei denen keine natürliche Person persönlich haftender Gesellschafter ist (§ 264a HGB), müssen nach § 268 Abs. 7 HGB die verschiedenen Eventualverbindlichkeiten statt unter der Bilanz im Anhang gesondert, unter Angabe der gewährten Pfandrechte und sonstigen Sicherheiten, angeben. Bestehen Haftungsverhältnisse gegenüber verbundenen Unternehmen, sind diese ebenso gesondert darzustellen. § 285 Nr. 27 HGB fordert zusätzlich zu den quantitativen Angaben zu Eventualverbindlichkeiten auch qualitative Angaben im Anhang. Es sind die Gründe der Einschätzung des Risikos der Inanspruchnahme aus Eventualverbindlichkeiten anzugeben, also die Gründe, weshalb die Eventualverbindlichkeiten als solche unter der Bilanz und nicht als Verbindlichkeiten oder Rückstellungen ausgewiesen werden.

Des Weiteren müssen mittelgroße und große Kapitalgesellschaften im Anhang bestimmte Angaben über nicht in der Bilanz enthaltene Geschäfte machen, soweit sie wesentlich sind und dies für die Beurteilung der Finanzlage notwendig ist (§ 285 Nr. 3 HGB i. V. m. § 288 HGB). Beispiele für mögliche Arten von **außerbilanziellen Geschäften** sind Factoring, Pensionsgeschäfte oder Leasingverträge.

Sonstige finanzielle Verpflichtungen, die zur Beurteilung der Finanzlage des Unternehmens von Bedeutung sind und sich nicht bereits aus der Bilanz oder den Angaben nach § 251 HGB bzw. § 285 Nr. 3 HGB ergeben, sind von Kapitalgesellschaften im Anhang in einem Gesamtbetrag aufzuzeigen. Dazu zählen insbesondere schwebende Rechtsgeschäfte, die sich in der Bilanz noch nicht ausgewirkt haben, die aber in Zukunft die Finanzlage (Liquidität) wesentlich belasten (z. B. Miet- bzw. Leasingverhältnisse, bereits vertraglich fixierte Großinvestitionen, vgl. § 285 Nr. 3a HGB).

2. Bewertung von Verbindlichkeiten

Gemäß § 253 Abs. 1 Satz 2 HGB sind Verbindlichkeiten in der Handelsbilanz grundsätzlich mit dem **Erfüllungsbetrag** (= der zur Erfüllung der Verbindlichkeit notwendige Geldbetrag) zu bewerten.

Eine Minderung des Erfüllungsbetrages während der Laufzeit darf in der Bilanz nicht berücksichtigt werden (**Imparitätsprinzip**). Dagegen muss einer eventuellen Erhöhung des Erfüllungsbetrages in der Bilanz Rechnung getragen werden (sog. **Höchstwertprinzip** - in Analogie zum Niederstwertprinzip auf der Aktivseite).

Verbindlichkeiten aus einer Rentenverpflichtung (Rentenschuld, Leibrente), für die eine Gegenleistung aus Sicht des Schuldners nicht mehr zu erwarten ist, sind mit dem versicherungsmathematischen **Barwert** anzusetzen (§ 253 Abs. 2 Satz 3 HGB). Beträgt die Restlaufzeit der Rentenverpflichtung mehr als ein Jahr, so ist ein dieser Restlaufzeit entsprechender Abzinsungssatz zu verwenden, der sich aus dem durchschnittlichen Marktzinssatz der vergangenen sieben Geschäftsjahre ergibt (§ 253 Abs. 2 Satz 1 HGB). Aus Vereinfachungsgründen ist es zulässig, diese Verpflichtungen pauschal mit einem durchschnittlichen Marktzinssatz abzuzinsen, der sich bei einer (angenommenen) Restlaufzeit von 15 Jahren ergibt (§ 253 Abs. 2 Satz 2 HGB). Die relevanten Zinssätze werden von der Bundesbank periodisch aktualisiert und auf www.bundesbank.de veröffentlicht.

Die bilanzielle Behandlung von **Lieferantenskonti** ist davon abhängig, ob die Inanspruchnahme beabsichtigt ist oder nicht. Soll unter Skontoabzug gezahlt werden, kann die Verbindlichkeit bereits mit dem Nettobetrag eingebucht werden. Ist eine Inanspruchnahme hingegen nicht beabsichtigt, ist die Verbindlichkeit zum Rechnungsbetrag (einschließlich Skonto) zu bewerten.

Un- bzw. niederverzinsliche Darlehen müssen aufgrund des Realisationsprinzips zum Erfüllungsbetrag bilanziert werden.

Zero-Bonds (Zinspapiere ohne laufende Zinszahlungen) sind mit dem niedrigeren Ausgabebetrag zu passivieren. Die sich während der Jahre ansammelnde Zinsverbindlichkeit ist gemäß einer kapitalabhängigen Effektivzinsberechnung jährlich dem Ausgabebetrag zuzuschreiben.

Ein eventuelles **Disagio** bzw. **Damnum** wird nicht vom Erfüllungsbetrag der Verbindlichkeit abgezogen, sondern entweder auf der Aktivseite unter den (aktiven) Rechnungsabgrenzungsposten ausgewiesen oder in voller Höhe als Aufwand in der Periode der Einbuchung der korrespondierenden Verbindlichkeit gemäß dem Aktivierungswahlrecht nach § 250 Abs. 3 HGB verrechnet (vgl. 17. Kapitel, S. 429).

Valutaverbindlichkeiten (= Fremdwährungsverbindlichkeiten) sind ebenfalls mit dem Erfüllungsbetrag anzusetzen. Sie werden aus Vereinfachungsgründen mit dem Devisenkassamittelkurs (= Mittelkurs aus Geld- und Briefkurs) am Tag der Einbuchung der Verbindlichkeit bewertet.

Die Folgebewertung von Valutaverbindlichkeiten wird in § 256a HGB geregelt. Valutaverbindlichkeiten mit einer Restlaufzeit von mehr als einem Jahr sind demnach, unter Berücksichtigung des Realisations- und Imparitätsprinzips sowie des Anschaffungskostenprinzips, mit dem Devisenkassamittelkurs des Bilanzstichtages umzurechnen. Spiegelbildlich zur Aktivseite zwingt das Imparitätsprinzip bei Verbindlichkeiten zu einer Wertzuschreibung, soweit der Devisenkassamittelkurs am Bilanzstichtag einen über den Buchwert hinausgehenden Verbindlichkeitsbetrag ergibt (Höchstwertprinzip). Sinkt dieser Kurs bis zum nächsten Bilanzstichtag wieder ab, so muss eine Abwertung der Verbindlichkeit vorgenommen werden, jedoch nur bis zu ihrem Ursprungsbetrag (= historischer Erfüllungsbetrag = grundsätzliche Bewertungsuntergrenze). Sinkt der Devisenkassamittelkurs zum Bilanzstichtag unter den Kurs bei der Ersteinbuchung der Verbindlichkeit, darf die Verbindlichkeit nicht abgewertet werden, da andernfalls unrealisierte Gewinne ausgewiesen würden. Eine Ausnahme besteht bei Valutaverbindlichkeiten mit einer Restlaufzeit von bis zu einem Jahr. Hier ist eine Bewertung zum Devisenkassamittelkurs des Bilanzstichtages generell geboten (§ 256a Satz 2 HGB). Liegt der Sonderfall geschlossener Devisenpositionen (d. h. Verbindlichkeiten, denen währungs- und betragsidentische sowie fristenkongruente Forderungen gegenüberstehen) vor oder werden Valutaverbindlichkeiten zum Ausgleich gegenläufiger Wertänderungen mit Finanzinstrumenten zusammengefasst, so dürfen die als geschlossene Posten behandelten Aktiv- und Passivposten zu einer Bewertungseinheit zusammengefasst werden (§ 254 HGB). Dies gilt aber nur in dem Umfang und für den Zeitraum, in dem die gegenläufigen Wertänderungen sich ausgleichen. Bei Bestehen einer Bewertungseinheit wird auf die Berücksichtigung nicht realisierter Verluste verzichtet, wenn diesen Verlusten in gleicher Höhe nicht realisierte Gewinne gegenüberstehen.

Hat bei Leasingverträgen der Leasingnehmer eine **Leasingverbindlichkeit** anzusetzen, weil der Leasinggegenstand ihm zugerechnet wird (vgl. 15. Kapitel, S. 365 ff.), so muss er diese bei Vertragsbeginn in Höhe der aktivierten Anschaffungs- oder Herstellungskosten ausweisen. Die Raten sind dann, wie beim Leasinggeber, in einen Zins- und Kosten- sowie Tilgungsanteil aufzuspalten.

In der **Steuerbilanz** sind unverzinsliche Verbindlichkeiten grundsätzlich mit dem **abgezinsten Nennwert** (= **Barwert**) zu bewerten, wenn sie eine Restlaufzeit von mindestens einem Jahr haben. Dabei ist ein Zinssatz von 5,5 % maßgebend (§ 6 Abs. 1 Nr. 3 EStG). Bei voraussichtlich dauerhafter Werterhöhung besteht ein steuerliches Wahlrecht, den höheren Teilwert der Verbindlichkeit anzusetzen. Für ein Disagio besteht steuerlich eine Aktivierungspflicht (H 6.10 EStR) (vgl. 14. Kapitel, S. 337). Gemäß H 6.10 EStR sind in der Steuerbilanz Währungsverluste bei Valutaverbindlichkeiten nur zu berücksichtigen, wenn die Werterhöhung der Verbindlichkeit voraussichtlich von Dauer ist. Eine Unterschreitung des Entstehungskurses bei kurzfristigen Valutaverbindlichkeiten - und damit eine Senkung des ursprünglichen Betrages - ist steuerlich, anders als nach § 256a Satz 2 HGB, unzulässig (§ 6 Abs. 1 Nr. 3 i. V. m. Nr. 2 EStG).

II. Rückstellungen

Der Gesetzgeber vermied es, »**Rückstellungen**« zu definieren. In der Literatur versteht man unter Rückstellungen Passivposten, die solche Wertminderungen der Berichtsperiode als Aufwand zurechnen, die durch zukünftige Handlungen (Zahlungen, Dienstleistungen, Eigentumsübertragungen an Sachen und Rechten) bedingt werden und deshalb bezüglich ihres Eintretens oder ihrer Höhe nicht völlig, aber dennoch hinreichend sicher sind. Sie dienen dabei nicht der Korrektur des Bilanzansatzes bestimmter Vermögensgegenstände, d. h., sie sind keine Wertberichtigungen (vgl. Coenenberg/Haller/Schultze [2018], Kapitel 7).

1. Ansatz und Ausweis von Rückstellungen

§ 249 HGB zählt alle handelsrechtlich zulässigen Rückstellungen abschließend auf. Sie lassen sich in zwei wesentliche Kategorien einteilen, die durch unterschiedliche Typen von Verpflichtungen charakterisiert werden.

Einerseits existieren Rückstellungen aufgrund einer Verpflichtung gegenüber Dritten (sog. **Verbindlichkeitsrückstellungen**) (Außenverpflichtungen). Sie lassen sich konzeptionell durch einen vorsichtigen und vollständigen Schuldenausweis in der Bilanz begründen, der auch wahrscheinliche Verpflichtungen berücksichtigt, für die das Unternehmen in Zukunft in Anspruch genommen werden wird.

Zur anderen Kategorie gehören Rückstellungen ohne konkrete Verpflichtung gegenüber Dritten, jedoch aufgrund einer wirtschaftlichen Verpflichtung gegenüber sich selbst (sog. **Aufwandsrückstellungen**) (Innenverpflichtungen). Diese Rückstellungen, die nur sehr eingeschränkt bilanziell erfasst werden dürfen, werden konzeptionell mit dem Prinzip der sachlichen Abgrenzung zur

Erfüllung einer periodengerechten Erfolgsermittlung begründet, das grundsätzlich dazu verpflichtet, Ausgaben (auch zukünftige) in der Periode als Aufwand zu erfassen, in der die sachlich zugehörigen Erträge erfasst werden (vgl. 2. Kapitel, S. 54 ff.).

Nach § 249 HGB unterliegen sämtliche Verbindlichkeitsrückstellungen einer Passivierungspflicht. Lediglich bei der Bilanzierung von Pensionsrückstellungen besteht hier insoweit eine Ausnahme, als für Altzusagen (d. h. solche, die vor dem 01.01.1987 erteilt wurden) ein Passivierungswahlrecht besteht (Art. 28 EGHGB). Die Bildung reiner Aufwandsrückstellungen wird durch den Gesetzgeber hingegen stark eingeschränkt. § 249 HGB unterscheidet lediglich zwei Arten von passivierungspflichtigen Aufwandsrückstellungen, nämlich Rückstellungen für Instandhaltungsmaßnahmen sowie für Abraumbeseitigung. Für in § 249 HGB nicht genannte Sachverhalte dürfen keine Rückstellungen gebildet werden.

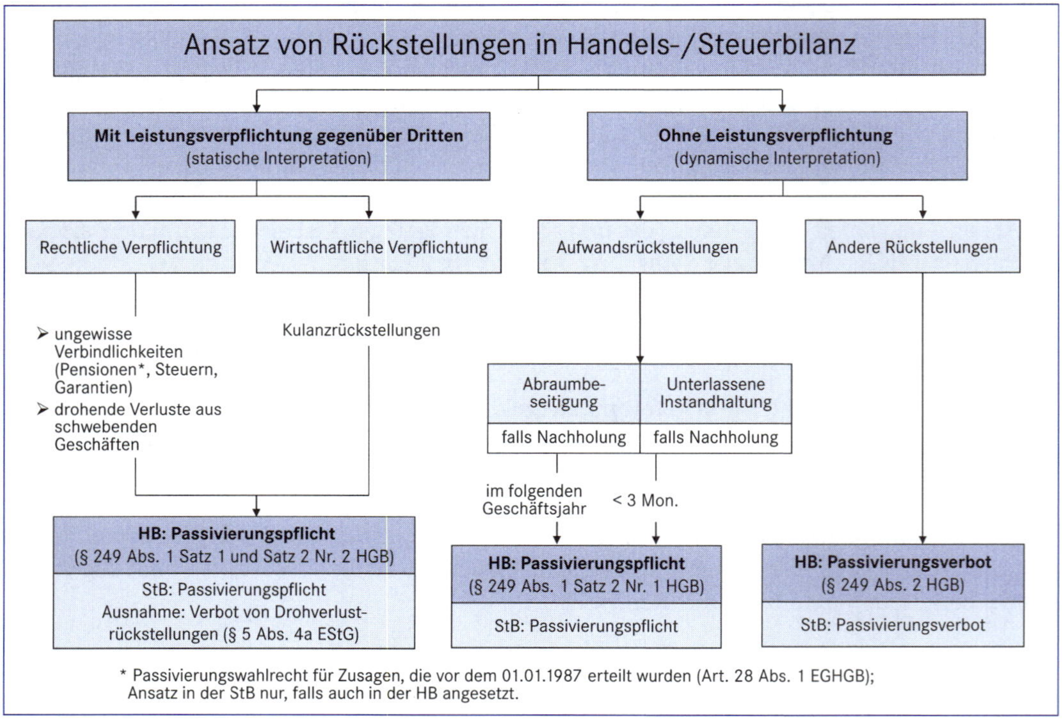

Abb. 16.6: Bilanzansatz von Rückstellungen nach Handels- und Steuerrecht

§ 5 Abs. 1 EStG (Maßgeblichkeitsprinzip) bestimmt, dass die handelsrechtlichen Vorschriften über die Bilanzierung von Rückstellungen auch für die **Steuerbilanz** anzuwenden sind. Einschränkungen ergeben sich lediglich durch die Finanzrechtsprechung und Gesetzgebung, die im Laufe der Jahre die Schaffung verschiedener steuerrechtlicher Sondervorschriften zur Folge hatte. Demnach sind grundsätzlich alle Rückstellungen (auch »reine« Aufwandsrückstellungen), die nach HGB passivierungspflichtig sind, auch in der Steuerbilanz zu bilden, wenn kein konkretes steuerrechtliches Verbot greift. Ein Beispiel für eine explizite steuerrechtliche Sondervorschrift ist das Verbot der Bildung von Rückstellungen für drohende Verluste aus schwebenden Geschäften (§ 5 Abs. 4a EStG). Abb. 16.6 gibt einen Überblick über die Ansatzregelungen von Rückstellungen in

Handels- und Steuerbilanz. Konkrete Erläuterungen zu den einzelnen Rückstellungsarten finden sich weiter unten in diesem Kapitel.

Der bilanzielle **Ausweis** der Rückstellungen ist lediglich für Kapitalgesellschaften und haftungsbeschränkte Personenhandelsgesellschaften nach § 264a HGB gesetzlich geregelt. Demnach haben große und mittelgroße Gesellschaften die Rückstellungen gemäß § 266 Abs. 3 HGB in folgende Unterposten aufzuteilen:

- Rückstellungen für Pensionen und ähnliche Verpflichtungen,
- Steuerrückstellungen und
- sonstige Rückstellungen.

§ 285 Nr. 12 HGB fordert zudem, dass auf diejenigen Rückstellungen, die unter dem letztgenannten Sammelposten in einem Betrag zusammengefasst werden, im Anhang näher einzugehen ist, wenn sie einen nicht unerheblichen Umfang haben. Kleine Gesellschaften und Kleinstkapitalgesellschaften dürfen die Rückstellungen auch zu einem einzigen Posten zusammenfassen (§ 266 Abs. 1 Satz 3 HGB und § 266 Abs. 1 Satz 4 HGB).

2. Bildung und Auflösung von Rückstellungen

Die Bildung von Rückstellungen erfolgt über das sachlich zugehörige Aufwandskonto. Bei Pensionsrückstellungen beispielsweise ist dies das Konto 6140, »Aufwendungen für Altersversorgung«. Ist im Zeitpunkt der Rückstellungsbildung noch nicht erkennbar, welche Aufwandsarten in welchem Umfang betroffen sind (beispielsweise bei Reparaturen), so wird der GuV-Posten »sonstige betriebliche Aufwendungen« (Konto 6300) belastet.

Wird eine Rückstellung in voller Höhe in Anspruch genommen, so werden weder GuV noch Eigenkapital von der Auflösung der Rückstellung berührt, was auch dem Sinn und Zweck der Rückstellungsbildung, nämlich der zeitlichen Vorverlagerung der Erfolgsminderung, entspricht. Zu einer (teilweisen) erfolgswirksamen Auflösung kommt es dann, wenn die Inanspruchnahme geringer als die gebildete Rückstellung ausfällt. Eine erfolgswirksame Auflösung ist erst dann zulässig, wenn der Rückstellungsgrund entfallen ist (§ 249 Abs. 2 Satz 2 HGB). Die Gegenbuchung erfolgt dann zugunsten des GuV-Postens »sonstige betriebliche Erträge« (über Konto 4930, »Erträge aus der Auflösung von Rückstellungen«).

Ein Beispiel zur Bildung und Auflösung von Rückstellungen findet sich im 13. Kapitel, S. 300 ff.

3. Einzelne Rückstellungsarten

Im Folgenden werden einige wichtige Rückstellungsarten vorgestellt. Dabei wird die oben genannte Unterscheidung verwendet.

a) Rückstellungen aufgrund einer Verpflichtung gegenüber Dritten

Wie bereits erwähnt, dienen Rückstellungen aufgrund einer Verpflichtung gegenüber Dritten (sog. **Verbindlichkeitsrückstellungen**) dem vollständigen Schuldenausweis und damit der korrekten Darstellung des Reinvermögens, sprich des Eigenkapitals, eines Unternehmens. Deshalb wird dieser Typ von Rückstellungen konzeptionell aus der »statischen Bilanztheorie« (vgl. Coenenberg, A. G./Haller, A./Schultze, W. (2018): (2016), Kapitel 22) erklärt, die als Zweck der Bilanzerstellung die korrekte Darstellung des Reinvermögens eines Unternehmens zum jeweiligen Stichtag in den Vordergrund stellt.

Aus der Fülle der in der Praxis auftretenden Sachverhalte für die Verbindlichkeitsrückstellungen zu bilden sind, seien im Folgenden beispielhaft einige Wesentliche näher erläutert.

Pensionsrückstellungen

Möchte ein Unternehmen einzelnen Arbeitnehmern zukünftige Versorgungsleistungen (Alters-, Invaliden-, Hinterbliebenenversorgung) gewähren, so kann es diese entweder selbst zusagen (**unmittelbare Versorgungszusage**) oder über Dritte versichern (**mittelbare Versorgungszusage**), beispielsweise mittels einer Direktversicherung oder über Pensions- bzw. Unterstützungskassen. Im letztgenannten Fall entstehen dem Unternehmen jeweils Aufwendungen für Altersversorgung in der Periode, in der die einzelnen Beiträge bezahlt werden. Eine Rückstellungsbildung ist i. d. R. nicht notwendig. Dagegen führt eine unmittelbare Versorgungszusage grundsätzlich zur Bildung einer **Pensionsrückstellung**, da das Unternehmen eine direkte Zahlungsverpflichtung gegenüber dem Arbeitnehmer eingeht, die in der Zukunft fällig wird. Es handelt sich dabei um eine der Höhe und Fälligkeit nach ungewisse Verbindlichkeit, die gemäß § 249 Abs. 1 HGB in der Handelsbilanz einer Passivierungspflicht unterliegt. Eine Ausnahme besteht lediglich für **Altzusagen** vor dem 01.01.1987, für die Art. 28 EGHGB ein Passivierungswahlrecht formuliert. Die Rückstellungsbildung erfolgt über den GuV-Posten »soziale Abgaben und Aufwendungen für Altersversorgung und für Unterstützung« (§ 275 Abs. 2 Nr. 6b HGB, bei Anwendung des Gesamtkostenverfahrens). Davon getrennt auszuweisen sind allerdings die Erträge und Aufwendungen, die aus der Abzinsung der Rückstellungen resultieren (§ 277 Abs. 5 Satz 1 HGB). Bei Anwendung des Gesamtkostenverfahrens erfolgt der Ausweis als Bestandteil des Finanzergebnisses unter den Posten »sonstige Zinsen und ähnliche Erträge« (§ 275 Abs. 2 Nr. 11 HGB) bzw. »Zinsen und ähnliche Aufwendungen« (§ 275 Abs. 2 Nr. 13 HGB).

Auch in der **Steuerbilanz** besteht eine Passivierungspflicht für Pensionsrückstellungen, wobei die Bildung steuerrechtlich an eine Reihe von in § 6a Abs. 1 und Abs. 2 EStG festgelegten Voraussetzungen gebunden ist. So muss u. a. eine Pensionszusage schriftlich erteilt worden sein, dem Pensionsberechtigten muss ein einklagbarer Rechtsanspruch entstanden sein und es dürfen keine Vorbehalte enthalten sein, die den Arbeitgeber ermächtigen, die Pensionsanwartschaft oder die Pensionsleistung zu mindern oder zu entziehen. Zudem darf die Bildung frühestens für das Wirtschaftsjahr erfolgen, bis zu dessen Mitte der Pensionsberechtigte ein bestimmtes Lebensjahr vollendet hat oder die Pensionsanwartschaft unverfallbar wird. Welches Lebensjahr vollendet sein muss bestimmt sich nach dem Jahr der Zusage der Pensionsleistungen und schwankt zwischen dem 23. und 30. Lebensjahr (§ 6a Abs. 2 Nr. 1 EStG).

Steuerrückstellungen

Steuern und Abgaben, die bis zum Ende eines Geschäftsjahres nur dem Grunde, jedoch noch nicht der Höhe nach feststehen (z. B. Körperschaftsteuerschuld für das abgeschlossene Geschäftsjahr), müssen in der Handelsbilanz durch eine Rückstellung erfasst werden. Eine Rückstellung darf nicht gebildet werden für zum Bilanzstichtag fällige, aber noch nicht entrichtete Steuervorauszahlungen, da in diesen Fällen sowohl die Fälligkeit als auch die Höhe der Verpflichtung feststehen. Es handelt sich hier um sonstige Verbindlichkeiten.

Zu den Steuerarten, für die in der Steuerbilanz Rückstellungen zu bilden sind, gehört z. B. die Grundsteuer (zu Sachverhalten im steuerlichen Bereich vgl. 12. Kapitel, S. 269 ff.). Eine Rückstellungsbildung ist auch für die Gewerbe-, Einkommen- und Körperschaftsteuer geboten. Da diese aber nicht als Betriebsausgabe abzugsfähig sind, werden sie im Rahmen der Ermittlung des zu versteuernden Einkommens für Besteuerungszwecke wieder hinzugerechnet, weil die steuerliche Bemessungsgrundlage sonst (zu Unrecht) verringert werden würde.

Rückstellungen für Garantieverpflichtungen

Garantieverpflichtungen zählen zu den ungewissen Verbindlichkeiten nach § 249 Abs. 1 HGB. Für erwartete, am Abschlussstichtag noch nicht geltend gemachte Ansprüche aus Garantieverpflichtungen sind in Handels- und Steuerbilanz entsprechende Rückstellungen zu bilden.

Rückstellungen für Gewährleistungen ohne rechtliche Verpflichtung

Gewährleistungen ohne rechtliche Verpflichtung (Kulanzrückstellungen) sind Garantieleistungen, die über das gesetzliche Maß hinausgehen oder nach Ablauf der vereinbarten/gesetzlichen Garantiefrist erbracht werden. Obwohl hierfür keine rechtliche Verpflichtung besteht, kann es für das Unternehmen wirtschaftlich geboten sein, Kulanzleistungen zu erbringen. In diesem Falle ist eine entsprechende Rückstellung in Handels- und Steuerbilanz zu bilden (§ 249 Abs. 1 Satz 2 Nr. 2 HGB).

Rückstellungen für drohende Verluste aus schwebenden Geschäften

Falls konkrete Anzeichen dafür vorliegen, dass aus einem einzelnen schwebenden Geschäft, d. h. einem zweiseitig verpflichtenden Vertrag, der noch von keinem der beiden Vertragspartner erfüllt wurde, wahrscheinlich ein Verlust resultieren wird, so handelt es sich um eine ungewisse Verbindlichkeit, für die in der Handelsbilanz eine Rückstellung gebildet werden muss (§ 249 Abs. 1 HGB).

Dies ist z. B. der Fall, wenn die Rohstoffpreise für die Erstellung eines Produktes so stark gestiegen sind, dass zum Bilanzstichtag davon auszugehen ist, dass die Herstellungskosten über dem mit dem Kunden vereinbarten Preis für das Fertigprodukt liegen werden und damit aus dem bestehenden Vertrag voraussichtlich ein Verlust resultieren wird.

Steht das schwebende Geschäft in Zusammenhang mit aktivierten Vermögensgegenständen des Umlaufvermögens, sind zunächst die Vermögensgegenstände in Höhe des drohenden Verlusts außerplanmäßig abzuschreiben. Eine Rückstellungsbildung erfolgt nur für den über die Abschreibung hinausgehenden Verlustanteil.

In der Steuerbilanz darf für drohende Verluste aus schwebenden Geschäften keine Rückstellung gebildet werden (§ 5 Abs. 4a EStG).

Rückstellungen für Umweltschutzmaßnahmen

Durch die zunehmende Sensibilisierung der Öffentlichkeit und hohe Kosten bei der Beseitigung von Umweltschäden – welche oft nicht oder nicht umfassend versichert werden können – wird zunehmend Aufmerksamkeit auf die Instrumente der unternehmensinternen Risikovorsorge gelenkt. Für die Erfassung des Risikos aus Umweltschäden kann, neben der Vornahme von außerplanmäßigen Abschreibungen, eine Rückstellungsbildung in Betracht kommen.

Im Hinblick auf den Umweltschutz spielt das öffentliche Recht die bedeutendste Rolle, daneben sind aber unter Umständen auch die Vorschriften aus dem Zivil- oder Strafrecht zu beachten. Unter die öffentlich-rechtlichen Umweltschutzverpflichtungen, für die in Handels- und Steuerbilanz Rückstellungen zu bilden sind, fallen beispielsweise Rekultivierungs- und Entsorgungsverpflichtungen.

Weitere Rückstellungen aufgrund einer Verpflichtung gegenüber Dritten

Hier sollen nur einige Beispiele für weitere Rückstellungen mit Verpflichtungscharakter gegenüber Dritten genannt werden, um die Vielzahl möglicher Rückstellungen aufzuzeigen:

- Provisionsrückstellungen,
- Rückstellungen für Jahresabschluss- und Prüfungskosten,
- Rückstellungen für Prozessrisiken,
- Rückstellungen für Sozialplanverpflichtungen usw.

b) Rückstellungen ohne Verpflichtung gegenüber Dritten

Rückstellungen ohne Verpflichtung gegenüber Dritten (sog. **Aufwandsrückstellungen**) haben den Zweck, eine periodengerechte Ermittlung des Unternehmenserfolgs zu erreichen, indem Auszahlungen in der Zukunft in der Periode ihrer wirtschaftlichen Verursachung erfasst werden. Aus diesem Grund wird diese Art von Rückstellungen auch aus der »dynamischen Bilanztheorie« (vgl. Coenenberg, A. G./Haller, A./Schultze, W. (2018): (2016), Kapitel 22) heraus begründet, welche die wesentliche Aufgabe der Bilanz in der Periodenabgrenzung von Zahlungs- und Erfolgsströmen sieht. Die Bildung solcher Rückstellungen wird vom Gesetzgeber relativ restriktiv geregelt, da er in § 249 HGB nur zwei Sachverhalte explizit anführt, bei denen eine solche Rückstellungsbildung geboten ist. Diese werden im Folgenden näher erläutert:

Rückstellung für unterlassene Aufwendungen zur Instandhaltung

Muss eine fällige, in mehr oder weniger regelmäßigen Abständen anfallende Reparatur- oder Wartungsmaßnahme in eine Folgeperiode verschoben werden, so wird zwar die finanzielle Ausgabe auf einen späteren Zeitpunkt verschoben, der bereits eingetretene Verschleiß ist jedoch der Berichtsperiode zuzurechnen. In diesem Fall ist in Handels- und Steuerbilanz eine entsprechende Rückstellung zu bilden, wenn die unterlassenen Instandhaltungsmaßnahmen innerhalb von drei Monaten nach dem Bilanzstichtag nachgeholt werden (§ 249 Abs. 1 Satz 2 Nr. 1 HGB). Erfolgt die Maßnahme voraussichtlich erst nach drei Monaten, so scheidet eine Rückstellungsbildung aus.

Weiterhin ist die Bildung an folgende Voraussetzungen gebunden:

- Es muss eine im Geschäftsjahr unterlassene Aufwendung vorliegen, wobei eine Aufwendung dann als unterlassen anzusehen ist, wenn aus betriebswirtschaftlicher Sicht die Maßnahme notwendig gewesen wäre, aber nicht durchgeführt wurde.
- Die Rückstellung darf nicht dem Zweck dienen, künftigen Reparaturaufwand zurückzustellen.
- Die Instandhaltungsmaßnahmen müssen innerhalb von drei Monaten nach dem Bilanzstichtag im Wesentlichen beendet sein.

Zulässigerweise gebildete Rückstellungen, die nicht innerhalb von drei Monaten in Anspruch genommen wurden, sind erfolgswirksam aufzulösen.

Rückstellung für unterlassene Abraumbeseitigung

Diese Rückstellung betrifft einen branchenspezifischen Sachverhalt, der erstaunlicherweise eine so hohe Bedeutung für den Gesetzgeber hat(te), dass er im HGB explizit geregelt wird. Unternehmen, die im Tagebau Bodenschätze abbauen, müssen darüberliegende Erd- und Gesteinsschichten bei der Förderung zunächst abräumen und nach dem Abbau der Rohstoffe wieder auftragen (Rekultivierungsmaßnahmen). Durch besondere Bodenbeschaffenheiten und Abbautechniken im Tagebau kann es vorkommen, dass die Beseitigung des Abraumes in spätere Perioden fällt als die, in denen die entsprechenden Bodenschätze gewonnen und somit Erträge realisiert werden. Wenn die Kosten der Abraumbeseitigung innerhalb des nächsten Geschäftsjahres anfallen, so muss hierfür in der Handelsbilanz (gemäß § 249 Abs. 1 Satz 2 Nr. 1 HGB) sowie in der Steuerbilanz eine Rückstellung gebildet werden. Fallen sie erst danach an, scheidet eine Rückstellungsbildung aus.

4. Bewertung von Rückstellungen

Nach § 253 Abs. 1 Satz 2 HGB sind Rückstellungen in Höhe des Erfüllungsbetrages anzusetzen, der **nach vernünftiger kaufmännischer Beurteilung** notwendig ist. Drei Wertkategorien können hierbei relevant sein:

- annähernd sichere Werte (**vertrauenswürdige Daten**),
- statistische Werte (**wahrscheinliche Daten**) und
- **glaubwürdige Daten**.

Rückstellungen für Altersversorgungsverpflichtungen, deren Höhe sich ausschließlich nach dem beizulegenden Zeitwert von bestimmten Wertpapieren richtet (sog. wertpapiergebundene Pensionszusagen), sind mit dem beizulegenden Zeitwert dieser Wertpapiere (soweit dieser einen garantierten Mindestbetrag übersteigt) anzusetzen (§ 253 Abs. 1 Satz 3 HGB).

Ferner ist zu beachten, dass Rückstellungen sowohl zur Abdeckung einzelner Risiken als auch zur pauschalen Deckung einer Gruppe zulässiger Risiken gebildet werden können. Damit kann es zu einer Ausnahme vom allgemeinen Grundsatz der Einzelbewertung kommen.

Bei der Rückstellungsbewertung sind auch – bei Vorliegen entsprechender objektiver Hinweise – künftige **Preis- und Kostensteigerungen bzw. -senkungen** zu berücksichtigen. Damit hängt die Rückstellungshöhe von den Preis- und Kostenverhältnissen zum Zeitpunkt der Erfüllung der Verpflichtung ab.

Rückstellungen (bzw. Pensionsrückstellungen) mit einer Restlaufzeit von mehr als einem Jahr sind mit dem durchschnittlichen Marktzinssatz der vergangenen sieben (bzw. zehn) Geschäftsjahre unter Berücksichtigung der Restlaufzeit der den Rückstellungen zugrunde liegenden Verpflichtungen (d. h. Perioden bis zur voraussichtlichen Auflösung der jeweiligen Rückstellung) abzuzinsen (§ 253 Abs. 2 HGB). Vereinfachend ist es erlaubt, dass für Rückstellungen für Altersversorgungsverpflichtungen oder vergleichbare langfristig fällige Verpflichtungen anstelle der Ermittlung eines individuellen **Abzinsungssatzes** für jede einzelne Pensionsverpflichtung pauschal der durchschnittliche Marktzinssatz auf alle Pensionsrückstellungen angesetzt werden darf, der sich bei einer angenommenen Restlaufzeit von 15 Jahren ergibt (zu den aktuellen Zinssätzen siehe www.bundesbank.de). Bei Anwendung des Gesamtkostenverfahrens erfolgt der Ausweis des Abzinsungseffektes gemäß § 277 Abs. 5 HGB als Bestandteil des Finanzergebnisses unter dem Posten »sonstige Zinsen und ähnliche Erträge« (§ 275 Abs. 2 Nr. 11 HGB) bzw. »Zinsen und ähnliche Aufwendungen« (§ 275 Abs. 2 Nr. 13 HGB). Folgendes Beispiel verdeutlicht die Abzinsung von Rückstellungen.

Beispiel

Die voraussichtliche Schadensersatzverpflichtung aufgrund eines in drei Jahren zur Entscheidung anstehenden Gerichtsprozesses beträgt 300.000 GE (durchschnittlicher Marktzinssatz 5 %).

Jahr	Rückstellungshöhe Jahresanfang	Zinsaufwand	Rückstellungshöhe Jahresende
01	259.151 (= 300.000 / $1{,}05^3$)	12.958	272.109
02	272.109 (= 300.000 / $1{,}05^2$)	13.605	285.714
03	285.714 (= 300.000 / $1{,}05^1$)	14.286	300.000

Buchung bei Bildung der Rückstellung Anfang 01:

6300	Sonstige betr. Aufwendungen	259.151	an	3070	Sonstige Rückstellungen	259.151

Buchung bei Aufzinsung der Rückstellung Ende 01 (Buchungen in den Folgejahren analog):

7300	Zinsaufwand	12.958	an	3070	Sonstige Rückstellungen	12.958

Auch in der Steuerbilanz besteht grundsätzlich eine Pflicht zur Abzinsung. Gemäß § 6 Abs. 1 Nr. 3a Buchstabe e EStG ist hierfür – wie auch bei der Abzinsung von Verbindlichkeiten – ein

Zinssatz von 5,5 % maßgeblich. Bei Pauschalrückstellungen sowie Rückstellungen mit einer Restlaufzeit von weniger als einem Jahr findet dieses Abzinsungsgebot aus Vereinfachungsgründen keine Anwendung. Im Gegensatz zu den handelsrechtlichen Bewertungsregeln dürfen künftige Preis- und Kostensteigerungen explizit nicht in die steuerliche Rückstellungsbewertung einfließen, d. h., das Stichtagsprinzip ist hier zu beachten (§ 6 Abs. 1 Nr. 3a Buchstabe f EStG).

a) Bewertung einzelner Verbindlichkeitsrückstellungen

Bei der **Bewertung einer Pensionsrückstellung** während der aktiven Phase eines Mitarbeiters ist zu beachten, dass die Rückstellung ab dem Jahr, in dem die Altersgrenze des Pensionseintritts erreicht wird, dem kapitalisierten Barwert der zu erwartenden Pensionsleistungen entspricht. Zu bilanzieren ist (in der Zeit vor Entstehung der Versorgungsverpflichtung, sog. »Pensionsanwartschaften«) der Anwartschaftsbarwert, der dem versicherungsmathematisch ermittelten Wert der gesamten Pensionszahlung zum Zeitpunkt der Rückstellungsbildung entspricht, abzüglich noch ausstehender Annuitäten.

Drei Methoden finden bei der Rückstellungsbildung alternativ Anwendung: Das **Anwartschaftsbarwertverfahren**, die **Gegenwartswertmethode** und die **Teilwertmethode**. Handelsrechtlich sind alle Methoden zulässig, steuerrechtlich wird hingegen nur die Teilwertmethode anerkannt. Bei dem Anwartschaftsbarwertverfahren werden die künftigen Pensionszahlungen auf den Zeitpunkt des Pensionseintritts abgezinst und anhand einer Planformel oder linear den bisherigen Dienstjahren zugerechnet. Gegenwartswert- und Teilwertmethode unterstellen hingegen beide immer die gleichmäßige Verteilung des Aufwandes für die Pensionszusage. Bei der Gegenwartswertmethode wird der Aufwand vom Zeitpunkt der Zusage bis zum Pensionseintritt verteilt, bei der Teilwertmethode zwischen dem Zeitpunkt des Diensteintritts und dem Pensionseintritt. Falls Zusage und Beschäftigungsbeginn zusammenfallen, sind diese beiden Verfahren folglich kongruent. Erfolgt die Zusage nach dem Diensteintritt, so ist nach dem Teilwertverfahren im Zusagejahr eine höhere Einmalrückstellung zu berücksichtigen, die allerdings über mehrere Perioden verteilt werden kann (vgl. § 6a EStG und Abb. 16.7).

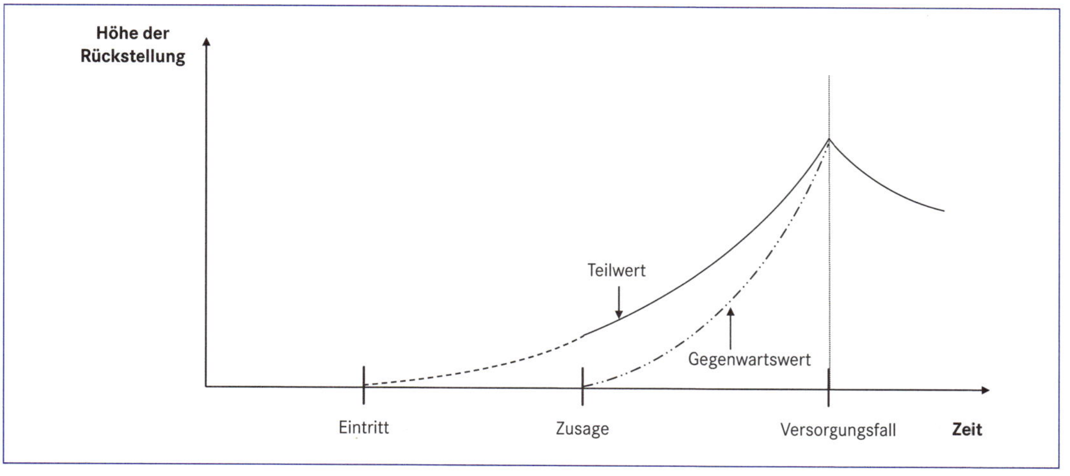

Abb. 16.7: Wertverläufe einer Pensionsrückstellung nach der Teil- und Gegenwartswertmethode

Die Auflösung der Rückstellung ab dem Zeitpunkt des Pensionseintritts kann nach der buchhalterischen Methode, bei der die geleisteten Pensionszahlungen einfach von der Rückstellung subtrahiert werden, oder nach exakten versicherungsmathematischen Verfahren (d. h., der Rückstellungsbetrag wird um die Differenz zwischen dem versicherungsmathematischen Barwert am Schluss des Wirtschaftsjahres und am Schluss des vorangegangenen Wirtschaftsjahres gemindert) erfolgen.

Für die Bewertung von Pensionsrückstellungen sind in der Handelsbilanz aufgrund des Erfüllungsbetrages als Wertmaßstab zukünftige **Preis- und Kostensteigerungen** einzubeziehen, soweit sie gemäß der getroffenen Vertragsvereinbarungen relevant sind. Folglich fließen beispielsweise Daten zur Fluktuation von Arbeitnehmern, künftige Gehalts- und Rententrends sowie Sterbe- und Invaliditätswahrscheinlichkeiten ein.

Wie bereits erwähnt, gewährt § 253 Abs. 2 Satz 2 HGB, als Ausnahme zu der für Pensionsrückstellungen grundsätzlich festgelegten Einzelbewertung mit einer Diskontierung mit dem vertragslaufzeitäquivalenten, durchschnittlichen Marktzinssatz der letzten zehn Geschäftsjahre, die Möglichkeit, Pensionsrückstellungen pauschal mit dem durchschnittlichen Marktzinssatz abzuzinsen, der sich bei einer angenommenen Restlaufzeit von 15 Jahren ergibt (zu den aktuellen Zinssätzen siehe www.bundesbank.de).

§ 246 Abs. 2 Satz 2 HGB sieht eine Saldierung von Vermögensgegenständen, die ausschließlich der Erfüllung von Schulden aus Altersversorgungsverpflichtungen oder vergleichbaren langfristig fälligen Verpflichtungen dienen (sog. **»Planvermögen«**), mit diesen Schulden vor. Damit erfolgt in der Bilanz nur noch ein Ausweis der Nettoverpflichtung, also der Belastung, die das Unternehmen tatsächlich wirtschaftlich trifft. Das Planvermögen ist in diesem Zusammenhang zum beizulegenden Zeitwert zu bewerten (§ 253 Abs. 1 Satz 4 HGB). Nach der Saldierung des Planvermögens mit den entsprechenden Schulden kann sich unter Umständen auch ein positiver Nettobetrag ergeben, der dann als gesonderter Posten »Aktiver Unterschiedsbetrag aus der Vermögensverrechnung« (§ 266 Abs. 2 HGB) in der Bilanz zu aktivieren ist (§ 246 Abs. 2 Satz 3 HGB).

Anders als in der Handelsbilanz ist für die **Steuerbilanz** für die Bewertung von Pensionsrückstellungen der Zinssatz mit 6 % kodifiziert (§ 6a Abs. 3 Satz 3 EStG). Unterschiede zwischen handels- und steuerrechtlichen Wertansätzen können zudem dadurch entstehen, dass bei der Rückstellungsbildung in der Steuerbilanz – wie bereits ausgeführt – zukünftige Preis- und Kostensteigerungen nicht berücksichtigt werden dürfen und eine Saldierung von Planvermögen mit Schulden nicht zulässig ist (§ 5 Abs. 1a Satz 1 EStG). Aufgrund der aktuellen Niedrigzinsphase führt der steuergesetzlich geforderte Diskontierungszinssatz zur beträchtlichen Unterbewertung der Pensionsrückstellungen in der Steuerbilanz.

Steuerrückstellungen werden in Höhe der zu erwartenden Steuerschuld bzw. in Höhe der zu erwartenden Steuernachzahlung (beispielsweise infolge einer Betriebsprüfung) gebildet.

Die Rückstellungsbeträge für **Garantieleistungen** sowie **Kulanzleistungen** können entweder einzeln oder pauschal ermittelt werden, wobei sich die Höhe nach den Vollkosten (d. h. sowohl Material- und Fertigungseinzel- und -gemeinkosten als auch andere Kosten, die dem Geschäft direkt oder indirekt zurechenbar sind) der voraussichtlich zu erbringenden Gewährleistungen ergibt. Die Bemessung erfolgt i. d. R. pauschal durch Orientierung an der Höhe der durchschnittlichen Gewährleistungsaufwendungen (gemessen am betroffenen Umsatzvolumen) der Vergangenheit. Einzelne Sachverhalte, die vor der Aufstellung des Jahresabschlusses bekannt werden und voraussichtlich auf die Höhe der zukünftigen Gewährleistung einen Einfluss haben, sind jedoch bei der Wertermittlung zu berücksichtigen.

Die Höhe einer (nur handelsrechtlich passivierungspflichtigen) **Drohverlustrückstellung** kann grundsätzlich nur einzeln ermittelt werden. Sie bemisst sich nach der Differenz zwischen dem Wert der eigenen Leistung und dem Wert der Gegenleistung aus dem zugrunde liegenden schwebenden Geschäft, wobei die Bewertung i. d. R. zu Vollkosten erfolgt.

Rückstellungen für Umweltschutzmaßnahmen sind in Höhe der wahrscheinlich entstehenden Aufwendungen (Erfüllungsbetrag) zu bewerten, wobei hier strittig ist, ob eine sog. Voll- oder Ansammlungsrückstellung zu bilden ist. In der neueren Literatur wird verstärkt zur Bildung einer Ansammlungsrückstellung tendiert. Bei einer Rückstellung für die Rekultivierung von im Tagebau ausgebeuteten Flächen bedeutet dies beispielsweise, dass der Erfüllungsbetrag der Rückstellung ratierlich in Abhängigkeit vom Ausmaß der Ausbeute aufgebaut wird.

b) Bewertung von Aufwandsrückstellungen

Für **unterlassene Aufwendungen zur Instandhaltung** sowie für **unterlassene Abraumbeseitigung** bestimmt sich die Höhe der jeweils zu bildenden Rückstellung nach den zu erwartenden Instandhaltungs- bzw. Abraumbeseitigungskosten.

17. Kapitel: Übrige Bilanzposten

Dieses Kapitel behandelt zwei Typen von Bilanzposten, die sowohl auf der Aktivseite als auch auf der Passivseite auftreten können. Dies sind zum einen die Rechnungsabgrenzungsposten und zum anderen die latenten Steuern.

A. Rechnungsabgrenzungsposten

Gemäß dem Prinzip der zeitlichen Abgrenzung sind alle Aufwendungen und Erträge, die streng zeitraumbezogen sind (z. B. Miete oder Zins), den Perioden zuzuordnen, denen sie aufgrund ihres zeitlichen Charakters zuzurechnen sind (vgl. 2. Kapitel). Bei der zeitlichen Abgrenzung kann man zwei Arten unterscheiden: die transitorischen und die antizipativen Rechnungsabgrenzungen. Bei der **transitorischen Abgrenzung** handelt es sich um Auszahlungen bzw. Einzahlungen des Unternehmens, die für eine bestimmte Zeit nach dem Bilanzstichtag einen Aufwand bzw. einen Ertrag darstellen. Beispiele für transitorische Posten sind Miet- oder Pachtvorauszahlungen. **Antizipative Posten** sind hingegen Aufwendungen bzw. Erträge der Abrechnungsperiode, die erst nach dem Bilanzstichtag zu Auszahlungen bzw. Einzahlungen führen (z. B. Miet- oder Zinsnachzahlungen). Nur die transitorischen Rechnungsabgrenzungsposten (RAP) werden bilanziell als RAP dargestellt (§ 250 Abs. 1 und 2 HGB). Die antizipative Abgrenzung wird hingegen unter den »sonstigen Verbindlichkeiten« (zukünftige Auszahlung) bzw. »sonstigen Vermögensgegenständen« (zukünftige Einzahlung) ausgewiesen (vgl. hierzu im Detail mit Beispielen das 13. Kapitel). Bei Kapitalgesellschaften müssen die darunter bilanzierten antizipativen Posten, soweit sie einen größeren Umfang haben, im Anhang angegeben und erläutert werden (§ 268 Abs. 4 und 5 HGB).

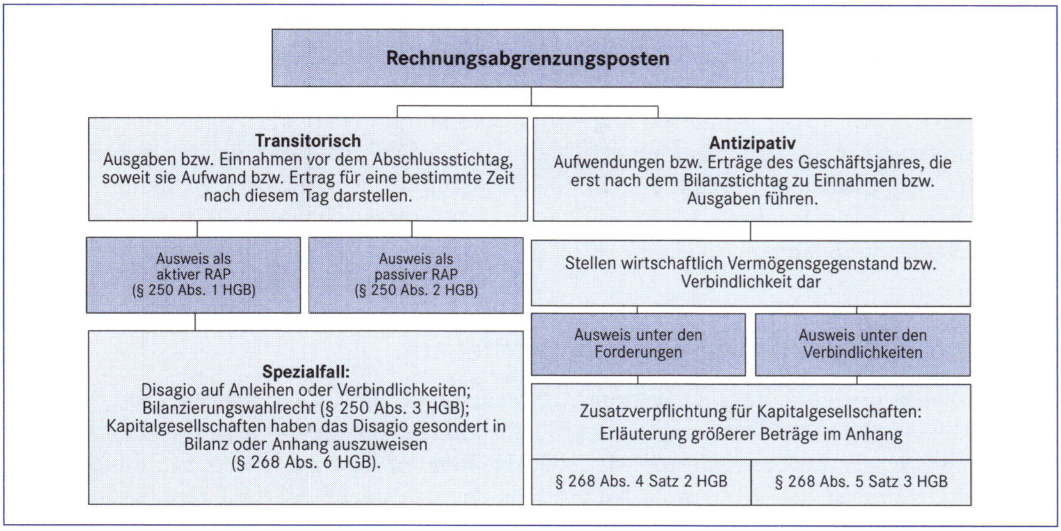

Abb. 17.1: Ansatz von Rechnungsabgrenzungsposten

Einen Spezialfall innerhalb der aktiven transitorischen RAP stellt das handelsrechtliche Bilanzierungswahlrecht für das **Disagio** bzw. **Damnum** (Unterschiedsbetrag zwischen Ausgabe- und Erfüllungsbetrag) auf eine Verbindlichkeit dar (§ 250 Abs. 3 HGB; vgl. hierzu das Beispiel in diesem Kapitel).

Bezüglich der Bilanzstruktur werden aktive RAP i. d. R. dem Vermögen und passive RAP dem Fremdkapital zugerechnet, wobei zu bedenken ist, dass nur antizipative RAP eine Zahlungswirkung auslösen (d. h. finanzielle Forderungen bzw. Verbindlichkeiten darstellen). Bei transitorischen RAP besteht der Anspruch bzw. die Verpflichtung häufig in einer Sachleistung (Vermietung, Versicherung etc.), folglich haben diese keine Implikationen für die Liquidität in den Folgeperioden.

Im Gegensatz zu den steuerrechtlichen Vorschriften (§ 5 Abs. 5 EStG) ist im Handelsrecht die Bildung von **aktiven RAP i. w. S.** (z. B. als Aufwand berücksichtigte Zölle und Verbrauchsteuern auf Vorräte) nicht möglich. In der Steuerbilanz besteht ein Aktivierungsgebot für aktive RAP i. w. S. und das Disagio. Abb. 17.1 veranschaulicht die Bilanzierung der RAP.

B. Latente Steuern

Die Bilanzierung **latenter Steuern** nach HGB lässt sich konzeptionell mit Bilanzierungs- und Bewertungsunterschieden in der Handels- und Steuerbilanz begründen und zielt auf einen zutreffenden Vermögens- und Schuldausweis sowie eine periodengerechte Erfolgsermittlung ab. Durch unterschiedliche Gewinne in beiden Rechenwerken wird neben der steuerrechtlich zu zahlenden Steuerschuld eine fiktive, nicht durch die steuerrechtlichen Gewinnermittlungsvorschriften beeinflusste Steuerschuld in der Handelsbilanz ausgewiesen. Folglich können latente Steuern nur dann auftreten, wenn spezifische Sachverhalte in der Handelsbilanz anders als in der Steuerbilanz erfasst werden, d. h., sie treten nicht auf, wenn das Unternehmen für handels- und steuerrechtliche Zwecke eine einheitliche Bilanz erstellt (sog. Einheitsbilanz). Durch die Verbuchung latenter Steuern werden in der handelsrechtlichen GuV neben den in einer Periode faktisch angefallenen Steuern auch fiktive Steueraufwendungen oder -erträge verrechnet, die den Steueraufwand – entsprechend dem Prinzip der sachlichen Abgrenzung (deshalb spricht man häufig auch von »Steuerabgrenzung«) – so anpassen, dass er mit dem in der Periode ausgewiesenen handelsrechtlichen Ergebnis in einem sachlichen Verhältnis steht. Um diese Anpassung vornehmen zu können, sind für die latenten Steueraufwendungen bzw. -erträge als Gegenposten »latente Steuern« auf der Passiv- bzw. Aktivseite der Bilanz einzustellen.

I. Konzept der Bilanzierung latenter Steuern

Es existieren zwei Konzepte zur Bilanzierung latenter Steuern: das GuV-orientierte *Timing*-Konzept und das bilanzorientierte *Temporary*-Konzept. Beim ***Timing*-Konzept** werden nur diejenigen Bilanzierungs- und Bewertungsunterschiede zwischen Handels- und Steuerbilanz in die Steuerabgrenzung einbezogen, die sich sowohl bei der Entstehung als auch bei ihrer Umkehrung in der GuV niederschlagen. Entscheidet sich ein Unternehmen z. B. für die Nichtaktivierung eines Disagios eines Kredits mit drei Jahren Laufzeit in der Handelsbilanz, so führt die steuerbilanzielle Pflicht der Aktivierung zu einem höheren steuerlichen als handelsbilanziellen Ergebnis. In den folgenden Jahren der Restlaufzeit kehrt sich diese Differenz jedoch um, da das steuerliche Ergebnis durch die Abschreibungen des Disagios gegenüber dem handelsrechtlichen Ergebnis geringer ausfällt, d. h., die Ergebnisunterschiede gleichen sich über die Jahre der Darlehnsgewährung aus. Nach dem *Timing*-Konzept führen nur solche Ergebnisdifferenzen zwischen Handels- und Steuerbilanz, die sich über eine überschaubare Zeit automatisch ausgleichen, zur Bilanzierung latenter Steuern (sog. **zeitlich begrenzte Differenzen**). Ergebnisunterschiede aus Bilanzierungsdifferenzen, die sich niemals ausgleichen (sog. **permanente Differenzen**, wie z. B. bei steuerlich nicht abzugsfähigen Ausgaben wie spezifischen Spenden oder der Hälfte der Aufsichtsratsvergütungen etc.) führen nicht zur Bilanzierung latenter Steuern.

Im Gegensatz zum *Timing*-Konzept verfolgt das HGB das umfassendere ***Temporary*-Konzept**. Danach entstehen latente Steuern aufgrund von Ansatz- bzw. Bewertungsunterschieden zwischen Handelsbilanz und Steuerbilanz, welche zu einer zukünftigen Steuerbe- oder Steuerentlastung führen und die sich in einer zukünftigen Periode ausgleichen werden (zeitlich begrenzte Differenzen), jedoch unabhängig vom Zeitpunkt der Auflösung der Differenz. Die Auflösung der Differenz muss nicht automatisch erfolgen, sondern kann auch erst durch das Auflösen des Postens (z. B. durch Abgang des jeweiligen Vermögensgegenstandes) passieren. Entscheidend ist nur, dass die Bilanzierungsdifferenz zeitlich begrenzt ist. Somit sind auch die nach dem *Timing*-Konzept nicht erfassten quasi permanenten Differenzen erfasst, da es nicht auf den Zeitpunkt der Auflösung ankommt. Deshalb ist das *Temporary*-Konzept auch das umfassendere Konzept, da es die latenten Steuern des *Timing*-Konzepts erfasst, aber noch darüber hinaus geht. Nicht erfasst werden die Unterschiede, welche sich aus außerbilanziellen Hinzurechnungen oder Kürzungen bei der steuerlichen Einkommensermittlung ergeben oder die auf einer Kürzung der Steuerschuld beruhen. Unterschiede, die sich nicht auflösen, führen auch nicht zu latenten Steuern (permanente Differenzen). Nach dem Gesetzeswortlaut des § 274 Abs. 1 HGB wird auf unterschiedliche Wertansätze von Vermögensgegenständen, Schulden und Rechnungsabgrenzungsposten in Handels- und Steuerbilanz abgestellt. Deshalb gilt das Temporary-Konzept auch als bilanzorientiert. Mit der Anwendung des *Temporary*-Konzepts entspricht das HGB konzeptionell den internationalen Regelungen der IFRS. Ein Beispiel für eine zeitlich begrenzte Differenz ist die Aktivierung eines selbst erstellten immateriellen Vermögensgegenstands gemäß § 248 Abs. 2 HGB, die in der Steuerbilanz nicht möglich ist (vgl. 15. Kapitel, S. 358). Folglich sind die Aktiva in der Handelsbilanz höher als die Aktiva in der Steuerbilanz. Demnach ist eine passive latente Steuer zu bilanzieren. Dieses Beispiel soll im Folgenden weiter ausgeführt werden.

Beispiel

Bilanzierung passiver latenter Steuern

Ein Unternehmen erwirtschaftet in den Jahren 01 bis 03 ein Ergebnis vor Steuern von jeweils 200 GE. Im Jahr 01 fielen Kosten für die Entwicklung eines selbst geschaffenen immateriellen Vermögensgegenstands i. H. v. 100 GE an, die in der Handelsbilanz durch Ausübung des Wahlrechts gemäß § 248 Abs. 2 HGB aktiviert werden. Die Abschreibung des selbst geschaffenen immateriellen Vermögensgegenstands soll über die beiden folgenden Jahre erfolgen (§ 253 Abs. 3 Satz 1 HGB). In der Steuerbilanz sind die Kosten im Jahr 01 als Aufwand zu erfassen. Der Steuersatz beträgt 25 %.

Die handelsrechtliche und steuerrechtliche Gewinnermittlung würde ohne die Berücksichtigung latenter Steuern folgendermaßen aussehen:

Jahr 01		**handelsrechtlich**	**steuerrechtlich**
Ergebnis vor Steuern und Aktivierung	GE	200	200
Aktivierung des selbst geschaffenen immateriellen VG	GE	+ 100	-
Ertragsteuern (25 %)	GE	- 50	- 50
Ergebnis nach Steuern	GE	250	150

Der Steueraufwand (50 GE), der auf Basis des steuerrechtlichen Ergebnisses errechnet wird, ist in der handelsrechtlichen GuV im Verhältnis zum dort ausgewiesenen Ergebnis zu niedrig. Bezogen auf das Ergebnis vor Steuern (nach Aktivierung des selbst erstellten immateriellen Vermögensgegenstands) von 300 GE müsste sich bei einem Steuersatz von 25 % ein Steueraufwand von 75 GE ergeben.

Jahr 02 = Jahr 03		**handelsrechtlich**	**steuerrechtlich**
Ergebnis vor Steuern und Abschreibung	GE	200	200
Abschr. des selbst geschaffenen immateriellen VG	GE	- 50	-
Ertragsteuern (25 %)	GE	- 50	- 50
Ergebnis nach Steuern	GE	100	150

In den beiden Folgejahren ist der Steueraufwand in der handelsrechtlichen GuV hingegen relativ zu hoch. Denn bezogen auf das Ergebnis vor Steuern (nach Abschreibung des selbst geschaffenen immateriellen Vermögensgegenstands) von 150 GE, müsste bei einem Steuersatz von 25 % der Steueraufwand 37,5 GE betragen.

Durch die Bildung von passiven latenten Steuern in der ersten Periode i. H. v. 25 GE (Ergebnisdifferenz zwischen Handelsbilanz und Steuerbilanz = 100 GE, diese Differenz ist mit dem Steuersatz von 25 % zu multiplizieren) und Auflösung über die beiden folgenden Perioden wird eine periodengerechte Zuordnung der Steueraufwendungen in der Handelsbilanz ermöglicht.

Die handelsrechtliche und steuerrechtliche Gewinnermittlung unter Berücksichtigung passiver latenter Steuern gestaltet sich dann wie folgt:

Jahr 01		**handelsrechtlich**	**steuerrechtlich**
Ergebnis vor Steuern und Aktivierung	GE	200	200
Aktivierung des selbst geschaffenen immateriellen VG	GE	+ 100	-
Ertragsteuern (25 %)	GE	- 50	- 50
Latenter Steueraufwand	GE	- 25	-
Ergebnis nach Steuern	GE	225	150

Der handelsrechtliche Steueraufwand setzt sich nun aus den Ertragsteuern (effektive Steuern) und dem latenten Steueraufwand zusammen und beträgt 75 GE. Bezogen auf das Ergeb-

nis vor Steuern (nach Aktivierung des selbst geschaffenen immateriellen Vermögensgegenstands) von 300 GE ergibt sich (genau wie in der Steuerbilanz) ein Steuersatz von 25 %.
In den beiden Folgejahren beträgt der handelsrechtliche Steueraufwand 37,5 GE. Bezogen auf das Ergebnis vor Steuern (nach Abschreibung des selbst geschaffenen immateriellen Vermögensgegenstands) von 150 GE ergibt sich (wie in der Steuerbilanz) ein Steuersatz von 25 %.

Jahr 02 = Jahr 03		**handelsrechtlich**	**steuerrechtlich**
Ergebnis vor Steuern und Abschreibung	GE	200	200
Abschr. des selbst geschaffenen immateriellen VG	GE	- 50	-
Ertragsteuern (25 %)	GE	- 50	- 50
Latenter Steuerertrag	GE	+ 12,5	-
Ergebnis nach Steuern	GE	112,5	150

Abb. 17.2 fasst die Bilanzierung von latenten Steuern im Jahresabschluss zusammen (Anmerkung: im Konzernabschluss wird die Bilanzierung latenter Steuern um zusätzliche Dimensionen erweitert, woraus sich auch eine zum Jahresabschluss abweichende Behandlung ergibt; vgl. § 306 HGB).

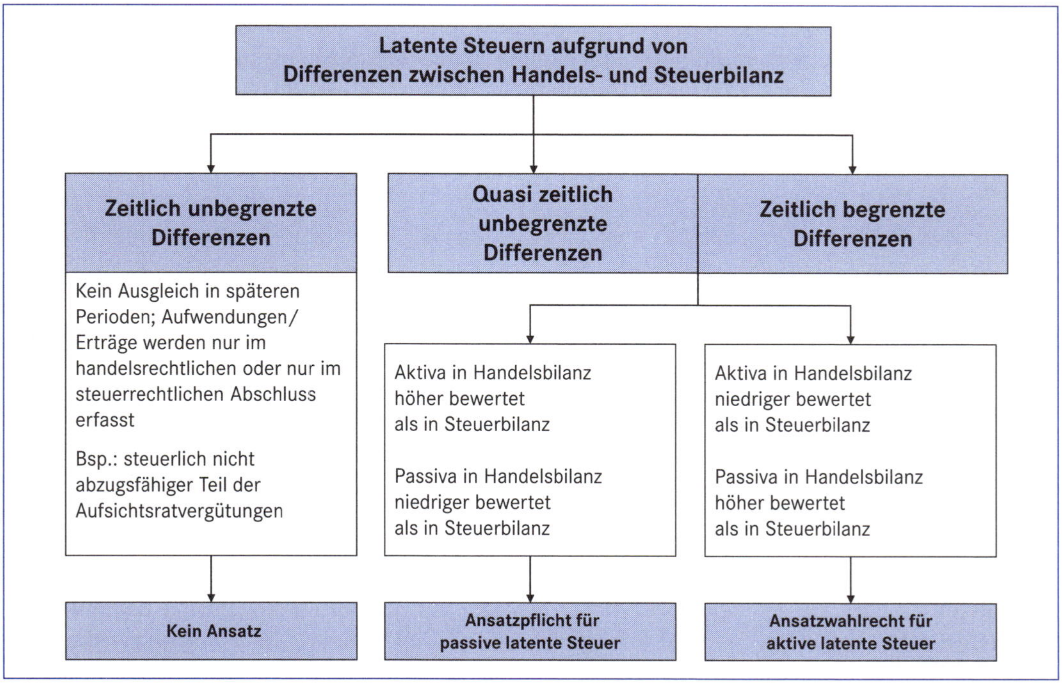

Abb. 17.2: Ansatz von latenten Steuern in der Handelsbilanz

II. Ansatz und Ausweis latenter Steuern

Nach dem Gesetzeswortlaut des § 274 Abs. 1 HGB entstehen latente Steuern, wenn es zu Differenzen zwischen handels- und steuerrechtlichen Wertansätzen von Vermögensgegenständen, Schulden oder RAP kommt, die sich in der Zukunft voraussichtlich auflösen. Eine sich ergebende zukünftige Steuerzahllast ist als passive latente Steuer auszuweisen (§ 274 Abs. 1 Satz 1 HGB). Wenn sich insgesamt eine zukünftige Steuerentlastung ergibt, kann diese als aktive latente Steuer ausgewiesen werden (§ 274 Abs. 1 Satz 2 HGB). Es besteht folglich ein Wahlrecht, ob aktive latente Steuern angesetzt werden oder nicht. Dabei können sich aktive latente Steuern grundsätzlich aus zwei Konstellationen ergeben: Vermögensgegenstände werden in der Steuerbilanz höher bewertet als in der Handelsbilanz, bzw. Vermögensgegenstände werden nur in der Steuerbilanz angesetzt oder Verbindlichkeiten werden in der Steuerbilanz niedriger bewertet bzw. Verbindlichkeiten werden nur in der Handelsbilanz angesetzt, nicht aber in der Steuerbilanz. Typische Fälle aktiver latenter Steuern sind beispielsweise:

- Nichtaktivierung eines Disagios nach § 250 Abs. 3 HGB in der Handelsbilanz, Aktivierungspflicht in der Steuerbilanz (H 6.10 EStH).
- Unterstellung einer kürzeren Nutzungsdauer eines Geschäfts- oder Firmenwerts in der Handels- als in der Steuerbilanz (§ 253 Abs. 3 HGB bzw. § 7 Abs. 1 Satz 3 EStG).

Korrespondierend hierzu werden **»passive latente Steuern«** bilanziert, wenn es aufgrund der Bilanzierungsdifferenz zu einer zukünftigen Steuerbelastung kommt. Als ungewisse Schuld unterliegen passive latente Steuern gemäß § 274 Abs. 1 Satz 1 HGB einer Passivierungspflicht. Konzeptionell entstehen passive latente Steuern, wenn Vermögensgegenstände in der Handelsbilanz höher bewertet werden als in der Steuerbilanz, bzw. wenn Vermögensgegenstände nur in der Handelsbilanz angesetzt werden oder wenn Verbindlichkeiten in der Handelsbilanz niedriger bewertet werden als in der Steuerbilanz, bzw. wenn Verbindlichkeiten nur in der Steuerbilanz angesetzt werden.

Passive latente Steuern müssen beispielsweise bei Vorliegen folgender Sachverhalte gebildet werden:

- Ausübung des Wahlrechts zur Aktivierung von Entwicklungskosten für selbst geschaffene immaterielle Vermögensgegenstände des Anlagevermögens in der Handelsbilanz (§ 248 Abs. 2 Satz 1 HGB); Aktivierungsverbot in der Steuerbilanz (§ 5 Abs. 2 EStG).
- Bewertung von Vorräten (in der Handelsbilanz) bei steigenden Preisen nach dem Fifo-Verfahren, Bewertung in der Steuerbilanz nach dem Durchschnittsverfahren.

Der Gesetzgeber sieht auch eine Möglichkeit zum Ansatz von aktiven latenten Steuern vor, wenn ein Unternehmen über steuerliche Verlustvorträge verfügt, d. h., wenn zukünftige steuerpflichtige Gewinne durch die Verrechnung mit aufgelaufenen steuerlichen Verlusten verringert werden können (§ 274 Abs. 1 Satz 4 HGB). Voraussetzung für eine diesbezügliche Aktivierung latenter Steuern ist jedoch, dass die erwartete zukünftige steuerliche Gewinnsituation über die nächsten fünf Jahre für eine entsprechende Verlustvortragsverwendung ausreicht. In der Bilanz werden aktive latente Steuern als eigener Posten neben Anlage- und Umlaufvermögen und Rechnungsabgrenzungsposten angesetzt. Sie sind auch gemäß § 268 Abs. 8 Satz 2 HGB mit einer Ausschüttungssperre in Höhe des Betrags versehen, um den die aktiven die passiven latenten Steuern übersteigen. Passive latente Steuern werden in der Bilanz ebenfalls als eigener Posten neben Eigenkapital, Rückstellungen, Verbindlichkeiten und Rechnungsabgrenzungsposten ausgewiesen.

In der GuV sind die Aufwendungen und Erträge aus der Veränderung latenter Steuern als eigener Posten gesondert unter den »Steuern vom Einkommen und vom Ertrag« auszuweisen (§ 274 Abs. 2 Satz 3 HGB). Ausgewiesene latente Steuern sind aufzulösen, wenn sich der Bilanzierungsunterschied auflöst oder wenn nicht mehr mit einer Auflösung zu rechnen ist (§ 274 Abs. 2 Satz 2 HGB).

Bei der Ermittlung der latenten Steuern kann konzeptionell sowohl eine **Einzel**- als auch eine **Gesamtdifferenzenbetrachtung** vorgenommen werden. Daraus resultieren folgende drei Ausweisalternativen:

- Einzeldifferenzenbetrachtung mit unsaldiertem Ausweis sowohl eines aktiven als auch eines passiven latenten Steuerpostens,
- Gesamtdifferenzenbetrachtung mit saldiertem Ausweis eines aktiven oder passiven latenten Steuerpostens sowie
- Gesamtdifferenzenbetrachtung mit saldiertem Ausweis (ggf.) eines passiven, nicht aber eines aktiven latenten Steuerpostens.

Das HGB geht grundsätzlich von einem saldierten Ausweis von aktiven und passiven latenten Steuern aus, allerdings ist auch ein unsaldierter Ausweis zulässig (§ 274 Abs. 1 Satz 3 HGB).

Für kleine Kapitalgesellschaften gibt es eine Erleichterung in § 274a Nr. 5 HGB, wonach diese von der Anwendung des § 274 HGB zur Abgrenzung latenter Steuern ausgenommen sind.

III. Bewertung der latenten Steuern

Neben der Frage, ob es dem Grunde nach zum Ansatz latenter Steuern kommt, ist die Frage zu beantworten, in welcher Höhe sie zu bilden sind. Dabei ist insbesondere zu fragen, ob dabei der **zukünftige oder der aktuelle Steuersatz** herangezogen werden soll. Diese Frage hängt im Wesentlichen davon ab, ob man die Steuerlatenzen als eine Art Abgrenzungsposten betrachtet (sog. *Deferred*-Methode) oder aber als zukünftigen Anspruch oder Verbindlichkeit (sog. *Liability*-Methode) ansieht (siehe hierzu ausführlich Coenenberg/Haller/Schultze [2018], Kapitel 8).

Die ***Liability*-Methode** ist bilanzorientiert. Dabei steht die richtige Darstellung der Forderungen und Verbindlichkeiten im Vordergrund. Latente Steuern werden entweder als Verbindlichkeiten für zukünftig zu zahlende Steuern oder als Vermögensgegenstand, der auf Steuervorauszahlungen beruht, betrachtet. Aufgrund der Abhängigkeit der Höhe der Forderungen bzw. Verbindlichkeiten vom zukünftigen Steuersatz, wird dieser bei der *Liability*-Methode auch für die Bemessung des Steuereffekts berücksichtigt. Nachträgliche Steuersatzänderungen sind demzufolge bei den latenten Steuern zu berücksichtigen.

Bei der ***Deferred*-Methode** wird die Erfolgsrechnung, mit dem Ziel einer dem ***matching principle*** folgenden Relation von ausgewiesenem Erfolg und Steueraufkommen, in den Vordergrund gestellt. Dazu ist der Steueraufwand ggf. um latente Steuerbeträge zu korrigieren. Dies führt bei einer Erhöhung des Steueraufwands zu einer passivischen Rechnungsabgrenzung *(deferred charges)* und im Fall einer Reduktion des Steueraufwandes zu einer aktivischen Abgrenzung zu *(deferred credits)*. Gemeint sind damit steuerliche Rechnungsabgrenzungsposten. Gemäß dem Grundsatz der *Deferred*-Methode wird der Steuersatz der Abrechnungsperiode den Berechnungen für die Beträge der latenten Steuern zugrunde gelegt.

Bei der *Liability*-Methode sind folglich zukünftige, bei der *Deferred*-Methode aktuelle Steuersätze erforderlich.

Die Definition der latenten Steuern in § 274 HGB zielt auf einen zutreffenden Vermögensausweis ab. Es geht um die Abgrenzung von Steuerforderungen und Steuerverbindlichkeiten i. S. eines statischen Bilanzverständnisses und nicht um eine periodengerechte Aufwandsabgrenzung i. S. der dynamischen Bilanztheorie. Die diesem Konzept am besten entsprechende Methode der Verrechnung ist die *Liability*-Methode, was durch die Bewertung mit zukünftigen Steuersätzen deutlich wird. Ein passiver latenter Steuerposten ist nach der voraussichtlichen Steuerbelastung, ein aktiver latenter Steuerposten nach der voraussichtlichen Steuerentlastung nachfolgender Geschäftsjahre zu bemessen. Nach § 274 Abs. 2 Satz 1 HGB soll daher die Bewertung der latenten Steuern mit dem unternehmensindividuellen Steuersatz erfolgen, welcher für den Zeitpunkt des Abbaus der Differenz gilt und es soll keine Abzinsung vorgenommen werden. Wenn keine konkrete und verlässliche Prognose über zukünftige Steuersatzänderungen möglich ist, muss der am Bilanzstichtag gültige Steuersatz Anwendung finden. Erfolgt allerdings eine tatsächliche Änderung des Steuersatzes, ist der Bestand an latenten Steuern unter Verwendung des neuen Steuersatzes neu zu bewerten. Die Bildung des Steuersatzes erfolgt (bei Kapitalgesellschaften) unter Berücksichtigung der Körperschaftsteuer und der Gewerbesteuer.

18. Kapitel: Erfolgsrechnung

Neben der Bilanz ist auch die **»Gewinn- und Verlustrechnung (GuV)«** Bestandteil des Jahresabschlusses (sowie Konzernabschlusses). Die GuV muss nach § 242 Abs. 2 HGB von allen Kaufleuten aufgestellt werden. Von der Erstellungspflicht sind nur »kleine« Einzelkaufleute i. S. des § 241a HGB ausgenommen. Die GuV gibt den Interessenten Auskunft über den Unternehmenserfolg und damit über die Art und Höhe der Erfolgskomponenten »Aufwand« und »Ertrag« und damit über die Zusammensetzung des Erfolgs in der Berichtsperiode, deshalb wird sie auch häufig als **»Erfolgsrechnung«** bezeichnet.

Der Periodenerfolg (= Periodenergebnis) zeigt sich in der Bilanz durch den Vergleich des Eigenkapitals zwischen den Bilanzstichtagen, was im Steuerrecht als »Betriebsvermögensvergleich« (§ 5 EStG) bezeichnet wird (vgl. 12. Kapitel). Er resultiert aus einer Veränderung (Erhöhung oder Verminderung) des Reinvermögens, die durch die Betriebstätigkeit erwirtschaftet wurde und nicht aus Transaktionen mit den Kapitalgebern entstanden ist. Aus der Veränderung des Eigenkapitals lässt sich daher durch Rückrechnung der Entnahmen und Einlagen der Eigentümer der Periodenerfolg ermitteln:

	Eigenkapital in t = 1
-	Eigenkapital in t = 0
+	Entnahmen
-	Einlagen
=	Periodenerfolg

Die Zusammensetzung und Herkunft des Periodenerfolgs wird aus dieser Rechnung jedoch nicht ersichtlich. Daher sieht das System der doppelten Buchführung das Führen von Erfolgskonten vor, in denen die aus einzelnen erfolgswirksamen Geschäftsvorfällen resultierenden Veränderungen des Eigenkapitals in **Aufwands**- und **Ertragskonten** verbucht und am Periodenende in die GuV abgeschlossen werden (vgl. 5. Kapitel, S. 107 ff.).

Die erwirtschaftete Veränderung des Eigenkapitals wird somit von der GuV näher erklärt. Deshalb ist die GuV auch ein Unterkonto des Eigenkapitalkontos. Weitere Veränderungen des Eigenkapitals in einer Periode ergeben sich durch Zuführung von Kapital von außen (Einlagen) und durch Abführen von Kapital an die Eigner (Entnahmen) (vgl. Abb. 18.1).

Im Konzernabschluss von Kapitalgesellschaften (§ 297 Abs. 1 HGB) und im zu erweiternden Jahresabschluss von kapitalmarktorientierten Kapitalgesellschaften, die keinen Konzernabschluss erstellen müssen (§ 264 Abs. 1 HGB), werden sämtliche Veränderungen des Eigenkapitals in einer **Eigenkapitalveränderungsrechnung**, auch **Eigenkapitalspiegel** genannt, zusammenfassend dargestellt (vgl. in diesem Kapitel, S. 456). Ein **Rücklagenspiegel** stellt hingegen nur einen Teil der Eigenkapitalveränderungen dar, indem die Verwendung des Jahresergebnisses für die Einstellung in die Rücklagen und die Auflösung von Rücklagen ersichtlich wird (vgl. in diesem Kapitel, S. 455).

Die GuV liefert detaillierte Informationen über die Hintergründe des Entstehens eines Gewinns/Verlustes (vgl. 4. Kapitel und 5. Kapitel). Sie ermöglicht Einblicke in die Ertragslage des Unternehmens und die Gründe für Erfolg bzw. Misserfolg im vergangenen Geschäftsjahr. Um diesen tieferen Einblick zu gewähren, ist die Art der Gestaltung der GuV von entscheidender Bedeutung.

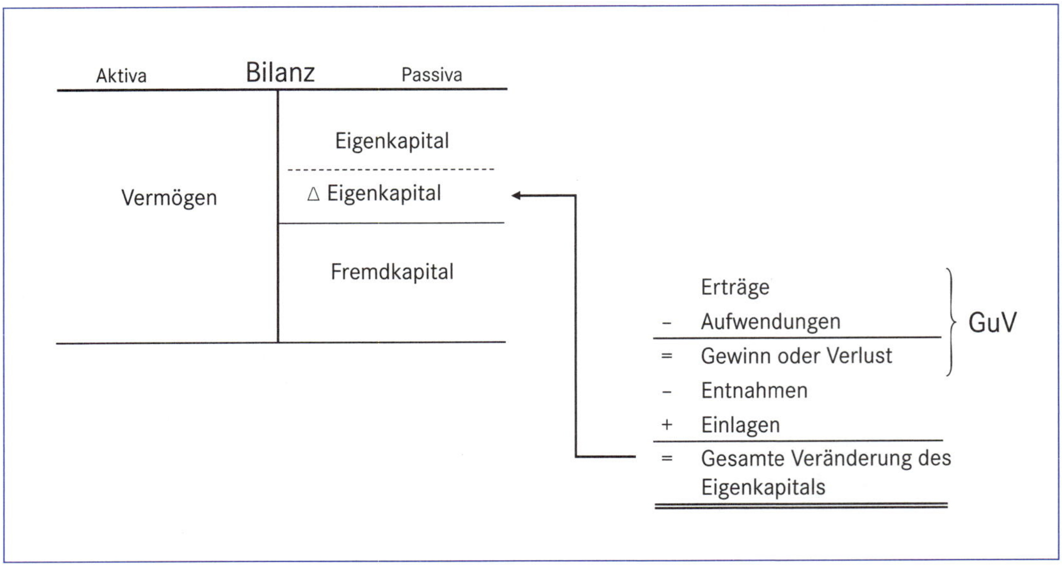

Abb. 18.1: Zusammenhang von Bilanz, GuV und Eigenkapitalveränderung

A. Erfolgsspaltung

Um den Einblick in die Ertragslage des Unternehmens und damit die Informationsfunktion der GuV zu verbessern, wird das Jahresergebnis (im HGB als »Jahresüberschuss« oder »Jahresfehlbetrag« bezeichnet) im Rahmen der Gewinnermittlung weiter aufgespalten. Das Ergebnis nach Steuern lässt sich in die aus der *Leistungssphäre* und aus der *finanziellen Sphäre* resultierenden Ertrags- und Aufwandskomponenten unterteilen. Dabei werden alle betriebstypischen Posten, die den satzungsmäßig bestimmten Leistungserstellungsprozess betreffen, zum sog. »Betriebsergebnis« und Posten, die finanziellen Nebengeschäften wie Finanzierungs- und Kapitalanlagegeschäften zuzurechnen sind, zum sog. »Finanzergebnis« zusammengefasst. In der durch § 275 HGB vorgegebenen Mindestgliederung der GuV wird allerdings nicht gefordert, diese beiden Teilergebnisse als Zwischensaldo explizit auszuweisen, die vorgeschriebene Gliederungsstruktur macht eine solche Ermittlung für externe Adressaten jedoch möglich. Unmöglich ist es allerdings, außerordentliche Ergebniskomponenten, also solche, die mit der gewöhnlichen Geschäftstätigkeit nichts zu tun haben, aus der GuV-Gliederung zu isolieren. Sie werden seit dem BilRUG aus dem Har 2015 nicht mehr explizit ausgewiesen.

Die Posten der einzelnen Erfolgskomponenten gemäß der Mindestgliederung der GuV nach § 275 HGB sind im Anhang A am Ende des Buches ersichtlich.

Die Erfolgsspaltung in der handelsrechtlichen GuV ist in Abb. 18.2 dargestellt.

	Betriebsergebnis
+/-	Finanzergebnis
-	Steuern vom Einkommen und vom Ertrag
=	**Ergebnis nach Steuern**
-	sonstige Steuern
=	**Jahresüberschuss/Jahresfehlbetrag**

Abb. 18.2: Handelsrechtliche Erfolgsspaltung

B. Gestaltung der GuV

Es gibt drei Ansatzpunkte für die Gestaltung der GuV:

- Konto- vs. Staffelform;
- Brutto- vs. Nettomethode;
- Umsatzkosten- vs. Gesamtkostenverfahren.

Der erste Ansatzpunkt bezieht sich auf die Anordnung der Erträge bzw. Aufwendungen. Die **Kontoform** bringt zwei Vorteile mit sich. Der erste Vorteil ist, dass durch den Ausweis der Erträge und Aufwendungen in einem Konto und damit auf getrennten Seiten das Gewicht einzelner Aufwands- bzw. Ertragsarten im Verhältnis zu anderen Aufwands- bzw. Ertragsarten deutlicher wird. Dazu kommt der zweite Vorteil, dass die Gesamtaufwendungen und Gesamterträge ausgewiesen werden. Dagegen weist die **Staffelform** den Vorteil auf, dass hier sachlich zusammengehörige Aufwands- und Ertragsposten zu Zwischenergebnissen zusammengefasst werden können und damit ein getrennter Ausweis einzelner Ergebniskomponenten möglich wird. Dies stellt einen entscheidenden Vorteil für die Erfüllung der Aufgaben der GuV dar, ein tatsachengetreues Bild der Ertragslage zu vermitteln. Für Kapitalgesellschaften schreibt § 275 HGB daher, neben dem Mindestumfang und der Reihenfolge der auszuweisenden Aufwands- und Ertragsposten, die Staffelform vor.

Der zweite Ansatzpunkt betrifft die Tatsache, inwieweit bestimmte Erträge und Aufwendungen miteinander saldiert werden können. Bei der **Bruttomethode** werden Aufwendungen und Erträge unsaldiert ausgewiesen. Dies ermöglicht einen besseren Einblick in die Erfolgsquellen als bei der **Nettomethode**, da bei dieser bestimmte Aufwendungen und Erträge saldiert werden, was zu einem Informationsverlust führt. § 275 Abs. 2 und 3 HGB folgen weitgehend der Bruttomethode.

Der dritte Ansatzpunkt ergibt sich aus dem den Aufwendungen und Erträgen zugrunde gelegten Mengengerüst. Dieses muss i. S. des Grundsatzes der periodengerechten Erfolgsermittlung (vgl. 2. Kapitel, S. 58) für beide Typen von Eigenkapitalveränderungen gleich sein.

Da i. d. R. produzierte und verkaufte Mengen nicht übereinstimmen, müssen Aufwendungen und Erträge rechnerisch aneinander angeglichen werden. Es gibt zwei verschiedene Möglichkeiten, diese Angleichung durchzuführen. Zum einen dadurch, dass die Erträge an das Mengengerüst der Periodenaufwendungen angeglichen werden, hierbei handelt es sich um das **Gesamtkosten-**

verfahren (GKV). Zum anderen durch Angleichen der Aufwendungen an das Mengengerüst der Periodenumsatzerträge, dem sog. **Umsatzkostenverfahren (UKV)**. Ohne die jeweiligen Korrekturen würde ein periodengerechter Erfolg nur dann ermittelt, wenn Produktions- und Absatzmenge in der Periode gleich groß wären.

Die beiden Verfahren beziehen sich ausschließlich auf die Ermittlung des Betriebsergebnisses. Bei adäquater Periodisierung der Aufwendungen führen sie zum gleichen Ergebnis, d. h., es handelt sich lediglich um eine unterschiedliche Darstellung der Zusammensetzung des Betriebsergebnisses.

I. Das Gesamtkostenverfahren

Die Gliederung des **Gesamtkostenverfahrens** wird in § 275 Abs. 2 HGB geregelt. Das Gesamtkostenverfahren (GKV) ist produktions- und aufwandsartenbezogen. Beim Gesamtkostenverfahren wird den gesamten in der Periode entstandenen Aufwendungen die Gesamtleistung der Periode gegenübergestellt. Soweit mehr produziert als abgesetzt wurde, werden die auf Lager produzierten, nicht abgesetzten Erzeugnisse als Leistung betrachtet und zu den Umsätzen aus abgesetzten Produkten als Bestandserhöhung hinzugezählt. Die Herstellungskosten der umgesetzten Produkte gehen nicht direkt aus der Darstellung hervor, sondern sind in der Summe der Aufwendungen enthalten. Abb. 18.3 stellt die Ergebnisermittlung im Gesamtkostenverfahren verkürzt dar.

Umsatzerlöse
+/- Lagerbestandsänderungen
\+ andere aktivierte Eigenleistungen
.....
\- Materialaufwand
\- Personalaufwand
\- Abschreibungen

= **Betriebsergebnis**

Abb. 18.3: Struktur des Gesamtkostenverfahrens

Das GKV ist durch zwei Charakteristika gekennzeichnet:

1. Sämtliche Aufwendungen (also auch Aufwendungen für noch nicht abgesetzte Produkte, die auf Lager produziert werden) werden sämtlichen Erträgen gegenübergestellt. Dies hat eine Gliederung der Aufwandsarten nach den **Primärkostenarten** (Materialaufwand, Personalaufwand, Abschreibungen, sonstige betriebliche Aufwendungen) zur Folge.
2. Mehrungen des Bestandes an unfertigen und fertigen Erzeugnissen und andere aktivierte Eigenleistungen werden mit ihren Herstellungskosten den Umsatzerlösen hinzugerechnet und Minderungen des Bestandes mit den Herstellungskosten von den Umsatzerlösen abgezogen.

II. Das Umsatzkostenverfahren

Die Gliederung der GuV nach dem **Umsatzkostenverfahren** wird in § 275 Abs. 3 HGB geregelt. Das Umsatzkostenverfahren zeichnet sich durch seine Kostenstellenbezogenheit aus. Den Umsatzerlösen werden nicht die gesamten Aufwendungen gegenübergestellt. Vielmehr werden im Bereich der Herstellungskosten nur diejenigen Aufwendungen dem Periodenumsatz zugerechnet, die für die verkauften Produkte angefallen sind (sog. Herstellungskosten der zur Erzielung der Umsatzerlöse erbrachten Leistungen oder umsatzbezogene Herstellungskosten bzw. Umsatzkosten), die verrechnet mit Vertriebskosten, allgemeinen Verwaltungskosten und sonstigen betrieblichen Erträgen und Aufwendungen die Umsatzaufwendungen ergeben (vgl. Abb. 18.4).

Damit ergibt sich eine **sekundäre Gliederung** nach den Kostenstellen, d. h. nach der Unterscheidung zwischen sachlich abgegrenzten Herstellungskosten des Umsatzes zum einen und zeitlich abgegrenzten Vertriebskosten, Verwaltungskosten und sonstigem betrieblichen Aufwand zum anderen.

Umsatzerlöse

- umsatzbezogene Herstellungskosten

= Bruttoergebnis vom Umsatz

- Vertriebskosten

- allgemeine Verwaltungskosten

.....

= **Betriebsergebnis**

Abb. 18.4: Struktur des Umsatzkostenverfahrens

Bei Anwendung des Umsatzkostenverfahrens weicht der Herstellungskostenbegriff des § 255 Abs. 2 HGB für die bilanzielle Beständebewertung von dem in der GuV anzuwendenden Begriff des § 275 Abs. 3 Nr. 2 HGB ab, sodass man von einem **eigenständigen Herstellungskostenbegriff in der GuV** spricht. Aufgrund der funktionsbezogenen Abgrenzung der Aufwendungen im Umsatzkostenverfahren fallen unter die umsatzbezogenen Herstellungskosten sämtliche Einzel- und Gemeinkosten, die dem Fertigungs- und Materialbereich zuzuordnen sind (vgl. im Detail in diesem Kapitel, S. 451 f.). Durch das BilRUG wurde der Umsatzbegriff umfangreicher ausgestaltet (vgl. im Detail in diesem Kapitel, S. 446 f.), sodass mehr Sachverhalte als Umsatzerlöse zu erfassen sind und entsprechend auch die Umsatzkosten erweitert werden müssen. Die nicht unter den umsatzbezogenen Herstellungskosten zu subsumierenden Aufwendungen, wie z. B. allgemeine Verwaltungskosten oder Vertriebskosten, werden erfolgswirksam als Aufwand der Periode erfasst.

Im Falle einer Produktion auf Lager (= Aktivierung in der Bilanz) werden die im Rahmen der Herstellungskostenbewertung gemäß § 255 Abs. 2 HGB (vgl. 14. Kapitel, S. 342) den selbst erstellten Lager- und Anlagezugängen zuzuordnenden Aufwendungen aus dem Periodenaufwand herausgerechnet, da den Umsatzerlösen nur die zur Erstellung der Absatzleistung erforderlichen Aufwendungen gegenübergestellt werden. Die Bewertung der auf Lager produzierten Erzeugnisse liegt im Rahmen der Unter- und Obergrenze der Herstellungskostendefinition des § 255 Abs. 2 HGB. Soweit die Lagerbestände in der Folgeperiode in die abgesetzten Produktionsleistungen eingehen, werden die in den Lagerzugangsperioden aktivierten Herstellungskosten dann als umsatzbezogener Herstellungsaufwand verrechnet. Abb. 18.5 stellt das Gesamtkosten- und das Umsatzkostenverfahren gegenüber. In dem Schema wird das unterschiedliche Vorgehen deutlich. Es zeigt auch, dass beide Verfahren letztendlich den gleichen Jahresüberschuss ermitteln (vgl. zur ausführlicheren Darstellung des GKV und UKV Coenenberg/Haller/Schultze [2018], Kapitel 9).

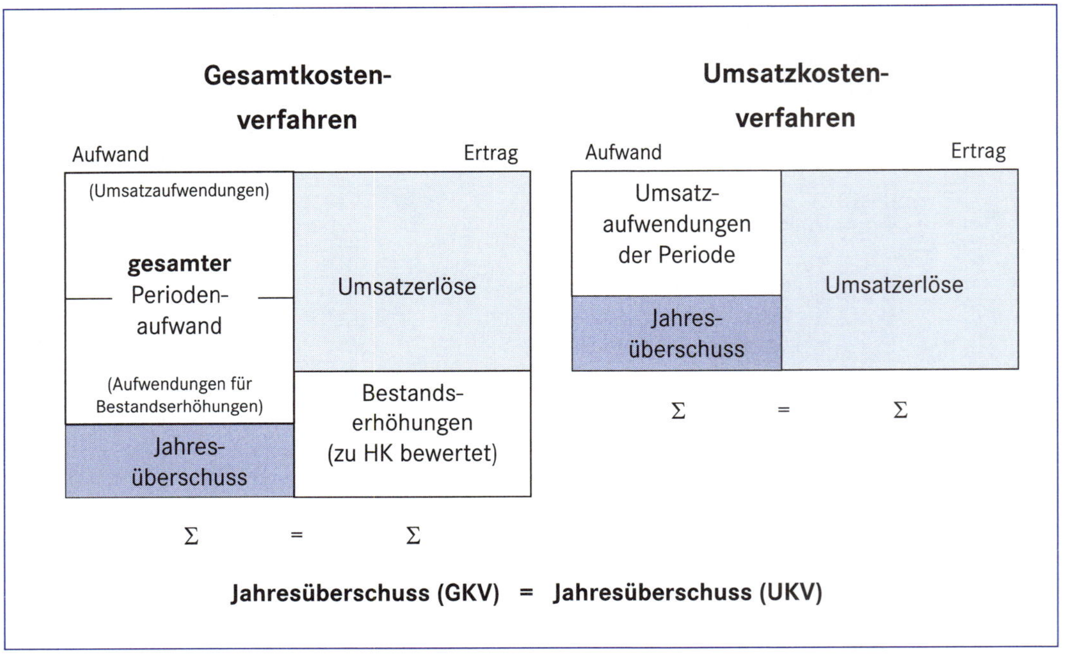

Abb. 18.5: Gesamtkosten- und Umsatzkostenverfahren nach § 275 Abs. 2 und 3 HGB

Beispiel

Die Möbelfabrik Haindel AG produzierte im abgelaufenen Geschäftsjahr 1.000 Matratzen der Marke »Schlaf-gut«, von denen allerdings bis zum Bilanzstichtag nur 700 Stück zum Preis von 640 GE verkauft werden konnten.

Der folgende Betriebsabrechnungsbogen liegt vor:

(in GE)		Kostenstellen				
		Fertigung	**Material**	Produktions bezogene Verwaltung	**Allgemeine Verwaltung**	**Vertrieb**
Einzelkosten						
Fertigungslöhne	100.000	100.000				
Fertigungsmaterial	150.000		150.000			
Summe Einzelkosten	250.000	100.000	150.000			
Gemeinkosten						
Sonstige Personalkosten	110.000	30.000	20.000	24.000	16.000	20.000
Betriebsstoffe	50.000	30.000	5.000	3.000	2.000	10.000
Abschreibungen						
planmäßig	50.000	20.000	5.000	9.000	6.000	10.000
außerplanmäßig	20.000	15.000	5.000			
Summe Gemeinkosten	230.000	95.000	35.000	36.000	24.000	40.000
Gesamtkosten	480.000	195.000	185.000	36.000	24.000	40.000

Die Geschäftsleitung bittet Sie, die GuV der Haindel AG nach dem Gesamt- und Umsatzkostenverfahren aufzustellen.

a) Wie sieht die Lösung nach dem Gesamt- und Umsatzkostenverfahren aus, wenn die Haindel AG die Herstellungskosten zur handelsrechtlichen Wertuntergrenze bilanziert?

b) Wie verändert sich die Lösung aus a), wenn die Haindel AG zur handelsrechtlichen Wertobergrenze bilanziert?

Lösung:

a) In die Herstellungskosten sind grundsätzlich Material- und Fertigungskosten einschließlich angemessener, d. h. auf eine Normalbeschäftigung ausgelegte, Gemeinkostenanteile und Abschreibungen einzubeziehen. Daher werden nur die planmäßigen Abschreibungen einbezogen, da die außerplanmäßigen Abschreibungen der in § 255 Abs. 2 Satz 2 HGB geforderten Angemessenheit widersprechen und auch nicht durch die Fertigung veranlasst sind. Die Herstellungskosten umfassen an der Wertuntergrenze (WUG) mindestens die Kosten aus den Kostenstellen Fertigung, Material und produktionsbezogene Verwaltung ohne außerplanmäßige Abschreibungen (180.000 GE + 180.000 GE + 36.000 GE = 396.000 GE). Betragen somit also 118.800 GE. Die Herstellungskosten der 300 auf Lager produzierten Matratzen werden im Gesamtkostenverfahren durch folgende Buchung aktiviert:

»Per 1110 Fertige Erzeugnisse an 4800 Bestandsveränderungen FE«

Im Gesamtkostenverfahren werden sämtliche für die Produktion entstandenen Aufwendungen in der GuV ausgewiesen. Es sind im Beispiel also die Gesamtkosten i. H. v. 480.000 GE als Aufwand verbucht, die für die Herstellung der 1.000 Matratzen entstanden sind. Diesen wird die Gesamtleistung, bestehend aus dem Umsatz, der aus dem Verkauf der 700 Matratzen erzielt wurde, sowie der Bestandserhöhung der Vorräte, die mit der Einlagerung der nicht verkauften 300 Matratzen verbunden war, gegenübergestellt. Die Höhe der Bestandsveränderungen richtet sich nach dem Umfang der in die Herstellungskosten mit einbezogenen Bestandteile.

Die Herstellungskosten zur Wertuntergrenze nach dem Gesamtkostenverfahren errechnen sich wie folgt:

(in GE)	GKV
Einzelkosten:	
Fertigung	100.000
Material	150.000
Gemeinkosten:	
Fertigung	60.000
Material	25.000
Produktionsbezogene Verwaltung	27.000
Planmäßige Abschreibungen:	
Fertigung	20.000
Material	5.000
Produktionsbezogene Verwaltung	9.000
Herstellungskosten für 1.000 Stück	**396.000**
davon 70 % (= Anteil verkaufte Produkte)	277.200
davon 30 % (= Anteil Lager)	118.800

Die mit 118.800 GE bewerteten 300 Matratzen werden über die oben genannte Buchung im Soll in den Vorräten und im Haben als Ertrag in der GuV erfasst. Der so ermittelte Wert der eingelagerten Matratzen wird in der GuV nach dem Gesamtkostenverfahren wie folgt gezeigt:

Gesamtkostenverfahren (in GE)		
Umsatzerlöse		448.000
Bestandsveränderung (Lager)		**118.800**
= Gesamtleistung	=	566.800
- Materialaufwand	-	200.000
- Personalaufwand	-	210.000
- Abschreibungen	-	70.000
= Betriebsergebnis	=	**86.800**

Beim Umsatzkostenverfahren wird im Gegensatz zum Gesamtkostenverfahren nicht mit den gesamten Aufwendungen der 1.000 produzierten Matratzen gerechnet, sondern nur mit den Herstellungskosten der 700 verkauften Matratzen zuzüglich der weiteren Umsatzaufwendungen. Die umsatzbezogenen Herstellungskosten setzen sich aus den funktional dem Fertigungs- und Materialbereich zuzuordnenden Gemein- und Einzelkosten und den produktionsbezogenen Verwaltungskosten zusammen (vgl. in diesem Kapitel, S. 441 f.). Die außerplanmäßigen Abschreibungen erhöhen die umsatzbezogenen Herstellungskosten der GuV und sind gesondert in der GuV oder im Anhang anzugeben.

Umsatzkostenverfahren (in GE)		
Umsatzerlöse		448.000
Umsatzbezogene Herstellungskosten		
- 700 Stück × 396	-	277.200
- außerplanmäßige Abschreibungen	-	20.000
= Bruttoergebnis vom Umsatz	=	150.800
- Vertriebskosten	-	40.000
- Allgemeine Verwaltung	-	24.000
= Betriebsergebnis	=	**86.800**

Die Summe der umsatzbezogenen Herstellungskosten berechnet sich wie folgt: 396 GE × 700 + 20.000 GE = 297.200 GE. Die allgemeine Verwaltung für die verkauften Matratzen wird unter den Verwaltungskosten erfasst (24.000 GE). Darüber hinaus sind 40.000 GE an Vertriebskosten entstanden, die nicht aktiviert werden und daher in der GuV als Aufwand verbucht werden. Das resultierende Betriebsergebnis von 86.600 GE entspricht dem nach GKV.

b) Betrachtet man im Gesamtkostenverfahren die handelsrechtliche Wertobergrenze für die Herstellungskosten, so werden hierin auch die gesamten allgemeinen Verwaltungskosten (24.000 GE) eingeschlossen. Die gesamten Herstellungskosten für 1.000 Matratzen betragen damit 420.000 GE. Davon werden 126.000 GE aktiviert, 294.000 GE als Aufwand verrechnet. Es verbleiben lediglich die Vertriebskosten und außerplanmäßigen Abschreibungen, die nicht in den Herstellungskosten zu erfassen sind.

Gesamtkostenverfahren (in GE)		
Umsatzerlöse		448.000
Bestandsveränderung (Lager)		**126.000**
= Gesamtleistung	=	574.000
- Materialaufwand	-	200.000
- Personalaufwand	-	210.000
- Abschreibungen	-	70.000
= Betriebsergebnis	=	**94.000**

Im Umsatzkostenverfahren entsprechen sich die umsatzbezogenen Herstellungskosten im Fall a) und b). Im Detail kann auf die Ausführungen im Fall a) verwiesen werden.

Umsatzkostenverfahren (in GE)		
Umsatzerlöse		448.000
Umsatzbezogene Herstellungskosten		
- 700 Stück × 396	-	277.200
- außerplanmäßige Abschreibungen	-	20.000
= Bruttoergebnis vom Umsatz	=	155.000
- Vertriebskosten	-	40.000
- Allgemeine Verwaltungskosten	-	16.800
= Betriebsergebnis	=	**94.000**

Ein Unterschied ergibt sich bei den Verwaltungskosten, in denen im Fall b) nur die allgemeinen Verwaltungskosten, die auf die verkauften Matratzen entfallen (700 × 24 GE = 16.800 GE) anzusetzen sind. Der übrige Teil (300 x 24 GE = 7.200 GE) ist als Bestandteil der

Herstellungskosten aktiviert. Wie im anderen Fall entsprechen sich die Betriebsergebnisse nach GKV und UKV.

C. Gliederung der GuV und ausgewählte Posten

Für die korrekte Abgrenzung der einzelnen Posten in der GuV werden, jeweils für das Gesamt- und das Umsatzkostenverfahren, im Folgenden die vorgeschriebenen Posten erläutert. Zuvor wird noch kurz auf die Vorschriften zur Gliederung der GuV in Abhängigkeit von Unternehmensgröße und -rechtsform eingegangen.

I. Rechtsform- und Größenabhängigkeiten

Die in § 275 Abs. 2 und 3 HGB niedergelegten Gliederungsschemata sind als Mindestgliederungen von allen Kapitalgesellschaften und unechten Personenhandelsgesellschaften i. S. v. § 264a HGB anzuwenden. Die §§ 276 und 275 Abs. 5 HGB ermöglichen jedoch unternehmensgrößenabhängige Vereinfachungen für kleine und mittelgroße Kapitalgesellschaften sowie für Kleinstkapitalgesellschaften i. S. d. § 267a HGB. Gemäß § 5 Abs. 1 PublG gelten die Gliederungsschemata des § 275 Abs. 2 und 3 HGB auch für Großunternehmen, außer es handelt sich dabei um Personenhandelsgesellschaften und Einzelkaufleute. Zusätzlich bestehen branchenspezifische Sonderregelungen für Kreditinstitute und Versicherungsunternehmen. Für diese beiden Wirtschaftszweige bestehen eigene Gliederungs- und Ausweisvorschriften, die durch Formblätter konkretisiert sind. Weitere Sonderregelungen betreffen Krankenhäuser und Unternehmen der öffentlichen Hand.

II. Einzelne Posten der GuV nach dem Gesamtkostenverfahren

Zunächst werden die Posten des § 275 Abs. 2 HGB (vgl. Anhang A, S. 601 ff.) und deren Inhalte näher betrachtet (vgl. Coenenberg/Haller/Schultze [2018], Kapitel 9).

Umsatzerlöse

Seit dem in 2015 verabschiedeten BilRUG ist der Umfang der **Umsatzerlöse** grundlegend geändert worden, da die Umsatzdefinition nicht mehr auf die Merkmale »gewöhnliche Geschäftstätigkeit« und »typische Erzeugnisse und Waren bzw. Dienstleistungen« begrenzt ist. Umsatzerlöse stellen gemäß § 277 Abs. 1 HGB Erlöse dar, die aus dem Verkauf und der Vermietung oder Verpachtung von Produkten (Erzeugnisse und Waren) sowie der Erbringung von Dienstleistungen entstehen, sodass sie Erlöse aus der eigentlichen Betriebstätigkeit oder Erträge aus Nebengeschäften und Nebenverwertungen umfassen. Z. B. sind jetzt Erlöse aus Kantinen, die früher den »sonstigen betrieblichen Erträgen« zuzurechnen waren, unter den Umsatzerlösen auszuweisen.

Der Zeitpunkt der Umsatzrealisation ist nach dem Realisationsprinzip zu bestimmen, nach welchem die Umsatzerlöse und die damit verbundenen Erträge erst bei Lieferung und Leistung auszuweisen sind. Eine Leistung gilt ab dem Zeitpunkt des Gefahrenübergangs als erbracht (vgl. 2. Kapitel, S. 58).

Die Umsatzerlöse sind dabei gemäß § 277 Abs. 1 HGB nach Abzug der **Erlösschmälerungen** (z. B. Skonti oder Rabatte), der Umsatzsteuer sowie der sonstigen direkt mit dem Umsatz verbundenen Steuern (z. B. Verbrauchsteuern oder Monopolabgaben) auszuweisen (= Nettoausweis). Große Kapitalgesellschaften müssen die Umsatzerlöse zudem gemäß § 285 Nr. 4 HGB im Anhang nach Tätigkeitsbereichen und nach geografisch bestimmten Märkten aufgliedern, soweit sich die Tätigkeitsbereiche bzw. die geografisch bestimmten Märkte erheblich unterscheiden.

Erhöhung oder Verminderung des Bestands an fertigen und unfertigen Erzeugnissen

Eine Bestandserhöhung oder -verminderung an fertigen und unfertigen Erzeugnissen ist unter Posten 2 (vgl. Anhang A, S. 601 ff.) auszuweisen. Die Höhe errechnet sich aus der Differenz der Ansätze zu Beginn und am Ende der betrachteten Periode der zu Herstellungskosten bewerteten fertigen und unfertigen Erzeugnisse. In die Berechnung der Differenz fließen sowohl Mengenänderungen (auch Inventurdifferenzen) als auch Wertänderungen (z. B. Qualitätsabschläge, Bewertungsabschläge auf Lagerhüter oder Abschreibungen nach dem Niederstwertprinzip) ein. Der Umfang der Bestandsveränderungen hängt u. a. auch davon ab, ob die Lagerzugänge mit der Wertunter- oder Wertobergrenze der Herstellungskosten gemäß § 255 Abs. 2 HGB bewertet werden. Abschreibungen werden gemäß § 277 Abs. 2 HGB nur so weit in diesem Posten erfasst, als sie die im Unternehmen sonst üblichen Abschreibungen nicht überschreiten. Zu den hierunter zu erfassenden üblichen Abschreibungen zählen in erster Linie pauschale Abschreibungen (z. B. Abschreibungen auf Lagerhüter oder aufgrund von Schwund). Bestandsveränderungen an Waren werden nicht unter diesem Posten (trotz des gemeinsamen Ausweises in der Bilanz), sondern unter dem Materialaufwand ausgewiesen.

Andere aktivierte Eigenleistungen

Darunter fallen insbesondere folgende Posten:

- selbst erstellte Gebäude, Maschinen, Anlagen und Werkzeuge;
- selbst geschaffene immaterielle Vermögensgegenstände (aktivierbare Entwicklungskosten gemäß § 255 Abs. 2a HGB i. V. m. § 248 Abs. 2 Satz 1 HGB);
- mit eigenen Arbeitskräften durchgeführte und aktivierte Großreparaturen.

Durch die Buchung eines Ertrages unter diesem Posten werden angefallene Aufwendungen zunächst neutralisiert. Die Verteilung des Aufwands wird damit entsprechend der Nutzung und der dadurch notwendigen planmäßigen Abschreibung in spätere Perioden verlagert.

Sonstige betriebliche Erträge

Aufgrund der Änderung der Umsatzdefinition und der Streichung der außerordentlichen Ergebniskomponenten durch das BilRUG haben sich auch Änderungen im Umfang der sonstigen berieblichen Erträge ergeben. Unter diesen Posten fallen alle Erträge, die nicht bereits in einem anderen Ertragsposten enthalten sind. Dabei handelt es sich vor allem um folgende Bestandteile:

- Zahlungseingänge auf bereits als uneinbringlich ausgebuchte Forderungen;
- Liquidations- und Bewertungserfolge;
- Erträge aus Anlagenabgängen (abhängig vom Geschäftsmodell);
- Währungsgewinne;
- Buchgewinne aus dem Verkauf von Wertpapieren des Umlaufvermögens;
- Zuschreibungen auf Vermögensgegenstände des Anlagevermögens;
- Zuschreibungen auf Vermögensgegenstände des Umlaufvermögens etc.

Materialaufwand

Aufwendungen für Roh-, Hilfs- und Betriebsstoffe und für bezogene Waren sind unter dem Posten 5a auszuweisen, Aufwendungen für bezogene Leistungen unter Posten 5b. Neben dem rein mengenmäßigen Verzehr an Roh-, Hilfs- und Betriebsstoffen fallen unter Posten 5a auch Inventur- und Bewertungsdifferenzen, die ihre Ursache z. B. in Schwund, Qualitätsverlusten oder rückläufigen Marktpreisen haben (außerplanmäßige Abschreibungen gemäß dem Niederstwertprinzip; vgl. 15. Kapitel, S. 382 ff.), soweit sie unternehmensüblich sind. Zu den Aufwendungen für bezogene Leistungen (Posten 5b) zählen Aufwendungen für erhaltene fertigungsbezogene Leistungen Dritter, beispielsweise Reparaturen, die von Dritten durchgeführt wurden.

Personalaufwand

Unter »Löhne und Gehälter« (Posten 6a) sind alle Geld- und Sachleistungen an Arbeiter, Angestellte und Mitglieder der Geschäftsführung der Unternehmung auszuweisen, soweit sie während des Geschäftsjahres als Arbeitsentgelt angefallen sind. Auch Zuführungen zu Rückstellungen für im Geschäftsjahr nicht genommenen Urlaub und zu Jubiläumsrückstellungen sind hier zu erfassen. Dabei sind stets die Bruttobezüge anzugeben. Unter Posten 6b sind soziale Abgaben und Aufwendungen für Altersversorgung und Unterstützung auszuweisen. Die sozialen Abgaben umfassen den Arbeitgeberanteil zur Sozialversicherung sowie beispielsweise Beiträge zur Berufsgenossenschaft. Unter die Aufwendungen für Altersversorgung fallen u. a. Zuführungen zu Pensionsrückstellungen sowie Beiträge zu selbstständigen Versorgungseinrichtungen. Leistungen an Betriebsangehörige und deren Hinterbliebene, für die keine Gegenleistung erfolgt (z. B. Unterstützungszahlungen für Invaliden, Heirats- und Geburtshilfen), zählen zu den Aufwendungen für Unterstützung.

Abschreibungen

Alle planmäßigen und außerplanmäßigen Abschreibungen auf das Sach- und immaterielle Anlagevermögen werden unter Posten 7a erfasst. Posten 7b enthält Abschreibungen auf Vermögensgegenstände des Umlaufvermögens, die das unternehmensübliche Maß überschreiten. Welche Abschreibungen als unternehmensunüblich zu betrachten sind und welche Posten des Umlaufvermögens bei der Bemessung des auszuweisenden Betrages einzubeziehen sind, wurde vom Gesetzgeber nicht festgeschrieben. Aber in jedem Fall sind Abschreibungen in unüblicher Höhe auf Vorräte, Forderungen, sonstige Vermögensgegenstände und liquide Mittel auszuweisen. Ein Beispiel sind Abschreibungen auf Vorräte, die vorgenommen wurden, da ein Produkt aufgrund technischer Neuerungen nicht mehr abzusetzen ist, und diese Abschreibungen wesentlich höher sind als in bisherigen Vergleichszeiträumen.

Sonstige betriebliche Aufwendungen

Hierbei handelt es sich um einen Sammelposten, der alle Aufwendungen aufnimmt, die nicht unter die Posten 5, 6 und 7 fallen und nicht dem Finanzergebnis zuzuordnen sind. Beispiele sind Aufwendungen aus der Währungsumrechnung, Abschreibungen auf Forderungen und sonstige Vermögensgegenstände des Umlaufvermögens und liquide Mittel in unternehmensüblicher Höhe.

Die bislang aufgeführten Posten sind dem betrieblichen Bereich zuzuordnen, im Folgenden werden diejenigen Posten behandelt, die dem **Finanzergebnis** zuzurechnen sind.

Erträge aus Beteiligungen

Unter »Erträge aus Beteiligungen« werden ausschließlich die laufenden Erträge aus Beteiligungen (zur Definition von Beteiligungen vgl. 15. Kapitel, S. 369) erfasst. Dabei handelt es sich beispielsweise um Dividenden von Kapitalgesellschaften oder Gewinnanteile von Personenhandelsgesellschaften. Beteiligungserträge aus verbundenen Unternehmen (zur Definition von verbundenen Unternehmen vgl. 15. Kapitel, S. 369) sind in einer Vorspalte gesondert anzugeben. Die Erfassung der Erträge darf dabei erst zum Realisationszeitpunkt erfolgen. Beteiligungserträge müssen in voller Höhe, also ohne Abzug der Kapitalertragsteuer erfasst werden.

Erträge aus anderen Wertpapieren und Ausleihungen des Finanzanlagevermögens

Hierbei handelt es sich um alle laufenden Erträge aus Finanzanlagen, die nicht Erträge aus Beteiligungen darstellen. Dieser Posten 10 enthält damit im Wesentlichen Zinsen aus langfristigen Ausleihungen und Dividenden aus Aktien sowie ähnliche Ausschüttungen. Auch in diesem Fall sind Erträge aus verbundenen Unternehmen gesondert in einer Vorspalte auszuweisen.

Sonstige Zinsen und ähnliche Erträge

Finanzerträge, die nicht einem der beiden vorherigen Posten zugeordnet werden können, sind unter diesem Sammelposten zusammenzufassen. Hierunter fallen z. B. Zinsen für Einlagen bei Kreditinstituten, laufende Erträge aus Wertpapieren des Umlaufvermögens oder Aufzinsungsbeträge für un- oder niedrig verzinsliche Forderungen und Erträge aus der Rückstellungsabzinsung. Bei den zinsähnlichen Erträgen kann es sich z. B. um Kreditprovisionen etc. handeln. Auch hier ist ein gesonderter Ausweis des auf verbundene Unternehmen entfallenden Ertragsanteils erforderlich.

Abschreibungen auf Finanzanlagen und auf Wertpapiere des Umlaufvermögens

Unter diesem Posten 12 sind alle Abschreibungen des Anlage- und Umlaufvermögens zu erfassen, die anders als der Posten 7 den Finanzbereich betreffen. Hierunter fallen alle Wertberichtigungen auf das Finanzanlagevermögen (Anteile an verbundenen Unternehmen, Ausleihungen an verbundene Unternehmen, Beteiligungen, Ausleihungen an Unternehmen, mit denen ein Beteiligungsverhältnis besteht, Wertpapiere des Anlagevermögens und sonstige Ausleihungen; vgl. 15. Kapitel, S. 367 ff.) und auf die Wertpapiere des Umlaufvermögens.

Zinsen und ähnliche Aufwendungen

Aufgrund des Saldierungsverbots von Zinsaufwendungen und -erträgen sind Zinsen und ähnliche Aufwendungen gesondert unter dem Posten 13 auszuweisen. Hierzu zählen z. B. Zinsen für alle Arten von Krediten, Verzugszinsen oder Abschreibungen auf ein aktiviertes Disagio und Aufwendungen aus der Aufzinsung von in Vorjahren abgezinsten Rückstellungen. Beträge, die an verbundene Unternehmen zu leisten sind, müssen auch hier gesondert ausgewiesen werden.

Beispiel

Der Vorstand der Zuckerwatte AG erteilt Ihnen die Aufgabe, die Gewinn- und Verlustrechnung nach dem Gesamtkostenverfahren zu erstellen. Ihnen stehen dafür folgende Angaben zur Verfügung:

In diesem Geschäftsjahr wurden 595 t Zuckerrohr als Rohstoff eingekauft (der Preis pro t betrug 1.000 GE (inkl. 19 % USt)) und vollständig verbraucht. Bei der Wattefertigung fielen direkt zurechenbare Fertigungslöhne i. H. v. 100.000 GE sowie Fertigungsgemeinkosten (Abschreibungen der Fertigungsanlagen) i. H. v. 120.000 GE und die Gehälter für die Meister in der Produktion i. H. v. 50.000 GE an. Zusätzlich fielen noch 30.000 GE für die allgemeine Verwaltung (zu 100 % Personalaufwand) an. 30 % der Fertigerzeugnisse liegen noch auf Lager.
70 % der Produktion wurden für 952.000 GE (inkl. 19 % USt) verkauft. Dieser Verkaufserfolg ist auf eine in diesem Geschäftsjahr durchgeführte Werbeaktion auf Jahrmärkten zurückzuführen, wodurch Kosten i. H. v. 40.000 GE entstanden sind.
In diesem Geschäftsjahr wurde durch die Überflutung einer Lagerhalle ein durch die Versicherung nicht gedeckter Schaden i. H. v. 60.000 GE verursacht.
Die Zuckerwatte AG bekam in diesem Jahr den Preis der Gesellschaft zum Genuss aus Deutschen Landen, der mit 50.000 GE dotiert ist, verliehen.
In diesem Geschäftsjahr erzielt die Zuckerwatte AG Zinserträge von 10.000 GE und Dividenden i. H. v. 25.000 GE.
Die Zuckerwatte AG definiert nach ihrer Rechnungslegungsrichtlinie die Herstellungskosten nach der Bewertungsobergrenze des § 255 Abs. 2 HGB.
Der zu zahlende Steuersatz beträgt 35 %.

Welche Posten der handelsrechtlichen GuV nach dem Gesamtkostenverfahren sind mit welchen Wertansätzen betroffen?

Für die Zuckerwatte AG ergibt sich folgende GuV nach dem Gesamtkostenverfahren (in GE):

Umsatzerlöse (netto)		800.000
Bestandsveränderungen *)		240.000
Andere aktivierte Eigenleistungen		0
Sonstige betriebliche Erträge		50.000
Materialaufwand		- 500.000
Personalaufwand		- 180.000
Abschreibungen		- 120.000
Sonstige betriebliche Aufwendungen **)		- 100.000
Erträge aus Wertpapieren		25.000
Zinserträge		10.000
Steuern vom Einkommen und vom Ertrag		- 78.750
= Ergebnis nach Steuern	=	146.250
Sonstige Steuern		0
= Jahresüberschuss	=	**146.250**

*) Herstellungskosten: Einzel- und Gemeinkosten aus dem Material- und Fertigungsbereich zuzüglich allgemeine Verwaltungskosten (Material 500.000 GE + Löhne 150.000 GE + Abschreibungen 120.000 GE + Verwaltung 30.000 GE) × 30 % = 240.000 GE
**) 40.000 GE (Werbeaktion) + 60.000 GE (Überflutung) = 100.000 GE

III. Einzelne Posten der GuV nach dem Umsatzkostenverfahren

Nachfolgend werden die einzelnen GuV-Posten nach dem Umsatzkostenverfahren gemäß § 275 Abs. 3 HGB erläutert. Sofern sich die Inhalte der Posten mit denen des bereits erläuterten Gesamtkostenverfahrens decken, wird von einer nochmaligen Erklärung abgesehen.

Umsatzerlöse

Hierbei ergeben sich gegenüber dem Gesamtkostenverfahren keine Unterschiede.

Herstellungskosten der zur Erzielung der Umsatzerlöse erbrachten Leistungen

Dieser Posten umfasst die gesamten, auf die Absatzleistung entfallenden Herstellungsaufwendungen des laufenden Geschäftsjahres und die in früheren Perioden im Rahmen der Vorratsbewertung aktivierten Aufwendungen, soweit diese Vorräte in das betriebliche Absatzvolumen eingehen. Der im Umsatzkostenverfahren anzuwendende Herstellungskostenbegriff des § 275 Abs. 3 Nr. 2 HGB unterscheidet sich vom bilanziellen, bei der Lagerzugangsbewertung anzuwendenden Herstellungskostenbegriff des § 255 Abs. 2 HGB. Aufgrund der funktionsbezogenen Zuordnung der Aufwendungen im Umsatzkostenverfahren fallen unter die umsatzbezogenen Herstellungskosten sämtliche Einzel- und Gemeinkosten (inkl. plan- und außerplanmäßiger Abschreibungen, Leerkosten, Forschungs- und Entwicklungskosten), die dem Fertigungs- und Materialbereich zuzuordnen sind, auch wenn dies nicht der bilanziellen Beständebewertung entspricht. Des Weiteren sind auch die herstellungsbezogenen Verwaltungskosten, nicht aber die sonstigen allgemeinen

Verwaltungsaufwendungen und Vertriebskosten in die Umsatzkosten einzubeziehen. Die Bestimmungen des BilRUG führen aufgrund der Erweiterung der Umsatzerlöse auch zu einer Ausdehnung der umsatzbezogenen Herstellungskosten, sodass z. B. auch die Mietaufwendungen für ein untervermietetes Gebäude hierunter auszuweisen sind.

Erfolgt ein Lagerabbau, indem fertige bzw. unfertige Erzeugnisse dem Absatzprozess zugeführt werden, ist zu berücksichtigen, dass der Umfang der zu verrechnenden Aufwendungen davon abhängt, welche Aufwendungen im Rahmen der Bewertung der Lagerzugänge zu Herstellungskosten gemäß § 255 Abs. 2 HGB im Zeitpunkt des Lageraufbaus in der Bilanz aktiviert wurden (vgl. zur Bewertungsunter- und -obergrenze 14. Kapitel, S. 342 ff.). Für im Geschäftsjahr produzierte, aber nicht abgesetzte Produkte vgl. die Ausführungen in diesem Kapitel, S. 441 f.

Bruttoergebnis vom Umsatz

Das Bruttoergebnis vom Umsatz ergibt sich aus der Differenz zwischen den Umsatzerlösen und den Herstellungskosten der zur Erzielung der Umsatzerlöse erbrachten Leistungen. Die Posten 1 bis 3 des Gesamtkostenverfahrens ergeben die betriebliche Gesamtleistung (ohne Abzug von Periodenaufwendungen), die Größe »Bruttoergebnis vom Umsatz« bezieht sich dagegen nur auf die Absatzleistung des Unternehmens und stellt eine Nettogröße dar.

Vertriebskosten

Hierunter fallen grundsätzlich alle Personal-, Material- und Abschreibungsaufwendungen sowie sonstige Kosten des Vertriebsbereichs. Diese können beispielsweise Kosten der Fertig- und Vertriebsläger oder auch Kosten der Werbung sein.

Allgemeine Verwaltungskosten

Unter diesem Posten 5 werden alle Verwaltungsaufwendungen erfasst, die nicht bereits aufgrund ihres Herstellungsbezugs unter den Herstellungskosten des Umsatzes (§ 275 Abs. 3 Nr. 2 HGB) zu erfassen waren; beispielsweise Personal-, Material- und Abschreibungsaufwendungen sowie sonstige Aufwendungen des Verwaltungsbereichs.

Sonstige betriebliche Erträge

Entsprechend der Nr. 4 nach dem Gesamtkostenverfahren enthält der Posten »sonstige betriebliche Erträge« die Erträge aus Anlagenabgängen (abhängig vom Geschäftsmodell), aus Währungsumrechnungen, aus der Herabsetzung der Pauschalwertberichtigung von Forderungen, der Auflösung von Rückstellungen und aus Zuschreibungen auf das Anlage- und Umlaufvermögen außer Vorräte.

Sonstige betriebliche Aufwendungen

Dieser Posten 7 dient insbesondere zur Aufnahme der Aufwendungen, die aus Verlusten aus dem Abgang von Gegenständen des Anlagevermögens, aus Verlusten aus Wertminderungen oder dem Abgang von Gegenständen des Umlaufvermögens (außer Vorräten) und Einstellungen in die Pauschalwertberichtigung, aus Zuführungen zu Rückstellungen und aus Aufwendungen aus der Währungsumrechnung bestehen. Zu beachten ist, dass bei der Anwendung des Umsatzkostenverfahrens hierunter nur die Aufwendungen zusammengefasst werden dürfen, die nicht einem der Funktionsbereiche Herstellung, Vertrieb oder Verwaltung zugeordnet werden können.

Übrige GuV-Posten

Hier ergeben sich grundsätzlich keine Unterschiede gegenüber dem Gesamtkostenverfahren.

Beispiel

Die Pflanz AG produzierte auf ihren Pflanzenaufzuchtsplantagen in diesem Geschäftsjahr 2 Mio. Grünpflanzen. Insgesamt konnten davon an diverse Blumenhändler 1,5 Mio. Stück abgesetzt werden. Der Absatzpreis für die Pflanzen betrug 10 GE pro Pflanze. Die für die Aufzucht einer Einheit benötigten Materialien kosteten jeweils 2 GE, die Fertigungslöhne betrugen je 1 GE pro Pflanze.

Die für die GuV nach dem Umsatzkostenverfahren weiterhin benötigten Daten entnehmen Sie bitte dem nachfolgenden Ausschnitt aus dem Betriebsabrechnungsbogen (BAB). Die Bilanzierung der Herstellungskosten für die Lagerzugänge erfolgt zur Wertuntergrenze gemäß § 255 Abs. 2 HGB (d. h. inkl. Fertigungs- und Materialeinzel- und -gemeinkosten).

Kostenarten (in GE)	Gesamt	Kostenstellen			
Einzelkosten		Fertigung	Material	Verwaltung	Vertrieb
Material	4.000.000		4.000.000		
Löhne	2.000.000	2.000.000			
Summen (Einzelkosten)	6.000.000	2.000.000	4.000.000		
Gemeinkosten					
Sonst. Personalkosten	3.050.000	1.500.000	620.000	530.000	400.000
Betriebsstoffe	3.000.000	1.350.000	250.000	800.000	600.000
Abschreibungen	1.200.000	650.000	250.000	150.000	150.000
Summen (Gemeinkosten)	7.250.000	3.500.000	1.120.000	1.480.000	1.150.000
Gesamtkosten	13.250.000	5.500.000	5.120.000	1.480.000	1.150.000

In die umsatzbezogenen Herstellungskosten sind alle Einzel- und Gemeinkosten des Fertigungs- und Materialbereichs einzubeziehen. Da keine außerplanmäßigen Abschreibungen und keine herstellungsbezogenen Verwaltungskosten vorliegen, unterscheiden sich hier die bilanziellen und die umsatzbezogenen Herstellungskosten nicht. Im Fertigungs- und Materialbereich fallen insgesamt 10.620.000 GE an Kosten für die Produktion der 2 Mio. Stück an. Davon werden 25 % als Herstellungskosten des Lagerzugangs aktiviert. Die übrigen 75 %, also 7.965.000 GE, werden in der GuV als Herstellungskosten des Umsatzes erfasst. Die Verwaltungs- und Vertriebskosten sind unmittelbar aus dem BAB ersichtlich.
Der zu zahlende Steuersatz beträgt 35 %.

Nach dem Umsatzkostenverfahren ergibt sich für die Pflanz AG folgendes Ergebnis der gewöhnlichen Geschäftstätigkeit:

Umsatzerlöse (netto)	GE	15.000.000
Herstellungskosten des Umsatzes	GE	- 7.965.000
= Bruttoergebnis vom Umsatz	GE	= 7.035.000
Verwaltungskosten	GE	- 1.480.000
Vertriebskosten	GE	- 1.150.000
Sonstige betriebliche Aufwendungen	GE	0
Steuern vom Einkommen und vom Ertrag	GE	- 1.541.750
= Ergebnis nach Steuern	GE	2.863.250
Sonstige Steuern	GE	0
= Jahresüberschuss	**GE**	2.863.250

D. Ergebnisverwendung

Der Jahresabschluss einer Kapitalgesellschaft kann vor Ergebnisverwendung, nach teilweiser Ergebnisverwendung und nach vollständiger Ergebnisverwendung aufgestellt werden (§ 268 Abs. 1 HGB). Für den Bilanzleser sind nicht nur die Komponenten der Entstehung des Periodenergebnisses interessant, sondern auch seine weitere Verwendung. Der Jahresüberschuss kann bei Kapitalgesellschaften dazu verwendet werden, Rücklagen aufzubauen, Verlustvorträge zu decken oder Dividenden an die Anteilseigner auszuschütten (vgl. 16. Kapitel, S. 391 ff.).

	Betriebsergebnis	Gewinnermittlung
+/-	Finanzergebnis	
-	Steuern vom Einkommen und vom Ertrag	
=	**Ergebnis nach Steuern**	
-	Sonstige Steuern	
=	**Jahresüberschuss/Jahresfehlbetrag**	
-/+	Rücklagendotierung/-auflösung	Gewinnverwendung
-/+	Verlust-/Gewinnvortrag	
=	**Bilanzgewinn/-verlust**	

Abb. 18.6: Gewinnermittlungs- und Gewinnverwendungsrechnung

Aktiengesellschaften müssen gemäß § 150 Abs. 1 und § 300 AktG die Dotierung der gesetzlichen Rücklage bereits im Jahresabschluss berücksichtigen, sodass für sie - solange noch Beiträge in die gesetzliche Rücklage eingestellt werden müssen - nur eine Aufstellung nach teilweiser oder vollständiger Gewinnverwendung in Frage kommt. Eine Aufstellung nach vollständiger Gewinnverwendung scheidet i. d. R. aus, da ein Ergebnisverwendungsbeschluss durch die Hauptversammlung gemäß § 174 Abs. 1 AktG auf einem bereits festgestellten Jahresabschluss basieren muss. Gemäß § 152 Abs. 3 AktG muss für die Beträge, die in die Gewinnrücklagen fließen, eine Ergänzung zur GuV vorgenommen oder im Anhang eine Gewinnverwendungsrechnung erstellt werden (vgl. Abb. 18.6).

Im Rahmen der Gewinnverwendungsrechnung müssen Aktiengesellschaften die GuV gemäß § 158 AktG nach dem Posten »Jahresüberschuss/Jahresfehlbetrag« um folgende Posten weiterführen:

- Gewinn/Verlustvortrag;
- Entnahmen aus den Gewinnrücklagen bzw. der Kapitalrücklage;
- Einstellungen in die Gewinnrücklagen.

	Stand zu Beginn des GJ	Einstellungen in die Rücklagen			Entnahmen für das GJ	Stand zum Ende des GJ
		durch die HV aus dem Bilanzgewinn des VJ	aus dem Jahres-überschuss	während des GJ		
Kapitalrücklagen						
I. Agio für Aktienausgabe						
II. Zuzahlungen in das Eigenkapital						
Gewinnrücklagen						
I. Gesetzliche Rücklage						
II. Rücklage für Anteile an einem herrschenden oder mehrheitlich beteiligten Unternehmen						
III. Satzungsmäßige Rücklagen						
IV. Andere Gewinnrücklagen						

Abb. 18.7: Rücklagenspiegel (in Anlehnung an Adler/Düring/Schmaltz [1995 ff.], § 152 AktG Tz. 37)

Das Resultat dieser Gewinnverwendungsrechnung stellt der Bilanzgewinn/-verlust dar. Der Bilanzgewinn ist der Betrag, welcher der Hauptversammlung im Rahmen des nach § 174 Abs. 1 AktG festgestellten Jahresabschlusses für die Gewinnverwendung zur Verfügung steht (§ 58 AktG). Obgleich er bei Abschlusserstellung nach teilweiser Gewinnverwendung gemäß § 268 Abs. 1 HGB als Ergebnisgröße in der Bilanz steht, stellt er keine Leistungsgröße des Unternehmens, sondern lediglich einen zur Ausschüttung möglichen Teil des Eigenkapitals dar.

In diesem Zusammenhang ist für Kapitalgesellschaften für die Rücklagenbestandteile jeweils ein gesonderter Nachweis ihrer Veränderungen während des Geschäftsjahres vorgeschrieben (§ 152 Abs. 2 und 3 AktG). Ein derartiger Nachweis erfolgt zweckmäßigerweise in tabellarischer Form in einem sog. »**Rücklagenspiegel**«. Wie für den Anlagespiegel bestehen auch für den Rücklagenspiegel gesetzliche Mindestanforderungen, die in Abb. 18.7 wiedergegeben werden.

Von diesem Rücklagenspiegel ist der **Eigenkapitalspiegel** (= Eigenkapitalveränderungsrechnung), der neben dem Unternehmenserfolg auch alle anderen Eigenkapitalveränderungen während einer Rechnungsperiode darstellt, abzugrenzen. Ein Eigenkapitalspiegel muss im Konzernabschluss einer Kapitalgesellschaft erstellt werden (§ 297 Abs. 1 HGB) und kapitalmarktorientierte Kapitalgesellschaften, die nicht der Aufstellungspflicht eines Konzernabschlusses unterliegen, müssen gemäß § 264 Abs. 1 Satz 2 HGB in ihren Jahresabschluss einen Eigenkapitalspiegel aufnehmen. Für andere Unternehmen besteht keine Aufstellungspflicht. Abb. 18.8 stellt einen vereinfachten Konzerneigenkapitalspiegel für Kapitalgesellschaften in Anlehnung an DRS 22 dar. In diesem sind in den Spalten die verschiedenen Posten des Eigenkapitals aufzunehmen und in den Zeilen die Änderungsbeträge den jeweiligen Änderungsgründen (wie z. B. Ausgabe, Erwerb oder Veräußerung von Anteilen, Ergebnisverwendungen, Ausschüttungen etc.) zuzuordnen.

	Eigenkapital des Mutterunternehmen					Nicht beherrschende Anteile	Konzerneigenkapital
	Gez. Kapital	Eigene Anteile	Nicht eingeforderte aussteh. Einlagen	Kapitalrücklage	Gewinnrücklagen		
Stand zu Beginn des GJ							
Kapitalerhöhung/-herabsetzung z. B.: • Ausgabe von Anteilen • Erwerb/Veräußerung eigener Anteile • Einziehen von Anteilen • Kapitalerhöhung aus Gesellschaftsmitteln Einforderung/Einzahlung bish. nicht eingeford. Einlag. Einstellung in/Entnahmen aus Rücklagen Ausschüttung Währungsumrechnung Sonstige Veränderungen Änderungen des Konsolidierungskreises Konzernjahresüberschuss/-fehlbetrag							
Stand am Ende des GJ							

Abb. 18.8: Eigenkapitalspiegel (in Anlehnung an DRS 22)

19. Kapitel: Kapitalflussrechnung

In Erweiterung der Pflichtbestandteile (Bilanz, GuV und Anhang) des Jahresabschlusses muss der **Konzernabschluss** eines Mutterunternehmens eine Kapitalflussrechnung beinhalten (§ 297 Abs. 1 Satz 1 HGB). Kapitalmarktorientierte Kapitalgesellschaften i. S. des § 264d HGB, die nicht zur Konzernabschlusserstellung verpflichtet sind, müssen ihren Jahresabschluss um eine Kapitalflussrechnung erweitern (§ 264 Abs. 1 Satz 2 HGB). Dieses Rechnungslegungsinstrument soll in diesem Kapitel in den Grundzügen dargestellt werden. Eine detaillierte, vertiefte Erörterung findet sich in Coenenberg/Haller/Schultze [2018], Kapitel 12.

Aufgrund der Bedeutung der Kapitalflussrechnung für den Einblick in die Finanz- und Ertragslage eines Unternehmens sind mittlerweile schon viele Unternehmen dazu übergegangen, freiwillig eine Kapitalflussrechnung im Jahresabschluss zu veröffentlichen. Des Weiteren trägt auch die nach § 315e HGB für kapitalmarktorientierte Mutterunternehmen vorgeschriebene Anwendung der *International Financial Reporting Standards* (IFRS) zur Verbreitung der Kapitalflussrechnung bei, da die Kapitalflussrechnung nach diesen internationalen Rechnungslegungsstandards Pflichtbestandteil der Rechnungslegung ist (vgl. 22. Kapitel, S. 477 ff.). Bei der **Kapitalflussrechnung** handelt es sich um eine Bewegungsrechnung, die Auskunft über Herkunft und Verwendung liquiditätswirksamer Mittel in einer bestimmten Periode gibt. Damit spiegelt sie eine wesentliche Dimension der finanziellen Lage eines Unternehmens, nämlich den Zu- und Abgang von liquiden Mitteln, wider.

A. Zielsetzung

Die Kapitalflussrechnung wurde als ein Instrument entwickelt, um entsprechend der Zielsetzung eines Jahres- bzw. Konzernabschlusses (§ 264 Abs. 2 Satz 1 bzw. § 297 Abs. 2 Satz 2 HGB) zusätzliche Informationen über die Finanzlage eines Unternehmens zu vermitteln. Der Begriff der **Finanzlage** umfasst neben der Fähigkeit, jederzeit die fälligen Zahlungsverpflichtungen erfüllen zu können, auch die Fähigkeit, Zahlungsüberschüsse erwirtschaften zu können. Mit diesem dynamischen Aspekt beschäftigt sich keiner der anderen Teile des Jahresabschlusses. Damit stellt die Kapitalflussrechnung aber nicht nur ein sinnvolles Instrument der Bilanzanalyse dar (in diesem Zusammenhang wurde sie in Deutschland lange Zeit gesehen), sondern entwickelte sich in den letzten Jahren neben Bilanz, GuV und Anhang zu einem weiteren Teil des Jahresabschlusses.

Im Detail ist es Zweck der Kapitalflussrechnung, ergänzende Aussagen über die finanzielle Entwicklung der jeweiligen Unternehmen zu machen, die dem Jahresabschluss nicht oder nur mittelbar entnommen werden können. Dementsprechend sollen Zahlungsströme transparent gemacht werden, die es zusammen mit Bilanz und GuV ermöglichen, Informationen zu erhalten über:

- die Fähigkeit des Unternehmens, Zahlungsüberschüsse zu erwirtschaften,
- die Fähigkeit des Unternehmens, seinen Zahlungsverpflichtungen nachzukommen, Dividenden zu zahlen sowie kreditwürdig zu bleiben,
- die möglichen Divergenzen zwischen Jahresergebnis und den dazu gehörigen Zahlungsvorgängen und

- die Auswirkungen zahlungswirksamer sowie zahlungsunwirksamer Investitions- und Finanzierungsvorgänge auf die Finanzlage des Unternehmens.

B. Grundsätze zur Aufstellung

Bei der praktischen Aufstellung einer Kapitalflussrechnung sind, in Ergänzung der Grundsätze ordnungsmäßiger Buchführung (GoB) zur Erstellung des Jahresabschlusses (vgl. 2. Kapitel, S. 54 ff.), einige Grundsätze zu beachten:

1. Vollständigkeit: Es sind alle Einzahlungen und Auszahlungen zu erfassen.
2. Verzicht auf Periodisierung: Die Kapitalflussrechnung soll Zahlungen des Geschäftsjahres ausweisen. Daher sind alle in der Erfolgsrechnung vorgenommenen Periodisierungen, soweit dies möglich ist, rückgängig zu machen.
3. Stromgrößenkongruenz: Die in den einzelnen Geschäftsjahren erfassten Ein- und Auszahlungen sollten den für die gesamte Lebensdauer der Unternehmung ermittelten Totaleinzahlungen/-auszahlungen entsprechen.
4. Bruttoprinzip: Ein- und Auszahlungen sollten in unsaldierter Form ausgewiesen werden.
5. Formelle Gliederungskontinuität: Die Gliederung und die Erfassungsgrundsätze sollten im Zeitablauf möglichst nicht geändert werden, um die Kapitalflussrechnungen auch zeitlich vergleichen zu können.
6. Vorjahreszahlen: Um die Vergleichbarkeit sicherzustellen, sollte bei jedem Posten der Kapitalflussrechnung der Betrag des vorangegangenen Geschäftsjahres angegeben werden.
7. Wesentlichkeit: Posten können zusammengefasst werden, wenn sie einen Betrag enthalten, der zur Darstellung der Finanzlage nicht erheblich ist oder dadurch die Klarheit der Darstellung vergrößert wird.
8. Erläuterung: In Problemfällen bzw. bei Abweichen von den obigen Grundsätzen sollten zur Erhöhung der Klarheit Erläuterungen gegeben werden.

Neben diesen Grundsätzen gilt, wie in obigen Punkten bereits angeklungen, auch der Grundsatz der Klarheit. Darüber hinaus finden alle obigen Grundsätze die Grenze dort, wo sie nur noch mit unverhältnismäßigem Aufwand erfüllt werden könnten und damit die Kosten der Datengewährung ihren Nutzen offensichtlich übersteigen würden.

C. Ermittlung

Die **Kapitalflussrechnung** ist als eine spezielle, für externe Zwecke aufbereitete Finanzierungsrechnung anzusehen (vgl. 1. Kapitel, S. 16 f.). Die **Finanzierungsrechnung** ist das **liquiditätsorientierte Teilsystem** des betriebswirtschaftlichen Rechnungswesens. So bilden die Einzahlungs- und Auszahlungskonten die Grundlage der Kapitalflussrechnung, während Vermögens- und Kapitalkonten in der Bilanz und Aufwands- und Ertragskonten in der GuV berücksichtigt werden.

Die Finanzierungsrechnung wird i. d. R. einerseits für das gesamte Unternehmen oder für Teilbereiche im Rahmen der Periodenplanung durchgeführt. Andererseits dient die vergangenheitsbezogene Ist-Finanzierungsrechnung sowohl der Dokumentation und Rechenschaftslegung als auch der Kontrolle der Planrechnung (Finanzpläne), die zum Zwecke der Prognose von Zahlungs-

über- und -unterdeckungen und damit der Aufrechterhaltung des finanziellen Gleichgewichts erstellt werden. Die für die Liquidität in der Finanzierungsrechnung zu erfassenden Zahlungsströme können entweder originär aus der Buchhaltung oder derivativ aus dem Jahresabschluss ermittelt werden.

I. Originäre Ermittlung

Originär erstellte liquiditätsorientierte Rechnungen erfassen die relevanten Zahlungsströme unmittelbar bei den einzelnen Geschäftsvorfällen in der Buchhaltung, sodass aus allen Ein- und Auszahlungen die Kapitalflussrechnung abgeleitet werden kann (= direkte Methode). Dies erfordert eine Kennzeichnung der Zahlungsvorgänge nach ihrem Verwendungszweck. Als sinnvoll erscheint die Vergabe von Zuordnungskennziffern bereits bei der Kontierung der Geschäftsvorfälle, um eine separate Datenerfassung und -verarbeitung zu vermeiden. Damit wird die Ermittlung der Quellen und der Verwendung der liquiden Mittel ermöglicht. Bei der Erstellung von Finanzplänen zur zielorientierten Gestaltung der zukünftigen Zahlungsfähigkeit, die entweder mit Hilfe totaler oder partieller Planungsmodelle erfolgen kann, ist der resultierende Informationswert abhängig von der genauen und vollständigen Erfassung und Planung aller Vorgänge in den Teilbereichen des Unternehmens.

II. Derivative Ermittlung

Die **derivative** Ermittlung der Zahlungsströme aus den Daten eines Jahresabschlusses (= indirekte Methode) geschieht dadurch, dass die periodisierten GuV-wirksamen Größen in unperiodisierte, liquiditätswirksame Zahlungsgrößen zurückentwickelt werden. Diese Umformung kann entweder nur für den betrieblichen Leistungsbereich (partiell) vorgenommen werden, indem etwa der Cashflow als Maßgröße für den während einer Periode aus dem laufenden betrieblichen Prozess erwirtschafteten Zahlungsüberschuss ermittelt wird, oder aber gesamtunternehmensbezogen (total) durchgeführt werden, indem eine Kapitalflussrechnung als eine Bewegungsrechnung konzipiert wird, in der die Darstellung der Herkunft und Verwendung aller liquiditätswirksamen Mittel während einer Periode (meist zusammengefasst in einem Fonds) erfolgt.

Weit verbreitet in der Praxis ist die derivative Ermittlung der Zahlungsströme im operativen Bereich, bei gleichzeitig originärer Ermittlung der Zahlungsströme im Investitions- und Finanzierungsbereich.

D. Gestaltung der Kapitalflussrechnung

Zentrale Bezugsgröße der im Rahmen von Abschlüssen erstellten Kapitalflussrechnung ist der Zahlungsmittelbestand, der als **Finanzmittelfonds** bezeichnet wird. Die im Standard des Deutschen Rechnungslegungs Standards Committee (DRSC) DRS 21 vorgesehene Fondsabgrenzung ist an den internationalen Rechnungslegungsstandard IAS 7 angelehnt und erlaubt nur die Einbeziehung von **Zahlungsmitteln und Zahlungsmitteläquivalenten** in diesen Fonds. Diese Abgrenzung umfasst die Bilanzposten Schecks, Kassenbestand, Bundesbankguthaben und Guthaben bei Kreditinstituten (Zahlungsmittel). Weiterhin wird die Möglichkeit zur Einbeziehung kurzfristig

(d. h. binnen drei Monaten) veräußerbarer Wertpapiere (verzinslich, nicht spekulativ und geringes Wertänderungsrisiko) und jederzeit fälliger Bankverbindlichkeiten vorgeschrieben (Zahlungsmitteläquivalente).

In der Kapitalflussrechnung wird die Veränderung der Zahlungsmittel und Zahlungsmitteläquivalente (Finanzmittelfonds) nach ihren Ursachen untergliedert. Zu diesem Zweck werden Einzahlungen und Auszahlungen zu verschiedenen Zahlungsstromsalden zusammengefasst, die auch »Cashflows« genannt werden. Je nach Herkunft bzw. Verwendungszweck werden in der Kapitalflussrechnung i. d. R. drei verschiedene Cashflowgrößen unterschieden, wie in Abb. 19.1 verdeutlicht ist. Sie werden für die Bereiche der laufenden Geschäftstätigkeit, der Investitionstätigkeit (inkl. Desinvestitionen) und der Finanzierungstätigkeit getrennt ermittelt. Wird der Terminus »Cashflow« ohne erläuternden Zusatz verwendet, meint man im Allgemeinen den »Cashflow aus der laufenden Geschäftstätigkeit«.

Der **Cashflow aus laufender Geschäftstätigkeit** entspricht dem aus der Leistungsverwertung des Unternehmens erwirtschafteten Einzahlungsüberschuss. Mittelzuflüsse oder -abflüsse ergeben sich hier insbesondere aus der Umsatztätigkeit des Unternehmens, d. h. aus dem Produktions-, Verkaufs- und Servicebereich.

Der **Cashflow aus der Investitionstätigkeit** gibt an, wie viele Mittel in der Periode netto, d. h. nach Abzug von Desinvestitionen, investiert wurden. Investitionstätigkeiten sind der Erwerb und die Veräußerung langfristiger Vermögensgegenstände. Der getrennte Ausweis der Mittelzuflüsse und -abflüsse aus der Investitionstätigkeit soll eine Beurteilung ermöglichen, in welchem Ausmaß Zahlungen zur Generierung von Erlösen und Mittelzuflüssen in späteren Perioden getätigt wurden. Die Summe aus dem Cashflow aus laufender Geschäftstätigkeit und dem – i. d. R. negativen – Cashflow aus Investitionstätigkeit bezeichnet man als den frei verfügbaren Cashflow (= **Free Cashflow**).

Der **Cashflow aus der Finanzierungstätigkeit** gibt an, wie viele Mittel dem Unternehmen in der Periode netto, d. h. nach Abzug aller Auszahlungen an die Kapitalgeber, aus der Aufnahme neuen Fremd- und Eigenkapitals zugeflossen sind. Finanzierungstätigkeiten sind Aktivitäten, die sich auf den Umfang und die Zusammensetzung der Eigenkapitalposten und der Finanzschulden des Unternehmens auswirken. Die Finanzierungstätigkeit beinhaltet somit zum einen Transaktionen mit Anteilseignern und zum anderen Veränderungen langfristiger Fremdmittel.

Die Summe der Bereichs-Cashflows ergibt die Veränderung des Finanzmittelfonds, d. h. des Bestandes an liquiden Mitteln einer Periode. Insofern ist der operative Cashflow eine Maßgröße für die **Innenfinanzierungskraft** des Unternehmens, denn er gibt Auskunft über die Fähigkeit des Unternehmens, genügend Finanzmittel (»*cash*«) in seinem Geschäftsbetrieb zu erwirtschaften, um damit Investitionen finanzieren zu können bzw. seinen Zahlungsverpflichtungen im Rahmen der Finanzierungstätigkeit (Zins und Tilgung, Gewinnausschüttungen etc.) nachkommen zu können. Ein negativer operativer Saldo müsste demnach durch Desinvestitionen (z. B. Verkauf von Teilbereichen) oder durch Aufnahme neuen Kapitals (z. B. Zufuhr neuen Eigenkapitals oder Aufnahme neuer Kredite) gedeckt werden, wenn nicht hohe Liquiditätsbestände, die abgebaut werden können, existieren.

Das DRSC hat einen Standard zur Kapitalflussrechnung (DRS 21) vorgelegt, der die Regeln festschreibt, nach denen eine Kapitalflussrechnung aufzustellen ist. Zwecks der Angleichung an die internationale Praxis wurden darin insbesondere das damalige *Statement of Financial Accounting Standards* No. 95 (FAS 95) des US-amerikanischen FASB (jetzt ASC 230) und der IAS 7 des IASB berücksichtigt. Diese beiden internationalen Standards unterscheiden sich nur im Detail. Der deutsche Standard zur Kapitalflussrechnung DRS 21 nimmt eine vermittelnde Position zwischen IAS 7 und ASC 230 ein.

Teilrechnungen	Bereiche
Ursachen-rechnung	Einzahlungen – Auszahlungen im operativen Bereich (Cashflow aus laufender Geschäftstätigkeit)
	Einzahlungen – Auszahlungen im Investitionsbereich (Cashflow aus Investitionstätigkeit)
	Einzahlungen – Auszahlungen im Finanzierungsbereich (Cashflow aus Finanzierungstätigkeit)
Fondsverände-rungsrechnung	= Finanzmittelnachweis (Veränderung der liquiden Mittel)

Abb. 19.1: Kapitalflussrechnung

Die im DRS 21 vorgesehene Mindestgliederung zur Ermittlung der Kapitalflussrechnung kann zum einen entsprechend der direkten Methode (vgl. Tab. 19.1) und zum anderen nach der indirekten Methode (vgl. Tab. 19.2) dargestellt werden.

Bei Anwendung der direkten Methode benötigt man als Daten alle Ein- und Auszahlungen – also die Ursachen für die Veränderungen des Finanzmittelfonds während der Periode –, die den drei Bereichen laufende Geschäftstätigkeit, Investitionstätigkeit und Finanzierungstätigkeit zuzuordnen sind. Wird der Saldo dieser drei ermittelten Cashflows mit dem Wert des Finanzmittelfonds zu Periodenbeginn gebildet, ergibt sich dessen Wert am Periodenende (vgl. hierzu Tab. 19.1).

Bei der Durchführung der indirekten Methode im Bereich der laufenden Geschäftstätigkeit wird aus den zahlungswirksamen und -unwirksamen Änderungen der Posten in Bilanz und GuV eine Rückrechnung auf den Cashflow aus der laufenden Geschäftstätigkeit vorgenommen. Ausgehend von dem Periodenergebnis aus der GuV werden die nicht zahlungswirksamen Aufwendungen (z. B. Abschreibungen auf das Anlagevermögen, Zunahmen der Rückstellungen) addiert und die zahlungsunwirksamen Erträge subtrahiert. Zusätzlich werden aus dem Periodenergebnis die GuV-wirksamen Sachverhalte des Investitions- und Finanzierungsbereiches herausgerechnet, wie z. B. der Gewinn aus dem Abgang von Anlagevermögen (Desinvestition). Im nächsten Schritt werden die erfolgsneutralen, aber zahlungswirksamen Veränderungen der Vermögensgegenstände und Schulden hinzu- bzw. herausgerechnet, da die Erhöhung der Aktiva bzw. Minderung der Passiva eine Zahlungsmittelverwendung und die Abnahme von Aktiva bzw. die Zunahme von Passiva eine Zahlungsmittelzufuhr darstellen. Der Saldo aus diesen Rechenschritten ergibt den Cashflow aus der laufenden Geschäftstätigkeit. Die Cashflows aus Investitions- und Finanzierungstätigkeit werden anhand der oben beschriebenen direkten Methode ermittelt, indem die zugehörigen Ein- und Auszahlungen saldiert werden (vgl. hierzu Tab. 19.2).

1.		Einzahlungen von Kunden für den Verkauf von Erzeugnissen, Waren und Dienstleistungen
2.	–	Auszahlungen an Lieferanten und Beschäftigte
3.	+	Sonstige Einzahlungen, die nicht der Investitions- oder der Finanzierungstätigkeit zuzuordnen sind
4.	–	Sonstige Auszahlungen, die nicht der Investitions- oder der Finanzierungstätigkeit zuzuordnen sind
5.	+	Einzahlungen im Zusammenhang mit Erträgen aus außerordentlichen Posten
6.	–	Auszahlungen im Zusammenhang mit Aufwendungen aus außerordentlichen Posten
7.	–/+	Ertragssteuerzahlungen
8.	**=**	**Cashflow aus der laufenden Geschäftstätigkeit (Summe aus 1 bis 7)**
9.	+	Einzahlungen aus Abgängen von Gegenständen des immateriellen Anlagevermögens
10.	–	Auszahlungen für Investitionen in das immaterielle Anlagevermögen
11.	+	Einzahlungen aus Abgängen von Gegenständen des Sachanlagevermögens
12.	–	Auszahlungen für Investitionen in das Sachanlagevermögen
13.	+	Einzahlungen aus Abgängen von Gegenständen des Finanzanlagevermögens
14.	–	Auszahlungen für Investitionen in das Finanzanlagevermögen
15.	+	Einzahlungen aus Abgängen aus dem Konsolidierungskreis
16.	–	Auszahlungen für Zugänge zum Konsolidierungskreis
17.	+	Einzahlungen aufgrund von Finanzmittelanlagen im Rahmen der kurzfristigen Finanzdisposition
18.	–	Auszahlungen aufgrund von Finanzmittelanlagen im Rahmen der kurzfristigen Finanzdisposition
19.	+	Einzahlungen im Zusammenhang mit Erträgen aus außerordentlichen Posten
20.	–	Auszahlungen im Zusammenhang mit Aufwendungen aus außerordentlichen Posten
21.	+	Erhaltene Zinsen
22.	+	Erhaltene Dividenden
23.	**=**	**Cashflow aus der Investitionstätigkeit (Summe aus 9 bis 22)**
24.	+	Einzahlungen aus Eigenkapitalzuführungen von Gesellschaftern des Mutterunternehmens
25.	+	Einzahlungen aus Eigenkapitalzuführungen von anderen Gesellschaftern
26.	–	Auszahlungen aus Eigenkapitalherabsetzungen an Gesellschafter des Mutterunternehmens
27.	–	Auszahlungen aus Eigenkapitalherabsetzungen an die anderen Gesellschafter
28.	+	Einzahlungen aus der Begebung von Anleihen und der Aufnahme von (Finanz-)Krediten
29.	–	Auszahlungen aus der Tilgung von Anleihen und (Finanz-)Krediten
30.	+	Einzahlungen aus erhaltenen Zuschüssen/Zuwendungen

Tab. 19.1: Mindestgliederung der Kapitalflussrechnung bei direkter Ermittlung des Mittelzuflusses/-abflusses aus laufender Geschäftstätigkeit nach DRS 2

31.	+	Einzahlungen im Zusammenhang mit Erträgen aus außerordentlichen Posten
32.	-	Auszahlungen im Zusammenhang mit Aufwendungen aus außerordentlichen Posten
33.	-	Gezahlte Zinsen
34.	-	Gezahlte Dividenden an Gesellschafter des Mutterunternehmens
35.	-	Gezahlte Dividenden an andere Gesellschafter
36.	**=**	**Cashflow aus der Finanzierungstätigkeit (Summe aus 24 bis 35)**
37.		Zahlungswirksame Veränderungen des Finanzmittelfonds (Summe aus 8, 23, 36)
38.	+/-	Wechselkurs- und bewertungsbedingte Änderungen des Finanzmittelfonds
39.	+/-	Konsolidierungskreisbedingte Änderungen des Finanzmittelfonds
40.	+	Finanzmittelfonds am Anfang der Periode
41.	**=**	**Finanzmittelfonds am Ende der Periode (Summe aus 37 bis 40)**

Tab. 19.1: Mindestgliederung der Kapitalflussrechnung bei direkter Ermittlung des Mittelzuflusses/-abflusses aus laufender Geschäftstätigkeit nach DRS 2 (Forts.)

1.		Periodenergebnis (Konzernjahresüberschuss/-fehlbetrag einschließlich Ergebnisanteile anderer Gesellschafter)
2.	+/-	Abschreibungen/Zuschreibungen auf Gegenstände des Anlagevermögens
3.	+/-	Zunahme/Abnahme der Rückstellungen
4.	+/-	Sonstige zahlungsunwirksame Aufwendungen/Erträge
5.	-/+	Zunahme/Abnahme der Vorräte, der Forderungen aus Lieferungen und Leistungen sowie anderer Aktiva, die nicht der Investitions- oder Finanzierungstätigkeit zuzuordnen sind
6.	+/-	Zunahme/Abnahme der Verbindlichkeiten aus Lieferungen und Leistungen sowie anderer Passiva, die nicht der Investitions- oder Finanzierungstätigkeit zuzuordnen sind
7.	+/-	Gewinn/Verlust aus dem Abgang von Gegenständen des Anlagevermögens
8.	+/-	Zinsaufwendungen/Zinserträge
9.	-	Sonstige Beteiligungserträge
10.	+/-	Aufwendungen/Erträge im Zusammenhang mit Aufwendungen/Erträgen aus außerordentlichen Posten
11.	+/-	Ertragsteueraufwand/-ertrag
12.	+	Einzahlungen im Zusammenhang mit Erträgen aus außerordentlichen Posten
13.	-	Auszahlungen im Zusammenhang mit Aufwendungen aus außerordentlichen Posten
14.	-/+	Ertragssteuerzahlungen
15.	**=**	**Cashflow aus der laufenden Geschäftstätigkeit (Summe aus 1 bis 14)**
16.	+	Einzahlungen aus Abgängen von Gegenständen des immateriellen Anlagevermögens
17.	-	Auszahlungen für Investitionen in das immaterielle Anlagevermögen
18.	+	Einzahlungen aus Abgängen von Gegenständen des Sachanlagevermögens
19.	-	Auszahlungen für Investitionen in das Sachanlagevermögen

Tab. 19.2: Mindestgliederung der Kapitalflussrechnung bei indirekter Ermittlung des Mittelzuflusses/-abflusses aus laufender Geschäftstätigkeit nach DRS 21

20.	+	Einzahlungen aus Abgängen von Gegenständen des Finanzanlagevermögens
21.	-	Auszahlungen für Investitionen in das Finanzanlagevermögen
22.	+	Einzahlungen aus Abgängen aus dem Konsolidierungskreis
23.	-	Auszahlungen für Zugänge zum Konsolidierungskreis
24.	+	Einzahlungen aufgrund von Finanzmittelanlagen im Rahmen der kurzfristigen Finanzdisposition
25.	-	Auszahlungen aufgrund von Finanzmittelanlagen im Rahmen der kurzfristigen Finanzdisposition
26.	+	Einzahlungen im Zusammenhang mit Erträgen aus außerordentlichen Posten
27.	-	Auszahlungen im Zusammenhang mit Aufwendungen aus außerordentlichen Posten
28.	+	Erhaltene Zinsen
29.	+	Erhaltene Dividenden
30.	**=**	**Cashflow aus der Investitionstätigkeit (Summe aus 16 bis 29)**
31.	+	Einzahlungen aus Eigenkapitalzuführungen von Gesellschaftern des Mutterunternehmens
32.	+	Einzahlungen aus Eigenkapitalzuführungen von anderen Gesellschaftern
33.	-	Auszahlungen aus Eigenkapitalherabsetzungen an Gesellschafter des Mutterunternehmens
34.	-	Auszahlungen aus Eigenkapitalherabsetzungen an andere Gesellschafter
35.	+	Einzahlungen aus der Begebung von Anleihen und der Aufnahme von (Finanz-) Krediten
36.	-	Auszahlungen aus der Tilgung von Anleihen und (Finanz-) Krediten
37.	+	Einzahlungen im Zusammenhang mit Erträgen aus erhaltenen Zuschüssen/Zuwendungen
38.	+	Einzahlungen im Zusammenhang mit Aufwendungen aus außerordentlichen Posten
39.	-	Auszahlungen aus außerordentlichen Posten
40.	-	Gezahlte Zinsen
41.	-	Gezahlte Dividenden an Gesellschafter des Mutterunternehmens
42.	-	Gezahlte Dividenden an andere Gesellschafter
43.	**=**	**Cashflow aus der Finanzierungstätigkeit (Summe aus 31 bis 42)**
44.		Zahlungswirksame Veränderungen des Finanzmittelfonds (Summe aus 15, 30, 43)
45.	+/-	Wechselkurs- und bewertungsbedingte Änderungen des Finanzmittelfonds
46.	+/-	Konsolidierungskreisbedingte Änderungen des Finanzmittelfonds
47.	+	Finanzmittelfonds am Anfang der Periode
48.	**=**	**Finanzmittelfonds am Ende der Periode (Summe aus 44 bis 47)**

Tab. 19.2: Mindestgliederung der Kapitalflussrechnung bei indirekter Ermittlung des Mittelzuflusses/-abflusses aus laufender Geschäftstätigkeit nach DRS 21 (Forts.)

20. Kapitel: Anhang

Die Notwendigkeit der Erstellung des Anhangs ergibt sich aus der Informationsfunktion des Jahres- und Konzernabschlusses. Folglich liegt die Aufgabe des Anhangs darin, die Zahlen der Bilanz und der GuV näher zu erläutern und durch zusätzliche quantitative sowie qualitative Informationen zu ergänzen. Zudem soll der Anhang die anderen Rechnungslegungsinstrumente entlasten und ggf. zur Vermeidung von Fehlinterpretationen zusätzliche Angaben enthalten. Hinsichtlich des Informationsziels, ein den tatsächlichen Verhältnissen entsprechendes Bild der Vermögens-, Finanz- und Ertragslage des Unternehmens zu vermitteln, kommt dem Anhang wesentliche Bedeutung zu.

A. Aufstellungspflicht

Für Kapitalgesellschaften (AG, GmbH, KGaA) stellt der **Anhang** gemäß § 264 Abs. 1 HGB neben Bilanz und GuV den dritten Bestandteil des Jahresabschlusses dar. Für kleine und mittelgroße Kapitalgesellschaften (§ 267 HGB) gibt es größenspezifische Erleichterungen, die in § 274a HGB und § 288 HGB geregelt sind (vgl. zu den Größenklassen 2. Kapitel, S. 52). Sofern bestimmte Angaben unter der Bilanz gemacht werden, besteht für Kleinstkapitalgesellschaften und -genossenschaften (i. S. des § 267a HGB) ein Wahlrecht zur Erstellung des Anhangs (§§ 264 Abs. 1 Satz 5 bzw. 338 Abs. 4 HGB).

Auch Genossenschaften sind verpflichtet, einen Anhang zu erstellen (§ 336 HGB), allerdings existieren Erleichterungsvorschriften (§ 336 Abs. 2 HGB). Unternehmen, die unter das PublG fallen und nicht in der Rechtsform eines Einzelkaufmanns oder einer Personenhandelsgesellschaft betrieben werden, müssen gemäß § 5 Abs. 1 und 2 PublG den Jahresabschluss um einen Anhang erweitern. Wenn es sich um kapitalmarktorientierte Unternehmen i. S. des § 264d HGB handelt, spielt die Rechtsform aber gemäß § 5 Abs. 2a PublG keine Rolle. Offene Handelsgesellschaften und Kommanditgesellschaften, bei denen nicht wenigstens ein persönlich haftender Gesellschafter eine natürliche Person oder eine andere OHG oder KG (mit einer natürlichen Person als persönlich haftenden Gesellschafter) ist, müssen auch einen Anhang erstellen (§ 264a Abs. 1 HGB), sofern sie nicht in einen Konzernverbund i. S. des § 264b HGB eingegliedert sind.

Auf Konzernebene stellt der Anhang ebenfalls einen verpflichtenden Bestandteil des Konzernabschlusses dar (§ 297 Abs. 1 HGB). Die Erstellungspflicht obliegt jedem Mutterunternehmen, das seinen Konzernabschluss zwingend nach dem HGB (§ 290 Abs. 1 HGB), dem PublG (§ 13 Abs. 2 PublG) oder freiwillig einen befreienden Abschluss entsprechend § 291 HGB erstellt. Um Wiederholungen im Jahres- und Konzernabschluss zu vermeiden, kann der Konzernanhang mit dem Anhang des Jahresabschlusses des Mutterunternehmens zusammengefasst werden (§ 298 Abs. 2 HGB).

B. Funktionen

Als integraler Bestandteil des Jahres- und Konzernabschlusses trägt der Anhang wesentlich zur Erfüllung der Generalnorm nach § 264 Abs. 2 HGB bei, mit dem Abschluss ein den tatsächlichen

Verhältnissen entsprechendes Bild der Vermögens-, Finanz- und Ertragslage des Unternehmens unter Beachtung der GoB zu vermitteln. Allein durch Bilanz und GuV kann dieses Bild der Vermögens-, Finanz- und Ertragslage eines Unternehmens nicht erlangt werden. Denn zum einen sind die in Bilanz und GuV gewährten Informationen durch die Bilanzpolitik des Unternehmens beeinflusst. Diese kommt durch die unternehmensindividuelle Ausübung von Wahlrechten und Ermessensspielräumen bei Ausweis, Ansatz und Bewertung zum Ausdruck. Zwischenbetriebliche und zeitliche Vergleiche setzen folglich Erläuterungen, wie die Wahlrechte und Spielräume ausgenutzt wurden, voraus. Zum anderen lässt sich die wirtschaftliche Lage nicht allein mittels der in Bilanz und GuV kumulierten, monetären und retrospektiven Daten darstellen. Vielmehr sind hierfür zusätzliche, detailliertere und insbesondere auch qualitative Informationen nötig, die auch Aussagen über die prospektive Entwicklung des Unternehmens ermöglichen. Bei der Informationsvermittlung durch den Jahresabschluss kommt dem Anhang somit eine Schlüsselrolle zu, da er die Informationseinschränkungen von Bilanz und GuV ausgleichen soll. Zur Erfüllung dieser Aufgabe werden dem Anhang und auch dem Konzernanhang die folgenden vier, in Abb. 20.1 aufgeführten Funktionen zugewiesen.

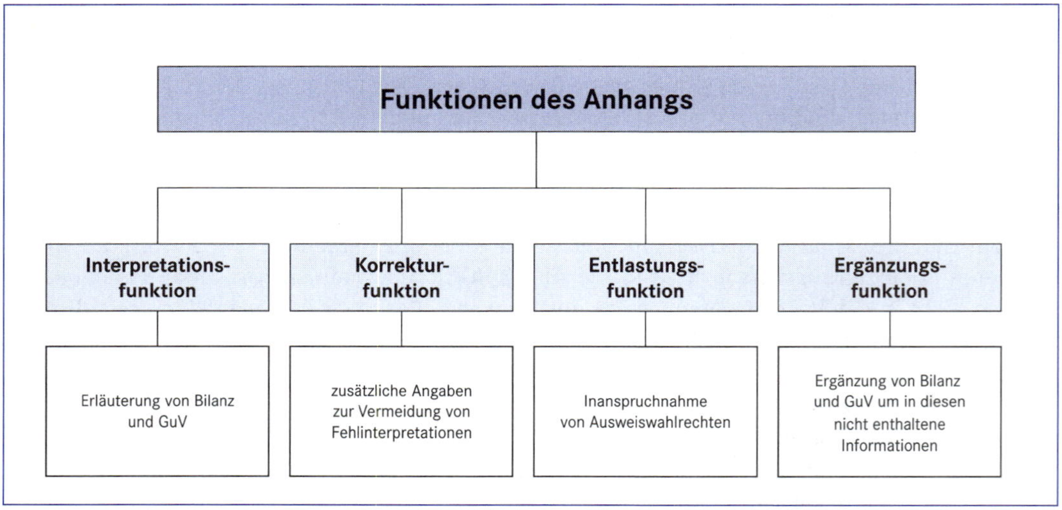

Abb. 20.1: Funktionen des Anhangs

Damit die in Bilanz und GuV aufgeführten Beträge und Posten richtig interpretiert werden können, sind weiterführende Erklärungen im Anhang zu deren Inhalt, Entstehen und Charakter unerlässlich. Beispiele für diese **Interpretationsfunktion** sind Erläuterungen zu den angewendeten Bilanzierungs- und Bewertungsmethoden (§ 284 Abs. 2 Nr. 1 HGB), zu den Abweichungen von bisher angewendeten Methoden (§ 284 Abs. 2 Nr. 2 HGB), die Erläuterung des Zeitraums, über den ein entgeltlich erworbener Geschäfts- oder Firmenwert abgeschrieben wird (§ 285 Nr. 13 HGB) oder auch die Angabe der Bewertungsgrundlagen für die Pensionsrückstellungen (§ 285 Nr. 24 HGB). Im Sinne der Interpretationsfunktion sind im Anhang gemäß § 284 Abs. 3 HGB auch Angaben zur Entwicklung der Posten des Anlagevermögens darzustellen (sog. Anlagespiegel; vgl. 15. Kapitel, S. 374 ff.).

Die **Korrekturfunktion** des Anhangs wird durch die nach § 264 Abs. 2 Satz 2 HGB zusätzlich zu machenden Angaben begründet. Hiernach sind im Anhang entsprechende Informationen zu gewähren, falls besondere Umstände dazu führen, dass durch die Einhaltung der gesetzlichen Vorschriften und der GoB eine Vermittlung eines den tatsächlichen Verhältnissen entsprechenden Bildes im Abschluss nicht erreicht werden kann, sondern die wirtschaftlichen Verhältnisse in Bilanz und GuV falsch oder missverständlich wiedergegeben werden. Die zusätzlichen Angaben sollen verhindern, dass externe Adressaten aufgrund der in Bilanz und GuV dargestellten Daten die wirtschaftliche Lage des Unternehmens falsch interpretieren könnten. Die zusätzlichen Angaben beziehen sich hierbei vor allem auf eine Beschreibung des entsprechenden Sachverhalts und einer Darstellung der quantitativen Effekte, die aus einer der Generalnorm eher entsprechenden Bilanzierungsweise entstehen würden. Aufgrund umfangreicher Einzelvorschriften, die im Anhang zu machen sind, sind konkrete Sachverhalte, die Angaben gemäß § 264 Abs. 2 Satz 2 HGB erforderlich machen, eher selten. Ergänzende Angaben sind dann notwendig, wenn z. B. das Jahresergebnis durch ungewöhnliche bilanzpolitische Maßnahmen erheblich beeinflusst wird. Zu beachten ist, dass nicht nur negative, sondern auch positive Umstände zu berücksichtigen sind (vgl. Coenenberg/Haller/Schultze [2018], Kapitel 13). Anhangangaben können allerdings die verfälschte Darstellung in den Rechenwerken nur in Form von Zusatzinformationen und Nebenrechnungen korrigieren, eine unmittelbare Korrektur der Darstellung in Bilanz und GuV ist nicht möglich.

Um dem Grundsatz der Klarheit und Übersichtlichkeit (§ 243 Abs. 2 HGB) gerecht zu werden, können Informationen aus Bilanz und GuV in den Anhang verlagert werden (**Entlastungsfunktion**). Hierzu wurden im HGB zahlreiche Wahlrechte geschaffen, die den Ausweis in Bilanz, GuV oder Anhang ermöglichen. Dazu zählen z. B. die Angabe der außerplanmäßigen Abschreibungen im Anlagevermögen nach § 253 Abs. 3 Satz 5 und 6 HGB anstelle des gesonderten Ausweises in der GuV (§ 277 Abs. 3 Satz 1 HGB) oder die Angabe, falls ein Vermögensgegenstand unter mehrere Posten der Bilanz fällt (§ 265 Abs. 3 Satz 1 HGB).

Nach der **Ergänzungsfunktion** des Anhangs sind den Adressaten des Jahresabschlusses Informationen bereitzustellen, die sich nicht auf Zahlenangaben von Bilanz und GuV beziehen, aber für die Beurteilung der Vermögens-, Finanz- und Ertragslage unerlässlich sind. Unter diese zusätzlichen Angaben fallen alle Informationen, die sich auf nicht bilanzierungsfähige Sachverhalte beziehen. Beispiele hierzu sind Angaben bezüglich der sonstigen finanziellen Verpflichtungen (§ 285 Nr. 3a HGB), Angaben zu außerbilanziellen Geschäften (§ 285 Nr. 3 HGB), Erläuterungen zu nicht zum beizulegenden Zeitwert bilanzierten derivativen Finanzinstrumenten (§ 285 Nr. 19 HGB), Vorgänge von besonderer Bedeutung, die nach dem Schluss des Geschäftsjahrs eingetreten sind, unter Angabe ihrer Art und ihrer finanziellen Auswirkungen (Nachtragsbericht) gemäß § 285 Nr. 33 HGB oder die durchschnittliche Anzahl der während des Geschäftsjahrs beschäftigten Mitarbeiter (§ 285 Nr. 7 HGB). Zudem erfolgt eine Ergänzung von Bilanz und GuV, z. B. durch die Aufgliederung der Umsatzerlöse nach Tätigkeitsbereichen und nach geografisch bestimmten Märkten im Anhang (§ 285 Nr. 4 HGB), die Angabe der Vergütungen für Mitglieder des Geschäftsführungsorgans, eines Aufsichtsrats oder ähnlichen Organen (§ 285 Nr. 9a HGB) oder auch durch die Angabe von Betrag und Art von außergewöhnlichen Erträgen und Aufwendungen (§ 285 Nr. 31 HGB).

Des Weiteren bietet der Anhang dem Unternehmen auch die Möglichkeit der Selbstdarstellung. Sollten die gemachten Angaben der Generalnorm nach § 264 Abs. 2 Satz 1 HGB entgegenstehen, so sind im Anhang zusätzliche Angaben zu machen, welche sodann ein den tatsächlichen Verhältnissen entsprechendes Bild der Vermögens-, Finanz- und Ertragslage herstellen (§ 264

Abs. 2 Satz 2 HGB). Derartige Zusatzangaben im Anhang stellen damit ein nicht zu unterschätzendes Instrument der Bilanzpolitik dar.

C. Gliederung und Inhalt

Hinsichtlich der Gliederung des Anhangs schreibt § 284 Abs. 1 HGB vor, dass die Anhangangaben in der Reihenfolge der einzelnen Posten der Bilanz und GuV darzustellen sind. Für den Anhang als Ganzes werden in der Literatur verschiedene Vorschläge vertreten, sodass mehrere Alternativen denkbar sind. Es lässt sich jedoch die folgende allgemeine strukturelle Gliederung erkennen:

- allgemeine Informationen zu Bilanzierungs- und Bewertungsmethoden und zur Währungsumrechnung,
- Erläuterungen der Bilanz- und GuV-Posten,
- sonstige Angaben.

Der Konzernanhang ist noch um allgemeine Angaben zum Konzernabschluss, zum Konsolidierungskreis und zu den Konsolidierungsmethoden zu ergänzen (§ 313 HGB).

Der Grundsatz der Stetigkeit (§ 265 Abs. 1 HGB) ist hinsichtlich der Gliederung zudem auch auf den Anhang anzuwenden (§ 284 Abs. 1 Satz 1 Halbsatz 2 HGB).

Die meisten inhaltlichen Angaben, die im Anhang zu machen sind, ergeben sich aus den §§ 284 und 285 HGB. Ergänzende Einzelvorschriften (z. B. Ausweis des Disagios entsprechend § 268 Abs. 6 HGB oder Darstellung der Entwicklung vom »Jahresüberschuss/Jahresfehlbetrag« zum »Bilanzgewinn/Bilanzverlust« nach § 158 Abs. 1 AktG) und die Generalnorm des § 264 Abs. 2 Satz 2 HGB komplettieren die erforderlichen Anhangangaben. Wie bereits erläutert, beinhaltet der Anhang Informationen zu anderen Jahresabschlussinstrumenten oder zu einzelnen ihrer Posten, zu ihrem Inhalt, zu den angewandten Bewertungs- und Abschreibungsmethoden sowie zu Unterbrechungen der Ausweis-, Ansatz- und Bewertungsstetigkeit. Darüber hinaus enthält der Anhang auch Informationen über wichtige finanzielle Daten, die keinen Niederschlag in der Bilanz gefunden haben, sowie über eine Reihe anderer Tatbestände (vgl. Coenenberg/Haller/Schultze [2018], Kapitel 13).

Wie ein Blick in die §§ 284, 285 HGB zeigt, fordert der Gesetzgeber von den betroffenen Unternehmen eine sehr weitgehende Berichterstattung über ihre Verhältnisse. Die Kehrseite dieser Berichtspflicht ist jedoch, dass hieraus im Einzelfall nicht gewollte negative Konsequenzen für den Staat oder das Unternehmen entstehen können. Deshalb sieht § 286 HGB in einigen Fällen Ausnahmen von der Angabepflicht vor. Darüber hinaus enthält § 288 HGB größenabhängige Erleichterungen.

Die Angaben, die im Konzernanhang zu machen sind, ergeben sich im Wesentlichen aus den §§ 313, 314 HGB, ergänzt um konzernspezifische Vorschriften (§§ 290 bis 312 HGB, § 313 Abs. 1 Satz 1 HGB) sowie die Vorschriften des Jahresabschlusses, die im Konzernanhang grundsätzlich analog anzuwenden sind (§ 298 Abs. 1 HGB).

Bei den vorgeschriebenen Anhangangaben handelt es sich nur um einen Mindestumfang an Informationspflichten, freiwillige Zusatzangaben sind jederzeit möglich. Lediglich die Grundsätze der Klarheit, Übersichtlichkeit und Verständlichkeit, deren Erfüllung durch ein Zuviel an Informationen und durch eine mangelnde Struktur der Informationsgewährung leiden könnte, setzen hierbei eine Grenze.

21. Kapitel: Lagebericht

Der **Lagebericht** stellt neben dem Jahresabschluss ein eigenständiges Berichtsinstrument dar und soll die Informationsfunktion des Jahresabschlusses unterstützen, indem er ein umfassenderes Bild der tatsächlichen Verhältnisse der wirtschaftlichen Lage eines Unternehmens bzw. Konzerns zeichnet (§ 289 Abs. 1 Satz 1 bzw. § 315 Abs. 1 Satz 1 HGB). Da hierbei auch die zukünftige Entwicklung des Unternehmens eine wesentliche Rolle spielt, enthält der Lagebericht nicht nur Erläuterungen über den Geschäftsverlauf und zu Unternehmenscharakteristika der vergangenen Periode, sondern auch Informationen, die es den Berichtsempfängern ermöglichen, die wirtschaftlichen und finanziellen Chancen und Risiken des Unternehmens und damit seine zukünftige Entwicklung besser abschätzen zu können. Zudem spielen seit der Umsetzung der Richtlinie 2014/95/EU (sog. »CSR-Richtlinie«) auch nichtfinanzielle Aspekte und deren Verbindung zur Geschäftstätigkeit der Unternehmen in der Berichterstattung eine zentrale Rolle. Im Vordergrund der Lageberichterstattung steht die sich daraus ergebende wirtschaftliche Gesamtbeurteilung des Unternehmens sowie seiner Wirkungen hinsichtlich ökologischer und sozialer Belange etc. in Bezug auf drei zeitliche Dimensionen: die Vergangenheit (Berichtsjahr), die Gegenwart (aktuelle Situation) und die Zukunft (Entwicklungsperspektiven).

A. Aufstellungspflicht

Ein Lagebericht muss zusammen mit dem Jahresabschluss nur von großen und mittelgroßen Kapitalgesellschaften (AG, KGaA, GmbH) erstellt werden (§ 264 Abs. 1 Satz 1 HGB), kleine Kapitalgesellschaften sind gemäß § 264 Abs. 1 Satz 4 HGB von der Aufstellungspflicht befreit (vgl. zu den Größenklassen 2. Kapitel, S. 52). Auch Genossenschaften (§ 336 Abs. 1 HGB) und nach dem PublG rechnungslegungspflichtige Unternehmen, die keine Personenhandelsgesellschaft oder kein Einzelkaufmann sind (§ 5 Abs. 2 PublG), haben die Pflicht, einen Lagebericht zu erstellen. Nach § 264a Abs. 1 HGB unterliegen auch Personenhandelsgesellschaften, bei denen nicht mindestens ein persönlich haftender Gesellschafter eine natürliche Person ist, der Aufstellungspflicht, sofern die entsprechenden Größenkriterien (»mittelgroß« oder »groß«) des § 267 Abs. 2 bzw. 3 HGB erfüllt sind.

Unternehmen, die zur Erstellung eines Konzernabschlusses verpflichtet sind, haben auch einen Konzernlagebericht aufzustellen (§ 290 Abs. 1 HGB, § 13 Abs. 1 PublG). Dabei ist es für das Mutterunternehmen möglich, den Lagebericht und den Konzernlagebericht zusammenzufassen und somit die wirtschaftliche Lage der rechtlichen Einheit (Mutterunternehmen) und der wirtschaftlichen Einheit (Konzern) gemeinsam darzustellen (§ 315 Abs. 5 HGB, § 13 Abs. 2 Satz 3 PublG). Die Vorschriften der §§ 315 ff. HGB für den Konzernlagebericht entsprechen weitgehend jenen der §§ 289 ff. HGB für den Lagebericht. Zu deren Konkretisierung wurde vom DRSC der DRS 20 verabschiedet, dessen Inhalt auch auf den Lagebericht ausstrahlt. Im Folgenden wird lediglich auf die Bestimmungen der §§ 289 ff. HGB eingegangen (für eine weitergehende Darstellung vgl. Coenenberg/Haller/Schultze [2018], Kapitel 13).

B. Funktionen

Der Lagebericht hat im Wesentlichen eine **Informations**- und eine **Rechenschaftsfunktion** zu erfüllen.

Durch die Eigenständigkeit des Lageberichts (er ist im Gegensatz zum Anhang nicht Bestandteil des Abschlusses) und der damit einhergehenden Befreiung von einschränkenden Rechnungslegungsnormen und den GoB, ist die Darstellung nicht im gleichen Maße an Grundsätze wie Objektivierung und Stichtagsprinzip gebunden und ermöglicht somit eine umfassendere Informationsgewährung. Dies trifft zum einen in sachlicher Hinsicht zu, da weitergehende Informationen zum Unternehmen, seiner Tätigkeit und seiner Umwelt (Marktbedingungen und -entwicklungen etc.) gegeben werden. Zum anderen gilt dies aber auch in zeitlicher Hinsicht, indem prospektive, die zukünftigen wirtschaftlichen Chancen und Risiken des Unternehmens betreffende Informationen gewährt werden. Diese Ergänzung der Abschlussdaten spiegelt die **Informationsfunktion** des Lageberichts wider.

Im Rahmen der **Rechenschaftsfunktion** soll die Unternehmensleitung im Lagebericht in Form einer umfassenden Analyse des Geschäftsverlaufs und der Lage der Gesellschaft Rechenschaft gegenüber den Abschlussadressaten ablegen. Dabei ist dem Umfang und der Komplexität der Geschäftstätigkeit entsprechend Rechnung zu tragen. Bei der Erstellung des Lageberichts spielen somit auch subjektive Einschätzungen der Unternehmensleitung eine wesentliche Rolle.

C. Gliederung und Inhalt

Gemäß den vom Gesetzgeber explizit geforderten Berichtsinhalten (§§ 289, 289a, 289c, 289f HGB) gliedert sich der Lagebericht in folgende Bestandteile auf (vgl. zum Inhalt im Detail Coenenberg/Haller/Schultze [2018], Kapitel 13):

Der Lagebericht soll ein den tatsächlichen Verhältnissen entsprechendes Bild der Unternehmenslage vermitteln. So sind im Rahmen des **Wirtschaftsberichts** Angaben zum Geschäftsverlauf einschließlich des Geschäftsergebnisses und zur Lage des Unternehmens zu machen. Die Angaben zum Geschäftsverlauf müssen die Entwicklung im Laufe des Geschäftsjahres aus Sicht der Unternehmensleitung verdeutlichen und zudem die Situation am Abschlussstichtag darstellen. Im Zusammenhang mit der Erläuterung des Geschäftsergebnisses ist auf bilanzpolitische Maßnahmen einschließlich ihrer Effekte auf das Ergebnis einzugehen. Im Einzelnen ist ein Überblick über die gesamtwirtschaftlichen Rahmenbedingungen und die spezifische Situation (betreffend die Vermögens-, Finanz- und Ertragslage) des Unternehmens zu geben. Dabei sind Tatbestände, wie z. B. Investitionsvorhaben, schwebende Geschäfte, Marktwachstum und -anteil, Produktivität etc., darzustellen. Zusätzlich hat eine Analyse des Geschäftsverlaufs und der Unternehmenslage anhand der für die Geschäftstätigkeit wichtigsten finanziellen Leistungsindikatoren zu erfolgen. Große Kapitalgesellschaften haben dabei auch auf nichtfinanzielle Leistungsindikatoren (wie ökologische und soziale Effekte der Unternehmenstätigkeit, Humankapital, Kundenstamm etc.) einzugehen, soweit sie für das Verständnis des Geschäftsverlaufs oder der Lage der Gesellschaft von Bedeutung sind (§ 289 Abs. 3 HGB).

Im **Risiko- und Prognosebericht** ist die voraussichtliche Entwicklung des Unternehmens mit ihren Chancen und Risiken unter Angabe der zugrunde liegenden Annahmen zu erläutern und zu beurteilen. Die Berichterstattung über die voraussichtliche Entwicklung orientiert sich inhaltlich an den Angaben, die zum Geschäftsverlauf und zur Lage des Unternehmens gemacht wurden. Zu erläutern sind wesentliche geplante Maßnahmen einschließlich ihrer Auswirkungen auf das Unternehmen (z. B. geplante Investitionsvorhaben) sowie die Erwartungen der Geschäftsleitung hinsichtlich der wirtschaftlichen Entwicklung. Durch die Angabe der unterstellten Annahmen sollen die Abschlussadressaten in die Lage versetzt werden, sich ein eigenes Urteil hinsichtlich der Plausibilität der Prognosen zu bilden. Außerdem ist somit in den Folgeperioden ein Soll-Ist-Vergleich möglich. Verbale, die Tendenzen umschreibende Erläuterungen, sind ausreichend. Umfangreiche Planungsdaten werden - insbesondere auch zur Vermeidung von Wettbewerbsnachteilen (Konkurrenzschutz) - nicht gefordert. Die Geschäftsleitung muss die voraussichtliche Entwicklung zudem aus ihrer Sicht beurteilen. Dabei ist grundsätzlich eine konkrete Bewertung vorzunehmen (z. B. gut, mäßig, schlecht), allerdings ist auch eine Beurteilung durch einen Vergleich mit dem vorangegangenen Geschäftsjahr (z. B. steigen, sinken, stagnieren) möglich. Des Weiteren ist über die wesentlichen Chancen und Risiken zu berichten. Gefordert ist eine Beurteilung und Bewertung einschließlich der Angabe der zugrunde liegenden Annahmen. Als Beispiele kommen Preis-, Wechselkurs- und Zinsentwicklungen sowie Chancen- und Risikopotenziale im Investitions- und Absatzbereich in Betracht. Vor allem über Risiken, die eine Bestandsgefährdung nach sich ziehen können, ist ausführlich und eindeutig zu berichten. DRS 20.127 schreibt als Mindestprognosezeitraum ein Jahr vor.

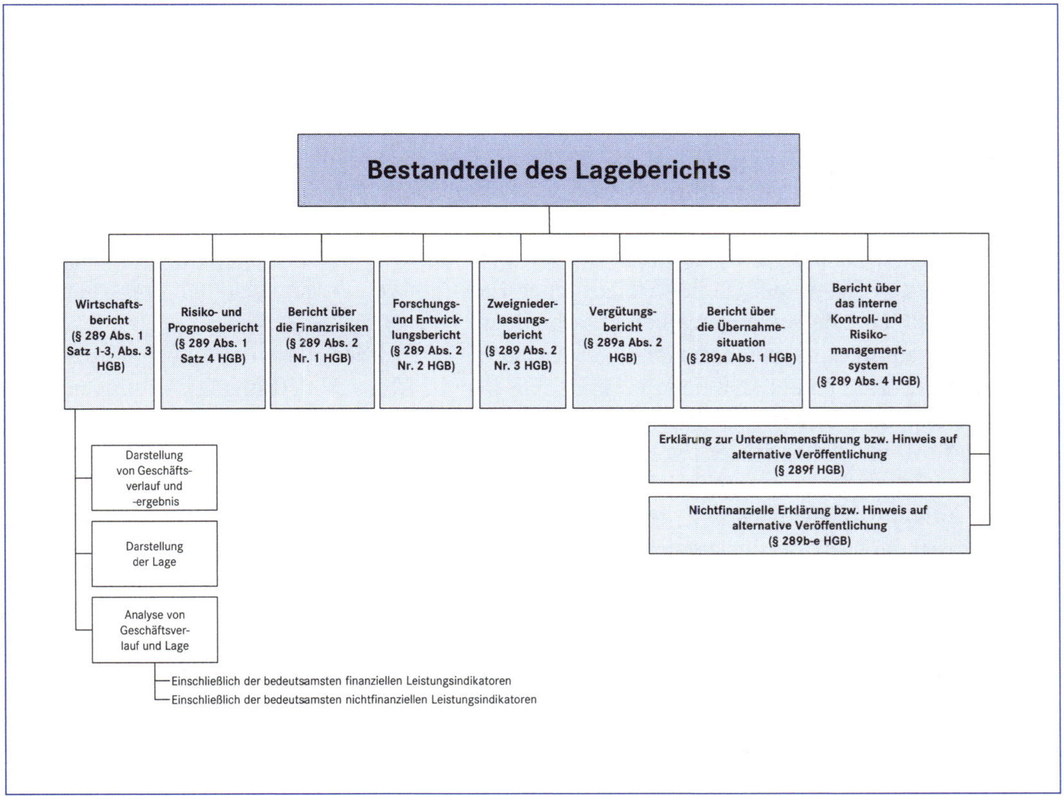

Abb. 21.1: Bestandteile des Lageberichts

Durch den **Bericht über die Finanzrisiken** sollen Angaben zu Zielen und Methoden des Risikomanagements einschließlich der Methoden zur Absicherung aller wichtigen Arten von Transaktionen bei Sicherungsgeschäften dargelegt werden. Zudem sind Preisänderungs-, Ausfall- und Liquiditätsrisiken und Zahlungsstromschwankungsrisiken, jeweils in Bezug auf die Finanzinstrumente des Unternehmens, aufzuzeigen, falls dies für die Lagebeurteilung von Belang ist.

Die Bedeutung des **Forschungs- und Entwicklungsberichts** beruht darauf, dass Forschungs- und Entwicklungsausgaben das Ergebnis des Geschäftsjahres zwar belasten, hierdurch jedoch für künftige Perioden Erfolgspotenziale geschaffen werden. Die erteilten Informationen sollen einen allgemeinen Überblick über die Aktivität und Intensität der Forschungs- und Entwicklungstätigkeiten des Unternehmens schaffen und den Adressaten eine Beurteilung der Zukunftsaussichten ermöglichen. Daher sind sowohl Angaben über bereits durchgeführte Forschungs- und Entwicklungsmaßnahmen als auch über künftige Vorhaben zu machen. Dabei ist z. B. auf Investitionen, bestehende Forschungs- und Entwicklungseinrichtungen und die in diesem Bereich beschäftigte Mitarbeiteranzahl einzugehen. Aus Gründen des Konkurrenzschutzes ist es nicht nötig, konkrete Ergebnisse oder die Ausgaben für einzelne Projekte anzugeben.

Der **Zweigniederlassungsbericht** befasst sich mit Niederlassungen im In- und Ausland, die als dauerhafte, von der Hauptniederlassung personell und organisatorisch getrennte Einrichtungen selbstständig am Geschäftsverkehr teilnehmen. Neben deren Standort sind auch Neugründungen, Schließungen und Verlegungen aufzuführen. Zusätzlich ist auf die im abgelaufenen Geschäftsjahr getätigten Umsätze, wesentliche Investitionen und die Zahl der Beschäftigten einzugehen, um einen Eindruck über die geografische Verbreitung und die damit verbundenen Chancen und Risiken zu vermitteln.

Weiterer Bestandteil des Lageberichts ist der **Vergütungsbericht**. Hierin wird von börsennotierten Aktiengesellschaften gefordert, auf die Grundzüge des Vergütungssystems für die in § 285 Nr. 9 HGB genannten Gesamtbezüge (Gehälter, Gewinnbeteiligungen, Bezugsrechte und sonstige aktienbasierte Vergütungen, Aufwandsentschädigungen, Versicherungsentgelte, Provisionen und Nebenleistungen jeder Art) einzugehen. Werden dabei auch die nach § 285 Nr. 9a Satz 5 bis 8 HGB geforderten Daten (aufgeteilte Bezüge unter Nennung der Vorstandsnamen) veröffentlicht, können entsprechende Anhangangaben unterbleiben.

Aktiengesellschaften und Kommanditgesellschaften auf Aktien, deren stimmberechtigte Aktien zum Handel auf einem organisierten Markt i. S. des § 2 Abs. 7 WpÜG zugelassen sind, müssen zudem im Lagebericht über die Übernahmesituation berichten (**Bericht zur Übernahmesituation**). Damit soll möglichen Bietern vor der Entscheidung zu einer Übernahme ein Überblick über das Unternehmen und eventuelle Übernahmehindernisse gegeben werden. Wenn Angaben bereits im Anhang gemacht werden, genügt im Lagebericht ein Verweis hierauf. Anzugeben sind z. B. die Zusammensetzung des gezeichneten Kapitals, Beschränkungen betreffend die Stimmrechte oder die Übertragung von Aktien als auch Befugnisse des Vorstands hinsichtlich der Möglichkeit, Aktien auszugeben oder zurückzukaufen.

Für kapitalmarktorientierte Unternehmen i. S. des § 264d HGB ist die Beschreibung der wesentlichen Merkmale des internen Kontroll- und Risikomanagementsystems im Hinblick auf den Rechnungslegungsprozess ein weiterer Bestandteil des Lageberichts (**Bericht über das interne Kontroll- und Risikomanagementsystem**). Der Umfang und der Detaillierungsgrad der Darstellung sind von den jeweiligen Gegebenheiten des Unternehmens abhängig. Die Komponenten des internen Kontrollsystems umfassen alle Grundsätze, Verfahren und Maßnahmen zur Sicherung der Wirksamkeit und Wirtschaftlichkeit der Rechnungslegung, zur Sicherung der Ordnungsmäßigkeit der Rechnungslegung sowie zur Sicherung der Einhaltung der maßgeblichen rechtlichen Vorschriften. Erläuterungen des internen Risikomanagementsystems sind i. d. R. dann notwendig, wenn Risikoabsicherungen, die bilanziell abgebildet werden (wie bei der Bildung von Bewertungseinheiten nach § 254 HGB), vorgenommen werden. Darüber hinaus ist z. B. über das Management von gemäß § 285 Nr. 3 HGB im Anhang anzugebenden Risiken aus nicht in der Bilanz enthaltenen Geschäften oder Risiken hinsichtlich der Inanspruchnahme aus Haftungsverhältnissen gemäß § 251 HGB zu berichten. Eine Einschätzung der Effektivität der Strukturen und Prozesse ist nicht notwendig.

Die im Jahr 2017 erfolgte Normierung zur **nichtfinanziellen Erklärung** in § 289b ff. HGB stellt eine bedeutende Erweiterung der Lageberichtsaufgaben dar. Erstmalig sind bestimmte Unternehmen gesetzlich verpflichtet, über die für das Verständnis des Geschäftsverlaufs, des Geschäftsergebnisses, der Lage der Kapitalgesellschaft sowie der Auswirkungen ihrer Tätigkeit erforderlichen nichtfinanziellen Aspekte zu berichten. Nach Maßgabe des § 289b Abs. 1 HGB ist die nichtfinanzielle Erklärung Teil des Lageberichts und ist von Kapitalgesellschaften, ihren gleichgestellten Rechtsformen (§ 264a Abs. 1 HGB) und Genossenschaften (§ 336 Abs. 2 Nr. 2 HGB) aufzustellen (für bestehende Befreiungen siehe § 289b HGB), soweit diese die folgenden Kriterien kumulativ erfüllen:

- Klassifizierung als »groß« nach § 267 Abs. 3 Satz 1 HGB,
- Kapitalmarktorientierung i. S. des § 264d HGB und
- Beschäftigung von mehr als 500 Mitarbeitern im Jahresdurchschnitt.

Zur Erstellung der nichtfinanziellen Erklärung kann das berichtspflichtige Unternehmen nach § 289d Satz 1 HGB ein sog. Rahmenwerk heranziehen. Dabei bieten sich insbesondere bereits etablierte Bezugsrahmen, wie z. B. die Standards der Global Reporting Initiative (GRI), an.

Der gesetzlichen Pflicht zur Erstellung und Offenlegung einer nichtfinanziellen Erklärung kann nach § 289b HGB durch fünf Berichtsalternativen nachgekommen werden, welche unter Vorbehalt der Erfüllung der inhaltlichen Anforderungen des § 289c HGB austauschbar sind. So können die Informationen wie folgt gewährt werden:

- integriert im Lagebericht;
- als eigenständiger Bestandteil des Lageberichts;
- als gesonderter nichtfinanzieller Bericht, der entweder
  - als separat verfasster Bericht, oder
  - in Form eines besonderen Abschnitts in einem anderen Konzernbericht, z. B. Nachhaltigkeitsbericht, oder
  - integriert in einen anderen Konzernbericht, z. B. Nachhaltigkeitsbericht.

Unabhängig von der Berichtsalternative beträgt die Veröffentlichungsfrist der nichtfinanziellen Erklärung längstens vier Monate nach dem Abschlussstichtag (§ 325 Abs. 1 Nr. 1 i. V. m. Abs. 4 HGB). Lediglich bei Genossenschaften beträgt die Offenlegungsfrist nach § 339 Abs. 1 HGB zwölf Monate nach dem Abschlussstichtag.

§ 289c Abs. 1 HGB fordert eine kurze Beschreibung des Geschäftsmodells innerhalb der nichtfinanziellen Erklärung. Einzugehen ist demnach auf den Geschäftszweck, die organisatorische Struktur, notwendige Einsatzfaktoren für die Durchführung der Geschäftstätigkeit, Geschäftsprozesse, Produkte und Dienstleistungen, Beschaffungs- und Absatzmärkte sowie die unternehmensexternen Einflussfaktoren auf das Geschäft.

Neben dem Geschäftsmodell ist in der nichtfinanziellen Erklärung mindestens auf fünf Aspekte einzugehen, welche der Gesetzgeber im Gesetzestext versucht, anhand von Beispielen zu konkretisieren, die allerdings nicht als zwingende Mindestinhalte zu verstehen sind (§ 289c Abs. 2 HGB):

- Umweltbelange (z. B. Treibhausgasemissionen, Luftverschmutzung),
- Arbeitnehmerbelange (z. B. Maßnahmen zur Gewährleistung der Geschlechtergleichstellung),
- Sozialbelange (z. B. Sicherstellung des Schutzes und der Entwicklung lokaler Gemeinschaften),
- die Achtung der Menschenrechte (z. B. Maßnahmen zur Vermeidung von Menschenrechtsverletzungen),
- die Bekämpfung von Korruption und Bestechung (z. B. im Einsatz befindliche Instrumente zur Bekämpfung von Korruption und Bestechung).

Die im Gesetz enthaltene Aufzählung ist nicht als abschließend zu betrachten. Die zu machenden Angaben sind in hohem Maße von dem Geschäftsmodell des Unternehmens, der Sicht des Managements als auch deren Wesentlichkeit beeinflusst, was zur Folge hat, dass auch weitere nichtfinanzielle Aspekte oder Inhalte als die genannten wesentlich und damit berichtspflichtig sein können. Zum Mindestinhalt der nichtfinanziellen Erklärung gehört zudem nach § 289c Abs. 3 Nr. 1 und 2 HGB die Angabe der auf jeden der obigen berichtspflichtigen Aspekte einzeln bezogenen, angewandten Konzepte, einschließlich der verwendeten Due-Diligence-Prozesse, sowie die Ergebnisse dieser. Sollten keine Konzepte vorliegen, sind getreu dem »comply or explain-Prinzip« die Gründe hierfür anzugeben und zu erläutern. Neben die Beschreibung der verfolgten Konzepte treten Angaben zu wesentlichen Risiken, die mit der eigenen Geschäftstätigkeit des Unternehmens bzw. mit seinen Geschäftsbeziehungen, seinen Produkten und Dienstleistungen verknüpft sind und die sehr wahrscheinlich schwerwiegende negative Auswirkungen auf die obigen berichtspflichtigen Aspekte haben oder haben werden.

Die in § 289c HGB geforderten Angaben ersetzen nicht jene, die im Rahmen der Lageberichterstattung gemäß § 289 HGB hinsichtlich Geschäftsmodell, nichtfinanziellen Leistungsindikatoren sowie Chancen und Risiken zu machen sind.

Die nichtfinanzielle Erklärung muss inhaltlich nicht durch den Abschlussprüfer geprüft werden, lediglich das Vorliegen der Erklärung selbst und der in § 289c HGB geforderten Angaben sind Bestandteil der gesetzlichen Abschlussprüfung (§ 317 Abs. 2 Satz 4 und 5 HGB). Wenn die Erklärung zur Unternehmensführung Bestandteil des Lageberichts ist, führt dies dazu, dass dieser aus einem prüfungspflichtigen und einem nicht prüfungspflichtigen Teil besteht. Die inhaltliche Prüfung der nichtfinanziellen Erklärung wurde durch den deutschen Gesetzgeber dem Aufsichtsrat im Rahmen seiner allgemeinen Überwachungsfunktion (§ 111 AktG) und seiner Prüfungspflicht (§ 171, insbesondere dessen Abs. 4 AktG) übertragen (siehe zur Lageberichtsprüfung im 24. Kapitel, S. 562).

Die Regelung zur **Erklärung zur Unternehmensführung** des § 289f HGB stellt, mehr noch als jene zur nichtfinanziellen Erklärung, eine konzeptionelle Erweiterung der Lageberichtsaufgaben dar, da die geforderten Inhalte keinen Bezug zur Darstellung der wirtschaftlichen Lage eines Unternehmens haben und auch mit den Abschlussinhalten nicht in Verbindung stehen. § 289f Abs. 1 HGB verpflichtet zwei Typen von Unternehmen: Zum einen müssen börsennotierte Aktiengesellschaften i. S. des § 3 Abs. 2 AktG, deren Aktien zum Handel an einem organisierten Markt i. S. des § 2 Abs. 11 WpHG (regulierter Markt in Deutschland) zugelassen sind, eine Erklärung zur Unternehmensführung in einen gesonderten Abschnitt im Lagebericht aufnehmen. Zugleich sind aber auch Aktiengesellschaften, die ausschließlich andere Wertpapiere als Aktien (z. B. Schuldverschreibungen) zum Handel an einem organisierten Markt i. S. des § 2 Abs. 11 WpHG ausgegeben haben und deren ausgegebene Aktien auf eigene Veranlassung über ein multilaterales Handelssystem i. S. des § 2 Abs. 8 Satz 1 Nr. 8 WpHG (in Deutschland der Freiverkehr) gehandelt werden, betroffen.

Die Einschränkung »auf eigene Veranlassung« resultiert daraus, dass Unternehmen nicht zwingend erfahren, dass ihre Aktien im Freiverkehr gehandelt werden. Um jedoch die Vorschrift praktikabel zu halten, wird die Anwendung des § 289f HGB auf die Unternehmen beschränkt, die den Handel über ein multilaterales Handelssystem selbst veranlasst haben. Alternativ ist es den Unternehmen auch möglich, die Erklärung zur Unternehmensführung auf ihrer Internetseite öffentlich zugänglich zu machen und im Lagebericht die betreffende Internetseite anzugeben.

Ziel der Erklärung zur Unternehmensführung ist es, den Rechnungslegungsadressaten direkten Einblick in die Unternehmensführungspraktiken und die Struktur und Arbeitsweise der Leitungsorgane zu geben. Die Erklärung zur Unternehmensführung ist gemäß § 317 Abs. 2 Satz 6 HGB nicht Bestandteil der (materiellen) Abschlussprüfung; es ist im Rahmen der Prüfung lediglich festzustellen, ob die Erklärung abgegeben wurde. Wenn die Erklärung zur Unternehmensführung Bestandteil des Lageberichts ist, führt dies analog zur nichtfinanziellen Erklärung dazu, dass dieser aus einem prüfungspflichtigen und einem nicht prüfungspflichtigen Teil besteht.

Inhalt der Erklärung zur Unternehmensführung sind

- die Entsprechenserklärung zum »Corporate Governance Kodex« nach § 161 AktG,
- relevante Angaben zu Unternehmensführungspraktiken, die über die gesetzlichen Anforderungen hinaus angewandt werden, nebst Hinweis, wo sie öffentlich zugänglich sind (z. B. Arbeits- und Sozialstandards),
- eine Beschreibung der Arbeitsweise von Vorstand und Aufsichtsrat sowie der Zusammensetzung und Arbeitsweise von deren Ausschüssen; sind die Informationen auf der Internetseite der Gesellschaft öffentlich zugänglich, kann darauf verwiesen werden,
- bei börsennotierten Aktiengesellschaften Informationen zur Diversität in den Führungs- und Aufsichtsgremien.

Ebenfalls gefordert ist eine Beschreibung des Diversitätskonzepts, das im Hinblick auf die Zusammensetzung des vertretungsberechtigten Organs und des Aufsichtsrats in Bezug auf Aspekte wie beispielsweise Alter, Geschlecht, Bildungs- oder Berufshintergrund verfolgt wird, sowie der Ziele dieses Diversitätskonzepts, der Art und Weise seiner Umsetzung und der im Berichtszeitraum erreichten Ergebnisse (§ 289f Abs. 2 Nr. 6 HGB). Dabei wird der Kreis der berichtspflichtigen Unternehmen, neben den generell in § 289f Abs. 1 HGB geforderten Kriterien zur Erstellung der Erklärung zur Unternehmensführung, auf große Aktiengesellschaften i. S. des § 267 Abs. 3 Satz 1 und Abs. 4 bis 5 HGB eingeschränkt.

Die Vorschriften zum Lagebericht sind nicht als abschließend geregelt zu betrachten. Daher ist der Inhalt des Lageberichts nicht begrenzt und kann durch freiwillige zusätzliche Angaben ergänzt werden. Hierbei spielen in der Berichtspraxis Informationen zur Wertschaffungsfähigkeit des Unternehmens eine erhebliche Rolle (»wertorientierte Berichterstattung«, vgl. Coenenberg/Haller/Schultze [2018], Kapitel 13).

22. Kapitel: Bilanzierung nach internationalen Rechnungslegungsstandards

Neben den nationalen handels- und steuerrechtlichen Vorschriften haben auch international anerkannte Normensysteme Eingang in die Rechnungslegung deutscher Unternehmen gefunden. Besondere praktische Bedeutung kommt dabei den Rechnungslegungsregeln des *International Accounting Standards Board* (IASB), die sog. ***International Financial Reporting Standards* (IFRS),** zu. Grund hierfür ist die Globalisierung der Märkte, die auch zu einem Zusammenwachsen der Kapitalmärkte führt. Um die Informationsbedürfnisse der (internationalen) Investoren zu befriedigen, bedienen sich die Unternehmen in ihrer Finanzberichterstattung deshalb einer einheitlichen Sprache. Aus diesem zunächst freiwilligen Trend ist eine Verpflichtung entstanden: seit dem 01.01.2005 müssen nach einer Verordnung der EU alle kapitalmarktorientierten Mutterunternehmen, die an einem organisierten Kapitalmarkt innerhalb der EU tätig sind oder einen Börsenprospekt für die Zulassung an diesem Markt erstellen, ihren Konzernabschluss nach IFRS aufstellen. Diese Regeln werden im Folgenden überblicksartig dargestellt.

A. Überblick

Mit der Verabschiedung des Kapitalaufnahmeerleichterungsgesetzes (KapAEG) durch den Gesetzgeber Anfang des Jahres 1998 wurde deutschen Konzernunternehmen eine international vergleichbare Rechnungslegung als Instrument der Kommunikation mit den internationalen Kapitalmärkten gesetzlich ermöglicht. Der neu eingefügte § 292a HGB a. F. enthielt eine bis zum 31.12.2004 befristete Befreiungsoption von der Konzernrechnungslegungspflicht nach HGB für börsennotierte Mutterunternehmen, sofern diese einen Konzernabschluss (zuzüglich eines Lageberichts) nach international anerkannten Rechnungslegungsgrundsätzen, d. h. nach den *International Financial Reporting Standards* (IFRS) oder den US-amerikanischen *Generally Accepted Accounting Principles* (US-GAAP) aufstellten. Diese Regelung wurde am 01.01.2005 abgelöst durch die Bestimmungen der im Jahr 2002 erlassenen »**EU-Verordnung** Nr. 1606/2002 betreffend die Anwendung internationaler Rechnungslegungsstandards«. Danach haben Unternehmen, die dem Recht eines EU-Mitgliedstaates unterliegen, für ab dem 01.01.2005 beginnende Geschäftsjahre den **Konzernabschluss** zwingend nach IFRS zu erstellen, wenn am jeweiligen Bilanzstichtag ihre Wertpapiere in einem beliebigen Mitgliedstaat zum Handel an einem organisierten Markt zugelassen sind. Die Ausweitung des IFRS-Anwendungsbereichs auf den Konzernabschluss nicht kapitalmarktorientierter Unternehmen sowie den Einzelabschluss wurde den EU-Mitgliedstaaten überlassen. In Deutschland wurden diese Mitgliedstaatenwahlrechte im Rahmen des Bilanzrechtsreformgesetzes (BilReG) vom 04.12.2004 umgesetzt. Gemäß § 315e Abs. 3 HGB ist es danach auch nicht kapitalmarktorientierten Mutterunternehmen freigestellt, einen befreienden IFRS-Konzernabschluss aufzustellen. Auf Ebene des Einzelabschlusses dürfen Kapitalgesellschaften die IFRS lediglich für Zwecke der Offenlegung anwenden (§ 325 Abs. 2a HGB). Die Bedeutung des Einzelabschlusses nach HGB bleibt mit seiner Besteuerungs- und Zahlungsbemessungsfunktion in Deutschland weiterhin bestehen, denn jedes Unternehmen muss nach wie vor einen Einzelabschluss auf Basis des HGB erstellen. Im Rahmen des 2009 verabschiedeten BilMoG wurden einige Regelungen des HGB an die IFRS angenähert.

Das für die Ausarbeitung der IFRS zuständige ***International Accounting Standards Board* (IASB)** geht auf das *International Accounting Standards Committee* (IASC) zurück, das im Jahre 1973 durch Vertreter aus 9 Ländern als privatrechtliche Vereinigung gegründet wurde. Im Jahr 2001 wurde das IASC umstrukturiert und in IASB umbenannt. Seither heißen auch die neu erlassenen Standards »IFRS« und nicht mehr »IAS« (*International Accounting Standards*).

Das IASB ist ein internationales Gremium mit Sitz in London, in dem 14 Fachleute aus verschiedenen Ländern vertreten sind. Es hat sich zum Ziel gesetzt, weltweit akzeptierte, einheitliche Bilanzierungsregeln zu erarbeiten.

International Financial Reporting Standards (IFRS)

IFRS 1	First time Adoption of IFRS	IAS 19	Employee Benefits
IFRS 2	Share-based Payment	IAS 20	Accounting for Government Grants and Disclosures of Government Assistance
IFRS 3	Business Combinations	IAS 21	The Effects of Changes in Foreign Exchange Rates
IFRS 5	Non-current Assets Held for Sale & Discontinued Operations	IAS 23	Borrowing Costs
IFRS 6	Exploration for and Evaluation of Mineral Resources	IAS 24	Related Party Disclosures
IFRS 7	Financial Instruments: Disclosures	IAS 26	Accounting and Reporting by Retirement Benefit Plans
IFRS 8	Operating Segments	IAS 27	Separate Financial Statements
IFRS 9	Financial Instruments	IAS 28	Investments in Associates and Joint Ventures
IFRS 10	Consolidated Financial Statements	IAS 29	Financial Reporting in Hyperinflationary Economies
IFRS 11	Joint Arrangements	IAS 32	Financial Instruments: Presentation
IFRS 12	Disclosure of Interests in Other Entities	IAS 33	Earnings per Share
IFRS 13	Fair Value Measurement	IAS 34	Interim Financial Reporting
IFRS 14	Regulatory Deferral Accounts	IAS 36	Impairment of Assets
IFRS 15	Revenue from Contracts with Customers	IAS 37	Provisions, Contingent Liabilities and Contingent Assets
IFRS 16	Leases	IAS 38	Intangible Assets
IFRS 17	Insurance Contracts	IAS 39	Financial Instruments: Recognition and Measurement
IAS 1	Presentation of Financial Statements	IAS 40	Investment Property
IAS 2	Inventories	IAS 41	Agriculture
IAS 7	Statement of Cash Flows	IFRS for SMEs	
IAS 8	Accounting Policies, Changes in Accounting Estimates & Errors		
IAS 10	Events After the Reporting Period		
IAS 12	Income Taxes		
IAS 16	Property, Plant and Equipment		

Abb. 22.1: Standards des IASB (Stand: Juli 2018)

Aufgrund der Tatsache, dass es sich beim IASB um eine private Normierungsinstitution handelt, entfalten die IFRS von sich heraus keine Rechtsverbindlichkeit. Hierfür müssen sie durch entsprechende Rechtsakte (in der EU das sog. »Endorsement«) durch die in den jeweiligen Rechtssystemen zuständigen Institutionen für rechtsverbindlich erklärt werden. Ähnlich den GoB stellen auch die **Rechnungslegungsnormen** der IFRS keine Gesetzeswerke dar, sondern entstehen in einem komplexen, politischen Diskussions- und Normierungsprozess innerhalb des IASB, der im wesentlichen von den Board-Mitgliedern getragen wird, die verschiedenene nationale sowie berufliche Hintergründe haben. Im Gegensatz zu den GoB beinhalten die IFRS aber nicht nur übergeordnete Prinzipien, sondern bestehen aus einer Vielzahl detaillierter Einzelfallregelungen in Form von einzelnen Rechnungslegungsstandards. Diese Art der Einzelfallregelung ist typisch für das angelsächsische Rechtssystem des »*case law*« bzw. »*common law*«. Dabei bildet bereits in identischen bzw. vergleichbaren Fällen ergangene Rechtsprechung die primäre Rechtsquelle. Im Falle der Rechnungslegung geschieht die Normsetzung weniger durch Richter als durch dafür eingesetzte Institutionen und Personengruppen. Auch diese Delegation von Regelungsaufgaben ist ein typisches Kennzeichen des »*common law*«. Dies steht im Gegensatz zum in Deutschland traditionell vorherrschenden »*code law*«, das auf kodifizierten Gesetzen mit relativ hohem Abstraktionsgrad beruht. Die Einhaltung der IFRS wird durch die Prüfungstätigkeit eines Wirtschaftsprüfers gewährleistet, der in seinem Prüfungsvermerk die Beachtung der betreffenden Vorschrift konstatieren muss. Als zusätzliche Kontrollinstitution prüft die Deutsche Prüfstelle für Rechnungslegung (DPR) die Richtigkeit der Rechnungslegung und damit der Einhaltung der IFRS von kapitalmarktorientierten Unternehmen (vgl. 24. Kapitel).

Bezüglich der Art der Rechnungslegungsvorschriften des IASB ist zwischen dem **Framework** - es enthält die Grundlagen zur Rechnungslegung und dient als konzeptioneller Bezugsrahmen für die Entwicklung und Überarbeitung der IFRS - und den **Standards** selbst (IFRS) zu unterscheiden. Die IFRS als Oberbegriff wiederum bestehen aus den eigentlichen Standards (IFRS und IAS) und den Interpretationen des IFRS *Interpretations Committee* bzw. seines Vorgängergremiums SIC (*Standing Interpretations Committee*). Zudem hat das IASB mit dem IFRS for SMEs einen eigenen Standard für kleine und mittelgroße Unternehmen, d. h. solchen, die keiner öffentlichen Rechenschaftspflicht (*public accountability*) unterliegen, herausgegeben.

B. Zentrale Prinzipien

Das ***»Conceptual Framework for Financial Reporting«*** des IASB wurde als Rahmengrundsatz und Leitlinie zur Hilfestellung bei der Arbeit mit den IFRS erstellt. Es ist selbst aber kein IFRS. Folglich gehen im inhaltlichen Konfliktfall die Standards den Regeln des *Conceptual Framework* vor. Das Framework bildet somit einzig die Grundlage für die Urteilsbildung bei der Lösung von Rechnungslegungsproblemen und dient ferner allen am Entstehungsprozess Beteiligten als Grundlage für die Neu- und Weiterentwicklung konsistenter Standards. Die erste Fassung des Framework des IASB wurde 1989 verabschiedet. Seit 2004 erfolgte eine grundlegende Überarbeitung durch das IASB. Dieser Prozess wurde mit Veröffentlichung des überarbeiteten Framework am 29.03.2018 abgeschlossen. Es ist ab dem 01.01.2020 (*effective date*) anzuwenden. Allerdings stützt sich das IASB bei der Entwicklung zukünftiger Standards bereits auf das neue Framework. Zudem ist eine vorzeitige Anwendung zulässig, sofern ein Abschlussersteller das Framework für die Entwicklung von Bilanzierungsrichtlinien nutzt, die Sachverhalte adressieren, die in keinem Standard behandelt werden. Insofern nicht explizit auf das bisherige Framework verwiesen wird, beziehen sich die nachfolgenden Ausführungen deshalb vollumfänglich auf das aktualisierte Framework.

Aufbauend auf der zentralen Zielsetzung der Bereitstellung **entscheidungsrelevanter Informationen** werden im Framework die qualitativen Anforderungen an Unternehmensabschlüsse nach IFRS dargelegt. Außerdem erfolgt eine Definition des Umfangs und des Zwecks von Abschlüssen, der Berichtsperiode, der grundlegenden Annahmen des *going concern* und eine Abgrenzung von Einzel- und Konzernabschluss. Ebenso werden die zentralen Elemente von Bilanz und GuV (Vermögenswerte, Schulden, Eigenkapital, Erträge und Aufwendungen) definiert. Darüber hinaus werden die grundsätzlichen Ansatz- und Bewertungsregeln dieser Elemente aufgestellt und erläutert. Ausführungen zu Ausweis und Angabepflichten und den möglichen Kapitalerhaltungskonzeptionen schließen das Framework ab.

Zentrale Zielsetzung der Rechnungslegung nach IFRS ist die Vermittlung von entscheidungsnützlichen Informationen (*decision usefulness*) für die Eigen- und Fremdkapitalgeber, um sachgerechte Anlageentdschreidungen treffen zu können (F 1.2). Diese Zielsetzung ist die Grundlage der Rechnungslegungsprinzipien sowie der Standards.

Dem System der allgemeinen Rechnungslegungsgrundsätze des IASB liegt die Basisannahme (*underlying assumption*) der Unternehmensfortführung (*going concern*) zugrunde. Demzufolge sind die Abschlüsse unter der Annahme aufzustellen, dass das Unternehmen in absehbarer Zukunft seine Geschäftstätigkeit fortführen wird. Sollte dies nicht mehr gegeben sein (beispielsweise aufgrund einer sich abzeichnenden Liquidation des Unternehmens), ist der Abschluss auf einer anderen Bewertungsbasis zu erstellen (F 3.9).

Um die Zielsetzung, entscheidungsrelevante Informationen bereitzustellen, zu erfüllen, müssen die qualitativen Merkmale des Jahresabschlusses (*qualitative characteristics*) beachtet werden. Dabei wird zwischen fundamentalen (*fundamental*) und fördernden (*enhancing*) Anforderungen unterschieden. Unter den fundamentalen Anforderungen werden die Grundsätze Relevanz (*relevance*) und glaubwürdige Darstellung (*faithful representation*) subsumiert. Zu den fördernden Anforderungen zählen die Forderungen nach Vergleichbarkeit (*comparability*), Nachprüfbarkeit (*verifiability*), zeitnaher Berichterstattung (*timeliness*) und Verständlichkeit (*understandability*).

Das Kriterium der **Relevanz** bezieht sich auf die Bedeutung der Information für die Entscheidungsfindung der Bilanzadressaten. Relevant ist eine Information dann, wenn sie die Entscheidungen der Adressaten beeinflussen kann (F 2.6). Die Relevanz einer Information ist dabei immer eng verknüpft mit ihrer Wesentlichkeit (*materiality*). Der Grundsatz der **glaubwürdigen Darstellung** unterstellt, dass eine Information nur nützlich sein kann, wenn die dahinterliegenden Sachverhalte glaubwürdig dargestellt werden. Um diesen Grundsatz als erfüllt anzusehen, muss die Darstellung der Sachverhalte vollständig, neutral (d. h. objektiv) und frei von Fehlern sein (F 2.13). Der ehemals im Framework verankerte Grundsatz der Verlässlichkeit (*reliability*) wurde im Zuge der Überarbeitung durch die Anforderung der glaubwürdigen Darstellung ersetzt.

Neben den beiden fundamentalen Grundsätzen sollen die vier weiteren Anforderungen die Vermittlung von entscheidungsnützlichen Informationen unterstützen. Nach dem Grundsatz der Vergleichbarkeit (*comparability*) soll – ausgehend von der zentralen Zielsetzung der Rechnungslegung – dem Bilanzleser die Möglichkeit gegeben werden, Abschlussdaten eines Unternehmens sowohl über mehrere Jahre hinweg (zeitliche Vergleichbarkeit) als auch mit jenen anderer Unternehmen (zwischenbetriebliche Vergleichbarkeit) vergleichen zu können (F 2.24). Bilanzierung und Ausweis vergleichbarer Sachverhalte haben demnach innerhalb eines einzelnen Unternehmens und im Zeitablauf stetig zu erfolgen (*consistency*).

Der Grundsatz der Nachprüfbarkeit (*verifiability*) fordert, dass verschiedene sachkundige und unabhängige Beobachter eine grundsätzlich übereinstimmende Auffassung darüber haben, dass eine Abbildung eines bestimmten Sachverhalts den realen Hintergrund angemessen wiedergibt (F 2.30).

Eine zeitnahe Berichterstattung (*timeliness*) ist erforderlich, da mit einer zunehmenden Zeitspanne zwischen dem Bilanzstichtag und der Veröffentlichung des Abschlusses die Relevanz der bereitgestellten Informationen für die Adressaten abnimmt (F 2.33).

Der Grundsatz der Verständlichkeit (*understandability*) fordert, dass die Informationen des Jahresabschlusses für einen fachkundigen und interessierten Leser verständlich sind. Komplexe Sachverhalte sind jedoch nicht schon deshalb aus der Abschlusserstellung auszuschließen, weil sie unter Umständen für bestimmte Bilanzleser zu schwer verständlich sein könnten (F 2.35).

Die Beachtung dieser Prinzipien und der daraus abgeleiteten Rechnungslegungsstandards führt nach der Auffassung des IASB zum Ergebnis, dass der Jahresabschluss den Grundsatz der ***fair presentation*** erfüllt (IAS 1.15). Dieser Grundsatz bildet die Generalnorm für die Rechnungslegung nach IFRS, ähnlich dem Prinzip der deutschen Generalnorm der Darstellung eines den tatsächlichen Verhältnissen entsprechenden Bildes der Vermögens-, Finanz- und Ertragslage. Das Prinzip der *fair presentation* wirkt zudem als »*overriding principle*«. Dies bedeutet, dass in den seltenen Fällen, in denen die Anwendung der Standards und Interpretationen zu einer irreführenden Darstellung entgegen der Zielsetzung führen würde, eine Abweichung von den Vorschriften geboten ist, um dem finalen Ziel der Abschlusserstellung gerecht zu werden. Liegt so ein Fall vor, sind ausführliche Angaben dazu im Anhang erforderlich (IAS 1.19 ff.). Ebenso sind zusätzliche, über die explizit geforderten Punkte hinausgehende Angaben zu machen, falls dies für eine *fair presentation* erforderlich ist.

Die Zielsetzung, für die Abschlussadressaten nützliche Informationen bereitzustellen, erfährt durch die *cost constraint on useful financial reporting* eine entscheidende Einschränkung. So sollen die Kosten für die Bereitstellung der Informationen beim Abschlussersteller nicht den Nutzen der Information beim Abschlussadressaten übersteigen (F 2.39). Der Kostenbegriff wird in diesem Zusammenhang nicht auf tatsächlich entstehende Größen beschränkt bleiben können, sondern umfasst konsequenterweise auch indirekte Ertragseinbußen in Form von Wettbewerbsnachteilen aus einer zu umfangreichen Informationsgewährung. Die Kosten-Nutzen-Abwägung sollte auch bei der Entwicklung der Standards durch den Standardsetter nicht außer Acht gelassen werden. Abb. 22.2 gibt einen Einblick in die grundlegenden Prinzipien der Rechnungslegung nach IFRS.

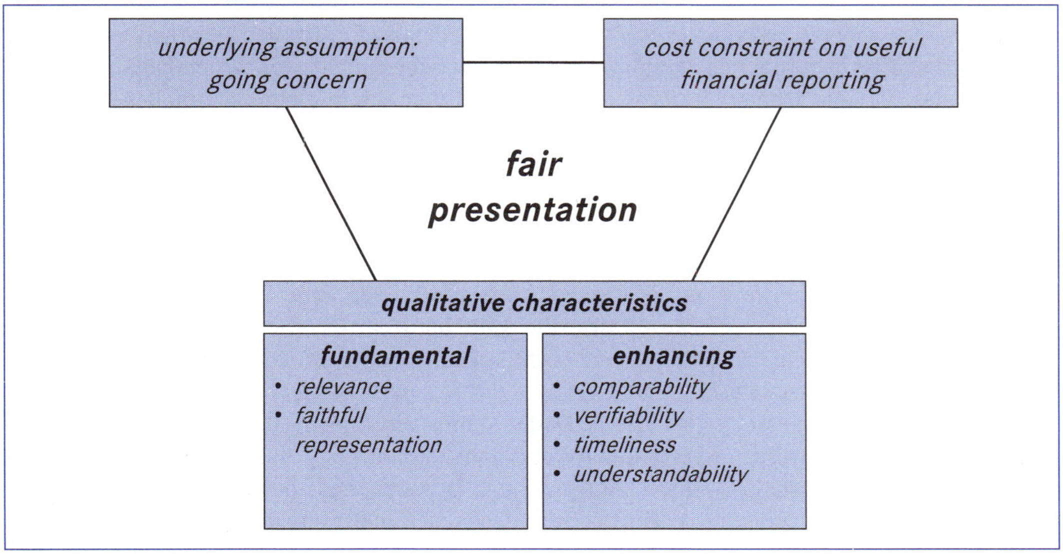

Abb. 22.2: Grundprinzipien der IFRS-Rechnungslegung

Das Framework definiert und erläutert auch die wichtigsten Elemente eines Jahresabschlusses. Die drei Elemente der Bilanz sind Vermögenswerte (*assets*), Schulden (*liabilities*) und das Eigenkapital (*equity*) als Residualgröße (F 4.63).

»***Assets***« werden im Framework als wirtschaftliche Ressourcen definiert, die als Ergebnis vergangener Ereignisse von der berichterstattenden Einheit beherrscht werden. Wirtschaftliche Ressourcen sind dabei als Rechte zu verstehen, welche für den Rechtsinhaber das Potential besitzen, zukünftig ökonomischen Nutzen zu erbringen (F 4.4). Als Beispiele können Verfügungsrechte über einen physischen Vermögenswert wie beispielsweise eine Maschine, oder über immaterielle Vermögenswerte, wie Patente etc., angeführt werden. Wenn auch die meisten Rechte durch vertragliche oder gesetzliche Regelungen begründet werden, ist allein das faktische Recht - ungeachtet von der Existenz von Verträgen oder Gesetzen - maßgeblich (F 4.7). Wichtig ist allerdings, dass das jeweilige Recht individuell besteht und andere Personen bzw. Institutionen davon ausgeschlossen sind (F 4.9). Dabei ist grundsätzlich jedes Recht als separat zu behandeln. Hiervon abweichend wird auf eine separierte Betrachtung verzichtet, wenn es sich um zusammenhängende Rechte handelt (F 4.11), wie z. B. das Recht zur Nutzung und das Recht zum Verkauf bei einer Maschine.

Die Definitionskriterien eines *asset* werden aufgrund von Spezifikas bestimmter *assets* (z. B. immaterielle Vermögenswerte bzw. Finanzinstrumente) in den jeweiligen Standards um weitergehende, für die jeweilige *asset-Klasse* geltende Voraussetzungen erweitert. Mit der eben erläuterten Definition geht der Umfang eines *asset* über die herrschende Definition eines Vermögensgegenstandes nach den deutschen GoB hinaus (vgl. 14. Kapitel), da es nicht auf die Einzelveräußerbarkeit ankommt, sondern lediglich auf die Möglichkeit der Erzielung eines zukünftigen Nutzens.

»***Liabilities***« sind Posten mit Schuldcharakter. Sie entstehen definitionsgemäß dann, wenn ein Unternehmen eine gegenwärtige Verpflichtung zur Übertragung wirtschaftlicher Ressourcen als Ergebnis vergangener Ereignisse hat (F 4.26). Verpflichtungen können sowohl auf rechtlich durchsetzbaren Ansprüchen beruhen als auch auf Ansprüchen, denen sich das Unternehmen aus wirtschaftlichen Gründen (sog. »*contructive obligation*«) nicht entziehen kann (F 4.31). Die Erfüllung einer Verpflichtung kann dabei mittels Zahlungen, aber auch beispielsweise durch den Transfer von *assets* oder anderen Leistungen erfolgen (F 4.39). Sollte der Eintritt der Verpflichtung mit Unsicherheit behaftet sein, sieht das Framework ungeachtet der Eintrittswahrscheinlichkeit eine Beurteilung des Vorliegens einer *liability* in Abhängigkeit vom durch einen potentiellen Ansatz gewährten Informationsnutzen vor.

Bislang erfolgte im Framework die Beurteilung der Erfassung von Vermögenswerten (*assets*) und Posten mit Schuldcharakter (*liabilities*) als Elemente des Jahresabschlusses in einem zweistufigen Entscheidungsprozess, in dem zwischen der Erfüllung der Definitionskriterien eines Elements und der zusätzlichen Erfüllung der Ansatzkriterien zu differenzieren war. Im Zuge der Überarbeitung des Framework wurde das zweistufige Vorgehen zum Ansatz insbesondere hinsichtlich der Ansatzkriterien gelockert. Durch die Aufhebung der Differenzierung von Definitions- und Ansatzkriterien, kann prinzipiell jeder Abschlussposten angesetzt werden, der die jeweils geltenden Definitionsmerkmale erfüllt. Limitiert wird der Ansatz eines *elements* allerdings durch die Bindung an die *fundamental characteristics*. Damit kommt ein Ansatz nur in Betracht, wenn daraus für die Abschlussadressaten relevante Informationen resultieren, die zu einer glaubwürdigen Darstellung des Sachverhaltes führen. Aufgrund der Tatsache, dass das Framework keine Vorschriften der einzelnen IFRS außer Kraft setzt, ergeben sich meist aus den jeweiligen Standards deutliche Konkretisierungen der Ansatzvoraussetzungen.

Die **Erfolgsermittlung** geschieht durch Gegenüberstellung von »*income*« auf der positiven und »*expenses*« auf der negativen Seite (F 4.68 ff.). Unter »*income*« (Ertrag) versteht das Framework die mengen- oder wertmäßigen Zunahmen von *assets* bzw. die Abnahmen von *liabilities*. Als »*expense*« (Aufwand) wird im Umkehrschluss die mengen- oder wertmäßigen Zunahmen von *liabilities* bzw. die Abnahmen von *assets* verstanden. Erträge und Aufwendungen stehen in Verbindung zur finanziellen Leistungsfähigkeit eines Unternehmens. Allerdings besteht die Möglichkeit, dass aus Sachverhalten, wie z. B. Wertänderungen finanzieller Vermögenswerte/Schulden, auch Erträge/Aufwendungen mit abweichenden Charakteristika resultieren. Hierfür kann ein separater Ausweis, z. B. im sonstigen Ergebnis (*other comprehensive income*), sinnvoll sein (vgl. Coenenberg/Haller/Schultze [2018], Kapitel 9). Mit dem HGB vergleichend bleibt anzumerken, dass der Erfolgsbegriff nach IFRS weiter gefasst ist und insbesondere auch Bewertungserfolge (z. B. durch über die Anschaffungskosten hinausgehende Zuschreibungen) umfasst.

Die **Bewertung** nach IFRS ist, wie im HGB, zweistufig angelegt. Die Zugangsbewertung erfolgt grundsätzlich zu Anschaffungs- oder Herstellungskosten. Bei der Folgebewertung gibt es dagegen verschiedene Konzepte, die sowohl eine Bewertung zu fortgeführten Anschaffungs- und Herstellungskosten, aber auch zu marktnahen Werten (sog. »*fair value*«) - teilweise auch über die Anschaffungs- und Herstellungskosten hinaus - zulässt. Dabei sind verschiedene Wertbegriffe zu unterscheiden, welche sowohl im Framework als auch in den einzelnen Standards definiert sind.

C. Wesentliche Unterschiede zum HGB

Wie in Kapitel 2 dargestellt wurde, ist die deutsche, ebenso wie die kontinentaleuropäische Rechnungslegung, traditionell vom Gedanken des Gläubigerschutzes geprägt. Die IFRS sind hingegen von der anglo-amerikanischen Bilanzierungsphilosophie dominiert, die sich primär an den Interessen der Investoren am Kapitalmarkt orientiert. Zweck der IFRS-Rechnungslegung ist allein die Informationsfunktion, d. h. den Investoren sollen entscheidungsrelevante Informationen zur Verfügung gestellt werden. Die Dominanz des Vorsichtsprinzips deutscher Prägung hat keine Bedeutung. Daraus ergeben sich eine Vielzahl von Unterschieden zwischen der Bilanzierung nach HGB und IFRS.

Betrachtungsobjekt des IFRS-Abschlusses ist die **wirtschaftliche** und nicht die rechtliche **Einheit**. Daher handelt es sich bei einem Abschluss nach IFRS i. d. R. um einen Konzernabschluss. Die Erstellungspflichten nach IFRS sind wesentlich umfangreicher als die Verpflichtungen nach HGB. Ein Jahresabschluss nach IFRS beinhaltet grundsätzlich nicht nur Bilanz, GuV und Anhang, sondern stets auch eine Kapitalflussrechnung und eine Eigenkapitalveränderungsrechnung. Schon die Darstellung innerhalb der Bilanz weist deutliche Unterschiede zum HGB auf. Sowohl die Aktiv- als auch die Passivseite müssen in kurzfristige (*current*) und langfristige (*non-current*) Posten untergliedert werden, wenn nicht eine andere **Gliederung** aussagekräftiger ist (IAS 1.60). Dabei gilt als kurzfristig, was im normalen Geschäftszyklus oder innerhalb von 12 Monaten nach Bilanzstichtag verbraucht oder verkauft wird bzw. vorrangig zu Handelszwecken gehalten wird oder Bargeld oder geldnaher Vermögenswert mit unbeschränktem Gebrauch ist (IAS 1.66).

Wesentliche Unterschiede in der Bilanzierung bestehen u. a. in den folgenden Bereichen:

1. Neubewertung von immateriellen Werten und Sachanlagen,
2. Latente Steuern,
3. Wertberichtigungen (*Impairment of Assets* nach IAS 36),
4. Selbst geschaffene immaterielle Vermögenswerte (Entwicklungskosten),
5. Finanzielle Vermögenswerte,
6. Fertigungsaufträge,
7. Rückstellungen,
8. Leasinggeschäfte.

	Mittelwert der Abweichung HGB/IFRS *	**Varianz**
Bilanz		
Geschäfts- und Firmenwerte	111,60 %	11,78
Sonstige immaterielle Vermögensgegenstände	43,41 %	1,81
Sachanlagen	25,00 %	0,26
Finanzanlagen	23,7 %	0,64
Umlaufvermögen	0,60 %	0,03
Eigenkapital	22,79 %	0,37
Fremdkapital	10,55 %	0,05
Erfolgsrechnung		
Jahresergebnis	26,94 %	5,01
Jahresergebnis inkl. OCI	27,81 %	5,23

* Mittelwert der prozentualen Abweichung zwischen HGB- und IFRS-Größen bezogen auf HGB-Werte

Tab. 22.1: Umstellungseffekte bei 154 deutschen Unternehmen in 2004/2005 (vgl. Coenenberg/Frank/Dinh Thi/Schabert/Schultze [2011])

Die Unterschiede in der Bilanzierung zwischen HGB und IFRS zeigten sich deutlich in der Umstellungsphase, in der kapitalmarktorientierte Unternehmen in Deutschland entweder freiwillig (vor 2005) oder verpflichtend (ab 2005) in ihrem Konzernabschluss auf IFRS wechselten. Zur Umstellung der Rechnungslegung gibt es zahlreiche empirische Untersuchungen zu den tatsächlichen Unterschieden der Rechnungslegung nach HGB und IFRS und deren Auswirkungen auf die Bilanz- und GuV-Posten. Die Ergebnisse einer Analyse deutscher Unternehmen, die in 2005 erstmalig IFRS angewendet haben, zeigt Tab. 22.1. Verglichen wurden dabei die Vorjahreszahlen des ersten IFRS-Abschlusses mit den letzten HGB-Werten für das Jahr 2004. Der Posten »Geschäfts- und Firmenwerte« weist im Mittelwert mit einem Anstieg um 111,60 % den größten Umstellungseffekt auf. Dies ist damit zu begründen, dass die Bilanzierung für Unternehmenszusammenschlüsse nach IFRS 3 von einem Teil der Unternehmen retrospektiv angewendet wurde. Die retrospektive Bilanzierung führt zu einer Aktivierung des Goodwill, als ob schon immer nach den Vorschriften des IFRS 3 bilanziert worden wäre. Zudem wird der Goodwill entsprechend den IFRS nicht durch planmäßige Abschreibungen reduziert. Im Vergleich dazu musste gemäß den damals nach HGB zulässigen Methoden (*pooling-of-interests*-Methode oder Verrechnung des Goodwill mit den Rücklagen) nicht zwingend eine Aktivierung erfolgen bzw. wurde ein aktivierter Goodwill planmäßig abgeschrieben. Der Grund für den durchschnittlichen Anstieg bei den sonstigen immateriellen Vermögensgegenständen lag hauptsächlich in der Aktivierung von Entwicklungskosten nach IFRS. Bei den Sachanlagen ergab sich der durchschnittliche Anstieg durch unterschiedliche Bemessung der planmäßigen Abschreibungen sowie der zum HGB unterschiedlichen Klassifizierung von Leasingverhältnissen als *finance lease*.

I. Neubewertung von immateriellen Werten und Sachanlagen

Sowohl das immaterielle Vermögen (*intangible assets*) als auch die Sachanlagen (*property, plant & equipment*) dienen meist langfristig dem Geschäftsbetrieb und sind somit i. d. R. dem langfristigen Vermögen (*non-current assets*) zuzuordnen.

Im Zeitpunkt ihres Zugangs werden Posten des immateriellen Vermögens bzw. des Sachanlagevermögens mit ihren Anschaffungs- bzw. Herstellungskosten (AK/HK) angesetzt (Erstbewertung). Im Unterschied zum HGB erlauben die IFRS unter bestimmten Bedingungen eine Folgebewertung zu Zeitwerten. Nach der Zugangsbewertung können die immateriellen Vermögenswerte und die Sachanlagen entweder zu den fortgeführten **Anschaffungs**- bzw. **Herstellungskosten** (*cost model*) oder auf Basis der sog. **Neubewertung** (*revaluation model*) bewertet werden (IAS 38.75 und IAS 16.31). Die Methode verfolgt den Zweck eines zeitnahen Ausweises des Wertes des jeweiligen Vermögenswertes und damit des Reinvermögens (= Eigenkapital).

Die Vorgehensweise nach dem ***cost model*** entspricht weitestgehend der nach HGB: es sind planmäßige und (in bestimmten Fällen) außerplanmäßige Abschreibungen vorzunehmen. Abnutzbare Sachanlagen und immaterielle Werte mit beschränkter Nutzungsdauer sind über ihre Nutzungsdauer planmäßig abzuschreiben. Darüber hinaus sind für alle immateriellen und materiellen Werte außerplanmäßige Abschreibungen bei Wertminderungen nach IAS 36 vorzunehmen (vgl. Abschnitt IV). Die Vornahme planmäßiger und außerplanmäßiger Abschreibungen führt, wie im HGB, zu einer imparitätischen Anpassung der Werte. Ein Überschreiten der (fortgeführten) AK/HK ist nicht zulässig.

Bei Anwendung des ***revaluation model*** kommt es hingegen zur paritätischen Neubewertung, auch ein Überschreiten der AK/HK ist möglich.

1. Neubewertung des immateriellen Anlagevermögens gemäß IAS 38

Bei den *intangible assets* ist die Existenz eines aktiven Marktes für den jeweiligen Vermögenswert (IAS 38.72) Voraussetzung für die Anwendung des Neubewertungsmodells. Ein aktiver Markt ist ein Markt, der die nachstehenden Bedingungen kumulativ erfüllt:

1. Die auf dem Markt gehandelten Produkte sind homogen,
2. vertragswillige Käufer und Verkäufer können i. d. R. jederzeit gefunden werden und
3. Preise stehen der Öffentlichkeit zur Verfügung.

Da immaterielle Vermögenswerte meist einen hohen Grad an Individualität mit sich bringen, wird die Anwendungsmöglichkeit in der Praxis auf seltene Einzelfälle beschränkt sein. Existiert kein aktiver Markt für einen zu bewertenden Vermögenswert, dann erfolgt die Bewertung auf Basis fortgeführter Anschaffungs- bzw. Herstellungskosten (*cost model*) (IAS 38.74). Zu berücksichtigen sind dabei die kumulierten Abschreibungen und alle kumulierten Wertminderungsaufwendungen.

Ist ein aktiver Markt vorhanden, wie dies beispielsweise bei Emissionslizenzen gegeben sein kann, ist es alternativ zusätzlich möglich, auf das Neubewertungsmodell (*revaluation model*) zurückzugreifen. Der Neubewertungsbetrag ist der *fair value* zum Zeitpunkt der Neubewertung, abzüglich späterer kumulierter Abschreibungen und späterer kumulierter Wertminderungsaufwendungen. Unter *fair value* wird allgemein der Preis verstanden, der in einer gewöhnlichen Transaktion zwischen Marktteilnehmern am Bewertungsstichtag beim Verkauf des Vermögenswerts erzielt werden würde (IFRS 13.9).

Durch diese Neubewertung wird es möglich, die Posten des immateriellen Vermögens zu aktuellen Werten zu zeigen und so stille Reserven zu vermeiden. Da es sich bei den aufgedeckten stillen Reserven aber um nicht realisierte Gewinne handelt, wird die über die fortgeführten Anschaffungs- und Herstellungskosten hinausgehende Zuschreibung des Vermögenswerts nicht GuV-wirksam über ein Ertragskonto verbucht, sondern GuV-neutral über einen eigenen Posten im Eigenkapital, die sog. »Neubewertungsrücklage«.

Beispiel

Eine Lizenz, die aufgrund ihrer unbestimmten Nutzungsdauer nicht planmäßig abgeschrieben wird, wurde vor 3 Jahren zum Preis von 100 TGE angeschafft. Ihr aktueller Zeitwert beträgt 120 TGE. Nach dem Neubewertungsmodell wird die Lizenz mit 120 TGE bewertet. Dies geschieht durch eine GuV-neutrale Zuschreibung:

Lizenz	20	an	Neubewertungsrücklage	20

Im Übrigen entsprechen die Regelungen für die Neubewertung von immateriellen Werten weitgehend denen für die Neubewertung von Sachanlagen.

2. Neubewertung des Sachanlagevermögens gemäß IAS 16

Auch bei den Sachanlagen ist eine Bewertung nach dem *cost model* oder alternativ nach dem *revaluation model* erlaubt.

Nach dem erstmaligen Ansatz als Vermögenswert ist eine Sachanlage zu ihren Anschaffungs- bzw. Herstellungskosten abzüglich der kumulierten Abschreibungen und kumulierten Wertminderungsaufwendungen (IAS 16.30) oder mit dem Neubewertungsbetrag anzusetzen. Der Neubewertungsbetrag entspricht dem *fair value* am Tag der Neubewertung abzüglich nachfolgender kumulierter planmäßiger Abschreibungen und nachfolgender kumulierter Wertminderungsaufwendungen (IAS 16.31).

Bei Anwendung des **Neubewertungsmodells** muss es sich um eine Sachanlage handeln, deren *fair value* verlässlich bestimmt werden kann. Der als potentieller Verkaufspreis definierte *fair* *value* (IFRS 13.9) kann der Markt- oder Börsenpreis, ein Vergleichspreis, ein Angebot, die diskontierten Cashflows oder die Wiederbeschaffungskosten sein.

Die Neubewertung ist in hinreichend regelmäßigen Abständen vorzunehmen. Sie ist immer dann durchzuführen, wenn zwischen dem Buchwert und dem entsprechenden *fair value* eine erhebliche Abweichung vorliegt (IAS 16.34). In Abhängigkeit von dem Vermögenswert kann dies jährlich oder aber alle drei bis fünf Jahre erforderlich sein.

Die Entscheidung über das Bewertungsmodell muss einheitlich für die Vermögensgruppen erfolgen. Dies sind z. B. Grundstücke, Gebäude, Maschinen und technische Anlagen, Schiffe, Flugzeuge, Kraftfahrzeuge oder die Betriebs- und Geschäftsausstattung (IAS 16.37). Wird ein Vermögenswert neu bewertet, ist die ganze Gruppe dieser Sachanlagen, zu denen der Gegenstand gehört, neu zu bewerten (IAS 16.36).

Bei der bilanziellen Behandlung der Neubewertungsergebnisse, also der Differenz zwischen dem anzusetzenden Neubewertungsbetrag und dem Buchwert, findet eine Trennung in die grundsätzliche Behandlung und in die auftretenden Ausnahmen statt. Grundsätzlich werden Wertsteigerungen (Neubewertungsbetrag > Buchwert) GuV-neutral erfasst. Der Differenzbetrag ist in die **Neubewertungsrücklage** (*revaluation surplus*) einzustellen. Liegt der *fair value* unter dem Buchwert, so ist die Wertminderung erfolgswirksam in der GuV als Periodenaufwand zu erfassen. Ausnahmen können aufgrund von bereits in den Vorperioden vorgenommenen Wertänderungen entstehen. So sind Wertsteigerungen bis zur Höhe früher vorgenommener Wertminderungen GuV-wirksam zu berücksichtigen (IAS 16.39). Wertminderungen sind bis zur Höhe der bereits bestehenden Neubewertungsrücklage (NBR) GuV-neutral zu erfassen (IAS 16.40). Diese Vorgehensweise ergibt sich analog bei den *intangible assets*.

Beispiel

Zu Beginn des Jahres 01 kauft die Haase AG ein Grundstück für 1.000 TGE. Im Jahr 02 erhöht sich der Grundstückswert auf 1.100 TGE, um im Jahr darauf auf 1.050 TGE zu sinken. Dieser Preisverfall verstärkt sich noch in 04, sodass der Marktwert des Grundstücks auf 800 TGE fällt. Im Verlauf des Jahres 06 erholt sich der Wert wieder, er steigt auf 1.300 TGE. Im Jahr 06 wird das Grundstück für 1.100 TGE verkauft.

Periode	Vorgang	fair value in TGE	Buchwert 31.12. in TGE	GuV-Wirkung in TGE	Änderung NBR in TGE	NBR 31.12. in TGE
01	Kauf	-	1.000	-	-	-
02	NBW	1.100	1.100	0	+ 100	100
03	NBW	1.050	1.050	0	- 50	50
04	NBW	800	800	- 200	- 50	0
05	NBW	1.300	1.300	+ 200	+ 300	300
06	Verkauf	1.100	0	- 200	- 300	0

Bei Verkauf des Grundstücks erfolgt die GuV-neutrale Auflösung der Neubewertungsrücklage (NBR) i. H. v. 300 TGE über die Gewinnrücklage. Die Differenz zwischen Buchwert und

Verkaufspreis i. H. v. 200 TGE mindert als sonstige betriebliche Aufwendung das Jahresergebnis. Die Ergebniswirkungen lassen sich auch wie folgt veranschaulichen:

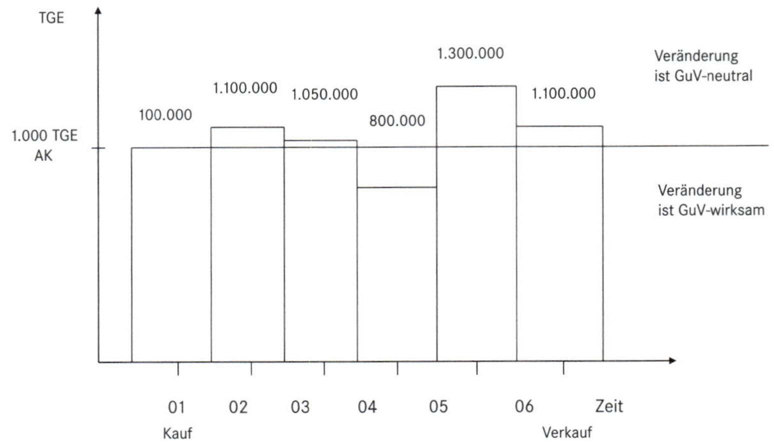

Abb. 22.3: GuV-neutrale vs. GuV-wirksame Neubewertung

Neubewertungsrücklagen werden bis zum Ende der Nutzung eines Gegenstandes geführt. Bei Abgang des Gegenstandes ist der in der Neubewertungsrücklage enthaltene Betrag nicht etwa erfolgswirksam über die GuV aufzulösen, sondern in die Gewinnrücklagen umzubuchen (IAS 16.41).

Anstatt bei Stilllegung oder Veräußerung eine volle Umbuchung der Neubewertungsrücklage in die Gewinnrücklagen vorzunehmen, besteht bei abnutzbaren Vermögenswerten gemäß IAS 16.41 die Möglichkeit einer jährlichen anteiligen Umbuchung, deren Höhe der Differenz zwischen der Abschreibung auf Basis der ursprünglichen Anschaffungs- und Herstellungskosten und der Abschreibung auf Basis des neu bewerteten Betrages entspricht.

Beispiel

Die Haase AG erwirbt am 01.01.01 ein Bürogebäude mit Anschaffungskosten von 120.000 GE, welches über eine voraussichtliche Nutzungsdauer von 40 Jahren linear abgeschrieben werden soll. Am Ende des Geschäftsjahres 02 wird, aufgrund einer veränderten Marktsituation, ein Wert i. H. v. 123.500 GE ermittelt. Der aktuelle Buchwert beträgt 114.000 GE (nach Abschreibungen für 01 und 02 von jeweils 3.000 GE). Er ist um 9.500 GE auf den Zeitwert von 123.500 GE aufzustocken. Der neue Buchwert ist die Basis für weitere planmäßige Abschreibung (123.500 GE : 38 = 3.250 GE) über die verbleibende Nutzungsdauer.

Periode 01:

Gebäude	120.000	an	Bank	120.000
Abschreibung	3.000	an	Gebäude	3.000

Periode 02:

Abschreibung	3.000	an	Gebäude	3.000
Gebäude	9.500	an	Neubewertungsrücklage	9.500

Periode 03:

Abschreibung	3.250	an	Gebäude	3.250
Neubewertungsrücklage	250	an	Gewinnrücklagen	250

Bei abnutzbaren Werten ist zudem zu klären, wie die kumulierten Abschreibungen am Tag der Neubewertung behandelt werden. Wie allgemein bei der Verbuchung von Abschreibungen (vgl. Kapitel 10), ergibt sich eine Unterscheidung in die direkte und in die indirekte Methode (IAS 16.35). Diese Unterscheidung hat daher Relevanz, weil bei abnutzbaren Gegenständen häufig kein Marktpreis für gebrauchte, ältere Gegenstände beobachtbar ist, sondern nur für neue Gegenstände. Bei beobachtbaren Gebraucht-Marktwerten bietet sich die Anwendung der direkten Methode an. Bei der **direkten Methode** wird der Bruttobuchwert um die kumulierten Abschreibungen bereinigt. Der verbleibende Nettobuchwert wird neu bewertet. Es erfolgt somit keine Anpassung der kumulierten Abschreibungen.

Die **indirekte Methode** (IAS 16.35a) findet Anwendung, wenn fortgeführte Wiederbeschaffungskosten den *fair value* bestimmen. Denn häufig werden keine Preise zum entsprechenden Alter des Gegenstandes beobachtbar sein, sondern nur Neupreise. Die historischen Anschaffungs- und Herstellungskosten werden auf diesen Neuwert angepasst und der entsprechende Altwert ergibt sich rechnerisch durch proportionale Anpassung der kumulierten Abschreibungen (Wertberichtigung) im Verhältnis zum geänderten Bruttobuchwert. Der Ausweis des Aktivpostens erfolgt netto, d. h. kumulierte Abschreibungen und Anlagenkonto werden saldiert.

Beispiel

Eine von der Haase AG selbst hergestellte und dann im Unternehmen genutzte Maschine wird zu Beginn der Periode 01 mit ihren Herstellungskosten i. H. v. 50.000 GE bilanziert. Der Abschreibungszeitraum beträgt voraussichtlich fünf Jahre. Am Ende des Geschäftsjahres 02 ergeben sich durch gestiegene Materialpreise Wiederbeschaffungskosten i. H. v. 55.000 GE für eine neue Maschine. Der damit implizierte Zeitwert der Maschine beträgt somit 33.000 GE. Der Netto-Buchwert ist um 3.000 GE zu erhöhen. Bei indirekter Verbuchung der Abschreibung geschieht dies durch Aufstockung der AK/HK um 5.000 GE bei gleichzeitiger Aufstockung der kumulierten Abschreibungen um 2.000 GE. Dies erhöht auch proportional um 10 % die zukünftigen Abschreibungen von jährlich 10.000 GE auf 11.000 GE.

Periode 01:

Maschinen	50.000	an	Bank	50.000
Abschreibung	10.000	an	Wertberichtigung Maschinen	10.000

Periode 02:

Abschreibung	10.000	an	Wertberichtigung Maschinen	10.000
Maschinen	5.000	an	Wertberichtigung Maschinen	2.000
			Neubewertungsrücklage	3.000

Periode 03:

Abschreibung	11.000	an	Wertberichtigung Maschinen	11.000
Neubewertungsrücklage	1.000	an	Gewinnrücklagen	1.000

Zusätzlich ist bei der Neubewertung die Steuerwirkung der späteren Nutzung der dabei aufgedeckten stillen Reserven zu berücksichtigen. Dies führt zum Ansatz latenter Steuern. Da im Rahmen der Bilanzierung nach IFRS kein Zusammenhang mit der Steuerbilanz besteht (Unwirksamkeit des Maßgeblichkeitsprinzips), treten Unterschiede zur steuerlichen Gewinnermittlung deutlich häufiger auf als im Rahmen der HGB-Regelungen, was die Bedeutung des Ansatzes latenter Steuern steigert.

II. Latente Steuern

Wie in Kapitel 17 dargestellt wurde, führen Unterschiede zwischen Handels- und Steuerbilanz dazu, dass der tatsächliche Steueraufwand und der handelsrechtliche Gewinn in keinem sachlogischen Zusammenhang stehen. Dies soll durch den Ansatz latenter Steuern behoben werden.

1. Ansatz

Die Bilanzierung latenter Steuern nach IFRS folgt, wie auch das HGB, dem ***Temporary*-Konzept** (IAS 12). Nach IFRS ist der Ansatz passiver latenter Steuern äquivalent zum HGB verpflichtend. Ebenso ist die Bildung aktiver latenter Steuern geboten, wenn die Voraussetzungen dafür erfüllt sind. Somit besteht nach IFRS im Gegensatz zum HGB eine Ansatzpflicht für aktive latente Steuern.

Das ***Temporary*-Konzept** ist im Gegensatz zum *Timing*-Konzept (vgl. 17. Kapitel) bilanzorientiert. Demnach wird grundsätzlich jede Bilanzierungs- und Bewertungsdifferenz zwischen Handels- und Steuerbilanz in die latente Steuerabgrenzung mit einbezogen, wenn sie für den künftigen Steueraufwand von Bedeutung ist. Dies gilt unabhängig davon, wann sich die Bewertungsunterschiede ausgleichen und auch dann, wenn die Bilanzierungs- und Bewertungsdifferenz GuV-neutral entstanden ist und lediglich bei ihrer Auflösung in späteren Perioden zu Ergebnisdifferenzen zwischen Handels- und Steuerbilanz führt. Es lassen sich demnach folgende Grundfälle unterscheiden:

- Vermögenswerte werden in der IFRS-Bilanz höher bewertet als in der Steuerbilanz bzw. Vermögenswerte sind in der IFRS-Bilanz, nicht dagegen in der Steuerbilanz angesetzt.
- Verbindlichkeiten sind in der IFRS-Bilanz niedriger bewertet als in der Steuerbilanz bzw. Verbindlichkeiten werden in der Steuerbilanz, nicht dagegen in der IFRS-Bilanz angesetzt.
- Vermögenswerte sind in der IFRS-Bilanz niedriger bewertet als in der Steuerbilanz bzw. Vermögenswerte werden in der Steuerbilanz, nicht dagegen in der IFRS-Bilanz angesetzt.
- Verbindlichkeiten sind in der IFRS-Bilanz höher bewertet als in der Steuerbilanz bzw. Verbindlichkeiten sind in der IFRS-Bilanz, nicht dagegen in der Steuerbilanz angesetzt.

Die ersten beiden Fälle führen zu einer passiven latenten Steuerabgrenzung, die letzten beiden Fälle hingegen führen zu einer aktiven latenten Steuerabgrenzung.

Ein Vergleich der beiden Konzeptionen macht deutlich, dass die Abgrenzung nach dem *Temporary*-Konzept umfassender ist als die nach dem *Timing*-Konzept. Letzteres stellt auf Differenzen zwischen IFRS-basierten und steuerrechtlichen Gewinnen ab, die sich im Zeitablauf automatisch ausgleichen. Damit sind latente Steuern Abgrenzungsposten, die dem IFRS-basierten Gewinn den periodengerechten Steueraufwand zuordnen. Voraussetzung hierfür ist es, dass sich sowohl die Bildung als auch die Auflösung der Differenz auf die GuV niederschlägt (***Timing*-Differenzen**). Dagegen steht beim *Temporary*-Konzept nicht die GuV im Mittelpunkt, sondern die Bilanz. Es kommt zur Bildung von latenten Steuern auf temporäre Differenzen zwischen der IFRS-Bilanz und der Steuerbilanz, die sich im Zeitablauf auflösen, ohne dass es erforderlich wäre, dass sowohl die Bildung als auch die Auflösung GuV-wirksam erfolgt. Damit umfasst das *Temporary*-Konzept grundsätzlich alle *Timing*-Differenzen, bezieht aber auch **quasi-permanente Differenzen** mit ein. Dies betrifft im Ergebnis insbesondere Differenzen aus der Neubewertung und der Währungsumrechnung. Ein Beispiel hierfür ist die im vorherigen Abschnitt dargestellte Neubewertung von Anlagen. Dabei handelt es sich um die Aufdeckung stiller Reserven. Da diese bei ihrer tatsächlichen Realisation der Besteuerung unterliegen, kommt nur ein Teil der stillen Reserven dem Eigentümer zugute. Daher ist auf den Neubewertungsbetrag eine latente Steuer zu bilden, wie das folgende Beispiel verdeutlicht.

Beispiel

Ein Grundstück mit Buchwert von 1.000 TGE, der auch dem steuerlichen Wert entsprechen soll, wird auf einen Wert von 1.500 TGE neu bewertet. Der Steuersatz beträgt 40 %. Bei einem Verkauf zu diesem Wert entstünde ein Buchgewinn von 500 TGE und damit eine Steuerzahlung von 40 % × 500 TGE = 200 TGE. Nur 300 TGE Gewinn nach Steuern aus dieser Transaktion stünden den Eigentümern zu. Da der Verkauf aber noch nicht erfolgt ist, wird der Sachverhalt bei Anwendung der Neubewertungsmethode entsprechend in der Neubewertungsrücklage und den passiven latenten Steuern verbucht:

Grundstücke	500	an	Neubewertungsrücklage	300
			Passive latente Steuern	200

Es zeigt sich: Passive latente Steuern haben den Charakter zukünftiger Steuerverpflichtungen, die erst bei Auflösung der Differenzen tatsächlich entstehen. Aktive latente Steuern haben demgegenüber den Charakter zukünftiger latenter Steueransprüche. Diese Bilanzposten folgen den temporären Differenzen und werden analog deren Entstehung und Auflösung gebildet und aufgelöst.

Eine ebensolche Abgrenzung wird bei Neubewertungen von abnutzbarem Vermögen erforderlich. Durch die Erhöhung der Abschreibung kommt es schrittweise zur Auflösung der latenten Steuer.

Beispiel

In Abschnitt I dieses Kapitels wurde eine Neubewertung bei der Haase AG betrachtet, ohne die Steuerwirkung zu berücksichtigen. Das Beispiel wird nun um die Steuerlatenzen erweitert: Zu Beginn des Jahres 02 wird ein Grundstück mit Anschaffungskosten von 1.000 TGE gekauft, das sodann mit der Neubewertungsmethode folgebewertet wird. Es wird in 07 zum Preis von 1.100 TGE verkauft. Der Ertragsteuersatz beträgt 50 %.

Periode	fair value in TGE	Buchwert 31.12. in TGE	GuV-Wirkung in TGE	Änderung NBR in TGE	NBR 31.12. in TGE	Änderung pass. lat. St. in TGE	Änderung akt. lat. St. in TGE
02	-	1.000	-	-	-	-	-
03	1.100	1.100	0	+ 50	50	+ 50	-
04	1.050	1.050	0	- 25	25	- 25	-
05	800	800	- 100	- 25	0	- 25	+ 100
06	1.300	1.300	+ 100	+ 150	150	+ 150	- 100
07	1.100	0	- 200	- 150	0	- 150	-

Buchung am 01.01.02:

Grundstücke	1.000.000	an	Bank	1.000.000

In 03 erfährt das Grundstück eine Werterhöhung um 100 TGE, die nach der Neubewertung zu einem erhöhten Wert in der IFRS-Bilanz führt. Diese Art der Zuschreibung ist jedoch steuerrechtlich verboten. Bei einer Realisation wäre der Betrag aber steuerbar. Folglich wird ein Teil der Neubewertungsrücklage für die Bildung der latenten Steuern eingenommen.

Buchungen am 31.12.03:

Grundstücke	100.000	an	Neubewertungsrücklage	50.000
			Passive latente Steuern	50.000

In 04 werden ein Teil der in 03 gebildeten Neubewertungsrücklage und der passiven latenten Steuern infolge des geminderten Marktwertes wieder GuV-neutral aufgelöst.

Buchungen am 31.12.04:

Neubewertungsrücklage	25.000	an	Grundstücke	50.000
Passive latente Steuern	25.000			

In 05 unterschreitet der *fair value* die ursprünglichen Anschaffungskosten um 200.000 GE. Dieser Betrag wird GuV-wirksam berücksichtigt. Gleichzeitig führt dies zur Bildung einer aktiven latenten Steuer aufgrund des Verbotes dieser außerplanmäßigen Abschreibung in der Steuerbilanz. Der Rest der ursprünglich gebildeten Neubewertungsrücklage und passiven latenten Steuer wird GuV-neutral aufgelöst:

Buchungen am 31.12.05:

Neubewertungsrücklage	25.000	an	Grundstücke	50.000
Passive latente Steuern	25.000			

Sonst. betr. Aufw.	200.000	an	Grundstücke	200.000
Aktive latente Steuern	100.000		Latenter Steuerertrag	100.000

In 06 steigt der Zeitwert auf 1,3 Mio. GE. Die Zuschreibung erfolgt bis zu den Anschaffungskosten GuV-wirksam, es kommt zur Auflösung der aktiven latenten Steuer. Darüber hinaus wird GuV-neutral neu bewertet und eine passive latente Steuer gebildet.

Buchungen am 31.12.06:

Grundstücke	200.000	an	Erträge aus Werterhöhungen	200.000
Latenter Steueraufwand	100.000		Aktive latente Steuern	100.000

Grundstücke	300.000	an	Neubewertungsrücklage	150.000
			Passive latente Steuern	150.000

In 07 wird das Grundstück zu 1,1 Mio. GE verkauft. Die Differenz zwischen dem Buchwert (1,3 Mio. GE) und dem Verkaufspreis i. H. v. 200.000 GE mindert als sonstige betriebliche Aufwendung das Jahresergebnis. In der Steuerbilanz entsteht dagegen ein Gewinn aus dem Anlagenabgang von 100.000 GE und damit eine Steuerlast von 50.000 GE. Die GuV-wirksame Auflösung der passiven latenten Steuern gleicht die Differenz zwischen den fiktiven und den tatsächlichen Steueraufwendungen aus. Gleichzeitig erfolgt die ergebnisneutrale Auflösung der bestehenden Neubewertungsrücklage i. H. v. 150.000 GE über die Gewinnrücklage.

Buchungen in 07:

Bank	1.100.000	an	Grundstücke	1.300.000
Sonst. betr. Aufw.	200.000			

Passive latente Steuern	150.000	an	Latenter Steuerertrag	150.000

Neubewertungsrücklage	150.000	an	Gewinnrücklage	150.000

Beispiel

Die Haase AG erwirbt am 01.01.01 eine Maschine zum Preis von 100.000 TGE in bar, die voraussichtliche Nutzungsdauer beträgt 5 Jahre und die Maschine soll linear über diesen Zeitraum abgeschrieben werden. Die Haase AG entscheidet sich bei der Folgebewertung für das Neubewertungsmodell.

Buchung am 01.01.01:

Maschinen	100.000	an	Kasse	100.000

Buchung am 31.12.01:

Abschreibung	20.000	an	Maschinen	20.000

Zum Bilanzstichtag des Geschäftsjahres 02 beträgt der *fair value* der gebrauchten Maschine aufgrund günstiger Entwicklungen des Marktes 90.000 TGE. Der Buchwert nach Abschreibungen des Geschäftsjahres beträgt 60.000 TGE. Er ist um 30.000 TGE zu erhöhen (direkte Methode). Der Ertragsteuersatz der Haase AG beträgt 50 %.

Buchungen am 31.12.02:

Abschreibung	20.000	an	Maschinen	20.000

Maschinen	30.000	an	Neubewertungsrücklage	15.000
		an	Passive latente Steuern	15.000

Die Zuschreibung führt zu einer Erhöhung der Abschreibung, die in den verbleibenden 3 Jahren der Nutzungsdauer damit 30.000 TGE jährlich beträgt. Damit liegt der Aufwand in der IFRS-Bilanz um 10.000 TGE über dem in der Steuerbilanz. Somit ist der tatsächliche Steueraufwand um 5.000 TGE höher als der nach IFRS gebotene. Durch Auflösung der passiven latenten Steuer wird der Steueraufwand in der IFRS-GuV entsprechend verringert. Nach Ablauf der Restnutzungsdauer ist damit die passive latente Steuer vollständig aufgelöst.

Buchung am 31.12.03:

Abschreibung	30.000	an	Maschinen	30.000
Passive latente Steuern	5.000	an	Latenter Steuerertrag	5.000

2. Bewertung

Den Vorschriften des IAS 12 liegt, wie auch dem HGB, die *liability*-Methode zugrunde. Es sind für die Bewertung latenter Steuerposten grundsätzlich **künftige Steuersätze** anzuwenden, sofern konkrete Anhaltspunkte dafür vorliegen, dass im Zeitpunkt der Auflösung der *temporary differences* andere Steuersätze gelten werden (IAS 12.47). Für den Fall eines von der Gewinnhöhe abhängigen Steuersatzes ist ein durchschnittlicher Steuersatz zu verwenden (IAS 12.49). Nach IAS 12.53 ist ausdrücklich vorgesehen, dass latente Steuerverbindlichkeiten zum Nominalwert und nicht mit ihrem Barwert angesetzt werden müssen.

Zu den einzelnen Fällen latenter Steuern und der Ermittlung, dem Ausweis und der Bewertung latenter Steuern vgl. ausführlich Coenenberg/Haller/Schultze [2018], Kapitel 8.

III. Wertberichtigungen nach IAS 36

IAS 36 regelt die Vorgehensweise bei der Vornahme von **außerplanmäßigen Abschreibungen** (sog. »*impairments*«) für immaterielle Werte (einschließlich Goodwill) und Sachanlagen. Ausnahmen von diesem Standard sind z. B. die Vorräte (IAS 2), finanzielle Vermögenswerte (IFRS 9) und die latenten Steuern (IAS 12). Hierfür bestehen eigene Standards, welche die speziellen Anforderungen für Wertminderungen bzw. Bewertungen dieser Vermögenswerte enthalten.

Der Test, ob eine Wertminderung eines Vermögenswertes eingetreten ist (sog. »*impairment test*«), ist grundsätzlich bei Vorliegen von Anzeichen für einen möglichen Wertverlust durchzuführen. Für immaterielle Vermögenswerte mit unbestimmter Nutzungsdauer, noch nicht betriebsbereite immaterielle Vermögenswerte sowie den Goodwill ist verpflichtend jährlich ein *impairment test* durchzuführen. Dies kann zu einem beliebigen Zeitpunkt einer Periode erfolgen, es muss jedoch in den Folgejahren der Zeitpunkt stetig beibehalten werden.

IAS 36 verpflichtet das Unternehmen, einzuschätzen, ob Anhaltspunkte für eine Wertminderung eines Vermögenswertes vorliegen (IAS 36.9). Es ist sicherzustellen, dass der Vermögenswert nicht über dessen erzielbaren Betrag (*recoverable amount*) bewertet wird. Es liegt eine Überbewertung vor, wenn der Buchwert den erzielbaren Betrag übersteigt, der durch den Verkauf abzüglich Verkaufskosten oder durch die Nutzung des Vermögenswertes erzielt werden könnte (IAS 36.1). In der Konsequenz ist eine außerplanmäßige Abschreibung auf den erzielbaren Betrag verpflichtend vorzunehmen. Eine Unterscheidung in vorübergehende und dauerhafte Wertminderungen, wie im HGB, existiert nicht.

Der **erzielbare Betrag** (*recoverable amount*) ist definiert als der höhere Betrag aus dem *fair value* abzüglich der Verkaufskosten (*fair value less costs of disposal*) und dem Nutzungswert (*value in use*). Der *fair value* abzüglich der Verkaufskosten, also der Nettoveräußerungspreis, ist der Betrag, der durch den Verkauf in einer Transaktion zu Marktbedingungen zwischen sachverständigen, vertragswilligen Geschäftspartnern nach Abzug der im Rahmen der Veräußerung i. d. R. auftretenden Kosten erzielt werden könnte. Der Nutzungswert ist der Barwert der geschätzten, künftig erwarteten Zahlungsströme (*cash flows*) aus der Nutzung des Vermögenswertes (IAS 36.6).

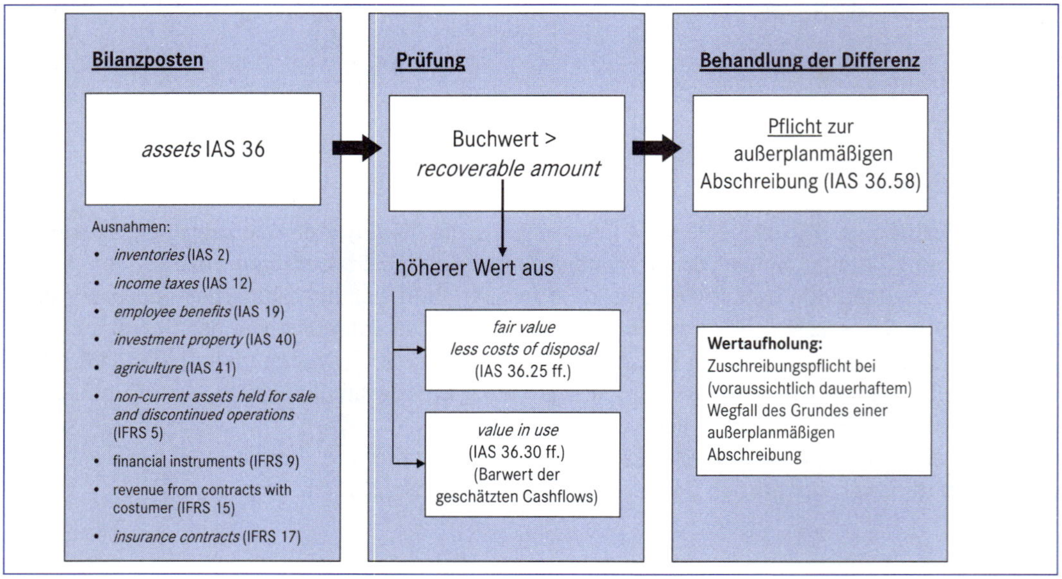

Abb. 22.4: Impairment Test nach IAS 36

Für die Einschätzung, ob Anhaltspunkte für eine eventuelle Wertminderung eines Vermögenswertes vorliegen, werden interne sowie externe Informationsquellen zugrunde gelegt (IAS 36.12 bis 36.14). Anhaltspunkte durch externe Informationsquellen entstehen beispielsweise, wenn in der Berichtsperiode der zugrunde liegende Marktwert eines Vermögenswertes unerwartet stark gesunken ist oder sich der für die Berechnung des Nutzungswertes zugrunde liegende Kalkulationszinssatz (für die Abzinsung der Zahlungsströme) erhöht hat. Entwicklungen innerhalb des Unternehmens, die Anhaltspunkte darstellen, können Hinweise für eine Überalterung oder einen physischen Schaden eines Vermögenswertes oder nachteilige Veränderungen für die Nutzung des Vermögenswertes (z. B. aufgrund von Restrukturierungsmaßnahmen oder geplanten Stilllegungen) sein (IAS 36.12).

Beispiel

Ein im Unternehmen der Haase AG bilanziertes Grundstück, welches ursprünglich zu Anschaffungskosten i. H. v. 100 TGE erworben wurde und nach der Anschaffungskostenmethode (IAS 16) mit 100 TGE in der Bilanz steht, hat aktuell einen erzielbaren Betrag von lediglich 70 TGE.

Außerplanmäßige Abschreibung	30.000	an	Grundstücke	30.000

Ist der erzielbare Betrag des Vermögenswertes geringer als der Buchwert, so ist der Buchwert auf den erzielbaren Betrag zu verringern. Die dabei entstehende Differenz stellt einen Wertminderungsaufwand dar. Es besteht die Pflicht zur außerplanmäßigen Abschreibung (IAS 36.58 ff.). Die bilanzielle Erfassung dieses Differenzbetrages ist grundsätzlich GuV-wirksam. Eine Ausnahme bildet hier die GuV-neutrale Erfassung bei Vermögenswerten, die nach einem anderen Standard (beispielsweise bei der Neubewertung von Sachanlagen nach IAS 16) bereits zu einem Neubewertungsbetrag bewertet wurden. Die Auflösung der bestehenden Neubewertungsrücklage geschieht dann GuV-neutral. Ein darüber hinausgehender Betrag wird GuV-wirksam abgeschrieben (vgl. Abschnitt II in diesem Kapitel).

Bei Wegfall des Grundes für früher vorgenommene Wertminderungen besteht eine Zuschreibungspflicht. Auch bei der Erfassung von Zuschreibungen ist wieder auf zugrunde liegende Bewertungsmethoden (vgl. dazu IAS 16 bzw. IAS 38) Rücksicht zu nehmen. Bei den fortgeführten Anschaffungs- und Herstellungskosten ist als Wertobergrenze derjenige Betrag zu berücksichtigen, der ohne Wertminderungen im Zeitablauf in der Bilanz stehen würde (fortgeführte historische Anschaffungs- und Herstellungskosten) (IAS 36.117).

IV. Selbst geschaffene immaterielle Vermögenswerte

Im Gegensatz zu dem in § 248 Abs. 2 HGB (vgl. Kapitel 15) enthaltenen Wahlrecht zur Aktivierung selbst geschaffener immaterieller Vermögensgegenstände des Anlagevermögens sind diese nach IFRS verpflichtend anzusetzen, wenn bestimmte, strenge Voraussetzungen erfüllt sind.

Die bilanzielle Behandlung der immateriellen Vermögenswerte (*intangible assets*) ist durch IAS 38 umfassend geregelt. Unter dem Begriff der ***intangible assets*** werden gemäß IAS 38.8 alle identifizierbaren, nicht monetären, körperlosen, nicht materiellen Vermögenswerte verstanden. Immaterielle Vermögenswerte können beispielsweise Computersoftware, Patente, Urheberrechte,

Kundenlisten, Kunden- oder Lieferantenbeziehungen, Kundenloyalität, Marktanteile oder Absatzrechte sein. Jedoch erfüllen nicht alle diese Beispiele die Definitionskriterien des IAS 38.

Die Definition verlangt, dass immaterielle Vermögenswerte identifizierbar (IAS 38.11) sein müssen. Identifizierbar ist ein immaterieller Vermögenswert immer dann, wenn er die Fähigkeit besitzt, getrennt oder als Bestandteil einer Gruppe z. B. vermietet, verkauft oder getauscht zu werden. Alternativ kann die Identifizierbarkeit auch aus vertraglichen oder anderen gesetzlichen Rechten entstehen, unabhängig davon, ob diese Rechte übertragbar oder vom Unternehmen bzw. von anderen Rechten und Verpflichtungen separierbar sind (Beispiel: Fluglizenz).

Weiterhin wird gefordert, dass das bilanzierende Unternehmen über diese Ressource aufgrund vergangener Ereignisse die Beherrschung (*control*) bzw. die Verfügungsmacht hat (IAS 38.13). Diese Verfügungsmacht ist auch erforderlich, um einen zukünftigen wirtschaftlichen Nutzen (z. B. Kosteneinsparungen, Cashflows etc.) für das Unternehmen nutzbar zu machen (IAS 38.17). Diese Kriterien sollen an einem Beispiel verdeutlicht werden.

Beispiel

Die Haase AG lässt zehn hoch qualifizierte Angestellte extern und auf Kosten der Firma zu Betriebswirten ausbilden und erhofft sich daraus einen zukünftigen wirtschaftlichen Nutzen für die Firma. Bei der Überprüfung der Verfügungsmacht über den dabei potenziell entstandenen Wert (Know-how) fallen gravierende Probleme auf. Der ausgebildete Angestellte kann zu jedem Zeitpunkt, unter Einhaltung der für ihn geltenden Kündigungsfrist, die Haase AG verlassen. Das Unternehmen hat daher keine Verfügungsmacht über den Wert. Diese hierfür aufgewendeten Kosten können somit nicht als immaterieller Vermögenswert aktiviert werden.

Nach der Überprüfung der erläuterten Definitionskriterien des immateriellen Vermögenswertes (**abstrakte Bilanzierungsfähigkeit**) (IAS 38.8 bis 38.17) müssen für den Ansatz als *intangible asset* die folgenden Ansatzkriterien (konkrete Bilanzierungsfähigkeit) (IAS 38.21 bis 38.23) kumulativ erfüllt sein:

1. Es ist wahrscheinlich (*probable*), dass dem Unternehmen der erwartete künftige wirtschaftliche Nutzen aus dem Vermögenswert zufließen wird.
2. Die Anschaffungs- oder Herstellungskosten des Vermögenswertes lassen sich verlässlich (*reliably*) ermitteln.

Wegen der Schwierigkeiten bei der Objektivierung solcher selbst erstellten Werte sieht IAS 38.63 und 38.69 ein grundsätzliches Aktivierungsverbot für folgende Werte vor:

- selbst erstellte Markennamen,
- selbst erstellte Kundenlisten,
- Verlagsrechte,
- Publikationstitel,
- Gründungskosten,
- Kosten für Aus- und Fortbildung,
- Kosten für Verlegung oder Reorganisation des Unternehmens.

Eine Aktivierung kommt zudem lediglich für Entwicklungskosten in Frage, wenn die besonderen Kriterien des IAS 38.57 erfüllt sind.

Entsprechend dem Entstehungsprozess für selbst geschaffene immaterielle Vermögenswerte unterscheidet das IASB eine Forschungsphase und eine Entwicklungsphase (IAS 38.52). Unter **Forschung** (*research*) werden nach IFRS eigenständige und planmäßige Untersuchungen zur Erlangung neuer Erkenntnisse verstanden. Für Forschungskosten besteht ein Aktivierungsverbot (IAS 38.54 ff.). Diese sind, wegen der unzureichenden Wahrscheinlichkeit des mit ihnen verbundenen zukünftigen wirtschaftlichen Nutzens, als Aufwand in der Periode zu verrechnen, in der sie entstanden sind. Unter **Entwicklung** (*development*) wird demgegenüber die Anwendung von Forschungsergebnissen und anderem Wissen auf die Planung oder Gestaltung der Produktion neuer oder wesentlich verbesserter Materialien, Vorrichtungen, Produkte, Prozesse, Systeme oder Dienstleistungen verstanden, sofern die Anwendung vor Beginn der kommerziellen Fertigung oder der betriebsinternen Nutzung stattfindet (IAS 38.8). Entwicklungskosten entstehen in Projekten, die im Verhältnis zu reinen Forschungsprojekten weiter fortgeschritten und damit marktnäher sind (IAS 38.58). Es besteht bereits die Möglichkeit der Anwendung der erworbenen Kenntnisse. In manchen Fällen wird es deshalb möglich sein, die notwendige Wahrscheinlichkeit des zukünftigen Nutzens zu bestimmen. Entwicklungskosten sind ab dem Zeitpunkt zu aktivieren (Aktivierungspflicht), zu dem das Unternehmen die Erfüllung aller sechs folgenden zusätzlichen **Ansatzkriterien** nachweisen kann (IAS 38.57):

- die technische Realisierbarkeit bis zur Markt- und Gebrauchsreife,
- die Absicht zur Nutzung bzw. zur Vermarktung,
- die Fähigkeit, den immateriellen Vermögenswert selbst zu nutzen bzw. zu vermarkten,
- die Erläuterung der Art und Weise, in welcher der immaterielle Vermögenswert einen voraussichtlichen künftigen wirtschaftlichen Nutzen erzielen wird,
- die Verfügbarkeit hinreichender Ressourcen zu Fertigstellung und
- die Fähigkeit, zugehörige Kosten der Entwicklung während der Entwicklungsphase verlässlich bestimmen zu können.

Erst ab dem Zeitpunkt des Erfüllens aller Kriterien sind die entstehenden Kosten zu aktivieren.

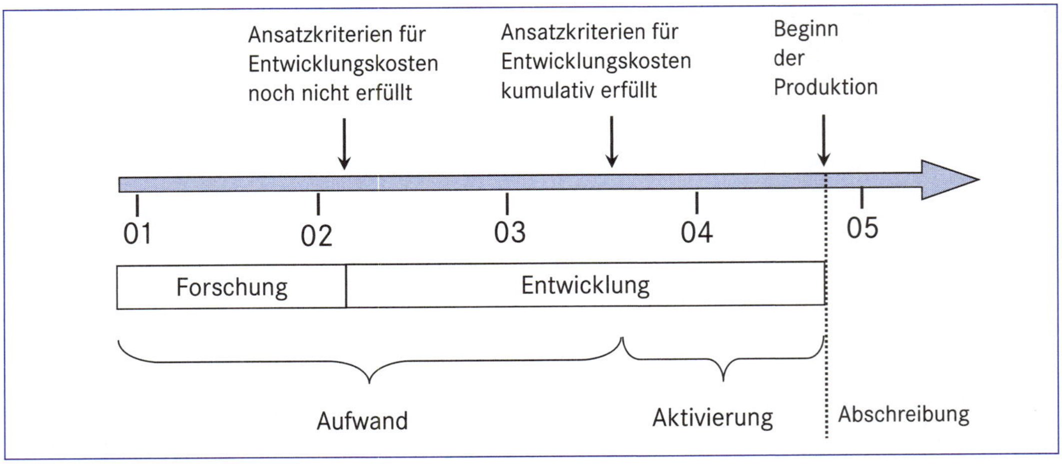

Abb. 22.5: Phasen von Forschung und Entwicklung

Beispiel

Die Haase AG möchte ein Passagierflugzeug herstellen. Die grundlegenden Kenntnisse hinsichtlich der Flugzeuggestaltung müssen zunächst erarbeitet werden. Am 01.04.01 wird hiermit begonnen, am 30.06.02 sind die Kenntnisse vorhanden. Dafür fielen in 01 Aufwendungen i. H. v. 500.000 GE und in 02 (bis zum 30.06.02) Aufwendungen i. H. v. 650.000 GE an. Am 01.10.02 wird mit der Entwicklung eines funktionsfähigen Prototyps begonnen. Die Anforderungen des IAS 38.57 sind kumulativ erfüllt. Danach fallen in 02 700.000 GE und bis 30.09.03 800.000 GE Aufwendungen an. Die Aufwendungen für die Patenterteilung (Dezember 03) belaufen sich auf 50.000 GE.

Position	Zeitraum	Aufwand	bilanzielle Behandlung
Forschungskosten	01.04.01 bis 30.06.02	01: 500 TGE 02: 650 TGE	Aktivierungsverbot
Entwicklungskosten	01.10.02 bis 30.09.03	02: 700 TGE 03: 800 TGE	Aktivierungspflicht (Herstellungskosten 1.500 TGE)
Patente	Dez. 03	03: 50 TGE	Aktivierungspflicht (mit Entwicklungskosten, d. h. Herstellungskosten 1.550 TGE)

V. Finanzielle Vermögenswerte

Infolge der globalen Finanz- und Wirtschaftskrise im Jahr 2008 geriet das IASB unter hohen Druck, die Bilanzierungsregeln für Finanzinstrumente zu überarbeiten. Im Rahmen einer umfassenden und langwierigen Reform von IAS 39 verabschiedete das IASB den neuen Standard IFRS 9 »*Financial Instruments*«. Dieser regelt für Geschäftsjahre, die am 01.01.2018 oder danach beginnen, den Ansatz und die Bewertung von Finanzinstrumenten und von Sicherungsgeschäften (hedge accounting) umfassend. Neben IFRS 9 besitzen auch noch IAS 32 für die Darstellung von Finanzinstrumenten und IFRS 7 für die zu machenden (Anhangs)Angaben zu Finanzinstrumenten Relevanz.

Ein **Finanzinstrument** ist gemäß IAS 32.11 ein Vertrag, der gleichzeitig bei einem Unternehmen zu einem finanziellen Vermögenswert (*financial asset*) und bei einem anderen Unternehmen zu einer finanziellen Verbindlichkeit (*financial liability*) oder einem Eigenkapitalinstrument (*equity instrument*) führt. Finanzinstrumente umfassen sowohl finanzielle Vermögenswerte (Aktiva) als auch finanzielle Verbindlichkeiten (Passiva).

Finanzielle Vermögenswerte sind dabei insbesondere

- alle flüssigen Mittel,
- als Aktiva gehaltene Eigenkapitalinstrumente dritter Unternehmen und
- vertragliche Rechte,
- Barmittel oder
- andere finanzielle Vermögenswerte, von einem Dritten zu erhalten bzw.
- inanzielle Vermögenswerte oder finanzielle Verbindlichkeiten unter vorteilhaften Bedingungen mit Dritten zu tauschen.

Finanzielle Schulden sind im Wesentlichen vertragliche Verpflichtungen,

- Zahlungsmittel oder
- andere finanzielle Vermögenswerte an einen Dritten abzugeben bzw.
- finanzielle Vermögenswerte oder Verbindlichkeiten unter potenziell nachteiligen Bedingungen mit Dritten zu tauschen.

Eigenkapitalinstrumente sind Verträge, die einen Residualanspruch an den Vermögenswerten eines Unternehmens nach Abzug aller anhängigen Verbindlichkeiten begründen (IAS 32.11).

Finanzielle Vermögenswerte und finanzielle Schulden sind nach IFRS 9.3.1.1 anzusetzen, sobald das Unternehmen Partei des dem finanziellen Vermögenswert oder der finanziellen Schuld zugrundeliegenden Vertrages wird und die sonstigen Ansatzkriterien für einen Vermögenswert oder eine Schuld erfüllt sind. Im Unterschied zum HGB ist für die Bewertung der finanziellen Vermögenswerte nicht die Kategorisierung in *current* oder *non-current assets* entscheidend, sondern die Zuordnung zu den im Folgenden aufgeführten drei Kategorien (IFRS 9.4.2.1 ff.):

a. fortgeführte Anschaffungskosten (*amortised cost*)
b. beizulegender Zeitwert mit Erfassung von Wertänderungen im sonstigen Ergebnis (*fair value through other comprehensive income*)
c. beizulegender Zeitwert mit Erfassung von Wertänderungen in der GuV *(fair value through profit or loss*)

Im Gegensatz zum Vorgängerstandard IAS 39 ist für die Kategorisierung nicht mehr der Verwendungszweck, sondern das Geschäftsmodell des Unternehmens zur Verwaltung von finanziellen Vermögenswerten und die Eigenschaften der vertraglichen Zahlungsströme des betrachteten finanziellen Vermögenswerts entscheidend. Eine Bewertung zu fortgeführten Anschaffungskosten hat zu erfolgen, wenn die beiden folgenden Kriterien kumulativ erfüllt sind (IFRS 9.4.1.2):

1. Das Geschäftsmodell des Unternehmens hat für den Vermögenswert oder die Gruppe der Vermögenswerte, zu denen der betreffende Vermögenswert gehört, die Realisierung vertraglicher Zahlungsströme als Ziel.
2. Der Vermögenswert generiert vertraglich bestimmte Zahlungen zu festgelegten Zeitpunkten, welche ausschließlich Zins- und Tilgungszahlungen auf den ausstehenden Nominalwert darstellen.

Ist das Ziel des Geschäftsmodells sowohl das Halten von finanziellen Vermögenswerten zur Erzielung vertraglicher Zahlungsströme, als auch deren Veräußerung, und ist zudem das zweite Kriterium erfüllt, erfolgt die Klassifizierung in der Kategorie (b) *fair value through other comprehensive income*. Wird mindestens eines der zwei Kriterien nicht erfüllt, ist der finanzielle Vermögenswert zwingend der Kategorie *fair value* through profit or loss zu zuweisen (IFRS 9.1.4). Ein Wechsel der Kategorie ist nach IFRS 9 bei einer Änderung des Geschäftsmodells für das Management finanzieller Vermögenswerte verpflichtend. Ansonsten ist eine Umkategorisierung ausgeschlossen (IFRS 9.4.1.1).

Beim Erstansatz werden finanzielle Vermögenswerte zum *fair value* bewertet. Der *fair value* ist in IAS 32.11 bzw. IFRS 13.9 definiert als der Preis, der in einer gewöhnlichen Transaktion zwischen Marktteilnehmern beim Verkauf erzielt werden kann oder bei der Übertragung einer Schuld zu zahlen wäre. Bei der Zuordnung zu den Kategorien (a) (fortgeführte Anschaffungskosten) und (b) (*fair value through other comprehensive income*) werden direkt der Anschaffung zuzurechnende Transaktionskosten mit dem *fair value* als Ausgangswert aktiviert, wohingegen im Falle der Kategorie (c) (*fair value* through profit or loss) diese Art von Kosten als Aufwand erfasst werden (IFRS 9.5.1.1).

Die Folgebewertung finanzieller Vermögenswerte hängt, wie Abbildung 22.6 veranschaulicht, von der jeweiligen Zuordnung zu Kategorie (a), (b) oder (c) ab. Finanzielle Vermögenswerte der Klasse a) werden zu fortgeführten Anschaffungskosten unter Verwendung der Effektivzinsmethode bewertet. Zinsen, Wertminderungsaufwand sowie Erträge und Aufwendungen aus der Währungsumrechnung sind dabei ergebniswirksam in *profit or loss* zu erfassen. Die Effektivzinsmethode sieht vor, dass ein *financial asset* zum Barwert bilanziert wird und mit dem Effektivzins verzinst und zugeschrieben wird. Die Zuschreibung stellt einen Zinsertrag dar. In den Kategorien b) und c) erfolgt die Bewertung zu jedem Bilanzstichtag zum *fair value*, Wertänderungen des *fair value* werden im *other comprehensive income* (b)) oder ergebniswirksam in der GuV (c)) verbucht. Bei Finanzinstrumenten, die in der Kategorie b) geführt werden, kommt es bei Abgang des finanziellen Vermögenswertes zum ergebniswirksamen Recycling des im *other comprehensive income* kumulierten Ergebnisses.

IFRS 9 gewährt auch das Wahlrecht, einen finanziellen Vermögenswert freiwillig der Kategorie »GuV-wirksam zum beizulegenden Zeitwert designiert« (d*esignated at fair value through profit or loss*) zuzuordnen. Dieses Wahlrecht wird auch als *fair value option* bezeichnet. Voraussetzung dafür ist allerdings die Beseitigung einer ansonsten bestehenden Bewertungs- oder Ansatzinkonsistenz (*accounting missmatch*) (IFRS 9.4.1.5).

Für Investitionen in Eigenkapitaltitel, die nicht zu Handelszwecken gehalten werden, besteht nach IFRS 9.5.7.5 zum Zeitpunkt des erstmaligen Ansatzes ein verbindliches Wahlrecht zur künftigen erfolgsneutralen Behandlung aller *fair value*-Änderungen im sonstigen Ergebnis (*other comprehensive income*). Auf diese Weise werden sämtliche Wertänderungen sowie anfallende Transaktions- oder Währungsumrechnungskosten zu keinem Zeitpunkt – „auch nicht im Falle der Veräußerung" – in der GuV verbucht. Nach der Ausbuchung der Eigenkapitaltitel können die im sonstigen Ergebnis angesammelten Wertänderungen innerhalb des Eigenkapitals umgebucht werden (siehe zu Finanzinstrumenten ausführlich Coenenberg/Haller/Schultze [2018], Kapitel 5).

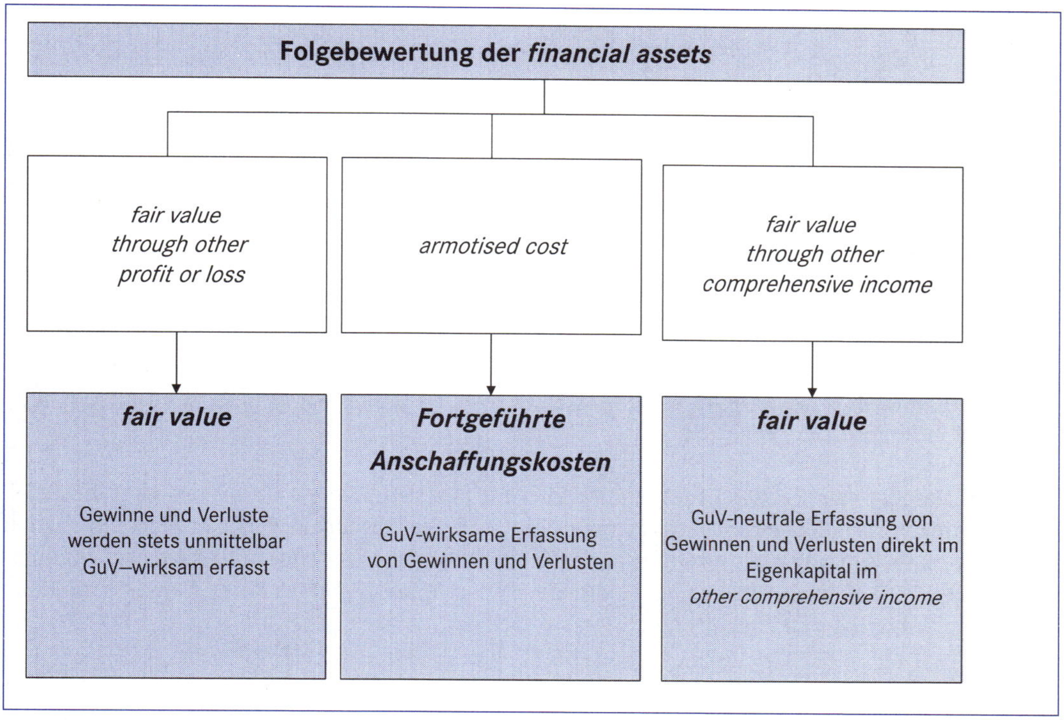

Abb. 22.6: Kategorien von financial assets und Folgebewertung

Beispiel

Die Haase AG erwirbt am 01.07.01 Schuldverschreibungen der Money AG zum *fair value* von 98.000 GE (Transaktionskosten sind nicht zu berücksichtigen). Dem Geschäftsmodell entsprechend, will Sie die Wertpapiere zwar längerfristig halten, ist aber bei günstigen Kursentwicklungen auch zur Veräußerung bereit. Der *fair value* des Wertpapiers entwickelt sich wie folgt: 31.12.01: 103.500 GE; 31.12.02: 80.000 GE; 31.12.03: 95.000 GE. Welche Kategorie von Wertpapieren liegt vor?

Die Schuldverschreibungen generiert über die feste Verzinsung vertraglich bestimmte Zahlungen zu festgelegten Zeitpunkten. Außerdem sieht das Geschäftsmodells sowohl das Halten zur Erzielung vertraglicher Zahlungsströme, als auch den Handel mit dem Finanzinstrument vor. Somit sind die Schuldverschreibungen in die Kategorie *fair value through other comprehensive income* einzuordnen.

Wie erfolgt die Bewertung zum 31.12.01; 31.12.02 und 31.12.03 (ohne Berücksichtigung latenter Steuern)?

Jahr	fair value	NBR	Erfolgswirkung
01.07.01	98.000	0	0
31.12.01	103.500	+5.500	0
31.12.02	80.000	- 23.500	0
31.12.03	95.000	+15.000	0

Beispiel

Die Haase AG vergibt ein Darlehen i. H. v. 100.000 GE am 31.12.01 für 3 Jahre, mit einer Auszahlungsquote von 98 % und einem jährlichen (risikoadäquaten) Zins von 6 % p. a. Dem Geschäftsmodell entsprechend wird mit der Darlehensvergabe auf die Realisierung vertraglicher Zahlunsströme abgezielt.

Das Geschäftsmodell des Unternehmens hat für den betrachteten Vermögenswert die Realisierung vertraglicher Zahlungsströme als Ziel und der Vermögenswert generiert vertraglich bestimmte Zahlungen zu festgelegten Zeitpunkten, welche ausschließlich Zins- und Tilgungszahlungen auf den ausstehenden Nominalwert darstellen. Somit ist das Darlehen in die Kategorie *armotised cost* einzuordnen.

Zahlungsreihe:

Jahr	01	02	03	04
Zahlung	- 98.000	+ 6.000	+ 6.000	+ 106.000

Effektivzinssatz (= interner Zinsfuß der Zahlungsreihe) = 6,76 % (gerundet)

Buchung in 01:

Forderungen	98.000	an	Bank	98.000

(Berechnung erfolgt mit exaktem Zinssatz = 6,758746 %):
Zinsertrag (02) = 98.000 GE × 6,76 % = 6.623,57 GE

Buchungen in 02:

Bank	6.000,00	an	Zinsertrag	6.000,00
Forderungen	623,57	an	Zinsertrag	623,57

Zinsertrag (03) = 98.623,57 GE × 6,76 % = 6.665,72 GE

Buchungen in 03:

Bank	6.000,00	an	Zinsertrag	6.000,00
Forderungen	665,72	an	Zinsertrag	665,72

Zinsertrag (04) = 99.289,29 GE × 6,76 % = 6.710,71 GE

Buchungen in 04:

Forderungen	710,71	an	Zinsertrag	710,71
Bank	106.000,00	an	Forderungen	106.000,00

VI. Fertigungsaufträge

Die Bilanzierung von Fertigungsaufträgen (*construction contracts*) beim Auftragnehmer erfolgt nach IFRS 15 »Erlöse aus Verträgen mit Kunden«. Durch den für nach dem 1.1.2018 beginnende Geschäftsjahre gültigen IFRS 15 wurden die Vorschriften zur bilanziellen Erfassung von Fertigungsaufträgen überarbeitet sowie IAS 11 und IAS 18 ersetzt. In Bezug auf Fertigungsaufträge ergeben sich allerdings durch die neuen Regelungen für die Umsetzung in der Praxis keine wesentlichen Änderungen.

Ein Fertigungsauftrag (*construction contract*) ist ein Vertrag über die kundenspezifische Fertigung einzelner Gegenstände (wie beispielsweise eine Brücke, einem Gebäude, einer Maschine) oder einer Anzahl von Gegenständen, die hinsichtlich Design, Technologie und Funktion oder hinsichtlich ihrer Verwendung aufeinander abgestimmt oder voneinander abhängig sind (z. B. Bau von Raffinerien). Produkte, die in Massen- und Serienproduktionsprozessen gefertigt werden, fallen unter IAS 2 (Vorräte). Aufgrund der Natur der Tätigkeit bei Fertigungsaufträgen fallen das Datum, an dem die Tätigkeit begonnen wird, und das Datum, an dem sie beendet wird, in der Regel in verschiedene Berichtsperioden. Damit stellt sich für das bilanzierende Unternehmen (Auftragnehmer) am Bilanzstichtag ein Bilanzierungsproblem. Denn bei strenger Anwendung des **Realisationsprinzips** erbringt das Unternehmen zwar fortwährend über einen längeren Zeitraum seine Leistungen für den Artraggeber, eine Abrechnung der erbrachten Leistungen erfolgt grundsätzlich aber erst zum vertraglich vereinbarten Zeitpunkt der Fertigstellung. Dabei werden häufig Umsätze in bedeutender Höhe erzielt, sodass die Jahresergebnisse je nach Fertigstellungszeitpunkt beträchtlichen Schwankungen unterliegen. Mann nennt diese strenge Vorgehensweise auch ***completed contract***-Methode (vgl. ausführlich Coenneberg/Haller/Schultze [2018], Kapitel

4). Die Herstellungskosten der erbrachten Leistungen werden dabei, wie im Kapitel 9 erläutert, im Vorratsvermögen aktiviert. Da die Herstellungskosten aber nicht sämtliche entstandenen Kosten umfassen, kann es zu sog. Auftragszwischenverlusten kommen. Dadurch wird die eigentliche Leistung des Unternehmens unzureichend abgebildet. Während der Phase der Leistungserbringung werden Verluste in Höhe des nicht aktiveriungsfähigen Anteils der Selbstkosten ausgewiesen. Erst bei Abnahme der Leistung entsteht ein Gewinn, der dann um die zuvor entstandenen Zwischenverluste zu erhöhen ist.

Beispiel

Die Haase AG erhält in 01 einen Auftrag zur Lieferung einer Spezialmaschine. Der Gesamterlös beträgt 120 TGE bei Lieferung in 03. Die Gesamtkosten betragen 90 TGE und der Gesamtgewinn damit 30 TGE. Die Gesamtkosten verteilen sich gleichmäßig mit je 30 TGE auf die Perioden. Davon sind aber nur 26 TGE aktivierungsfähig. Daher entsteht jeweils ein Zwischenverlust von 4 TGE in 01 und 02. In 03 wird der Auftrag beendet und abgerechnet. Es entsteht ein Gewinn von 120 - 30 - 26 - 26 = 38 TGE. Er ist gegenüber dem eigentlichen Auftragserfolg von 30 TGE um 8 TGE erhöht, was den beiden Zwischenverlusten aus 01 und 02 entspricht.

Diese Problematik aufgreifend, müssen Unternehmen gemäß IFRS 15 nun anhand eines Fünf-Schritte-Modells bestimmen, zu welchem Zeitpunkt bzw. über welchen Zeitraum und in welcher Höhe Umsatzerlöse zu erfassen sind (vgl. hierzu ausführlich Coenenberg/Haller/Schultze [2018], Kapitel 4). Zentrales Kriterium stellt dabei der Zeitpunkt des Übergangs der Verfügungsmacht (*control*) über die Güter oder die Dienstleistungen vom Unternehmen auf den Kunden. In Abhängigkeit von der Erfüllung bestimmter Kriterien werden Umsatzerlöse entweder über einen Zeitraum erfasst, sodass die Leistungserbringung des Unternehmens widergespiegelt wird, oder zu einem Zeitpunkt, an welchem der Übergang der Verfügungsmacht erfolgt. Sollten die Kriterien für einen zeitraumbezogenen Übergang nicht erfüllt sein, so sind die Umsatzerlöse erst bei Fertigstellung zu erfassen. Damit im Rahmen von Fertigungsaufträgen realisierte Umsatzerlöse zeitraumbezogen erfasst werden, muss neben dem Kriterium des Kontrollübergangs (IFRS 15.35) zusätzlich die Voraussetzung der verlässlichen Schätzbarkeit des Ergebnisses des Fertigungsauftrags und damit der Auftragserlöse und Auftragskosten als seine Einzelkomponenten erfüllt sein (IFRS 15.45).

Gemäß IFRS 15.35 besteht eine Übertragung der Verfügungsmacht über Güter bzw. Dienstleistungen und somit auch die entsprechende Umsatzrealisierung kontinuierlich über einen Zeitraum, wenn mindestens eines der drei Kriterien erfüllt ist:

- Der Kunde erhält und verbraucht den Nutzen aus der erbrachten Leistung parallel zur Leistungsefüllung des Unternehmens;
- Das Unternehmen erstellt oder verbessert durch die Leistungserbringung einen Vermögenswert, der während des Erstellungs- oder Verbesserungsprozesses unter der Verfügungsmacht des Kunden steht;
- Der Vermögenswert, der durch das Unternehmen erstellt wird, erlaubt keine alternative Verwendungsmöglichkeit für das Unternehmen. Außerdem besitzt das Unternehmen einen durchsetzbaren Zahlungsanspruch für die bisher erbrachten Leistungen.

Das erste Kriterium ist u. a. bei routinemäßigen oder wiederkehrenden Dienstleistungen (z. B. Gebäudereinigung) erfüllt. Für Fertigungsaufträge ist die Erfüllung des zweiten bzw. dritten Kriteriums relevant.

Falls sowohl die Bedingung des Kontrollübergangs als auch jene der verlässlichen Schätzbarkeit des Ergebnisses des Fertigungsauftrags erfüllt sind, muss, wie Abbildung 22.7 veranschaulicht, die Gewinnrealisierung entsprechend dem Fertigstellungsgrad erfolgen. Das bedeutet, dass die mit diesem Fertigungsauftrag in Verbindung stehenden Auftragserlöse und Auftragskosten entsprechend dem Leistungsfortschritt am Bilanzstichtag jeweils als Erträge und Aufwendungen in der GuV erfasst werden (IFRS 15.41).

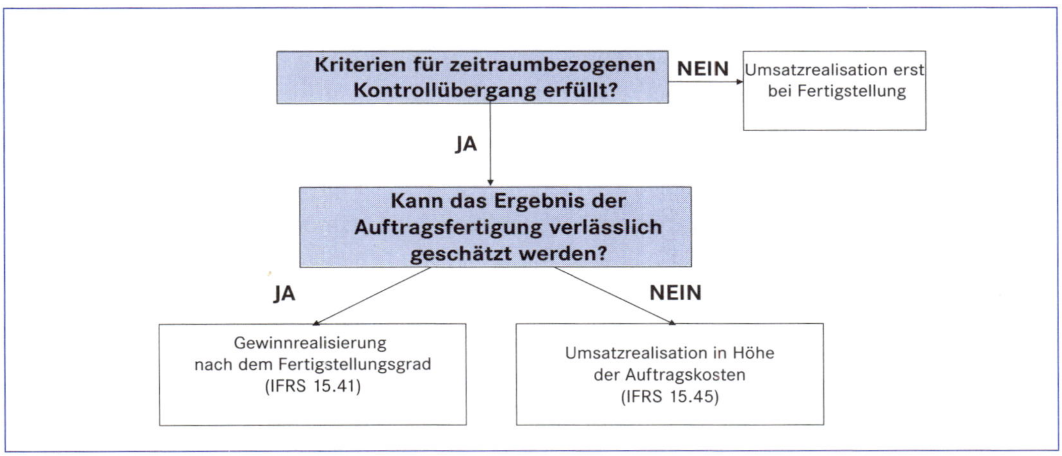

Abb. 22.7: Bilanzierungsalternativen bei Fertigungsaufträgen

Beispiel

Sollte das Ergebnis des Auftrags der Haase AG (siehe obiges Beispiel) zu Beginn nicht verlässlich auf 120 TGE geschätzt werden können, dann werden in 01 und 02 jeweils 30 TGE

Auftragskosten aktiviert, wodurch ein jeweiliger Periodengewinn von null entsteht. Im Jahr der Fertigstellung und Abrechnung 03 entsteht voraussichtlich Gewinn von
120 - 30 - 30 - 30 = 30 TGE.
Sollte das Ergebnis des Auftrags verlässlich schätzbar sein, so ist der Fortschritt des Projekts in jedem der drei Jahre gleich groß. Daher werden auch die Erlöse zu je einem Drittel i. H. v. 40 TGE erfasst. In jedem der drei Jahre entsteht daher ein Gewinn von 40 - 30 = 10 TGE.

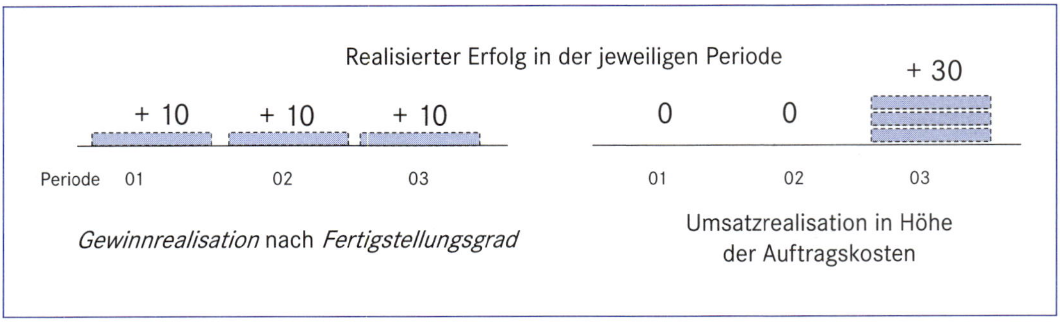

Abb. 22.8: Methodenvergleich

Für die Ermittlung des Fertigstellungsgrades schreibt IFRS 15 kein bestimmtes Verfahren vor, sondern überlässt dies den Unternehmen (IFRS 15.BC159). Nach IFRS 15.B14 sind hierfür sowohl outputorientierte Verfahren, wie beispielsweise die Ermittlung mit Hilfe der produzierten Einheiten oder der erreichten Meilensteine, als auch inputorientierte Verfahren, wie beispielsweise die Ermittlung mit Hilfe der angefallenden Arbeitsstunden oder Kosten, anwendbar.

Der Gewinnanteil der Periode entspricht dann dem Fortschritt des Fertigstellungsgrades multipliziert mit dem zu erwarteten Auftragsgesamtgewinn. Werden während der Projektdauer Anzahlungen geleistet, so werden diese erhaltenen Anzahlungen ebenfalls auf dem Konto erfasst, auf dem die aufgelaufenen Projektkosten und -erfolge verbucht sind (sog. Aufträge in Bearbeitung). Dieser Posten hat damit Forderungscharakter.

Beispiel

Ein weiterer Fertigungsauftrag der Haase AG über 120 TGE liegt vor. Von den Gesamtauftragskosten i. H. v. 90 TGE fallen 15 TGE in 01, 45 TGE in 02 und 30 TGE in 03 an. In 01 werden Anzahlungen von 10 TGE geleistet, in 02 Anzahlungen von 40 TGE.

A. Die Haase AG kann das Gesamtergebnis verlässlich schätzen und die Kriterien für den zeitraumbezogenen Kontrollübergang sind erfüllt.
B. Die Haase AG kann das Gesamtergebnis nicht verlässlich schätzen und die Kriterien für den zeitraumbezogenen Kontrollübergang sind erfüllt.
   Die Verbuchung erfolgt nach dem Gesamtkostenverfahren.

A. Verlässliche Schätzung des Ergebnisses des Fertigungsauftrags

Buchungen in 01:

Bank	10.000	an	Aufträge in Bearbeitung	10.000

Diverse Aufwandskonten	15.000	an	Bank	15.000

Der Fertigstellungsgrad in 01 beträgt 15.000 GE / 90.000 GE = 16,67 %. Daraus ergeben sich Umsatzerlöse von 16,67 % × 120.000 GE = 20.000 GE.

Aufträge in Bearbeitung	20.000	an	Umsatzerlöse	20.000

Es entsteht ein Gewinn i. H. v. 20 TGE - 15 TGE = 5 TGE.

Buchungen in 02:

Bank	40.000	an	Aufträge in Bearbeitung	40.000

Diverse Aufwandskonten	45.000	an	Bank	45.000

Der Fertigstellungsgrad in 02 beträgt (15.000 GE + 45.000 GE) / 90.000 GE = 66,67 %. Die Umsatzerlöse in 02 betragen (66,67 % × 120.000 GE) - 20.000 GE = 60.000 GE. Es ergibt sich ein Gewinn von 60 TGE - 45 TGE = 15 TGE.

Aufträge in Bearbeitung	60.000	an	Umsatzerlöse	60.000

Buchungen in 03:

Diverse Aufwandskonten	30.000	an	Bank	30.000

Der Fertigstellungsgrad in 03 beträgt (15.000 GE + 45.000 GE + 30.000 GE) / 90.000 GE = 100 % Projektfortschritt = 100 % - 66,67 % = 33,33 %.
Die Umsatzerlöse in 03 betragen (100 % × 120.000 GE) - 20.000 GE - 60.000 GE = 40.000 GE. Es entsteht ein Gewinn von 10.000 GE (= 40.000 GE - 30.000 GE).

Aufträge in Bearbeitung	40.000	an	Umsatzerlöse	40.000

Bisher wurden Anzahlungen i. H. v. 50.000 GE geleistet. Die ausstehenden 70.000 GE werden auf Forderungen aus Lieferungen und Leistungen eingebucht und gleichen das Konto Aufträge in Bearbeitung aus.

Forderungen aus Lieferungen und Leistungen	70.000	an	Aufträge in Bearbeitung	70.000

Über die drei Jahre werden somit 5 TGE + 15 TGE + 10 TGE = 30 TGE Gewinn nach dem Projektfortschritt vereinnahmt.

B. Nicht verlässliche Schätzung des Ergebnisses des Fertigungsauftrags

Buchungen in 01:

Bank	10.000	an	Aufträge in Bearbeitung	10.000
Diverse Aufwandskonten	15.000	an	Bank	15.000
Aufträge in Bearbeitung	15.000	an	Umsatzerlöse	15.000

Buchungen in 02:

Bank	40.000	an	Aufträge in Bearbeitung	40.000
Diverse Aufwandskonten	45.000	an	Bank	45.000
Aufträge in Bearbeitung	45.000	an	Umsatzerlöse	45.000

Buchungen in 03:

Diverse Aufwandskonten	30.000	an	Bank	30.000
Aufträge in Bearbeitung	30.000	an	Umsatzerlöse	30.000

Bei Fertigstellung und Übergabe:

Forderungen aus Lieferungen und Leistungen	70.000	an	Umsatzerlöse	30.000
			Aufträge in Bearbeitung	40.000

Es entsteht ein Gewinn i. H. v. 30 TGE in 03.

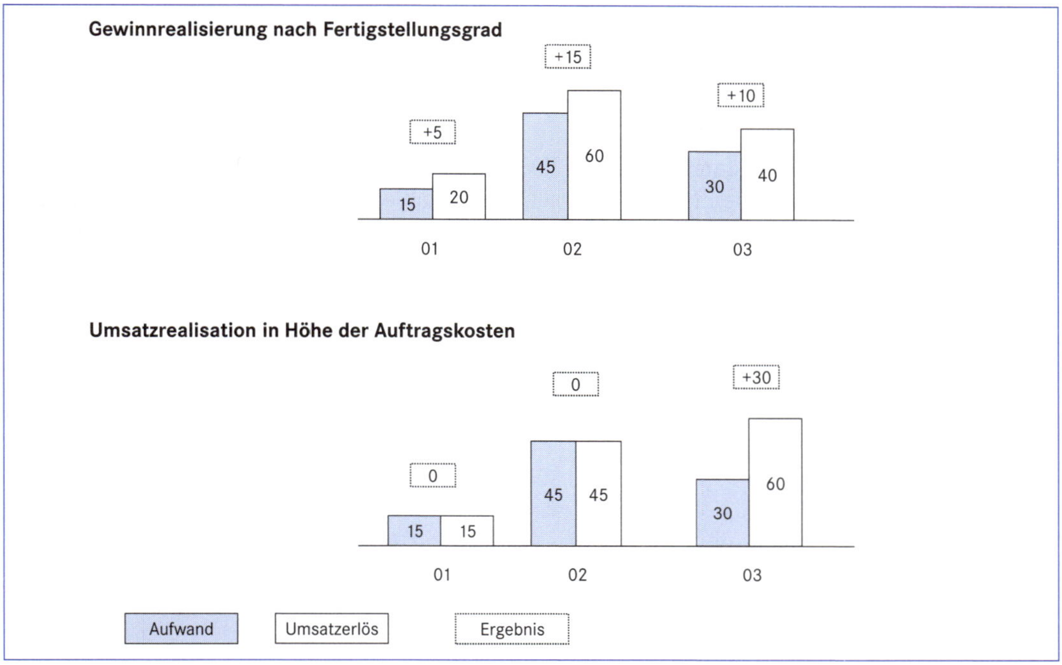

Abb. 22.9: Methodengegenüberstellung

VII. Rückstellungen

Rückstellungen (*provisions*) sind nach IFRS, wie auch in der deutschen Rechnungslegung, eine Spezialform bzw. Unterart der Schulden (*liabilities*), die sich jedoch durch Ungewissheit bezüglich ihrer Höhe oder Fälligkeit auszeichnen (IAS 37.10). Als Unterart der Schulden müssen diese grundsätzlich die gleichen Ansatzkriterien erfüllen wie die Schulden selbst. Gemäß der Definition im Framework ist die Passiverungspflicht von mit Unsicherheit behafteten Verpflichtungen abhängig von dem aus der Bilanzierung resultierenden Informationsnutzen und daher im Einzelfall abzuwägen. Somit wäre bei ausschließlicher Berücksichtigung der Ansatzkriterien des aktualisierten Framework auch ein Ansatz unwahrscheinlicher Ressourcenabflüssen denkbar. Auf Standardebene wird der Ansatz solcher Verpflichtungen mit unwahrscheinlichem Eintritt allerdings verboten (IAS 37.14). Als Ansatzvoraussetzung für eine Rückstellung gilt somit Folgendes: Es liegt eine gegenwärtige Verpflichtung vor, die aufgrund von Ereignissen in der Vergangenheit entstanden ist und deren Begleichung für das Unternehmen erwartungsgemäß zu einem bestimmbaren Abfluss von Ressourcen mit wirtschaftlichem Nutzen führen wird. Diese gegenwärtige Verpflichtung kann als rechtliche Verpflichtung (*legal obligation*) oder als faktische/wirtschaftliche Verpflichtung (*constructive obligation*) entstehen. Die **rechtliche Verpflichtung** ergibt sich aus Verträgen, Gesetzen oder sonstigen unmittelbaren Auswirkungen von Gesetzen. Bei der **faktischen Ver-**

pflichtung kann sich das Unternehmen aufgrund von wirtschaftlichen/faktischen Zwängen, wie sie durch übliches Geschäftsgebaren entstehen (nicht durch Vertrag), der Leistungserbringung nicht entziehen.

Im Unterschied zum deutschen Recht (und zur Formulierung des neuen Framework) kommt es bei den *provisions* erst zum Bilanzansatz, wenn der Ressourcenabfluss wahrscheinlich (»*more likely than not*«) ist (IAS 37.14 f.). Die Eintrittswahrscheinlichkeit sowie die Wahrscheinlichkeit des Ressourcenabflusses müssen damit größer als 50 % sein. Im Vergleich zum HGB sind die Ansatzbedingungen nach IFRS damit deutlich strenger, denn durch die Anwendung des Vorsichtsprinzips nach HGB-Recht würde eine Rückstellung schon bei einem relativ geringen Bestimmtheitsgrad gebildet werden. IAS 37.20 fordert, dass die gegenwärtige passivierungsfähige Verpflichtung immer gegenüber einer anderen Partei, also einem Dritten, bestehen muss. Demzufolge ist für den Ansatz von Rückstellungen nach IFRS eine **Außenverpflichtung** notwendig. Die aus dem deutschen

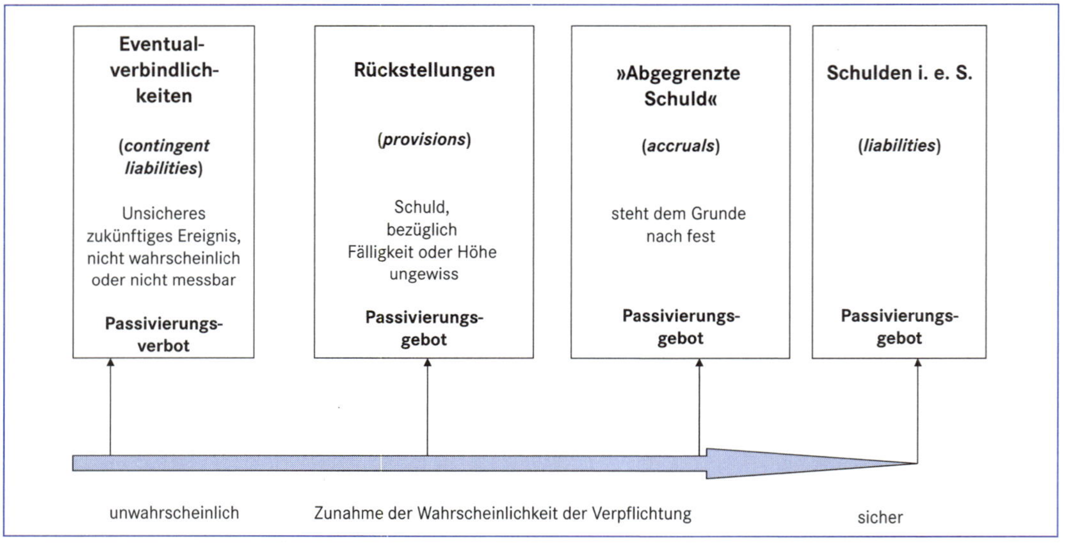

Abb. 22.10: Schuldenbegriff nach IFRS

Recht bekannten Aufwandsrückstellungen nach § 249 Abs. 1 HGB (Rückstellungen für unterlassene Instandhaltung und für Abraumbeseitigung; vgl. 16. Kapitel) stellen Innenverpflichtungen dar und unterliegen somit einem Passivierungsverbot nach IFRS.

Bestimmte Rückstellungen i. S. des HGB werden nach der IFRS-Bilanzierung wegen ihrem höheren Bestimmtheitsgrad als ***accruals*** abgegrenzt und stellen – wie die *provisions* – auch eine Unterart der Schulden dar. Jedoch besteht im Unterschied zu den *provisions* nur ein unwesentliches Restrisiko bezüglich ihrer Höhe oder Fälligkeit (IAS 37.11b). Es entstehen beispielsweise *accruals*, wenn ein Unternehmen eine Lieferung von Gütern bereits erhalten hat, aber vom Lieferanten noch keine Rechnung erstellt wurde oder über das Entgelt noch keine Einigung besteht. Weitere typische Beispiele bestehen in der Verpflichtung gegenüber Angestellten aufgrund rückständigen Urlaubs und die voraussichtlich anfallenden Kosten für die externe Abschlussprüfung. Für Pensionen und andere Leistungszusagen an Mitarbeiter bestehen Spezialvorschriften nach IAS 19 »*Employee Benefits*« (siehe hierzu ausführlich Coenenberg/Haller/Schultze [2018], Kapitel 7).

Für die ebenfalls in IAS 37 geregelten *contingent liabilities* (**Eventualverbindlichkeiten**) besteht im Gegensatz zu den *provisions* und den *accruals* ein Passivierungsverbot (IAS 37.27). Es kann sich hier um mögliche Verpflichtungen handeln, bei denen nicht sicher ist, ob diese eine gegenwärtige Verpflichtung darstellen oder die wahrscheinlich nicht zu einem Abfluss von wirtschaftlichen Ressourcen führen werden oder deren Wert nicht verlässlich genug bestimmt werden kann (IAS 37.13).

Rückstellungen sind mit dem bestmöglichen Schätzwert (*best estimate*) anzusetzen (IAS 37.36). Dies ist der Betrag, der aufgrund vernünftiger Betrachtung zur Erfüllung der Verpflichtung am Stichtag nötig wäre. Bei der **Bewertung** ist zwischen Einzel- und Massenverpflichtungen zu unterscheiden. Liegt eine Einzelverpflichtung vor, so entspricht der beste Schätzwert i. d. R. dem wahrscheinlichsten Erfüllungsbetrag, ggf. mit gewissen Zu- oder Abschlägen (IAS 37.40). Bei mehreren gleich wahrscheinlichen Erfüllungsbeträgen wird das arithmetische Mittel gebildet. Umfasst eine Rückstellung sehr viele einzelne Geschäftsvorfälle (Massenverpflichtung), wie z. B. eine Garantierückstellung, für die eine Wahrscheinlichkeitsverteilung möglicher Erfüllungsbeträge existiert, so ist der Erwartungswert anzusetzen (IAS 37.39). Unvermeidbare Risiken und Unsicherheiten sind gemäß IAS 37.42 bei der Ermittlung des *best estimate* zu berücksichtigen.

Rückstellungen sind abzuzinsen, wenn die Diskontierung einen wesentlichen Effekt auf die Ausweishöhe der Verpflichtung hat (IAS 37.45). Dies ist i. d. R. bei einer Inanspruchnahme der Verpflichtung mehr als zwölf Monate nach dem Bilanzstichtag der Fall. Als Rechnungszins wird ein laufzeitkongruenter Marktzins vor Steuern definiert und nicht wie im HGB der durchschnittliche Marktzinssatz der vergangenen sieben Geschäftsjahre unter Berücksichtigung der Restlaufzeit der den Rückstellungen zugrunde liegenden Verpflichtungen. Nach der Abzinsung findet in den Folgejahren eine periodische Erhöhung der Rückstellung statt, die nach IAS 37.60 als Fremdkapitalkosten erfasst wird.

VIII. Leasinggeschäfte

Wie in Kapitel 15 erläutert, werden Vermögensgegenstände des Sachanlagevermögens in der Unternehmenspraxis häufig auf Basis von Leasingverträgen übertragen und genutzt. In Abhängigkeit von der Ausgestaltung des Leasingvertrages kommt es dabei zu einer Separierung des wirtschaftlichen Eigentümers vom rechtlichen Eigentümer. Die zentrale Frage bei der Bilanzierung von Leasinggeschäften ist, ob der Leasinggegenstand dem Leasingnehmer oder dem Leasinggeber zugerechnet wird, d. h. wer die Bilanzierung vorzunehmen hat. Während handelsrechtlich die Bilanzierung gemäß § 246 Abs. 1 HGB beim wirtschaftlichen Eigentümer erfolgt und damit sowohl aus Leasinggeber- als auch aus Leasingnehmerperspektive konzeptionell auf dem *risk-and-reward-approach* basiert, erfolgt bei der Leasingbilanzierung nach IFRS eine differenziertere Betrachtung.

Vorschriften zur Bilanzieerung von Leasingkontrakten fanden sich in der internationalen Rechnungslegung bislang in IAS 17, SIC 15, SIC 27 und IFRIC 4. Ab dem 01.01.2019 werden die bisherigen Standards und Interpretationen durch IFRS 16 ersetzt. Eine vorzeitige Anwendung ist allerdings bei gleichzeitiger Anwendung des IFRS 15 zulässig. Der Geltungsbereich des IFRS 16 erstreckt sich mit Ausnahme von Leasinverhältnissen zur Entdeckung und Verarbeitung von Mineralien, Öl und ähnlichen nicht regenerativen Ressourcen und Lizenzvereinbarungen über beispielsweise Filme, Patente und Copyrights auf alle Leasinggeschäfte. Mit der Einführung von IFRS 16 ergeben sich vor allem für Leasingnehmer weitreichende Änderungen. Die folgenden Ausführungen erläutern kurz die zentralen Inhalte des IFRS 16 (vgl. hierzu ausfühhrlich Coenenberg/Haller/Schultze [2018], Kapitel 3).

Ein Leasingverhältnis ist eine Vereinbarung, bei der eine Partei (Leasinggeber) einer anderen Partei (Leasingnehmer) gegen Entgelt das Recht auf Nutzung eines Vermögenswertes für einen vereinbarten Zeitraum gegen Gegenleistung überträgt (IFRS 16.9). Hierunter fällt im Grunde jegliche Art von Mietverträgen. Ausgenommen sind allerdings Dienstleistungsgeschäfte, in deren Rahmen auch ein Recht auf Nutzung eines Objektes gewährt wird. Das Nutzungsrecht wird hier gegebenenfalls vom restlichen Vertrag separiert und als Leasingvertrag behandelt. Damit die eben beschriebene Definition eines Leasingverhältnisses erfüllt ist, muss der Vermögenswert identifizierbar sein, der Leasingnehmer muss das Recht haben, die Nutzung des Vermögenswertes zu beherrrschen und ihm muss im Wesentlichen der gesamte ökonomische Nutzen aus der Nutzung während der Vertragslaufzeit zufließen. Diese Voraussetzungen schaffen allerdings Ermessensspielräume. Beispielsweise liegt bei einer Anmietung von Fahrzeugen einer bestimmten Typenklasse kein identifizierbarer Vermögenswert vor, wenn ein Fahrzeug gemietet wird, der Mieter allerdings nicht alleine über die Fahrtstrecke entscheiden kann. Schließlich liegt auch kein Leasingverhältnis vor, wenn der Leasinggeber den Vermögenswert jederzeit austauschen kann, wenn es ihm vorteilhaft erscheint.

Der **Leasingnehmer** hat im Gegensatz zur Vorgehensweise in Deutschland (siehe 15. Kapitel) und der früheren Regelungen des IAS 17 künftig den *right-of-use-approach* anzuwenden. Das bedeutet, er hat unabhängig vom Erwerb des wirtschaftlichen Eigentums ein Nutzungsrecht (*right-of-use-asset*) zu aktivieren. Ausnahmen bestehen nur für Leasingverhältnisse mit einer Laufzeit von weniger als einem Jahr (*short-term-leases*) oder für jene mit einem geringen Wert (*low value leases*). Neben dem Nutzungsrecht hat der Leasingnehmer ferner eine Verbindlichkeit in Höhe des Barwerts der mit dem dem Leasingverhältnis zugrundeliegenden Zinssatz diskontierten Leasingzahlungen zu passivieren. Der Wert der Leasingverbindlichkeit stellt die wesentliche Komponente der Bewertung des Nutzungsrechts dar. Darüber hinaus sind vorab geleistete Zahlungen und direkt zurechenbare Kosten der Ingangsetzung hinzuzurechnen sowie erhaltene Anreizzahlungen abzuziehen. In der Folgebewertung ist das Nutzungsrecht planmäßig über die Vertragslaufzeit und gegebenenfalls zusätzlich außerplanmäßig abzuschreiben. Die zu leistenden Leasingraten sind – analog zu einem aufgenommenen Annuitätendarlehen – in Zins- und Tilgungskomponenten zu separieren. Während die Tilgungskomponente die Höhe der Verbindlichkeit erfolgsneutral reduziert, wirkt sich die Zinskomponente als weiterer Aufwand jahresüberschussmindernd aus.

Der **Leasinggeber** hat die Entscheidung über die Bilanzierung des Leasinggegenstandes – äquivalent zu den nationalen Normen – unter Anwendung des *risk-and-reward-approach* zu treffen. Somit ist das Ausbuchen des Leasinggegenstandes auch nach IFRS abhängig von der Klassifizierung als Finanzierungsleasing (*finance lease*) oder Operating-Leasing (*operating lease*). Im Unterschied zu den für die Auslegung der handelsrechtlichen Regelung maßgebenden Leasingerlasse gibt IFRS 16.63 einen konkreten Indikatorenkatalog vor, auf dessen Basis die Abgrenzung eines *finance lease* von einem *operating lease* zu erfolgen hat. Zu den Indikatoren zählen die Eigentumsübertragung am Ende der Laufzeit, das Vorliegen einer Kaufoption unter Berücksichtigung der Ausübungswahrscheinlichkeit, das Verhältnis der Vertragslaufzeit zur wirtschaftlicher Nutzungsdauer, das Verhältnis des Barwerts der Mindestleasingzahlungen zum Marktwert sowie das Vorliegen eines Spezialleasings. Abweichend von den in den Leasingerlassen angeführten Kriterien zur Klassifizierung von Leasingverhältnissen stellen die eben genannten Indikatoren des IFRS 16 vorrangig auf die Übertragung des Nutzen während der Vertragslaufzeit ab. Allgemein ist denkbar, dass ein Leasingverhältnis beim Leasinggeber nach HGB als Finanzierungsleasing und nach IFRS als *operating lease* klassifiziert wird. Die bilanziellen Folgen dieser dichotomen Behandlung von Leasingverträgen stimmen in ihrem Wesen mit jenen der nationalen Normen überein. Der Leasinggeber hat im Fall des *operating lease* somit den Leasinggegenstand weiterhin zu erfassen und den Buchwert fortzuführen, d. h. um plamäßige und (soweit angezeigt) außerplanmäßige Abschreibungen zu mindern. Die Leasingraten sind *pro rata temporis* erfolgswirksam als Ertrag in der GuV zu erfassen. Stellt das Leasingverhältnis dementgegen ein *finance lease* dar, hat der Leasinggeber den Leasinggegenstand auszubuchen und eine Forderung in Höhe des Barwerts des der mit dem dem Leasingverhältnis zugrundeliegenden Zinssatz diskontierten Leasingzahlungen einzubuchen. Die Leasingraten sind - analog zu einem gewährten Annuitätendarlehen - nun in Zins- und Tilgungskomponenten aufzuspalten. Wärend die Tilgungskomponente die Höhe der Forderung erfolgsneutral reduziert, wirkt sich die Zinskomponente als Ertrag jahresüberschussmehrend aus.

Beispiel

Die Haase AG wechselte im vergangenen Jahr in die Flugzeugbranche und schließt am 01.01.01 mit der Bing AG einen Vertrag über ein Passagierflugzeug ab. Gehen Sie davon aus, dass die Bedingungen für einen Leasingvertrag nach IFRS erfüllt sind. Vertraglich sind folgende Konditionen festgelegt:
Ab dem 01.01.01 besteht für die Haase AG das Recht, das Flugzeug zu nutzen, wobei die Laufzeit des Leasingvertrags auf 2 Jahre festgeschrieben wurde. Die wirtschaftliche Nutzungsdauer des zugrundeliegenden identifizierten Vermögenswertes, dem Flugzeug, beträgt 20 Jahre. Für die Haase AG besteht zum Ende der Laufzeit des Leasingvertrages keine günstige Kaufoption, ebenso findet kein rechtlicher Eigentumsübergang statt. Der *fair value* des Flugzeugs beläuft sich zu Beginn des Leasingvertrages auf 10 Mio. EUR und der Buchwert auf 8 Mio. EUR (lineare Abschreibungsmethode). Die Haase AG muss über die Laufzeit des Vertrags nachschüssig zum jeweiligen Jahresende Leasingraten i. H. v. 700.000 EUR leisten. Der interne Zinssatz liegt annahmegemäß bei 6,373 %.

A. Bilanzielle Folgen für den Leasingnehmer

Am 01.01.01 hat der Leasingnehmer ein Nutzungsrecht zu aktivieren und eine Leasingverbindlichkeit zu passivieren. Der Wert der Leasingverbindlichkeit entspricht dem Barwert der Leasingzahlungen, der sich unter Verwendung des internen Zinssatzes wie folgt berechnet: $1.276.698 = 700.000 \times (1 + 0,06373)^{-2} + 700.000 \times (1 + 0,06373)^{-1}$. Da in diesem Beispiel keine Initialkosten anfallen, wird der Wert des Nutzungsrecht ausschließlich durch den Wert der Leasingverbindlichkeit determiniert.

Nutzungsrecht	1.276.698	an	Leasingverbindlichkeit	1.276.698

Am 31.12.01 ist das Nutzungsrecht unter Anwendung der linearen Abschreibungsmethode planmäßig abzuschreiben, die Leasingverbindlichkeit in Höhe der Tilgungskomponente der Leasingrate zu mindern und die Zinskomponente als Zinsaufwand zu erfassen.

Abschreibungen	638.349	an	Nutzungsrecht	638.349

Leasingverbindlichkeit	618.636	an	Bank	700.000
Zinsaufwand	81.364			

Am 31.12.02 ist das Nutzungsrecht unter Anwendung der linearen Abschreibungsmethode weiter planmäßig abzuschreiben, die Leasingverbindlichkeit in Höhe der Tilgungskomponente der Leasingrate zu mindern und die Zinskomponente als Zinsaufwand zu erfassen.

Abschreibungen	638.349	an	Nutzungsrecht	638.349

Leasingverbindlichkeit	658.062	an	Bank	700.000
Zinsaufwand	41.938			

B. Bilanzielle Folgen für den Leasinggeber

Das in diesem Beispiel betrachtete Leasinggeschäft stellt aus Sicht des Leasinggebers ein *operating lease* dar, da keines der Kriterien aus IFRS 16.63 erfüllt ist. Er hat daher den Leasinggegenstand weiterhin zu bilanzieren und am 01.01.01 keine Buchungen vorzunehmen.

Am 31.12.01 hat der Leasinggeber das Flugzeug abzuschreiben und die Leasingrate als Ertrag zu erfassen.

Abschreibungen	400.000	an	Sachanlagen	400.000

Bank	700.000	an	Mieterträge	700.000

Am 31.12.02 hat der Leasinggeber das Flugzeug abzuschreiben und die Leasingrate als Ertrag zu erfassen.

Abschreibungen	400.000	an	Sachanlagen	400.000

Bank	700.000	an	Mieterträge	700.000

23. Kapitel: Konzernrechnungslegung

Unter einem Konzern versteht man rechtlich selbstständige Unternehmen, die jedoch wirtschaftlich miteinander verbunden sind. Ein Konzern wird daher als wirtschaftliche Einheit mehrerer rechtlich selbstständiger Unternehmen definiert. Zentrales Merkmal ist die übergeordnete Leitung der wirtschaftlichen Aktivitäten der einzelnen Gesellschaften durch ein herrschendes Unternehmen, das sog. Mutterunternehmen.

Die zunehmende Konzentration und die steigende Unternehmensgröße, die Globalisierung sowie die zunehmende Dezentralisierung der Organisation von Unternehmen haben zu einer immer größeren Bedeutung von Konzernen geführt, die auch eine wachsende Bedeutung des Konzernabschlusses nach sich zieht. In einem Konzernverbund ist der Jahresabschluss eines einzelnen Unternehmens (Einzelabschluss) nicht mehr aussagekräftig, denn die Unternehmen sind nur noch ein kleiner Teil des Konzerns, zwischen den einzelnen Unternehmen ist eine Verlagerung von Vermögen, Kapital und Erfolgen leicht möglich. Dies führt zu einer Verfälschung der Aussagekraft der Einzelabschlüsse und es wird daher für die wirtschaftliche Beurteilung der Konzernunternehmen ein Konzernabschluss benötigt, der die Gesamtheit Konzern abbildet. Die Folge ist, dass, besonders in der internationalen Unternehmensanalyse, dem Konzernabschluss eine deutlich größere Bedeutung zukommt als dem Einzelabschluss. Dies zeigt sich in der Veröffentlichungspraxis von Geschäftsberichten, in denen häufig nur der Konzernabschluss enthalten ist.

Wie bereits im Kapitel 22 angesprochen, sind kapitalmarktorientierte Mutterunternehmen mit Sitz in der Europäischen Union seit 2005 verpflichtet, ihren Konzernabschluss nach den Regelungen der IFRS aufzustellen. Daneben gibt es jedoch auch eine Vielzahl an Mutterunternehmen, die nicht an einem organisierten Kapitalmarkt teilnehmen und ihren Konzernabschluss nach HGB erstellen. Auch hier dient der Konzernabschluss als Informationsinstrument, sowohl für die Kapitalgeber und sonstige Stakeholder des Mutterunternehmens als auch für konzernfremde Anteilseigner und Stakeholder der Tochterunternehmen.

Im ersten Abschnitt des Kapitels werden zunächst Aufgaben, Theorien und Grundsätze des Konzernabschlusses geklärt. Der zweite Teil behandelt die grundsätzliche Pflicht zur Aufstellung eines Konzernabschlusses, welche Ausnahmen davon bestehen und welche Unternehmen in einen zu erstellenden Konzernabschluss aufgenommen werden müssen. Daran anschließend werden die erforderlichen Anpassungen, die an den Einzelabschlüssen vorgenommen werden müssen, dargestellt. Die eigentliche Konsolidierung der einzubeziehenden Einzelabschlüsse wird in Abschnitt D dieses Kapitels behandelt. Abschließend wird noch die Einbeziehung von nicht vollkonsolidierten verbundenen Unternehmen in den Konzernabschluss erläutert.

A. Aufgaben, Theorien und Grundsätze des Konzernabschlusses

Das Ziel des Konzernabschlusses ist die Ausschaltung von Darstellungsunzulänglichkeiten, die sich aus Unternehmensverbunden ergeben. Gemäß § 297 HGB hat der Konzernabschluss unter Beachtung der GoB ein den tatsächlichen Verhältnissen entsprechendes Bild der Vermögens-, Finanz- und Ertragslage des Konzerns zu vermitteln, die sog. Generalnorm, wobei verflechtungsbedingte Verzerrungen rückgängig zu machen sind.

Wie beim Einzelabschluss kann man die Aufgaben des Konzernabschlusses ausgehend von den Adressaten erörtern. Zu den Adressaten des Konzernabschlusses gehören Aktionäre der Obergesellschaft und der Minderheiten, der Aufsichtsrat, das Management, potenzielle Aktionäre, Gläubiger, Lieferanten, Arbeitnehmer und die Öffentlichkeit, nicht jedoch der Fiskus. Gegenüber diesen Adressaten hat der Konzernabschluss ausschließlich eine Informationsfunktion über die Vermögens-, Finanz- und Ertragslage des wirtschaftlichen Konstruktes Konzern. Er begründet, im Gegensatz zum Einzelabschluss, keine Anspruchsgrundlage für Aktionäre, Gläubiger oder den Fiskus, da der Konzern keine eigene Rechtspersönlichkeit besitzt.

Auch die IFRS stellen die **Informationsfunktion** in den Mittelpunkt der Aufgaben des Konzernabschlusses. IFRS 10 fordert eine Darstellung des Unternehmensverbundes ohne die Berücksichtigung der rechtlichen Selbstständigkeit der Tochterunternehmen. Die Informationspflichten und sonstigen Anforderungen der IFRS sind mit denen gemäß HGB vergleichbar.

Das theoretische Fundament der Konzernrechnungslegung und damit auch den übergeordneten Bezugspunkt im Zweifelsfall bilden verschiedene Theorien, von denen vor allem zwei von praktischer Bedeutung sind. Zum einen die **»Einheitstheorie«** (*entity theory*) und zum anderen die **»Interessentheorie«** (*parent company theory*). Die Frage, die sie zu beantworten suchen, ist: Wofür steht der Konzernabschluss und was soll er darstellen?

Die Einheitstheorie nimmt die Sichtweise des Managements des Mutterunternehmens ein, welches den Unternehmensverbund als eine wirtschaftliche Einheit betrachtet. Entsprechend werden Tochterunternehmen als unselbstständige Betriebsstätten des Konzerns verstanden. Dieser komplette Einbezug der Tochterunternehmen hat zur Folge, dass auch die Anteile Dritter, sog. nicht beherrschender Gesellschafter oder Minderheitengesellschafter, als Eigenkapital des Konzerns angesehen werden. Ebenso wird der Anteil des Ergebnisses des Konzerns, der auf die Minderheitenanteile entfällt, als Bestandteil des Konzernergebnisses betrachtet.

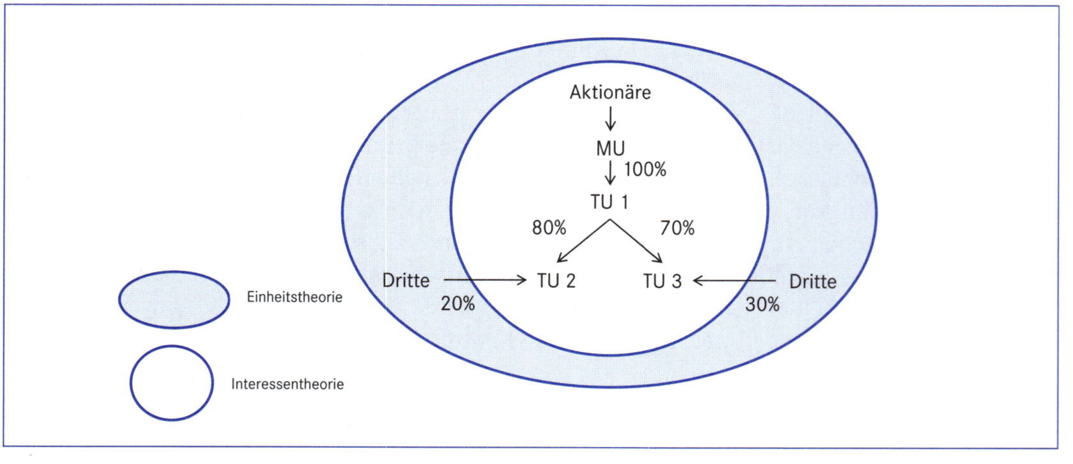

Abb. 23.1: Einheits- versus Interessentheorie

Im Gegensatz hierzu nimmt die Interessentheorie die Sichtweise der Aktionäre des Mutterunternehmens ein. Der Konzernabschluss wird als erweiterter Abschluss des Mutterunternehmens verstanden. Die Interessen des Mutterunternehmens, also i. d. R. der Mehrheitsaktionäre am Nettovermögen der Unternehmensgruppe, sollen abgebildet werden. Anteile von Minderheitengesellschaftern an Tochterunternehmen werden nun als Fremdkapital des Konzerns betrachtet und ihr Anteil am Ergebnis des Konzerns muss entsprechend als Zinsaufwand angesehen werden. Auch ihre Anteile an den stillen Reserven oder einem Goodwill werden nicht bilanziert bzw. getrennt ausgewiesen (vgl. Abb. 23.1).

Sowohl die deutsche Konzernrechnungslegung nach HGB als auch die Vorschriften der IFRS legen weitgehend die Einheitstheorie zugrunde, jedoch setzen beide Regelwerke diese nicht vollumfänglich um. So sieht beispielsweise das HGB Konsolidierungswahlrechte und -verbote vor und die IFRS stellen die Anteilseigner und weitere Adressaten des Mutterunternehmens in den Vordergrund. Gleichwohl betrachten die beiden Rechnungslegungsstandards die Minderheitenaktionäre als Eigenkapitalgeber des Konzerns, jedoch werden ihre Anteile sowie das auf sie entfallende Ergebnis getrennt angegeben.

Das HGB wie auch die IFRS legen einige Grundprinzipien für die Konzernrechnungslegung fest, die zum grundsätzlichen Verständnis der Konzernrechnungslegung und zur Ableitung konkreter Vorgehensweisen dienen. Die Grundsätze der Konzernrechnungslegung treten zwischen die naturgemäß sehr allgemeine Generalnorm und die einzelnen konkreten Regelungen der Konzernrechnungslegung.

Um seiner Funktion als Informationsinstrument gerecht werden zu können, ist die Beachtung des **Grundsatzes der Vollständigkeit** im Konzernabschluss von wesentlicher Bedeutung. Nur wenn alle den Konzern konstituierenden Unternehmen in den Abschluss mit einbezogen werden, kann eine den tatsächlichen Verhältnissen der Vermögens-, Finanz- und Ertragslage des Konzerns entsprechende Darstellung erfolgen (§ 300 Abs. 2 HGB).

Von zentraler Bedeutung ist der **Grundsatz der Fiktion der rechtlichen Einheit**. Er stellt die zentrale Leitlinie der Konzernrechnungslegung dar. Die in den Konzernabschluss einbezogenen Unternehmen sollen so dargestellt werden, als ob es sich bei dem Unternehmensverbund um ein einziges eigenständiges Unternehmen handeln würde (§ 297 Abs. 3 HGB).

Auf diesem Grundsatz beruhen auch die **Grundsätze des einheitlichen Stichtages** und der **einheitlichen Bilanzierung und Bewertung**. So müssen die Einzelabschlüsse der Konzernunternehmen alle auf einen einheitlichen Stichtag hin erstellt werden (§ 299 HGB). Damit sollen Vermögens- und Erfolgsverlagerungen zwischen den einzelnen Unternehmen unterbunden werden. Wie im Einzelabschluss müssen auch im Konzernabschluss einheitliche Vorschriften zu Ansatz und Bewertung verwendet werden (§ 300 Abs. 2 i. V. m. § 308 HGB). Sollten im Einzelabschluss eines Unternehmens Methoden und Grundsätze zur Anwendung gekommen sein, die von denen des Konzernabschlusses abweichen, muss der Einzelabschluss entsprechend angepasst werden. Diese aus solchen Anpassungen hervorgehenden Abschlüsse werden als Handelsbilanz II (HB II) bezeichnet.

Um eine materielle Einheitlichkeit und zeitliche Vergleichbarkeit zu gewährleisten, sind die Konsolidierungsmethoden stetig anzuwenden. Der **Grundsatz der Stetigkeit** der Konsolidierungsmethoden bezieht sich dabei sowohl auf die Ausübung von bestehenden Konsolidierungswahlrechten als auch auf die Anwendung der Konsolidierungsmethoden.

Die Erstellung eines Konzernabschlusses bedarf eines nicht unerheblichen Aufwands. Deshalb ist neben inhaltlichen Grundsätzen auch der **Grundsatz der Wirtschaftlichkeit und Wesentlichkeit** zu beachten. Seine Anwendung ist aber im Einzelfall zu prüfen.

Neben der Gründung einer Tochter stellen Unternehmenszusammenschlüsse die häufigste Ursache für die Entstehung von Konzernstrukturen dar. Dabei kann zwischen Fusionen (*mergers*) und Akquisitionen (*acquisitions*) unterschieden werden. Bei einer Fusion handelt es sich um den

Zusammenschluss zweier Unternehmen auf Augenhöhe, während unter einer Akquisition der Erwerb von Unternehmen, Unternehmensteilen oder Beteiligungen, die anschließend in den Unternehmensverbund des Käufers eingegliedert werden, verstanden wird. Neben den zwei Formen von Unternehmenszusammenschlüssen lässt sich auch ihre rechtliche Ausgestaltung in zwei Kategorien einteilen: *asset deal* und *share deal*. Beim *asset deal* tritt das erwerbende Unternehmen die Einzelrechtsnachfolge der einzelnen Vermögens- und Schuldposten an. Es werden also auf Ebene des Mutterunternehmens das Vermögen und die Schulden des Unternehmens einzeln erworben. Die Abbildung eines solchen Erwerbs erfolgt im Einzelabschluss des Mutterunternehmens. Im Gegensatz hierzu ist der *share deal* zu sehen. Hierbei erwirbt der Käufer Unternehmensanteile und tritt somit die Gesamtrechtsnachfolge an dem Unternehmen an. In seiner ökonomischen Wirkung entspricht der *share deal* einem Einzelerwerb aller Vermögens- und Schuldposten, jedoch nicht in seiner bilanziellen Darstellung, da die indirekt erworbenen Vermögensgegenstände und Schulden in einem einzelnen Posten, der Beteiligung an verbundenen Unternehmen, zusammengefasst sind. Um der Fiktion der rechtlichen Einheit gerecht zu werden, muss der *share deal* in seiner bilanziellen Abbildung im Konzern so umgewandelt werden, als hätte das Unternehmen »Konzern« alle Vermögens- und Schuldposten einzeln in einem *asset deal* erworben, da das erworbene Unternehmen nicht mehr als Beteiligung gesehen wird, sondern als integraler Bestandteil des Konzerns. Diese Umgestaltung geschieht im Rahmen der Kapitalkonsolidierung (vgl. in diesem Kapitel, Abschnitt D).

Das HGB regelt die Konzernrechnungslegung in den §§ 290 - 315e HGB. Kapitalmarktorientierte Unternehmen müssen gemäß § 315e HGB ihren Konzernabschluss entsprechend den IFRS erstellen (vgl. 22. Kapitel, S. 477). Von besonderer Relevanz sind hierbei die Standards IFRS 10 und IFRS 3. Unternehmen, die ihren Konzernabschluss auf Grundlage des HGB erstellen, müssen zusätzlich zu den Vorschriften des HGB die Regelungen des DRSC beachten, auf die im Rahmen dieses Kapitels jedoch nicht näher eingegangen wird (vgl. Coenenberg/Haller/Schultze [2018], Kapitel 10 und 11).

B. Aufstellungspflicht und Konsolidierungskreis

Die Pflicht, einen Konzernabschluss zu erstellen, trifft grundsätzlich jedes Unternehmen, das einen beherrschenden Einfluss auf mindestens ein **Tochterunternehmen** ausübt. Wann eine solche Beherrschung vorliegt, soll im Folgenden erläutert werden. Daneben werden Ausnahmen von dieser grundsätzlichen Verpflichtung besprochen und die Frage geklärt, welche Unternehmen in den zu erstellenden Konzernabschluss einbezogen werden müssen.

I. Verpflichtung zur Konzernrechnungslegung

Die Regelungen des HGB und der IFRS hinsichtlich der Verpflichtung zur Erstellung eines Konzernabschlusses sind grundsätzlich vergleichbar. Beide Normensysteme sehen als Ausgangspunkt ein Über- bzw. Unterordnungsverhältnis zwischen einem **Mutter- und einem Tochterunternehmen** vor. Jedoch ergeben sich Unterschiede in der Konkretisierung dieser Verpflichtung.

1. Generelle Pflicht zur Konzernabschlusserstellung

Für deutsche Unternehmen ergibt sich die Verpflichtung zur Konzernabschlusserstellung je nach Rechtsform aus dem HGB oder aus dem Publizitätsgesetz. Für Kapitalgesellschaften ist § 290 HGB maßgebend, für andere Rechtsformen regelt § 11 PublG die Konzernabschlusserstellungspflicht. Aus den Regelungen des HGB und des PublG geht auch die Pflicht kapitalmarktorientierter Unternehmen mit Sitz in Deutschland zur Erstellung des Konzernabschlusses gemäß den IFRS hervor und nicht aus den IFRS selbst (§ 315e HGB).

Kapitalgesellschaften müssen gemäß § 290 Abs. 1 HGB einen Konzernabschluss erstellen, wenn sie unmittelbar oder mittelbar einen beherrschenden Einfluss auf ein Tochterunternehmen ausüben können. Dieses sog. **»*Control*«-Konzept** wird durch § 290 Abs. 2 HGB ergänzt, welcher den Begriff des beherrschenden Einflusses durch vier Rechtspositionen konkretisiert.

Steht einem Unternehmen die Mehrheit der Stimmrechte der Gesellschafter eines Unternehmens zu, so übt es einen beherrschenden Einfluss aus. Dabei sind auch Stimmrechte, die dem Unternehmen indirekt zustehen, beispielsweise über ein Tochterunternehmen, zu berücksichtigen. Diese Mehrheit muss nicht mit einer Beteiligung oder gar mit einer Anteilsmehrheit einhergehen, sondern stellt lediglich auf den rechtlich gesicherten Anspruch auf die Stimmrechte ab. Entsprechend ist eine faktische Ausübung der Beherrschung ebenfalls nicht notwendig § 290 Abs. 2 Nr. 1 HGB.

Ein beherrschender Einfluss liegt auch dann vor, wenn einem Unternehmen das Recht zusteht, die Mehrheit der Mitglieder des Verwaltungs-, Leitungs- oder Aufsichtsorgans eines anderen Unternehmens zu bestellen und abzuberufen. In diesem Fall muss das berechtigte Unternehmen auch Gesellschafter des Tochterunternehmens sein, eine Kapitalbeteiligung ist allerdings nicht erforderlich § 290 Abs. 2 Nr. 2 HGB.

Gibt ein Unternehmen aufgrund eines Beherrschungsvertrages oder entsprechender Regelungen in der Satzung das Recht, Finanz- und Geschäftspolitik des Unternehmens zu bestimmen, an ein anderes Unternehmen ab, so liegt ebenfalls ein Beherrschungsverhältnis vor § 290 Abs. 2 Nr. 3 HGB.

Zusätzlich zu den drei genannten Kriterien zielt § 290 Abs. 2 Nr. 4 HGB insbesondere auf sog. »Zweckgesellschaften« ab. Diese zeichnen sich dadurch aus, dass sie von einem Unternehmen für einen bestimmten Zweck gegründet werden, jedoch der Großteil der Kapitalanteile oder sogar die gesamten Anteile nicht im Besitz dieses Unternehmens ist. Daher liegt nach § 290 Abs. 2 Nr. 4 HGB ein beherrschender Einfluss auch vor, wenn die Mehrheit der wirtschaftlichen Chancen und Risiken vom Mutterunternehmen getragen wird und dieses Unternehmen einem begrenzten und genau definierten Ziel des Mutterunternehmens dient.

§ 11 PublG setzt für Nicht-Kapitalgesellschaften neben dem beherrschenden Einfluss auf ein Tochterunternehmen zusätzlich voraus, dass an drei aufeinanderfolgenden Stichtagen zwei von drei Größenmerkmalen zutreffen. Dabei muss es sich an den aufeinanderfolgenden Stichtagen nicht um die zwei selben der folgenden Kriterien handeln:

- Konzernbilanzsumme: > 65 Mio. EUR
- Konzernumsatzerlöse: > 130 Mio. EUR
- Zahl der Arbeitnehmer der inländischen Konzernunternehmen: > 5000

Zur Bestimmung eines Beherrschungsverhältnisses verweist das PublG wiederum auf die Vorschriften des HGB in § 290 Abs. 2-5 HGB. Abb. 23.2 fasst das *Control*-Konzept, wie es im HGB bzw. PublG implementiert wurde, zusammen.

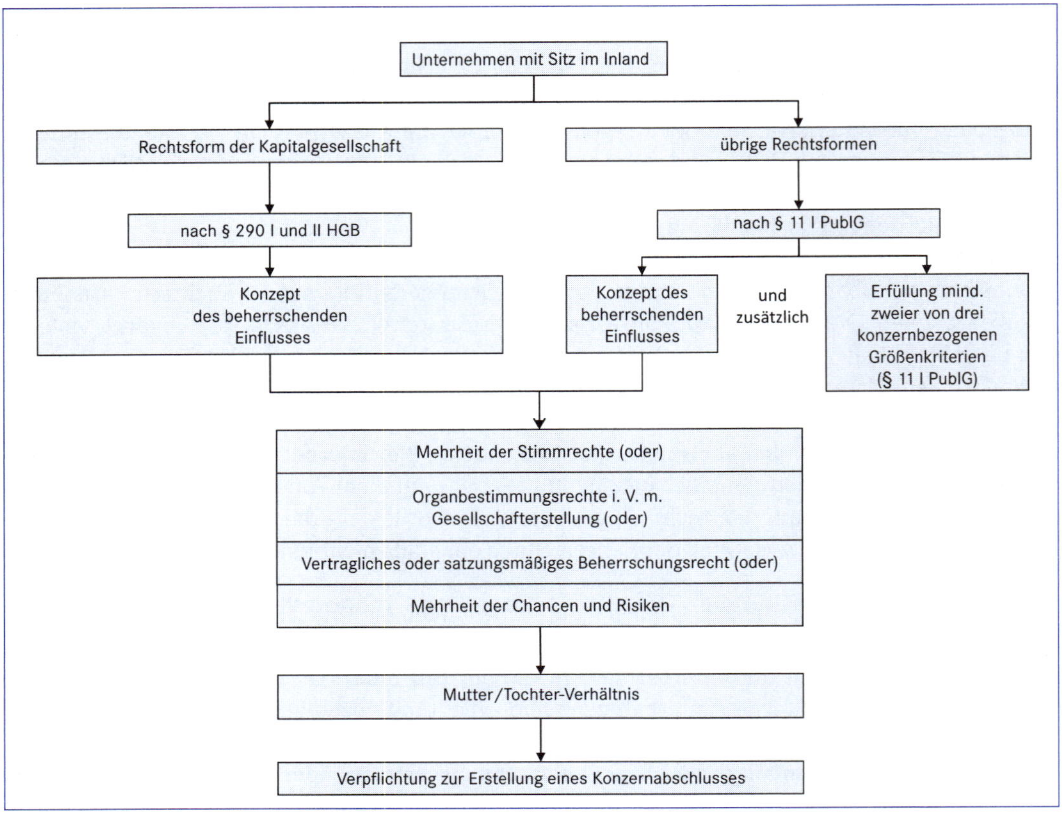

Abb. 23.2: Beherrschungskonzept nach deutschem Recht

In den IFRS regelt IFRS 10 »*Consolidated Financial Statements*« die Konzernabschlusserstellung. Der Standard IFRS 10 ist grundsätzlich für Geschäftsjahre, die ab dem 01.01.2013 beginnen, verpflichtend anzuwenden. In der EU ist die Anwendung aufgrund des Endorsements erst für Geschäftsjahre beginnend ab dem 01.01.2014 verpflichtend. Damit ersetzt er den zuvor gültigen IAS 27 »*Consolidated and Separate Financial Statements*« sowie die ihn ergänzende Interpretation SIC-12 zur Konsolidierungspflicht von Zweckgesellschaften. IAS 27 bleibt in einer überarbeiteten Fassung bestehen, enthält aber zukünftig nur noch die unveränderten Regelungen für den Einzelabschluss. Zudem regelt IFRS 12 »*Disclosures of Interests in Other Entities*« die erforderlichen Anhangangaben zu allen Beteiligungsverhältnissen.

Die Pflicht zur Erstellung eines Konzernabschlusses besteht gemäß den IFRS unabhängig von der Rechtsform des Unternehmens. Die Verpflichtung zur Konzernrechnungslegung ergibt sich aus IFRS 10.1 f. für alle Mutterunternehmen, wobei die IFRS – wie das HGB – ein **»*Control*«-Verhältnis** zwischen Mutter- und Tochterunternehmen zugrunde legen.

Durch den IFRS 10 ist das Beherrschungskonzept neu definiert worden. Es existiert nun eine einheitliche Definition, die auch auf Zweckgesellschaften Anwendung findet. Ein Mutter-Tochter-Verhältnis liegt entsprechend dem *Control*-Konzept dann vor, wenn ein Unternehmen die Bestimmungsmacht über ein Beteiligungsunternehmen besitzt und daraus variable Rückflüsse für sich zieht. Konkret gibt IFRS 10.7 drei Kriterien vor, die alle erfüllt sein müssen. Das Unternehmen muss demnach über Folgendes verfügen:

- Die Bestimmungsmacht über das Beteiligungsunternehmen,
- Rechte an variablen Rückflüssen aus der Beteiligung und
- die Möglichkeit, durch die Bestimmungsmacht die variablen Rückflüsse zu beeinflussen.

Unter Bestimmungsmacht versteht IFRS 10 Rechte, die es dem beteiligten Unternehmen ermöglichen, die wesentlichen Tätigkeiten des Beteiligungsunternehmens zu bestimmen. Dabei muss die Möglichkeit zur Lenkung der wesentlichen Aktivitäten zum Zeitpunkt der Einbeziehung gegeben sein. Eine tatsächliche aktive Ausübung der Lenkung der Aktivitäten muss jedoch nicht vorliegen. Im einfachsten Fall ist eine Stimmrechtemehrheit gegeben, aus der die Beherrschung abgeleitet werden kann. Liegt keine Mehrheit der Stimmrechte vor, sind weitere Faktoren zu untersuchen, die die genannten Kriterien erfüllen können (IFRS 10.11).

2. Ausnahmen von der Aufstellungspflicht

Von der eben dargestellten Pflicht zur Aufstellung eines Konzernabschlusses können sich Ausnahmen ergeben. Möglich sind einerseits Befreiungen durch einen übergeordneten Konzernabschluss und andererseits Befreiungen aufgrund von unterschrittenen Größenkriterien.

Würden die Regelungen des § 290 HGB ohne Einschränkung angewendet, so müsste in einem mehrstufigen Konzern jedes Unternehmen, das einem anderen als Mutterunternehmen übergeordnet ist, einen (Teil-)Konzernabschluss erstellen. Dieses sog. Tannenbaumprinzip oder Stufenabschlussprinzip würde bei einem tief gegliederten Konzern zu einem enormen Aufwand führen. Um die Unternehmen zu entlasten und aufgrund einer Skepsis gegenüber dem Informationsgehalt von Teilkonzernabschlüssen, sehen die §§ 291 und 292 HGB die Möglichkeit eines befreienden Konzernabschlusses auf höherer Ebene vor.

Werden also ein Mutterunternehmen und seine Tochterunternehmen prinzipiell in den Abschluss eines übergeordneten Mutterunternehmens einbezogen, so wird es von seiner Konzernrechnungslegungspflicht befreit. Dabei müssen jedoch die Anforderungen der §§ 291 und 292 HGB beachtet werden. Diese fordern insbesondere, dass der befreiende Konzernabschluss und -lagebericht den qualitativen Anforderungen der Richtlinie 2013/34/EU genügen muss. Eine Befreiung durch einen übergeordneten Konzernabschluss ist nicht möglich, wenn das zwischengeordnete Mutterunternehmen kapitalmarktorientiert ist, d. h., wenn von ihm ausgegebene Wertpapiere an einem organisierten Markt gehandelt werden. Weiter ist eine Befreiung nicht möglich, wenn Gesellschafter, denen bei einer AG oder KGaA mindestens 10 %, bei einer GmbH mindestens 20 % der Anteile gehören, der Befreiung widersprechen. Entsprechende Regelungen zur Befreiung aufgrund von übergeordneten Konzernabschlüssen finden sich auch in IFRS 10.

Eine weitere Möglichkeit zur Befreiung von der Konzernrechnungslegungspflicht ergibt sich aus § 290 Abs. 5 HGB. Hat ein Mutterunternehmen nur Tochterunternehmen, welche aufgrund von Einbezierhungswahlrechten gemäß § 296 HGB nicht in den Konzernabschluss einbezogen werden müssen (vgl. in diesem Kapitel, Abschnitt II), so ist das Mutterunternehmen nicht verpflichtet, einen Konzernabschluss aufzustellen.

Darüber hinaus sieht § 293 HGB eine Befreiung für kleine Konzerne vor, um die Belastungen durch Rechnungslegungsvorschriften möglichst gering zu halten. Voraussetzung hierfür ist das Nichtüberschreiten von zwei aus drei Größenkriterien am aktuellen und am vorhergehenden Bilanzstichtag. Maßgebend hierfür sind die Bilanzsumme, die Umsatzerlöse und die Mitarbeiteranzahl. Auch diese Befreiungsmöglichkeit gilt nicht, wenn das zu befreiende Mutterunternehmen kapitalmarktorientiert ist. Eine entsprechende größenabhängige Befreiung sehen die IFRS nicht vor.

II. Konsolidierungskreis

Nachdem die Pflicht zur Aufstellung eines Konzernabschlusses geklärt wurde, stellt sich die Frage, welche Unternehmen in den zu erstellenden Abschluss einbezogen werden müssen. Der sog. **Konsolidierungskreis** bezeichnet dabei alle Unternehmen, die in den Konzernabschluss aufzunehmen sind. Dabei kann zwischen dem Konsolidierungskreis i. e. S. und i. w. S. unterschieden werden.

Das HGB regelt den Konsolidierungskreis in den §§ 294 bis 296 HGB, wobei § 294 HGB die grundsätzliche Pflicht zur Einbeziehung vorschreibt, während § 296 HGB diese Pflicht durch Einbeziehungswahlrechte durchbricht. Die Regelungen bezüglich des Konsolidierungskreises in den IFRS sind mit denen des HGB vergleichbar, jedoch hinsichtlich der Einbeziehungsverbote und -wahlrechte strikter. Die folgende Abbildung gibt einen kurzen Überblick über die anschließend erläuterten Definitionen des Konsolidierungskreises.

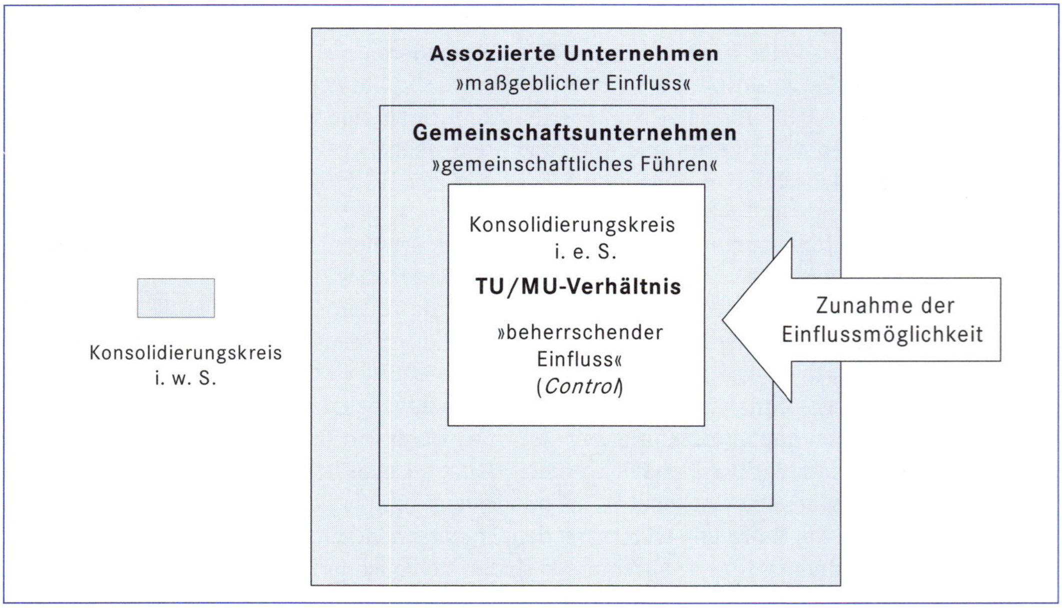

Abb. 23.3: Konsolidierungskreis

1. Konsolidierungskreis im engeren Sinne

Der Konsolidierungskreis i. e. S. bezeichnet alle **Tochterunternehmen**, über die das Mutterunternehmen einen beherrschenden Einfluss ausübt und die deshalb auf dem Wege der sog. »Vollkonsolidierung« in den Konzernabschluss einbezogen werden. Unter einer Vollkonsolidierung wird der Einbezug aller Aktiva und Passiva bzw. aller Aufwendungen und Erträge in die Bilanz bzw. Gewinn- und Verlustrechnung verstanden, sofern sie nicht durch Konsolidierungsmaßnahmen angepasst oder eliminiert werden (vgl. in diesem Kapitel, Abschnitt D). Aus dieser Einbeziehungspflicht für Tochterunternehmen ergibt sich im Umkehrschluss ein Einbeziehungsverbot für Nicht-Tochterunternehmen per Vollkonsolidierung.

Diese Konsolidierungspflicht, die im HGB durch § 294 HGB geregelt wird, wird in einigen Fällen durch Ausnahmen, die im HGB in § 296 aufgeführt sind, aufgehoben. Diese Ausnahmen lassen sich in sachlich begründete Ausnahmen und Ausnahmen aufgrund des Wesentlichkeitsprinzips unterteilen. Zu den sachlichen Begründungen gehören die Beschränkung gewisser Rechte des Mutterunternehmens, unverhältnismäßig hohe Kosten oder unangemessene Verzögerungen der nötigen Informationen sowie die Weiterveräußerungsabsicht der gehaltenen Anteile. Andererseits ist die Wesentlichkeit des Einbezugs zu betrachten: Ist ein Tochterunternehmen zur Erfüllung der generellen Informationsfunktion des Konzernabschlusses von untergeordneter Bedeutung, so kann von einer Einbeziehung in den Konzernabschluss abgesehen werden. Sollte dieser Umstand auf mehrere Tochterunternehmen Anwendung finden, so ist zu prüfen, ob deren Gesamtbedeutung ebenfalls unwesentlich für den Gesamtkonzern ist.

2. Konsolidierungskreis im weiteren Sinne

Unter dem Konsolidierungskreis i. w. S. werden neben den Tochterunternehmen, die per Vollkonsolidierung in den Konzernabschluss einbezogen werden, weitere Unternehmen verstanden, auf die das Mutterunternehmen zwar keinen beherrschenden Einfluss, jedoch einen maßgeblichen Einfluss ausübt und die ebenfalls in den Konzernabschluss einbezogen werden müssen. Darunter fallen Gemeinschaftsunternehmen und assoziierte Unternehmen.

Gemeinschaftsunternehmen sind Unternehmen, bei denen sich das betrachtete Konzernunternehmen die Leitung der Geschäfte gleichberechtigt mit einem oder mehreren Partnern außerhalb des Konzernverbundes teilt. Gemeinschafsunternehmen werden mittels Quotenkonsolidierung oder mittels Equity-Methode in den Konzernabschluss einbezogen (vgl. in diesem Kapitel, Abschnitt E). Die IFRS erlauben nur noch die Anwendung der Equity-Methode (vgl. IFRS 11).

Bei **assoziierten Unternehmen** handelt es sich um Beteiligungen des Mutterunternehmens, die keine Beherrschung des Unternehmens erlauben, jedoch einen maßgeblichen Einfluss. Ein solcher maßgeblicher Einfluss wird bei einem Besitz von mindestens 20 % der Stimmrechte vermutet, der bei tatsächlicher Nichtausübung widerlegt werden kann (HGB). Im IFRS reicht die Möglichkeit zum maßgeblichen Einlfuss bereits aus. Weitere Kriterien sind z. B. die Vertretung im Vorstand oder Aufsichtsrat, die Teilnahme an unternehmenspolitischen Entscheidungen oder intensive Liefer- und Leistungsbeziehungen. Assoziierte Unternehmen werden entsprechend der Equity-Methode in den Konzernabschluss aufgenommen (§ 312 HGB und IAS 28).

Auch für Tochterunternehmen, die aufgrund der Regelungen des § 296 HGB nicht per Vollkonsolidierung in den Konzernabschluss einbezogen werden, ist zu prüfen, ob ein maßgeblicher Einfluss vorliegt und somit eine Einbeziehung mittels der Equity-Methode vorzunehmen ist.

C. Vorbereitung der Einzelabschlüsse für die Konsolidierung

Bevor die einzelnen Abschlüsse der Konzernunternehmen zu einem Konzernabschluss zusammengefasst werden können, müssen die Daten der Einzelabschlüsse so aufbereitet werden, dass sie der Fiktion der rechtlichen Einheit entsprechen. D. h., die Daten sind so aufzubereiten, wie sie sich darstellen würden, wenn der Konzern ein selbstständiges Unternehmen wäre. Aus der Fiktion der rechtlichen Einheit folgt somit die Notwendigkeit der materiellen und formellen Einheitlichkeit im Konzernabschluss. Demnach müssen identische bzw. im Zeitablauf unveränderte Tatbestände in der Bilanz gleich dargestellt werden und Unterschiede zwischen Sachverhalten bzw. veränderte Tatbestände müssen zu einem unterschiedlichen Ausweis führen. Bei der Beurteilung der konzerneinheitlichen Behandlung von Sachverhalten im Konzernabschluss sind die gleichen Regeln heranzuziehen wie im Einzelabschluss. Hieraus ergeben sich zwei potenzielle Korrekturbedarfe:

- Einheitlicher Ansatz, einheitliche Bewertung und einheitlicher Ausweis,
- Währungsumrechnung,

die im Folgenden behandelt werden (vgl. zur Vereinheitlichung ausführlich Coenenberg/Haller/Schultze [2018], Kapitel 10).

I. Einheitlicher Ansatz, einheitliche Bewertung und einheitliche Gliederung

Der Konzernabschluss soll den Unternehmensverbund so darstellen, als ob es sich um ein einziges Unternehmen handeln würde. Um der Fiktion der rechtlichen Einheit gerecht zu werden, müssen die in den Konzernabschluss einbezogenen Abschlüsse nach einem einheitlichen Bilanzierungsstandard aufgestellt werden. Dabei ergeben sich zwei Möglichkeiten, diese Übereinstimmung zu erreichen. Die erste Möglichkeit besteht darin, die Buchhaltungen der einzelnen Konzernunternehmen auf Grundlage des für den Konzernabschluss maßgebenden Bilanzierungsregelwerks zu führen. Die eventuell nach abweichendem nationalem Recht aufzustellenden Einzelabschlüsse müssen dann aus dem auf Basis der konzerneinheitlichen Bilanzierungsregeln erstellten Einzelabschluss abgeleitet werden (originäre Konzernabschlusserstellung). Die zweite Möglichkeit besteht in der Umkehrung dieses Prinzips. Die Einzelabschlüsse der Konzernunternehmen werden auf Grundlage der national verpflichtenden Regelungen erstellt und anschließend auf den für den Konzernabschluss maßgeblichen Bilanzierungsstandard übergeleitet (derivative Konzernabschlusserstellung). Dieses Verfahren stellt die übliche Vorgehensweise dar.

Bei der Überleitung von nationalen Standards auf den für die Konzernrechnungslegung maßgeblichen Standard müssen sowohl Anpassungen bei Ansatz, Bewertung als auch dem Ausweis vorgenommen werden. Neben der Einheitlichkeit des Bilanzierungsstandards müssen zusätzlich der Stichtag der Erstellung (§ 299 HGB) sowie die Währung der Einzelabschlüsse vereinheitlicht werden (§ 308a HGB). Der aus dieser Umgestaltung hervorgehende vereinheitlichte Einzelabschluss wird als Handelsbilanz II (HB II) bezeichnet. Für den Konzernabschluss ist stets das für das Mutterunternehmen geltende Recht maßgebend. Daher erfolgt die Vereinheitlichung in Übereinstimmung mit den Rechnungslegungsvorschriften des Mutterunternehmens.

Grundsätzlich müssen alle Vermögensgegenstände, Schulden und Rechnungsabgrenzungsposten sowie Erträge und Aufwendungen der einzelnen Unternehmen aus den Einzelabschlüssen in den Konzernabschluss übernommen werden. Allerdings müssen die Bilanzierungsverbote und Wahlrechte des für das Mutterunternehmen geltenden Rechts beachtet werden. Dies kann vor allem bei ausländischen Tochterunternehmen, die nach abweichendem Recht bilanzieren, zu Anpassungsbedarf führen. Bilanzierungswahlrechte dürfen unabhängig von ihrer Ausübung im Einzelabschluss des Mutterunternehmens neu ausgeübt werden. Jedoch gilt auch hier der Grundsatz der Stetigkeit, d. h., die Wahlrechte können zwar neu ausgeübt werden, die Ausübung muss aber stetig beibehalten werden. Entsprechendes gilt für die Bewertung der Vermögens- und Schuldposten im Konzernabschluss. Die Bewertungsmethoden müssen innerhalb des Konzerns einheitlich angewendet werden, d. h., gleiche Sachverhalte müssen auch gleich bewertet werden. Ebenso können Bewertungswahlrechte unabhängig von ihrer Ausübung im Einzelabschluss neu ausgeübt werden. Die Regelungen der IFRS hinsichtlich Ansatz und Bewertung fordern ebenso wie das HGB ein einheitliches Vorgehen und unterscheiden sich daher nicht von den Regelungen des HGB (IFRS 10.B87).

Der Konzernabschluss ist zwingend auf den Stichtag des Einzelabschlusses des Mutterunternehmens zu erstellen (§ 299 Abs. 1 HGB). Sollte der Abschlussstichtag eines Tochterunternehmens mehr als drei Monate vor dem Stichtag des Mutterunternehmens liegen, muss dieses einen Zwischenabschluss, bezogen auf den Stichtag des Konzerns, erstellen. Um eine daraus resultierende Mehrbelastung zu vermeiden, sollten die Abschlussstichtage der Konzernunternehmen angeglichen werden. Bei Konzernunternehmen, deren Abschlussstichtag nicht identisch mit dem des Konzernabschlusses ist und die die Dreimonatsfrist einhalten, müssen nach dem Abschlussstichtag auftretende Vorgänge mit besonderer Bedeutung für die Vermögens-, Finanz- und Ertragslage des Unternehmens im Konzernabschluss berücksichtigt werden.

Nach IFRS ist für den Konzernabschluss ebenfalls der Stichtag des Mutterunternehmens maßgebend. Weicht der Stichtag eines Tochterunternehmens vom Stichtag im Konzern ab, ist ein Zwischenabschluss aufzustellen. Nur für den Fall, dass die Erstellung eines Zwischenabschlusses nicht durchführbar ist, kann der Abschluss eines abweichenden Stichtags verwendet werden. Der abweichende Stichtag darf jedoch nicht mehr als drei Monate vor oder nach dem Konzernabschlussstichtag liegen (IFRS 10.B92 f.). Die Unmöglichkeit der Erstellung eines Zwischenabschlusses ist allerdings als seltener Ausnahmefall anzusehen.

II. Währungsumrechnung

Der Konzernabschluss muss in einer einheitlichen Währung aufgestellt werden. Entsprechend verpflichtet der deutsche Gesetzgeber Unternehmen mit Sitz in Deutschland, ihren Konzernabschluss in Euro aufzustellen (§ 244 i. V. m. § 298 Abs. 1 HGB). Im Zuge der Erstellung des Konzernabschlusses müssen folglich Einzelabschlüsse von ausländischen Tochterunternehmen, deren Berichtswährung im Einzelabschluss von der des Mutterunternehmens abweicht, in Euro umgerechnet werden.

Die Problematik der Währungsumrechnung ergibt sich aber nicht erst bei der Konzernabschlusserstellung. Bei jeder Transaktion, die das Unternehmen in Fremdwährung durchführt, sei es auf dem Kapital-, Beschaffungs- oder Absatzmarkt, muss der Betrag in die Währung des Unternehmens umgerechnet werden, um in der Buchhaltung des Unternehmens abgebildet werden zu können.

Beim Einbezug der Einzelabschlüsse von ausländischen Tochterunternehmen mit abweichender Berichtswährung in den Konzernabschluss gewinnt die Problematik der Fremdwährungsumrechnung jedoch deutlich an Gewicht. Die zentrale Problemstellung bei der Währungsumrechnung stellt die Frage nach dem anzuwendenden Umrechnungskurs dar. Die Kurse unterscheiden sich vorrangig durch ihren Zeitbezug. Dabei finden insbesondere folgende Kurse, in unterschiedlichen Kombinationen, Eingang in die üblichen Umrechnungsmethoden:

- Stichtagskurs: der Wechselkurs zum Stichtag des Konzernabschlusses.
- Historischer Kurs: der Wechselkurs zum Zeitpunkt der Anschaffung, Herstellung oder Entstehung eines Vermögens- oder Schuldpostens bzw. zum Zeitpunkt der Abwicklung einer Transaktion. Den frühestmöglichen Zeitpunkt stellt jedoch die Entstehung des Mutter-Tochter-Verhältnisses dar.
- Durchschnittskurs: der ungewichtete oder gewichtete Durchschnittskurs einer Periode (beispielsweise Jahr, Quartal oder Monat).

Das deutsche Handelsrecht schreibt in § 308a HGB die sog. **modifizierte Stichtagskursmethode** für die Umrechnung von Fremdwährungsabschlüssen vor. Hierbei werden die Aktiv- und Passivposten der Bilanz zum Stichtagskurs umgerechnet. Die einzige Ausnahme bildet dabei das Eigenkapital. Dieses wird zum historischen Wechselkurs, also dem Wechselkurs zum Zeitpunkt des Zustandekommens des Postens, umgerechnet. Die Posten der Gewinn- und Verlustrechnung werden zum Durchschnittskurs der Periode umgerechnet, um dem Charakter der GuV als Zeitraumrechnung gerecht zu werden. Der daraus resultierende Jahresüberschuss, umgerechnet zum Durchschnittskurs, wird in die Bilanz übernommen. Eine sich aus der Verwendung unterschiedlicher Wechselkurse ergebende Umrechnungsdifferenz wird erfolgsneutral als Unterposten des Eigenkapitals in der Bilanz ausgewiesen. Bei vollständigem bzw. teilweisem Ausscheiden des Tochterunternehmens wird der gebildete Posten der Währungsumrechnungsdifferenz in entsprechender Höhe erfolgswirksam aufgelöst.

Die IFRS verfolgen mit dem **Konzept der funktionalen Währung** einen weitaus komplexeren Ansatz mit unterschiedlichen Umrechnungsmethoden (vgl. IAS 21). Die Abschlüsse der ausländischen Tochterunternehmen werden entsprechend ihrer funktionalen Währung auf unterschiedliche Weise in die Berichtswährung überführt. Als funktionale Währung gilt die vorherrschende Währung des wirtschaftlichen Umfeldes, in dem das betrachtete Unternehmen seine Geschäftstätigkeit ausübt. Bei wirtschaftlich weitgehend selbstständigen Tochterunternehmen ist dies die Währung des Sitzlandes des Tochterunternehmens. Als selbstständig können Tochterunternehmen dann angesehen werden, wenn ihre geschäftlichen Transaktionen in sich geschlossen sind und vorwiegend innerhalb des Landes abgewickelt werden. Bei Tochtergesellschaften, die einen integralen Bestandteil des Mutterunternehmens darstellen, also Teil der operativen Tätigkeiten des Mutterunternehmens sind, ist die Berichtswährung des Mutterunternehmens die vorherrschende und damit funktionale Währung.

Unternehmen, deren funktionale Währung von der Berichtswährung abweicht, werden mit der **modifizierten Stichtagskursmethode**, die bereits oben erläutert wurde, in die Berichtswährung überführt. Ist die funktionale Währung identisch mit der Berichtswährung des Konzerns, so wird der in Fremdwährung aufgestellte Einzelabschluss des Unternehmens gemäß der Zeitbezugsmethode in die Berichtswährung transformiert.

Die **Zeitbezugsmethode** folgt dem Verständnis, dass sämtliche Transaktionen des Tochterunternehmens so darzustellen sind, als ob es sich von Anfang an um Fremdwährungstransaktionen des Mutterunternehmens gehandelt hätte. Dieser Logik folgend werden Bilanzposten zu den Kursen umgerechnet, die mit ihrer Bewertungsgrundlage korrespondieren. Posten, die zu historischen Anschaffungs- und Herstellungskosten bewertet werden, werden mit dem entsprechenden historischen Kurs umgerechnet. Posten hingegen, die zu Zeitwerten angesetzt werden, werden mit dem Stichtagskurs umgerechnet. GuV-Posten müssen mit dem Kurs zum Zeitpunkt der Transaktion umgerechnet werden. Allerdings kann für sie auch vereinfachend der Durchschnittskurs herangezogen werden.

In der Umsetzung dieser grundsätzlichen Logik werden monetäre und nicht monetäre Werte unterschieden. Monetäre Werte werden definiert als gehaltene Währungseinheiten bzw. Vermögenswerte, die den Erhalt einer festgelegten oder bestimmbaren Höhe von Währungseinheiten versprechen bzw. Verpflichtungen in einer festgelegten oder bestimmbaren Höhe von Währungseinheiten. Unter diese Definition fallen beispielsweise liquide Mittel und Forderungen. Monetäre Werte werden immer zum Stichtagskurs umgerechnet. Bei nicht monetären Werten müssen entsprechend der oben erläuterten Systematik Posten, die zu historischen Kosten bewertet werden, zum Kurs zum Zeitpunkt der Anschaffung, Herstellung bzw. Entstehung umgerechnet werden, während Posten, die zu Zeitwerten bewertet werden, mit dem Stichtagskurs umgerechnet werden. So werden beispielsweise Sachanlagen, die nach dem *cost model* zu fortgeführten Anschaffungskosten bewertet werden, mit dem historischen Kurs umgerechnet. Werden sie hingegen entsprechend der Neubewertungsmethode zum *fair value* angesetzt (vgl. IAS 16.31 ff.), so werden sie mit dem Stichtagskurs umgerechnet.

Darüber hinaus muss ggf. zusätzlich noch ein **erweiterter Niederstwert- bzw. Höchstwerttest** durchgeführt werden. Hierbei wird der zu historischen Kursen umgerechnete historische Wert mit dem zum Stichtagskurs umgerechneten Nettoverkaufserlös bzw. *recoverable amount* verglichen. Entsprechend wird bei Vermögenswerten der niedrigere, bei Schuldposten der höhere Wert angesetzt. Dieses Prinzip bedeutet in der Konsequenz, dass eine Abwertung in der Fremdwährung erforderlich sein mag, aber nicht in der funktionalen Währung, und umgekehrt.

Grundsätzlich erfolgt die Erfassung der entstehenden Umrechnungsdifferenzen bei der Zeitbezugsmethode GuV-wirksam. Werden jedoch Wertänderungen bei der Neubewertung eines Postens GuV-neutral im Eigenkapital gezeigt, wie beispielsweise in den Fällen des IAS 16, dann sind auch die aus der Umrechnung dieses Postens resultierenden Wertschwankungen analog GuV-neutral zu verbuchen.

Zur ausführlicheren Betrachtung der Währungsumrechnungsmethoden vgl. Coenenberg/Haller/Schultze [2018], Kapitel 10.

D. Vollkonsolidierung von Tochterunternehmen

Auf Basis der vereinheitlichten Einzelabschlüsse der verbundenen Unternehmen wird die eigentliche Konsolidierung durchgeführt. Einzubeziehende Tochterunternehmen werden auf dem Weg der Vollkonsolidierung in den Konzernabschluss einbezogen. **Vollkonsolidierung** bedeutet, dass die einzelnen Abschlüsse des Mutterunternehmens und der Tochterunternehmen zu einem einzigen Abschluss aggregiert werden und dabei alle Vermögensgegenstände und Schulden der Tochterunternehmen vollständig einbezogen werden, wobei aber innerkonzernliche Verflechtungen eliminiert werden. Die Notwendigkeit dieser Maßnahmen ergibt sich als logische Folge aus der Fiktion der rechtlichen Einheit. Ziel dieser Maßnahmen ist es, einen Abschluss entstehen zu lassen, wie er ausgesehen hätte, wenn er unmittelbar aus der Buchführung des imaginären Unternehmens »Konzern« entstanden wäre (Fiktion der Rechtseinheit). Da eine solche Buchführung nicht existiert, muss der Konzernabschluss aus den einzelnen Abschlüssen der Konzernunternehmen gebildet werden. Dabei müssen Anpassungen für alle Verflechtungen vorgenommen werden, die durch die rechtliche Unabhängigkeit der Konzernunternehmen in den Einzelabschlüssen berücksichtigt wurden, jedoch aus Sicht des Gesamtunternehmens »Konzern« nicht in den Abschluss eingehen dürfen. Die Konzernabschlusserstellung im Rahmen der Vollkonsolidierung folgt dem in Abb. 23.4 dargestellten Schema.

Bei der Durchführung der Vollkonsolidierung wird zunächst aus den einzelnen Abschlüssen eine Summenbilanz und -GuV gebildet, indem die jeweiligen Bilanzposten addiert werden. Die Konsolidierung erfolgt dann in mehreren Schritten.

Das Kernstück der Konsolidierung stellt die Kapitalkonsolidierung dar. In dieser wird die Beteiligung an dem Tochterunternehmen aus dem Einzelabschluss des Mutterunternehmens mit dem Eigenkapital des Tochterunternehmens aufgerechnet. Dadurch verschwindet die Beteiligung aus der Konzernbilanz, da aus Konzernsicht kein Beteiligungsverhältnis gegenüber konzernfremden Unternehmen mehr vorliegt. Zudem wird ein möglicherweise entstehender Differenzbetrag auf das Vermögen verteilt und ein Geschäfts- oder Firmenwert bzw. ein negativer Unterschiedsbetrag ermittelt.

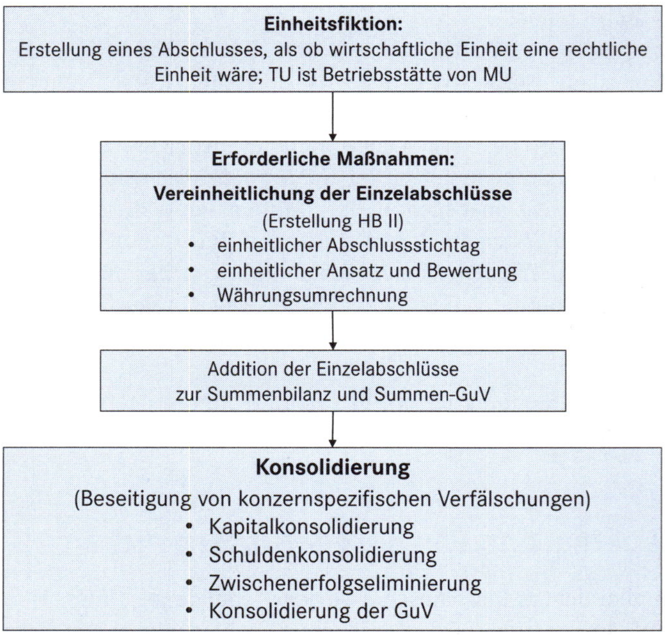

Abb. 23.4: Ablauf der Konsolidierung

Die weiteren Konsolidierungsschritte haben das Ziel, Verflechtungen aus der Tätigkeit der Unternehmen innerhalb des Konzernverbundes herauszurechnen. Zu eliminieren sind zum einen Forderungen und Verbindlichkeiten gegenüber anderen Konzernunternehmen. Da der Konzernverbund im Konzernabschluss ein einziges Unternehmen darstellt, bestehen diese Forderungen und Verbindlichkeiten nur innerhalb des Unternehmens, nicht aber gegenüber Dritten und werden daher nicht bilanziert. Zum anderen sind Zwischenerfolge zu eliminieren, die aus Lieferungen und Leistungen zwischen den Konzernunternehmen resultieren und aus Konzernsicht keine realisierten Gewinne oder Verluste darstellen. Verbunden mit den anderen Konsolidierungsschritten ist die Konsolidierung der Gewinn- und Verlustrechnung, im Zuge derer alle Aufwendungen und Erträge, die sich aus Konzernverflechtungen ergeben haben, auszubuchen sind. Dies betrifft beispielsweise Aufwendungen und Erträge aus Lieferung und Leistung innerhalb des Konzerns oder auch Zinsaufwendungen und -erträge aus zu eliminierenden Forderungen und Verbindlichkeiten.

I. Kapitalkonsolidierung

Die Notwendigkeit der **Kapitalkonsolidierung** ergibt sich aus der Abbildung des Erwerbs des Tochterunternehmens im Einzelabschluss. Wie bereits zuvor dargestellt, kommen für Unternehmenserwerbe zwei Gestaltungsformen in Frage. Werden Vermögensgegenstände und Schulden einzeln erworben, liegt ein sog. *asset deal* vor. Dagegen ist die Rede von einem *share deal*, wenn Anteile an einem Unternehmen erworben werden. Ein *share deal* führt zu einer Mutter-Tochter-Beziehung, die Grundlage für die Konzernbilanzierung ist. Der Erwerb der Anteile an Tochterunternehmen und anderen Beteiligungen wird im Einzelabschluss des Mutterunternehmens als Finanzanlagevermögen bilanziert. Der Käufer aktiviert dabei eine Beteiligung in Höhe der Anschaffungskosten. Folglich würde etwa das Mutterunternehmen eines in Form einer Holding organisierten Konzerns neben einem sehr geringen Anteil an Grundstücken, Gebäuden und Geschäftsausstattung in seiner Bilanz vor allem Finanzanlagevermögen ausweisen. Hätte ein Investor nur diesen Abschluss zur Verfügung, so bliebe die eigentliche Mittelbindung und die dahinter stehende Geschäftstätigkeiten aus Sicht des Gesamtunternehmens verborgen. Deshalb werden im Konzernabschluss anstelle der Finanzbeteiligungen die dahinter stehenden Vermögensgegenstände und Schulden der Tochterunternehmen abgebildet. Dieser vollständige Einbezug aller Vermögensgegenstände und Schulden des Tochterunternehmens anstelle der Anteile daran wird als Vollkonsolidierung bezeichnet. Er erfolgt gemäß der Einheitstheorie auch dann zu 100 %, wenn am Tochterunternehmen ein geringerer Prozentsatz gehalten wird. Im Gegensatz hierzu erfolgt der Einbezug von Gemeinschaftsunternehmen und assoziierten Unternehmen nicht durch Vollkonsolidierung, sondern durch eine teilweise Konsolidierung (Quotenkonsolidierung) bzw. eine konsolidierungsähnliche Bewertung der Beteiligung (Equity-Methode, vgl. in diesem Kapitel, Abschnitt E).

1. Erstkonsolidierung von Tochterunternehmen

§ 301 HGB regelt die Kapitalkonsolidierung. Nach internationalen Normen ist die Bilanzierung von Unternehmenszusammenschlüssen nach dem Standard IFRS 3 »*Business Combinations*« vorzunehmen. Die erstmalige Konsolidierung von Tochterunternehmen ist gemäß § 301 Abs. 1 HGB bzw. IFRS 3.4 nach der **Erwerbsmethode** (*acquisition method*) durchzuführen. Die Vorgehensweise der Erstkonsolidierung nach den Vorschriften des HGB und nach denen der IFRS ist bis auf kleinere Unterschiede weitestgehend gleich. Während früher mehrere Varianten der Erwerbsmethode existierten, ist nun sowohl nach HGB als auch nach IFRS nur noch die sog. »Neubewertungsmethode« zulässig. Im Folgenden steht die grundsätzliche Vorgehensweise im Vordergrund, die beiden Normensystemen gemein ist. Dabei wird auf die Regelungen des HGB abgestellt und Unterschiede in den IFRS werden angesprochen.

Der erste Schritt der Erstkonsolidierung eines neu erworbenen Tochterunternehmens erfolgt zunächst durch die Summierung der beiden vereinheitlichten Einzelabschlüsse. Dazu werden alle Bilanzposten des Mutter- und Tochterunternehmens summiert. Die resultierende **Summenbilanz** enthält dann sowohl Vermögensgegenstände und Schulden der Tochterunternehmung als auch die Beteiligung des Mutterunternehmens an diesen Vermögensgegenständen und Schulden. Aus Konzernsicht ist dies eine Beteiligung an sich selbst und damit ein Posten ohne Aussagewert. Aus der Einheitssicht des Konzerns besteht das Nettovermögen nicht aus der Beteiligung am jeweiligen Tochterunternehmen, sondern aus den dahinter stehenden Vermögensgegenständen und Schulden. Beim Erwerb der Vermögensgegenstände und Schulden des Tochterunternehmens werden lediglich Finanzmittel der Mutterunternehmung gegen Anteile am Nettovermögen der Tochter getauscht. Für die Erstellung des Konzernabschlusses wird nun auf Basis der Summenbilanz das Eigenkapital der Tochterunternehmung mit den Anschaffungskosten der Beteiligung verrechnet. Es resultiert die Konzernbilanz, die das Gesamtvermögen des Konzerns so ausweist, als wären die einzelnen Vermögensgegenstände und Schulden und nicht Kapitalanteile an einem anderen Unternehmen erworben worden (Fiktion des Einzelerwerbs). Das folgende Beispiel verdeutlicht vereinfacht die Vorgehensweise in der Kapitalkonsolidierung.

Beispiel

Ein Mutterunternehmen erwirbt ein Tochterunternehmen zum Kaufpreis von 900 GE, bilanziert unter dem Posten »Anteile an verbundenen Unternehmen«. Der bezahlte Kaufpreis entspricht hier vereinfacht dem Buchwert des Eigenkapitals des Tochterunternehmens. Zunächst wird die Summenbilanz aus der HB II von Mutter und Tochter durch Addition der einzelnen Bilanzposten gebildet. Darin enthalten ist sowohl die Beteiligung als auch die Anteile am Eigenkapital der Tochter. Das Eigenkapital der Tochter i. H. v. 900 GE ist repräsentiert durch Anlage- und Umlaufvermögen i. H. v. 1.500 GE abzüglich Fremdkapital von 600 GE. In der Summenbilanz sind folglich sowohl die Beteiligung von 900 GE als auch das dahinter stehende Nettovermögen von 900 GE (= 1.500 GE - 600 GE) enthalten. Diese Doppelzählung wird durch die Kapitalkonsolidierung bereinigt, indem die Anteile an verbundenen Unternehmen gegen das Eigenkapitel der Tochter verrechnet werden. Diese Posten werden in der Kapitalkonsolidierung ausgebucht. Die Konzernbilanz weist dadurch eine geringere Bilanzsumme als die Summenbilanz auf, das ausgewiesene Eigenkapital entspricht dem des Mutterunternehmens.

A	MU (HB II) in GE		P
Anlagevermögen	1.400	Eigenkapital	1.800
Anteile an verb. Unternehmen	900	Fremdkapital	1.900
Umlaufvermögen	1.400		
	3.700		3.700

A	TU (HB II) in GE		P
Anlagevermögen	800	Eigenkapital	900
Umlaufvermögen	700	Fremdkapital	600
	1.500		1.500

A	MU (HB II) + TU (HB II) in GE		P
Anlagevermögen	2.200	Eigenkapital	2.700
Anteile an verb. Unternehmen	900		(= 1.800 + 900)
Umlaufvermögen	2.100	Fremdkapital	2.500
	5.200		5.200

Konsolidierung:

A	Konzernbilanz in GE		P
Anlagevermögen	2.200	Eigenkapital	1.800
~~Anteile an verb. Unternehmen~~	~~900~~		~~+ 900~~
Umlaufvermögen	2.100	Fremdkapital	2.500
	4.300		4.300

In obigem Beispiel wurde von der eher unrealistischen Annahme ausgegangen, das Tochterunternehmen sei zum bilanziellen Wert des Nettovermögens (= Eigenkapital) angeschafft worden. I. d. R. werden sich jedoch Kaufpreis und Eigenkapital des Tochterunternehmens unterscheiden. Dies liegt zum einen daran, dass in der Bilanz nicht alle Vermögensgegenstände aktivierbar sind (z. B. bestimmte selbst geschaffene immaterielle Vermögensgegenstände), und zum anderen, weil aufgrund des Vorsichtsprinzips und des Anschaffungskostenprinzips Vermögensgegenstände oft geringer sowie Schulden höher als mit ihrem tatsächlichen augenblicklichen Zeitwert bewertet werden. Dies führt zu einem vorsichtig ermittelten, geringeren Bilanzwert des Eigenkapitals. Dies gilt, trotz der nachrangigen Bedeutung des Vorsichtsprinzips, auch für viele IFRS-Bilanzen.

Außerdem werden die Wertvorstellungen, die zur Ermittlung des Kaufpreises führen, in erster Linie durch Zukunftserwartungen geprägt. Ein sich ergebender Differenzbetrag zwischen den Anschaffungskosten der Beteiligung und bilanziellem Eigenkapital lässt sich also durch bestehende stille Reserven und zukünftig erwartete Erträge erklären.

Durch Erwerb des Tochterunternehmens gelten bisher nicht aktivierbare Vermögensgegenstände nun als bilanzierungsfähig. Entsprechend der Fiktion, dass alle Vermögensgegenstände und Schulden als einzeln erworben betrachtet werden, sind diese zu den neu bestimmten Konzernanschaffungskosten anzusetzen. Das Nettovermögen der Tochterunternehmung wird daher für die Konsolidierung zu Zeitwerten neu bewertet. Der resultierende Wert wird in der Unternehmensbewertung als **Substanzwert** (Teilrekonstruktionswert) bezeichnet. Ein Tochterunternehmen ist zu dem Zeitpunkt erstmals zu konsolidieren, an dem das Mutternehmen die Kontrolle über das Tochterunternehmen erlangt, d. h. üblicherweise zu dem Zeitpunkt, an dem der Erwerb vollzogen wird. Demzufolge sind die anzusetzenden Zeitwerte für diesen Zeitpunkt maßgeblich.

Da aus dem Einzelabschluss des Tochterunternehmens die fortgeführten Buchwerte in die Summenbilanz übernommen werden, sind zur Ermittlung der Zeitwerte alle Vermögens- und Schuldposten einer **Neubewertung** zu unterziehen. Auch für Vermögensgegenstände und Schulden, die zuvor im Einzelabschluss nicht bilanziert wurden oder bilanziert werden durften, gilt aufgrund des Erwerbs ein Bilanzierungsgebot. Dies betrifft insbesondere immaterielle Vermögensbestandteile, die vom Tochterunternehmen selbst erstellt worden sind und nicht die Ansatzkriterien für selbst geschaffene immaterielle Vermögensgegenstände erfüllt haben. Folglich werden sämtliche stille Reserven und Lasten, die im Einzelabschluss des Tochterunternehmens noch bestehen, aufgelöst. Bei der Aufdeckung der stillen Reserven und Lasten spielt die Höhe des Anteilsbesitzes der beherrschenden Gesellschafter keine Rolle. Die Neubewertung erfolgt grundsätzlich für das gesamte Vermögen des Tochterunternehmens unabhängig davon, ob 100 % der Anteile oder weniger erworben wurden.

Als Gegenposten zu den aufgedeckten stillen Reserven und Lasten wird eine Neubewertungsdifferenz gebildet. Übersteigt das zu Zeitwerten bewertete Eigenkapital den bisherigen Buchwert des Eigenkapitals, d. h. bestehen mehr stille Reserven als Lasten, so stellt die Neubewertungsdifferenz einen Passivposten dar. Die anschließende Aufrechnung des Beteiligungsbuchwertes mit dem anteiligen Eigenkapital erfolgt somit mit veränderten Eigenkapitalwerten gegenüber der HB II. Das folgende Beispiel zeigt zunächst die Ermittlung des Eigenkapitals zu Zeitwerten durch die Neubewertung.

Beispiel

Die M-AG erwirbt am 31.12.01 100 % der Anteile an der T-AG und konsolidiert diese erstmalig in ihrem Konzernabschluss. Der Kaufpreis beträgt 1.500 GE und entspricht den Anschaffungskosten für den Erwerb der Anteile am Tochterunternehmen (AK_{TU}). Für die sonstigen Aktiva ist ein Zeitwert von 2.490 GE ermittelt worden. Demnach sind in den sonstigen Aktiva stille Reserven i. H. v. 90 GE enthalten. Die Verbindlichkeiten weisen einen Zeitwert von 1.020 GE auf. Sie enthalten somit stille Reserven i. H. v. 30 GE, da tatsächlich eine niedrigere Verpflichtung in Zeitwerten besteht. Als Gegenposten wird eine Neubewertungsdifferenz in Höhe der gesamten stillen Reserven von 120 GE gebildet. Das neubewertete Eigenkapital der T-AG (EK^{neu}_{TU}) beträgt daher 450 GE + 900 GE + 120 GE = 1.470 GE.

Bilanzposten in GE	**TU Bilanz zu Buchwerten**		**Neubewertung**		**TU-Bilanz zu Zeitwerten**	
	A	P	S	H	A	P
Sonstige Aktiva	2.400		90		2.490	
Summe	2.400				2.490	
Gezeichnetes Kapital		450				450
Rücklagen		900				900
Neubewertungsdifferenz				120		120
Verbindlichkeiten		1.050	30			1.020
Summe		2.400	120	120		2.490

Nach der Neubewertung erfolgt dann die Aufrechnung der Beteiligung mit dem neubewerteten Eigenkapital, die eigentliche Kapitalkonsolidierung. Da die stillen Reserven und Lasten bereits aufgelöst und über die Neubewertungsdifferenz im Eigenkapital enthalten sind, wird der Beteiligungsbuchwert aus der HB II des Mutterunternehmens dem zu Zeitwerten bewerteten Eigenkapital gegenübergestellt. Zum einen wird die zu Anschaffungskosten bewertete Beteiligung im Bilanzposten »Anteile an verbundenen Unternehmen« ausgebucht, da aus Konzernsicht alle Unternehmen eine Einheit darstellen und keine Beteiligungen untereinander bestehen. Zum anderen werden alle Eigenkapitalposten - einschließlich der Neubewertungsdifferenz - des Tochterunternehmens gegen die Anteile an verbundenen Unternehmen ausgebucht.

Üblicherweise entsprechen sich die Anschaffungskosten der Anteile am Tochterunternehmen (AK_{TU}) und das anteilige (mit der Beteiligungsquote BQ gewichtete) neubewertete Eigenkapital (EK^{neu}_{TU}) in ihrer Höhe nicht. Folglich verbleibt meist auch nach Auflösung der stillen Reserven ein positiver oder negativer **Unterschiedsbetrag**. Im Falle einer positiven Differenz ($AK_{TU} > BQ \times EK^{neu}_{TU}$) besteht ein derivativer Geschäfts- oder Firmenwert (sog. »Goodwill«).

Beispiel

Zunächst wird die Summenbilanz durch Addition der einzelnen Posten gebildet. Wie im vorangegangenen Beispiel wird auf Basis der ermittelten Zeitwerte der Vermögens- und Schuldposten die Neubewertung durchgeführt. Anschließend werden in der eigentlichen Konsolidierung die Anteile an verbundenen Unternehmen i. H. v. 1.500 GE gegen die Eigenkapitalposten »Gezeichnetes Kapital«, »Rücklagen« und »Neubewertungsdifferenz« ausgebucht. Dabei entsteht ein positiver Unterschiedsbetrag i. H. v. 30 GE, der als Geschäftswert (Goodwill) aktiviert wird. Der Geschäftswert errechnet sich aus dem Beteiligungsbuchwert abzüglich des neubewerteten Eigenkapitals 1.500 GE - 1.470 GE = 30 GE.

Bilanzposten in GE	MU-Bilanz		TU-Bilanz		Summen-bilanz		Neu-bewertung		Konsoli-dierung		Konzern-bilanz	
	A	P	A	P	A	P	S	H	S	H	A	P
Geschäftswert									30		30	
Sonstige Aktiva	7.500		2.400		9.900		90				9.990	
Anteile an verb. Unternehmen	1.500		0		1.500					1.500	0	
Summe	9.000		2.400		11.400						10.020	
Gezeichnetes Kapital		1.500		450		1.950			450			1.500
Rücklagen		2.250		900		3.150			900			2.250
NBD								120	120		-	-
Verbindl.		5.250		1.050		6.300	30					6.270
Summe		9.000		2.400		11.400	120	120	1.500	1.500		10.020

Das Ergebnis der Kapitalkonsolidierung ist die Konzernbilanz, in der keine Beteiligung zwischen der M-AG und der T-AG ausgewiesen wird und die Kaufpreisdifferenz den stillen Reserven und dem Goodwill zugewiesen ist.

Im umgekehrten Fall eines **negativen Unterschiedsbetrags** ($AK_{TU} < BQ \times EK^{neu}_{TU}$) liegt ein sog. »Badwill« vor. Dieser Badwill wird gemäß HGB wie eine Rückstellung zu dem Zeitpunkt erfolgswirksam aufgelöst, in dem sich die bei Erwerb erwarteten Negativentwicklungen (z. B. Verluste) tatsächlich einstellen oder aber sofort, wenn feststeht, dass der Badwill lediglich auf günstige Verhandlungsergebnisse (*lucky buy*) zurückzuführen ist. Nach IFRS ist Letzteres vorgeschrieben (vgl. hierzu im Detail S. 540 f.). Die Auflösung des luck buys erfolgt über die gewichtete durchschnittliche Restnutzungsdauer der erworbenen Vermögensgegenstände.

Beispiel

In Abwandlung zum obigen Fall wird nun davon ausgegangen, dass der Kaufpreis für die Anteile an der T-AG 1.450 GE betragen hat. Der Wert des neubewerteten Eigenkapitals der T-AG übersteigt nun den Kaufpreis. Es ergibt sich daher ein negativer Unterschiedsbetrag (Badwill) i. H. v. 1.450 GE - 1.470 = - 20 GE. Die Kapitalkonsolidierung erfolgt analog zum vorherigen Beispiel, jedoch entsteht nun ein passivischer Unterschiedsbetrag, ein Badwill i. H. v. 20 GE.

Bilanzposten in GE	**MU-Bilanz**		**TU-Bilanz**		**Summen-bilanz**		**Neu-bewertung**		**Konsoli-dierung**		**Konzern-bilanz**	
	A	P	A	P	A	P	S	H	S	H	A	P
Sonstige Aktiva	7.550		2.400		9.950		90				10.040	
Anteile an verb. Unternehmen	1.450		0		1.450					1.450	0	
Summe	9.000		2.400		11.400						10.040	
Gezeichnetes Kapital		1.500		450		1.950			450			1.500
Rücklagen		2.250		900		3.150			900			2.250
Neubewertungs-differenz						120		120	120		-	-
Badwill										20		20
Verbindlichkeiten		5.250		1.050		6.270	30					6.270
Summe		9.000		2.400		11.400	120	120	1.500	1.500		10.040

Besitzt das Mutterunternehmen nicht 100 % der Anteile am zu konsolidierenden Tochterunternehmen, ist in der Kapitalkonsolidierung ein weiterer Posten für den Eigenkapitalanteil der **nicht beherrschenden Gesellschafter** (Minderheitengesellschafter) zu bilden. Die Anteile nicht beherrschender Gesellschafter sind zum anteiligen neubewerteten Eigenkapital (anteiliger Substanzwert) zu bewerten. Daher ist die Aufdeckung der stillen Reserven und Lasten in vollem Umfang durchzuführen, unabhängig davon, ob Minderheitengesellschafter am Unternehmen beteiligt sind oder nicht. Somit ist die Bildung der Summenbilanz identisch zum vorherigen Fall einer Beteiligungshöhe von 100 %. Der Unterschied liegt nur in der Konsolidierungsbuchung. Den auszubuchenden Eigenkapitalposten steht in der Kapitalkonsolidierung nun nicht nur der Beteiligungsbuchwert gegenüber, sondern zudem auch die Minderheitenanteile.

Ein anteiliger Geschäftswert wird gemäß HGB für die **Minderheitenanteile** nicht angesetzt. Der zu aktivierende Geschäftswert bezieht sich lediglich auf die Mehrheitengesellschafter und ergibt sich auf Basis der Anschaffungskosten und dem auf die Mehrheitengesellschafter entfallenden Anteil am neubewerteten Eigenkapital. Das Gleiche gilt für den negativen Unterschiedsbetrag.

Da die Minderheitengesellschafter entsprechend der Einheitstheorie zu den Eigentümern des Konzerns gehören, sind ihre Anteile als Unterposten des Eigenkapitals auszuweisen. Der auf die Minderheitengesellschafter entfallende Anteil am Jahresüberschuss ist in der GuV ebenfalls gesondert auszuweisen.

In der Bewertung der Minderheitenanteile unterscheiden sich die Regelungen des HGB und der IFRS. Während nach HGB die Anteile der Minderheiten immer zum anteiligen neubewerteten Eigenkapital anzusetzen sind, besteht nach IFRS ein Wahlrecht zur Bewertung zum *fair value*. Dabei werden die Minderheitenanteile einschließlich eines anteiligen Geschäftswerts angesetzt. Folglich wird auch ein höherer Geschäftswert aktiviert, der sich auf 100 % der Anteile bezieht und die Minderheitenanteile werden mit einem höheren Wert ausgewiesen. Diese Methode wird deshalb auch als »***full-goodwill-method***« bezeichnet. Nach IFRS 3 stellt der gesamte Geschäftswert (*full-goodwill*) den Betrag dar, um den die Summe aus Anschaffungskosten und *fair value* der Minderheitenanteile den Substanzwert übersteigt (IFRS 3.32).

Zur Ermittlung des *fair value* der Minderheitenanteile kommen zunächst Preise am aktiven Markt in Frage. Ebenfalls ist zur Ermittlung des *full-goodwill* eine Hochrechnung des beteiligungsproportionalen Goodwill auf eine Beteiligungshöhe von 100 % denkbar. Dies führt jedoch nur unter der Voraussetzung, dass im Kaufpreis für die Mehrheitsbeteiligung keine Kontrollprämie enthalten ist, zu einer zutreffenden Bewertung. Eine Kontrollprämie stellt einen Aufschlag auf den Kaufpreis dar, der für die Erlangung der Kontrolle über das Unternehmen bezahlt wird. Beinhaltet der Kaufpreis eine Kontrollprämie, wird zur Ermittlung des *fair value* der Minderheitenanteile eine Bewertung des Unternehmens erforderlich. Der *fair value* der Minderheitenanteile wird dann anteilig vom Unternehmenswert errechnet. Die Aufteilung des *full-goodwill* auf Mehrheiten- und Minderheitengesellschafter erfolgt in diesem Fall nicht proportional zu den Anteilen. Vielmehr berechnet sich der Mehrheitengeschäftswert wie üblich aus Anschaffungskosten und anteiligem Substanzwert, während den Minderheitengesellschaftern der Restbetrag zwischen dem gesamten Geschäftswert und dem Mehrheitengeschäftswert bzw. der Wert der Differenz aus *fair value* der Minderheitenanteile und dem anteiligen Substanzwert zuzurechnen ist.

Beispiel

Ausgehend vom Sachverhalt des vorherigen Beispiels erwirbt die M-AG 80 % der Anteile an der T-AG zu Anschaffungskosten von 1.206 GE. Das neubewertete Eigenkapital beträgt weiterhin 1.470 GE. Davon entfallen 80 % von 1.470 GE = 1.176 GE auf die M-AG und 20 % von 1.470 GE = 294 GE auf die Minderheitengesellschafter. Es ist ein Geschäftswert i. H. v. 30 GE (= 1.206 GE - 1.176 GE) zu aktivieren. Dieser bezieht sich ausschließlich auf die Anteile der M-AG.

Bilanzposten in GE	MU-Bilanz		TU-Bilanz		Summenbilanz		Neubewertung		Konsolidierung		Konzernbilanz	
	A	P	A	P	A	P	S	H	S	H	A	P
Geschäftswert									30		30	
Sonstige Aktiva	7.794		2.400		10.194		90				10.284	
Anteile an verb. Unternehmen	1.206		0		1.206					1.206	0	
Summe	9.000		2.400		11.400						10.314	
Gezeichnetes Kapital		1.500		450		1.950			450			1.500
Rücklagen		2.250		900		3.150			900			2.250
Neubewertungsdifferenz								120	120		-	-
Anteile im Fremdbesitz										294		294
Verbindlichkeiten		5.250		1.050		6.300	30					6.270
Summe		9.000		2.400		11.400	120	120	1.500	1.500		10.314

2. Bilanzierung nicht verteilbarer Unterschiedsbeträge aus der Kapitalkonsolidierung (Goodwill/Badwill)

Soweit sich der Kaufpreis und der anteilige Substanzwert nicht entsprechen, entsteht - wie oben beschrieben - ein Unterschiedsbetrag aus der Kapitalkonsolidierung. Im Folgenden soll nun genauer auf die Behandlung dieses Unterschiedsbetrags eingegangen werden.

a) Positiver Unterschiedsbetrag (Goodwill)

Übersteigen die Anschaffungskosten der Anteile den Wert des anteiligen neubewerteten Eigenkapitals, liegt ein positiver oder aktiver Unterschiedsbetrag vor. Dies bedeutet, dass der Preis, den das erwerbende Unternehmen für die Anteile bezahlt hat, höher ist als der aufsummierte Zeitwert der einzelnen Vermögensgegenstände und Schulden. Der Unterschiedsbetrag ist sowohl nach HGB als auch nach IFRS als Vermögensgegenstand bzw. -wert im immateriellen Vermögen zu aktivieren.

Dieser Aufschlag auf den Substanzwert kann auf unterschiedliche Art und Weise interpretiert werden. Den Geschäftswert einer Transaktion können mehrere Bestandteile erklären, die jedoch häufig nicht quantifiziert und abgegrenzt werden können. Als Hauptursachen für die Zahlung eines Aufschlags werden Synergiepotenziale sowie *going-concern*-Effekte genannt. Synergien ergeben sich beim Zusammenschluss zweier Unternehmen vorwiegend durch Kosteneinsparungen und der verbesserten Positionierung am Absatzmarkt. Da das erworbene Unternehmen im Konzernverbund weitergeführt wird und in der Zukunft erwartungsgemäß höhere Erträge erwirtschaften wird, werden mit dem Kaufpreis meist zukünftige Ertragspotenziale abgegolten. Als weitere Komponenten des Geschäftswerts sind Überbewertungen und Überzahlungen zu nennen. Überbewertungen entstehen in der Ermittlung eines überhöhten Kaufpreises durch falsche Einschätzungen. Überzahlungen sind üblicherweise bedingt durch übersteigerte Gebote im Wettstreit mit mehreren Bietern. Ziel des Konzepts der Aktivierung eines Geschäftswerts als Vermögensbestandteil ist es, nicht einzeln identifizierbare und quantifizierbare Werte dennoch als Vermögensbestandteil abzubilden. Synergiepotenziale und *going-concern*-Effekte haben den Charakter eines Vermögensgegenstandes, sind jedoch nicht eindeutig zu beziffern und sollen daher im Geschäftswert aktiviert werden. Hingegen widersprechen Überbewertungen und Überzahlungen diesem Konzept. Da eine Abgrenzung allerdings nur schwer möglich ist, sind auch sie Bestandteil des Geschäftswerts. Außer den bisher genannten Komponenten können zudem weitere nicht identifizierte und deshalb nicht ansetzbare Vermögensgegenstände im Geschäftswert enthalten sein, die nicht aufgedeckte stille Reserven darstellen (z. B. Reputation, Qualität der Mitarbeiter).

Lange Zeit wurde der Goodwill im HGB nicht als Vermögensgegenstand angesehen, im Zuge des BilMoG ist er jedoch per Fiktion in den Rang eines Vermögensgegenstandes erhoben worden. Demzufolge schreibt das Handelsrecht im § 301 Abs. 3 HGB die Aktivierung eines derivativen Geschäftswerts verpflichtend vor. Der Ausweis erfolgt unter den immateriellen Vermögensgegenständen im Anlagevermögen.

In den auf die Erstkonsolidierung folgenden Geschäftsjahren ist der Geschäftswert nach HGB fortzuführen und planmäßig abzuschreiben. Nach § 246 Abs. 1 HGB ist der erworbene Geschäfts- oder Firmenwert ein zeitlich begrenzt nutzbarer Vermögensgegenstand und folglich als Bestandteil des Anlagevermögens nach § 253 Abs. 3 HGB über seine voraussichtliche Nutzungsdauer abzuschreiben. Für den seltenen Fall, dass die Nutzungsdauer für den Geschäftswert nicht verlässlich bestimmbar ist, sieht das HGB eine planmäßige Abschreibung über zehn Jahre vor (§ 253 Abs. 3 HGB). Die Nutzungsdauer ist nach § 285 Nr. 13 HGB stets im Anhang zu erläutern. Zudem besteht ein Wertaufholungsverbot.

Die IFRS sehen ein grundsätzliches Aktivierungsgebot für den Goodwill als immateriellen Vermögenswert unter dem langfristigen Vermögen vor. Nach IFRS 3.32 ist der Betrag, um den der Kaufpreis und der Wert der Minderheitenanteile den Wert des neubewerteten Eigenkapitals übersteigen, als Geschäftswert anzusetzen. Die Höhe des Geschäftswerts ist dabei abhängig von der Ausübung des Bewertungswahlrechts für die Minderheitenanteile. Je nachdem, ob diese zum anteiligen Substanzwert oder zum *fair value* angesetzt werden, bezieht sich der Geschäftswert entweder nur auf die Mehrheitengesellschafter oder zusätzlich auch auf die Minderheitengesellschafter (vgl. hierzu in diesem Kapitel, S. 531 ff.).

Nach IFRS wird der Geschäftswert nicht als zeitlich begrenzt nutzbarer Vermögenswert angesehen. Demnach ist für ihn keine planmäßige Abschreibung vorgesehen. Stattdessen ist der Geschäftswert jährlich im Rahmen eines *impairment test* auf außerplanmäßige Wertminderungen zu überprüfen. Die Abschaffung der planmäßigen Abschreibung und der jährlich verpflichtende *impairment test* wird in der internationalen Rechnungslegung als *impairment-only-approach* bezeichnet. Die Überprüfung ist jährlich zum gleichen Zeitpunkt durchzuführen, muss jedoch nicht am Bilanzstichtag erfolgen. Die Durchführung des *impairment test* regelt der Standard IAS 36 (vgl. 22. Kapitel). Wird eine Wertminderung des Geschäftswerts festgestellt, so ist der entsprechende Betrag erfolgswirksam abzuschreiben. Eine Wertaufholung ist nicht zulässig.

b) Negativer Unterschiedsbetrag (Badwill)

Ist der Wert des anteiligen neubewerteten Eigenkapitals höher als die Anschaffungskosten der Anteile, ergibt sich ein negativer Unterschiedsbetrag. In diesem Fall hat der Käufer einen niedrigeren Betrag bezahlt, als der Anteil an den einzelnen Vermögensgegenständen und Schulden wert ist. Mögliche Erklärungen dafür können negative Zukunftsaussichten oder Fehlbewertungen sein. International wird für diesen Unterschiedsbetrag die Bezeichnung »Badwill« verwandt, die mittlerweile auch in Deutschland üblich ist.

Das HGB fordert die Passivierung eines negativen Unterschiedsbetrags in einem eigenen Posten »Unterschiedsbetrag aus der Kapitalkonsolidierung«, der auf der Passivseite nach dem Eigenkapital auszuweisen ist (§ 301 Abs. 3 HGB).

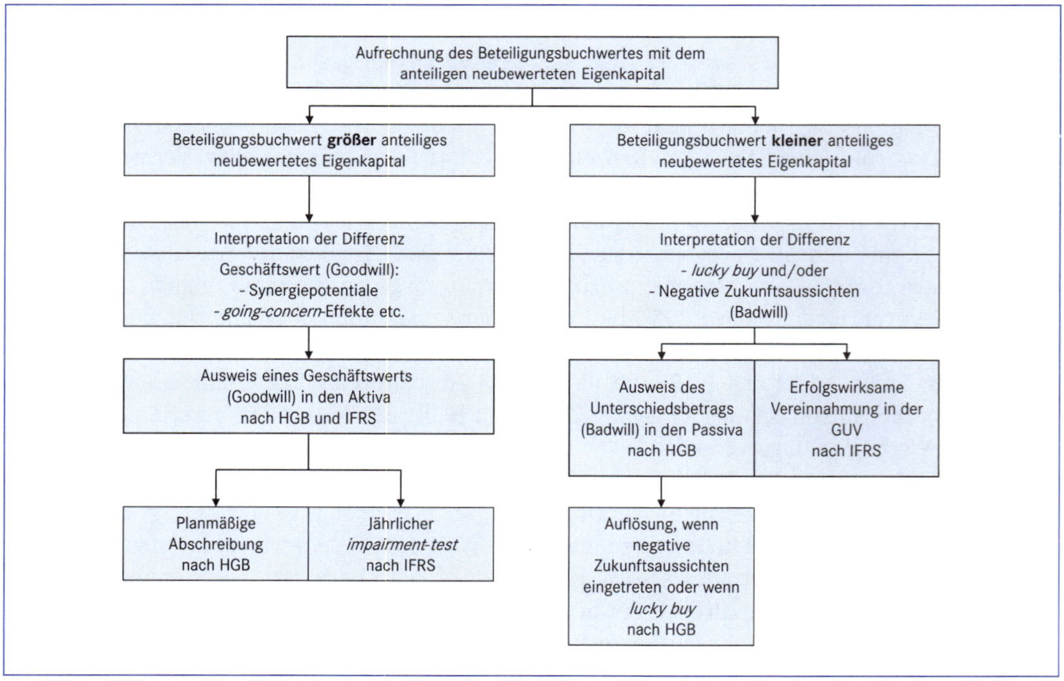

Abb. 23.5: Behandlung der Unterschiedsbeträge aus der Kapitalkonsolidierung

Grundsätzlich ist der Unterschiedsbetrag in diesem Posten fortzuführen. Die Auflösung des Badwill ist in § 309 Abs. 2 HGB geregelt und ist abhängig von seiner Entstehungsursache. Ist der Badwill als Preisabschlag für zukünftige negative Ertragschancen anzusehen, besitzt der Posten Rückstellungscharakter. In diesem Fall erfolgt eine Auflösung bei Eintritt der negativen Erwartungen. Die Auflösung ist erfolgswirksam über die GuV zu verbuchen und gleicht somit Verluste aus. Ist der Badwill hingegen einem günstigen Kauf (»*lucky buy*«) zuzuschreiben, stellt er eher einen realisierten Ertrag dar. Eine Auflösung ist dann vorzunehmen, sobald feststeht, dass ein solcher »*lucky buy*« vorliegt. Durch die erfolgswirksame Ausbuchung über die GuV wird der Badwill als zusätzlicher Gewinn realisiert. Eine Saldierung von Geschäftswerten auf der Aktivseite und Unterschiedsbeträgen auf der Passivseite ist nicht erlaubt.

Ergibt sich ein negativer Unterschiedsbetrag, sprechen die IFRS von einem *bargain purchase*. In diesem Fall ist nach IFRS 3.36 zunächst ein »*reassessment*« durchzuführen. Dabei werden alle Vermögenswerte und Schulden sowie die Anschaffungskosten nochmals auf ihren Wertansatz hin überprüft. Besteht anschließend weiterhin ein Badwill, sehen die IFRS keine Passivierung des Unterschiedsbetrags vor. Der Badwill ist stattdessen sofort GuV-wirksam als Ertrag zu vereinnahmen (IFRS 3.34).

In Abb. 23.5 wird die Behandlung der Unterschiedsbeträge zusammengefasst.

3. Folgekonsolidierung

In den Jahren nach dem Unternehmenszusammenschluss ist ein Tochterunternehmen über die **Folgekonsolidierung** weiterhin in den Konzernabschluss einzubeziehen. Die grundsätzliche Vorgehensweise in der Folgekonsolidierung ist sowohl nach HGB als auch nach IFRS gleich. Allerdings unterscheiden sich die beiden Rechnungslegungssysteme hinsichtlich der Folgebewertung des Geschäftswerts - wie im vorherigen Abschnitt beschrieben.

Zunächst ist in der Folgekonsolidierung die Erstkonsolidierung zu wiederholen. Dabei werden die Buchungen der Kapitalkonsolidierung analog zur Erstkonsolidierung nochmals vorgenommen. Die Notwendigkeit dafür ergibt sich daraus, dass die Konzernbilanz jedes Jahr erneut aus der Summe der Einzelabschlüsse gebildet wird, in denen die Konsolidierungsbuchungen nicht vollzogen worden sind. Eine nochmalige Neubewertung auf neuer Basis erfolgt nicht.

Die aus der Erstkonsolidierung resultierenden Wertansätze in der Konzernbilanz stellen aus Sicht des Konzerns die Anschaffungskosten der einzelnen Bilanzposten dar. Im nächsten Schritt sind die Wertansätze fortzuführen. Da die Buchwerte aus den Einzelabschlüssen bereits auf Einzelabschlussebene fortgeführt werden, ist die Fortschreibung im Konzernabschluss nur auf die aufgedeckten stillen Reserven und Lasten vorzunehmen. Beziehen sich die stillen Reserven bzw. Lasten auf Vermögens- bzw. Schuldposten, die nur die Periode der Erstkonsolidierung betreffen, d. h., dass die dazugehörigen Bilanzposten im Folgejahr im Einzelabschluss nicht mehr bestehen, so sind die stillen Reserven bzw. Lasten vollständig abzuschreiben. Stille Reserven bzw. Lasten, die aus noch vorhandenen Vermögensgegenständen und Schulden resultieren, werden analog dem Werteverzehr des zugrunde liegenden Bilanzpostens abgeschrieben. Die Ausbuchung der stillen Reserven führt folglich zu Aufwendungen in der Konzern-GuV, während entsprechend die Ausbuchung der stillen Lasten Erträge in der Konzern-GuV darstellt. Im Gegensatz zur Erstkonsolidierung, die gänzlich erfolgsneutral abläuft, wirkt sich die Folgekonsolidierung demnach auch auf die GuV aus. Die auszuweisenden Minderheitenanteile im Falle einer Beteiligungsquote unter 100 % werden aus dem aktuellen Eigenkapitalwert errechnet.

Kommt es schließlich zum Verkauf des Tochterunternehmens, so ist eine Entkonsolidierung vorzunehmen, in der die bisherige Konzernbeziehung beendet und ein Abgangserfolg ermittelt wird (vgl. dazu ausführlich Coenenberg/Haller/Schultze [2018], Kapitel 11).

Beispiel

Im obigen Beispiel wurden stille Reserven in den sonstigen Aktiva i. H. v. 90 GE und in den Verbindlichkeiten i. H. v. 30 GE aufgedeckt. Die Anlagen innerhalb der sonstigen Aktiva, die die stillen Reserven enthalten, werden auf Einzelabschlussebene über 10 Jahre planmäßig abgeschrieben. Die Verbindlichkeiten, in denen zum Zeitpunkt der Erstkonsolidierung stille Reserven bestanden, existieren im Folgejahr nicht mehr.

In diesem Fall sind die aufgedeckten stillen Reserven in den sonstigen Aktiva ebenfalls über 10 Jahre planmäßig abzuschreiben. Die Abschreibung beträgt 9 GE (= 90 GE / 10). Da die Verbindlichkeiten im Zeitpunkt der Folgekonsolidierung nicht mehr bestehen und somit auch nicht über die HB II in den Konzernabschluss übernommen werden, sind die darauf aufgelösten stillen Reserven in voller Höhe abzuschreiben.

Die Verbuchung der Abschreibung der stillen Reserven von insgesamt 39 GE wird GuV-wirksam vorgenommen und mindert das Konzernergebnis.

II. Konsolidierung von Forderungen und Verbindlichkeiten

Um dem Ziel der Abbildung des Konzernverbundes als eine wirtschaftliche Einheit Rechnung zu tragen, sind im Rahmen der Konsolidierung auch die **innerkonzernlichen Forderungen und Verbindlichkeiten** zu eliminieren. Ein rechtlich selbstständiges Unternehmen kann in seiner Bilanz keine Forderungen oder Verbindlichkeiten gegen sich selbst ausweisen. Dies gilt vor dem Hintergrund der Fiktion der rechtlichen Einheit auch für den Konzern. Gewährt beispielsweise ein Unternehmen des Konzernverbundes einem weiteren ein Darlehen, so entsteht beim gewährenden Unternehmen eine Forderung sowie beim nehmenden Unternehmen korrespondierend eine Verbindlichkeit. Betrachtet man den Konzern nach der Einheitstheorie als ein einziges Unternehmen, so sind keine Forderungen und Verbindlichkeiten gegenüber Dritten entstanden. Damit ist es das Ziel der sog. **Schuldenkonsolidierung**, nur Forderungen und Verbindlichkeiten zu Konzernfremden im Konzernabschluss zu belassen (vgl. ausführlich Coenenberg/Haller/Schultze [2018], Kapitel 11).

1. Regelungen zur Schuldenkonsolidierung

Die rechtliche Grundlage für die Schuldenkonsolidierung im HGB bildet § 303 Abs. 1 HGB. Auch wenn dort nur Ausleihungen und andere Forderungen, Rückstellungen, Verbindlichkeiten und Rechnungsabgrenzungsposten genannt werden, so umfasst die Schuldenkonsolidierung noch weitere Posten. Vielmehr sind alle Posten mit Forderungscharakter und ihre korrespondierenden

Verbindlichkeiten zu konsolidieren. Als Beispiel können hier zudem geleistete bzw. erhaltene Anzahlungen, eingeforderte Einlagen sowie sonstige Vermögensgegenstände genannt werden.

In den IFRS fordert IFRS 10.B86 die vollständige Eliminierung von innerkonzernlichen Ansprüchen und Verpflichtungen im Konzernabschluss. Eine explizite Angabe der betreffenden Bilanzposten liefert der Standard nicht.

Entsprechend dem Prinzip der Wesentlichkeit kann gemäß § 303 Abs. 2 HGB die Schuldenkonsolidierung unterlassen werden, wenn die Beträge für die Vermittlung eines den tatsächlichen Verhältnissen entsprechenden Bildes der Vermögens-, Finanz- und Ertragslage von untergeordneter Bedeutung sind. Ebenso kann gemäß dem Wesentlichkeitsgrundsatz in den IFRS vorgegangen werden.

2. Durchführung der Schuldenkonsolidierung

Bei der Durchführung der Schuldenkonsolidierung sind grundsätzlich die sich inhaltlich korrespondierenden Posten der Forderungen und Verbindlichkeiten auszubuchen. Dies stellt dann kein Problem dar, wenn eine Forderung und ihre dazugehörige Verbindlichkeit sich bei den beiden Konzernunternehmen in gleicher Höhe gegenüberstehen und zudem die gleiche Fälligkeitsstruktur besitzen. Zunächst ist daher die Gleichartigkeit und Übereinstimmung der Fälligkeitsstruktur zu prüfen. Soweit nun einer Forderung bei einem anderen Konzernunternehmen eine Verbindlichkeit in gleicher Höhe gegenübersteht, werden die beiden Posten im Rahmen der Konsolidierung lediglich gegeneinander aufgerechnet.

Beispiele für in der Schuldenkonsolidierung potenziell zu berücksichtigende Posten sind Forderungen im Anlage- und Umlaufvermögen, Verbindlichkeiten, Rückstellungen (z. B. Garantien), Ausleihungen (z. B. Finanzanlagen) und Rechnungsabgrenzungsposten (z. B. Miete). Das folgende Beispiel verdeutlicht die grundlegende Vorgehensweise der Schuldenkonsolidierung.

Beispiel

A	MU (HB II) in GE		P
Forderungen ggü. verb. Unt.	1.000		

A	TU (HB II) in GE		P
		Verbindlichkeiten ggü. verb. Unt.	1.000

A	Konzernbilanz in GE		P
~~Forderungen ggü. verb. Unt.~~	~~1.000~~	~~Verbindlichkeiten ggü. verb. Unt.~~	~~1.000~~

Häufig stehen sich jedoch Forderung und Verbindlichkeit nicht in gleicher Höhe und Fälligkeitsstruktur gegenüber und es entstehen **Aufrechnungsdifferenzen**. Als Ursache dafür kommen zum einen Differenzen formeller Natur in Frage, die durch buchungstechnische Unterschiede bei den einzelnen Unternehmen entstehen (sog. »unechte Aufrechnungsdifferenzen«). Zum anderen können Differenzen materieller Natur, die durch unterschiedlich hohe Wertansätze in den Einzelbilanzen entstehen, der Grund sein (sog. »echte Aufrechnungsdifferenzen«). Dabei führt das Prinzip der vorsichtigen Bewertung in der HGB-Bilanzierung häufig zu höheren Wertansätzen bei den Verbindlichkeiten als bei den Forderungen.

Wie die Aufrechnungsdifferenzen zu behandeln sind, ist im HGB und in den IFRS nicht explizit geregelt. Ziel der Eliminierung muss es jedoch sein, zu einer Darstellung des Konzernabschlusses zu kommen, als hätte das innerkonzernliche Schuldverhältnis nie bestanden. Dazu sind die auftretenden Differenzen sowohl in der Bilanz als auch in der GuV zu bereinigen. Meist ist der Ansatz von Forderungen und Verbindlichkeiten mit Auswirkungen auf die GuV verbunden. Üblicherweise entstehen aus den Forderungen und Verbindlichkeiten Zinserträge bzw. -aufwendungen. In diesem Fall müssen bei der Schuldenkonsolidierung gleichzeitig Konsolidierungsbuchungen in der GuV durchgeführt werden.

Zu unterscheiden ist in der Schuldenkonsolidierung, ob die Konsolidierung eines bestimmten Schuldverhältnisses erstmalig erfolgt oder bereits in Vorperioden vorgenommen wurde. Bei der Erstkonsolidierung des Schuldverhältnisses wird eine Aufrechnungsdifferenz über die gleichzeitige Eliminierung der Erträge und Aufwendungen in der GuV ausgeglichen. Aufrechnungsdifferenzen, die im Einzelabschluss erfolgswirksam erfasst werden, sind im Konzernabschluss auch erfolgswirksam zu neutralisieren. Neutralisiert wird in der Weise, dass in Höhe einer aktivischen Differenz, die im Einzelabschluss einen Ertrag darstellt, ein zusätzlicher Aufwand bzw. in Höhe einer passivischen Differenz, die im Einzelabschluss einen Aufwand darstellt, ein zusätzlicher Ertrag gebucht wird. Infolgedessen führen passivische Aufrechnungsdifferenzen zu einem Konzernjahreserfolg, der höher ist als die Summe der Jahreserfolge der einbezogenen Unternehmen; aktivische Aufrechnungsdifferenzen führen dagegen zu einem niedrigeren Konzernjahreserfolg.

In den Folgejahren – bei wiederholter Konsolidierung des Schuldverhältnisses – ist ein Ausgleich der Aufrechnungsdifferenzen jedoch nicht über die GuV-Konsolidierung möglich, da die korrespondierenden Zinserträge bzw. -aufwendungen in den Einzelabschlüssen der Konzernunternehmen bereits in der ersten Periode realisiert worden sind. Daher muss die Behandlung der Aufrechnungsdifferenzen, die nicht in der Abrechnungsperiode, sondern bereits in Vorperioden entstanden sind, erfolgsneutral erfolgen. Da sich das Zinsergebnis im Jahresüberschuss über die Gewinnverwendung auf Einzelabschlussebene im Eigenkapital niedergeschlagen hat, ist dieses Zinsergebnis jedoch weiterhin in den Eigenkapitalposten der Einzelabschlüsse enthalten, aus denen der Konzernabschluss gebildet wird. Die Aufrechnungsdifferenz ist daher mit dem Eigenkapital zu verrechnen. In Abhängigkeit von der Ergebnisverwendung in den Einzelabschlüssen der Konzernunternehmen kann das Zinsergebnis sich in verschiedenen Posten verbergen. Die Korrektur kann also z. B. über einen Verlustvortrag geschehen oder über die Gewinnrücklagen. Im Allgemeinen wird die Bildung eines eigenen Korrekturpostens (»Sonstiger Ausgleichsposten«) präferiert. Um das Konzerneigenkapital adäquat darzustellen, muss die Ergebnisverwendung dieses Zinsergebnisses schließlich rückgängig gemacht werden und das Konzerneigenkapital entsprechend erhöht (im Falle eines negativen Zinsergebnisses) bzw. verringert (im Falle eines positiven Zinsergebnisses) werden.

III. Eliminierung der Zwischenerfolge

Innerhalb des Konzernverbundes bestehen zwischen den einzelnen Konzernunternehmen meist umfangreiche Lieferungs- und Leistungsbeziehungen. Betrachtet man die Unternehmen auf Einzelabschlussebene, sind dies Lieferungen und Leistungen an Dritte, aus denen realisierte Gewinne oder Verluste resultieren. Aus Gesamtsicht des Konzerns stellen diese Lieferungen und Leistungen jedoch lediglich interne Verlagerungen dar. Soweit sie noch nicht an einen Konzernexternen weitergegeben wurden, sind die intern entstandenen Gewinne oder Verluste aus Konzernsicht noch nicht realisiert. Die aus innerkonzernlichen Veräußerungen erfassten Gewinne und Verluste sind daher in der **Zwischenerfolgseliminierung** herauszurechnen, damit im Konzernabschluss nur die Erfolge aus Beziehungen zu Konzernfremden abgebildet werden.

Die Zwischenerfolgseliminierung betrifft die Bilanz. Inhaltlich sind mit den Zwischenerfolgen auch verbuchte Erträge und Aufwendungen verbunden, die im Rahmen der GuV-Konsolidierung (vgl. in diesem Kapitel, Abschnitt IV) aus der Konzern-GuV eliminiert werden, soweit dies zur Abbildung der Ertragslage des Konzerns aus Einheitssicht sachgerecht ist.

Die rechtliche Grundlage der Zwischenerfolgseliminierung bildet im HGB § 304. In den IFRS schreibt IFRS 10.B86 die vollständige Zwischenerfolgseliminierung vor. Auch hier findet – analog zur Schuldenkonsolidierung – der Wesentlichkeitsgrundsatz Anwendung. Falls die zu eliminierenden Beträge von untergeordneter Bedeutung für das Unternehmensbild sind, kann auf diesen Konsolidierungsschritt verzichtet werden (§ 304 Abs. 2 HGB). Entsprechend ist nach IFRS zu verfahren (vgl. ausführlich Coenenberg/Haller/Schultze [2018], Kapitel 11).

1. Konzernanschaffungs- und -herstellungskosten

Nach HGB sind die aus (ganz oder teilweise) konzerninternen Lieferungen und Leistungen stammenden Vermögensgegenstände in der Konzernbilanz mit einem Betrag anzusetzen, der sich durch analoge Anwendung der Bewertungsvorschriften des § 255 HGB für das Unternehmen »Konzern« ergibt (§ 304 Abs. 1 i. V. m. § 308 Abs. 1 HGB). Dabei wird entsprechend der Einheitstheorie davon ausgegangen, dass der Konzern die **Anschaffungs- oder Herstellungskosten** so festlegen kann, als ob er ein selbstständiges Unternehmen wäre. D. h., die handelsrechtlichen Wertober- bzw. Wertuntergrenzen der Herstellungskosten gemäß § 255 HGB gelten auch für die Konzernherstellungskosten.

Bei der Ermittlung der **Konzernherstellungskosten** sind zudem konzernspezifische Herstellungskostenminderungen bzw. -mehrungen zu berücksichtigen.

- HK-Minderungen: z. B. Fertigungslizenzen; Miet-, Pacht- oder Leasingzahlungen für Fertigungsanlagen an Konzernunternehmen;
- HK-Mehrungen: z. B. innerkonzernliche Transportkosten (aus Sicht des herstellenden Unternehmens stellen diese nicht aktivierungsfähige Vertriebskosten dar).

Die Bewertungswahlrechte bei den Herstellungskosten entsprechen denen im Einzelabschluss. D. h., für den Ansatz von Verwaltungskosten als Herstellungskostenbestandteil besteht nach HGB auch im Konzern ein Wahlrecht.

Zwischenwerte zwischen Höchst- und Mindestwert sind jederzeit zulässig. Gemäß § 308 Abs. 1 Satz 2 HGB ist es möglich, dass der gleiche Vermögensgegenstand in Einzel- und Konzernabschluss unterschiedlich angesetzt werden kann. Jedoch ist auch im Konzernabschluss das Stetigkeitsgebot zu beachten.

Nach IFRS errechnen sich die Konzernanschaffungs- und -herstellungskosten ebenfalls durch Anwendung der allgemeinen Bewertungsvorschriften, aus Sicht des Unternehmens »Konzern«. Auch hier sind konzernspezifische Herstellungskostenminderungen bzw. -mehrungen zu berücksichtigen. Da die IFRS bei den Herstellungskosten generell auf den Vollkostenansatz abstellen, bestehen keine Wahlrechte für die Höhe der Herstellungskosten (IAS 2.7). Folglich ergibt sich im Gegensatz zum HGB ein eindeutiger Konzernherstellungskostenansatz.

2. Zwischengewinne und Zwischenverluste

Im Einzelabschluss der Konzernunternehmen können sich durch Lieferungen und Leistungen an andere Konzernunternehmen sowohl Gewinne als auch Verluste ergeben. Das liefernde Unternehmen weist einen Gewinn oder auch Verlust aus dem Geschäft aus, das bilanziell in seinem Jahreserfolg enthalten ist. Das erhaltende Unternehmen bilanziert die empfangene Lieferung zu seinen Anschaffungskosten. Werden beispielsweise Erzeugnisse von Unternehmen A an Unternehmen B geliefert, die bei A Herstellungskosten i. H. v. 80 GE verursacht haben, aber zu einem Preis von 100 GE an B veräußert wurden, so entsteht bei A ein Gewinn von 20 GE und B bilanziert Vorratsvermögen i. H. v. 100 GE. Somit ist dieser Gewinn von 20 GE gegen den überhöhten Vorratswert zu verrechnen, um eine aus Konzernsicht richtige Bewertung zu erhalten. Aus Einheitssicht wurde die Ware lediglich in ein anderes Lager verlegt, wofür bestenfalls zusätzliche Herstellungskosten für den Transport entstanden sein können, aber kein Gewinn. Ist die Ware folglich am Jahresende noch im Lager von B enthalten und nicht an Konzernexterne verkauft, so muss sie mit ihren Herstellungskosten aus Sicht des Konzerns im Vorratsvermögen ausgewiesen werden. Der Zwischengewinn ist gegen das Konzernvermögen zu eliminieren. Werden innerkonzernlich veräußerte Vermögensgegenstände von anderen Konzernunternehmen weiterverarbeitet, werden die Herstellungskosten als Summe der in den einzelnen Konzernunternehmen entstandenen Aufwendungen errechnet. Der Wertansatz in der Einzelbilanz des empfangenden Unternehmens ist entsprechend an die Konzernanschaffungs- oder -herstellungskosten anzupassen.

Die Differenz zwischen dem Wertansatz in der Einzelbilanz und den Konzernherstellungskosten stellt den zu eliminierenden Zwischenerfolg dar. Ist diese Differenz nun größer null, spricht man von einem Zwischengewinn, andernfalls von einem Zwischenverlust.

Nach HGB kann der Zwischengewinn bzw. -verlust in einen **eliminierungspflichtigen** und einen **eliminierungsfähigen** Bestandteil aufgespalten werden. Aufgrund des Wahlrechts in der Ermittlung der Herstellungskosten nach § 255 Abs. 2 HGB kann auch für die Konzernherstellungskosten ein Mindestwert und ein Höchstwert angesetzt werden. Im Fall eines Zwischengewinns ist nur die Differenz zwischen Konzernverrechnungspreis und dem Höchstwert der Konzernherstellungskosten eliminierungspflichtig. Der verbleibende Differenzbetrag ist eliminierungsfähig, d. h., er darf ausgebucht werden, muss es aber nicht. Liegt ein Zwischenverlust vor, ist der Betrag zwischen Konzernverrechnungspreis und Mindestwert der Konzernherstellungskosten der eliminierungspflichtige Bestandteil. Die Differenz zwischen dem Mindestwert und dem Höchstwert der Konzernherstellungskosten ist eliminierungsfähig.

Da die IFRS in der Herstellungskostenermittlung keine Spielräume gewähren, ergibt sich demnach nur ein möglicher Wert für die Konzernherstellungskosten und folglich auch nur ein eliminierungspflichtiger Zwischengewinn bzw. -verlust.

Beispiel

Die M-AG liefert eine selbst hergestellte Maschine an ihr Tochterunternehmen, die T-AG, zum Preis von 100 GE. Die M-AG bilanziert nach den Vorschriften des HGB.

in GE	Fall 1	Fall 2
Konzernverrechnungspreis	100	100
Herstellungskosten:		
- Material- und Fertigungskosten	- 50	- 50
- Verwaltungskosten	- 30	- 30
Gewinn bei der M-AG	**= 20**	**= 20**
beizulegender Wert zum Stichtag	105	95
Bilanzansatz bei der T-AG	100	95
- maximale KHK	- 80	- 80
= eliminierungspflichtiger Gewinn	**= 20**	**= 15**
maximale KHK	80	80
- minimale KHK	50	50
= zusätzlich eliminierungsfähiger Gewinn	**= 30**	**= 30**
insgesamt eliminierungsfähiger Gewinn	**50**	**45**

3. Durchführung der Zwischenerfolgseliminierung

Welche Buchungen zur Zwischenerfolgseliminierung vorzunehmen sind, ist zum einen von der Ausgestaltung der Liefer- oder Leistungsbeziehung abhängig und zum anderen davon, ob die Eliminierung erstmalig erfolgt.

Bei der erstmaligen Eliminierung einer Geschäfts- oder Leistungsbeziehung sind in der Bilanz diejenigen Posten zu bereinigen, in denen sich Zwischenerfolge aus dem innerkonzernlichen Geschäft wiederfinden. Dies bedeutet, dass die gelieferten Vermögensgegenstände im Vorratsvermögen oder anderen Posten des Anlage- und Umlaufvermögens, in denen interne Lieferungen oder Leistungen aktiviert sind (z. B. Sachanlagen), auf den Wert der Konzernanschaffungs- und -herstellungskosten korrigiert werden und das Eigenkapital um den enthaltenen Zwischenerfolg bereinigt wird. Im Jahr des Entstehens des Zwischenerfolgs findet sich dieser im Jahresergebnis, in den Folgejahren in den Gewinnrücklagen. Ist der Vermögensgegenstand im Folgejahr noch nicht an Konzernfremde weiterveräußert worden, ist der Wertansatz in den Aktiva im Folgejahr erneut zu korrigieren. Die Konsolidierung ist nun jedoch erfolgsneutral vorzunehmen, da in der Folgeperiode keine dazugehörigen Gewinne/Verluste erfasst worden sind. Die Gegenbuchung erfolgt daher in den Eigenkapitalposten entsprechend der Gewinnverwendung oder in den Ausgleichsposten.

Wird der Vermögensgegenstand schließlich an Dritte weiterveräußert, ist aus Konzernsicht der gesamte Gewinn bzw. Verlust, der sich aus dem Verkaufserlös und den Herstellungskosten ergibt, realisiert. Im Einzelabschluss des veräußernden Unternehmens ist in dieser Periode jedoch nur ein anteiliger Gewinn oder Verlust erfasst worden, nicht aber der zuvor eliminierte Zwischenerfolg innerhalb des Konzerns. Daher ist der Zwischenerfolg in der Periode der Veräußerung im Konzernabschluss zusätzlich zu erfassen.

Die Vorgehensweise zur Verrechnung der Zwischenerfolge kann in folgenden vier Schritten zusammenfassend dargestellt werden:

1. Die Bestände sind stets in voller Höhe um die Zwischenergebnisse zu korrigieren.
2. Für den Fall, dass Zwischenergebnisse zum ersten Mal auftreten, beeinflussen diese in voller Höhe den Jahresüberschuss. Dabei sind durch die Korrektur von GuV-Posten wie Umsatzerlöse, Bestandsveränderungen sowie Materialaufwand mehrere GuV-Posten betroffen.
3. In den Folgekonsolidierungen darf die Zwischenerfolgseliminierung nicht in voller Höhe Einfluss auf den Konzernjahresüberschuss nehmen; vielmehr ist der Konzernjahresüberschuss nur um die Veränderung der Zwischenergebnisse gegenüber dem Vorjahr zu korrigieren.
4. Die in der Konzernbilanz in den Folgejahren zur Bereinigung der aus Vorperioden stammenden Zwischenverluste vorzunehmenden Bestandsminderungen sind erfolgsneutral in der Bilanz durch eine Korrektur des Eigenkapitals zu erfassen. Als adäquate Eigenkapitalposten kommen ein Gewinn- oder Verlustvortrag, die Gewinnrücklagen oder ein sonstiger Ausgleichsposten - wie bei der Schuldenkonsolidierung - in Frage.

Die Eliminierung eines Zwischengewinns nach HGB soll anhand des folgenden Beispiels veranschaulicht werden.

Beispiel

Die M-AG liefert an die T-AG, ein Tochterunternehmen, in 01 Waren zum Preis von 100 GE, die es selbst zu 80 GE hergestellt hat. Daraus entsteht im Einzelabschluss der M-AG ein Erfolg von 20 GE. Die T-AG verkauft die Waren erst in 03 zum Preis von 130 GE an Konzernaußenstehende weiter. Bis dahin sind die Gegenstände als Vorräte zu Anschaffungskosten von 100 GE im Einzelabschluss der T-AG bilanziert.
Im Konzernabschluss 01 muss deshalb der Zwischenerfolg i. H. v. 20 GE eliminiert werden, gleichzeitig muss der Wertansatz der Vorräte auf die Konzernherstellungskosten von 80 GE reduziert werden. Dies geschieht durch die folgende Buchung:

Jahresüberschuss	20	an	Vorräte	20

Im Konzernabschluss 02 muss erneut die Bewertung der Vorräte auf die Konzernherstellungskosten von 80 GE korrigiert werden, da die Vorräte noch immer bei der T-AG vorhanden sind. Bei der M-AG ist in dieser Periode aber kein Zwischenerfolg entstanden, weshalb die Aufrechnung nun erfolgsneutral erfolgen muss. Da bei der M-AG der Zwischenerfolg der Vorperiode nun in einem Eigenkapitalposten (bei Thesaurierung) enthalten sein muss, geschieht diese erfolgsneutrale Eliminierung gegen das Eigenkapital:

Welcher Eigenkapitalposten konkret angesprochen wird, hängt von der Ergebnisverwendung bei der M-AG ab. Um die Problematik der Zuordnung zu vermeiden, wird ein Korrekturposten »Sonstiger Ausgleichsposten« innerhalb des Eigenkapitals einführt, der diese Art von Buchungen aufnimmt.

Sonstiger Ausgleichsposten	20	an	Vorräte	20

Bei Verkauf im Jahr 03 an Konzernfremde wird dann der gesamte Gewinn von 50 GE (= 130 GE - 80 GE) aus Konzernsicht realisiert. Da im Einzelabschluss der T-AG nur ein Gewinn i. H. v. 30 GE realisiert wird, muss der Gewinn um den Zwischenerfolg i. H. v. 20 GE erhöht werden. Dazu wird der zuvor eliminierte Zwischenerfolg erfolgswirksam umgebucht.

Sonstiger Ausgleichsposten	20	an	Jahresüberschuss	20

IV. Konsolidierung der Gewinn- und Verlustrechnung

Analog zur Bildung der Summenbilanz werden auch zur Bildung der Konzern-GuV die einzelnen Posten in den GuVs der Konzernunternehmen summiert. Anschließend erfolgt auf Basis der **Summen-GuV** die Eliminierung der innerkonzernlichen Aufwendungen und Erträge.

Aufgrund der Einheitstheorie sind neben der Zwischenergebniseliminierung im Rahmen der Konzernbilanz grundsätzlich alle Aufwendungen und Erträge aus Lieferungen und Leistungen zwischen den in den Konzernabschluss einbezogenen Unternehmen in der Konzern-GuV zu verrechnen bzw. so umzugliedern, wie sie aus Sicht eines einheitlichen Unternehmens zu behandeln und auszuweisen wären. Im HGB ist die Konsolidierung der Erträge und Aufwendungen in § 305 Abs. 1 HGB geregelt. Die Eliminierungspflicht nach IFRS ergibt sich aus IFRS 10.B86.

Neben Kapital-, Schulden- und Zwischenerfolgskonsolidierung bildet die **Aufwands- und Ertragskonsolidierung** das letzte Glied in der Kette der im Rahmen der Erstellung des Konzernabschlusses durchzuführenden Bereinigungen.

Gemäß dem Prinzip der Wesentlichkeit kann sowohl nach HGB als auch nach IFRS die Konsolidierung der Erträge und Aufwendungen entfallen, wenn die wegzulassenden Beträge für die Vermittlung eines den tatsächlichen Verhältnissen entsprechenden Bildes der Vermögens-, Finanz- und Ertragslage des Konzerns nur von untergeordneter Bedeutung sind (§ 305 Abs. 2 HGB).

Der Aufbau der Konzern-GuV entspricht dem der GuV im Einzelabschluss. Somit besteht auch hier ein Ausweiswahlrecht zwischen dem Umsatz- und dem Gesamtkostenverfahren. Dies erlaubt es jedoch nicht, nach unterschiedlichen Verfahren erstellte Einzelabschluss-GuVs nebeneinander in die Konzern-GuV einfließen zu lassen. Daher ist das Vorgehen im Rahmen der Vereinheitlichung (HB II) auf ein Verfahren hin zu vereinheitlichen. Abweichungen ergeben sich zwischen der GuV im Einzel- und im Konzernabschluss praktisch keine. Der Unterschied besteht nur bezüglich des gesonderten Ausweises des Minderheitenanteils am Ergebnis und dem gesonderten Ausweis des auf assoziierte Unternehmen entfallenden Ergebnisses.

Von der GuV-Konsolidierung sind nicht nur Aufwendungen und Erträge in Zusammenhang mit innerkonzernlichen Lieferungen und Leistungen betroffen, sondern auch andere Aufwendungen und Erträge sind konsolidierungspflichtig. Darunter fallen beispielsweise Mieterträge/-aufwendungen und Pachterträge/-aufwendungen. Ebenso sind innerkonzernliche Ergebnisübernahmen zu konsolidieren. Somit können für die GuV- Konsolidierung im Wesentlichen drei Fälle unterschieden werden:

1. Konsolidierung von Innenumsätzen,
2. Konsolidierung anderer Erträge und Aufwendungen,
3. Konsolidierung von innerkonzernlichen Ergebnisübernahmen.

Der Ablauf der GuV-Konsolidierung kann folgendermaßen zusammengefasst werden:

1. Additive Zusammenfassung gleichartiger Posten der GuV (Summen-GuV),
2. Korrektur der durch innerbetriebliche Leistungsverpflichtungen bedingten Verzerrungen,
3. bei vollkonsolidierter GuV: konzerninterne Erlöse aus Lieferungen und Leistungen werden bei Vollkonsolidierung stets zu 100 % mit den auf sie entfallenden Aufwendungen verrechnet oder auf andere Posten umgegliedert,
4. nach der Konsolidierung dürfen in der Konzern-GuV nur noch Erfolge aus Geschäftsvorfällen mit nicht einbezogenen dritten Unternehmen ausgewiesen werden.

Beispiel

Wie im Beispiel zur Zwischengewinneliminierung dargestellt, liefert die M-AG an die T-AG in 01 Waren zum Preis von 100 GE, die sie selbst zu 80 GE hergestellt hat. Die Herstellungskosten der M-AG in 01 teilen sich in Materialaufwand i. H. v. 55 GE und Personalaufwand i. H. v. 25 GE auf. Die T-AG verkauft die Waren erst in 03 zu 130 GE an Dritte weiter.

S	GuV M-AG in GE		H
Materialaufwand	55	Umsatzerlöse	100
Personalaufwand	25		
Jahresüberschuss	20		
	100		100

Für den Konzernabschluss muss in 01 die GuV angepasst werden, um Aufwendungen und Erträge aus der Gesamtsicht des Konzerns darzustellen. Bei Anwendung des Gesamtkostenverfahrens werden im Konzern die entstandenen Aufwendungen i. H. v. 80 GE aktiviert und in den Erträgen als Bestandsveränderung gezeigt. Folglich werden in der Konsolidierung die Umsatzerlöse der M-AG i. H. v. 100 GE ausgebucht gegen eine Bestandserhöhung in Höhe der Herstellungskosten und den entstandenen Zwischengewinn. Dies geschieht mit folgender Buchung:

Umsatzerlöse	100	an	Bestandsveränderungen	80
			Jahresüberschuss	20

Im Ergebnis werden in der Konzern-GuV nur noch die Material- und Personalaufwendungen und in gleicher Höhe (80 GE) eine Bestanderhöhung ausgewiesen, der Zwischengewinn ist ebenso eliminiert.

S	Konzern-GuV in GE		H
Materialaufwand	55	Umsatzerlöse	0
Personalaufwand	25	Bestandsveränderungen	80
Jahresüberschuss	0		
	80		80

Bei der Erstellung des Konzernabschlusses im Jahr 02 muss wiederum die Bewertung der Vorräte auf die Konzernherstellungskosten von 80 GE berichtigt werden. Bei Verkauf der Waren im Jahr 03 an Konzernfremde wird aus Konzernsicht der von der T-AG erzielte Umsatz i. H. v. 130 GE realisiert. Bei der T-AG ist im Einzelabschluss ein Gewinn i. H. v. 30 GE entstanden. Durch die Umbuchung des zuvor eliminierten Zwischenerfolgs in die GuV wird insgesamt aus Konzernsicht ein Gewinn i. H. v. 50 GE ausgewiesen.

E. Konsolidierung von Gemeinschaftsunternehmen und assoziierten Unternehmen

Grundsätzlich werden alle Beteiligungen an anderen Unternehmen in den Konzernabschluss einbezogen. Abhängig vom Grad der möglichen Einflussnahme geschieht dies auf unterschiedliche Weise. Liegt nur eine geringe Beteiligungsquote vor, die keine maßgebliche Einflussnahme auf das Unternehmen ermöglicht, so werden die Anteile im Finanzanlagevermögen des Konzerns ausgewiesen und entsprechend der Vorschriften für solche Posten bewertet. Hat das Unternehmen aber einen maßgeblichen (**assoziiertes Unternehmen**) oder beherrschenden Einfluss (Tochterunternehmen) auf ein anderes Unternehmen oder eine gemeinsame Leitung mit anderen Unternehmen, dann werden die Anteile daran in besonderer Weise im Konzernabschluss erfasst. Die Anteile an Tochterunternehmen werden i. d. R. (außer bei untergeordneter Bedeutung) durch Vollkonsolidierung, d. h. durch vollständigen Ersatz der Finanzanlagen durch das dahinter stehende Nettovermögen des Tochterunternehmens, in den Konzernabschluss einbezogen. Bei **Gemeinschaftsunternehmen**, bei denen das Mutterunternehmen keine Beherrschungsmöglichkeit hat, sondern diese mit einem anderen Unternehmen teilt, erfolgt die Erfassung im Konzernabschluss gemäß dem quotalen Anteil am Nettovermögen des Gemeinschaftsunternehmens. Bei der **Quotenkonsolidierung** wird das Finanzanlagevermögen durch das dahinter stehende quotale Nettovermögen des Gemeinschaftsunternehmens ersetzt, es handelt sich um eine quotale Anwendung der oben dargestellten Vollkonsolidierung. Alternativ findet die **Equity-Methode** Anwendung, bei der das quotale Nettovermögen des Gemeinschaftsunternehmens nicht Zeile für Zeile in den Konzernabschluss übernommen wird, sondern lediglich in einer Nebenrechnung für die Bewertung der Beteiligung im Hintergrund geführt wird. Die Beteiligung wird so fortgeschrieben, wie sich der Wert des Nettovermögens verändert. Diese Equity-Methode findet auch für assoziierte Unternehmen Anwendung.

I. Konsolidierung von Gemeinschaftsunternehmen

Gemeinschaftsunternehmen (*joint ventures*) zeichnen sich dadurch aus, dass sie unter der gemeinschaftlichen Leitung zweier oder mehrerer Parteien stehen. Die Gemeinschaftsunternehmen nehmen damit eine besondere Stellung ein, da sie von keinem der an ihnen beteiligten Unternehmen alleine beherrscht werden.

Dabei definiert § 310 HGB Gemeinschaftsunternehmen als ein »gemeinsam geführtes« Unternehmen, d. h., ein in den Konzernabschluss einzubeziehendes Unternehmen führt gemeinsam mit einem oder mehreren anderen nicht in den Konzernabschluss einzubeziehenden Unternehmen ein anderes Unternehmen. Voraussetzung dafür ist daher, dass die Gesellschafterunternehmen unabhängig voneinander sind.

Gemeinschaftsunternehmen gelten aufgrund des gemeinschaftlichen Führens und der damit fehlenden alleinigen Beherrschung nicht als Tochterunternehmen und damit auch nicht als verbundene Unternehmen i. S. d. § 271 Abs. 2 HGB. Folglich kommt eine Vollkonsolidierung nicht in Frage. Stattdessen ist für den Einbezug der Gemeinschaftsunternehmen nach HGB die Quotenkonsolidierung vorgesehen. Grundsätzlich gelten für die Quotenkonsolidierung die gleichen Vorschriften wie für die Vollkonsolidierung. Es handelt sich jedoch um eine quotale Anwendung der Erwerbsmethode. Alle Vermögensgegenstände und Schulden werden nur anteilig einbezogen.

Auch zur Quotenkonsolidierung muss der Abschluss des zu konsolidierenden Unternehmens zunächst vereinheitlicht werden. Wie bei der Vollkonsolidierung wird im ersten Schritt eine Neubewertung des Vermögens durchgeführt. Bei der anschließenden Bildung der Summenbilanz gehen allerdings nur die anteiligen Vermögensgegenstände und Schulden ein. D. h., bei einer Beteiligungshöhe von 50 % werden alle Bilanzposten mit 50 % ihres Wertes in die Summenbilanz eingerechnet. Folglich erfolgt auch nur eine Aufdeckung der anteiligen stillen Reserven und Lasten. In der Aufrechnung des Beteiligungsbuchwerts mit dem anteiligen Eigenkapital ergibt sich ein anteiliger Unterschiedsbetrag, analog zur Vollkonsolidierung. Dieser ist entsprechend den Vorschriften zur Bilanzierung eines Geschäftswerts bzw. eines Badwill zu behandeln. Die Folgekonsolidierung richtet sich ebenfalls nach der Vorgehensweise in der Vollkonsolidierung.

Die Quotenkonsolidierung steht nicht im Einklang mit der Einheitstheorie, sondern ist eher interessentheoretisch getrieben. Daher wird sie im Kontext der einheitstheoretisch geprägten Rechnungslegungssysteme vielfach kritisiert. An einem anteiligen Ansatz des Vermögens ist vor allem kritisch anzumerken, dass die meisten Vermögenswerte und Schulden nicht teilbar sind und beispielsweise der anteilige Ausweis einer Maschine wenig aussagekräftig ist.

Das HGB sieht für Gemeinschaftsunternehmen die Quotenkonsolidierung vor (§ 310 HGB). Als Alternative zum Einbezug mittels Quotenkonsolidierung ist es nach HGB auch zulässig, gemeinschaftlich geführte Unternehmen wahlweise über die Equity-Methode einzubeziehen (vgl. zur Equity-Methode in diesem Kapitel, S. 553 f.).

In den IFRS beinhaltet der Standard IFRS 11 »*Joint Arrangements*« die Regelungen für Gemeinschaftsunternehmen. Er ersetzt den bisher gültigen Standard IAS 31 »*Interests in Joint Ventures*« und ist - wie auch IFRS 10 - für Geschäftsjahre beginnend ab dem 01.01.2013 bzw. in der EU ab dem 01.01.2014 anzuwenden. Nach IFRS 11 ist die Einbeziehung von Gemeinschaftsunternehmen verpflichtend nach der Equity-Methode vorzunehmen. Für die Anwendung der Equity-Methode wird dabei auf den Standard IAS 28 verwiesen, der sowohl die Bilanzierung von assoziierten Unternehmen als auch von Gemeinschaftsunternehmen nach der Equity-Methode regelt. Durch IFRS 11 wurde das frühere Wahlrecht zwischen Quotenkonsolidierung und Equity-Methode abgeschafft. Somit hat die Quotenkonsolidierung nach IFRS keine Bedeutung mehr. Die Vorschriften zu den Anhangangaben finden sich in IFRS 12.

II. Konsolidierung von assoziierten Unternehmen

Zum Konsolidierungskreis i. w. S. gehören auch die **assoziierten Unternehmen**. Auf sie besteht ein maßgeblicher Einfluss, jedoch kein beherrschender. Dies bedeutet, dass die Beziehung zu dem Unternehmen schwächer ist als ein beherrschender Einfluss, aber stärker als ein reiner finanzieller Anteilsbesitz. Daher werden assoziierte Unternehmen nicht vollständig in den Konzernabschluss einbezogen, als wären die Unternehmen eine wirtschaftliche Einheit, vielmehr bleibt die Beteiligung in der Konzernbilanz bestehen und es erfolgt eine jährliche Anpassung des Beteiligungsbuchwerts gemäß der Equity-Methode.

Im HGB ist der Einbezug von assoziierten Unternehmen in § 312 HGB geregelt. Neben assoziierten Unternehmen ist die Anwendung der Equity-Methode auch für nicht quotenkonsolidierte Gemeinschaftsunternehmen und Tochterunternehmen, die aufgrund eines Wahlrechts oder Verbots nicht auf dem Wege der Vollkonsolidierung einbezogen wurden, geboten. Der Standard IAS 28 »*Investments in Associates and Joint Ventures*« regelt in den IFRS die Konsolidierung von assoziierten Unternehmen. Dieser Standard ist in seiner überarbeiteten Version für Geschäftsjahre beginnend ab dem 01.01.2013 bzw. in der EU ab dem 01.01.2014 auch für alle Gemeinschaftsunternehmen anzuwenden.

Nach der Equity-Methode wird die im Einzelabschluss bilanzierte Beteiligung in die Konzernbilanz übernommen. Beim erstmaligen Einbezug des assoziierten Unternehmens wird der Wert der Beteiligung unverändert übernommen. Der Ausweis erfolgt unter dem Posten »Beteiligungen an assoziierten Unternehmen«. In einer Nebenrechnung wird die Beteiligung aufgespalten in den Wert des anteiligen Eigenkapitals, der anteiligen stillen Reserven und des Geschäftswerts. Der Unterschiedsbetrag zwischen dem Beteiligungswert und dem anteiligen Eigenkapital – dies entspricht dem Anteil der stillen Reserven und des Geschäftswerts – ist nach der Buchwertmethode gesondert anzugeben.

In den Folgejahren sind, wie bei der Vollkonsolidierung, die stillen Reserven bzw. Lasten und der Geschäftswert fortzuführen (vgl. Tab. 23.1). Dies bedeutet, dass die stillen Reserven und Lasten entsprechend der Behandlung der zugrunde liegenden Vermögenwerte und Schulden abzuschreiben bzw. aufzulösen sind. Nach HGB ist ein in der Beteiligung enthaltener Geschäftswert planmäßig abzuschreiben. Die IFRS schreiben einen *impairment test* für die Beteiligung vor, in dem die Werthaltigkeit des Geschäftswerts überprüft wird. Werden Abschreibungen auf die stillen Reserven bzw. Lasten oder den Geschäftswert getätigt, sind diese von der Beteiligung abzusetzen und erfolgswirksam gegen den Jahresüberschuss zu verbuchen.

Zudem ist der Beteiligungsbuchwert um Eigenkapitalveränderungen im assoziierten Unternehmen anzupassen. Dabei ist ein Jahresüberschuss bzw. -fehlbetrag, der auf die gehaltenen Anteile entfällt, der Beteiligung hinzuzurechnen bzw. abzuziehen. Werden in einer Periode Dividenden ausgeschüttet, sind diese anteilig von der Beteiligung abzuziehen, da sich das Eigenkapital durch die Ausschüttung verringert.

Die Equity-Methode wird auch als »*one-line-consolidation*« bezeichnet, da die Vorgehensweise in der Behandlung der stillen Reserven und des Geschäftswerts analog zur Vollkonsolidierung vorzunehmen ist, Anpassungen jedoch nur im Beteiligungsbuchwert vorgenommen werden. Nachdem die einzelnen Abschlussposten des assoziierten Unternehmens selbst nicht in den Konzernabschluss eingehen, erfordert die Zuordnung und Fortschreibung der Unterschiedsbeträge im Rahmen der Equity-Methode eine Nebenbuchhaltung.

	Konzernbilanzwert der Beteiligung bei erstmaligem Einbezug oder Vorjahreswert bei Folgekonsolidierung
±	Fortschreibung stille Reserven/stille Lasten
–	Abschreibung Goodwill
+	anteiliger Jahresüberschuss des assoziierten Unternehmens
–	anteiliger Jahresfehlbetrag des assoziierten Unternehmens
–	vereinnahmte Gewinnausschüttung vom assoziierten Unternehmen
–	außerplanmäßige Abschreibung der Beteiligung
+	Zuschreibung der Beteiligung
=	Wertansatz der Equity-Beteiligung zum Bilanzstichtag

Tab. 23.1: Wertfortschreibung der Equity-Beteiligung

Beispiel

Die M-AG erwirbt in 01 30 % der Anteile an der AU-AG. Sie bezieht die AU-AG mit der Equity-Methode in ihren Konzernabschluss ein. Die AK der Beteiligung betragen 400 GE. Die M-AG stellt ihren Konzernabschluss nach den Regelungen des HGB auf.

A	AU-AG 01 in GE		P
Maschinen	1.000	Eigenkapital	1.000
	1.000		1.000

Bei der erstmaligen Aufnahme der AU-AG in den Konzernabschluss in 01 wird die Beteiligung i. H. v. 400 GE unter dem Posten »Beteiligungen an assoziierten Unternehmen« ausgewiesen. Das anteilige Eigenkapital beträgt 300 GE (= 0,3 × 1.000 GE). Folglich ergibt sich aus der Differenz zwischen dem Beteiligungsbuchwert und dem anteiligen Eigenkapital ein Unterschiedsbetrag i. H. v. 100 GE.
In dem Posten »Maschinen« der AU-AG sind stille Reserven i. H. v. 200 GE enthalten. Die anteiligen stillen Reserven betragen somit 60 GE. Der verbleibende Unterschiedsbetrag i. H. v. 40 GE stellt den Goodwill dar.

A	Konzernbilanz 01 in GE		P
Beteiligungen an assoziierten Unternehmen • davon Unterschiedsbetrag 100 GE	400		

Die Bilanz der AU-AG am Ende des Jahres 02 hat folgende Struktur:

A	AU-AG 02 in GE		P
Maschinen	900	Eigenkapital	1.000
Kasse	200	Gewinn	100
	1.100		1.100

In der Konzernbilanz 02 werden die anteiligen stillen Reserven an den Maschinen um 6 GE (unterstellte Nutzungsdauer von 10 Jahren) abgeschrieben. Der Goodwill wird ebenfalls über eine unterstellte Nutzungsdauer von 10 Jahren abgeschrieben. Daraus ergibt sich für das Jahr 02 eine Abschreibung von 4 GE. Daher reduziert sich der Unterschiedsbetrag insgesamt auf 90 GE. Der auf die M-AG entfallende Anteil am Gewinn beträgt 30 GE (= 0,3 × 100 GE) und wird dem Beteiligungsbuchwert hinzugerechnet. Der Wert der Beteiligung in 02 beträgt somit 420 GE (= 400 GE - 6 GE - 4 GE + 30 GE). Es erfolgt eine Erhöhung des Beteiligungsbuchwerts um 20 GE.

Beteiligungen an assoziierten Unternehmen	20	an	Beteiligungserträge	20

A	Konzernbilanz 02 in GE		P
Beteiligungen an assoziierten Unternehmen • davon Unterschiedsbetrag 90 GE	420		

Auch für Unternehmen, die mittels der Equity-Methode in den Konzernabschluss einbezogen werden, sind eine Zwischenerfolgseliminierung und GuV-Konsolidierung vorzunehmen, so weit die maßgeblichen Informationen dazu vorliegen (§ 312 HGB Abs. 5 Satz 3 i. V. m. § 304 und § 305 HGB).

III. Ergebniswirkung der Konsolidierungsmethoden

Abschließend sollen die vorgestellten Konsolidierungstechniken, mittels derer Unternehmen mit unterschiedlich hoher Beteiligungsquote einbezogen werden, bezüglich ihrer **Ergebniswirkung** miteinander verglichen werden.

Bei der Vollkonsolidierung gehen alle Erträge und Aufwendungen des Tochterunternehmens ab dem Zeitpunkt der Erstkonsolidierung in voller Höhe in die Konzern-GuV ein. Dabei ist es irrelevant, ob 100 % der Anteile an dem Tochterunternehmen gehalten werden oder eine geringere Beteiligungsquote. Sind auch nicht beherrschende Gesellschafter an dem Tochterunternehmen beteiligt, zeigt sich ein Unterschied in der Konzern-GuV lediglich im gesonderten Ausweis des auf die Minderheitengesellschafter entfallenden Anteils am Konzernergebnis. Der Jahresüberschuss bzw. Jahresfehlbetrag des Tochterunternehmens ist vollständig im Konzern-Jahresüberschuss enthalten, es wird lediglich in der Gewinnverwendung eine Zuordnung der Anteile am Jahreserfolg zu den Minderheitengesellschaftern erfasst.

Wird ein Gemeinschaftsunternehmen mittels der Quotenkonsolidierung in den Konzernabschluss einbezogen, gehen alle Ertrags- und Aufwandsposten anteilig nach Beteiligungsquote in die Konzern-GuV ein. Dies hat zur Folge, dass beispielsweise der anteilige Umsatz des Gemeinschaftsunternehmens im Umsatz des Konzerns ausgewiesen wird. Entsprechend geht der Jahresüberschuss bzw. Jahresfehlbetrag in anteiliger Höhe in den Konzern-Jahresüberschuss ein.

Für Unternehmen, die über die Equity-Methode in den Konzernabschluss eingehen, werden die einzelnen Posten der GuV hingegen nicht anteilig in die Konzern-GuV übernommen. Lediglich der Anteil am Ergebnis, der auf die gehaltene Equity-Beteiligung entfällt, wird als Beteiligungsergebnis ausgewiesen.

Beispiel

Die M-AG stellt als Mutterunternehmen einen Konzernabschluss auf. Sie weist zum Bilanzstichtag folgende GuV aus:

S	GuV M-AG in GE		H
Umsatzkosten	1.500	Umsatz	2.000
Gewinn	500		
	2.000		2.000

Die X-AG weist folgende GuV aus:

S	GuV X-AG in GE		H
Umsatzkosten	800	Umsatz	1.000
Gewinn	200		
	1.000		1.000

Es wird angenommen, dass für die X-AG keine Abschreibungen auf stille Reserven oder den Goodwill vorzunehmen sind.

Fall 1: Die M-AG hält 100 % der Anteile an der X-AG und konsolidiert die X-AG als Tochterunternehmen. Die Posten Umsatz und Umsatzkosten werden jeweils addiert. Das Ergebnis des Konzerns beträgt 700 GE. Damit ergibt sich als Konzern-GuV:

S	Konzern-GuV in GE		H
Umsatzkosten	2.300	Umsatz	3.000
Gewinn	700		
	3.000		3.000

Fall 2: Die M-AG hält 70 % der Anteile an der X-AG und konsolidiert die X-AG als Tochterunternehmen. Auch in diesem Fall werden die Posten Umsatz und Umsatzkosten addiert und in voller Höhe in der Konzern-GuV ausgewiesen. Das Gesamtergebnis des Konzerns beträgt wiederum 700 GE. Zudem wird jedoch der auf die Minderheitengesellschafter entfallende Gewinn separat angegeben.

S	Konzern-GuV in GE		H
Umsatzkosten	2.300	Umsatz	3.000
Gewinn	700		
• davon 60 GE den Minderheitengesellschaftern zustehend			
	3.000		3.000

Fall 3: Die M-AG hält 50 % der Anteile an der X-AG und leitet die X-AG zusammen mit einem weiteren konzernfremden Unternehmen gemeinschaftlich. Sie bezieht die X-AG über die Quotenkonsolidierung in den Konzernabschluss ein. Der Umsatz und die Umsatzkosten der X-AG werden zu 50 % in die Konzern-GuV übernommen. Das Ergebnis des Konzerns setzt sich aus dem Gewinn der M-AG und 50 % des Gewinns der X-AG zusammen (500 GE + 100 GE = 600 GE).

S	Konzern-GuV in GE		H
Umsatzkosten	1.900	Umsatz	2.500
Gewinn	600		
	2.500		2.500

Fall 4: Die M-AG hält 40 % der Anteile an der X-AG und bilanziert die X-AG als assoziiertes Unternehmen mit der Equity-Methode. In diesem Fall entsprechen die Posten Umsatz und Umsatzkosten den Werten der M-AG. Das auf die M-AG entfallende Ergebnis aus der X-AG i. H. v. 80 GE (= 0,4 × 200 GE) wird als Beteiligungsergebnis gezeigt. Im Konzerngewinn i. H. v. 580 GE ist das Ergebnis aus der X-AG enthalten, nicht aber in den Umsätzen und zugehörigen Aufwendungen.

S	Konzern-GuV in GE		H
Umsatzkosten	1.500	Umsatz	2.000
Gewinn	580	Beteiligungsergebnis	80
	2.080		2.080

24. Kapitel: Prüfung, Offenlegung und Enforcement

Dieses Kapitel behandelt die normativen Grundlagen der externen Prüfung von Unternehmensabschlüssen. Im Anschluss daran wird darauf eingegangen, welche Unternehmen in welchem Umfang zur Offenlegung ihrer Abschlüsse verpflichtet sind. Zum Abschluss des Kapitels wird das Enforcement-System in Deutschland beschrieben.

A. Prüfung von Unternehmensabschlüssen

Im Folgenden wird erläutert, für welche Unternehmen eine Pflicht zur Prüfung ihrer Abschlüsse besteht und durch wen eine solche Prüfung durchzuführen ist. Ebenso werden Aufgaben, Ziele, Gegenstand und Umfang der gesetzlichen Abschlussprüfung dargestellt.

I. Prüfungspflicht und Prüfungsberechtigte

Die Regelungen zur Prüfung von Jahresabschlüssen sind in den §§ 316 bis 324a HGB kodifiziert. Nach diesen Vorschriften haben mittelgroße und große Kapitalgesellschaften den Jahresabschluss und Lagebericht durch einen Abschlussprüfer prüfen zu lassen (§ 316 Abs. 1 HGB). Kleinstkapitalgesellschaften und kleine Kapitalgesellschaften sind von der Prüfungspflicht befreit. Dabei sind die **Größenklassen** der §§ 267, 267a HGB maßgeblich (vgl. 2. Kapitel, S. 52). Die genannten Regelungen beziehen sich auch auf offene Handelsgesellschaften und Kommanditgesellschaften, bei denen nicht wenigstens ein (mittelbar oder unmittelbar) persönlich haftender Gesellschafter eine natürliche Person ist (§ 264a Abs. 1 HGB). Eine **Prüfungspflicht** besteht gemäß § 316 Abs. 2 HGB auch für den Konzernabschluss sowie Konzernlagebericht von Kapitalgesellschaften. Unternehmen, die in den Anwendungsbereich des PublG fallen (= Großunternehmen gemäß § 1 Abs. 1 PublG), unterliegen ebenfalls der Prüfungspflicht. Die entsprechenden Regelungen des HGB sind hier analog anzuwenden (§ 6 Abs. 1 PublG). Neben den bereits genannten Normen gibt es gesonderte Vorschriften zur Prüfungspflicht bei Genossenschaften, Kreditinstituten und Versicherungsunternehmen, auf die im Nachfolgenden nicht eingegangen wird.

Der Abschlussprüfer des Jahresabschlusses wird gemäß § 318 Abs. 1 HGB von den Gesellschaftern (beim Konzernabschluss von den Gesellschaftern des Mutterunternehmens) vor Ablauf des Geschäftsjahres gewählt. Unter bestimmten Umständen kann die Bestellung eines Abschlussprüfers auch durch ein Gericht vorgenommen werden (§ 318 Abs. 3 und 4 HGB). Als Abschlussprüfer kommen gemäß § 319 Abs. 1 HGB und § 6 Abs. 1 PublG Wirtschaftsprüfer (WP) und Wirtschaftsprüfungsgesellschaften in Betracht. Mittelgroße Gesellschaften mit beschränkter Haftung i. S. des § 267 Abs. 2 HGB oder mittelgroße Personenhandelsgesellschaften i. S. des § 264a Abs. 1 HGB dürfen auch von vereidigten Buchprüfern (vBP) und Buchprüfungsgesellschaften geprüft werden (vgl. Tab. 24.1). Die vormals nach § 319 Abs. 1 Satz 3 HGB a. F. geforderte wirksame Bescheinigung über die Teilnahme an der Qualitätskontrolle (§ 57a WPO a. F., sog. »*peer review*«), bzw. Ausnahmegenehmigung der Wirtschaftsprüferkammer (WPK) ist durch das Abschlussprüferaufsichtsreformgesetz (APAReG) vom 30.03.2016 entfallen. Berufsangehörige und Wirtschaftsprüfungsgesellschaften, die gesetzliche Abschlussprüfungen nach § 316 HGB durchführen, haben sich mittlerweile gemäß WPO ausnahmslos einer Qualitätskontrolle zu unterziehen. Zudem ist für die Tätigkeit als Abschlussprüfer i. S. des § 319 Abs. 1 HGB ein Auszug aus dem Berufsregister der WPK erforderlich, aus dem sich ergibt, dass die Tätigkeit als gesetzlicher Abschlussprüfer bei der WPK angezeigt und gemäß § 38 Satz 1h und 2f WPO registriert wurde.

	Prüfungspflicht (§ 316 HGB)	**Prüfungsberechtigte (§ 319 HGB)**
Kleinstkapitalgesellschaften, kleine Kapitalgesellschaften und kleine Personenhandelsgesellschaften i. S. des § 264a Abs. 1 HGB	nein	–
mittlere Kapitalgesellschaften	ja	WP (bei GmbH auch vBP)
mittlere Personenhandelsgesellschaften i. S. des § 264a Abs. 1 HGB	ja	WP/vBP
große Kapitalgesellschaften und große Personenhandelsgesellschaften i. S. des § 264a Abs. 1 HGB	ja	WP
Großunternehmen	ja	WP
Konzernabschluss	ja	WP

Tab. 24.1: Prüfungspflicht und Prüfungsberechtigte

Im Einzelnen bestehen jedoch **Prüfungsverbote** für Wirtschaftsprüfer und vereidigte Buchprüfer, wenn Ausschlussgründe der §§ 319, 319a und 319b HGB vorliegen. Während § 319 HGB auf alle prüfungspflichtigen Gesellschaften Anwendung findet, ist § 319a HGB für Unternehmen von öffentlichem Interesse einschlägig. Ein Unternehmen von öffentlichem Interesse ist ein kapitalmarktorientiertes Unternehmen – nicht nur beschränkt auf Kapitalgesellschaften – i. S. des § 264d HGB, das an einem organisierten Markt (§ 2 Abs. 11 WpHG) Wertpapiere i. S. des § 2 Abs. 1 Satz 1 WpHG (Aktien, andere Unternehmensanteile, Schuldtitel) ausgibt bzw. deren Zulassung beantragt hat. § 319b HGB sieht vor, dass ein Abschlussprüfer auch dann von der Prüfung ausgeschlossen ist, wenn ein Mitglied seines Netzwerks einen Ausschlussgrund erfüllt, außer dieses Mitglied hat bei bestimmten Ausschlussgründen keinen Einfluss auf das Prüfungsergebnis. Ein Netzwerk entsteht, wenn Personen bei ihrer Berufsausübung zur Verfolgung gemeinsamer wirtschaftlicher Interessen für eine gewisse Dauer zusammenwirken (§ 319b Abs. 1 Satz 3 HGB).

Ein wesentlicher Ausschlussgrund basiert auf dem sog. **Selbstprüfungsverbot**, d. h., ein Abschlussprüfer darf nicht prüfen, was er selbst im Rahmen eines Nicht-Prüfungsauftrages veranlasst hat. Daneben ergeben sich u. a. Ausschlusstatbestände, wenn die Besorgnis zur Befangenheit besteht, etwa wegen finanzieller Interessen des Abschlussprüfers an der zu prüfenden Gesellschaft oder wegen personeller Verflechtungen (z. B., wenn der Abschlussprüfer zugleich gesetzlicher Vertreter, Aufsichtsrat oder Arbeitnehmer der zu prüfenden Gesellschaft ist). Außerdem besteht Besorgnis der Befangenheit, wenn der Abschlussprüfer finanziell zu stark von dem Prüfungsauftrag abhängig ist. Beispielsweise ist ein Abschlussprüfer von der Prüfung ausgeschlossen, wenn er in den letzten fünf Jahren mehr als 30 % seiner Gesamteinnahmen aus dem zu prüfenden Unternehmen bezogen hat (§ 319 Abs. 3 Nr. 5 HGB).

II. Funktionen und Ziele der Abschlussprüfung

Aufgrund der Informationsasymmetrie bezüglich der Rechnungslegungsinformationen zwischen der Unternehmensführung als Abschlussersteller und den Abschlussadressaten sind folgende fünf **Funktionen der Abschlussprüfung** zu identifizieren. Aus dem Ziel der Erhöhung der Verlässlichkeit der im Jahresabschluss und Lagebericht enthaltenen Informationen lässt sich die Kontrollfunktion der Prüfung in Bezug auf die Normenkonformität der Rechnungslegung herleiten. Hiermit geht die Korrekturfunktion einher, da festgestellte Fehler berichtigt werden. Daneben existiert eine Informationsfunktion der Prüfung gegenüber den gesetzlichen Vertretern, Aufsichtsorganen und Gesellschaftern des Unternehmens. Wesentliche Basis der Informationsverbesserung dieses Adressatenkreises sind die Aussagen, die primär im Prüfungsbericht getroffen werden. Gegenüber den externen Adressaten des Jahresabschlusses hingegen kommt der Prüfung mit der Bekanntgabe des Prüfungsergebnisses nicht zuletzt eine Beglaubigungsfunktion zu. Zusätzlich erfüllt die Prüfungsdurchführung eine Präventivfunktion, die die Abschlussersteller bereits im Vorhinein zur Einhaltung der Rechnungslegungsnormen veranlasst, da diese mit der Aufdeckung der möglichen Verstöße durch den Abschlussprüfer bzw. durch die *Deutsche Prüfstelle für Rechnungslegung* (DPR), (eine zusätzliche Aufsichtsinstanz im Rahmen des deutschen Enforcement-Systems; vgl. in diesem Kapitel, S. 569 f.), zu rechnen haben.

Die aus den Funktionen resultierende **Zielsetzung der Prüfung** ist in § 317 Abs. 1 Satz 2 HGB kodifiziert, wonach im Rahmen der Prüfung festgestellt werden soll, ob die gesetzlichen Vorschriften zur Abschlusserstellung sowie ergänzende Bestimmungen des Gesellschaftsvertrags oder der Satzung eingehalten wurden. Die Prüfung soll damit die Verlässlichkeit der im Jahres- bzw. Konzernabschluss und (Konzern-)Lagebericht enthaltenen Informationen und deren Glaubwürdigkeit und damit auch Nützlichkeit für die Abschlussadressaten erhöhen. § 317 Abs. 1 Satz 3 HGB konkretisiert diese Forderung dahingehend, dass die Prüfung so anzulegen ist, dass Unrichtigkeiten und Verstöße gegen die genannten Bestimmungen, die sich auf die Darstellung des sich ergebenden Bildes der Vermögens-, Finanz- und Ertragslage eines Unternehmens wesentlich auswirken, bei gewissenhafter Berufsausübung erkannt werden. Dabei ist es das Ziel der Prüfung, Aussagen über den Jahres- bzw. Konzernabschluss unter Beachtung des Grundsatzes der Wirtschaftlichkeit mit hinreichender Sicherheit treffen zu können. Eine absolute Sicherheit ist aufgrund der Grenzen der Abschlussprüfung nicht zu erreichen. Die Grenzen liegen in vielfältigen Ursachen begründet, beispielsweise wird die Prüfung aus faktischen Gründen und Wirtschaftlichkeitsüberlegungen nicht als Vollprüfung, sondern auf Basis von Stichproben durchgeführt. Eine Einschränkung liegt auch in den immanenten Grenzen des internen Kontrollsystems einschließlich des Rechnungslegungssystems im zu prüfenden Unternehmen.

III. Gegenstand und Umfang der Abschlussprüfung

Gegenstand der Abschlussprüfung ist nach § 317 Abs. 1 und 2 HGB neben dem Abschluss auch die Buchführung und der Lagebericht. Die Buchführung umfasst neben der Finanzbuchführung auch die rechnungslegungsbezogenen Teile der Nebenbuchhaltungen (z. B. Anlagenbuchhaltung, Lohn- und Gehaltsbuchhaltung oder Lagerbuchhaltung). Grundsätzlich nicht in die Prüfung einzubeziehen ist die interne Betriebsbuchhaltung (Kosten- und Leistungsrechnung). Diese ist nur heranzuziehen, sofern sie die Grundlage für den Ansatz und die Bewertung einzelner Bilanzposten bildet (z. B. bei der Bewertung von Vorratsvermögen). Daneben sind auch außerbuchhalterische

Bereiche für die Prüfung relevant, die eine Auswirkung auf die Rechnungslegung haben können, wie etwa Rechtsgrundlagen und Rechtsbeziehungen des Unternehmens. Dagegen ist eine Prüfung der Ordnungsmäßigkeit der Geschäftsführung, des Versicherungsschutzes des Unternehmens oder dessen wirtschaftlicher Prosperität nicht vorgesehen. Bei börsennotierten Aktiengesellschaften wird der Prüfungsgegenstand gemäß § 317 Abs. 4 HGB um das Risikofrüherkennungssystem nach § 91 Abs. 2 AktG erweitert.

Die Buchführung und der Jahresabschluss sind daraufhin zu prüfen, ob sie den gesetzlichen Vorschriften (§§ 238 ff. HGB) entsprechen. Zudem ist die Einhaltung möglicher rechtsformspezifischer Sondervorschriften und der nicht kodifizierten GoB zu prüfen. Ferner können ergänzende Bestimmungen des Gesellschaftsvertrags oder der Satzung Regelungen enthalten, die die Aufstellung des Jahresabschlusses betreffen und somit ebenfalls in die Prüfung einzubeziehen sind. Der Lagebericht wird daraufhin geprüft, ob er eine zutreffende Darstellung der Lage des Unternehmens vermittelt und ob die Chancen und Risiken der künftigen Entwicklung zutreffend dargestellt sind. Ebenso ist eine Aussage darüber zu treffen, ob der Lagebericht mit dem Jahresabschluss sowie mit den bei der Prüfung gewonnenen Erkenntnissen des Abschlussprüfers in Einklang steht (sog. »Einklangsprüfung«). Zusätzlich ist das Vorliegen der, von bestimmten Unternehmen zu erstellenden nichtfinanziellen Erklärung nach §§ 289b bis 289e HGB zu prüfen. Hinsichtlich der unter Umständen zu erstellenden Erklärung zur Unternehmensführung (§ 289f HGB) ist ebenfalls nur das Vorhandensein zu prüfen (§ 317 Abs. 2 Satz 6 HGB). Bei der Prüfung des Risikofrüherkennungssystems von börsennotierten Aktiengesellschaften muss der Abschlussprüfer beurteilen, ob das einzurichtende Überwachungssystem in der Lage ist, seine Aufgaben, nämlich die frühzeitige Erkennung von Entwicklungen, die den Fortbestand der Gesellschaft gefährden können, zu erfüllen. Der in § 317 HGB festgelegte Umfang der Abschlussprüfung kann weder durch den Abschlussprüfer selbst noch durch Vereinbarungen mit dem zu prüfenden Unternehmen eingeschränkt werden. Erweiterungen des Prüfungsauftrags sind hingegen jederzeit möglich.

Die Regelungen für den Jahresabschluss bzw. Lagebericht gelten für den Konzernabschluss bzw. Konzernlagebericht analog (§ 317 Abs. 2 und 3 HGB).

IV. Ergebnis der Abschlussprüfung

Das Ergebnis der Prüfung wird in einem **Prüfungsbericht** festgehalten (§ 321 HGB). Dieser richtet sich lediglich an die gesetzlichen Vertreter bzw. den Aufsichtsrat des Unternehmens. Eine Offenlegung für externe Adressaten wird gesetzlich grundsätzlich nicht gefordert. Eine Einsichtnahme für Gläubiger oder Gesellschafter kommt lediglich im Insolvenzfall in Betracht (§ 321a HGB). Im Prüfungsbericht ist eine Vielzahl von Angaben zu machen. So ist auf die Art und den Umfang der Prüfung sowie auf die angewendeten Prüfungsgrundsätze einzugehen. Zudem ist die Lage des Unternehmens, insbesondere im Hinblick auf dessen Fortbestand und die künftige Entwicklung, zu beurteilen. Darüber hinaus muss der Prüfungsbericht über die im Rahmen der Prüfung festgestellten Unrichtigkeiten, Gesetzesverstöße und Tatsachen berichten, die den Unternehmensbestand oder die Unternehmensentwicklung wesentlich beeinträchtigen können. Im Hauptteil des Berichts ist festzustellen, ob die Buchführung und die weiteren geprüften Unterlagen, der Jahresabschluss und der Lagebericht den gesetzlichen und den ergänzenden gesellschaftsspezifischen Anforderungen entsprechen. Einzugehen ist auch darauf, ob der Jahresabschluss unter Beachtung der GoB erstellt wurde und ein entsprechendes Bild der Vermögens-, Finanz- und Ertragslage vermittelt. Die angewandten Rechnungslegungsgrundsätze sowie Bewertungsgrundlagen und deren

Änderungen sind ebenfalls zu erläutern. Bei börsennotierten Aktiengesellschaften ist das Ergebnis der Prüfung des Risikofrüherkennungssystems darzustellen. Falls notwendig, sind entsprechende Verbesserungshinweise zu unterbreiten.

Das Ergebnis der Prüfung ist schließlich in einem **Bestätigungsvermerk**, dem Testat, zusammenzufassen (§ 322 Abs. 1 HGB). Je nach Ausgang der Prüfung ist ein uneingeschränkter Bestätigungsvermerk (bei keinen oder geringfügigen Beanstandungen) oder ein eingeschränkter Bestätigungsvermerk (bei maßgeblichen Beanstandungen, die jedoch nicht dazu führen, dass ein den tatsächlichen Verhältnissen im Wesentlichen entsprechendes Bild der Vermögens-, Finanz- und Ertragslage nicht mehr gewährleistet ist) möglich. Wird der Bestätigungsvermerk aufgrund von gravierenden Einwendungen versagt oder sieht sich der Prüfer nicht in der Lage, ein Urteil abzugeben, ist ein sog. Versagungsvermerk zu erteilen. Der Bestätigungsvermerk (unabhängig von seiner Ausprägung) ist nicht nur im Prüfungsbericht enthalten, sondern ist nach § 325 HGB offenzulegen. Deshalb kommt diesem Testat in der Praxis eine wichtige Bedeutung zu, da die Glaubwürdigkeit der Unternehmensberichterstattung sowie die Reputation des Unternehmens und dessen Management bei sämtlichen Stakeholdern von der Ausprägung des Bestätigungsvermerks abhängen. Aufgrund dieser »Außenwirkung« des Testats besteht in der Öffentlichkeit häufig die falsche Erwartungshaltung, dass ein uneingeschränkter Bestätigungsvermerk auch ein Urteil über die Qualität und Seriosität der Geschäftsführung, die zukünftige Entwicklung sowie Bonität des Unternehmens darstellt. Man spricht hierbei von einer sog. »Erwartungslücke«. Um diese möglichst klein zu halten, ist im Bestätigungsvermerk neben der Bekanntgabe des Prüfungsergebnisses auch explizit auf Gegenstand, Art und Umfang der Prüfung einzugehen (§ 322 HGB). Aufgrund neuer Vorgaben, insbesondere im Zuge einer EU-Reform der Abschlussprüfung wird bei Unternehmen von öffentlichem Interesse der Bestätigungsvermerk um besonders wichtige Prüfungssachverhalte sog. *key audit matters* erweitert. Dies soll ebenfalls zu einer Reduzierung der Erwartungslücke beitragen.

Die Regelungen der §§ 321 f. HGB beziehen sich ebenfalls auf den Konzernabschluss und -lagebericht.

V. Berufsinstitutionen der Wirtschaftsprüfer

Berufsständische Institutionen vertreten den Berufsstand der Wirtschaftsprüfer in der Öffentlichkeit, nehmen berufliche Selbstverwaltungsaufgaben wahr und sind mit der beruflichen Facharbeit befasst. Die wichtigsten Institutionen in Deutschland sind die **Wirtschaftsprüferkammer** (WPK), die **Abschlussprüferaufsichtsstelle** (APAS) und das **Institut der Wirtschaftsprüfer in Deutschland e. V.** (IDW).

Die WPK ist eine Körperschaft des öffentlichen Rechts (§ 4 Abs. 2 WPO) mit Sitz in Berlin. Sie wurde zur Erfüllung der beruflichen Selbstverwaltungsaufgaben gebildet (§ 4 Abs. 1 WPO). Es besteht eine Pflichtmitgliedschaft in der WPK für alle Wirtschaftsprüfer, Wirtschaftsprüfungsgesellschaften, vereidigten Buchprüfer und Buchprüfungsgesellschaften sowie deren Vertreter, die nicht Wirtschaftsprüfer sind (§ 58 Abs. 1 und § 128 Abs. 3 WPO). Zum 01.01.2018 betrug die Anzahl der Mitglieder 21.263. Die WPK ist zuständig, das Wirtschaftsprüfungsexamen und die Eignungsprüfung der Kandidaten durchzuführen, Wirtschaftsprüfer zu bestellen und anzuerkennen bzw. die Bestellung und Anerkennung zu widerrufen. Außerdem führt sie ein Wirtschaftsprüferregister, nimmt Sanktionenen im Rahmen der Berufsaufischt vor, betreibt die Qualitätskontrolle im

Berufstand der Wirtschaftsprüfer (»*peer review*«) und erlässt Regelungen zur Berufsausübung (§§ 4, 57, 57c WPO).

Im Rahmen einer EU-Reform wurde in den Mitgliedsstaaten auf Grundlage der Verordnung 537/2014 und der Richtlinie 2014/56 eine Anpassung der Berufsaufsicht in Deutschland an die europäischen Vorgaben erforderlich. Diese wird seit dem 17.06.2016 von der WPK und der Abschlussprüferaufsichtsstelle (APAS) wahrgenommen. Die berufsstandunabhängige APAS wurde durch ein spezielles Einrichtungsgesetz (Art. 2 APAReG) geschaffen und unterliegt ihrerseits der Rechtsaufsicht durch das Ministerium für Wirtschaft und Energie. Der neu geschaffenen APAS obliegt auch die öffentliche fachbezogene Aufsicht über die WPK (§ 66a WPO).

Das IDW ist die Fachorganisation der Wirtschaftsprüfer mit Sitz in Düsseldorf. Es ist als eingetragener Verein im Gegensatz zur WPK privatrechtlich organisiert. Die Mitgliedschaft ist freiwillig, zum 31.12.2017 zählte das IDW 13.081 ordentliche Mitglieder (11.997 Wirtschaftsprüfer und 1.084 Wirtschaftsprüfungsgesellschaften). Die Aufgaben des IDW umfassen insbesondere die Interessenvertretung für den Beruf des Wirtschaftsprüfers auf nationaler und internationaler Ebene, die Facharbeit zur Förderung der Tätigkeitsbereiche von Wirtschaftsprüfern, die Fortbildung der Wirtschaftsprüfer und Ausbildung des beruflichen Nachwuchses sowie die Unterstützung der Mitglieder bei der Tagesarbeit.

B. Abschlusserstellung und Offenlegung

Nach § 242 HGB ist jeder Kaufmann zur Aufstellung eines Jahresabschlusses verpflichtet, nur kleine Einzelkaufleute i. S. des § 241a HGB sind hiervon ausgenommen. Die Aufstellungspflicht bedeutet aber nicht gleichzeitig, dass der erstellte Abschluss auch offengelegt, d. h. einer breiten Öffentlichkeit zugänglich gemacht werden muss. Denn wie der Detaillierungsgrad der Berichtsinstrumente, so hängt auch der Umfang der Offenlegungspflichten von der Rechtsform und der Größe des Abschluss erstellenden Unternehmens ab, da der Gesetzgeber auf Basis einer Kosten/Nutzen-Abwägung hinsichtlich der Informationsgewährung gemäß spezifischer Unternehmenscharakteristika differenziert. Dieser Abschnitt erläutert zunächst den Umfang des zu erstellenden Jahresabschlusses bei Personen- und Kapitalgesellschaften. Im Anschluss daran wird auf die konkreten Offenlegungsvorschriften und auf die Folgen, die aus einer Nichtbeachtung dieser Vorschriften resultieren, eingegangen.

I. Umfang des Jahresabschlusses von Personen- und Kapitalgesellschaften

In Tab. 24.2 wird der Umfang des Jahresabschlusses und die Erstellungspflicht des Lageberichts in Abhängigkeit von der Unternehmensgröße bzw. -rechtsform veranschaulicht.

Bei Personenhandelsgesellschaften und Einzelunternehmen besteht der Jahresabschluss gemäß § 242 Abs. 3 HGB aus der Bilanz und einer vereinfachten GuV. Bei allen Kapitalgesellschaften sowie den offenen Handelsgesellschaften und Kommanditgesellschaften, bei denen nicht wenigstens ein (mittelbar oder unmittelbar) persönlich haftender Gesellschafter eine natürliche Person ist (§ 264a HGB), besteht der Jahresabschluss neben Bilanz und GuV zusätzlich aus einem Anhang (§ 264 Abs. 1 HGB). Lediglich für Kleinstkapitalgesellschaften besteht hier eine Erleichterung. Diese können unter den Voraussetzungen des § 264 Abs. 1 Satz 5 HGB auf die Erstellung eines Anhangs verzichten, sofern gewisse Angaben unter der Bilanz erfolgen. Dies sind Angaben zu den Haftungsverhältnissen gemäß § 268 Abs. 7 HGB, Angaben zu gewährten Krediten und Vorschüssen an Mitglieder des Geschäftsführungsorgans, Aufsichtsrats, Beirats oder einer ähnlichen Einrichtung nach § 285 Nr. 9c HGB und im Falle einer AG oder KGaA die Angaben zum Bestand eigener Aktien nach § 160 Abs. 1 Satz 1 Nr. 2 AktG. Bei mittleren und großen Kapitalgesellschaften und Gesellschaften i. S. des § 264a HGB ist zusätzlich zum Jahresabschluss ein Lagebericht aufzustellen. Zusätzlich sind nach § 289b Abs. 1 HGB große kapitalmarktorientiere Unternehmen mit mehr als 500 Mitarbeitern zur Abgabe einer nichtfinanziellen Erklärung verpflichtet. Gemäß § 264 Abs. 1 HGB müssen Kleinstkapitalgesellschaften und kleine Kapitalgesellschaften den Jahresabschluss innerhalb von sechs Monaten erstellen, mittlere und große Kapitalgesellschaften haben hierfür nur drei Monate Zeit. Kapitalmarktorientierte Kapitalgesellschaften i. S. des § 264d HGB gelten dabei stets als große Kapitalgesellschaften (§ 267 Abs. 3 Satz 2 HGB). Für Unternehmen, die in den Anwendungsbereich des PublG fallen, sind die entsprechenden Regelungen des HGB für große Kapitalgesellschaften analog anzuwenden. Allerdings haben große Einzelkaufleute oder Personenhandelsgesellschaften i. S. des PublG keinen Anhang und keinen Lagebericht zu erstellen (§ 5 Abs. 2 PublG).

	Personenhandelsgesellschaften und Einzelkaufleute	**Kleinstkapitalgesellschaften und kleine Kapitalges./kleine Personenhandelsgesellschaften (i. S. des § 264a HGB)**	**Groß-unternehmen**)/ mittlere und große Kapitalges. u. Personenhandelsgesellschaften (i. S. des § 264a HGB)**	**Kapitalmarktorientierte Unternehmen (i. S. des § 2 WpHG), die keinen Konzernabschluss erstellen**
Bilanz	X	X	X	X
GuV	X	X	X	X
Anhang	–	X*)	X	X
Kapitalflussrechnung	–	–	–	X
Eigenkapitalspiegel	–	–	–	X
Segmentbericht	–	–	–	X (optional)
Lagebericht	–	–	X	X
*) Möglichkeit zum Verzicht der Aufstellung eines Anhangs für Kleinstkapitalgesellschaften unter den Voraussetzungen des § 264 Abs. 1 Satz 5 HGB.				
**) Großunternehmen, die nicht als Personenhandelsgesellschaft oder Einzelkaufmann geführt werden.				

Tab. 24.2: Bestandteile des Jahresabschlusses und Erstellungspflicht des Lageberichts

Ein Mutterunternehmen muss gemäß § 297 Abs. 1 HGB seinen Konzernabschluss um eine (Konzern-)Kapitalflussrechnung und einen (Konzern-)Eigenkapitalspiegel erweitern und kann diesen zusätzlich um einen (Konzern-)Segmentbericht ergänzen. Kapitalmarktorientierte Kapitalgesellschaften, die keinen Konzernabschluss erstellen, müssen gemäß § 264 Abs. 1 Satz 2 HGB innerhalb des Jahresabschlusses eine Kapitalflussrechnung und einen Eigenkapitalspiegel erstellen, ein Segmentbericht ist wahlweise möglich.

II. Offenlegung des Jahresabschlusses

Die **Offenlegung** wird gesetzlich in den §§ 325 ff. HGB und den §§ 9 und 15 PublG geregelt. Darüber hinaus bestehen spezifische Vorschriften für Kreditinstitute und Versicherungsunternehmen, auf die jedoch hier nicht näher eingegangen wird.

Nach § 325 Abs. 1 HGB besteht lediglich für Kapitalgesellschaften eine Offenlegungspflicht. Personenhandelsgesellschaften und Einzelunternehmen sind von einer Offenlegung von Abschlussdaten befreit, es sei denn, es handelt sich um Unternehmen, die aufgrund ihrer Größe unter die Anwendung des PublG fallen (zu den Größenkriterien vgl. 2. Kapitel, S. 52) oder um Personenhandelsgesellschaften i. S. des § 264a HGB. Diese grundsätzlich offenlegungspflichtigen Personenhandelsgesellschaften sind gemäß § 264b HGB von der Offenlegungspflicht lediglich befreit, wenn sie in einen offengelegten Konzernabschluss einbezogen wurden. Kapitalgesellschaften müssen neben dem Jahresabschluss (Bilanz, GuV und Anhang) auch den Lagebericht und den Bestätigungsvermerk (bzw. den Vermerk über dessen Versagung) sowie den Bericht des Aufsichtrats und die nach § 161 AktG vorgeschriebene Erklärung zum Corporate Governance Kodex offenlegen. Sofern im Jahresabschluss lediglich der Ergebnisverwendungsvorschlag enthalten ist, muss nach § 325 Abs. 1b HGB der Ergebnisverwendungsbeschluss nach seinem Vorliegen separat offengelegt werden. Erfolgt bei Unternehmen die unter § 289b HGB fallen, die Abgabe der nichtfinanziellen Erklärung in Form eines gesonderten nichtfinanziellen Berichts außerhalb des Lageberichts i. S. des § 289b Abs. 3 HGB, muss dieser zeitglich mit dem Lagebericht oder bei der Veröffentlichung auf der Internetseite spätestens vier Monate nach dem Abschlussstichtag offengelegt werden (§ 289b Abs. 3 Nr. 2a und 2b HGB).

Bezüglich der Offenlegungspflicht bestehen größenabhängige Erleichterungen. So können Kleinstkapitalgesellschaften wählen, ob sie ihre Offenlegungspflicht durch Veröffentlichung oder durch Hinterlegung der Bilanz erfüllen. Bei dauerhafter Hinterlegung sind Kleinstkapitalgesellschaften dazu verpflichtet, einen Hinterlegungsauftrag zu erteilen sowie dem Betreiber des Bundesanzeigers mitzuteilen, dass sie zwei der drei Größenkriterien des § 267a HGB nicht überschreiten (§ 326 HGB). Entscheidet sich eine Kleinstkapitalgesellschaft für die Hinterlegung, kann deren Bilanz nicht mehr elektronisch im Internet eingesehen werden. Interessenten können lediglich auf Antrag eine gebührenpflichtige Kopie der hinterlegten Bilanz anfordern. Auch für kleine Kapitalgesellschaften räumt das Handelsgesetz gewisse Erleichterungen ein. Die Offenlegungspflicht beschränkt sich hier auf die Bilanz und einen verkürzten Anhang (§ 326 HGB). Mittelgroße Kapitalgesellschaften dürfen die Erleichterungen des § 327 HGB in Anspruch nehmen. Die offenzulegenden Abschlussbestandteile solcher Gesellschaften entsprechen zwar denen großer Kapitalgesellschaften, allerdings dürfen einige Angaben in der Bilanz und im Anhang verkürzt dargestellt werden. Für Personenhandelsgesellschaften i. S. des § 264a HGB finden die für Kapitalgesellschaften geschilderten Regelungen entsprechend Anwendung. Für Unternehmen, die in den Anwendungsbereich des PublG fallen, sind die Regelungen für große Kapitalgesellschaften sinnge-

	Umfang der Offenlegung	Offenlegungspflicht	Fristen (Erstellung/ Offenlegung)
Kleinstkapitalgesellschaften	Bilanz und bei Nichtinanspruchnahme der Erleichterung (verkürzter) Anhang	Hinterlegung der Bilanz oder Einreichung der Bilanz und des (verkürzten) Anhangs beim Bundesanzeiger	6/12 Monate
kleine Kapitalges. und kleine Personenhandelsgesellschaften (i. S. des § 264a Abs. 1 HGB)	Bilanz und (verkürzter) Anhang	Einreichung beim Bundesanzeiger	6/12 Monate
mittlere Kapitalges. und mittlere Personenhandelsgesellschaften (i. S. des § 264a Abs. 1 HGB)	Jahresabschluss (mit einigen formalen Erleichterungen), Lagebericht, Bestätigungsvermerk bzw. Vermerk über dessen Versagung, Ergebnisverwendungsvorschlag und -beschluss, Bericht des Aufsichtsrats	Einreichung beim Bundesanzeiger	3/12 Monate
große Kapitalges. und große Personenhandelsgesellschaften (i. S. des § 264a Abs. 1 HGB)	Jahresabschluss, Lagebericht, Bestätigungsvermerk bzw. Vermerk über dessen Versagung, Ergebnisverwendungsvorschlag und -beschluss, Bericht des Aufsichtsrats	Einreichung beim Bundesanzeiger	3/12 Monate (Ausnahme: kapitalmarktorientierte Kapitalges. müssen innerhalb von 4 Monaten offenlegen)
Großunternehmen (§ 1 PublG)	Umfang bei Nicht-Personenhandelsges. u. Nicht-Einzelkaufleuten sinngemäß wie bei großen Kapitalges. Bei Personenhandelsges. u. Einzelkaufleuten: Bilanz; Anhang und Lagebericht müssen nicht erstellt und auch nicht offengelegt werden; Offenlegung von GuV sowie Ergebnisverwendungsbeschluss ist bei zusätzlichen Angaben gemäß § 5 Abs. 5 Satz 3 PublG freigestellt	Einreichung beim Bundesanzeiger	3/12 Monate

Tab. 24.3: Offenlegungspflichten

mäß anzuwenden (§ 9 Abs. 1 PublG). Personenhandelsgesellschaften und Einzelunternehmen wird die Offenlegung der GuV und des Ergebnisverwendungsbeschlusses freigestellt (§ 9 Abs. 2 PublG), wenn zusätzliche Angaben gemäß § 5 Abs. 5 Satz 3 PublG - wie z. B. die Angabe der Umsatzerlöse i. S. des § 277 Abs. 1 HGB sowie der Erträge aus Beteiligungen - gemacht werden. Tab. 24.3 gibt eine Übersicht über die Offenlegungspflichten bezüglich des Jahresabschlusses. Gemäß § 325 Abs. 3 HGB gelten die Offenlegungsvorschriften für den Jahresabschluss und Lagebericht auch sinngemäß für den Konzernabschluss und Konzernlagebericht.

Nach § 325 HGB sind die offenlegungspflichtigen Unterlagen von Kapitalgesellschaften beim Betreiber des Bundesanzeigers elektronisch einzureichen und im Bundesanzeiger bekannt zu machen (https://www.bundesanzeiger.de). Die gleiche Verpflichtung besteht für Personenhandelsgesellschaften i. S. des § 264a HGB und für Großunternehmen nach dem PublG. Der Betreiber des Bundesanzeigers hat nach Einreichung die offenlegungspflichtigen Unterlagen und deren Bekanntmachung an das elektronisch geführte Unternehmensregister zur Einstellung in das Unternehmensregister zu übermitteln (§ 8b Abs. 3 HGB). Das Unternehmensregister dient damit als Sammel- und Aufbewahrungsstelle für alle wesentlichen Unternehmensdaten. Es entbindet Unternehmen aber nicht von der Pflicht, weiterhin die nötigen Bekanntmachungen und Eintragungen im Bundesanzeiger und Handelsregister (z. B. Anmeldung zur Eintragung in das Handelsregister gemäß § 12 Abs. 1 HGB) vorzunehmen. In das elektronisch geführte Handels- und Unternehmensregister kann jeder zu Informationszwecken Einsicht nehmen (§ 9 Abs. 1 und 6 HGB).

Der **Bundesanzeiger** prüft die vollständige und fristgerechte Einreichung der Unterlagen. Unabhängig von der Rechtsform und der Unternehmensgröße besteht eine Offenlegungsfrist binnen maximal zwölf Monaten nach dem Abschlussstichtag (Ausnahme für kapitalmarktorientierte Kapitalgesellschaften vgl. unten). Ergibt die Prüfung, dass die offenzulegenden Unterlagen nicht oder unvollständig eingereicht wurden, wird die zuständige Verwaltungsbehörde (Bundesamt für Justiz) unterrichtet (§ 329 Abs. 4 HGB). Die Verwaltungsbehörde veranlasst dann ein Ordnungsgeldverfahren gemäß § 335 HGB. Das Ordnungsgeld beträgt zwischen 2.500 EUR und 25.000 EUR. Für kapitalmarktorientierte Kapitalgesellschaften i. S. des § 264d HGB findet eine deutlich höhere Obergrenze Anwendung. Demnach beträgt das Ordnungsgeld nach § 335 Abs. 1a HGB höchstens den höheren der folgenden Beträge: 10 Mio. EUR, fünf Prozent des Gesamtumsatzes des vorherigen Geschäftsjahres oder das Doppelte des erhaltenen wirtschaftlichen Vorteils durch die unterlassene Offenlegung. Der wirtschaftliche Vorteil umfasst dabei erzielte Gewinne und vermiedene Verluste und kann geschätzt werden. Richtet sich das Ordnungsgeldverfahren gegen eine natürliche Person, z. B. ein Mitglied des Vorstands, ergibt sich der Höchstbetrag des Bußgelds aus dem höheren der folgenden Beträge: 2 Mio. EUR oder das Doppelte des aus der unterlassenen Offenlegung gezogenen Vorteils. Nach § 335 Abs. 3 HGB sind den Beteiligten mit der Androhung des Ordnungsgeldes zugleich die Kosten des Verfahrens aufzuerlegen. Wird die Offenlegungspflicht nicht binnen sechs Wochen nach der Androhung des Ordnungsgeldes erfüllt oder die Unterlassung mittels Einspruch gerechtfertigt, ist das Ordnungsgeld festzusetzen. Gleichzeitig ist die erneute Festsetzung eines Ordnungsgeldes anzudrohen. Die regelmäßige erneute Festsetzung des Ordnungsgeldes erfolgt bis zur Einreichung der geforderten Unterlagen (§ 335 Abs. 4 HGB). Erfüllt das betroffene Unternehmen die Offenlegungspflicht vor einer zweiten Androhung eines Ordnungsgelds, ist das erste Ordnungsgeld trotzdem festzusetzen. Jedoch sieht der Gesetzgeber hier eine der jeweiligen Unternehmensgrößenklasse entsprechend abgestufte Herabsetzung des Ordnungsgelds vor. Hierzu hat eine Mitteilung der Größenklasse des Unternehmens an das Bundesamt für Justiz zu erfolgen. In diesen Fällen ist für Kleinstkapitalgesellschaften das Ordnungsgeld auf 500 EUR und für kleine Kapitalgesellschaften auf 1.000 EUR herabzusetzen. Für mittelgroße und große Kapitalgesellschaften ist ein einmaliges Ordnungsgeld auf 2.500 EUR herabzusetzen, wenn zuvor ein höheres Ordnungsgeld (bis zu 25.000 EUR) angedroht, oder die Sechswochenfrist nur geringfügig überschritten worden ist. Waren die Beteiligten unverschuldet gehindert, ihrer gesetzlichen Verpflichtung zur Offenlegung nachzukommen oder Einspruch einzulegen, hat das Bundesamt für Justiz auf Antrag die Wiedereinsetzung in den vorherigen Stand zu gewähren (§ 335 Abs. 5 HGB). Als Hinderungsgrund können z. B. eine schwere Erkrankung oder der Tod des Alleingeschäftsführers oder der Verlust der Rechnungslegungsunterlagen durch Naturereignisse oder Brand angeführt werden.

Kapitalmarktorientierte Kapitalgesellschaften unterliegen Erstellungs- und Offenlegungspflichten, die über die oben dargestellten hinausgehen. So müssen diese Unternehmen (mit Ausnahme jener, die unter § 327a HGB fallen) gemäß § 325 Abs. 4 HGB ihre offenlegungspflichtigen Unterlagen binnen vier Monaten beim Bundesanzeiger einreichen. Zudem gelten für kapitalmarktorientierte Kapitalgesellschaften die Vorschriften des Wertpapierhandelsgesetzes (WpHG) (z. B. Pflicht zur Erstellung eines Halbjahresfinanzberichts gemäß § 115 WpHG) sowie bestimmte börsenrechtliche Regelungen.

C. Enforcement

Aufgrund des durch zahlreiche Unternehmens- und Bilanzskandale gesunkenen Anlegervertrauens in die Unternehmensabschlüsse wurde in Deutschland durch das Bilanzkontrollgesetz (BilKoG) vom 15.12.2004 ein Enforcement-System zur Überwachung der normenkonformen Rechnungslegung durch eine außerhalb des Unternehmens stehende unabhängige Stelle eingerichtet. Der Kontrollmechanismus ist zweistufig ausgestaltet und ergänzt das bereits bei Kapitalgesellschaften bestehende Überwachungssystem aus Aufsichtsrat und Abschlussprüfer. Das deutsche Enforcement-System wird von einer privatrechtlichen und einer öffentlichen Institution in Kombination betrieben.

Auf der **ersten Stufe** führt die privatrechtlich organisierte **Deutsche Prüfstelle für Rechnungslegung** (DPR) gemäß § 342b HGB das Enforcement durch, auf der zweiten Stufe greift die Bundesanstalt für Finanzdienstleistungsaufsicht (BaFin) ein. Dem Enforcement unterliegen Unternehmen, die Wertpapiere i. S. des § 2 Abs. 1 Satz 1 WpHG emittieren und Deutschland als Herkunftsstaat haben.

Gegenstand der Prüfung sind der zuletzt festgestellte Jahresabschluss und der zugehörige Lagebericht und/oder der zuletzt gebilligte Konzernabschluss und der zugehörige Konzernlagebericht sowie der zuletzt veröffentlichte Halbjahresfinanzbericht und Zwischenlagebericht (§ 342b Abs. 2 HGB; § 106 WpHG). Die DPR prüft ebenso wie die BaFin, ob die Abschlüsse mit den gesetzlichen Vorschriften einschließlich der Grundsätze ordnungsmäßiger Buchführung oder mit den sonstigen gesetzlich zugelassenen Rechnungslegungsnormen (IFRS) übereinstimmen.

Die DPR wird beim Vorliegen konkreter Anhaltspunkte (reaktiv) für Rechnungslegungsverstöße oder auf Verlangen der BaFin oder ohne besonderen Anlass (stichprobenartige/proaktive Prüfung) tätig. Falls offensichtlich ist, dass kein öffentliches Interesse an der Prüfung besteht, da z. B. der Verstoß die Informationsbedürfnisse der Abschlussadressaten nur unwesentlich beeinflusst, unterbleibt die anlassbezogene Prüfung. Des Weiteren unterliegen die Halbjahresfinanzberichte keiner stichprobenartigen Prüfung. Da die DPR privatrechtlich organisiert ist, ist sie bei der Prüfung auf die freiwillige Kooperation des zu prüfenden Unternehmens angewiesen. Im Gegensatz zum Abschlussprüfer führt die Prüfstelle keine vollumfängliche Prüfung durch, sodass eine Doppelprüfung unterbleibt. Vielmehr erfolgt bei einer Anlassprüfung eine Konzentration auf das beanstandete Prüffeld und bei einer Stichprobenprüfung werden nur die für ein Prüfungsjahr festgelegten Prüfungsschwerpunkte der DPR behandelt, falls sie für das Unternehmen relevant waren.

Sollte ein Unternehmen nicht zur Mitwirkung an der Prüfung durch die DPR bereit sein oder mit dem Ergebnis der Prüfung nicht einverstanden sein, so greift die **BaFin** auf der **zweiten Stufe** des deutschen Enforcement-Systems mit ihren weitreichenden Auskunftsrechten und Sanktionsmöglichkeiten ein. Falls ein Unternehmen falsche oder nicht vollständige Auskünfte oder Unterlagen im Rahmen der Prüfung erteilt bzw. bereitstellt, kann diese Ordnungswidrigkeit mit einer Geldbuße von bis zu 50.000 EUR geahndet werden (§ 342e Abs. 2 HGB). Zusätzlich nimmt die BaFin nur dann die Prüfungstätigkeit auf, wenn erhebliche Zweifel an der Richtigkeit der Prüfungsergebnisse oder der ordnungsgemäßen Prüfungsdurchführung der Prüfstelle bestehen (§ 108 Abs. 1 WpHG). So ist eine Stichprobenprüfung durch die BaFin gesetzlich nicht vorgesehen. Prüfungsfeststellungen sind dem geprüften Unternehmen mitzuteilen und bedürfen dessen Akzeptanz. Liegt diese vor, ordnet die BaFin dem geprüften Unternehmen die Offenlegung der Prüfungsergebnisse der Prüfstelle oder BaFin einschließlich Begründung an, außer es besteht kein öffentliches Interesse an der Veröffentlichung (§ 109 Abs. 2 WpHG). Zusätzlich kann auf Unternehmensantrag - gemäß Rechtsprechung in Ausnahmefällen - von der Veröffentlichung abgesehen werden, wenn diese den Unternehmensinteressen schaden würde. Die Bekanntmachung erfolgt im Bundesanzeiger und in einem überregionalen Börsenpflichtblatt oder im Internet.

Viele der festgestellten Fehler werden durch die Komplexität der Rechnungslegungsnormen, besonders der IFRS, verursacht, sodass die DPR die Prüfungsergebnisse mit entsprechender Kommentierung der festgestellten Rechnungslegungsprobleme an die Standardsetter weiterleitet. Als zusätzliche präventive Maßnahme gibt die DPR den geprüften Unternehmen, auch wenn keine Fehler festgestellt wurden, Hinweise für die künftige Rechnungslegung. Des Weiteren veröffentlicht die DPR für jedes Jahr im Vorhinein ihre thematischen Prüfungsschwerpunkte. Für dem Enforcement unterliegende Unternehmen besteht die Möglichkeit, konkrete Bilanzierungsprobleme durch fallbezogene Voranfragen mit der DPR zusammen zu lösen.

Durch das so ausgestaltete Enforcement-System wird zum einen der Beschwerdefunktion Rechnung getragen, da durch die anlassbezogene Prüfungsaufnahme nicht nur Aktionäre, Gläubiger sowie andere Stakeholder auf die Rechnungslegungsverstöße hinweisen können. Zum anderen wird durch die adverse Publizität der Korrektivfunktion einer Offenlegungspflicht entsprochen, jedoch ist eine direkte Fehlerkorrektur durch Prüfstelle oder BaFin nicht möglich. Letztlich wird die Präventivfunktion des Enforcement dadurch gestärkt, dass Rechnungslegungsfehler offengelegt werden und die Abschlussersteller und -prüfer mit einem Reputationsverlust rechnen müssen. Im Durchschnitt führt die DPR im Jahr ca. 110 Prüfungen durch. Seit Aufnahme ihrer Prüfungstätigkeit im Jahr 2005 wurden ca. 1.200 Prüfverfahren abgeschlossen. Während die Fehlerquote in den ersten Jahren mit durchschnittlich 25 % noch verhältnismäßig hoch war, konnte in den vergangenen Jahren ein Trend zu einer um 10 Prozentpunkte geringeren Fehlerquote festgestellt werden.

25. Kapitel: Jahresabschlussanalyse

Die Rechenwerke des handelsrechtlichen Jahresabschlusses dienen neben der Zahlungsbemessung vor allem der Vermittlung von Informationen. Diese Informationen müssen durch »geschultes Lesen« nutzbar gemacht werden. Dies erfordert nicht nur detaillierte Kenntnisse über die hinter der Bilanzierung stehenden Vorgänge und die mit den einzelnen Jahresabschlussposten verbundenen Sachverhalte, sondern auch Leitlinien für die Vorgehensweise bei der Verfügbarmachung von Informationen und das Herstellen von Zusammenhängen und Interpretationen. Mit dem Begriff »Jahresabschlussanalyse« bezeichnet man folglich alle Verfahren der Informationsgewinnung und -auswertung, mit deren Hilfe aus den Angaben des Jahresabschlusses und des Lageberichtes Erkenntnisse über die Vermögens-, Finanz- und Ertragslage der Unternehmung gewonnen werden. Vereinfachend wird hierfür häufig auch der Begriff »Bilanzanalyse« verwendet (vgl. Coenenberg/Haller/Schultze [2018], Kapitel 17).

A. Überblick

Im 1. Kapitel wurde festgehalten, dass das Rechnungswesen Informationen für eine Vielzahl von Adressaten bereitstellen soll. Daher fragt die Unternehmensanalyse, inwieweit das Unternehmen in der Lage war (retrospektiv) bzw. in der Lage sein wird (prospektiv), die gesetzten ökonomischen Ziele zu erreichen (vgl. Coenenberg/Haller/Schultze [2018], Kapitel 17). Die grundlegenden unternehmerischen Ziele bestehen in der Aufrechterhaltung der **Liquidität** zu jedem Zeitpunkt, in der Erwirtschaftung von **Erfolgen** im Rechnungszeitraum und dem gleichzeitigen Schaffen von **Erfolgspotenzialen**, d. h. dem Einleiten von Maßnahmen zum Zwecke der Erwirtschaftung von Erfolgen in der Zukunft.

Gerade der letzte Aspekt, die Generierung von Erfolgspotenzialen, stellt den schwierigsten Faktor bei der Unternehmensbeurteilung dar. Er lässt sich auch nicht unmittelbar anhand von Zahlen des Jahresabschlusses bewerten, sondern erfordert qualitative, strategische Analysen der Zukunftsaussichten des Unternehmens auf seinen Märkten und ist daher nicht Gegenstand der Bilanzanalyse i. e. S. Die Untersuchung der Erfolgs- und Liquiditätsgenerierung des Unternehmens ist hingegen zentraler Gegenstand der Bilanzanalyse i. e. S. Nach diesen beiden zentralen Untersuchungsobjekten unterscheidet man auch die beiden Hauptbereiche der Bilanzanalyse, nämlich eine **finanzwirtschaftliche und eine erfolgswirtschaftliche Analyse**. Bilanzanalyse i. e. S. ist dementsprechend auf zwei Erkenntnisziele ausgerichtet: finanzielle Stabilität und Ertragskraft. In einem weiteren Sinne kann man auch die auf das Erfolgspotenzial gerichtete strategische Unternehmensanalyse in die Jahresabschlussanalyse integrieren (vgl. Coenenberg/Haller/Schultze [2018], Kapitel 18 ff.). Das ist insbesondere bei kapitalmarktorientierten Unternehmen der Fall, die neben dem Jahresabschluss im Rahmen des Lageberichts eine Fülle strategisch relevanter Informationen veröffentlichen. Im Folgenden wird nur die Bilanzanalyse i. e. S. behandelt.

Kritisch bleibt anzumerken, dass der Nutzen der Bilanzanalyse vor allem durch die mangelnde Zukunftsbezogenheit der Daten eingeschränkt wird. Häufig will der Bilanzleser gerade deshalb das Unternehmen analysieren, weil er anhand der Daten Entscheidungen für die Zukunft treffen will, wie z. B. über eine Kreditvergabe, über den Kauf oder Verkauf von Aktien. Die Bilanzdaten liefern aber im Wesentlichen vergangenheitsbezogene Daten. Die ermittelten Informationen geben daher nur Auskunft über die Fähigkeit zur Generierung von Erfolg und Liquidität in der Vergangenheit. Sie können folglich nur als Indikator für die Zukunft genutzt werden und müssten eigentlich um detaillierte Prognoserechnungen ergänzt werden, um die zukünftige Fähigkeit zur Erfolgs- und Liquiditätsgenerierung zu beurteilen (vgl. Coenenberg/Haller/Schultze [2018], Kapitel 21). Auch umfassen die offenlegungspflichtigen Bestandteile nicht alle für die Unternehmensbeurteilung relevanten Daten. Eine weitere wichtige Einschränkung der Aussagefähigkeit des Jahresabschlusses und damit seiner Analyse liegt in der Verzerrung der Daten durch das Vorsichtsprinzip sowie durch die vom Unternehmen betriebene Bilanzpolitik.

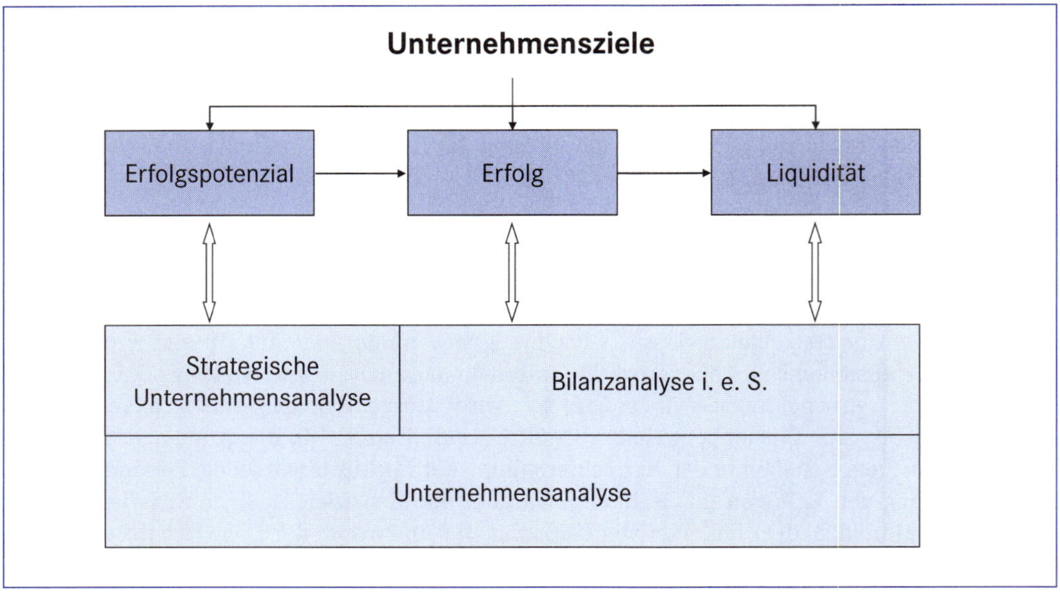

Abb. 25.1: Ziele und Auswertungsebenen

I. Grundlagen

Die Bilanzanalyse untersucht sowohl quantitative als auch qualitative Informationen. Die quantitative Analyse stützt sich auf Kennzahlen, d. h. quantitative Daten, die als absolute Größen oder Verhältniszahlen eine bestimmte Aussage zulassen. Die qualitative Bilanzanalyse lässt zusätzlich verbale Aussagen, vor allem aus Anhang und Lagebericht, in die Gesamtbeurteilung mit einfließen.

Die Aussagekraft absoluter Zahlen ist i. d. R. gering. Wenn z. B. ein Gewinn erwirtschaftet worden ist, besagt dies zunächst nur, dass das Unternehmen erfolgreich war, aber nicht wie erfolgreich. Beträgt der Gewinn z. B. 1 Mio. GE, so kann das für das eine Unternehmen sehr viel, für ein anderes hingegen sehr wenig sein (z. B. ein Kioskbetreiber vs. ein multinationaler Automobilhersteller). Für eine derartige Beurteilung werden Vergleichsmaßstäbe benötigt.

Um Vergleiche anstellen zu können, sind die Daten zunächst auf eine vergleichbare Basis zu bringen. Daher bildet man meist **Verhältniszahlen**, deren Ergebnisse eine einheitliche Benennung tragen. So arbeitet man häufig mit Prozentzahlen, die einen zwischenbetrieblichen Vergleich oder einen Zeitvergleich unabhängig von der Größenordnung zulassen (z. B. prozentuale Rendite), aber auch Kennzahlen wie die Umschlagsdauer in Tagen etc. Man unterscheidet daher verschiedene Arten von Verhältniszahlen, die als Gliederungs-, Beziehungs- und Indexzahlen bezeichnet werden.

Werden Teilgrößen der Gesamtgröße gegenübergestellt, so spricht man von **Gliederungszahlen**, wie z. B. dem Verhältnis von Eigenkapital/Gesamtkapital oder Fremdkapital/Gesamtkapital. Sie zeigen das relative Gewicht einzelner Größen im Verhältnis zum Ganzen. **Beziehungsgrößen** entstehen dadurch, dass verschiedenartige Gesamtheiten aufeinander bezogen werden, die in einem sachlogischen Zusammenhang, z. B. einer Mittel-Zweck-Relation, stehen. So stellt man bei der Beziehungszahl Rendite den Gewinn als verursachte Größe dem Verursacher, nämlich dem eingesetzten Kapital, gegenüber. Die Aussagekraft einer Beziehungszahl hängt vom inneren Zusammenhang der Größen ab. **Indexzahlen** eignen sich zur Darstellung von zeitlichen Veränderungen bzw. Entwicklungen einer Größe. Der Wert eines Basiszeitpunktes wird gleich 100 % gesetzt, und alle weiteren Werte verschiedener Zeitpunkte werden im Verhältnis zu diesem Basiswert gemessen. Ein Beispiel für Indexzahlen sind Aktienindizes wie der DAX.

Diese Kennzahlen sind wiederum nur dann aussagekräftig, wenn sie anhand eines Vergleichsmaßstabs bewertet werden können. Ob 5 % Rendite als gut oder schlecht zu bewerten sind, hängt letztlich davon ab, ob man unter den gleichen Bedingungen mehr hätte verdienen können. Vergleichsmaßstäbe können aus Daten früherer Perioden, anderer Betriebe oder aus Soll-Normen gewonnen werden. Dementsprechend kann zwischen dem Zeitvergleich und dem Betriebsvergleich unterschieden werden.

Der **Zeitvergleich** stellt die betrachtete Kennzahl in eine Zeitreihe und untersucht auf diese Weise, ob sie sich im Zeitablauf verbessert oder verschlechtert hat und ermöglicht dadurch Aussagen über die Entwicklungstendenzen des Unternehmens. Diese Analyse hat den Vorteil, dass die Wirkungen fast aller Bilanzmanipulationen, die eine Verlagerung von Gewinnen bewirken, sich langfristig automatisch aufheben. Beim **Betriebsvergleich** wird die Kennzahl des Untersuchungsobjekts mit der Kennzahl eines geeigneten Vergleichsunternehmens verglichen, um Aussagen über die relative Performance machen zu können. Der Betriebsvergleich soll als Konkurrenzanalyse die Stärken und Schwächen im Vergleich mit anderen Unternehmen aufzeigen. Der **Branchenvergleich** geht darüber hinaus und zeigt die ganze Bandbreite von in einer Branche möglichen Werten auf, d. h., welche Minima und Maxima in einer Branche realisiert wurden. Zum Vergleich werden auch **Benchmark-Unternehmen** herangezogen, die als führend für die betrachtete Eigenschaft gelten und damit für das untersuchte Unternehmen als Leitbild dienen können.

II. Aufbereitung der Datenbasis

Bevor mit der eigentlichen Kennzahlenanalyse begonnen werden kann, ist die jahresabschlussanalytische Datenbasis in geeigneter Form aufzubereiten, da die vorhandenen Daten in den wenigsten Fällen den Ansprüchen der Bilanzanalyse entsprechen.

Zu den Aufbereitungsmaßnahmen gehört zum einen die **Prüfung des vorhandenen Datenmaterials**. Soweit es sich nicht um einen geprüften und mit einem Bestätigungsvermerk gemäß § 322 Abs. 1 HGB versehenen Jahresabschluss und Lagebericht handelt, sind Form und Aufbau des Jahresabschlusses auf klare und richtige Postenbezeichnungen in Bilanz und GuV sowie auf Vollständigkeit der vorgeschriebenen Angaben in Anhang und ggf. Lagebericht hin zu überprüfen. Die Aussagekraft der Bilanzanalyse ist jedoch neben der **Qualität** der vorhandenen Daten auch von der **Quantität** des verfügbaren Materials abhängig. So müssen Unternehmen **je nach Rechtsform** und Größe unterschiedliche Angaben offenlegen. Durch die abweichenden Anforderungen an die Jahresabschlüsse der einzelnen Unternehmen werden für einen externen Bilanzanalytiker Vergleiche zwischen Unternehmen verschiedener Größenklassen erschwert.

Zum anderen gehören zur Aufbereitung des Jahresabschlusses **Umgliederungs- und Umbewertungsmaßnahmen**. Sie versuchen, Posten zu aussagefähigen und vergleichbaren Größen zusammenzufassen. Welche dieser Maßnahmen zweckmäßig sind, kann nicht allgemeingültig festgelegt werden. Es ist aber vor allem bei einer EDV-unterstützten Analyse notwendig, sich im Vorfeld der eigentlichen Analyse Klarheit darüber zu verschaffen, welche Kennzahlen untersucht werden sollen, wie ihr Aufbau beschaffen ist und welche Wahlrechte die zu untersuchenden Unternehmen in Anspruch genommen haben. So führt z. B. die Aktivierung von selbst erstellen immateriellen Vermögensgegenständen (§ 248 Abs. 2 HGB) im Jahr der Aktivierung zu einer geringeren Ergebnisbelastung als bei sofortiger Aufwandsverbuchung. Diese Ergebniswirkung dreht sich natürlich in den Folgejahren um. Beim Vergleich zweier Unternehmen mit unterschiedlicher Wahlrechtsausübung muss die abweichende Vorgehensweise im Rahmen der Aufbereitungsmaßnahmen eliminiert werden, um Unternehmen mit verschiedenen Bilanzierungsstrategien vergleichbar zu machen.

Des Weiteren können Posten für die Bilanzanalyse erst nach Umgliederung an einer aussagefähigen Stelle stehen. So gehören z. B. bilanzanalytisch die auszuschüttenden Dividenden, d. h. bei Unterstellung einer Vollausschüttung der Bilanzgewinn, zum kurzfristigen Fremdkapital und nicht zum Eigenkapital, als dessen Bestandteil er in der Bilanz auftaucht. Eine auf diese Weise aufbereitete Bilanz wird in der Literatur häufig als Strukturbilanz bezeichnet.

Aufbereitungsmaßnahmen können z. B. bei den folgenden Posten nötig werden:

Ausstehende Einlagen

Die **ausstehenden Einlagen** auf das gezeichnete Kapital sind auf der Passivseite zu erfassen (§ 272 Abs. 1 Satz 2 HGB). Dabei ist der verbleibende Betrag als »eingefordertes Kapital« in der Hauptspalte offen abzusetzen und der eingeforderte, aber noch nicht eingezahlte Betrag ist unter den Forderungen gesondert auszuweisen und zu bezeichnen. Diese ausstehenden Einlagen besitzen einen Doppelcharakter. Zum einen stellen sie einen Anspruch der Gesellschaft an die Gesellschafter auf volle Zahlung der Einlage dar, d. h., sie haben Forderungscharakter. Zum anderen sind sie ein Korrekturbetrag, der bei der Berechnung des tatsächlich einbezahlten Nominalkapitals zu berücksichtigen ist, denn der Erfolg der Unternehmung ist ja nur mit dem einbezahlten Teil des Eigenkapitals erzielt worden.

Für die Behandlung der ausstehenden Einlagen wird in der Literatur die folgende Vorgehensweise vorgeschlagen: Sind die Einlagen noch nicht eingefordert, sollten sie gegen das gezeichnete Kapital aufgerechnet werden, damit nur das auch tatsächlich am wirtschaftlichen Erfolg beteiligte Kapital ausgewiesen wird. Sind die Einlagen eingefordert, so ist eigentlich eine differenzierte Betrachtung nötig. Bestehen keine Bedenken hinsichtlich der Solvenz der Anteilseigner, so sind die eingeforderten Beträge wie Forderungen allgemeiner Art als Vermögenswerte zu betrachten und auch so zu behandeln. Es ist also keine Aufrechnung vorzunehmen. Könnte dagegen die Einzahlung der Einlagen gefährdet sein, ist eine Verrechnung gegen das gezeichnete Kapital vorzunehmen. Diese Information ist jedoch für einen externen Bilanzanalytiker nur schwer zugänglich.

Immaterielle Vermögensgegenstände

Bei der Berechnung der immateriellen Vermögensgegenstände ist insbesondere die Behandlung des **Goodwills** fraglich. Er kann in den Posten »immaterielles Vermögen« der Strukturbilanz eingehen oder gegen das Eigenkapital verrechnet werden. Für die Saldierung des Goodwills mit dem Eigenkapital spricht vor allem die Herstellung der Vergleichbarkeit von Unternehmen. Auf diese Weise werden die Strukturen von Unternehmen vergleichbar, von denen einige einen derivativen Firmenwert aus Unternehmensakquisitionen ausweisen können, während andere ohne Akquisitionen ihren originären Firmenwert nicht aktivieren dürfen.

Aus Gründen der zwischenbetrieblichen Vergleichbarkeit ist es auch empfehlenswert, das in Anspruch genommene Wahlrecht zur Aktivierung von Aufwendungen für selbst geschaffene immaterielle Vermögensgegenstände (§ 248 Abs. 2 HGB) anzupassen und eine Verrechnung mit dem Eigenkapital durchzuführen, sofern das Vergleichsunternehmen nicht von diesem Aktivierungswahlrecht Gebrauch macht.

Latente Steuern

Die ausgewiesenen aktiven latenten Steuern begründen keinen Zahlungsanspruch gegenüber dem Staat. Es handelt sich um einen Sonderposten eigener Art mit eigenen Bilanzierungs- und Bewertungsregeln (§ 274 HGB bzw. § 306 HGB). Somit sind aktive latente Steuern als Abgrenzungsposten gegen das Eigenkapital aufzurechnen.

Rechnungsabgrenzungsposten

Für Zwecke der Bilanzanalyse sollte der aktivische Rechnungsabgrenzungsposten grundsätzlich in das Umlaufvermögen umgegliedert werden. Dies gilt jedoch nicht für ein aktivisch unter den Rechnungsabgrenzungsposten ausgewiesenes Disagio. Es stellt eine Verpflichtung des Unternehmens dar, dem kein konkreter Gegenwert gegenübersteht. Es handelt sich somit nicht um einen echten Vermögensgegenstand, sondern um einen Korrekturposten zum Eigenkapital. Der passivische Rechnungsabgrenzungsposten ist dem – im Zweifel kurzfristigen – Fremdkapital zuzuordnen.

Pensionsrückstellungen

Für **Pensionszusagen**, die **vor dem 01.01.1987** erteilt wurden, gilt ein Passivierungswahlrecht. Allerdings müssen Kapitalgesellschaften gemäß Art. 28 Abs. 2 EGHGB sämtliche in der Bilanz nicht ausgewiesenen Rückstellungen für laufende Pensionen, Anwartschaften auf Pensionen und ähnliche Verpflichtungen jeweils im Anhang in einem Betrag angeben. Da auch die nicht abgedeckten Pensionsverpflichtungen eine echte Schuld des Unternehmens darstellen, sollten sie im Rahmen der Bilanzanalyse berücksichtigt werden. Der entsprechende Betrag sollte aus dem Eigenkapital in das Fremdkapital umgegliedert werden, sodass für alle Pensionsverpflichtungen eine Rückstellung ausgewiesen wird.

III. Teilbereiche der Analyse

Wie einleitend ausgeführt, kann die Bilanzanalyse i. e. S. in zwei Teilbereiche untergliedert werden, nämlich in die finanzwirtschaftliche und die erfolgswirtschaftliche Bilanzanalyse, die in den beiden folgenden Abschnitten dargestellt werden.

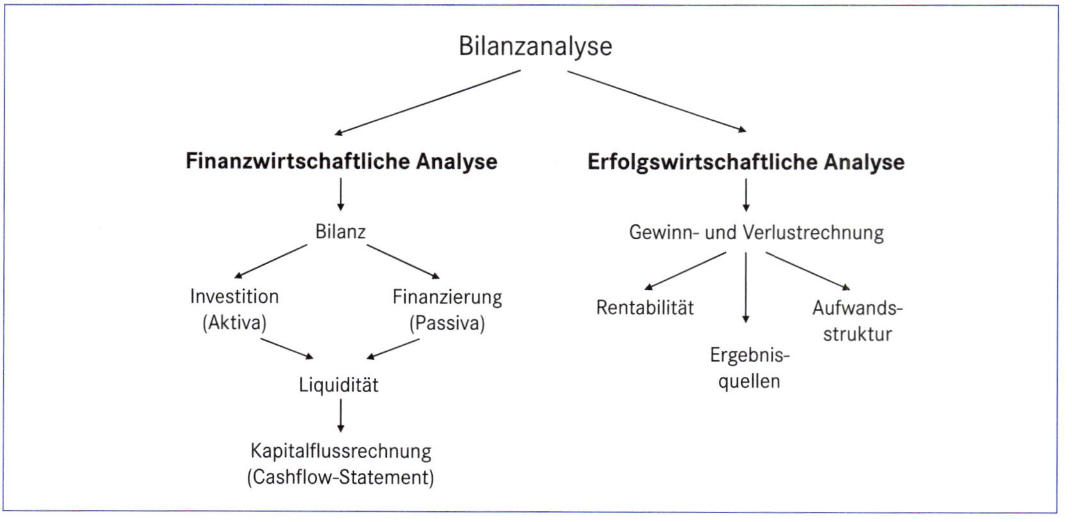

Abb. 25.2: Teilbereiche der Analyse

Die finanzwirtschaftliche Analyse hat die Beurteilung der Liquidität des Unternehmens zum Gegenstand. Sie setzt hauptsächlich bei der Bilanz an und untersucht die Kapitalverwendung (Investitionsanalyse) auf der Aktivseite einerseits, die Kapitalaufbringung (Finanzierungsanalyse) auf der Passivseite andererseits sowie die Beziehungen zwischen Kapitalverwendung und -aufbringung (Liquiditätsanalyse). Weitere wichtige Aussagen werden aus der Kapitalflussrechnung gewonnen. Die erfolgswirtschaftliche Analyse hingegen beschäftigt sich primär mit der Gewinn- und Verlustrechnung, um den Erfolg des Unternehmens zu beurteilen und die Hintergründe der Gewinnentstehung aufzudecken.

B. Finanzwirtschaftliche Bilanzanalyse

In der **finanzwirtschaftlichen Analyse** werden die Strukturen von Aktiv- und Passivseite sowie deren Querverbindungen untersucht. Hierdurch werden zunächst Informationen darüber gewonnen, wie lange einerseits die investierten Mittel im Unternehmen gebunden sind und wie lange die Mittel andererseits dem Unternehmen überlassen wurden. Beides sollte in einem gesunden Verhältnis zueinanderstehen. Eine weitere Analyse der Liquidität des Unternehmens erfolgt anhand der Kapitalflussrechnung.

I. Investitionsanalyse

Untersuchungsobjekt der **Investitionsanalyse** sind Art und Zusammensetzung des Vermögens sowie die Dauer der Vermögensbindung. Die Geschwindigkeit, mit der die Vermögensteile durch den Umsatzprozess liquidiert werden, ist für den Kapitalbedarf und damit bei gegebener Kapitalstruktur für die finanzielle Stabilität von entscheidender Bedeutung.

Aktiva repräsentieren für das Unternehmen zukünftigen Nutzen, d. h. zukünftige finanzielle Rückflüsse. Die Aktivseite ist nach den Vorschriften des § 266 HGB vorrangig nach ihrer Liquiditätsnähe gegliedert, also nach der vermutlichen Dauer der Vermögensbindung. Während Anlagevermögen tendenziell langfristig im Unternehmen gebunden ist, ist Umlaufvermögen nur vorübergehend gebunden und kann folglich schneller wieder liquidiert werden.

Je größer der Anteil des Umlaufvermögens am gesamten Vermögen (sog. Umlaufintensität) ist, desto größer ist die **Flexibilität** und somit auch die finanzwirtschaftliche Stabilität des Unternehmens. Je kurzfristiger das Vermögen gebunden ist, desto höher ist das **Liquiditätspotenzial** und desto größer ist die Anpassungsfähigkeit des Unternehmens an Beschäftigungs- und Strukturänderungen (Dispositionselastizität). Je größer hingegen der Anteil des Anlagevermögens (sog. Anlageintensität), desto schlechter kann das Unternehmen auf Beschäftigungsschwankungen reagieren. Anlagevermögen ist i. d. R. mit fixen Kosten (z. B. Abschreibungen) verbunden, die auch in schlechter Beschäftigungslage getragen werden müssen. Je geringer die Anlagenintensität und damit der Fixkostenanteil ist, umso weniger wirken sich Beschäftigungsänderungen erfolgsmäßig aus (Erfolgselastizität).

$$\text{Anlageintensität} = \frac{\text{Anlagevermögen}}{\text{Gesamtvermögen}}$$

$$\text{Umlaufintensität} = \frac{\text{Umlaufvermögen}}{\text{Gesamtvermögen}}$$

Abb. 25.3: Intensitätskennzahlen

Beim Vergleich verschiedener Unternehmen muss jedoch berücksichtigt werden, dass insbesondere Branchenzugehörigkeit, Produktionsprogramm, Fertigungstiefe, Geschäftspolitik und Automatisierungsgrad das Verhältnis von Anlagevermögen zu Umlaufvermögen beeinflussen. Preisschwankungen wirken sich wegen der unterschiedlichen Umschlagsgeschwindigkeit anders auf das Umlaufvermögen aus als auf das Anlagevermögen. Bei Saisonbetrieben verändert sich unter Umständen das Verhältnis Anlagevermögen zu Umlaufvermögen in Abhängigkeit von der Saison. Die Ursachen für unterschiedliche Vermögensstrukturzahlen können auch in der unterschiedlichen Abschreibungs- und Investitionspolitik der zu vergleichenden Unternehmen liegen.

Eine steigende Relation von Anlagevermögen zu Umlaufvermögen kann einerseits positive Ursachen haben, wie z. B. eine große Investition oder Lagerhaltungsrationalisierung, kann andererseits aber auf eine langfristige Verschlechterung der Beschäftigungslage zurückzuführen sein.

Eine weitere Analyse bezüglich der Investitions- und Abschreibungspolitik des Unternehmens ist deshalb nötig, insbesondere für das Sachanlagevermögen (vgl. Abb. 25.4).

So gibt z. B. der Anlagenabnutzungsgrad (kumulierte Abschreibungen/Sachanlagevermögen (SAV) zu historischen Kosten) an, wie viel Prozent der ursprünglichen Anschaffungskosten bereits abgeschrieben sind und stellt somit ein Maß für das durchschnittliche Alter der Anlagen dar. Je höher diese Kennzahl ausfällt, desto höher ist das durchschnittliche Alter der Sachanlagen und desto größer ist der zukünftige Investitionsnachholbedarf für Modernisierungsmaßnahmen.

Die **Nettoinvestitionen** sind definiert als SAV-Zugänge abzüglich SAV-Abgänge (bewertet zu Restbuchwerten). Sie lassen sich auch vereinfacht als Veränderung des Restbuchwertes zuzüglich Abschreibungen der Geschäftsperiode errechnen. Die Investitionsquote setzt diese Investitionen ins Verhältnis zum SAV (zu historischen Kosten). Die Abschreibungsquote dagegen betrachtet die Abschreibungen des Geschäftsjahres im Verhältnis zum SAV (zu historischen Kosten). Das Verhältnis von Investitionsquote zu Abschreibungsquote ergibt die Wachstumsquote. Eine Wachstumsquote von über 100 % zeigt, dass ein Unternehmen mehr investiert als für den Erhalt seiner Anlagen nötig gewesen wäre, folglich wächst es.

Sowohl Abschreibungen als auch das Sachanlagevermögen sind aggregierte Werte, sodass mit diesen Kennzahlen nur Tendenzaussagen möglich sind. Ein Unternehmensvergleich ist zwischen Betrieben sinnvoll, die bezüglich Branche, Produktionsprogramm und Fertigungstiefe ähnlich sind. Für ein Beispiel zu diesen Kennzahlen siehe in diesem Kapitel, S. 593 ff.

$$\text{Anlagenabnutzungsgrad} = \frac{\text{Kumulierte Abschreibungen auf SAV}}{\text{SAV zu historischen Anschaffungs- oder Herstellungskosten}}$$

$$\text{Investitionsquote} = \frac{\text{Nettoinvestitionen in SAV}}{\text{SAV zu historischen Anschaffungs- oder Herstellungskosten}}$$

$$\text{Abschreibungsquote} = \frac{\text{Abschreibungen des Geschäftsjahres auf SAV}}{\text{SAV zu historischen Anschaffungs- oder Herstellungskosten}}$$

$$\text{Wachstumsquote} = \frac{\text{Nettoinvestitionen in SAV}}{\text{Abschreibungen des Geschäftsjahres auf SAV}}$$

Abb. 25.4: Kennzahlen zur Investitions- und Abschreibungspolitik

II. Finanzierungsanalyse

Die **Finanzierungsanalyse** untersucht die Art der Finanzierung des Unternehmens und versucht damit, die finanzielle Stabilität i. S. der mit der Finanzierung verbundenen Risiken zu ermitteln. Im Mittelpunkt der Analyse steht die Untersuchung der **Kapitalstruktur**, d. h. der Anteile von Eigen- und Fremdkapital. Je höher der Anteil des Eigenkapitals am Gesamtkapital (sog. **Eigenkapitalquote**), desto solider ist das Unternehmen finanziert. Verluste schlagen sich im Eigenkapital nieder, sodass ein höheres Eigenkapital mehr Sicherheit bei einer verschlechterten Geschäftslage bietet. Eigenkapital dient als Haftungsmasse des Unternehmens und hat im Unterschied zu Fremdkapital auch keine Fälligkeit, bei der es an die Kapitalgeber zurückzubezahlen wäre. Deshalb ist die Überlassung von Eigenkapital auch riskanter, weshalb Eigenkapitalgeber i. d. R. eine höhere Verzinsung erwarten als Fremdkapitalgeber. Der Zinsaufwand des Fremdkapitals ist zusätzlich auch von der Steuer absetzbar, sodass Fremdkapital effektiv geringere Kapitalkosten verursacht als Eigenkapital. Deshalb besteht aus Sicht des Unternehmens ein gewisser Trade-off zwischen den Vorteilen des Eigenkapitals als Risikopuffer und dessen Kosten. Fremdkapital ist zwar billiger, aber meist mit einer **fixen Zinslast** verbunden und damit auch in schlechten Zeiten zu bedienen, Eigenkapital ist dagegen teurer, bietet aber mehr Sicherheit. Mit anderen Worten sind mit einer höheren Eigenkapitalquote zwar einerseits weniger Risiken verbunden, andererseits aber geringere Chancen für die Anteilseigner. Dies verdeutlicht das folgende, einfache Beispiel.

Beispiel

Ein Unternehmen verdient bei einem Gesamtkapital von 10 Mio. GE einen Gewinn vor Zinsen von 1,5 Mio. GE. Dies entspricht einer Gesamtkapitalrentabilität von 15 %. Ist das Unternehmen voll eigenfinanziert, dann entspricht dies auch der Verzinsung des Eigenkapitals (unter Vernachlässigung von Steuern). Ist das Unternehmen dagegen zu 70 % fremdfinanziert bei einem Zinssatz von z. B. 10 %, dann müssen 700.000 GE Zinsen an die Gläubiger bezahlt werden, nur 800.000 GE stehen den Eigentümern zur Verfügung. Da die Eigner aber nur 3 Mio. GE investieren mussten, liegt ihre Eigenkapitalrentabilität bei 800.000/3.000.000 = 26,67 %.

Diese Verbesserung der Eigenkapitalrentabilität bezeichnet man als Hebel- oder Leverage-Effekt. Die Eigenkapitalrentabilität hängt von der **Gesamtkapitalrentabilität**, von den **Finanzierungskosten** und vom Verhältnis **Fremdkapital zu Eigenkapital**, also vom Verschuldungsgrad ab.

Folgende Formel gibt diesen Zusammenhang systematisch wieder (EKR = Eigenkapitalrentabilität; GKR = Gesamtkapitalrentabilität; FKR = Fremdkapitalzinsfuß):

$$\mathrm{EKR} = \mathrm{GKR} + (\mathrm{GKR} - \mathrm{FKR}) \times \frac{\mathrm{FK}}{\mathrm{EK}}$$

Der Hebeleffekt ist also so lange positiv, wie das Unternehmen eine bessere Verzinsung (GKR) erwirtschaftet als die Zinskosten (FKR) betragen. Fällt hingegen in schlechten Zeiten die GKR unter die Zinskosten, dann kehrt sich der Hebeleffekt ins Negative um.

Beispiel

Beträgt im Beispiel von oben z. B. der Gewinn vor Zinsen des Unternehmens nicht mehr 1,5 Mio. GE sondern nur noch 500.000 GE, dann müssen daraus Zinsen i. H. v. 700.000 GE bezahlt werden. Die Eigentümer erleiden einen Verlust von 200.000 GE, der zu einer Eigenkapitalrentabilität von EKR = - 200.000/3.000.000 = - 6,67 % führt. Eine höhere Verschuldung, d. h. eine geringere Eigenkapitalquote, bietet also zusätzliche Renditechancen, aber auch größere finanzwirtschaftliche Risiken.

Die Kapitalstruktur wird durch die in Abb. 25.5 wiedergegebenen Kennzahlen gemessen.

$$\text{Eigenkapitalquote} = \frac{\text{Eigenkapital}}{\text{Gesamtkapital}}$$

$$\text{Statischer Verschuldungsgrad} = \frac{\text{Fremdkapital}}{\text{Eigenkapital}}$$

$$\text{Fremdkapitalquote bzw. Anspannungsgrad} = \frac{\text{Fremdkapital}}{\text{Gesamtkapital}}$$

Abb. 25.5: Kennzahlen der Kapitalstruktur

III. Liquiditätsanalyse

Nach der vertikalen Analyse von **Kapitalverwendung** (Investition) und **Kapitalherkunft** (Finanzierung) wird mit der **Liquiditätsanalyse** durch Gegenüberstellung der beiden Bilanzseiten versucht, Rückschlüsse auf die Liquidität zu ziehen. Es es geht also um die Beurteilung der Fähigkeit eines Unternehmens, seinen Zahlungsverpflichtungen nachzukommen.

Der laufende Jahresabschluss beruht auf dem Prinzip der Unternehmensfortführung (*going concern*). Unter dem Gesichtspunkt der **Unternehmensfortführung** hat die Liquiditätsanalyse danach zu fragen, wie hoch die Wahrscheinlichkeit einzuschätzen ist, dass es überhaupt zur Zahlungsunfähigkeit und damit zum Risikofall der zwangsweisen Liquidation kommt. Die Liquidität eines Unternehmens ist nur dann gewahrt, wenn zu jedem Zeitpunkt die Einnahmen (einschließlich der vorhandenen Liquiditätsbestände) die erforderlichen Ausgaben decken. Zur Analyse dieser Liquiditätsbedingung mit Hilfe von Jahresabschlussdaten gibt es zwei Ansatzpunkte: die Liquiditätsanalyse aufgrund von **Bestandsgrößen** (**statische Liquiditätsanalyse**) und die Liquiditätsanalyse aufgrund von **Stromgrößen** (**dynamische Liquiditätsanalyse**).

1. Statische Liquiditätsanalyse

Die **statische Liquiditätsanalyse** versucht, aus den aktuellen Beständen an Aktiva und Passiva auf die Höhe und den zeitlichen Anfall aller künftigen Einnahmen und Ausgaben zu schließen. Dem liegt folgende Interpretation zugrunde:

- **Aktiva** = Erwartungen künftiger Einnahmen: Je langfristiger ein Vermögensposten gebunden ist, umso später ergibt sich die entsprechende Einnahme.
- **Passiva** = Erwartungen künftiger Ausgaben: Je langfristiger das Kapital zur Verfügung steht, umso später wird die Ausgabe fällig.

Aus diesen Überlegungen folgt zunächst, dass die Liquidität gewahrt ist, sofern die Verflüssigung der Vermögensgegenstände aus dem Geschäftsprozess mit den Fälligkeitsterminen der Verpflichtungen korrespondiert. Das bedeutet für die Erhaltung der Liquidität die Befolgung des **Grundsatzes der Fristenkongruenz**. Dieser besagt: Die Kapitalbindungsdauer darf nicht länger sein als die Kapitalüberlassungsdauer. Unterteilt man die Aktivseite und Passivseite jeweils lediglich in langfristiges und kurzfristiges Vermögen bzw. Kapital, so führt der Grundsatz der Fristenkongruenz zu den beiden folgenden grundsätzlichen Bedingungen:

Langfristiges Kapital > Langfristiges Vermögen

Kurzfristiges Kapital < Kurzfristiges Vermögen

Diese beiden Liquiditätsanforderungen sind nunmehr in konkrete bilanzielle Kennzahlen umzusetzen. Die langfristige Liquiditätsbetrachtung orientiert sich üblicherweise an verschiedenen **Deckungsgraden**, von denen insbesondere die Deckungsgrade A und B von Bedeutung sind (vgl. Abb. 25.6).

$$\text{Deckungsgrad A} = \frac{\text{Eigenkapital}}{\text{Anlagevermögen}}$$

$$\text{Deckungsgrad B} = \frac{\text{Eigenkapital + langfristiges Fremdkapital}}{\text{Anlagevermögen}}$$

Abb. 25.6: Deckungsgrade

Nach dem Grundsatz der Fristenkongruenz ist an den Deckungsgrad B die Anforderung zu stellen, dass er mindestens 100 % beträgt. Der Deckungsgrad A lässt sich nur branchenspezifisch, insbesondere in Abhängigkeit von der Investitionsintensität, bestimmen. So wird man in der Chemie- und Elektroindustrie etwa Deckungsgrade A von 70 - 80 % für erstrebenswert halten, während in investitionsintensiven Branchen, wie etwa der Energieversorgung, Deckungsgrade von 40 - 50 % als hinreichend betrachtet werden.

Zur Messung der kurzfristigen Liquiditätsposition verwendet man üblicherweise sog. **Liquiditätsgrade** (vgl. Abb. 25.7), die sich nach der Fristigkeit der einbezogenen Posten unterscheiden.

Liquidität ersten Grades (Barliquidität)

$$= \frac{\text{Liquide Mittel}}{\text{Kurzfristiges Fremdkapital}}$$

Liquidität zweiten Grades (Liquidität auf kurze Sicht)

$$= \frac{\text{Monetäres Umlaufvermögen}}{\text{Kurzfristiges Fremdkapital}}$$

Liquidität dritten Grades (Liquidität auf mittlere Sicht)

$$= \frac{\text{Monetäres Umlaufvermögen + Vorräte}}{\text{Kurzfristiges Fremdkapital}}$$

Abb. 25.7: Liquiditätsgrade

Das **monetäre Umlaufvermögen** stellt dabei den Betrag am Bilanzstichtag dar, der sich kurz- bzw. mittelfristig in Barliquidität verwandeln lässt und besteht neben den liquiden Mitteln aus Forderungen und sonstigen Vermögensgegenständen, Wertpapieren des Umlaufvermögens sowie den Aktiven Rechnungsabgrenzungsposten. Für die Liquidität 3. Grades werden zusätzlich auch noch die Vorräte mit einbezogen.

Die Einteilung in kurzfristiges, mittelfristiges und langfristiges Fremdkapital orientiert sich an den gesetzlichen Anforderungen zur Angabe von Restlaufzeiten bei den Verbindlichkeiten. Als **kurzfristig** gelten Verbindlichkeiten mit einer Restlaufzeit bis zu einem Jahr, als **langfristig** Verbindlichkeiten mit einer Restlaufzeit von mehr als fünf Jahren.

Beispiel

Es wird folgende vereinfachte Bilanz betrachtet:

Aktiva	**Bilanz in GE**		**Passiva**
Anlagevermögen	500	**Eigenkapital**	400
Umlaufvermögen		**Verbindlichkeiten**	
Vorräte	200	RLZ < 1 Jahr	250
Forderungen	200	RLZ 1 bis 5 Jahre	200
liquide Mittel	100	RLZ > 5 Jahre	150
Bilanzsumme	1.000	Bilanzsumme	1.000

Um zu gewährleisten, dass das langfristig gebundene Vermögen auch langfristig finanziert ist, wird zunächst das Verhältnis von Eigenkapital zu Anlagevermögen betrachtet. Das Eigenkapital deckt das Anlagevermögen nur zu 80 % (Deckungsgrad A). Da das Unternehmen aber auch noch langfristige Kredite i. H. v. 150 GE hat, beträgt die gesamte langfristige Finanzierung 550 GE, was das Anlagevermögen zu 110 % deckt (Deckungsgrad B) und damit dem Grundsatz der Fristenkongruenz genügt.

Deckungsgrad A	80 %
Deckungsgrad B	110 %
Liquidität 1. Grades	40 %
Liquidität 2. Grades	120 %
Liquidität 3. Grades	200 %

Daneben ist sicherzustellen, dass das Unternehmen auch seine kurzfristig eintretenden Zahlungsverpflichtungen erfüllen kann. Daher wird betrachtet, ob die liquiden Mittel von 100 GE die kurzfristigen Schulden von 250 GE decken. Dies wird als Liquidität 1. Grades bezeichnet. Sie beträgt nur 40 %, die vorhandene Liquidität würde also nicht zur unmittelbaren Begleichung aller kurzfristigen Schulden ausreichen. Da diese Verbindlichkeiten aber nicht sofort fällig sind, genügt es, wenn die in kurzer Zeit verfügbar werdende Liquidität die kurzfristigen Schulden deckt. Daher werden nun auch die Forderungen mit in die Überlegungen einbezogen, die sich kurzfristig liquidieren ließen. Forderungen und liquide Mittel zusammen betragen 300 GE und decken die kurzfristigen Schulden zu 120 % (Liquidität 2. Grades). Die kurzfristig verfügbaren Mittel reichen also aus, um die kurzfristig fälligen Schulden zu begleichen. Die Liquidität dritten Grades bezieht zusätzlich die Vorräte mit ein, die ebenfalls mittelfristig liquidierbar wären.

2. Dynamische Liquiditätsanalyse

Die statische Liquiditätsanalyse stellt eine Momentaufnahme der Mittelbindung und der Mittelquellen dar. Zur Deckung der Zahlungsverpflichtungen der Passiva wären nach dieser Vorstellung die entsprechenden Aktiva aufzulösen. Die meisten Unternehmen zahlen aber weder ihre kurzfristigen Verbindlichkeiten restlos zurück noch lösen sie hierfür z. B. alle kurzfristigen Forderungen ein. Stattdessen werden die laufend fällig werdenden Beträge aus laufenden Einzahlungen bestritten. Eine solche Perspektive nimmt die dynamische Liquiditätsanalyse auf der Grundlage von Stromgrößen ein.

In ihrer einfachsten Form orientiert sich die dynamische Liquiditätsanalyse lediglich an der Betrachtung von Umsatzüberschussziffern, den sog. **Cashflow-Ziffern**. Eine Verfeinerung ergibt sich bei Verwendung von **Kapitalflussrechnungen**. Im Mittelpunkt stehen die gesamte Mittelherkunft und Mittelverwendung des Unternehmens.

Bei der Kapitalflussrechnung handelt es sich um eine Bewegungsrechnung, die Auskunft über Herkunft und Verwendung liquiditätswirksamer Mittel in einer bestimmten Periode gibt. Damit spiegelt die Kapitalflussrechnung die finanzielle Lage des Unternehmens wider (vgl. 19. Kapitel). Ihr grundsätzlicher Aufbau ist in Abb. 25.8 nochmals verdeutlicht.

Teilrechnungen	Aktivitätsformat in Staffelform
Ursachenrechnung	operativer Bereich (Cashflow aus der laufenden Geschäftstätigkeit)
	Investitionsbereich (Cashflow aus der Investitionstätigkeit)
	Finanzierungsbereich (Cashflow aus der Finanzierungstätigkeit)
Fondsveränderungsrechnung	= Veränderung der liquiden Mittel

Abb. 25.8: Bereichsgliederung der Kapitalflussrechnung

In der Kapitalflussrechnung wird die Veränderung der Zahlungsmittel und deren Äquivalente (Finanzmittelfonds) für die Bereiche der laufenden Geschäftstätigkeit, der Investitionstätigkeit (inkl. Desinvestitionen) und der Finanzierungstätigkeit getrennt ermittelt.

Die Mittelzuflüsse oder -abflüsse aus der laufenden Geschäftstätigkeit (**OCF**) ergeben sich insbesondere aus der Umsatztätigkeit des Unternehmens, d. h. aus dem Produktions-, Verkaufs- und Servicebereich. Der getrennte Ausweis der Mittelzuflüsse und -abflüsse aus der Investitionstätigkeit (**ICF**) soll eine Beurteilung ermöglichen, in welchem Ausmaß Zahlungen zur Generierung von Erlösen und Mittelzuflüssen in späteren Perioden getätigt wurden. Investitionstätigkeiten sind der

Erwerb und die Veräußerung langfristiger Vermögenswerte. Finanzierungstätigkeiten sind Aktivitäten, die sich auf den Umfang und die Zusammensetzung der Eigenkapitalposten und der Ausleihungen des Unternehmens auswirken. Die Finanzierungstätigkeit beinhaltet somit zum einen Transaktionen mit Anteilseignern und zum anderen Veränderungen langfristiger Fremdmittel (**FinCF**).

Aus dieser Dreiteilung ergibt sich unmittelbar ein tieferer Einblick in die Fähigkeit des Unternehmens, aus eigener Kraft Finanzmittel zu generieren (OCF), um damit Investitionen (ICF) durchführen zu können oder diese an die Kapitalgeber abzuführen (FinCF).

Häufig muss der operative Cashflow aus den Zahlen von Bilanz und GuV derivativ abgeleitet werden, da entsprechende originäre Informationen in der Buchführung fehlen (vgl. 19. Kapitel). Daher ist der operative Cashflow als Saldo aller Ein- und Auszahlungen im operativen Bereich aus dem Jahresüberschuss als Saldo von Erträgen und Aufwendungen abzuleiten.

Jahresüberschuss = Erträge – Aufwendungen	
+	Aufwand, keine Auszahlung (z. B. Abschreibungen, Bildung von Rückstellungen)
–	Erträge, keine Einzahlung (z. B. Verkauf auf Ziel, Zuschreibungen, Auflösung von Rückstellungen)
–	Auszahlungen, kein Aufwand (z. B. Bezahlung von Lieferantenverbindlichkeiten, Einkauf von Vorräten)
+	Einzahlungen, kein Ertrag (z. B. Eingang von Kundenforderungen)
=	(operativer) Cashflow = Einzahlungen – Auszahlungen

Der Begriff **»Cashflow«**, der in der Praxis breite Verwendung findet, leidet noch heute darunter, dass sich national und international keine einheitliche Definition durchgesetzt hat. In der Praxis der Bilanzanalyse versteht man unter »Cashflow« meist einen vereinfacht ermittelten operativen Cashflow. Aus obiger Darstellung ergibt sich, dass sich der operative Cashflow durch die Rückrechnung vom Jahresüberschuss durch Korrektur finanzunwirksamer Erträge und Aufwendungen (sog. Brutto-Cashflow als Zwischenergebnis) sowie Subtraktion von Erhöhungen des *net working capital* (Vorräte plus Kundenforderungen minus Lieferantenverbindlichkeiten) ergibt. Die Genauigkeit der ermittelten Cashflow-Größe hängt davon ab, mit welcher Exaktheit die zu korrigierenden finanzunwirksamen Aufwendungen und Erträge einbezogen werden. In der Praxis wird der Cashflow häufig näherungsweise durch Addition der Abschreibungen und der Veränderung der Rückstellungen zum Jahresüberschuss ermittelt:

Jahresüberschuss	
+	Abschreibungen
±	Erhöhung/Auflösung von (langfristigen) Rückstellungen
=	(vereinfachter) Cashflow

Der **operative Cashflow** sowie der **vereinfachte Cashflow** als Hilfsgröße sollen Aufschluss über die **Innenfinanzierungskraft** des Unternehmens liefern, d. h. seine Fähigkeit, aus eigener Kraft Liquidität zu generieren, die dann zur Finanzierung von Investitionen oder zur Begleichung von Zahlungen mit den Kapitalgebern genutzt werden können, also Schuldendienst (Zins, Tilgung) und auch Dividenden und andere Zahlungen an die Eigner.

Typischerweise vollzieht sich der Kreislauf des Einsatzes und der Wandlung des Kapitals in der Kapitalflussrechnung wie folgt:

Zunächst fließt dem Unternehmen Liquidität im Finanzierungsbereich zu (Kapitalaufnahme), das zur Investition verwendet werden kann (Abfluss im Investitionsbereich). Die Investition zahlt sich in den Folgejahren durch Rückflüsse im operativen Geschäft aus (OCF), die wiederum zur Ausschüttung an die Investoren verwendet werden können.

Beispiel

Die folgende Tabelle stellt eine solche idealtypische Entwicklung der Bereichs-Cashflows dar. Die Anfangsinvestition von 1.000 GE wird in den drei darauf folgenden Jahren i. H. v. 400 GE p. a. über das operative Geschäft zurückgewonnen, die Kapitalgeber stellen das nötige Kapital anfangs zur Verfügung und erhalten es zuzüglich Zinsen in den Folgejahren zurück. Der Finanzierungsbereich stellt insofern das Spiegelbild des operativen und investiven Bereichs dar.

in GE	01	02	03	04
OCF	0	400	400	400
ICF	- 1.000	0	0	0
FinCF	+ 1.000	- 400	- 400	- 400

Beispiel

Es wird die Kapitalflussrechnung der Shooting-Star-AG, eines jungen, börsennotierten Unternehmens, betrachtet:

Shooting-Star-AG (in Mio. GE)	**01**	**02**	**03**	**09/04**
Brutto-Cashflow	- 13,4	- 14,0	- 25,3	- 72,5
Veränderung des Nettoumlaufvermögens	- 7,6	- 10,4	- 16,6	8,9
(1) Cashflow aus laufender Geschäftstätigkeit	- 21,0	- 24,4	- 41,9	- 63,6
(2) Cashflow aus Investitionstätigkeit	- 3,8	- 7,5	- 49,4	- 9,2
(3) Cashflow aus Finanzierungstätigkeit	53,9	9,8	163,3	0,5
(4) Veränderung der liquiden Mittel	29,1	- 22,1	72,0	- 72,3
Bestand liquider Mittel am Periodenbeginn	5,1	34,2	12,1	84,1
Bestand liquider Mittel am Periodenende	34,2	12,1	84,1	11,8

In den Jahren 01 bis 03 nimmt die Shooting-Star-AG große Mengen Kapital durch ihren Börsengang in 01 und die Kapitalerhöhung in 03 ein, die den hohen Kapitalbedarf im operativen und investiven Geschäft abdecken. Im Anlagevermögen wird nur in relativ geringem Ausmaß, vor allem aber im Jahr 03, investiert. Dank der Kapitalerhöhung ist zum Ende des Jahres 03 ein Geldbestand von 84,1 Mio. GE vorhanden.

In den ersten neun Monaten (vereinfacht 270 Tage) des Jahres 04 hat die Shooting-Star-AG bereits 63,6 Mio. GE im laufenden operativen Geschäft verbraucht. Der Kapitalmarkt hat auf diese schlechten Nachrichten mit Ablehnung reagiert, sodass keine weitere Kapitalaufnahme möglich ist. Aus dem Abbau von Netto-Umlaufvermögen konnten 8,9 Mio. GE liquidiert werden, andererseits wurde i. H. v. 9,2 Mio. GE in Anlagen investiert. Daher verbleiben zum Quartalsende noch 11,8 Mio. GE an Liquidität.

Da nicht davon auszugehen ist, dass ein weiterer Abbau des Netto-Umlaufvermögens mit positiven Cashflows möglich ist, wird der Brutto-Cashflow zur Berechnung der Cash Burn Rate herangezogen. Verbraucht das Unternehmen weiterhin liquide Mittel für die Deckung des negativen operativen Cashflows, so wären innerhalb von ca. 44 Tagen diese Mittel aufgebraucht. Dies zeigt sich auch auf Basis der Cash Burn Rate (zur Definition vgl. Coenenberg/Haller/Schultze [2018], Kapitel 18):

$$\text{Cash Burn Rate} = \frac{\begin{array}{c}\text{Bestand Periodenende}\\ \text{liquide Mittel + geldnahe Mittel}\end{array}}{\begin{array}{c}\text{abs. Betrag des (negativen)}\\ \text{Brutto-Cashflow}\end{array}} \times \begin{array}{c}\text{Tage}\\ \text{Berechnungsperiode}\end{array}$$

Im vorliegenden Beispiel ergibt sich eine Cash Burn Rate i. H. v. 44 Tagen (=11,8 Mio. GE/72,5 Mio. GE × 270 Tage). Als Berechnungsperiode dient dabei der Zeitraum von 270 Tagen, auf den sich der negative Brutto-Cashflow bezieht. Die Cash Burn Rate zeigt folglich an, dass bei dem aktuellen Kapitalverbrauch von ca. 0,27 Mio. GE pro Tag der aktuelle Bestand an liquiden Mitteln Mitte November aufgebraucht wäre. Daher muss der Liquiditätsverlust dringend gebremst werden.

Nur im operativen Bereich können die Mittel erwirtschaftet werden, die zur Rückzahlung des eingesetzten Kapitals und der adäquaten Verzinsung erforderlich sind. In der Gründungsphase und bei starkem Wachstum ist häufig ein hoher Kapitalbedarf zu verzeichnen. Gelingt es einem Unternehmen über längere Zeiträume hinweg jedoch nicht, im operativen Bereich Überschüsse zu erwirtschaften, so gerät es in einen Liquiditätsengpass.

Zum Zwecke der Beurteilung des **Innenfinanzierungsspielraums** wird die Investitionsdeckung des Cashflow berechnet. Die Kennzahl

$$\text{Investitionsdeckung des Cashflows} = \frac{\text{Cashflow}}{\text{Nettoinvestitionen}}$$

gibt an, inwieweit Nettoinvestitionen durch selbst erwirtschaftete Mittel gedeckt sind. Bei der Nettoinvestition handelt es sich um Zugänge zum Anlagevermögen abzüglich Abgänge, bemessen zum Buchwert. Auch ist es häufig üblich, dass bei der Berechnung der Investitionsdeckung der OCF um Dividendenzahlungen gekürzt wird, weil über den Cashflow in dieser Höhe bereits disponiert wurde und nur der übrige Teil für die langfristigen Investitionen und die langfristige Schuldentilgung bereitstand.

Der Cashflow gilt auch als **Indikator der Verschuldungsfähigkeit**, da Verbindlichkeiten letztlich nur aus selbst erwirtschafteten Mitteln getilgt werden können. Bei dieser Verwendung der Cashflow-Ziffer wird implizit unterstellt, dass der Umfang der Verschuldung abgebaut wird. Dies ist tatsächlich selten der Fall, denn im Allgemeinen bleibt die Summe aller aufgenommenen Schulden gleich oder wächst mit der Ausweitung der Unternehmenstätigkeit. Daraus ist ersichtlich, dass auch hier eine Cashflow-Analyse nur im zeitlichen oder zwischenbetrieblichen Vergleich von Aussagewert sein kann. Die Kennzahl

$$\text{Dynamischer Verschuldungsgrad} = \frac{\text{Effektivverschuldung}}{\text{Cashflow}}$$

wird auch als **Tilgungsdauer** bezeichnet und gilt als Maßstab der Verschuldungsfähigkeit. Ihr Wert gibt die Zahl der Jahre an, in denen ceteris paribus eine vollständige Tilgung der Effektivschulden aus den selbst erwirtschafteten Umsatzüberschüssen möglich wäre. Die Effektivverschuldung ergibt sich dabei aus dem Fremdkapital minus dem leicht liquidierbaren Umlaufvermögen (vgl. Coenenberg/Haller/Schultze [2018], Kapitel 18).

C. Erfolgswirtschaftliche Bilanzanalyse

Die Zielsetzung der erfolgswirtschaftlichen Jahresabschlussanalyse besteht in der Gewinnung von Informationen zur Beurteilung der **Ertragskraft** des Unternehmens, wofür die Gewinn- und Verlustrechnung die wesentlichen Daten liefert. Unter der Ertragskraft eines Unternehmens versteht man die Fähigkeit, Erfolge zu erwirtschaften. Die Analyse zielt wesentlich darauf ab, ein nachhaltiges Ergebnis zu ermitteln, welches das Unternehmen unter normalen Bedingungen auch in der Zukunft erzielen kann. Dieses Ergebnis stellt die Grundlage für weitere Überlegungen dar, wie beispielsweise zur Bewertung von Aktien.

Die **Rentabilitätsanalyse** beurteilt die Ertragskraft durch die Bildung von Rendite-Kennzahlen. Da der Jahresabschluss eine im Kern vergangenheitsbezogene Rechnung ist, erfordert die Beurteilung der zukünftigen Ertragskraft einen Schluss von der vergangenen auf die künftige Ergebnisentwicklung. Daher versucht man im Rahmen der **Ergebnisquellenanalyse** aus dem erzielten Jahresergebnis diejenigen Komponenten zu identifizieren, die nachhaltig sind und daher auch in der Zukunft erzielt werden können. Die **Aufwandsstrukturanalyse** stellt darüber hinaus Regelmäßigkeiten auf der Negativseite des Ergebnisses zusammen und ermöglicht durch Betriebsvergleiche eine Beurteilung der gegenwärtigen Lage. Durch die Ableitung von Zusammenhängen zur Umsatzentwicklung erlaubt sie auch die Fortschreibung der Erfolge aus der betrieblichen Tätigkeit in die Zukunft und somit die Ableitung von Zukunftserfolgen.

I. Rentabilitätsanalyse

Unter **Rentabilität** versteht man eine Beziehungszahl, die eine Ergebnisgröße zu einer dieses Ergebnis maßgebend bestimmenden Einflussgröße in Relation setzt. Als Einflussgrößen kommen für die Rentabilitätsanalyse einerseits das zur Ergebniserzielung eingesetzte Kapital oder Vermögen, andererseits der das Ergebnis bewirkende Umsatz in Betracht. Im ersten Fall spricht man von **Kapitalrentabilität** oder **Vermögensrentabilität** (*Return on Capital Employed* oder *Return on Investment*), im zweiten Fall von **Umsatzrentabilität** oder Gewinnspanne. Die Analyse ermöglicht eine Beurteilung des erzielten Ergebnisses, da so ermittelte Renditekennziffern vergleichbar sind.

Im Rahmen der Rentabilitätsberechnung wird die Verzinsung ermittelt, die das Unternehmen erwirtschaftet hat. Ihr liegt die Idee zugrunde, dass das Unternehmen mit seiner Geschäftstätigkeit Erfolge erwirtschaftet, die anschließend unterschiedlichen Anspruchsgruppen zustehen. Aus diesem Bruttoerfolg muss das Unternehmen Steuern und Zinsen bezahlen, sodass nur der Gewinn nach Zinsen und Steuern (Jahresüberschuss) den Eigentümern zur Verfügung steht.

$$\text{Eigenkapitalrentabilität (EKR)} = \frac{\text{Jahresüberschuss}}{\text{durchschnittl. Eigenkapital}}$$

$$\text{Gesamtkapitalrentabilität (GKR)} = \frac{\text{EBIT}}{\text{durchschnittl. Gesamtkapital}}$$

$$\text{Umsatzrentabilität (UR)} = \frac{\text{EBIT}}{\text{Umsatzerlöse}}$$

Abb. 25.9: Rentabilitätskennzahlen

Die **Eigenkapitalrentabilität** (EKR) will nun die Verzinsung des von den Eigentümern bereitgestellten Kapitals wiedergeben, weshalb nur der den Eignern zustehende Teil des Unternehmensüberschusses, der Jahresüberschuss, in die Berechnung einfließt. Die **Gesamtkapitalrentabilität** (GKR) stellt dagegen ein Maß für den Erfolg des Unternehmens in Bezug auf das gesamte eingesetzte Kapital dar, unabhängig von dessen Herkunft. Sie verwendet daher das **Gesamtergebnis vor Abzug von Steuern und Zinsen** (*earnings before interest and taxes*, EBIT). Dieses wird dem gesamten investierten Kapital gegenübergestellt und so dessen Verzinsung errechnet. Dadurch werden Unternehmen mit unterschiedlichen Finanzierungsstrukturen vergleichbar. Durch die Verwendung des Durchschnittswerts aus Jahresanfangs- und Endbestand für die Kapitalgröße einer Rentabilitätskennzahl wird vermieden, eine (dynamische) Stromgröße im Zähler mit einer (statischen) Bestandsgröße im Nenner in Beziehung zu setzen. Unter der Annahme, dass die Kapitalgröße über den betrachteten Zeithorizont konstant ist, sind Jahresanfangs- bzw. Jahresendbestand ebenso denkbar und analog zu verwenden.

Die Gesamtkapitalrentabilität lässt sich in zwei Unterkennzahlen zerlegen: Durch die Multiplikation der Gesamtkapitalrentabilität mit dem Faktor »Umsatz/Umsatz« und durch Umsortierung von Zähler und Nenner beider Kennzahlen lässt sich die Gesamtkapitalrentabilität als Produkt aus Umsatzrentabilität (UR) und Kapitalumschlag (KU) berechnen:

$$\text{GKR} = \frac{\text{EBIT}}{\begin{array}{c}\text{durchschnittliches}\\ \text{Gesamtkapital}\end{array}} \times \frac{\text{Umsatz}}{\text{Umsatz}} = \frac{\text{EBIT}}{\text{Umsatz}} \times \frac{\text{Umsatz}}{\begin{array}{c}\text{durchschnittliches}\\ \text{Gesamtkapital}\end{array}} = \text{UR} \times \text{KU}$$

Diese Aufgliederung hat den wesentlichen Vorteil, dass die Ursachen einer veränderten Gesamtkapitalrentabilität bzw. eine Abweichung der Gesamtkapitalrentabilität vom Branchendurchschnitt oder von Wettbewerbsunternehmen besser erkannt werden können. Die **Umsatzrentabilität (UR)** gibt nämlich an, wie viel Gewinn in einem Euro Umsatz enthalten ist, was letztlich bei einem Handelsunternehmen der Handelsspanne entspricht. Eine geringere Handelsspanne kann andererseits aber durch eine höhere Umschlagshäufigkeit, also größere Volumina, ausgeglichen werden. Die Kombination der beiden Kennzahlen gibt daher Auskunft über die Preisstrategie des Unternehmens.

Beispiel

Es werden die Unternehmen A, B und C derselben Branche mit den folgenden Werten betrachtet:

	A	B	C
Umsatz	200	240	320
EBIT	20	24	16
durchschnittl. Gesamtkapital	100	240	160

Daraus lassen sich die folgenden Kennzahlen errechnen:

	A	B	C
Gesamtkapitalrentabilität (GKR)	20 %	10 %	10 %
Umsatzrentabilität (UR)	10 %	10 %	5 %
Kapitalumschlag (KU)	2	1	2

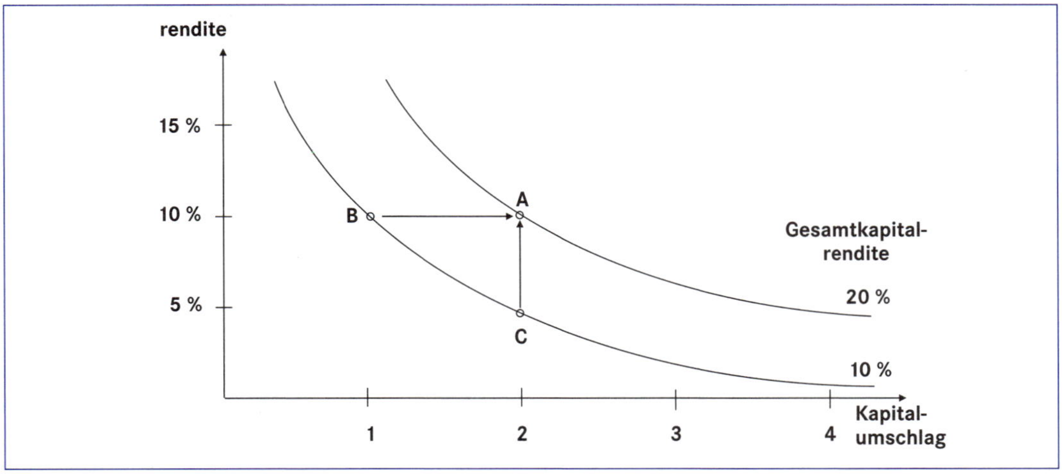

Abb. 25.10: Rentabilitätsanalyse (Diagramm zum Beispiel)

Die Kennzahl GKR zeigt, dass Unternehmen A die höchste Verzinsung auf das eingesetzte Kapital erzielt. Die Betrachtung der UR zeigt weiter, dass A und B auf jede GE Umsatz dieselbe Rendite von 10 % verdienen. Beide Unternehmen haben also die gleiche Marge, A benötigt für den gleichen Umsatz aber deutlich weniger Kapital, was z. B. an einer besseren Vorratshaltung liegen kann. C hat die gleiche Umschlagshäufigkeit wie A, jedoch eine geringere UR, was auf eine Niedrigpreisstrategie aber auch auf eine schlechtere Kostenstruktur hindeuten kann. Um in Bezug auf die GKR dasselbe hohe Niveau wie A zu erreichen, müsste C seine Umsatzrendite auf 10 % steigern. Dagegen müsste B den Kapitalumschlag verbessern. Abb. 25.10 verdeutlicht diesen Zusammenhang grafisch. Die Iso-Rentabilitätslinien stellen diejenigen Kombinationen von Kapitalumschlag und Umsatzrentabilität dar, die zu einem identischen Niveau der Gesamtkapitalrentabilität führen (vgl. Coenenberg/Haller/Schultze [2018], Kapitel 19).

II. Ergebnisquellenanalyse

Der **Ergebnisquellenanalyse** geht es darum aufzuzeigen, welche Ergebniskomponenten regelmäßig sind, also auch in Zukunft wieder erwartet werden können. Außerdem wird untersucht, welche Erfolgsbestandteile auf der normalen betrieblichen Tätigkeit beruhen und welche außerordentlicher Natur sind. Im Zusammenhang mit der aus der Aufwandsstrukturanalyse erhaltenen Entwicklung der Umsatzkostenkomponenten trägt diese Aufspaltung vor allem dazu bei, bei Prognosen auch die Entwicklung der operativen Ergebnisse ableiten zu können.

Das betriebswirtschaftliche Erfolgsspaltungskonzept trennt das ordentliche vom außerordentlichen Ergebnis, wobei zum ordentlichen Ergebnis das Betriebs- und Finanzergebnis und zum außerordentlichen Ergebnis das aperiodische und das außergewöhnliche Ergebnis gerechnet werden.

Betriebszugehörigkeit / Regelmäßigkeit	**Betriebliche Erfolgskomponenten**	**Betriebsfremde Erfolgskomponenten**
Regelmäßig anfallende Erfolgskomponenten	Ordentliches Betriebsergebnis	Ordentliches betriebsfremdes Ergebnis
Unregelmäßig anfallende Erfolgskomponenten	Außerordentliches Ergebnis (im betriebswirtschaftlichen Sinn)	

Abb. 25.11: Erfolgsspaltungsschema (in Anlehnung an Coenenberg/Haller/Schultze [2018], S. 1150)

Dem **außerordentlichen Ergebnis** im betriebswirtschaftlichen Sinn rechnet man alle unregelmäßig anfallenden, d. h. außergewöhnlichen und periodenfremden Erfolgskomponenten zu. Im

ordentlichen Betriebsergebnis und **ordentlichen betriebsfremden Ergebnis** sind folglich nur periodenzugehörige Erfolgskomponenten erfasst.

Die GuV sieht sowohl nach dem Umsatz- als auch nach dem Gesamtkostenverfahren lediglich eine Ergebnisspaltung bezüglich der Betriebszugehörigkeit vor. Daher können die drei Ergebniskategorien dieser Erfolgsspaltung nicht immer eindeutig zugeordnet werden. Die Zuordnung der Daten aus der GuV muss im konkreten Einzelfall auch aufgrund der Angaben im Anhang modifiziert werden. Für vertiefende Erläuterungen vgl. Coenenberg/Haller/Schultze [2018], Kapitel 19.

Beispiel

Für das Unternehmen DATIG wurden folgende Informationen ermittelt:

in GE	01	02	03
ordentliches Betriebsergebnis	1.232	1.420	1.878
Finanzergebnis	85	- 180	171
außerordentliches Ergebnis (im betriebswirtschaftlichen Sinn)	2.300	0	- 2.123
Gesamtergebnis	3.617	1.240	- 74

Betrachtet man die Entwicklung des Gesamtergebnisses, so hat sich dieses im Laufe der drei betrachteten Jahre erheblich verschlechtert. Ein Großteil ist jedoch auf außerordentliche Effekte zurückzuführen. Betrachtet man lediglich das ordentliche Betriebsergebnis, so zeigt sich eine stetige Verbesserung. Da dieses auf regelmäßigen betrieblichen Komponenten beruht, hat es eine bessere Aussagefähigkeit über die Ertragskraft des Unternehmens.

III. Aufwandsstrukturanalyse

Mittels der **Aufwandsstrukturanalyse** sollen **Produktivitätsbeziehungen** dargestellt und analysiert werden. Die Analyse hängt in entscheidendem Maße davon ab, ob die Gewinn- und Verlustrechnung dem Gesamtkostenverfahren oder dem Umsatzkostenverfahren folgt.

In der Gewinn- und Verlustrechnung nach dem **Gesamtkostenverfahren (GKV)** werden der Gesamtleistung die Aufwendungen der wesentlichen Produktionsfaktorgruppen, nämlich Material, Personal und Betriebsmittel, gegenübergestellt. Dementsprechend zeigt die Aufwandsstrukturanalyse die Anteile dieser nach Produktionsfaktoren gegliederten Aufwendungen an der Gesamtleistung. Die Kennzahlen Personalintensität und Materialintensität verdeutlichen den relativen Anteil der Aufwendungen für die beiden großen Produktionsfaktorgruppen »Arbeitsleistung« und »Material«.

Material- und Personalintensität geben Auskunft über die in dem jeweiligen Unternehmen herrschenden Faktoreinsatzverhältnisse und indizieren damit gleichzeitig die Anfälligkeit gegenüber Änderungen des Mengen- und Wertgerüstes des einzelnen Produktionsfaktors. Ein Dienstleistungsunternehmen mit hoher Personalintensität reagiert beispielsweise äußerst empfindlich auf Tariferhöhungen. Für dieses Unternehmen bedeutet dies ein Ansteigen des wesentlichsten

Kostenfaktors. Außerdem erscheint wichtig zu beobachten, inwieweit eine evtl. Steigerung der einen Kennzahl durch Verringerung der anderen Kennzahl ergebnismäßig neutralisiert wird. Ein deutliches Ansteigen beider Kennzahlen ist stets als Signal für eine strukturell verschlechterte Ertragskraft zu werten.

$$\text{Personalintensität} = \frac{\text{Personalaufwand}}{\text{Gesamtleistung}}$$

$$\text{Materialintensität} = \frac{\text{Materialaufwand}}{\text{Gesamtleistung}}$$

Abb. 25.12: Kennzahlen zur Analyse der Aufwands- und Ertragsstruktur im GKV

Beispiel

Im Folgenden werden die Personalintensitäten von drei Konkurrenzunternehmen A, B und C betrachtet:

	01	02	03
Unternehmen A	19,00 %	17,44 %	16,30 %
Unternehmen B	18,27 %	17,96 %	16,90 %
Unternehmen C	16,73 %	15,92 %	15,66 %

Alle drei Unternehmen konnten die Personalintensität im betrachteten Zeitraum stark verbessern und haben sich weitgehend einander genähert. Während in 01 das Unternehmen A noch am schlechtesten abschnitt, liegt es in 03 nur noch knapp hinter dem Branchenprimus C zurück. B konnte sich dagegen nur leicht verbessern und fiel auf Rang 3 zurück. Diese Analyse erlaubt vor allem Aussagen über den zu erwartenden Trend im Rahmen von Prognoserechnungen.

Die Betrachtung der Intensitätskennzahlen im Zeitablauf und im Branchenvergleich dient zudem der Identifikation von Trends, die im Rahmen von Prognosen über die künftige Ertragslage genutzt werden können. Auf der Grundlage geschätzter künftiger Absatzzahlen lassen sich Schätzungen der resultierenden Kosten für die Leistungserstellung und damit über die zu erwartenden Ergebnisse gewinnen.

Folgt die GuV dem **Umsatzkostenverfahren (UKV)**, sind die soeben abgeleiteten Kennzahlen nicht unmittelbar zu erarbeiten. Personal- und Materialaufwand sind auch bei Verwendung des UKV angabepflichtig, der Materialaufwand allerdings nur im Einzelabschluss. Die Gesamtleistung kann näherungsweise, allerdings nicht exakt, aus GuV und Bilanz abgeleitet werden.

Das UKV bietet allerdings die Möglichkeit, eine Aufwandsstrukturanalyse nach den funktionsbezogenen Kosten vorzunehmen, indem die jeweiligen Funktionskosten als Prozentsatz des Umsatzes ausgedrückt werden (vgl. Abb. 25.13).

$$\text{Herstellungsintensität} = \frac{\text{Herstellungskosten}}{\text{Umsatz}}$$

$$\text{F\&E-Intensität} = \frac{\text{F\&E-Kosten}}{\text{Umsatz}}$$

$$\text{Vertriebsintensität} = \frac{\text{Vertriebskosten}}{\text{Umsatz}}$$

$$\text{Verwaltungsintensität} = \frac{\text{Allgemeine Verwaltungskosten}}{\text{Umsatz}}$$

Abb. 25.13: Kennzahlen zur Analyse der Aufwands- und Ertragsstruktur im UKV

Diese funktionsbezogenen Intensitätskennzahlen lassen aufschlussreiche Vergleiche mit Wettbewerbern, im Branchendurchschnitt und über die Zeit zu. Steigt z. B. die Verwaltungsintensität, so stellt sich grundsätzlich die Frage nach der Kompensation in einem der anderen drei Bereiche (Herstellung, Forschung & Entwicklung oder Vertrieb). Bei einem Anstieg aller Intensitätskennzahlen sinkt die Ertragskraft. Ein Beispiel hierzu wird am Ende dieses Kapitels gegeben.

D. Beispiel zur finanz- und erfolgswirtschaftlichen Abschlussanalyse

Ein abschließendes Beispiel veranschaulicht die Analyse eines Unternehmens. Gegeben ist die Bilanz der Solution AG für die Jahre 01 und 02 sowie die zugehörige Gewinn- und Verlustrechnung. Das Unternehmen ist ein weltweit agierendes Chemieunternehmen mit starker internationaler Konkurrenz.

Aus dem Geschäftsbericht lassen sich weitere Angaben entnehmen:

- Die Abschreibungen auf das Sachanlagevermögen betrugen im Jahr 01 45.000 GE und im Jahr 02 65.000 GE. Die kumulierten Abschreibungen auf das Sachanlagevermögen betrugen im Jahr 01 311.000 GE und im Jahr 02 310.000 GE, die historischen Anschaffungskosten beliefen sich im Jahr 01 auf 900.000 GE und im Jahr 02 auf 760.000 GE.
- Die Nettoinvestitionen betrugen im Jahr 01 50.000 GE und im Jahr 02 - 74.000 GE.

Aktiva	Solution AG Bilanz (in GE)				Passiva
	Jahr 02	Jahr 01		Jahr 02	Jahr 01
Anlagevermögen			**Eigenkapital**		
Immaterielle VG	45.000	55.000	Gez. Kapital	400.000	400.000
Sachanlagen	450.000	589.000	Kapitalrücklagen	40.000	40.000
Finanzanlagen	230.000	230.000	Gewinnrücklagen	100.000	100.000
			Bilanzgewinn	175.000	105.000
Umlaufvermögen					
Vorräte	245.000	268.000	**Verbindlichkeiten**		
Forderungen	356.000	278.000	RLZ < 1 Jahr	228.000	161.000
Wertpapiere	55.000	60.500	RLZ 1 bis 5 Jahre	200.000	400.000
Liquide Mittel	12.000	25.500	RLZ > 5 Jahre	250.000	300.000
Bilanzsumme	1.393.000	1.506.000	Bilanzsumme	1.393.000	1.506.000

Solution AG GuV (in GE)	**Jahr 02**	**Jahr 01**
Umsatzerlöse	1.645.120	1.553.860
Umsatzkosten	945.020	850.620
Bruttoergebnis vom Umsatz	700.100	703.240
Verwaltungskosten	165.000	155.000
Vertriebskosten	300.100	203.240
F&E-Aufwendungen	45.000	75.000
Sonst. betr. Erträge	195.000	15.000
Sonst. betr. Aufwendungen	25.000	–
Zinsaufwendungen	30.000	30.000
Ertragsteuern	135.000	120.000
Ergebnis nach Steuern	195.000	135.000
Sonstige Steuern	20.000	25.000
Jahresüberschuss	**175.000**	**110.000**
Einstellungen a. d. JÜ in die Gewinnrücklagen	–	5.000
Bilanzgewinn/Verlust	175.000	105.000

Zunächst wird im Rahmen der finanzwirtschaftlichen Analyse die Investitions- und Finanzierungspolitik der Solution AG sowie ihre Fähigkeit zur Generierung von Liquidität näher untersucht.

Für die **Investitionsanalyse** bildet die Relation Anlagevermögen zu Gesamtvermögen den Ausgangspunkt. Im Betrachtungszeitraum ist der Anteil des Anlagevermögens vergleichsweise gesunken. Dies führt einerseits zu einer verbesserten Flexibilität, andererseits kann daraus eine verbesserte Kapazitätsauslastung gefolgert werden, jedoch sind für ein dezidiertes Urteil Vergleiche mit den Branchenwerten nötig.

	Jahr 02	**Jahr 01**
Anlageintensität	52 %	58 %
Wachstumsquote	- 114 %	111 %
Investitionsquote	- 10 %	6 %
Abnutzungsgrad	41 %	36 %

Die negative Wachstumsquote zeigt, dass das Unternehmen in 02 deutlich weniger investiert hat, als für den Erhalt seiner Anlagen nötig gewesen wäre. Auch die negative Investitionsquote zeigt einen kontraktiven Kurs. Dieser führt ebenso zu einem Anstieg des Abnutzungsgrades, der in seiner Höhe aber nur über einen Vergleich mit Branchenzahlen zu beurteilen ist. Den Angaben ist zu entnehmen, dass die historischen Anschaffungskosten von 900 TGE auf 760 TGE zurückgegangen sind, sodass der Rückgang der Anlagenintensität auf große Anlagenabgänge zurückzuführen ist.

Bezüglich der **Finanzierung** zeigt sich bei Betrachtung der Kapitalstruktur eine durchweg solide Position. Bezüglich der Berechnung ist anzumerken, dass bei einer Untersuchung des Verhältnisses von Eigen- und Fremdkapital der (auszuschüttende) Bilanzgewinn dem Fremdkapital zuzurechnen ist.

	Jahr 02	**Jahr 01**
Eigenkapitalquote	39 %	36 %
Anspannungsgrad	61 %	64 %

Die Eigenkapitalquote liegt bei deutlich über 30 % und kann damit als ausreichend angesehen werden, sie übertrifft die vieler Unternehmen. Offenbar wurden die aus dem Rückgang des Anlagevermögens frei werdenden Mittel zur Tilgung von Krediten benutzt, was auch den sinkenden Anspannungsgrad erklären würde.

Da für die Solution AG keine Kapitalflussrechnung vorliegt, muss im Rahmen der **Liquiditätsanalyse** auf statische Kennziffern zurückgegriffen werden. Wie bei der Finanzierungsanalyse ist auch hier der Bilanzgewinn dem Fremdkapital zuzurechnen.

	Jahr 02	**Jahr 01**
Deckungsgrad A	74 %	62 %
Deckungsgrad B	109 %	96 %
Liquidität 1. Grades	3 %	10 %
Liquidität 2. Grades	105 %	137 %
Liquidität 3. Grades	166 %	238 %

Die Aussage des Deckungsgrads A ist nur im Vergleich mit Branchendaten aussagekräftig. Für den Deckungsgrad B gilt der Grundsatz der Fristenkongruenz, sodass ein Wert von 100 % anzustreben ist. Für 02 ergibt sich daher ein zufriedenstellender Wert.

Die Liquidität 1. Grades fällt sehr gering aus, dagegen sind die beiden anderen Liquiditätsgrade mehr als ausreichend, sodass die Liquidität kurz- bis mittelfristig gesichert ist. Gerade im Bereich der Forderungen sind aber große Mengen an Kapital gebunden, deren Abbau sinnvoll wäre. Der Bestand an Forderungen ist von 01 auf 02 um 28 % gestiegen. Da der Umsatz nur um 6 % gestiegen ist, kann diese erhebliche Erhöhung nicht in vollem Umfang auf ein höheres Verkaufsvolumen zurückgeführt werden. Eine Verbesserung der Debitorenverwaltung würde dem Unternehmen liquide Mittel zuführen, die entweder für Investitionen oder den Schuldendienst eingesetzt werden könnten.

Im Zuge der erfolgswirtschaftlichen Analyse wird die Ertragskraft des Unternehmens untersucht. Zunächst wird dabei die **Rentabilitätssituation** des Unternehmens betrachtet.

	Jahr 02	**Jahr 01**
Gesamtkapitalrentabilität (GKR)	26 %	19 %
Umsatzrentabilität (UR)	22 %	18 %
Kapitalumschlag (KU)	1,18	1,03

Die Gesamtkapitalrentabilität befindet sich bereits im Jahr 01 auf hohem Niveau, kann in 02 aber nochmals um 37 % gesteigert werden. Die Höhe der GKR lässt sich nur durch einen Vergleich mit Wettbewerbern abschließend beurteilen. Die nähere Betrachtung der Entwicklung der GKR zeigt, dass sie sowohl auf Steigerungen der Umsatzrentabilität als auch des Kapitalumschlags zurückzuführen ist. Der in der finanzwirtschaftlichen Analyse diskutierte Ansatzpunkt zur Optimierung der Debitorenverwaltung stellt eine weitere Verbesserungsmöglichkeit des Kapitalumschlags dar, die anders als ein Rückgang der Investitionstätigkeit nicht zulasten der künftigen Ertragskraft gehen würden. Um den Anstieg der Umsatzrentabilität weiter zu untersuchen, werden zunächst die Hauptkomponenten der Umsatzrentabilität, Umsatz und Aufwendungen, näher betrachtet. Sodann werden die Bestimmungsgrößen des Kapitalumschlags weiter untersucht.

Die Solution AG konnte im betrachteten Zeitraum ihren Umsatz um 6 % und ihren Jahresüberschuss um 59 % steigern. Eine Betrachtung der **Ergebnisquellen** zeigt, dass diese Steigerung des Jahresüberschusses auf Sondereffekte entfällt, die als außerordentliches Ergebnis kategorisiert werden. Aus Vereinfachungsgründen werden hier für die Ermittlung des außerordentlichen Ergebnisses im betriebswirtschaftlichen Sinn die sonstigen betrieblichen Erträge und Aufwendungen herangezogen. Im Zusammenhang mit den Ergebnissen aus der finanzwirtschaftlichen Analyse lässt sich schlussfolgern, dass die sonstigen betrieblichen Erträge durch Anlagenabhänge verursacht sein könnten. Es zeigt sich also, dass der positive Ergebnistrend unregelmäßiger Natur ist.

	Jahr 02	**Jahr 01**	**Trend**
Betriebsergebnis	190.000	270.000	- 30 %
Finanzergebnis	- 30.000	- 30.000	± 0 %
Außerordentliches Ergebnis	170.000	15.000	+ 1033 %

Um die Steigerung des Betriebsergebnisses näher untersuchen zu können, wird die **Aufwandsstruktur** analysiert. Hierzu werden die Intensitätskennziffern berechnet, die sich bei einer GuV nach dem UKV aus den Funktionskosten im Verhältnis zu den Umsatzerlösen ergeben.

	Jahr 02	**Jahr 01**
Herstellungsintensität	57 %	55 %
F&E-Intensität	3 %	5 %
Verwaltungsintensität	10 %	10 %
Vertriebsintensität	18 %	13 %
Summe	88 %	83 %

Die Aufwandsstrukturanalyse zeigt einen Anstieg der Herstellungs- und Vertriebsintensität bei konstanter Verwaltungsintensität und reduzierter F&E-Intensität. Die Bruttomarge, also der Prozentanteil des Bruttoergebnisses am Umsatz, ist von 45 % auf 43 % zurückgegangen. Die herstellungsbezogenen Aufwendungen sind in Summe von 83 % auf 88 % des Umsatzes angestiegen. Dies zeugt von einer Verschlechterung der Kostenstruktur. Hätte die Solution AG die Struktur ihrer Funktionskosten auch in 02 beibehalten können, hätte aus der Umsatzsteigerung eine Verbesserung des Betriebsergebnisses um 90 TGE resultiert: Es wären nur Funktionskosten von 83 % des Umsatzes (1.365 TGE) statt 88 % (1.455 TGE) benötigt worden.

Neben dieser Erhöhung ergeben sich auch Verschiebungen in der Aufwandsstruktur. Der Rückgang der F&E-Intensität ist verbunden mit einer Ausweitung der Vertriebsintensität. Offenbar wurde versucht, im F&E-Bereich Kosten zu sparen, um dafür auf dem hart umkämpften Markt die Vertriebsanstrengungen ausweiten zu können. Gerade in der Chemiebranche ist jedoch der langfristige Erfolg eines Unternehmens von Innovationen abhängig.

Aus der GuV lässt sich zusätzlich ablesen, dass die sonstigen betrieblichen Erträge mit 195 TGE in 02 nach 15 TGE in 01 zum Jahresergebnis beitragen. Dies macht in 02 12 % vom Umsatz und in 01 nur 1 % vom Umsatz aus und erklärt den Anstieg des Jahresergebnisses weitgehend. Sonstige betriebliche Erträge stammen aus Buchgewinnen aus dem Abgang von Anlagen, aus Herabsetzungen von Wertberichtigungen und Rückstellungen sowie aus Zuschreibungen (vgl. 16. Kapitel). Die Verbesserung der Ertragslage der Solution AG ist also nicht auf eine Verbesserung der Kostenstruktur im Bereich der Leistungserstellung, sondern auf Anlagenabgänge oder verringerte Zukunftsvorsorgen zurückzuführen.

Die weitere zur Gesamtkapitalrentabilität beitragende Größe, neben der Ergebnisgröße im Zähler, ist die Kapitalgröße im Nenner. Das Gesamtkapital der Solution AG ist von 01 auf 02 um 7,5 % zurückgegangen. Diese Senkung des Gesamtkapitals trägt daher ebenfalls zu Steigerungen der GKR bei.

Abschließend kann festgehalten werden, dass die Verbesserung der Ertragslage durch geringere Investitionstätigkeit und einen Abbau der Zukunftsvorsorgen erkauft worden zu sein scheint. Sowohl Anlageinvestitionen als auch Forschung & Entwicklung wurden zurückgefahren, Anlagen verkauft und damit die Kapitalbindung reduziert. Eine weiterhin hohe Investitionstätigkeit wäre durch ein besseres Forderungsmanagement möglich gewesen.

Anhang

Anhang A: Bilanz und GuV

Bilanz-Gliederung für große und mittelgroße Kapitalgesellschaften (gemäß § 266 HGB)[1]

A. Anlagevermögen
- I. Immaterielle Vermögensgegenstände
  1. Selbst geschaffene gewerbliche Schutzrechte und ähnliche Rechte und Werte
  2. Entgeltlich erworbene Konzessionen, gewerbliche Schutzrechte und ähnliche Rechte und Werte sowie Lizenzen an solchen Rechten und Werten
  3. Geschäfts- oder Firmenwert
  4. Geleistete Anzahlungen
- II. Sachanlagen
  1. Grundstücke, grundstücksgleiche Rechte und Bauten einschl. der Bauten auf fremden Grundstücken
  2. Technische Anlagen und Maschinen
  3. Andere Anlagen, Betriebs- und Geschäftsausstattung
  4. Geleistete Anzahlungen und Anlagen im Bau
- III. Finanzanlagen
  1. Anteile an verbundenen Unternehmen
  2. Ausleihungen an verbundene Unternehmen
  3. Beteiligungen
  4. Ausleihungen an Unternehmen, mit denen ein Beteiligungsverhältnis besteht
  5. Wertpapiere des Anlagevermögens
  6. Sonstige Ausleihungen

B. Umlaufvermögen
- I. Vorräte
  1. Roh-, Hilfs- und Betriebsstoffe
  2. Unfertige Erzeugnisse, unfertige Leistungen
  3. Fertige Erzeugnisse und Waren
  4. Geleistete Anzahlungen
- II. Forderungen und sonstige Vermögensgegenstände
  1. Forderungen aus Lieferungen und Leistungen
  2. Forderungen gegen verbundenen Unternehmen
  3. Forderungen gegen Unternehmen, mit denen ein Beteiligungsverhältnis besteht
  4. Sonstige Vermögensgegenstände
- III. Wertpapiere
  1. Anteile an verbundenen Unternehmen
  2. Sonstige Wertpapiere
- IV. Kassenbestand, Bundesbankguthaben, Guthaben bei Kreditinstituten und Schecks

C. Rechnungsabgrenzungsposten

D. Aktive latente Steuern

E. Aktiver Unterschiedsbetrag aus der Vermögensverrechnung

A. Eigenkapital
- I. Gezeichnetes Kapital
- II. Kapitalrücklage
- III. Gewinnrücklagen
  1. Gesetzliche Rücklage
  2. Rücklage für Anteile an einem herrschenden oder mehrheitlich beteiligten Unternehmen
  3. Satzungsmäßige Rücklagen
  4. Andere Gewinnrücklagen
- IV. Gewinnvortrag/Verlustvortrag
- V. Jahresüberschuss/Jahresfehlbetrag

B. Rückstellungen
1. Rückstellungen für Pensionen und ähnliche Verpflichtungen
2. Steuerrückstellungen
3. Sonstige Rückstellungen

C. Verbindlichkeiten
1. Anleihen, davon konvertibel
2. Verbindlichkeiten gegenüber Kreditinstituten
3. Erhaltene Anzahlungen auf Bestellungen
4. Verbindlichkeiten aus Lieferungen und Leistungen
5. Verbindlichkeiten aus der Annahme gezogener Wechsel und der Ausstellung eigener Wechsel
6. Verbindlichkeiten gegenüber verbundenen Unternehmen
7. Verbindlichkeiten gegenüber Unternehmen, mit denen ein Beteiligungsverhältnis besteht
8. Sonstige Verbindlichkeiten,
   - davon aus Steuern,
   - davon im Rahmen der sozialen Sicherheit

D. Rechnungsabgrenzungsposten

E. Passive latente Steuern

1 Für kleine Kapitalgesellschaften genügt der Ausweis der ersten beiden Gliederungsebenen.

GuV in thematischer Gliederung nach dem GKV (gemäß § 275 Abs. 2 HGB):

1. Umsatzerlöse
2. Erhöhung oder Verminderung des Bestandes an fertigen und unfertigen Erzeugnissen
3. andere aktivierte Eigenleistungen
4. sonstige betriebliche Erträge
5. Materialaufwand:
   a) Aufwendungen für Roh-, Hilfs- und Betriebsstoffe
   b) Aufwendungen für bezogene Leistungen

= Rohergebnis

6. Personalaufwand
   a) Löhne und Gehälter
   b) soziale Abgaben und Aufwendungen für Altersversorgung und für Unterstützung, davon für Altersversorgung
7. Abschreibungen
   a) auf immaterielle Vermögensgegenst. des Anlagevermögens und Sachanlagen
   b) auf Vermögensgegenstände des Umlaufvermögens, soweit diese die in der Kapitalgesellschaft üblichen Abschreibungen überschreiten
8. sonstige betriebliche Aufwendungen

= Betriebsergebnis

9. Erträge aus Beteiligungen, davon aus verbundenen Unternehmen
10. Erträge aus anderen Wertpapieren und Ausleihungen des Finanzanlagevermögens davon aus verbundenen Unternehmen
11. sonstige Zinsen und ähnliche Erträge, davon aus verbundenen Unternehmen
12. Abschreibungen auf Finanzanlagen und Wertpapiere des Umlaufvermögens
13. Zinsen und ähnliche Aufwendungen, davon an verbundene Unternehmen

= Finanzergebnis

14. Steuern vom Einkommen und Ertrag

= Ergebnis nach Steuern (15.)

16. sonstige Steuern

= Jahresüberschuss/Jahresfehlbetrag (17.)

GuV in thematischer Gliederung nach dem UKV (gemäß § 275 Abs. 3 HGB):

1.	Umsatzerlöse
2.	Herstellungskosten der zur Erzielung der Umsatzerlöse erbrachten Leistungen
=	**Bruttoergebnis vom Umsatz (3.)**
4.	Vertriebskosten
5.	allgemeine Verwaltungskosten
6.	sonstige betriebliche Erträge
7.	sonstige betriebliche Aufwendungen
=	**Betriebsergebnis**

8.	Erträge aus Beteiligungen, davon aus verbundenen Unternehmen
9.	Erträge aus anderen Wertpapieren und Ausleihungen des Finanzanlagevermögens davon aus verbundenen Unternehmen
10.	sonstige Zinsen und ähnliche Erträge, davon aus verbundenen Unternehmen
11.	Abschreibungen auf Finanzanlagen und Wertpapiere des Umlaufvermögens
12.	Zinsen und ähnliche Aufwendungen, davon an verbundene Unternehmen
=	**Finanzergebnis**

13.	Steuern vom Einkommen und Ertrag
=	**Ergebnis nach Steuern (14.)**
15.	sonstige Steuern
=	**Jahresüberschuss/Jahresfehlbetrag (16.)**

Anhang B: Beispiel-Kontenplan

Kl. 0	Anlagevermögenskonten
0001	Ausstehende Einlagen, nicht eingefordert (Aktivausweis)
0040	Ausstehende Einlagen, eingefordert (Aktivausweis)
0095	Aufwendungen für die Ingangsetzung und Erweiterung des Geschäftsbetriebes
0100	Konzessionen, gewerbliche Schutzrechte und ähnliche Rechte und Werte sowie Lizenzen an solchen Rechten und Werten
0110	Konzessionen
0120	Gewerbliche Schutzrechte
0130	Sonstige Rechte
0135	Software
0140	Lizenzen
0143	Selbst geschaffene immaterielle Vermögensgegenstände
0150	Geschäfts- oder Firmenwert
0170	Geleistete Anzahlungen auf immaterielle Vermögensgegenstände
0200	Grundstücke, grundstücksgleiche Rechte und Bauten einschließlich der Bauten auf fremden Grundstücken
0215	Unbebaute Grundstücke
0230	Gebäude (Bauten)
0235	Bebaute Grundstücke
0240	Geschäftsbauten
0250	Fabrikbauten
0260	Andere Bauten
0285	Hof- und Wegebefestigung
0290	Gebäudeeinrichtungen
0300	Wohngebäude
0400	Technische Anlagen und Maschinen
0420	Technische Anlagen
0440	Maschinen
0460	Maschinengebundene Werkzeuge
0470	Betriebsvorrichtungen
0499	Wertberichtigungen
0500	Andere Anlagen, Betriebs- und Geschäftsausstattung
0510	Andere Anlagen
0520	Kraftfahrzeuge (Fuhrpark)
0560	Sonstige Transportmittel
0620	Werkzeuge
0640	Ladeneinrichtungen
0650	Büroeinrichtungen
0670	Geringwertige Wirtschaftsgüter
0675	Wirtschaftsgüter größer 150 bis 1000 Euro (Sammelposten)
0690	Sonstige Betriebs- und Geschäftsausstattung
0700	Geleistete Anzahlung und Anlagen im Bau
0710	Bauten im Bau
0770	Anlagen im Bau
0795	Geleistete Anzahlungen auf Sachanlagen
0800	Anteile an verbundenen Unternehmen
0810	Ausleihungen an verbundene Unternehmen
0820	Beteiligungen
0830	Stille Beteiligungen
0850	Andere Beteiligungen an Kapitalgesellschaften
0860	Andere Beteiligungen an Personengesellschaften
0880	Ausleihungen an Unternehmen, mit denen ein Beteiligungsverhältnis besteht
0900	Wertpapiere des Anlagevermögens
0910	Wertpapiere mit Gewinnbeteiligungsansprüchen
0920	Festverzinsliche Wertpapiere

0930	Sonstige Ausleihungen und Finanzanlagen
0940	Gewährte Darlehen
0960	Ausleihungen an Mitarbeiter, an Organmitglieder und an Gesellschafter
0980	Genossenschaftsanteile zum langfristigen Verbleib
Kl. 1	Umlaufvermögenskonten
1000	Roh-, Hilfs- und Betriebsstoffe (Bestand) »Material«
1010	Rohstoffe, Fertigungsmaterial, Fremdbauteile (Bestand)
1020	Hilfsstoffe
1030	Betriebsstoffe
1040	Unfertige Erzeugnisse, unfertige Leistungen
1050	Unfertige Erzeugnisse
1080	Unfertige Leistungen
1100	Fertige Erzeugnisse und Waren
1110	Fertige Erzeugnisse
1111	Gemischtes Warenkonto
1121	Gemischtes Konsignationswarenkonto
1140	Waren
1160	Kommissionswaren
1180	Geleistete Anzahlungen auf Vorräte
1200	Forderungen aus Lieferungen und Leistungen (FLL)
1230	Wechselforderungen aus Lieferungen und Leistungen (Besitzwechsel)
1233	Protestwechsel
1240	Zweifelhafte Forderungen aus Lieferungen und Leistungen (Dubiose)
1246	Einzelwertberichtigungen zu Forderungen
1248	Pauschalwertberichtigungen zu Forderungen
1260	Forderungen gegen verbundene Unternehmen
1280	Forderungen gegen Unternehmen mit denen ein Beteiligungsverhältnis besteht
1298	Eingefordertes, noch nicht eingezahltes Kapital und eingeforderte Nachschüsse
1300	Sonstige Vermögensgegenstände
1310	Forderungen an Gesellschafter und Organmitglieder
1340	Forderungen gegen Mitarbeiter/Personal
1400	Vorsteuer
1420	Sonstige Forderungen gegen Finanzbehörden
1430	Forderungen gegen Sozialversicherungsträger
1433	Bezahlte Einfuhrumsatzsteuer
1434	Vorsteuer im Folgejahr abziehbar
1435	Steuerüberzahlungen
1500	Wertpapiere des Umlaufvermögens
1501	Anteile an verbundenen Unternehmen
1504	Anteile an herrschender oder mit Mehrheit beteiligter Gesellschaft
1505	Eigene Anteile
1510	Sonstige Wertpapiere
1520	Finanzwechsel
1540	Flüssige Mittel (Schecks, Kassenbestand, Bundesbank- und Postgiroguthaben, Guthaben bei Kreditinstituten)
1550	Schecks
1600	Kassenbestand (Kasse)
1700	Postbank
1800	Guthaben bei Kreditinstituten (Bank)
1900	Aktive Rechnungsabgrenzung
1920	Zölle und Verbrauchsteuern auf Vorräte
1930	Umsatzsteuer auf Anzahlungen
1940	Damnum/Disagio
1950	Aktive latente Steuern

Kl. 2	Eigenkapitalkonten
2000	Eigenkapital (fest)
2010	Variables Kapital
2020	Gesellschafter-Darlehen (Vollhafter)
2050	Kommanditkapital
2070	Gesellschafter-Darlehen (Teilhafter)
2100	Privatentnahmen
2130	Privatkonto
2180	Privateinlagen
2900	Gezeichnetes Kapital (Grund-/ Stammkapital)
2910	Noch nicht eingeforderte Einlagen
2920	Kapitalrücklage
2925	Agio aus Anteilsausgabe
2928	Sonstige Zuzahlungen in das Eigenkapital
2929	Eingefordertes Nachschusskapital
2930	Gesetzliche Rücklage
2931	Gesetzliche Rücklage 45 %/40 % Vorbelastung
2932	Gesetzliche Rücklage 30 % Vorbelastung
2933	Gesetzliche Rücklage 0 % Vorbelastung
2940	Rücklage für eigene Anteile
2950	Satzungsmäßige Rücklage
2960	Andere Gewinnrücklagen
2962	Eigenkapitalanteil von bestimmten Passivposten
2970	Gewinnvortrag
2978	Verlustvortrag
2980	Sonderposten mit Rücklageanteil
Kl. 3	Fremdkapitalkonten
3000	Rückstellungen für Pensionen und ähnliche Verpflichtungen
3010	Pensionsrückstellungen
3015	Rückstellungen für pensionsähnliche Verpflichtungen
3020	Steuerrückstellungen
3030	Gewerbesteuerrückstellungen
3040	Körperschaftsteuerrückstellungen
3060	Rückstellungen für latente Steuern
3070	Sonstige Rückstellungen
3100	Anleihen
3150	Verbindlichkeiten ggü. Kreditinstituten
3151	Restlaufzeit bis 1 Jahr
3160	Restlaufzeit 1 bis 5 Jahre
3170	Restlaufzeit größer 5 Jahre
3250	Erhaltene Anzahlungen auf Bestellungen
3300	Verbindlichkeiten aus Lieferungen und Leistungen (VLL)
3340	VLL ggü. Gesellschaftern
3350	Verbindlichkeiten aus der Annahme gezogener Wechsel und der Ausstellung eigener Wechsel
3400	Verbindlichkeiten ggü. verbundenen Unternehmen
3450	Verbindlichkeiten gegenüber Unternehmen, mit denen ein Beteiligungsverhältnis besteht
3500	Sonstige Verbindlichkeiten
3510	Verbindlichkeiten ggü. Gesellschaftern und Organmitgliedern
3700	Verbindlichkeiten aus Betriebssteuern und Abgaben
3720	Verbindlichkeiten ggü. Mitarbeitern
3730	Sonstige Verbindlichkeiten ggü. Finanzbehörden
3740	Verbindlichkeiten ggü. Sozialversicherungsträgern
3770	Verbindlichkeiten aus vermögenswerten Leistungen
3787	Verbindlichkeiten ggü. Berufsgenossenschaften
3800	Umsatzsteuer
3801	Umsatzsteuer 7 %
3802	Umsatzsteuer aus innergemeinschaftlichem Erwerb
3806	Umsatzsteuer 19 %

3807	Umsatzsteuer aus im Inland steuerpflichtige EU-Lieferungen
3818	Umsatzsteuer aus in anderem EU-Land steuerpflichtigen sonstigen Leistungen
3820	Umsatzsteuervorauszahlungen
3900	Passive Rechnungsabgrenzung
3951	Passive latente Steuern
Kl. 4	Betriebliche Erträge
4000	Umsatzerlöse
4100	Steuerfreie Umsätze
4200	Warenverkaufskonto
4500	Provisionserlöse
4600	Eigenverbrauch (mit USt.)
4605	Eigenverbrauch (ohne USt.)
4620	Gegenstandsentnahme
4639	Verwendung von Gegenständen für Zwecke außerhalb des Unternehmens (Nutzungsentnahme) ohne USt.
4640	Verwendung von Gegenständen für Zwecke außerhalb des Unternehmens (Nutzungsentnahme) mit USt
4660	Unentgeltliche Erbringung einer sonstigen Leistung
4680	Unentgeltliche Zuwendung
4700	Erlösschmälerungen
4730	Gewährte Skonti
4749	Gewährte Boni
4770	Gewährte Rabatte
4800	Bestandsveränderungen an fertigen Erzeugnissen
4810	Bestandsveränderungen an unfertigen Erzeugnissen
4820	Andere aktivierte Eigenleistungen
4830	Sonstige betriebliche Erträge
4840	Erträge aus Kursdifferenzen
4845	Erlöse a. d. Abgang von VG bei Buchgewinn
4855	Anlagenabgänge zum Restbuchwert bei Buchgewinn
4860	Miet-, Pachtertr. und Erbbauzinsen (Grundstückserträge)
4900	Erträge a. d. Abgang von VG (Buchgewinn)
4905	Erträge aus den Abgang von Wertpapieren des UV
4910	Erträge aus Werterhöhungen von Gegenständen des AV
4920	Erträge aus der Auflösung/Herabsetzung von PWB
4923	Erträge aus der Auflösung/Herabsetzung von EWB
4925	Erträge aus abgeschriebenen Forderungen
4930	Erträge aus der Auflösung von Rückstellungen
4935	Erträge aus der Auflösung von SoPo mit Rücklageanteil
4947	Verrechnete sonstige Sachbezüge mit USt.
4949	Verrechnete sonstige Sachbezüge ohne USt.
4960	Periodenfremde Erträge
Kl. 5	Betriebliche Aufwendungen
5000	Aufwendungen für Roh-, Hilfs- und Betriebsstoffe und für bezogene Waren
5010	Rohstoffaufwand
5020	Hilfsstoffaufwand
5030	Betriebsstoffaufwand
5100	Einkauf von Roh-,Hilfs- und Betriebsstoffen
5190	Energiestoffe
5200	Wareneingang
5425	Innergemeinschaftlicher Erwerb
5700	Nachlässe
5730	Erhaltene Skonti
5740	Erhaltene Boni
5770	Erhaltene Rabatte
5800	Anschaffungsnebenkosten
5900	Aufwendungen für Fremdleistungen

5950	Leistungen von ausländischen Unternehmen
Kl. 6	Betriebliche Aufwendungen
6000	Löhne und Gehälter
6010	Löhne
6020	Gehälter
6030	Aushilfslöhne
6040	Lohnsteuer für Aushilfen
6070	Krankengeldzuschüsse
6080	Vermögenswirksame Leistungen
6100	Soziale Abgaben und Aufwendungen für Altersversorgung und für Unterstützung
6110	Arbeitgeberanteile zur Sozialversicherung
6120	Unfallversicherung der Arbeitnehmer
6140	Aufwendungen für Altersversorgung
6170	Sonstige soziale Aufwendungen
6200	Abschreibungen auf immaterielle VG des AV und Sachanlagen
6210	Außerplanmäßige Abschreibungen auf immaterielle VG des Anlagevermögens
6220	Abschreibungen auf Sachanlagen
6230	Außerplanmäßige Abschreibung auf Sachanlagen
6240	Steuerliche Sonderabschreibungen
6260	Sofortabschreibungen geringwertiger Wirtschaftsgüter
6262	Abschreibungen auf aktivierte, geringwertige Wirtschaftsgüter
6264	Abschreibungen auf den Sammelposten Wirtschaftsgüter
6300	Sonstige betriebliche Aufwendungen
6305	Raumkosten (Miete, Nebenkosten)
6310	Miete (unbewegliche Wirtschaftsgüter)
6390	Spenden
6400	Versicherungen
6420	Beiträge, Gebühren und sonstige Abgaben

6450	Reparaturen und Instandhaltung von Bauten
6490	Sonstige Reparaturen und Instandhaltung
6500	Fuhrpark/Fahrzeugkosten
6600	Werbekosten
6610	Geschenke (abzugsfähig)
6620	Geschenke (nicht abzugsfähig)
6640	Gästebewirtung
6644	Nicht abzugsfähige Bewirtungskosten
6645	Nicht abzugsfähige Betriebsausgaben
6650	Reisekosten
6700	Kosten der Warenabgabe
6710	Verpackungsmittel
6740	Ausgangsfrachten
6760	Transportversicherung
6770	Verkaufsprovision
6780	Fremdarbeiten
6790	Aufwand für Gewährleistung
6799	Büro- und Verwaltungsaufwand
6800	Porto
6805	Telefonkosten
6815	Büromaterial
6820	Zeitungen, Zeitschriften und Fachliteratur
6840	Mietleasing
6855	Nebenkosten des Geldverkehrs
6860	Nicht abziehbare Vorsteuer
6880	Aufwendungen aus Kursdifferenzen
6885	Erlöse aus Anlagenverkäufen (bei Buchverlust)
6895	Anlagenabgänge Restbuchwert bei Buchverlust
6900	Verluste a. d. Abgang von VG (Buchverlust)
6905	Verluste a. d. Abgang von Gegenständen des Umlaufvermögens außer Vorräten
6920	Einstellung in Pauschalwertberichtigungen zu Forderungen

6923	Einstellung in Einzelwertberichtigungen zu Forderungen
6925	Einstellung in Sonderposten
6930	Abschreibungen auf Forderungen
6960	Periodenfremde Aufwendungen
Kl. 7	Weitere Erträge und Aufwendungen
7000	Erträge aus Beteiligungen
7007	Dividendenerträge (AV)
7010	Erträge aus anderen Wertpapieren und Ausleihungen des Finanzanlagevermögens
7100	Sonstige Zinsen und ähnliche Erträge
7103	Dividendenerträge (UV), inländische Kapitalgesellschaften
7109	Sonstige Zinsen und ähnliche Erträge aus verbundenen Unternehmen
7110	Zinserträge
7120	Sonstige zinsähnliche Erträge
7130	Diskonterträge
7190	Erträge aus Verlustübernahmen
7200	Abschreibung auf Finanzanlagen
7210	Abschreibung auf Wertpapiere des Umlaufvermögens
7300	Zinsen und ähnliche Aufwendungen
7305	Betriebliche Steuern
7340	Diskontaufwendungen
7390	Aufwendungen aus Verlustübernahme
7600	Körperschaftsteuer (Kapitalgesellschaft)
7610	Gewerbesteuer
7630	Kapitalertragsteuer (Kapitalgesellschaft)
7640	Steuernachzahlungen für Vorjahre für Steuern vom Einkommen und Ertrag
7642	Steuererstattungen für Vorjahre für Steuern vom Einkommen und Ertrag
7644	Erträge aus der Auflösung von Steuerrückstellungen
7650	Sonstige Steuern
7680	Grundsteuer

7685	Kfz-Steuer
7700	Gewinnvortrag nach Verwendung
7720	Verlustvortrag nach Verwendung
7730	Entnahmen aus der Kapitalrücklage
7735	Entnahmen aus der gesetzliche Rücklage
7740	Entnahmen aus der Rücklage für eigene Anteile
7745	Entnahmen aus satzungsmäßigen Rücklagen
7750	Entnahmen aus anderen Gewinnrücklagen
7755	Erträge aus Kapitalherabsetzung
7760	Einstellungen in die Kapitalrücklage
7765	Einstellungen in die gesetzliche Rücklage
7770	Einstellungen in die Rücklage für eigene Anteile
7775	Einstellungen in satzungsmäßige Rücklagen
7780	Einstellungen in andere Gewinnrücklagen
7790	Vorabausschüttung
Kl. 9	Vortragskonten, statistische Konten
9000	Eröffnungsbilanzkonto
9998	Schlussbilanzkonto
9999	Gewinn und Verlustrechnung

Beispiel-Kontenplan in Anlehnung an den DATEV-Standardkontenrahmen (SKR 04)

Literaturliste

Adler, H./Düring, W./Schmaltz K. (1995 ff.): *Rechnungslegung und Prüfung der Unternehmen,* 6. Aufl. in mehreren Teilbänden, bearb. v. Forster, K.-H./Goerdeler, R./Lanfermann, J./ Müller, H.-P./Siepe, G./Stolberg, K., Teilband 1 bis 9, Stuttgart 1995.

Beck'scher Bilanzkommentar (2018): *Handel- und Steuerbilanz,* hrsg. v. Ellrott, H./Förschle, G./ Grottel, B./Kosikowski, M./Schmidt, S./Winkeljohann, N., 11. Aufl., München 2018.

Bornhofen, M./Bornhofen, M. C. (2015): *Buchführung 2,* 26. Aufl., Wiesbaden 2015.

Buchner, R. (2005): *Buchführung und Jahresabschluss,* 7. Aufl., München 2005.

Busse von Colbe, W. (2011): *Rechnungswesen,* in: Busse von Colbe, W./Crasselt, N./Pellens, B. (Hrsg.): Lexikon des Rechnungswesens, 5. Aufl., München 2011, S. 652 - 656.

Chmielewicz, K. (1973): *Betriebliches Rechnungswesen,* Hamburg 1973.

Coenenberg, A. G. (1995): *Einheitlichkeit oder Differenzierung von externem und internem Rechnungswesen: Die Anforderungen der internen Steuerung,* in: Der Betrieb 1995, S. 2077 - 2083.

Coenenberg, A. G./Fischer, T. M./Günther, T. (2016): *Kostenrechnung und Kostenanalyse,* 9. Aufl., Stuttgart 2016.

Coenenberg, A. G./Frank, S./Dinh Thi, T./Schabert, B./Schultze, W. (2011): *Auswirkungen der Rechnungslegungsumstellung von HGB auf IFRS auf zentrale Kennzahlen der Jahresabschlussanalyse,* in: KoR 2011, S. 133 - 142.

Coenenberg, A. G./Haller, A./Schultze, W. (2018): *Jahresabschluss und Jahresabschlussanalyse,* 25. Aufl., Stuttgart 2018.

Cooper, R./Kaplan, R. S. (1988): *Measure Costs Right: Make the Right Decisions,* in: Harvard Business Review 1988, S. 96 - 105.

Eisele, W./Knobloch, A. (2011): *Technik des betrieblichen Rechnungswesens,* Buchführung und Bilanzierung, Kosten- und Leistungsrechnung, Sonderbilanzen, 8. Aufl., München 2011.

Fischer, T. M./Möller, K./Schultze, W. (2015): *Controlling,* 2. Aufl., Stuttgart 2015.

Fisher, I. (1906): *The Nature of Capital and Income,* New York 1906, reprinted 1965.

Gabele, E./Mayer, H. (2003): *Buchführung,* Einführung in die Buchhaltung und Jahresabschlusserstellung, 8. Aufl., München 2003.

Grimm-Curtius, H./Duchscherer, M. (2000): *Finanzbuchhaltung nach dem GKR und IKR,* 7. Aufl., München 2000.

Heinhold, M. (2012): *Buchführung in Fallbeispielen,* 12. Aufl., Stuttgart 2012.

Helmschrott, H. (1997): *Leasinggeschäfte in der Handels- und Steuerbilanz,* Wiesbaden 1997.

Hicks, J. R. (1939): *Value and Capital,* An Inquiry into Some Fundamental Principles of Economic Theory, Oxford 1939.

Känel, S. v./Siegwart, H. (1996): *Grundlagen der Betriebswirtschaftslehre,* Zürich 1996.

Kaplan, R. S./Norton, D. P. (2000): *The balanced scorecard,* Translating Strategy into Action, Boston 2000.

Küpper, H.-U. (1989): *Rechnungswesen und Allgemeine Betreibswirtschaftslehre,* in: Kirsch, W./ Picot, A. (Hrsg.): Die Betriebswirtschaftslehre im Spannungsfeld zwischen Generalisierung und Spezialisierung, Wiesbaden 1989, S. 215 - 233.

Küting, K./Lorson, P. (1998): *Anmerkungen zum Spannungsfeld zwischen externen Zielgrößen und internen Steuerungsinstrumenten,* in: Betriebs-Berater 1998, S. 469 - 476.

Leffson, U. (1987): *Die Grundsätze ordnungsmäßiger Buchführung,* 7. Aufl., Düsseldorf 1987.

Lücke, W. (1955): *Investitionsrechnung auf der Basis von Ausgaben oder Kosten?,* in: Zeitschrift für handelswissenschaftliche Forschung 1955, S. 310 - 324.

Münstermann, H. (1966): *Wert und Bewertung der Unternehmung,* Wiesbaden 1966.

Raupach, B./Stangenberg, K. (2009): *Doppik in der öffentlichen Verwaltung,* Grundlagen, Verfahrensweisen, Einsatzgebiete, 2. Aufl., Wiesbaden 2009.

Schildbach, T./Homburg, C. (2009): *Kosten- und Leistungsrechnung,* 10. Aufl., Stuttgart 2009.

Schmalenbach, E. (1962): *Dynamische Bilanz,* 13. Aufl., Köln/Opladen 1962.

Schmidt, L. (2018): *Einkommensteuergesetz, Kommentar,* 37. Aufl., München 2018.

Schneider, D. (1963): *Bilanzgewinn und ökonomische Theorie,* in: Zeitschrift für handelswirtschaftliche Forschung 1963, S. 457 - 474.

Schneider, D. (1994): *Allgemeine Betriebswirtschaftslehre,* 3. Aufl., 2. Nachdruck, München 1994.

Schweitzer, M./Küpper, H.-U. (2016): *Systeme der Kosten- und Erlösrechnung,* 11. Aufl., München 2016.

Wöhe, G./Kußmaul, H. (2018): *Grundzüge der Buchführung und Bilanztechnik,* 10. Aufl., München 2018.

Ziegler, H. (1994): *Neuorientierung des internen Rechnungswesens für das Unternehmens-Controlling im Hause Siemens,* in: ZfbF 1994, S. 175 - 188.

Stichwortverzeichnis